世界银行中国经济改革实施项目
China Economic Reform Implementation Project

国家重点基础研究发展计划资助(2006CB40330
National Basic Research Program of China

河北衡水湖国家级自然保护区可持续发展战略规划

Strategic Planning for the Sustainable Development of the Hebei Hengshui Lake National Nature Reserve

邓晓梅　江春波　王予红　主编
DENG Xiaomei　JIANG Chunbo　WANG Yuhong

(中英文版)

中国林业出版社
China Forestry Publishing House

项目名称：河北衡水湖国家级自然保护区可持续发展战略规划

委托单位：河北衡水湖国家级自然保护区管委会

编制单位：清华大学

项目顾问：齐　晔　施祖麟

项目负责人：邓晓梅

项目参加人员：江春波　王予红　冉圣宏　袁光钰　李晓文　顾林生
张　燎　李培军　秦　岩　彭劲松　惠二清　孔庆蓉
陈志芬　易兆青　李博金　安天义

Project: Strategic Planning for the Sustainable Development of the Hebei Hengshui Lake National Nature Reserve

Client: The Hebei Hengshui Lake National Nature Reserve Administration

Consultant: Tsinghua University

Advisors: QI Ye; SHI Zulin

Chief Consultant: DENG Xiaomei

Participants: JIANG Chunbo; WANG Yuhong; RAN Shenghong; YUAN Guangyu;
LI Xiaowen; GU Linsheng; ZHANG Liao; LI Peijun; QIN Yan;
PENG Jinsong; HUI Erqing; KONG Qingrong; CHEN Zhifen;
YI Zhaoqing; LI Bojin; AN Tianyi

序

生态环境的恶化，是中华民族当代所面临的最大挑战。我们的国歌中有句歌词唱道，“中华民族到了最危险的时候”。20世纪初我们唱这首歌是为了抵抗外来入侵。而如今，在21世纪的今天，我们继续唱这首歌，所面对的最大敌人就是生态的恶化。中国的生态安全的确已经到了最危险的时候了！

我在内蒙古生活了四五十年，是草原荒漠化的见证人。当我初到草原的时候，绿草如茵、碧空如洗，白色的羊群散落在绿色草原上，牧民纵马扬鞭驰骋在大草原上，女主人怀里抱着初生的羊羔一边给它喂羊奶，一边轻声吟唱，就像我们给小孩唱摇篮曲一样。那是一幅多么动人的图景啊！阿拉善盟的居沿海，20世纪五六十年代湖边的水草丰美，骆驼走进去不见身影，只听见声音。但后来上游因为修建水库，把水源“掐断”了，导致下游来水量逐渐发生变化，现在那里变成了一片沙漠，连胡杨这种千年不倒的耐旱植物都枯萎了。原来那么好的地方，现在却变成了一片荒漠，能不让人心疼吗？我经常想，要是祖国的大好河山，丧失在我们这代人手里，我们既对不起祖国，也对不起后代。

从历史上看，原始社会人类对大自然具有强烈的依附性，其对自然界几乎没有造成什么破坏。那时的人类是敬畏自然的，还是大自然的奴隶。到了农业文明时期，人类开始垦荒种地，学会了向大自然索取，但是对自然的破坏相对来说还是微不足道的。但是，自从19世纪人类迈进了工业文明时代之后，在生产无限扩大、消费主义至上的理念驱动下，资本的原始冲动将原本属于自然生命一部分的人类，无情地异化为与自然母体对立的对象。人类狂妄地认为自己是世界的中心，无休止向自然索取资源，生态环境遭到惊人的破坏。所以，大自然开始报复人类，洪水、干旱、水污染、空气污染、土地荒漠化、沙尘暴，还有著名的世界“八大公害”事件都出现了。人类开始重新思考自己在自然界中的位置，开始看到这种工业化的发展方式将误导人类走进发展的死胡同，人类将以自我创造出的文明终结未来历史的进程。

衡水湖是华北平原上的一颗明珠，被誉为“燕赵最美湿地”。衡水湖地区位于早期华夏文明的腹地，经过了数千年的农业文明开发，人口密度本来就非常高，如今城市化和工业化进程也不断加速，面临着异常大的发展压力。这颗明珠是否还能够保得住，就成为了我们生态文明建设是真搞还是假搞的一块试金石。

我们欣慰地看到，这部《河北衡水湖国家级自然保护区可持续发展战略规划》已经为衡水湖及其周边地区实现自然生态、社会、经济和文化全面和谐发展，打造生态文明发展模式做出了非常有益的探索，并提出了一系列创新思路。如关于保护区发展的圈层式布局及跨圈层的生态环境保护战略，保护区管理模式和治理结构的创新，以及“湿地新城”的提出等。并明确提出了将社区生活条件改善、人口综合素质提高与地域传统文化的弘扬、现代政治文明的发展和绿色生态文明的建设有机结合的指导思想。我个人对此非常赞赏。改善社区生活条件就是建设物质文明，提高人口综合素质就是建设精神文明，它们必须有机结合在一起。中华民族传统文化追求人与大自然的和谐，追求人与社会的和谐，而现代政治文明本质上则是尊重人的自由平等，并以此为基础谋求合理的利益共享机制。自由平等、和谐共享的有机结合，就构成了绿色生态文明的基础价值。

衷心祝愿衡水湖国家级自然保护区的可持续发展之路越走越宽，衡水湖这颗华北明珠越来越美，并成为示范和带动我国其他地区全面推行生态文明发展模式的一块高地！

中国生态道德教育促进会会长

陈寿朋

2011 年 5 月

衡水湖国家级自然保护区
可持续发展战略规划摘要

衡水湖国家级自然保护区地处海河流域，其核心是一片具有华北平原湿地生态系统典型特征的自然洼地，是鸟类南北迁飞的重要中转站，拥有众多的国家一、二级珍稀鸟类和其他丰富的动植物资源，具有很高的生态保护价值，是我国生物多样性保护体系中的重要一环，享有“燕赵最美的湿地”的美誉。

然而，衡水湖又是一个与人类活动有着密切关联的一种特殊类型的湿地，其数千年来的命运变迁本身就是一部讲述人与湿地历史的天然教科书。首先，数千年的黄河文明史留给了衡水湖深厚的历史文化积淀，但数千年的农耕开发又一直伴随着人进湖退，湿地范围不断萎缩；新中国成立后为了治理洪涝灾害进行的海河流域改造，又使衡水湖失去了与流域的自然连通；近50年来，华北平原气候的干旱化，又进一步使衡水湖演变成为了一个缺乏完整自然生态功能的调蓄水库型的人工湿地。如今，远高于一般自然保护区的区内农村人口（保护区人口密度为292.7人/km^2，比全国平均水平80人/km^2高出近4倍），以及周边地区的快速城市化和工业化，又使湿地面临着工农业污染和富营养化的巨大威胁。

保护区的成立使衡水湖的命运终于迎来了一个历史性转折。如今，湿地的保护与恢复已经成为了保护区建设的主旋律。然而，面对“管理难度大、发展需求迫切”的现实，如何克服因湿地保护与恢复所进一步加剧的人与湿地在土地空间上的竞争，解决好土地利用的调整；如何突破水资源的瓶颈，实现水资源的保障、保护、管理和合理利用；以及如何引导社区村民转变生产生活方式，实现人与自然的和谐共处，都成为了保护区需要迫切研究和解决的问题。而这类问题的普遍性，也使衡水湖成为了与人类关系密切的特殊类型湿地保护与发展的重要实验场。

针对衡水湖所面临的上述问题，本规划将工作重心放在了如何妥善处理保护区的保护与发展的关系上，明确提出了“将保护区建设成为以湿地生态系统恢复与生物多样性为核心，集生态环境保护与合理开发利用为一体的华北平原湿地典范，建设成为生态环境、经济社会全面发展的可持续发展的生态文明综合示范区”的总体目标，并将“恢复完善的湿地生态功能”、“探索可持续的社区经济发展模式”和“建设与可持续发展相适应的绿色生态文明”作为保护区发展的三大使命。

本规划突破了保护区的传统边界，将区外人类活动有机地纳入保护管理工作的视野，提出了“圈层式”的战略布局和跨圈层的生态保护战略，将周边的辐射区域和必要的协作区域纳入“战略协同圈”和“流域协作圈”，利用创新的地方政府间协作机制，使区外周边民众能更好地共享衡水湖这一宝贵资源，使周边地区更加积极地加入到跨圈层的生态环境保护行动中，充分发挥保护区对周边地区的示范与带动效益，推动周边地区走上社会经济和文化的可持续发展的健康之路。并在帮助周边地区人民追求美好幸福生活的同时，使保护区得到更好的保护。

为了确保使保护区管委会具有能够承担其使命的相应能力，本规划还从保护区管委会的管辖范围和职权、组织机构建设等方面进行了创新。在管辖范围上，本规划打破了保护区传统边界，提出“保护管理区”的概念，在区外划定特定的外围保护带纳入保护区统一管理，从而为保护区落实社区全面发展措施开拓了必要空间。在管辖职权上，赋予了保护区管委会在其所管辖的“特殊保护圈”和“综合示范圈”两个圈层内完全的政府行政权责，从而改变了过去保护区条块分割、多头管理的局面，实现了保护管理的权责统一和问责对象清晰。在组织机构建设上，则突出了行政效率提升和公共服务导向的组织结构创新，以及以观念更新、人才战略和效能建设为中心机构能力发展。

为了确保拥有全面政府管理职能的保护区管委会能够始终坚持其生态保护的使命，本规划还在保护区治理结构上进行了创新，将保护区管委会置于一个包括了上级政府、主管部门、战略协同小组和流域协作圈委员会等政府间组织、地方人大和政协、衡水湖保护评议会、衡水湖湿地顾问专家委员会和社区共管委员会等参与性组织，以及衡水湖保护基金会和衡水湖资源开发总公司的参股单位所构成的一个复杂的治理结构中，使其行为受到必要的监督和约束。

在理顺了保护与发展机制的基础上，本规划进一步提出了以“改善社区生活条件、提高人口综合素质、弘扬地域传统文化、发展现代政治文明、走向绿色生态文明”为指导思想，促进保护区社区环境、社会、经济、文化和政治全面发展的具体措施，包括以土地保护管理与集约利用为基础，以“湿地新城”建设和“湿地村落”整治为两大重点的硬环境建设和社区就业、社会保障、社区文化与政治文明等的软环境建设。硬环境建设为绿色产业发展开拓了必要的发展空间，软环境建设则确保了产业发展的绿色导向，并促进了社会和谐，从而共同促进了可持续的生态文明发展模式的形成。

整个规划成果分为“保护区调查与评价”、“可持续发展战略规划”和“落实战略规划的重点项目”三大部分共 28 个章节。

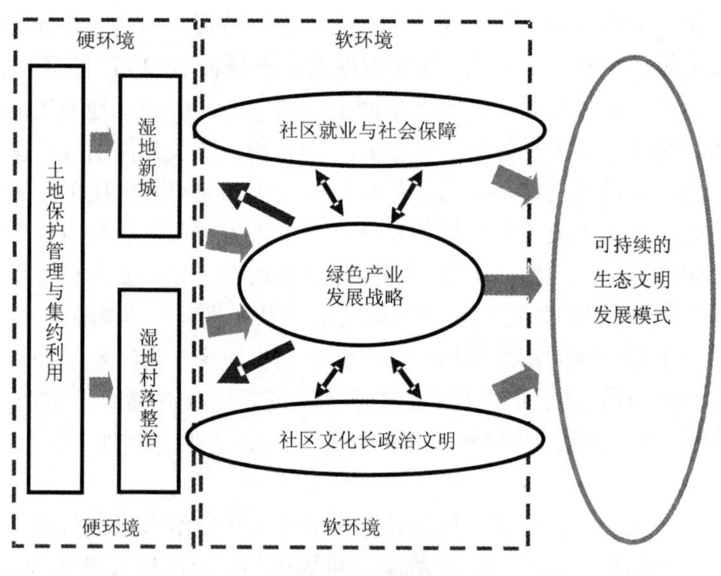

社区全面发展路线图

Sustainable Development Planning of Hengshui Lake National Reserve Abstract

Hengshui Lake National Reserve is located in the Haihe River Basin. The core of the Reserve is a naturally formed depression, which currently becomes a typical wetland in the Northern China Plain. Every year, the Reserve serves as a hub for many migratory birds, some of which belong to the Category I and II Protected Species in China. Its abundant animal and plant resources make the Reserve very valuable in preserving the ecological system and biodiversity. The Reserve is commonly regarded as one of the most beautiful wetland in the Northern China Plain.

However, the Hengshui Lake is also a special wetland that closely ties into human activities. The transition of the Lake had been recorded in the thousands of years of the Chinese history. The history events now become a good textbook illustrating the interaction between human and nature. The ancient civilization originated in the Yellow River, along with the succeeding rich history, has left this region with the distinguished cultural accumulation. However, long time agricultural cultivation had also left man-made marks to this wetland, particularly evidenced by the shrinking lake and the wetland area. After the establishment of the People's Republic of China, the Hengshui Lake lost its connection to natural rivers due to the implementation of a comprehensive flooding control project on the Haihe River Basin. In the recent 50 years, the continuous drought in the Northern China Plain further made the Reserve a reservoir that totally depends on water diversion to sustain. At present, the population density of the Reserve is much higher than those in the other national reserves (the population density here is 292.7 persons/km^2, which is much higher than the national average of 80 persons/km^2). The rapid urbanization and industrialization of the areas surrounding the Reserve makes it susceptible to the threats of pollution and lake eutrophication.

The establishment of the national Reserve is a turning point for the destination of this wetland. The theme of the Reserve now has been shifted to preservation and restoration. However, it is extremely challenging to balance the competing demands among environmental protection, social development, and economical development. Particularly, the Reserve needs to overcome the challenge of competing for land and water resource between people and wildlife. The traditional living style of the local residents needs to be dramatically changed in order to coexist with the nature harmoniously. The close interaction between human and wetland makes the Reserve an ideal experimental site to study the environmental conservation and human development issues.

Based on the specific issues of the Reserve, the plan proposed by this study has been focusing on properly handling conservation and development issues. The overall goal of the planning for the Reserve is "to restore wetland ecosystem and enhance biodiversity, to integrate environmental protection and rational use of natural resource, and to finally make the Reserve an exemplar place where sustainable development can be achieved in ecological environment, economy, and society." The mission of the Reserve is to "restore and enhance its wetland ecological functions," to "discover a model for sustainable regional economical development," and to "establish a culture of ecological conservation compatible with sustainable development."

The plan does not only cover the area within the official approved boundary of the Reserve, but also include the human activities beyond the scope. The plan proposes the inclusion of the surrounding areas into the "Strategic Collaboration Circle" and "Drainage Basin Collaboration Circle;" it also recommends the ecological protection strategies for these different "circles." It is recognized that the environmental protection of the Reserve cannot be separated with the overall environmental improvement of the region. The plan recommends inter-governmental cooperation in the region and encourages the Reserve to share the Hengshui Lake resources as well as to collaborate on ecological conservation activities with the surrounding areas.

To ensure that the Reserve Administration Commission has the necessary capacity for its mission, the plan also renovates its organizational planning, which includes the management scope, responsibilities, organizational structure, etc. The plan proposes to expand the current administration scope of the Reserve and to include certain environmentally sensitive areas beyond the current scope under its administration. Under the current administration structure, many villages in the Reserve are subject to two administration entities, the Commission and their original townships. The plan recommends all areas in the "Special Protection Inner Circle" and "Integrated Model Circle" be placed under the sole administration of the Commission. In addition, in organizational planning for the Commission, the plan emphasizes on reengineering its organizational structure to improve its administration efficiency and public service, knowledge building, team construction, and process optimization.

To ensure the mission of the Commissionconstantly focuses on environmental conservation, it is proposed that the Commission should be placed under the supervision of various governmental and non-governmental organizations. The organizations may include the local governments, local congress, advisory committees of experts, community co-governance committees, and Hengshui Lake Preservation Foundation, etc.

To promote both conservation and development, the plan further proposes measures for the development of local communities, social justice, local economy, unique culture, and political systems, under the guidance of "improvement of community living conditions, improvement of the overall education level, promotion of local and traditional culture, development of a civilized political culture, and development toward green and ecological civilization." The measures proposed in the plan include infrastructural developments such as efficient land use, construction of an eco-village named "Wetland New Town" and improvement of existing villages in the Reserve. In social development, the measures include enhancing community employment, social security, community cultural and political civilization, etc. Both the infrastructural and social measures are necessary for the harmonious coexistence of human and nature in the Reserve.

The report consists of three major components: investigation and evaluation of the Reserve, sustainable development planning, and implementation of strategic planning. There are a total of 28 chapters in the report.

目　录

第一部分　保护区调查与评价

第三部分 落实战略规划的重点项目

Contents

Part Ⅰ Investigation & Assessment

衡水湖国家级自然保护区可持续发展战略规划简介

1 规划背景

衡水湖自然保护区可持续发展战略规划相关研究始于2003年，当时课题组被要求为衡水湖自然保护区完成一个总体规划。总体规划本身更侧重于空间规划，其关注的焦点问题是保护区将如何更好地被保护。但课题组注意到保护区及其周边地区的老百姓有很强烈的发展需求，如果发展的问题没有解决好，总体规划可能就落实不了。为了使课题组的总体规划能够具有更好的可执行性，课题组在提出具体的总体规划方案前，首先提出了一个初步的可持续发展战略构想，基于此构想才正式开始对总体规划方案的构思。该总体规划于2004年通过国家林业局的评审，成为了保护区正在执行中的总体规划。

由于2004年的总体规划本身已经是基于一些可持续发展战略思考，所以总体规划的一些重要的空间布局已经体现出了一些可持续发展的因素：如课题组在该总规中建议将大广高速的修建从保护区的西部移到保护区的东部，并将106国道东移。但由于总规本身的关注与可持续发展战略规划是不同的，且课题组也没有得到相应的委托，所以在总体规划不断深入之后，课题组没能进一步深化衡水湖可持续发展方面的措施。

2006年，在世界银行的援助下，课题组有关衡水湖自然保护区可持续发展战略规划的工作终于得以继续。在这一阶段，课题组将工作重点更多地放在了社会经济发展方面，对衡水湖自然保护区的社会经济发展现状和周边社区老百姓的发展需求进行了深入的调研，包括开展了衡水湖农村贫困调研，组织乡村发展战略研讨会等，在这基础上课题组得到了现有成果。

2 规划研究框架

1.1 规划目的

本规划的研究目的是为衡水湖国家级自然保护区提出一套使自然生态、社会、经济和文化全面和谐发展的可持续战略。本规划应首先帮助保护区管委会增强其引导社区走可持续发展之路的能力，从而以发展促保护，使保护区成功达成其生态保护的基本使命；其次，还应使保护区成为一个引导保护区及其周边地区从传统发展模式向生态文明发展模式转变的一个重要载体，使可持续发展理念得到有效传播，使可持续的生态文明发展模式得到成功示范，从而最终影响和带动保护区的周边地区全面走上可持续发展之路。

1.2 技术路线

本规划的总体研究框架分为以下四大步骤（图1）：

第一步：在借鉴国内外成功经验的基础上，结合保护区资源环境和社会经济发展现状的调研，对在明确保护区的保护价值和保护对象的前提下，对保护区实现可持续发展的既有基础和潜在资

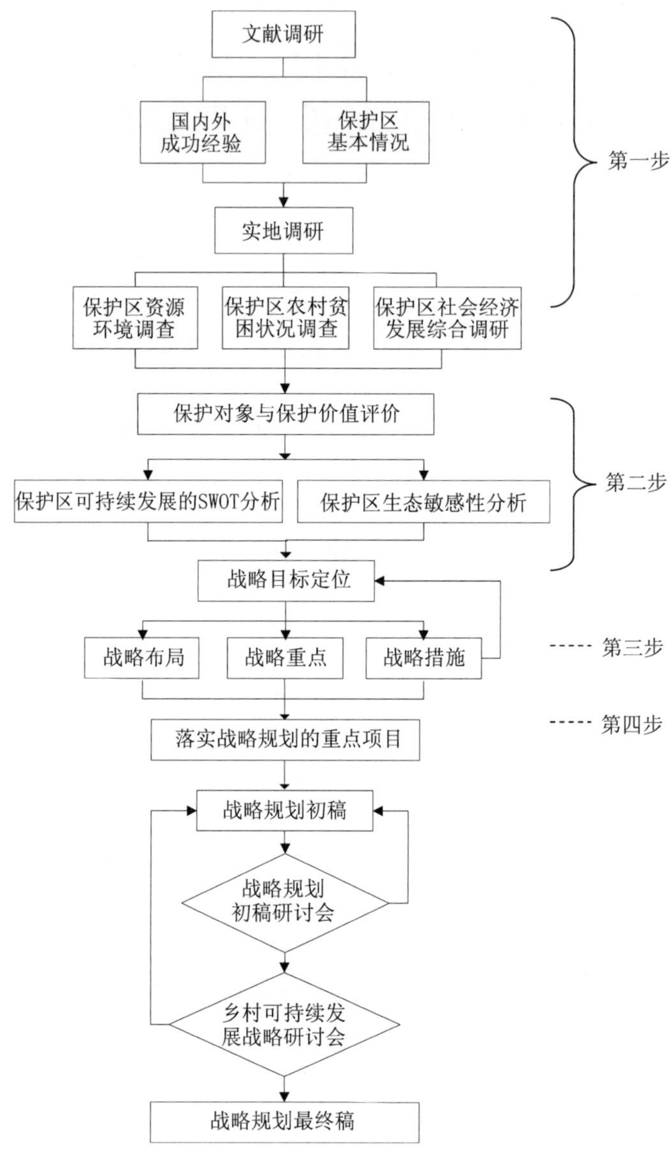

图1　规划技术路线图

源等进行综合评价。

第二步:一方面通过 SOWT 分析明确保护区发展的优势、劣势、机遇和威胁;一方面通过生态敏感性分析,明确保护区不同空间区域的生态承载力,为保护区发展空间的合理规划奠定基础,确保保护区发展规划不偏离保护区有关生态保护的基本使命。

第三步:在以上分析研究的基础上,有针对性地提出战略规划措施,包括总体战略和各专业分项战略规划,从而促使保护区的既有优势得到积极发挥,有效抓住发展机遇;而劣势则得到弥补和改善,有效规避和消除发展威胁。

第四步:在提出落实战略规划的重点项目的基础上,进行相应的投资估算,并对整个战略规划进行社会经济评价,确保规划项目带来社会经济综合效益价值。最后,针对重点项目的投资需求,提出相应的投融资策略,确保规划项目的可实施性。

对保护区的调查与评价采用的主要方法包括文献分析、野外考察、社区调查、专家访谈,以及统计与数理分析等。SWOT 分析和总体战略主要采用头脑风暴法，集合课题组专家的集体智慧。各分项规划措施、重点项目及其社会经济效益评价和投融资策略的提出过程则以各专业专家负责为主，课题组集体研讨为辅，使专业特长和集体智慧得到有机结合。

本规划还特别关注社区利益和农村贫困人口等弱势群体的发展需求，因此借鉴了参与式的规划方法，在整个规划进程中，设置了农村贫困调查、乡村战略研讨等多个社区参与环节。课题组先后四次深入到衡水湖农村，使课题组专家的规划思路与当地社区反复碰撞，一方面使保护区社区民间智慧得到挖掘，使课题组专家提出的规划措施的可行性得到检验，从而使规划成果得以不断修正和完善；另一方面也使可持续发展战略规划的基本思想和规划措施在保护区社区得到积极宣传，进一步增强各项可持续发展规划措施的可实施性。

3 规划成果简介

3.1 保护区的基本情况和面临的主要问题

衡水湖国家级自然保护区地处海河流域，其核心是一片具有华北平原湿地生态系统典型特征的自然洼地，是鸟类南北迁飞的重要中转站，拥有众多的国家一、二级珍稀鸟类和其他丰富的动植物资源，具有很高的生态保护价值。同时，衡水湖地处华北平原的中心地带，几千年农耕文明给衡水湖带来了深厚的历史文化积淀，从新石器时代以来就留下了包括与中华上古文明传说相关以及以古冀州文化为代表的大量历史文化遗迹，还有一些湿地利用方式的变迁遗迹——如古代的水利设施，成为了一部讲述人与湿地历史的天然教科书，这是衡水湖保护区区别于一般保护区的独特之处。衡水湖国家级自然保护区集生物多样性保护、科学研究、宣传教育、生态旅游和可持续利用为一体，享有“燕赵最美的湿地”的美称。

然而，几千年的农耕文明也为保护区留下了高密度的农村人口（保护区人口密度：292.7 人/km^2，比全国平均水平 80 人/km^2高出近 4 倍），这给保护区带来了比一般普通保护区显得更为迫切的发展压力。不仅如此，衡水湖还地处由衡水市区、冀州和枣强等城市化地区所构成的城市金三角的中心区域边缘，因此还面临着城市化和工业化带来的严峻压力。大量的农药化肥的使用、乡镇企业和周边城市化地区的污染排放、不恰当的开发方式以及衡水湖本身所在区域的自然灾害给公共安全带来的风险，都给保护区带来了巨大的挑战。所以，“管理难度大、发展需求迫切”是衡水湖国家级自然保护区所面临的非常特殊的问题。

高密度的人口也带来了人与湿地在土地空间上的竞争。在衡水湖区域数千年的农耕开发过程中，人进湖退，湿地范围不断萎缩，特别是经新中国建立后海河流域的改造，衡水湖已经失去了与本身流域的自然连通，现主要依靠人工调水维持，难以发挥其完整的自然生态功能。目前，衡水湖人工蓄水的范围还远小于原湖区自然洼地的范围。而许多被农业开垦的土地又严重盐碱化，导致土地利用效益不高、土地利用结构不合理，并成为了衡水湖农村贫困的一个重要原因。因此，作为一个生态自然保护区，衡水湖有很严峻的湿地恢复任务；而土地利用的调整，以及水资源的获取、保护、管理和合理利用则已经成为了制约保护区可持续发展的一个瓶颈问题。

地处干旱的华北平原中心，如今的衡水湖基本成了一个调蓄水库型的人工湿地。它以人工湿地生态系统为基础，但却又是一个珍稀鸟类的天堂，是我国生物多样性保护体系中的重要一环。并且，它还是一处凝聚着悠久自然与人文历史的华北平原代表湿地，是一个与人类活动有着密切关联的一种特殊类型的湿地。它是一部湿地人文历史的天然教科书，也是这类湿地保护和发展的一个重要实验场。

3.2　规划成果概述

规划成果分为“保护区调查与评价”、“可持续发展战略规划”和“落实战略规划的重点项目”三大部分。

第一部分“保护区调查与评价”的具体内容覆盖保护区位置、范围、法律地位、历史沿革、自然生态资源、历史人文资源、景观资源、环境质量、社会经济发展现状、农村贫困、保护区管理现状、公共安全风险，以及保护区土地利用现状及其影响等多视角的专业调查与评价，此部分内容详见规划报告第1～10章。在此基础上，通过SWOT分析，本规划总结了保护区发展的8大优势和机遇以及10大劣势和威胁，详见规划报告第11章。本规划还将保护区划分为了7大区域和13个不同类型的生态单元，从自然敏感性和社会敏感性等不同角度对保护区不同空间区域的生态敏感性进行了测算，给出了保护区生态敏感性的空间分布，为将发展强度控制在合理的范围内打下了基础。此部分内容详见规划报告第12章。

在第二部分“可持续发展战略规划”的总体战略中，本规划提出了“立足三个属于，实现三大使命”的规划指导思想，以及落实上述指导思想的32字战略方针和八大规划原则。明确了保护区的发展目标。“三个属于”是指衡水湖“属于人类、也属于地球；属于当代、也属于子孙后代；属于当地、也属于全世界”。“三大使命”是指：一、恢复完善的湿地生态功能；二、探索可持续的社区经济发展模式；三、建设与可持续发展相适应的绿色生态文明。保护区发展的总体目标是：“将保护区建设成为以湿地生态系统恢复与生物多样性为核心，集生态环境保护与合理开发利用为一体的华北平原湿地典范，建设成为生态环境、经济社会全面发展的可持续发展的生态文明综合示范区。”规划报告中还对综合示范的内涵，以及分期发展目标等都做了详细的阐述。详见规划报告第13章。

整个战略规划从战略布局上分为“特别保护圈”、“综合示范圈”、“战略协同圈”和“流域协作圈”四大圈层；从战略措施上则分为管理创新战略、跨圈层的环境综合保护战略、周边地区的综合发展战略和跨圈层的公共安全管理战略等四大部分。在不同的圈层又有不同的战略重点，如对于特别保护圈是湿地恢复保护战略，对于综合示范圈是生态社区发展战略，对于战略协同圈是协同发展战略，对于流域协作圈是流域协作发展战略等。具体的战略措施在第二部分的各分项规划中有更为详尽的说明，具体包括保护区管理模式规划、土地资源保护管理规划、水资源保护管理规划、生物多样性保护管理规划、环境保护管理规划、景观综合整治与保护管理规划、绿色产业发展规划、社区发展与建设规划、文化发展规划、公共安全管理规划和战略协同圈协同发展战略规划。详见规划报告第14～24章。

在第三部分“落实战略规划的重点项目”中，本规划将第二部分所涉及的所有规划战略措施打包成为了包括基础设施建设、生物多样性保护、湿地恢复与水环境治理、环境保护项目、绿色产业项目、社区发展项目和公共安全项目等在内的七大领域和三十五个大项的重点实施项目，提出了一个总投资规模约为28.1亿元的投资估算。然后从生态环境效益、经济效益和社会效益等多视角对所规划的重点项目进行了综合评价，对生物多样性的影响方面的评价方法包括预案模拟和生态承载力评价，经济效益方面的评价包括对使用价值和非使用价值的评估，社会效益方面的评价则侧重于项目本身的社会影响。评价结果基本都是正面的。当然项目也有一定的社会风险需要关注，如非自愿移民、就业率、人口老龄化和弱势群体权益保护等问题。最后，本规划将所有重点项目分为了非经营性项目、准经营性项目和经营性项目三类，分别有针对性地提出了不同的融资策略。详见规划报告第25~28章。

3.3 主要创新点

本规划将创新作为实现衡水湖保护区可持续发展战略的突破口,提出了一系列的创新战略构思,这主要体现在以下四个方面:

3.3.1 圈层式布局及跨圈层的生态环境保护战略

圈层式战略布局是本规划的一大创新。其目的是为了将保护区外部人类活动对保护区的干扰控制在一个可接受的范围,从而减少周边地区——特别是周边城市化地区和流域上下游——人类活动对衡水湖湿地的威胁。圈层式战略布局的具体构成包括以保护区为中心的"特别保护圈"、"综合示范圈"、"战略协同圈"和"流域协作圈"等四大圈层。以上四个圈层中,特别保护圈对应于保护区的核心区和缓冲区;综合示范圈包括保护区的实验区和保护区边界以外的示范区;特别保护圈和综合示范圈共同构成保护管理区,直接隶属于衡水湖自然保护区管辖,是本规划的重点研究对象和规划执行主体。战略协同圈和流域协作圈则是保护区实施可持续发展战略的辐射区域和必要的协作区域,本规划对此两个外部圈层的管理运作模式建议需要依靠更高层级的政府部门去进一步推动落实。

圈层式战略布局将区外人类活动有机地纳入保护管理工作的视野,可以更好地促进对衡水湖湿地的生物多样性保护,促进衡水湖自然生态系统的全面恢复,和进一步加强对保护区的保护管理;同时也有利于进一步发挥保护区的生态经济社会效益和其对周边地区的示范与带动效益,使区外周边民众能更好地共享衡水湖这一宝贵资源,充分发挥其生态优势带动社区相关产业发展,推动周边地区走上社会经济和文化的可持续发展的健康之路,在帮助周边地区人民追求美好幸福生活的同时,使保护区得到更好的保护。

基于圈层式战略布局,本规划提出了一系列创新的跨圈层的生态环境保护战略措施。

在水资源保护方面,基于水体的连通性,本规划提出了通过流域协作来控制水体污染以保护水环境质量,通过流域上下游水库间的协作来实现模拟自然的季节性水位变化以解决衡水湖的"反季节引水"问题,以及通过对滏阳新河泄洪区进行生态修复来恢复湿地对洪水的调蓄功能等具体措施,从而实现湿地自然生态系统功能全面恢复的终极目标。考虑到外围圈层相关战略措施的落实尚需一定时间才能实现,本规划还创新地提出了一套保护区范围内的"人工小流域系统",建议利用现有隔堤涵闸地形,因势利导地加以改进,实现人工控制的水体缓慢循环流动,从而充分发挥湿地自然净化功能来维护湖区水质,并在不依靠外部环境条件的前提下逐步独立恢复和增强保护区内湿地的自然生态功能。

针对环境质量保护,本规划不仅对特别保护圈、综合示范圈和战略协同圈分别设定了不同等级的环境质量控制指标,还结合区域分工协同战略来有效控制周边地区发展给衡水湖环境保护带来的压力。如为了使紧邻衡水湖南面、对保护区威胁最大的冀州市工业污染得到有效控制,针对协同区域各区县市发展基础不平衡的现实,本规划提出了关于"冀州飞地"的建议方案,建议将冀州市有污染的工业——如采暖铸造业——搬迁到衡水市的经济开发区,以政府间土地租赁的方式运作,这块地上产生的财政收入归冀州,但付给开发区一定租金,既解决保护区的企业搬迁的问题,又形成一种开发区对内开放的特殊的招商引资模式,加快衡水市的经济开发区引入本地优势企业形成集群效益的步伐,也使污染工业在开发区得到集中有效控制。

针对生物多样性的保护,除了保护区内针对核心区、缓冲区和试验区的不同保护措施外,本规划还提出了以下创新措施,包括:从保护管理对象上,将保护管理范围进一步扩大到衡水市与保护区相连河渠保护隔离带，并在战略协同圈有意识规划生态保护斑点，形成生物廊道和栖息网络，并实现战略协同圈与保护区在景观上的协同；从跨圈层保护参与的动力上，本规划提出了以衡水湖为形象代表的区域形象协同战略，以衡水湖的绿色生态形象来重塑区域形象，在增强区域对外吸引力的同时，也增强整个战略协同圈的生态保护意识；在保护措施的落实上，通过契约机制落实社区参与保护管理的责任等。

3.3.2 保护区管理模式创新

保护区管理模式创新主要体现在管辖范围和职权创新、治理结构创新及组织机构创新等三方面：

(1)管辖范围和管理职能的创新：在管辖范围上，本规划打破了保护区传统边界，提出"保护管理区"的概念。其范围为保护区加上外围保护带，外围保护带包括了与保护区东部边界相连的48km^2 的示范区，以及衡水市域内与衡水湖直接连通的河道两侧 300m 的防护带。其中，示范区是由课题组在 2003～2004 年开展总体规划时提出，并被衡水市政府通过政府文件确认；而河道防护带则是课题组在本次规划中提出的建议，尚待进一步落实。

在管理职权上，本规划提出赋予保护区管委会完全的政府职能，使其角色从负有生态保护使命的专业政府管理部门转变为负有地方行政权责的一级地方政府机构，从而改变了过去保护区条块分割、多头管理的局面，理顺了保护区管理机构的专业管理与地方行政管理之间的关系。由保护区管委会对保护管理区实施统一的地方行政管理的好处包括以下两个方面：其一是扩展空间，以及增强保护区管委会的行政能力，为保护区实施可持续发展战略创造了必要条件。其二则是保护管理的权责统一、责任主体单一，有利于实现对保护区管委会在履行生态保护使命上的问责。

(2)治理结构创新：为了确保拥有全面政府管理职能的保护区管委会能够始终坚持其生态保护的使命，本规划提出了完善保护区治理结构的相关建议。

在这个创新的治理结构中：政府方面，从中央到地方不仅有各级相关政府和专业行政主管部门各自发挥自己的作用，还特别建议在战略协同圈设立一个隶属于衡水市政府的战略协同小组来协调保护区与周边区市县的关系；在流域协作圈则在河北省政府下面设立流域协作圈委员会，来协调流域各地级市之间的关系。战略协同小组和流域协作圈委员会都属于政府间组织。

政府组织以外，则还设立与管委会平行的衡水湖保护评议会和衡水湖湿地顾问专家委员会。评议会由人大、政协、当地 NGO 和社区代表共同组成，负责对保护区管委会的工作绩效进行评价；衡水湖湿地顾问专家委员会则为保护区提供专业顾问咨询，从而促进保护区有效履行其在生态保护方面的职能。

在保护区管委会以下，还设立社区共管委员会、衡水湖保护基金会和衡水湖资源开发总公司。其中，社区共管委员会由保护区下属的村落派代表来参加，使社区在保护区的政策形成过程中有一个固定的参与机制；衡水湖保护基金会是一个公益基金，是保护区资金募集和运作的一个重要平台，由管委会来领导，同时又接受评议会的监督，将在评议会的监督下以透明的运作机制来确保其投资导向在有利于保护区生态保护使命的前提下带动当地社区的发展。衡水湖资源开发总公司则负责对衡水湖湿地资源进行统一开发管理，为了确保总公司行为不违背社区利益，建议由基金会、投资商、社区集体和个人共同参股，把大家的利益团结在一起。

(3)保护区管委会组织机构创新：为了增强保护区管委会的行政效率和公共服务能力，本规划对保护区管委会组织结构和能力建设都进行了精心规划。管委会组织设计的基本思路是：尽可能地合并相关政府职能，做到机构精简；以能力提升和服务导向为核心进行组织结构创新；以及以观念更新、人才战略和效能建设为中心发展机构能力。

在机构精简方面，以建议中的“生态资源保护管理局”为例，该局设想由目前的水务海事局与资源保护管理局合并，并增加环境保护职能。之所以需要将该三项职能并入在一个局，是考虑到此三大使命之间存在着不可或缺的关联关系，且都对保护执法有着明确的要求。该局向上对口：林业局、环保局、园林局、水利局、畜牧水产局、海事局等。这样，通过一个行政部门多个向上对口职能，来避免保护区管委会机构过于庞杂，且增强了该局统筹相关保护执法的能力。

从能力提升的角度，本规划还进一步将总体规划中建议的职能型组织架构发展为了矩阵型组织架构，以利于满足保护区管委会大量的项目工作需求。并建议新设一个超脱于保护区各项具体行政职能之外并高半级的“可持续发展促进中心”，来确保可持续发展战略规划在保护区管委会的各项工作措施中得到贯彻落实，并作为一个实现对管理绩效的持续改进的核心机构，为各职能部门和项目提供与可持续发展和项目管理能力建设相关的技术支持。

从服务导向的角度，本规划则建议设立“政府行政服务中心”，作为保护区管委会面向社区提供公共服务的前台窗口单位。其服务范围包括信息公开、科普宣教、就业与创业指导、行政审批、投诉受理等。其使命是提供以客户为中心的“一站式”服务，对所有公众的任何服务申请都统一受理，并限时答复，从而简化行政程序，提高行政效率，提高群众对政府的满意度。

在机构能力建设方面，本规划提出保护区管理人员应首先从增强公共服务意识、信息公开意识、依法行政意识和生态文明意识等四个方面进行观念更新；在人才战略方面，不应仅仅注重保护区自身人才的发展，还需要积极培养社区共管人才，以及从不为我所有但为我所用的角度内引外联实现保护区人才的跨越式发展。最后，本规划还提出了从决策能力、执行能力、知识管理能力和廉洁管理能力等四项能力，并结合客户满意度评估，来积极发展机构能力。课题组认为，作为一个有责任的政府，应该像一个企业那样接受客户满意度评估。政府服务的客户应包括本地居民、生态旅游者以及一般意义上的社会公众，应分层次调查其满意度。

3.3.3 土地管理创新

土地的保护与管理是衡水面临的一个非常严峻的挑战。这里不仅有人和湿地争夺空间、土地利用不合理、利用效率低下的问题，而且保护区管委会自己拥有的土地不足4%，其他的全是集体土地，土地权属亟须调整。因此，本规划从土地权属调整、土地利用调整以及土地价值管理等多个方面提出了对土地保护与管理的创新思路。

土地权属调整方面，本规划提出了针对保护区不同区域的不同调整策略。其中，核心区建议国家征用。在缓冲区和试验区，对于需要保护区统一管理的土地，可以采用征用、置换、租赁和使用权入股等多种方式进行管理权的调整；对于不一定有必要交由保护区统一管理的土地，可以不作调整，而是与老百姓签署共同保护协议，并给予老百姓因承担保护义务而蒙受的损失以适当补贴。以上方式可因地制宜，灵活掌握，在充分尊重社区居民的意愿和照顾好老百姓的利益的前提下，通过协商合作来达成保护区的保护管理使命。

在土地利用方面，本规划提出的对策是对土地利用进行合理规划、集成利用。将保护区的土地分为几类。其中，对于湿地，采用生态旅游、渔业、苇业和湿地农业等综合利用方式，在结合湿地保护恢复的基础上合理发展；对于耕地，则大力发展现代农业、有机农业和休闲农业等，以通过提高农业生产效率和附加值，来提高土地利用的综合效益；对于非农业用地，则通过土地置换等方式尽量整合，为建设生态城镇、生态旅游和生态工业设施等开拓出充足的发展空间。

此外，针对湿地恢复与耕地保护之间的矛盾，本规划还提出通过发展湿地农业来缓和上述矛盾的思路。比如，在衡水湖作为南水北调调蓄水库的功能得到正常发挥后，由于有了充足的水资源供应，可以适当种植水稻及其他湿地水生农作物，发展湿地有机农业，从而实现土地资源的复合利用。

此外,还可以将部分湿地开辟为相应的湿地农业科研基地和野生植物的基因库等,从而提升湿地类型的土地利用的综合效益。

最后本规划还提出了土地价值管理的思路,并对保护区不同位置和用地性质建立起了不同的土地服务价值基准,以此指导土地利用的调整,促进土地的集约利用。

3.3.4 社区全面发展的创新

本规划以"改善社区生活条件、提高人口综合素质、弘扬地域传统文化、发展现代政治文明、走向绿色生态文明"为指导,以"湿地新城"建设和"湿地村落"综合整治为重点,积极促进社区环境、社会、经济、文化和政治的全面发展。

"湿地新城"的提出是出于生态移民安置的需要、发展社区教育的需要、实现农村土地集约利用和规模化经营的需要,以及促进保护区产业结构调整的需要。湿地新城将成为保护区示范和带动周边地区可持续发展的一个重要窗口。湿地新城被定位为一个循环经济为核心整合区域资源,实现保护区生态产业的集群化发展的社区经济中心、生态旅游接待服务中心、区域性会展商务旅游服务中心。它将被建设成为一个符合绿色建筑标准的现代生态社区,将拥有完善的社区公共服务体系和生态文明导向的社区文化氛围,其目标是成为一个新农村和社区生态建设的典范。其选址、规模、定位及空间布局等都充分体现了生态环境保护优先、土地和资源集约利用和生态经济社会文化全面发展的原则。

"湿地村落"综合整治是实现社区全面发展的另一个着眼点。本规划以优化村落土地利用,完善公共服务,改善人居环境、提高生活水准,减少环境负面影响,提升环境景观文化价值,结合生态文明教育,启发村民对美好精神文化的追求,弘扬地方文化、改善农村风尚等社区全面发展为目标,提出了生态旅游接待村模式、绿色产业龙头村模式、绿色产业特色村模式和土地置换模式等四种村落综合整治模式,根据各村的发展基础和地理位置因地制宜地做出选择,并从社区公共设施建设、农村住宅建设、社区基础设施建设、环境卫生和村容村貌整治等不同方面分别提出了具体的整治策略。

社区全面发展的规划措施还涉及农村社会保障体系建设、社区文化发展、社区政治文明建设等多方面的具体内容。本规划都基于衡水湖的现实条件提出了许多有针对性的措施。

如在农村社会保障体系建设方面,基于课题组对衡水湖社区贫困状况的调研河贫困原因的深入分析,以及对衡水湖农村老龄化现象的认识,提出了积极推动城乡一体化的最低生活保障制度,医疗保险与医疗救助相结合,开发式扶贫与救助式扶贫相结合,以及积极发展农村社会保险、农村信贷扶贫和积极促进社区就业等一系列举措。

在文化发展方面,则特别突出了生态文明价值观体系的构建和培育的问题。为了落实生态文明价值观体系的构建,本规划对生态文明价值观体系的内涵进行了详细阐述,认为生态文明是人类社会继农业文明、工业文明、商业文明之后更高级的文明形态,是与可持续发展目标相适应的文明形态。构建和弘扬生态文明价值观对于保护区社区走可持续发展之路具有基础性的作用,指出生态文明应是节约文化、公益文化、学习文化和传统文化的有机结合。具体到衡水湖社区的生态文明建设举措,则具体提出了"弘扬中华传统文化;恢复培养敬老爱幼、谦虚礼让、明辨是非、讲究公德、诚实信用、勤劳节约的朴实民风;大力提倡公益文化,鼓励志愿精神,促进社区居民积极参与社区公共事务;营造终生学习环境、提升社区居民科学文化素质;深入挖掘地方特色文化、强化地方传统文化教育,增强社区居民的地方文化荣誉感和归属感;丰富社区业余文化生活,倡导积极健康的休闲娱乐方式"等一系列举措,并对保护区领导干部和工作人员提出了应在社区文明建设中率先垂范,带动社区精神文明建设的相关要求。

在完善农村社会治理方面,本规划提出了完善农村选举制度、强化村务公开,以及积极促进农村公民社会的发展的一系列举措。还从如何切实推动社区参与和社区共管、帮助提高社区居民自我管理能力和建立健全保护区信访制度等方面,对如何加强保护区管委会在社区政治文明建设中的作用提出了一系列具体要求。

4 规划实施的前景展望

课题组 2003 ~ 2004 完成的《衡水湖国家级自然保护区总体规划》已经成为一个正在实施的规划。规划实施以来,衡水市依据保护区总体规划,将原来的保护区管理局升格为保护区管委会,并通过将部分市直属专业局设在保护区管委会来增强管委会在水务等专业管理领域的协调能力。衡水市还将与保护区发展相关的 5 个事业单位成建制地划归保护区直管;同时,将与衡水湖关系最为密切的 8 个村落从原来分属不同乡镇划归保护区代管,使保护区管委会拥有了一批对于其履行保护和发展使命非常宝贵的物质资产和依托对象。衡水市还将冀衡农场等高污染排放企业迁出了保护区,并通过专项治理行动清除了给湖水带来严重富营养化威胁且愈演愈烈的网箱养鱼现象。衡水市还提出了打造“宜居、宜业、宜游”的“水市湖城”,主动将整个衡水市的总体发展战略围绕着衡水湖来做文章,给保护区提出了要“千方百计把衡水湖这一宝贵资源保护、开发和利用好,努力提高衡水湖的知名度、美誉度和吸引力”的要求。这就为衡水湖保护和为周边地区开展可持续发展示范带来了更加强有力的动力。从衡水市的以上举措也可以清楚看到该市在支持保护区的保护与发展方面的坚定决心。

2005 年,衡水湖还被列入了全国湿地保护工程,并被国家林业局正式向联合国申报把衡水湖国家级自然保护区列为国际重要湿地;2006 年,衡水湖还加入了“东亚 - 澳大利西亚鸻鹬类鸟类保护网络”。这些国家和国际层面的关注将极有可能促成保护区外围的战略协同和流域协作机制的落实,并带来必要的资源投入来促进本规划的各项规划措施和重点项目的实施。另一方面,从课题组与保护区管委会人员的接触来看,保护区工作人员的素质也在稳步提高,这都将有利于本规划的成功实施。

目前,课题组的规划工作已经结束。但课题组将持续跟踪衡水湖的发展情况。课题组对衡水湖发展状况的跟踪调查始于 2007 年,确定了约 50 户农户作为跟踪联系户。从目前的反馈来看,大多数农户都反映说近年来衡水湖的环境变好了,自己的生活也在往好的方面变化。相信伴随着可持续发展战略规划的许多规划措施的进一步落实,衡水湖将变得更美,衡水湖周边农村将得到更多的发展机会,老百姓的生活变得更加富裕。

衡水湖国家级自然保护区可持续发展战略规划

课题组

2009 年 6 月 11 日

第一部分
保护区调查与评价

第1章　保护区概况

本章对保护区的位置和范围进行了简述,并对保护区的历史沿革进行了回顾,使本规划不仅做到对象明确,并且使将保护区的可持续发展战略置于衡水湖人与湿地关系数千年变迁的历史大背景下成为可能。

1.1　保护区的位置与范围

衡水湖国家级自然保护区地处河北省衡水市境内(图1-1),位于衡水市桃城区西南约10km处,北倚衡水市区,南靠冀州市区,京开路(106国道)沿衡水湖边穿过。

图1-1　衡水湖自然保护区的位置

保护区范围东至五开河村,西至大寨村,南至堤里王,北接滏阳河,地理坐标范围为东经115°27′50″~115°41′55″,北纬37°31′40″~37°41′56″,东西向最大宽度20.87km,南北向最大长度18.81km,海拔在18~25m左右。自然保护区面积经2004年总体规划修正为220.08km^2。

保护区以东的48km^{2}由衡水市政府划为保护区的外围保护带,由保护区管委会统一管理,一并开展保护和建设工作。因此,保护区管理边界范围东至善官村,西至大寨村,南至堤里王,北接滏阳河,地理坐标范围为东经 115°27′50″～115°42′51″,北纬 37°31′40″～37°41′56″,东西向最大宽度 22.28km,南北向最大长度 18.81km,总面积 268.08km^2(图 1-2)。

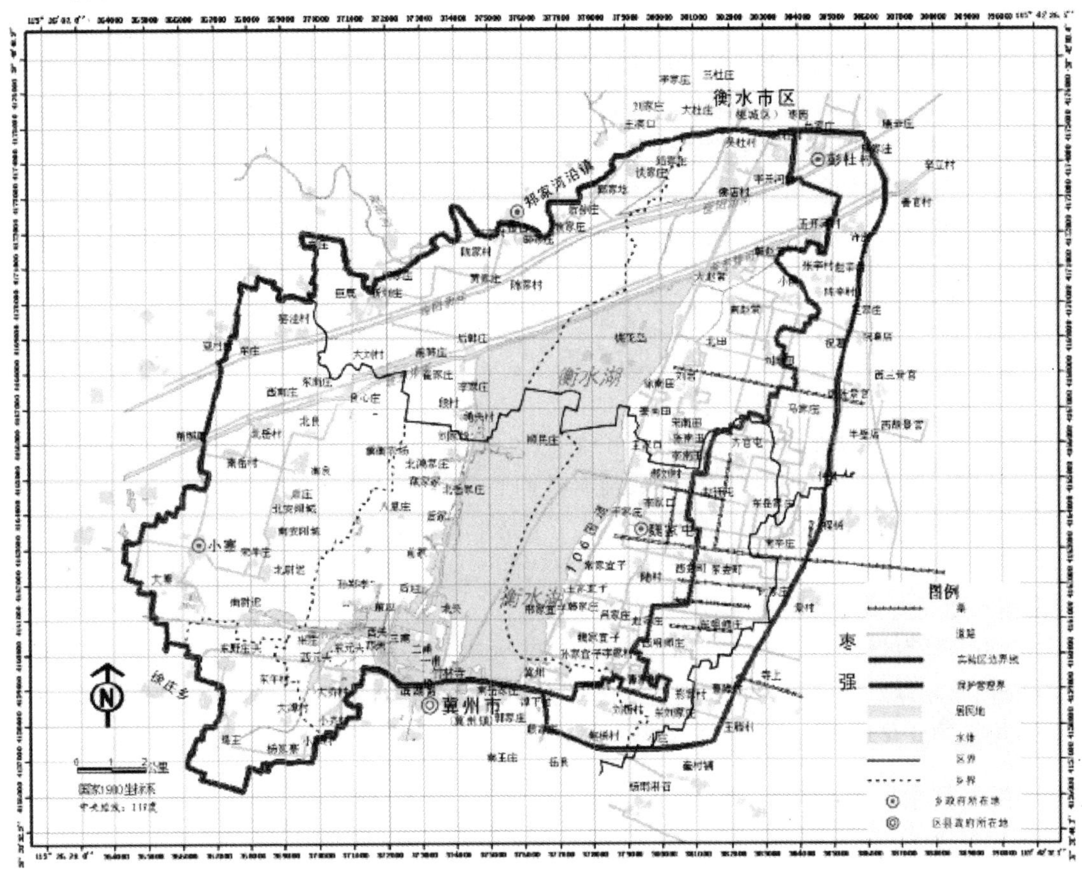

图 1-2　衡水湖自然保护区地图

1.2　历史沿革

1.2.1　自然赐予的天然湿地

衡水湖又名千顷洼,属黑龙港流域冲积平原冲蚀低地带内的天然湖泊,现分属衡水市桃城区和冀州县地界。古时的衡水湖是一片浅碟形自然洼淀,由太行山东麓倾斜平原前缘的洼地积水而成。衡水湖在历史上的不同称谓还有:《汉志》中的"信泽"、"泽水"、明代《洪志》中的"冀州海子"、《真定志》"冀衡大洼"、清代《冀州开渠记》中的"衡水洼"、《吴汝纶日记》中的"葛荣陂"等〔李宏凯,2001〕。

据考证,历史上的衡水湖是古代广阿泽的一部分,广阿泽包括任县的大陆泽和宁晋县的宁晋泊。相传,周定王五年(公元前 602 年)以前,在这里有一个大湖泊,黄河流经于此。河北省地理研究所《关于河北平原黑龙港地区古河道图》表明,在衡水、冀州、南宫、新河、巨鹿、任县、隆尧、宁晋、辛集一带有一个很大的古湖泊遗迹,古湖长约 67km,后来湖泊渐淤,分成现在的宁晋泊(在宁晋县附近)、大陆泽(在任县附近)和衡水湖。

1.2.2　千年变迁——从烟波浩淼到彻底干涸

衡水湖在历史上曾为黄河、漳河、滹沱河故道，水系纵横、烟波浩淼、土壤肥沃，孕育了灿烂的农耕文明，是古冀州文化的发祥地，京杭大运河也曾从这里穿过。考古发现的衡水湖周边有人类活动的历史可以追溯到新石器时代，其南面的“冀州市”在汉代曾是九州之首，非常繁华，但也因此成为兵家必争之地，是历史上著名的古战场。

同时，由于衡水湖地势低洼，河流频繁改道，水灾频繁。所以在数千年的农业文明史上，治理水害就成了历代州官利民成业的一件大事。隋朝的州官赵煚曾在此处修赵煚渠。唐贞观十一年冀州刺史李兴利用赵煚渠引湖水灌溉农田。清乾隆年间直隶总督方敏恪曾将衡水湖水“导使入滏，立闸以为闭纵”，“建石闸三孔，宣泄得利”，使原来经常洪水泛滥的荒地变成沃田。知州吴汝纶鉴于“嘉庆以后，闸废河淤”，于光绪十年开渠通滏，称为“吴公渠”，“泄积水于滏，变沮洳斥卤之田为膏腴者且十万亩”〔李宏凯，2001〕。

应该说，这些水利设施确曾造福了一方百姓，但经过数千年的农业开发，衡水湖湿地的范围也因此不断收缩。这种“人进湖退”一度造成衡水湖彻底干涸。1948 年解放区为发展生产设立的我国首个机械化生产的现代农场——冀衡农场就坐落在平坦的衡水湖湖底。湖区的其他土地也分别归属各周围村落进行农业耕作。到 20 世纪 50 年代的海河流域整治，上游大规模修建水库拦截水源，更使衡水湖失去了与自然流域系统之间的联系。

衡水湖由广博的湖泊和天然湿地逐渐退化干涸，曾经辉煌的冀州城因水而荣、也因缺水而逐渐衰败。如今，干旱缺水已经成为制约周边地区社会经济发展的首要矛盾。衡水湖历史沿革中这样的一种戏剧性的变化对于当今的人类反思人与自然的关系是一部非常生动的教材。

1.2.3　恢复蓄水——人与自然的曲折抗争

作为自然洼地的衡水湖，其范围东临盐河故道，西至冀州南良乡，南到冀州城关，北抵衡水城南滏阳河右堤，南北长约 20km，东西宽平均 6km，总面积约 120km^2。湖底湖岸为黏质土，渗透性很小，是一个天然的良好蓄水池。

衡水湖干涸使衡水地区从地肥水美之乡变成了干旱中心，给当地的工农业生产带来了巨大的困难。利用衡水湖洼地蓄水成为了 1958 年后衡水湖改造的一条主线。最初是农业灌溉的需要，但新中国成立以来随着周边地区工业化进程不断加快，工业用水的压力更成为衡水湖再次蓄水的一个更主要的动力。事实上，如今农业灌溉用水并不完全依赖湖水，而主要是靠机井提灌地下水来解决。衡水电厂的用水需要是衡水湖得以再度维持一定蓄水量的真正原因。目前衡水湖东北部已建成一座规模 10 万 m^3/d 的取水泵站，供电厂冷却用水。这时的衡水湖已经基本上失去了自然河流的补给。衡水湖北岸的滏东排河和滏阳新河都是人工开挖的排污泄洪道，主要汇集上游沥水和城市废水，水质很差，且给水极不稳定。为保证电厂工业用水，衡水湖不得不每年花巨资人工引水。目前主要是引黄河水，今后南水北调工程建成后，还将从南水北调东线和中线两个方向引水，并计划进一步增大衡水湖的蓄水量。

下面是衡水湖建国后历次改造的曲折历程：

- 1958 年原衡水县动员民众建闸筑中隔提，兴建了早期东湖，面积 60km^2，作为蓄水工程开始运用，但因排水设施不配套，加上 1960、1961 年多雨多涝，损失大收益小，于 1962 年被迫停蓄还耕。
- 1965 年，在开挖滏阳新河、滏东排河的同时，筑北围提，建大赵进水闸，截去衡水湖一段，使东湖面积缩小为 42.5km^2。约占自然洼地 1/3 的北部湖区与大湖相分离，成为了功能相对单一的泄洪通道。

- 1972年冀县于东湖内的东南部围成10.1km^2的冀州小湖，建成小湖进水闸。
- 1973年由于该地区干旱严重又重新启用东湖。
- 为了扩大蓄水能力，1974年各堤加高加固，并开挖中隔堤截渗沟。
- 为缓解衡水市辖区水资源紧缺矛盾，原衡水地区于1975年在滏阳新河深槽修建了西羡节制闸和滏阳新河东羡穿右堤涵洞，有计划地将滏阳新河汛期洪水引入衡水湖。同年冀县南关大湖进水。
- 1976年建滏东排河东羡节制闸、五开节制闸，扩挖了冀码渠。
- 1977年扩建西湖蓄水工程，建成南尉池、王口、前韩三闸，形成了衡水湖西湖，面积32.5km^2。此时衡水湖水源主要为滏阳新河、滏东排河来水，保证率低，水质差。
- 1978年在候庄修建了穿左右堤涵洞2座，使衡水湖、滏东排河、滏阳新河、滏阳河互相沟通。
- 1985年新开"卫（运河）一千（顷洼）"引水系统。"卫一千"引水系统从和平闸过清凉江（油故闸）至盐河故道王口闸入衡水湖，全长73.8km，设计流量在油故闸以上为41m^3/s，以下为31m^3/s。

经上述近30年的建设，目前衡水湖北靠滏阳新河及滏东排河，东临106国道，南有冀码渠，冀州城关称"水泊冀川"浮于湖区南端。湖岸均筑有围堤，高程约22.5～23m。湖区由中隔堤分为东湖（含冀州小湖）和西湖两部分。东湖、西湖、冀州小湖三湖基本独立，仅在东、西湖中间隔堤上建有二座穿堤涵洞，可沟通东西二湖。这样，昔日的自然洼地衡水湖已变成有13座闸涵，32.6km围堤，蓄水能力1.88亿m^3，蓄水面积75km^2，相应水位21m，能调、能蓄、能排、能灌的大型水利工程。其中东湖已蓄水，湖底高程18m，库容1.23亿m^3，蓄水面积42.5km^2（其中冀州小湖面积10.1km^2），内有一村庄，即顺民庄；西湖未蓄水，底面高程19m，库容0.65亿m^3，蓄水面积32.5km^2，现居住17个自然村，分布在中隔堤西侧。

1.2.4　保护湿地——走向人与自然的协调发展

1982年衡水撤县建市，1996年由国务院批准升级为地级市。在衡水市城市化不断加速的过程中，衡水湖这一宝贵水域逐渐受到重视。1991年，衡水市在总体规划（1991～2000年）中明确将衡水湖约90km^2控制区面积划定为特别建设管理区，以保护水源，并开发利用衡水湖的风景旅游资源。

但是一开始人们更多的是从开发利用而不是保护的角度去认识衡水湖的价值，所以进入了1980～1900年代的衡水湖也一度走过一段弯路。从1986年开始设衡水湖开发办，到1991年设衡水湖开发总公司，到1992年设衡水湖经济技术开发区，到1996年开发区撤销，衡水湖的发展似乎一切又回到了起点。如今，只有衡水湖东湖东北角的三个人工岛是当年开发区时代留下的工程。

吸取了设立经济开发区失败教训的衡水湖，开始逐渐认识到湿地的生态价值。在衡水市市委和市政府的高度关注下，衡水湖的发展逐渐走上了一条人与自然协调发展的新生之路。1996～1999年间，河北省林业厅、衡水市林业局先后数次聘请有关部门领导和专家对衡水湖进行了考察，编制了《衡水湖湿地和鸟类省级自然保护区总体规划》。2000年衡水湖自然保护区被批准为省级自然保护区，成为河北省历史上第一个内陆湿地自然保护区。2001年，自然保护区管理处又组织各领域专家通过实地调查，收集整理了现有资料，汇集编撰成《河北衡水湖自然保护区科学考察报告》，并于2003年成功晋级为国家级自然保护区。同时，衡水湖也被批准为国家级水利风景区。2005年国务院批准的《湿地保护工程规划》中，将衡水湖列为"国家重点投资的自然保护区"。2006年，衡水市批准将保护区管理局升级为管委会，使衡水湖的发展进入了新的历史阶段。

第2章　保护区自然生态资源调查与评价

本章对保护区的自然生态资源的调查与评价包括了地质地貌、气候、土壤、水文与水资源等自然条件与资源，以及动植物和湿地生态系统等生态资源。这将为明确保护区的保护对象和寻求可持续发展的现实基础创造条件。

2.1　自然条件及其资源价值评价

2.1.1　地质地貌

2.1.1.1　地质构造

衡水湖国家级自然保护区属第四纪冲积平原，处于新华夏系衡邢隆起东侧的威县—武邑断裂带附近，湖区北部为石家庄—巨鹿—衡水纬向断裂。在三级构造上自然保护区处于南宫断凹的边缘，属南宫断凹与明化断凸的边界断裂。第四纪全新世期间由于古黄河、古漳河、古滹沱河等都曾先后流经此地，黄河故道沉积从湖区东南分为两支，漳卫河故道从湖区西南分为两支，分别绕过湖区中心，沿湖区东西两侧呈北北东向展布，在原湖区北端(衡水市区南部)汇合。受河流侧蚀与堆积、湖泊扩展与萎缩堆积过程的相互作用，本区河流相与湖泊相沉积交替出现，互为透镜体分布。全新世沉积物埋深一般在20m左右。湖区全新世地层主要由褐色黏土、亚黏土、轻亚黏土、黄色粉砂及细砂组成，多为互层状分布。砂质沉积层以粉砂及粉砂土为主，细砂较少。衡水湖湖底湖岸为黏质土，渗透性很小，形成隔水层，是一个天然的良好蓄水池。

2.1.1.2　地形地貌

衡水湖自然保护区处于冀南平原北部，属于冲积平原，西部紧邻滹沱河冲积扇前缘，东侧为古黄河、西侧为古漳河的古河道高地。湖盆为一长条形浅碟状洼地，湖底海拔高度18m左右，比周围平地低4～5m之多。湖岸是自然平地，由人工堤将其分为东湖(包括冀州小湖)和西湖两部分，目前西湖尚未蓄水。西岸地面高程为23m，东岸为22. 5m。湖岸坡较陡，湖底呈微倾斜状。东湖平均高程18m，西湖19m，东湖底有三条低地带，一条从冀州南关至大赵闸，大赵闸附近最低处为海拔15m，另两条低地带在冀州小湖的中西部，南北向排列，中部低地带高程大体为17. 1～17. 6m，西部低地带高程为15. 5～16m。西湖湖底高程较一致。分布在东西湖间的中隔堤两侧有19个台丘和5个小岛，台丘面积为4～18km^{2}不等，台面高程为22～22. 5m，湖区各村就坐落在这些台丘上。衡水湖自然保护区地形图如图2-1。

2.1.2　气　候

本区属暖温带大陆季风气候区，气候特点是冷暖、干湿差异显著，四季分明，光热资源充沛，雨量集中，灾害天气频繁。衡水湖自然保护区地处内陆，属暖温带半湿润易旱区。干燥度在1. 23～1. 57之间，大陆度65. 6%，四季分明，冬夏长，春秋短，春季为冷暖季节的转换期，冷暖空气交错频繁，干燥多风；夏季高温、高湿、降水集中；秋季降水天气减少，气温下降，天气晴朗；冬季天气寒冷干燥，多偏北大风，雨雪稀少。

2.1.2.1　日　照

自然保护区历年平均年日照时数为2642. 8小时，年平均日照百分率为60%。各月日照时数

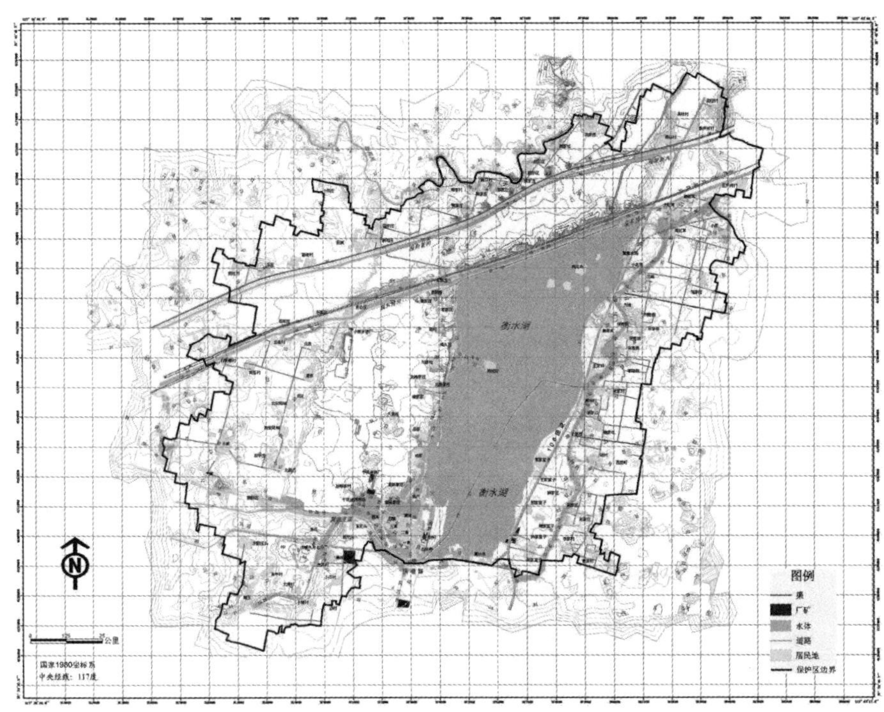

图 2-1　衡水湖自然保护区地形图

以 5 月份最多,达 283.9 小时。12 月份日照时数最少,仅为 177.1 小时。本市光照充足,3 ~ 10 月份农作物生长季中各月的日照时数都在 220 小时以上,能满足喜光作物生长发育的需要。

2.1.2.2　气　温

本区年平均气温 13.0℃,常年最热月为 7 月,平均最高气温 37.3℃,极端最高气温 42.7℃,年际变异在 36.5℃ ~ 42.7℃之间。27 年中极端最高气温大于或等于 40.0℃的年份占 33%,3 年一遇;38 ~ 39℃的年份占 48%,为 2 年一遇;小于或等于 37.9℃的年份占 22%,为 5 年一遇。1 月份为最冷月,平均最低气温 -15.3℃,年极端最低气温 -23.0℃,年际变动在 -23.0 ~ -11.7℃。27 年中年极端最低气温小于或等于 -20.0℃占 26%,为 4 年一遇;大于或等于 -15.0℃以上的 37%,为 3 年一遇; -19.9 ~ -18℃占 19%,为 5 年一遇。

2.1.2.3　风向与风力

本区常年主导风向为西南风(图 2-2),衡水市平均风速 2.5 m/s,冀州市平均风速 3.4 m/s。每年 3 ~ 6 月为多风时期。记录到的最大风速 28m/s,为西北风。自然保护区的大陆性季风气候比较明显,冬季多受蒙古冷高压控制,盛行偏北风,天气寒冷干燥,春季受印度低压和太平洋高压影响日趋加强,天气晴朗,气温回升快,此时暖温气流还不太强,降水稀少,由于地面常受入海高压后部的影响,盛行西南大风。夏季常受太平洋高压影响,天气潮湿酷热,降水集中。秋季蒙古高压气团重新出现,太平洋副高压同时南撤,低空温度风速降低,形成秋高气爽天气。

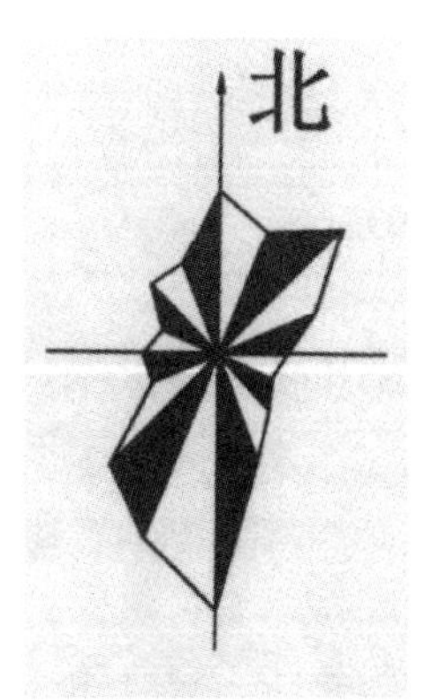

图 2-2　衡水市风玫瑰图

2.1.2.4　降水与蒸发

(1)本区年平均降水量为 518.9mm。降雨量年际变率大,时空分布不均,最多的 1964 年为 892.8mm,最少的 1997 年为 231.3mm,年际最大变差达661.5mm。年度降水多集中在6～8月份，占全年总降水量的68%，其中7、8两月的降水量约占全年降水量的56%。这阶段多为雷阵雨天气，6～8月降水日数平均为30天。（表2-1）冬季最大积雪厚度为16 cm(1971.3.2)。

(2)本区年蒸发量在1295.7～2621.4mm之间。年平均蒸发量为2201.9mm，1968～1993年中有6年高于平均值，18年低于平均值。蒸发量以6月最大，达342.9mm，12月份最小，仅44.9mm。

表2-1 衡水市月平均最大、最小降雨量和一日最大降雨量

月份	历年平均(mm)	历年最多		历年最少		各月一日最大降水量		
		极值(mm)	年份	极值(mm)	年份	降水量(mm)	年份	日期
1月	2.6	19.2	1964	0.0	1994　1999	10.6	1973	23
2月	6.2	25.9	1976	0.0	1996　1999	12.2	1979	22
3月	11.9	55.9	1990	0.0	1974　1975	12.7	1961	18
4月	16.6	203.6	1964	0.0	1960	85.4	1964	19
5月	31.4	156.3	1977	1.2	1957	96.4	1968	19
6月	72.1	173.6	1971	7.6	1968	121.8	1981	20
7月	158.1	361.4	1969	8.7	1980	183.2	1969	28
8月	114.0	371.1	1963	21.8	1997	195.7	1987	26
9月	42.7	138.3	1983	0.5	1957	77.3	1983	1
10月	27.2	76.9	1961	0.2	1967	46.0	1983	17
11月	10.6	62.6	1993	0.3	1975	26.4	1965	1
12月	4.2	16.2	1974	0.0	1999　2000	10.3	1979	18
全年	518.9	892.8	1964	231.3	1997	195.7	1987	26/8

2.1.3　土　壤

衡水湖自然保护区成土母质为河流沉积物，沙、壤、黏质俱全。湖区及东部以亚黏土和黏土为主；中隔堤及湖区西部以亚黏土及砂土为主；湖区围堤以亚黏土为主。保护区土壤大体可归纳为两个土类：潮土和盐土。湖东岸以中壤质潮土和轻壤质潮土为主，有少量盐化潮土。湖西岸以沙壤质潮土为主，有部分沙壤质轻盐化潮土。潮土是自然保护区的主要土壤类型，潮土母质主要是由黄河携带的泥沙沉积形成，土壤颜色以棕色为主，沉积层理清楚明显。此外，地下水直接参与成土过程，表土、底土有潜育化现象。土壤有机质含量湖区大部分为Ⅱ类(0.7%～1.0%)，少量为Ⅳ类。

2.1.4　水文与水资源

2.1.4.1　衡水湖

衡水湖是本区主要水体，湖域面积为75 km^2，占整个保护区的40%，被人工隔堤分隔为东湖、西湖和冀州小湖。此外，还有一些因古河道改道和洪水泛滥遗留的许多深浅不一的分散小水体。

衡水湖自然保护区虽处在干旱缺水的华北平原中心地带，但据史书记载，衡水湖起源于公元前602年(周定王五年)，两千多年来未曾干涸过。但随着全球性气候变迁，本区目前年降水量远远低于年蒸发量，加上各种上游水利设施的修建，湖区目前已基本丧失了原来的自然流域系统的水源补给，完全依赖人工调水蓄水维持。目前衡水湖设计蓄水位21m，最大库容为1.88亿m^3。自1994～

2000年实际累计蓄水6.63亿m^3,年均0.95亿m^3。计划在南水北调引江工程实施后,衡水湖设计蓄水位达23.2m,最大蓄水量达3.14亿m^3。

衡水湖被人工修筑的中隔堤分为东西两湖。目前西湖尚未蓄水,东湖作为衡水电厂的冷却用水的调蓄水库而使水源补给得到保障,是衡水湖的主要水体。

衡水湖的物理性状及相关的水文参数见表2-2。

表2-2 衡水湖的物理性状及相关的水文参数

序 号	参数名称	单 位	数 值
1	湖泊面积	$10^6 m^2$	42
2	湖泊容积	$10^6 m^3$	105
3	平均水深	m	2.5
4	最大水深	m	4.0
5	平均滞留时间	d	90
6	入湖水量(引水量)	$10^6 m^3$	50
7	湖面降雨量	$10^6 m^3$	21.8
8	湖水蒸发量	$10^6 m^3$	16.8
9	工农业用水量	$10^6 m^3$	35
10	湖水渗漏量	$10^6 m^3$	20

2.1.4.2 河流水系

本区周边河流属海河水系的子牙河水系。有滏阳河、滏阳新河和滏东排河三条主要河流流经保护区北侧,河水均自西向东北流,并有闸道与衡水湖相通。滏阳河是目前衡水湖周边唯一的自然河流,流域面积为1442000hm^2。滏阳新河是为治理滏阳河泛滥而人工开挖的大型行洪排涝河道,行洪能力为6700 m^3/s;滏东排河系修筑滏阳新河南堤时取土留下的河道,流域面积250000hm^2。保护区东侧和南侧还分别有冀码渠、冀南渠和卫千渠等人工河渠,以及盐河改道后遗留的盐河故道。冀码渠和卫千渠是保护区最重要的两条人工河道。其中卫——千渠引水入大湖;冀码渠的引水则优先引入小湖,只有2005年通过南关新闸向东湖大湖引过水。南北走向的盐河故道是已经废弃的河道,卫千渠则利用了其部分河道。衡水湖及周边水利水系如图2-3。

2.1.4.3 地表水资源

地表水资源主要来源于自然降水和客水。本区历年年平均降雨量为518.9mm,而年平均蒸发量为2201.9mm,年降水量远远低于年蒸发量,气候干旱,自然降水严重不足,因此衡水湖的水源主要依靠上游汇水和人工引水。

(1)当地汇水:由于气候干旱,来自滏阳河、滏阳新河和滏东排河的地表径流水量很小,除洪水期水质较好,其他时间由于工业废水的排入污染严重而难以利用。另外,由于堤坝闸道等的阻隔,这些当地汇水也不能向衡水湖自然补给,而需通过人工河渠和涵闸调入衡水湖。自“引黄济冀”工程利用“卫—千”引黄入湖后,为了防止衡水湖水环境污染,关闭了滏阳新河、滏东排河等污染严重的河渠进水闸涵。但冀州小湖依然引滏阳新河、滏东排河的上游汇水,污染特别严重。冀州小湖水体与东西湖不贯通,因此对大湖水质的影响不大。

(2)人工引水:分东、西两条引水线,人工调水分别从卫千渠和冀码渠进入衡水。人工引水的水源主要有:①引黄河水:引黄济冀工程是为缓解邢台、衡水、沧州等地区的严重缺水状况,由国家

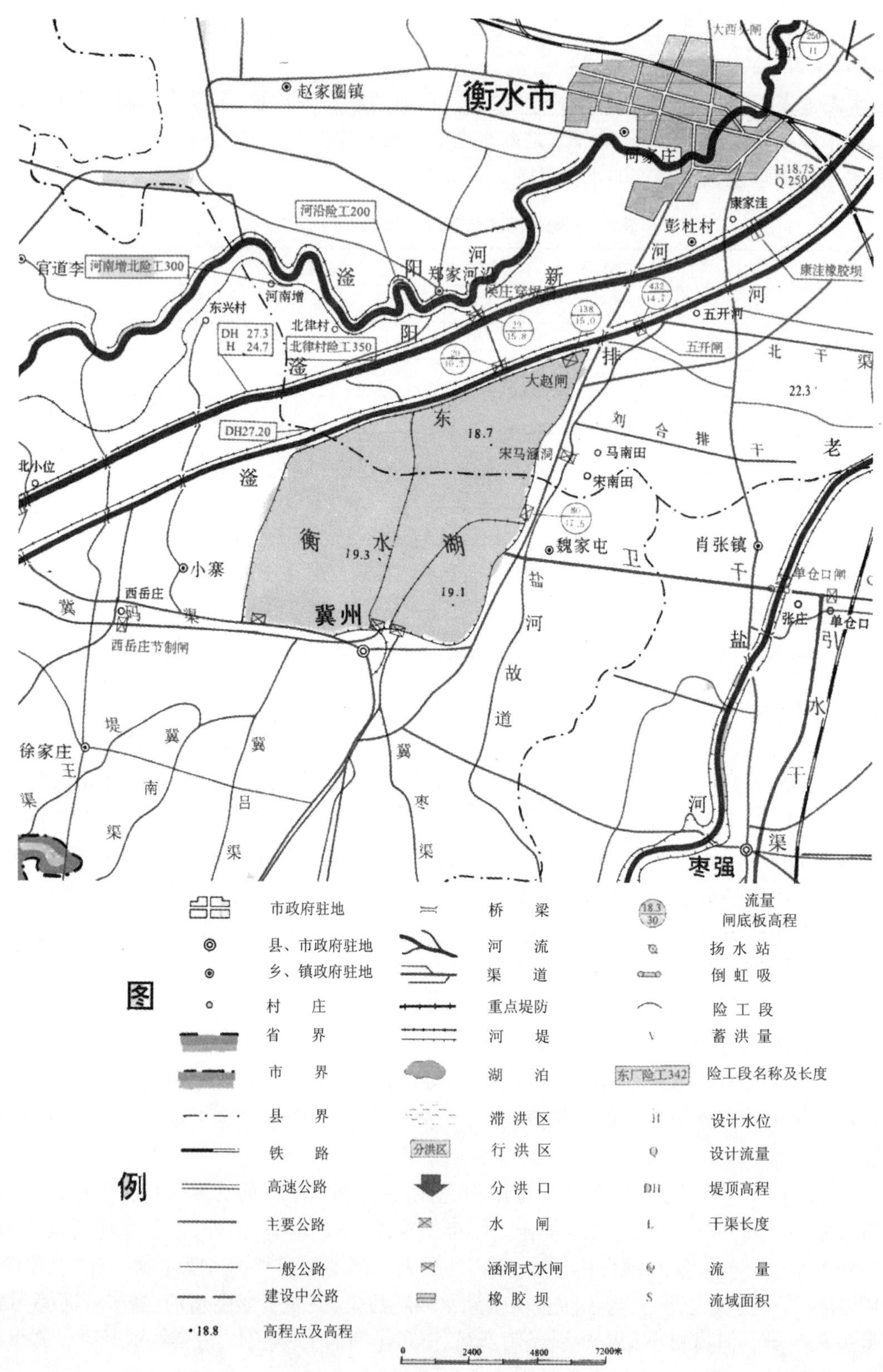

图 2-3 衡水湖及周边水利水系图

投资兴建的跨流域大型调水工程。衡水湖 1994 ~ 2003 年累计引黄河水 3.79 亿 m^3衡。水湖引黄渠道利用清凉江油故闸以西现有卫—千渠输水，经王口闸入衡水湖。黄河水水质较好，是衡水湖目前维持水体功能的主要水源。引黄河水曾经一度主要依靠引黄济津调水时搭车引水，2005 年起天津不再需要引黄河水，但此后河北省又启动了引黄济淀工程，衡水湖又获得了搭车调水的机会，使衡水湖得到了黄河水源源不断的补给。②岳城水库来水：从岳城水库放水入民由北干渠，经团结渠、支漳河、老漳河、滏东排河至东羡节制闸，最后经冀码渠入衡水湖。2005 年由于天津不再需要引黄河水，因此该年衡水湖调入了岳城水库来水。该水源水质状况良好。③岗南、黄壁庄水库来水：通过石津渠、军齐干渠引水到滏阳河，再由冀码渠从冀州南关闸入衡水湖。此水源在衡水湖引黄河水以后没有再被利用过。④引长江水：南水北调引江工程建成后，每年可为衡水湖供水 3.14 亿 m^3。南水北调工程全线建成输水后，衡水湖作为东线 5 大调蓄水库之一，可以同时从东线和中线两个方向引水。根据南水北调蓄水建设要求，衡水湖需恢复的湿地面积也至少要达到 7500hm^2，规划新增湖面面积 3300 hm^2。届时，地表水资源将有充分的保障。

衡水湖尽管已经失去天然水源补给，但由于地处华北平原中心，周边河渠纵横，依靠人工调水维持湿地十分方便。不过人工调水成本高昂，之所以衡水湖目前还能维持每年买水，是因为作为衡水电厂的冷却用水的调蓄水库而使水源得到保障。

总之，就地表水资源而言，衡水湖尽管气候干旱，但地表水的补给和利用还是有很大潜力可挖的，但无须花钱的本地汇水因污染严重而无法利用，非常可惜，而远途调水也面临沿途污染排放的威胁。因此，最关键的还是需要从对地表水资源的保护入手，在大力推进节水措施的同时，严格治理水污染。就河北省"有河皆枯、有水皆污"的现状而言，水污染的问题显然需要采取措施调动全流域协同治理。

2.1.4.4　地下水资源

地下水是目前支撑衡水市社会经济发展的主要水资源。按其埋深主要分为 4 个含水组：

第一含水组：底界埋深 50 ~ 60m，属潜水、微承压水类型。含水层以粉砂为主、局部细砂。浅层淡水主要沿滏阳河、索鲁河两岸分布。单井单位出水量 1 ~ 5 或 5 ~ 10m^3/(h · m)。矿化度 1 ~ 2g/L。

第二含水组：底界埋深 160 ~ 170m，属承压水。砂层多细砂、粉细砂，呈南西 - 北东向分布，淡水砂层厚 20 ~ 40m，单井单位出水量 10 ~ 20m^3/(h · m)，矿化度小于 2g/L。

第三含水组：底界埋深 350 ~ 365m，属承压水。含水层岩性以中细砂为主夹粗中砂、粉细砂。砂层厚 30 ~ 90m，单井单位出水量 10 ~ 20m^3/(h · m)。矿化度小于 2g/L。

第四含水组：底界埋深 440 ~ 480m，属承压水。矿化度小于 1g/L，含水层岩性以中细、细砂为主，夹粉细砂、粗中砂。砂层厚 20 ~ 50m，单井单位出水量 2.5 ~ 15m^3/(h · m)。

衡水市的咸水层底界面埋深 160 ~ 240m，咸水层以上为浅层淡水，在桃城区和冀州市等只是零星分布。咸水层以下为深层淡水，因补给困难，不作为水资源计算。衡水市全市地下水资源总量为 6.18 亿 m^3，可采利用量为 4.91 亿 m^3。但由于衡水市城市化进程不断加快，实际地下水开采大量利用的是第二、三、四层含水组。深层淡水超采严重，由此引起地面沉降，咸水下移，深层地下水水位形成地下漏斗区。低水位期地下水最大埋深由 1968 年的 2.99m 降至 71.78m。地下水资源的形势非常严峻。

2.1.4.5　地热资源

本区属华北平原中低温地热资源分布区(图 2-4)，具有华北地区古潜山碳酸盐岩高热导条件。但本区缺乏地热资源的详细勘察工作，尚不能推断本区潜在地热井的具体成井深度和出水量。根据华北地区大尺度地热调查数据，估计衡水的地温梯度为 3 ~ 4℃ /100m。根据河北水文地质 3 队在城区的地热井资料，在地下深度 1600m 成井，出水温度为 59℃，出水量为 $80m^3$/小时。冀州旅游局报告的两眼地热井，其中一眼在 1300m 左右开始出盐水，水温 55℃；另一眼则在 1000m 以内的出水，矿物质含量高，水温约 45℃。

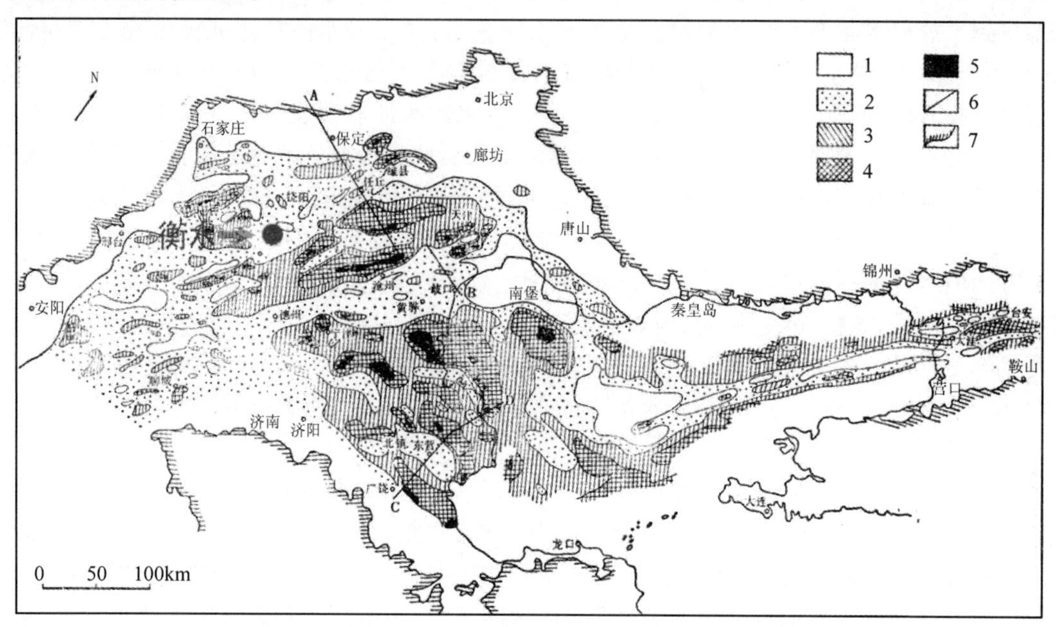

图 2-4　华北地区新生界盖层地温梯度图(陈墨香，1988)

如果本区能勘察到可资利用的地热资源，将极大地提升保护区的旅游服务功能，成为吸引游客的一大筹码，带动当地旅游产业链发展。但在地下热水的利用中，要特别注意以下问题：

- 由于地热资源量有限，埋藏较深，补给微弱，若超量开采，势必导致地下水量减少，出现资源枯竭现象。

- 华北地区地下热水中矿化度常常较高，有些层位甚至含有超过允许标准的有害元素，如氟、汞、砷及有害的化合物。如果开采利用，必须经过严格的水质检测，再确定其具体用途，如饮用、灌溉、水产养殖、供暖、温室和热供水等。如果水质较差，利用地热水后若排放不当也将引起对周围环境的污染，对人和生物都将造成不良的后果。

2.1.5　评　价

衡水湖自然保护区地处干旱的华北平原，地势平坦，土质总体上偏盐碱。无论从人类的生产生活需要，还是从自然生境的角度来看，衡水湖自然保护区最可宝贵的自然资源在于衡水湖的水资源。水资源本身可分为地表水资源、地下水资源和地热水资源。由于衡水市地下水资源已经严重超采，为减少因地下漏斗可能引发的地质风险，地下水资源不仅不能进一步开发，而且需要采取回灌措施使地下漏斗得以减小；地热水资源尽管存在进一步开发利用的可能，但尚需进一步进行科学论证。因此，对衡水湖而言，对其地表水资源进一步的保护和利用最为现实。衡水湖的水资源不仅衡水市是城市水源地和未来南水北调工程中的调蓄水库，也是鸟类和所有湿地生灵的重要生境，还为我们人类带来了令人愉悦的各种湿地自然景观。水是万物之源。水资源保护对于衡水湖自然保护区具有特别重要的意义。

2.2　生态资源及其价值评价

衡水湖水域面积 75km^2，自然状态为一片整体的洼地，现在尽管有北大堤、中隔堤、小湖隔堤等人为分割，但目前已经蓄水的东湖单个水域面积也达到 10km^2，为华北平原单个水域面积最大的湿地。由于处于太行山麓平原向滨海平原的过渡区，有着宽广的水域和丰富的湿地植被，衡水湖湿地保护区成为众多候鸟南北迁徙不同路线的密集交汇区，其生物多样性和完整的淡水湿地生态系统在华北地区具有典型性和代表性。有关研究表明，衡水湖区是多旱少雨，严重缺水的华北平原唯一保存完整的，由草甸、沼泽、滩涂、水域、林地等多种湿地生境类型组成的内陆淡水湿地生态系统。

2.2.1　植物资源

2.2.1.1　区内植被类型与分布

根据《中国植被》区划、《河北衡水湖自然保护区科学考察报告》记载及补充调查：本区目前发现植物有 75 科 239 属 382 种，苔藓植物 3 科 4 属 4 种，蕨类植物 3 科 3 属 5 种，裸子植物 1 科 1 属 1 种，被子植物 64 科 223 属 357 种，其中单子叶植物 11 科 50 属 76 种，双子叶植物 53 科 173 属 283 种。

本区水生植物生长优良，其中常见的大型水生植物共有 27 属 37 种，其他浮游植物 201 种。优势种主要为世界广布种，其次为温带种，区系植物出现明显的跨带现象，在不同的植被带内由许多相同的种类组成相似的群落，具有显著的隐域性特点。

本区陆生植物区系地理成分以温带为主，世界广布种、热带分布种等各种类型均有分布，也表现出其地理成分的多样性。本区草本类型占主要地位，温带特征显著。自然保护区植物中木本植物仅有柽柳科柽柳属、杨柳科柳属、豆科洋槐属等少量种类。

本区地带性植被属于暖温带落叶阔叶林。群落结构一般比较简单，由乔木层、灌木层、草本层组成，很少见藤本植物和附生植物，林下灌木、草本植物较多。

2.2.1.2　区内主导物种

保护区代表性植物群落主要有以芦苇群落、香蒲群落和莲群落为代表的挺水植被，以及指示该区域盐碱化程度的以柽柳、翅碱蓬、獐茅等群落为代表的盐生植被。

2.2.1.3　区内保护物种

由于研究基础较差，目前仅发现国家二级保护植物茶菱 *Trapella sinensis* 和野生大豆 *Glycine soja* Sieb. et Zucc. 这 2 种，具体地理分布也尚待进一步考察。其他是否还有属国家保护植物名录上的物种尚不清楚。

2.2.1.3　适宜农林作物品种

从保护区的土壤条件和气候环境来看，其适宜农林作物品种主要有：

(1)农作物：小麦、玉米、棉花、花生、甘薯。

(2)经济林：苹果、梨、桃、枣。

(3)水生经济植物：芦苇、蒲草、莲藕。

2.2.2　动物资源

2.2.2.1　已观测到的物种

保护区动物群带有明显的古北界动物特征，东洋界动物成分向北渗透到本区。本次考察根据调查结果与文献资料统计，本区共有动物793种，其中昆虫类417种，鱼类34种，两栖类7种，爬行类12种，鸟类303种（其中，13种待鉴定），兽类20种，此外，区内还有浮游动物174种，底栖动物23种。

2.2.2.2 代表性动物类群

衡水湖自然保护区属暖温带大陆季风气候区，有广阔的水面，丰富的湿地资源，区内繁衍生息着各种鱼类、无脊椎动物和大量的水生植物，为鸟类提供了充足的食物。所以水禽种类多，种群数量大，为区内具有代表性的动物类群。它们在该区域处于适宜湿地和水生生境，占据最佳生态位，所以出现数量上的繁盛。尤其是雁鸭类、鸻鹬类、鸥类数量很多，春秋迁徙季节，常集结成上万只的群体。经调查认定自然保护区内共有水禽152种，占本区鸟类总种数的53.1%，其中珍贵、稀有、濒危种为数甚多。属于国家重点保护鸟类40种，占本区国家重点保护鸟类的83.3%，可以看出本区水禽的重要性，反映出本区典型的湿地特色。按水禽的生态习性不同划分为4个类型。

- 游禽：主要包括鸊鷉目、鹈形目、雁形目和鸥形目鸟类，共43种。
- 涉禽：主要包括鹳形目、鹤形目、鸻形目鸟类，共68种。
- 依沼泽、湿地、苇灌丛生存的鸟类：包括佛法僧目和雀形目部分种类，共16种。
- 猛禽：是一些在沼泽、水域和草场觅食的隼形目鸟类，共25种。

按照本地区鸟类在不同植被类型中的种类和数量多少，又可将本区鸟类分为6类主要的鸟类群落。包括农田苇沟鸟类群落、森林鸟类群落、苇场草地鸟类群落、灌丛碱蓬鸟类群落、芦苇蒲草鸟类群落和碱蓬滩涂鸟类群落等。

2.2.2.3 区内保护物种

本区鸟类中保护种类较多，在《国家重点保护野生动物名录》中，属于国家Ⅰ级重点保护的鸟类有7种，它们是黑鹳、东方白鹳、丹顶鹤、白鹤、金雕、白肩雕、大鸨；属于国家Ⅱ级重点保护的鸟类有44种，有大天鹅、小天鹅、鸳鸯、灰鹤、白枕鹤、蓑羽鹤、黄嘴白鹭、白琵鹭、白额雁、花田鸡、角鸊鷉、赤颈鸊鷉、斑嘴鹈鹕、[黑]鸢、凤头蜂鹰、苍鹰、雀鹰、松雀鹰、大鵟、普通鵟、毛脚鵟、灰脸鵟鹰、乌雕、秃鹫、白尾鹞、草原鹞、鹊鹞、白腹鹞、鹗、猎隼、游隼、燕隼、灰背隼、红脚隼、黄爪隼、红隼、阿穆尔隼、红角鸮、领角鸮、雕鸮、灰林鸮、纵纹腹小鸮、长耳鸮、短耳鸮等。

在《中日保护候鸟及栖息环境的协定》中保护鸟类共有227中，其中衡水湖自然保护区已经发现151种，占全部种数的66.5%；在《中澳保护候鸟及栖息环境的协定》中属于保护的鸟类有81种，其中在衡水湖自然区发现40种，占总种数的49.4%。由此可见，衡水湖自然保护区是华北平原鸟类保护的重要基地，是开展鸟类及湿地生物多样性进行保护、科研和监测的理想场所，也是影响全国鸟类种群数量的重要地区之一。

2.2.2.4 适宜人工繁殖动物品种

根据当地的气候和环境条件，并根据实地调查，了解到目前区内村民从事渔业捕捞和养殖的品种如下（以被报告品种的次数多寡排序）：

- 当地养殖水产：鲤鱼、鲫鱼、草鱼、鲢鱼、白鲢鱼、花鲢鱼、胖头鱼、黑鱼、非洲鲫鱼、黄鱼、虾。
- 可捕捞到的野生水产：鲫鱼、鲤鱼、虾、草鱼、黑鱼、鲢鱼、白鲢鱼、大头鱼、鳝鱼、泥鳅、非洲鲫鱼、鲈鱼、蛙鱼、马鳖、毛鳖。
- 当地养殖的畜禽品种主要有：猪、牛、羊、鸡、鹅。

2.2.3 湿地生态系统

衡水湖湿地属于华北平原比较典型的湿地生态系统之一，它也是一个特殊的类型的湿地生态系统。

2.2.3.1　本区湿地类型

本区湿地以浅湖泊湿地及其毗邻的沼泽湿地为主。按照国际湿地公约的湿地分类,本区湿地主要为湖泊湿地、沼泽湿地、河流和渠道湿地等。本区湖泊湿地、沼泽湿地是湿地的主体,类型与面积占据主要地位。其他类型湿地居次要地位。

(1)湖泊湿地:湖泊湿地面积最大,为衡水湖湿地的主体。东湖面积为 42.5km^2, 西湖面积现在为 32.5km^2。湖泊湿地是本区重要的湿地类型,也是各类水禽的主要分布区与栖息地。本区湖泊面积与水深受人为因素控制。

(2)淡水沼泽湿地:淡水沼泽湿地面积其次,是本区生态功能的最重要的湿地类型,淡水沼泽主要包括芦苇沼泽、香蒲沼泽、芦苇-香蒲沼泽、苔草沼泽、莎草沼泽、镳草沼泽和镳草－莎草沼泽等类型。另外淡水沼泽湿地还包括相当面积主要由莲、浮萍、紫萍等浮水植被构成的水体沼泽化湿地。淡水沼泽以芦苇湿地分布面积最大。其次为香蒲湿地。各类沼泽湿地分布环境有很大的区别。

(3)内陆盐沼湿地:主要为次生盐渍化导致的翅碱蓬盐沼和部分裸滩盐沼湿地。

值得指出的是,各种类型湿地联系密切,又是不可分割的,它们相互依存,共同构成衡水湖湿地生态系统,各类湿地共同作用下,使衡水湖发挥着湿地的主要功能。任一类型湿地的退化都将对衡水湖湿地的生态与环境功能产生巨大的影响。

2.2.3.2　湿地生态系统与植被演替

衡水湖湿地保护区内,其湿地生态系统处于不断地发展与演替的过程中,尤其明显地表现在植被群落演替这一过程中。群落的演替与其特定的生境条件密切相关,影响植物群落演替的环境因子是多方面的,但在本区域水位与土壤盐分是影响自然保护区内湿地生态系统与植被替的主要因子。

一般情况下,在土壤含盐量高达 3% 以上的滩涂裸地上,零星分布着翅碱蓬群落。翅碱蓬的存在,一方面由于植物体自身的腐烂,增加了土壤的腐殖质,提高了土壤养分;另一方面,翅碱蓬的存在,增加地表面的覆盖率,减少了土壤表层的水分蒸发,使地下盐分向地表聚积的速度减慢;同时,保持了水土,抬高了地面,使地下水位下降。从而改变了本区域的生态环境。在这种条件下,有柽柳种源的地方逐渐演替为柽柳灌丛;有獐茅伴生的翅碱蓬群落逐渐发育成獐茅群落;低洼处,伴生植物芦苇逐渐成为建群种,进而演替为芦苇群落,柽柳、獐茅群落。通过泌盐作用及枯枝落叶的积累,降低了土壤的含盐量,提高了土壤的肥力,逐渐演替为蒿类、狗尾草、白茅为主的杂草群落,在这样的环境下,随着地势的抬高和降水的淋溶作用,土壤已基本脱盐,一部分被以刺槐林为主的森林植被代替,一部分开垦为农田。

人为的干扰如过度放牧,粗放开垦等能破坏地表的植被,增加地表面的蒸发,加快土壤盐分向地表聚积的速度,使地表土壤的含盐量逐渐增加,形成土壤的次生盐渍化,使农田变成杂草群落,从而使植被的演替发生逆转。自然保护区植被演替规律,详见自然保护区植被演化过程示意图(图 2-5)。

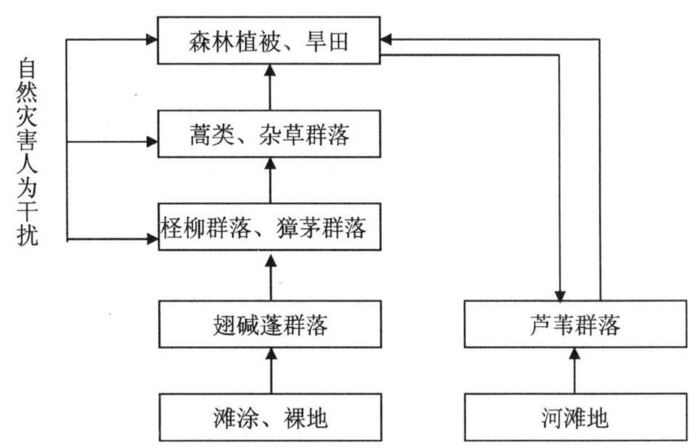

图 2-5　自然保护区植被演化过程示意图

目前,衡水湖核心区芦苇沼泽面积较大,但大量芦苇等湿生植物形成了极大的初级生产力,充塞水体空间,破坏自然景观,植物沉落腐败后对水体造成二次污染,同时起到了强烈的生物促淤作用,导致湖泊迅速沼泽化,是衡水湖急需关注的问题。

2.2.3.3　本区湿地生态系统面临的威胁

2.2.3.3.1　湿地退化

衡水湖湿地生态系统由于恢复蓄水而得到了极大程度的恢复,生物多样性表现得非常丰富。但长期以来由于对自然环境影响认识的局限性,伴随着自然流域系统受到人类的强烈干扰,周边地区长期高强度的农业开发、土壤肥力下降、不利的气候、水文、植被和土壤条件,以及大量水利设施已使衡水湖湿地江湖阻隔、湿地退化严重,主要表现在:

(1)原有存在内部水文联系的天然湿地流域系统在相当程度上被人工沟渠等排灌系统取代,水库化和池塘化趋势明显。自然水循环过程阻断,水体富营养化,沼泽化趋势加快。自然湿地所具有的季节性水位波动及相应的水循环特征已不显著;

(2)湖泊消落区退化、消落区沿水位梯度植被演替序列发育不完善,特别是以莎草科(苔草属)为主的沼泽、沼泽化草甸和淤泥质湖滩地发育不良(为众多涉禽类的主要栖息生境);

(3)由于自然湿地系统功能退化、人工化,导致植被与生境演替和自然更新机制衰退。

2.2.3.3.2　水资源匮乏,流域生态环境恶化趋势进一步加剧

尽管衡水湖能够维持其蓄水功能,可是该区域气候干旱,水资源匮乏。目前水资源从总量上极为短缺,同时兼有水质型缺水的问题。由于流域上游修建水库、生活生产用水不断增加,周边人为干扰严重,造成上游来水逐年减少且水质较差,导致湖水富营养化严重,芦苇、香蒲等水生植被疯长,湖水沼泽化趋势加剧,而汛期来水由于泥沙淤积以及水质污染严重等原因,基本上没有利用的价值。

而另一方面由于市区城市化进程加快,对水资源的需求进一步扩大,而地下水的严重超采已经迫使衡水市必须加快调整水资源的利用格局。针对水资源的现状势必要求衡水湖进一步加强其作为调蓄水库的功能,这一功能定位与衡水湖湿地承担的其他生态功能可能会有一定冲突,如不能妥善解决,很可能会使保护区现有的自然生态系统受到破坏。

2.2.3.3.3　不合理的人类活动干扰

衡水湖湿地由于需要依靠人工调水维持,所以人类活动干扰无可避免。但适度和合理的人类活动可以帮助湿地生态系统得以维系甚至恢复,而不合理的人类活动会对湿地生态系统带来严重的负面影响,非常值得警惕。目前衡水湖湿地人类活动带来的主要问题包括:

(1)反季节人工引水干预湿地生态系统的正常周期。衡水湖由于堤坝纵横已经使相互连通的自然水域被人为隔绝,保护区自我维持、自我调节的能力也相应减弱,这已经成为保护区面临的最大困境。而保护区为维系衡水湖湿地生态系统而进行人工引水的努力却因为反季节引水而受到严重削弱。反季节人工引水对湿地生态系统自然过程的正常周期造成了干预,对湿地植被带来了一定的负面影响。当地在冬季引入黄河水后使部分冻住芦苇连根拔出,第二天长不出新芦苇同时枯死的成片芦苇在夏天产生大量的沼气,使鱼虾中毒而死。由于忽视了湿地生态系统自身的演替节律,湿地的调蓄功能与其他生态功能产生了冲突。

(2)人为活动导致的生境破碎化。衡水湖的植被由于人工采伐和农业利用等破坏,大部分地区已失去自然植被的天然组合,原生地性地貌景观受到破坏,造成了湿地生境的破碎化,从而使湿地动植物生物多样性降低,特别是作为华北区域重要的鸟类栖息地和中转站,制约了鸟类种群的扩展。据测算,破碎化导致的生境损失率为19.65%。目前,保护区为了恢复湿地和改善区内环境,

种植大量林木，但在植树过程中对树种的选择以及植树的方式上缺乏科学规划和细致指导，导致像火炬树这样具有一定潜在威胁的外来树种被引进，当地人工植树普遍采用了深翻地方式，造成地表植被的严重破坏。可见，人工植被恢复必须经过科学规划，要真正立足于科学的生态功能重建，切不可在对湿地退化过程与机理不了解的情况下就贸然进行湿地恢复与重建工作，这在国外已经有了很多教训。

（3）土地利用方式不合理。保护区范围主要包括衡水湖的水体及周边的农村地区。通过对遥感图象解译、结合已有土地利用资料以及地面实地调查，可得到保护区的植被分布类型、面积和所占的比例。从保护区的植被分布类型分布来看，水体、林地面积比例仍偏小，而农田种植面积比例超半过大，特别是基本与保护区鸟类保护使命无关的棉花播种面积比理过大。应部分退耕还林、还湿地，加大植树造林力度，改善传统耕作方式，提高土壤有机质含量和土地的集约利用率；而裸地应通过撂荒、尽快进行植被重建，为区域生态安全增加保障，为鸟类以及其他野生动物提供更多的栖息地。

2.2.3.3.4　外来物种入侵

外来种入侵对湿地的影响在人工引水的条件下，不同水源带来的外来物种入侵的影响应该引起密切监测，防范外来种入侵可能带来生态灾难。如近年来在湖中大量生长的蒲草，使得芦苇群落分布范围减少；分布于保护区周边的火炬树群落，也是外来物种，它的无性繁殖力非常强，耐性也很强，发达的根系在地底错综盘缠，有可能成为优势种群，影响其他物种的生长，是否会成为有害物种应进一步监测。保护区近年来还发现黄顶菊，是一种非常有威胁的外来物种，为此保护区已经多次动员群众开展消灭黄顶菊的活动，尽管对其蔓延起到了很好的遏制作用，但威胁尚未彻底消除。中科院张润志等专家指出防控有害物种入侵的四项措施：超前预警、限制进入、根除与封锁和法律保障。对于外来物种，在没有进行生态影响评估前，不要为经济利益引起国外物种。

总之，尽管衡水湖在常年蓄水的条件下维持了其生物多样性，并为大量的鸟类提供了适宜生境，但衡水湖周边地区经过数千年农业开发，特别是新中国成立以来修建大量水利设施，湖内人工堤坝纵横、周边匝道密布、笔直的人工河渠取代了自然弯曲的河道。伴随着自然流域系统受到人类的强烈干扰，土壤肥力下降，加之不利的气候、水文、植被和土壤条件，生态与环境脆弱，更减弱了保护区自我维持、自我调节的能力。

2.2.4　评　价

衡水湖自然保护区属于自然生态系统类的湿地类型的自然保护区，从生态系统特征上看属于以华北内陆淡水湿地生态系统为主的平原复合湿地生态系统。

2.2.4.1　典型性与代表性

衡水湖湿地位于华北平原，是经过自然与人工共同作用形成的复合湿地。与其他地区湿地相比，具有类型多样性差、结构复杂性低的特点，属于我国湿地贫乏发育地区的代表性湿地。华北平原干旱少雨、严重缺水，加上人类活动历史长，强度大，湿地形成、发育的条件并不是非常有利。从中国湿地的全国分区来看，华北平原湿地尚未进入中国湿地的 8 个主要区域，如：东北湿地，长江中下游湿地，杭州湾北滨海湿地，杭州湾以南沿海湿地，云贵高原湿地，蒙新干旱、半干旱湿地和青藏高原高寒湿地等。湿地在华北平原非常稀少，因而也弥足珍贵。

2.2.4.2　丰富的生物多样性

衡水湖自然保护区属暖温带大陆性季风气候区，有广阔的水面，丰富的湿地资源，生物多样性十分丰富，无论是从物种水平上，还是个体数量上，以及生态类型组合上均具有多样性特征，是我国华北地区重要的生物多样性区域。衡水湖除了有大量列入国家Ⅰ、Ⅱ级重点保护以及《中日保护候鸟及栖息环境的协定》、《中澳保护候鸟及栖息环境的协定》的保护鸟类被发现外，其灰鹤种群还特别突出。每年在此栖息、停息的灰鹤总数达到2000只，约占全国的10%。根据国际重要湿地(Ramsar sites)标准，已远高于国际重要湿地(1%)的显著性标准。衡水湖作为欧亚大陆东部鸟类迁徙的密集交汇地和重要中转站，是众多珍稀濒危水禽的迁徙停歇地、繁殖场所、越冬地之一，其所支持的生物多样性具有全球意义。

尽管衡水湖湿地目前是一个人工恢复基础上形成的人工特点显著的湿地生态系统，但由于其在水资源保障上在华北平原上的相对优势，特别随着南水北调工程的完成，湿地将得到进一步的恢复，湿地类型也有望增加，生物多样性的提升还有着进一步的发展空间。

2.2.4.3　生态系统的脆弱性

尽管衡水湖在常年蓄水的条件下维持了其生物多样性，并为大量的鸟类提供了适宜生境，但衡水湖周边地区经过数千年农业开发，特别是新中国成立以来修建大量水利设施，湖内人工堤坝纵横、周边匝道密布、笔直的人工河渠取代了自然弯曲的河道。伴随着自然流域系统受到人类的强烈干扰，土壤肥力下降，加之不利的气候、水文、植被和土壤条件，生态与环境脆弱，更减弱了保护区自我维持、自我调节的能力。水库化、池塘化趋势明显，植被与生境演替和自然更新机制衰退；自然湿地所具有的季节性水位波动及相应的水循环特征已不显著；湖泊消落区退化、消落区沿水位梯度植被演替序列发育不完善，特别是以莎草科(苔草属)为主的沼泽、沼泽化草甸和淤泥质湖滩地发育不良(为众多涉禽类的主要栖息生境)。

2.2.4.4　重要的地区生态安全价值

在长期气候干旱少雨的华北平原的心脏地带保留一片具有开阔水域的湿地，维系和改进周边地区的生态安全，保障周边地区的社会经济发展和生活质量具有许多重要价值，包括：

(1)涵养水源：湿地具有蓄水能力，起到绿色水库的作用，降水时或洪水泛滥时，自然保护区的湿地能够吸收水分，增加地表有效蓄水面积，供当地工农业生产和生活利用。目前衡水湖已经成为衡水市重要的工业用水水源地，并将在不久的将来进一步承担起饮用水源地的功能。

(2)补充地下水：当前，由于地下水长期超采，衡水市已经形成了地下水的大漏斗，地面沉降现象严重。衡水湖湿地地质结构复杂，局部区域的自然渗漏是地下蓄水层重要的补充水源。同时，衡水湖地表水资源的利用将进一步减少地下水开采，使地下水资源逐步得到改善。

(3)调蓄枢纽：衡水湖北面有一贯穿河北省的泄洪区，有匝道与湖区相连。衡水湖也通过与之相连的河道汇集当地降水。衡水湖通过在暴雨和河流涨水期蓄水，减弱危害下游的洪水。在南水北调工程中，衡水湖也被规划为调蓄水库，是长江东线、中线引水工程的必经之路。现已投入使用的引黄济冀(津)跨流域大型调水工程极大缓解了邢台、衡水、沧州、天津等地区的严重缺水状况。"南水北调"工程实施后，衡水湖将成为向为京、津及黄河下游地区供水的调蓄枢纽，及衡水、冀州两市区饮用水源地及周边工农业生产的水源地。对河北以至整个华北地区的生态环境和经济持续发展都有重要影响。

(4)保持小气候：衡水湖湿地水分通过蒸发成为水蒸气，然后又以降水的形式降到周围地区，保持当地的湿度和降雨量，使衡水市部分地区成为干旱的华北平原上不多的半湿润地区，改善了衡水市的人居环境。

(5)净化环境、改善水质、改善土壤：进入水体生态系统的许多有毒物都是吸附在小沉积物的表面上或含在黏土的分子链内的。衡水湖湿地较慢的水流速度有助于沉积物的下沉，也有助于与沉积物结合在一起的有毒物的储存与转化。湿地还可以通过水生植物的作用，以及化学、生物过程、吸收、固定、转化土壤和水中营养物质的含量，降解有毒和污染物质，净化水体，从而起到消减环境污染的重要作用。如香蒲、芦苇能有效地吸收有毒物质。这一过程能保持或甚至是提高水质。由于河北省长期干旱，水源不足，加上工业和生活污水排放，衡水湖湿地保护区受污染比较严重，但由于芦苇等水生植物的净化作用，湖中心的水质得到显著改善，可见湿地植物的生物净化功能对于水质的改善至关重要。如果进一步加强湿地保护与管理，衡水湖的环境将得到进一步改善。衡水湖从 20 世纪 70 年代恢复蓄水以来，湿地泥层正在逐步形成，并正在保蓄和净化水源、保护生物多样性等方面发挥着越来越重要的作用。湿地提高了水体及土壤环境的质量，消除了对人类的潜在威胁，使衡水湖周边地区的发展受益

(6) 蓄洪防旱防涝、调节河川径流、减少自然灾害：湖泊湿地具有面积广大的湖盆，沼泽湿地多具有较厚的草根层，这些形成巨大的容积，深厚疏松的底层土壤（沉积物）蓄存洪水，从而起到分洪削峰、调节水位、缓解堤坝压力的作用在降雨季节，湿地通过吸收和渗透降水，能减少和滞后降水进入河流的流量与时间，降低洪水期间的洪峰，减少洪水径流，防止沥涝；在枯水期，湿地可以逐渐地释放蓄存的水分，增加与衡水湖有水力联系的河道径流量，增加流域的水量，缓解毗邻区的旱情，减轻旱灾。因此衡水湖湿地保护区将扩大湿地面积，衡水湖湿地的蓄洪防旱防涝，调节河川径流，减少自然灾害的功能将会越来越明显。

可见，无论是从湿地生态系统的典型性和代表性、生物多样性、脆弱性，还是从衡水湖湿地本身对周边地区人类生产生活的重要价值性来看，衡水湖自然保护区都具有十分重要的保护价值。

第3章 保护区历史人文资源调查与评价

衡水湖湿地历史源远流长，留下了众多宝贵的历史人文资源，包括众多的文物古迹以及围绕这些古迹流传下来的许多美丽故事和动人传说，以及丰富多彩的地方文化传统。本章从上古神话、人文古迹、文化传承和地方名产等四个方面对保护区的历史人文资源进行了系统整理，为这些资源的挖掘利用和实现保护区的文化可持续奠定基础。

3.1 上古神话

衡水湖南畔的冀州市得名于中国古冀州，《尚书·禹贡》记载，大禹治水后，划华夏为"九州"，冀为"九州之首"。汉高帝六年（公元前201年）始于此置信都县和信都郡，隶冀州。古冀州地处海河平原，东临渤海，西至太行，实天造巨防；东南临黄河故道，沃野千里，又屯兵储资理想之场地。故历来为兵家必争之地。后辖境逐渐缩小。清代改冀州为直隶州治信都，辖南宫、武邑、衡水、枣强及新河五县。1913年废州，改信都为冀县。1993年撤县建市，更名为冀州市。尽管现代的冀州市无法与古冀州的辖区相提并论，但它却是唯一一个将古冀州地名继承下来的现代城市，而且在漫长的数千年历史中也的确是古冀州所在地，并在三国魏和清代都为冀州州府所在地，而衡水湖湿地在漫长的历史中也从一片烟波浩淼的巨大的古广阿泽收缩分离出来。从汉至明清的冀州老城遗址均在今天的衡水湖自然保护区境内，水泊冀州的风貌犹存，给人以无限遐想。而与古冀州相关的上古神话也异常丰富，它不仅是幼年的中华民族丰富的想象力的产物，也是破解上古人类与大自然关系的密码。可见，传承和发扬古冀州文化也是衡水湖湿地的一项重要人文历史资源。而与古冀州相关的上古神话有：

（1）女娲补天：据《淮南子》记载，在远古时候，"四极废，九州裂，天不兼复，地不周载；火炼炎而不灭，水浩洋而不息。"在百姓哀号、冤魂遍野之际，中华民族的始祖女神女娲挺身而出，她"炼五色石以补苍天，断鳌足以立四极，杀黑龙以济冀州，积芦灰以止淫水"，之后"苍天补，四极正，淫水固，冀州平，蛟虫死，颛民生"。现在有科学家认为，女娲补天传说记录的是一次规模宏大的陨石雨撞击所引发的自然灾害，以及中华民族的远祖战胜这次重大自然灾害的过程。而这次撞击给华北平原留下了大量的浅碟形洼地正是今天华北平原众多湿地的起源。

（2）黄帝战蚩尤：黄帝战蚩尤是导致上古中华民族一次大融合的重大历史事件，围绕这场远古的战争有着大量的神话传说，其中与冀州相关的描述见《山海经·大荒北经》。"蚩尤作兵伐黄帝，黄帝乃令应龙攻之冀州之野。应龙蓄水。蚩尤请风伯雨师，纵大风雨。黄帝乃下天女曰魃，雨止，遂杀蚩尤。"蚩尤也是远古一个重要的大神，掌兵器战争，今天还受到很多地方百姓的崇拜。从这段描述可见，在黄帝攻蚩尤之前，冀州应也与蚩尤有很深的渊源，汉代冀州民间尚有纪念蚩尤的"角觝戏"，今冀州有乐名"蚩尤戏"，其民两两三三，头戴牛角而相抵，是可为证。

（3）共工怒触不周山：相传共工是位凶神恶煞，人脸兽身，青面红发，勇猛彪悍。乘少昊丧，颛顼初立势单力薄之机，发兵攻打中原，争夺帝位。他们率兵从冀州出发，打到冀南，渡过黄泽（今内黄西古有黄泽），直奔帝丘。颛顼用诱敌深入，伏兵合击的办法，打败了共工氏。共工氏拼命突围后，率残兵退回冀州。冀州百姓因平时不堪共工虐待，待颛瑞军到，相继归服。共工失去民心，只好再向西北逃去。至"幼泽"（今宁夏地方）边，跟随的士兵渐渐散去，追兵又至，共工悔恨不及。绕过

"幼泽"，来到不周山脚下。不周山山势大崛突兀，像一根巨大的柱子，直上云霄，它原本是一根撑天的柱子。共工性情刚烈，见败局已定，一头向不周山撞去，只听轰隆一生巨响，天柱拦腰折断。霎时，天崩地裂，洪水泛滥。颛顼大战共工实现了当时各部族的空前统一。"北至于幽灵，南至于交趾，西至于流沙，东至于蟠木，动静之物，大小之神，日月所照，莫不砥属。"使颛顼所司者万二千里，成为中国历史上功德盖世的帝王。

3.2　人文古迹

3.2.1　古墓群

保护区内及周边最突出的古迹是古墓，据《汉书》、《后汉书》载：从西汉至东汉刘氏子孙被封信都（今冀州市）的诸侯王为20余人，历代认为冀州境内的古墓多为汉代古墓，但大多不明穴处。现地点明确的古墓有9处（其中6处为省级重点文物保护单位）。

在保护区范围内的古墓有：

- 前冢：坐落在冀州旧城北七里，封土高10m，占地面积380m^2。冢上原有一座菩萨庙，庙内有一铁钟，钟上铸有"道光三年重修"字样。"文化大革命"期间，庙被拆除。出土文物银楼玉衣片、铜器、陶器等，被鉴定为汉代文物，此墓为汉墓。虽遭部分破坏，但仍有一部分保存完好，具有一定的保护价值，现为县级文物保护单位。
- 后冢：位于前冢北二里，冢高14m，东西、南北各长60m，占地3600m^2，地下物尚未遭破坏。据分析，可能是汉墓。后冢封土比前冢高大得多，其埋藏文物应更为丰富。此冢现为省重点文物保护单位。
- 西元头墓：坐落在旧城西1km，封土高5m，东西长40m，南北长31m，占地面积1240m^2。当地群众将此墓俗称为袁绍的"四女坟"。现为省级重点文物保护单位。

在保护区范围外的古墓有：

- 双冢：坐落在新城南二里。
- 南门古墓：坐落在旧城南门东侧20m处。
- 辉庄墓：坐落于冀州镇辉庄村东北600m。
- 孟岭墓：坐落在南午村镇孟岭村北50m。
- 南午照墓：坐落于周村镇南午照村西南500m。
- 常庄墓：坐落在冀州镇常庄村北300m。

另外，据民国《冀州志》载：尉迟墓、陇西伯墓、腊李墓（元朝李诉墓）等古墓簇拥在冀州城西北。传说中的袁绍四女坟、妻母坟也在旧城西北。乾隆十一年《冀州舆地图》中旧城西北也标有尉迟墓、老娘墓、四女墓等图样。这些均在保护区范围内，尚有待考古发现。

3.2.2　古遗址

衡水有着悠久的历史，古冀州城曾是古代重要的经济和军事中心之一，因此留下了大量历史遗迹和古代建筑，目前已经发现的遗址主要有：

（1）冀州古汉城遗址：汉代古城位于旧城北部，自北关村西北500m处向西南方向延伸2000m多。也就是"冀州八景"中的"信都旧址"。汉代古城兴建于汉高祖6年，"城周十二里，高二丈五尺。隍深、广皆七尺"，"筑上为墉。"北宋时，古城扩大为城周25里。元、明、清各朝也曾增修。千百年来，由于风化和洪水侵袭，古城墙已残缺不全、外表起起伏伏、断断续续，给人以历史变迁的苍凉之感。现古城墙高 3 ~ 5m，基底宽 30m，顶面宽 4m，为省级重点文物保护单位。

(2)冀州明清城墙遗迹：明清古城基本在现在的冀州老城的范围。明城比汉城范围明显收缩。清乾隆二十四年，即公元 1777 年，城恒全部改用砖砌，中间并用三合土夯实。城周九里十三步，高两丈，颇为雄伟壮观，城内外古迹颇多，如众古墓、大石磨和竹林寺、八角井等。可惜这座雄伟壮观的城池仅保留了 160 多年，于公元 1938 年遭破坏。城墙北部在解放初拆除，南部被用作现老冀码路路基。由于城墙砖质地坚固，拆下来的墙砖大都被用作新的建筑而遍布冀州老城。其中最为突出的是整个冀州市人民会堂均为明清城墙砖所建。

(3)竹林寺遗址：位于北关村东北 300m 处。据传，古时在冀州城北有一座山，在此常出现海市蜃楼幻景，可以隐隐看见亭台楼阁悬于空中，"初旭微霞，水云相映"，犹如仙境，被传为三个仙山之一的紫微山。明朝时冀州州守常命人将此云幻奇景绘图以传，嘉靖年间一位冀州官吏召集能工巧匠，依照海市蜃楼幻景，在州城东北修建竹林寺，香火极盛，后因洪水冲击等原因而毁废。清朝末年，当地百姓曾自行投资，在遗址上重新修建竹林寺，但也早已毁坏。遗址原来三面环水，南面有一狭长通道与岸连接，衡水湖蓄水后，通道没入水中，遗址成为湖中一岛。1993 年北关村在古遗址上建了一座殿。古寺内铜佛像原在冀县文化馆保藏，现只存竹林寺碑，由冀州市文物所收藏。

(4)扶柳城遗址：位于小寨乡扶柳村南 500m。南北长 2000m，东西宽 1000m。据考证，战国时期，在此曾设置扶柳邑，西汉高帝六年在此设置扶柳县，至隋朝近千年时间内此地多为县级治所所在地。隋代以后不再建治，城池逐渐荒废。1984 年进行文物古迹调查时，曾出土灰陶残片、泥质红陶残片、陶瓮碎片、布纹瓦等。

(5)古战场遗迹：冀州因其特殊的地理位置，自古为兵家必争之地。从春秋战国、三国时代、到抗日救亡，衡水湖默默地目睹了一幕幕战争、杀戮与毁灭。今天，人类正在走向与自然的和平共处，而人与人之间的和平共处依然在承受挑战。对古战场遗迹的挖掘和凭吊也依然在触动现代人类的精神。

(6)冀州市人民会堂遗址：其门窗木材来自于拆除旧竹林寺，其砖石来自于拆除明城墙的城墙砖，现该建筑物已经弃用但造型完整。建筑风格结合了当时流行的仿苏建筑和当地的传统建筑风格，时代和地域特色鲜明。它展示的是古冀州文化历史上的时空断层，具有很高的保护价值。

另外，保护区外的衡水境内发现的最早人类活动遗迹是新石器文化遗址。

3.2.3　文物遗存

3.2.3.1　古　塔

(1)震雹塔：位于门庄乡西堤北村东 50m 处。为元代建筑，全塔以青石砌成，塔高 8m，底层直径 2m。分四层，上层阳面有佛像，阴面有塔文。塔基平面呈正方形，塔身为六棱体。塔顶 1.5m，呈葫芦形。此塔自下而上分别由浮雕龙首、宝瓶、佛像、阴刻碑文"震雹塔"三个大字尚可看清。整个石塔雕刻精细，建造别致，是全衡水市仅有的一座石塔。

(2)摩天塔：唐贞观年间修建的一座青石小塔，高 2.2m，上半截七级，顶端正面在一长方形石面上刻有"摩天塔"三个字，背面刻有"唐贞观"三字。下半截一面刻一仕女(与云南石窟中仙女相似)，另一面刻有"开元十七年补刻"字样。此塔存于古庙中。

3.2.3.2　古石雕

(1)大石磨：相传为汉代水磨，两扇，每扇厚 43cm，直径 164cm，磨眼直径 23cm。相传袁绍坐冀州的时候，冀州城内有一个叫李三娘的仙女，每逢双日在城外海子里用此水磨磨面，逢单日趁着夜色骑着神牛给老百姓送面粉。石磨原在北关竹林寺,现于兵法城保存。

(2)石井栏:原位于冀州镇刘家埝村东300m。经考证,此石刻为唐代开元年间造的井口。该石井栏外呈正方形,内呈圆形,两面空白,两面有字,刻字右起竖写,每面有字30行,每行满格14字,共约720字,除标题、镌刻年代外,由序言、诗颂、井主和施主姓名几部分组成。该石似为义井井口,义井颂碑文为楷书阴刻。现石刻已移至冀州镇二铺竹林寺内,保存较完好,为国家三级文物。

(3)释迦牟尼像:共有两座,其一原位于漳淮乡里阁村东北200m,现移至市文保所保存,佛像高87cm、宽29cm,为结跏趺坐圆雕汉白玉佛像,连须弥座。其二位于漳淮乡北冯关村东100m,为明代青石雕像,高230cm、宽81cm、厚42cm。石像为坐式,两手扶膝,左手心向上。

(4)边仙姑石像:位于旧城文化馆原址院内。为明代石雕,头部断裂并有磕伤。石像高175cm、宽48cm、厚45cm,面不端庄,神态和善,头留有长发,胸部露铠甲,两手置于膝部,右手紧握宝剑,左手手心向上,食指指向下方,右脚踩龟、龙。造型逼真,立体感强。

(5)如来佛像:位于小寨乡扶柳城村小学校内。为明代青石雕像,高270cm、宽80cm、厚40cm,呈坐式,两于扶膝。

(6)关公神像:位于旧城文化馆原址院内。明代青石雕像,高148cm、宽80cm、厚42cm。石像为坐式,头戴官帽,微闭双目,留有胡须,身穿龙袍,两臂为左龙右虎图案,胸部露铠甲和护心境,两于扶膝,底座铭文为“大明嘉靖二十年”,石像基本完好。

另外,在保护区附近农村仍散落有多个古石雕,未被文保部门登记。

3.2.3.3　古碑刻

冀州古碑众多,民国《冀州志》载录古碑达107个,其中最早的有汉冀州从事安平赵碑、魏冀州从事陈留丁绍碑(青龙三年,公元235年立)、汉献文帝南巡碑、唐文林朗冯庆墓碑等,不少为金石中罕见者,可惜多已毁废。现存重要的古碑有:

(1)南潭记碑:原在小寨乡南慰迟村东南300m处,现由市文保所藏。此碑为青石,长1.06m,宽0.55m,厚0.1m。历城范李撰文,谭杰刻石,楷书。碑文记载明嘉靖六年洪水情况:“滹沱、滏阳交会泛滥,逐东流于此,汇而为谭。厥后,诸水频固,而此潭益深。”碑记中还有当时的村民活动。“村人谓其中有神物居之”。此碑大部分保存完好。

(2)竹林寺碑:原在冀州镇北关村东北方向的竹林寺遗址上,现有市文保所收藏。碑长1.16m、宽0.6m、厚0.22m,只有半截可辨字迹。据旧志载,碑记为清乾隆十七年刻,其文为:“冀为古郡城,内外不少名刹,东有泰宁,西有开元,南有南禅,而称为最盛者咸以次竹林寺为首焉。”此碑为国家三级文物。

(3)三友柏碑:三友柏碑原在旧城文庙内,现存于冀州中学。据清康熙年间《冀州志》称:“柏偏于殿之右旁,一身三干,苍古异常,未考植于何代,知州陈素以三友命名,有文勒石,镌文浅,日久莫辨。”清顺治十二年(公元1655年)冀州州守陈嘉会作《三友柏记》云:“侯欲惠柏之祥乎?柏之种植未考何代。昔侯淡仙陈公心异是木,勒石以记颜曰:‘三友柏’。并称之为‘柏瑞’”。此柏毁于兵火,但“三友柏”碑今仍存,阳面刻有“三友柏”三个行书大字,阴面刻有《三友柏碑记》楷书碑文,碑文清晰,碑高七尺二寸,宽二尺七寸,厚七寸四分。

(4)宋迈伦神道碑:位于漳淮乡赵庄村西20m处。为青石碑,碑高1.8m,宽0.65m,厚0.23m,侯战峰撰文。宋迈伦系二十世纪初的武术家,碑文记载他的武术生涯。

另外,在衡水市直单位和农村中还散落着许多碑刻,尚未集中保护,已在文保部门登记的还有:“重修冀州城碑”、“胡夫子碑”、“蛟龙碑”、“李谐暎碑”、“史振邦碑”、“山程碑”、“修玉皇庙碑”、“韩德成碑”、“孙恒文碑”、“赵宗周碑”、“朱氏迁民碑”、“南贾王氏迁民碑”、“识石碑”共13块,仍有一些石碑未被文保部门登记。

3. 2. 3. 4　馆藏文物

经过数千年历史积淀，冀州及其周边地区几乎遍地都是宝，在施工现场发现，现代地面 4m 以下为汉代地层，并常常伴有大量文物出土。其中不少具有很高的品位。在自然保护区内发现的文物较多，其中委托衡水市文物保管所代管的文物有：国家二级文物 4 件，均为汉代文物；国家三级文物 9 件，其中汉代文物 2 件，唐代文物 1 件，金代文物 3 件，明代文物 1 件；尚未确定年代的文物 2 件。在冀州市文保所保存的文物有：汉代文物 239 件（片），金代文物 1 件，尚未确定年代的文物 5 件，其中最珍贵的是汉代金缕玉衣片。冀州市旅游局受文保所委托，也保藏有许多文物，有自仰韶、半坡文化以后历代遗存文物，数量较多，由于未经文物部门鉴定，文物的具体年代尚未确定。

3. 2. 4　冀州八景

被誉为“畿南古郡”的冀州古城，不仅具有悠久的历史，而且具有众多的自然、人文景观，至今仍流传着“冀州八景”之说。“冀州八景”的美丽景色吸引了历代文人学士为之题咏，吟出了许多脍炙人口的诗文，八景具体为：

（1）紫微夕照：据传，冀州古城东北海子湖边有一座土山，“高数丈”，每当“初旭微霞，水云相映”，便可在淡淡云霞之间隐隐看见亭台楼阁和人物悬于山之上空，水映云景，十分动人，传说这是我国三大仙山之一的紫微山。古人将此处风景称为“紫微夕照”。

（2）清水春澜：该景在州城西二十五里的地方，古时有一条清水河（滏水）流经此处。每逢夏秋季节下了大雨，太行山的洪水由此下泄，造成长时间积水，于是鱼虾开始繁殖生长。到了第二年春天，万物复苏，冰雪消融，在微波荡漾的河面上，渔船来回漂荡，泛一叶轻舟在波光粼粼的水面上游玩，恍如画中，犹如仙境。古人称之为“清水春澜”。

（3）信都旧址：现在的冀州旧城在古代很长的一段时间内被称为信都，信都古城池的修建，上可追溯到两千多年前的西汉王朝。汉代以后，信都古城池几经兴废变迁，遭受了多次的洪水冲击和兵祸毁坏，又多次修缮和改建。经过千年的风雨沧桑，废弃的古城墙早已残缺，观之给人以历史变迁的幽远苍凉之感。

（4）开元晚钟：开元寺是坐落在冀州古城内西北部的一座大寺院，隋朝时就已有这座寺院，当时称觉观寺。唐开元年间，玄宗曾命天下寺庙皆称开元，故觉观寺改称开元寺，并历代沿用。该寺的钟声特别响亮，播传甚远，有人夸张地说“凌空响彻三千里，入市声传几万家”，特别是在夜晚，钟声更加幽远，被称为“开元晚钟”。

（5）洞玄仙观：古时冀州城内州治东北有个道观，名叫紫云观，据说唐朝时有一女道士在此观中修行，姓边名洞玄，她生而丰骨不凡，在紫云观中修行时清操苦节，后得到仙人指点，在唐朝开元初年得道飞升。唐玄宗称她为丹台真人，这个道观也称为“洞玄仙观”。紫云观后被毁坏，但边仙姑石雕像仍存（现位于旧城文化馆原址院内）。

（6）张耳穹祠：冀州古城南门内东侧曾有一座“张耳祠”，建于北宋建隆年间，元末时因兵祸毁废。张耳系西汉大梁人，曾与汉将韩信领兵数万在井陉击败赵王歇和成王君陈余，因功被封为赵王，汉高后六年（公元前 182 年）张耳之子张侈被封为信都侯。1982 年由河北省文物局主持对张耳祠下的墓葬进行了发掘，据专家分析，此墓并非张耳之墓。

（7）长堤霁雨：据明朝《冀州志》载，绕州西北有一长堤，堤高一丈余，长约一百三十里，直抵宁晋县、新河县。此堤始建于唐开元六年（718 年），是为防滹沱河、漳河溢水而修筑的。站在长堤上可以看到堤下成群的牛羊和成片的禾黍，樵歌牧曲相闻，令人清心畅快，被称为“长堤霁雨”。清代时，此堤逐渐废弃，不复此景。

(8)古井涵星：据旧志载，冀州古城东北有一个八角井，此井建于北宋乾德年间(963～973年)，年久倾塞，明成化六年(1470年)知州胡瑛重新修砌。明正德五年知州刘追又重新修砌此井，在井上修建了一座亭子，周围筑起了围墙。此井久旱不竭，且井水格外清澈，如一面镜子可倒映星月等景物，被称为"古井涵星"。

冀州八景如今除"信都旧址"(即古汉城墙遗址)外，或因自然地理变迁而几近湮灭，如紫微夕照、清水春澜、古井涵星、长堤霁雨；或因历史政治变迁而不复存在，如开元晚钟、洞玄仙观、张耳穹祠等。但这些凝聚了古冀州文化数千年的人文历史的文字遗存或传说依然能够激发出人们特别的审美情感，非常值得保护和挖掘。

3.3　文化传承

3.3.1　历史名人

古代衡水地处燕赵之间，"户诗书，俗邹鲁，颇有晋之遗风"，最明显的一个文化特色是儒风昌盛，而且人具慷慨侠气，武林文化丰厚。衡水的文化教育事业也源远流长，涌现出许多教育世家，"冀为古名邦，旧有学，冠于它所"。厚重的文化积淀使无数名贤俊彦代代相接，史不绝书。见诸史册的历史文化名人中，衡水本地人有：

- 董仲舒：东汉，以"罢黜百家、独尊儒术"闻名。
- 孙敬：汉，创造了"头悬梁"的典故，被载入《三字经》引为苦读的楷模。
- 孔颖达：唐代"十八大学士"之一。
- 高适：唐代边塞诗人。

此外，衡水历史上还有多位宰相和状元产生。据衡水地方志记载，在衡水这块土地上曾有16人临朝称帝，在史载1446丞相中，衡水籍人就达91位。称衡水人杰地灵是当之无愧。

除衡水本地的历史名人外，还有一批在曾衡水长期生活的历史名人也在衡水这篇土地上留下了许多典故和历史篇章。

- 袁绍：三国，以冀州为据点争霸天下。
- 王之涣：唐代诗人，曾被贬官任衡水湖北的桃城县簿，留下很多脍炙人口的诗篇。
- 山涛：晋朝"竹林七贤"之一，曾任冀州刺史。

3.3.2　民间传说

衡水湖地区流传的民间传说很多，经过现场走访调查，搜集了一些流传较广，影响较大的故事，这些故事有记述历史人物丰功伟绩的，也有描写当地人民勤劳智慧的，还有古代历史的重大事件，这些故事具体来说有：

(1)大禹造湖：相传大禹治水时，在衡水湖处掘了一锹土，从而留下了这片大洼，历经时代变迁，最后演变成了现在的衡水湖。

(2)龙宫借宝：传说在远古的时候，衡水湖是东海龙王敖广的故乡，后来由于黄河泥沙的淤积，敖广才搬了家，但他居住过的龙宫还埋在这块地下。当时有兄弟两人在此耕种，老大靠辛勤劳动，老二好吃懒做。老大在锄地时刨出了开龙宫大门的金钥匙，并归还了守护龙宫的小龙王。小龙王为报答老大，邀请老大、老二到龙宫中取宝。老大只拿了几块碎金银，老二却大把大把地将珠宝往兜里装,包里放。小龙王和老大走出了金大门,老二却因负重过量,累得口吐鲜血而亡。

(3)金龟醉酒:相传大禹治水来到冀州,看到滏阳河的河道窄狭,洪水季节经常泛滥成灾,便决计开挖河道。玉皇大帝见大禹治水日夜奔波,十分辛苦,就派金龟将军前来当他的坐骑。金龟将军自以为是玉皇驾前的一员大将,不甘心当他的坐骑,就当起了治河的开路先锋。有一天,金龟将军喝得酩酊大醉。大禹对金龟将军说:“滏阳河是太行山以东天水入东海的主要河道,应该挖宽一些。”金龟将军酒醉神志恍惚,将大禹“挖宽一些”的指令,误听为“挖弯一些”。结果,他迷迷糊糊地将滏阳河挖成了九曲十八弯。直到现在滏阳河还是弯弯曲曲。

(4)金鸡城:古冀州城又叫金鸡城。传说,在袁绍统治冀州的年代里,老百姓苦不堪言,怨声载道。这时,出了一个叫李三娘的仙女,她逢双日在城外湖里磨面,逢单日从傍晚到半夜里骑着神牛给各家各户送面粉。袁绍为了让李三娘帮他兴兵,就在一天与妻子刘氏坐着龙车凤辇,到城外去请李三娘和神牛。袁绍坐的车刚到城门,车轮一动,就听到城楼下“吱吱吱,吱吱吱”叫个不停,跟鸡的叫声完全一样,并且响亮悦耳,但就是找不到叫声在哪里。车辇一动,那叫声又立刻响起来。传说这声音是给李三娘报讯的神鸡在叫。李三娘的报讯鸡叫,知道袁绍要来,于是骑着神牛,腾云驾雾,向泰山方向去了,以后再也没回来。

(5)苏护进妲己:封神榜中,妲己是道德败坏、陷害忠良、幻惑商纣王荒废国事的妖孽,导致了商朝覆灭。妲己是冀州侯苏护的女儿,本来聪慧美丽善良,但在被晋献给商纣王的路上被九尾狐所害,并被附体,从此开始祸国殃民。

(6)荒洼变桃乡:有一年衡水湖一带闹水灾,人们纷纷外逃时却来了个头戴破草帽、脚蹬烂草鞋的白胡子老头,他一路唱着“父老乡亲莫逃荒,此地是歌好地方,河多水多是个宝,明年荒洼变桃乡”的歌谣,一路为人行医诊病,治好了无数穷人的病。人们都相信他的医术,但不信他的“疯话”,依然四出逃荒。直到遇到一个桥西村的牛汉,老人听到他说:一方水土养一方人,我就不信在这里只有死路一条,“就送他两个桃核,称此乃蜜桃,百姓得救,全在此宝,并要求他今后成树结果后不能忘记乡亲,之后老人就无影无踪了。桃核中下去,第二天就长得枝繁叶茂,第三天就开花,第四天就果实挂满枝头。牛汉按照老人的话,将桃子摘下分给众乡亲,桃子摘一个就长一个,总也摘不完。乡亲们把桃核种下后过两天家家户户的桃树上又都挂满桃子,不到两年方圆百里都变成了桃园,人们也不再逃荒,反而吸引了越来越多的人来安家落户。为了纪念白胡子老人,人们把这种桃称为“蜜桃”,把生长蜜桃的百里桃园定名为“桃城”。

(7)老白干酒井传说:相传,一千多年前,一位白发老石匠总是到滏阳河畔的桃花村酒店讨酒喝,却不付分文。为答谢店主薛二嫂的殷勤招待,老石匠在她家后院独自动手凿出了一口水井,完工后,老石匠却在井旁化作一缕轻烟而去。用此井水酿酒,酒味更加醇香可口,风味独特,因此,各地制酒匠人,纷纷在此附近建坊,用此井水酿酒,此地日益兴旺发达。数百年后,小村庄也就变成了衡水城,用此井水酿成的独具风味的衡水老白干酒更是名声远扬。

(8)李三娘石磨:见 3. 2. 3. 2 中的大石磨。

(9)紫薇仙山:见 3. 2. 4 冀州八景中的紫薇夕照及 3. 2. 2 中的竹林寺遗址。

(10)竹林寺飞升上天:传说竹林寺内长有人参娃娃,被小和尚偷来煮吃晒了汤,于是整座寺就升到了天上。后来每到日落时分,便呈现出“海市蜃楼”幻境,故称“悬空寺”。竹林寺之名为“竹林七贤”之一山涛所改。

(11)山西洪桐大槐树传说:衡水湖周边村民大多自称来自山西洪桐大槐树下,这为考证中华民族的迁徙史提供了素材,而“寻根文化”本身也是一种具有开发价值的人文旅游资源。此外,民风醇厚质朴是衡水湖的一大宝贵财富。在未来的旅游开发中一定要注意创造条件对此予以保护。

现在国内不少已开发的旅游点形象不佳往往与民风蜕变有很大的关联。

3.3.3 民风民俗

(1) 老鼠节:冀州的农历正月十二是老鼠节,这天,各家都会把剪子藏起来,原因好象是剪子的声音和老鼠乱嗑乱咬的声音有些相似,如果动了剪子,那就麻烦了,就会遭老鼠。中午的习俗是包饺子,要把饺子捏严实,意为"捏老鼠嘴",希望来年老鼠不再偷嘴吃,有个好收成。晚上则要烧"老鼠窝"。把白天小孩挨家挨户的收来的旧鞋摞起来,堆成几堆,开始点火,叫做烧"老鼠窝"。不过小孩收鞋之前,必须由大人教育好,要问:有旧鞋吗? 千万不能说:有破鞋吗? 那就要挨揍了。火势旺了的时候,火光映在人们兴高采烈的脸上,大人孩子都用竹竿举着枣花馒头在火里烧。传说这样的枣花馒头可以祈求来年有一个好身体。流传至今的民间年画上,便有"老鼠娶亲"的传说,一群披红穿绿、衣着光鲜的老鼠,吹吹打打,抬着蒙着红盖头的新娘,招摇过市。

(2)打囤:农历正月二十五,是正月的最后一个节日了,到这一天正月里的鞭炮声就算结束了。囤指存粮食用的囤。要在出太阳前,用灶台的柴草灰画上圆形的"囤"和梯子,囤里放上五谷,祈求五谷丰登,粮囤圆满。中午一般要包饺子,叫做捏囤边。一般出太阳前不能把鸡放出窝,鸡挠了,就是挠了囤尖,粮食就要减产。有男子到自己家串门是丰收的兆头,因为可以帮着扛粮食,所以这天男人串门最受欢迎。没有也不要紧,粮食多了咱自己往家扛!

(3)淄村庙会:农历三月三日是出生于冀州市徐家庄乡淄村的金龙大王的受封之日,每年在村东的金龙大庙都举办隆重的庙会。金龙大王姓张,名敕,字延惠,淄村人,生于明朝洪武三年(1370)。幼而聪颖,赋性慷慨。曾外出教私塾。一次,在豫冀晋三省交界处,遭逢洪水,他率领弟子挡决口,不幸被洪流冲走。督河工向上奏明此事,他被皇帝封为金龙大王。掌管上界天河,下界黄河。凡船渡黄河时,船家必问:"有冀州人吗?"船客必回答"有",以求金龙大王保平安。船客中不管有没有冀州人都说有,不然不敢开船,担心金龙大王不保佑。淄村庙会的传统一直延续至今。

3.4 地方名产

3.4.1 地方工艺美术品

衡水市土特产品丰富,民间传统工艺技术精湛,旅游纪念品品种繁多,被文化部命名为内画之乡,是冀派内画发源地。衡水内画烟壶历史悠久,在清乾隆年间已见流传。中华人民共和国建立后,党和人民政府大力提倡、支持和挖掘民族传统文化,使内画艺术获得新生。工艺美术大师王习三在前人技艺基础上刻意求新,不断钻研,改进内画工具,把国画的技法引入内画,使内画艺术更臻于完美,形成独特的内画冀派风格。冀派内画烟壶遂被称为"中国一绝"。

工艺美术制品有衡水三绝(鼻烟壶、侯店毛笔、宫廷金鱼)、武强木版年画、深州黑陶、阜城剪纸、饶阳花炮、景泰蓝、金银首饰、仿古钟、仿古木雕家具、纺织羊毛地毯、花丝、礼花、内画、面塑、玉雕、骨雕等100多种旅游工艺品,远销东南亚及欧美30多个国家和地区。现有全国旅游产品定点生产厂家一个,全省旅游商品定点厂家4个(衡水市特种工艺品厂、衡水市工艺品厂、深州市东方工艺品厂、神州工艺品研究所)。此外还有桃城区地毯厂、河北省花丝首饰厂、枣强县地毯厂、枣强县工艺美术厂、故城县地毯工业总公司、故城县工艺美术厂、武邑县硬木雕刻厂、武邑县工艺品总厂、饶阳县地毯厂、武强县画厂等厂家。

3.4.2 地方名酒

河北衡水老白干酒历史悠久，源远流长，其历史追溯到汉代，知名天下于唐代，正式定名于明代，外销获奖于近代，国营生产于新中国成立后，发展提高于当代。早在汉代时，对衡水酒的兴盛和酒品的质佳就有文字记载。到唐代酒业仍盛，衡水酒名声更响。在清代名著《镜花缘》中便有“冀州衡水酒”，诗人王之涣在衡水任主簿时也甚爱衡酿，直到宋代，衡水的酿造业依然兴旺不衰，传有“开坛十里香，飞芳千家醉”的故事佳话。明代建国，衡水酒的质量更高，有了“隔壁三家醉，开坛十里香”、“闻香下马，知味停车”、“名驰冀北三千里，味压江南第一家”等赞美衡水酒的佳谣。明朝嘉靖年间，衡水酒取名“老白干”。“老”指其生产悠久，“白”是说酒体无色透明，“干”指的是用火燃烧后不出水分，即纯，这三个它准确地概括了衡水酒的特点。之后衡水酒便以“闻着清香，入口甜香，饮后余香”这三香著称扬名。

3.4.3 地方名吃

衡水地处华北平原，自古人烟稠密，物丰地沃，地方小吃历史悠久，品种多样。新中国成立以后，随着社会物质的日益丰富和人民物质文化生活水平的逐步提高，各种地方小吃、名吃得以恢复和发展，并出现一些颇具名气的小吃，如桂香斋糕点、饶阳杂面、故城龙须面、巨鹿香肠、陈村扒鸡等。

（1）桂香斋糕点：桂香斋创业人张叙五生于清光绪初年，自 16 岁到唐山学做点心，后辗转冀县，于光绪季年落脚衡水县巨鹿镇开设糕点店。到 20 世纪 90 年代已是第四代传人。在 80 多年的岁月里，桂香斋由小到大，由弱到强，几度兴衰。其传统的糕点产品在群众中甚受信赖。桂香斋糕点一向以花样多、味道美而闻名。

（2）饶阳杂面：饶阳县地方特产——金丝杂面，是一种配料考究、做工精细、味美方便的大众化食品，由饶阳县城东关杂面铺的店主仇发生于清雍正末年创制。主要成分有绿豆面、白面、鸡蛋、白糖、芝麻、香油 6 种材料。因其杂面条细如发丝且呈金黄色，故名“金丝杂面”。

（3）故城贡面：龙须面创制人齐纪修，是清末故城县西南镇人。因其面条匀净细长，状似龙须，并为清廷贡品而得名。面条色白微青，柔韧晶亮，条细如须且根根中空，耐煮汤清，口味馨香，食用方便。

（4）巨鹿香肠：衡水特产——巨鹿香肠具有用料纯正、工艺考究、清香不腻、存放耐久之特点，出名于清末民初，时衡水县巨鹿镇制作香肠的有韩老立、任老信、高登科、张宝建 4 大家。

（5）陈村扒鸡：起源于 20 世纪 60 年代末，由衡水县陈家村—陈姓人家始制，后经不断改进，制作工艺日臻完善，逐渐形成香、软、烂，色、香、味俱佳，具有独特风味的陈村扒鸡。其制作方法是先油炸白条鸡，炸至金黄色加佐料上锅煮，等煮到一定火候后，即可出锅。

（5）景州馓子：历史悠久，闻名遐迩，但始于何时已无从查考。其制作工艺十分讲究，先将选好的上等精粉用熬好的花椒水、红糖水和成，再用木杠子在面板上反复揉压，然后将面团用手搓成小拇指粗细的条条，待锅中香油熬沸时，便将醒好的面条条扯成圆形或椭圆形馓子坯，用筷子挑入锅内，炸到脆黄状出锅即成，其特点是酥脆甘美，香甜可口。

3.5 评　价

衡水是“九州之首”的古冀州文化的正宗传承地，从新石器时代遗址，至汉城的发展建设、再到唐宋的发展、明清的军事要地，到近现代革命史实，其地方文明史已经成为中华浩瀚的 5000 年文明史的一个重要见证。衡水湖作为一个位于华北平原人口稠密地区的黄河故道湿地，人杰地灵、民风淳朴，其历史人文资源不仅丰富，而且有着很高品位。

衡水湖湿地的人文历史赋予了其区别于一般自然湿地的强烈的特殊性。首先，衡水湖湿地是一部关于湿地人文历史的天然教科书。它滋养了新石器时代以来的黄河文明的兴盛，一度成就了“九州之首”古冀州的辉煌，之后人进湖退，在其退化消亡到一定程度后，又由于人们对湿地的重要性的认识而逐渐得到恢复。衡水湖湿地的数千年变迁最能集中地反映出人与湿地的关系的变迁，是研究人与湿地关系的人文自然历史的重要场所，对于未来生态文明的建设具有重要价值。其次，衡水湖湿地可成为一处与人类关联密切的特殊湿地保护与发展的试验场。衡水湖湿地周边密集的人类活动使衡水湖受人类活动干扰较多，也因此承受着周边人口社会经济发展的巨大压力，包括保护区内 6 万农村人口，以及周边城市化地区，特别是冀州市、桃城区和枣强县，都对借助衡水湖湿地发展致富有着迫切需求。因此，处理好保护与发展的关系是衡水湖正在面临的严峻挑战。处理好这种关系不仅将使衡水湖湿地及其周边人民走上可持续发展之路，也将为许许多多面临同样生态危机的人口稠密地区走上人与自然和谐发展的生态文明之路起到非常有益的示范作用。

第4章 保护区景观资源及其价值评价

本章从衡水湖湿地的自然生态景观资源和历史人文景观资源两个方面对保护区的景观资源进行了挖掘和评价。其中自然生态景观资源又包括了湿地自然景观、自然历史景观和人工自然景观；历史人文景观资源则包括了新石器文化景观、古冀州文化景观、湿地利用方式变迁遗迹和民俗风情文化等。保护区的这些自然生态与人文历史相互辉映的独特景观资源对于未来发展生态旅游业具有越来越重要的价值。

4.1 自然景观

自然生态景观是衡水湖发展生态旅游的重要资源。衡水湖具有保护价值的自然生态景观主要有以下几类：

4.1.1 湿地自然景观

(1)鸟类景观:衡水湖湿地可谓华北平原的鸟类天堂和观鸟胜地,特别是在鸟类迁飞季节,常常数百只、数千只的迁徙鸟类成群聚集或振翅齐翔,非常壮观。作为湿地与鸟类自然保护区,衡水湖观鸟必将是一项具有特殊持续吸引力的旅游活动。

(2)水域景观:衡水湖水域开阔,深水区域没有沉水植物生长,烟波浩森、一碧万顷,属于气势磅礴的大湖景观。浅水区域则有大片芦苇生长,夏季郁郁葱葱,冬季苍苍茫茫,“孤鹜与落日齐飞,秋水共长天一色”,景色十分宜人,是典型的湿地水域景观。

(3)芦苇荡景观:衡水湖湿地的芦苇群落中水道纵横,水质清澈,波光粼粼,泛舟衡水湖芦苇荡的水道中真是趣味横生,回味无穷。

(4)湖上日出日落景观:由于衡水湖水面开阔、一望无际,所以湖上观日出日落可以体味云霞明媚、瞬息万变、水天一色等奇异壮丽和秀美的自然景观。观衡水湖日落总是将一天的衡水湖游览推向高潮,是衡水湖最迷人的景观之一。

(5)淡水沼泽生境景观:湿沼泽是珍稀涉禽的适宜生境,虽人不能接近,通过望远镜却可以清晰地观察美丽珍稀涉禽栖息捕食求爱等各种生动表演。

(6)沼泽湿地、草地与灌丛镶嵌景观盐沼生境与草地(灌丛)景观:在这里可以近距离观察湿地植被及其演替序列,是从事湿地科学研究和科普教育的理想环境。

(7)河滩湿地景观:老盐河故道有着典型的河滩湿地景观。水流曲折蜿蜒,柽柳群落零星散布其间,非常具有观赏价值。

(8)林地景观:保护区正在大规模退耕还林,并已卓见成效,适合开展以健身休闲为主题的森林旅游。

4.1.2 自然历史景观

衡水湖地处黄河流域,历史上河道纵横并多次改道,留下了不少自然历史遗迹。由于黄河是中华民族的母亲河,这些自然历史遗迹凝聚着复杂的深厚的民族情感,也是衡水湖湿地区别于一般远离人类生存空间的自然湿地的一大特殊景观类型。根据实地考察掌握的情况,以下自然历史景观值得保护并挖掘：

（1）古河道遗迹：在保护区范围内曾经有古黄河、古漳河、古盐河等纵横并多次改道，在古河道沿途留下一些奇异的自然地理景观，如河床、缓岗、沙丘等，令人在欣赏自然之美的同时，也不禁感慨于沧海桑田之变迁，发悠悠思古之情。

（2）古地质遗迹：根据《冀县志》的地质图，在保护区东部应有地质断裂带穿过，可以进一步考证其确切位置和寻找其可能的地表遗迹，挖掘衡水湖形成演变的古地质史。

（3）洪水灾难遗迹：衡水湖是洪水冲积的低洼地带，地区历史上洪水泛滥频繁，自公元前 16 年到 1979 年间共发生洪水 931 次，最近一次洪水遗迹是 1963 年特大洪水遗存，不少村落中尚存被局部冲毁的土坯民居废墟。自然灾害是自然历史中惊心动魄并牵动人类命运的沉重一笔，洪水留下的村落废墟为衡水湖的成因和历史留下了最好的注释，并能够激发一种苍凉的、独特的审美情感。

4.1.3　人工自然景观

由于衡水湖湿地与人类活动息息相关，所以人类活动必然给衡水湖烙上深深的烙印。人类活动即可能对湿地带来破坏，但也可能造就“天人合一”的人工自然奇迹，人类活动究竟给大自然打上什么样的烙印，关键在于人类以什么样的姿态去对待自然。人工自然景观的造就一定是人类以谦卑的、顺应自然的姿态，对自然环境通过谨慎的加工而使之保持了符合自然的审美意趣，而又更加适宜人类的生存和生活。在衡水湖湿地，人工自然景观主要体现在以下几方面：

（1）湿地村落景观：衡水湖湿地在长期的复杂的地质地理变迁中形成了多处台地，不少村落就坐落在这些台地上，形成了湖内人鸟共生、渔歌唱婉的奇异的北国水乡风情，别有诗情画意。

（2）岛屿与堤岸景观：衡水湖贯穿南北的中隔堤、围合冀州小湖的小湖隔堤、湖中 5 个大小不等的岛屿，均是人工修筑堆砌而成。长堤可以经过绿化整治形成形态多变的仿自然泊岸，岛屿可以通过生境改造招引鸟类形成富有活力的鸟岛，使衡水湖的景观更趋丰富。

（3）生态农业和生态林业景观：这虽然属于人工环境，但它浓缩并利用了湿地生态系统的自然生物链，体现了对湿地资源的合理利用，在创造经济收入的同时，也创造了独特的人工自然景观，还是从事生态科普教育的生动课堂。

（4）衡水湖湿地利用方式变迁的遗迹：衡水湖在数千年人类文明的洗礼中，不断经历着各种改造和利用方式的改变，这些遗迹为未来的人类反思人与自然的关系留下了宝贵的线索，也是人文历史的一部分，具有相当的保护价值。①农业时代的古水利设施遗迹：以吴公渠为代表，现已有部分被埋于衡水湖底，部分渠道尚在。作为农业文明时代古代人类改造自然的遗迹，具有保护价值。②因衡水湖蓄水而淹没的水下村落和古迹，是一种颇具历史感和神秘感的人文历史资源，具有旅游开发价值。③走向生态文明的变迁遗迹：在未来的衡水湖保护中将再次伴随着部分村落的搬迁和改造，在此过程中应该有意识地挖掘这种变迁的人文历史内涵，形成新的人文历史景观资源。

4.2　历史人文景观

衡水湖湿地的历史人文资源也带来了丰富的景观价值，构成了衡水湖自然保护区的另一大特色，也是对平类型原湿地相对单一的自然景观的一大重要补充，对于保护区未来发展生态旅游以及建设地方生态文明具有很重要的价值。

4.2.1　新石器文化景观

目前发现的新石器文化遗址不在保护区内，但旅游规划上可以统筹考虑，使衡水湖周边人类活动的历史人文景观演进脉络保持完整。

4.2.2　古冀州文化景观

从上古神话，到汉城墙遗址景观、汉古墓群、明城墙遗迹、竹林寺遗址、古战场遗迹、冀州八景以及古碑刻、古诗词和其他历代出土文物，再到冀州市人民会堂遗址等，保护区的古冀州文化景观可谓黄河文明史的一个精彩缩影，不仅丰富多彩，而且富于教益。

4.2.3　衡水湖湿地利用方式变迁的遗迹

衡水湖在数千年人类文明的洗礼中，不断经历着各种改造和利用方式的改变，这些遗迹为未来人类反思人与自然的关系留下了宝贵的线索，也是人文历史的一部分，具有相当的保护价值。

(1)农业时代的古水利设施遗迹：以吴公渠为代表，现已有部分被埋于衡水湖底，部分渠道尚在。作为农业文明时代古代人类改造自然的遗迹，具有保护价值。

(2)因衡水湖蓄水而淹没的水下村落和古迹，是一种颇具历史感和神秘感的人文历史资源，具有旅游开发价值。

(3)走向生态文明的变迁遗迹：在未来的衡水湖保护中将再次伴随着部分村落的搬迁和改造，在此过程中应该有意识地挖掘这种变迁的人文历史内涵，形成新的人文历史景观资源。

4.2.4　民俗风情文化景观

人说“一方水土养一方人”，衡水湖周边地区人民在数千年的历史中形成了独特的民俗文化，包括民间传说、地方工艺美术品、地方名吃、民风民情等，都可以给旅游者带来独特的审美体验。

4.3　评　价

衡水湖保护区的景观资源特征可概括为两大特色，即：平原湖泊生态湿地、千年古城古墓。从景源的分布上看，衡水湖保护区的自然景观以衡水湖为中心，湖泊是本区的最主要的景观资源。此部分自然资源以水生和陆生植被为主，大量的珍稀鸟类和野生动植物资源分布在这个位置上，也是衡水湖生态湿地的主体部分。中隔堤附近有大量的汉墓分布，冀州古城和古冀州八景、汉城墙和明城墙也分布于此，不同的土层埋藏着冀州古代文明的发展历程。保护区的这些自然生态与人文历史相互辉映的独特景观资源对于未来发展生态旅游业将具有越来越重要的价值。最后，对保护区的生态旅游资源做如下评述：

- 种类齐全，特点突出。自然保护区及周边既有自然景观又有历史名胜，其中最具生态观光特点的当属衡水湖湿地景观和多种珍稀鸟类。

- 景点紧凑，环环相扣。由于自然保护区和周边地区的大部分景点都处在衡水湖附近，所以很容易将衡水湖自然保护区的观光项目与其他景区景点联系起来，形成观光游景区网络，从而吸引大量观光者。

- 具有多样性的特点。这种特点有利于扩大观光内容选择的范围和增加观光者的观光经历，既可以满足有特种兴趣的观光者，又可满足兴趣复杂多样的观光团体。

第 5 章　保护区环境质量现状评价

本章从水污染、大气污染和固体废物等方面对保护区的环境质量现状进行了评价。可以看出，尽管保护区在环境治理上已经做出了一系列努力，但保护区的环境质量现状仍然不容乐观，亟待整治。

5.1　评价依据

2006 年 4 月份，衡水市环境保护局对衡水湖进行了采样监测，并与衡水湖管理委员会和冀州市环境保护局共同对衡水湖周边及湖内污染源进行了调查，但所获取的数据非常有限。此外，衡水市尚未进行过其他专门针对自然保护区的污染源调查和统计工作，尤其是大气和固体废弃物，目前所积累的数据均是针对衡水市桃城区与冀州市的。由于自然保护区区内污染物数量也主要由上述两区的污染源排放所决定，所以可以认为，保护区的污染趋势与上述两区的排放趋势基本上一致。

自 2003 以来，导致保护区环境发生变化的主要因素包括：

（1）部分重污染工业企业停产或迁出，有助于大气质量的改善；

（2）旅游事业有一定的发展，旅游人数明显增加，对环境有一定负面影响；

（3）网箱养鱼业有所发展，密度较 2003 年以前明显增加，对保持水质不利。

5.2　污染概况

随着工业治理力度的加大，除去废水排放总量以及废水中污染物的含量在近年已经逐渐下降以外，生活污染源的负面作用正在日渐突出。在表 5-1 与表 5-2 中列出了近年工业污染源与生活污染源的比例变化情况。生活废水排放数量占总废水排放量的 46.02%，而生活废水中的 COD 比例也已高达 38.8%。

表 5-1　近年衡水市各种工业污染物的排放量

	年度	废水排放量（万 t）	COD（t）	氨氮（t）			
废水	2004	4458.32	23644	2121	其中桃城区与冀州市工业废水等标污染负荷的负荷比占全市的 52.9%		
	2003	4003.92	23948	2312			
废气		工业 SO_2	工业烟尘	工业粉尘			
	2004	41541	28182	5907	其中桃城区与冀州市工业废气等标污染负荷的负荷比占全市的 68.2%		
	2003	41724	29427	6163			
工业固体废物			炉渣（万 t）	粉煤灰（万 t）	危险废渣（万 t）	冶炼渣（万 t）	其　他
	2004	产生量（万 t）	57.15	5.09	347.53	1.20	4.38
		利用率（%）	99.67	100	100	100	100
	2003	—	—	—	—	—	—

数据来源：《衡水市环境质量报告书》2004。

表 5-2 2004 年各种生活污染物的排放量

污染物	废水排放量(万 t)	生活废水所占比例	COD(t)	生活废水 COD 所占比例	氨氮(t)	生活废水氨氮所占比例
废 水	3801	46.02%	14989	38.8%	1800	45.9%
废 气	二氧化硫(t)	生活排放 SO_2 所占比例	烟尘(t)	生活排放烟尘所占比例		
	5688	12.04%	10069	26.32%		
固体废物	产生量(万 t)	处理方式				
	14.6	卫生填埋与高温堆肥				

数据来源:《衡水市环境质量报告书》2004。

总体看来,当前保护区面临的内部污染环境问题可以归结为下列几个方面:

(1)水环境质量持续恶化。保护区水域普遍受到冀州市与当地小型分散企业不同程度的污染并仍呈发展趋势。化学需氧量与悬浮物是工业废水中最主要的污染物。

(2)地表水源匮乏,施肥和施药形成的面源以及固体废物堆积导致地下水的逐渐污染。由此还会引发一系列其他环境地质问题,如地下水位下降、咸水下移、地面沉降、裂缝、地下水漏斗面积不断扩大等。目前,地下水漏斗中心最低地下水位埋深已达 81m;作为市区水源的地下水水质已趋恶化,氟化物超标率达 48%。在部分农村地区,染料化工等废水污染地下水,已影响了农用饮用用水,严重威胁着人民群众健康和农村生态环境,成为不容忽视的社会问题。

(3)局部大气污染状况依然较为严重, 部分指标呈逐年加重趋势。由于本区燃料结构以煤为主,当地工业年耗煤量已经接近 250 万 t,其中衡水发电厂年耗煤量即接近 200 万 t。当地冶炼、铸造企业大量而集中的燃煤导致煤烟型大气污染特别突出,主要污染物为颗粒物和降尘,尤其在取暖期,这些企业均处于上风向,在干旱季节对于保护区的大气质量有一定的影响。

(4)农业环境污染蔓延,生态环境破坏现象日趋严重。乡镇企业三废污染加剧,衡水市现有乡镇企业大部分分布在农村。一般规模较小,且大部分是重污染行业,基本没有污染防治设施,造成污染物的直接排放,造成对耕地、农作物和地下水的污染。农用化学物质的污染。化学肥料、农药和农用地膜的大量使用成为农业增产、农民增收的重要手段。据统计每年全市化肥施用量 80 万 t 以上,化学农药 6500t 以上。多种高毒性农药的过量使用,使农药不仅在大气中扩散流失,而且已经形成对于衡水湖水质的面源污染。根据现场调查,当前施用的农药包括乐果、敌敌畏、7260、1605、除草剂、吡虫磷、甲胺磷、避虫灵、多菌灵、毒霸、虫霸以及除草剂等有机磷和有机氯型农药,衡水湖主水体中磷的浓度大于排放口浓度,氮和磷是衡水湖中的主要污染物,这说明面源污染是导致衡水湖水体富营养化的重要因素之一。

5.3 水污染评价

衡水湖保护区水污染状况,分衡水湖、河道、分散小水体和地下水四方面评述。

5.3.1 衡水湖

衡水湖的面积大约占整个保护区的三分之一,因此衡水湖的污染问题对于保护区有致命的影响。因本区域没有自身水源,衡水湖水深年际变异大,水质的变化情况并不符合一般规律,而主要受以下因素的影响：

(1)当地汇水：2500km^2 的滏东排河流域、14420km^2 的滏阳河流域的集水面收集的降水、涝水。其污染程度主要取决于面源污染物。该汇水主要影响冀州小湖，对大湖水质影响不大。

(2)人工引水：不同水源来水的给水量和水质变化，是衡水湖水质的最大影响因素。衡水湖近年来的水源主要引自黄河水，只有一年引自岳城水库。无论是黄河水还是岳城水库水，水源本身的水质都相对较好，但引水沿线的污染影响对水质影响很大，不可忽视。对各引水沿线水质的分析详见河道部分。

(3)网箱养鱼：对衡水湖中网箱养鱼的影响，尚未得到监测数据。但我国多项实地考察结果指出，网箱养鱼对水质的影响将会导致水体耗氧有机物指标、富营养化指标和生物指标浓度的上升，其中生物指标(叶绿素 a、藻类总量)的影响最为显著，并导致水体向富营养状态发展。网箱养鱼不仅明显影响本网箱养殖区的水质，且影响较大水域(距离 >250m)的水质。

(4)周边村庄的生活污水。

(5)水生植物的生长对水质产生所产生的净化效果。

表 5-3 列出了衡水湖及其周边排污口主要污染物的浓度分布情况。

表 5-4 列出了 2004 ~2006 年衡水湖丰水期检测结果。

表 5-3　衡水湖及其周边排污口主要污染物的浓度分布情况

监测点名称	pH 值	COD_{Cr}(mg/L)	氨氮(mg/L)	总磷(mg/L)	氯化物(mg/L)
大　湖	8.04	35.6	0.43	0.013	—
小　湖	7.90	63.2	15.27	0.032	—
城市排口 1 号	7.70	69.5	18.77	0.152	—
城市排口 2 号	7.80	147	30.42	0.119	—
城市排口 3 号	8.17	83.8	16.61	0.716	—
城市排口 4 号	7.76	286	60.63	0.043	—
城市排口 5 号	8.48	113	452.79	1.10	—
冀衡农场排口	7.63	71.2	14.88	0.013	2850

依据表 5-3 及表 5-4 中衡水湖的监测数据，近年来湖水水质基本上处于劣Ⅴ类，但事实上不同区域的水质有明显差别，北部水质明显较好，而位于东湖东部人工坝围成的小湖以及东湖南部均由于冀州地区的排放，水质明显降低，水体的功能已经相当一个巨大的纳污水塘。

由于衡水湖水质受水生植物净化功能的影响也较大，而表 5-3 和表 5-4 所示的水质报告所依据的取水口都在湖边缘部位，2005 年 8 月保护区在东湖内选取不同植物群落区域设取水点进行检测，获得的水质报告显示其水质均在 Ⅳ 类或 Ⅴ 类，明显高出湖边缘取水口的水质(表 5-5)，可见水生植物对湖水的净化作用是相当明显的。

总之，根据多年对衡水湖水质的监测结果可知，衡水湖的主要环境问题是有机、无机混合型污染和潜在的富营养化问题。其主要污染物为总氮、总磷、BOD_5 和 COD_{cr}。目前的监测结果还表明，衡水湖中总氮浓度多年平均值为 1.90mg/L(大湖心)至 6.64mg/L(小湖心)，极端最高浓度达 20.58mg/L，而总磷浓度为 0.005mg/L，已经具有潜在的富营养化威胁。由于氮磷比已经超过 380，因此衡水湖富营养化的限制因子是总磷。虽然不同区域的水质有所差别，但由于衡水湖水环境功能主要是保护对水质具有较高要求的珍稀鸟类和集中饮用水水源地，且衡水湖属于小型浅水湖泊，各区域水质相互影响明显，因此应按照统一的水质标准对衡水湖的水环境进行治理。

表 5-4 2004～2006 年衡水湖丰水期检测结果(mL/L)

日期	监测点名称	溶解氧	高锰酸盐指数(CODMn)	化学需氧量 COD	生化需氧量 BOD_5	氨氮	硝酸盐氮	总磷	总氮	总体评价结果
2004.9	大湖心	6.7	5.12	44.8	38.69	0.19	0.122	0.005	2.35	劣Ⅴ类
	王口闸	3.0	6.72	55.9	43.40	0.30	0.235	0.005	1.58	劣Ⅴ类
	大赵闸	6.2	5.44	47.9	35.10	0.21	0.357	0.005	2.42	劣Ⅴ类
	小湖心	6.8	7.04	57.9	48.99	0.21	0.462	0.005	3.98	劣Ⅴ类
2004.10	大湖心	9.3	6.73	31.4	21.44	0.09	0.185	0.005	1.75	劣Ⅴ类
	王口闸	7.1	7.04	38.3	23.71	0.36	0.112	0.005	0.88	劣Ⅴ类
	大赵闸	8.3	7.17	38.3	24.58	0.22	0.217	0.005	2.00	劣Ⅴ类
	小湖心	5.5	7.74	41.9	32.51	0.36	0.346	0.005	3.36	劣Ⅴ类
2005.4	大湖心	9.8	6.60	28.6	27.0	0.05	1.14	0.005	1.82	劣Ⅴ类
	王口闸	8.4	13.1	47.6	46.53	0.20	0.687	0.005	1.37	劣Ⅴ类
	大赵闸	8.9	13.6	58.9	47.64	0.20	1.10	0.005	0.92	劣Ⅴ类
	小湖心	9.7	17.3	120	80.23	2.00	1.16	0.005	3.36	劣Ⅴ类
2005.9	大湖心	8.1	5.52	20.1	12.32	0.11	0.393	0.005	1.62	劣Ⅴ类
	王口闸	6.0	5.47	24.1	13.93	0.43	0.436	0.005	2.19	劣Ⅴ类
	大赵闸	6.7	5.57	24.1	13.75	0.29	0.468	0.005	3.01	劣Ⅴ类
	小湖心	8.4	13.5	44.5	31.56	0.36	0.518	0.005	4.38	劣Ⅴ类
2005.10	大湖心	8.3	5.46	47.2	17.85	0.10	0.156	0.005	1.62	劣Ⅴ类
	王口闸	7.0	5.69	42.3	6.79	0.35	0.074	0.005	2.08	劣Ⅴ类
	大赵闸	7.9	5.66	57.4	8.62	0.23	0.225	0.005	2.26	劣Ⅴ类
	小湖心	7.8	13.6	55.2	9.12	0.32	0.156	0.005	4.22	劣Ⅴ类
2006.3	大湖心	8.2	13.6	41	/	2.30	1.743	0.005	4.07	劣Ⅴ类
	王口闸	8.5	14.1	44	/	2.00	1.541	0.005	3.32	劣Ⅴ类
	大赵闸	8.0	16.4	59	/	2.30	1.885	0.005	3.74	劣Ⅴ类
	小湖心	7.0	39.3	140	/	14.6	0.426	0.005	20.58	劣Ⅴ类
标准值(Ⅴ类)		≥2	≤15	≤40	≤10	≤2.0	≤10(饮)	0.2	2.0	

表5-5 2005年8月对湖内不同水生植物群落区域的水质检测结果(mL/L)

站点	游离二氧化碳	侵蚀性二氧化碳	钙离子	镁离子	钾离子	钠离子	氯离子	硫酸根	碳酸根	重碳酸根	矿化度	总硬度	总碱度	溶解氧	氨氮	亚硝酸盐氮
轮藻区	12.3	0	43.8	58.6	13.8	145	193	295	0	251	810	196	115	6.6	0.72	0.003
香蒲区	13.2	0.00	32.2	58.4	13.7	135	189	256	0	223	808	180	103	5.6	0.18	0.003
狐尾藻旁清水区	0	0	33.0	60.1	11.8	148	203	280	12.4	164	850	185	155	6.5	0.23	0.007
深水区(下)	0.0	0	31.4	61.8	12.3	150	204	283	2.76	182	836	186	86.4	6	0.33	0.007
深水区(上)	0	0	36.3	62.1	13.00	124	209	300	11.0	168	818	194	87.5	6.3	0.32	0.006
芦苇区	7.57	0	41.3	58.6	13.8	145	196	254	0	219	806	193	101	6.4	1.01	0.004
荷花区	0	0	41.3	57.6	13.1	128	191	327	1.93	228	826	191	107	6.7	0.28	0.019
狐尾藻区	0	0	35.0	64.4	13.7	125	197	343	14.4	162	808	198	87.7	6.4	0.31	0.004

站点	硝酸盐氮	高锰酸盐指数	氰化物	砷化物	六价铬	总汞	镉	铅	铜	溶解性铁	硫化物	氟化物	总磷	总氮	水质级别
轮藻区	0.18	14.4	<DL	<DL	<DL	<DL	0.0043	<DL	0.067	<DL	0.15	1.18	0.03	1.68	5
香蒲区	0.25	14.0	<DL	<DL	<DL	<DL	0.004	0.03	0.005	<DL	0.23	1.31	0.05	1.24	5
狐尾藻旁清水区	<DL	9.6	<DL	<DL	<DL	<DL	0.003	0.02	0.010	<DL	0.31	1.10	0.04	1.02	4
深水区(下)	<DL	12.2	<DL	<DL	<DL	<DL	0.003	0.01	0.021	0.05	0.38	1.14	0.04	0.908	5
深水区(上)	<DL	8.9	<DL	<DL	<DL	<DL	0.004	0.01	0.001	<DL	0.08	1.08	0.04	0.837	4
芦苇区	<DL	14.1	<DL	<DL	<DL	<DL	0.002	<DL	<DL	0.07	0.30	1.10	0.03	1.35	5
荷花区	<DL	14.6	<DL	<DL	<DL	<DL	0.003	0.04	0.007	<DL	0.00	1.15	0.05	0.622	5
狐尾藻区	<DL	11.3	<DL	<DL	<DL	<DL	<DL	0.03	0.048	<DL	0.32	1.08	0.04	0.735	5

5.3.2 河道

5.3.2.1 卫千渠

卫千渠是衡水湖引黄河水必经的引水渠道。引黄济冀工程是为缓解邢台、衡水、沧州等地区的严重缺水状况,由国家投资兴建的跨流域大型调水工程。为保障引水水质,1995年衡水湖引黄渠道弃卫运河启用清凉江,经油故闸进卫千渠,再经王口闸入衡水湖。此水质主要取决于沿途污染物的排放和面源污染物。据近年的统计,水质均在Ⅳ类与劣Ⅴ类之间。到2006年,衡水水务部门又对引黄河水沿线采取了治污措施,使卫千渠方向的来水水质得到了一定程度的提高。

5.3.2.2 冀码渠

冀码渠是将河北省内上游诸水库来水及当地汇水引入衡水湖的引水渠道。冀码渠目前的用途主要是将当地汇水经由滏阳新河和滏东排河引入冀州小湖用于农灌,仅在2005年用于向大湖引入岳城水库来水。

当地汇水,特别是滏东排河沥水严重污染并伴有明显异味,其水质主要受到邢台、邯郸的上游污水,以及冀州所属各工业企业向河中排放污染物的影响,对于该部分湖水是最主要的污染源,也使冀码渠本身受到严重污染。好在冀州小湖基本与大湖隔绝,对大湖水质影响较小,但也有闸道通往大湖,平时关闭,仅在水位过高时向大湖排水。

岳城水库来水水质较好,没有受到明显的工业污染,主要取决于面源污染物。2005 年因引蓄岳城水库来水必须经过冀码渠,但冀码渠的污染问题并没有得到彻底整治,仅仅是依靠较大的水量使污染得到稀释。为把原来冀州方向污染比较严重的区域隔离到东湖主水体之外,新南关闸不得不北移,这使东湖单一水域进一步被分隔。

5.3.2.3　周边其他河道

流经保护区北侧的滏阳河,是区内最主要的河流。但滏阳河是保护区的边界,且与湖水不直接相连通,对保护区内水体的水质没有明显影响。其他河道还包括流经衡水湖北侧的滏阳新河、滏东排河以及流经衡水湖东侧的南北走向的盐河故道。

(1)滏阳河:由于上游工业城市的污染,滏阳河水质长期低劣状态。在枯水期的污染最为严重,在丰水期也仅有很小程度的改善。主要污染物为挥发性酚,氨氮,有机化学需氧量和化学耗氧量。监测表明,污染最严重的是小范桥,为严重污染,其次为衡水闸,属重污染,干马桥和北小庄的主要污染物为氨氮,属中度污染。邵村排干的韩庄断面主要污染为氨氮和生化需氧量,属中度污染。滏阳河衡水段各断面 CODcr 监测结果为 92.6mg/L(干马桥)~231mg/L(北小庄)不等,最高超出第Ⅴ类水质标准 4.78 倍,其他如色、味、DO、酚等指标也超出地面水环境质量Ⅴ类标准。由于滏阳河受到污染,处于其下游的冀码渠水质逐渐降低到达入湖的南关闸一带,已经形成带有恶臭的污水。

(2)滏阳新河:与滏阳河相比较,影响滏阳新河、滏东排河的污染源较少,除悬浮颗粒外,其他污染物浓度较低。

(3)滏东排河:受上游污染排放影响大,严重污染。为使东线引水避开污染严重的冀码渠,2005 年衡水水务部门将衡水湖北侧的大赵闸改为双向闸,使东线调水可经滏阳新河在大赵闸入湖。但引滏阳新河水又必须跨过污染严重的滏东排河。为截掉滏东排河污染的沥水,滏阳新河外的滏东排河上还加了一个坝拦截滏东排河上游来的污水,这样可使今后从滏阳新河的引水不受到滏东排河沥水的污染,但这样的措施也只能在调水期间临时性地改善大赵闸方向的来水水质,滏东排河本身受污染的水体也没有得到实质性的整治。

(4)盐河故道:流经衡水湖东侧的盐河故道由于不是常年流通,水质也不够稳定,主要取决于附近居民与小型企业的排放水平而定。

5.3.3　分散的小型水体

鉴于湿地地表水的分布特征,分散小型水体的贮存水量虽然较小,但分布地域很大。因此,如果对于其水质没有适当的保护措施,其下渗仍将对地下水水质有明显影响。当地没有统计分散小型水体的水质数据。但可以认为,该部分水质主要取决于两类污染源,即居民的生活垃圾与周边地区小型企业的排放。二者分别与居民密度以及附近地区企业的类型、规模有明显关联。根据对上述因素的分析以及实地考查的结果,在总体上,分散性地表水的水质按照湖西岸部分、湖东岸部分和湖南岸部分逐渐下降。其中湖南岸的地表水由于大量的冶金、制砖等工业的影响,同时受到明显的重金属污染。上游、衡水市和小范镇的工业废水和生活污水未经处理直接排放也有一定的影响。

5.3.4　地下水

pH 值为 8.32~8.75,总超标率为 74.20%,超标井占 83.3%。氟化物超标率 85.71%,超标井

94.4%。其他如高锰酸盐、挥发酚、氰化物等均不超标。

造成地下水污染的主要原因是地质结构和超量开采造成地下水位急剧下降，以致形成地下漏斗。近几年来乡镇企业不断发展，有废水采用渗井，渗坑排放，固体废弃物随意堆放，废水的渗漏，固体废弃物淋滤渗透造成一定影响。

5.4　大气污染评价

大气污染程度在近年虽有降低，污染有所减轻，空气环境质量也有所改善，但与保护区的要求尚有差距。当前的空气质量大多数时间为 II 级，属轻度污染。

5.4.1　大气污染类型

衡水市环境空气总体仍然表现为煤烟型污染，主要污染物为总悬浮颗粒物与降尘，工业粉尘的排放数量在近一、两年有较明显降低。颗粒物是衡水市城市空气环境的首要污染物，二氧化硫、二氧化氮、降尘年均值均能达到国家二级标准。空气降尘污染季节性变化明显，SO_2的排放在近年一直在同一个水平徘徊。与工业排放相比，居民的排放的大气污染物数量很小，各种气体排放物在总量中占据的比例均在 5% 以下。

衡水多年来生产和生活所用的燃料以煤为主，冬季取暖期更为突出，大气污染程序由重到轻的顺序是：交通商业区、居民区、对照点、工业区，主要污染物的构成是颗粒物、二氧化硫、降尘、氢氧化物。各种污染物全年日均值范围二氧化硫 0.002 ~ 0.355mg/m^3，超标率 4.1%；可吸入颗粒物全年日均值范围为 0.024 ~ 0.785mg/m^3，超标率为 26.2%；全市降尘月均值范围为 13.9 ~ 35.49t/km^2，超标率为 37.5%；氮氧化物污染较轻，较稳定且是下降趋势。

5.4.2　影响大气环境的主要原因

由于保护区的面积仅约 200km^2，整个区域的直线跨度仅有 15km 左右，因此主要大气污染物均来自区外。

5.4.2.1　衡水湖国家自然保护区外

在非静风时间，区内高架污染源所排放的污染物落地距离均在保护区之外。在区内的最重要的污染源是位于湖西南侧的冶炼和铸造企业所排放的烟尘和 SO_2，目前没有得到这些企业排放总量和排放浓度的数据。从目测来看，在静风时间污染相当严重。

5.4.2.2　衡水湖国家自然保护区内

当地燃用煤含硫分 1.0% ~ 4.0%，灰分 16% ~ 35%，煤质成分是造成环境大气污染的原因之一。在这方面区内部分重点企业的排放具有决定性的影响。

少部分锅炉燃烧效率较低，虽然 90% 以上的锅炉都装有除尘器，但由于选择的除尘设备质量不过关，除尘效率达不到要求。再就是采暖锅炉不断增加，烟囱低矮，供热分散，是造成环境大气污染的直接原因。

气候干旱少雨，区内绿化率低，风沙大，加大了空气的含尘量。

5.5　固体废物污染评价

根据环保局提供的数据，本区所产生的主要类型工业固体废弃物，包括粉煤灰、尾矿、冶炼废物以及炉渣基本达到了完全回用。但据现场勘察,位于衡水湖西南方向,冶炼、铸造企业向湖边排放的大量废渣与废砂,以及同一地区制砖业遗留的废物尚未得到适当处理。

生活垃圾在本区是另一个不可忽略的环境污染因素。目前保护区总人口约 65000 人。按照每人每日 1.2kg 计算,全年生活垃圾总产生量约为 28500t。由于近期旅游业得到较快发展,游客遗留的垃圾数量将越来越明显地增加环卫部门的工作量。2006 年游客总量约为 25 万人,他们产生的垃圾将较居民垃圾将更具有分散性,成分也更为复杂。这部分垃圾年产生量约 150 ~ 200t,并将会逐年增加。统计数据表明,目前得到清运的垃圾仅为 1000t,大部分垃圾仍由居民自行处置。这些垃圾不但污染了地下水与空气,在夏天也滋生大量蚊蝇与啮齿类动物,具有导致疾病扩散的潜在危险。据实地考查结果,事实上保护区全部生活垃圾均未得到适当处理,大部分被任意堆置在水体(包括衡水湖沿岸以及各水道两岸地带)附近,另外一部分被居民随意处置。

保护区自身没有专门的环境卫生部门建制,由于保护区全面缺乏清扫车、车辆清洗站、废旧物资回收系统与垃圾处理设施,在全区也没有建立统一的收集、转运业务,在目前无法正常开展保护区的环境卫生工作。这种状态与自然保护区的要求极不相称。

第6章　保护区社会经济发展现状调查与评价

本章结合课题组对衡水湖农村的实地调研及所能获取的相关统计资料，对保护区的社会经济发展现状进行了综合评价。其中社会发展现状涉及保护区人口、家庭、民族、就业、收入水平、文化教育、医疗卫生、社会保障及农村社区建设等多个方面。经济方面则分农林渔牧、工业生产、湿地资源利用和生态旅游业等不同产业类型对保护区产业发展现状进行了评价，并且分析了各产业对社区居民收入的贡献情况。最后，本章还通过衡水市与省内及京九沿线城市的对比，以及衡水湖与京津冀相关湿地的对比，对保护区的区域竞争力进行了评价。以此摸清保护区家底，为保护区可持续发展战略的提出打下一个良好的基础。

6.1　调研背景

在考察保护区的社会经济发展现状时，需要注意到衡水湖国家级自然保护区的范围包括内涵不同的三个层次。其一保护区管委会目前拥有直接管理权限的8个直管村范围；其二是被正式纳入衡水湖国家级自然保护区边界的106个村[①]范围；其三是保护管理区范围，除上述106个村外，还包括了保护区以东的25个村落，共计131个村落，是衡水市为了加强对该国家级自然保护区的保护，实现保护区与周边地区的协同发展，而正式下文划定的衡水湖国家级自然保护区管委会的管辖范围，亦即衡水湖国家级自然保护区综合示范圈的范围。尽管保护区对131个村都具有管辖权，但由于传统上所有保护区所辖村落均分属周边6个乡镇管辖，所以大部分所辖村落在行政上依然受乡镇直接管理，而各乡镇都只有部分村落在保护区范围内，所以行政上与保护区之间并无隶属关系，这在某种意义上削弱了保护区的管理力度。只有对于属保护区直管村的8个村落，是衡水市政府为了充分发挥自然保护区在当地实现可持续发展方面的带动作用，将其从各自的乡镇中切割出来，使保护区管委会对他们拥有完全的管理权限。在以下有关保护区的社会经济状况分析中，在获取数据所许可的条件下，本报告将尽量区分此3个层次予以说明。

本调研报告结合了课题组对衡水湖农村的实地调查和官方统计资料的信息。为全面掌握保护区社会经济发展现状，课题组对于保护区的部分村落先后进行了3次问卷调查。其中，2003年开展了针对17个典型村的综合调研，2006年开展了针对54个村落的农村贫困状况的调研数据，以及2007年开展了针对7个保护区直管村的综合调查。其中，17个典型村调查是从106个村里根据地理位置分布、产业特点、人口规模、收入状况等采用分层抽样的方法抽取出来，村中受访人员则采用随机抽样法，获取了600多份问卷反馈，对于反映保护区的整体情况具有一定的代表性；2006年的调查获取了问卷反馈600多份，尽管覆盖了保护区一半以上的村落，但由于受访对象重点选取的是各村的贫困家庭，以及少数富裕家庭和干部家庭，其数据主要价值在于研究保护区的贫困状况，贫富差异以及致贫原因分析等；从2006年起，保护区管委会成立后，区内有8个村被划为保护区管委会直管，其他村则依旧归属原乡镇管辖，因此课题组于2007年又进一步对这8个直管村村中的7个村39家农户开展了有关其基本情况的综合调查，并计划在今后数年内持续对这批受访农户进

---

① 此106个村的范围在2003年做一个小的调整：去掉了位于保护区西侧边缘的北照磨村，增加了实际人口已迁出保护区但在保护区内尚有部分耕地的胡庄。

行跟踪调查,以反映保护区成立后对所辖村落带来影响变化。

保护区管委会由于成立时间很短,仅于2006年提供了8个直管村的相关统计数据。课题组所采用的其他统计数据分别来自对冀州市和桃城区所掌握的分村统计数据,并按照保护区的范围进行了数据合并。另外,由于现有统计资料中缺乏有关人口受教育情况及年龄结构的数据,基于对保护区与其周边地区人口年龄结构及受教育情况基本同构的假设,合并了《冀州市2000年人口普查资料》和《衡水市桃城区2000年人口普查资料》相关数据得到"保护区所在6乡镇的人口受教育程度统计表"和"保护区在6乡镇的人口年龄结构",以此对保护区的情况进行推断,同时也结合课题组2003年对17个典型村的调研数据对区内情况进一步作了补充。

6.2　保护区社会发展状况

6.2.1　人口与家庭基本情况

6.2.1.1　人口数量及其变迁

据2005年统计,保护区范围内共65180人、19046户,按综合示范圈统计则总人口达83821人,24347户。保护区所涉及的6个乡镇人口年龄结构,见表6-1。

表6-1　保护区所涉及的6个乡镇人口年龄结构(2000年)

乡镇名称	人口数(人)				所占百分比(%)		
	总人口	0~14岁	15~59岁	60岁及以上	0~14岁	15~59岁	60岁及以上
冀州镇	87475	19170	60900	7405	21.91	69.62	8.47
魏家屯镇	18840	4354	12203	2283	23.11	64.77	12.12
徐家庄乡	30894	6897	19813	4184	22.32	64.13	13.54
小寨乡	36306	7684	23545	5077	21.16	64.85	13.98
郑家河沿镇	40462	8562	27022	4878	21.16	66.78	12.06
彭杜村乡	34389	6944	23422	4023	20.19	68.11	11.7
合计	248366	53611	166905	27850	21.59	67.20	11.21

数据来源:《冀州市2000年人口普查资料》和《衡水市桃城区2000年人口普查资料》①

图6-1至图6-3分别反映的是2002~2005年3个层次的保护区总人口和家庭数量的变化情况。可以看出,保护区人口在2003年有一个明显的上升,2004年略有下降,但2005年又略微上升,只有保护区直管村的人口略有下降。由于2003年保护区的统计范围作过调整,所以2002~2003年间保护区总人口的上升并不具有特别的意义。而2003年以后,从保护区示范圈和保护区直管村的范围看,保护区人口下降趋势较为明显。课题组了解到,2003年以后衡水市由于放宽了农民进城落户的政策,有不少农民买了城市户口进程落户,造成了保护区人口减少的现象,这与统计数据所反映的人口变化趋势相符。但目前这一人口变动趋势又有发生逆转的趋势。造成农村人口回流的一个重要原因是买户口进了城的农民遭遇了在城市谋生的艰难,而近年国家免除农业税实质性减轻了农民负担,又为新农村建设投入大量资金,使不少农民看到了坚持在农村发展的美好前景,"与其在城市沦为城市贫民,不如回乡守住一亩三分地"就成了不少进城新市民的新选择。

---

① 分村统计数据中未包括人口年龄的统计项,因此使用保护区所涉及的6个乡镇的人口年龄结构来近似整个保护区的人口年龄构成情况。

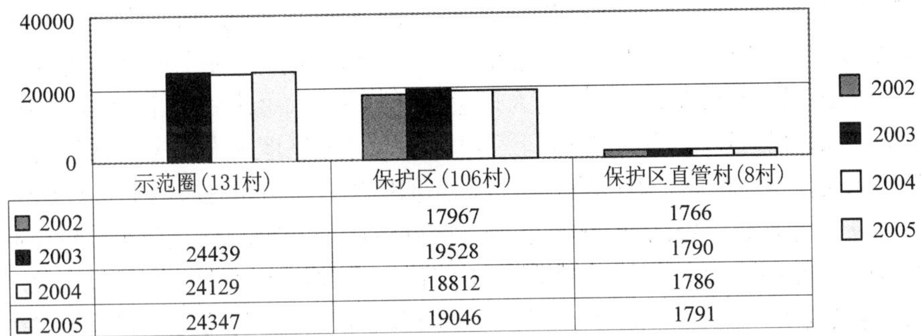

	示范圈(131村)	保护区(106村)	保护区直管村(8村)
2002		17967	1766
2003	24439	19528	1790
2004	24129	18812	1786
2005	24347	19046	1791

图 6-1　保护区总户数(2002～2005 年)

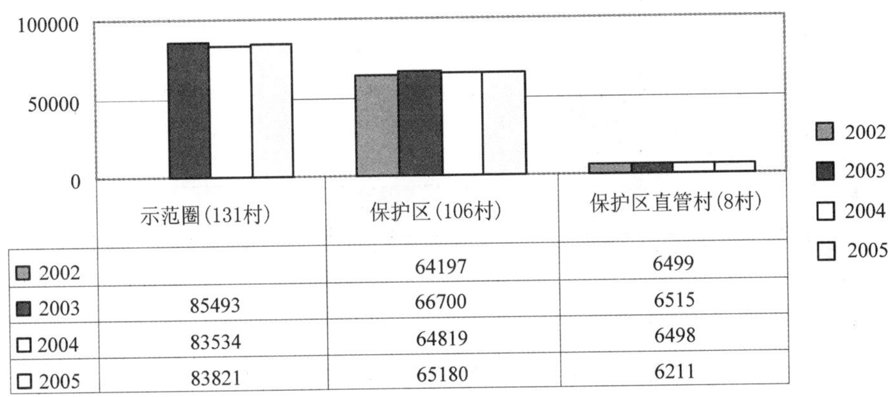

	示范圈(131村)	保护区(106村)	保护区直管村(8村)
2002		64197	6499
2003	85493	66700	6515
2004	83534	64819	6498
2005	83821	65180	6211

图 6-2　2002～2005 年保护区的人口变迁

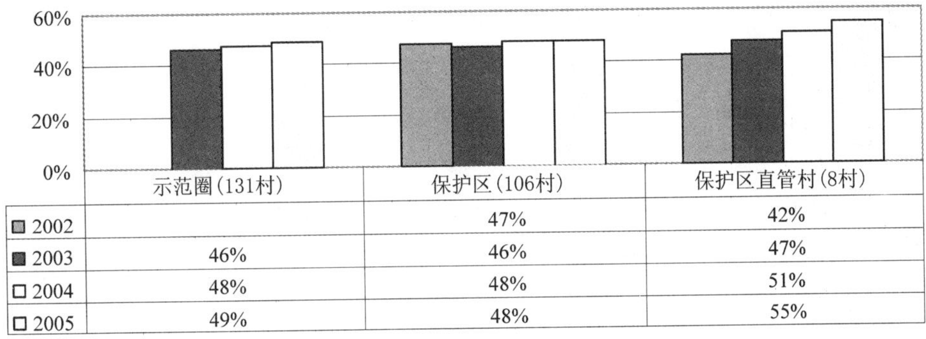

	示范圈(131村)	保护区(106村)	保护区直管村(8村)
2002		47%	42%
2003	46%	46%	47%
2004	48%	48%	51%
2005	49%	48%	55%

图 6-3　保护区劳动力占总人口比例

按 2005 年人口数据计算区内人口密度,为 294 人/km^2,大大高于其他自然保护区,显示出保护区面临着非常严峻的人口压力。保护区内人口减少对衡水湖自然保护区实现其野生动物保护的使命是有利的,而城市化是保护区人口疏散的一个重要出口,因此已经城市化的人口的回流就非常值得关注。这一动态显然与保护区的发展取向相背离。而这一问题的解决涉及更为宽泛的城市化政策,不完全在保护区的掌握之中,也显示出与周边城市的协同发展对保护区实现可持续发展的重要意义。

6.2.1.2　人口年龄结构

保护区相关统计数据尽管没有包括对人口年龄结构的统计,以下从四个方面来推断保护区的人口年龄结构状况。

首先，从2000年人口普查报告中保护区所涉及的6个乡镇的人口情况来看，0～14岁占21.59%，15～59岁占67.20%，60岁以上的老年人口占11.21%。国际上通常认为60及以上的老年人口占总人口的比例达到或超过10%，则人口达到老龄化。而保护区所涉及6个乡镇中这一比例高达11.21%，有的乡镇这一比例甚至达到了13.98%，可见该地区人口老龄化程度较为严重。

其次，综合课题组历次调研，2003年保护区所辖范围内17个村的抽样调查反映出整个保护区范围受调查人口中老年（60周岁以上）人口数所占比例高达17.32%；而直管村范围2003～2007年间老龄人口比例基本维持在20.2%。这都进一步印证了该地区人口老龄化程度较为严重这一结论，且直管村的老龄化程度更为严重（图6-4）。2006年的调查由于受访对象偏重于贫困家庭，不具有随机抽样调查的意义，但直管村高达25.2%的老龄人口比例显著高于平均水平，显示出老龄化与贫困之间似乎有着某种联系（表6-2）。

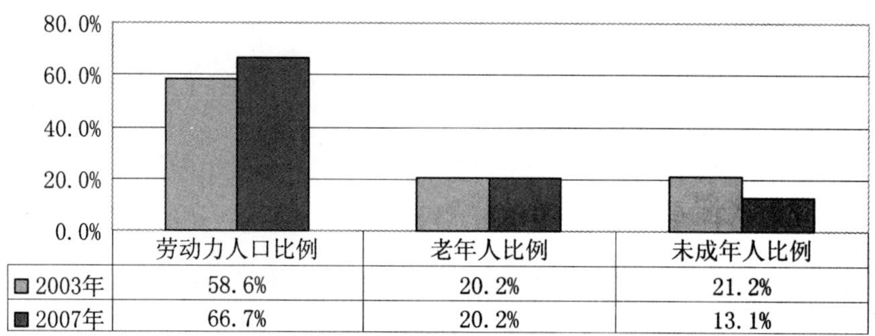

图6-4　保护区直管村人口年龄结构变化图

表6-2　保护区被调查家庭的人口结构

年份及调查范围	项目	劳动力人数	老年人口数	未成年人口数	其他*	家庭人口数
2003年 17典型村	人数（人）	1688	504	658	60	2910
	比例（%）	58.01	17.32	22.61	2.06	100
2003年 直管村	人数（人）	243	84	88	—	415
	比例（%）	58.6%	20.2%	21.2%	—	100%
2006年 直管村	人数（人）	161	73	56	—	290
	比例（%）	55.5%	25.2%	19.3%	—	100%
2007年 直管村	人数（人）	112	34	22	—	168
	比例（%）	66.7%	20.2%	13.1%	—	100%

说明：2003年对17个典型村数据来自从17个村落中随机选取的654户的有效样本涉及人口2910人。“其他”是指在外地读大学或参军的人口。2003年直管村数据来自从17个典型村筛选出的如今属于保护区直管村的王口与北田两村91户家庭有效样本涉及人口415人；2006年直管村数据来自从贫困状况调查中筛选出的除顺民以外7个直管村78户有效样本涉及人口290人。2007年直管村数据来对自直管村中6个村随机选取的39户有效样本涉及人口168人。

最后，从保护村所辖村落的统计数据中显示的2002～2005年这4年间的劳动力占总人口比例来看，都明显低于课题组调查组历次调查所获取的数据，因此可以推测实际老龄人口比例不会低于课题组抽样调查所获取的数据。

综上所述，保护区人口老龄化是保护区面临的一个重要问题，且保护区人口老龄化问题可能比周边乡镇来得更为迫切和严重。保护区的老龄化显然受到计划生育政策的影响，这与全国的老龄化趋势是一致的。但保护区表现出的特别严重的老龄化问题则可能与保护区的特殊发展模式相关。由于保护区恢复湿地的举措，导致原来在湖区有耕地的村落失去大量耕地。失地后的农民有的转行成为了渔民，而更大多数的年轻人则开始了离乡背井另谋生计，只有老龄人口由于难于在外谋生，因此更多地留了下来。显然，老龄化问题已经真切地摆在了保护区的面前，成为其谋求可持续发展必须要应对的问题。

6.2.1.3　民　族

区内人口主要为汉族，也有少量回族人口。

6.2.2　就业与收入水平

6.2.2.1　收入水平

截至 2005 年，保护区农民纯收入总量，从示范圈、保护区和直管村三个层次看，分别达到 3.35 亿、2.57 亿和 0.27 亿元（图 6-5）。2005 年保护区农民人均纯收入为 3945 元，示范圈和直管村范围内更分别达到了 3994 元和 4297 元，而 2005 年全国农村居民人均纯收入为 3255 元，可见保护区的居民收入水平相比于全国的平均水平还是属于中等偏上的。图 6-6 显示，无论是从保护区本身，还是从直管村和示范圈看，在 2002 ~ 2005 年的四年中，人均收入整体呈明显的上升趋势。

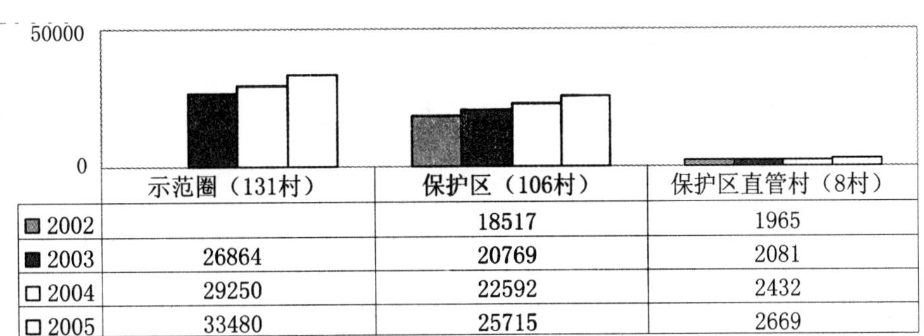

	示范圈（131村）	保护区（106村）	保护区直管村（8村）
2002		18517	1965
2003	26864	20769	2081
2004	29250	22592	2432
2005	33480	25715	2669

图 6-5　保护区农民年纯收入

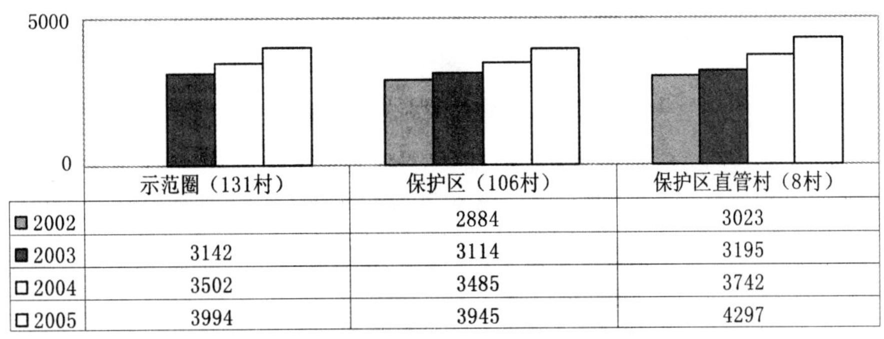

	示范圈（131村）	保护区（106村）	保护区直管村（8村）
2002		2884	3023
2003	3142	3114	3195
2004	3502	3485	3742
2005	3994	3945	4297

图 6-6　保护区农村人均纯收入

但从人均耕地来看，从保护区示范圈、保护区和保护区直管村三个层次来看分别为 1.98 亩/人、1.71 亩/人以及 1.14 亩/人（图 6-7）。可以看出保护区直管村人均耕地面积明显小于周边村落。其耕地面积狭小的主要原因是因为衡水湖湿地恢复导致其不少耕地被淹，但其人均收入不仅没有受到耕地面积减少的影响，反而比保护区平均水平高出约 7 ~ 8 个百分点。

为了更好地理解保护区的收入状况分布，我们按照 2004 年保护区总体规划所划分的区域和生态单元，并将位于保护区东部以外示范圈以内的综合示范区补充编为保护区东部地区第 14 个生态

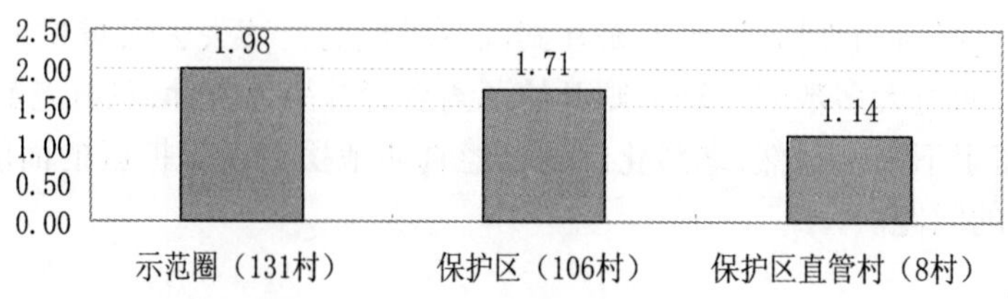

图 6-7　保护区人均耕地(亩/人)

单元,按照各村所属位置区域和生态单元对保护区农民人均纯收入进行了细分(图6-8 至图6-10)。结果显示,保护区西部的农民人均收入明显低于其他区域,其中,又以生态单元编号为3 的西部混合区的人均收入水平最低,且低于全国平均线;而保护区东北部地区的农民人均收入水平明显高于其他区域,其中又以编号为9 的东北部混合区人均收入水平最高。其他区域的农民人均收入水平则居中且大体相当(表6-3)。

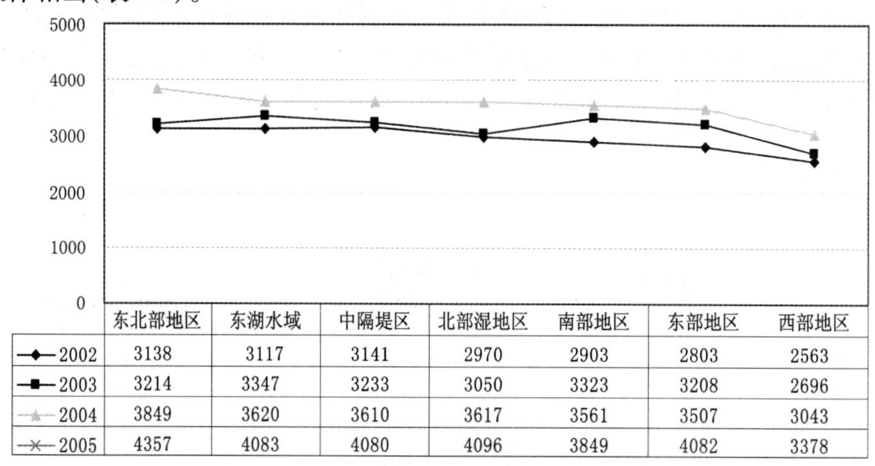

	东北部地区	东湖水域	中隔堤区	北部湿地区	南部地区	东部地区	西部地区
2002	3138	3117	3141	2970	2903	2803	2563
2003	3214	3347	3233	3050	3323	3208	2696
2004	3849	3620	3610	3617	3561	3507	3043
2005	4357	4083	4080	4096	3849	4082	3378

图 6-8　农民人均纯收入区域比较(2002 ~ 2005 年)

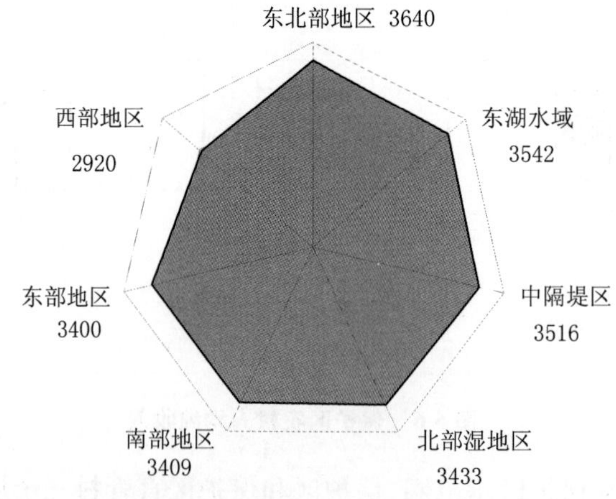

图 6-9　农民人均纯收入区域比较(2002 ~ 2005 年平均值)

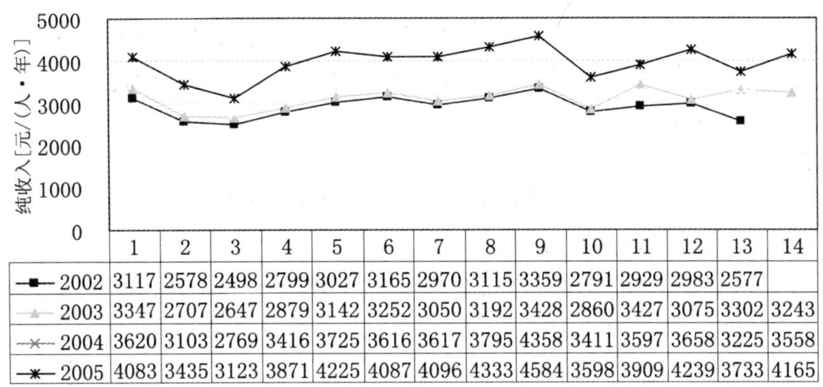

	1	2	3	4	5	6	7	8	9	10	11	12	13	14
2002	3117	2578	2498	2799	3027	3165	2970	3115	3359	2791	2929	2983	2577	
2003	3347	2707	2647	2879	3142	3252	3050	3192	3428	2860	3427	3075	3302	3243
2004	3620	3103	2769	3416	3725	3616	3617	3795	4358	3411	3597	3658	3225	3558
2005	4083	3435	3123	3871	4225	4087	4096	4333	4584	3598	3909	4239	3733	4165

图6-10　保护区农民人均纯收入按生态单元细分

（横坐标为生态单元编号，其所对应的村落范围见表6-3）

表6-3　保护区生态单元划分

生态单元编号	生态单元名称	所在区域	所包括的村庄
1	东湖湿地区	东湖水体及湖岸区域（东湖水域）	东湖水域、顺民庄、胡庄、冀衡农场等，其中大部分水域不属于任何村庄
2	西部农业区	西部地区	北安阳城、南安阳城、宋牛庄、南良、北良、东南庄、良心庄、后庄、东庄、窑洼、西南庄、南岳村、北岳村、大寨村、小寨村、前照磨、（北照磨）
3	西部混合区		北尉迟、南尉迟、寇杜村
4	中部农业区	东西湖交界的中心区域（中隔堤区）	前韩
5	中部渔业区		南李庄、绳头
6	中部混合区		段村、崔庄、一铺、二铺、三铺、四铺、北关、西元头、东元头、张家庄、前赵家庄、后赵家庄、孙郑李、前冢、后冢、北八里庄、臧家冢、刘家埝、北冯家庄、北岳家庄
7	北部湿地区	北部湿地区	后韩村以及滏阳新河南侧与滏东排河之间的区域，其中大部分区域不属于任何村庄
8	东北部农业区	东北部及滏阳新河以北地区（东北部地区）	巨鹿、小刘、张王庄、闫庄、大刘、贾庄、南李村、陈村、道口、邵庄、前孙、后孙、郭埝、候庄、谈庄、彭杜、李开、候店
9	东北部混合区		赵杜
10	南部农业区	南部地区	野头
11	南部混合区		大漳、东午、堤里王、西关、小漳村、大齐村、小齐村
12	东部农业区	东部地区	韩赵、南赵、小候、范庄、北田、刘田、秦田、徐田、李田、宋田、张田、刘台、大赵、五开、张家宜子、孙家宜子
13	东部混合区		于家庄、魏家屯、郝刘庄、贺家村、王家口、李家口、陆村、常家宜子、王家宜子、邢家宜子、魏家宜子、韩家庄、吕家庄、赵庄、东赵家庄、李家村、西娄家疃、曹家村
14	示范区		陈辛庄、三许庄、半壁店、西张景官、南王庄、祝葛村、仲景、张辛庄、马家庄、吴杜、祝葛店、赵辛庄、杜庄、东明、西明、邢村、常庄、刘庄、小庄、时庄、齐官屯、赵祥屯、东娄家疃、岳庄、漳下

以上事实反映出保护区村民收入主要受周边城市化地区的辐射影响明显，而与所拥有的耕地面积之间无直接关系。特别是已经恢复湿地的区域反而因收入多元化而提高了收入水平，这对保护区无疑是一个很好的消息。

6.2.2.2　就业状况

统计资料中没有关于乡村劳动力就业情况的统计，因此对保护区农村劳动力就业情况，主要是来源于课题组开展的保护区农村状况调查。

2003 年对于 17 个典型村的抽样调查获取有效样本 657 份，其中有 388 户人家有人在外务工，占受访总户数的 59.06%；外出务工总人数为 537 人，占被调查总劳动力人数的 31.81%，其中 296 户中家里有人在本地务工，所占比例为 45.05%，有 82 户中家里有人在外地务工，所占比例为 12.48%，有 10 户家庭既有人在本地务工，又有人在外地务工，所占比例 1.52%。

2007 年对直管村的调查获取有效样本 39 份，其中 25 个家庭中有人外出务工或从事非农经营，如开饭店、做小买卖等，占受访总户数的 64%，总人数为 33 人，占劳动力人数的 34%（16 ~ 60 岁之间，扣除在校生和残障人士，劳动力总计 98 人）。

通过上述分析，可以发现保护区农村劳动力外出务工比例较高。同时结合 PRA/RRA 的调查结果，保护区的年轻劳动力多数在本地务工，且主要集中在衡水市和冀州市，外地务工人数相对较少，且打工地点多数集中在省内，如石家庄、邯郸等市，以及北京、天津这样距离较近的大都市。此外，在 2003 年的调研中发现接受调查的人员多为中老年，其所占比例已经超过 90%。之所以会出现这种情况，在很大程度上由于保护区居民家中的青壮年劳动力多数外出务工所致。

6.2.3　文化教育

6.2.3.1　人口教育程度

综合保护区所在六乡镇的人口受教育程度相关统计数据，以及 2007 年直管村抽样调查获取的 159 份样本，总体来看，保护区所在六乡镇乡村从业人员初中及以下文化程度者都超过 80%，按人口统计则这一比例更高，说明保护区及其周边农村地区人口素质都还偏低。不过，从 2004 ~ 2005 年统计数据的变化来看，从业人员受教育程度略有改进趋势（图 6-11、图 6-12）。

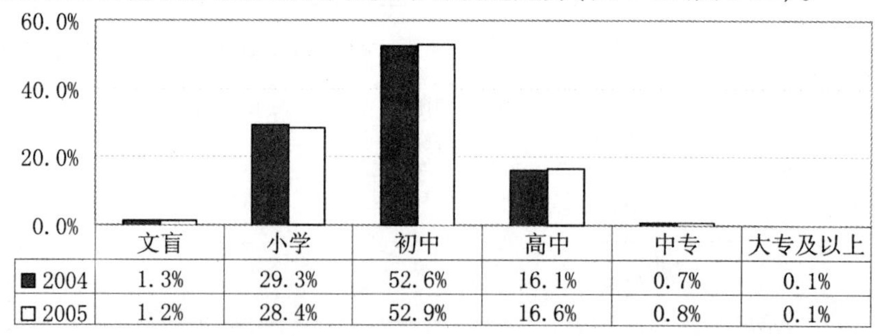

	文盲	小学	初中	高中	中专	大专及以上
■ 2004	1.3%	29.3%	52.6%	16.1%	0.7%	0.1%
□ 2005	1.2%	28.4%	52.9%	16.6%	0.8%	0.1%

图 6-11　保护区所在六乡镇农村从业人员受教育程度（2004 ~ 2005）

由于 2000 年统计口径与 2004 和 2005 年不同，所以不宜将其与 2004 和 2005 年的数据做对比，但 2007 年保护区直管村抽样调查是按照各类受教育者占受访总人口来计算的，与 2000 年人口普查的统计计算方法一致，所以反倒具有一定的可比性。考虑到人口受教育状况的变化是非常缓慢的，所以选用 2007 年保护区直管村抽样数据代表保护区直管村人口受教育情况，选用 2000 年人口普查获取的六乡镇人口受教育情况代表六乡镇的平均水平，将二者进行比较，可以看出，2007 年保护区直管村人口受教育状况又明显更低于 2000 年 6 乡镇的平均水平。可以合理推断，2007 年

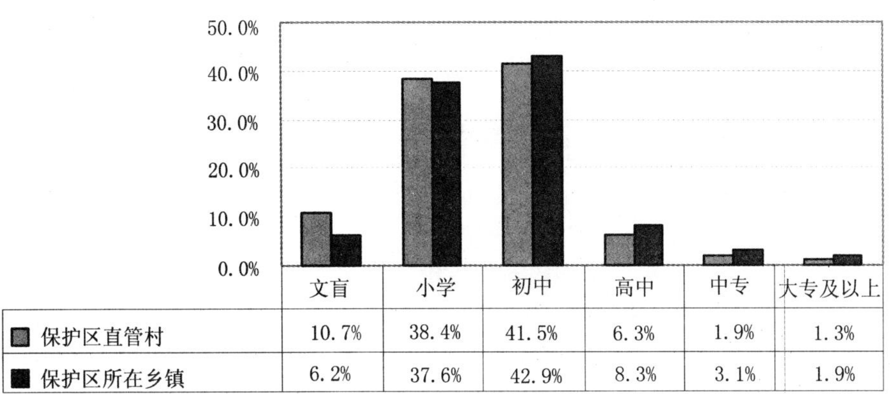

图6-12　保护区直管村人口受教育程度与所在六乡镇对比

数据来源:保护区直管村数据来源于2007年保护区直管村抽样调查,保护区所在六乡镇数据来源于2000年人口普查。

六乡镇人口受教育水平实际状况只会优于2000年的数据(表6-4)。因此,可以得出保护区直管村人口受教育水平低于周边地区的结论。不过,由于课题组的现场调查对象只能是尚在当地务农的家庭,其受教育程度可能低于举家外出打工的家庭,从而可能拉低了整体结果。

表6-4　保护区所在6乡镇的人口受教育程度统计表

文化程度 乡镇	年份	文盲	小学	初中	高中	中专	大专	本科	研究生	总人数
冀州镇	2000	2710	24949	33770	12085	4248	2709	762	13	81844
	2004	961	5869	12262	3656	306	8			23062
	2005	901	5809	12376	3680	314	10			23090
魏家屯镇	2000	1495	8215	7193	634	105	33	7	0	17715
	2004	20	1287	3470	2268	161	50			7256
	2005	20	1287	3470	2288	161	50			7276
徐家庄乡	2000	2004	11975	13132	1774	201	138	24	0	29335
	2004	283	2588	6062	2875	26	6			11840
	2005	227	2588	6062	2931	26	6			11840
小寨乡	2000	2225	15697	14131	1572	341	106	10	0	34295
	2004	0	4392	10195	2114	0	0			16701
	2005	0	4400	10291	2120	0	0			16811
郑家河沿镇	2000	3193	13840	18380	2022	476	118	16	0	38045
	2004	0	8946	8561	2087	41	10			19645
	2005	0	8706	8933	2102	41	10			19792
彭杜村乡	2000	2879	12860	13369	1286	1848	411	135	0	32788
	2004	0	4755	9437	2266	151	10			16619
	2005	0	4545	9756	2791	212	19			17323
所占比例(%)	2000	6.20	37.41	42.72	8.28	3.08	1.50	0.41	0.01	100
	2004	1.33	29.26	52.55	16.05	0.72	0.09			100.00
	2005	1.19	28.43	52.94	16.55	0.78	0.10			100.00

数据来源:2000年的数据来自《冀州市2000年人口普查资料》和《衡水市桃城区2000年人口普查资料》,系人口普查数据;2004年及2005年的数据来自于《2004年冀州统计年鉴》,《2004年桃城区国民经济统计资料》和《2005年冀州统计年鉴》,《2005年桃城区国民经济统计资料》,系六乡镇中乡村从业人口的受教育程度统计数据。因此,2000年数据与2004和2005年数据之间不具有可比性。

6.2.3.2 农村教育资源

保护区直管村范围内有2所小学、1所幼儿园，除顺民村外，其他各村孩子至少在小学阶段就近入学看来还是有保障的。

统计数据没有反映整个保护区的中小学教育资源情况的数据。不过，参考桃城区统计资料，可以看出保护区所在乡镇的农村中小学规模都呈急剧减少的态势，这与课题组现场调研情况相符。由于计划生育政策和城市化进程，保护区不少中小学都出现招不到学生的困难，因此不少学校关门或合并。但这种状况又给尚留在村里的孩子就近上学带来不便，导致一些孩子辍学。冀州市统计数据则反映，辍学主要发生在初中，辍学率从2003年的0.25%逐年下降到2005年的0.23%。保护区直管村抽样调查获取的20份适龄青少年样本中，也有1名女孩初一辍学，闲在家里(表6-5)。

表6-5 保护区所在桃城区两乡镇农村中小学基本情况(2004－2005)

	2004	2005	变化率
小学(所)	40	27	－33%
班 数	174	132	－24%
在校生人数	3994	3357	－16%
中学(所)	3	2	－33%
班 数	43	36	－16%
在校生人数	2563	1943	－24%

数据来源:《衡水市桃城区2000年人口普查资料》，抽取其中彭杜乡和河沿镇数据汇总而成。

6.2.3.3 教育支出水平

据2007年保护区直管村调查，当地小学生的教育费用负担(含学杂费和生活费)负担多在200～300元/学期左右，最低140元，最高400元。初中以上则教育负担明显加重，多在3000元/学期左右，最高到4000元/学期，究其原因，很可能是因为中学数量少，上学距离远，需要单独在学校开支伙食费，甚至是住校。农村中学的教育负担竟然已经超过了当地农民人均纯收入，这是调研之前没有想到的。孩子读中学费用高看来很可能也是当地初中以上出现辍学现象的原因之一。显然，中学数量越来越少、距离越来越远已经对保护区农村孩子的教育带来了明显的负面影响。

6.2.4 医疗卫生

6.2.4.1 医疗资源

保护区尚未建立自己的医疗卫生及社会福利情况的统计数据。参照《冀州统计年鉴》(2004和2005年)以及《桃城区国民经济统计资料》，可以看出保护区所在农村的就医条件还是相对方便的。如基本上每个乡大致可以摊到一个农村中心医院或乡卫生院，另外还有大量的农村医疗点。且保护区离市区很近，还有很多市级大医院可以选择。另外，整个区域的医生人数和床位数都呈快速增长的势头。不过，统计数据也显示，乡镇卫生院等公立性质的农村医疗机构呈减少的趋势，而农村个体医疗点则增长势头迅猛。也就是说，深入到村一级的农村医疗网点基本上已是个体医疗点一统天下。可见农村个体医疗如今已经成为农村医疗网点的主力军(表6-6、表6-7)。

表 6-6　冀州市和桃城区 2004 ~ 2005 年医疗机构和人员统计

	冀州市				桃城区			
	2004	2005	变化值	%	2004	2005	变化值	%
乡镇数	11	11			7	7		
村民委员会	412	412			327	327		
市级医院	2	2			7	7		
卫生防疫站	1	1			3	3		
妇幼保健站	1	1			3	3		
农村中心医院	7	7			3	3		
乡镇卫生院	11	10	-1	-9%	3	3		
门诊部、所	15	20	5	33%	97	16	-81	-84%
床位数	610	627	17	3%	1931	2645	714	37%
年末医生人数	398	447	49	12%	1121	1798	677	60%
农村医疗点	470	610	140	30%				
其中乡卫生院设点	9	4	-5	-56%				
其中个体农村医疗点	461	606	145	31%				
设有医疗点的村民委员会	380	333	-47	-12%				
农村医生人数	827	865	38	5%				

表 6-7　2006 年衡水湖隶属八个村庄医疗服务机构统计表

村庄	数量	行业类型	期末从业人数(人)	营业收入(元)	营业支出(含纳税支出)(元)	固定资产原价(元)	年盈利(元)	利润率
大赵	3	个体诊所	3	84520	67050		17470	21%
南赵	1	个体诊所	2	3000	2000	4000	1000	33%
北田	2	个体诊所	2	14500	9000	28000	5500	38%
秦南田	1	个体诊所	1	10000	8000		2000	20%
王口	1	个体诊所	1	66000	6000	5000	6000	91%
合计	8		9	178020	92050	37000	85970	48%

从保护区直管村所掌握的统计资料来看,保护区所辖 8 个直管村的医疗服务机构全是个体诊所,共 8 家,但它们并非均匀分布在每个村一个,而是只分布在其中 5 个村,这可能与所在村自身的医疗服务资源——是否本村人中有医生有关。这些个体诊所大都是本村人所开,基本上都是自我雇用型,只有其中一家请了一个帮手。而没有医生的村落的村民要就医就得走较远的路程去邻村看病。

尽管农村个体医疗已经成为农村医疗网点的重要力量,但完全依赖个体医疗的自发发展还是有其局限性。首先就是网点分布不均匀,使部分本身缺乏医生资源的村落的医疗条件不能有效改进;其次是对个体诊所经营的规范管理问题,也需要进一步引起重视。

6.2.4.2　就医意愿

2006 年的农村贫困状况调查中,涉及对受访人就医意愿的调查。从图 6-13 可以看出,保护区村民对就医态度还是非常积极的，但就医费用和有无就近医疗条件还是对村民是否选择就医有较大影响。

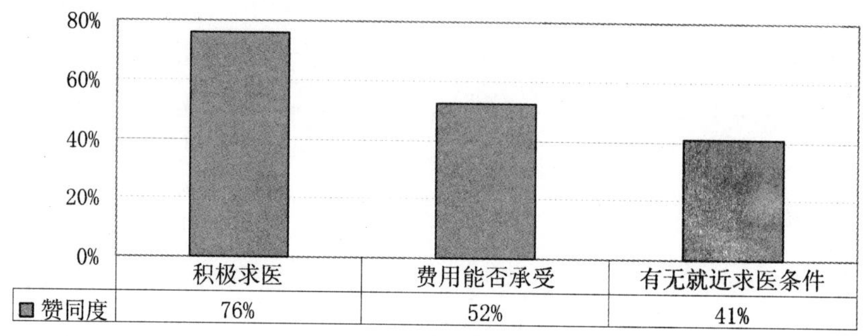

图 6-13　保护区村民就医意愿统计

说明：本次调查分为贫困、富裕和中等家庭三组人群分类抽样，分别得到 404、129 和 60 份有效问卷。所得结果也按 3 组人群先分别算出该组人群的平均值，再对三个平均值再取平均值，得到本结果。

由于课题组对保护区直管村医疗点的分布有比较清楚地掌握，所以进一步抽取 2006 年农村贫困状况调查中保护区直管村相关数据，将其分为村中有医疗点和无医疗点的两组，发现村中有医疗点的村民求医态度明显更为积极。可见村中有无医疗点对村民的就医意愿有明显影响（图 6-14）。

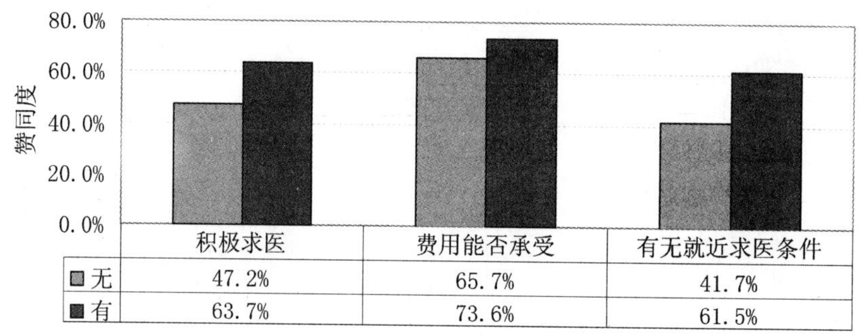

图 6-14　村中有无医疗点对就医意愿的影响

6.2.4.3　医疗机构选择

从 2006 年的农村贫困状况调查中受访人的意见反馈，可以发现村民对于选择乡镇卫生院赞同度最高。这可能跟乡卫生所离居民住地较近，消费较低有关系。其次是市正规医院。赞同选择私人诊所就医的比例也很高。但也有极少数村民会求助于巫婆神汉等封建迷信活动。

不过 2007 年的保护区直管村抽样调查显示，获得的所有就医记录的 21 份样本中，只有 2 份回答是在本地诊所就诊、药店买药，其他 19 份全部是到不同的市级医院就诊，占 90%。这可能是因为所调查的保护区直管村到市区有非常方便的公共交通，选择到市级医院就医较其他村落较为方便。另外，从调查结果来看，受访村民基本上报告的都是心脏病、高血压一类等较为严重的慢性病，而一般伤风感冒等小病可能印象不深，容易被忽略（图 6-15）。

村中有无医疗点对就医方式的选择主要影响则表现在赞同选择私人诊所的比例上升明显，而对偏方土方等的依赖则明显下降（图 6-16）。可见村个体诊所还是对农民接受医疗服务的状况有较大的改善。但村中有无医疗点似乎对信任巫婆神汉等封建迷信思想并无明显影响。

鉴于乡卫生院对农民就医的重要性，所以对乡卫生院医疗条件作进一步分析。根据《2005 年冀州统计年鉴》，2005 年冀州共有医院 42 家，其中市级医院 2 家，其床位数有 320 张，占到总床位数的 51.7%，所服务的非农业人口为 47181 人，占冀州市总人口的 13%。而 17 所农村中心医院和

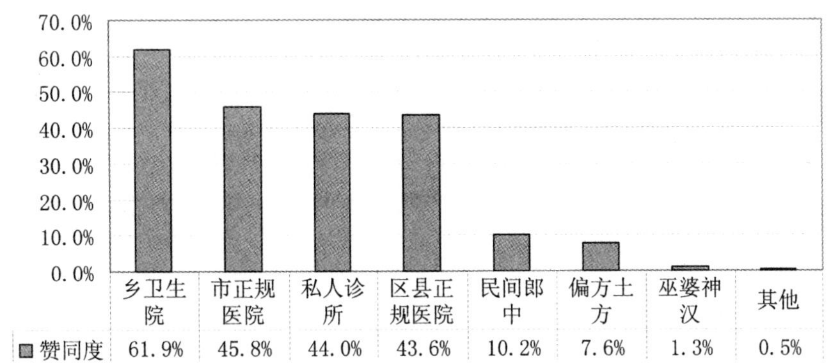

图 6-15 保护区村民对医疗机构的选择意愿

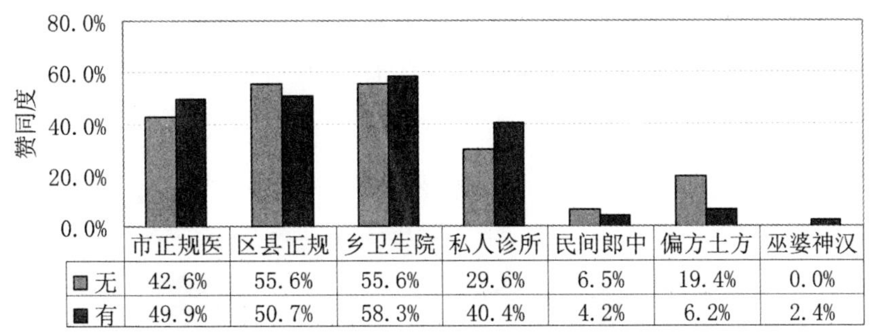

图 6-16 村中有无医疗点对医疗机构选择的影响

乡卫生院总共只有281张床位，占总床位数的45%；其所服务的农业人口却为315961人，占总人口的87%。这还仅仅是一个县级市与周边农村地区的差距。桃城区乡卫生院与市区(地级市)相比差距当然就更加悬殊，其床位数仅占总数的6.7%。可见，农村的医疗条件与城镇相比有极大悬殊，作为农民就医首选的乡卫生院和农村中心医院的数量与农村人口的数量远不成正比(冀州市下共7个乡镇317073个人)，床位数也非常稀缺，如果病重卫生站里还不一定有床位，只能回家或者去市级医院里就医。

6.2.4.4 医疗支出水平

2006年保护区直管村的个体诊所营业收入为17.8万元，这仅仅反映的一般日常小病的医疗支出。根据保护区直管村2002～2005年历年的农民总纯收入以线性增长推算，估计2006年保护区农民总纯收入为2903万元，则保护区直管村村民小病支出约占其年纯收入的0.6%。

大病方面，2007年课题组对直管村39户人家的抽样调查中涉及168人中就有21人报告有哮喘、肺心病、胃病、心脏病、瘫痪、神经、类风湿、高血压、糖尿病、膀胱炎、气管炎、脑血栓、食道癌等较为严重的疾病，占总人数的12.5%，这与2006年农村贫困状况调查中获得的大病患病率11.6%大体相当。此21人中有19人都是在市区求医，占患者的90%，其医疗支出不反映在上述个体诊所营业收入中。

就大病支出水平而言，2006年农村贫困状况调研获得的全部样本显示当地村民大病患者平均支出4000元/年左右，但保护区直管村范围内的样本显示受访患者平均大病支出达6000元/年。事实上，由于2006年农村贫困状况调查的样本偏重于贫困家庭，故大病支出水平整体偏低。

折中取5000元/年的数据，参照2007年课题组调查结果，假设直管村内伤残大病的患者比例为12%，再进一步假设其中只有50%去市内医院①，则另有186.3万元的医疗费支出，合计总医疗支出约204万元，占直管村村民年纯收入的6.9%。

这个平均比例看似不高，但由于当地农村缺乏医疗保险制度，约4000～6000元/(年·人)的全部医疗负担都集中落在患者家庭，这已经超过当地农民人均纯收入，显然是一项难以承受的负担。不少贫困家庭正是因病致贫。显然，改善农村医疗条件和农民健康状况，加快建设农村医疗保险正是当地农村脱贫致富的一条重要途径。

6.2.5　社会保障制度

社会保障制度，是指由国家依据一定的法律和法规，为保证社会成员的基本生活权利而提供救助和补贴的一种制度，体现一个国家社会福利发展状况的重要标志。社会保障制度的主要功能，是建立社会化为标志的生活安全网，来消除市场过程中产生的社会不安定因素，防止社会动荡。社会保障制度(图6-17)包括了社会优抚、社会救济、社会福利、社会互助、社会保险等。本次调研涉及了农村的扶贫政策落实状况、社会保险制度和社会救济建设状况和对政府提供就业帮助的评价。

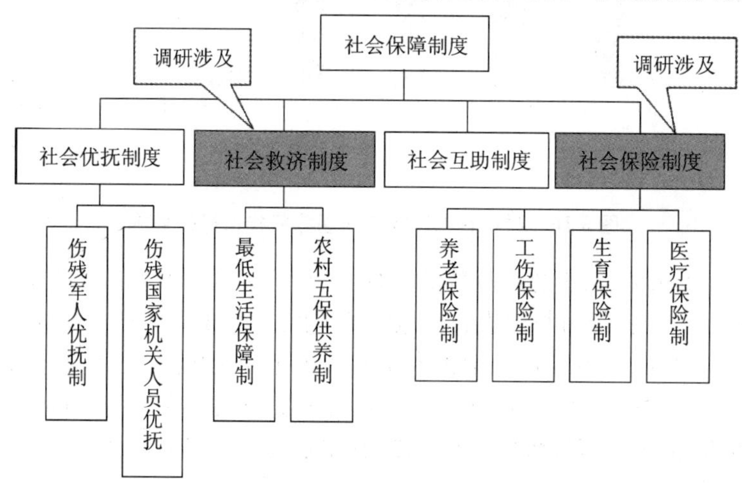

图6-17　社会保障制度构成图

6.2.5.1　现行主要社会保障方式

(1)农村五保供养制：调查显示，五保供养制依然是保护区现行的主要社会保障措施。根据国务院《农村五保供养工作条例》，老年、残疾或者未满16周岁的村民，无劳动能力、无生活来源又无法定赡养、抚养、扶养义务人，或者其法定赡养、抚养、扶养义务人无赡养、抚养、扶养能力的，享受农村五保供养待遇。该待遇体现为在吃、穿、住、医、葬等方面给予生活照顾和物质帮助。可以看出，农村五保供养制并不是面向所有贫困人口的基本生活保障制度，其能惠及的贫困家庭非常有限。事实上，在课题组调查的86户贫困家庭中只有8户家庭得到过民政部门的补助，补助金额分别为200～600元/年不等，从金额上也远不能满足这些贫困家庭的日常生活开支。

(2)以家庭保障和亲友互助为主的医疗和养老保障：调查显示，保护区农村的医疗和养老保险制度基本没有开展。2006年的调查问卷反馈显示，老人们58.5%靠儿女赡养，17.5%靠积蓄度过晚年，老人们同时自己也尽可能坚持劳动。因此毫不奇怪的看到了60岁的老人下地干活和70岁

① 尽管2007年调查显示保护区直管村90%去市内医院就诊，考虑到样本数太少，参照前面保护区村民就医选择的反馈意见，取值50%作保守估计。

的老人帮人拾棉花(候店村两户贫困家庭)。贫困家庭中老人如果不能参加日常劳动或是生活不能自理,就会因为家庭中没有人员对他们进行护理,也没有足够的费用为他们治病而很快去世(图6-18)。

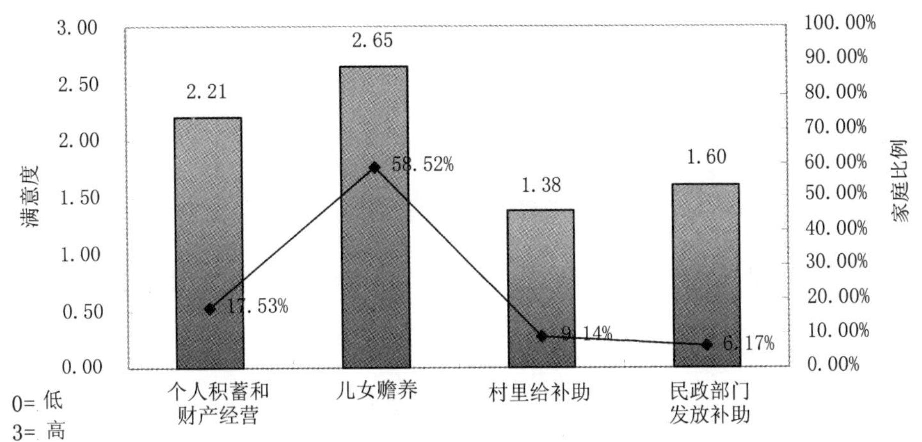

图6-18 贫困家庭养老保障来源及满意度

调查还显示,医疗开支始终是村民的一项大的支出。除了一般老人看病主要是靠儿女给钱和自己一些积蓄外,大笔的医疗开支往往需要通过向亲友借款来解决,因此医疗开支成为了村民借款的一大重要原因,而借款途径主要是通过亲友互助来解决。

6.2.5.2 社会保险制度建设现状

社会保险制度对于农村脱贫、保障农民健康、防止返贫有着至关重要的作用,也体现着社会文明的发展程度。社会保险一般涉及医疗保险、养老保险和失业保险。对农村而言,由于农业生产就是农民的主要就业方式,所以农业生产保险往往成为农村社会保险的重要方面。

调查显示,保护区农村的社会保险制度建设工作基本尚未开展起来。保护区大部分村民缺乏基本的养老和医疗保障,更无从谈及工伤保险、生育保险以及农业生产保险等。这使得经济收入低的家庭应对伤残事故风险能力比较脆弱。

从衡水市的大环境来看,农村社会保险制度的建设也基本处于起步阶段。目前已经出台的一些相关政策主要涉及农村养老保险,并以失地农民的养老保险为工作推进重点。而医疗保险、生育保险等都还仅覆盖城镇人口,尚未惠及农村。即使是养老保险也表现出"城乡二元结构"。根据衡水市民政局网站上提供的部分资料:2004 年全市参加农村养老保险新增参保人员计划为 2280 人。到年底,实际新增 364 人,完成计划的 16.0%①。2005 年再扩面 882 人。而 2004 年衡水市城市居民参保人员计划就已经完成了 112.1%。截至 2006 年,衡水市农村养老保险基金滚存积累 3155.71 万元,这与其巨大的农村人口之间显然存在着强烈的反差。

医疗保险和养老保险制度对于解决农村贫困问题意义重大,但农村社保现在建设速度缓慢,其中一个重要的原因是:农民获取社会保障的相关信息较少,对社会保险认识不足,不熟悉申请社保的一整套程序,对保险公司也缺乏足够的信任。如果要求每个人先拿钱缴费买保险,难度还是挺大的。如果由政府出钱来启动这项工作,如每月给老人一部分基本生活费用,给每个人上一份大病、重病医疗保险,必然有利于解决目前比较严重的农民因病致贫、因病返贫、有病不医现象等现象。

① 衡水市民政局网站——http://www.hehgs.lss.gov.cn

而要做到这一点还需要依靠地方财政的能力。但无论如何,衡水市农村社保建设工作尚需加速。而保护区面临着为农村人口发展替代生计的艰巨任务,其农村社会保险制度建设更需要大力完善。

6.2.5.3　农业生产保障制度建设现状

由于社会保障制度基本尚未在衡水湖农村地区推行开,因此分给各家各户承包的土地实际上就成了农民生活保障的基本依靠,而农村土地又只有通过农业生产才能给农民带来收入,因此,如果能够农业生产能够得到足够的保障,也可被视为农村社会保障的一个重要补充。然而,农业经济具有靠天吃饭的特点,受自然风险影响很大,各种突发的自然灾害都可能给小农经济带来致命一击,使农村家庭陷于贫困。在世界其他农业发达国家和地区,农业生产保险被用于帮助农村人口抵御自然灾害、消除和减少贫困,是非常好的经验。

调查显示,衡水湖农村地区尚未开展农业生产保险。目前在农业生产保障方面,保护区管委会主要是落实国家关于农业补贴的政策,包括粮食直补及综合直补两个方面。粮食直补是国家为鼓励粮食播种给种粮农户发放的补贴,综合直补是在原粮食直补的基础上,考虑成品油价格调整和化肥、农药、农膜等农业生产资料预计增加的支出等因素对种粮农民实行的补贴。目前衡水市的粮食直补标准由2005年的每亩16.64元提高到每亩20元,补贴范围为2005年补贴面积减去新增退耕还林和国家合法占地;综合直补标准则为每亩11.78元。衡水湖农村人均耕地面积无论从直管村、保护区还是示范区范围看,都不超过2亩,所以农业补贴对农民的帮助是非常有限的。

而从家庭产业构成和收入构成来看,农业对衡水湖农村地区不同村落的贡献差异很大,最低的仅占农民收入的1%,而最高则达70%。农业收入往往越是对贫困家庭越为重要。作为一个农业人口多、居住密度高、社会经济基础还广泛建立在农业社会基础上、经济与农业还存在着高度依存关系的农村地区,衡水湖的农业保险发展与全国农村水平相比却十分缓慢,甚至停滞不前,既与国内农村保险业的整体快速发展状况形成强烈反差,也与本地农业的发展状况极不相协调。因此,在农民收人和地方财力支持有限的约束下,选择一套具有较高保障能力和运转效率的多元化农业保险发展模式,不仅可以使农业保险业务得以持续快速拓展,而且能为农民、农业和农村经济提供基本的安全保障。

6.2.6　农村社区建设状况

目前国内社会学家普遍认为:"社区是以一定地域为基础的社会群体,是一种社会生活的现象。"①农村是典型意义上的传统社区,这里人们聚族而居、世代繁衍,自然的历史传承性、地域性、血缘和亲缘性是其共同的特征。农村社区建设就是以自然村为基础平台,在党和政府的领导下,依托农村社区力量,整合农村社区资源,强化农村社区功能,解决农村社区问题,深化村民自治,维护农村稳定,促进农村社区各项事业协调、健康发展,不断提高农村社区成员物质文化生活和精神生活水平而进行的建设。

报告将从社区内部家庭之间的评价、村民对建立保护区的认同度调查和村民对保护区建立后的影响评价,以及课题组对社区环境的观察等几方面描述衡水湖农村社区建设现状。

6.2.6.1　社区内部关系

社区居民之间的评价和认同度会直接影响社区关系、村风、相互间的协作意愿和参与社区的积极性,从而间接影响社区经济发展、公共设施的投入与维护、社区安全感、社区文明的发展程度和社区认同感。2006年保护区农村贫困状况调查中,涉及社区内部关系评价的问题,包括人脉关系、有

---

① 刘君德,靳润成,张俊芳.中国社区地理.北京,科学出版社,2004:1

困难时获得帮助的渠道、关系紧张状况、贫困、富裕和村干部人群各自对其他人群的看法等。

6.2.6.1.1　获得帮助的渠道

调查显示，衡水湖的农村社区内部关系是较好的。三类家庭对获取帮助渠道的评价都很一致：当村里部分家庭遇到困难时，大都能够得到本村其他家庭的帮助，村干部也时常帮忙。但保护区干部帮忙较少，这与保护区管理面积大、管委会工作人员人力、财力有限有一定的关系(图6-19)。

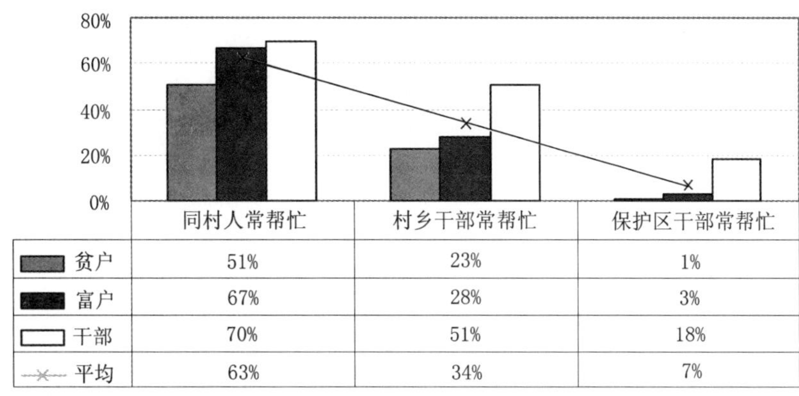

	同村人常帮忙	村乡干部常帮忙	保护区干部常帮忙
贫户	51%	23%	1%
富户	67%	28%	3%
干部	70%	51%	18%
平均	63%	34%	7%

图6-19　家庭对获得帮助的渠道的评价

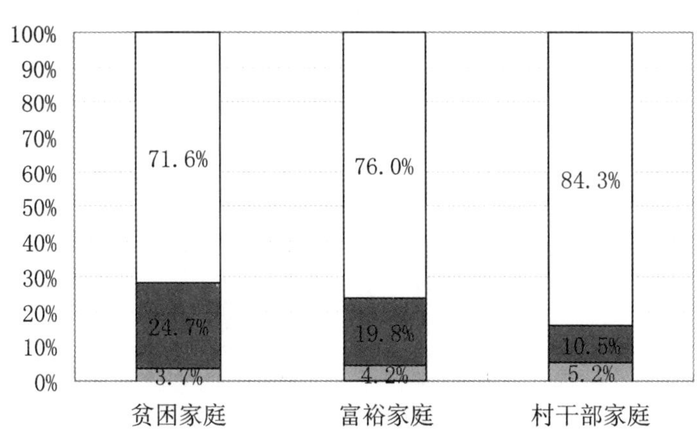

图6-20　家庭姓氏是否为村中主导姓氏

6.2.6.1.2　宗族的影响

调查显示，70个自然村中，95%以上的村庄有主导姓氏。图6-20显示，尽管非主导姓氏在贫困家庭中所占的比例还是更大一些，但非主导姓氏家庭也照样有相当大比例成功致富。主导姓氏的家庭优势可能更多体现在更容易当选村干部上，但非主导姓氏家庭也并非没有机会。可以看出，尽管非主导姓氏可能需要付出更多的努力，但衡水湖农村的宗族影响总体还是有限，尚未危及社会和谐。属村主导姓氏的贫困家庭、富裕家庭、村干部家庭的家庭姓氏均超过70%也可以看出，是否属于主导姓氏不是造成贫富差距的主要原因。

6.2.6.1.3　人脉关系的影响

图6-21显示，43.7%的贫困家庭没有经济富裕的亲友，而仅有17.5%的贫困家庭有关系亲密且经济富裕的亲友；相比之下，只有10.2%富裕家庭和4.8%的村干部家庭没有经济富裕的亲友。因此贫困家庭能够在经济上获取帮助的亲友就要远远少于富裕家庭和村干部家庭。这也是贫困家

庭脱贫的一个难点之一。但在所有关于与富裕家庭关系的回答中，没有回答关系恶劣的，这显示出衡水湖农村社会关系总体和谐。

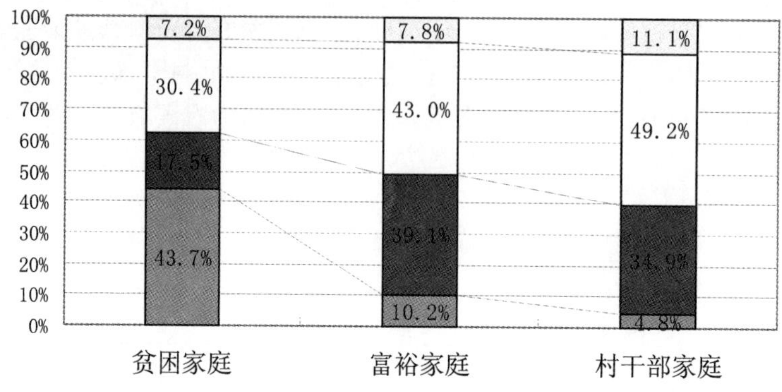

图 6-21　家庭中有无经济富裕的亲友

另外，图 6-22 显示，87.2% 的贫困家庭没有亲友任干部，这项数据远远高于富裕家庭的 69.5% 和 31.7%。可见贫困家庭在获取政策信息时通常较慢，能够利用政策脱贫，享受政策带来福利的可能性就会低于富裕家庭和村干部家庭。村干部家庭则有更多亲友也担任干部，其中还包括 1.6% 的乡镇干部和 1.6% 县市干部，这一现象也值得关注，它可能意味着村干部及其亲友人群比其他人群会拥有更多的政治资源，因此其信息来源通常最为广泛，对政策的敏感程度最高，往往也可能最先成为政策的受益者。这一现象并非完全不可接受，特别是现在村官如果都是严格选举产生，应该也是正常的。但要注意不要让它发展到某个极端，诱发不利于基层社会的稳定。

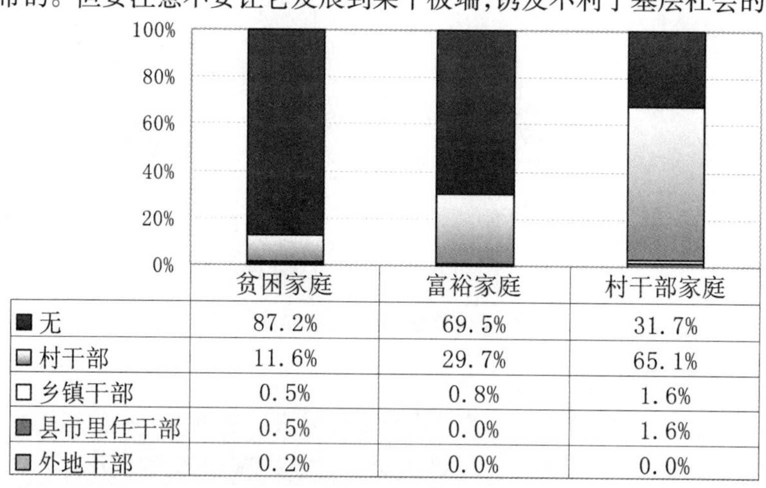

	贫困家庭	富裕家庭	村干部家庭
无	87.2%	69.5%	31.7%
村干部	11.6%	29.7%	65.1%
乡镇干部	0.5%	0.8%	1.6%
县市里任干部	0.5%	0.0%	1.6%
外地干部	0.2%	0.0%	0.0%

图 6-22　家庭中有无亲友担任干部

6.2.6.1.4　富裕人群的影响

图 6-23 显示，52.4% 的富裕家庭和 56.2% 的村干部家庭已经或者有意向为村里的公益事业和贫困家庭脱贫提供帮助，这显然有利于建设和谐的新农村。

图 6-24 显示，贫困家庭对富裕家庭发家致富方式则大多是正面评价，评价也比较客观，认为富裕家庭致富的原因最主要的是勤劳致富，其次是聪明会动脑筋，说明贫困家庭基本认同富裕家庭的经济所得，认为致富与其主观上的努力分不开，也体现出贫困家庭对于提高家庭经济水平持有较为

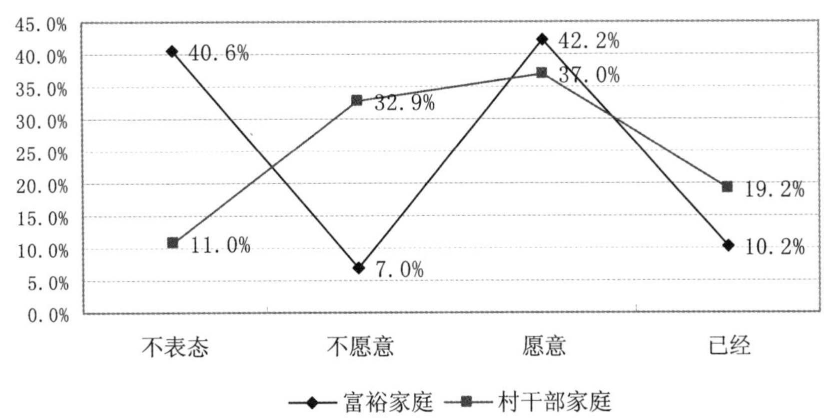

图 6-23　是否对公益事业和消除贫困提供帮助

积极的态度,并不怨天尤人,过多埋怨客观条件。

图 4-25 显示,贫困家庭对富裕家庭也是正面的看法居多,51% 的贫困家庭认为他们还算热心帮忙,只有 1% 家庭认为富裕家庭为富不仁,这说明目前村里的社区关系比较融洽,大家对贫富差距能有一个正确的评价和认识,这有利于促进农村社区建设。

富裕家庭和村干部家庭对致贫原因进行了分析,认为:疾病、家庭负担重和缺少劳动力是最主要的几个致贫因素,家庭负担主要还是教育负担,因此解决农民的教育和医疗问题,是带领贫困家庭致富需要解决的重大问题。这与课题组的观察相吻合。

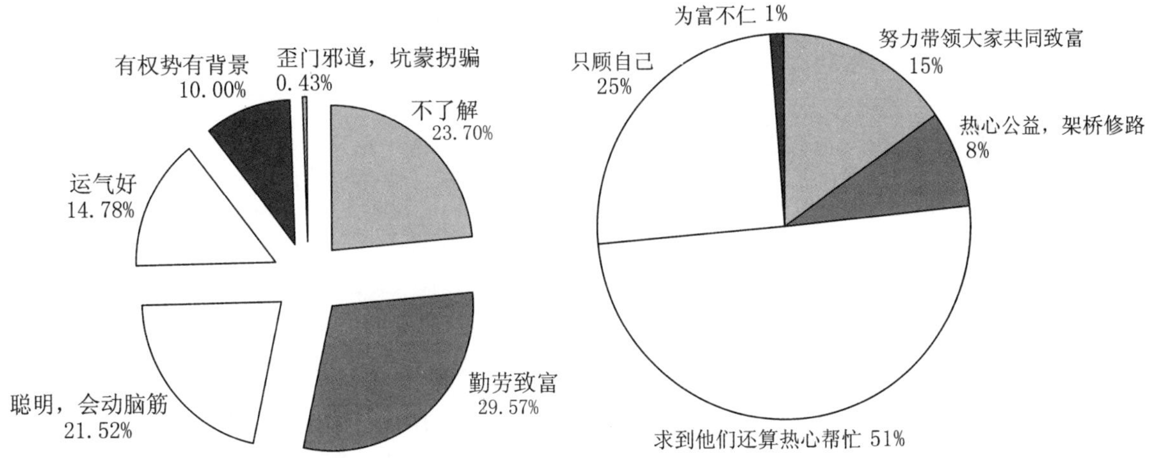

图 6-24　贫困家庭对富裕家庭致富途径的评价　　**图 6-25　贫困家庭对富裕家庭的看法**

6.2.6.2　社区民主

(1)选举投票:保护区农村已经普遍开展体现村民自治的村委会选举。2006 年保护区农村贫困调查中,对于参与选举的态度,调查显示,保护区村民尽管一般会参加村委会选举投票的人数比例很高平均达 75%,但真正能有意识地运用自己的民主权利,对自己的选票认真负责的村民的比例并不高。其中,富户较之贫户似乎更不在意自己的民主权利,只有干部的权利意识稍强于普通村民。说明保护区村民的民主素质尚有待提高(图 6-26)。

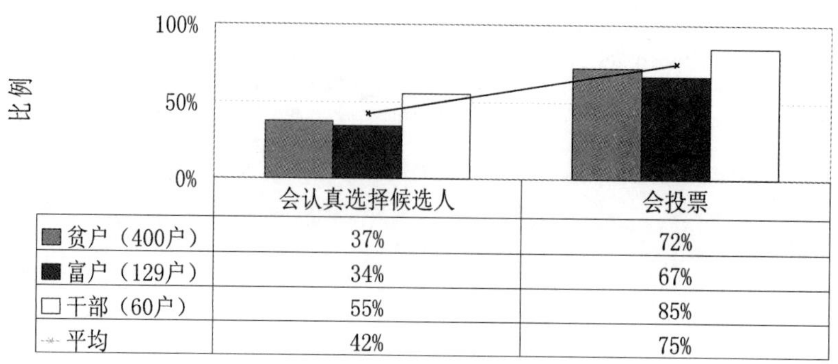

图 6-26 保护区村民参与选举投票的情况

（2）选举结果：对于选举结果，村民们的评价基本还是正面为主。不过，其中贫户人群对选举公正性的评价明显低于其他对照人群。对于选举出来的村干部能否真正积极为大家服务，各人群意见倒是大体一致地表示认同（图 6-27）。

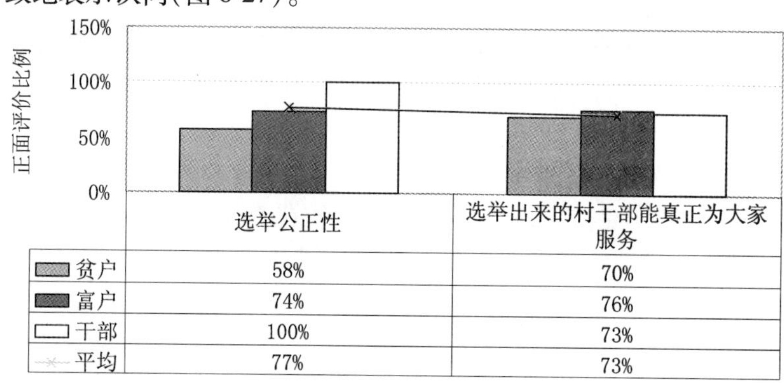

图 6-27 保护区村民对选举结果的评价

数据来源：2006 年保护区贫困状况调查。得到的反馈按人群区分，其中，回答"选举公正性"的贫户、富户和干部分别是 400 + 123 + 59 = 582（份）；回答"选举出来的干部能否真正为大家服务"的贫户、富户和干部分别是 395 + 129 + 60 = 584（份）。

（3）村务公开：对于村务公开情况，调查反馈有效样本数要远远少于其他问题，说明这些问题对大多数村民比较陌生，也从侧面说明保护区社区的村务公开工作还亟待加强。

从回答了这组问题的样本中，可以发现就干部群体而言在重大事项事前主动公开方面的意识还是比较强的，对公共账目也大体上会事后公开，课题组调查中也注意到一些村委会在黑板报中公开公共账目的情况。但干部和一般村民在村务公开方面的评价似乎差距较大。这也说明在村务公开方面，村委会还有很大改进余地（图 6-28）。

6.2.6.3 社区参与

衡水湖湿地有着丰富的资源，对这些资源的利用和管理控制涉及衡水湖农村社区不同人群的不同利益，因此非常需要通过广泛的社区参与使不同利益得到合理表达，从而实现衡水湖农村社区的和谐发展。本报告将社区参与定义为社区村民、村民组织和社区非政府组织等主体利用赋予的权力，通过多种形式参与各种社区事务，自主地表达意愿、贡献才智、相互协作，并分担相应的责任、分享发展成果的行为及其过程。

6.2.6.3.1 对保护区的态度

2003 年对区内 17 个典型村的抽样调查结果显示，尽管建立保护区对半数以上的社区居民有所生活影响，还有超过 10% 的居民认为影响很大，依然有 77% 的人对建立保护区持支持的态度，只

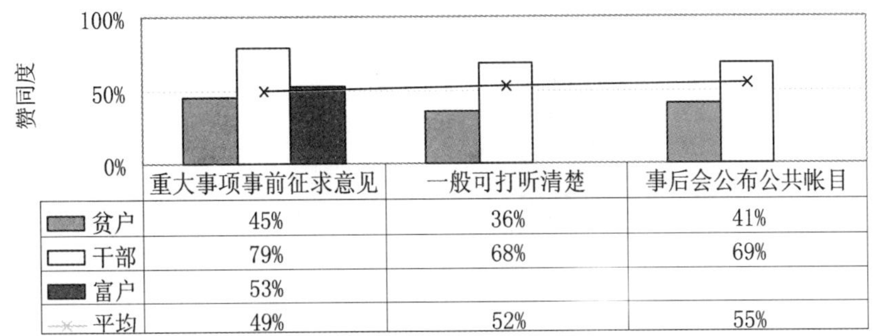

	重大事项事前征求意见	一般可打听清楚	事后会公布公共帐目
贫户	45%	36%	41%
干部	79%	68%	69%
富户	53%		
平均	49%	52%	55%

图6-28　保护区村民对村务公开的评价

数据来源：2006年保护区贫困状况调查。得到的反馈按人群区分，其中，回答“重大事项事前征求意见”的贫户、富户和干部分别是134+129+59=322(份)；回答“选举出来的干部能否真正为大家服务”的贫户、富户和干部分别是143+0+11=154(份)；回答“选举出来的干部能否真正为大家服务”的贫户、富户和干部分别是97+0+9=106(份)。

有8%的人持反对意见。2006年对保护区54个村落贫困状况调查中，分为贫户、干部和富户三组人群抽样调查，最后平均三组人群的调查结果，得到保护区社区居民对建立自然保护区相关问题的平均赞同度。结果显示，保护区直管村范围保护区对社区居民的生活影响程度明显加大，但社区居民对建立保护区的必要性的认同度依然很高，且略高于保护区平均水平。以上调查结果表明，绝大多数保护区居民支持保护区的建设。但对保护区的管理方式的认同度偏低，显示保护区管理还有很大的改进空间(图6-29至图6-31)。

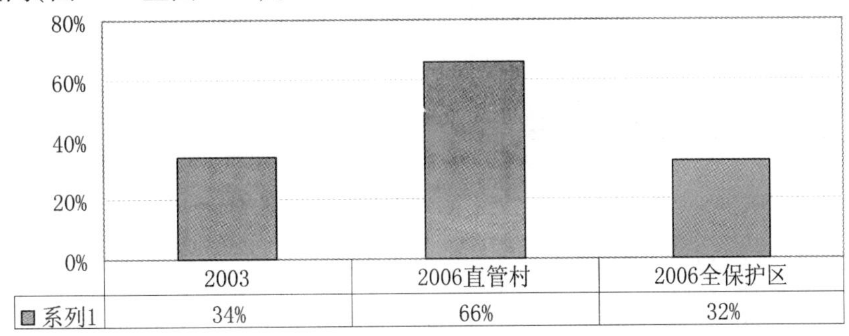

	2003	2006直管村	2006全保护区
系列1	34%	66%	32%

图6-29　建立保护区对社区居民生活影响度对比

数据来源：2003年典型村调查获取的直管村范围内样本90份和2006年保护区贫困状况调查获得全保护区有效样本591份，及其中直管村范围内样本74份。

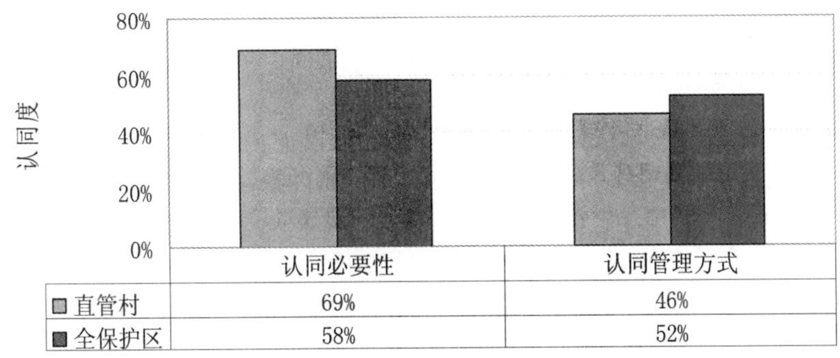

	认同必要性	认同管理方式
直管村	69%	46%
全保护区	58%	52%

图6-30　社区居民对建立保护区的态度(2006年)

数据来源：2006年保护区贫困状况调查。本项调查获得有效样本591份；其中直管村范围内样本74份。

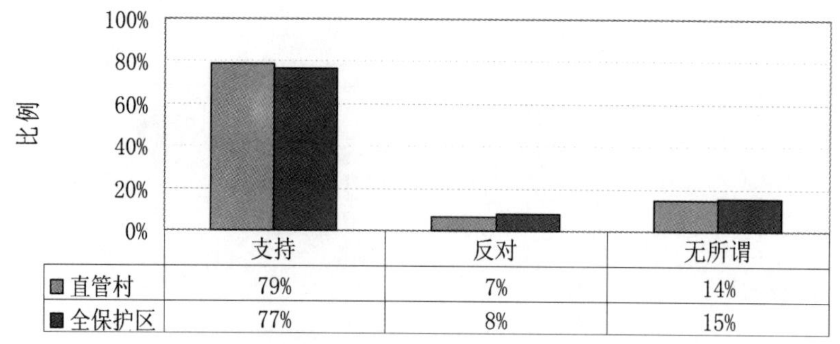

图 6-31　社区居民对建立保护区的态度(2003 年)

数据来源:2003 年课题组对 17 个受访村的抽样调查。本项调查获得有效样本 628 份;其中直管村范围内样本 90 份。

由于直管村村民受保护区影响较大,进一步细分其干部、富户和穷户人群对相关问题的反馈意见,可以发现,总的来说成立保护区给直管村居民的经济影响是正面大于负面,其中富裕家庭在保护区建立以后在经济上得到的实惠最多,因而对建立保护区的必要性和管理方式的认同度都较高;而贫穷家庭中却是因建立保护区而蒙受了经济损失的主要人群,因而对保护区的认同度较低。这可能是因为后者的经济收入更多依赖于传统农业生产,如粮食种植、渔业等,保护区鸟类吃粮食的造成损失会对这些相对贫穷的家庭更为敏感,保护区每年定期的禁渔休渔政策也使这些家庭蒙受损失。可见保护区要持续实现保护管理目标,必须要重视解决贫穷人口的替代生计问题(图 6-32)。

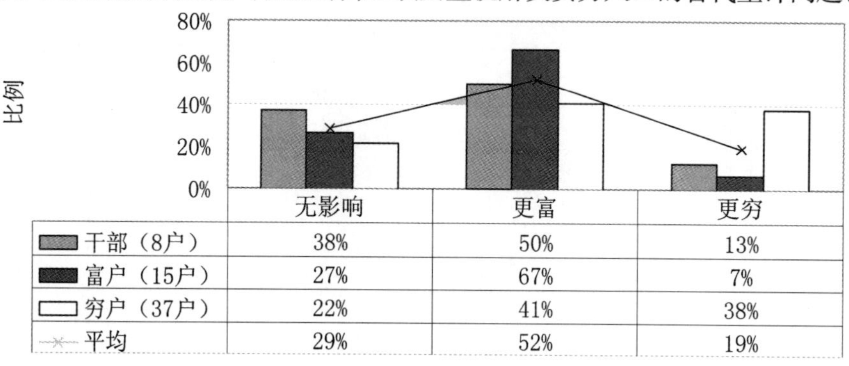

图 6-32　建立保护区对不同人群带来的经济影响

数据来源:2006 年保护区贫困状况调查中直管村范围内样本 74 份。

值得关注的是干部人群对保护区管理方式的认同较低,由于其与保护区管理人员打交道最多,所以他们的意见非常值得重视,这也说明保护区管理还有很大改进余地。

6.2.6.3.2　参与保护区管理和建设的意愿

参与保护区管理和建设的意愿相关反馈主要来源于 2003 年的 17 个典型村抽样调查。结果显示多数居民愿意参与保护区的管理和建设。反映出衡水湖的保护有很好的社区民意基础,今后应积极加以引导(图 6-33)。

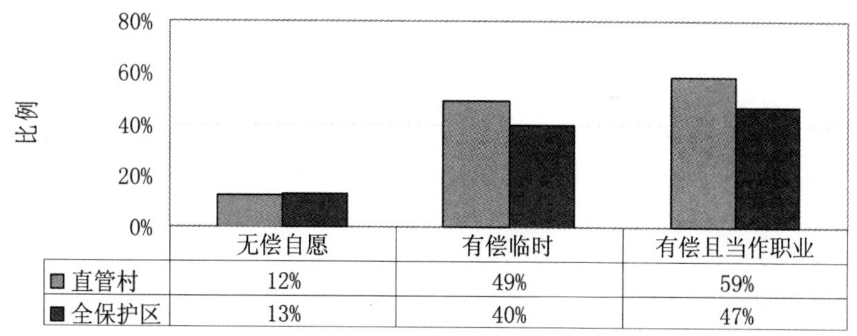

	无偿自愿	有偿临时	有偿且当作职业
■直管村	12%	49%	59%
■全保护区	13%	40%	47%

图6-33　社区居民参与保护区管理和建设工作的方式

数据来源:2003年课题组对17个受访村的抽样调查。本项调查获得有效样本566份;其中直管村范围内样本75份。

6.2.6.4　社区建设状况总体评价

总体而言,调研所至的70个村落的村容较好、村风较文明,社区关系基本上和睦融洽,但也不排除一些小的问题。另外,现场观察发现:垃圾没有人回收堆弃在村里某个偏僻地点、生活废水都直接渗入地下、村里道路建设有较大改善但仍不乐观等,说明社区环境有待进一步整治,社区居民的环境公德意识也有待进一步教育提高。

6.3　保护区产业经济发展状况

6.3.1　农林渔牧生产

保护区农林渔牧业在2006年的总产值为21329万元,其中农业占58%,畜牧业占33%,渔业6%,林业3%。

据课题组调查,保护区农业生产对家庭收入的贡献大大低于务工收入。如2003年对17个村调查结果显示,在总共530户有效样本中,从事农业生产的收入所占比例仅为26.36%,而务工收入高达41.53%。依靠农业往往只能维持家庭的基本生活。2006年农村贫困调查中涉及区内的农业情况的反馈显示,农业在某些地区已经形成了亏损,如在秦南田村农业纯收入占总收入的比例为-1.4%,整个保护区直管村区域内,这一比例也下降到了5.6%(图6-34)。

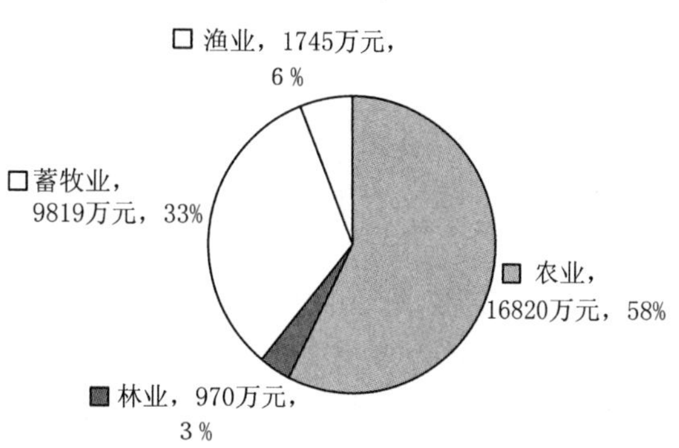

图6-34　保护区农林渔牧总产值

数据来源:2006年保护区统计数据。

6.3.1.1　农业生产

全保护区的农业总产值在2006年为16820万元。本区粮食生产主要种植玉米、小麦、棉花和苜蓿等作物。调查显示,保护区玉米亩产量为900～1200斤[①]/亩、玉米价格通常在0.5～0.6元/斤之间;小麦亩产量700～850斤/亩,小麦价格通常在0.7～0.8元/斤之间;棉花亩产量450～550斤/亩不等,棉花价格通常在2.5～3.0元/斤之间。苜蓿则是为畜牧养殖的饲料的部分替代品通常不作为商品出售。投入物方面:小麦和玉米的主要投入物有种子、农药、化肥(包括小麦专用肥、磷

① 说明:粮食产量以"斤"为单位是习惯用法,1kg=2(市)斤。以下同。

肥、尿素等)、灌溉用水、收割和运输机械;棉花的主要投入物有种子和人力,其中劳动力投入较多。从亩产量看,无论是玉米、小麦还是棉花,衡水湖农村与一些农业技术较为先进的地区相比都相对偏低。

保护区所在乡镇其他的一些农产品还包括:大豆、花生、大白菜、黄瓜、茄子、韭菜、四季豆、蘑菇、荷藕等蔬菜,以及西瓜、葡萄等水果。

6.3.1.2 林业生产

全保护区的林业总产值2006年为970万元,只占农林渔牧总产值的3%。保护区缺乏天然林,主要是以人工植树造林的方式开展林业生产。主要林木品种为速生丰产林,以及林果类林木,如苹果、梨、红枣、杏等。

通过2003年对于保护区内17个典型村的收入来源构成发现,林业收入占保护居民总收入的比例十分小,只占到1.29%。而在当时所分的五个区域内,只有东区的小侯、北田、王家口、魏屯、邢家宜子五个村子有林业生产。2006年的调研发现,保护区直管村范围内林业收入占收入总量的比例更少,在所有的调研样本中只有一户人家种有杨树。

6.3.1.3 渔业生产

全保护区的渔业总产值在2006年为1745万元。

调查显示,距湖较近的部分居民因退田还湖失去土地,多以渔业为生。渔民捕鱼品种主要包括:鲫鱼、鲤鱼、鲢鱼、草鱼、黑鱼、大头鱼、黄鳝、鲈鱼、泥鳅、河虾,其中鲫鱼和鲤鱼最多,鲢鱼和草鱼的数量也较多,而其他品种的数量则较少。鱼的销售价格较低,从收集的数据上看,夏季鱼的价格较低在0.75~1.5元之间,冬季的价格较高为1.5~3元之间。

由于湖区渔业生产一直沿用落后的生产方式,使用定置网等不合理的渔具,采取迷魂阵、电鱼等非法捕捞方式,以及在禁鱼和休鱼期进行违法捕捞,捕捞强度过大,导致天然捕捞小型化和低龄化,造成渔业资源接近枯竭,鱼虾产量急剧减少,渔民捕鱼收入下降,渔业发展具有不可持续性。2003年对保护区17个村进行随机抽样调查所获得的结果,86.77%的人认为鱼虾数量比以前有不同程度减少;71.85%的人认为鱼虾的大小比以前有不同程度减少;46.15%的人认为鱼虾的品种比以前有不同程度减少。目前保护区已经实行季节性禁渔休渔政策,这对渔业资源的可持续利用具有非常正面的意义,但此政策的推行也需要注意其对贫困人口的影响,要积极组织群众开展替代生计,对于无力谋求替代生计的特困户要考虑适当的经济援助。

调查还发现,单纯的渔业捕捞与养殖相比收入差距很大。据调查,捕鱼户平均每年每户的捕鱼收入为5182.8元,而鱼类和水产养殖户平均每户每年的鱼类和水产养殖收入为12693.9元,是捕鱼收入的2倍以上。显然,这一收入差距刺激了网箱养鱼的飞速发展。现场观察,2007年网箱养鱼规模比2003年扩大了2倍以上,这对大湖的水质带来了很严重的负面影响。但2008年保护区采取了大规模的取缔网箱行动,目前网箱养鱼无序发展的势头基本得到遏制。俗话说"靠山吃山、靠水吃水",依托衡水湖这一巨大的湿地,鱼类和水产养殖在保护区具有很好的发展前景。但鱼类和水产养殖一定要在合理规划的基础上开展,要注意统筹规划,指导居民饲养方式与提供相应环境保护技术,避免造成保护区湖泊富营养化。

6.3.1.4 畜牧业生产

全保护区的畜牧业总产值在2006年为9819万元。

畜牧业生产多数位于湖区的北面和西面,主要从事牛、猪、羊、梅花鹿、鸡、鸭、鹅等牲畜和家禽的饲养,在部分村中畜牧业已经成为其主导产业。区内106村中有22个村2002年的畜牧业产值在100万元以上,另有19个村在50至100万元之间。畜牧业总产值最高为候店村,达320万元。

目前畜牧业生产大部分没有配套污染处理设施,有些个人饲养的牲畜则往往采取任意放养的方式,对保护区的生态造成了一定程度的破坏。

6.3.2　工业生产

区内除冀衡农场下属企业为国有外,其他大多为乡镇和村办企业,目前冀衡农场已经基本全部搬迁出了保护区。乡镇和村办企业成为了当地的主要收入来源。主要产业包括:

6.3.2.1　采暖铸造业

主要分布于保护区南部靠近冀州市的区域,被誉为冀州市特色产业。以二甫村的铁厂和暖气片厂以及大齐村春风集团的铁厂、发电厂、暖气片厂等企业为代表,资产规模达数十亿元。这些企业是冀州市的税收大户,但它们倾倒的废渣、废料,以及排放黑色的粉尘和有害的气体,对湖区造成了严重污染,对保护区的生态与环境造成了严重破坏。不过最近几年由于该产业面临结构调整,如春风散热器有限公司总资产从 2004 年的 1.76 亿元锐减到 2005 年的 0.87 亿元,企业停产,这给衡水湖南部工业产业的调整和环境污染治理带来了契机。

6.3.2.2　化工橡胶业

包括化工制品、橡胶加工和电镀等,主要分布于 106 国道沿线。以国有的冀衡农场的化工厂为代表,它位于东湖湖东岸,所排放大量有毒、有害的污水和废气,对环境造成很大影响。但该企业已经于 2006 年完成搬迁,使保护区北部减少了一大重要污染源。现在 106 国道以东尚存一些村办的橡胶化工小型企业,资产规模不大,但对环境的污染也不可小视。

6.3.2.3　制砖业

主要分布于保护区西侧。产品主要销往冀州市、枣强一带。砖厂利用黏土烧砖,每年取土约 20 万 m^3,取土的方位比较分散,除一个厂有集中的取土坑外,其他主要从平整土地或者引水浇地的方面来免费取土,由于取土形成的几千立方米的坑很多,最大的坑有 500 ~ 600 亩,深 2.5m,最深的坑有 6m 深,对保护区的土层和景观造成了破坏;另一方面,制砖燃料主要采用邢台沙河的低硫煤,在烧砖的过程中也对环境造成了较大的污染,此类活动属于国家明令禁止和限制的行为。

6.3.2.4　与农业生产相配套的龙头企业

冀州市在龙头企业建设方面取得了很好的经验,形成了棉业、板业等龙头企业联系农户,形成农产品深加工产业链的新型发展模式,取得了很好的效果。如在保护区内的华林板业公司资产规模已达近 3 亿元,联系农户 1860 户,产品消耗速生木材枝丫木等农产品原值 3200 万元,平均给每家所联系的农户增加收入 1.72 万元。这些都是保护区很有发展潜力的产业。

6.3.3　芦苇等湿地资源的开发利用相关产业

本区芦苇资源丰富,出产的芦苇色泽白润,非常适合制作工艺品。部分家庭从事芦苇利用开发并成为家庭收入的一个重要来源。当地传统的芦苇利用方式主要为编织、盖房、打席、打箱,产品向外村、衡水市、冀州市及其他周边城市出售。保护区管委会从外地聘请工艺师建起了妇女培训班,利用芦苇资源加工芦苇工艺画和高档苇帘,市场前景很好,为社区居民踏出一条致富新路,但尚处于起步阶段。

由于芦苇工艺画等对工人技艺要求较高,难以大规模推广,目前保护区正在探索发展工艺要求较低的苇编产品,但这类产品进入门槛低,易于模仿,与其他芦苇产地之间将可能存在越来越激烈的竞争。

总的来说,目前保护区内社区居民对芦苇的利用程度很低,大量的芦苇没有收割管理,收割的也仅仅限于初级开发利用,缺乏深加工手段,售价偏低,经济效益不高。本区其他湿地资源,包括菖蒲、眼子菜等众多水生植物,基本尚未得到开发利用。

6.3.4 生态旅游业

保护区目前的旅游开发处于初级阶段,目前仅限于荷花淀、梅花岛和三生岛三个景点。其中,荷花淀荷花水面面积200亩,旅游活动主要是荷花观赏和采摘;梅花岛面积260亩,旅游项目有钓鱼,骑骆驼、马,观赏梅花鹿、孔雀,采野菜等;三生岛游览项目有浑水摸鱼、杂技武术表演,斗山羊、斗鸡、采摘蔬菜瓜果等。旅游线路通过游船将"两岛一淀"连接,目前大小游船共258条,码头和1个,停靠点6个。客源一半来自本地,2005年达到20万人次,年景点门票、游船费等收入船费、门票等收入归村民所有,目前一条船一年收入1万元左右。

此外,106国道东侧,以及湖心的顺民庄还有村民开了一些餐厅,大都以衡水湖的鱼为其主打菜品,客人们大都驱车从市区来一品湖鲜,已经形成一定的影响力。

但总体而言,现有的衡水湖旅游景点品味不高,旅游开发深度和广度也都不足。目前衡水湖的游客主要来自省内,对北京、天津这样重要的周边大城市游客还缺乏足够的吸引力。

6.3.5 保护区各产业对村民收入的贡献

6.3.5.1 保护区总体情况

课题组2003年对17个典型村的入户调查统计得到的平均每户的年收入为10039元。其中,务工为家庭的最主要收入来源,所占比例为41.53%;农业收入居第二位,占26.36%;渔业收入居第三位,占17.69%;商业收入居第四位,占9.35%;畜牧业收入居第五位,占2.89%;林业收入居第六位,占1.29%;其他0.9%(表6-8)。

表6-8 2003年保护区内典型村收入来源情况

		农业(%)	渔业(%)	林业(%)	商业(%)	畜牧业(%)	务工(%)	其他(%)	总收入(元/年)	总样本(户)	户均收入(元/年)
东区	小候	34.66		9.08	5.14	1.32	45.59	4.22	331680	39	8504.6
	北田	22.25		1.60	21.15	8.43	46.56		406640	41	9918.0
	王家口	18.37	47.52	1.21		0.19	32.71		372370	36	10343.6
	魏屯	30.85	0.86	4.22	18.54	2.16	43.37		289150	33	8762.1
	邢宜子	10.85	11.88	1.66	11.76	0.83	63.01		420750	40	10518.8
南区	二甫	5.69			5.02	2.68	80.27	6.34	298620	26	11485.4
	大齐	1.01	5.05		23.46	4.04	63.07	3.38	198200	26	7623.1
	孙郑李	53.71				2.56	43.54	0.18	331850	35	9481.4
西区	南良	56.20			7.27	1.35	35.18		412870	37	11158.6
	南岳	43.49		1.46	2.47	0.29	52.29		222800	27	8251.9
北区	候店	31.73			7.19	0.42	59.17	1.50	166980	31	5386.5
	巨鹿	42.95		0.49	25.27	3.21	28.08		406050	31	13098.4
中心区	前韩	31.90	20.09		7.02	28.95	12.04		149550	17	8797.1
	后韩	73.38	12.29		1.60	3.63	9.09		187100	17	11005.9
	顺民		69.91		5.34		24.49	0.26	384200	30	12806.7
	北岳家庄	13.90	33.34	0.75	5.78	2.56	43.66		397850	32	12432.8
	北关		71.89		6.54		20.41	1.16	343950	32	10748.4

（续）

	农业（%）	渔业（%）	林业（%）	商业（%）	畜牧业（%）	务工（%）	其他（%）	总收入（元/年）	总样本（户）	户均收入（元/年）
合计	26.36	17.69	1.29	9.35	2.89	41.53	0.90	5320610	530	10038.9

数据来源:《总体规划》附表6“区内17个受访村收入及来源构成调查统计表”。其中农业包括粮食、蔬菜及菌类种植;渔业包括鱼类、水产的养殖和捕捞以及芦苇加工;林业包括果树及速生经济林的种植;畜牧业指牲畜及家禽的养殖;务工指在本地或外地打工;其他类别主要包括参加政府组织的集体劳动、保护区管理工作、出租房屋、担任村干部、教师、服装裁剪、手工艺加工等。

基于2003年对17个典型村的调研获取的530份有效样本,根据这些村主要产业的发展情况可将其划分为农业村、渔业村、工业村和农业渔业混合型这样五种类型,具体情况见表6-9。

表6-9　各村的隶属关系及类型

类型所在乡镇	农业村	渔业村	农、渔混合	工业村	农、工混合型
冀州镇	孙郑李	顺民、北关	北岳家庄	二甫、大齐	
魏家屯镇			王家口、邢家宜子		魏屯
小寨乡	南良、南岳				
郑家河沿镇	巨鹿、后韩		前韩		
彭杜乡	小候、候店、北田				北田

数据来源:《总体规划》附表5“区内17个受访村的隶属关系及类型一览表”。

6.3.5.2　保护区直管村情况

根据2006年对7个保护区直管村的调研,保护区直管村工商业收入已经占到总样本户总收入的62.8%,居首位,并遥遥领先于外出务工带来的收入(16.8%);而农业和渔业基本平分秋色,仅仅占到总收入的5.7%和5.5%,另外还有水产养殖业收入占到4.3%,畜牧业和林业收入仅占0.4%和0.1%,居于末位。

保护区直管村工商业收入比重较高一方面得益于其已经发展有一定规模的橡胶业,另一方面则得益于保护区建立后对旅游业的推动。如大赵村和徐南田村是保护区旅游业开展较好的村,其工商业收入也相应较高。保护区目前有游船258条,按每条游船年收入1万元计,即可为相关村民带来258万元的收益,这已经占到保护区直管村2006年总收入的11%,此收入尚不包括游客餐饮、住宿等收入。此收入仅仅来自于年25万人次的游客规模,且以本地客源为主。按照保护区总体规划,保护区最高年游客控制规模为150万人次,尚有6倍的扩展规模。可见,生态旅游作为保护区村民的替代生计,尚有极大的发展空间(表6-10)。

表6-10　2007保护区管委会直辖村收入来源情况

项目 村庄	农业（%）	林业（%）	渔业（%）	水产养殖业（%）	畜牧业（%）	工商业（%）	务工（%）
南赵常	23.8	1.1	0	-3	2.4	3.5	62.5
大赵村	6.1	0	20.9	20.9	0	17.5	18.2
北田村	10.6	0	1.4	0	0	59.2	28.4
秦南田村	-1.4	0	3.5	0	5	10	62.3
徐南田村	4.5	0	0	0	0	88.9	6.6
刘台村	34.6	0	0	0	0	0	65.4

（续）

村庄＼项目	农业（%）	林业（%）	渔业（%）	水产养殖业（%）	畜牧业（%）	工商业（%）	务工（%）
王口村	2	0	2.5	0	0	91.7	3.6
顺民村	—	—	—	—	—	—	—
总　计	5.7	0.1	5.5	4.3	0.4	62.8	16.3

数据来源:2007年对7个保护区直管村的调查。

6.4 区域竞争力评价

6.4.1 经济总量和人民生活水平

6.4.1.1 人　口

根据衡水市统计年鉴,衡水市的总人口从1962年282.81万人增加到2005年末421.8万人,净增近139万人,增长率为49.1%。虽然增长率低于全国同期的增长率,但对于一个起点不高的城市在44年间净增139万人,其人口压力还是很大的(表6-11)。

表6-11 1995～2005年衡水市总人口的变化

	总人口(万人)	GDP(亿元)	人均GDP(元)	GDP年增长率
1995	405.85	163.54	4048	3.65
1996	407.32	207.22	5097	1.27
1997	409.77	242.42	5934	1.17
1998	412.6	266.24	6475	1.10
1999	415.03	279.21	6747	1.05
2000	411.47	277.22	7225	0.99
2001	410.52	309.79	7854	1.12
2002	410.8	351	8544	1.13
2003	413.35	396.8	9600	1.13
2004	414.27	473.8	11437	1.19
2005	421.8	520.63	12343	1.09

数据来源:《2006年衡水市统计年鉴》

6.4.1.2 国内生产总值

衡水市国内生产总值从1962年2.23亿元增加到2005年的519.69亿元,其间主要经历了2个快速增长期,第一个快速增长期为1990年代,最高增长率出现在1997年的16%,增长速度大大超过全国的平均水平。但之后的1999年增长率只有5%,低于全国水平。从2001年起,衡水的经济增长又进入了第二个快速增长期,2004年达到19%,但2005年又回落到8%(图6-35)。

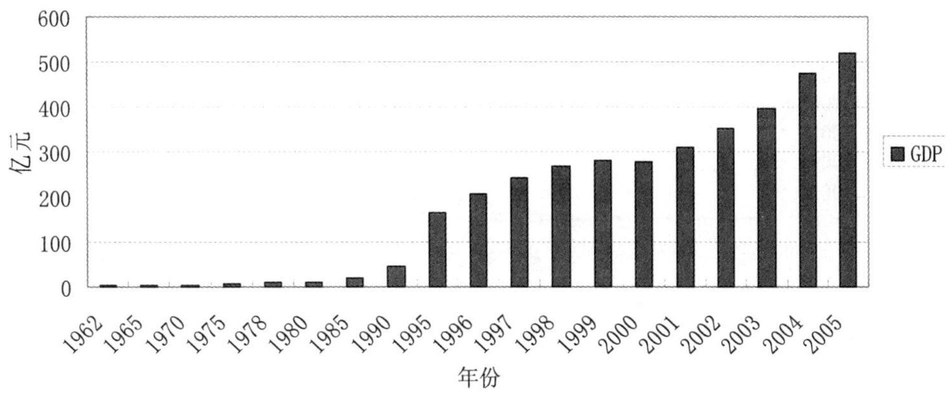

图 6-35　衡水市国内生产总值的历史变化

在河北省的全部十一个市中，衡水市处于倒数第四位，经济总量不大（表 6-12）。与此相比，相邻的省会石家庄的 GDP 是衡水市的 3.44 倍，保定市是衡水的 2.06 倍。如何把握住石家庄的经济辐射效应，对衡水市非常重要。

表 6-12　2005 年河北省各城市的人均国民生产总值

排序	城市	GDP（亿元）	人均 GDP	农民人均纯收入	城镇居民人均可支配收入	城镇居民人均消费性支出
1	唐山	2027.64	29199.49	4582	10488	8621.9
2	石家庄	1787	19370	4118	10039.83	7261.03
3	邯郸	1157.3	13416	3578	9233	6820.71
4	沧州	1130.8	16514.06	3311	8597	5921.51
5	保定	1072.14	9990	3471	9195	6412.19
6	邢台	680.7	10041	3280	7752	4853.84
7	廊坊	621.23	16200	4621	10165	8189.9
8	衡水	519.69	12303	3533	8947	6720.36
9	秦皇岛	491.15	18087	3376	9802	7235.73
10	张家口	415.79	9981.459	2329	7714	5914.32
11	承德	360	9973.183	2582	7436	5945.57

在京九沿线 21 地市中，除北京、深圳、惠州、九江等之外，与沿线安徽、江西等省的相对贫困的地市相比，衡水市的经济总量为处于中等稍微偏高。

6.4.1.3　人均指标

2005 年衡水市的人均国内生产总值（GDP），人均农民纯收入和城镇居民人均可支配收入分别为 12343 元、3533 元和 8974 元。这三项指标中，只有人均农民纯收入高于全国人均的 3255 元。但从 1996 年到 2005 年之间，衡水市人均农民纯收入增加额为 1539 元，而全国同期增加额为 2072 元，可见其增幅低于全国同期水平。

衡水市城镇居民人均可支配收入不但整体上低于全国的平均水平，而且，在绝对差还在拉大：1996 比全国少 979.9 元，而 2005 年扩大到 1546 元，可见城市的带动力不强（图 6-36）。

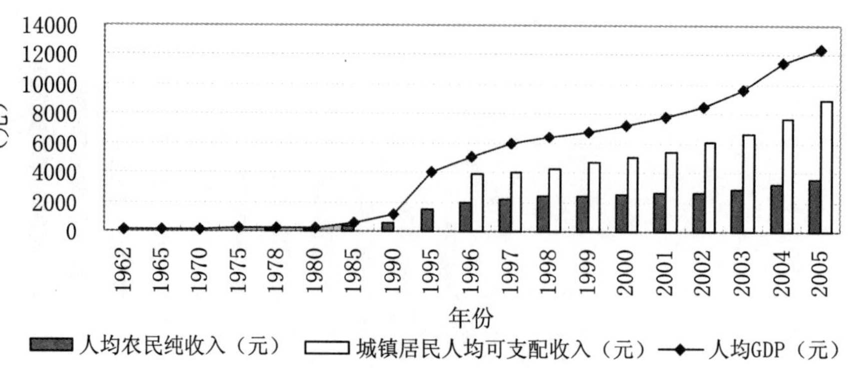

图 6-36 衡水市居民生活指数

比较人均 GDP、农民人均纯收入、城镇居民人均可支配收入这几个指标(图 6-37),在河北省各地市中,衡水市总体处于偏低水平,反映出衡水当地居民生活社会水平和经济实力偏低。

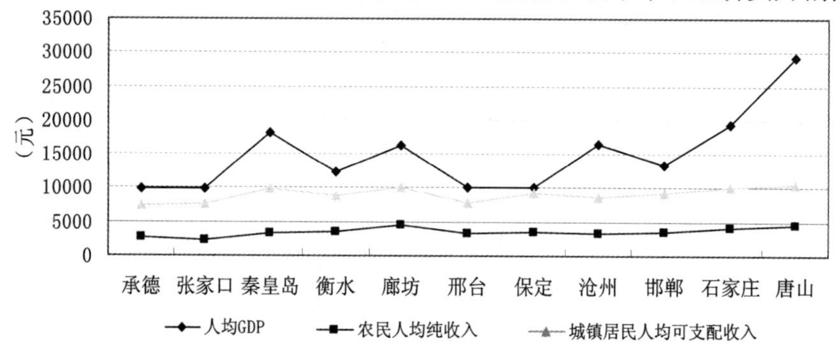

图 6-37 2005 年河北省居民生活经济指标比较

在京九沿线,除去与北京和深圳等经济发达地区有很大差距外,与其他沿线城市相比,衡水基本处于中等水平(图 6-38)。

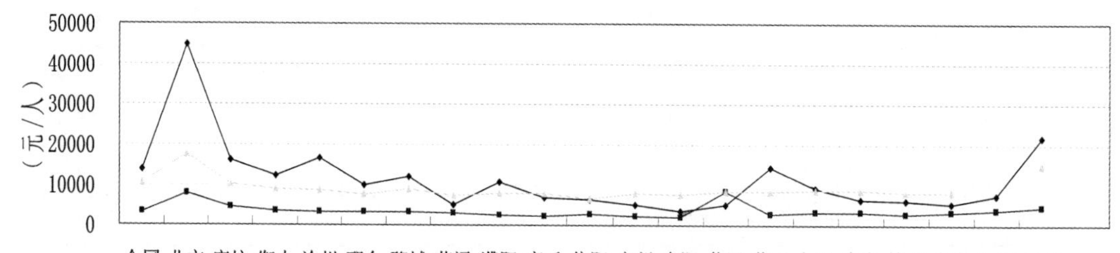

图 6-38 2005 年京九沿线部分城市经济指标比较

6.4.2 产业结构和劳动力情况

农业、工业和服务业三大产业占衡水市 GDP 的比重在 1965 年为 74.89∶7.17∶17.49,到 2005 年转变为 17.43∶52.97∶29.60。可见衡水已经从以农业生产为主转变为了以第二产业为主的工业化城市。特别是从 1996 年开始,第三产业超过第一产业,标志着衡水经济进入了城市化的一个新阶段(图 6-39 和图 6-40)。不过与全国的三大产业比重 12.5∶47.5∶40 相比,第三产业的发展程度还相当低,而第一产业比重则偏高。在河北省所有11个城市中,衡水的第三产业比重也是偏低的(图6-41)。可见衡水的第三产业还需要大力发展。

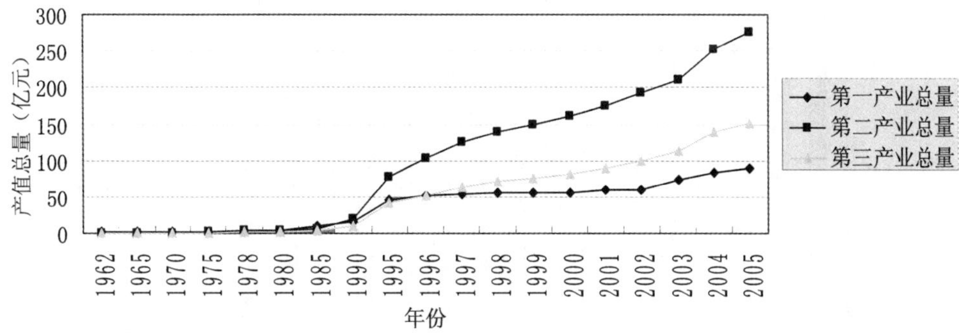

图6-39　衡水市三产业总量比较(1962～2005年)

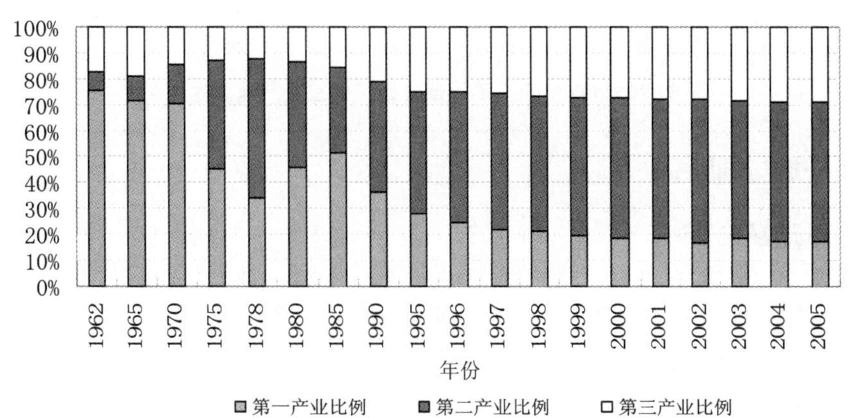

图6-40　衡水市三产业比例(1962～2005年)

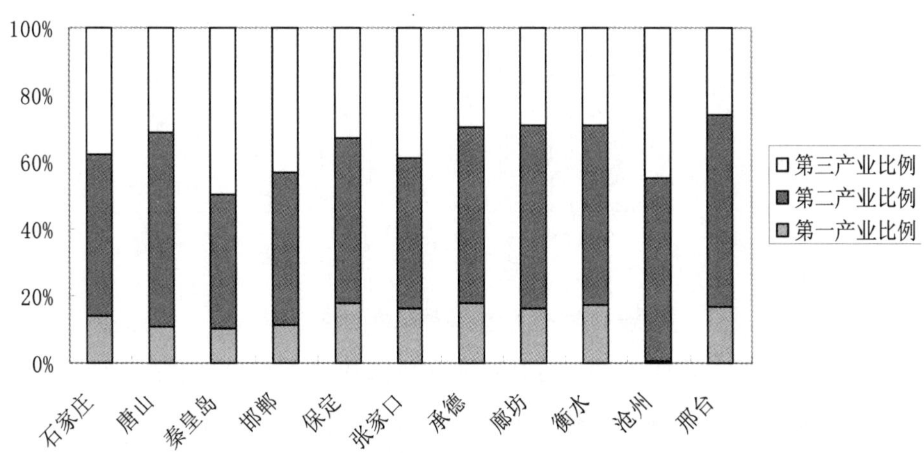

图6-41　2005年河北省各城市三次产业总量比例

在京九沿线地区,产业结构有三种类型。第一种类型是北京和深圳,是第一产业比例很少,以第二和第三产业产业为主的现代化国际产业城市。第二种类型是安徽和江西的相对落后的市地,第二产业的比例相对很小,是以农业等第一产业为主的传统农业经济地区。第三种类型是,第二产业比例超过50%,但第一产业还是比例比较大,工农相对均衡的工业发展型地区。衡水市属于第三类地区(见图6-42)。

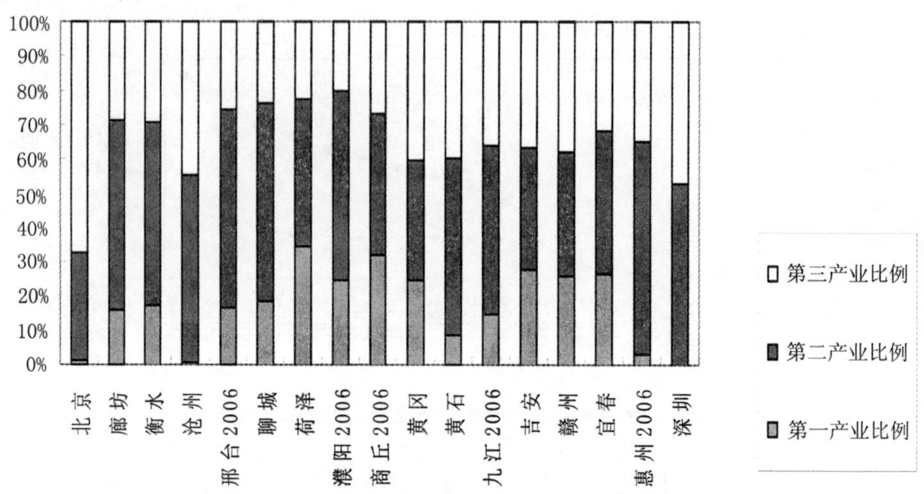

图6-42　2005年京九沿线部分地区的三次产业总量比例

6.4.3　对外开放与国际化

6.4.3.1　外商直接投资

衡水从1995年才开始有外商投资,当时的外商直接投资(合同数额)仅为3472万美金,此后的变化与衡水经济发展形势基本一致,1998年出现第一波投资高峰,达8006万美元,之后进入波谷,但2003年开始外商直接投资又进入了又一个增长高峰,2005年已超过1亿美元。不过,这一成绩在河北省内仅仅是倒数第二(图6-43)。

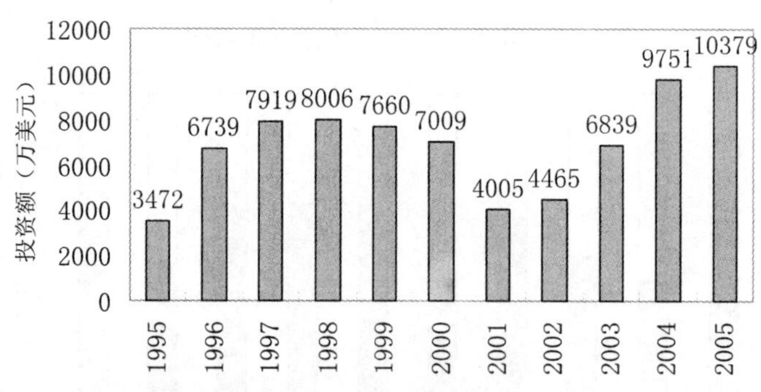

图6-43　衡水市外商直接投资1995~2005

在京九沿线,除了北京、深圳、惠州等发达地区之外,衡水市实际外资利用与安徽和江西的一些相对落后相比稍微好一点,但还是处于较低水平。

总体而言,对于属于内陆性城市的衡水在对外招商引资上,与大城市和沿海城市等相比,面临很大的压力和威胁(图6-44、图6-45)。

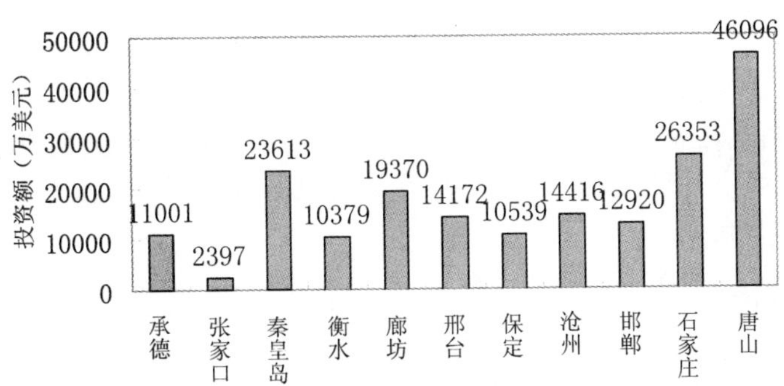

图 6-44　2005 年河北省各市外商直接投资额

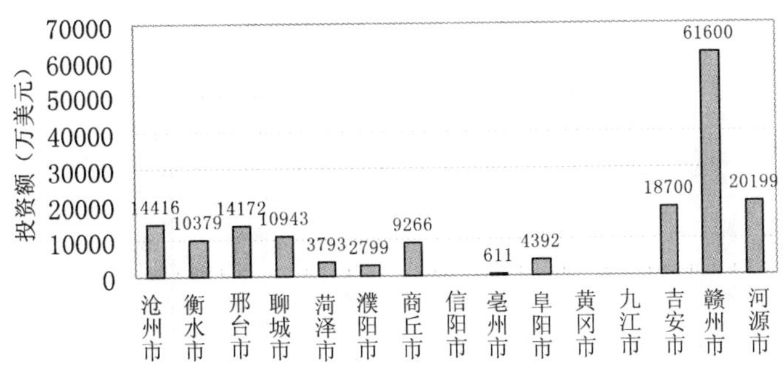

图 6-45　2005 年京九沿线各城市外商直接投资

6.4.3.2　对外贸易

在对外贸易上，2005 年的衡水出口是 6.88 亿美元，比 2001 年的 1.22 亿美元有了长足的进步，也在除了北京、深圳等国家重要的对外贸易城市之外的京九沿线一般城市中处于较高水平（图 6-46），但其国际旅游外汇收入则仅为 69 万美元，在整个京九沿线也处于较低水平（图 6-47）。

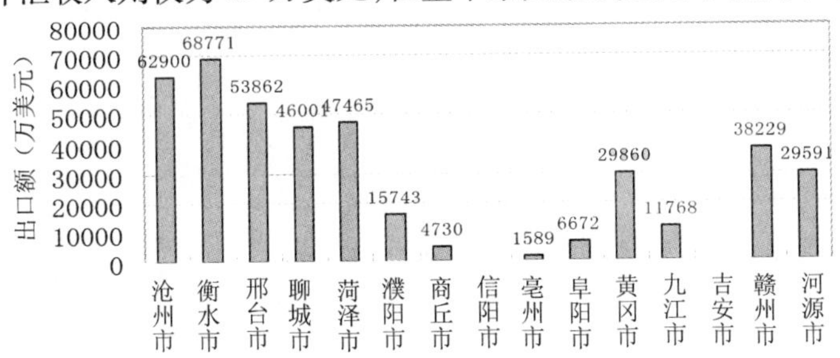

图 6-46　2005 年京九沿线各城市出口额

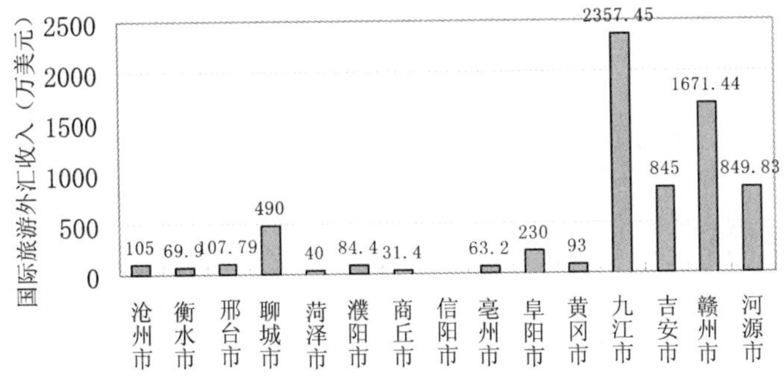

图 6-47　2005 年京九沿线国际旅游外汇收入

综上,衡水经济的对外开放近年来发展很快,特别是其国际贸易的发展较为突出,但总体而言,衡水市的国际化还处于很低的水平,即使国际贸易也与沿海地区以及大北京首都圈的国际化水平也相差很远。因此,衡水还非常有必要进一步挖掘和提高出口产品的质量和水平。作为一个拥有国家级自然保护区的城市,依托湿地景观资源,以及当地丰富的历史人文资源,相信其国际旅游业也还有进一步拓展的空间。

6.4.4 人力资本比较

从教育事业费分析简单地看衡水市的人力资本建设。在河北省中,相对人口的比率来看,衡水市的教育投资处在省内为倒数第5名,还存在投资不足、人才很难保证的问题,见图6-48和图6-49。

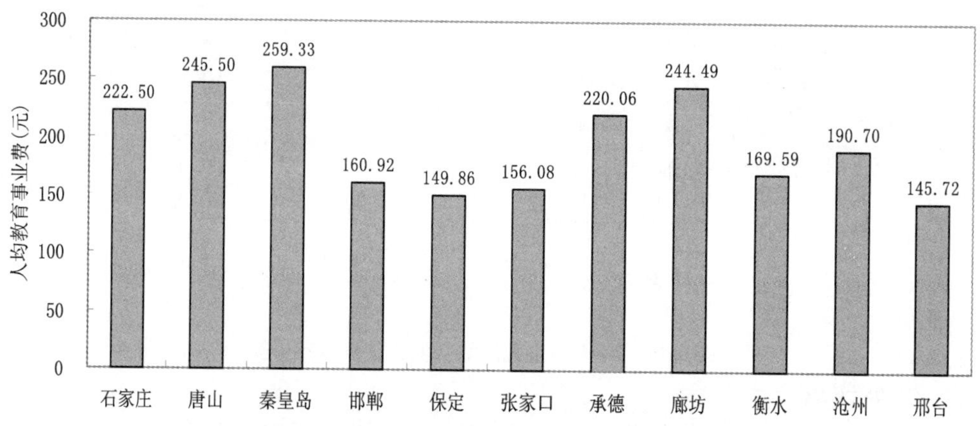

图6-48 2004年河北省各城市的人均教育事业费

数据来源《中国城市统计年鉴2004》。

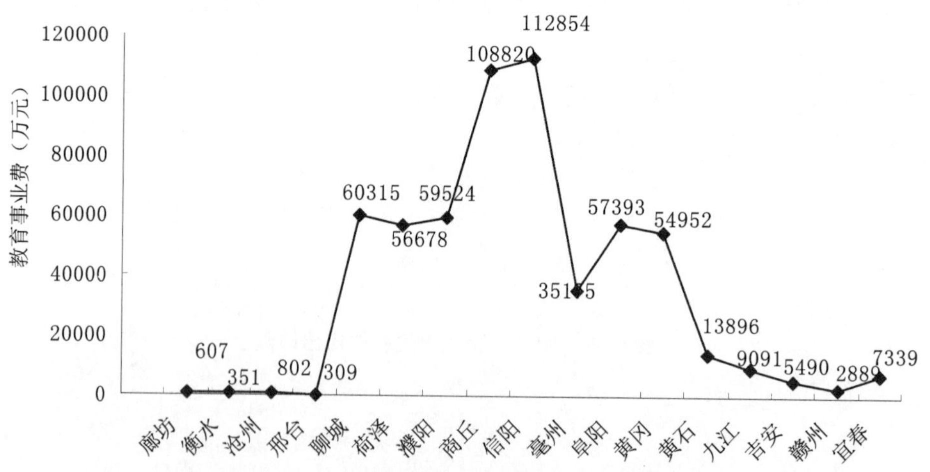

图6-49 2001年京九沿线17个地区的教育事业费

6.4.5 京津冀湿地竞争

在北京城市周边300km之内,北京、天津、河北、山东四个地区都在规划准备进行拯救当地资源,建设湿地保护区。

从河北省内来看,其自然保护区的建设速度很快,仅2000~2003年间,其自然保护区就从11

个增长到了 24 个。根据河北省环境保护“十一五”规划，“十一五”期间全省自然保护区与生态建设工程总投资约 92.7 亿元，投资 15.2 亿元，新建或升级 49 个自然保护区，保护面积达 1.4 万 km^2；投资 77.5 亿元，建设包括白洋淀生态恢复、畜禽养殖污染治理、河道综合整治等共计 11 个生态建设项目。到 2010 年，河北省将新建自然保护区 45 个，其中，燕山—太行山地区、滨海河口滩涂湿地因为地处京津周围将被列为优先保护区。河北省保护区面积将达到 89.6 万 hm^2，占全省总面积的 4.8%，全省 90% 的国家重点保护野生动物和典型的生态系统将得到有效保护，初步形成较为完善的自然保护区。

北京和天津这两大城市是衡水湖发展生态旅游的重要客源地。但这两大城市自身也在湿地保护方面进行着积极的努力。按照北京市在 2002 年 6 月制定的湿地保护 10 年计划，到 2010 年，北京市要建 12 个湿地自然保护区，总面积 5 万多 hm^2，累计投资 3.36 亿元，其中包括至今仅存的一块湿地杨镇苇塘。根据该规划，北京将强化保护管理体系，进行科研监测、宣传教育、引导当地居民参与保护，合理利用湿地，开展生态旅游。此外还将进行退牧还泽、还草工程，退耕还泽、还滩工程，湿地多样性保护及栖息地恢复、重点湿地保护区移民工程等 6 项湿地保护和恢复生态工程建设。天津市也非常重视湿地保护和生态建设，在其承担的国家国土规划试点工作中明确提出了建设生态城市和把北部区划成“北部生态协调发展区”。到 2000 年底，天津市已有 3 个国家级自然保护区、3 个市级自然保护区、2 个区县级自然保护区，占全市面积的 13%。其中湿地类型的有七里海古泻湖湿地、北大港湿地、团伯洼湿地等。到 2010 年前，天津还要再新建沿海滩涂自然保护区和海洋类特殊保护区，也属于湿地类型的保护区。

山东是衡水的近邻，也是北京天津等地客源的重要竞争者。山东省近年来也加大了生态建设的力度。其“十一五”规划中指出：在重要湿地、主要河流源头区、水源地、防风固沙区等区域建立生态功能保护区，重点建立完善济南南部山区、南四湖和东平湖湿地、黄河三角洲生态功能保护区。加强旅游区的生态保护。重点开展矿山、取土采石场等资源开发区、大型项目建设区、水土流失、沙化、盐渍化等生态脆弱区、地质灾害毁弃地和塌陷地等退化区，以及莱州湾、胶州湾、黄河口等区域的生态保护和修复工作。深化生态省建设，深入开展环保模范城市、环境优美乡镇、文明生态村以及环境友好企业、绿色社区、绿色学校等多层次的生态创建活动，到 2010 年，全省基本建成 4 个生态市、40 个生态县(市、区)，8 个设区城市达到环保模范城市标准要求。

北京、天津、山东、河北两省两市可以共同形成半径 300km 环首都圈的生态圈。但各地之间的生态保护区建设，特别是北京、天津和山东的财政实力雄厚、投资力度大，给衡水湖湿地保护带来区域竞争压力。同时，这也告诉我们，衡水湖保护区只有加大保护力度，在保护的种类和管理水平上发挥特色，才有区域竞争能力。

第7章　保护区农村贫困状况调查与评价

尽管保护区农村的人均收入水平相比于全国的平均水平还是属于中等偏上，但还是存在一定程度的贫困问题。本章主要基于2006年课题组的相关调查，从贫困定义、保护区贫困标准选择、贫困家庭基本状况、与富裕家庭和村干部家庭的对比、政府扶贫政策及其效果等方面，对衡水湖农村的贫困问题进行了较为深入的探讨，对保护区贫困家庭的致贫原因进行了分析，并提出了改进政府扶贫政策的相关建议。

7.1　调查背景

7.1.1　调查目的

课题组对保护区的农村贫困状况调查的主要目的包括两方面：一是深入掌握农村贫困状况；农村贫困状况调查包括：贫困家庭的生活现状、人口结构、收入、支出、家庭财产、教育医疗养老负担等。二是通过对贫困家庭、富裕家庭和村干部等不同人群的充分接触，对农村贫困主客观原因从不同角度进行观察识别，充分认识当地实现可持续发展所面临的资源、环境和社会发展中的不同矛盾，并且广纳当地各方智慧，认识发展需求，发掘可利用资源，汇集致富经验，寻求脱贫思路。

7.1.2　调研方法

为了充分掌握当地农村社区的贫困状况，课题组首先在衡水湖自然保护区辖区106个村庄中，抽样选定的70个村落。保护区内的106个村庄坐落在220.08km^{2}的地理范围内，空间分布的密度高、相邻村庄距离较近，因此选取的70个样本村庄能在很大程度上代表整个自然保护区农村的生产和生活状况。

受访村落的抽样选择综合考虑了地理分布的均衡，所属生态分区和产业类型的代表性，以及不同村落的贫富分布状况等。其中还包括了衡水湖管理委员会直管的8个自然村，即：大赵村、南赵村、北田村、秦南田村、徐南田村、刘台村、王口村、顺民村。

然后将70个受访村落依据地理位置划分为2～3个村一个组，每组安排了1～2名调查员入住当地村民家中，按照事先的安排采用农村住户抽样调查方法完成规定的调查任务。这些任务包括（图7-1）：

（1）对单个家庭的问卷访谈：对单个家庭的问卷访谈采用了调查员逐户走访的方式。考虑到村民的文化程度可能偏低，不一定能很好地理解和填写问卷，所以所有问卷访谈均由调查员以问卷为问题提纲，采用攀谈的方式进行询问，并自行记录调查结果。每天完成访谈后再根据要求整理访谈结果，填写问卷反馈表。

受访对象的选择采用类型抽样调查①的方法，事先确定各村贫困家庭、富裕家庭和村干部家庭的各自访谈户数，根据当地村干部的引导，与村民交谈了解到的信息，以及对房舍新旧状况的直观

---

①　类型抽样，也叫分层抽样。就是将总体单位按其属性特征分成若干类型或层，然后在类型或层中随机抽取样本单位。该方法适用于总体情况复杂，各单位之间差异较大，单位较多的情况。

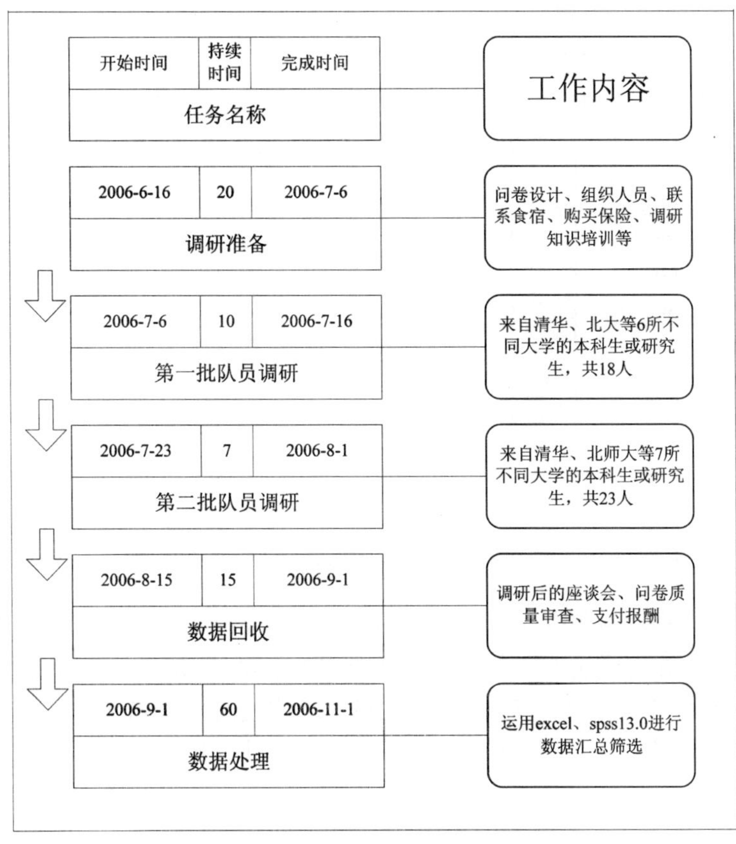

图7-1　保护区贫困状况调查流程

观察,临时选定访谈对象,直到完成规定户数的问卷访谈。确定不同类型受访家庭户数大体上依据每个村落的总户数按一定比例事先确定。其中,贫困家庭的比例约为2%,富裕家庭为每村1~3户,村干部家庭为每村1户。但当地不少村落不完全是自然村,而是经过多次村落合并,所以村与村之间的户数比例相差非常悬殊,所以又对大村和小村的不同类型受访户数分别划取了上限和下限,同时考虑各组调查员任务量的均衡,对各类型受访户数又做了微调。

(2)PRA(Participatory rural appraisal)参与式乡村评估:参与式乡村评估是由调查员和村干部组织号召村民参与访谈,人数不限。PRA目的是通过集体参与了解一些共性问题;同时,集体讨论有利于启发思维和获取解决问题的思路,并且能够通过开放式讨论弥补问卷访谈的不足。

(3)走访观察记录:主要是观察记录当地习俗、环境状况、精神风貌、民间工艺、地方传说和重大历史记忆等。有些问题因习俗或较为敏感而忌讳,因此只能通过观察来发现,因此走访观察记录也是弥补问卷访谈之不足的重要方式。该项工作的一个重要目的是了解和发掘地方文化资源。

后两项调查任务的成果以调查员撰写调查报告的方式反馈给课题组。

调查员全部由经过培训的大学生担任,共有22组41人。平均每组驻村调查的时间为7天。本次农村贫困调研从2006年7月6号开始,调研流程如图7-1所示。整个调研的过程得到了保护区管委会的全力支持和调研村庄农民的配合,从而使得调研在短时间内顺利完成。

7.1.3　调查完成情况及受访人基本信息

调研问卷共发出613份,回收596份,回收的问卷全部为有效问卷,其中贫困家庭问卷405份,富裕家庭问卷128份、村干部家庭问卷63份。

受访人中男性居多:贫困家庭的受访人男女性别比例为6:4;富裕家庭的受访人男女比例为7:3;村干部家庭受访人男女比例为8:2(图7-2)。

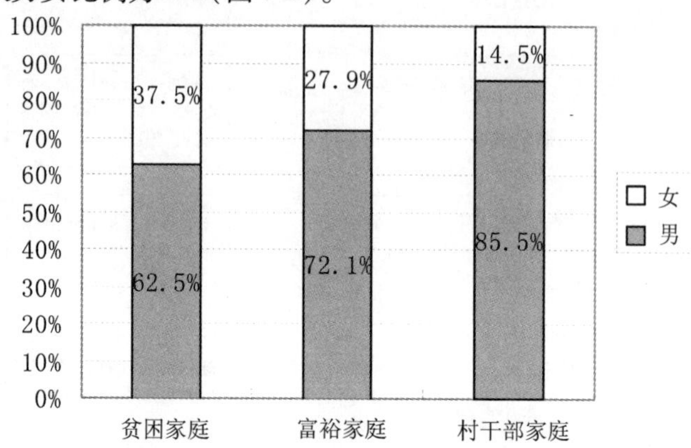

图7-2　受访人性别构成

受访人的年龄分布集中在40~65岁之间。由于未成人对家庭经济状况不能够全面了解,因此尽可能不选择未成年人作为受访对象。贫困家庭受访人中60~65岁的最多占15.8%,40~65岁的受访人比例占到了61.5%;富裕家庭受访人中50~55岁的最多占21.9%,40~65岁的受访人比例占到了68.0%;村干部家庭受访人中50~55岁的最多占23.8%,40~65岁的受访人比例占81.0%(图7-3)。

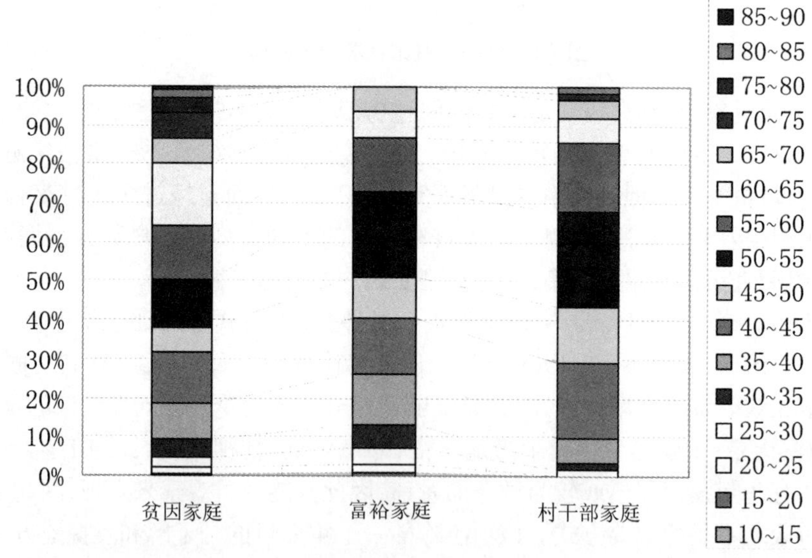

图7-3　受访人年龄分布

受访人的教育背景集中在小学和初中,其中贫困家庭受访人中最多为小学学历占51.0%,小学和初中学历的比例为81.7%;富裕家庭受访人中最多为初中学历占48.1%,小学和初中学历的比例为74.6%;村干部家庭受访人中最多为初中学历占56.5%,但其中的高中学历也达到了24.2%。从图中可以看出富裕家庭和村干部家庭的受访人学历比贫困家庭学历高出一个层次,曲线的峰值清晰的反映了这一点(图7-4)。

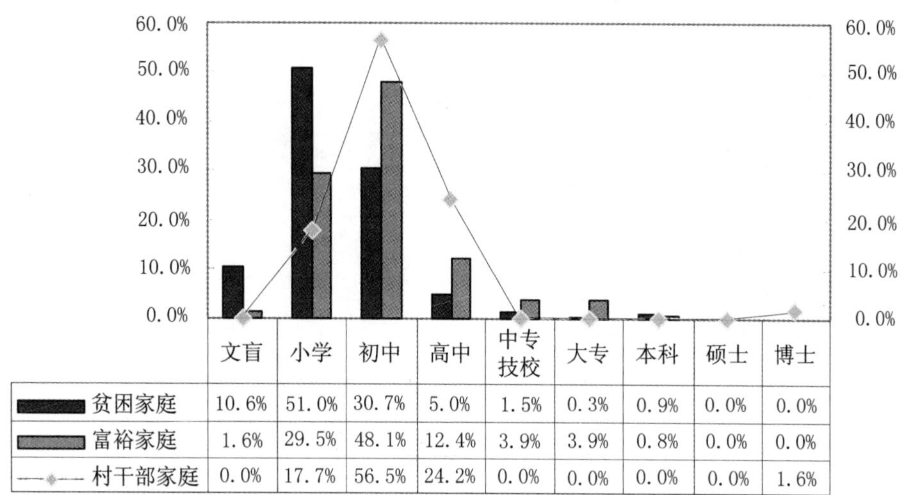

	文盲	小学	初中	高中	中专技校	大专	本科	硕士	博士
贫困家庭	10.6%	51.0%	30.7%	5.0%	1.5%	0.3%	0.9%	0.0%	0.0%
富裕家庭	1.6%	29.5%	48.1%	12.4%	3.9%	3.9%	0.8%	0.0%	0.0%
村干部家庭	0.0%	17.7%	56.5%	24.2%	0.0%	0.0%	0.0%	0.0%	1.6%

图7-4　受访人受教育程度

7.2　衡水湖农村贫困状况评价

7.2.1　贫困定义及评价指标选择

7.2.1.1　贫困的定义

贫困是一个多维的范畴,可以从不同角度用不同标准和不同指标来反映。因此,评价贫困是一项十分复杂而具有特殊意义的工作。评价贫困的结果是制定反贫困政策的重要依据。贫困的评价涉及两个基本问题:其一是贫困标准的确定;其二是贫困指标的选择。评价结果的准确性与耐心细致的调查取证、分析统计工作固然相关,但更重要的是这项工作必须建立在贫困测度指标体系的正确选择上。衡量贫困状况的统计指标也不是唯一的。国内外还没有一套被各国普遍认可的统一的贫困测量指标体系。

世界银行《2000年世界发展报告》将贫困定义为物质匮乏,低水平的教育和健康,还包括风险和面临风险时的脆弱性和无助性等①。我国学术界目前对贫困的理解,概括起来大致分成两种观点:一是认为物质匮乏,贫困是因为缺少维持基本的生活资料;二是认为贫困不仅包括指物质匮乏,还包括精神上的贫困。国内一些学者认为贫困是经济、社会、文化、落后的总称,是由低收入造成的缺乏生活必需的基本物质和服务以及没有发展的机会和手段这样一种生活状况②。本报告根据实际调研情况,将贫困定义为生活资料不能满足或只能基本生存要求,生活质量持续得不到改善的生活状况。

7.2.1.2　衡水湖农村贫困评价指标选择

为具体描述农村贫困现状,课题组参考国家统计局农村社会经济调研总队、世界银行两个机构对农业、人民生活、贫困监测方面的指标解释,结合衡水湖地区的农村生活特点,确定了一套能反映农村贫困问题的指标体系(图7-5)。由于涉及的指标较多,不能完全反映在指标体系图中,每一个指标在报告章节中首次出现时,将会给出简要解释,以便数据的阅读和理解。

① 迪帕·纳拉扬,等. 谁倾听我们的声音[M]. 北京:中国人民大学出版社,2001.

② 童星,林闽纲. 我国农村贫困标准线研究[J]. 北京:中国社会科学,1993(3).

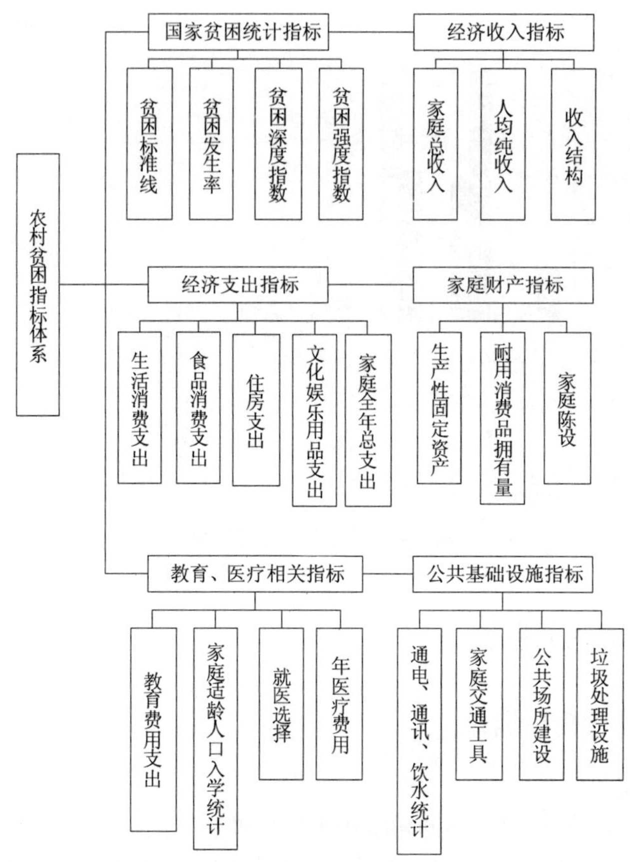

图 7-5　农村贫困指标体系

7.2.1.3　衡水湖农村贫困线的选择

度量贫困规模时，通常先指定一个贫困线 z，收入水平不高于 z 的成员被视为贫困人口。贫困人口数 q 与人口总量 n 之比 $H = q/n$ 即贫困发生率，也称贫困率或贫困人口比重。

考虑到调查员通常是根据同村人的贫富主观感受去选择贫困家庭访谈对象的，因此很可能包括了事实上贫困线以上人口。为了纠正此偏差，课题组尝试了以下两种方法对贫困家庭样本进行筛选。其一是参考世行人均消费支出 1 美元/天的贫困线标准，按 2005 年购买力平价并考虑 2006 年通胀因素，设定了家庭人均消费支出 1000 元/年以下作为筛选标准①，按这种方法可选出贫困家庭有效问卷 166 份。其二是根据衡水市统计局 2006 年发布的人均年纯收入 924 元为农村贫困线，可选出贫困家庭有效问卷为 86 份。考虑到有关调查农民家庭消费支出获取的数据有较高的主观性，同时也为了与衡水市当地的扶贫政策更好接轨，本报告最终选用了衡水市本地的农村贫困线作为数据分析基准，将 86 份贫困家庭问卷对照富裕家庭问卷 128 份和村干部家庭问卷 63 份进行了对比分析。

① 购买力平价的测算方法是以 2005 年中国国家统计局发布的人均 GDP 人民币数值除以世界银行估算的中国 2005 年人均 GDP 美元值，得到购买力平价换算率为 1∶2.43，得到 2005 年世行贫困线为人均消费支出 887 元/年。再用国际货币基金组织（IMF）估计的中国 2006 年通胀率 3.8%，将其折算为 2006 年的贫困线 921 元/年。考虑到调查回收数据精度应只能达到百元一级，故将当地贫困家庭筛选的贫困线定为 1000 元/年以下。

7.2.2 衡水湖贫困家庭基本情况

7.2.2.1 人口结构

家庭人口状况调查包括了家庭常住人口数、劳动力数、老人数、未成年人数，把老人和未成年人计算为劳动力负担人口几项。

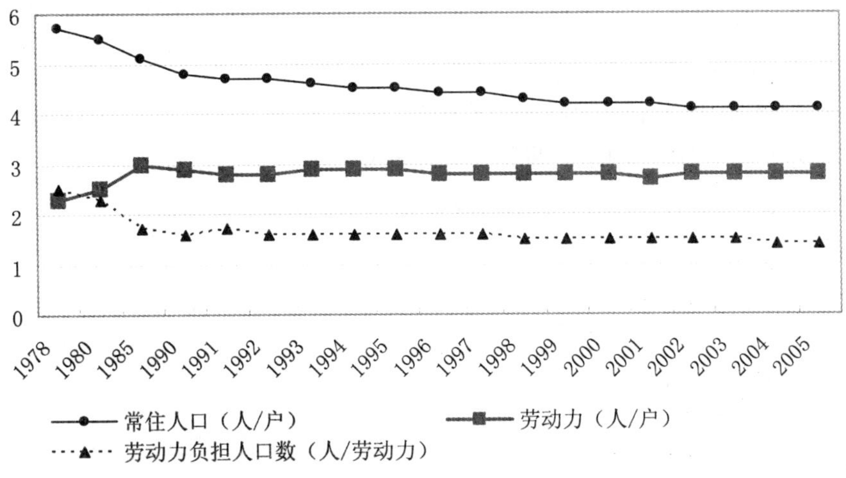

图7-6 全国农村居民家庭人口构成

从全国农村居民家庭人口构成(图7-6)可以看出，家庭总人口数量呈下降趋势，劳动力数量基本没有变化，保持较稳定的水平。但保护区内农村贫困家庭的人口构成(图7-7)和全国平均的农村家庭构成相比有很大差异：首先是家庭劳动力显著的少于全国平均水平，平均每个家庭仅有1.5人，而2005年全国统计的农村家庭平均劳动力数量为2.8人；其次总人口数量3.2人也少于全国平均的农村家庭总人口数4.1人；劳动力负担人口数1.2人则少于全国平均水平1.4人。衡水湖农村劳动力负担人口数尽管略小于全国平均水平，但劳动力绝对人口少，导致家庭收入少，应该是衡水湖农村贫困的一个重要致贫原因。

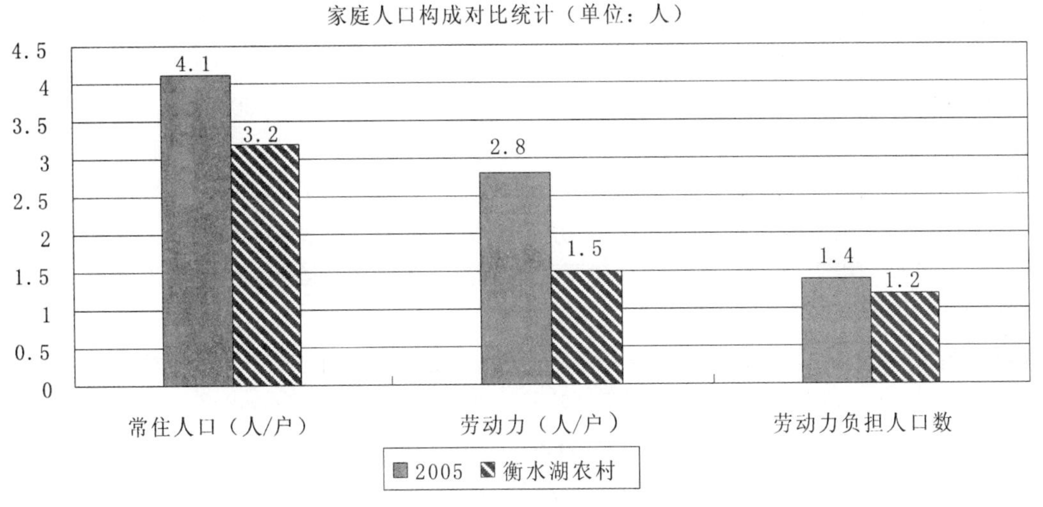

劳动力负担人口数＝家庭总人口/劳动力

图7-7 衡水湖农村家庭人口构成与全国平均水平的比较

7.2.2.2 家庭财产

7.2.2.2.1 住 房

住房是家庭的主要财产之一，本次调研主要是调查了房屋结构、房屋修建的年月、修建成本和住房面积几项指标。修建成本是指住户居住房屋的价值，不包括生产用房，购买房屋按购买价格计算。住房面积是指居住的室内面积，从房屋的内墙线算起的面积，不包括房屋结构占用的面积及厨房、厕所等辅助面积。

衡水湖农村贫困家庭人均住房面积为33.5m^2，相比2005年全国的平均水平是要多3.8m^2（表7-1），仅从面积的绝对值上看，衡水湖贫困家庭的住房水平不算太低。但结合住房的结构、造价、修建年代来看就会发现：衡水湖贫困家庭拥有的住房质量不高：

表7-1 保护区农村贫困家庭房屋结构与全国数据的对比

	年末住房面积（m^2/人）	房屋类型		年末住房价值（元/m^2）
		砖木结构	钢筋混凝土结构	
全国1978	8.1			
全国1980	9.4			17
全国1985	14.7	7.5	0.3	26.8
全国1990	17.8	9.8	1.2	44.6
全国1995	21	11.9	3.1	101.6
全国2000	24.8	13.6	6.2	187.4
全国2005	29.7	14.1	11.2	267.8
衡水湖农村	33.5	10.5	2.7	125.3

- 结构类型：只有2.7%的衡水湖贫困家庭拥有钢筋混凝土住房，这远低于11.2%的2005年全国平均水平，与全国平均水平相比落后了约15年。而35.7%的衡水湖贫困家庭住是土坯房，46.4%的是单层砖房，只有2.3%的衡水湖贫困家庭拥有两层楼房。
- 造价：衡水湖贫困家庭住房的单位面积造价只有125.3元/m^2，这与全国平均水平相比落后了约10年。
- 住房的修建年代：37.2%的衡水湖贫困家庭房屋修建于20世纪60年代，其次是90年代修建的住房占到了22.1%，再是80年代修建的住房占到的比例为19.8%。2000年以后新建住房的贫困家庭只占到了6.9%，房屋的使用年限为25.2年。大部分贫困家庭的住房修建于60年代，原因是1963年的河北洪水造成衡水农村地区房屋基本上全部重建。80年代以后国家经济改革开放，经济水平提高使得大部分农村家庭兴建了住房，但看来不少衡水湖农村的贫困家庭没有能赶上这一波的发展来改善了自己的住房（图7-8）。

衡水湖农村贫困家庭的住房除了房屋结构差外，功能质量也不高。这主要体现在房屋内部的供暖、防水、采光和通风状况等设施状况都比较差。从供暖方面看：只有48.7%的贫困家庭安装了土暖气，有暖气的家庭供暖的时间为2个半月左右，还不是全天供暖，冬季室内温度通常都不高。分析其原因有以下几点：一是煤的价格高，当地煤的价格为块煤520元/t，蜂窝煤320元/t，一个冬季的燃煤费用就到1500元左右；二是住房功能设计不合理：首先，房屋面积普遍偏大，人均住房面积达到33.5m^2，比全国农村居民平均住房面积高出3.8m^2，空间面积大，影响供暖效果。其次，门窗的严实性差，墙体没有经过特别处理，大都是普通砖墙（土坯房家庭使用暖气极少），容易损失

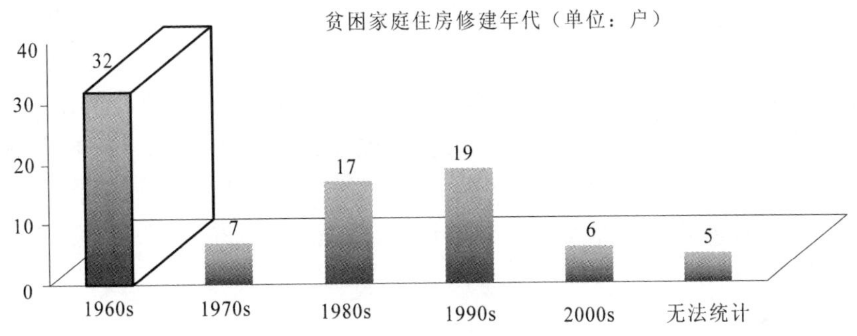

图7-8 贫困家庭住房修建年代

热量。

房屋的功能和质量不高还表现在97.7%的贫困家庭都没有室内卫生间，都是室外简易厕所，加上完全没有废水排放系统，卫生条件自然不好。其原因有两点：一是经济条件有所提高但传统农村生活方式没有得到改变，城市的生活理念还没很好地融入农村社区，这种现状的表现就是部分有经济条件的家庭也不使用室内卫生间。二是衡水湖农村地区普遍用水困难，日常用水都不能随用随有（部分村庄每隔5天放一次水），使用水冲厕所显然会遭遇到这个"瓶颈"。

7.2.2.2.2 生产性固定资产

生产性固定资产是指用于物质生产的固定资产，包括工业、农业和建筑业中用于生产的机械设备、房屋和其他建筑物类。根据我国现行的统计分类，运输业和商业等流通领域产业用的固定资产，也列入生产性固定资产，具备而言包括汽车、大中型拖拉机、小型和手扶拖拉机、机动脱粒机、收割机、农用动力机械、胶轮大车和水泵等，衡定标准为：单位价值在50元以上、使用期2年以上的生产用机械。

调研发现：衡水湖农村地区种植业的生产方式很类似，机械化程度比较高，玉米的播种、秸秆还田、小麦的播种和收割、都可以使用机械。贫困家庭所拥有较多的机械主要有两类：其一是小型拖拉机，它的主要用途是在每年的两次农忙季节帮助运输作物，它在农忙时借用或者租用都比较困难，所以有64.3%的贫困家庭购买了这种机械，但非农忙时小拖拉机基本都处于闲置状态。其二是大中型拖拉机，主要用途是收割小麦和粉碎秸秆。由于这类机械较贵，只有21.2%的贫困家庭购买了大中型拖拉机，大部分贫困家庭都是租用，租用费用大致是40元/（亩·季）。上述机械以柴油为燃料，近年来石油价格上涨迅速，导致农民使用机械的成本较高。较高程度的机械化和未形成规模的家庭农业是目前该地区农业成本高、收益小的一个重要原因（表7-2）。

表7-2 保护区农村贫困家庭生产性固定资产

生产性固定资产	房屋及建筑物	汽车	大中型拖拉机	小型拖拉机	机动脱粒机	收割机	农用动力机械	胶轮大车	水泵
单位	m^2	辆	台	台	台	台	台	架	台
家庭拥有情况（单位/百户）	–	0	21.2	64.3	0	0	8.2	2.2	0
主要用途	—	—	收割	运输	—	—	短途运输	短途运输	

7.2.2.2.3 耐用消费品拥有量

耐用消费品通常是指使用周期较长，一次性投资较大的家庭用品，包括（但不限于）家用电器、家具、汽车等。本次调研主要统计了家庭里电视、冰箱、洗衣机、微波炉、空调、电话、电脑等家电产品的拥有情况，既考察每百户家庭拥有这些耐用消费品的数量，也考察所拥有的耐用品的新旧程度。关于耐用品的新旧程度课题组将其分为4级，最低“非常破旧”分值为1，最高“很好且新”分值为4。从图7-11可以看出：76.7%的贫困家庭拥有电视机，新旧程度的指数为2.2，即大都款式普通，使用时间较长；37.2%的贫困家庭有电话机，新旧程度指数为2.6；22.1%的家庭拥有洗衣机，新旧程度指数为2.6；其他的冰箱、微波炉、空调、电脑对于贫困家庭而言属于较为高级的物品，使用和购置的成本都较高，因此家庭拥有率均不到10%，但新旧程度指数高，都接近3，原因是购置时间的短或是使用不频繁（图7-9）。

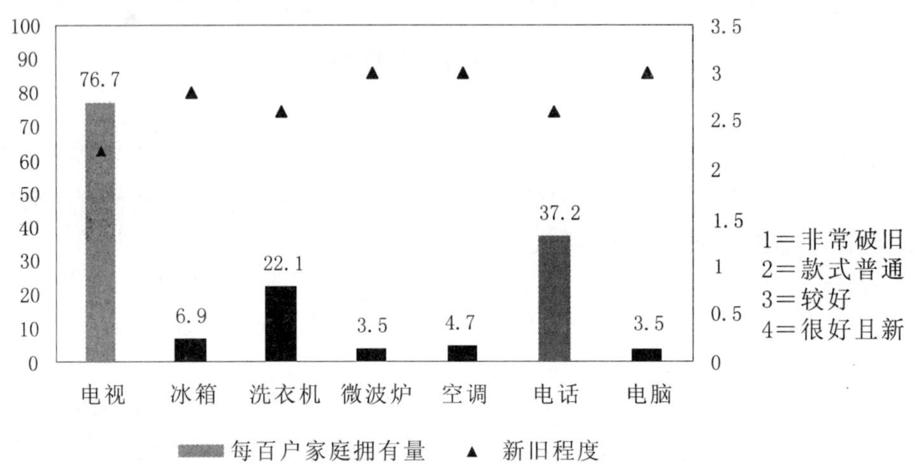

图7-9 衡水湖农村贫困家庭耐用消费品拥有情况

7.2.2.2.4 家庭陈设

家庭陈设是对家庭里其他不方便统计的物品如家具、地面装饰、日用品、灯具等和家庭装修情况的总体印象。为具体描述和量化该项指标，调研问卷也根据新旧好坏的程度进行了赋值：家徒四壁=0；有基本陈设但简陋=1；条件一般=2；齐全且状况较好=3；豪华=4。经统计，均值为0.99，再结合各类统计的百分比可以看出，条件一般及以下的家庭占到了贫困家庭总数的95.35%，家徒四壁的家庭比例为34.88%（图7-10）。

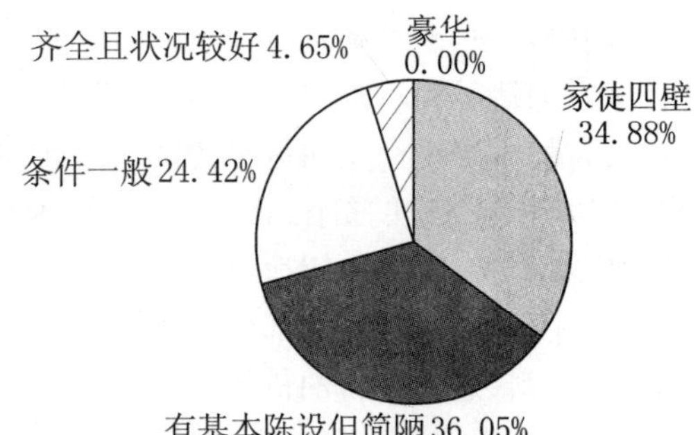

图7-10 衡水湖农村贫困家庭家居陈设

7.2.2.3 经济收入

经济收入是直接作为评定贫困与否的指标，本篇报告选用了三个经济收入指标：家庭纯收入、人均纯收入和收入结构。

7.2.2.3.1 收入水平

农村家庭纯收入指农村常住居民家庭总收入中，扣除从事生产和非生产经营费用支出、缴纳税款和上交承包集体任务金额以后剩余的，可直接用于进行生产性、非生产性建设投资、生活消费和积蓄的那一部分收入。家庭总收入是指农村住户年内从各种来源得到的全部实际收入（包括现金收入和实物收入），不扣除任何生活和生产费用。包括从事生产性和非生产性的经营收入，在外人口寄回带回和国家财政救济、各种补贴等非经营性收入；但不包括向银行、信用社和向亲友借款等属于借贷性的收入。

调查显示，衡水湖农村贫困家庭纯收入样本均值为1295.14元，反映出贫困家庭总体的经济收入水平低，平均的贫困程度大。而这些贫困家庭人口平均为3.2人，故受调查的这些衡水湖农村贫困家庭人均纯收入为404.73元。这项数据恰恰印证了上述的贫困深度指数，说明衡水湖农村贫困家庭的贫困程度非常严重。

图7-11显示了86份贫困家庭样本的家庭纯收入分布情况。可以看出，家庭年纯收入分布的曲线很有特点：没有收入来源的家庭（包括种植的粮食作物只够作为口粮的家庭）在所有贫困家庭中的比例最高为34.88%，共有30户。这部分家庭长年没有固定收入，农产品也基本用于生活，多为孤寡的中老年人和主要劳动力不能参加劳动的家庭，其中还有1户的年收入为负值。家庭纯收入2000元以下的所有家庭共计66户，比例为76.74%，这个数据也印证了衡水湖农村的贫困家庭的贫困深度非常深，大多处于极度贫困的状态。另外，收入在2000～3000元的贫困家庭比例最少，为3.48%，共3户家庭，成为整个统计曲线的最低点。这3个家庭都是依靠单一的收入来源，其中2个家庭是农业收入，1个家庭是打工收入。而收入在4000元以上的家庭有11户占12.79%。曲线的形状说明：衡水湖农村贫困家庭这一群体内部的两极分化也很明显，扶贫措施需要灵活、多样，针对一种类型的扶贫措施可能不能满足所有贫困家庭需要。

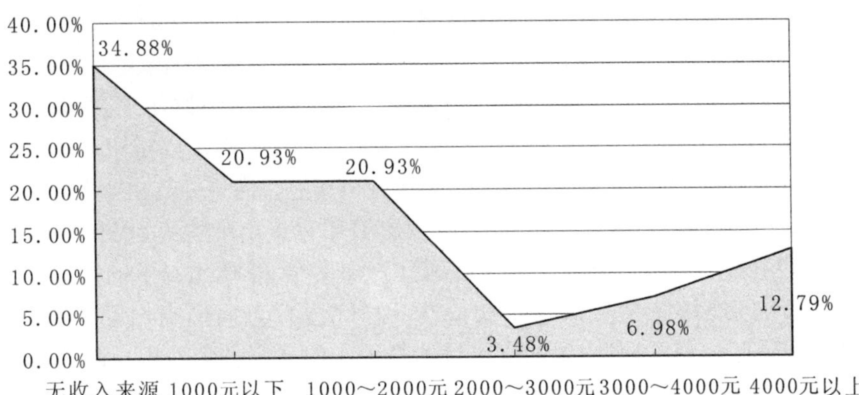

图7-11　衡水湖农村贫困家庭纯收入统计

7.2.2.3.2　收入结构

调查显示，衡水湖农村贫困家庭经济收入的主要来源有：农业收入、水产养殖收入、渔业捕捞收入、林业收入、畜牧业收入、工商业收入、打工收入和其他收入，其他收入具体包括农村以外亲友赠送的收入、货款、调查补贴、保险赔款、救济金、救灾款、退休金、抚恤金、五保户的供给、奖励收入、土地征用补偿收入。

调研数据表明：52.33%的贫困家庭有农业收入，这些家庭农业的纯收入年均为1466.73元；没有贫困家庭从林业、渔业捕捞、水产养殖三个行业中获得收入；5.81%的贫困家庭有畜牧养殖收入，畜牧养殖给这些家庭带来的纯收入年均为564元；6.97%的贫困家庭有工商业收入，工商业带来的纯收入年均为1950元；16.27%的家庭有打工收入，打工带来的纯收入年均为2123.57元；还有13.95%的家庭有其他收入，收入的来源主要是伤残补助、五保户津贴、村里发的救济金，这12户家庭平均每个家庭能获得460元的补贴收入（图7-12）。

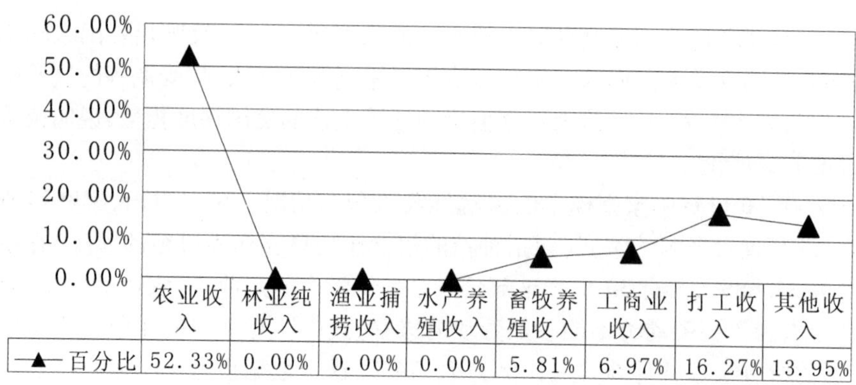

图 7-12　衡水湖农村贫困家从业情况

7.2.2.4　经济支出

贫困家庭的经济支出主要是反映农民生活消费水平和全年各项支出构成，对研究用于扩大再生产和改善生活支出的结构变化，物质生活和精神生活支出的结构变化有重要意义，因此本报告选用家庭支出的四个指标：生活消费支出、教育支出、医疗支出来反映贫困家庭的生活水平，同时结合家庭全年总支出等数字指标进行补充说明。家庭全年总支出是指农村住户全年用于生产、生活和再分配等方面的全部实际支出。包括家庭经营费用支出、购置生产用固定资产支出、缴纳税款、上交集体承包任务、集体提留和各种摊派、生活消费支出和其他非借贷性支出。

(1)全年总支出及其构成：调查数据显示，贫困家庭年总支出平均为 5051.2 元，与年纯收入为 1295.14 元相比，存在巨大赤字。从图 7-13 可以看出，年支出 2000 元以下的家庭占到贫困家庭总数的 34.3%，这一类家庭的主要支出在饮食消费，医疗、教育方面的支出都很少；而年支出大于 10000 元的贫困家庭有 17.4%，其主要的支出目的是子女的高等教育费用。此外 48.7% 的贫困家庭的支出分布在 2000～9000 元之间。从计算明细上看，支出水平在 5000～6000 元这部分家庭以医疗和中小学教育上的支出最多，平均占到其家庭总支出 46.4%。

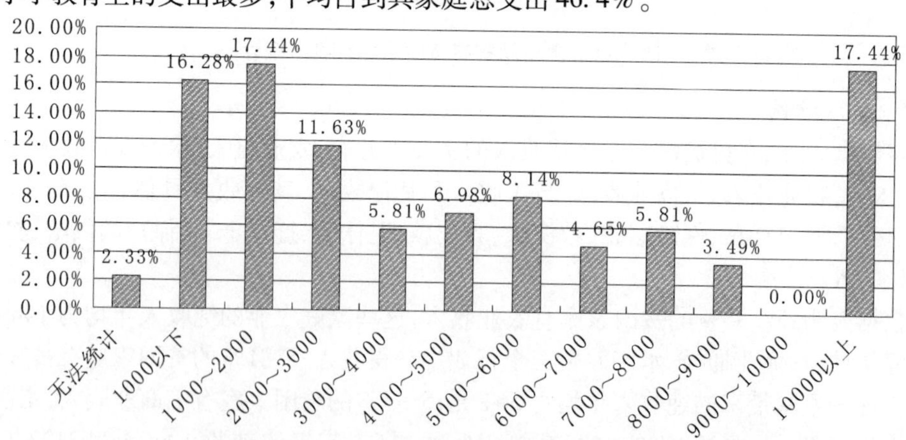

图 7-13　衡水湖农村贫困家庭全年总支出统计

(2)生活消费支出：是指农村住户一年内用于物质生活和精神生活方面的实际支出，直接反映农民的生活水平、研究农民消费结构变化的基本指标。生活消费支出包括食品、衣着、居住、家庭设备用品及服务、医疗保健、交通和通讯和其他商品和服务等消费支出。其中居住消费支出是指农村住户与居住有关的支出,包括住房、水、电、燃料等方面的支出(图 7-14)。

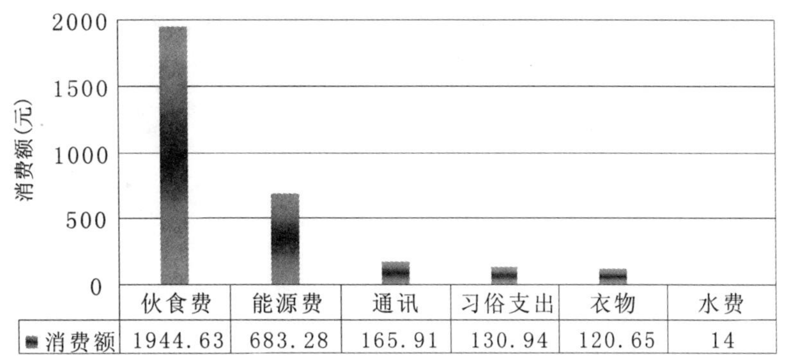

图 7-14　衡水湖农村贫困家庭生活消费支出情况

调查显示,衡水湖农村贫困家庭的每年基本生活支出为 3059. 4 元,从图 7-16 可以看出贫困家庭的食物消费年均为 1944. 7 元,虽然农村的粮食都是自给自足,但是大部分家庭仍然需要外购油、肉、副食品、蔬菜等其他的食品。仅此食物消费一项已超出前文所述的贫困家庭人均纯收入。考虑到入户调查可能存在收入少报的倾向,但衡水湖农村贫困家庭的生活基本是处于入不敷出的状态,应是无可置疑的。贫困家庭的其他支出还包括:能源消费、通讯费、水费等。贫困家庭能源消费主要是购买煤和天然气。很多家庭夏季仍然需要燃烧薪材维持生活。冬天取暖的煤用量较少,农户普遍反映煤和天然气的价格高,无力负担冬季取暖的费用,只能维持家庭做饭、烧水的用量。全国农村家庭年生活能源费平均为 226. 3 元,河北省为 411. 4 元,对比看出衡水湖地区农村贫困家庭的能源消费高于全省水平。通讯费主要为电话费。调研的 7 个村庄都已经通上电话,移动通讯信号也都能覆盖。各村关于水费的支付有所不同,有农户自出的,也有村里财务代出的,水费因村而异,家庭年均为 14 元。贫困家庭年均医疗支出为 500. 5 元,具体的就医选择和医疗费用支出单独在社会保障一节详细分析。

7. 2. 2. 5　受教育情况

课题组对衡水湖农村贫困家庭教育状况调查的主题涉及年教育费用支出、家庭中在本地入学和在外地入学的人数、就读类型、有无辍学的孩子、辍学孩子的就业状况、家庭成员中的最高学历和本地就业者的最高学历等。

比较保护区贫困家庭内劳动力的文化水平和全国农村劳动力的平均文化水平可以看出,衡水湖农村贫困家庭的不识字或者识字很少的劳动力数据 12. 1% 远高于 2005 年全国的数据值 6. 9% ,接近全国 1995 的 13. 5% 。从这一数据来看教育程度低可能是衡水湖农村贫困家庭致贫的重要原因之一(表 7-3)。

表 7-3　保护区农村贫困家庭居民受教育程度与全国平均水平的比较

	不识字或者识字很少	小学程度	初中程度	高中程度	中专程度	大专及大专以上
全国 1985	27. 9	37. 1	27. 7	7. 0	0. 3	0. 1
全国 1990	20. 7	38. 9	32. 8	7	0. 5	0. 1
全国 1995	13. 5	36. 6	40. 1	8. 6	1	0. 2
全国 2000	8. 1	32. 2	48. 1	9. 3	1. 8	0. 5
全国 2005	6. 9	27. 2	52. 2	10. 3	2. 4	1. 1
衡水湖农村	12. 1	36. 5	36. 7	9. 2	5. 1	0. 4

教育费用支出是家庭经济支出的一个重要部分。对于贫困家庭中有教育费用支出的家庭，平均每年教育费用支出为3511.5元，占家庭年总支出的比例平均达60.5%。家庭平均就读人数为1.7人，平均每人的教育费用为2065.6元。可以看出，教育负担已经成为贫困家庭首要的负担。另外，衡水湖农村贫困家庭的高中以上文化程度的数值为15%，高于2005年全国的数据13.8%。由于高中以上的教育费用比小学初中有很大提高，教育负担应该也是贫困家庭致贫的因素之一（图7-15）。

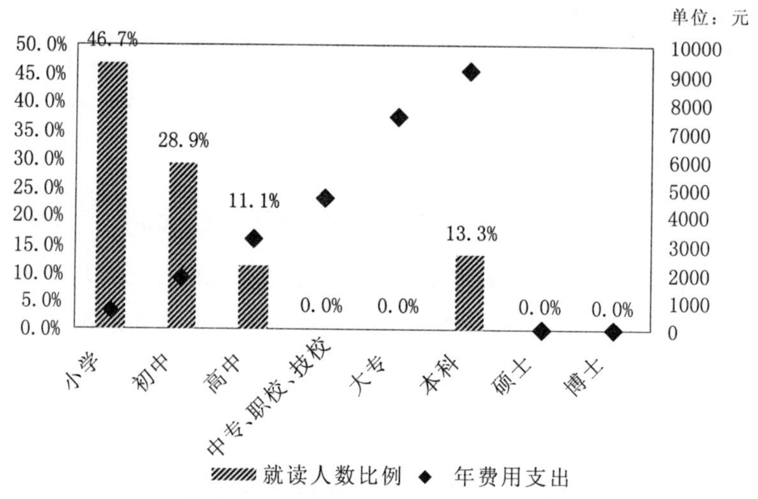

图7-15 衡水湖农村贫困家庭教育状况

调查显示贫困家庭学生主要在本地入学就读，其比例高达76.9%，在外地入学人数的比例为23.1%。在本地入学是指每日或每周回家居住的入学者，通常为小学，初中、高中，但在衡水市区和其他市读高中的属于外地入学者。本地入学比例高的原因一方面可能是因为入学者多为未成年人，另一方面也可能是因为接受高等教育的费用较高，贫困家庭无法负担，因此很多劳动力都是在本地读完初中或者高中之后直接选择就业。这与调研中农民普遍反映教育依然是难题的情况一致。

7.2.3 与富裕家庭、村干部家庭的对比分析

为进一步分析当地的贫困特点，报告采用横向比较贫困家庭与富裕家庭、村干部家庭的经济收入情况，家庭产业结构，目的是找到贫困家庭致贫原因以及结合当地特点为贫困家庭谋求发展之路。

7.2.3.1 收入结构对比

对比显示，贫困家庭与富裕家庭及村干部家庭的收入结构差异显著（图7-16至图7-18）。通过对比可以得到以下结论：

（1）收入结构是带来衡水湖农村贫富差距的重要因素。对比贫困家庭、富裕家庭、村干部家庭的家庭收入构成，可以看出：只有贫困家庭的家庭收入结构还是以农业为主，其比重达56.3%，且家庭收入来源构成相对单一；而后两类家庭的收入来源都明显多元化，因此农业收入对家庭收入的重要性大大降低，富裕家庭和村干家庭的此项数据分为12.4%和32.2%。尽管贫困家庭的农业收入是其主要收入来源，但贫困家庭的农业收入的绝对值也大大低于后两类家庭。影响农村家庭农业收入最主要的因素是土地和家庭劳动力，贫困家庭的平均人口总数和劳动力数量要低于另外两

类家庭,而土地的多少是根据人口数并结合家庭人口结构确定,所以贫困家庭的土地本身就少于后两类家庭。另外,在衡水湖农村主要的种植品种玉米、小麦和棉花中,玉米小麦每亩毛收入在700~800元,而棉花种植效益相对较好,可达1500元左右,可翻一番。但棉花需要投入的人力工作要明显多于种植粮食作物,这对劳动力不足的贫困家庭而言很难投入足够的人力,因此贫困家庭农业收入较低。棉花种植也与保护区农业可持续发展方向存在一定矛盾,因此不鼓励发展。

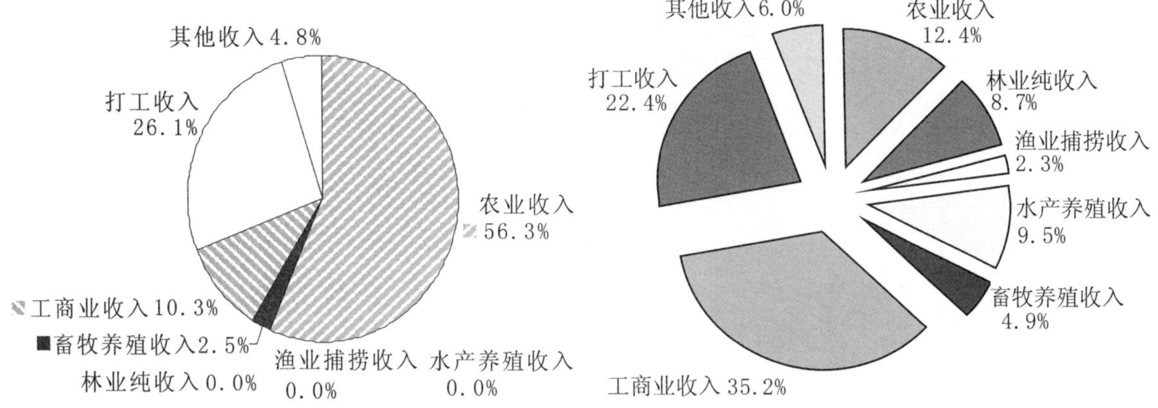

图7-16　贫困家庭经济收入来源构成　　**图7-17　富裕家庭经济收入来源构成**

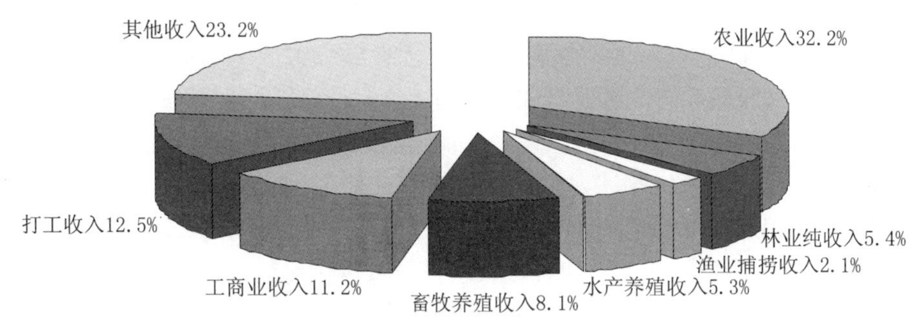

图7-18　村干部家庭经济收入来源构成

从农业收入占家庭收入的比例,可以看出,贫困家庭对土地的依存度明显高于另外两类家庭,因此土地对贫困家庭经济的保障作用也大大高于另两类家庭。而自然保护区的建立以及湿地恢复都有可能让这些贫困家庭进一步失去原来土地,由于他们掌握的职业技能少和经济基础的原因会让他们的生活难以为继。毗邻衡水的几个村庄有不少贫困家庭从事渔业捕捞并且偷捕便是一个很好的事实案例。很多受访者对保护区的建立表现出很深的疑虑,这与他们害怕失去土地有很大关系。因此,从经济收入构成上可以做出这样的一个推断:如果社会保障制度可以为无地或者少地农民提供基本的生活保障,衡水湖周边环境的保护难度可能会有所降低和衡水湖管理制度的执行面临的阻力也会减小的。社会保障制度建设的现状调研在保护区社会经济现状与评价中另行评述。

调查结果也进一步显示:工商业和打工收入的高低是三类家庭造成收入差距的重要因素。贫困家庭无论从介入工商业和打工活动的家庭数,还是所获得该类收入的绝对值,都远远低于另两类家庭。如从事工商业的贫困家庭比例为7.0%,平均年收入为7851元,工商收入对贫困家庭收入的贡献为10.3%。从事工商业的富裕家庭比例为33.6%,平均年收入为49677元,收入贡献为35.2%;从事工商业的村干部家庭比例为14.3%,平均年收入为21400元,收入贡献为11.2%。调查显示贫困家庭从事的工商业活动主要有:小商品买卖、自行车修理、小型日杂商店、运输、农产品收购与买卖、食物加工与销售和牲口屠宰买卖等。这些家庭工商业的规模很小,很多是流动的小商贩没有固定的营业场所,贩卖的商品也随市场和季节变化而不断改变,利润率低。同时其销售的不少产品带有质量问题,社区居民对其信任程度往往不高。这与富裕家庭开办企业、经营旅游接待饭馆等相比,有很大不同(表7-4)。

表7-4 保护区农村三类家庭产业结构

类型	比较项目	农业收入	林业纯收入	渔业捕捞收入	水产养殖收入	畜牧养殖收入	工商业收入	打工收入	其他收入
贫困家庭	有此项收入的家庭比例	52.3%	0.0%	0.0%	0.0%	5.8%	7.0%	16.3%	13.9%
	年均收入(元)	1466	0	0	0	564	1950	2123	460
富裕家庭	有此项收入的家庭比例	85.2%	7.0%	2.3%	1.6%	5.5%	33.6%	56.3%	15.3%
	年均收入(元)	5575	3187	3500	50000	11150	49677	16508	3400
村干部家庭	有此项收入的家庭比例	80.9%	10.2%	3.2%	4.8%	9.5%	14.3%	36.5%	85.2%
	年均收入(元)	7977	3869	5400	—	5400	21400	12196	5520

打工收入是仅次于农业的衡水湖农村贫困家庭的第二大收入,对贫困家庭总收入贡献达26.1%。打工人员从事的职业通常有建筑或道路施工、砖瓦和桥梁配件等建筑材料加工、室内装饰装修、小工艺品加工、毛笔加工、外出跑业务、收废品、橡胶加工、货物搬运、制造安装和焊接暖气片,以及商店销售、保安和保姆等服务工作,大多为临时性工作。不同职业的月收入有很大差别:建筑工人的月工资从400~1000元不等,主要根据工种、技术难度、职业经验确定;商店销售人员的月工资从500~1000元不等;服务行业的从业者月收入在一般500元左右。从调研统计的数据中看出,除掉外出跑业务、桥梁配件加工、制造暖气片、橡胶制品加工的人员收入水平较高、变化幅度大之外,其他工作的月收入基本都在1000元以下。从事废品收购、毛笔加工、各种临时性工作的人员月收入更低,一般都在500元以下。

尽管这样工商业和打工收入对改善贫困家庭经济状况的贡献还是很大,能够占到其家庭收入的36.4%。而工商和打工收入占到富裕家庭收入的57.6%,可见是其致富的主要门路。富裕家庭能很好地通过良好的人脉关系、较快的获取信息、借贷的便利等有利条件,把握机会,开展工商业来获得较高收入,而某些富裕家庭在村里开办中小型企业也给贫困家庭致富带来一些发展机会。不过,结合教育状况分析,发现目前衡水湖农村富裕家庭所从事的工商业活动大都不需要较高学历(本科及以上),没有什么技术含量,因此富裕家庭发财致富的门路是否具有可持续性尚待观察。

此外,村干部家庭的其他收入占经济收入的比例为23.2%,远远高于贫困家庭和富裕家庭。村干部的其他收入主要是工资收入和补贴。贫困家庭的其他收入很少,其收入贡献为4.8%,主要来子女赡养、民政补助、占地补贴等,也有个别家庭老人原在工厂就业有退休金收入,还有担任村会计、民办教师或就职于村集体企业等的工资收入。这些退休金也非常微薄。

贫困家庭既没有很高的工商业和打工收入,也没有很高的其他收入,其原因可能有贫困家庭的总体文化程度低于另外两类家庭、家庭劳动力少、经济基础薄弱导致可以选择的就业机会少。

(2)林业生产状况显示贫困家庭缺乏借助政策东风发家致富的能力。从事林业生产的贫困家庭比例为0，富裕家庭为7.0%，村干部为10.2%。富裕家庭和村干部家庭的年均林业收入分别为3187元和3869元。从事林业生产的家庭多是受到“退耕还林”政策的鼓励才栽种林木，市场给予的信号很少。目前，“退耕还林”政策的补偿标准不高，农民往往选择栽种成本低、易于成活的树木品种，这些树木品种的经济价值不能立即显现。种植花卉、果树、观赏树种和其他经济林木的家庭更少。贫困家庭没有从事林业生产的主要原因是没有掌握种植技术、水资源短缺、无法了解林业市场状况以及获取信息的速度慢、渠道少等，不能很好地借助“退耕还林”政策东风发家致富。

(3)贫困家庭隐瞒渔业捕捞收入显示出衡水湖一大不可持续因素。数据统计中没有贫困家庭从事该行业；富裕家庭的比例为2.3%，年均收入3500元；村干部家庭为4%，年均收入5400元。比例整体上不高的原因是只有毗邻衡水的村庄如诸如：顺民庄、前韩、秦南田、王宜子、北岳家庄、王家口、常宜子和绳头等村中才有家庭捕捞湖里鱼类。在调研中发现，湖区的管理规章制度中有对休鱼期的规定，但是贫困家庭大都不顾忌这些规定，每天偷捕，在调研中也不愿意反映出真实情况。而富裕家庭和村干部家庭则基本遵从休鱼期的规定，愿意披露捕捞收入。大部分从事渔业捕捞家庭拥有很少量或者没有土地，在土地被湖水淹没之前，对土地的依存度很高，现在转变为对湖的依存度很高——在休鱼期如果不捕鱼，又没有别的经济来源，迫于生计不得不捕。休渔期的规定是肯定需要的，但贫困农民的生活压力往往成为其违反管理的规定的主要原因。

即使非法捕捞，渔业捕捞收入对贫困家庭的帮助也不是很大。首先，由于衡水湖水质较差，捕捞上来的鱼品质不太好，价格通常较低；其次，捕捞产量也不高，这是因为捕捞量直接受劳动强度和捕捞工具的影响。贫困家庭本来就缺乏劳动力，而购置木船、渔网等的一次性投入较大，这对贫困家庭而言都是很大的障碍。

(4)贫困家庭缺乏独立从事水产养殖和规模化的畜牧业生产的条件。①水产养殖业。水产养殖业通常包括了水产养殖及其收购和流通，水产养殖本身又包括网箱养殖和池塘养殖。对比三类家庭，贫困家庭中没有进行水产养殖的家庭，富裕家庭为1.6%，村干部家庭的比例最高为4.8%；富裕家庭水产养殖收入平均达50000元，村干部家庭的此项收入样本较少未做均值分析。水产养殖业具有养殖投入资金多、风险大、供求市场不稳定、收益快、对水体有较为严重污染的特点。水产养殖业收益巨大，但其产业特点导致贫困家庭很难介入：首先，贫困家庭在前期没有足够的资金投入，养殖的前期购买网箱设备、鱼苗、鱼饲料等物品的投入非常高，如一个网箱需要投入的资金就高达10万元；水产品收购则需要一定的经营场所、水产品库存设备、运输设备等投入。其次，养殖的风险大。这些风险包括自然风险、人为风险和市场风险。自然风险具体有某些年份夏季降雨量较小，加上气温高、蒸发量大、水体含氧量低、地下水补给成本高、河流补给的范围有限等原因，造成养殖鱼塘水体的盐碱度不断增加，这些水产品会大量死亡，给养殖的家庭带来很大损失。人为风险也主要来自于养殖密度大，一旦有人蓄意破坏，或造成鱼类逃逸，或造成大量死亡，损失非常大，因此必须有专人长时间看护，夏季需要连续监视，防止偷盗和破坏，因此要求有足够的人力投入。水产养殖市场风险也较大，供求市场不稳定，价格波动明显。和市场信息。贫困家庭不仅缺少劳动力和前期资金进行启动，还缺乏管理手段和经验，缺乏市场信息，抗风险能力差，因此从事该行业的家庭数量也为0。②畜牧业。畜牧业收入是指农村住户当年出售、屠宰的畜禽、小动物和畜禽产品收入。从事畜牧业的富裕家庭平均年收入为11150元，大约是从事畜牧业的贫困家庭和村干部家庭此项收入的2倍。上规模的畜牧业投入高、风险也较大，对养殖技术、日常管理和防疫工作等要求都非常高。目前，当地的畜牧业的现状是：规模和养殖技术都很有限，因此，在调研的家庭中仅仅通过畜牧业致富的家庭很少。而贫困家庭能够投入的劳动力和资金更少，基本是以满足自身需要的分散的单个家庭养殖为主，一般没有特别饲养场所，养殖的动物也仅限于猪、牛、羊、鸡、鸭等。卫生防疫状况也不容乐观。其中的猪、牛、兔和鸡以圈养为主;羊大都以放养和圈养二者结合为主,因此对村里的卫生环境和一些草地构成破坏。极少数的贫困家庭养殖的有兔子(秦南田)。养殖的成本有因养殖的物种不同也会有很大差异:容易发生瘟疫疾病的动物风险大;需要大量购买饲料进行养殖的成本高;容易养殖的售价低,饲料价格不稳定,市场行情也波动很大,饲料上涨价格下降常常造成养殖成本大于收益。这对信息与财力都十分有限的贫困家庭来说,无疑增加了他们通过畜牧业致富的难度。

7.2.3.2　家庭财产状况对比

家庭财产状况生活水平的又一个重要体现,用电视、冰箱、洗衣机、微波炉、空调、电话、电脑等耐用家电的拥有率和新旧程度来进行比较。可以看出:贫困家庭在所有这些耐用家电的拥有率上都最低,而新旧程度也最差(图 7-19)。

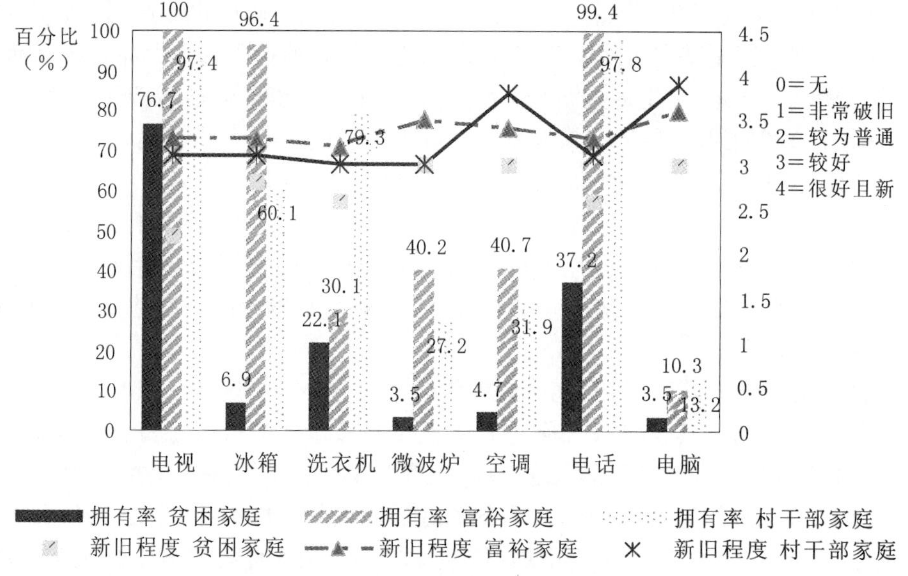

图 7-19　三类家庭财产状况对比

从拥有率上来看,电视和电话是衡水湖农村普及率最高的家电了,其中电视在贫困家庭也能达到 76.7%,这也能反映出农村的生活水平较以前有所提高。电话的拥有率也是普遍较高的,但贫困家庭的拥有率仅为 37.2%,与另两类家庭近 100% 的拥有率相比差距就很大了。对于已经进入信息时代的现代社会而言,电话不仅仅给人们生活带来方便,也是获取谋生信息的重要工具。与其他家电相比,安装电话本身并不贵,但其高昂的日常使用费可能是阻碍其在贫困家庭普及的重要原因。

三类家庭在拥有率上差别最为显著的则是冰箱,其次是空调和微波炉。冰箱、空调这些物品一次性购置价格都还偏高,另外,冰箱、空调和微波炉的共同之处在于日常耗电量都较高,对日常运行费用支出的敏感可能同样也是抑制贫困家庭购买这些家电的重要因素。

各种家电的拥有率中,只有洗衣机的拥有率是村干部家庭超过了富裕家庭。村干部为 79%,而富裕家庭为 30%。其原因是富裕家庭有可能雇佣了家庭保姆,也可能是因为当地用水较为不便不利于洗衣机的使用。

电脑的拥有率是所有记录物品种最低的,贫困家庭仅有 1% 的家庭拥有电脑,富裕家庭和村干部家庭的拥有率也仅为 10% 和 13%,原因可能是电脑的购置成本高、农村中使用电脑的场合不多、会操作电脑的人数有限、网络不发达、维新和保养均受到限制等。

在调研中还发现部分贫困家庭已经购置了空调、洗衣机、微波炉等家电产品,但并不经常使用。原因是电费较高,用水不太方便,因此仅仅从财产统计上来看并不能完全反映出这些家庭的生活质量。

家庭装修和家具陈设是生活水平的又一体现,对家庭装修和家具陈设的评价分为五级:分别是家徒四壁、有基本陈设但简陋、条件一般、齐全且状况较好和豪华。可以看出,超过90%贫困家庭大都陈设简陋或条件一般,更有13.58%的贫困家庭家徒四壁。富裕家庭则超过80%条件较好或豪华,村干部家庭的情况则居中,以条件一般或较好为主,甚至也有1.59%的村干部家庭家徒四壁,说明衡水湖农村的基层干部对不同经济条件人群的代表性还是比较广泛的(图7-20)。

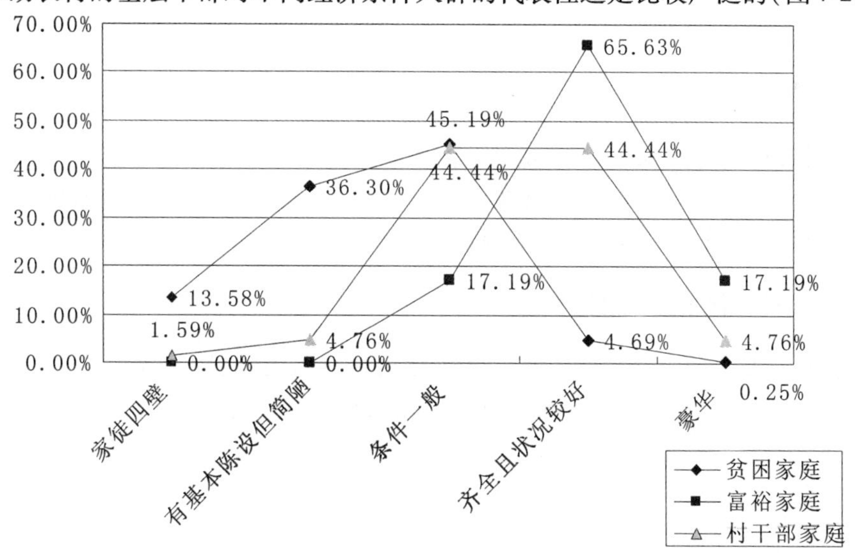

图7-20　三类家庭装修和家具陈设对比

7.2.3.3　受教育状况对比

从家庭成员的最高学历来看,贫困家庭成员中的最高学历为小学学历及文盲的比例22.8%,远远高于富裕家庭和村干部家庭中小学学历及文盲的比例。而贫困家庭成员中最高学历高中及以上学历占34.7%,也远远低于富裕家庭的60.6%和村干部家庭的55.9%。分析其原因可能包括:其一,家庭劳动力少导致家庭成员不得不过早参加生产劳动;其二,家庭收入低没有能力负担教育费用,经济基础薄弱失去受教育的机会等。可见贫困家庭的受教育程度远低于另外两类家庭(表7-5)。

表7-5　衡水湖农村贫困家庭、富裕家庭及村干部家庭教育状况比较

	家庭成员中最高学历			其中在本地就业者的最高学历		
	贫困家庭	富裕家庭	村干部家庭	贫困家庭	富裕家庭	村干部家庭
文盲	5.0%	0.0%	0.0%	9.9%	9.4%	0.0%
小学	17.8%	1.6%	1.7%	17.8%	4.7%	6.8%
初中	42.6%	37.8%	42.4%	39.5%	46.9%	40.5%
高中	21.3%	33.9%	30.5%	8.6%	20.3%	23.6%
中专技校	5.0%	9.4%	5.1%	2.7%	6.3%	6.8%

（续）

	家庭成员中最高学历			其中在本地就业者的最高学历		
	贫困家庭	富裕家庭	村干部家庭	贫困家庭	富裕家庭	村干部家庭
大专	3.2%	7.1%	6.8%	1.2%	1.6%	5.7%
本科	4.5%	8.7%	11.9%	0.0%	1.6%	5.2%
硕士	0.7%	0.8%	0.0%	0.0%	0.0%	0.0%
博士	0.0%	0.8%	0.0%	0.0%	0.0%	0.0%

而从在本地就业者的最高学历的数据上分析，贫困家庭中的本地就业者最高学历为初中及以下的比例为67.2%，富裕家庭和村干部家庭的此项比例分别为60.9%和55.6%。本地就业者的最高学历和就业者的工作性质有一定关系，而贫困家庭此项指标也是三类家庭中最高的，反映出其从事的职业大都不要求较高的文化程度，体力劳动者较多。但总的来说，三类家庭的此项数据较为接近，反映出衡水湖农村的一个共同特点就是：在本地就业者学历较低。而很大一部分较高学历者——包括本科及以上学历者——并没有在本地就业，对本地经济建设的贡献值相对较小，这可能与当地的发展机会、就业岗位、工资水平、资源状况有关。

7.2.4 衡水湖农村贫困程度总体评价

贫困程度通常需要从两个方面进行度量，其一是贫困规模，其二是贫困强度。本报告采用由经济学家 Foster, Greer 和 Thorbecke 在 1984 年提出来的 FGT 指数中的两个指标——贫困发生率、贫困深度指数，同时结合了国家统计局农村贫困调研采用的贫困强度指数指标。FGT 的优点是计算方法成熟、通用性强，而且避免了单一的贫困计算指标的片面性，结合贫困强度指标则能更加全面地反映出农村的贫困状况。

7.2.4.1 衡水湖农村贫困发生率

本次调研使用类型抽样的方法抽取了各村约2%的相对贫困家庭共450家。其中低于当地贫困线的家庭86户合计279人，属于绝对贫困人口，据此估算出衡水湖保护区范围内农村的贫困发生率为0.4%。这一数据远低于2005年全国农村贫困发生率2.5%。从近20年的全国的农村贫困发生率统计来看，国家每年的农村绝对贫困人口数量大幅减少，扶贫成果显著[①]，但依靠人均纯收入来划定贫困线，只能够计算出绝对贫困的状况，国内学者对这个指标也持有不同见解（图7-21）。

由于调查抽样是在各村中选取该村相对贫穷的家庭进行走访，这一抽样方法可能带来两方面的偏差。其一是可能使不在贫困线下的家庭被包括了进来，目前的计算对此偏差已予纠正；但另一方面，在一些相对贫困的村落，由于对贫困家庭抽样数量的限制，也存在漏掉一些贫困线下家庭的可能，这一偏差可能导致根据本次调查结果计算的贫困发生率低于保护区实际贫困发生率。这一偏差难以通过数据处理来纠正，但可以通过计算各村绝对贫困家庭数在被抽样的相对贫困家庭数中的比例来评估其对调查结果的影响。计算结果显示，所有村落的这一比例在0~80%之间，说明被抽样的相对贫困家庭应基本覆盖了所有绝对贫困家庭，也就是说0.4%的绝对贫困发生率是基本可信的。但考虑到抽样精度的影响，也就是说不能完全排除调查员在走访中由于缺乏充分信息而漏过少量村中贫困家庭的可能性，因此保护区的实际贫困率还是可能略高于0.4%这一调查结

① 国家统计局农村调查总队，中国农村住户调查年鉴2006，北京，中国统计出版社，P271

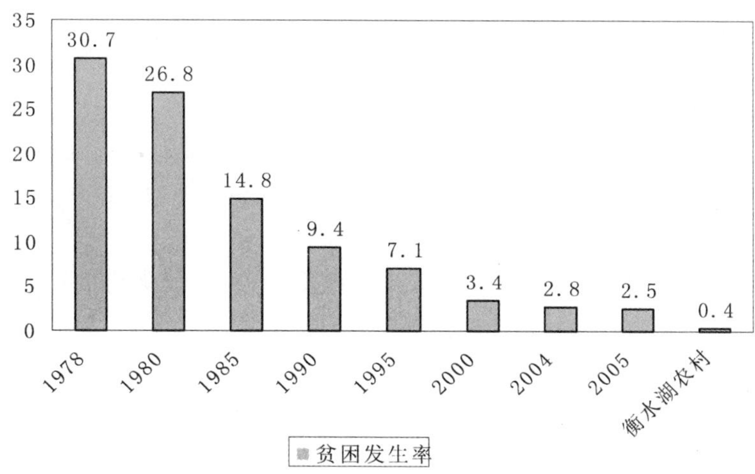

图7-21　衡水湖农村贫困发生率与全国平均水平的比较

果。由于各村绝对贫困家庭占被抽样贫困家庭数比例越高，则越有可能发生绝对贫困家庭被遗漏的情况，因此特别将这一比例大于等于50%的村落（表7-6），供保护区参考。在有条件的情况下，可以重点对这些村落的贫困状况进一步核实。

表7-6　各村绝对贫困家庭占抽样数比例≥50%的村落

村落	一甫	崔家庄	秦田	四甫	北关	北岳	魏庄	候庄	小寨	北田	绳头	李庄
比例	80%	75%	71%	67%	60%	57%	50%	50%	50%	50%	50%	50%

7.2.4.2　衡水湖农村贫困深度指数

农村贫困发生率显示的是处于贫困中的人口占总人口的比率，不能反映贫困人口的贫困程度，因此需要采用另外一个指标——贫困深度指数。贫困深度指数是指贫困人口规模标准化的累积贫困距（即贫困人口的收入与贫困线之差与贫困线的比率），也称为贫困距指数（图7-22）。

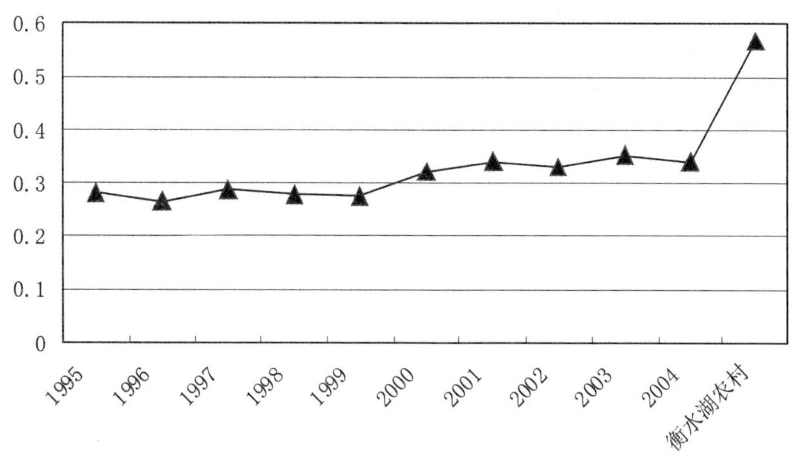

图7-22　衡水湖农村贫困深度指数与全国平均水平的比较

根据调研数据统计得出，贫困家庭人均收入缺口为524.07元，依人均纯收入924的贫困线得出贫困深度指数为524.07/924＝0.5672。根据《2006中国农村住户调查年鉴》（下面简称《住户年鉴》）的数据，1995～2004年的农村贫困深度指数比较信息如图7-22。

通过与全国连续10年的数据对比发现，全国贫困人口数量虽然有显著减少，但贫困程度却有缓慢上升的趋势，衡水湖农村的指数为0.5672高于全国农村平均贫困深度指数，说明衡水湖农村贫困家庭的贫困程度比全国农村贫困的平均水平高。在村里调研时也发现，大部分家庭的生活水平都差不多，村里生活非常艰难的家庭少，但极少数困难的家庭往往同时面临着看病就医、教育、养老等多个难题，从而陷于贫困。这一观察也可从侧面印证：本次衡水湖农村贫困状况调查回收数据的计算结果基本可信。

从上述分析可以看出，衡水湖农村贫困发生率尽管要远低于全国平均水平，但其贫困家庭的贫困程度却远远高于全国平均水平，急需帮助。

7.2.4.3　衡水湖农村贫困状况特点总结

贫困指标统计显示：衡水湖保护区范围内农村的绝对贫困的家庭数量不多，贫困发生率仅为为0.4%，远低于全国平均水平；但其贫困深度指数为0.5672，远高于同期的全国农村平均水平，说明衡水湖贫困家庭的贫困程度很高，急需帮助。

另外，贫困家庭这一群体内部的两极分化也很明显，收入分布呈凹线型；贫困家庭的住房人均面积33.5m^2，高于全国农村住房人均面积10m^2，但房屋的质量很低，每平方米造价为125.3元，卫生条件也比较差；建造年代平均为25.2年；家庭收入中的贫困家庭农业收入占家庭总收入的比例为56.3%，现金收入少，购买力不高。

7.3　衡水湖贫困家庭致贫原因分析

对于贫困产生的原因，学术界分“保守主义”和“激进主义”两大理论。“保守主义”的基本观点是：贫困是由个人而不是社会引起的，贫困者应该主要从自身去寻找贫困的根源，通过个人的努力摆脱贫困。这种理论体现在社会学中的功能主义、贫困文化理论、人力资本投资理论以及社会福利理论等理论中。“激进主义”的贫困理论认为当代社会中的贫困主要是由社会因素引起的，强调不合理的经济制度和社会结构在贫困问题上的作用，认为政府和其他社会组织应负起社会责任，为穷人提供更多帮助。这种理论主要体现在社会学中的马克思的阶级和贫困理论、公共目标理论、福利经济学等理论中。衡水湖农村贫困问题既有全国农村普遍存在原因，也有一些地域性的原因。

本节将结合PRA访谈记录和村干部及富裕家庭的观点，对贫困家庭致贫原因进行分析，总体上把致贫原因归纳为以下几个因素：产业相关因素、家庭人口结构、劳动力文化程度、物价水平、农村金融、管理制度与政策及贫困家庭的主观因素，下面将展开分析。

7.3.1　缺乏劳动力

课题组调研中特别了解了当地富裕和村干部家庭对贫困家庭的评价，发现大家一致认为当地贫困家庭致贫的首要原因是其家庭负担重，缺劳动力。这一结论得到了其他相关数据的支持（图7-23）。

与全国农村家庭平均人口构成相比，衡水湖农村贫困家庭的劳动力比全国平均水平少1.3人。与本地非贫困家庭比，贫困家庭劳动力占家庭人口的比重为51.4%，比非贫困户低11.4个百分点。由于贫困家庭劳动力少，特别是在农忙季节必须在家劳动，只有农闲的时候可以外出打工。而用工单位更倾向于能常年连续工作的劳动力，这对较为富有的家庭而言是比较有利的，因为富裕家庭可以在农忙季节雇佣部分劳动力为其从事农业生产，从而可以保证其他工作可以常年连续进行。而贫困家庭自然没有能力雇佣人员，常常不能连续工作，因此在工作竞争上处于不利地位。贫困家

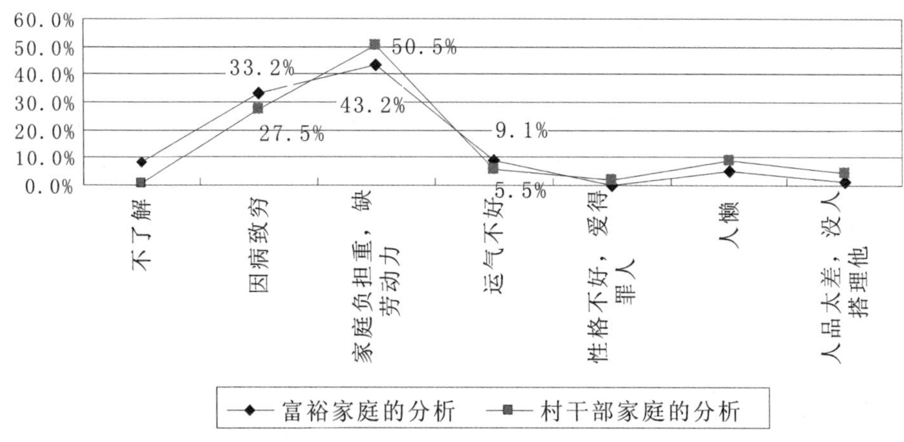

图7-23　贫困家庭致贫原因分析图

庭劳动力工作时间的季节性变化导致其可以选择的就业机会少，也不利于培养工作经验，获取晋升的机会。贫困家庭劳动力打工的季节性也使降低了其打工收益。这是因为农闲季节劳动力大力富余，就业机会自然就很紧张。所以，只能在农闲期间外出务工的贫困家庭劳动力往往只能找到收入微薄的打工机会。家庭中缺乏劳动力外出打工，现金收入就很少，这是该地区农村家庭贫困的重要原因。

7.3.2　劳动力素质不高

衡水湖农村贫困家庭的劳动力“两低一少”——占家庭人口的比重低、文化程度低，参加农业科技知识培训少。劳动力文化程度低也是影响贫困家庭经济状况的重要因素(表7-7)。

表7-7　农村家庭劳动力文化状况对比(2005)

	不识字	小学程度	初中程度	高中程度	中专程度	大专及以上
全国农村平均	6.9	27.2	52.2	10.2	2.4	1.1
河北省	2.8	19.2	59.7	15.0	2.1	1.1
衡水湖农村贫困家庭	12.1	36.5	36.7	9.2	5.1	0.4

通过表7-7对比发现：衡水湖农村贫困家庭劳动力中文盲的比例为12.1%高于全国农村的平均水平6.9%，也远高于河北省农村的平均水平。与当地非贫困家庭相比，其文盲和只有小学文化程度的劳动力占47.4%，比非贫困家庭高出13.1个百分点；而具有初中以上的文化程度的劳动力则都低于当地非贫困家庭，这一现象与贫困家庭人口老龄化有关。调查还显示，在86户贫困户中，没有任何家庭成员参加过农业科技知识学习。

贫困家庭劳动力文化程度低与其家庭劳动力不足、教育负担重有直接的关联，因为这会迫使贫困家庭的孩子会较早放弃学习参加劳动。

由于劳动力文化程度低，缺少职业技能培训，因此贫困家庭劳动力只能够从事简单的体力劳动，打工收入非常微薄。由此可以看出：贫困家庭劳动力文化水平是导致贫困的一个主观因素。但大部分贫困家庭的年青劳动力基本都有初中文化水平，具有职业培训的可能，可塑空间较大。

7.3.3　医疗支出较高

家庭负担重主要是负担未成年人、老人和病人。由于贫困家庭的老人都普遍参加劳动，家庭经济收支的角度看,对未成年人和伤残大病人员的负担是更为实际的家庭负担。

根据村干部和富裕家庭对当地贫困家庭致贫原因的看法,因病致贫是劳动力少、家庭负担重之外地占据第二位的致贫原因。这一看法与课题组调研所得到的贫困家庭支出状况相一致。贫困家庭对伤残大病人员的负担是另一项重要支出,有伤残大病人员的家庭平均每年的伤残大病平均支出为3627元,这个数字也达到了衡水湖贫困家庭平均经济支出水平的71.8%。

可见,因教育负担致贫和因病致贫是衡水湖贫困发生最主要的原因。而这两个原因往往不是贫困家庭主观能控制的。要消除这两大致贫因素,必须依靠社会公共服务水平的整体提升。

7.3.4 教育支出相对收入水平较重

对于有子女的家庭,对未成年人的教育负担是贫困家庭主要的支出。调查显示,保护区当地小学生的教育费用负担(含学杂费和生活费)负担多在200~300元/学期左右,最低140元,最高400元。初中以上则教育负担明显加重,多在3000元/学期左右,最高到4000元/学期,这已经相当于或超出了当地农村家庭年纯收入,对贫困家庭更是一笔沉重的负担。而如果有子女上大学,则其年支出就会超过10000元,这种情况占贫困家庭的17.4%。所有受访贫困家庭中,对于有子女读书的家庭,教育费用支出占家庭年总支出的比例平均为60.5%。因过重的教育负担而陷入贫困,是衡水湖农村贫困的一个不可忽视的原因。

7.3.5 收入来源单一,对土地依赖程度高

贫困家庭的农业收入在家庭总收入中比重过半,收入来源单一。而近年来农产品的价格上涨速度小于农业生产资料的价格上涨。贫困家庭缺乏劳动力,所以主要种植机械化程度较高的小麦、玉米等粮食产品,单位产品的生产成本较高。事实上,当地农民种植小麦基本是“入不敷出”。

贫困家庭的农业生产对土地的依赖程度非常高。但衡水湖地区农村人均耕地面积却只有1.71亩/人,所调查的贫困家庭人均土地更只有1.32亩/人,远低于河北省的平均水平1.89亩,大约仅为全国农村平均水平的2/3。土地,尤其是耕地面积少,土地的利用程度和农业生产效率没有提高,农民单纯依靠传统的农业生产方式增加收入的难度很大。

9.8%的富裕家庭和4.7%的村干部家庭认为贫困家庭因为懒惰和性格不好而致贫的,相对比例较低,因此可以看出:贫困家庭的主观上的致贫原因弱于客观因素(表7-8)。

表7-8 保护区农村贫困家庭土地使用情况

地区	耕地面积	山地面积	园地面积	养殖水面面积
全国合计	2.08	0.32	0.08	0.03
河北省	1.89	1.31	0.09	—
衡水湖农村贫困家庭	1.32	0	0.07	—

7.4 政府扶贫现状分析

7.4.1 关于政府现行扶贫政策满意度的调查

扶贫并不是指对自然灾害和老、弱、病、残户的社会救济,而是指对有劳动能力、而目前尚无就业和发展机会的农户,使他们通过自己劳动而脱贫致富,含义较为广泛。中国的扶贫政策是以开发式扶贫为主,扶贫资源分配到各级政府,而不是直接分配到被扶贫对象,这样便于地方政府集中资

源办大事,但缺点是真正贫困家庭常常难以得到直接的帮助。课题组的调查显示:在扶贫政策的赞同程度上,76.3%贫困家庭是完全不赞同的,19.8%的家庭赞同度低。这两项数据说明:目前衡水湖周边的农村还没有从国家和地方的扶贫政策中显著受益。在走访过程中了解到这些农村里的扶贫政策没有得到具体实施,主要原因是缺乏必要资金和具体的实践项目(图7-24)。

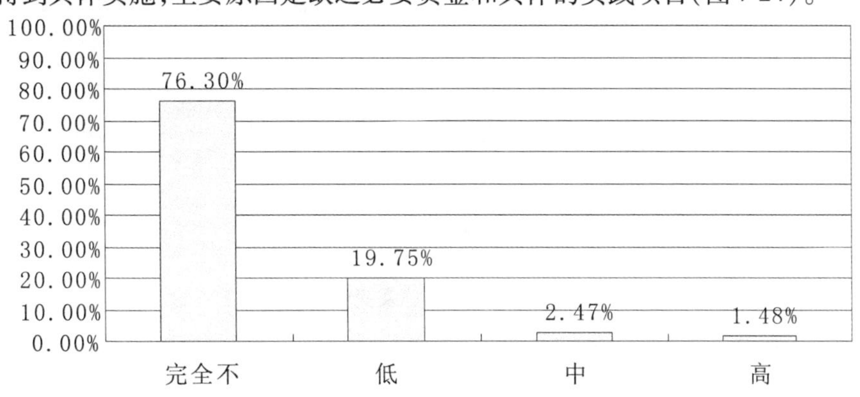

图7-24　贫困家庭对扶贫政策的赞同度

7.4.2　关于贫困家庭对政府期望的调查

对政府的期望与评价分为以下几点:对政府提供就业信息的期望、对政府提供职业技能培训的期望、对政府给予帮助的评价。

关于52.3%的贫困家庭对政府提供就业技能培训的评价为低,29.1%的贫困家庭未作回答,总体评价较低。分析其原因,可以分为以下几点:一是政府受资金、人员等因素的限制而没有主动提供就业技能培训的愿望;二是市场就业信息不完善,无法针对就业需求的缺口进行职业技能培训;三是农村家庭尚未认识到参加就业技能培训的重要性,而且不能够和就业建立直接的联系;四是缺乏专业的培训人才,缺乏对农村居民文化有深刻了解的培训人员,即使举办培训班,也可能难以达到培训预想的效果;因此政府如何提供职业技能培训是一个问题,需要全面考虑,才可提出切实可行的方案,使得收益成本比最大、效率最优。

调研中发现:衡水地区农村位处平原,且地势相对较低,种植的作物主要是玉米和小麦。农业生产有一定风险:缺水,又缺排水设施,旱涝灾害时常发生,部分村庄土地肥沃,如北田村民反映,如果能重新维修排水设施,灌溉设施,村里的粮食亩产可以提高10%以上;很多村庄就会因为夏季降水的不均匀而显著影响作物收成,建设农业生产保险将可以在一定程度上缓解该问题,保证农业收入不出现巨大波动(图7-25、图7-26)。

贫困家庭对政府给予帮助的评价包括两方面:一是对政府帮助索要工钱的评价;二是政府帮助安排子女入学的评价。

从统计数据来看,两项的评价值均很低,原因有:一是贫困家庭外出劳务从事服务行业居多,拖欠工资现象少,不必请求政府帮助;二是大部分家庭还是自己负担子女的九年义务教育,而且随着农村九年义务教育收费问题的改革,大部分家庭不需要政府直接参与解决子女入学的问题,同时贫困家庭孩子读大学可以申请助学贷款;三是大部分家庭没有请求政府给予帮助,对此处于不了解的状态,造成评价值很低。

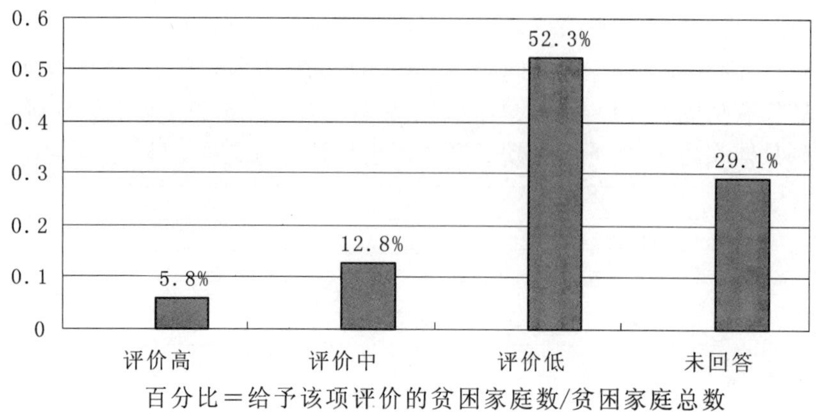

图 7-25 贫困家庭对政府提供就业技能培训的评价

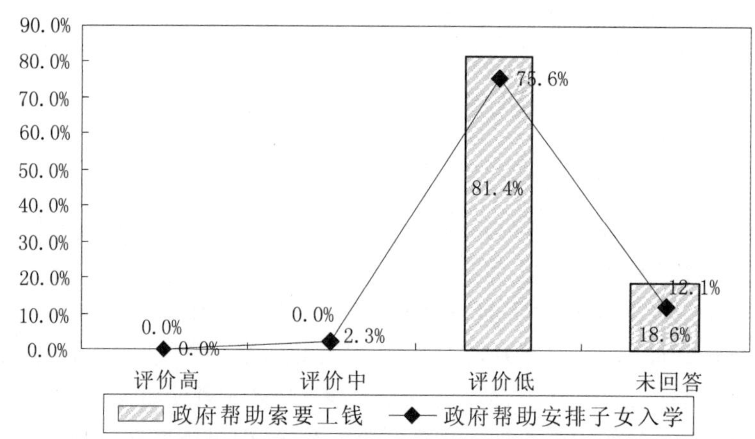

图 7-26 贫困家庭对政府给予帮助的评价

7.4.3 对政府现行扶贫政策中的问题分析

7.4.3.1 缺乏就业帮助

当地没有完整的农村劳动力市场，农民可以利用的就业信息渠道很少。贫困家庭很难通过企业招聘的方式寻找到合适工作，而自己主动去找工作投入的成本往往也很高。目前衡水湖农村劳动力外出打工主要依靠亲戚朋友的介绍。贫困家庭因为人脉关系、家庭经济基础、与外界沟通的手段等因素的影响，通常不能发现合适的就业机会。

从图 7-27 可以看出，19.8% 的贫困家庭对政府提供就业信息抱有很高的期望，这部分家庭往往在农闲时节找不到很合适的工作，有挣钱的愿望，但苦于没有就业的机会；总计有 40.7% 的贫困家庭对政府提供就业信息抱有或高或低的期望；另外有 59.3% 的贫困家庭的对政府提供就业信息的期望值为 0，这是因为这部分家庭多为孤寡老人家庭，家庭富余劳动力少，没有外出务工的需求。

从调研访谈看来：各村都没有就业信息披露的正式渠道，村委会往往也没有足够精力去联系外部就业机会，为村民提供就业方面的指导。村委会要承担此项任务也面临诸多困难：一是没有专门的交流机会使村委会和外部用人单位建立合作关系；二是村委会组成人员少，各村基本都是村支书 + 村主任 + 会计 + 妇女主任的四人模式，村委会没有专门的人员负责该项事宜；三是电子网络不发达，大部分村庄都没有通因特网，电子计算机的使用率很低，在当今信息传播如此迅速的情况，农村

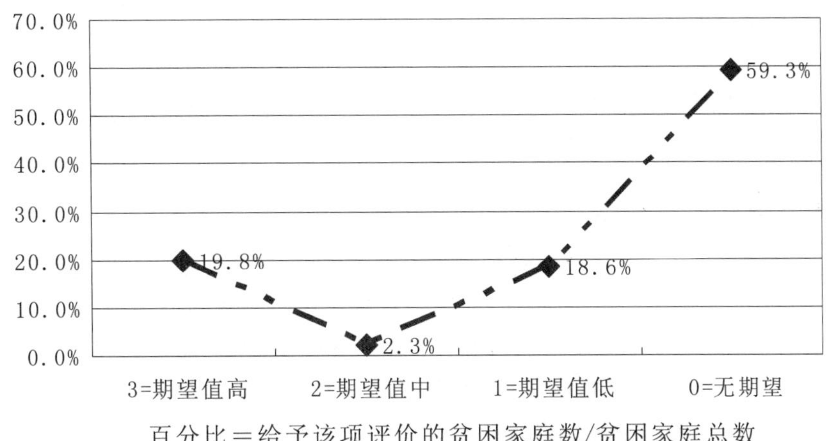

图7-27 贫困家庭对政府提供就业信息的期望

处于严重的滞后状态；四是上级政府部门没有给予相应的政策指导，同时缺乏必要的经费支持；五是政府没有很好掌握目前这些农村的劳动力信息和贫富状况，不了解贫困家庭的就业需求。因此需要给予村委会一些激励促进信息披露工作的开展。

村委会既没有进行就业信息的披露，也没有对村里人员外出打工的情况进行统计，不利于和用人单位建立长期合作关系。

7.4.3.2 社会保障欠发展

由于衡水湖农村社会保障尚欠发展，养老和医疗成为贫困家庭的承重负担。贫困家庭劳动力少，养老就成了一个很大的问题，老人们不得不坚持劳动，而子女也不能放心外出长期打工，这就相对减少了家庭收入。

由于医疗条件差，贫困家庭还往往处于因病致贫和因贫不治的恶性循环之中。首先，贫困家庭的人员生病后更倾向于“拖”。他们小病尽量不去就医，希望能够“拖好”。这一方面是因为贫困家庭收入低，负担不起太多的医疗费；另一方面，也是因为普遍缺乏一般生理、病理常识，认为小病能拖就拖就好，大病才是病。其次，农村医疗条件差，要就医也难。过去农村有镇乡医院、村合作医疗站。现在经过撤区并乡，撤乡并镇及村级合并等机构改革后，原来的乡级卫生院减少了很多，农村合作医疗站基本撤销，占领农村医疗阵地的，多半是条件水平较差的私人家庭诊室，并且不是村村都有。农民看病都只有到乡卫生所，看病要走很远，交通不便时，有的要走几个小时。大多数贫困家庭的就医原则，是就近就医和小孩至上：由于孩子现在较少，孩子要就医再贵再远也只有忍，碰到严重的疾病只能去市级以上的正规医院。

这就不难理解为什么贫困家庭需要负担的伤残大病人员比例远远高出富裕家庭和村干部家庭。衡水湖农村的贫困家庭有20.9%的家庭有伤残病人，15.4%的家庭需要负担有生活完全不能自理的病人。

因病致贫、农村医疗保障建设不足是农村贫困发生的重要原因，也是全国农村贫困发生的普遍原因之一。

7.4.4 对政府改进扶贫政策的建议

7.4.4.1 按国际标准重新确立贫困标准

目前，衡水湖地区农村农村绝对贫困人口的标准是人均年纯收入924元以下，这个标准是按照前几年国家解决温饱的要求制定的，再加上近几年通货膨胀、原材料价格上涨等因素的影响，该标准已经不适应全面建设小康社会的要求。目前测算农村低收入贫困人口的标准，实际上与世界银行提出的按购买力评价价计算1天1美元收入的国际贫困线标准慢慢接近。建议逐步采用这个标准，这样既有利于和世界减贫的工作接轨，也有利于全面建设小康社会和联合国千年发展目标的实现。

7.4.4.2　完善开发式扶贫制度

在做好“自然资源开发”的基础上，同时侧重“人力资源开发”。面向当地自然资源的开发式扶贫是我国农村过去扶贫工作的特点，这方面衡水湖有许多值得其他地区学习的经验可以总结。对此战略，衡水湖自然保护区应并逐步增加资源开发的技术含量，以提高开发效率，减少对环境的不利影响。同时应当同时侧重对贫困人口的“人力资源开发”，通过推动基础教育、成人教育和科技培训来提高贫困人口适应市场的能力和通过成功的人口迁移来获得非农就业机会的能力。建议以社区为单位建立社会学习中心，促进基础教育和成人教育、学校教育和社区教育、家庭教育和社会教育的有机结合，逐步将贫困人口集中的贫困社区建设成学习型社区。另外，健康和教育一样是人力资本的重要组成部分，因此，也应当进一步增加对农村地区医疗、卫生领域的投入，推进农村新型合作医疗制度的建立和完善，采取特殊措施（如减免费用）以保证合作医疗能够覆盖所有贫困人口。

7.4.4.3　实现开发式扶贫和救助式扶贫的有效结合

虽然保护区农村已经逐步进行开放式扶贫，但是在继续坚持开发式扶贫为主的扶贫活动的同时，也需要考虑到极端贫困人口中相当一部分已经失去劳动能力人口的生活保障需要。因此，应当致力于建立一个以开发式扶贫为主并有针对性地结合救助式扶贫的综合扶贫体系。

7.4.4.4　建立城乡统筹的一体化扶贫体系

衡水湖农村与城区的距离很近，大部分农村都位于衡水市和冀州市之间，城乡公交系统也较完善，城市和农村的关系十分密切。这样紧密的关系要求衡水湖当地政府应当尽快建立一个城乡统筹的一体化扶贫体系。统筹的内容应当包括：第一，在农村地区建立救助制度。其对象既要包括残疾人、孤寡的老年人和长期因病丧失劳动能力而又没有其他收入来源的人群，以及因自然和经济等方面的原因，短期内家庭的收入和消费达不到最低生活标准的家庭。第二，完善现有的城镇救助体系，对进城务工人员，因灾难、短期失业等原因出现生活困难者给以必要的救助。第三，农村和城镇都需要进行开发式扶贫，扶持的对象主要是有劳动能力但仍然比较贫困的人口。

7.4.4.5　建立合理的信贷扶贫体制

任何农村贫困人群在进行自然资源开发和人力资源开发中都亟须有一定的资金投入。小额信贷可以有效地满足穷人的资金需求。衡水湖保护区应当在如下几个方面进行改革以推动小额信贷的发展。首先，应当逐步开放各种类型的小额信贷市场，并建立相应的管理体系和机制；其次，准许小额信贷机构根据市场状况和运行成本自主决定贷款利率；第三，通过鼓励竞争来保证小额信贷机构不断创新、降低成本和提高服务质量；第四，政府可以将目前经由商业银行发放扶贫贴息贷款的资金转由小额信贷机构来发放。另外，政府也可以探索利用龙头企业掌握农户信息、控制农户资金流，这样能够有效解决农村金融机构和农户之间信息不对称问题的优势，选择经营管理良好、产品市场成熟稳定的龙头企业，将扶贫信贷资金贷给龙头企业，然后由龙头企业转贷给农户；或是由龙头企业向农户的贷款提供担保，以解决贷款资金到达农户难的问题。

7.4.4.6　发挥非政府组织在扶贫中的作用

随着经济的发展，我国社会中已经有一个相当大的高收入人群，以非政府组织来动员这个人群,为低收入弱势群体状况的改善出钱出力,是构建和谐社会的重要内容之一。衡水湖作为一个国家级自然保护区自然受到国内外多个环保组织公益机构等非政府组织的重视。同时,世界上许多国家在扶贫过程中通常采用由农民自己的组织和专业性的民间机构来负责的模式,为了提高政府扶贫资金的使用效率,衡水湖保护区也应当着手探索采用竞争性的扶贫资源使用方式,使更多的非政府组织成为由政府资助的扶贫项目的操作者。扶贫部门的职责则是根据非政府组织的业绩和信誉把资源交给最有效率的组织来运用,并对其进行评估。

第8章　保护区管理现状调查与评价

本章从保护区的法律地位、管理机构，以及保护区有关保护管理、公共服务和基础设施建设等方面对保护区的管理状况进行了评述，并对其已取得的成效和有待改进的问题进行了总结。

8.1　法律地位

8.1.1　法律依据

衡水湖自然保护区最早于2000年7月被批准成为"河北省衡水湖湿地和鸟类省级自然保护区"。2002年10月加入中国人与生物圈保护区。2003年6月晋升为"河北衡水湖国家级自然保护区"。2004年7月被水利部评为国家水利风景区。2005年国务院批准的《湿地保护工程规划》中，将衡水湖列为"国家重点投资的自然保护区"。作为一个国家级自然保护区，衡水湖自然保护区受《中华人民共和国森林法》(1985年1月1日起施行，1998年4月29日修订)《中华人民共和国环境保护法》(1989年12月26日起施行)、《中华人民共和国自然保护区条例》(1994年12月1号起施行)和《国家级自然保护区监督检查办法》(国家环保总局令第36号，2006年12月1日起施行)等国家相关法律法规的约束。

2005年，国家林业局正式向联合国申报把衡水湖国家级自然保护区列为国际重要湿地；衡水湖自然保护区还于2006年10月加入"东亚—澳大利西亚鸻鹬类鸟类保护网络"，因此也受湿地与鸟类保护的相关国际公约的约束(表8-1)。

表8-1　保护区保护管理适用的主要法律法规

编号	名　称
1	《中华人民共和国土地管理法》2004年8月28日起施行
2	《中华人民共和国野生动物保护法》2004年8月28日起施行
3	《中华人民共和国森林法》
4	《中华人民共和国水污染防治法》2008年2月28日修订通过，2008年6月1日起施行
5	《中华人民共和国水土保持法》1991年6月29日通过
6	《中华人民共和国水法》2002年8月29日修订通过，自2002年10月1日起施行
7	《中华人民共和国动物防疫法》2007年8月30日修订通过，自2008年1月1日起施行
8	《中华人民共和国自然保护区条例》
9	《中华人民共和国河道管理条例》1988年6月10日起施行
10	《中华人民共和国水土保持法实施条例》1993年8月1日起施行
11	《中华人民共和国进出境动植物检疫法实施条例》1997年1月1日施行
12	《中华人民共和国水产资源繁殖保护条例》1979年2月10日起施行
13	《中华人民共和国村庄和集镇规划建设管理条例》
14	《森林和野生动物类型的自然保护区管理办法》
15	《中华人民共和国植物检疫条例实施细则》1983年10月15日起施行

（续）

编号	名　称
16	《水产苗种管理办法》2005 年 4 月 1 日起施行
17	《渔业行政处罚规定》1997 年 12 月 23 日起施行
18	《中华人民共和国渔业法实施细则》1987 年 10 月 21 日起施行
19	《水利风景区管理办法》2004 年 5 月 8 日起施行
20	《水利建设基金筹集和使用管理暂行办法》1997 年 2 月 25 日起施行
21	《建设项目水资源论证管理办法》2002 年 5 月 1 日起施行

8.1.2　行政隶属

“中共衡水湖国家级自然保护区工作委员会”和“衡水湖国家级自然保护区管委会”于 2005 年 12 月由衡水市委和市政府批准成立，在地方行政上隶属于衡水市委和市政府。“衡水湖国家级自然保护区管委会”作为国家级自然保护区的专业行政管理机构，在条块上对口于林业系统，接受国家林业局的专业管理，并根据《国家级自然保护区监督检查办法》接受国家环保总局的监督管理。同时，衡水湖作为国家水利风景区，也同时对口于水利系统，接受水利部的相关专业管理。

“衡水湖国家级自然保护区管理委员会”的成立是衡水市委市政府理顺衡水湖国家级自然保护区管理体制的一项重大战略举措。它旨在改变条块分割、多头管理的状况。通过实行统一领导、统一管理和综合执法，有利于提高保护区管理水平和工作效率，有利于统筹协调各方关系，妥善处理各方利益，促进总体规划的实施及各类项目的建设，有利于自然景观的整体利用、自然资源的整合和生态环境综合治理，推进保护区建设与社区发展的有机结合，有利于加快基础设施建设、发展生态旅游、打造旅游新区、形成规模效益，促进衡水湖保护规划建设的全面提升。

目前，保护区管委会对保护区全境的管辖权并未一步到位地实现。按照 2004 年由国家林业局批准执行的衡水湖国家级自然保护区的总体规划，保护区管委会将作为一个副局级的地方行政机构，对包括自然保护区及其周边的综合示范区在内的 231 个村的综合示范圈范围实施统筹管理，进行保护区及其周边地区的可持续发展综合示范。而目前成立的保护区管委会还仅仅是正处级单位。2006 年 7 月，衡水市委市政府并将保护区内 8 个行政村划归保护区管委会代管，同时将原国有的冀衡农场的土地也都划给了保护区管委会。这个范围是迄今为止保护区管委会真正拥有基层政府行政权的管辖范围。这个管辖范围尽管存在很大局限性，但已经是保护区管理体制上的一个重大进步。在此之前，由于保护区内所有 106 个村在地方行政上分属桃城区和冀州市的 6 个乡镇，保护区对地方政府行为及其辖区内的村落缺乏实质性的影响力。

尽管保护区管委会目前仅辖有 8 个行政村，但保护区已经建立起了较为完善的政府管理职能机构，有能力替代过去的乡镇和区县对辖区内的村落提供经济、行政和社会事务等全方位的政府服务。衡水市委市政府成立保护区管委会和划出 8 个代管村的这一举措可以被看做是最终落实保护区统一管理职能过程中的一个阶段性的试点，意在通过保护区在这 8 个村实施可持续发展战略上的试点，吸引、说服保护区的其他村落也加入到保护区所主导的可持续发展战略上来，以及获取相关地方政府的支持。同时，保护区管委会对 8 个行政村的管理也给了它一个完善相关政府职能，以及积累地方行政管理经验的很好的机会。对于增强保护区专业管理机构履行保护管理使命的能力也大有助益。

8 个代管村以外的其他区域依旧保持过去的地方行政管理模式，由桃城区和冀州市的 6 个乡镇实施管理。这96个行政村受乡政府和保护区管委会的双重领导,保护区管委会尽管理论上拥有自然保护区的专业管理权限,但在落实各种保护措施上受到很大制约,对相关村落缺乏实际的影响力。因此,从行政区划上看,保护区目前可以被认为是分别隶属衡水市所属的保护区管委会、桃城区和冀州市等三个区市。这个现状可以被认为是衡水湖国家级自然保护区理顺管理体制的一个过渡状态。保护区管委会能否最终实现对保护区全境的集中管辖,在很大程度上将取决于其在目前代管的8个村所取得的施政绩效,即:能否成功带领这8个村的老百姓走出一条通过替代生计发家致富的新路。

8.1.3 土地权属

保护区的土地资源中,除保护区管委会目前拥有的628.7亩土地和原属国有冀衡农场的土地(大部分现被湖水淹没)为国家所有土地,并划归保护区管理外,其他大多分属106个行政村,为集体所有。

8.2 管理机构

8.2.1 组织机构

8.2.1.1 机构设置

截至2007年12月,按照衡水市理顺保护区管理体制有关文件的要求,保护区管委会由5个直属事业单位、5个市直派驻部门和6个内设局(办)组成。其中5个直属事业单位包括:衡水湖渔政管理站、衡水湖水利工程开发管理处、衡水湖林业管理工作站、衡水湖水产技术推广站、衡水湖旅游服务中心;5个市直派驻部门包括:治安分局、土地分局、地税局、工商分局和国税分局;5个内设局(办)包括:综合办公室(财政局)、规划建设局、经济社会发展局、资源保护局(综合执法大队)、水务海事局(衡水市地方海事局接受管委会与市交通局双重管理,由管委会考核)。几个行政管理的部门职能如图8-1。

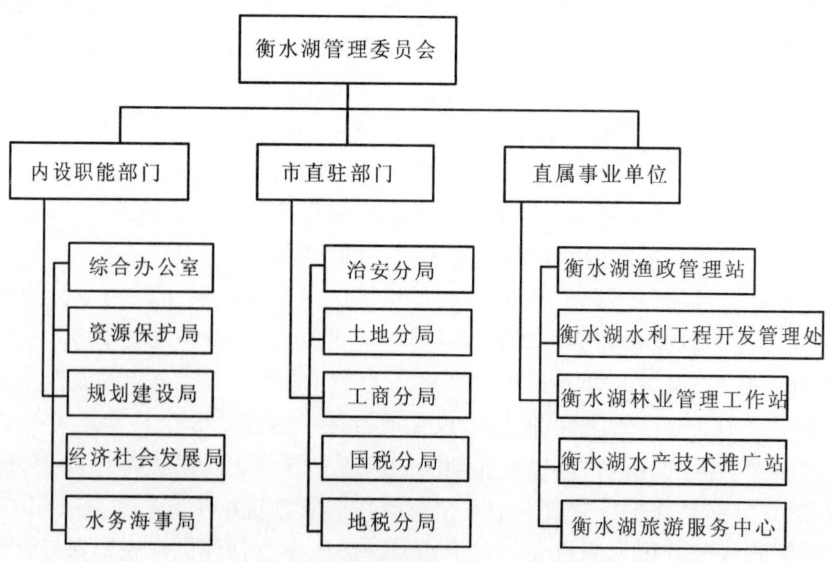

图8-1 保护区管委会组织结构图

(1)综合办公室(财政局,两块牌子一套人马):负责党务、政务、机关事务和财政、人事等方面的工作,实行独立的财政管理体制,设一级财政,一级国库,负责财政预决算财政系统组织的财政收入职能。

(2)资源保护局(综合执法大队,两块牌子一套人马):负责自然保护区(水利风景区,下同)内林木资源的保育和管理、林权证的发放、林木采伐审批、万亩森林公园的管理、湿地资源的保护,野生动植物资源的保护、湿地资源监测、科研及科普推广;负责保护区环境保护及污染源治理;负责旅游资源的开发建设和旅游秩序管理;负责协调各执法部门在自然保护区内综合执法。

(3)水务海事局:负责自然保护区内的用水秩序:负责湖区水利工程及设施的建设、维护及管理;按照总体规划,负责做好区内水利工程项目的规划、申报、开发建设及管理;负责做好国家水利风景区的规划、建设和管理;负责自然保护区内的渔政管理. 为便于协调由市水务局一名副局长兼任管委会副主任;根据我市海事管理职能特点,原衡水市地方海事局,牌子挂在水务海事局。负责衡水市地方海事管理职能,实行交通局与衡水湖国家级自然保护区管理委员会、中共河北衡水湖国家级自然保护区工作委员会多重管理. 接受衡水湖国家级自然保护区管理委员会、中共河北衡水湖国家级自然保护区工作委员会领导、审核、管理。

(4)规划建设局:负责自然保护区内规划设计的编制与实施、建设项目的监督检查、房屋产权、产籍、交易、房产证件的管理。

(5)经济社会发展局:负责对外开放、招商引资、经济技术合作与交流,项目的编制、立项、审批、企业发展和外经外贸的管理负责代管村范围内农村社会、经济等事务的管理。

8.2.1.2　人员构成

按照"调整衡水湖国家级自然保护区(国家级水利风景区)管理体制的通知"(衡水市机编办[2005]52 号)的规定:保护区管委会为正处级事业单位,额定编制 30 人。处级职数 2 正 4 副,下设 5 个科级内设局(办)、科级职数 10 人。

目前保护区管委会及其下属事业单位工作人员共计 208 人,其中有编制的仅 108 人,大部分是临时人员。在保护区现有人员中,中专及以上学历者共 89 人,其中包括硕士 3 人,平均年龄 28 岁,其中 5 人具有高级职称,5 人具有中级职称。覆盖专业包括:行政管理、教育管理、经济管理、贸易经济、旅游管理与服务、财政与税收、会计电算化、法学、英语、社区医学、养殖、动物免疫与监督、果树、工艺美术、园林、工程概算、汽车驾驶与维修、农业机械、自动化、精细化工等。保护区管理处原有人员择优录用,以后新招聘人员都应具有大学本科以上学历。

8.2.1.3　规章制度

保护区成立以来,为保护好区内自然生态,衡水市、保护区管理处和之后的保护区管委会都很重视通过制定法规强化对区内环境的保护,先后出台了一些地方政府规章和政策性文件(表 8-2)。

表 8-2　衡水市地方政府规章和政策性文件

编号	名　称
1	《河北省衡水湖湿地和鸟类自然保护区管理办法》衡水市人民政府令[2002]第 9 号
2	《河北衡水湖国家级自然保护区旅游管理办法》衡水市人民政府令[2005]第 4 号
3	《衡水市关于在河北衡水湖国家级自然保护区投资的优惠办法》衡政[2005]41 号
4	《衡水市人民政府关于加强河北省衡水湖湿地和鸟类自然保护区船舶管理的通知》(自 2002 年 11 月 1 日起实施)衡政函[2002]56 号
5	《衡水湖资源保护局衡水湖治安分局关于严禁钓蟹捕捞幼蟹的通告》

（续）

编号	名　称
6	《关于做好衡水湖湿地和鸟类省级自然保护区环境综合治理工作的通知》
7	《关于加强衡水湖国家级自然保护区环境治理整顿的通知》
8	《衡水湖自然保护区环境综合治理实施方案》

管委会近年来不断建立健全日常管理制度，针对办公地点远离市区的实际，修订、建立和完善了值班、卫生、安全、保卫、考勤、文印、用车、用船、用印、用电、用水、接待、中餐补贴、公用电话管理等二十余项机关日常运转制度，形成了一整套的科学约束体系（表 8-3）。

表 8-3　保护区管委会现行部分内部规章制度

编号	名　称
1	《经营管理办公室组织纪律奖惩暂行办法》
2	《经营管理办公室考勤登记表》
3	《“十一”黄金周期间加强安全及其他工作的通知》
4	《“十一”黄金周期间安全运营责任状》
5	《河北衡水湖国家级自然保护区管理委员会水上安全应急预案》
6	《衡水湖政府性投资工程管理办法》
7	《关于政府投资项目建设及资金使用管理办法》
8	《行政执法责任制实施方案》（修订）
9	《公务接待暂行办法》
10	《公务接待管理办法》
11	《机关日常管理的制度、新的财务审批管理办法和经费包干管理办法》

8.2.2　能力建设

保护区一直非常重视机构能力建设的问题，自成立之初，就通过申请自然保护区基金会赠款开展了保护区本底调查，之后又不断通过实施国外赠款和政府专项拨款的各类项目来锻炼自己的队伍。特别是保护区管委会成立以来，2006 年国家财政部和国家环保局下发了国家级自然保护区专项资金 100 万元，专门用于保护区能力建设，更使保护区将能力建设放到更加突出的位置。

8.2.2.1　机关效能

保护区管理处升级为管委会以来，针对体制转轨、职能转型，干部队伍人心不稳、保护建设启动资金不足、周边关系协调任务重等诸多现实问题，将机关效能建设作为了一项重点工作，重点抓了以下几方面的工作：其一是通过举办思想解放大讨论等活动，促使保护区管理人员统一认识、明确目标，其二是重点部署落实了与机关效能建设相关的资料（纪要、记录、文件等）立卷归档、制度公示、流程上墙等基础性工作；其三是建立了重点工作通报制度，使工作人员能把主要精力投入到主要工作上来，从而提高机关工作效能、节约人力物力和强化执行力。

保护区管委会的机关效能建设中还突出了反腐倡廉和工作作风建设，大力推动廉政文化进机关，经常教育干部和工作人员要“疾恶如仇、疾慢如仇、疾懒如仇”，真正严肃起来、紧张起来，带着责任感、紧迫感，带着追求，带着感情，把工作做到最好。并将廉政文化建设与效能建设相关的基础性工作相结合，努力使反腐倡廉工作落到实处。

8.2.2.2　人才培养

保护区管委会对人才培养非常重视，提出了用改革的思路、人性化的管理模式，创造条件、营造环境、提供机会，努力形成促进人才全面发展的工作机制。具体包括：

(1)岗位培训。保护区管委会给工作人员创造了大量机会参加各种培训，保护区已经组织或输送保护区工作人员参加的培训包括如：统计从业资格考试培训、全国鸟类环志培训班、“游衡水湖，讲衡水湖”活动的导游讲解人员培训(2006 年 9 月 14 日)、区财政局主办的财会培训(2006 年 11 月 5 日)、“五一”安全生产优质服务培训(2007 年 5 月 9 日)等。

(2)项目实践。在委托咨询专家为保护区提供各项生态环境保护相关咨询服务的同时，委派保护区工作人员参与其中。如 2007 年 3 月起保护区借助世行支援项目委托中国科学院的专家组开展生物多样性调查及生物多样性编目工作，其中一项目标就是通过让保护区工作人员参与其中，从而熟练掌握各种调查方法及普通的植物标本制作，以满足保护区生物多样性和文化多样性监测及跟踪调查工作的需要。通过项目实践，保护区工作人员掌握了 GPS 操作技术，包括测量距离、面积、经纬度、高程、精度等，有更强的能力开展野外调查。

(3)考察学习。近年来，保护区先后组织了赴白洋淀、上海九段沙、崇明岛自然保护区，杭州西溪湿地公园等地进行学习考察。除此之外，保护区还组织团队远赴海外进行考察。这些都对保护区工作人员开阔视野、提升素质，和创新工作思路带来了非常积极的效果。

8.2.2.3　电子政务

办公自动化、智能化是现代化管理的体现。为此保护区一直在积极努力建设电子政务系统，2007 年 5 月保护区财政与全省财政系统实现内部联网。目前，省财政厅对保护区财政局信息配置(一期)安装顺利完成。此套信息配置包括交换器、空调、路由器等机器配置以及布线安装，一期投入共计 30 余万元，全部由省财政厅承担。此次配置安装后，可及时了解财政政策及上级资金投放动态和进行电视网络会议，极大改善了保护区财政办公设施，提高了办事效率，二期将待保护区综合楼竣工后投入安装。

8.2.3　财政状况

8.2.3.1　财政管理权限

衡水湖自然保护区于 2007 年获批设立了设立中华人民共和国金库河北衡水湖国家级自然保护区支库(银石复〔2007〕1 号)，确立了保护区管委会作为县一级财政的独立财政管理权。

8.2.3.2　财政收入

衡水湖国家级自然保护区的财政收入主要包括四个渠道：财政拨款、上级补助收入、保护区内地税和行政事业收费和下属企业的经营收入。

财政拨款是指衡水市政府给保护区的直接拨款，2006 年财政拨款数额为 416.1 万元，共分以下几部分：一是保护区管委会的行政经费。这是根据“调整衡水湖国家级自然保护区(国家水利风景区)管理体制的通知”(衡水市机编办[2005]52 号)的规定，衡水市为了确保保护区管委会的正常运作，在其税收收入相对少的初期，由市财政根据管委会编制划拨相应的行政事业经费；此外，也包括成建制划入管委会的各事业机构的原行政事业经费，以及民政系统的专项财政资金。随着保护区管委会自身的财政收入来源稳固，衡水市财政划拨的行政经费的大部分存在终止的可能。

上级补助收入包括两部分：一是引蓄水源的专项投入。为有效维持现有湿地面积，衡水市每年出资 1200 多万元引蓄岳城水库和黄河水，使衡水湖保持了良好的湿地生态系统。这笔资金实际上是由衡水市电厂承担。二是社会事业专项资金的投入。如粮食直补和综合直补。

保护区的地税和行政事业收费也是保护区财政收入的重要部分。保护区管委会作为一个负有属地管理责任的县一级人民政府,同所有地方政府一样拥有其辖区内财政收入。但由于保护区管委会只以代管名义辖有8个行政村,产业以农业为主,因此地税收入非常有限。同时,根据《衡水市关于在河北衡水湖国家级自然保护区投资的优惠办法》(衡政[2005]41号),超过1000万元的公益事业投资人及超过3000万元的盈利性项目投资人在投产后的前3~5年都有全额奖励上缴地税,以及其后50%的奖励优惠,所以在可以预见的未来,保护区管委会的此项财政收入不会有很大增长。

区内财政收入的另一项来源是保护区管委会下属单位运营收入的上缴部分。保护区管委会下属的旅游服务中心和苇草工艺厂都有相应的经营收入。旅游服务中心的运营收入主要来源于船只管理费及景点门票提成,苇草工艺厂则是企业经营利润。另外,保护区管委会为快速启动生态旅游起步区,形成示范效益,还成立了下属全资的衡水湖建设发展有限公司,并通过该公司贷款1100万元进行基础设施建设,该公司在实现盈利后,也将为保护区贡献一定的利税收入。

8.2.3.3　财政支出

保护区的财政支出是将财政资金进行分配使用,以满足经济建设和各项事业的需要,2006年保护区财政总支出为372.4万元,主要包括三部分:人员支出、公用支出以及对个人和家庭补助(表8-4)。

表8-4　2006管委会及代管村财政状况统计表(千元)

编号	收支项目	管委会	大赵	北田	南赵	秦田	徐田	刘台	王口	顺民
1	年总收入	4161	606	209	70	799	18	13	124	134
1.1	财政拨款	4161				750				120
1.2	上级补助		35			28	7			12
1.3	事业收入									
1.4	经营收入		571		70	20		13	3	2
2	年总支出	3724	540	96	26	76	47	23	170	92
2.1	人员支出	484		30	10	16	9	7	10	77
2.2	公用支出	839		45	16	43	38	16	7	15
2.2.1	福利费		15		11					
2.2.2	劳务费		60		4	17			5	9
2.2.3	就业补助									
2.2.4	取暖费									
2.2.5	差旅费	59	5						2	3
2.2.6	购置费	159	359							3
2.3	对个人和家庭补助	48	101							
2.3.1	助学金									
2.3.2	抚恤金									
3	收支结余	3140	66	113	44	723	16	2	15	42
4	经营税金									

数据来源:衡水湖管委会2006年财务状况表。

(1)人员支出就是支付给保护区临时雇用的工作人员工资。2006 年人员支出数额为 48.4 万元。

(2)公用支出包括福利费、劳务费、就业补助、取暖费、差旅费以及各种设备、交通工具、图书购置费。2006 年保护区公用支出共 83.9 万元,其中差旅费 5.9 万元;各种设备、交通工具、图书购置费为 15.9 万元。

(3)对个人和家庭补助包括助学金、抚恤金。2006 年保护区对个人和家庭补助共 4.8 万元。

8.3　保护管理

衡水湖自然保护区作为一个位于华北平原人口稠密区并且遭受人类活动严重影响的湿地与鸟类自然保护区,面临着艰巨的保护管理任务。目前保护区的保护管理工作成效主要体现在以下几个方面。

8.3.1　总体规划

衡水湖自然保护区非常注重对保护区的发展和建设进行合理规划。曾于 2003 ~ 2004 年聘请清华大学、北京大学、北京林业大学、中国科学院、中国林业科学研究院等院校联合组成规划组,制定了《河北衡水湖国家级自然保护区总体规划》(以下简称《04 年规划》),该规划于 2004 年 7 月通过了国家林业局审批,成为了保护区具有法定效力的现行规划。《规划》明确提出衡水湖保护和建设的总体目标:将衡水湖自然保护区建设成以湿地生态系统恢复与生物多样性保护为核心,以生态旅游和湿地科普教育为特色,集生态与环境保护与合理开发为一体的华北平原湿地国家级自然保护区,生态与社会经济可持续发展的综合示范区。

8.3.2　生态保护

生态保护对于自然保护区而言是首要的使命。保护区为此设置了专门的资源保护局,组织了专门的人员开展承担了包括保护区的日常巡护、资源调查和鸟类迁飞的动态监测等工作,并配备了巡护车辆和必要的观测仪器设备。

8.3.2.1　资源本底调查

为明确科学规划文化建设的总体布局和发展重点,保护区管委会先后开展了生态资源、文化资源和土地资源等基本情况的摸底工作。

生态资源本底调查的重点是对鸟类资源的调查。保护区成立以来一直坚持对鸟类进行观察,取得了很好的成果。自 2007 年 3 月起,保护区进一步借助世行支援项目,委托中国科学院的专家组开展生物多样性调查及生物多样性编目工作。这项工作将为保护区的科学研究与保护管理工作提供更为翔实的基础资料,还将为南水北调工程实施后,监测长江水对当地生物群落的影响奠定基础数据库。该次调查结果显示,保护区的生物多样性比以前有极大的提升(表 8-5),显示出保护区在执行生态保护使命方面取得了极大的成效。

2003 年至今保护区对各类文化资源的调查也持续进行着。调查内容主要涉及三个方面:一是历史人文资源基本情况,包括各级各类文物古迹、革命纪念地的分布保护和利用情况;二是民间民俗文化资源基本情况,包括民间艺术、民间习俗、民间工艺等的分布、流传和发展情况;三是自然景观资源基本情况,包括地质地貌类景观、水体类景观、生物类景观等的分布、保护和开发情况。

表 8-5　2007 年保护区生物多样性调查结果与以往数据的比较

动物类群	以往数据	本次考察数据	变化
昆虫类	194	417	+223
鱼类	26	34	+8
两栖类	6	7	+1
爬行类	11	12	+1
鸟类	296	303	+7
兽类	17	20	+3
总计	550	793	+243

2005 年，为切实解决项目用地供需矛盾，衡水市于 9 月 2 日召开了合理利用土地资源调查摸底动员大会。会议对可以复垦的存量土地、1997 年以来农用地治理规划完成情况及剩余情况、1999 年以来自筹资金整理农用地情况、各县市区零散分布的建设用地规划指标和调整后集中连片区域情况的统计工作进行了安排部署。

8.3.2.2　鸟类监测

保护区非常重视对鸟类迁飞的动态监测，并为此在湖区建立水鸟观测点，还根据鸟类活动规律划定了滏阳新河右堤、前韩、绳头、顺民、北关、王口、大赵、梅花岛等 8 个重点监测区域，并特别在秋冬鸟类迁徙季节相应调整监测区域，扩大监测范围，进一步加强监测。在鸟类迁徙季节到来之前，保护区监测人员会对小麦等农作物的种植情况进行调查，以预测和掌握鹤类、雁类及大鸨的越冬食源情况，对鸟类主要的可能活动区域进行 GPS 定位。在鸟类迁飞到湖区期间，保护区监测人员会结合野生动物疫情疫病的监测需要，组织人员对鸟类主要迁徙区、鸟类停歇地及集群活动区实行严密监控，每天严密监视野外鸟类的健康状况，并积极开展鸟类救护。如 2007 年 11 月保护区就救护了一只国家Ⅰ级重点保护鸟类——大鸨。

8.3.2.3　疫病监控

针对近年来禽流感爆发的严峻形势，保护区将生态保护工作与野生动物疫源疫病监测结合起来，设立了野生动物疫源疫病监测站，并通过建立防治高致病性禽流感工作领导小组、督察小组，落实和增强监测巡护力量等组织措施，使野生动物疫源疫病的监测工作得到了有力的落实。到目前为止，衡水湖国家级自然保护区内未发现禽流感病例。

8.3.2.4　生物入侵防治

保护区目前发现的生物入侵问题主要是黄顶菊的蔓延。为了加强对外来生物入侵的防治工作，遏制入侵生物黄顶菊在保护区的蔓延，保护区于 2007 年 4 月邀请了中国农科院农业环境与可持续发展研究所外来入侵生物管理课题组到保护区冀衡农场等黄顶菊生长密集区进行了生物抑制黄顶菊生长试验的播种工作。保护区还于 2007 年 7 月组织了 100 多名干部职工以义务劳动的方式，利用半天时间，开展黄顶菊突击除治活动，对冀衡农场院内、106 国道及迷宫码头、湿地公园码头、大赵码头等生长密集区的黄顶菊进行人工拔除，遏制其暴发势头。

8.3.3　水资源保护与环境治理

8.3.3.1　水资源保护

衡水湖是华北平原唯一保持生态系统完整的内陆淡水湿地和鸟类自然保护区。但已经失去了天然的河流水资源的补给，湿地目前完全靠人工调水引水来维持。因此，恢复和维持衡水湖这一湿地水域，就成为保护区管理的首要任务。

衡水湖湖区总面积 75km^2，设计蓄水位 21.0m，相应蓄水量 1.88 亿 m^3。但由于周边自然水系断流，长期处于干涸状态，湖区土地一度被开垦为农场。建国后曾经一度建成水库并蓄水，但由于带来了周边土地次生盐碱化的负面效应而放弃。1985 年以来，衡水湖东湖才恢复蓄水，到目前为止西湖湿地尚未恢复。从东湖恢复蓄水以来，除 2005 年引岳城水库水入湖外，衡水湖一直靠引蓄黄河水满足水源供应。由于著名的引黄济津工程需经过衡水的清凉江，这位衡水湖引黄提供了便利。此引水线路将经由清凉江的黄河水从小油故节制闸沿卫千干渠引入衡水湖。

从 2005 年起，天津不再需要从黄河水调水，因此引黄入衡就失去了搭车引水的便利，加上 2005 年冬天黄河输水线路聊城附近工程施工，引黄入衡无法实现。在多方协调下，衡水湖改从岳城水库引岳入衡。这是岳城水库首次向衡水湖输水。引岳入衡线路基本利用了与衡水湖北面的滏东排河相连的引岳济淀输水线路。这使衡水湖实施引水工程的费用得到了极大的节约。由此也可看出，衡水湖尽管已经失去天然水源补给，但作为一片周边河道纵横的华北平原中心湿地，却依然保持着在水资源补给上的天然优势，也依然保持着实现水资源调蓄功能的巨大潜力，因此南水北调工程会将衡水湖规划为其东线工程的调蓄水库。引岳入衡的具体线路为：从岳城水库放水入民由北干渠，经团结渠、支漳河、老漳河、滏东排河至东羡节制闸，最后经冀码渠入衡水湖，涉及邯郸、邢台、衡水三市的 14 县，全长 273km。2005 年岳城水库放水总量达 1.4 亿 m^3，衡水湖收水量则达到 6300 万 m^3，开创了湖水水质历年最优、水位高程历年之最。

2007 年冬，由于衡水湖以北的白洋淀处于干淀危机，国家水利部门决定启动引黄济淀生态应急补水工程，衡水湖获准参与此次引水工程，于是再次“饮”上了黄河水。引黄补淀工程从位于山东聊城的位山水库提闸放水，输水线路全长 397km，途经衡水市境内 180km。黄河水从故城县贾庄附近的清凉江进入衡水市后，一部分沿油故节制闸北上，在徐沙闸向北流向大浪淀水库，而在吴沙闸沿江河干渠进入滏东排河，进入引岳入淀线路，直奔白洋淀。一部分通过小油故闸沿卫千干渠进入衡水湖区。此次“引黄入湖”工程将为衡水湖补充 5300 万 m^3 水源。衡水湖的总蓄水量将由引水前的 3800 万 m^3 升至 9100 万 m^3，水位也达到 21m。

无论是引黄入衡，还是引岳入衡，衡水湖每年的引水工作都是从 11 月底开始，从开闸放水到达到目标蓄水量往往长达 30 ~ 40 天。水利部门在放水前需要完成口门封堵、闸涵抢修、连通渠扩挖、导水排污等临时工程，使渠道具备通水条件；在输水过程中则需要开展工程维护、水质保障、输水调度、水文监测、冰期抢险等工作。据 2007 年引水工程的相关报道，从黄河水进入衡水市的那一刻起，沿线就有 400 多名巡查、测流职工值守河道两边昼夜工作，以保障引水工程顺利实施，并确保对各种突发险情进行及时抢修。引水之后，沿线桥闸可能因水位的突然变化而发生破坏，成为危桥，这些也需要安排整修加固，以保障沿途生产生活的正常秩序。由于衡水湖天然水系的恢复还需要经过一个漫长的过程，且涉及全流域的治理，因此，维持衡水湖的水资源供给将在未来的很长时间都会一直是保护区需要持续应对的挑战。

8.3.3.2　环境治理

几年来，围绕 2004 年规划，衡水市先后制定出台了一系列环境综合整治相关制度，并下了大力综合治理周边环境，使衡水湖湿地的生态环境得到了明显改善。

作为一个以湿地和鸟类为特色的自然保护区，以及城市水源地，周边工农业生产的污染排放是对保护区的最大威胁。同时，由于湖区与自然流域系统相隔离，自净能力不足，因此水体富营养化也是对保护区很大的威胁。

为了避免引水沿线企业污染，衡水市政府分别投资 7000 多万元和 8000 多万元建设了枣强县大营镇污水处理厂和冀州市污水处理厂及污水改排工程。衡水市环保局对冀衡集团衡湖化工厂等周边企业加大执法力度，制订了搬迁计划，自然保护区的核心区、缓冲区内的 26 家中小工业企业被停产或取缔，有效地保护了衡水湖自然保护区内的自然环境。据最新监测数据显示，衡水湖综合污染指数较 2001 年相比下降了 64%，水体由Ⅳ类上升为Ⅱ类水质标准。

2008 年 2 月，衡水市政府召开桃城区政府、冀州市政府、衡水湖管委会和市直有关部门及基层干部群众参加的衡水湖国家级自然保护区水环境污染治理工作动员大会，并下达《衡水市人民政府关于引发取缔衡水湖网箱拦网围埝养殖治理水质污染的实施方案的通知》(衡政[2008]6 号)，全面安排部署明确责任。3 月中旬全面开展取缔工作，截至 5 月 6 日，完成了全部衡水湖东湖的清理取缔工作。

但保护区在富营养化治理方面还面临着极大挑战，湖区与自然流域系统相隔绝、自我净化能力不强的问题在短期内显然很难得到彻底解决。

8.3.4　保护执法

建立和完善管理秩序，制止和打击各种破坏活动，是有效地保护生态环境和自然资源和加快衡水湖自然保护区建设和发展的基础。保护区成立以来，就对综合执法高度重视。取得了以下成效：

8.3.4.1　执法主体地位的落实

保护区成立以来，就依据《河北衡水湖自然保护区管理办法》，2007 年 7 月管委会的行政执法主体资格得到正式批准，在市法制办、市财政局帮助下开始办理相关罚没许可证，落实执法代码，开展执法培训，统一办理执法资格证。新的管理体制完善了保护区管委会的政府行政职能，为衡水湖自然保护区实现综合执法、经济发展、环境保护等提供了保障。

8.3.4.2　执法主体能力建设

保护区位于华北平原人口稠密区，人类与野生动物在生存空间上存在着明显的矛盾，人类与自然环境不协调的生产生活活动对保护区的可持续发展构成了极大的威胁，因此保护执法的压力也非常大。为了使保护执法工作更加有效，保护区非常重视加强保护执法队伍和保护网络建设：一方面努力提高执法人员素质，注意使保护执法工作依法开展；一方面努力开展普法教育，包括司法部门联合探索普法宣传新模式、新办法等；同时积极强化与有关县区之间的沟通与协调，建立起了由管委会、有关乡镇和职能部门、村两委班子、社会监督员组成的四级保护管理网络，营造社区共管氛围。最后，在此基础上，对破坏保护区的行为进行严厉打击，通过严格执法使群众受到教育。做到行政、教育、法制措施并举，严禁一切不法行为。目前的保护区综合执法大队包括 3 个中队，配备了执法摩托车 4 辆。

8.3.4.3　保护执法内容

保护区保护执法的目标在于使湖区资源得到合理使用，使已被污染或破坏的环境得到综合治理和恢复，减少人类活动对湿地鸟类生态的负面干扰，促进鸟类种群的增加。

保护区将保护执法工作的重点放在打击偷捕盗猎、乱割滥伐、滥批乱建、乱扔垃圾、污染环境、非法捕捞、开垦复耕、围堰养殖、围湖造田和非法进入自然保护区等破坏生态环境、破坏鸟类繁殖地和自然资源的行为。为此保护区多次开展集中整顿，取得了不少成效。如 2006 年 8 月的以全面取缔网箱非法捕捞为主要内容的联合执法中就共出动执法船艇 30 多艘(次)，巡湖车辆 40 辆(次)，出动渔政执法人员 220 多人(次)，查没网箔 107 套、粘网 30 个、“迷魂阵”3 处，慑于联合执法的强大声势，大部分非法设置的网箱由渔民自行拆除。2007 年春节后上班第一天便对衡水湖区大赵常村两户违章建筑进行了强制拆除，向私搭乱建打响了第一枪，在衡水湖区群众中产生了很大的反响。

尽管保护执法的力度很大，但保护执法工作依然面临极大挑战，每当声势浩大的保护执法工作之后的间隙，一些破坏保护区的行为又逐渐抬头。

8.4　公共服务

8.4.1　扶助三农

8.4.1.1　新农村建设

衡水湖管委会积极抓住国家开展“新农村建设”的有利时机，提出了“三抓一扩大一培养”推进湖区新农村建设更好更快发展的工作思路。“三抓”指：一抓新农村建设专项资金的申请管理，结合保护区村民无地、缺地人均收入水平低、增收难度大等实际情况，积极争取国家新农村建设资金；二是抓好创建省内乡村旅游试点、农业旅游示范点，加快农村旅游基础设施建设；三抓特色农村建设，围绕培育旅游产业做文章，围绕恢复和改善生态做规划，重点在培育乡村游、农家游上下工夫，努力实现因村制宜育产业、一村一品出特色。“一扩大”指扩大农民就业空间，拓宽农民增收渠道。倡导农民就地创业，也鼓励农民外出创业，还支持外出的农民回乡创业，努力走出一条以创业促就业、以就业带增收的农村发展道路。“一培养”指培养造就新型农民，提高农民文化科技素质。着力加强农村义务教育，加快发展农村职业教育，大规模开展农民技能培训，努力提高农民文化科技素质。但整个新农村建设工作目前还基本处于起步规划阶段。

8.4.1.2　农业补贴

农业补贴是国家扶助三农的重要措施，主要包括粮食直补及综合直补两个方面：粮食直补是国家为鼓励粮食播种给种粮农户发放的补贴，综合直补是在原粮食直补的基础上，考虑成品油价格调整和化肥、农药、农膜等农业生产资料预计增加的支出等因素对种粮农民实行的补贴。目前衡水市的粮食直补标准已由 2005 年的每亩 16.64 元提高到每亩 20 元，补贴范围为 2005 年补贴面积减去新增退耕还林和国家合法占地；综合直补标准则为每亩 11.78 元。

保护区管委会作为承担了 8 个代管村地方行政管理责任的一级政府，在农业补贴方面最重要的工作是必须采取有力措施，确保粮食直补及综合直补及时足额发放。为此，保护区管委会成立了直补领导小组，下设办公室，配专职人员负责相关工作。保护区管委会一方面制定补贴方案，确定补贴范围，规范补贴发放手续，一方面建立起了资金专户管理制度，为所有享受补贴的农户在当地农村信用社开设了农民补贴银行个人储蓄卡（存折），所有补贴通过“一卡通”（一折通）的形式直接兑付给农民。基层财政部门也将农户的姓名、身份证号、享受补贴的计税土地面积、各项补贴资金的性质、用途和金额等资料全面提供给当地农村信用社，并公布了举报电话，接受广大农民群众监督。保护区的这些工作使农业补贴的发放做到了透明高效。

8.4.2　资源利用管理

衡水湖湿地从大面积干涸到如今部分恢复蓄水，到今后湿地进一步恢复，带领湖区农民发展替代生计一直成为保护区重中之重的任务。多年来，管委会一直坚持从使保护区各种自然资源得到可持续利用的角度来探索替代生计的发展思路，并多方借鉴国内外经验，包括引入外脑来出谋划策，力图使农民生计问题得到妥善解决，并取得了一定的成效。2007 年 3 月保护区还从湿地国际申请到衡水湖湿地与减贫项目建议书编写项目，该项目得到湿地国际 1.5 万欧元的资金支持，通过举办参与式乡村评估（PRA）培训班、聘请中外专家实地调研、组织研讨会等活动，来研究充分利用保护区各种资源优势，促进全面协调可持续发展的方案。

目前，保护区在合理利用保护区自然资源发展替代生计方面，已经在以下几方面取得了初步的成效。

8.4.2.1　苇编特色工艺品加工

保护区早在2003年就在衡水湖自然保护区管理处下设立了苇草工艺厂，邀请有关专家对群众进行水生植物的综合利用技术和苇编工艺品制作技术培训，开发出一批代表衡水湖湿地文化，表达衡水湖风土人情的芦苇、蒲草工艺品，并打进了国际市场，成为当地群众增收的重要来源。2006年，保护区管委会了解到山东省博兴的蒲草编织工艺品销往世界十几个国家，收入占当地居民总收入的40%，随即组织了前韩、绳头、秦田、大赵村等村庄的30多名干部群众赴山东省博兴进行参观考察，学习芦苇、薄草编织技艺，掀起了学习利用苇编技艺的高潮，为合理利用衡水湖丰富的芦苇、薄草资源找到了一条新路子，中央电视台《致富经》栏目对此进行了专题报道。保护区管委会目前还专门成立了水生植物开发利用工作室，进一步研究水生植物开发利用的新思路，引导渔民走生态旅游和生态农业的路子。

8.4.2.2　可持续渔业管理

对于已经退田还湖的衡水湖周边村民，渔业已经替代了农业成为了他们重要的生计来源。渔业的发展对衡水湖是一柄双刃剑，合理的渔业发展可以有效抑制因水生植物过度生长给水质带来的威胁，还能给鸟类提供食物，但过度的渔业又会因饲料和粪便给水质带来威胁。因此，有效的渔业管理对保护区管理是一个重要的考验。目前保护区在渔业管理方面主要做了以下工作：

（1）开展增殖放流。为改善湖水生态、增加渔民收益，每年都会有一定量的鱼苗被市畜牧水产局投放衡水湖，投放的主要品种有草鱼、花白鲢、鲤鱼、鲫鱼等。投放鱼苗不仅给渔民带来不小的收益，更重要的目的是优化品种结构，补充湖区渔业资源，修复衡水湖的生态环境。衡水湖的春季放流工作，已经取得了较好的效果，衡水湖的水质也已得到初步改善，湖内鱼、虾、蟹的规格与产量都逐年明显提高。

（2）执行封湖禁渔期制度。保护区早在2003年已出台规定，每年5月1日至8月31日为封湖禁渔期。为给鱼类创造一个良好的休养生息的机会，促进渔业资源的可持续利用，在禁渔期内，所有捕捞网具和船只必须停止捕捞，任何人不得在湖区运销违法捕捞的渔获物；任何船只和人员在湖面活动，必须接受执法检查，对违法捕捞及运销违法捕捞渔获物，将由执法大队依照《渔业法》第三十条、第三十八条规定没收网具、渔获物及违法所得并处罚款。

（3）禁止以非法方式从事渔业生产。非法方式包括小网眼捕捞、电鱼、非法围湖造塘、乱挖坑塘、网箱养鱼、禁渔期非法捕捞等行为，这些都是保护执法的严厉打击对象。2008年2～5月，在衡水市政府的领导和大力支持下，保护区管委会、桃城区政府、冀州市政府及有关市直部门协调联动，全面取缔了衡水湖东湖内的网箱养殖。这次列入取缔范围的东湖非法水产养殖共有13797.73亩，包括网箱1292个360亩、拦网6406.78亩、围埝7030.95亩。其中，网箱养殖于4月3日清理取缔完毕，拦网、围埝养殖于5月底完成清理取缔。在衡水市交通局的管控下，11个经营户的14条“三无”挖泥船只，自2月28日起全部停止了违规作业。

8.4.2.3　旅游业管理

衡水湖宽阔的湖面和北国水乡风光已经成为保护区发展替代生计的一项重要资源。发展生态旅游业已经成为了保护区管委会正在执行的一项重要战略。

为了规范旅游观光秩序，保护区成立了旅游服务中心，对生态观光旅游活动实施了集中管理。保护区为了开发生态旅游，一方面通过多种方式不断提高衡水湖知名度、吸引越来越多的游客来到衡水湖，另一方面积极开展以下旅游业管理相关工作：

（1）完善中心码头功能。保护区相继完成了亲水平台、登船区、充电区、野钓区、机动车行道和停车场建设以及湖内三生岛的改造建设，对景区小品进行了完善，开展了环境卫生综合整治，组织义务劳动，中心码头一期工程已进入扫尾阶段。机动车行道铺设完毕，停船区、充电区工程业已完工。

（2）旅游船只的集中管理。为此，保护区先后出台《衡水市人民政府关于加强河北省衡水湖湿地和鸟类自然保护区船舶管理的通知》（2002 年 11 月 1 日）、《船只购置审批程序及擅购船只处理意见》、《衡水市公安局衡水湖自然保护区治安分局、资源保护局和衡水市地方海事局关于严禁擅自购买旅游观光船舶进湖经营的通告》（2006 年 6 月 15 日）、《河北衡水湖国家级自然保护区资源保护局、河北衡水湖国家级自然保护区社会发展局关于 2007 年度旅游船只运营及购置有关问题的通知》和《2007 年度旅游船只购置方案》等。保护区对进入湖区的船只实施集中管理有以下突出成效：一是淘汰了高污染排放的落后船只，使生产和旅游船只对湖水的污染得到了有效控制；二是通过统一管理观光游览船只，以及加强船主及游人的宣传教育和培训，界定游人活动范围，有效消除了过去船只擅自进入核心区的现象，也使旅游观光秩序得到了有效规范。通过船只的集中管理，保护区也落实了资源保护费的收取途径，为保护区增强可持续发展的经济能力提供了一项重要收入。

（3）导游管理。保护区将导游人员的管理纳入了《河北衡水湖国家级自然保护区旅游管理办法》，规定导游人员必须纳入旅游服务中心统一管理，并且佩戴导游证上岗证持证上岗。并通过开展"游衡水湖、讲衡水湖"等导游培训活动，组织导游员参加导游技能大赛等，积极提高导游水平。

（4）倡导旅游文明服务。保护区积极倡导旅游从业者文明服务，特别是在重大节日期间，衡水湖观光旅游执行原定价格标准不变，加大对各种违规经营行为的查处，规范游览航线和秩序，维护旅游者的合法权益，并对现役军人及 70 岁以上老人等凭有效证件免资源保护费，努力营造良好的假日市场消费环境。

（5）建立和落实安全预案。保护区开展旅游集中管理以来，制定和完善了水上应急预案，建立健全了各项安全管理制度，层层签订了责任状，建立了专门的执法救生队伍。新购置执法救生快艇 3 艘，配齐了救生器材和设备。为全部游船上齐了保险，印发了专项通知，明确了安全事项，加强了对经营管理人员的安全教育。

通过旅游基础设施的不断完善和旅游服务水平的不断提高，衡水湖的旅游业已经得到了初步发展，从 2003 年全年游客 5 万人次，迅速增长到 2007 年全年 20 万余人次。

8.4.3　文明建设

8.4.3.1　生态文明建设

建设生态文明是保护区肩负的重要使命，也是保护区周边社区走可持续发展之路的重要保障。保护区在生态文明建设方面做出了大量的努力，包括到周边社区播放生态教育的宣传影片，多次组织社区居民开展湿地资源参与式管理的研讨，为周边社区提供湿地资源利用替代生计的培训，帮助当地妇女编织人员成立互助组织，推动芦苇和蒲草编织发展成为示范项目，开展针对旅游从业人员和游客的生态的公众生态教育，开展观鸟生态旅游培训，举办观鸟大赛等。目前保护区已经初步形成了爱鸟护鸟的优良风气，一些老百姓对鸟吃粮食也不轰赶，良好的生态文明环境也是保护区鸟类种群不断增长的一个重要原因。

8.4.3.2 地方文化重建

衡水当地历史文化悠久,从汉代至今,有相当数量的文物古迹、名人轶事,除此之外,地方的生活习惯、饮食文化也有一些特色。因此,管委会积极采取措施,保护地方文化,崇尚文明新风,提倡现代的礼仪风俗。保护区最近的一项举措是:于2007年发出通知,向全社会征集有关衡水湖起源、演变、发展的历史资料、民间传说、民俗风情、各种典故及各个历史时期真实反映衡水湖周边群众生产、生活、自然灾害等方面的老照片及故事文章;还努力收集真实反映衡水湖区人民生产(包括工、农、牧、副、渔等)、生活等方面不同主题、不同侧面的纪实照片和故事文章。保护区承诺:征集到的照片和文章,将由河北衡水湖国家级自然保护区历史博物馆统一收藏,并注明提供单位名称及个人,同时向提供者颁发荣誉证书,以激励提供者踊跃参与。在保护区的积极推动下,目前有关衡水湖的历史和文化的相关出版物如《衡水湖的传说》、《华北明珠——衡水湖》等一大批专著已经问世。衡水市还创办了《董仲舒研究》杂志、创建了年画博物馆、内画艺术展览馆、耿长锁特藏馆等。市教育局还将衡水传统文化编写成乡土教材,对青少年进行传统优秀文化和美德教育。可以看出,围绕着衡水湖的地方文化重建已经在衡水湖及其周边社区积极展开。

8.4.3.3 殡葬管理

按《河北省殡葬管理办法》规定,耕地、名胜古迹区、文物保护区、水库、河流堤坝和铁路、公路两侧为禁葬区域,其中河北衡水湖国家级自然保护区为火葬区。为进一步加强殡葬管理,结合本区实际,保护区出台了相关规定:除国家规定可以实行土葬的少数民族外,一律实行火葬,现有墓地必须符合《河北衡水湖国家级自然保护区总体规划》。同时殡仪用车、丧葬用品的生产销售也须符合《河北省殡葬管理办法》,并不得违反衡水湖管委会的相关规定。

8.4.4 公共安全管理

衡水湖地区人口稠密,社会治安、食品安全、公共卫生安全、消防安全等公共安全问题都对管委会的安全管理提出了挑战。另外,随着保护区旅游资源的开发,游客数量的增加,重大节日安全保护成为保护区很重要的问题。管委会为此出台了相关规定,并采取了多项措施确保重大节日衡水湖景区的安全问题。

(1)社会治安管理:作为县级地方政府机构,保护区管委会也肩负了维护辖区社会治安的任务。在治安管理方面,保护区治安分局在执法中重视社区治安网络的建设,建立了中心户长调解网、村治保会调解网、警务室调解网等"三网一队"体系,实现了网络化的社会治安综合治理。并根据衡水市的统一部署,于2007年开展了严打整治专项斗争工作。

(2)食品安全管理:保护区实施了食品质量安全市场准入制度,强化企业法人作为食品安全第一责任人的责任,并加大执法力度,严厉查处无卫生许可证、无营业执照、无生产许可证的生产经营行为。除此之外,保护区还建立健全监管网络,广泛动员社会力量积极参与,强化舆论监督,加强社会监督,进一步畅通群众监督、举报、投诉渠道。

(3)防灾减灾安全管理:保护区为应对紧急、突发事件,结合禽流感防治工作,安排了24小时值班车辆,实行了领导带班、干部值班、化解处置反馈报告等工作同步等制度,努力保障指挥畅通。保护区也针对季节性变化和潜在安全风险制定预案,采取了有针对性的安全预防措施。如入冬之后,调整浮桥高度,为结冰前做好准备,并加强码头设施保护及游船的维护。针对火灾多发季节开展防火和灭火准备工作,如组织人员进入森林公园清除杂草及落叶,对各种灭火设备进行了全面检修,保证设备处于良好使用状态等。

8.5 基础设施建设

8.5.1 建设资金筹措

根据《衡水湖国家级自然保护区总体规划》的要求,衡水湖自然保护区管委会负担着大量的保护区基础设施建设任务。所涉及巨额投资很难由保护区自身非常有限的财政收入来承担。为筹措建设经费,保护区主要采取了以下措施:

8.5.1.1 多渠道申报专项建设项目资金

保护区大量建设属公益性投资,争取国家和地方有关保护区建设、环境保护、林业水利建设,以及新农村建设等相关专项建设项目经费,以及争取国际组织的援助就成为保护区管委会落实保护建设任务,解决财政困难的重要出路。鉴于此,保护区管委会主动跑部进京,到国家发改委、国家环保总局、国家农业部、国家林业局等有关处司,把握政策导向和资金投向,努力争取各种项目对接的机会,并不断寻求更大支持。

8.5.1.2 招商引资

招商引资是所有地方政府发展本地经济的一项重要手段。衡水湖自然保护区也不例外。2005年衡水市政府特别出台了投资衡水湖保护区的优惠政策,以税收奖励的方式在投资一定年限内变相减免相应的税收,吸引社会投资参与保护区建设。到目前为止,首个成功的招商引资项目为"河北省水上运动项目后备人才训练基地"的建设项目,该项目结合了盐河故道湿地恢复的基础设施建设目标,于2007年6月由河北润达房地产公司通过招牌挂获得开发权,该项目将利用已经废弃的盐河故道建设"河北省水上运动项目后备人才训练基地"具体内容包括:水上及陆地比赛训练区、运动场馆、基础设施配套、运动员村、生态绿化等。由开发商投资建设并负责市场化经营。

8.5.1.3 自筹资金

保护区为了尽快促进保护区生态旅游产业的发展,决定自筹资金投入保护区的启动区基础设施建设。为此,保护区下属的建设发展有限公司,该公司性质为国有全资,主要通过银行贷款实施对保护区生态旅游起步区的建设开发活动。

8.5.2 湿地保护与恢复

湿地保护与恢复是保护区基础建设最重要的方面。保护区已经或计划实施的湿地保护与恢复工程具体情况如下:

(1)世界自然基金会新建湿地自然保护区项目。该项目由世界自然基金会北京办事处出资人民币10万元,对衡水湖保护区进行本底调查。该项目在保护区筹建之初已实施完毕。

(2)河北衡水湖水禽栖息地保护与恢复示范工程。该工程于2002年获国家林业局批准,于2003年06月始实施,2006年4月验收完毕。该工程利用了国家林业局为《衡水湖水禽栖息地保护与恢复项目》提供的总投资505万元,以及世界自然保护联盟荷兰委员会的《河北省衡水湖湿地可持续管理示范项目》中的部分赠款,分别为60984欧元(2002~2003年)和23867欧元(2005~2006年)。水禽栖息地保护与恢复项目的目的是改善滏阳新河滩地的鸟类湿地生境,增加生物多样性;世界自然保护联盟小额赠款则旨在通过湿地资源的合理利用、社区参与和能力建设的措施,来实施一个湿地可持续管理的示范项目。项目区在一片长7km,宽1.25km,总面积约875hm^{2}的范围。具体内容既包括修建涵闸、疏浚渠道、改造沼泽、退田还湖,在河岸上种植灌木等湿地恢复和改良措施，也包括保护区能力建设和对周边社区湿地资源利用替代生计的培训。保护区一方面在滏阳新河滩地依据地形起伏状况，进行地形改造、恢复湿地，给多种鸟类创造了相适应的栖息、取食和生存环境，有效改善了项目实施区域的生态条件。另一方面，通过组织湿地资源参与式管理的研讨会和培训，以及提供资金、技术、组织技能和经营管理的培训，帮助当地妇女编织人员成立互助组织，推动芦苇和蒲草编织发展成为示范项目，并开展了公众生态教育，观鸟生态旅游培训，举办了观鸟大赛等。可以看出，该项目的实施在湿地恢复、鸟类生境改善，以及社区的湿地资源可持续利用和管理能力建设上，都取得了良好的效果。

(3)衡水湖蓄水恢复加固工程。2005 年 2 月，水利部门投资 2000 万元的衡水湖蓄水恢复加固工程，通过小湖隔堤护砌、顺民庄围埝、南关闸改建工程的实施，使蓄水水位达 21m，增加衡水湖蓄水量 1000 多万 m^3，以确保衡水市的工农业生产和衡水湖湿地生态用水。此项目较为遗憾的方面在于，由于投资规模所限，在建设目标上过于偏重于提升衡水湖的蓄水能力，而缺乏对湖区堤岸生态功能恢复和湿地景观恢复的综合考虑，在后续的保护区基础建设中还有待于进一步改进。

(4)衡水湖国家级自然保护区湿地保护工程项目。该项目被列入《全国湿地保护工程规划》，项目总投资 2317 万元。主要是按照保护区《04 年规划》的要求，建设湿地保护、科研监测、宣传教育和办公楼等基础设施。建设内容包括综合楼、瞭望塔、观鸟屋、围栏、管护码头、巡护道路、鸟类救护中心、水文监测站、湿地科研试验基地、区碑、界桩、及相应设施设备等。该项目一期工程投资 1048 万元(其中中央预算内专项资金 518 万元，地方配套 530 万元)，于 2007 年启动，已经执行完毕。二期工程总投资 1269 万元(其中中央预算内专项资金 409 万元，地方配套 860 万元)，初步设计于 2008 年 3 月获河北省发改委批复。目前正在实施中。

(5)衡水湖国家级野生动物疫源疫病监测站建设项目。该项目 2007 年 12 月 3 日获国家发改委和国家林业局批复。项目总金额 43 万元，其中中央预算内资金 40 万元，地方配套 3 万元。项目主要内容为购置单双筒望远镜等必要的野外观测、定位、巡查、监测和防护设备。目前这些设备已经购置完毕。

(6)河北衡水湖国家级自然保护区监测与管理项目。于 2007 年 12 月获国家林业局批复，总投资 8 万元。该项目属林业事业类项目，主要内容包括开展衡水湖候鸟资源调查；建立保护区候鸟资源数据库；保护区工作人员培训；购买监测设备；开展日常巡护工作；和进行栖息地评估，提出管理建议等。

(7)盐河故道湿地恢复项目，该项目总投资预计在 6 亿元，选址在冀州市魏屯镇王口村至桃城区彭杜乡秦南田区段，属保护区的实验区和示范区。2007 年 6 月由河北润达房地产公司通过招牌挂获得“盐河故道湿地恢复项目”的国有出让土地使用权 500 亩。该项目将利用已经废弃的盐河故道建设“河北省水上运动项目后备人才训练基地”具体内容包括：水上及陆地比赛训练区、运动场馆、基础设施配套、运动员村、生态绿化等。由开发商投资建设并负责市场化经营。

(8)退耕还林和生态保护林工程。借助于国家林业局拨款，保护区已经实施了退耕还林工程。退耕还林的目的为提高森林覆盖率，增加植被、涵养水源、防风固沙。工程重点实施区域为中心码头、滏阳新河右两侧堤、滏东排河南北岸、及其他环衡水湖地。目前已植树 150 万棵，树种主要为白腊和杨树。计划实现退耕还林面积 0.6 万亩，其中：退耕还林 0.3 万亩，匹配荒地造林 0.3 万亩。目前已建成滏东排河左右堤、中隔堤、106 国道等绿化带，给鸟类创造了更加安宁舒适的栖息环境。保护区还计划打造 10 万亩生态保护林，预计总投资达 6280 万元。

8.5.3　生态旅游相关基础设施建设

衡水市明确将衡水湖纳入了“十一五”规划，做出了依托湖优势、做足水文章、建设北方滨湖生态休闲度假城市的战略部署。衡水湖自然保护区也将生态旅游作为培育区域特色经济的切入点，提出了“抓保护、争项目、育产业、谋发展”的发展思路，意图将保护区的综合示范圈（含实验区和区外示范区）建设成为集生态旅游、科技、教育、行政、会展、休闲、度假等多功能于一体的高品位的、自然生态的、宜居宜游的、休闲文化气息浓厚的“城市新区”，从而使衡水湖跃升为衡水新的经济增长极，成为周边城市集群发展的依托和载体。作为生态旅游的基础设施建设，保护区目前已经或正在积极推进的项目有：

（1）透湖工程。透湖工程也是衡水湖生态旅游起步区建设的代名词。该项目于 2005 年开始动工，总投资 1000 多万人民币，截至 2008 年 2 月时，工程已经通过验收。该工程位于衡水湖的东北角，106 国道以西，工程内容包括对部分湖边污染企业的搬迁，以及中心码头、售卖厅、厕所、园林景观小品和绿化等的建设。通过实施透湖工程，如今衡水湖迷人的风姿从 106 国道上就清晰可见，衡水市进入衡水湖区后的沿途景观得到了极大改善，衡水湖的水质也得到了更好的保护，也使保护区对入湖旅游的集中管理得到了基础设施的有效保障。保护区还将进行后续建设，努力在起步区建设上取得更大成效。

（2）衡水湖旅游指示牌项目。河北省旅游局提供 1.75 万元支持资金，于 2007 年 11 月 30 日到位。衡水湖管委会用此资金在衡水市周边主要道路出入口，包括 106 国道、青银高速、040 省道、衡枣路、冀枣路等道路出入口设立 7 块衡水湖旅游指示牌。目前工程已经施工完毕。这些指示牌的设置对加大了对过往车辆的衡水湖生态旅游宣传力度。

（3）龙源国际和平托老中心项目。该项目预计总投资 1.2 亿元。项目选址于衡水市桃城区彭杜乡北田村西北，106 国道东侧。项目占地 280 亩。属保护区的实验区。规划为一个面向老龄人口的休闲设施，建设内容包括：保健康复中心 20000m^2，老年康居疗养区 30000m^2，老年高档疗养区 20000m^2，老年文化交流中心 10000m^2，物业管理服务中心 4000m^2，老年自助农艺中心 80 亩，老年游客服务中心 2000m^2。该项目现已招商成功，拟由保护区管委会所属衡水湖建设发展有限公司负责开发建设。

（4）保护区小型娱乐项目衡水湖大理想拓展基地和沙滩水世界项目已建成运营。

此外，保护区还构想了湿地生态公园、万亩森林公园、世界荷花荟萃园、衡水文化产业创意园、保护区生态农庄度假区、滏阳新河滩地观鸟、冀州古城风景区恢复和大禹文化公园等项目，正在积极开展招商引资。

8.6　管理评价

8.6.1　已取得的成效

8.6.1.1　已初步形成对保护与发展关系的共识

作为一个人口密集的华北平原上的湿地型自然保护区，最大的挑战来自于处理保护与发展的关系。衡水湖经过这么多年的摸索和发展，应该说地方政府已经初步在这个问题上达成了共识，那就是：在自然资源和环境得到有效保护的前提下，充分利用保护区的自然资源发展替代生计，引导社区走一条可持续发展的创新之路。正是因为这个原因，20 世纪 90 年代一度上马的“衡水湖经济开发区"很快被撤销;而2000以后的自然保护区则一路绿灯很快完成了从地方到省级到国家级的三级跳,而这期间凡是对衡水湖过度的商业开发计划都被否决。

2004年衡水湖国家级自然保护区保护区总体规划得到了国家林业局的批准,使保护区的管理和发展目标进一步清晰和明确。此后保护区的发展基本上是按照总体规划在逐步实施。保护区管委会也得到了衡水市政府越来越多的授权来介入地方事务的管理,而不仅仅是单纯的保护管理,这将使保护区管委会在地方发展方面发挥越来越大的作用。

如今,衡水湖被衡水市政府作为一张城市名片大力向外推广,其实验区和周边示范区的开发也被纳入了衡水市的"十一五"规划,被视为城市经济未来一个新的增长极。相信保护区未来的发展应该更为稳健。

8.6.1.2 组织保障体系的建设已初步完成

保护区全部地域处于地级的衡水市境内,为形成保护区管理保护措施的统一协调提供了良好的前提条件。尽管这样,由于保护区地跨两个区市,一些地方局部利益还是对衡水湖的保护和资源可持续利用构成了挑战,为此,衡水市政府特地牵头成立了衡水湖自然保护区保护和建设指挥部,直接领导保护区的工作,从而保护区相关区县利益可以在地级市统一领导下较好地得到协调。

保护区管委会的成立则是保护区可持续发展获得组织保障的一个重要的里程碑。特别是原部分与衡水湖资源利用相关的事业单位,如衡水湖引蓄水工程管理处、衡水湖开发管理处(渔政站)、市城管局园林处万亩森林公园管理机构、桃城区水产良种养殖示范场等成建制划为保护区管委会下的直属单位,以及衡水市地方海事局在保护区挂牌并接受管委会考核,还有5个市直派驻分局等,都极大地加强管委会对保护区内各项事务的统一协调能力。目前管委会自身已经形成了较为合理的组织架构,各种建章立制的工作也已经顺利展开并形成了一些重要的成果,使依法办事、依法行政得到了有力保障。保护区工作人员年龄结构非常年轻,专业门类覆盖面广,学历和工作经验也在不断提升,特别是保护区管委会领导大都具有县一级地方政府的工作经验,这对保护区的公共服务能力是一个很好的保障。总体来看,保护区管委会是一个充满活力和战斗力的团队。

保护区还结合社区产业结构调整成立了苇草工艺厂、旅游服务中心、建设公司等自负盈亏的下属企事业单位,初步形成了其带动社区走可持续发展之路可依托的平台。

8.6.1.3 获得了越来越多的社会各界支持和参与

衡水湖自然保护区成立以来一直得到了社会各界的广泛支持,这为保护区的健康发展打下了良好的外部条件。

首先,衡水湖作为一个国家级自然保护区和国家水利风景区,一直得到了河北省和相关部委大力支持。不少国际机构,如人与生物圈、世界自然保护基金会、湿地国际、世界银行等多个国际组织都与保护区合作开展过或正在开展湿地保护与可持续发展相关项目。保护区还于2006年10月被批准加入东亚—澳大利西亚鸻鹬鸟类保护网络,这对于提升衡水湖在国际上的知名度、了解掌握国际最新技术动态、参加国际交流和研讨会、获得更多的国际项目和资金支持,促进保护区水鸟保护工作等都具有重要意义。

其次,保护区在发展过程中非常注意引入外脑来为自己出谋划策,因此,保护区的本底调查、科学考察和总体规划等都得到了来自清华大学、北京大学、北京林业大学、中国科学院、中国林业科学研究院等院校和研究机构的专家的积极参与。相关机构也纷纷与保护区开展合作、科研和实践活动。此外,保护区还很重视对外交流活动,积极参加其他省份、自然保护区、风景区及社会团体组织开展的各种交流活动,积极借鉴学习他人的经验。

保护区还非常注意通过推动公共参与来为保护区争取更多的支持,为了使保护区周边居民的环境保护意识加强,保护区也积极开拓公共参与途径。如成立社区共管志愿大队,建立社区联防网络等、并多次组织开展志愿者活动。在保护区的积极推动下还成立了衡水市衡水湖湿地和鸟类保护协会及衡水湖游钓研究会,借此联系保护区的各种支持力量。衡水市本地的 NGO 组织地球女儿环保组织也经常到衡水湖开展环境保护相关宣传活动。

为了加强与社会各界的沟通和获得更多关注与支持,保护区管委会还建立了非常好的官方网站(www. hshu. cn),对衡水湖进行宣传,对相关政策和自己的各项活动予以公开,并提供生态环境保护相关知识。保护区还与搜狐等网站合作,宣传环保公益事业。保护区与不少传统媒体也有着很好的互动,本地媒体——包括衡水市和河北省的媒体都经常对衡水湖的动态有连篇累牍的报道;全国性媒体,如中央电视台,也对衡水湖相关动态作出过相关报道。所有这些,都显示出社会各界对衡水湖的保护与发展高度关注。

8.6.1.4　基础设施建设已初步展开

保护区管委会成立以来,由于部分原市属单位的成建制划拨,使管委会开始拥有了少量自己的办公设施(之前的办公地点系租用)。再借助于湿地恢复与保护相关项目的实施,保护区目前已建成或配备了一定数量的科研、观测、管理、交通和鸟类保护等自然保护区管理必需的设施与设备,如野生动物疫源疫病监测站、保护站点、管护码头、巡护道路、标识、望远镜、巡护艇和巡护车辆等,还制作了部分公益广告牌、宣传栏等。这些都为保护区管委会履行自己的管理职能提供了较好的硬件保障。

保护区还在局部实施了湿地恢复工程,有效地遏制了湿地萎缩、植被退化的趋势,在保持现有湿地面积的基础上,使湿地功能得到逐步恢复,为停歇、迁飞、繁衍的鸟类提供了良好的繁殖和觅食地。保护区目前还正在实施综合楼、瞭望塔、观鸟屋、围栏、鸟类救护中心、水文监测站、湿地科研试验基地、区碑、界桩等的建设,相信保护区的管护能力和公共服务能力将在这些基础设施建成后得到进一步的提升。

保护区为了发展生态旅游,在招商引资条件不成熟的情况下,自筹资金开始了起步区的建设,目前已经建成了中心码头,初步完成了透湖工程,给起步区湖岸景观带来了极大改善。

8.6.1.5　生态保护与环境治理已取得初步成效

在保护区管委会的不懈努力下,衡水湖的生态环境保护已经取得初步成效,如靠人工引水维持的衡水湖每年都得到了必要的水资源供给;建立了初步的资源保护组织网络和管理体系,对保护区的巡护管理,特别是对重点地区、重点保护对象的巡护基本得到了落实;通过环境综合整治,所有燃油机动船只被取缔,距湖较近的工厂、饭店和养殖场等已经大量迁出;通过退耕还林和全衡水市动员的义务植树,环湖湖区绿化得到了改善;通过对船只和旅游的集中管理,以及对船主和游客的生态教育,非法进入自然保护区缓冲区和核心区的状况得到了有效遏制;并且通过鱼苗的增殖放流使维持水质必要的鱼类种群得到了恢复和发展,开始出现稀有鱼类在衡水湖被发现的情况;保护区广泛生长的芦苇和蒲草得到了越来越多的收割利用,减少了由于芦苇蒲草死去腐败后对湖水带来的污染;保护区内捕(猎)鸟的现象已经彻底得到制止,鸟类种群也逐年扩大,越来越多的珍稀保护鸟类在衡水湖被发现。对鸟类的禽流感监控得到了落实,至今保护区尚未发现禽流感迹象。

8.6.1.6　基于资源合理利用的可持续发展尝试得到了初步尝试

保护区发展替代生计,既可以减少区内传统的人类生产活动方式给环境带来的负面影响,减轻保护区环境污染治理的压力,又可以有效改善社区居民收入,使保护与发展的矛盾得以化解。目前,保护区在替代生计的发展方面主要走的是两条路:其一是对芦苇和蒲草等水生植物的利用;其二是合理引导发展生态旅游。这两方面保护区都已经取得初步的成效。如芦苇和蒲草的利用,保护区下属的苇草工艺厂带领农民制作了苇草工艺画，和手工苇编生活用品，目前，衡水湖周边依靠芦苇和蒲草加工获得的收入不断增多。生态旅游方面，保护区 2003 年成立了旅游服务中心，对保护区内的旅游活动实行统一管理，这既有利于实现保护区对旅游规模的控制，也有利于提升保护区旅游服务的水准，维护保护区旅游秩序和形象，以及开展相应的生态旅游教育。随着中心码头的建成，和环湖绿化带起步区景观的初步形成，越来越多的游客被吸引到衡水湖边来体味大自然的魅力，2006 年的游客接待人次已经超过 20 万人次，使保护区开始有了资源保护费收入。参与旅游服务的村民也相应获得不菲的收入：如自购船只从事普通游船服务的村民，一般一条船年收入可达 1 万元，如今这样的船只已经发展到近 260 条，其中还包括大型游船 5 条，画舫 2 只；从事景点承包旅游经营就更为可观；沿穿过保护区的 106 国道，以及在湖心的顺民庄岛上，村民开设的餐馆以衡水湖水产为号召，生意也相当红火，已经出现少数具相当规模的农家乐和品牌餐饮名菜。起步区附近村落因旅游业发展而获得的效益已经显现。

8.6.1.7　科普教育和生态文明建设工作正全面推进

衡水湖作为一个国家级自然保护区，本身肩负着重要的生态科普教育任务，同时，为了带动社区走与自然环境相协调的可持续发展之路，保护区也需要持续地推动社区生态文明建设，帮助社区村民转变观念，提高素质。目前，保护区已经挂牌成为了“河北省青少年科技教育基地”、“河北省小公民道德建设实践基地”、“衡水市未成年人思想道德建设教育基地”、“河北省青少年生态环境教育基地”和“中国野生动物保护科普教育基地”等；保护区管委会的网站也发挥着重要的科普宣传和教育功能；保护区还经常借助各种湿地保护相关项目的实施，走村入户开展社区参与式的研讨及多种形式的宣传教育活动。可以看出，对社区的生态科普教育功能正在得到越来越多的发挥。

8.6.2　待改进的方面

8.6.2.1　财政扶持相对薄弱

保护区尽管得到了社会各界的大力支持，但保护区固定的财政收入来源很少。保护的日常办公经费主要来源于衡水市财政，但只有一小部分人员属于财政编制，大量聘用临时人员的工资支付只能靠自筹。目前保护区的临时人员已经大大超过了既定编制，这是因为与保护区所承担的资源保护与社区发展的综合管理职能相比，保护区管委会目前的额定编制非常紧张，只能大量聘用临时人员来维持运转，这些人的工资目前都是依靠保护区依靠发展旅游业收取的资源保护费来支付。未来，由于新《劳动法》已经实施，临时聘用人员如果长期聘用也将最终签订无固定期限合同，其在劳动待遇和福利上与正式在编人员的差异也将逐渐消失。因此，维持一个如此庞大的临时人员队伍将对保护区人力资源管理构成很大的挑战。如果保护区大部分员工的工资必须长期依靠旅游收入，将可能给保护区带来盲目扩大旅游接待规模的激励，当这种行为超过一定限度就会与保护区的使命相冲突。

财政状况的捉襟见肘也导致保护区许多必要的基础设施建设难以按照总体规划一一落实。目前自然保护区内科研、宣教、管理、检测等手段与器材对于全面承担保护野生鸟类与湿地生境的任务仍存在一定差距。大量拟实施的保护措施还在等待各项外部资金的注入。积极争取国务院部委、河北省和世界银行等机构的项目成了保护区管委会的一项主要工作，牵扯了大量精力。加上由于各个项目都有自己的专门目标，而且金额大多很小，为了满足各种项目的不同要求，保护区不得不把自己的建设需求化整为零，这既不利于保护区提高工作效率，也不利于规划的保护措施的系统实施。

8.6.2.2　管理经验与人才均不足

衡水湖自然保护区于 2003 年才成立国家级自然保护区,保护区管委会更是 2005 年才组建,目前还处于探索发展阶段,制度建设还在不断完善和细化。保护区处于急速的发展成长期,人员流动性大,政策变化快,针对保护区特殊的保护管理目标,各方面经验的积累都还不够充分,工作常常显得计划性不足,对于一些保护管理措施,在新的任务安排下,能否得到持续的贯彻就存在问题。

从人才结构来看,保护区高学历人才不多和高级专业技术人才数量不多,这对保护区内部开展科研活动带来了很大的限制,与国家级保护区的地位还不相称,同时也不利于保护区优秀管理经验的积累。

8.6.2.3　与社区的关系有待加强

在现行的管理体制下,保护区仅对保护区内 106 个村落中其代管的 8 个村落具有管辖权,对其他村落的管理则需要与桃城区和冀州市两个县级地方政府去协调,一些问题如果不提交到衡水市领导那里就很难得到有效解决。碍于管理体制的限制,保护区管委会与直管村以外的农村社区的交流还非常不够,对保护区的这些区域的管理也显得非常乏力。

对于 8 个直管村,保护区与社区的沟通也有很多需要改进的地方。如顺民村处于湖心,对衡水湖的保护处于一个非常核心的位置,而且顺民村由于湿地恢复全部失去了土地,保护与发展的矛盾比较尖锐,但由于交通不便,保护区的人员与该村的沟通就显得非常不够。管委会负责与社区交流工作的职能部门是社会发展局,目前社会发展局面临的工作任务较重,包括社会保障、村民选举等活动,但在群众建议的反馈渠道上,还有很大的可改进空间。

8.6.2.4　保护管理的可持续性有待提高

有些破坏环境的现象处理之后仍旧存在,也对保护管理的可持续性提出了挑战。

8.6.2.5　生态环境保护力度有待加强

保护区尽管在环境治理上初步取得了不错的成绩,但还有很多环境保护措施还停留在规划阶段,或没有条件得到有效执行。

首先,保护区的保护执法存在运动式的特点,缺乏持续性,往往在一次轰轰烈烈的执法后,一些违法破坏保护区的行为又逐渐死灰复燃。

其次,保护区对非直管村范围内的破坏保护区行为严重缺乏管理力度。现场可以看到冀州方向,尽管经历了岳城水库引水线路的建设,冀码渠沿岸的垃圾和污水排放近年来几乎没有任何改善。

再次,在保护区生态建设上,还需要进一步加强科学研究和科学指导,如保护区轰轰烈烈的义务植树造林活动,寄托了广大衡水市民的极大热情,但在树种选择和种植方法上都不得当,结果是树种选择单一,不利于形成树林的生物多样性和自身抗病虫害能力,树木成活率也不高,不到 50% 。

第9章　保护区公共安全风险分析与评价

本章从自然灾害、事故灾害、公共卫生事件和社会安全事件等方面对保护区所面临的主要灾害进行了识别，并结合保护区的特点对其有关公共安全的不利因素进行了分析，对保护区公共安全存在的问题与矛盾进行了归纳。这为保护区的可持续战略规划中就公共安全问题采取有针对性地措施奠定了基础。

9.1　衡水地区主要灾害识别及统计

根据总体规划布局（详见第4章），划定“特别保护圈”、“综合示范圈”、“战略协同圈”和“流域协作圈”等四个圈层。其中“衡水湖自然保护管理区”包括“特别保护圈”和“综合示范圈”。“战略协同圈”和“流域协作圈”布局在保护管理区外，分别是自然保护区实施可持续发展战略的辐射区域和包括衡水湖湿地所在流域范围的各个城市。在第一和第二个圈层，影响保护区旅游安全的问题主要是一些社会性的问题，如事故灾害、公共卫生事件和社会安全事件。而在第三和第四个圈层这样的大区域范围内，影响保护区安全的主要问题是自然灾害，如地震灾害和洪涝灾害。

2006年河北省虽未发生流域性特大灾害，但在局部地区先后遭受了较为严重的干旱、低温冷冻、病虫害、风雹、洪涝、地震等自然灾害；共发生各类生产安全事故16088起，死亡4265人，伤8819人；共发生公共卫生事件217起，其中农畜产品质量安全事件2起；突发公共卫生事件215起，发病人数6944例，死亡54人，其中一般公共卫生事件195起，较大突发公共卫生事件20起，无重大和特别重大事件；共发生社会安全事件11.22万起，其中刑事案件11.19万起，财物损失8.38亿元，群体性事件227起，没有发生金融和涉外突发事件。

9.1.1　自然灾害

9.1.1.1　地震灾害

地震灾害是由地震产生的强烈地面运动，地震断层造成的灾害以及由其派生出的各种震害。地震灾害是一个涉及自然、社会和人等多方面因素的极其复杂的系统（表9-1）。

9.1.1.1.1　区域构造背景分析

我国位于欧亚板块的东南部，为印度洋板块、欧亚板块、太平洋板块所夹持，又处于环太平洋地震带与地中海—南亚地震带之间，因此我国是地震活动强烈，地震灾害严重的国家。我国地震具有分布广、强度大、频度高、震源浅、灾情重、复发周期长、类型多等特点。全国百万人口以上的大城市，有70%位于烈度为七度或高于七度的地震烈度区，加上震源浅，建筑物抗震性能差，因而城市震骇及其后果严重，如历史上著名的1556年关中8级大震，死亡人数83万；1920年海原8.5级地震死亡23万人，1976年唐山7.8级地震，95%的建筑物倒塌，生命线工程全部失效，使一座百万人口的新兴工业城市变为一片废墟，24万余人死亡，约16万人受伤，直接经济损失不下100亿元。

河北省在地质构造上是华北断块的组成部分。其地壳的现今构造运动受华北断块构造运动所制约。规模巨大的东西向和北东向两大构造带贯穿其境，这里新构造运动强烈，由37条活动断裂构成的各种不同类型的新生代断陷盆地，成为河北及邻区7级以上强震发生的主要地区。

河北省地震构造带主要为东西向燕山褶皱带和北东向的华北平原沉降带，在其交接部位是强震多发地区。燕山褶皱带位于阴山褶皱带南缘。北以张家口—北票大断裂为界与阴山褶皱带为邻,南以昌黎—宁河断裂、蓟运河断裂、宝坻—桐柏断裂带为界与华北平原沉降带相接,西部在涿县—灵丘一线与太行山隆起毗邻。河北省半数以上的强震都集中在这个带的南缘以及与华北平原沉降带中的北北东向断裂带交会的部位。华北平原沉降带位于河北省东南部,是区域地震构造的主体。北部以宝坻、昌黎大断裂带为界与燕山褶皱带相邻,南以齐河—广饶大断裂与鲁西隆起分界,西以太行山山前断裂带为界与西部太行山隆起毗邻,东临渤海。该带是周边以断裂为界的规模巨大的断陷构造盆地,地震活动频繁,是河北省及临区地震活动最强烈的地区。

衡水湖自然保护区属第四纪基底构造,处于新华夏系衡—邢隆起东侧的威县—武邑断裂带附近,湖区北部为石家庄—巨鹿—衡水纬向断裂。在三极构造上自然保护区处于南宫断凹的边缘,属南宫断凹与明化断凸的边界断裂。根据《河北省北京市天津市区域地质志》,无极－衡水隐伏大断裂经过衡水地区。

9.1.1.1.2　*历史地震统计*

河北省境内断裂纵横,新构造运动强烈,地震活动频度高、强度大、分布广(表9-1)。据记载,河北省省内共发生破坏性地震52次。长期以来,一直作为全国地震重点监视防御区之一。自1966年以来就发生了邢台6.8级、7.2级,河间6.3级、渤海7.4级、唐山7.8级、滦县7.1级、张北6.2级等一系列强烈地震,使人民的生命财产遭受巨大损失。

表9-1　河北省及京津地区1991～2005年地震活动统计表

年度	ML≥1	ML≥3	ML≥4	ML≥5	年度	ML≥1	ML≥3	ML≥4	ML≥5
1991	1415	46	10	2	1999	726	44	7	1
1992	1527	25	5	0	2000	514	24	3	0
1993	949	14	1	0	2001	463	23	3	0
1994	817	13	1	0	2002	701	25	5	1
1995	874	26	3	0	2003	780	19	2	0
1996	981	23	2	1	2004	772	12	1	1
1997	808	31	3	0	2005	772	12	1	0
1998	1225	96	30	3					

数据来源:2005河北地震年鉴。

衡水湖自然保护区范围涉及衡水市桃城区的河沿镇和彭杜乡以及冀州市(县级)的冀州镇、魏家屯镇、小寨乡、徐家庄乡等六个乡镇。历史上该地区地震较为频繁,仅新中国成立前的明清时代的500多年里,衡水和冀州至少发生地震10次,平均50多年一次。建国以后,1954年2月16日,在衡水以南,37.5°N115.5°E发生4.5级地震,倒塌民房400余间。

地震具有影响范围广、危害大的特点,一旦衡水发生地震,不仅给当地带来危害,而且还将影响整个“战略协同圈”以及“流域协作圈”的发展。

9.1.1.2　洪涝灾害

9.1.1.2.1　*洪涝灾害风险性分析*

衡水地处邯郸、邢台等各地大水库的下游,如果暴雨集中,水库一旦泄洪,源短流急,衡水顷刻之间即进入抗洪抢险。衡水湖是洪水冲积的低洼地带,历史上洪水泛滥频繁,自公元前16年至1979年间共发生洪水931次,现在衡水湖地区还保留着1963年特大洪水遗存的不少村落中尚存被局部冲毁的土坯民居废墟。

滏阳新河、滏东排河和滏阳河流经保护区北部。滏阳新河、滏东排河这两条河流比较平直，而滏阳河在保护区北部这一段弯曲度较大，特别是在北律村附近容易发生河堤决口，属于危险工段。

此外，海河流域自1963年以来已有40年没有发生全流域的大水，特别是20世纪90年代后期以来河水一直偏枯，从洪水发生的规律分析，久旱之后必有大涝，目前海河流域发生大洪水的几率非常高，防汛形势不容乐观。

9.1.1.2.2　历史洪涝灾害

(1)海河流域洪涝灾害。海河流域是我国洪涝灾害最严重的地区之一。汉代以前，史载洪涝灾害次数不多。东汉至元代，海河流域河北省、北京市和天津市发生水灾53次。据明清史料统计，540多年中共发生水灾360次。17世纪以来，就发生19次大水灾，平均20年一次，每次大水都给人民生命财产造成巨大损失，受灾一般均在100个县以上，淹没耕地少则2000万~3000万亩，多则6000万~7000万亩，其中5次淹及北京，8次淹及天津。新中国成立后，1956年、1963年、1996年发生大洪水，受灾损失巨大。特别是1963年8月上旬海河南系发生的洪水，暴雨中心最大7天雨量达2050mm，超过中国内地的已有记录。这次洪水的直接损失达60多亿元(当年价格)，善后救灾开支达10亿元。新中国成立以来，较大的涝水年有1964年、1977年，受灾面积分别为5420万亩和4457万亩。

(2)子牙河洪涝灾害。据史料记载，子牙河流域洪涝灾害频繁，自1368~1948年近600年间，发生与"63.8"洪水相近的洪水约20次，平均29年一次。1949~1964年的16年淹地面积统计，平均每年达519万亩，其中涝灾面积274万亩。1956年海河流域洪淹面积共3600万亩，而子牙河成灾面积却达1676万亩。1963年海河大水，子牙河成灾面积3000万亩，占海河流域水灾面积的一半，危害50余县。子牙河在海河水系中流域面积最大，河道"上大下小"，且子牙河本身不具有单独入海的能力，遇洪不能错峰，尾闾受阻，势必扩大受灾面积。

(3)衡水洪涝灾害。自公元前16年至1979年间共发生洪水931次，现在衡水湖地区还保留着1963年特大洪水遗存的不少村落中尚存被局部冲毁的土坯民居废墟。1963年8月，衡水市遭受特大水灾，全市359个行政村无一幸免，这次水灾，水灾之猛，水量之大，持续之久，灾害之重，均为历史所罕见。1963年8月上旬，衡水市连降暴雨，发源于太行山区的各条河流，包括滏阳河在内，洪水暴涨，猖狂下泻，在超出河道承受能力数十倍的情况下，洪水溢出河道，形成大面积的洪峰，铺天盖地，自西南向东北，扑向衡水。此次洪水使全市农作物成灾面积占播种面积的38.5%，减产粮食4511万斤，减产棉花110万斤，减产油料76万斤。死亡人数43名，失踪4名，受伤100名，大牲畜死亡603头，猪死亡5004头，羊死亡10987只，家禽损失3万只。滏阳河大的决口46处，冲毁农渠86条，扬水站32座，机井57眼，水车507辆。倒塌房屋14.11万间，有9个村624户的4326间房屋全部倒光冲光。各机关、企事业单位工友的和个人的财产损失极其严重，衡水地区直属各系统财产损失统计为1395万元，城乡居民及职工损失2583.8万元。按5%的折现率折算损失共计为现在的3.6亿元。

9.1.1.2.3　洪涝灾害影响范围

子牙河一旦发生洪水，将会影响包括衡水湖自然保护区在内的整个"流域协作圈"，不但严重危害圈内农业、工业、交通运输，而且还破坏流域内环境保护和生态建设方面的协作，不利于保护区的可持续发展。

9.1.1.3　灾害等级

根据《衡水市救灾应急预案》，将自然灾害划分等级：

(1)一次性灾害造成下列后果之一的为特大灾：①农作物绝收面积30万亩以上；②倒塌房屋

3000 间以上;③因灾死亡 10 人以上;④7 级和 7 级以上严重破坏性地震;⑤一次性灾害过程直接经济损失 1 亿元以上。

(2)一次性灾害过程造成下列后果之一的为大灾:①农作物绝收面积 10 万 ~30 万亩;②倒塌房屋 1000 ~3000 间;③因灾死亡 5 ~10 人;④6 级以上 7 级以下严重破坏性地震;⑤一次性灾害过程直接经济损失 0.5 亿 ~1 亿元。

(3)一次性灾害造成下列后果之一的为中灾:①农作物绝收 5 万 ~10 万亩;②倒塌房屋 500 ~1000 间;③因灾死亡 3 ~5 人;④5 级以上 6 级以下严重破坏性地震;⑤一次性灾害过程直接经济损失 0.2 亿 ~0.5 亿元。

(4)未达到中灾划分标准的均为轻灾。

9.1.2　事故灾害

9.1.2.1　道路交通事故

(1)旅游道路交通事故。在旅游过程中,旅游交通事故是旅游安全中伤亡最大、影响最大的事件之一,尤其是随着私家车的逐渐普及,自驾游旅行增多,更增加了旅游交通事故的风险。

(2)衡水湖地区交通事故分析。目前衡水湖地区旅游交通较为发达,另根据规划其将开发几条主要通道用作发展旅游。一旦衡水湖地区成为旅游热点地区,其将必然面临着观光游客在特定时期蜂拥的局面,有可能因各类原因引发交通事故。另对于衡水湖这类湿地景区,自驾游将有可能成为一种时尚,易因疲劳驾驶等引发交通事故。

(3)交通事故发生范围。旅游地交通事故的发生范围贯穿于旅游行为的各个环节,对于衡水湖地区旅游,其可能的范围包括进入保护区范围,至旅游地以及旅游回程的各个路段。

(4)交通事故发生的时间。主要集中于旅游黄金时节,可能是旅游阶段的各个环节。

9.1.2.2　水难事故

(1)旅游水难事故:指在水体中出现的安全事故,随游轮、竹排等水上交通和水上旅游项目的出现而出现,包括海难、内河(湖)安全事故等。

(2)衡水湖地区水难事故分析:衡水湖主要旅游景点集中于衡水湖及周边,当地居民在日常渔业养殖、保护区保护活动及旅游项目开发中均有可能涉及水上作业活动,有可能发生水难事故。尤其是衡水湖地区旅游项目未得到完善,存在黑景点,非法经营水上项目的情况,易加剧衡水湖地区水难事故的发生。此外,由于水上游乐管理不当、游人擅自下水游泳、水边观光设施防护不到位等也可能引发游人落水。

(3)水难事故易发区域:水难事故的发生主要集中于衡水湖周边范围,集中于衡水湖地区的主要景点、水上乐园等。

9.1.2.3　游乐设施事故

(1)旅游设施事故:根据《游乐园(场)安全和服务质量(GB/T 16767—1997)》定义,游乐设施是指游乐园(场)中采用沿轨道运动、回转运动、吊挂回转、场地上运动、室内定置式运动等方式,承载游客游乐的现代机械设施组合。由于游乐设施的特殊性,一些大型综合、惊险的设施可能存在危及人身安全的隐患,如不加强管理,有可能带来严重的事故。伤害事故类型中事故量最大的是机械伤害。其中高处坠落、跌伤、礅底、飞甩、夹挤或碾压等伤害的后果严重;而卷绕、绞缠、碰撞、擦伤或刮蹭等一般机械伤害事故经常发生,其他类型事故例如触电,因振动、噪声带来的不适,因失火造成的窒息、烧伤等也时有发生。

(2)衡水湖地区游乐设施事故分析:依据规划,衡水湖地区将不开展游乐设施活动,但难以保障在旅游开发过程中一定不进行旅游设施建设,或者出现非法旅游点,因此有可能发生旅游游乐设施伤害事故。但发生事故的可能性很小。

(3)旅游设施易发区域:衡水湖旅游项目水上乐园及衡水湖周边景区、景点、游乐场内。

9.1.2.4 火 灾

(1)旅游区火灾:旅游景区火灾、爆炸事故主要发生于景区周边酒店、宾馆等,同时一些古建筑、山区业曾发生过火灾。虽然旅游业中因火灾与爆炸死亡的人数较低于旅游交通事故,但是火灾(与爆炸)往往造成严重的后续反应,如基础设施破坏、财产损失等,甚至造成整个旅游经济系统的紊乱。

(2)衡水湖地区火灾危险性分析:衡水湖景区及周边作为自然旅游区,其可能引发火灾的主要物质为芦苇、其他杂草及陆生植物。尤其是秋冬季,植物枯干,可能引发火灾。但由于芦苇主要生长区为衡水湖边及沼泽区域,冬季恰为续水期,其将缓解火灾隐患,降低火灾发生的可能性。且衡水湖位于河北省,冬季较为寒冷,为旅游淡季,不易造成人员聚集,客观上降低了火灾引火源及火灾的事故后果。此外,旅游地火灾的另一重灾区为宾馆、酒店,易因各类原因引发火灾事故。

(3)火灾灾害易发区:根据火灾性质不同,火灾发生区域也将有所差异。由芦苇、干枯植物引发的火灾主要集中于衡水湖周边区域。发生于住宿地区的火灾主要集中于衡水市及衡水湖周边城市酒店。

9.1.2.5 其 他

根据“生态规划”,建议其将铸造厂强制搬至衡水湖地区之外;同时建议橡胶化工业搬至区域范围之外,或进行集中。这在一定程度上缓解了工业设施引发的各类事故的可能性。但也不能因此放松警惕,由于搬迁进程的不确定性等,可能因此引发一些工业事故。此外,即使一些相对安全的设施,也难免一定不会发生事故。同时,衡水湖周边地区甚至较远地区的工业设施爆炸等,也将可能对衡水湖地区造成危害。

除了上述事故形态外,旅游安全表现形态还包括其他一些特殊、意外的突发性事件,如迷路等。

9.1.3 公共卫生事件

突发公共卫生事件造成的重大游客伤亡事件,包括:突发性重大传染性疾病疫情、群体性不明原因疾病、重大食物中毒,以及其他严重影响公众健康的事件等。

9.1.3.1 食物中毒

(1)食物中毒:疾病、中毒、旅途劳累、旅游异地性导致“水土不服”和客观存在的食品卫生问题等可能诱发旅游者的疾病或导致食物中毒等。

食物中毒的主要原因是:食品生产经营者疏于自身食品卫生管理,对食品加工、运输储藏、销售环节的卫生安全不注意;滥用食品添加剂或者将非食品原料作为食品销售,误食亚硝酸盐、毒蘑菇和鼠药污染的食物。

(2)旅游过程中的食物中毒危险分析:食物中毒是旅行过程中较为常见,也难以彻底预防的事故之一。衡水湖旅游过程中游人可能的就餐点主要分为农家乐、当地小饭店、衡水市及周边城市宾馆、饭店等。

由于当地经济发展水平较低,尤其是对于一些小饭店,有可能存在卫生设施不齐全、非法经营、卫生管理不严、利益驱动下购买劣质食品原料等情况,因此有可能造成食品中毒。

9.1.3.2 流行性疾病

(1)流行性疾病:指传染性疾病在旅游者中间发作的可能性及其对旅游者的危害。与旅游活动有关的环境疾病中最具威胁的多为热带地区的环境所特有的疾病，如疟疾、登革热等。其他环境因素引发的问题还有水土不服等。2003 年在我国出现的非典型性肺炎就对旅游者带来了很大的威胁，从而使众多旅游者取消了行程。

（2）流行病暴发危险性分析：流行疾病，尤其是如 SARS 这样的突发卫生事件的发生具有很大的不确定性，而一旦爆发，其影响区域将超过衡水湖范围，且衡水湖作为自然旅游区相对于城市，人口密度小，人与人之间传染的机会相对较少；另一方面，衡水湖地区医疗设施相对落后，一旦有人确诊，救治工作将不得不面临一定困难。

此外，衡水湖作为自然保护区，其主要动物资源及保护对象之一为鸟类，是众多候鸟迁徙过程中的必经之所。这给禽流感疾病的监控、控制带来了困难。

突发流行病事件涉及领域较多，若有严重的流行病爆发，将会给衡水湖旅游发展等造成严重创伤。尤其是禽流感的爆发，其影响不仅仅波及旅游业，甚至将可能引发当地的恐慌，为禽类保护及公共安全带来极不利影响。

9.1.3.3　疾　病

旅行过程中因劳累、地区差异、游人个体差异等因素引发的身体不适、疾病常见。对于衡水湖自然保护区及周边区域范围凡涉及游人活动的区域，旅行过程中的疾病难以避免。同时由于当地医疗水平的限制，易影响救援、治疗的开展。

公共卫生事件的易发区域及波及范围广泛，涉及保护区内各个层次。

9.1.4　社会安全事件

突发社会安全事件特指发生重大涉外旅游突发事件和大型旅游节庆活动事故。包括：发生港澳台和外国游客死亡事件，在大型旅游节庆活动中由于人群过度拥挤、火灾、建筑物倒塌等造成人员伤亡的突发事件。虽然对犯罪与旅游的关系学术界至今仍有争论，但由于犯罪给旅游者带来创伤的严重性和影响的社会性，犯罪成为旅游安全中最为引人注目的表现形态之一，并在很大程度上威胁到旅游者的生命、财产安全。

9.1.4.1　欺诈、偷窃

欺诈、偷窃是旅游过程中的常见事件，尤其是在一些不发达地区、偏远地区，这种现象更为严重。衡水湖旅游区及周边住宿、餐饮场所也具有欺诈、偷窃游人的可能性，影响旅游景区的形象。

欺诈、偷窃事件可能的集中区域包括衡水湖旅游景区及周边地区的各类服务设施内，包括宾馆、餐饮场所、车站等。

9.1.4.2　刑事案件

刑事案件在旅游过程中屡见不鲜，包括强奸、赌博、抢劫等。根据前期调研，衡水湖地区当地居民基本上支持创建保护区的做法，并愿意参加到衡水湖保护区的建设中来。同时衡水湖地区旅游经济的发展，也将为当地提供更多的就业机会，提高当地居民的生活水平、经济收入。由此发展衡水湖地区旅游经济应当能够得到当地居民的支持，减少旅游地社会公共事件的影响。刑事案件可能的集中区域为各类服务场所，包括宾馆、车站等。

9.1.4.3　拥　挤

人员过多，拥挤往往是诱发其他事故的诱导因素。游人的增加可使原本能正常运行的设备，运营场所不能正常工作，甚至对原有的场所、秩序、设备造成破坏，对游人及工作人员造成危害。同时也使得任何微小的不安全因素，甚至是原本不存在安全隐患的因素的危险性增大，引起事故。

考虑到衡水地区旅游业尚处于开始阶段，近年内将不大可能吸引众多人员前来游览，同时由于为生态保护区，其人员容量将受到控制；况且，作为自然风景区，地势平坦，除廊道、桥梁等，其余区域可疏散空间大，不易造成拥挤事故，但同时也应避免个别地区的局部拥挤，引发踩踏或者木桥断裂等。

9.2 保护区公共安全不利因素分析

9.2.1 自然条件

保护区所在的区域构造背景断裂带多，新构造运动强烈，是我国主要发生强震地区之一，并且无极—衡水隐伏大断裂也经过于此，更加大了衡水发生地震的可能性。此外，保护区地处冲积平原之上，西部紧邻滹沱河冲积扇前缘，东侧为古黄河、西侧为古漳河的古河道高地，区内河湖相沉积交替出现，主要发育有砂土、粉土及黏土，因此该区还存在砂土液化的可能性。

除此之外，保护区地势低洼，呈长条形浅碟状，距上游各水库均在100km左右，一旦发生洪水，源短流急，极易被淹。

9.2.2 不文明现象、旅游中不安全行为

旅游者的不安全行为是旅游安全管理中最难以控制的因素，是安全意识淡薄的重要体现。部分游客刻意追求高风险旅游行为，增大了事故发生的可能性。在实际旅游活动中，个别游客常常不顾生命安全而去寻求一种危险刺激，选择未开发景区或私自进行不安全的旅游行为。

此外，游客在旅游活动中的一些不文明行为往往也会成为安全隐患，如烟头的随意扔放、不合理的野炊和烧烤活动等常常引发火灾。

9.2.3 景区开发、管理存在问题

(1)旅游开发：旅游资源开发利用是否恰当也会影响旅游灾害事故发生，如在有些极易发生某种自然灾害的地区和时间内开展旅游活动，灾难常常从天而降，令旅游者猝不及防。

衡水湖地区总体规划中对当地生态旅游的发展作出了合理规划，符合当地发展生态的特点，但不能彻底禁止非正规旅游开发行为、活动的存在，其中难以避免因规划水平低等造成的公共安全事件的发生。

(2)旅游管理：旅游景点景区工作人员与管理者的安全意识不强，对早已存在的安全隐患视而不见，不顾景点景区及各种设施的极限容量，超量接待游客，或盲目扩大经营范围，在旅游旺季将开发尚未完工的景点、设施设备投入使用，使发生旅游事故的可能性增大。

目前，我国居民整体安全水平较低，也成为各类事故多发的重要原因，在旅游行业也不例外。加强旅游景点景区的管理，可以防止旅游灾害事故的出现。衡水湖地区主要机构管理运营经验还有所欠缺，在旅游安全管理过程中可能会有所不足。

(3)应急措施：当旅游灾害事故发生时，灾害应急措施不力，以及旅游从业人员应急处理不当，也是造成灾害损失加重的重要原因之一。尤其是一些严重的突发性事故，如能做到紧急救治和有序调控，事态将会得到最大程度的控制，伤亡人数、经济损失都会减小到最低程度。

目前我国应急能力建设存在一定不足，衡水湖地区应急能力规划也是本规划的一个重要方面。

9.2.4 社会环境

(1)经济发展水平：经济发展水平可以间接地影响到旅游安全，如经济发展水平可以决定当地

的旅游设施、服务水平,而相关设施的不完善、服务水平的落后则是造成景区安全事故的重要原因。

(2)民风民俗差异:旅游者与旅游地居民之间因民风民俗的差异引起相互之间的误会导致冲突发生,引发旅游灾害事件的事例也屡见不鲜。

(3)受教育程度:旅游地居民受教育程度的高低直接影响着当地的居民素质和社会风气,居民有相当的文化程度和良好的文化修养,则可能表现出该地社会风气良好,居民待客热情友好,旅游服务规范,游客与当地居民相处和睦,极少发生旅游冲突,安全保障系数高;相反,则有可能出现旅游地居民只看重旅游者的钱财,采取种种恶劣手段,骗取或抢夺旅游者财物,引起双方的矛盾冲突,引发旅游灾害事故。

衡水湖地区经济水平低,当地居民受教育程度较低,这是阻碍当地旅游发展的一个重要方面。但根据前期调研,衡水湖地区当地居民基本上支持创建保护区的做法,并愿意参加到衡水湖保护区的建设中来。同时衡水湖地区旅游经济的发展,也将为当地提供更多的就业机会,提高当地居民的生活水平、经济收入。由此发展衡水湖地区旅游经济应当能够得到当地居民的支持,这有助于减少旅游地社会公共事件的发生。

9.2.5　旅游安全设施建设

根据前期资料,衡水湖地区安全建设较为落后,但作为一个开始,本规划将对衡水湖当地的安全进行规划,对当地安全建设具有一个促进作用,将会有效的降低安全事件的发生。

9.3　保护区公共安全存在的问题及矛盾

9.3.1　资金紧缺

基础设施落后、资金投入严重不足。保护区虽然具有较强的资源优势,但起步较晚,在全国范围内知名度还不高。同时地方财政紧张,资金缺口较大,制约了自然保护区的安全建设。

9.3.2　安全意识薄弱

衡水湖地区经济水平低,教育水平落后,当地居民对安全的认识较差,缺少相应的安全技能。安全意识淡薄是酝酿事故的温床,在旅游开发的过程中,加大安全教育当地公共安全规划的一个重点。

9.3.3　不适当的旅游开发

不适当的旅游开发活动的威胁。虽然衡水湖的旅游开发才刚起步,但已经出现各单位各自为政、自行其是的苗头。由于缺乏统一规划和必要的技术指导,盲目开发、竞争,将势必影响到旅游开发过程中的安全建设;有可能出现不适当的旅游项目,埋下安全隐患;无暇顾及安全管理,增加旅游突发事件的发生。因此加强旅游业及旅游安全管理势在必行。

9.3.4　管理经验不足

保护区管理经验不足、人才紧缺。当地政府和保护区保护和建设湿地的积极性很高,但由于人才缺乏,经验不足。

9.3.5 环境污染严重

衡水湖污染比较严重,水环境质量持续恶化,氟化物超标率达48%,在部分农村地区废水污染已影响了农用饮用水;局部大气污染状况依然严重,当地冶炼、铸造企业的污染物导致煤烟型大气污染特别突出;农业环境污染蔓延,生态环境破坏现象日益严重。这些污染问题,不仅给衡水湖地区当地居民,甚至作为水源地给周边城市化地区带来了公共卫生安全隐患,而且也严重影响了衡水湖和周边地区的可持续发展。

第 10 章　保护区土地利用现状及其影响评价

本章基于 GIS 数据分析和对保护区的实地调查，对保护区的土地资源和土地利用现状进行了摸底，对 2002 ~ 2006 年间保护区土地利用的变化进行了评述，对保护区土地利用中存在的问题进行了分析，并对保护区土地利用变化对生态安全的影响从生态服务功能的角度进行了评价。

10.1　土地利用现状与发展形势

10.1.1　土地资源与土地利用现状

根据中华人民共和国质量监督检验检疫总局和中国国家标准化管理委员会联合发布的《土地利用现状分类》，结合衡水湖国家自然保护区的土地利用现状，采用遥感影像解译和实地调查校正的方法，将保护区主要土地利用类型划分为水体（含芦苇）、草地、林地、村镇建设用地、裸地、耕地和果园等 7 类。解译结果表明，耕地是保护区的主要土地利用类型，耕地面积达保护区总面积的 50.13%，且其中相当比例的耕地属于基本农田保护范围。表 10-1 列出了衡水湖国家自然保护区各土地利用类型的面积和及其百分比。

表 10-1　衡水湖国家自然保护区土地利用现状

类　别	面积（hm^2）	百分比（%）
耕　地	11032.44	50.13
园　地	250.2	1.14
林　地	1510.16	6.86
牧草地	59.71	0.27
居民工矿用地	936.15	4.25
水域（含湿地）	5925.11	26.92
裸　地	2294	10.42
合　计	22008	100

从表 10-1 可以看出，耕地、水域（含湿地）、裸地是衡水湖保护区的主要土地利用类型，这三种土地利用类型占保护区总面积的 87% 以上。而且，湿地是衡水湖国家自然保护区的主要保护对象，其水体以及基于浅水区生长的芦苇应该得到有效的保护；另一方面，保护区的土地资源中，除保护区管委会目前拥有的 628.7 亩土地和原属国有冀衡农场的土地（大部分现被湖水淹没）被划拨为国家所有土地外，其他大多分属 106 个行政村，为集体所有，这种土地权属增加了保护区主管部门对土地资源的调控难度。

10.1.2　土地利用变化分析

影响一个区域的土地利用变化的因素有很多，包括气候条件、土壤质地等自然因素以及经济发展水平、经济结构以及区域内土地利用的经济效益等人为因素，不同因素对土地利用变化的影响方式、影响范围和影响强度也各不相同。由于衡水湖国家自然保护区位于人口密集的城市郊区，且与人类活动关系最为密切的耕地是保护区面积最大的土地利用类型，因此对衡水湖自然保护区而言，人为因素对土地利用变化的影响是主要的。

根据衡水湖国家自然保护区不同时相的遥感影像解译资料对其土地利用变化进行分析，从2002～2006年间，保护区内的园地、裸地和牧草地面积均有较大幅度减少，其中园地面积减少45.6%左右；同时，耕地却有较大幅度的增加，从2002年的105.4km^2增加到2006年的110.3km^2，增加幅度达4.67%，增加耕地的主要来源为牧草地、果园和裸地；水体面积也增加了2.16%，其主要来源为芦苇地，这与衡水湖在不同时间的水位变化并影响芦苇的生长有一定的关系，在2002年的土地利用结构中，23.1km^2的芦苇面积包含了11.36km^2的水中芦苇面积。

由表10-2可知，园地、牧草地与裸地的减少以及耕地的增加是衡水湖保护区在2002～2006年间土地利用变化的主要特征。这表明保护区人地矛盾突出。保护区内的居民在没有其他更好的经济收入途径的条件下，其生计在很大程度上仍然依赖于土地资源，尤其是耕地资源，使得土地资源处于过度开发状态。从土地利用的变化趋势来看，保护区土地资源尤其是耕地资源的开发强度还在不断增加。

表10-2 衡水湖国家自然保护区土地利用变化分析

土地利用/覆被类型	2002年		2006年		2002～2006年的变化	
	面积(hm^2)	百分比(%)	面积(hm^2)	百分比(%)	变化量(hm^2)	变化率(%)
耕　地	10540	47.88	11032.44	50.13	492.44	4.67
园　地	460	2.09	250.2	1.14	-209.8	-45.61
林　地	1520	6.90	1510.16	6.86	-9.84	-0.65
牧草地	65	0.30	59.71	0.27	-5.29	-8.14
居民工矿用地	907	4.12	936.15	4.25	29.15	3.21
水域(含湿地)	5800	26.35	5925.11	26.92	125.11	2.16
裸　地	2723	12.37	2294	10.42	-429	-15.75

10.1.3 土地利用中存在的问题

(1)耕地比重过大，林地、水域面积过小。作为以生物多样性保护为主要任务、以珍稀鸟类资源为特色的城郊型湿地自然保护区，衡水湖保护区必须保持一定面积的水域和林地，但目前核心保护区仍然具有相当数量的耕地，在现有耕地中，一些基本农田的保护任务也相当严峻，被保护土地与耕地之间缺乏缓冲地带。同时，大多数土地属于集体而不是保护区所有，目前保护区缺乏有效措施来引导、制约当地的土地利用变化。

(2)裸地面积的急剧下降意味着土地开发强度的增加。保护区裸地包括一些难(未)利用地、一些大型企业和工厂的垃圾(废渣与废砂)堆放地、工矿废弃地等。对该类土地的无序利用将增加保护区对土地资源的管理难度。

(3)土地利用缺乏科学规划。由于保护区大多数土地所有权属于集体所有，保护区土地利用缺乏科学规划。

10.2 土地利用变化对生态安全的影响评价

10.2.1 土地利用变化对区域生态安全的影响机理

每种土地利用/覆被类型都对应着一个相对完整的生态系统，而每类生态系统都具有一定的生态功能,相对稳定的生态系统是区域生态安全的物理基础,因此土地利用/覆被变化必然会影响到区域的生态安全。目前,衡水湖自然保护区林地大幅度减少、耕地大幅度增加的土地利用/覆被的变化趋势已经成为影响保护区生物多样性保护和区域生态安全的主要因素,土地利用变化对保护区生态环境的影响主要表现在以下三个方面:

(1)林地减少引起土壤养分流失,造成土壤肥力下降,并进而带来地表和地下水环境污染。不同的土地利用/覆被类型对营养成分的滞留和转化有不同的作用,土壤营养成分的迁移在很大程度上依赖于土地利用格局及其变化,自然植被及其土壤系统的营养循环能力远远强于耕地,因此林地向耕地的转化必然会降低区域土壤养分的保持能力。

(2)过度垦荒与过度放牧等不合理土地利用方式是造成土壤侵蚀和土地沙化的主要原因。毁林造田的直接恶果是增加了水土流失,土地资源尤其是那些不适合耕种的土地资源的过度使用会导致土壤板结,使得土地生产力下降,而且很容易引起土地资源的退化和沙化。

(3)土地利用强度的提高导致保护区的生物多样性降低。由于土地利用率的提高,野生动物栖息地遭到破坏,使得野生动物数量减少,特别是鸟类的减少,直接威胁到衡水湖国家级自然保护区的主要功能。

10.2.2　土地利用/覆被变化在保护区生态安全中的地位

不同土地利用/覆被类型具有不同的生态功能和生态服务价值,衡水湖自然保护区的土地利用/覆被变化必然对保护区的生态服务价值产生影响。为了定量分析衡水湖自然保护区土地利用变化的生态影响,根据区域不同土地利用/覆被类型面积的变化,本报告采用生态服务价值指标来分析保护区 2002 ~ 2006 年间土地利用/覆被变化导致的保护区生态服务价值的变化。

Costanza 等学者于 1997 年提出了全球生态系统功能和自然资本的价值,并对不同类型生态系统的价值进行了定量研究。本报告以 Costanza 的参数为基础,参照我国学者的研究成果(张新时等),并考虑到衡水湖自然保护区的功能定位与土地利用/覆被现状,对耕地和湿地的生态价值作了适当调整,得到不同土地利用类型单位面积生态服务价值。以此为基础,根据保护区土地利用变化数据计算得到衡水湖自然保护区 2002 ~ 2006 年间生态服务价值的变化,见表 10-3。

表 10-3　衡水湖不同类型生态服务价值的变化(万元/年)

年　份	2002 年变化率	2006 年变化率	2002 ~ 2006 年变化率
大气调节	351. 48	357. 35	1. 67%
气候调节	142. 84	134. 82	-5. 61%
扰动调节	8807. 75	8987. 09	2. 04%
水分调节	19605. 79	20028. 03	2. 15%
水供应	10159. 37	10373. 96	2. 11%
侵蚀控制	29. 08	26. 47	-8. 98%
土壤形成	19. 14	18. 32	-4. 31%
营养物循环	12. 10	12. 20	0. 84%
废物处理	4550. 74	4625. 11	1. 63%
传　粉	159. 31	161. 04	1. 09%
生物控制	222. 55	230. 04	3. 36%
栖息地	78. 20	77. 00	-1. 53%

（续）

年份	2002	2006	2002 - 2006
食物供应	749. 63	764. 99	2. 05%
原材料	77. 66	76. 03	-2. 09%
基因资源	9. 41	9. 48	0. 74%
娱 乐	938. 34	953. 25	1. 59%
文 化	38. 34	37. 93	-1. 05%
合 计	45951. 72	46873. 11	2. 01%

10. 2. 3 土地利用变化对保护区生态安全的可能影响评价

为了使人们更清楚、更简洁地了解生态系统服务功能的类型，联合国支持下的 MA（Millennium Ecosystem Assessment）项目组将生态服务功能划分为 4 种与人们日常生活密切相关的类型。这 4 种生态系统服务功能类型具有直观、容易理解的特点，它们分别是生态系统的供给功能、调节功能、生命系统支持功能和文化娱乐功能。本报告将 MA 项目组确认的生态系统服务功能类型与上述计算生态服务价值过程中采用的生态服务类型（也就是 Costanza 提出的生态服务类型）对应起来，有利于对计算结论进行分析，见表 10-4。

表 10-4 衡水湖自然保护区 2002 ~ 2006 年间生态服务价值的变化

编号	生态服务类型（包含的生态服务内容）	生态服务价值（万元/年）		2002 ~ 2006 年变化率
		2002 年	2006 年	
1	供给功能（水供应、食物生产、原材料、遗传资源）	10996. 07	11224. 46	2. 08%
2	调节功能（大气调节、气候调节、扰动调节、水调节、水处理）	33458. 60	34132. 40	2. 01%
3	生命系统支持功能（土壤流失控制和沉积物保持、土壤形成、营养物质循环、传粉、生物控制、躲避居留区）	520. 38	525. 07	0. 90%
4	文化娱乐功能（娱乐、文化等）	976. 67	991. 19	1. 49%
	合 计	45951. 72	46873. 11	2. 01%

由此可见，由于土地利用/覆被的变化，衡水湖自然保护区 2002 ~ 2006 年间生态服务价值由每年 4. 60 亿元上升到了 4. 69 亿元，上升幅度为 2. 01%，其中，与保护区内部关系密切的供给功能和调节功能上升明显，而与更大空间尺度（更大区域）相关的生命支持功能与文化娱乐功能则有所下降。

第 11 章　保护区可持续发展的 SWOT 分析

所谓 SWOT 分析，就是对衡水湖自然保护区从优势、机遇、劣势和威胁等几个方面进行审视，从而为制定保护区的发展战略提供基础。本章对保护区实施可持续发展战略的优势、劣势、机遇和威胁进行了深入分析。

11.1 优　势

优势是指保护区既有的资源禀赋和特点中所表现出来的，与保护区实施可持续发展战略相适应的，并且与潜在的竞争对手相比具有竞争优势的那些特征。

11.1.1 保护价值优势

衡水湖湿地的优势首先是来自于其自身具备的保护价值，这些保护价值使衡水湖湿地的保护与恢复备受重视，是保护区获得各种外部支持的先决条件。具体体现在：

(1)衡水湖湿地在保护珍稀鸟类、维护华北平原内陆淡水湿地生态系统的典型性、稀有性以及重要生态功能等方面占有非常重要的地位，是珍稀鸟类、湿地生物多样性保护与湿地生态与环境功能发挥的重要基地。对衡水湖鸟类生境的保护也是中国履行鸟类保护相关国际协议与国际湿地公约的重要组成部分。

(2)衡水湖湿地是华北平原湿地发育贫乏区的代表性湿地，是开展华北湿地生态系统结构、功能和效益研究的重要场所，对中国湿地科学的发展具有独特的重要意义。

(3)对衡水湖湿地的恢复与保护是整个华北平原生态与环境建设战略布局中的重要一环。衡水湖不仅能为衡水市调蓄和提供优质的水资源，蓄洪防旱防涝，而且能有效调节衡水湖周边区域及京津地区的气候环境。借助于南水北调工程的实施，通过对自然保护区进行合理的保护管理与湿地恢复，可以该区湿地面积将进一步扩大，使湿地生态系统的综合效益得以最大限度发挥。

(4)衡水湖湿地兴衰变化反映了人类活动与自然因素相互作用过程，记录了很多历史经验与教训，是研究人与湿地关系的人文自然历史的重要场所和天然教科书。也是一处探索与人类活动密切关联的特殊湿地类型的保护与发展的试验场。保护区可以通过调整产业结构，提高周边社区居民的生活，使当地居民积极支持生态与环境的保护事业的发展，为人口稠密地区的湿地保护起到很好的示范作用。

(5)衡水湖自然保护区的景观以水为特色，以曲水、古城、群鸟为风景“三绝”，以冀州文化为优势，兼有气候、人文、生态、神话、古代科技、水下古城、宗教等风景资源。其汉代古城墙和汉代古墓、明代城墙，以及民间的文物均具有国内唯一或国内领先的科学价值。其风景价值、历史文化，环境价值均处于国内优良水平。其资源特质与未来旅游需求——生态旅游以及人文历史旅游具有较高的吻合度。

11.1.2 区位优势

衡水湖自然保护区坐落于华北平原的中心地带，自古以来就具有重要的区位。今天，衡水湖更面临首都经济圈和环渤海地区飞速发展的机遇，以及在经济全球化背景下国际区域经济一体化形成的机遇,这种区位优势就更加鲜明。

(1)自然生态区位:衡水湖湿地处于三江平原等东北湿地和盐城湖等南方湿地之间,而华北平原的气候和土壤条件都非常不利于湿地的发育,因此湿地非常稀有和珍贵。衡水湖是许多珍稀鸟类南北迁徙,甚至全球性迁飞途中,在本区域的重要中转站,为鸟类提供安全的栖息地和食物补充,对于珍稀鸟类的保护具有特别的重要价值。

(2)城市化区位:衡水湖自然保护区地处衡水市近郊,并将是未来衡水市城市金三角之间的城郊开阔地带,将为改善衡水市城市生态、丰富城市空间形态、提升城市形象、增强衡水市的吸引力和亲合力等发挥重要作用,将是衡水市提高城市的区域竞争力的一张王牌,因此,衡水湖自然保护区的发展受到衡水市委市政府的高度重视。

由于衡水湖周边地区已经进入城市化快速发展阶段,衡水湖自然保护区在经济上也可以得到周边城市的帮助。临近城市化地区的另一好处是,城市居民普遍教育程度较高,可以为保护区的发展输送大量的人才,同时衡水湖的保护也更加容易得到市民的理解和支持。从保护区管理处目前的人员配置来看,大多来自周边城市,并且居住在城市之中,也从一个侧面印证了这一事实。

(3)国内政治经济区位:从交通条件来看,衡水是冀东南十字交通枢纽。京九铁路和石德铁路在这里聚会相交,东连京沪铁路,西连京广铁路,可北上北京和天津,南下广州和香港。通过境内的石黄高速公路和并排的307国道(沧州新村—银川)可以在沧州直接连接京沪高速公路、104国道(北京—福州)和105国道(北京—珠海)。106国道(北京—广州)纵穿市域。

从与首都经济圈的联系来看,衡水与北京的公路距离292km,铁路距离(北京西至衡水)274km。正好位于以首都为中心的300km范围圈内。衡水在历史上就与首都经济圈有着密切联系。据称在新中国成立前,北京琉璃厂的古董市场就是为冀州商人所控制。今天,由于京九铁路、高速公路等交通动脉的联系,衡水与首都经济圈的联系更为密切。可以预计,北京将是衡水湖自然保护区发展生态旅游业的主要的市场。目前北京至衡水行车约3.5小时,如果火车提速为时速150km,北京至衡水2小时就可以达到,交通十分便利,将是北京人周末度假的一个很好的选择。

从河北省和环渤海地区的发展来看,在京津冀以及河北省的城镇体系中,衡水市紧靠"京石邯城镇密集带",距省会石家庄110km,也是河北与山东两省之间的重要联系枢纽。

依托优越的区位条件,衡水只要通过自身加强能力建设,增强吸引力,完全有条件吸收并加强来自首都圈的经济辐射和扩散效应。衡水湖自然保护区的建设正是这种能力建设中的重要一环,通过有效的湿地生态环境保护,发展生态度假、休闲旅游和湿地科普教育,可以加强对衡水的宣传,提高衡水的整体形象,为衡水市的发展带来更多的机遇。依托衡水湖的水资源优势,还可以进一步发展绿色生态农业、向首都圈的大城市提供绿色安全的农产品。

(4)国际区位:20世纪80年代后半期以来,随着信息技术等新技术革命的产生、国际社会的和平发展,世界各国的相继开放、WTO等世界贸易规则的实施等,世界经济越来越趋向同一化,各地区的相互联系越来越紧密。这种经济全球化,给区域经济不仅带来了竞争的压力,同时也带来了发展的契机,使得一个国家中的某一个地区可以超越国界,直接参与国际经济。

在经济全球化进展的同时,世界经济也随着政治经济形势和格局的急剧变化,出现了国际经济局部化和区域集团化。从全球化的角度看,衡水处于东北亚区域经济圈的范围之内。在这个包括中国、日本、韩国、俄罗斯、朝鲜、蒙古6国在内的东北亚地区,一个以日本东京为增长极的东北亚经济一体化地区正在形成之中,衡水也正好处于以日本东京为中心2500km的半径圈内。东北亚地区基于地缘优势,陆海空交通和物流呈一体化发展,不仅促进了优势互补的产业梯度转移和区域经济一体化,也促进了追求地球自然美和生物多样化的生态文化旅游的一体化和互补。

衡水市在经济全球化中,不应是简单地被动适应,而应在经济全球化与地球环境保护的结合中找到自己的定位,以创造和发挥自己的区位,形成能纳入全球化的区位优势。特别对于东北亚经济圈,衡水除了接受因东北亚地区经济一体化而带来的产业上的互补效益之外,还可以发挥固有的地区文化以及保护湿地和鸟类的生态文化的特色,积极参与国际合作,发展国际化的生态旅游,在东北亚地区的生物多样性保护和地球生态环境保护中担任重要的角色。

11.1.3 水资源保障的经济动力优势

水是湿地存在和自然演替的基础。目前我国北方湿地普遍存在水源补给困难的问题,为湿地补水都需要耗费大量成本。即使在南水北调以后,湿地的水资源的分配将仍然会以经济为杠杆,对衡水湖的水资源补给也不例外。

然而,衡水湖实地的特殊性在于其水资源补给具有明确的经济动力。周边城市化地区对于水的经济需求保证了衡水湖的人工水源补给,这种优势是一些远离城市的湿地所不具备的。

以衡水湖东湖为例,目前东湖水以 0.70 元/吨的代价引来黄河水,再以 0.85 元/吨卖给衡水电厂,电厂每年用水量为 1100 万 ~ 1200 万 t,仅此一项就可以为创造 160 万 ~ 180 万元的经济效益。如果保护区周边缺少具有经济活力的城市化地区,水资源的价值就很难以这种方式直接体现出来,买水养湖的经济成本就会成为湿地恢复与保护的一大障碍。

另外,衡水湖西湖已被规划为城市饮用水源地,必将而且正在起到越来越重要的城市水源作用,衡水湖水资源的价值因此将进一步得到体现,也会为衡水湖水质的保护提供进一步的动力。

11.1.4 生态资源的比较优势

衡水湖由于地处气候干旱、土壤条件不利的华北平原,尽管其湿地景观和湿地类型的丰富程度不如一些自然条件更加优越的湿地,但与周边地区相比,具有明显的比较优势。衡水湖作为华北平原的典型湿地,具有得天独厚的水、热、土条件,汇集了华北地区大量的珍贵动植物资源。通过保持、引进驯化、样方比较、人工培育等方法,形成了地带性生物群落、生态湿地保护区,引进动植物驯化区,是具有特殊科学价值的生态湿地区域。也正因为如此,衡水湖才吸引到如此众多的鸟类,更为衡水湖平添了一道亮丽的风景。目前,衡水湖自然保护区创建时间不长,在湿地保护与恢复方面工作力度还不够大,就已经使衡水湖湿地具备了如此基础,相信衡水湖经过更好的保护和更有效的湿地恢复之后,其生态资源优势将进一步提升。

11.1.5 集中展示人与湿地关系变迁的历史文化价值优势

衡水湖兼具湿地自然景观和以冀州古文化遗迹为代表的华夏文明悠久人文历史景观,所凝聚的人与湿地关系的历史延绵数千年,是一部展示人与湿地关系的人文自然历史的天然教科书。这是衡水湖湿地不同于许多纯自然湿地的独特之处。如能充分地挖掘好这一主题,当能形成衡水湖湿地的独特优势。

11.1.6 管理保护措施可在地级市内统一协调的优势

衡水湖仅跨两个区县,并且保护区的全部地域处于地级的衡水市境内,所以在管理中出现问题只需要在地级就可以全面协调。从保护区管理的现状来看,衡水湖自然保护区管理处系由市政府直接领导,几乎所有工作都得到了衡水市委市政府高度重视和大力支持,包括大量的财政投入和政策性支持。并且正在考虑组织上进一步理顺了水湖自然保护区的管理体制,从体制上保证保护区资源保护与开发建设之间的协调。而不像一些保护区范围跨不同的地级市或甚至跨省界,在组织协调上需要更高级领导层参与组织协调,增加难度。国内不少保护区或世界遗产因在管理上出现各自为政的局面而造成人为破坏,常常是因为其组织协调上的困难所致。在此方面衡水湖湿地显然具有管理上的优势。

11.1.7 区内居民家庭收入多元化,农业的依赖程度低

保护区内产业呈现农林渔牧工并举,家庭收入多元化的形势。从我们对17个村的数据进行汇总后的分析结果来看,在总共530户有效样本中,农业生产收入平均仅占家庭总收入的26%,而非农收入(务工与商业两项相加)所占比例则高达51%,居于主导地位(图11-1),保护区直管村的商业收入比重更是高达67%(图11-2)。可见,农业收入已经不再是当地居民收入的主要来源,这对当地未来进行经济结构调整将会非常有利。不过,应当注意到,区内不同的村落经济状况差距很大,有的村基本上已经完全工业化,如二铺村民务工收入占80%;而有的村却几乎是纯农业村,如后韩农业收入占达73.38%,农业所占比例最高。

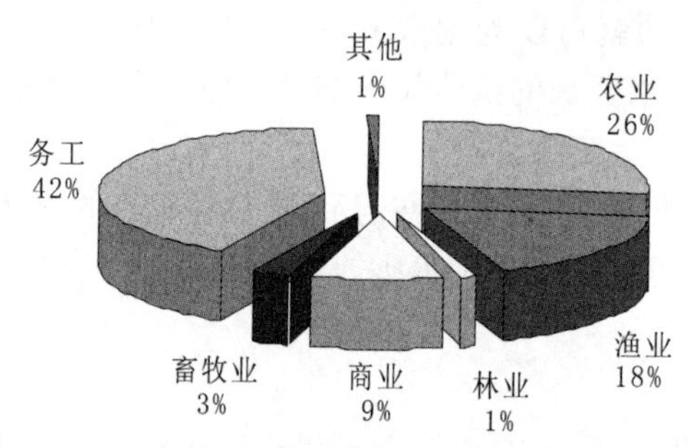

图11-1 保护区内被调查的17个村的村民收入结构

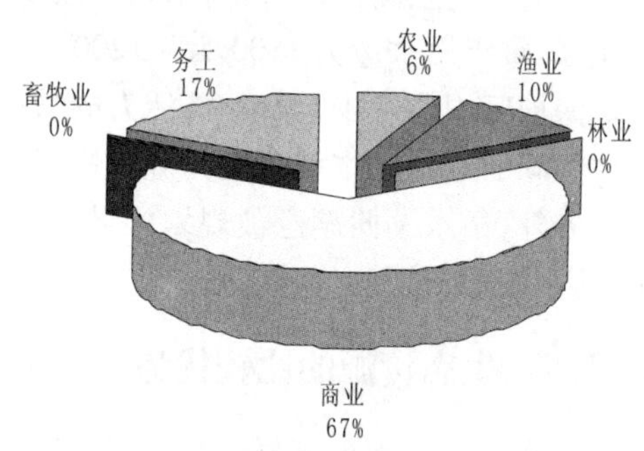

图11-2 保护区直管村村民收入结构

11.1.8 本地区NGO活动的优势

NGO,即非政府组织,是国际上环保事业的一支重要力量。中国的NGO虽然尚在起步阶段,但其活动已经得到国际社会的普遍关注。与衡水湖相关、并也已具有一定影响的NGO组织包括保护区管理处主导的"衡水湖湿地与鸟类保护协会"以及纯民间的"地球女儿环保志愿者"协会,通过这两个NGO组织,有关衡水湖湿地的国际合作正在越来越多地开展起来,保护区也正在有意识地营造其国际声誉。

11.2 劣 势

11.2.1 没有完整的自然生态系统

尽管衡水湖在常年蓄水的条件下维持了其生物多样性,并为大量鸟类提供了适宜生境,但衡水湖周边地区经过数千年农业开发,特别是新中国成立以来兴修大量水利设施,湖内人工堤坝纵横、周边匝道密布、笔直的人工河渠取代了自然弯曲的河道,自然流域系统可以说已遭到彻底破坏,表现在:

(1)水库化、池塘化趋势明显——原有存在内部水文联系的天然湿地流域系统在相当程度上被人工沟渠等排灌系统取代,自然湿地所具有的季节性水位波动及相应的水循环特征已不显著,主要取决于人工调蓄。

（2）湖泊消落区退化、消落区沿水位梯度植被演替序列发育不完善，特别是以莎草科（苔草属）为主的湿草甸和淤泥质湖滩地发育不良（为众多涉禽类的主要栖息生境），湖区水库化、池塘化、趋势明显。

（3）由于自然湿地生态系统功能退化、人工化，导致植被与生境演替和自然更新机制衰退，湿地沼泽化趋势显著。

伴随着自然流域系统消失，加上周边地区长期高强度的农业开发，土壤肥力损耗严重。加之不利的气候和土壤条件，生态环境脆弱，更减弱了保护区自我维持、自我调节的能力。

11.2.2　水资源匮乏

尽管衡水湖能够维持蓄水，但其周边地区气候干旱，目前水资源从总量上极为短缺，并且同时兼有水质型缺水的问题。

从水资源总量来看，由于流域上游用水不断增加，造成上游来水逐年减少。尤其是近年来，除汛期外，上述各河道基本没有径流，而汛期来水由于泥沙含量大以及水质污染严重等原因，基本没有利用价值。而另一方面，随着市区规模的不断扩大和经济的发展，在对水资源量的需求进一步扩大。由于国民经济的发展几乎全部靠超采地下水来实现，地下漏斗的不断扩大已经迫使衡水市必须尽快调整水资源的利用格局。目前衡水市已经修建地表水厂，计划利用衡水湖为市区供水，但由于目前湖水水质不达标，水厂尚不能启用。

衡水市国民经济发展对水资源的迫切需求势必要求衡水湖进一步加强其作为调蓄水库的功能，这一功能定位与衡水湖湿地承担的其他生态功能可能会有一定冲突，如不能妥善解决，很可能会使保护区现有的自然生态系统受到破坏。

11.2.3　生态旅游资源受季节性影响大

衡水湖自然保护区的景观以曲水古城群鸟见长，地景，水景，生景，胜迹，风物兼备，可发展成有湖水游赏，科普修学，休闲度假功能的湖泊型生态旅游区。但是衡水湖本身的冬季过于漫长，春秋季短，鸟类在湖区停留的时间短，这对于生态旅游资源的开发也造成了一定的限制。

11.2.4　土地利用结构不合理，急需调整

从保护区的土地利用结构来看，村庄用地过多，农业种植面积过大，林草地过少，需大力发展，水域和芦苇面积也急需恢复。

11.2.5　湿地恢复与基本农田保护的矛盾

过去，保护区农村较为贫穷，为了多获取国家对基本农田的补贴，当地政府将现在保护区内许多不宜耕种的湿地荒地也划入到了基本农田的范畴。而国家为了避免当前快速的城市化进程过度蚕食中国已经非常有限的耕地，所以正在实行非常严格的基本农田保护政策。衡水湖要开展湿地恢复必然需要对土地利用方式有所调整，而国家对“基本农田”严防死守，不仅实行占补平衡，而且最近还提出了先补后占的要求，使保护区的土地利用调整面临较大的困难。

11.2.6　周边地区人口密度过高，环境污染和人为破坏严重

保护区范围涉及衡水市桃城区的郑家河沿镇和彭杜乡以及冀州市（县级）的冀州镇、魏家屯镇、小寨乡、徐家庄乡共六个乡镇所辖的 106 个村，据 2005 年统计，保护区范围内共 65180 人、

19046 户，人口密度为 292.6 人/km^2，以保护区性质衡量，无论区内或周边人口密度均明显过高。而保护区所在的衡水市人口密度高达 467 人/ km^2，大大高于全省平均水平（348 人/km^2）。保护区靠近桃城区和冀州市的两个城市化地区，周边地区的城市化也不断提速，自身人口也还在不断增长。

人类活动的干扰对保护区带来了很多负面影响。从生物多样性的角度看，衡水湖的植被情况由于人工采伐和灾害兵燹之破坏，大部分地区已失去自然植被的本原组合，原生地形地貌景观受到破坏，自然景观和生态环境破碎。保护区最有保护价值的濒危物种常常都对生境的变化异常敏感，珍稀鸟类一旦受到干扰而放弃现有的活动领域，保护区的保护价值就会受到严重削弱。

人类活动带来的环境污染也非常严重，各种工业、生活污染侵害着生物赖以生存的水体、空气和土壤。靠近冀州一带环境质量很差，除生活垃圾、工业废渣、城市污水均未作合理处理、空气质量也较低劣。环境的全面污染状态不仅对生态环境造成了严重污染，也破坏了景观视觉感受。

因此工农业生产、居民生活等对土地资源和生物资源的需求量不断增加，而环境污染和人为破坏严重，对自然保护区生态环境形成了很大的压力。

11.2.7　社区人口素质不高、思想保守

无论是从保护区所在乡镇的统计数据，还是从课题组的调查，都可以发现，保护区所在乡镇人口的文化程度较低，而保护区内人口的受教育程度在各乡镇中又处于较低水平。

由于受教育程度不高，保护区周边社区人口思想总体上趋于保守。如在外出打工的问题上，调查显示，外出打工的人数仅占总劳动力的 31.81%，而所谓外出打工也是以在本地打工为主，到桃城区冀州市都算走得远的，而且也仅有 57.52% 的人表示对家人外出打工持积极支持态度。

虽然在保护区的大力宣传教育下，社区居民在爱鸟护鸟方面已经有很高的自觉意识，但由于受教育程度不高，包括保护区部分管理人员在内，都普遍缺乏对湿地生态系统的真正认识，不了解生物多样性保护与鸟类保护之间的关系，不了解湿地生态系统自身的价值，也不了解如何维持湿地生态系统，所以对湿地的盲目破坏仍然时常发生，如向湿地的污染排放，对荒滩的盲目开垦，使湿地时时面临人类活动的威胁。

11.2.8　地域文化精神的自觉意识不足、自然人文景观破碎

尽管本区早在新石器时代就有人类活动，冀州也可谓中原华夏文明的正宗传人，但随着古冀州的繁华不再，衡水湖周边民众的地域历史记忆已经非常淡漠，地域文化精神的自觉不足，这种精神状态也充分地反映在各类有人为活动干扰的自然或人文景观之中，包括：

（1）现在衡水湖的村落和民居已经不是原生的自然聚落和传统民居，而大多是建国后和近年来新建的农村住宅，且村庄密度过大，村庄的布局与形态大多没有与衡水湖自然景观很好协调。在有些地方，本来完整的湖区被鱼塘分割得四分五裂，失去了衡水湖自然保护区的景观特色。

（2）冀州古文化缺乏保护。冀州老城内的古迹胜景大多无处可寻，房屋道路破损严重、风格杂乱，文物古迹零星散落其间，大多没有受到很好的保护和管理，损失严重；而冀州新城盲目追风"欧陆风情"，原来清新淡雅的民居群落、多姿多彩的地域性建筑文化、与环境自然协调的极富生活情趣的空间布局形态、尺度亲切宜人的街道小巷，均被模仿大城市而建的宽大空旷的大街所代替，这无疑是对传统人文环境的又一次污染。

往日的"水泊冀川"的辉煌一去不返，随意建造的城市建筑杂乱无章，沿岸空间形态难以辨识，人与水域正在日益隔离疏远，除了汉城墙的残垣断壁依然耸立诉说其悠久的故事，冀州老城已经基本失去了作为中原北国水乡的古城风貌。

11.2.9　保护力度不足

最后,衡水湖湿地还面临着不少国内自然保护区的共同问题,就是保护力度不足,这表现在:①湿地环境治理恢复与监测、评估体系尚在建立中、基础研究及其本底数据缺乏;②保护区管理经验不足、人才紧缺;③资金投入严重不足;④基础设施落后;⑤直管村以外村落行政多头管理。

11.3　机　遇

机遇是指对保护区的可持续发展战略方向一致的那些外部影响。对于保护区而言,当前最大的机遇是国家确立并正在全面贯彻科学发展观,它为转变经济增长方式,实现全流域水环境治理,全面恢复衡水湖湿地的自然生态功能,使保护区及其周边地区坚定地走向可持续的生态文明之路等,都提供了最好的契机。南水北调工程实施也是从根本上解决保护区的水源供给问题的重大机遇。同时,保护区还面对国内外对湿地保护的关注、国家经济实力全面提升、环渤海经济圈蓬勃发展、全面建设小康社会和社会主义新农村等一系列的重大历史机遇,周边地区一些符合可持续发展理念的经济因素也正在初步发展之中。

11.3.1　国家积极贯彻落实科学发展观

党的十六届三中全会提出了“科学发展观”,十七大更进一步强调了它在我国经济建设和社会发展中的指导地位。所谓科学发展观所追求的发展,其核心是以人为本,其基本要求是全面协调可持续,其根本方法是统筹兼顾。因此,科学发展观要求做到人与自然和谐发展、经济与社会协调发展,要求全社会走生态良好的文明发展道路,这些都对保护区走可持续发展之路提供了重要的外部支持和政策环境。

11.3.2　南水北调工程正式实施

目前南水北调工程已进入正式实施阶段。根据南水北调工程规划,其中线和东线两条引水线均经过衡水湖附近地区,并且东线还将衡水湖列为其在黄河以北的五大调蓄水库。这将一举从根本上解决保护区的水源供给问题,同时也将极大地缓解衡水市的水资源紧缺状况,为衡水市经济、社会的可持续发展提供了难得的机遇;衡水湖作为南水北调工程的调蓄水库,必然得到国家大量的投资,可以缓解保护区建设投资不足的问题;南水北调工程还特别强调调水沿线的生态保护,要求输水渠沿线周边必须建设 500m 宽的水源涵养林,这也给衡水湖湿地的生态环境建设带来契机。

但是,应当指出,水库不等于湿地。水库以满足人对水资源的需求为主要目的,而湿地则依托于水并以保持湿地自然生态过程所创造的生物多样性为己任。这两种目标可以是相容的,也可能有一定的冲突。实施南水北调工程的生态影响如何,将很大程度上取决于是否能通过妥善的规划来合理解决其中的冲突。

11.3.3　国内外关注湿地保护

当今世界对湿地生态系统的重要性已经有了越来越深入的认识,国内外对湿地保护十分重视,正是在这种背景下,保护区一直得到河北省政府和衡水市政府的大力支持,并从 2000 年设立省级保护区后,在短短的 3 年内又升级为了国家级自然保护区,到 2005 年又被列入国家重点投资湿地,正在申报“国际重要湿地”。保护区近年来还先后成功争取到世界银行项目、中荷合作项目等国际援助。相信今后随着衡水湖生态环境建设日渐取得成效,必将得到更大力度的国家财政投入,以及更多的国内外项目的支持。

11.3.4　全流域水环境治理开始受到重视

衡水湖所在的海河流域在“九五”期间就已经被列入了国家治理的重点流域。近年来,国家对环境保护的投入逐步加大,特别是 2007 年以来,前国家环保总局(现已改为环境保护部)推行了“流域限批”的环保监管措施,并提出长黄淮海等重污染水域应建立统一治水机制及新环境经济政策体系,大大地推动了限批地区的产业结构调整和水污染治理力度,也极大提升了社会对流域水环境治理的关注度。首次“流域限批”的区域就包括海河流域的河北邯郸经济技术开发区,这对衡水湖上游来水的水质改善起到了很好的作用。前国家环保总局表示,“流域限批”今后将会制度化、常态化。如果衡水湖上游来水的水质能够得到实质性的改善,那么衡水湖水质性缺水的问题就可以得到极大的改善,而衡水湖湿地也有望完全恢复健全的湿地生态功能。

11.3.5　新农村建设所带来的机遇

衡水湖周边地区以农业人口为主。党的十六大提出全面建设小康社会,十六届五中全会又进一步提出了建设社会主义新农村的重大历史任务,为做好当前和今后一个时期的“三农”工作指明了方向。此后,一系列惠农富农政策逐步得到推行,如取消农业税,全面免除农村中小学学杂费等,农村保险体系和农村金融的建设也开始了探索,国家和地方公共财政对农村建设投入的力度不断加大,这为衡水湖农村脱贫致富、加快发展提供了很好的契机。

11.3.6　首都及环渤海经济圈蓬勃发展的机遇

2008 年北京奥运会使世界聚焦北京,也为首都经济圈和环渤海地区的发展带来了巨大的动力。随着京津高速的开通,京津一体化全面提速。环渤海地区历史悠久,经济、文化比较发达,自然资源丰富,工业基础相当雄厚,既是全国综合科技实力最强的地区,又是全国重要的能源、原材料工业基地和电子信息产业基地,是中国经济重要的一极。环渤海圈的快速发展为地处环渤海经济圈边缘的衡水湖保护区的发展带来了很好机遇。

此外,环渤海圈的流域环境治理也为保护区带来的机遇。2008 北京奥运成功实现了“绿色奥运”的承诺,其所带来的环境质量改善深入人心,直接为包括“渤海碧海行动”在内的改造首都周边地区生态环境的行动的持续开展提供了强大的动力。流经衡水湖的滏阳河、滏阳新河和滏东排河最后都注入渤海。以衡水湖为中心的湿地、湖泊、河流虽然在整个环渤海地区很小,但是其保护也是渤海碧海行动和地区生态环境建设中的重要部分,可以积极抓住上述机遇。

11.3.7　衡水市城市水源地建设的机遇

衡水湖已经被列入衡水市的城市水源地。目前衡水市生产生活用水主要依靠开采地下水,已经形成了严重的地下漏斗,地质灾害隐患严重,用水结构调整势在必行。衡水湖目前由于水质问题,尚不能满足城市饮用水标准,只能为工业用水提供水源。地下水作为饮用水,水质碱性重、口感差,目前衡水市有条件的企事业和家庭都普遍购买桶装水来满足日常饮用水需求,衡水市对将衡水湖建设成为城市饮用水源地具有迫切的需求。而实现这一需求的途径是:加快湿地恢复,强化环境治理,这些都为衡水湖湿地功能的进一步恢复,以及环境污染得到进一步有效控制提供了充分的动力。

11.3.8 当地一些符合可持续发展理念的社会经济因素已初步发展

由于衡水湖周边地区城市化发展很快，与首都经济圈、文化圈联系紧密，社会经济和文化思想都表现得相对活跃，从地方领导到社会公众，其生态意识都在不断增强，因此，一些符合可持续发展理念的社会经济因素已经开始初步发展。比如，衡水市总体规划对衡水市未来的景观描述是"碧水蓝天绿满城，城市建在花园中"；衡水湖湿地保护建设被列为"十五"计划纲要的重点建设项目，并计划与城市绿化美化、京九绿色长廊、生态林地等总计 6 个生态环境建设项目一道共总投资 9 亿元。为了确保衡水湖湿地的开发建设活动能够严格按照规划，在严格保护的前提下科学合理地展开，目前衡水市已经暂停一切衡水湖周边的建设开发活动，可见其保护决心之坚决。当地政府还大力推广秸秆还田，目前还田率已经达到 20% 以上，这对于改善土壤条件可以起到极为有益的作用。

根据我们对衡水市的社会经济活动的调查，也发现其中一些产业的发展为衡水湖湿地的保护建设和周边地区实施可持续发展战略提供了良好的条件。比如以民营经济主导的衡水市中密度板产业，其原材料是不成材的树木枝杆，而产品用于高级装修，市场前景广阔，为发展经济林提供了很好的市场出路，可以与生态林建设很好地结合。

当地政府还大力提倡龙头经济模式，规划营造专业市场，培植特色产业、积极延伸产业链。这些政策导向都为衡水湖周边社区调整产业结构，提高农民收入等提供了很好的机遇。

11.4 威　胁

11.4.1 来自周边城市化地区的威胁

衡水湖坐落于城市近郊，除了享受到城市带来的各种便利外，也受到来自城市的威胁。这种威胁主要来自于环境污染、城市用地扩张以及对水资源利用方面的压力。

(1)环境污染的威胁：离衡水湖最近的城市化地区为桃城区与冀州市，它们既是衡水经济发展的龙头，也是污染大户，其工业废水排放占全市的 52.9%，废气排放占全市的 68.2%。

对衡水湖威胁最为严重的是冀州市，其不少重金属企业就集中在衡水湖南侧，又缺乏污水处理设施，不少污水直接向湖中排放。重金属污染难以被水体和植物的自净作用吸收、消除，将进入湿地生态系统物质循环和能量流动过程，并通过食物链逐步富集，严重威胁湿地生态系统健康，并造成严重的环境灾害。此外，冀州市的各种垃圾和固体废弃物也尚未得到有效处理，常常直接堆放与填埋于湖边，造成沿湖部分地区（村庄、厂矿周边）严重污染，并严重影响到景观。从大气污染的角度，冀州方由于处于保护区常年主导风向的上风向，其重工业的废气排放也成为对保护区的主要威胁。

桃城区由于地处衡水湖的下游和常年主导风向的下风向，对衡水湖环境污染的影响相对较小，但由于冬季盛行的是西北风，冬季的煤烟型污染对衡水湖的空气质量的影响也不容忽视。

除冀州市和桃城区外，枣强是衡水市的城市金三角的另外一角，也是距衡水湖最远的一个，但衡水湖引黄河水经过该县，故此也受到沿途污水排放的威胁。

此外，处于衡水湖上游的邯郸、邢台等重工业城市尽管距衡水湖遥远，但其生活与工业废水数量巨大，每年通过人工渠系直接排入湖内，是湖区水质恶化、湿地退化的重要因素。

(2)城市用地的无序扩张：由于衡水湖周边地区城市化发展迅速，城市用地不断向外扩张，新城镇建设也不断兴起。由于衡水湖边有 106 国道穿越，对于这种扩张趋势如果不能很好地规划引导,极易出现城市化地区沿路沿湖无序蔓延,造成对自然风景资源任意侵占和破坏,而城市空间结构的失衡。

(3)水资源利用的压力:随着周边城市的发展,对水资源的需求只会日渐上升。目前,周边地下水已经严重超采,加剧了湖体水分侧向渗流,进一步影响了湖区水分平衡。在未来,衡水湖湿地为了满足周边城市对水源的需求,需要尽力挖掘和提升库容,这种趋势与湿地生态的保护之间必然存在着矛盾。这是因为:从衡水湖的作为珍稀鸟类栖息地的生态价值出发,需要衡水湖保持大片的浅滩和挺水植物(如芦苇)可以生长的浅水域(水深不超过2m)。如何妥善解决这两者之间的矛盾是当前衡水湖发展面临的一个重大问题。否则,片面追求库容必然意味着保护区的生态价值的降低,损害衡水湖湿地的国际地位,不利于衡水市将来发展生态旅游业以带动地方经济的战略目标的实现。

11.4.2 来自周边农业地区的威胁

衡水湖周边土地利用以农业为主。农业生产对保护区的威胁主要在于:过量地施用农药化肥,不合理的灌溉方式,以及大量使用地膜、畜禽粪便等,造成了农村面源污染日趋严重,农业生态环境有日益恶化。此外,农业生产与湿地保护还存在着土地利用方面的矛盾。

(1)不适当的农业生产的威胁:①关于农业生产带来的面源污染,在对保护区村民的抽样调查和PRA / RRA调查中发现:69.38%的人使用化肥和农药,化肥主要为磷肥和氮肥;农药包括六六粉、乐果、毒霸、虫霸、敌敌畏、除草剂、杀虫药、治棉铃虫的药等,其中有些为含有剧毒的农药。而秸秆还田和人畜粪便这样有利于农业生产可持续的施肥方式并不普遍,在从17个村获取的640个有效样本中仅占20.94%和9.69%。②关于农业灌溉,据现场观察,当地主要方式依然是大水漫灌,水资源浪费严重。③关于农业生产与湿地保护之间的矛盾,现在国家政策提倡退耕还湖、退耕还林,但当地农业开荒对湿地生态系统的破坏现象依然存在,农业开荒破坏了湿地的自然植被,对湿地的生物多样性造成致命伤害,必须严格禁止。

(2)不适当的渔业开发活动的威胁:湖区渔业生产一直沿用落后的生产方式,使用定置网等不合理的渔具,采取迷魂阵、电鱼等非法捕捞方式,以及在禁渔和休渔期进行违法捕捞,捕捞强度过大,导致天然捕捞小型化和低龄化,造成渔业资源接近枯竭,鱼虾产量急剧减少,渔民捕鱼收入下降,渔业发展具有不可持续性。此外,无序的围湖和拉网养鱼还造成景观破坏、生境破碎,鸟类受到威胁。拉网养鱼的高密度水产养殖还与农田面源污染(化肥、农药)一道,使N、P等有机元素富集,超过湿地、水体的净化能力,导致湖泊富营养化趋势明显、局部地区发生水华。

(3)不适当的畜牧业生产活动的威胁:衡水市的畜禽养殖业近几年得到十分迅速的发展,在有些村畜牧业已经成为主导产业。在畜牧业大发展,并给村民带来较多收入的同时,其负面影响也需要引起关注。畜牧业对湿地保护的负面影响主要体现在:①周边社区从事畜牧养殖业的企业大部分没有污染处理设施,随着农村施肥结构的改变,养殖业污染已成为造成农村生态环境恶化的一个重要因素。②任意放养方式对植被的破坏。这个问题主要发生在村民个人饲养的一些牲畜。

(4)生境破碎化的威胁:由于周边农业地区村落为数众多并且分散,区内人类活动还造成了湿地生境的破碎化,制约了鸟类种群的扩展。湿地生境破碎化的类型及其影响体现在:①物理破碎化:包括道路、堤坝等线状破碎化因子以及居民点等点状破碎化因子,为景观破碎化的主导物理因子,物理破碎化导致孤立生境的产生,不利于物种种群的长期存活。②行为破碎化:主要针对敏感保护物种而言,物理破碎化将对这些敏感物种生境产生强烈的边缘效应,使毗邻地区生境质量降低,并迫使敏感种放弃这些生境,由于是对物种行为产生了破碎化影响,故可称为行为破碎化,行为破碎化是物理破碎化的一种继发效应，但对敏感物种而言，其影响则更为深刻。

11.4.3　来自周边地区农村工业化的威胁

在保护区内特别是 106 国道东侧，东湖南部和西湖西部都有一些工厂、乡镇和村办企业。这些有乡镇和村办企业的村子往往是比较富裕的村子，且乡镇和村办企业是这些村子的主要收入来源。由于这些企业散布于广大农村地区，各种资源消耗压力大，污染难以集中治理，因此或多或少都有一些负面环境影响。但不同产业对环境负面有所不同，下面分别加以讨论：

（1）采暖铸造业：这个产业主要集中在衡水湖南部冀州一带，属于衡水市特色产业中的采暖铸造业，以二甫村的铁厂和暖气片厂以及大齐村春风集团的铁厂、发电厂、暖气片厂等为代表。它们对湖区环境带来的负面影响最为严重。这些企业向湖内和湖边倾倒的废渣、废料，以及排放黑色的粉尘和有害的气体，对湖区造成了严重污染，对保护区的生态环境造成了严重破坏。近年来采暖铸造业不景气，部分工厂停产，给保护区南部环境带来了一定改善，但尚未得到根本治理，有关企业也尚未迁出。

（2）制砖业：主要集中在小寨乡，燃料主要采用邢台沙河的低硫煤，原材料为黏土。每年取土约 20 万 m^3，取土的方位比较分散。历史上由于取土形成的几千立方米的坑很多。最大的坑有 500 ~ 600 亩，深 2.5m，最深的坑有 6m 深。砖厂利用黏土烧砖一方面破坏了保护区的土层和景观，另一方面在烧砖的过程中也对环境造成了较大的污染，而且此类活动属于国家明令禁止和限制的行为。

（3）橡胶化工业：冀衡农场的化工厂搬迁后，现在的橡胶化工业主要集中在衡水湖以东 106 国道东侧，以小型作坊式的橡胶压型加工为主，废水排放不多，但废气排放还是比较明显。分散在各家各户的小型作坊的加工方式也给环境治理带来了相当的难度。

11.4.4　不适当的旅游开发活动的威胁

虽然衡水湖的旅游开发才刚起步，但已经出现各单位各自为政、自行其是的苗头。除了保护区统一建设的中心码头区域外，其他农民自办的旅游项目大多由于缺乏统一规划和必要的技术指导，加之文化品位不高，已开发的旅游项目不仅很快丧失了市场吸引力，对生态环境和自然景观也产生了污染和破坏。一些“生态旅游”有演变成生态破坏因素的危险。

旅游业带来的污染也不容忽视。如排放污水、倾倒垃圾、使用燃煤等污染较强的燃料等，都会带来对湖区的生态环境的破坏。

11.4.5　不适当的水利工程建设活动的威胁

长期以来，人类的水利工程在造福人类的同时，由于忽视了其对生态环境的影响的认识，对自然生态环境造成了严重的破坏。衡水湖湿地的自然流域系统的消失正是这一过程的生动写照。目前，衡水湖湿地已经是江湖阻隔、自然湿地水文特征遭到破坏，湖泊消落区发育受阻、湿地退化萎缩。

今后，衡水湖将进一步承担作为城市水源地和南水北调调蓄水库的重任，势必进一步开展一些必要的水利工程建设，在这一过程中如果没有充分考虑湿地生态系统本身的需要，也依然有可能对衡水湖湿地造成进一步的伤害。

11.4.6　不适当的湿地恢复建设活动的威胁

衡水湖湿地目前是在人工蓄水后自然恢复的湿地。为了完善湿地功能，今后还需进一步大力开展湿地恢复建设活动。但必须注意，不适当的湿地恢复建设活动也会给衡水湖带来威胁，它主要表现在：

（1）反季节人工引水对湿地生态系统自然过程的干预。目前衡水湖东湖的人工引水由于具有反季节性，干预了湿地植被生长演替的正常周期，对湿地植被带来了一定的负面影响。据当地村民反映，冬季湖面结冰将芦苇冻住，之后黄河水被注入湖中急剧抬高水面，使部分芦苇随着冰面抬高而连根拔出，到第二年新的芦苇就不能再长出，而枯死的成片芦苇在夏天产生大量的沼气，使鱼虾中毒而死。

（2）不恰当的人工植被恢复对湿地的影响。由于保护区森林覆盖率过低，保护区为了改善保护区的环境，人工种植了大量的林地。但近年来保护区的植树造林从服务于湿地生态恢复这一目标来看，还存在以下不足：①人工植树缺乏科学规划，树种选择不当，生境单一，不适于野生动物生存，生态功能脆弱，自我维持能力很低，且易于遭受病虫害的袭击。②人工造林区域缺乏景观规划，缺乏除绿化以外的其他林地综合利用功能。③人工植树采用了深翻地方式，使原来的自然荒地的地表植被遭到严重破坏，非常令人惋惜。

人工进行湿地恢复时应尊重客观规律，在查明湿地退化过程与机制的前提下谨慎开展。切不可在对湿地退化过程与机理不了解的情况下就贸然进行。国外这方面的教训很多，值得借鉴。

11.4.7 外来物种入侵的威胁

衡水湖湿地的外来物种入侵主要来自：

（1）跨流域调水带来的外来水生物种：如蒲草是衡水湖以前没有的物种，由于跨流域引蓄黄河水，带来了蒲草的种子，现在蒲草疯长，在有的区域已经替代了本地的芦苇。

（2）湿地恢复和景观建设中对外来树种草种等的不当选择：如火炬树作为一种景观树种被引进，结果它繁殖力过强很快替代了其他树种成为了某个植树区域的主导树种。

（3）宗教放生行为带来的外来物种。如衡水湖中一度发现牛蛙、巴西龟等，是佛教徒从市场上买来放生的物种。这一现象很快引起了保护区的警惕。

（4）农业生产中引入的外来物种：现在农业生产常常以引种非本地物种的方式来追求效益，获取竞争优势，但不当的引种选择有时就带来生态灾难，如外来的福寿螺在南方某些农村地区已然成灾。这一问题目前尚未在衡水湖周边发现，但这类风险非常值得警惕。

（5）外来旅游者无意中带来的物种。部分外地物种的种子可能被旅游者或者其他流动人口有意或者无意带到衡水，加上地区生物链的不同，这部分物种可能很少被消耗而快速增长，从而对当地物种形成威胁。

近年来衡水湖已经发现黄顶菊这一外来入侵物种，保护区已经多次开展对黄顶菊的治理行动，但其具体入侵的途径目前还不明。衡水湖外来物种入侵的威胁随着跨流域调水和旅游业的发展将会进一步加剧，非常值得警惕。

11.4.8 野生动物疫病传播的威胁

近年来，野生动物疫病传播的问题随着禽流感的发生而日渐受到重视。野生动物疫病传播方式包括动物间传染和人—动物间传染两种方式。野生动物间疫病传播对野生动物保护是一个很大的威胁，但野生动物间疫病有其自身发生发展规律，只有通过认真开展野生动物疫病监测和相关科研，才能很好地应对这一威胁。人—动物间疫病传播的问题则主要来自于人与野生动物过于近距离接触导致的病毒变异，随着人类越来越多地侵占原来野生动物活动的领地，这一对人类健康的威胁将会越来越严重。保护区要应对这一威胁，一方面要搞好野生动物疫病监测工作，另一方面要加大对核心区缓冲区的管理力度，给野生动物留出适度的生存空间，避免人与野生动物过度密切接触加大疫病风险对人类健康的危害。

11.4.9　自然灾害和突发公共安全风险的威胁

如前文所述，保护区地处地震活跃地带，历史上多发洪水、旱灾等自然灾害。每年冬季气候干燥季节林地草地都容易发生火灾，需要警惕。保护区发展生态旅游以后，食物中毒、疫病传播等公共卫生事件，打架斗殴、欺行霸市等治安事件，游客落水、迷路、火灾等意外事故，以及往来保护区途中的可能交通事故等都会给保护区带来大范围的恶劣影响，都需要提前预防。

11.4.10　外部竞争的威胁

如前文所述，在北京城市周边 300km 之内，北京、天津、河北、山东四个地区都在积极规划和建设湿地保护区。仅河北省内的湖泊型景观资源包括各种水库在内就有大大小小 18 处。从现阶段来看，白洋淀湿地类型与衡水湖最为接近，它声誉显赫，离北京距离较近，开发也较成熟，水域已开发成套的旅游产品，是衡水湖最为现实的区域竞争对手。今后随着华北地区更多湿地的恢复和建设，衡水湖所面临的竞争还将加剧。

此外，在人文景观的竞争方面，河北大地是华夏文化发祥地之一，又拱卫在古都北京周围，故从旧石器时代，一直到建国前夕，遗存了多种类型的名胜古迹。河北省内各种自然人文旅游资源类型丰富，数量众多，且知名度高。拥有全国重点风景名胜区 4 处、省级风景名胜区 12 处，国家重点文物保护单位 37 处，有考察立档的各类不可移动的文物点有一二万处，存入在各级文物单位、博物馆、展览馆等处的可移动的文物 70 多万件，后备旅游资源非常丰富。如老龙头为明长城之首，山海关号称“天下第一关”，皆名扬天下。承德避暑山庄和外八庙作为清代是全国第二政治中心，具有丰厚的历史文化价值，是全国评选的十八风景名胜之一。北戴河海滨更因其在当代的政治影响而名扬天下。与之相比，冀州古文化在人文历史旅游资源中目前并不具有太多的优势。可见，衡水湖未来发展生态旅游，必然面临来自这些地区的湿地以及其他自然人文旅游资源的竞争。

11.5　小　结

根据前面对衡水湖湿地的优势、劣势、机遇和威胁等的总结，可以做出 SWOT 分析表（表 11-1）。进行 SWOT 分析的目的，就是要使我们在思考保护区的可持续发展战略时既看到自身的优势和所面临的机遇，也看到自身的弱势和面临的威胁，既避免盲目乐观，也避免盲目悲观。

可以看出，保护区在最大的优势就是其区位优势。作为干旱的华北平原的一个内陆湿地淡水湖，加上从经济上解决了水资源的保障问题，在生态与自然景观方面与周边地区相比拥有一定的比较优势，衡水湖自然保护区在湿地生态恢复方面具有广阔的前景。但同时也必须看到，即使是在本区域，衡水湖也不乏竞争对手，而一旦跳出本区域，衡水湖湿地无论从自然生态系统的完整性、自然景观的丰富性还是从水资源与气候条件来看都尚处于相对劣势。所以衡水湖自然保护区的发展思路必须扬长避短，充分打好“区位优势”这张牌，并且不断强化自已在本区域的比较优势。

周边城市与衡水湖湿地的关系非常特殊，它们既给保护区带来了一定的优势，也带来环境污染严重等劣势，同时因为其发展对水和土地等资源的需求与衡水湖湿地保护之间存在着矛盾，而构成对衡水湖的威胁。如何发挥出衡水湖地处城市近郊所带来的优势，同时又化解此因素带来的劣势与威胁，也是衡水湖湿地保护所必须考虑的问题。

表 11-1 SWOT 分析

劣势	1 没有完整的自然生态系统 2 水资源匮乏 3 生态旅游资源受季节性影响大 4 自然灾害风险较高 5 土地利用结构不合理,急需调整 6 湿地恢复与基本农田保护的矛盾 7 周边地区人口密度过高,环境污染和人为破坏严重 8 社区人口素质不高、思想保守 9 地域文化精神的自觉意识不足、自然人文景观破碎 10 保护力度不足	1 国家积极贯彻落实科学发展观 2 南水北调工程正式实施 3 国内外关注对湿地保护 4 全流域水环境治理开始受到重视 5 新农村建设 6 首都及环渤海经济圈蓬勃发展 7 衡水市城市水源地建设 8 当地一些符合可持续发展理念的社会经济因素已初步发展	机遇
优势	1 保护价值优势 2 区位优势 3 水资源保障的经济动力优势 4 生态资源的比较优势 5 集中展示人与湿地关系变迁的历史文化价值优势 6 管理保护措施可在地级市内统一协调的优势 7 区内居民家庭收入多元化,农业的依赖程度低 8 本地区的 NGO 活动的优势	1 来自周边城市化地区的威胁 2 来自周边农业地区的威胁 3 来自周边地区农村工业化的威胁 4 不适当的旅游开发活动的威胁 5 不适当的水利工程建设活动的威胁 6 不适当的湿地恢复建设活动的威胁 7 外来物种入侵的威胁 8 野生动物疫病传播的威胁 9 其他自然灾害的威胁 10 外部竞争的威胁	威胁

而衡水湖缺乏完整的自然生态系统则是其最大的劣势。衡水湖周边天然水源滏阳新河、滏东排河等都受到严重污染,受来水水质和周边地区污水未经处理直接排放的影响,加上自净能力有限,衡水湖水质很差,富营养化严重。而跨流域引水不仅代价巨大,而且还给脆弱的自然生态系统带来很多不确定性,如果不能很好地解决衡水湖的污染问题,将对湖区经济以及旅游业发展造成阻碍。

最后,自然保护区内较高的人口密度和密集的人类活动也是衡水湖湿地保护中不可回避的问题。人类活动对自然的影响可能是正面的,也可能是负面的,从根本上讲取决于人的观念和行动。从保护区的现状来看,目前的周边各种人类活动以负面影响为主,但也不乏有利于衡水湖湿地的保护与可持续发展的、积极的、健康的因素。因此,如何将这些与衡水湖自然保护区及周边地区的可持续发展战略方向相适应的积极的健康的因素充分调动和发挥出来,化解周边人类活动给保护区所带来的劣势和威胁,正是衡水湖湿地保护与发展的成败之所在。

第 12 章　保护区生态敏感性分析

本章采用了生态单元划分的方法，结合了保护区内的自然因素和社会因素，对保护区不同生态单元的生态敏感性进行了定量评价，画出了保护区的生态敏感性地图，为确定保护区的可持续发展战略，确保保护区生态保护使命的实现提供了一个重要的生态学依据。

12.1　生态敏感性分析的原则和方法

12.1.1　原　则

生态敏感性是指在不损失或不降低生态环境质量的前提下，生态因子对外界压力或外界干扰的适应能力，生态敏感性区划就是分析区域生态环境对人类活动的敏感性及生态系统的恢复能力。

为了对衡水湖自然保护区不同区域的生态敏感性进行分析，首先，应该根据建立衡水湖自然保护区的主要目的，考虑自然地理条件、行政区划以及不同区域的产业结构现状，对保护区不同生态功能区进行科学的划分，确定生态敏感性分析的生态单元，然后分析保护区内不同人类活动对各生态单元的影响程度，比较分析不同生态单元的生态敏感性。建立衡水湖自然保护区的主要目的是为了保护华北地区这片典型的湿地，以及栖息于此的珍稀鸟类，并将它作为衡水市的一个重要的集中式饮用水水源地，因此该区域生态敏感性分析的重点就应该是那些可能破坏湿地生态功能和鸟类栖息地以及降低水质的因素；另外，不同土地利用类型的生态功能是不同的，即使是同一种土地利用类型，也会因为面积的不同以及距离珍稀保护鸟类栖息地（核心区）远近不同以及现有产业结构的差别等，其生态功能也会有所差异。因此本报告将在保护区中各自然地理单元的地理位置以及土地利用类型分区的基础上，参考行政区划以及现有的产业结构，将保护区划分为不同的生态评价单元。其次，衡水湖国家自然保护区的生态环境受到人类活动的影响较大，其自身所有的社会经济属性对保护区的生态敏感性也有着重要的作用，因此本报告将选取保护区内现有的一些主要的经济活动类型（农耕、渔业捕捞、交通运输等）以及保护区在将来的发展中可能进行的经济开发活动（如鸟类保护、休闲旅游等）作为生态敏感性的评价因子。最后，在考虑到上述因素以及评价方法的科学性的同时，还要兼顾便于数据收集、处理和计算。

依据以上原则，本报告在进行区域生态敏感性分析时，对影响生态敏感性的人类活动将主要考虑农业活动、渔业养殖与捕捞、交通运输、休闲旅游、鸟类保护活动、水源地保护活动等，它们的活动强度对衡水湖保护区的生态敏感性有着重要的作用；区域的自然现状对其生态敏感性有着重要的影响，土地利用现状、土地利用类型变化、与核心保护区的距离、生物多样性状况等都是影响其生态敏感性的重要因素；由于衡水湖保护区目前已经具有一定强度的社会经济活动，所以在选择生态敏感性评价因子时，必须考虑其社会属性因子，产业结构（产业单一化指数）、农业现代化程度、人均收入、文化遗产遗址等都直接影响到区域的生态敏感性。需要指出的是，由于区域内现有的工业活动（如铸铁厂的生产活动）对环境的主要影响是使得大气质量有所降低，对区域生态敏感性的影响是间接的（相对于农业活动而言），因此本报告中与工业活动有关的社会因子只考虑了产业单一化指数和人均收入等，而没有直接将工业活动纳入社会因子之中。

12.1.2　生态单元划分

本报告将保护区涉及的行政村依据其自然地理位置划分为七个区域进行生态敏感性分析，每个区域又根据其社会经济特征划分为若干个生态单元作为生态敏感性分析的基本单元，最后保护区共划分为13个不同类型的生态敏感性评价单元，详见表12-1。不同类型的生态单元根据现有的产业结构类型来划分，农业区是指那些以第一产业为主要产业且农业产值占第一产业产值的40%以上的地区，渔业区是指那些以第一产业为主要产业且渔业产值占第一产业产值的40%以上的地区，其他则为混合区。

表12-1　衡水湖自然保护区生态单元的划分

所在区域	生态单元编号	生态单元名称	包括行政村名称
东湖水体及湖岸区域	1	东湖湿地与鸟类保护区	东湖水域、顺民庄、冀衡农场等，其中大部分水域不属于任何村庄
西部地区	2	西部农业区	北安阳城、南安阳城、宋牛庄、南良、北良、东南庄、良心庄、后庄、东庄、北照磨、窑洼、西南庄、南岳村、北岳村、大寨村、小寨村、前照磨
	3	西部混合区	北尉迟、南尉迟、寇杜村
东西湖交界的中心区域	4	中部农业区	前韩
	5	中部渔业区	南李庄、绳头
	6	中部混合区	段村、崔庄、一铺、二铺、三铺、四铺、北关、西元头、东元头、张家庄、前赵家庄、后赵家庄、孙郑李、前冢、后冢、北八里庄、臧家冢、刘家埝、北冯家庄、北岳家庄
北部湿地区	7	北部湿地保护区	后韩村以及滏阳新河南侧与滏东排河之间的区域，其中大部分区域不属于任何村庄
东北部及滏阳新河以北地区	8	东北部农业区	巨鹿、小刘、张王庄、闫庄、大刘、贾庄、南李村、陈村、道口、邵庄、前孙、后孙、郭埝、候庄、谈庄、彭杜、李开、候店
	9	东北部混合区	赵杜、吴杜
南部地区	10	南部农业区	野头
	11	南部混合区	大漳、东午、堤里王、西关、小漳村、大齐村、小齐村
东部地区	12	东部农业区	韩赵、南赵、小候、范庄、北田、刘田、秦田、徐田、李田、宋田、张田、刘台、大赵、五开、张家宜子、孙家宜子
	13	东部混合区	于家庄、魏家屯、郝刘庄、贺家村、王家口、李家口、陆村、常家宜子、王家宜子、邢家宜子、魏家宜子、韩家庄、吕家庄、赵庄、东赵家庄、李家村、西娄家疃、曹家村

12.2　保护区内自然因素的生态敏感性分析

根据不同时相的遥感图像解译出保护区内土地利用现状及其变化的数据，可对保护区自然因素的生态敏感性进行分析。首先针对每个评价生态单元，制定两张生态敏感性评估表，分别列出每类经济开发活动对不同自然属性的影响程度以及不同自然属性对各开发活动类型影响程度进行排序打分。表12-2和表12-3是针对自然属性，各生态单元的生态敏感性分析矩阵，其中的A_{ij}是通过德尔菲法得到的不同经济活动类型对评价生态单元内不同自然属性影响的排序打分，A_{ij}值越大，表明j类人类活动对i种自然属性的影响越大,其取值范围为1~4;B_{ij}是评价生态单元内不同自然属性对不同经济活动类型影响的排序打分,B_{ij}值越大,表明i种自然属性对j类人类活动的影响越大,其取值范围为1~6。

根据上面得到的赋值,可计算每个生态单元的自然属性的生态敏感性综合值:

$$DN = \sum\sum A_{ij}B_{ij} \quad (i=1,2,3,4 \quad j=1,2,3,4,5,6)$$

表12-2　生态单元中人类活动对自然属性的影响

生态单元的自然属性	农业活动	渔业养殖与捕捞	交通运输	休闲旅游	鸟类保护活动	水源地保护
土地利用现状	A_{11}	A_{12}	A_{13}	A_{14}	A_{15}	A_{16}
土地利用类型变化	A_{21}	A_{22}	A_{23}	A_{24}	A_{25}	A_{26}
与核心保护区的距离	A_{31}	A_{32}	A_{33}	A_{34}	A_{35}	A_{36}
生物多样性状况	A_{41}	A_{42}	A_{43}	A_{44}	A_{45}	A_{46}

表12-3　生态单元中自然属性对人类活动的影响

生态单元的自然属性	农业活动	渔业养殖与捕捞	交通运输	休闲旅游	鸟类保护活动	水源地保护
土地利用现状	B_{11}	B_{12}	B_{13}	B_{14}	B_{15}	B_{16}
土地利用类型变化	B_{21}	B_{22}	B_{23}	B_{24}	B_{25}	B_{26}
与核心保护区的距离	B_{31}	B_{32}	B_{33}	B_{34}	B_{35}	B_{36}
生物多样性状况	B_{41}	B_{42}	B_{43}	B_{44}	B_{45}	B_{46}

应用德尔菲法对每个生态单元进行评估打分后按照上式进行计算,可得到各生态单元的与自然属性有关的生态敏感性赋值(表12-4)。

表12-4　各生态单元的与自然属性有关的生态敏感性赋值

序号	生态单元名称	自然敏感性指数
1	1.1 东湖湿地与鸟类保护区	202
2	2.1 西部农业区	177
3	2.2 西部混合区	194
4	3.1 中部农业区	218
5	3.2 中部渔业区	226
6	3.3 中部混合区	193
7	4.1 北部湿地保护区	226
8	5.1 东北部农业区	168
9	5.2 东北部混合区	126
10	6.1 南部农业区	133
11	6.2 南部混合区	127
12	7.1 东部农业区	175
13	7.2 东部混合区	157

根据上面的计算结果可将保护区中各生态单元划分为三种不同敏感程度的区域:最敏感区、一般敏感区和弱敏感区。计算结果表明,从各生态单元的土地利用现状、土地利用类型的变化、与核

心保护区的距离以及生物多样性状况等自然属性的角度，保护区内的13个生态单元中，生态敏感性最强的是北部湿地保护区、中部渔业区、中部农业区、东湖湿地与鸟类保护区，其生态敏感性指数值都在200以上；其次是西部混合区、中部混合区、西部农业区、东部农业区、东北部农业区；它们的敏感性指数在160~200之间；具有较弱敏感性的生态单元包括东部混合区、南部农业区、南部混合区、东北部混合区，其生态敏感性指数值在160以下。

12.3 保护区内社会因素的生态敏感性分析

为了对保护区社会因素的生态敏感性进行分析，对这些生态单元的社会经济状况进行了详细的调查，包括各生态单元的经济发展水平(各产业产值、农业现代化程度等)、产业结构指数、农业用地类型(耕地面积等)、人均收入等。在此基础上，应用前述方法对保护区各村的社会因素生态敏感性进行了分析。表12-5是各生态单元的生态敏感性分析矩阵，其中的 C_{ij}/D_{ij} 分别是评价生态单元内不同经济活动类型对不同社会属性的影响的排序打分和不同社会属性对不同经济活动类型的影响的排序打分。

同样可计算每个生态单元的自然属性的生态敏感性综合值：

$$DS = \sum\sum C_{ij}D_{ij} \quad (i=1,2,3,4 \quad j=1,2,3,4,5,6)$$

表12-5 各生态单元中人类活动与社会经济属性的相互影响

生态单元的社会经济属性	农业活动	渔业养殖与捕捞	交通运输	休闲旅游	鸟类保护活动	水源地保护
产业结构(产业单一化指数)	C_{11}/D_{11}	C_{12}/D_{12}	C_{13}/D_{13}	C_{14}/D_{14}	C_{15}/D_{15}	C_{16}/D_{16}
农业现代化程度	C_{21}/D_{21}	C_{22}/D_{22}	C_{23}/D_{23}	C_{24}/D_{24}	C_{25}/D_{25}	C_{26}/D_{26}
人均收入	C_{31}/D_{31}	C_{32}/D_{32}	C_{33}/D_{33}	C_{34}/D_{34}	C_{35}/D_{35}	C_{36}/D_{36}
文化遗产遗址	C_{41}/D_{41}	C_{42}/D_{42}	C_{43}/D_{43}	C_{44}/D_{44}	C_{45}/D_{45}	C_{46}/D_{46}

于是，可得到各生态单元的与社会经济属性有关的生态敏感性赋值(表12-6)。

表12-6 各生态单元的与社会经济属性有关的生态敏感性赋值

序号	生态单元名称	社会敏感性指数
1	1.1 东湖湿地与鸟类保护区	211
2	2.1 西部农业区	177
3	2.2 西部混合区	164
4	3.1 中部农业区	220
5	3.2 中部渔业区	193
6	3.3 中部混合区	223
7	4.1 北部湿地保护区	203
8	5.1 东北部农业区	162
9	5.2 东北部混合区	151
10	6.1 南部农业区	175
11	6.2 南部混合区	157
12	7.1 东部农业区	170
13	7.2 东部混合区	158

由此可见，从产业结构、农业发展水平、人均收入等方面考虑，保护区中最为敏感的生态单元包括中部混合区、中部农业区、东湖湿地与鸟类保护区、北部湿地保护区，它们的生态敏感性值都大于200；其次是一般生态敏感区，包括中部渔业区、西部农业区、南部农业区、东部农业区、西部混合区、东北部农业区，其生态敏感性值在 160 ~ 200 之间；具有较弱生态敏感性的是东部混合区、南部混合区、东北部混合区，它们的生态敏感性指数都小于 160。

12.4　生态敏感性综合分析

在对区内各不同生态单元的自然因素生态敏感性和社会因素生态敏感性进行比较分析的基础上，可对保护区的生态敏感性进行综合分析。

根据衡水湖国家自然保护区的性质可知，人类活动对土地利用、生物多样性等自然属性的影响将对生态单元的生态敏感性具有很大的影响，即自然属性的生态敏感性在生态单元的生态敏感性中占有更为重要的地位，因此在生态敏感性综合分析中，将对自然属性的生态敏感性和社会属性的生态敏感性赋以不同的权重，分别为 0. 66、0. 34。于是得到各乡镇的综合生态敏感性值（表 12-7）。

表 12-7　保护区内各生态单元的生态敏感性值

序号	生态单元名称	自然敏感性值	社会敏感性值	综合敏感性值
1	1. 1 东湖湿地与鸟类保护区	202	211	217. 72
2	2. 1 西部农业区	177	177	187. 62
3	2. 2 西部混合区	194	164	193. 64
4	3. 1 中部农业区	218	220	231. 88
5	3. 2 中部渔业区	226	193	226. 36
6	3. 3 中部混合区	193	223	216. 58
7	4. 1 北部湿地保护区	226	203	230. 36
8	5. 1 东北部农业区	168	162	175. 68
9	5. 2 东北部混合区	126	151	143. 56
10	6. 1 南部农业区	133	175	157. 78
11	6. 2 南部混合区	127	157	146. 62
12	7. 1 东部农业区	175	170	183. 5
13	7. 2 东部混合区	157	158	166. 82

从表 12-7 可以看出，保护区内各生态单元的生态敏感性由强到弱依次为中部农业区、北部湿地保护区、中部渔业区、东湖湿地与鸟类保护区、中部混合区、西部混合区、西部农业区、东部农业区、东北部农业区、东部混合区、南部农业区、南部混合区、东北部混合区（图 12-1）。

从计算过程可知，生态敏感性最强的是中部农业区、北部湿地保护区、中部渔业区、东湖湿地与鸟类保护区、中部混合区，它们的生态敏感性指数都在 200 以上。从自然属性看，其生态敏感性较强的主要原因是它们距保护区内珍稀鸟类栖息地及水源保护核心区最为接近（该敏感性分指数值达 80. 6，占所有自然属性敏感指数值的 37. 84%），其次是强度的土地利用现状不利于水源地和鸟类与湿地的保护；从社会属性看，产业结构单一是导致其生态敏感性强的主要原因。

具有一般敏感性的生态单元包括西部混合区、西部农业区、东部农业区、东北部农业区以及东

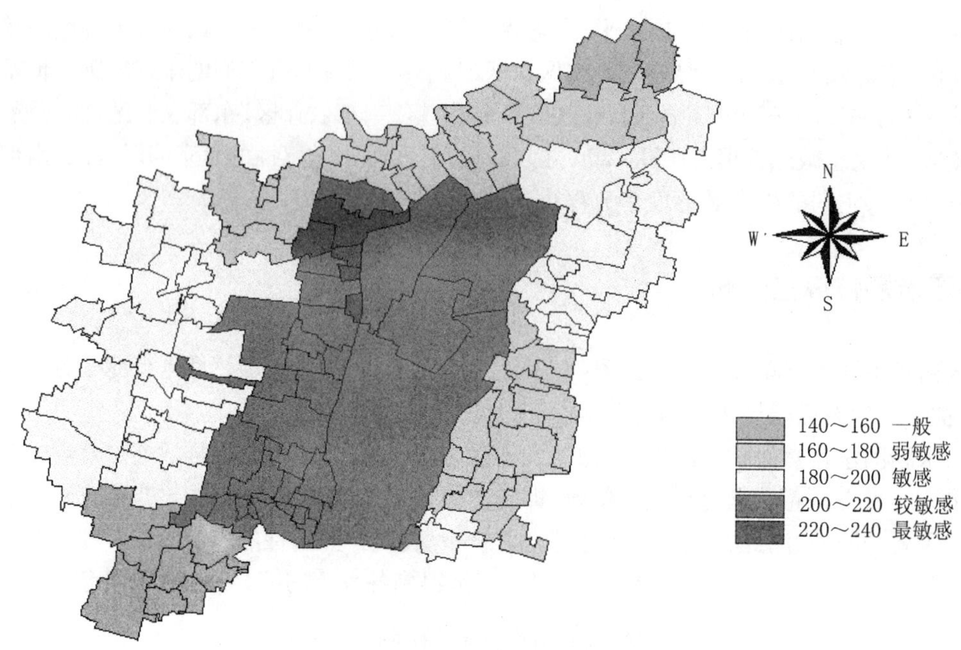

图 12-1 衡水湖自然保护区生态敏感性分布图

部混合区，其生态敏感性综合指数在 160～200 之间。从自然属性看，影响其生态敏感性的主要因素是生物多样性状况与土地利用现状，现有的自然条件对人类活动中的水源地保护行为最为敏感；从社会属性看，其主要的敏感性因子是产业结构（对西部混合区、西部农业区而言）和人均收入（对东部农业区、东北部农业区以及东部混合区而言），即产业结构的单一和人类活动的强度已经威胁到了这些生态单元维持其自身生态功能的能力。

具有弱生态敏感性的生态单元包括南部农业区、南部混合区、东北部混合区，它们的生态敏感性指数值都在 160 以下。从自然属性看，影响其生态敏感性的主要因素是生物多样性状况，现有的自然状况对鸟类保护活动的影响最为明显；从社会属性看，产业结构状况也是影响其生态敏感性的主要因素，即现有的产业结构不适于保护区对现有湿地生态系统的保护。

总之，生态单元的敏感性高低与其可承受的人类开发强度（人类影响）相反，即敏感性高的区域，其保护力度要提高，尽量降低其开发强度。对生态敏感性较强的生态单元要减少外界干扰，任何经济开发活动不得影响这些区域的现有生境，对已经破坏的生态环境要做好生态修复工作，对在生态敏感性最强的区域中已经存在的工矿企业或严重影响现有生境的居民集中地也应坚决予以搬迁。

第二部分
可持续发展战略规划

第 13 章 保护区可持续发展总体战略

本章分析了保护区的性质,明确了保护对象,定义了保护区可持续发展战略规划的指导思想、方针和原则。并总体、近期目标、远期目标和远景目标等不同层次论述了保护区的可持续发展战略规划目标,提出了圈层式的战略布局,并结合不同战略领域和不同圈层的各自特点提出了相应的战略重点。

13.1 保护区性质和保护对象

13.1.1 保护区的性质和类型

衡水湖保护区系以调蓄水库类型的人工湿地生态系统为基础、以生物多样性保护为主要任务、以珍稀鸟类资源为特色的特殊类型的城郊型湿地自然保护区。是一处有着凝聚着悠久的自然与人文历史的华北平原代表性湿地,有着华北平原保存相对完好的内陆淡水湿地生态系统。是集生物多样性保护、科学研究、宣传教育、生态旅游和可持续利用多重价值为一体的综合性湿地生态系统类型的自然保护区。

根据《自然保护区类型与级别划分原则》(GB/T14529—93),衡水湖国家级自然保护区属于自然生态系统类的湿地类型的自然保护区。从生态系统特征上看属于以华北内陆淡水湿地生态系统为主的平原复合湿地生态系统。

13.1.2 保护对象

衡水湖自然保护区的保护对象应包括水资源、动植物资源、湿地生态系统、自然生态景观和历史人文景观等多个层面。其中又以华北平原内陆淡水湿地生态系统及丹顶鹤、白鹤、东方白鹳、黑鹳、大鸨、金雕、白肩雕等国家Ⅰ级和Ⅱ级珍稀野生保护动物等为主要保护对象。

13.1.2.1 水资源

对于衡水湖自然保护区的各种水资源,包括地表水资源、地下水资源和地热水资源等,都应采取切实措施严格保护、厉行节约、合理利用。

13.1.2.2 动植物资源

(1)国家级保护层次:列入《国家重点保护野生动物名录》的国家Ⅰ级重点保护鸟类 7 种和国家Ⅱ级重点保护的鸟类 44 种,以及列入《国家重点保护植物名录》的国家Ⅱ级重点保护植物 2 种。

(2)国际协议履行层次:衡水湖自然保护区观察到的鸟类中,包括:①《中日保护候鸟及栖息环境的协定》中的保护鸟类 151 种,占协定全部 227 种保护鸟类的 66.5%。②《中澳保护候鸟及栖息环境的协定》中的保护鸟类 40 种,占协定全部 81 种保护鸟类的 49.4%。

(3)生物多样性保护层次:保护生物多样性和生态系统功能的完整性与保护珍稀动植物有着同等重要的意义。许多未被列入国内外各种动植物保护名录的物种或为重点保护珍稀鸟类提供栖息地和繁殖地,或直接或间接为这些珍稀鸟类提供食物,共同构成适宜的鸟类生境。所以保护这些物种,保护生物多样性对于珍稀鸟类的保护也是至关重要的。同时,保护生物多样性也就是保护湿地这一天然物种基因库,以利于我们子孙后代对物种资源的可持续利用,对人类生存和生活也都具有重要的现实和潜在的意义。

13.1.2.3　湿地生态系统

按照国际湿地公约的湿地分类,本区湿地主要为湖泊湿地、沼泽湿地、水体沼泽化湿地、盐沼湿地、河流湿地和渠道湿地等。各种类型湿地关系十分密切,它们相互依存,共同构成衡水湖湿地生态系统。任一类型湿地的退化都将对衡水湖湿地的生态与环境功能产生巨大的影响。

13.1.2.4　自然历史遗迹

衡水湖地处黄河流域,历史上河道纵横并多次改道,留下了包括古河道遗迹、古地质遗迹和洪水灾难遗迹等不少自然历史遗迹。它们对于考察衡水湖的成因和自然历史变迁具有重要的科学价值,并具有独特的审美价值,需要进一步挖掘和保护。

13.1.2.5　历史人文遗存

以冀州古文化为代表的丰富的历史人文遗存是衡水湖自然保护区区别于一般自然湿地的一大特色,并使衡水湖成为了一部展示人与湿地关系的人文自然历史的天然教科书,非常值得保护。

13.2　指导思想、战略方针和规划原则

13.2.1　指导思想

针对衡水湖保护区的自身特点,借鉴国内外湿地保护的成功经验以及国际上普遍接受的可持续发展理念,并基于本战略报告提出的时代背景,衡水湖自然保护区及其周边地区的可持续发展战略应该遵循的指导思想可概括为:“立足三个属于,实现三大使命”。

13.2.1.1　“三个属于”

衡水湖自然保护区:

- 属于人类、也属于地球
- 属于当代、也属于子孙后代
- 属于当地、也属于全世界

衡水湖“属于人类、也属于地球”,就是说要树立人与自然应当和谐相处的观念。湿地是地球自然生态系统的一个重要组成部分,保护好衡水湖就是改善地球自然生态系统,也就是保护好我们人类自身的生存环境。而对于这种生存环境的改善,最先受益的就是衡水湖周边地区的人民。

衡水湖“属于当代、也属于子孙后代”,就是要贯彻可持续发展的持续原则和公平原则。要有代际公平的观念,要将当代人对衡水湖这一宝贵的自然生态资源的利用控制在不危害子孙后代对资源的拥有和利用的范围内,使衡水湖资源得到可持续的利用。

衡水湖“属于当地、也属于全世界”,就是要求保护区的管理者要有全球化的视野,要顺应国际潮流的发展方向。同时,也通过树立衡水湖的国际化形象使衡水湖的保护与发展得到更广泛的支持,以及谋求更广阔的发展空间。

13.2.1.2　“三大使命”

保护区的三大使命为:

- 恢复完善的湿地生态功能
- 探索可持续的社区经济发展模式
- 建设与可持续发展相适应的绿色生态文明

强调衡水湖应当具有“完善的湿地生态功能”,是希望关心衡水湖湿地的保护与发展的人们正

确、全面、准确地认识湿地生态系统的价值。湿地恢复不仅仅等于简单地蓄水和招引鸟类，而更重要地在于恢复湿地的水文地质特征，恢复其丰富的自然生境和强大的湿地生产力。这种生产力在过去的人类文明中往往遭到忽视。

强调衡水湖应当具有“可持续的社区经济发展模式和与之相适应的绿色生态文明”，是因为只有周边社区能够发展起一套可持续的社区经济发展模式和与之相适应的绿色生态文明，才能使衡水湖的保护得到切实的保障。因为贫穷、落后和愚昧常常是引起生态破坏的主要原因；而文明、富裕和发达往往与优美舒适的环境联系在一起。在人与自然的关系中，人往往居于主导地位，在无知或错误的观念指导下，人可以很轻易地就对自然生态环境造成损伤和破坏；而在正确的观念指导下，人也可以有效地维护、管理和建设自然生态系统。这种正确的观念正是与可持续发展相适应的绿色生态文明观。

13.2.2　战略方针

为了贯彻上述指导思想，衡水湖自然保护区应当坚持以下战略方针：

- 积聚优势、抓住机遇
- 积极恢复、严格保护
- 科学经营、持续利用
- 和谐共处、创新发展

13.2.2.1　积聚优势、抓住机遇

积聚优势和抓住机遇常常互为因果。只有本身具备相应的优势，面对机遇时才有可能抓得住；而往往也只有通过积聚凸显出自身的优势，机遇才肯光顾。

所谓“积聚优势”，不仅仅要积极挖掘和利用衡水湖自然保护区现有的生态资源、区位和产业等方面的优势，还要使这些优势得到进一步的加强。这当中就包括了对环境质量的改善，对湿地生态系统的进一步恢复，以及利用自己的区位积极加入京津唐和环渤海经济圈、甚至东北亚经济圈等的区域经济大循环，对产业结构和城镇化布局的进一步调整等等。因为面对激烈的竞争环境，现在的优势不等于永远的优势，不谋求对优势的进一步积聚和发展，就很容易被竞争对手甩在后面，使比较优势转变为比较劣势。

所谓“抓住机遇”，首先，应该充分利用国家贯彻科学发展观、全流域水环境治理开始受到重视、国内外关注对湿地保护等良好机遇，积极争取国家和全社会的更多支持和理解，为保护区的可持续发展战略的实施争取到更好的外部环境。其次，应充分利用国家推动新农村建设以及首都及环渤海经济圈蓬勃发展的大好机遇，在一些符合可持续发展理念的社会经济因素已有初步发展的基础上，将新农村建设与保护区的湿地恢复、环境治理、产业结构调整以及推动社区文化素质、社会保障、政治文明和生态文明建设等社会全面和谐发展的目标结合起来，使新农村建设落到实处。

最后，在此特别强调“南水北调”的机遇。因为“南水北调工程”将一举解决衡水湖的水源问题。而且，衡水湖借东线工程调蓄水库的建设，还可大规模退田还湖，扩大湿地范围，并借助湿地系统的生产力来谋求跳跃式发展。可见南水北调工程为衡水湖湿地保护、湿地生态系统健康的改善和区域生态安全的水资源保障提供了难得的机遇。在水资源得到保障的基础上，衡水湖就可进一步抓住国家积极发展生态建设的有关政策机遇，以及国际社会在湿地保护、生物多样性保护、可持续发展等方面对中国的关注和实施有关援助项目的机遇，多方筹措资金，积极谋求发展。

13.2.2.2　积极恢复、严格保护

“积极恢复、严格保护”都是为了更好地保护和发扬衡水湖宝贵的特色资源优势。

“积极恢复”包含了对环境污染的治理和对湿地的恢复两个方面。之所以要积极恢复，是因为针对衡水湖及其周边地区这样特定的对象，经历了数千年农耕文明的过度开发以及近几十年工业文明带来的环境污染，急需恢复。只有全面彻底地对保护区及其周边地区开展环境污染治理，才能使衡水湖的自然人文之美充分展现在世人面前，才能真正凸显出衡水湖本身已具备的各种自然和人文生态资源的优势。

“严格保护”也是与积聚优势相关联的。作为以湿地和鸟类保护为特色的自然保护区，必须首先保护好自己的特色资源，也只有这些资源才是构成自身优势的基础。所以没有保护，就没有优势，已有的优势也会很快丧失，因此也难以发展。

但恢复和保护之间也可能存在着矛盾。特别需要注意在恢复的过程中需要严格遵循科学规律，积极稳妥地将保护的原则贯彻于恢复之中。一旦恢复离开了科学指导，就很容易蜕变为“借恢复之名，行破坏之实”，这种惨痛的教训是很多的。目前，湿地开发不遵从科学规律、盲目扩大开发规模的行为，已被公认是导致湿地功能下降、生态环境恶化的一个主要原因。因此，为有效地保护湿地资源，保障资源的合理利用和功能的可持续发挥，“适度规模”应是未来湿地开发利用必须要遵守的一条基本方针。要确保湿地资源的社会、经济、生态功能有效发挥和协调发展，就必须严格控制开发规模和强度，要做到对国情需要、生态阈值、项目选择和湿地保护等多方面的综合考虑。

13.2.2.3　科学经营、持续利用

“科学经营”和“持续利用”是相对于对资源的粗放式经营和不可持续利用而言。“保护” 本身不是目的，而是手段，保护的目的是使资源得到更加合理的有效的利用，包括将资源留给我们的子孙后代以便得到更好和更有价值的利用。而要做到这一切就必须充分依靠科学，为保护和利用找到一个恰当的平衡，使被利用的可再生资源得到充分的补给，使不可再生资源在当代和子孙后代之间得到一种公平的分配。由于如何保护和利用在实质上是对资源利用所可能得到的利益的一种分配方案，而往往人们容易看到的是直接利用所带来的直接经济收益，所以“科学经营”还强调如何通过利益分配机制为人们主动参与保护提供激励。

传统的湿地利用多以扩大耕地面积为主，这种对湿地自然生态系统的严重干扰，在很大程度上影响了湿地各种功能，特别是生态功能的正常发挥。衡水湖湿地利用模式的出发点应重在恢复与原生状态相似的水文环境和林木覆盖，使蓄滞洪涝能力得到保护与恢复。同时挖掘湿地潜力，积极开展绿色产业，如生态农业和生态旅游业，积极开拓发展与湿地保护使命相适应的循环经济模式，充分发挥湿地资源的社会、经济、生态效益，走出一条资源可持续化道路，为中国华北平原人工恢复、利用湿地做出典范。

13.2.2.4　和谐共处、创新发展

“和谐共处、创新发展”。首先是说明保护区所追求的发展应该是和谐的发展。和谐既包括了人与人之间的和谐，也包括人与自然的和谐。追求人与人之间的和谐，会促使我们切实去关注如何消除周边社区居民的贫困、改善他们的生活条件和人居环境、尊重他们的传统权利和利益、丰富他们的精神文化生活，等等。追求人与自然之间的和谐，会促使我们去尊重大自然以及其他各种丰富多彩的地球生命。

同时，保护区也需要强调“创新发展”，是因为可持续发展所强调的不再仅仅是传统的经济增长，而是将资源、环境、社会、经济、政治、文化作为一个系统，谋求全面的协调的发展。在这一发展道路上，必须要勇于创新。

13.2.3　规划原则

13.2.3.1　保护优先原则

13.2.3.2　流域综合管理原则

流域综合管理包括流域内水资源管理，以及与之相关的工业、农业、城乡布局各个方面的经济发展规划，应与流域内相关政府部门、专家合作，开展流域尺度的关于污染源综合整治、用水分配、基于社区的湿地资源可持续利用和保护、替代生计与退田还湖、保护水生生物、自然保护与社区发展、环境教育与能力建设等工作，其中水资源管理是关键，应重点考虑湿地系统的整体的水生态功能和水环境效应，建立衡水湖流域水资源综合管理机制以及流域生态安全预警机制。衡水湖处于衡水市区的上游，完全依赖人工调水蓄水维持，周边污染源较少，水质主要取决于上游来水。因此应严格控制上游主要调水水源岳城水库、黄河水和南水北调来水水质水量标准，控制点源与面源污染，减轻湖泊水体重金属污染，控制水体富营养化趋势，确保水资源的可持续利用。贯彻流域综合管理须遵循依法管理、集权与分权相结合、经济手段与行政手段相结合、资源开发与环境保护相协调、广泛参与和公平原则以及实现信息公开与决策透明的原则。

13.2.3.3　生态需水原则

流域生态需水是维持流域生态系统的生物体水分平衡及其生活环境，基本实现流域生态系统健康和水资源可持续利用所必须保证的水量，具有阈值性和等级性。衡水湖的生态需水保障主要是通过人为水资源配置来实现，而其受到流域可配置水量和现状用水量的影响。根据计算衡水湖自然保护区年生态需水量为 $116.71\times10^6 m^3$/年，结合工业和生活用水和总来水量其缺水量为 $98.16\times10^6 m^3$/年，需要采取南水北调补水措施，初步计划为衡水湖年供水 3.14 亿 m^3，0.96 亿 m^3 用于自然保护区用水。

13.2.3.4　生态风险管理原则

应关注衡水湖湿地生态系统存在的沼泽化趋势加快、水质变化、生境破碎化和珍稀濒危物种减少等环境隐患，确定湿地区带来这些问题的主要风险源，重点考虑风险因子所带来的长效的、累积性的影响，通过湿地生态风险评价，确定风险区、主要风险源及其风险等级，评价结果作为风险管理的决策依据。

13.2.3.5　一致性原则

衡水湖自然保护区总体规划应与城市发展总体规划、南水北调工程规划、流域水资源规划、防洪规划等其他规划在原则和内容上保持一致。

13.2.3.6　湿地生态承载力原则

湿地生态承载力是指湿地生态系统的自我维持、自我调节能力，资源与环境子系统的供容能力及其可维持的社会经济活动强度和具有一定生活水平的人口数量。衡水湖作为承担南水北调中、东线的分流、分洪、分沙压力、区内人口生产和开发压力、区内污染物输入的环境压力、区内湖泊湿地与生物资源过度利用的生态破坏压力的湿地区域，各项开发利用活动应遵循生态承载力相一致原则，不破坏湿地资源保护与可持续利用的循环机制为前提。

13.2.3.7　资源可持续利用原则

任何对湿地资源的利用应以生态、社会、经济三效益整合为原则，既考虑人类当前及未来的需求，又要照顾资源、环境的承载力。加强对湿地资源可持续开发利用模式的研究，通过功能区划，针对不同程度的敏感区以生态承载力为阈值合理保护与开发，针对衡水湖鸟类迁徙的季节性因素对芦苇湿地可进行不同程度的开发利用。

13.2.3.8　坚持多层次、多渠道的湿地保护投入原则

采取以国家投资为主，同时也要制定积极有效的市场机制，鼓励和引导集体、个人以各种形式参与到湿地保护公益事业，充分调动广大群众参与湿地保护和合理利用示范工程的积极性。

13.3　战略目标

13.3.1　总体目标

13.3.1.1　目标描述

将衡水湖自然保护区建设成为以湿地生态系统恢复与生物多样性保护为核心，以生态旅游和湿地科普教育为特色，集生态环境保护与合理开发利用为一体的华北平原湿地典范，一个生态环境经济社会全面可持续发展的生态文明综合示范区。并积极争取建设成为联合国"国际重要湿地"。

13.3.1.2　示范内涵

(1)在湿地恢复、生物多样性保育、湿地生态系统重建方面的示范意义。围绕国家级湿地保护区和衡水市水源保护地等主要生态与环境保护使命，充分发挥人类因素在生态与环境建设中的积极、主导作用，以南水北调为契机，实施湿地生境恢复、湿地流域系统恢复与重建和相应的环境保护和林业生态建设项目，逐渐减轻周边高强度人类活动对湿地自然生态和环境系统的干扰，减少湖泊池塘化、人工化负面影响，恢复湿地生态系统健康和活力以及湿地流域系统的生态完整性，使衡水湖湿地成为通过积极的人类生态建设而重塑其自然属性的典范。

(2)以饱含湿地科普教育意义的生态旅游业为龙头，推进经济结构生态化方面的示范意义。即依托衡水湖国家级保护区，将衡水建设成为华北地区以湿地景观为特色、具有独特经营优势的重要旅游景点、冀中南地区新兴旅游接待基地和生态休闲养生基地，成为河北重要的生态旅游新增长点，京津冀旅游资源网络及燕赵精品旅游线上的一颗璀璨明珠。同时，在衡水湖自然保护区及其周边地区构建包括生态型节水农业、生态养殖(渔业与畜牧业)、生态工业、生态商务、生态型城镇、生态家园和生态产品在内的生态型国民经济体系，形成具有深刻生态烙印的经济结构，推进国民经济的生态化，使衡水湖周边社区成为衡水市经济与社会可持续发展的重要平台和相关生态产业发展的孵化器，推动区域社会经济发展走上与生态建设和保护相协调的轨道，从而将衡水潜在的生态资源比较优势转变为现实社会经济发展驱动力，激活后发优势，做强生态产业，真正实现"绿色产业兴市，生态家园富民"的目标。

(3)在社区管理创新方面的示范意义。发挥衡水湖湿地保护管理基本上只需在地级市内协调的优势，以及衡水湖湿地在NGO发展方面的优势，积极推进管理模式、权责和运行机制等创新，大力加强社区共管，通过社区经济、社会和文化的综合发展突现衡水湖保护区在管理创新上的示范意义。

(4)以生态文明为导向的社会全面发展方面的示范意义。积极探索以"和谐"为核心的生态文明发展模式，实现人与人以及人与自然之间的和谐。以生物学、生态学和环境学理论为指导，在积极履行自然生态保护使命的基础上，将生态效益、社会效益和经济效益紧密结合。把衡水湖国家级自然保护区建设成为一个实践可持续发展理论、以自然保护和科学研究为核心、以科普宣传和生态旅游为支持，基础设施配套、管理机制完善、功能齐全、综合效益显著、环境优美、居民乐业、经济发达，在生态文明发展模式上具有示范意义的国内外先进的湿地类型国家级自然保护区。

13.3.2　近期目标(2009～2015年)

13.3.2.1　目标描述

在南水北调工程实现为衡水湖输水以前,即在现有湿地的基础上,将衡水湖自然保护区建设成为在生物多样性保护、湿地生态与功能保护以及社区发展、社区共管和体制创新上具有全国示范意义的湿地典范。

13.3.2.2　目标内涵

(1)通过工程措施改善湿地生境,加强对鸟类的工程保护措施。现有湿地得到严格保护,保护区内生物多样性的物种数与种群数量不断增加,环境质量不断改善。

(2)完善保护体系:建成各种保护基础设施,承担保护管理任务的各局站点全面完工;覆盖全保护区且布局合理的生物多样性和环境监测网络全面运转;保护区内的交通、通讯满足需要并且运转良好。

(3)建立科研机构,配备基本的科研队伍与科研设备;做好常规的生物多样性与环境的监测工作;开展常规性、专题性的科研工作,具备对保护区全境环境质量动态评估和生态安全预警的能力。

(4)调整、充实、完善保护区管理机构,强化社区参与的组织保障,建立保护区与周边社区紧密合作,相互支持的有效的管理程序,为生物多样性、生态系统和环境的保护与社会经济和谐发展打下良好基础。

(5)保护区管理机构内部各项管理规章制度建设基本到位,各级管理机构的职责明确,管理水平持续提高。行之有效的多项管理措施以地方立法方式固定下来,依法行政的能力和水平不断提高。

(6)通过加强宣传教育,以多种形式宣传生物多样性与环境保护的重要性,积极调动与提高区内与周边社区群众的保护意识,社区生态文明风尚初步形成,基本上消除破坏现象,更无大案。

(7)生态旅游与替代产业初步发展,起步区域形成并具备一定的规模,保护区直管村范围社会保障体系基本建立,社区群众全面脱贫,并达到初步小康水平。

(8)特别保护圈层积极争取完成生态移民工程。

13.3.3　远期目标(2016～2020年)

13.3.3.1　目标描述

在南水北调工程实现为衡水湖输水后的5～10年之内,将衡水湖自然保护区建设成为国内领先并具有一定国际影响的人工生态重建、恢复与管理的湿地典范区。

13.3.3.2　目标内涵

(1)进一步完善基础设施建设和装备配套科研仪器设备,建成具现代水平的湿地生态系统生态定位研究站与研究基地,使其具备成为国际先进的重要科研教育基地的基本条件,为国内外学者、各界人士前来开展科学研究、环境教育、科普教育、生态旅游提供良好的环境和服务。

(2)结合南水北调工程,扩大西湖湖泊分布范围,增加湿地生态系统类型的多样性,增强湿地的生态功能。完成周边环境治理工程,清除排污源,完成生态修复,使衡水湖水质逐渐达到国家地表水3级标准和2级标准,整个湿地生态系统基本实现良性循环,保护区的环境质量明显改善,生物多样性明显增加。

(3)保护区内与周边地区的旅游景点恢复、景观整治工作基本完成,形成完整的游览线路,生态旅游成为主产业之一。生态旅游、生态农业、生态工业等绿色产业结构的发展达到预定规模,基本实现无污染排放。

(4)国民教育、文化水平显著提高,普遍达到初中以上文化水平;生态与环境教育普遍开展,人口综合素质水平达到省内先进水平。

(5)不断培养与引进保护管理人才与技术人员,提高保护、经营管理水平,建成基本设施设备一流,员工素质一流,管理水平一流,在国内外具有重要影响的综合型国家级自然保护区。

(6)各种安全风险得到有效控制。

13.3.4　远景目标

通过示范效应和协同效应,使越来越多的周边地区也走上生态文明之路,最终实现流域生态系统功能的全面恢复。

13.4　战略布局

由于对衡水湖湿地的威胁主要来自周边地区的人类活动,所以战略目标能否实现在很大程度上取决于其周边地区的人类活动是否能够得到有效控制,而这些人类活动对衡水湖湿地的影响却又因其不同的地域空间位置而有所不同。因此本规划有针对性地将保护区的周边地区及其所在的流域也纳入战略规划。以保护区为中心,划分出“特别保护圈”、“综合示范圈”、“战略协同圈”和“流域协作圈”等四大圈层,从而有利于将区外人类活动有机地纳入保护管理工作的视野,分圈层设定不同的规划目标和规划措施。以上四个圈层中,特别保护圈和综合示范圈共同构成保护管理区,直接隶属于衡水湖自然保护区管辖,将是本战略报告的实施主体和重点研究对象;战略协同圈是自然保护区实施可持续发展战略的辐射区域,建议由衡水市市委市政府统一协调;流域协作圈则将主要承担在流域环境保护和生态建设方面的协作,建议由衡水市积极推动。

实施圈层式总体战略布局可以更好地促进对衡水湖湿地的生物多样性保护,促进衡水湖自然生态系统的全面恢复,进一步加强对保护区的保护管理,同时也有利于进一步发挥保护区的生态经济社会效益和其对周边地区的示范与带动效益,使区外周边民众能更好地共享衡水湖这一宝贵资

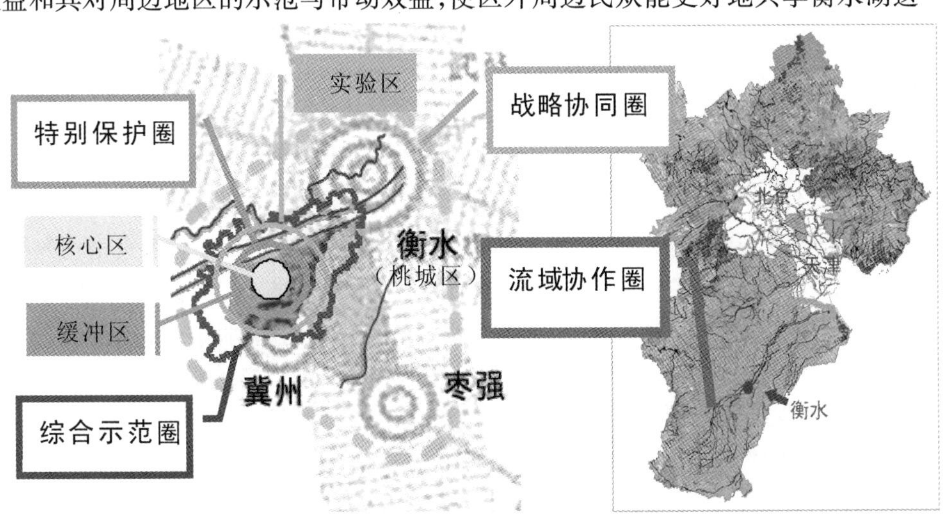

图13-1　以保护区为核心的圈式战略布局

源，充分发挥其生态优势带动社区相关产业发展，推动周边地区走上社会经济和文化的可持续发展的健康之路，在帮助周边地区人民追求美好幸福生活的同时，使保护区得到更好的保护。

13.4.1　特别保护圈（Special Protection Circle）

特别保护圈为保护管理区的严格保护区域，包括了保护区的核心区和缓冲区，其边界严格对应于缓冲区边界。此圈层依照国家自然保护区管理条例以及有关法律法规对核心区和缓冲区的保护管理规定，严格按自然生态系统的原始状态予以保护，除必要的湿地恢复、生物多样性保护措施和按照法定程序批准的科研活动外，严禁一切人类活动干扰，严禁对自然景观和自然发育形成的地表植被的改变和破坏，严格禁止包括旅游在内的一切开发活动。

13.4.2　综合示范圈（Human-Nature Co-development Circle）

综合示范圈为保护管理区的适度开发经营区域，包括了自然保护区的实验区和周边地区中在传统上直接依赖衡水湖自然保护区各种资源而生存并对保护区的生态与环境带来重大影响的区域，即“示范区”其外边界为保护管理区边界，内边界为缓冲区边界。

本圈层允许适度的人类活动。工作重点是积极响应党的十六大“全面建设小康社会”和十七大“建设社会主义新农村”的号召，引导社区居民合理利用衡水湖自然保护区各种资源谋求发展，建设一处具有可持续经济发展模式及与之相适应的生态文明的，在经济、社会和文化等方面综合发展的，并在全国具有示范意义的生态型社区。本圈层应积极调整产业结构，统一协调产业布局，在实验区内重点发展生态旅游业，以及与生态旅游相结合的无公害观光农业，而利用实验区外充足的发展空间安排其他人类活动强度较大的产业，包括人类活动强度较大的一般旅游活动，并严格控制环境污染，积极开展环境治理和保护工作；同时，还将在实验区以外的城郊结合部集中安置生态移民，合理集中部分农村居民点，并采取有效措施积极引导农民进入城市就业，从而降低保护区内人口密度，优化土地利用，有效减少周边人类活动对衡水湖生态与环境的影响。这一社区应争取成为在全国范围内具有示范意义的典范。

综合示范圈的提出是基于保护区周边人口密集的现实。从国际上各自然保护区和国家公园的实践上看，尊重保护区内原住民的传统权利是一条公认的准则，帮助社区居民转变对生态资源利用的破坏性传统方式，为社区居民寻求替代生计，谋求人与自然的和谐发展是全世界都在努力的方向。

13.4.3　战略协同圈（Strategy Synergic Cirle）

战略协同圈是自然保护区实施可持续发展战略的辐射区域，范围包括衡水市市域内与衡水湖自然保护区在行政、经济和环境保护方面有着密切联系的县级行政区，即桃城区、冀州市和枣强县。战略协同主要体现在形象协同、产业协同以及生态环境保护方面的协同。提出设立战略协同圈的构想主要出于以下考虑：

（1）衡水湖自然保护区的周边地区，特别是城市化地区，对于衡水湖湿地的环境污染综合治理的成败起着举足轻重的作用。为了保证衡水湖的环境质量，必须在战略上确立对这些地区的统一协调机制。

（2）发展生态旅游必将是衡水湖自然保护区资源的主要利用方式，而这些周边地区，特别是城市化地区将是来自各个不同方向的外地游客的必经之地。如果仅仅是衡水湖自然保护区具有良好的生态环境，而其周边地区则是污水横流、垃圾围城，那么衡水湖景观再美，也很难在生态旅游方面建立起自己的良好的形象和声誉。所以必须将周边地区纳入环境与形象战略上的统一协调。

(3)衡水湖周边地区加快城市化进程对吸收衡水湖周边社区中的剩余劳动力、疏解保护区内的人口压力非常有利。通过对战略协同机制,可以有意识地引导和促进这种人口压力疏解方式。

(4)保护区的建设也给周边地区带来了更多的发展机遇。如保护区的建设和生态旅游业的发展,将进一步提升衡水市的形象,及其在国内外知名度;保护管理区综合示范圈内对生态型产业发展的探索可以为周边地区提供经验;同时周边地区也可以有意识地加强区域分工,大力发展与综合示范圈优势互补的配套产业。上述机遇可以通过战略协同机制有目的、有意识地去积极促进、合理引导,以充分利用衡水湖湿地这一宝贵资源所形成的对周边地区的辐射。

由于衡水湖自然保护区的坐落,其与桃城区和冀州市的密切联系是不言而喻的。之所以还将枣强也纳入战略协同圈,主要有以下考虑:

(1)枣强地处衡水湖引黄河水的上游。据调查,黄河来水水质主要受枣强县境内的污染排放的影响。所以,要综合整治衡水湖的环境污染,必须加强对枣强县的排污管理。

(2)在衡水市的城市总体规划中,枣强在城镇体系结构中承担了重要的角色,它与桃城区和冀州市将共同构成衡水市的城市化金三角。而衡水湖自然保护区将是这个城市化金三角结构中的重要的城市间开阔地带和城郊休闲区域。

可见,枣强不仅将是衡水湖环境污染综合治理的重要对象,也将在衡水湖周边地区的城市化进程和区域分工中担任重要角色。

13.4.3.1 流域协作圈(River Basin Cooperative Circle):

流域协作圈应包括衡水湖湿地所在流域范围的各个城市,主要是邯郸、邢台、衡水和沧州。

13.4.4 流域协作圈(River Basin Cooperative Circle)

流域协作圈应包括衡水湖湿地所在流域范围的各个城市,主要为邯郸、邢台、衡水和沧州。建立"流域协作圈"的主要目标是在全流域范围内实施环境保护和生态建设方面的协作,建立流域综合管理体制及流域生态安全预警机制,通过流域协作进行水污染治理,并在未来适当的时机启动全流域的湿地流域生态系统恢复。同时"流域协作圈"也将是周边地区建设生态文明、走可持续发展之路的重要举措。

流域协作圈的形成对于衡水湖湿地的环境保护和自然生态系统恢复至关重要。而在目前的现实环境下,来自流域内上游工业城市的污水排放却对衡水湖水质构成了最大的威胁。因此,对上游污水的治理就成为了非常迫切的要求。

尽管"流域协作圈"超出了衡水市的管辖范围,在具体操作上具有一定难度,但建构流域协作圈依然有其以下现实基础,有望得到各方面的支持:

(1)国家对生态建设和环境保护高度重视,各地民众的生态环境意识也普遍提升,对于改善本地生态环境的愿望也日趋迫切。然而,生态建设和环境保护都需要大量的投入,事实上,现在中国环保事业的主要瓶颈还是在于投入不足。那么,在各方面财力有限的情况下,谁在生态环境建设方面具备更好的基础和更加迫切的需要,谁就会更有条件吸引到各方面对本地区环保和生态建设事业的关注和相关资源的投入。

(2)加入流域协作圈,将对邯郸、邢台等上游城市争取环保投入提供明显优势。一般而言,单个城市要改善自身生态环境的需要出发去争取本省甚至国家的相关财政投入都面临与其他城市的激烈竞争,并且自身不一定具有竞争优势,但如果加入流域协作圈,以一个国家级自然保护区的流域协作的名义去争取特别支持,就会师出有名,获得特别的优势。特别是衡水湖湿地将承担南水北调的调蓄水库功能,对其全流域的治理就会显得更加迫切。只要使这两个城市认识到这一点,就会调动其加入流域协作圈的积极性。

沧州尽管在衡水湖下游,不对衡水湖排污,却深受上游排污之苦,因此它应当最有积极性加入流域协作。将沧州纳入流域协作圈的必要性也是肯定的。其原因有两个:

(1)作为本流域的入海口和环渤海城市之一,沧州在环渤海“碧水蓝天”生态环境建设中承担有重要义务。因此,将沧州纳入流域协作圈对于上游城市争取国家在环渤海生态建设中的投入是大有好处的。

(2)沧州作为本流域的入海口,将在本流域自然生态系统恢复中扮演重要的角色。尽管全流域恢复自然生态是一件需要长期坚持的艰难任务,但作为一种战略部署,将地处流域入海口的沧州纳入流域协作圈可以为未来的流域生态系统恢复打下一个良好的基础。

目前全国各地在生态建设上都正在进入一个新的高潮。国家和省级财政都必将进一步加大对各项生态建设与环境保护的投入。流域协作圈的建立将进一步加强本流域各城市对各项环保和生态建设资源投入的竞争力。衡水市可以作为首倡城市积极推动,与相关城市积极沟通,并争取省里的支持。流域协作可以政府间协作组织的模式运作,建立固定的沟通对话渠道,从而在组织上对“流域协作圈”的建设加以落实。

13.5 战略重点

在明确了圈层式的战略布局后,还需进一步明确战略重点,以便在不同圈层分别实施有针对性的战略措施,使衡水湖湿地的保护最大限度地调动相关各方的关注和参与。结合衡水湖湿地的现实环境和实际需求,战略重点将锁定在以下五个方面(表 13-1)。

表 13-1 保护区可持续发展战略总体规划一览表

战略布局		特别保护圈	综合示范圈	战略协同圈	流域协作圈
管理创新战略	管理模式创新	★	★	▲	○
	土地保护管理创新	★	★	▲	
跨圈层环境与生态综合保护战略	水资源保护管理战略	★	★	★	○
	生态系统保护战略	★	★	▲	○
	环境质量保障战略	★	★	▲	○
	景观综合整治与保护战略		★	▲	
周边地区综合发展战略	产业发展战略		★	▲	
	社区发展战略		★	▲	
	文化发展战略		★	▲	
跨圈层的公共安全管理战略		▲	★	▲	○
战略重点		湿地恢复保护战略	生态型社区综合发展战略	协同发展战略	流域协作战略

说明:★:主导性战略措施;▲:辅助性战略措施;○:协作性战略措施

13.5.1 管理创新战略

衡水湖湿地是一个非常特殊的保护区,它处于人类密集活动的华北平原干旱中心,面临着周边社区发展和周边地区城市化的巨大压力，以及人与湿地严峻的空间争夺。如何处理好保护与发展这对矛盾是保护区是否可持续的关键，为此，必须从管理创新的角度谋求突破。本规划的管理创新主要体现在以下三个方面：

13.5.1.1　圈层式战略布局

通过将与保护区有密切联系的周边地区纳入综合示范圈，以及在保护区外构筑保护区的战略协调圈和流域协作圈，突破了保护区既有边界，将保护区周边人类活动纳入保护区管理视野，既有利于促进保护区达成自身的生态保护使命，又有利于扩大保护区生态文明示范的辐射范围，充分地发挥出自然保护区在生态文明时代的带动周边地区走可持续发展之路的作用。圈层式战略布局的具体内容详见本章“13.4 战略布局”。

13.5.1.2　保护区管理模式

为了更好地履行生态保护和带领社区走可持续发展之路的使命，加强保护区管理机构对保护区的统一管理，需要突破传统保护区管理机构的单一专业化保护职能，而建立起一个具有完全政府职能的保护区管委会，同时将其管理对象从保护区本身扩大至包括保护区特别保护圈和综合示范圈的整个保护管理区，为其带领社区谋求可持续发展提供必要的发展空间。为了避免保护区管委会在具备完全政府职能后偏离自身使命，将谋求经济发展置于保护使命之上，在建立保护区管委会的同时，从内外两个方面构建相应的制约机制。其一是通过建立一套完善的外部治理结构，使社区参与和公众监督制度化，常规化；其二是优化保护区管委会内部的组织结构和管理机制。从而实现对保护区管理模式的创新。

13.5.1.3　土地保护管理

保护区人口密度高，土地利用不合理，基本农田保护、湿地恢复、社区发展都对土地空间需求带来了很大的压力。如何做到在农民土地权利得到充分保护的前提下，完善土地利用结构，为相互竞争的土地空间需求寻求一个最佳解决方案，是土地保护管理战略必须回答的问题。有关土地保护管理战略规划的具体内容详见第 15 章。

13.5.2　跨圈层环境与生态综合保护战略

自然保护区的首要任务是保护，包括对生物多样性、自然景观以及有价值的人类文明遗迹等的综合保护。基于衡水湖的现实环境，要实现上述保护目标，还必须优先对衡水湖及其周边地区的环境进行综合整治。因此，我们将环境治理与生物多样性保护战略列在所有战略措施的首位，以强调它是重中之重。同时，由于衡水湖湿地是一个不断与周边地区有着物质和信息交换的开放系统，仅仅着眼于保护区内部并不能实现真正有效的保护，因此这一战略必然是跨圈层的。这一战略还可进一步划分为以下三个方面：

13.5.2.1　水资源保护管理战略

水资源是衡水湖湿地生态系统得以维系的根本，也是周边城市和社区生活生产发展的根本。目前衡水湖地区干旱少雨，又已经失去自然流域系统的水源补给，只能靠人工调水维持，同时还受到周边地区生产生活污水排放的严重威胁。因此水资源补给、调配和保护是保护重中之重的任务。水资源保护管理战略规划内容详见第 16 章。

13.5.2.2　生物多样性保护战略战略

生物多样性保护是保护区的根本使命。生物多样性保护包括对物种及其生境以及整个湿地生态系统的保护。详见第 17 章。

13.5.2.3　环境战略质量战略

环境质量战略将重点针对大气、水、固体废弃物等的环境污染治理和环境质量保护问题。详见第 18 章。

13.5.2.4　景观综合整治战略

景观主要取决于人的主观视觉感受。从环境保护的角度,不良景观有时也被称为“视觉污染”,但对这种污染的治理主要取决于美学原则而非技术原则。从景观学的角度,景观可分为自然景观和人工景观。对于自然景观以保护为主,在特别保护圈,景观整治主要涉及对与自然环境不协调的人工设施的清除,以及在进行湿地恢复的区域结合生态工程学恢复自然堤岸、自然植被等。而对于人工景观,从保护区及其周边地区的现状来看,还需要配合好对文物古迹的保护和发展生态旅游的需要大力进行整治,主要的整治对象是综合示范圈,但战略协同圈也应该采取必要措施以便在形象上与保护区相协调和统一。景观综合整治战略详见第 19 章。

13.5.3　综合示范圈生态型社区综合发展战略

由于特别保护圈基本上杜绝人类活动的干扰,系以对各种自然生态资源的保育为主,所以考虑保护区各项的发展措施主要落实于综合示范圈。按照保护区目前给定的行政边界,这个区域包括了 6 万农业人口,人口压力是这个圈层的主要矛盾,要真正落实保护区的各项保护措施,就必须为这 6 万人口寻找一条与自然和谐共处的可持续的发展道路。为了响应党的十六大提出的“全面建设小康社会”的号召,结合保护区的现实需要,我们特地将此圈层定义为建设社会、经济、文化综合发展的生态型社区。其战略重点包括产业发展战略、社会发展战略和文化发展战略三个方面。

13.5.3.1　产业发展战略

为充分发挥衡水湖湿地的资源优势,同时结合对生态环境保护的需要,我们将本圈层的主导产业定位为生态旅游业。生态旅游与传统旅游的区别在于它强调旅游开发行为与自然的和谐,强调旅游开发的可持续性,强调对“真实”和“自然”的生态之美的展现,强调旅游过程中的知识传播和高品位的文化体验。

我们设想以生态旅游为龙头,积极推动产业结构调整,构建的本圈层的生态经济体系,并使本圈层成为衡水市相关生态产业发展的孵化器,带动整个衡水市经济的可持续发展。对于本圈层内现有的工业,我们认为应该结合周边城市的产业分工,有意识地向城市化地区集中。对于与保护区生态环境保护有较大冲突的工业必须采取坚决措施,彻底搬迁,同时为了促进搬迁措施的落实应配有必要的政策倾斜。具体战略措施详见第 20 章。

13.5.3.2　社区发展战略

基于本圈层相对密集的人口,配合人居环境改善的需要,本规划提出在本圈层内建设一处“生态型城镇试验小区”——“湿地新城”,以将保护区内人口适当集中,从而实现集中化的环境治理,减少人类活动对环境的干扰,同时通过城镇化建设促进社区就业。另外,结合保护区生态旅游发展和产业结构调整,对所有保留村落进行人居环境综合整治,改善社区生活环境,增加村民收入。在促进社区就业方面我们强调通过培训教育、信息提供和融资帮助等方式来帮助社区居民适应新的产业环境并发展经济。最后,我们特别强调结合保护区土地利用方式的调整,在社区建立起完善的社会保障体系,促进保护区社区的全面建设小康社会,并加速社区人口就业向城市化地区的转移。保护区社区建设具体战略措施详见第 21 章。

13.5.3.3　文化发展战略

建立与可持续发展相适应的绿色生态文明是实现人与自然和谐发展的最终保障。同时高品位的文化又可为生态旅游者带来高品位的审美体验，也是生态旅游产业得以健康发展的重要保障。在文化发展战略中我们强调提高人口综合素质、弘扬地域传统文化、发展社会政治文明、走向绿色生态文明。提倡培养居民的湿地生态意识和文化自豪感，保持淳朴民风，并积极投入社区参与和社区共管，自觉将生态环境保护和可持续发展理念融入自己的生产和生活之中。具体战略措施见第 22 章。

13. 5. 4　战略协同圈协同发展战略

战略协同圈的范围在桃城区、冀州市和枣强 3 个区（市、县），构建这一圈层重在使上述三个地区与衡水湖自然保护区的保护与发展相协调，并取得多赢的协同效应，最大限度利用好衡水湖自然保护区建设所带来的区域发展契机及其生态效益。其战略重点主要在于以下两个方面：

13. 5. 4. 1　区域形象协同

区域形象是社会公众对一个区域的总体的、抽象的评价，并通过口碑以及媒体传播而不断强化，并进而对人们的各种社会经济活动产生影响。正面区域形象是区域的无形资产，它可以将区域的历史、现实与未来都浓缩其中，增强区域的凝聚力、亲和力和吸引力，并进而转化为财富。

衡水湖作为湿地与鸟类的自然保护区，连同其周边发展生态型社区，在湿地和生物多样性保护以及生态建设举世瞩目的时代背景下，具有非常高的形象价值，特别是对干旱少雨的周边地区更是具有极大的吸引力。使与衡水湖关系密切的周边区市县与衡水湖建立起区域形象协同机制，积极经营和维护整个圈层良好的生态形象和文化形象，将有利于增强整个衡水市对外的区域竞争力；同时也可以通过强化这种区域形象，而使本区域的社会公众树立起自觉的生态意识，自觉将其融入自己的生活与工作中，使本区域的环境保护和生态建设进入良性循环。

具体战略措施见第 24 章第 1 部分。

13. 5. 4. 2　区域分工协同

由于本圈层各种社会经济活动联系紧密，交通便利，并且将形成整个衡水市的城市金三角和增长极，具有极大的发展潜力。但如果没有合理的规划引导，城市金三角的三个极点不能有意识地形成各具特色并且相互补充的经济结构和合理城市空间结构，就很容易陷于低水平重复的盲目发展和城市化地区无序蔓延，从而造成极大的资源浪费。所以我们设想，通过有意识的区域分工协同机制，使战略协同圈的三个区市县与综合示范圈一道，形成各具特色、优势互补的有机的经济结构，合力打造和维护疏密有序和城市空间结构，从而使本区域的发展步入良性发展的快车道。

具体战略措施见第 24 章第 2 部分。

13. 5. 5　跨圈层的公共安全战略

公共安全关系到人民的身体健康和社会和谐安宁。公共安全事件既可能是局限于保护区内一个很小范围的事件，也可能是涉及全流域，甚至超出流域范围的省内或全国性事件。因此，公共安全战略也必须从跨圈层的角度进行考虑，但以保护区自身的公共安全管理为重点。本规划首先从安全预防体系和应急系统方面对保护区的公共安全保障措施进行了总体论述，再分别深入到公共卫生安全、防灾减灾、安全生产、社会治安等方面分别提出了一些针对性措施，详见第 23 章。

第 14 章　保护区管理模式规划

本章提出了保护区管理模式规划的原则，明确了管理对象，从社区共管协调层、保护管理执行层及其平行机构、保护区下属基金及特许经营公司，以及社区参与机制等多个层面对保护区的社区治理结构进行了论述，并对保护区管委会的机构改革及能力建设提出了一系列相关措施。

14.1　规划原则

保护优先、完善治理、行政统一、政企分开、精简高效。

14.2　管理对象

14.2.1　衡水湖国家级自然保护区和国家级水利风景区

衡水湖国家级自然区和国家级水利风景区分别在 2003 年和 2004 年挂牌成立，它所辖范围为面积 220.08km^2 下辖 106 个自然村，其具体地理位置和范围见第 1 章。但由于目前的行政隶属关系尚未彻底调整，保护区管委会的实际控制范围仅及保护区内划归其直管的 8 个自然村，这显然是对保护区管委会管理职能发挥的一个很大的制约，也不符合行政统一原则，急需调整。

14.2.2　衡水湖湿地保护管理区

保护管理区不同于保护区本身，而是将保护区管委会的管辖边界外推至“综合示范圈”全境，是一个包括了“特别保护圈”和“综合示范圈”的一个独立的行政区域。它引入经济特区或开发区管理模式，由保护区管委会作为政府行政管理机构，独立领导并全面推动开展生态型社区的社会经济文化综合发展的战略试验，为周边地区走与保护区的自然环境相协调的可持续发展之路摸索方向、积累经验。

根据衡水市政府的衡政[2004]117 号文，衡水市政府已将保护区以东的 48km^2 划为保护区的外围保护带，授权保护区管委会统一管理，一并开展保护和建设工作。这 48km^2 与保护区实验区共同构成了现在的“综合示范圈”。包括了“特别保护圈”和“综合示范圈”的管理范围即“衡水湖湿地保护管理区”。这个区域总面积达总面积 268.08km^2，下辖 131 个自然村。

基于课题组的实地调查，发现“衡水湖湿地保护管理区”尚有必要进一步扩大，才能够使保护区管委会有效完成其生态保护使命，以及发挥其作为可持续发展带头人的作用。因此，在目前的综合示范圈范围外，课题组建议按以下方案进一步扩大保护区的外围保护带：

（1）依据《衡水湖国家级自然保护区总体规划 2004 ~ 2020 年》，为涵养水源，应当实施退耕还林还草还湖还滩地并进行封育的保护区外围 1km 宽地带。其中，衡水湖南岸以湖滨路为界，湖滨路以北划入保护区的外围保护带，湖滨路以南仍归属冀州市管理。

（2）衡水市域内直接与保护区连通的河道、河渠及其两侧 300m 宽范围，划入保护区的外围保护带。如河道、河渠两侧已有道路的，可以道路为界，可宽可窄，不必严格拘于 300m，但必须确保有足够的河岸生态保护缓冲区域。

以上两条建议都是与衡水湖湿地水环境保护密切相关的措施。它不仅有利于衡水湖湿地作为城市水源地的水质保障能力,而且也将有利于衡水湖湿地的完整自然生态功能的全面恢复。并且,上述建议如能实施,将很有希望使相关河道河渠的污染治理得到更大力度的资源投入,使衡水市有河皆污的状况得到极大的改观,有助于衡水市实现其园林城市的美好愿望。

14.3　治理结构

保护区最终的治理结构应是一种政府行政集中管理与社区共管相结合的综合治理结构。它包括:社区共管协调层、保护管理执行层及其平行机构、保护区下属基金与特许经营机构等,形成一种由政府、企业、非政府组织和个人共同参与,并良性互动的治理结构,确保保护区的可持续发展战略目标得到充分讨论和广泛接受,使保护区的可持续发展战略成为社会各界广泛支持和参与的自觉选择。

14.3.1　社区共管协调层

14.3.1.1　流域协作圈协作委员会

流域协作圈协作委员会为地方政府间协作组织,由流域各市的主管副市长共同参加。流域协作圈协作委员会应以全面恢复全流域自然生态功能为最终工作目标,负责对全流域的生态与环境问题进行协商。

衡水市政府可率先发起此项倡议,邀请邯郸、邢台、沧州等有关城市共同参与,并在衡水设立秘书处,建立定期会议讨论机制和紧急磋商机制,定期会议可在不同城市轮流举办,每次确定一个需重点解决的问题;在发生突发性生态环境灾难事件时,则可启动紧急磋商机制,联手共同防范。

14.3.1.2　战略协同圈领导小组

战略协同圈领导小组为衡水湖周边地区社区共管的最高政府协调机构,由衡水市主管副市长、保护区负责人和周边各区县市负责人共同组成。领导小组对保护区的工作予以指导,就圈内区域协同问题进行协商,共同确定协同战略部署,负责解决实际工作中保护区管委会与周边各区县市政府在管理界面上可能出现的问题与矛盾,协调各方利益。为了落实协同战略,应尽快着手开展包括衡水、冀州和枣强在内并与保护管理区相协调的"大衡水都市区"规划。

14.3.2　保护管理执行层及其平行机构

14.3.2.1　保护区管理委员会

保护区管理委员会是副局(司)级的保护区政府行政执行机构,行使对整个保护管理区的综合政府职能的管辖权。管委会直接接受战略协同圈领导小组的领导,并接受衡水市人大和政协的监督。管委会内部具体的机构设置和管理模式在后文另行展开。

为了确保保护区管委会坚持其保护职能,而不至于异化为一个更重视追求经济绩效的普通地方行政机构,本规划还特别设定了"衡水湖保护评议会"和"衡水湖湿地顾问专家委员会"两个与保护区管委会平行的横向顾问和监督机构,使管委会的工作始终处于社区、NGO 和外部专家的关注和监督之下,确保其行为不会脱离保护管理的宗旨和违背其使命。

14.3.2.2　衡水湖保护评议会

由衡水市的民意代表机构——即市人大和市政协——与衡水湖周边地区的各利益相关主体——如社区村落、企业和非政府组织等——共同派代表参与组建。它既是一个人大代表、政协委员与社区各界利益相关主体的沟通平台，也是针对保护区管委会的一个常设的横向监督机构。衡水湖保护评议会是保障社区参与、社区共管的重要组织架构，可依托衡水市人大或市政协设立常设的秘书处，建立日常办公机制、定期评议机制和紧急磋商机制。秘书处日常办公事务应包括但不限于：

- 定期组织对保护区工作的评议会；
- 对涉及社区居民利益事项不定期组织召开听证会；
- 收集社会各界关于改进衡水湖保护管理及可持续发展相关工作建议；
- 受理社区居民的投诉。

秘书处应就上述相关工作建立起工作流程，并向社会公开。对于有关建议和投诉，评议会负责应全面跟踪对这些建议和投诉的处理结果，并向建议人和投诉人反馈，从而激发社区更普遍的参与热情。

14.3.2.3　衡水湖湿地顾问专家委员会

由衡水市政府和保护区管理委员会聘请的顾问专家组成。是一个常设的外部决策咨询机构，负责为保护区的发展与建设提供专家咨询意见。

对于聘请的顾问专家，由衡水市政府发给聘书。保护区管理委员会应定期向顾问专家提供保护区相关专业工作的进展报告，授权顾问专家从专业角度为保护区的工作进行指导和监督。

14.3.3　保护区下属基金与特许经营机构

14.3.3.1　衡水湖保护基金会

是以衡水湖保护为宗旨的公益性基金，基金会依法注册的非营利法人机构，负责基金的募集、保值、增值和日常管理职能。

衡水湖保护基金会应建立起自己的章程和内部工作流程，规范资金运用领域和方式，并向社会公开。基金会的财务预决算和收支状况需在网上公示，主动接受社会各界监督。衡水湖保护评议会有权对基金会的负责人提出弹劾。

基金应多渠道灵活筹措资金，其来源包括：

(1)国家、省、市及周边区县为分享衡水湖生态效益而划拨专项财政经费。

(2)国内外捐赠。

(3)凡利用保护区资源合理开发所得的收入，按一定比例提留进入基金；对损害保护区动植物资源的罚款收入，也全部进入基金。

(4)大胆创新，以特殊的方式盘活公益性资产所得资金。以下是可以考虑的措施：

- 按照核心区面积总数，向国内外公开发行拥有衡水湖 $1m^2$ 湿地的印刷所有权证书，标明每平方米具体的地理位置坐标(经纬度)。保护区将每年向该所有者报告衡水湖湿地的变化状况。这种所有权基本上是象征意义的，满足一部分湿地爱好者的美好心愿。这些所有者也将成为衡水湖湿地的积极宣传者和推广者。

- 以一定金额为所有在生态旅游区的树木征求领养人，一旦被领养就在树木上挂一个标识，写明领养人的姓名、身份，并为领养人颁发印刷精美的领养证。这既能满足部分人士留名青史的心理需求和表达爱护环境的美好愿望，又可以对他人具有教育意义，还可以吸引领养人成为衡水湖生态旅游的忠实客户。

- 为公益性设施的兴建募集捐赠，配合出售的冠名权。对象可以是道路、桥梁、码头、巡护车船、鸟类环志站、救护中心、环境监测站，以及各个相对独立的景区、成片的树林，甚至是接受资助而得以进行环境整治的村落等。出售对象可以是个人,也可以是企业。

- 对部分文教设施可以出售附加条件的所有权。附加条件是所有者承诺不改变该设施的用途和使用方式,接受保护区的统一管理,并且所有者在转让该设施时保护区具有优先购买权。学校、博物馆、科研设施等都可以按此思路筹措资金。

14.3.3.2　衡水湖资源开发总公司

是在保护区发展多种经营的起步阶段优先获得特许经营权的以衡水湖资源的合理开发利用为宗旨的具有现代公司治理结构的经营性企业。

总公司由衡水湖保护区基金会、投资商和社区居民共同出资组建。除了投资人各自按股权投票选举组建董事会以外,衡水湖保护评议会还应向总公司派出独立董事,从保护衡水湖和维护社区公共利益的角度参与企业决策防范总公司的经营偏离服务于衡水湖可持续发展的长远利益。所有涉及改变保护区生态与环境的投资项目必须在董事会获得全票通过。

对总公司管理层的考核目标既要包括经济指标,也要包括环境指标。总公司应建立起融保护与开发为一体的正向激励机制,避免总公司的经营管理偏离保护区的生态保护目标。一旦总公司经营方针违背了保护第一的原则,则由保护区收回其特许经营权并向社会进行公开拍卖。

公司的基本经营活动包括:

(1)统一经营衡水湖的品牌形象;依照总体规划对可开发土地资源和经营开发项目资源进行整备,全面负责基础设施建设和招商引资,自营或作为一级开发商向其他各专业公司进行部分特许经营权转让,并负责协调不同资源利用方式之间可能的利益冲突。积极发展社区经济,通过成功的项目示范带动社区经济结构转型,并为开展与示范项目相关的技能培训摸索和积累经验。

(2)受保护区委托,依照总体规划对衡水湖的公益性资产进行盘活,积极为保护区的发展筹措资金;公益性资产盘活的经营受益归衡水湖保护基金所有,但向总公司支付一定的佣金作为经营报酬。

(3)承担国家和各级政府投资并指定由保护区直接管理的经营项目。

(4)鼓励总公司依托衡水湖品牌资源和资本优势积极向保护区外拓展市场和业务。

14.3.4　社区参与机制

衡水湖湿地的社区共管和衡水 NGO 组织活动已有一定基础,这对保护区的可持续发展是一支重要的支持性和监督性力量,应继续保持和发扬。因此,对保护区管理模式的规划中,必须包括建立日常性的社区参与机制。建立设立衡水湖社区共管委员会来统筹社区参与事宜,建立常设参与机制,将有利于保护区可持续发展的社区参与力量都团结到保护区管委会周围,使社区参与制度化、常态化。

14.3.4.1　衡水湖社区共管委员会

衡水湖湿地社区共管委员会由保护区管委会牵头组建,由保护区下属各村代表参与,负责统筹社区共管工作。该委员会应被授予一定的参政议政权限,保护区涉及民生的重大政策出台前都应交由社区共管委员会发动组织村民参与充分讨论。

衡水湖社区共管委员会在保护区管委会挂牌成立秘书处。共管委员会应建立起自己独立的章程和规范的议事机制。社区共管委员会也应成为其他 NGO 与保护区管委会的沟通平台。

14.3.4.2　社区自治组织

根据《中华人民共和国村民委员会组织法》和《中华人民共和国居委会组织法》,保护管理区各村落,以及未来保护区建设的示范湿地新城,应分别自主通过民主选举,成立村委会和居委会。村委会和居委会即是保护区的基层社区自治组织。保护区管委会社会经济发展局委托各管理处对各村社区自治进行指导。对于与社区自治实践中出现的相关矛盾和问题，由保护区管委会社会经济发展局负责调解。

14.3.4.3　NGO 组织

目前衡水湖已经有衡水湖保护区协会、地球女儿协会等与衡水湖保护使命密切相关的 NGO 组织。其中，衡水湖保护区协会是由衡水湖保护区管委会牵头组建的 NGO 组织。建议(图 14-1)：

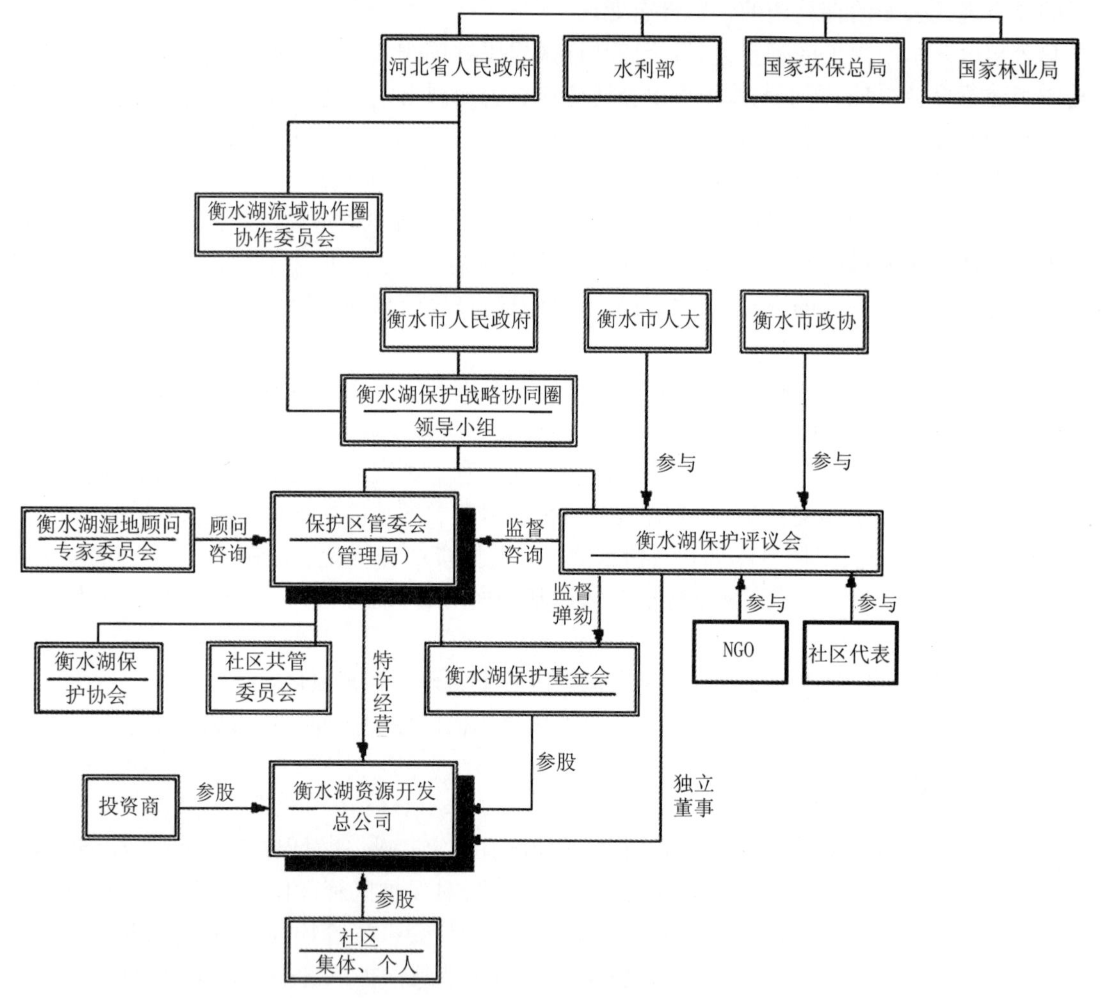

图 14-1　保护区治理结构示意图

(1)继续加强衡水湖保护区协会的活动和功能，吸收外地的志愿者参加。

(2)继续发挥社区共管志愿大队的作用，加强社区共管。

(3)扶持建立衡水湖摄影爱好者协会，定期开展活动，积累衡水湖的景观资料。

(4)成立衡水湖爱湖学生协会，进行科普、观测、开展文艺活动、绘画、摄影等业余活动，从小培养周边地区居民的湿地保护意识。

(5)积极与衡水市的其他致力于生态环境保护的 NGO 组织，如地球女儿协会等，保持沟通，可邀请其加入衡水湖保护评议会。

14.4　管理机构

保护区管委会是保护管理区的管理机构，对保护管理区全境实施统一管理。

管委会领导层对保护区的政府行政管理工作目标负全责，及时作出重大决策，领导并促进保护区各项工作的全面开展。

为了增强保护区管委会的行政效率和公共服务能力，建议在保护区管委会现有架构下做如下调整。

14.4.1　新设部门

14.4.1.1　可持续发展促进中心

该中心是一个超脱于保护区各项具体行政职能之外的一个机构，其地位应比所有其他行政职能部门高半级。设置该中心的目的是使保护区实施可持续发展战略能够得到更加强有力的组织保障。该中心的使命包括：

（1）确保可持续发展战略规划在保护区的各项具体工作中得到落实。为此，该中心应具有对保护区各职能部门的工作计划及各项行政行为进行审查和跟踪检查，对于有违可持续发展战略规划的行政行为应予以纠正的职能，并负责指导各职能部门建立起符合可持续发展战略的部门工作目标和工作流程，提升部门工作的战略前瞻性。

（2）为各职能部门提供执行可持续发展战略的技术支持、管理支持和知识管理，促进信息资源在保护区所有内部机构之间的共享，促进各职能部门之间的横向协作，协调部门利益冲突，提升保护区整体的工作绩效。包括根据技术进步和保护区自身环境变迁提出对可持续发展战略规划的更新需求，推动可持续发展战略实施在内部管理流程上的制度化和标准化工作，建立知识库和知识管理流程等。

（3）作为项目管理中心统筹保护区落实可持续发展的项目实施。包括对项目经理人选的培训、选拔和绩效考核，组织实施项目规划审核批准、参与项目跟踪检查和项目验收，积累项目管理经验，开发标准化的项目管理工具，推动项目管理流程标准化和机构项目管理能力建设。

该中心将成为保护区内部落实可持续发展战略，并通过推动矩阵式项目化管理及其相关的管理能力建设，以及实现对管理绩效的持续改进的核心机构。

14.4.1.2　政府行政服务中心

该中心系作为保护区管委会面向社区提供公共服务的前台窗口单位。中心下设信息中心、宣教中心、社区就业与创业培训中心、行政审批中心、投诉接待中心等部门，也包括上级垂直管理部门的派出机构，如工商、税务等设置的面向大众的窗口服务部门。其服务范围包括信息公开、科普宣教、就业与创业指导、行政审批、投诉受理等。其使命是提供以客户为中心的“一站式”服务，对所有公众的任何服务申请都统一受理，并限时答复，从而简化行政程序，提高行政效率，提高群众对政府的满意度。

下设机构：

（1）信息中心：全面汇总并发布保护区的各种非保密公共信息，包括政务公开信息、社会服务信息、科研监测信息、科技信息、经济信息等，为大众提供及时的公共信息服务，以及受理专项信息服务申请。管理维护保护区信息网站及其数据库。主要对口：民调、统计等职能部门。

（2）宣教中心：为生态旅游者、社区及周边地区提供湿地生态科普宣教服务，弘扬生态文明，弘扬地区历史文化传统。

(3)社区就业与创业服务中心:负责为社区居民提供替代生计的劳动技能培训,扶持社区居民自主创业。并特别注意提升社区居民在城市化地区的就业能力,促进农村劳动力向城市化地区转移。

(4)行政审批中心:负责受理政府颁发的各种执照、证书和证明的申请,并限时答复。再由受理人转交各审批部门并督办。

(5)投诉接待中心:负责受理各种投诉意见,既包括对各种不法行为或不满的投诉,也包括对政府行政行为的投诉。属于有关职能部门处理的案件可转交有关部门,但需要跟踪案件处理情况并向投诉人限时答复处理结果。无法转交的案件应直接请示有关领导进行处理并限时答复投诉人。投诉接待中心有义务对投诉人采取必要的保护措施,在投诉意见处理过程中应执行当事人回避制,不得将案件转交给被投诉的当事人或转交给投诉人所要求回避的对象。主要对口:信访办。

中心与保护区管委会下设各职能部门之间的关系是前台与后台之间的关系。即:中心人员负责受理公民或企事业单位对行政服务的申请,而各行政职能部门则负责实质性处理相关事务。中心受理人员应将所受理的申请根据其申请业务性质分往后台的各行政职能部门,并对其处理全过程跟踪,直至为客户提供满意的答复为止。对于其工作职责以直接对社区居民及企事业单位服务为主的行政职能部门,如工商、税务以及其他负有行政许可职能的机构,应向行政服务中心派驻具有相应直接处理权限的经办人员,以加快行政服务效率。对于需跨多部门处理的事项,应由中心受理人员前台一站受理后,自行在后台全程督办,并最终向申请服务的公民或企事业单位做出答复。

14.4.1.3　科技局

科技局将负责生态资源的调查与监测、资源的开发利用研究、保护区常规性科学研究与科学普及、技术引进、交流与推广等工作。

在现行机构设置中,科研及科普推广职能附属于资源保护局,但由于该局同时负有综合执法使命,繁重的执法任务势必弱化资源利用相关科研工作的开展,而如果该局人员将工作重点放在科研工作上,则又会使保护执法力度受到削弱。从保护执法工作的特点来看,其主要职责是依据保护区相关管理政策和地方法规进行秩序管理和环境保护等的执法工作,他们的巡护工作应重点放在允许有限人类活动的保护区实验区,执法对象是人的非法活动。而保护区科研相关工作中,有关资源调查与监测等基础数据的积累工作尽管也需要在野外展开,但其活动区域重点应包括缓冲区,其观测的对象是自然生态和环境的各种变化,因此两类活动有其显著的差异,也有必要予以区分。因此建议将此两大职能分开。相信科技局设立以后,将大大强化保护区科研工作的开展力度,也将强化保护区对社区居民的科技服务。

(1)职能:负责资源的调查与监测、资源的开发利用研究、保护区常规性科学研究与科学普及、技术引进与交流等工作。主要对口:科技局、科协、水文局、气象局、地质队等。下设科研监测处和科技推广与科普宣教处。

(2)下设机构:

科研监测处:负责保护区的常规性科学研究和监测工作,包括生态资源和环境质量的监测;承担国家和地方有关部门下达的科研任务和合作研究项目以及由保护区立项的科研工作;负责科技档案、科研仪器、设备、图书资料的管理;建设和完善实验室、标本室、展览厅、图书资料档案室;制定保护区调查科研发展规划和年度科研计划及管理措施设计,组织保护区综合考察和综合评价;安排科研成果的验收、公布和出版;负责布设观测站、试验站,确定观测、试验项目,建立自然资源档案,全面掌握资源的数量、质量及其消长变化情况;收集、整理有关自然保护区的研究方向、最新科研信息资料和成果；安排组织保护区的科研课题和课题组；开展与国内有关科研单位、大专院校的科研协作、访问、教学实习和交流合作，组织保护区管理人员的业务培训等。

资源利用处：负责组织资源利用的相关研发工作。

科技推广与科普宣教处：利用科研监测处所、资源利用处取得的各项成果，负责湿地生态科普知识和资源合理利用科技知识在区内的推广和宣教，增强民众热爱大自然的意识，帮助社区居民依靠科技致富。

14.4.1.4　财政与公共资产管理局

在现行的组织机构中，财政工作系由综合办公室负责，目前这种组织格局或许与保护区发展初期有限的财政规模相适宜，但从发展的眼光看，还是非常有必要进一步强化保护区的财政管理职能。特别是，保护区还非常有必要设立一个能够对保护区所有公共资产负有全寿命管理职责的机构，这项职能也建议并入财政部门，因此建议设立财政与公共资产管理局。其职责除了负责保护区财政与资产管理和财政预决算编制以及有关税费的征收与管理外，还必须对保护区所有公共资产，包括各种固定资产和非固定资产，以及各种在传统财务资产范围外的各种公益性资产，都应该进行系统的盘点和管理。为了体现对公益性资产全寿命负责的特点，所有动用公共财政公共采购，包括工程建设和运营期维护等，都应由该局统一负责集中管理，由其全面对保护区所有公共资产的保值增值负责，这不仅将有助于对公共资产的盘活和合理利用，也将有助于保护区的廉政建设。

(1)职能：是负责保护区财政与资产管理的专业职能部门，负责财政预决算编制负责有关税费的征收与管理，以及保护区所有或委托其管理的公共资产的保值增值。主要对口：财政局、国有资产管理局等。下设财政结算中心、采购与招投标中心和公共资产管理处。

(2)下设机构：

财政结算中心：负责自然保护区财政预决算及对保护区的财政收支的统一管理。

采购与招投标中心：负责保护区政府的集中采购和合同招标事务。

公共资产管理处：负责对保护区的固定资产和各种公益性资产的资产管理，以及对公共财政投资项目和公共资金参股企业和非盈利机构的财务监督、审计等。

14.4.2　对现有机构的调整

14.4.2.1　综合办公室

建议扩大其职责范围，使之包括对外负责保护区的媒体及公关形象宣传、发展与社区及其他利益相关主体的关系、开展国际合作与交流，以及负责保护区行政公开的信息披露。

(1)职能：是负责保护区行政管理的综合职能科室。对内负责机关事务管理、文秘、机要、人力资源、信息沟通和后勤保障等支持性工作，上下联络，协调各局、处之间的工作；同时归口管理接待、协会、工会、共青团、妇联、老干部、知识分子、统战等方面的工作(主要对口：市委办公室、市政府办公室、市人大办公室、市政协办公室、组织部、人事局、劳动局、老干局、统战部、外事办等)。对外负责保护区的媒体及公关形象宣传、发展与社区及其他利益相关主体的关系、开展国际合作与交流，以及负责保护区行政公开的信息披露。

(2)下设机构：

机关事务与人力资源处：执行办公室对内服务职能。

媒体与公共关系事务处：负责保护区的对外宣传，负责维护和发展社区关系与公共形象，负责发展与其他自然保护区的关系，负责国际合作与交流，归口管理接待、协会、工会、共青团、妇联、老干部、知识分子、统战等事务。

(3)社区公共管理委员会秘书处:作为社区共管委员会的常设机构,负责征集社区共管议题,召集和组织社区共管会议、落实社区共管会议决定等。该秘书处同时对口民政部门的社会组织管理,负责社区 NGO 组织的登记和管理。

14.4.2.2 生态资源保护管理局

该局建议由目前的水务海事局与资源保护管理局合并,并增加环境保护职能。向上对口主要对口:林业局、环保局、园林局、水利局、畜牧水产局、海事局等。

之所以需要将该三项职能并入在一个局,是考虑到此三大使命之间存在着不可或缺的关联关系,且都对保护执法有着明确的要求。首先,整个衡水湖的自然生态系统都是以水资源为基础的,而衡水湖的水资源又必须依靠人工维持,因此水资源的保护和管理成为了衡水湖生态资源保护中的核心任务,离开了水资源的有效管理和保护,衡水湖其他的生态资源保护都无从谈起。其次,环境污染是维系衡水湖自然生态系统最大的威胁,因此,遏制人类活动所带来的负面环境影响正是衡水湖生态资源保护日常工作的重心。成立一个包括水资源管理、自然生态资源保护和环境保护三大职能的生态资源保护管理局,可以使衡水湖的自然生态资源保护工作得到强化,形成一个以水资源管理为基础,以遏制生态环境破坏行为为重心,以自然生态系统重建恢复为目标的明确的保护管理工作格局。

(1)职能:负责各种生态资源和环境的保护管理与执法,以保护环境和促进生物多样性为己任。

(2)下设机构:

保护执法处:是保护区保护管理的综合执法机构。参与制定和完善本区域法律法规,并依法执行。组建生态、环境、园林景观、水务和公安等部门的联合执法队伍,负责保护区资源与环境的日常监察巡护和管理工作,宣传自然保护区有关法规和管理知识,监督法规制度执行情况;监督资源与环境的保护、恢复及生物繁衍和增殖方案的实施执行情况;检查和处理发生在保护区内的违法和破坏事件。

生态资源管理处:负责保护区各种自然资源的综合管理事务,包括湿地恢复、自然环境保护、资源保育及对资源合理利用。负责按照保护区自然资源可持续利用的研究成果安排资源利用计划。负责按自然保护区的总体规划向国际、国家和省市有关部门组织相关项目申报、项目资金引进和对特许经营权的发放与监督。

水资源管理处:负责水资源、渔业生产、渔政、水上交通(海事)、用水秩序以及水资源的调入及水务管理工作。负责湿地的恢复与利用、水利设施的建设与管理,保障城市生活、工农业用水和生态用水等。

环境管理处:负责制订和落实各项环境保护政策和措施,如排污收费、排污权交易、投资项目环境准入审批等。

14.4.2.3 国土规划建设局

该局建议由现内设职能部门中的规划局与市直属机构国土分局合并而成,负责区内土地管理、规划、建设和房屋产权管理等事务。由于土地使用许可和规划许可都是开展项目建设所必须行政许可,而上述两大行政职能的传统分割常常带来政出多门的弊端,削弱了政府对项目建设活动的监管力度。另外,国土部门所牵头编制的土地利用规划与规划部门牵头编制的城乡规划之间也常常出现冲突,带来了政府管理中不必要的混乱。目前一些沿海发达地区——如深圳——已经采取了将上述两大职能合并入一个职能部门的策略,设立了国土规划局,该一个部门对上可直接对口国土和建设行政主管部门两大系统,与我国现行垂直化专业管理制度衔接,对下则政出一门,有效实现了政府行政资源的整合，缩短了工作流程，显著改进了政府服务效率，还避免了政令相抵产生的诸多问题，体现出了极大的优越性。

(1)职能：负责区内建设规划、土地管理和房屋产权管理等事务。主要对口：规划局、建设局、交通局、国土资源局、房管局等。

(2)下设机构：

规划建设处：负责区内建设规划，依法审批、注册、登记投资建设项目，并核发有关执照。负责道路建设与管理。

土地房产处：负责依法办理土地的征用、划拨、评估，土地使用权的出让、转让。负责核发土地、林地使用证、占用证。负责依法办理房产评估、交易，并颁发房产证。

14.4.2.4　经济社会发展局：

将经济发展与社会发展的行政管理部门合并，作为统筹保护管理区经济社会的全面发展、推动区内建设新农村和全面建设小康社会的综合职能机构。对口：发改委、商务局、物价局、企业局、农业局、旅游局、外事办、外贸局、外宣局、开放办，以及计生委、卫生局、防疫站、民政局、教育局、文化局、文物局、卫生局等。

(1)职能：负责经济社会发展计划和发展项目的制定与实施；负责对企业和农业经济的管理和市场秩序的维护；负责保护区编制、申报、招商、项目引进、对外经济合作与交流等；负责社会保障事业；负责社区计划生育、民政、教育、卫生、防疫、检疫、信访、民调等工作。

(2)下设机构：

社会保障处：归口管理民政、民调、农村社会保障等事务，负责社区社会保障体系的建设工作，即包括农村养老、医疗保险、扶贫救济、就业帮助等事务，也包括落实生态移民安置款以及负责生态保护配套补贴项目。

卫生与公共安全处：归口管理社区计划生育、卫生、防疫、检疫等工作。负责组织实施村落综合整治项目，改善社区生活设施水平、人居环境质量、公共卫生与安全等事务。

社区文化与教育发展处：归口管理文化、教育与社区参与事务，负责促进社区文化事业的全面发展，改进社区教育质量，丰富社区文化生活，恢复和发扬地域传统文化，提高社区的地域文化自豪感和认同感。

产业发展与招商处：负责经济发展计划的制定与实施，负责项目计划的编制、申报、招商、项目引进、对外经济合作与交流、中小企业金融服务体系建设等。生态旅游业

市场秩序管理处：负责市场经济秩序的建设和维护，包括特许经营权管理、物价管理、商标与知识产权保护管理等，并负责查处各种违法经营活动，如欺行霸市、假冒伪劣、无证经营等活动。

14.4.2.5　管委会派驻基层政府组织

建议对管理处和管理站、检查站等保护区派出管理机构的职能进行调整，使其不仅负有自然保护管理的使命，还兼有基层政府机构使命(图 14-2)。

(1)管理处(科级)：为保护区派驻社区的基层政府组织，行使其管辖区内乡级政府职能，负责所辖区农村的全面工作。负责农村经济的发展和产业结构调整。负责基层组织建设、党员管理。

(2)管理站、检查站：以自然生态保护管理为主要任务的保护区派出机构，应分片包干对其辖区进行管理，负责执行和检查有关保护管理政策的落实，并做好邻近站点的联系、配合工作；协助各村民选村委会和基层党组织共同做好社区共管工作，并做好保护区与社区沟通的桥梁，对保护区相关政策实施过程中出现的有关问题应及时向上反馈，使保护区有机会及时做出能更加符合社区实际的调整。

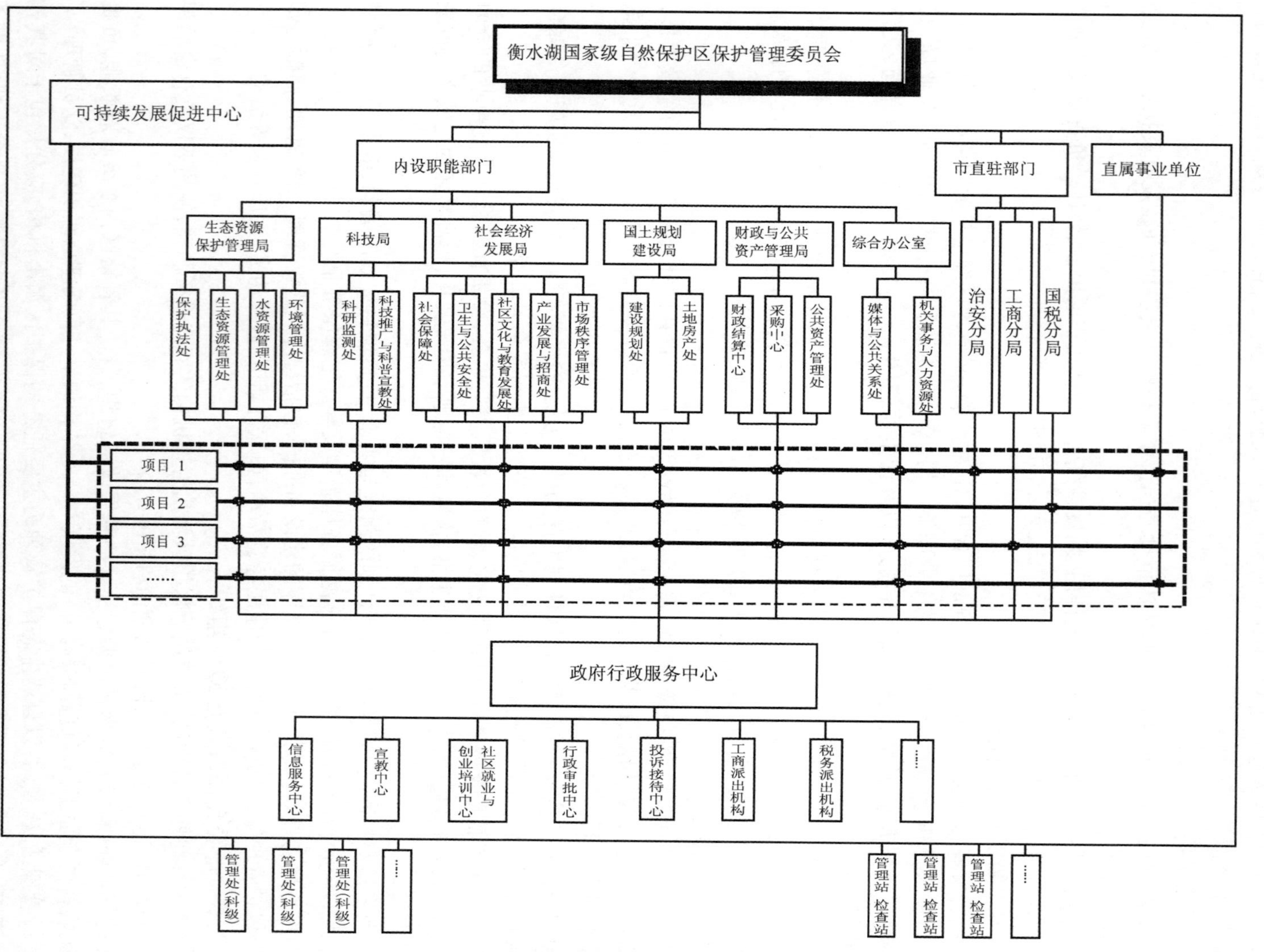

图 14-2　衡水湖国家级自然保护区管委会组织结构图

14.5 能力建设

14.5.1 观念更新

保护区管委会作为领导保护管理区全境走可持续发展之路的带头人和一级行政机构，必须始终始终保持自身的先进性，这就需要将保护区管理团队打造为一个学习型组织，不断保持观念更新。就现阶段而言，保护区管理团队的观念更新需要重点抓住以下环节：

14.5.1.1 公共服务意识

保护区全体管理人员应该深切地认识到自己所有工作的根本是“服务”。保护管理工作的本质是服务于保护区及周边人民的长远利益，服务于我们的子孙后代；而带领社区脱贫和发展致富则是服务于社区人民的当前的现实利益。无论是现实利益，还是长远利益，都是服务于人民的根本利益。用这样的思想武装自己，再本着“服务”精神去开展社区工作，去服务人民、教育人民，帮助所服务的人民认识到协调现实利益和长远利益的必要性，就可以大大化解保护与发展之间的矛盾冲突，并能有效推动社区参与，实现社区共管。

除了大力打造“服务”精神外，保护区管委会还必须充分意识到，自己是许多不可或缺的社会公共服务的提供者，如推动建立社会保障体系，提供公共卫生服务、提供基础设施，维护市场秩序，维护公共安全等。

作为服务者，必须以“客户满意”为工作绩效的检验标准。社区村民就是保护区管委会的“客户”。直接面向社区民众的所有的公共服务必须以便利、高效和服务效果可反馈、可检验为目标，建立公开的服务流程，并根据工作绩效的反馈对服务流程进行持续改进。

14.5.1.2 信息公开意识

《中华人民共和国政府信息公开条例》已于 2008 年 5 月 1 日起正式实施。政府向社会提供公共信息本来就是政府公共服务的一个重要组成部分。信息公开也是政府充分动员社会组织和社区参与，增加决策和管理的透明度，接受社会各界对政府工作的监督，减少腐败的一个重要手段。

保护区管委会应制订自己的信息公开办法、流程和时限，使信息主动公开、受理信息查询都能做到有章可循，杜绝对信息公开要求的回避、拖延等现象。

14.5.1.3 依法行政意识

政府的权力是人民通过法律授予，依法行政是现代政府的本分。要做到依法行政一方面政府行政人员要学法懂法，并在自己的具体工作中加以贯彻；另一方面要善于通过地方法治建设工作，将符合可持续发展目标和人民长远利益的管理措施以地方法规的形式固定下来，避免因政府人员变动带来的朝令夕改，使政府管理实现可持续。

14.5.1.4 生态文明意识

生态文明是人类社会继农业文明、工业文明、商业文明之后更高级的文明形态，是与可持续发展目标相适应的文明形态。生态文明崇尚节约、反对浪费；崇尚朴素、反对奢华；崇尚自然、反对过度的人为干预；倡导和谐共存、反对贪婪掠夺；倡导克己公益、反对自私破坏。保护区管理团队不仅要向社区民众宣传普及生态文明，更重要的是要做到身体力行，让生态文明意识融入自己的潜意识，用生态文明意识检验自己的一举一动，对一切不符合生态文明的言行举止产生羞愧感、负罪感，从而以最佳的生态文明行为为全社会垂范，让社区民众产生倾慕并自愿跟随。

14.5.2　人才战略

保护区及其周边地区的发展说一千道一万必须依靠人的努力去实现。因此,保护区必须实施人才战略,积极内引外联,发掘、培养和吸引各种人才。具体措施包括:

14.5.2.1　保护区人才的发展

14.5.2.1.1　实施人才战略

实施人才战略,保护区首先要对需要什么样的人才有清楚的认识。从人力资本的角度来看,只有能够为保护区的发展带来价值、创造价值的才是保护区所需要的人才,它不一定是高学历,但一定是具备与保护区将开展的工作相当的素质和相应的技能。以下几类人才特别需要保护区的高度重视:

(1)具备创新精神和素质的人才:保护区的事业将面临许多挑战,时时需要在创新中求发展。创新型人才将为保护区带来特别的价值

(2)湿地科学专业人才。湿地保护工作是否成功直接与湿地保护区管理人员素质有关,应该有计划地派出管理人员到国内湿地科学研究与教学机构攻读硕士学位或进修。增加提高湿地科学理论基础知识与专业技能,以带领管理人员实施有效的湿地保护工作。

(3)公共管理人才:保护区管理机构是一个公共服务机构,需要恪守公共管理价值和公共服务原则,在坚持生态环境保护的使命的同时,需要与社区居民及周边地区保持良好的关系,争取最大广泛的支持。湿地保护与建设还是国际关注的焦点,保护区的公共管理水平还必须要与国际接轨,才能与国际社会建立起良好的沟通。因此,公共管理人才的培养对于保护区的发展相当关键。

(4)外语人才:是保护区开展国际合作所必需的。

(5)计算机人才:是信息时代的桥梁。

(6)生态环保各专业技术人才:是保护区开展专业管理工作和为社区发展提供专业技术支持所必需的人才。

14.5.2.1.2　人才获取的方式

(1)积极引进外部人才:根据保护区业务的实际需要,采取宁缺毋滥的原则,积极引进生态环保各专业技术人才、计算机人才、外语人才、公共管理人才。同时创造良好的环境,使引进的人才能够充分发挥他们的创造力。

(2)加强培养内部人才。除了积极对外招聘外,保护区还应重视自身人才队伍的培养。建议采取学历教育与短期培训相结合的方式,充分利用保护区与国内外专家接触的机会,不定期地安排各方面的专业知识讲座,帮助扩展工作人员的视野,提高业务素质和专业技能。可以与国内湿地科学人才培养单位建立合作关系,轮流选送人员进行进修。采取“送出去,请进来、边讲授、边调查、边实习、边提高”的办法,不断提高保护区人才的业务水平和知识更新,培养和造就一支思想作风正、政法素质高、业务能力强的保护管理人才队伍。

保护区管委会应有意识地将自己的干部队伍打造为一支学习型团队。为激励学习的积极性,可在工作业绩考核和奖金待遇中,将参加培训的时间和学习绩效纳入考评范围,以激励工作人员的思想水平和业务素质都与时俱进。

(3)“不求所有但求所用“的创新引智方式。鉴于保护区有限的财政能力,还特别应当重视利用高校专家、农业科技人员、NGO 工作者、志愿者等到保护区短期参观访问和工作的机会,积极创造条件为保护区工作人员和社区居民开展转产就业培训,使他们将知识留下来。

14.5.2.2　社区共管人才的培养

保护区除了要重视自身人才培养外,还要特别注意对社区的人才培养。应在社区中,特别是那

些具有志愿者精神的社区居民中发掘一些群众威信高、眼界开阔并具有进取精神的农村能人，建立社区共管的基本队伍。对于这支队伍应该反复培训，并提供机会相互研讨和交流工作经验，不断加强他们的工作能力和队伍的凝聚力，增强他们战胜困难的信心。课题组调查中发现 12% 的村民表示愿意无偿参加保护区的工作，这是保护区的一笔非常值得重视的财富。

14.5.2.3　建立生态科普教育基地，促进人才内引外联

开展生态科普教育既是一种文化发展的手段，又可以被作为教育产业来经营，还可以作为实施人才战略的一个有效工具。可以设想，如果要长期地、彻底地从外部引进大量的人才，必然需要保护区拿出足够的财力。而只要成功办起一所湿地大学，甚至只是湿地专科或短期培训教育，都能够使它成为保护区的生态科普教育基地，使保护区常年保有一定数量的师资和大量的专门从事湿地研究和开发管理的学生。虽然老师和学生可能都在不停地流动，但他们都可以成为对社区居民开展宣传教育和技能培训的中坚力量，加速社区劳动力素质向生态产业的提升。其中，我们还特别看好培训教育，因为参加培训的学员可能来自天南地北，拥有相当的工作经验，可以为保护区带来丰富的信息资源。应结合信息化战略，对这些资源做好挖掘整理，大力积极促进对保护区有益的知识和经验的传播。

14.5.3　效能建设

一个管理团队的效能主要体现在它的决策力和执行力两个方面，因此效能建设也必须围绕此两大主题。

14.5.3.1　决策能力

决策力不仅仅取决于领导人的魄力，对于公共决策，还必须建立必要的程序来保障决策本身的科学性和公平性，确保“客户满意”——即让老百姓满意。专家咨询往往是决策科学性的重要保障；公众参与是使决策贴近民众需求、实现利益分配公平，获得老百姓满意的重要途径。保护区建立的决策程序应将专家咨询和公众参与都纳入其中，并且使决策程序公开透明。

前文所建议设立的衡水湖湿地顾问专家委员会和社区共管委员会正是服务于决策过程透明化、科学化、公平化的重要组织架构。但要真正发挥这些组织架构的作用，还需有包含这些机构角色的制度化决策程序做保障。

14.5.3.2　执行能力

决策决定的是方向正确与否，而执行决定的是最终的成败。打造保护区管理团队的执行能力是效能建设的重要方面。对保护区而言，不断提升组织的项目管理成熟度应是提升自身执行力的最佳途径。

项目管理是一种在充满风险和变化环境中，对项目进行指挥、控制、协调，确保项目目标实现的系统化管理方法，已经成为 21 世纪主流的管理模式。保护区得到的大量投资也都是以项目的方式实施，因此项目管理能力已经成为保护区工作效能的重要支撑。而对于一个追求高效的公共行政机构，将日常行政管理也按项目的方式来管理——即“按项目管理”也正在成为当今国内外公共管理发展的最新潮流。

项目管理的基本理念就是追求管理的目标可达、过程可控，而一个行政组织的项目管理成熟度则取决于其是否能够在科学的项目管理理论指导下，不断从自身的经验教训中沉淀知识，通过改进自身组织结构来促进项目管理目标的达成，并建立起一套适应自身组织环境的标准化的项目管理流程和方法，以及对流程和方法进行持续改进。

在前文的管理机构设置中，建议的“矩阵型”组织结构模式正是一种更有利于提升管委会项目

管理能力的组织架构，而建议新设的"可持续发展促进中心"则被赋予了促进整个行政组织的项目管理能力的使命。

14.5.3.3　知识管理能力

一个组织要善于从自身的经验教训中成长，就需要依赖于良好的知识管理；一个组织要想使自己的人才得到快速培养，也需要良好的知识管理，使组织的知识能够快速在组织的个人之间分享，并被运用到实际工作中；而一个组织只有善于将个人头脑中的知识转变为整个组织的知识，才能形成自己的核心竞争力。在这个信息化的时代，有人认为知识管理已经成为现代管理的核心。知识管理不仅仅是简单资料收集，而是以现代信息技术为支撑，包括了信息收集、加工、存储、知识挖掘和信息分享等全过程的系统化管理，同样需要建立标准的流程和工作方法，并不断改进。

保护区管委会应有意识地将提升自身知识管理能力的工作纳入到自己的效能建设工作中。前文建议的"可持续发展促进中心"也被赋予了促进知识管理的使命。

14.5.3.4　廉洁管理能力

保护区管委会作为一级政府组织，同所有政府机构一样，在廉洁行政方面被寄予了厚望。管委会必须要采取切实行动来响应这种期望。廉洁不仅仅是一个道德问题，也是一个组织效能的问题。建议保护区研究制定管委会自身的廉洁管理行为标准，并聘请第三方对其廉洁管理能力进行定期评估，以利持续改进。该标准应重点约束蕴藏腐败机会较多的决策环节、采购环节和公共服务环节。主要内容应包括：

（1）决策环节：专家咨询必须得到制度化保障，专家个人意见应向公众公开；公众参与必须确保实质性参与；公众意见无论是否被采纳必须得到回复响应；决策责任必须明确到个人。

（2）采购环节：建立采购责任人的廉洁行为标准和个人腐败责任追究机制；建立采购黑名单，在一定期限内不与有腐败污点的供货商、承包商做生意；建立廉洁管理准入标准，要求供货商、承包商建立相应的廉洁管理内控机制，约束自身内部人员及其分包商、供货商、代理商的腐败行为；推行廉洁公约，所有供货商、承包商都应加入廉洁公约，承诺不会有腐败行为，否则负有相应的违约赔偿责任。

（3）公共服务环节：公开受理条件和限时办理标准，使公共服务得到公众的监督。建立窗口服务责任人的廉洁行为标准和个人腐败责任追究机制，做到不受贿、不索贿、工作责任不推诿。

14.5.3.5　客户满意度评估

现代管理强调以"客户满意"为终极目标，不仅强调客户对服务结果的满意，还强调客户对服务过程的满意，同时强调对客户满意的量化评估。

对于保护区管委会而言，社区居民和生态旅游的游客就是我们的客户。前文建议设立的"行政服务中心"正是本着以客户满意为宗旨，强调保护区对社区提供的公共服务应方便快捷高效，使客户享有服务过程的满意。而设立"社区共管委员会"，则意在追求社区居民对保护区管委会决策过程的满意。

此外，保护区还应多渠道建立客户满意的反馈机制，并将其纳入自己的工作绩效评估。在开展客户满意度评估时，应注意区别区内民众、游客和更大范围的区外民众的意愿。一般而言，区内民众更加关注的是自己当前切身利益是否得到了保障，而区外民众则更容易超脱于自身利益来考虑保护区工作与其长远利益的符合度。

前文所述的衡水湖保护评议会应该就是客户满意反馈机制中的重要组织架构。此外，保护区还可以通过加强举报受理、信访接待等工作，以及开展面向游客的问卷调查和定期进行区内外民众的满意度问卷调查等多种方式，使对保护区工作的客户满意度评估制度化、常规化，使民众心声得到合理表达，使保护区工作得到持续改进。

第 15 章　保护区土地资源保护管理规划

保护区的一切保护对象都需要依托有限的土地资源，而周边密集的人类活动也同样对土地资源提出了日趋强烈的需求。因此切实可行的保护区土地资源保护管理规划是衡水湖保护区可持续发展战略规划的重要内容之一。本章明确了保护区的土地资源保护管理规划目标、对土地资源进行了供需分析，并提出了土地利用调整的相应措施。

15.1　规划目标

（1）近期目标（2009 ~ 2015 年）：按照《衡水湖国家级自然保护区总体规划 2004 ~ 2020 年》的土地利用规划，初步形成保护区周边保护林带。在衡水湖西湖正式蓄水前，建成生态移民安置点——湿地新城，使生态移民得到妥善安置。

（2）远期目标（2015 ~ 2020 年）：顺利实现《衡水湖国家级自然保护区总体规划 2004 ~ 2020 年》的预定土地利用方式调整目标。

（3）远景目标：按照不同土地用途持续提升单位土地的生态服务价值。

15.2　保护区土地资源供需分析

15.2.1　保护区土地资源供给分析

衡水湖国家自然保护区最重要的后备土地资源来源于裸地和耕地资源。

（1）裸地。裸地包括农闲地、道路及工矿废弃地等其他未利用土地，占保护区总面积 10.77% 的裸地尤其是其中的农闲地和工矿废弃地是保护区最重要的后备土地资源。由于这部分农闲地的很大部分位于并不适合耕种的泄洪区和盐渍化土地中，而工矿废弃地也可以通过固体废物外运、土地整理等措施获得重新利用，因此裸地是保护区最有挖掘潜力的土地资源。

（2）耕地资源。根据遥感影像解译结果，衡水湖自然保护区人均耕地 2.85 亩，高于全市人均 2.13 亩/人的水平，也高于全省、全国平均水平，因此，随着保护区产业结构的调整，耕地具有一定的退耕潜力。需要说明的是，由于部分耕地存在于一些权属不明晰的飞地、泄洪区等不适合开垦的区域之中，它们并没有被计入统计数据之中，因此，耕地统计数据与遥感解译数据存在一定的差别。

15.2.2　保护区土地资源需求分析

作为一个以珍稀鸟类资源为特色的城郊型湿地自然保护区，为了切实对鸟类及其栖息地进行保护，保护区的水域、林地以及芦苇（消落区）的面积都需要达到一定的比重。随着湿地恢复和南水北调工程所要求的湖泊水位上升，水域和消落区的面积必将扩大，而目前处于耕种状态的西湖蓄水后无疑会加剧保护区的人地矛盾。但另一方面，随着自然保护区的逐渐成熟，区内产业结构逐步向第三产业调整，对耕地的需求应有所下降，而对裸地的整理与开发利用，也将逐步加强。只是保护区不少耕地原来被划入了基本农田，而国家对基本农田实行严格的保护政策，使保护区在土地利用调整上面临一定困难。但事实上，保护区的很多所谓基本农田是根本不适宜耕种的盐碱地，只是当年为了多争取国家补贴而虚报上去的，应该实事求是地把这个问题向上级土地部门讲明白，积极争取通过调整土地利用规划和占补平衡化解基本农田保护与保护区生态保护用地之间的矛盾。

15.2.3　保护区土地资源的供需平衡分析

将目前的土地利用现状与《河北衡水湖国家级自然保护区总体规划（2004～2020 年）》对保护区在规划期内的土地利用目标进行对比，可以看出现状与规划目标之间有较大差距（表 15-1）。最主要的差异在于目前水体、消落区、林地和草地面积。显然，退耕将是保护区不得不面对的严峻挑战，对裸地的整理与调控是达到规划目标的关键。

表 15-1　衡水湖国家级自然保护区土地覆盖与利用规划面积平衡表

编号	用地分类	规划目标		2006 年现状		2006 年现状（含示范区）	
		面积（km^2）	百分比	面积（km^2）	百分比	面积（km^2）	百分比
I	水体	57.55	26.15%	39.33	17.87%	39.34	14.66%
II～IV	消落区	56.98	25.89%	19.93	9.10%	20.21	7.53%
II	卵石地	0.67					
III	淡水沼泽	48.75					
IV	盐化沼泽	7.56					
V	牧草地	18.51	8.41%	0.60	0.27%	0.60	0.22%
VI～VII	耕地	9.40	4.27%	110.32	50.13%	137.09	51.09%
VI	补充觅食地	2.84					
VII	生态农业用地	6.55		2.50	1.14%	2.50	
VIII	林地（含灌丛、疏林地）	69.62	31.64%	15.1	6.86%	21.58	8.04%
IX～XII	综合建设用地	8.02	3.64%	9.36	4.25%	12.62	4.70%
IX	发展用地	1.70					
X－1	保留村落	3.98					
X－2	移民整治村落	0.48					
XI	古城保护	0.90					
XII	道路用地	0.97					
	拆迁厂矿	3.59					
	拆迁村落	3.63					
	新增发展用地	－5.52					
	裸地			22.94	10.42%	36.9	13.75%
	总用地	220.08	100%	220.08	100%	268.34	100%

将目前的土地利用现状与《河北衡水湖国家级自然保护区总体规划（2004～2020 年）》对保护区在规划期内的土地利用目标进行对比，可以看出现状与规划目标之间有较大差距（表 15-1）。最主要的差异在于目前水体、消落区、林地和草地面积。显然，退耕将是保护区不得不面对的严峻挑战，对裸地的整理与调控是达到规划目标的关键。

15.3 保护区土地利用调整措施

不合理的土地利用结构会严重影响保护区的发展。目前保护区生态用地(水体、湿地与林地)面积太小,耕地面积过大,尤其基本农田比例很高,土地利用结构与保护要求差距较大。应采取适当措施对保护区土地利用布局进行合理调整。

15.3.1 土地权属调整

由于保护区核心区和缓冲区内还有属集体土地性质的居民和耕地,因此很难按照自然保护区管理条例的要求对核心区和缓冲区进行严格管理,影响了管理的有效性,保护生物多样性的目标也无法实现。因此,土地权属调整对于目前保护区的土地资源管理是当务之急。在土地权属调整中应非常注意避免发生自然保护区与周边社区的冲突。建议在不同功能区采用不同的土地政策:

(1)核心区:对核心区的集体土地实行国家征用。对相关村落进行生态移民,按照国家有关政策给予补偿和妥善安置。

(2)缓冲区:对核心区的集体土地实行混合权属但原则上集中管理的政策。对已经被总体规划纳入生态移民范畴的,可视具体条件因地制宜,采取以下方式对土地权属和利用方式进行调整:①参照核心区生态移民政策进行土地征用和安置补偿。②仅进行居民点迁移,但对集体土地可以采用土地置换、租赁等方式由保护区管委会进行集中管理。保护区可根据湿地生态管理的需要统一安排湿地植物恢复和收割利用,相关收入可偿还租金。③给予农民适当生态补贴,在不调整土地权属和管理方式的前提下,要求农民按照保护区统一规划调整土地利用方式或管理方式。

(3)综合示范圈:实施“合理保护、适度开发”的土地政策。根据保护区统一规划,因地制宜采取适当政策引导社区自愿参与进行土地利用调整。具体方法可以有土地征用、置换、租赁、以集体土地和宅基地入股发展集体经济、税收优惠、补贴、收购等多种方式。

15.3.2 土地价值管理

(1)依据现状和《衡水湖国家级自然保护区总体规划2004~2020年》为保护区不同区域设定不同的土地生态服务价值基准和土地生态服务价值目标,对任何导致土地利用方式改变的项目进行土地生态服务价值评估,对于导致土地生态服务价值退化的项目严格禁入。其中:

核心区和缓冲区:生态服务价值中应突出水资源和遗传资源的供给功能价值、调节功能价值以及生命系统支持功能价值。

实验区和示范区:生态服务价值中可进一步强化食物生产、原材料等的供给功能价值、调节功能价值以及文化功能价值。但属于总体规划中水源涵养林的区域则重点强化调节功能价值和生命系统支持功能价值。

(2)核心区:在生态移民完成后,应即对土地进行污染清理,并按总体规划全面进行湿地恢复。

(3)缓冲区:在完成生态移民和土地污染清理后,在进行湿地恢复的同时,可与有关科研单位合作开展湿地基因库建设,如引种各类野生稻种开展野生水稻研究等。西湖西岸缓冲区湿地除种植芦苇外,还可因地制宜播种部分具有抗病虫害基因的水稻,以有机农业方式耕作,不追求产量。水稻可为鸟类提供部分粮食,也可提高湿地的食物生产能力,使湿地生态价值、科研价值和经济价值有机结合,从而并使湿地与耕地对土地利用方式的竞争得到部分调和。

(4)综合示范圈:可以土地的多种利用方式来提高土地价值。

建设用地：建设用地具有最高的土地社会经济价值。在严格执行《衡水湖国家级自然保护区总体规划 2004 ~ 2020 年》，确保保护区建设用地总量控制的前提下，可结合新农村建设，通过宅基地置换等方式，通过建设"湿地新城"的方式，使分散在各村的建设用地相对集中起来，提高建设用地的集约利用程度。村民宅基地面积与实际占用土地面积之间的差值应折算为资本金入股保护区的各项经营性发展项目。置换出来的建设用地可用于新农村公共设施、生态旅游接待设施以及具有循环经济特征的生态工业设施建设等，从而提高土地利用的社会经济价值。

农业用地：大力发展具有更高经济和生态价值的休闲农业、有机农业和立体农业。结合新农村居住点生态旅游设施的布局，可建设一批采摘、观赏、垂钓、养殖等农业休闲园区；适于发展湿地农业经济的区域重点发展"稻 - 苇 - 鱼"、"稻 - 莲 - 鱼"、"水生经济植物 - 鱼 - 家畜"等湿地农业生态系统；注意引种抗病虫害的高产水稻以提高农业经济价值；离新农村居住点较远但适于机械化耕种的区域可通过土地租赁、入股等方式进行土地集中耕种管理，发展机械化现代农业。

水源涵养及保护区隔离林带用地：发展林灌草结合的立体林业经济。保护区管委会应从健全林地自然生态系统功能的角度对林木品种进行统一规划，使经济速生树种、果树与更具有本地生态适应性的其他树种有机搭配，树下可立体种植各种喜阴的中药材灌木或草本植物。对于为调整林地功能而限种无经济价值树种的，政府可提供部分财政补贴。对于经济价值需要很长时间才能实现的树种，政府可采用贷款担保和贴息方式，来帮助农民实现资金周转。

河道河渠两侧生态保护缓冲区域：即河道河渠两侧约 300 米宽的地带。对于城市化区域，在实现污水截流的基础上，可结合生态旅游业的需要进行乔灌草结合的河岸生态修复和景观林带建设，并建设部分生态旅游的经营性配套设施和进行少量低密度高品质房地产开发，使土地的经济价值得到发挥。在非城市化区域，可参照水源涵养及保护区隔离林带用地的发展政策。

15.3.3　社区共管与公众参与

社区共管与公众参与不仅是实现其土地资源所有权或使用权的内在要求，也是提高自然保护区管理水平的重要途径。公众参与包括公众对自然保护区管理情况的知情权、对立法和决策的参与权以及监督权、控告权等。社区共管与公众参与制度可为保护区选择适当的土地管理政策、建立合理的补偿机制提供制度基础。

具体到土地资源保护管理方面，应将保护区的土地利用规划和各项土地利用调整政策经由社区共管委员会充分讨论，一方面充分听取社区意见，一方面让老百姓了解保护区实行土地利用调整的重要性和必要性，尽量争取到大多数社区民众发自内心的支持。

第16章　衡水湖水资源保护管理规划

水资源是衡水湖的核心资源，是一切生态保护的基础。因此需要制定严格的水资源保护管理的规划，并严格执行。本章明确了衡水湖保护区水资源保护管理的规划目标，并提出了包括湿地水文水质恢复与重建、水源地建设、生态补水、人工调水和富营养化治理等相关措施，以及从法治建设、规划设计、科学研究和流域协作等方面提出的相应保障措施。

16.1　规划目标

以湿地自然生态系统功能的全面恢复为终极目标，将水资源保护、南水北调工程调蓄水湖和衡水市城市水源地建设与衡水湖湿地自然生态系统功能的恢复与重建相结合，使湿地生态系统自我维系的能力得到不断提升，使水资源得到充分保护，并在人类利用和生态保护之间得到合理分配，人与湿地和谐共荣。

(1)近期目标(2009——南水北调工程蓄水)：使衡水湖及其引水线路的河道河渠污染得到充分治理。

(2)中期目标(南水北调工程蓄水起5年内)：结合南水北调工程调蓄水湖的建设，使西湖及西湖西岸湿地得到恢复；以人工模拟方式实现区内小流域循环，显著提升湿地自然生态功能。

(3)远期目标(2015~2020年)：使衡水市域与衡水湖水系直接关联的河道河渠污染得到充分治理，河道湿地功能得到逐步恢复，河岸景观得到系统整治。

(4)远景目标(流域协作机制建成后5年内)：通过流域协作机制，在衡水湖所在流域水环境得到充分改善的前提下，增强衡水湖与流域系统之间的自然联系，使衡水湖得到一定的流域水资源的自然补给，充分发挥衡水湖湿地调蓄洪水的能力，使衡水湖水质性缺水问题得到逐步解决。

16.2　规划措施

16.2.1　湿地水文水质恢复与重建

16.2.1.1　湿地恢复

在保护区和周边地区开展生态与环境治理和水域保护行动，根据水位变化，及时引水和蓄水，逐渐恢复和扩大湿地面积。湿地恢复类型与范围包括：

(1)湖泊湿地：东湖、西湖和冀州小湖；

(2)沼泽湿地：滏阳新河滩地和西湖西岸消落区；

(3)河渠湿地：滏东排河与滏阳新河"两河湿地"、冀码渠湿地和盐河故道湿地；

(4)人工湿地：可以包括多种类型。

湿地经济试验区：保护区西南部的实验区地势低洼，可作为湿地经济试验区进行湿地资源循环经济深度开发试验。

人工水系：由于湖面东部为重点生态与旅游开发区，可以利用客水使老盐河故道水面得到恢复，并可顺应地形适度营造新的水系水景，利用这些新增水面来进行生态旅游开发，可以减轻因人类的亲水需求对大湖水域所带来的压力。

人工湿地生物净化塘：利用湿地净化功能对人类生产生活废水进行净化处理。

16.2.1.2　以生态水工学促进湿地生境恢复

利用自然水文特征，促进湿地生境的发育；将新兴的生态水文学和生态水工学原理应用于建设生态河堤、护岸以及湿地生境恢复与改造工艺设计。

(1)分区措施：

核心区与缓冲区：依据生态水文学原理，通过人为调蓄措施控制水位涨落体现自然湿地水文特征，促进湖泊消落区发育；应严格限制周边污染源的排放，改造水利设施，对于东湖应制定与湿地保护、水利调蓄、水产养殖等协调兼顾的灌排政策和涵闸管理制度。借助南水北调工程实施的机遇恢复建设西湖湿地，使其功能主要用于保障保护区生态用水和促进湿地生境发育而逐渐独立于灌溉调蓄的功能。

实验区：禁止种植棉花、限制化肥和农药的使用，控制面源污染；对保护区周边污染源进行治理，对湿地环境造成严重污染的企业应关闭或搬迁。以循环经济方式发展湿地有机农业，使实验区农业生产对湿地生态系统的负面影响逐步降低。发展替代产业，减轻人类活动对保护区的威胁。

(2)改变目前反季节引水方式，使人工引水符合自然季节性水位变化规律。

(3)当与衡水湖连通的周边河道河渠被划入保护管理区后，应即开展周边河渠与衡水湖湿地人工小循环系统的工程规划。并按照规划进行河道河渠截污、生态修复和河岸景观治理，使衡水湖湿地人工循环范围扩至周边河渠。

(4)实施清污分流工程，将滏东排河的上游沥水导入保护区西南人工湿地生物净化塘，处理后的中水可用于景观建设。此工程措施完成后，可连通滏阳新河泄洪区与衡水湖东湖，使衡水湖东湖成为泄洪区的一个调蓄水湖，充分利用汛期洪水增强衡水湖东湖的自我生态修复功能。对泄洪区也应采取台阶浅潭等生态修复措施，使其不仅仅成为一个过水通道，同时也具备一定的对洪水进行调蓄、沉淀和净化的能力。

16.2.2　水源地建设

16.2.2.1　水源地功能定位、水位控制与库容规划

(1)东湖：是主要调蓄水库，为工业用水水源地。近期为主要的生态多样性保护区和城市工业用水水源地。按照“零损失”原则，在西湖生境全面恢复以后，可筑高周边护堤，逐渐提高蓄水位至22.5m；并采取湖底清淤和根据地质条件局部挖深等措施，将库容从1.23亿m^3扩展为1.9亿~2.1亿m^3，成为衡水湖地区的主要蓄水水库。

(2)西湖：恢复蓄水后，为饮用水源地和主要的生物多样性保护区。蓄水位基本控制在21.5m，使湖区大面积保持有挺水植物生长，保持湖底自然地形，利用自然高地形成湖中生境岛。根据地质条件，局部自然水深超过3m的湖区可以在对黏土层厚度进行勘测后，在保证黏土层不被破坏的前提下，适度进一步挖深以使库容从0.65亿m^3提升到0.8亿~1亿m^3。将挖湖所得土方堆于西岸高地，形成地势起伏的人工丘陵，丰富自然景观。届时西湖将取代东湖成为保护区主要的生物多样性区域。对于西湖湖底高程超过19.5m的区域不得挖深，以保证挺水植物的生长。

(3)东西湖总库容合计：2.7亿~3.1亿m^3。

水源地选址、功能定位、水位控制与库容规划见表16-1。

表16-1　水源地选址、功能定位、水位控制与库容规划

规划措施＼湖区	东　湖	西　湖
功能定位	在西湖恢复蓄水并且鸟类适宜生境基本恢复成形以后，逐渐扩展库容，成为衡水湖主要的蓄水水库。	为主要的生态多样性保护区，兼顾饮用水源地蓄水
最高水位(m)	21.5(西湖湿地恢复前) 22.5(西湖湿地恢复后)	21.5
库容(亿 m^3)	1.9～2.1	0.8～1
总库容(亿 m^3)	2.7～3.1	

16.2.2.2　水源涵养与生态隔离保护措施

(1)双层绿化带隔离措施：

第一层绿化隔离带：沿衡水湖四周顺应地形建300～1000m的绿色隔离带，以保护水源。东部以林带隔离，林带从湖岸至盐河故道以东100m；西部以林带和消落区沼泽植被共同构成，一直到保护区边界。南部冀州方向沿湖滨大道建300m宽城市绿化隔离带；冀码渠改造为苇塘。北部沿滏东排河两岸大堤植树绿化。

第二层绿化隔离带：在保护区边界建500～1000m宽的生态隔离林带。

(2)西湖西岸消落区：在西湖西岸进行局部地形改造，使原有的众多小型水塘相互蜿蜒连通，并恢复栽种挺水植物，形成具有一定生物自净能力的西湖西岸消落区。

(3)堆山隔离保护措施：结合造景堆山隔绝周边农业生产所带来的面源污染。隔离措施重点在于对西部消落区的保护，将西湖及西湖西岸消落区局部地形改造的弃土沿缓冲区边缘以园林造景手法堆放，形成对西湖消落区的面源污染隔绝屏障，以保护饮用水源地。在此隔绝屏障以内禁止施用农药和化肥。

(4)河岸生态保护缓冲隔离带：与保护区连通的河道、河渠及其两侧约300m宽范围内，按照保护区统一规划进行河岸生态修复、绿化和生物廊道建设，隔绝周边地区的污染排放和面源污染。

16.2.2.3　生态补水量规划

由于本区蒸发量远远大于降水量，而衡水湖湿地在现阶段又缺乏自然流域系统的补给，因此必须实施生态补水。对衡水湖实施生态补水需包括以下两大部分：

(1)湿地最低蓄水量的补水：湿地恢复蓄水时，将一次性补充并将一直保有的最低水位时的蓄水量估为0.3亿 m^3。此部分水资源不能为周边城市所利用，成本计入湿地恢复的一次性投资。

(2)年际生态补水：为维护本区生态与环境不再恶化并逐渐改善，全面实施本规划后，含示范区在内的整个保护管理区的生态补水量为1.53亿 m^3/年。拟在南水北调工程启用开始实施。补水成本中与生产生活用水相关部分可以通过向水资源用户收费筹集，保护区在未来还可以通过逐渐扩大对径流来水和中水在景观生态用水中的利用逐渐降低生态补水成本。

本规划的年际生态补水量计算基于以下假设：

范围：保护管理区268km^2的范围由保护区管委会统一管理，其中包括一处5km^2的湿地新城。

人口：目前保护管理区总人口8.38万人，按照0.5%的人口增长率，2020年估计为9万人，按照合理的城市化率，其中5万人口为城市化人口，4万人口为农村人口。

GDP：假设2020年保护区人均GDP达到2万元计算，为18亿元。其三大产业比重目标为：20：40：40。即工业产值为7.2亿元。在当前每万元工业产值442m^3 的基础上，通过节水措施，使每万

元工业产值增加值用水量减为 150m^3，工业用水的循环利用率为 80%。

生态旅游业接待游客规模预计 2020 年游客量达到 120 万人次，每人次用水量 200 升（大约相当于一个人的日生活用水量）。

表 16-2　年生态补水量估算表

编号	项目	水量（10^6m^3/年）	说明
1	年总用水量	308.71	
1.1	生态需水量[注4]	244.94	含植被蒸腾、水面蒸发、水质稀释等
1.1.1	水面	41.95	年蒸发量 676mm[注1]，面积 62.05km^2
1.1.2	湿地植被	43.54	年蒸腾量 810mm[注1]，面积 53.75km^2
1.1.3	湿地土壤	40.31	田间含水量取 50%，土层厚度取 1.5m[注2]，面积 53.75km^2
1.1.4	陆地植被	59.14	年蒸腾量 451mm[注2]，131.14km^2
1.1.5	改善湖泊水质最小稀释净水量	60	湖泊容积（300 × 10^6m^3）的 20%
1.2	湖泊渗漏量	45.71	以东湖原自然渗漏量推算西湖[注3]
1.3	工业用水量	10.8	工业产值 7.2 亿，按 150m^3/万元 GDP 计算
2	年总来水量	155.49	
2.1	区内降水	139.24	年降雨量 518.9mm，268.34km^2
2.2	污水净化回用	16.25	两个生物氧化塘分别日处理 4500 吨污水。考虑工业用水循环利用率 80%
3	年补水量	153.22	总用水量 - 总来水量

注：1. 水面蒸发量根据表 2-2 估算；湿地植被蒸腾量按水面蒸发量的 1.2 倍经验数字估算。

2. 陆地植被蒸腾量借鉴海河流域的研究成果，不同类型植被单元的需水量取值如下：有林地 600mm，灌木林和疏林地 330mm，高覆盖度草地 300mm。考虑本区陆地植被林灌草组合特点，并考虑植被蒸腾量比地面蒸发量高 10%，综合估计为 451mm。工农业及生活用水量采用 1998 年海河流域的水资源公报统计数据。其中生活用水考虑到周边地区的城市化进程而采用城市指标，并考虑了生态旅游者的用水需求。

3. 西湖渗漏量以东湖原自然渗漏量 20 × 10^6 m^3/年推算，东湖现渗漏量为 30 × 10^6 m^3/年，系其东北部人工挖深时破坏了局部黏土层所至。

4. 计入生态需水量包括维持水禽栖息地的水面蒸腾量、湿地植被蒸腾和土壤蒸发耗水、陆地植被蒸腾量和湖泊稀释用水，其中水面蒸腾量和湖泊稀释用水可以相互兼容，取其大者为综合需水量。

16.2.3　人工调水

目前保护区没有自然流域水资源补给，人工调水是衡水湖湿地维系的必要措施。人工调水用于维持衡水湖水域面积，保证东湖的工业用水和西湖的生活用水，并部分补充湿地恢复和生态用水。

16.2.3.1　引蓄水源

（1）黄河水：在南水北调调需水湖工程正式启用前的过渡时期，黄河水是衡水湖湿地的主要引蓄水源。引黄河水可利用现有的引黄济津和引黄济淀调水路线。

（2）长江水：南水北调可从东线中线两个方向引入衡水湖。

（3）省内上游水库来水：省内的岳城水库、黄壁庄水库等都具有向衡水湖供水的潜在能力。2005 年衡水湖曾引蓄岳城水库水。

16.2.3.2　调水管理

（1）在利用引黄水和引长江水时，应加强对水质和外来物种的监测，将因引水而带来的对生态的负面影响减至最低。根据来水水质合理确定水源的利用方式。达不到饮用水源要求的，不能向饮用水厂供水。

（2）调水时应注意尽量避免反季节调水破坏湖区生态系统自身的演替节律。建议与省内多家上游水库达成协议，衡水湖每年冬季前购买的水先在其中某上游水库存放，待春季解冻后再向衡水湖放水。考虑上游水库冬季检修的需要，可与多家水库合作，每年在不同的水库轮流存放。

（3）调水前加强对调水沿线河渠堤岸和桥梁的检修加固，清除河道污染，并制定调水过程中突发情况的应急预案，如紧急加固、切断污染源及受污染水头等。调水中加强沿线巡护，对因过水可能带来的工程地质灾害，以及沿途可能的污染排放进行监控。发现突发问题应立即启动应急预案。

16.2.4　本地水源利用

目前衡水湖湿地年生态需水量 1.2 亿 m^3 中，未将衡水湖湿地所在流域可能带来的水资源补给考虑在内。其原因是流域河道既有的污染已经使上游来水水质无法被利用。但一旦水污染得到有效治理，则这一水资源极具开发潜力。仅考虑衡水湖湿地所在的滏阳河流域，其集水面积达 1442000hm^2，以衡水年平均降水量 518.9mm，而降水又有 60% 以上集中在 6～8 三个月推算，其实衡水湖湿地上述年生态蓄水量不到滏阳河全流域汛期总降水的 3%。若滏阳河流域的汛期洪水能够为衡水湖湿地所利用，则衡水湖湿地的水资源保障问题就能极大缓解。可见衡水湖缺水固然有气候干旱，本区蒸发量远远大于降水量的水源性缺水问题，但更根本的还是水质性缺水。因此，衡水湖湿地应充分重视本地水资源的利用和开发问题。为此，建议进一步采取以下措施开发本地水源供给：

（1）空中取水：就现阶段而言，只有衡水湖湿地上空的直接降水在水质上可达到被作为水源地水资源利用的标准。因此，在降水条件具备时，可采用人工增雨方式，为衡水湖尽量多争取补给部分水源。但人工降雨增雨对气候的长期影响机制目前还尚未得到揭示。因此，在衡水湖水源补给有其他替代手段时，应尽量减少对此水源补给方式的依赖。

（2）衡水市域本地雨水利用：周边城市化地区应逐步通过对下水道进行雨污分流改造，使雨水得到更高水平的利用。为减少雨水收集带来的杂物和面源污染，建议广泛推广使用透水路面，使雨水经透水构造简单过滤后再行汇集。雨水经简单净化后可导入衡水湖东湖积蓄。

（3）上游洪水利用：采取工程措施，对上游来水利用滏阳新河和滏东排河两个河道进行清污分流。污水可全部汇集导入滏东排河封闭式通过保护区，而在汛期将水质较好的洪水在泄洪区经初步净化后可导入衡水湖东湖积蓄。

（4）平时地表径流：在实施滏阳新河和滏东排河清污分流后，对滏阳新河和泄洪区可以“台阶—浅潭”的方式结合芦苇等挺水植被的栽培进行生物修复，增强其对流经保护区的地表径流的净化能力。经初步净化后的水体水质如不能达到衡水湖水质控制标准则不得进入大湖，但可用于保护区景观绿化和局部湿地恢复，以补充生态用水。

（5）地下水回补：保护区的各项工程措施中尽量避免对地面的硬化。对于必须硬化的路面，大力提倡修建透水路面，减少因地面硬化对地下水补给带来的负面影响。限制对地下水的开采，部分不能接入周边城市用水管网的村落的居民生活用水取自地下水。

16.2.5 富营养化防治

目前衡水湖的富营养化迹象已非常显著,选择合适措施治理衡水湖富营养化已成为迫切的需要。要治理湖泊的富营养化,一方面要通过控制外源性营养物质的输入,限制营养污染物质排入湖内总量和浓度,采用这种策略一般恢复效应要在很长时间以后才能体现出来;另一方面,如何选择措施有效地抑制内源性营养物的积累与储备也很重要。建议采取以下措施:

(1)水文水质同时观测与评价:继续开展对衡水湖及其周边河道的水流、水质同时观测,对水位、流速、悬浮物、溶解氧、氮磷等营养盐、各种重金属含量、有毒有害物质成分进行同时监测。保证监测数据在时间上具有连续性,并对监测数据进行及时处理,对于异常监测指标进行分析或进行重复观测。利用监测数据,采用数学模拟等手段对衡水湖保护区的水质进行分析和评价,分析衡水湖水体富营养化发展趋势,以便采取相应的治理措施。

(2)控制农业面源污染:要控制衡水湖周边有几万亩农田的面源污染,需采用经济手段限制化肥、农药过量使用,鼓励农户使用有机肥。对湖泊富营养化影响大的含磷、含氮化肥实行定量销售,出台治理农业面源污染的环境管理政策措施和补贴办法。发展绿肥生产,提倡作物秸秆还田,减少农田污染负荷。

(3)生活面源污染治理:提倡使用无磷洗涤剂。含磷洗涤剂所含的磷是造成湖泊富营养化的主要因素。对西湖周边村落实施生态移民,避免村落对水源地造成污染。拆除西湖湖中及周边缓冲区以内全部村落,周边保留村落改造为具有自我生态循环功能的生态住宅和村落,建设村落的排水和垃圾处理设施。

(4)加强湖周边水土保持工程建设:通过堤岸生态修复减少堤岸崩塌入湖土方和雨水径流带土入湖造成的湖体淤积,减缓湖泊沼泽化及其植物体的生长。利用西湖清淤开挖的土方在西湖西岸形成小山丘,阻隔西侧污染物质通过雨水流入湖泊。

(5)收割水草:衡水湖枯水季节较长, 挺水植物和水生生物大量生长, 这些植被不能及时清除的后果是造成氮、磷不能有效带出, 同时造成藻类大量繁衍。应对死亡水草进行打捞,抑制因水草引发的湖内水体营养过剩;并根据水草的生产量、生长规律和生态功能,科学合理地进行规划,利用水草收割将水体营养转移出去。为提高效率,可采用机械设备收割和运输。应积极发展利用植被秸秆的编织业,以及利用植物废料和污泥的沼电循环经济,为水草利用提供持续的经济动力。

(6)加强湖泊及河道水体的流动性:加强水体的流动性是抑制湖泊富营养化的重要手段。应借助南水北调工程增大水资源供给的有利条件,对周边河道污染进行治理,清除主河道的杂草及其阻水障碍物,增强湖泊与周边河道水体的联通性和流动性,优先实现区内小流域人工循环,提高水体本身的自净能力。并逐步扩大将区内小流域人工循环范围扩大到衡水市战略协同圈范围。

(7)点源污染物治理:禁止生活污水及企业污水未经处理直接排入衡水湖,避免污染物质中的总氮、总磷带来水体富营养化。需要执行严格的污水排放标准,限制进入受纳水体的营养盐的总和量。对效益不好而又污染严重的企业要坚决予以关闭,对新建工业生产项目要严格把关。

(8)对内源性营养盐的治理:内源性营养盐主要存在湖水以及底泥中,是水体富营养化的主导因素之一。建议在开展科学研究的基础上,采取生物措施和工程措施,削减水体中内源性营养盐。①工程措施。包括:挖掘底泥沉积物、水体深层曝气、注水冲稀等。挖掘底泥,可减少甚至消除潜在性内部污染源;深层曝气,可定期或不定期采取人为湖底深层曝气而补充氧,使水与底泥界面之间不出现厌氧层,经常保持有氧状态,有利于抑制底泥磷释放;引水注入湖泊可起到稀释营养物质浓度的作用,建议利用南水北调工程加大对衡水湖及其周边河道的引水量。②生物措施。探讨利用生物措施控制水体富营养化的可行性。在水中种植沉水植被如苦草、金鱼藻、马莱眼子菜、伊乐藻、石龙尾和轮叶黑藻等,可增强水体本身的自净能力、吸收固定水体中的氮磷等营养物质、澄清水质、有效地抑制藻类暴发,是控制水体富营养化的生物措施之一。但需要研究不同沉水植被对当地生存环境的适应性。

(9)在湖泊水域控制网箱养鱼:网箱养鱼密集性强,投食快,投饵量大,容易对水资源造成污染,加速水体的富营养化进程。网箱养鱼对水体中总磷和总氮这两种水体富氧化的限制因子的贡献量较大,网箱鱼排放的粪便和残余饲料不但对水体造成污染,而且淤集水底形成有机质。由于网箱养鱼对天然水域生态系统的破坏性较大,对日益短缺的水资源造成较大污染,衡水湖保护区内需要控制网箱养鱼规模。

(10)渔业资源增殖放流:在水体富营养化、水草疯长而人为收割利用有限的情况下,开展渔业增殖放流,在湖内放养草食性鱼类摄食水草。同时放养鲢、鳙等滤食性鱼类消耗浮游生物。通过科学选择、合理搭配放养种类,可以提高湖水自净能力,有效治理水体富营养化,并有利于促进鱼类等水生动物种群结构合理化,对遭受破坏的水生动物群落进行修复,从而达到改善水域生态环境,保护生物多样性,促进生态平衡的效果。

(11)种植和恢复水生植物:利用植物根系的吸附、过滤、氧化还原及微生物降解等作用,可有效控制氨氮、全磷、透明度等对富营养化起支配作用的指标,抑制藻类过度生长,使污水得到净化,这是治理湖泊水体富营养化的重要措施之一。水生植物不仅能净化水质,并能为鱼类提供产卵场所及饵料和为鸟类提供栖息环境。在湖泊适当区域(如冀码渠入湖口、顺民庄周边水体),试验种植藕莲、菱角、芦苇等具有较高经济价值的湿生、水生植物,吸收底泥中的营养物质,改善水生生物群落结构,并对水生植物及时进行收获,可转移营养盐,减轻湖泊富营养化。

16.3　保障措施

16.3.1　加强水资源与环境保护立法,强化环境监督管理

推动衡水市就节约用水、雨污分流、地下水开采、水污染防治等的立法进程,把衡水湖水资源与环境保护工作纳入法制化的轨道,制定有关政策措施和管理办法,加大执法力度,严格把关,坚决消除现有污染源,防止新污染源的产生。在源头上防止湖泊富营养化的发生,并缓解衡水市水资源匮乏的危机。

16.3.2　积极介入南水北调工程的规划设计

南水北调工程的实施既是衡水湖湿地获得充足水资源保障的重要机遇,但不适当的水利工程措施也可能给衡水湖湿地自然生态系统功能的恢复带来威胁,保护区必须善于利用这一机遇,并将可能的威胁降到最低。因此,保护区有必要与南水北调工程指挥部建立协作关系,委派专人负责与相关规划设计单位进行沟通,将已批准的保护区总体规划相关措施落实到南水北调相关工程设计中,并协商解决调水方案与湿地保护可能出现的矛盾。

16.3.3　对强化自然水源利用开展专题研究

随着全球性气候变化,近年来我国北方地区降水已在不断增加。尽管衡水本地降水量远远小于蒸发量,但本地降水、上游来水本都可以作为自然水源部分补充水资源的不足。问题是,目前除

了衡水湖湖面的直接降水外，其他降水和上游来水都由于污染而没有得到有效利用，而不得不每年花巨资人工调水来弥补水资源的不足。强化衡水湖湿地对自然水源的利用主要通过以下途径：其一是利用现在已经非常成熟的人工增雨措施，使湖面的直接降水增加；其二使采取有效措施解决本地降水和上游来水的水质性缺水问题，就可以使衡水湖湿地水资源短缺的问题得到部分解决。其三是恢复河道湖泊沼泽的自然联系，增强湖泊沼泽对上游来水的滞蓄能力。

16.3.4　积极推广节水相关政策与措施

在干旱缺水的北方平原，水资源异常宝贵，因此有必要在生产生活中大力推广节水相关政策与措施，包括通过有效的宣传和培训教育使节水意识深入人心，通过推行合理的水价政策使节水行为获得经济激励，以及通过推广使用节水马桶、节水龙头、中水回用等技术性措施使节水行为更为便利可行，节水效率不断提升，等等。

16.3.5　积极推动流域协作机制的确立

衡水湖湿地自然生态功能的全面恢复有赖于全流域水环境的根本好转，因此有必要积极推动流域协作机制的确立。

第 17 章　保护区生物多样性保护管理规划

生物多样性保护是保护区的根本使命。本章明确了保护区的生物多样性保护管理目标，并从分区管理、科研监测、湿地恢复与重建、野生动植物保护管理、湿地资源合理利用、自然生态安全风险管理和宣教等多方面提出了对保护区生物多样性保护管理工作的规划措施。

17.1　规划原则

(1)依法治区与宣传教育相结合的原则。一方面要依法对破坏生态与环境的违法行为要坚决打击;另一方面要积极开展宣传教育,大力发展社区共管,使生态保护成为社区居民和生态旅游者的自觉行动。

(2)分区管理与跨圈层生态保护战略相结合的原则。在依法实行分区管理,对核心区和缓冲区严格保护的同时,要认识到保护区内各分区及保护区外部各圈层的生态系统是一个相互影响的有机整体,生态与环境相关保护措施需要跨圈层统一协调。

(3)保护管理与湿地生态系统的动态监测和基础科研相结合的原则。一方面要采取适当的保护措施,保护现存的珍稀物种和湿地生态与环境。同时应联合国内外有关科研机构,对重点保护物种的生活习性和繁衍规律进行系统观测,对一些濒危物种可采取必要措施加速种群数量增殖,对湿地退化过程、机理进行研究,在此基础上进行退化湿地生态恢复与重建。

(4)生态系统保护与水资源管理及流域综合管理相结合的原则。生物多样性保护应与水资源管理协同进行、相互促进,确保对生物多样性和湿地生态系统保护的完整性、有效性和持续性。

(5)保护与可持续发展相结合的原则。在对多种国家Ⅰ级和Ⅱ级珍稀野生保护鸟类和华北平原内陆淡水湿地资源进行有效保护的同时,积极发展对当地湿地资源合理利用的多种经营,增加保护区的经济实力,促进保护工作的可持续发展。

17.2　规划目标

17.2.1　目标描述

最大限度地保护本区的国家Ⅰ级和Ⅱ级珍稀野生保护鸟类和华北平原内陆淡水湿地资源及改善其环境,维护湿地生态系统的平衡,防止湿地生境的退化和生态功能的丧失,并采取必要的措施,促进湿地生态系统的恢复与珍稀物种的繁衍。

17.2.2　衡量指标

(1)珍稀、濒危物种种类增多,种群数量扩大——特别是繁殖、越冬种群规模的扩大。

(2)生物多样性指标的提高。相关指标包括:物种整体丰富度、多样性指数;保护物种丰富度、优势度和多样性指数;典型动植物群落结构的复杂性和多样性、湿地生态系统类型的多样性等。

(3)湿地面积的扩大,实验区内外的林草植被面积增加。

(4)湿地生态系统稳定性增强,湿地生态功能水平的提高。相关指标包括:湿地植被生物量和第一性生产力水平;流域生态系统结构完整性;污染去除与富营养化控制能力、不同生态系统演替系列的完整性和连续性;食物链/食物网等能量结构的多样性、复杂性和稳定性。

(5)生境质量的提高。相关指标包括:重点保护物种生境适宜性数量的增加和生态承载力水平的提高;生境斑块连接度和栖息地网络的完整性。

(6)管理、科研人员素质的提高。

(7)国际、国内合作项目的开展。

(8)周边社区认同度的提高以及湿地干扰、破坏行为的减少。

(9)保护区国内外知名度和影响力的提高。

17.3 规划措施

17.3.1 总体保护措施

(1)统一保护区内行政管辖权。建立"特区型"保护管理体制,明确保护区对辖区生态、土地资源的有效管理权限,切实保证保护区对辖区的统一有效管理,克服保护区内各行政管理部门多头管理、政出多门的弊端。

(2)加强依法治区。在积极宣传贯彻国家相关法律法规的同时,进一步完善保护区保护管理体制和法律法规体系,通过地方立法强化对破坏生态环境和生物多样性行为的惩戒措施,严格禁止一切非法的狩猎和开发建设活动,减少人为活动对野生动物栖息地的干扰。

(3)建立完善保护管理体系。组建强有力的保护队伍,提高专业管理人员的素质,加强自然保护区的巡逻与管理。制定生物多样性保护目标管理体系,建立相应的管理评估和监督机制,将保护区的管理工作置于国家法律、法规和社区共管体制的监督之下。

(4)建立社区共管机制。成立社区共管志愿大队,开展广泛的宣教工作,增强周边社区公众的保护意识,使专业人员的管理和公众的自觉参与在保护工作中得到密切结合,提高社区共管效果。

(5)在确定的保护范围内,根据保护目的和保护原则,针对不同保护对象的生物学特性和科学分区管理的要求,采取不同的保护措施。健全分区管理制度。在严格执行分区管理制度的同时应注意依据湿地生境的变化科学调整保护区功能区划。

(6)实施湿地生态系统的保护和恢复工作。科学合理地控制自然保护区的农业和渔业活动方式与范围;严禁采沙、挖方、林木成片采伐或烧荒垦植,遏制湿地生境的退化进程;并对已经发生退化和消失的湿地进行恢复与重建,扩大珍稀水禽栖息地面积,维持湿地生态与环境功能,保持华北内陆淡水湿地的代表性与典型性。

(7)加大对保护区的资金投入,并做到资源保护资金专管专用。通过资金投入使生物多样性保护基础设施得到明显改善,预防和打击偷猎活动的能力得到显著提高。①政府应把生物多样性保护作为一项大事业,每年保持一定数量的资金投入,保证不挪用,不减少;其次,林业主管部门要从其他经费中划出一定比例用于生物多样性保护。②通过对生物多样性保护重要性的广泛宣传,争取社会各方面对生物多样性保护事业的投入。建立衡水湖湿地保护基金会,使之作为社会各界资金投入的一个重要平台,吸收各类资金,维系对生物多样性保护的资源投入。③生物多样性保护事业投入还应立足于自力更生,将资源利用所得回哺自然保护,形成良性循环。

(8)搞好湿地资源的可持续利用。坚持将生物多样性和湿地生态系统保护作为其工作的根本点和出发点,在开展自然资源的研究和利用的同时,根据环境容量严格控制生态旅游人数,有序地开发利用水生植物资源和鱼类资源，搞好三废处理，避免环境污染，使湿地资源的保护和利用相辅相成。

(9)加强必要的保护管理基础设施建设。在建设中要注意坚持基础设施生态化原则，控制和减轻工程措施对保护物种和湿地生境的负面影响。建立外部的衡水湖湿地顾问专家委员会，对一切保护工程和措施进行环境影响评价和生态风险分析。

(10)加强国际国内合作，借鉴有价值的保护管理经验。

17.3.2　分区保护管理

17.3.2.1　核心区与缓冲区

(1)按照《衡水湖国家级自然保护区总体规划(2004～2020 年)》规定的范围，严格执行《河北衡水湖自然保护区管理办法》，对核心区与缓冲区实行封闭管理。

(2)建立巡查与管护制度，严禁渔猎及其他一切形式人为干扰活动，对必要的非破坏性科研活动制定相应管理规定。

(3)通过生态管理措施促进芦苇沼泽和翅碱蓬滩涂等重要生境类型自然更新能力，促进大型的核心生境斑块的形成和发育以及生态连接性，促进芦苇沼泽和翅碱蓬滩涂等演替系列生境的完整性、多样性和稳定性。

(4)按照候鸟活动规律对水位进行调控。如在春秋水禽迁飞季节保持较低水位，以保证有足够出露的湖滩湿地供涉禽停歇觅食。

(5)结合湿地恢复与重建，可引入具有一定保护价值或生态功能的乡土鱼类种群，控制藻类过度繁殖和水体富营养化；模拟不同生态类型鸟类的典型生境，保留部分农田种植粮食作物作为鸟类觅食地，建设鸟类野外招引工程；建立野外管护、检查站等管理设施。

17.3.2.2　实验区和示范区

(1)建立社区共管体制，与各利益相关团体就保护区管理工作进行协商；加强保护区社区联防、协防制度；控制人为干扰，但允许适度开展生态旅游业、牧草业、畜牧业等与保护区相容性较高的生态型产业活动。

(2)对可供恢复的潜在后备生境进行严格保护。

(3)重新规划部分敏感区域道路，减轻景观破碎化对核心生境的蚕食和影响，形成兼具生态完整性和多样性的栖息地网络。

(4)对周边土地利用结构进行调整，减少高负面影响的土地利用类型，严格控制化肥、农药和杀虫剂的使用，严格控制生活垃圾和各种形式污染源的排放，减少各种形式点源和面源污染。

(5)加强防火工程、管护站、水资源管理保障工程等基础设施建设。

17.3.2.3　战略协同圈和流域协作圈

(1)通过战略协同机制和流域协作机制，建立区域生物多样性保护综合协调机制，共同致力于生物多样性的保护。

(2)在充分考虑环境、资源和土地利用整体效应的基础上，合理鉴别具有重要生物多样性保护价值的区域和生境类型，确定衡水湖湿地管理和多样性保护网络系统，推动形成“流域－省－市－县－乡－村”的完整保护管理网络，并按属地管理原则由各地划拨专项经费，加强基础设施建设，尤其是湿地生物多样性保护方面的有关设施、设备。

(3)鼓励保护区以外的其他社区自愿选择与保护区综合示范圈一致的生态文明发展模式，并加入保护区的社区共管组织协同发展。

17.3.2.4　跨圈层保护管理措施

我国目前的自然保护区规划和建设体系仍以濒危物种和特定生态系统片段保护为主，保护区设置缺乏区域性的整体思考。这种保护措施尽管可以缓解特定地段濒危物种或生态系统类型的生存压力，但无法从根本上解决因生境破坏导致新物种濒危的问题。此外，缺乏结构和功能协调的保护区建设，也很难给那些由多个亚种群组成的濒危物种提供足够的安全保障。如衡水湖国家级自然保护区就面积而言仅是一个中小型的保护区，只能为野生动物提供非常有限的空间，这对生物多样性的恢复是不利的。由于对衡水湖湿地的威胁主要来自周边地区的人类活动，所以湿地管理和生物多样性保护目标能否实现在很大程度上取决于其周边地区的人类活动是否能够得到有效控制。因此，保护区非常有必要通过战略协同和流域协作机制，建立更为广泛的生物多样性保护协调机制和网络系统。

(1)对河道、沟渠堤岸等进行生态修复，增强其在生物多样性保护中的生态功能。

(2)结合沿河道沟渠生态保护隔离带的建设，以及城市园林绿化，有意识建设一些野生动物觅食和栖息斑块，营造多样化的野生动物生境，形成网状布局，开辟生物廊道与保护区连通等，从而促进、维护各生境演替系列的完整性、多样性和连续性。

(3)建立广泛的野生动物保护的协调机制。针对重点保护物种成立区域动物保护协会(如鹤类保护协会等)并建立相应的协调保护机制；与周边区域环保、林业、水利等管理部门建立密切合作关系，建立区域生物多样性保护综合协调机制以保障衡水湖湿地生物多样性资源得到长期有效的保护。

17.3.3　科研监测管理

(1)设立专门的保护区科研管理机构，负责制定保护区的科研发展规划、制定年度研究计划、选择科研课题和进行科研工作的管理。

(2)科研监测工作应围绕本区的保护对象和保护目的，根据自身的特点有重点地开展。科研监测应遵循湿地监测规范，使用统一仪器与设备、统一监测方法进行。在缓冲区和实验区内建立“衡水湖湿地生态系统生态定位站与环境监测站”、物种标本库和动植物驯化与野化实验区，及若干生态定位监测点，开展对核心区、缓冲区的长时间序列的定点定期监测。应将退田还湖、恢复湿地后生物多样性和湿地生态系统的变化趋势列为重点监测范畴，监测项目应包括：湿地生态与环境特征、水位、水质(pH 值、主要阴离子、阳离子、矿化度、污染物质)、植物群落与动物群落组成与变化、植被演替规律、生物量、植物生理生态特征、小气候(温度、降水、地温、湿度)、土壤水分、土壤理化性质(pH 值、Eh 值、有机质、N、P、K)、湿地类型变化、鸟类种类与种群数量与季节动态、人类活动方式、强度等。从而掌握湿地功能、生物多样性及生境质量的变化趋势，深化对本区湿地生态系统的科学认识，进而为科学的湿地管理与合理开发提供决策依据，确保恢复和管理朝着规划目标发展。

(3)科研立项要目的明确，任务具体。要坚持短期和长期相结合、常规性和专题性相结合、保护管理和合理利用相结合、科研与宣教相结合的原则，优先开展有助于科普宣传的、条件具备的和急需解决的科研项目。

常规性科学研究：包括综合科学考察，对自然条件、自然景观、动物区系、种类、资源的调查与观测，以及对社会基本情况调查等，是保护区的基础研究工作。研究内容需要与自然保护区的科研方向和任务相结合，从基本情况调查与基础资料收集入手，摸清各类资源储量，要优先绘制各种资源分布图。

专题性科学研究：主要是针对保护区管理的实际需要，为不断改善保护措施，提高保护效果，实现管理目标直接服务的一系列支持性科学研究。

(4)与周边区域林业、环保部门建立密切合作关系，交换生态与环境监测数据，以了解保护区周边环境质量变化状况，协调制定相应的措施。

(5)建立湿地科研基地，与国内外有关科研院所建立广泛的科研联系和协作，由保护区提供科研基地与食宿条件，科研机构提供科研经费、科技支撑与先进的设备仪器与实验条件，积极拓宽科研合作渠道。包括接待湿地生态与湿地环境专业硕士与博士研究生开展毕业论文研究与实习，与有关科研机构联合申请课题，向有关国际组织申请湿地保护与管理的研究与示范项目等，将衡水湖保护区建设成为国内进行湿地保护与管理研究和示范的重要基地。

(6)建立科研档案管理制度。科研档案管理应确定专人负责，建立岗位责任制；档案管理应科学、规范，按国家规范要求统一规格，统一形式，统一装订，统一编号；对以往缺漏档案应尽量收集补齐。科研档案应包括：科研计划、规划、报告、总结；各种科研论文、专著；各种科研记录和原始材料；科研合同及协议；科研人员的个人工作总结材料等。档案管理要使用微机管理和人工归档相结合，各种科研信息均应输入电脑，实行档案常规和电子化双轨存储。

(7)建立科研人员研究成果与进展年报制度，将科研工作中发现的问题、取得的成绩定期报告，以便尽快将科研成果应用于管理实践。

17.3.4　湿地生境的恢复与重建

17.3.4.1　植被恢复与重建

(1)核心区与缓冲区：在西湖、滏东排河沿岸等潜在湿地恢复区域引入高质量芦苇、莲，及其他适合本地生长的湿地植物群落，冬季通过挖塘等措施对退化芦苇群落进行改造，扩大优质沼泽湿地和湿草甸植被面积；沿湖岸种植具有一定宽度的防护林和其他护岸植被作为生态隔离带和生态护岸，适当种植小麦、玉米、花生和豆科牧草作为鸟类补充觅食地；林灌草结合，增加生境的异质性、多样性，并构建生态廊道以增强生境和景观的连接性并兼顾其他陆生物种的保护。

(2)实验区：部分地区扩大芦苇沼泽植被面积，改良品种和调整种植区域和面积，引入莲藕、菱角等具有较高综合生态经济价值和观赏价值的水生植被。加强生态防护林建设，加强“四旁”(路旁、水旁、宅旁、田旁)绿化，做到能绿化之处尽量绿化，减少裸露地表面积。沿保护区周边部分地区退耕还林还草(湿地，草甸)，并营建具有一定宽度的生态防护林带，作为保护区整体的生态隔离带，隔离、缓冲周边人为活动的影响。

17.3.4.2　湿地生境恢复与重建：

减少人类生产、生活等对湿地生境的干扰；通过水位和植被调控恢复多样性生境类型；依据生态水工学原理，对湖岸州滩湿地生境进行恢复和改造，建设生态河堤和护岸，恢复重建苔草沼泽与苔草为主的沼泽化草甸生境类型，维持由湖岸到湖中心湿地演替系列的完整性和稳定性。

(1)核心区与缓冲区：全面禁渔，排除人类活动干扰。结合南水北调工程，在西湖区和等其他潜在适宜地区围封蓄水，退田还湖，恢复沼泽湿地；滏阳新河滩地，顺河流方向开挖 V 形大缓坡渠道及坑塘，种植芦苇，将滏东排河的水引入滩地，恢复湿地；控制一定水位，使其保持芦苇沼泽、芦苇—苔草沼泽、翅碱蓬盐沼和裸滩等多样性生境类型，以满足湿地水禽多样化生境需求；建立湖心生境岛隔绝人为干扰。

(2)实验区：湖区实行季节性休渔。为保障核心区、缓冲区与实验区栖息的生境网络的连续性和完整性，扩大湿地生态系统规模，对实验区中与核心区、缓冲区相衔接的部分敏感地区（如西湖西南部区域）进行湿地生境恢复，创造新的湿地生境，丰富湖泊湿地景观的多样性，并形成景观焦点；通过营建防护林和由林灌草系统构成的生态廊道系统，强化各生境斑块之间的生态连接度；接近核心区、缓冲区的部分地区构建人工湿地，进行轻度人工养殖活动，投放鹤类、鹳类、鸥类等水禽喜食的鱼虾，作为湿地水禽重要的补充觅食地。

17.3.4.3　保护区周边潜在湿地的恢复

对保护区周边潜在湿地的区域进行恢复，扩大草地与林地，为鸟类提供范围更大的觅食地与栖息地，扩大湿地保护范围和湿地栖息地网络的规模，强化湿地生境系统的多样性、生态连接性与完整性，从而增强湿地生态与环境功能。远景规划应尽可能在衡水湖流域尺度上考虑湿地系统的保护、恢复、重建，尽量恢复原有流域系统内天然湿地水体的连通性。

17.3.5　野生动植物保护管理

（1）衡水湖湿地自然保护区对辖区内湿地生物资源和湿地生态采取就地保护方式。

（2）野生动植物资源保护要依照有关法律、法规，科学合理地制定野生动植物保护规划。保护管理工作的着眼点应促进、维护各生境演替系列的完整性、多样性和连续性。从而达到提高野生动植物的个体质量，扩大种群数量，维护湿地生态与环境的目的。针对不同生境的保护措施见表17-1。

表17-1　衡水湖主要湿地生境特征及保护策略一览表

生境类型 生境特征	翅碱蓬盐碱干滩及草甸	芦苇、香蒲沼泽	开敞水体
主要保护物种	鸻鹬类、鸥类等小型涉禽的觅食、栖息生境	鹤类（灰鹤）、鹭类及雁鸭类的繁殖、觅食生境	雁鸭类繁殖与觅食生境
土壤或沉积物类型	潮滩盐土、草甸土	沼泽土	新生泥炭化沼泽土、湖相淤泥
水文水质	由于蒸发远大于降水补给，地下水矿化度高，盐渍化强烈，土壤含盐高。	水文状况依靠人工调蓄，土壤含盐量低，由于芦苇湿地净化功能强，水质状况相对较好	水文状况依靠人工调蓄土壤含盐量低、水质富营养化、污染较为严重
空间分布	生境条件较为苛刻，主要呈带状分布于滏东排河北侧行洪区内，西湖西南部也有零星分布。	湿地主要生境类型之一，主要分布于衡水湖东湖近岸水深低于2m区域，区域集中，范围较广。	分布于湖区中心，范围广阔，水位平均高于2m。
人为干扰状况	道路交通、水利工程建设，周期性蓄洪行洪	不合理捕捞，网箱养鱼等人为干扰活动	网箱养鱼，旅游等
生境稳定性	处于居间演替生境、易受水位条件和脱盐化过程影响，生境脆弱、不稳定	为湖泊湿地的隐域性顶级植被，具有相对较高的稳定性。但由于人工化导致的芦苇湿地生境自然更新机制受阻，芦苇群落有较明显的退化趋势	较为稳定，但由于富营养化影响和水体净化功能的影响，生境质量季节变化较大
恢复保育策略	保持居间生境形成的特殊条件，通过水位控制维护生境类型的稳定性并适度恢复、扩大翅碱蓬滩涂面积。	尽可能恢复湖泊消落区应有形态、水文特征，通过人工措施对芦苇群落进行生态管理、保育，促进芦苇群落、生境的自然更新机制，积极扩大芦苇湿地面积。	采取生态与工程措施控制污染和水体富营养化，如通过投放特定鱼类品种控制可能引起富营养化和水花的藻类，恢复黄丝草等优质沉水植物群落；建立人工岛，以拓展鸟类、鱼类的觅食、繁殖场所。

(3)加强对遇险珍稀野生动物的救护。在大赵村附近选址建立鸟类繁育和救护中心,注意对受伤迷鸟、留鸟和其他保护动物进行救治并野外释放。

17.3.6　湿地资源合理利用管理

17.3.6.1　总体措施

对于衡水湖湿地这样一个失去了与自然流域生态系统连通的湿地生态系统,区内湖泊富营养化造成大量挺水植物和沉水植物过量生长,导致湿地水质变差,湖泊和沼泽面积减少,湿地景观受到破坏,严重制约了自然保护区的可持续利用和发展。因此,湿地资源的合理利用不仅仅是保护区社区经济发展的需要,其本身也是维系湿地生态系统健康的需要。具体措施包括:

(1)在科学管理的前提下,在保护和利用中找好平衡点,以资源利用促进衡水湖湿地的保护。

(2)持续开展水生植物利用与湖泊富营养化控制的专项研究。通过科研摸清以对水生植物的人工管理措施控制衡水湖湿地水域湖泊富营养化的内在规律。

(3)根据科学管理规划,对水生植物进行适度的收割打捞。如采用机械方式收割芦苇、打捞沉水植物等,使衡水湖湿地内源性营养物负荷的积累得到有效控制。

(4)持续开展水生植物利用方式的科学研究,不断丰富和提升水生植物的利用方式和经济价值。这是使水生植物的收割打捞可持续的必要途径。

(5)资源利用必须注意使社区居民能够分享利益。资源保护管理措施一定要让社区居民逐渐体会到:保护好湿地资源,能够给他们带来经济利益,从而主动参与到保护管理的过程中来。

17.3.6.2　芦苇的利用管理

衡水湖有大面积的苇场,但目前保护区内社区居民对芦苇的利用程度很低,大量的芦苇没有收割管理,少数村落收割芦苇主要用于加工成屋面保温建筑材料。保护区组织的苇画加工虽然前景很好,但尚处于起步阶段,急需进一步开拓市场。

据分析,社区居民对芦苇的利用程度偏低可能主要原因有以下两个方面:一是老百姓对芦苇的利用途径了解不够,未能充分发挥其潜在的经济效益。二是芦苇品种退化,韧性不够,售价偏低,经济效益不高。芦苇品种退化可能与缺乏流域系统的自然更新、水体环境恶化有关;同时也与芦苇品种本身的差异有关。

鉴于苇业发展存在的一些问题,建议措施如下:

(1)成立苇业公司,以公司加农户的模式,理顺芦苇产业的生产经营管理链条。苇业公司负责芦苇品种改良、技术指导和市场开拓;农户负责具体的芦苇栽培与收割。

(2)采用芦苇高产栽培技术。芦苇和其他植物不同,一次种植多年见效。除第一年资金及劳动力投入较多外,从第二年开始只需进行苇田灌溉、施肥、病虫害防治、田间管理及芦苇收割的投入。

(3)科学制定芦苇蒲草的收割管理方案,充分发挥芦苇蒲草等大型水生植物的水质净化功能,同时有效遏制其带来的大型水生植物响应型的富营养化现象。具体控制措施包括:①应在鸟类迁飞季节之外的间隙时段,对核心区分年度和片区进行轮替收割,每年收割的面积不超过芦苇总面积的1/3。②在局部区域收割芦苇,阻止芦苇蔓延连成大片,可以削减氮、磷的积累效应与储备率,抑制生物填平作用,重建湖泊绿色自然景观。③可在局部采用人工或机械方式挖出芦苇的匍匐根茎的办法,从根部收割来打开芦苇区通风道、通水道,促进水循环,排放过剩营养物质。

(4)大力研究或引进芦苇的多种利用方式,积极开拓苇业市场。苇画可进一步开拓国际市场。芦苇用作建材除可作保温材料外,还可用于制作芦苇菱苦土新型绿色建筑构件,另外还可结合探索具有本地特色的建筑风格和形式的需要,进一步发掘利用其外观装饰效果,从而扩大和提高芦苇的利用方式和经济价值。

17.3.6.3 其他湿地资源的利用管理

水生植物利用不能仅仅局限于芦苇等少数物种,还必须包括大量的沉水植物、藻类等,使以机械化方式大面积收获的沉水植物和藻类等也得到有效利用。

目前,衡水湖自然保护区管委会专门成立了水生植物开发利用工作室,组织社区村民初步开展了一些利用湿地资源的经营生产活动,如生产编织工艺品、装饰画,用蒲草加工床垫,开展生态旅游接待等。以下进一步提供一些保护区资源利用的其他思路供保护区参考:

(1)水生植物观赏盆景花卉产品:将水生植物连同根系一道移栽到漂亮的玻璃器皿中,做成活的水生植物观赏盆景花卉产品。水生植物植株体态优雅、造型别致、水中还可结合养殖观赏鱼类,在目前的花卉市场上可谓独树一帜,受到追捧。目前市面上作为水生植物花卉的水生植物包括:睡莲、荷花、香蒲、泽泻、芦苇、花叶芦苇、水葱、海芋、纸莎草、美人蕉、黄花鸢尾、王莲、再力花、火烛花、菰、凤眼莲、灯心草、美人蕉、萍蓬草、皇冠草、水禾、芡实、梭鱼草、水鳖、伞草、水蕨、黄公主、千屈菜、荇菜、慈姑等,其中不少可适应衡水湖湿地的气候。

(2)水生植物中药材生产:菖蒲、芦根、泽泻、芡实、眼子菜、睡菜等都是很好的中药材,保护区可以有意识组织村民播种采集,并协助联络相关医药公司前来收购,为湿地植物的利用寻求更多的经济出路。

(3)水生植物食用:对于可食用的水生植物,可以开发水生植物食谱,形成有湿地特色的菜品系列,结合湿地生态旅游开发湿地特色餐饮,以及作为旅游商品出售。如茭白、慈姑、芡实、芦笋、莲藕、菱角、荷叶、水芹、发菜、小球藻等都有很好的食用价值和养生保健价值,聚草、浮萍等水生植物则在过去生活困难时也曾做过食物,可作为野菜菜品开发。

(4)饲料加工:很多水生植物和藻类都是很好的饲料,可以作为饲料加工经营。

(5)水生植物生物工程制品:现代生物工程研究发现不同生态位的水生植物对湖泊水质有不同影响,可利用水生植物的这些特性制取水生植物生物工程制品,用于湖泊富营养化的生态治理。

(6)纤维建材制品:只要具有一定纤维质的水生植物和秸秆等都可以作为纤维建材制品,如纤维板材的原料。

(7)植物废料作为沼气原料利用:无法作为其他方式利用的所有植物废料都可以作为沼气原料利用。只要保护区建起一定规模的沼电站,就可以为植物废料利用创造无尽的需求,而且还使各种污水、厨余垃圾等得到处理,变废为宝,有效减少环境污染,同时使保护区得到廉价的绿色能源供应。

17.3.7 自然生态安全风险管理

17.3.7.1 防火管理

详见第23章“23.4 防火规划”。

17.3.7.2 外来物种入侵的防治管理

衡水湖湿地的外来物种入侵主要来自:跨流域调水带来的外来水生物种、湿地恢复和景观建设中对外来树种草种等的不当选择、农业生产中引入的外来物种、外来旅游者无意中带来的物种和宗教放生行为带来的外来物种。

针对上述问题,保护区应采取以下措施:

(1)加强对外来物种入侵的监测工作,建立有社区居民、社会团体和中小学生等广泛参与的外来物种群防网络。

(2)印发配有图片的本地物种目录和保护区近期发现的高风险外来入侵物种目录。结合生态科普教育,帮助保护区一般工作人员、社区居民、中小学生、生态旅游者等识别到外来物种,了解外来物种入侵的危害性,以及应采取的应对措施——如一旦发现入侵物种应及时向保护区管委会报告等,使保护区有更多机会及早发现和消除外来入侵物种。

(3)加强在宗教活动场所的宣传,教育规范宗教人士和信众的放生行为。

(4)加强对旅游者和外来访问者的教育,采取必要的防范措施,避免外来物种的种子等无意中带入保护区。

(5)发现对本地物种有危害的外来物种应优先坚决清除。危害性不大或危害不明显的外来物种则应严密监控,研究其生活习性和规律,预防其在特定环境下的潜在危害,并逐步削弱其繁衍。

(6)研究本地物种的景观效果,为常用外来景观物种寻找具有类似景观效果的本地替代种。并向本地园林部门和设计单位和景观公司推介。

(7)林业生产实行许可证制度。对退耕还林和经济林制定本地树种目录。退耕还林应严格选择本地树种。树种经评审无外来物种入侵风险,方可发出许可证。

(8)建立对市政园林景观工程建设的外来物种风险评价制度,将其纳入施工许可证的审批内容。确定无外来物种风险的景观设计方能实施。

17.3.7.3　病虫害防治

(1)湿地植被病虫害防治:坚持以预防为主、早防为主、生物防治为主的方针,通过综合治理,使病虫害监测率达到95%以上,发生率控制在5%以内,防治率达90%以上。具体措施包括:①加强预测预报。定点、定人全面控制,及时预报,确定防治办法。②营林技术防治。防护林带建设上选抗病虫的林木品种,因地制宜营造混交林,实行针阔混交、乔灌混交等营林措施,防止单一害虫大面积蔓延,为害虫天敌创造多样化的生存条件,同时进行修枝、间作等措施,有效地消灭病源虫源。③加强生物防治。突出以生物防治为重点,以虫治虫,以菌治虫、以鸟治虫等措施。

(2)农作物病虫害防治:①搞好病虫害预测预报。与地方农业植保站协作,建立区域病虫害测报网,及时掌握病虫害发生的程度、范围和发展趋势,确定最佳防治时间和方法。②严格植物检疫制度。在种子、苗木调运过程中,严格植物检疫,防止病菌、害虫的传播蔓延。③采取农业防治、物理防治、生物防治等防治措施,严禁采用化学防治,防止农药对水体的污染。

17.3.8　宣传教育规划

17.3.8.1　规划目标

充分利用好自然保护区这一向社会、社区群众、学生和自然保护区职工宣传、讲解湿地功能、价值、环境变迁、野生动物保护、野生动物与人类和谐相处的天然课堂,通过丰富多彩、形式多样的宣传、教育和培训,促进人们了解衡水湖湿地保护的重要意义,认识到当前环境状况对当地人们生活、生产造成的现实和潜在威胁,从而对所处的生存环境产生危机感,主动遵守自然保护区的一系列规章制度。从而促进生物多样性的保护,促进周边社区的可持续发展,促进自然保护事业的发展。

17.3.8.2　规划措施

(1)通过多种方式开展对周边社区居民的培训教育。教育不仅仅停留在使民众有更强的生态环境保护意识,还强调要使民众掌握更多相关知识,使其能够识别什么是破坏生物多样性的行为,发现这样的行为后应如何以及通过何种渠道去制止、去举报,制止或举报相关行为可获得何种权利——如处理结果反馈、相关奖励、荣誉等,使民众得到更多的激励来共同参与对生态环境和生物多样性的保护，自觉与破坏生态环境的行为做斗争。

(2)积极开发多种形式湿地保护特别是本区域(衡水湖)湿地与生物多样性保护宣传教育材料(印刷品和声光多媒体制品等)。通过放映电影、录像、广播、电视、报刊、杂志、展示板、墙报、标语、专栏、印发宣传画册、定期发放材料等多种形式对社区群众进行生态保护宣传教育，增强民众热爱大自然的意识。

(3)为生态旅游者建立系统完善的解说宣教体系。要将接受宣教培训安排为本区生态旅游活动的第一站，并为生态旅游者配备高质量的导游解说。此外，在自然保护区入口、沿线、管理站、观鸟塔等地方的醒目位置设立生态环境和野生动植物保护、人与动物和谐相处、可持续发展等内容的标识、多媒体演示屏、标语牌和广告招贴等，融知识性和趣味性于一体，以人们喜闻乐见的形式潜移默化地进行生态保护的宣教工作。

(4)响应教育部和国家环保总局号召，“创建绿色学校”。在学生教学中增加当地生态与环境保护的相关教材，将湿地环保教育纳入衡水中小学正规教育体系教育，让下一代从小增强热爱自然和绿化美化家园、保护环境的责任感。

(5)建立设备完善、功能齐全的宣教中心和培训基地，配备相关宣教设备如宣传车、多媒体投影设备等，作为科学研究、宣传教育、职工培训、周边学校学生实习、中小学生和青少年环境保护教育和增进野生动植物的相关知识、存放与展示生产成果、文字材料以及历年收集的资料的场所。

(6)通过聘请环境保护、野生动植物保护等方面的专家举办讲座，与相关科研院所合作建设宣教培训师资队伍，将导游纳入宣教师资培训体系等多种方式，建立起多层次的宣教梯队，以适应向不同人群进行宣教的需要。

(7)宣教工作应贴近社区。应积极资助社区的公益事业，为社区提供参观、学习的条件；组织专门人员定期到社区举办爱鸟、野生动物保护为主题的知识讲座，促进双方对保护知识的沟通与交流。主动与地方政府部门和NGO合作，保证宣教培训工作的效果。

(8)在保护区举办有关野生动物保护的中小学生夏令营，观鸟竞赛、“爱鸟周”、“世界湿地日”、科学考察、生态与环境保护志愿者义务活动等形式进行参与式湿地环境教育和实践。

(9)通过培训需求调查(TNA)和农村参与式快速评估法(RRA/PRA)评估社区宣传教育和培训的重点内容和方式；通过形式多样的宣传教育活动(如宣教中心进行近距离环保教育和利用野外宣传车的远距离环保教育模式以及多媒体网络远程教育等)提高周边社区居民的湿地保护意识和相关知识，帮助提高文化水平和法制意识，规范不利于湿地环境保护的不良生活习惯和生产经营活动，形成知法守法、依法办事的良好局面，提高社区共管能力；因地制宜选择合适替代生计并通过示范培训使社区居民掌握相关知识和技能，积极帮助他们进行脱贫致富，使他们更好更自觉地与自然保护区合作。

(10)实行CI品牌战略，建设、宣传和维护保护区形象，建立保护区网站，并实时更新网站内容；争取举办区域和全国性湿地保护管理、宣传教育和培训的研讨会，扩大国内影响；建设英文版的网站，与国外湿地保护组织积极联系，扩大保护区的国际影响。

17.3.9　探索社区村民保护生物多样性新模式

引入和推广参与性理念和方法，探索以社区村民为主体的资源共管、生物多样性保护与村民监测模式。对村民要寄予充分的信任：只要为村民的利益着想，就能够调动起群众参与的积极性，形成巨大的力量，保护好自然保护区和生物多样性。

(1)保护协议：以村民为主体建立社区共管组织，在保护区引导下，本着保护优先、合理使用、利益共享、风险共担的原则，与保护区一道达成社区共管协议，对社区内自然资源进行有效保护和有序开发利用。社区共管组织成员可通过民主选举产生。在赋予村民民主权利，帮助其发展经济和生产的同时，明确其保护义务。

（2）保护基金：为了解决社区农户的生产和生活问题，使社区共管组织具有可持续性，可采用项目借支、村民入股等方式筹措社区保护与共管基金，并按村民的意愿进行运作。基金可参照孟加拉国乡村银行小额信贷模式管理。基金可用于对项目区农户贷款，帮助农民增加收入；基金收益则成为社区共管组织和村民监测生物多样性的活动经费，因而使其具有可持续性。

（3）参与式监测评估：由专家监测、确定指示物种或关键物种，然后对社区村民进行生物多样性知识培训，开发出由当地社区村民参与的低成本运作的监测评估系统。村民可定期不定期地对社区内的关键指示物种进行监测、评估，及时更新、补充生物多样性物种变迁信息。

（4）参与式管护：保护区管护人员应优先从社区村民中聘用。保护区除了需按一定标准聘用专职管护人员外，还可聘用一批村民担任兼职管护人员或志愿管护人员。

第 18 章　保护区环境保护管理规划

环境保护本质上是从人的健康需求出发来讨论如何保护人所需要的环境。它与生物多样性保护既有相通之处,也有显著差异。本章明确了保护区不同功能分区的环境质量目标,并从水环境、大气质量、固定废物管理和土壤质量控制等方面提出了相应的规划措施。

18.1　环境质量目标

18.1.1　总体战略目标

在 2010 年使现有污染源得到有效控制,到 2015 年使区内污染基本实现对区外零排放,到 2020 年使历史残留污染物得到有效治理,环境质量得到持续改善。

18.1.2　各功能分区分阶段环境质量目标

各功能分区分阶段环境质量目标见表 18-1。

18.2　规划措施

18.2.1　严格环境准入

(1)保护区管委会应为综合示范圈建立起严格的环境准入标准,并以地方立法的方式强化环境准入标准的权威性。

(2)在污染源调查的基础上,防止不可逆转和负面环境变化的发生。

(3)将重污染企业逐步关停或迁出最终在保护区杜绝保护区内部存在的一切重污染因素,尤其是导致水质污染的因素。

(4)新建企业和新上项目必须执行保护区环境准入标准。

18.2.2　强化环境监测和管理控制

(1)建立专业的环境监测队伍,定期进行必要的环境检测,积累完整的环境监测数据,并进行环境污染分析,制订具有可操作性的环境污染防治措施。

(2)加强对环境保护的监督和管理,建立明确的环境执法标准和程序,改变目前运动式的环境执法方式,使环境执法制度化、常规化。对环境监测队伍进行定期的培训。

(3)对与旅游和旅游开发有关的环境影响问题,保护区应安排专门机构对此进行管理,包括采取措施、加强宣传教育、制定规章制度等,尽量降低旅游导致的水质污染和固体废物污染。

(4)对与保护区相连的所有排污口进行长期定点监测和排查,摸清排污主体。对超标排污企业及其超标排污行为进行网上公示,只有整改合格方可撤下榜单。对拒不进行排污整改的企业,视其经营状况,或在代为处理后责成其缴纳相关费用(如集中兴建污水处理厂收取排污费),或责成其停产整顿。污染严重且无市场前景的应予关闭。

(5)结合新农村建设对管辖区域内的村落进行环境综合整治。或集中修建新农村社区(如湿地新城)，对排污集中处理；或对分散的居民点采用沼气净化等方式，对生活污水进行处理。经过整治的村落严禁直接向湖区及与湖区相连的河、渠排污。对所产生的生活垃圾和其他固体废物，则应采取分类收集和并对废物进行集中的无害化处置。

18.2.3　进行排污收费和排污权交易试点

保护区可率先推行排污收费和排污权交易制度试点，从而为污染治理筹集资金，并使治污先进企业获得竞争优势。之后可通过战略协同和流域协作机制，将排污收费和排污权交易制度进一步推广至战略协同圈和流域协作圈。为此，需合算本区的环境容量、尽快确定相应污染物的排放总量限额。此外尚需进一步核查区内的污染源，制订各单位的排污权。

排污权交易制度的内涵是：按照一定排放标准核定各企业的排污权，污染排放超出核定标准的额度可折算为排污权进行交易，使治污先进企业获得经济回报和持续提升污染治理水平的动力。

排污收费制度是指通过向排污者收取排污费的方式，促使各排污企业和个人减少污染排放，同时以此维系污水处理、垃圾处理等环境污染处理设施的运营。排污收费制度可与垃圾分类回收制度相结合，按照垃圾分类回收标准弃置的垃圾可以减免部分排污费。另外，对于低收入家庭可采取财政补贴的方式免除因排污收费带来的负担。排污收费制度也可以与排污交易制度结合，以排污权的经济价值部分或全部抵和排污收费额。

18.3　水环境质量控制

18.3.1　水环境质量控制原则

衡水湖水质目标的制订应满足水体的两项使用功能：保护湿地与珍惜鸟类、保护集中式生活饮用水地表水源地。

保护管理区境内两个圈层应执行同样水体质量与污染排放标准。对水质很差的东湖小湖与战略协同圈，在近期适当降低要求，但长远目标对所有三个圈层全部水体的执行标准必须一致。

18.3.2　水污染治理措施

2010 年：完成衡水湖周边重点污染部位的截污下水管道铺设，加强城市污水处理厂建设，严格控制面源污染，实现 COD 污染负荷的削减。

2015 年：全面实现水环境功能目标，关闭周边地区向衡水湖或其进水水道排污的企业，充分利用自然净化功能，进一步控制面源污染。

18.3.3　水污染治理重点

冀州市污水排放以及近年发展的网箱养鱼业是对衡水湖水质的主要威胁。为改善衡水湖的水质，应在 2010 年前采取下列措施：

加速冀州市向冀码渠排放污水的治理，并要求 2010 年底以前必须达到排放标准。

在近期对网箱养鱼业对于水质的影响进行实测，根据实测结果对网箱规模和密度提出限制，此后应逐步减小规模，在 2010 年以前取缔网箱养鱼业，以消除其对于湖水的富营养化作用。

要求衡水市区逐步提高污水处理回用率。在 2010 年达到 80% 左右。冀州市、枣强县的污水处理率在同时期应达到 60% 以上。

沿湖居民区立即开始建设下水管道系统，对于无法纳入市政管道排水系统的居民，应配备单独运行的厌氧化粪池系统。

18.4　大气质量控制

18.4.1　大气质量控制功能目标

（1）2010 年：达到保护珍稀鸟类、区域内植物种群的基本条件；

（2）2015 年：重点污染物排放削减完毕，改造现有排污点的大气治理设施，关停或搬迁重点污染源。

18.4.2　大气质量控制措施：

（1）对主要的控制指标悬浮颗粒物与 SO_2，必须采用排放削减控污。

（2）近期：加强城市管理，控制颗粒物的主要人为来源排放，尤其是燃煤及小型锅炉的排放。应加强对燃料体系的改造，力争在 2010 年在市区内实现管道供气化，提高城市气化率，并实行集中取暖。为减少可吸入颗粒物的排放，对大型锅炉，尤其是大中型电站必须加强废气治理，优先推荐在现有集尘装置后增加袋式除尘系统。

（3）远期：全部取缔或搬迁保护区内对保护区大气有影响的污染企业，争取取缔或搬迁对保护区大气有影响的区外污染企业，特别是大量排污的冶炼、铸造、化工类型企业。

（4）采取人为排放颗粒物去除技术的改造措施：对工业锅炉推广使用脱硫除尘设施，逐步淘汰耗煤高、热效率低、污染重的工业锅炉和窑炉。为解决气候干燥和交通、建设工地的扬尘，在上风向种植足够宽度的绿化隔离带。

18.5　固体废物管理

18.5.1　工业废物

（1）根据废物减量化和资源化的原则，提高废物综合利用率，并通过各行业之间的废物交换过程，或企业内部的吸收实现废物减量化和资源化。在有关企业关停或搬迁前，应立即寻求对于区内的工业废物的减量和利用途径，在近期内使全部工业固体废弃物得到合格的处理和处置。

（2）对历史遗留的工业废物进行清查和检测，对可能危害环境的遗留废物进行稳定化处理或安全处置。一般性无害废物，可作为填充材料、铺路材料逐步加以利用。

18.5.2　生活垃圾

自然保护区的生活垃圾，应作较高水平的处理和处置。必须尽快建成整套的环境卫生保障系统，包括废物回收、垃圾收运车辆、压缩式转运设施和最终处置系统。垃圾回收与处置应由政府投资，由专业环卫服务公司操作运行。

建议与衡水市政府协商，在适当地域建设卫生填埋场，以作为生活垃圾的最终处置场所。填埋场的防渗功能和运行设施的设计标准应适当提高。在有限资金条件下可以分期修建，每期运行周期拟定为 5 年。建议尽可能将卫生填埋场的服务区范围扩大到附近农村地区，以充分发挥填埋场作为环境保护设施的功能。根据服务人口数为 100 万人左右估计，填埋场日处理量可设计为 1000t

左右。在此规模下,沼气回用工程已经具有明显的经济价值,建议立项研究填埋场沼气利用的途径。

18.6　土壤质量控制

主要应采取以下措施:

(1)立即停止污水灌溉,对于可能污染土壤的因素必须严格控制,严防已经受到污染的疏浚底泥污染地表土壤。

(2)处置区内堆置的全部遗留固体废物。通过对于污染物的排放控制与治理,尽快使土壤的质量得到恢复,并最终应该达到自然本底值。

各功能分区分阶段环境质量目标一览见表 18-1。

表 18-1　各功能分区分阶段环境质量目标一览表

对　象	阶段	水体质量	大气质量	固体废物处置	土壤质量	噪声控制
依据标准		《地表水环境质量标准》(GB3838—2002)	1. 环境空气质量标准(GB 3095—1996) 2. 环境空气质量功能区划分原则与技术方法 HJ-14-1996	1 城市生活垃圾管理办法(建设部令第 157 号) 一般工业固体废物贮存、处置场污染控制标准(GB 18599—2001)	“土壤环境质量标准”(GB 15618—1995)	1.“城市区域环境噪声标准”(GB3096—93) 2. 类比地区专用标准(单位:分贝)
特别保护圈(核心区和缓冲区)	近期	COD 满足二类标准*	满足二类标准	1 建立完整的生活垃圾处置体系并正常运行 2 清除历史遗留工业废物,对遗留废物进行稳定化处理或安全处置	满足 Ⅱ 类标准	白天 40,夜间 50
	远期	全面满足二类标准	满足一类标准	全部固体废物安全处置率达到 100%	满足 I 类标准	白天 40,夜间 50
综合示范圈(实验区与示范区)	近期	COD 满足二类标准	满足二类标准	1 建立完整的生活垃圾处置体系并正常运行 2 清除历史遗留工业废物,对遗留废物进行稳定化处理或安全处置	满足 Ⅱ 类标准	白天 40,夜间 50
	远期	全面满足二类标准	满足一类标准	全部固体废物安全处置率达到 100%	满足 I 类标准	白天 40,夜间 50
战略协同圈	近期	COD 满足三类标准	满足三类标准	达到当地规划目标	满足 Ⅱ 类标准	白天 45,夜间 50
	远期	全面满足三类标准	满足三类标准	达到当地规划目标	满足 I 类标准	白天 45,夜间 50

* 当前用于冀州排污的东湖小湖在近期要求满足 III 类标准。

第 19 章　保护区景观综合整治与保护管理规划

景观本质上是外在环境在人的心灵上的一种投射。因此，景观效果一方面来自于客观世界的美，另一方面也来自于人的审美情趣。对保护区而言，景观综合整治与保护应当追求的正是自然美与人的审美情趣之间共鸣与和谐。因此，景观综合整治与保护一方面要保护那些给人带来愉悦感受的外部环境因素和消除那些给人带来不快感受的外部环境因素，另一方面也要培养人的审美情趣，引导人们树立正确的审美观，从而有能力去发现和欣赏内涵丰富、层次多样的自然之美、历史之美和文化之美。基于上述理解，本章提出了景观综合整治与保护的基本原则和分区保护目标，并针对不同的景观保护对象提出了有针对性的景观保护措施。

19.1　规划原则

保护优先、持续利用原则：

对于典型景观的保护，第一要保护典型景观本体及其环境；第二要挖掘利用其景观特征与价值，发挥其应有的作用。在保护与开发利用的关系中，要始终坚持保护第一，在保护的前提下开发，并且在开发利用中加强与优化保护。

19.1.2　分区管理原则

保护区建设与管理必须根据景观保护分区有计划、分等级进行景观生态保护、修复、利用和开发，合理划定近期开发建设的景点区域及旅游活动用地，设定近期不开发建设的保护性区域，在发展空间和发展项目上为景区的长远发展留有余地，保证景区生态风景旅游的可持续发展。

19.1.3　生态可持续发展原则

保护衡水湖的良好生态，生态景观建设要以生态学原理为指导，强化景观的生态功能，使其获得自我维持和更新能力，实现生态景观的可持续发展。

19.1.4　景观视觉原则

衡水湖景观的视觉特性是以“生态”为核心，“水”为特色，以汉代古墓古城等历史文物为引导，并且生态景观与人文景观自然衔接。景观视觉原则就是要维护其特有的景观视觉特性，保持其观光价值的稀有性和神秘性。少做人造景观，在自然天成、原始古朴的景区中，实行写意中国画式的“写意式景观规划设计”，竭尽可能保持景观环境的地方性自然与人文状态。

19.1.5　地域传统文化可持续发展原则

（1）尊重和保护原则：地方文化是重要的人文资源，它给游客带来重要的异域感体验。要尊重环境（包括人文环境和自然环境），尊重历史，维护地域文化的多样性、丰富性和差异性。要防止因现代生活方式的冲击而改变地方特色风俗传统，现已发生的应力求恢复、弥补地域历史文化断层。对残留有一定历史街区的城镇的旧城改造，不应该简单地推倒重来，景观的营造要体现时间和空间上的延续，让人的感情有所寄托。要一手抓自然资源保护，一手抓人文资源保护，两者都不可放松。

(2)发展和创新原则:要把地域文化和历史文脉的延续看作一个动态的过程,城镇历史街区的保护不是消极的复古,而是以维护和利用相结合的积极方式加以复兴,"继承和延续"的应该是传统建筑的空间形态和布局、建筑群落与自然环境的结合,是一种内在精神,而不是对其外在形象的简单模仿和照搬。提倡从当地传统文化中发掘创新,从当地传统民居、建筑群落和城镇布局中发掘创新。或是探寻地方建筑技术、地方建筑材料在现代条件下的运用;或是运用现代技术、材料、构造方式加以创造性地发挥和发展,使建筑群落、城镇布局不仅是从自然中自在生长出来,而且只能从当地文化中生长出来。

19.2　规划目标

19.2.1　总体目标

保持和维护好衡水湖湿地的自然与人文景观资源,通过景观综合整治进一步使衡水湖湿地的自然与人文景观的生态美和自然美得到展现,提高生态旅游者的审美体验,使衡水湖湿地对生态旅游者保持持续的吸引力。

19.2.2　特别保护圈

(1)在景观空间布局中保持衡水湖平原地区舒展、朴实的特色。

(2)核心区没有突出地表的人工设施;缓冲区只有很少量的用于环境保护的人工设施,并隐蔽于自然景观之中,不对鸟类造成惊扰,不影响湿地生态功能的发挥。

(3)恢复并保留部分水滨自然滩地,人工恢复的植被应模拟自然植被群落、符合生态景观学原理。

19.2.3　综合示范圈

(1)在保护区景观空间布局中继承和保持衡水湖平原地区舒展、朴实的特色,与特别保护圈自然衔接。

(2)湖滨保持自然开阔,有景观优美的隔离林带,严格杜绝湖滨城镇化,以生态式的护岸取代传统的景观单调的钢筋混凝土堤坝,并营造部分亲水活动区域。

(3)文物古迹得到妥善保护,周边景观经过整治与之协调,并衬托出历史人文景观的风采。

(4)保留的村落经过景观整治,挖掘并强化地方特质,保护当地民居、土墙、木桥等文化遗产,加强环境绿化,脏乱差得到根本治理。

(5)景区人工建设规模适度,景源后备充足;色彩柔和、风格质朴,能融于水、融于林、与环境相协调,并能展现出独特的地方文化气质,维持滨水村居的格局。

(6)贯彻"生态建筑"理念,使用不会造成污染和环境损害的建材。

19.2.4　战略协同圈

(1)城市风貌能与保护区自然衔接,在与保护区相邻街区不采用时尚流行的欧陆风格,弱化国际式以及现代化的建筑形式。

(2)冀州历史文化古城风貌得到充分挖掘和发扬。

(3)区外高品质景点与衡水湖湿地景观纳入一体化的衡水旅游观光网络,并有高品质的旅游景观道路相互联系。

(4)搞好环境卫生和绿化美化,建设国家级园林城市。

19.3　规划措施

19.3.1　总体措施

(1)自然保护区范围实行建设“准入制”,由衡水湖自然保护区管委会统一管理审批。建立景观风格审议专家顾问委员会,编制景观风格导则,确立景观风格指导与审议机制。所有建设计划均应进行景观设计,并由景观风格审议专家顾问委员会对其景观影响进行评估,委员会还需派出代表定期深入保护区进行景观效果巡视,为区内建设活动提供指导意见,纠正破坏景观的建设行为。

(2)应对东湖湖滨和现106国道两侧的建设严格控制,避免城市化地区从南北两个方向沿106国道向衡水湖边无序蔓延。湖面湖滨严禁增建人工设施,拆除与自然景观及人文景观不协调的建筑,尤其是色彩鲜艳夺目的建筑。其中尤以拆除紧邻核心区的建筑,禁止对核心区的任何可能景观污染,是当务之急。

(3)对景区标牌严格管理,各类景区标牌必须经过统一的规划设计和严格的管理控制,以免环境视觉污染。景区内不得随意树立各种标志物和广告牌。

19.3.2　典型自然生态景观的保护

(1)自然平原湖泊景观是本区的典型景观,要严格保护其景观本体及周边环境。

(2)力求增加景观的生态庞杂度,使景观获得自我更新能力。舍弃整齐划一的、精心修饰的、以视觉观赏为主的精致设计,坚持多元化、多样化、以生态学原理为指导的生态景观设计。

(3)保护有学术价值的地质构造与沉积剖面、土壤和植被,严禁乱挖滥填,剥离或覆盖表土。

(4)必要的人工设施要和自然景观保持协调统一,因景就势,因境制宜,自然化、本土化,建筑宜小体量、隐藏、分散布局,各类建筑要维护、服从景观环境的整体要求,不得与风景环境争高低。

(5)相地立基须顺应和利用原有地形及环境,尽量减少环境损伤或改造。典型景观整体利益对区内任何建设项目具有“一票否决权”。

19.3.3　分级保护、修复、利用和开发措施

(1)自然景观一级控制区:与特别保护圈范围一致,应绝对保护,除必要的湿地恢复措施外,禁止一切对自然植被和地表的破坏活动,禁止一切人工建筑物,规划容积率为0。

(2)自然景观二级控制区:包括全部生态旅游水域、实验区范围内的滏阳新河滩地及其北侧的草场区、滏东排河大堤、东湖东岸106国道以西区域、盐河故道两侧各200m区域、冀州湖滨生态隔离区、中隔堤湿地村落区、西湖西岸森林观鸟区。此区域为自然景观和乡土型湿地生态旅游活动区域。要严格控制开发强度,除规划中的少量的生态旅游配套服务设施和必要的水资源管理设施外,严禁兴建一切人工设施,规划容积率小于0.01,所有人工设施也都必须与周边的自然环境相协调,严禁城市化、人工化,使景区得以维持原始风貌与可持续发展潜力。对于湿地村落的整治应维持其古朴的乡野趣味,并在其周边建设50~200m宽的绿化生态隔离带,使其尽量隐于林间,与周围的自然环境相协调。此区的人工建筑物外墙还考虑应为鸟类筑巢预留巢位,在林间也可增设形式多样的鸟巢,为鸟类种群的发展,以及人与鸟类和谐相处创造良好条件。

(3)三级自然景观控制区:包括湿地生态主题公园、东湖东岸106国道以东与盐河故道自然景观二级控制区之间的腹地、冀州湖滨文化区、湿地度假村、湿地经济试验区和候店民俗文化村景区。此区域可适度开发,要尽量减少对基地生态与环境的破坏,积极建设具有地方特色和自然情趣的人文景观,规划容积率不超过0.05。不同景区的开发采用关联手法,联合策划,彼此协调。

(4)乡村景观控制区:位于保护区周边及盐河故道以东1km,以隔离林带为主,可设置部分生态旅游休闲接待设施,规划容积率不超过0.1。

(5)城市绿地:包括部分交通干道两侧绿带、园区组团隔离绿地、城市广场绿地等,可以建设少量市政及公共建筑,规划容积率不超过0.1。

(6)低密度生态型开发控制带:严格执行生态准入,杜绝污染项目进入,规划容积率不超过0.3。

(7)中密度生态型开发控制带:为生态移民小区,及民俗文化村等用地,规划容积率不超过0.5。

19.3.4　历史文化遗产的保护

(1)保护对象:有特点的民居、村寨、乡土建筑、城镇,与重要历史内容有关的文物古迹、山川、树木、原野特征等,是地域传统的物质和文化的载体,他们与当地的生活方式、文化追求、文化品位、地方民俗、名人轶事、民间工艺、传统艺术、弹评说唱、风味小吃等一道,共同构成了一个地方的历史文化传统和特色风貌,都是保护的对象。

(2)严格保护文物古迹、文物建筑及其存在环境。对文物古迹的分级保护措施如下:

文物保护点:包括吴公渠遗址、前冢、后冢、冀州古汉城墙、冀州明城墙、冀州人民会堂、竹林寺原址以及今后经考证确认的冀州八景遗址及新发现的古墓汉遗址。对以上文物保护点中已入册的文物保护单位的保护措施应符合相关文物保护法律法规。未入册的文物保护点也应合理采用相应保护措施,使文物免于遭受人为破坏的威胁。对于文物保护点包括其人文历史变迁痕迹及地表植被等,都应尽量原状保护。但对年久失修、易于破损的文物应依照具体情况分别采用整旧如旧或反差对比措施适度加固整修,对于对文物的长期保存已造成威胁和破坏的植被可以清除。

核心控制区:在文物保护点方圆50m以内视觉可及范围为核心控制区,对于此区与文物保护点相配套的人工设施与自然环境都应尽量原状保护,对于与文物保护点不协调的人工设施应予拆除,并搞好此区的环境卫生和绿化美化,以衬托出文物本身的美。除必要的加固保护设施外,禁止在此区新建现代化的人工设施。

风貌协调区:在文物保护点周围方圆500m范围内视觉可及区域为其风貌协调区,此区的人工建筑物在色彩、尺度、总体空间布局和利用方式上均应与文物保护点和核心控制区相协调,并且应搞好环境卫生和绿化美化,为文物保护点周边地区营造一个良好的文化氛围。

19.3.5　冀州古城历史街区文化景观的保护

(1)历史街区按保护价值划分成不同级别,分别采取不同的保护措施:①有较大保护价值的特色风貌区或聚居区:整体保护,保持其土地利用价值;②有一定保护价值的衰落地区:协调改造更新方式,提高土地利用价值;③已无保留价值的危房地块:拆除重建,优化其土地利用;④在历史街区以外划定区域控制区:在概括提炼冀州古城风貌特色的基础上,保护历史街区传统的物质形态,把握冀州古城的历史文化内涵。古城风貌保护区的规划容积率应控制在0.5以内。

(2)对文化多样性进行必要的保护、发掘、提炼、继承和弘扬。

19.3.6 城镇风貌的保护

(1)保护区周边城镇应结合当地文化传统,开展有效的城镇设计,塑造亲切、朴素、宜人、有品味、有地方特色的城镇风貌。对建筑与空间提出一定的规划措施,包括保护与更新、建筑高度控制、空间环境整治等。新街区的发展要体现出不间断的城镇新陈代谢脉络。

(2)划定具体的核心保护区、特色风貌区及风貌协调区,进行用地性质调整。针对不同的对象,对建筑物分别采取五种不同的措施进行改造:保存、保护、暂留、整饰、更新。

(3)结合衡水市和冀州市的城市绿地系统规划,在湖与城之间布置风景引风林,将衡水湖新鲜凉湿的空气引入城市。同时结合衡水市滏阳河的治理改造,形成城湖相连的自然风光带和自然、开放的城市开敞空间。

19.3.7 村落景观的整治

(1)以本土原生村落布局为范本,吸取其自生自由的布局结构与土生土长的建筑特征,并配以现代化的服务设施,建设格局独特、风貌完好、文化深厚、民风淳朴的“北国水乡”。

(2)保持地方文化古朴本色,防止因现代生活方式的冲击而改变地方特色风俗传统。协同当地政府部门,通过宣传教育、产业结构调整、旅游收益分配等手段,启发当地群众对保护地方文化的重视。由政策保护其利益,村民承担文化保护义务和责任。

(3)改造或拆除影响衡水湖湿地生境和总体景观的村庄和建筑;改建部分示范性民居,民居建筑内部可适当增加卫生设施,以便作民间接待之用。在所有村落周边应根据地形条件设置50~200m宽的隔离林带,使村落掩映于林间,减少人工建筑物对自然生态景观的干扰。

第 20 章　保护区绿色产业发展规划

保护区要走可持续发展之路,必须要具备一定的经济基础,从而解决社区居民的替代生计。发展绿色产业正是保护区的必经之路。本章论述了绿色产业的内涵,阐述了保护区发展绿色产业的必要性和可行性,提出了相应的经济发展目标,并从生态旅游业、绿色农业、具有循环经济特征的第一产业、第二产业和第三产业等多个方面提出了有针对性的发展战略,以及对产业结构调整的相关建议。

20.1　保护区发展绿色产业的必要性和可行性

20.1.1　发展绿色产业与保护区使命相契合

"绿色产业"这一概念的提出,是来源于 1989 年加拿大环境部长提出的"绿色计划"一词。它第一次从宏观层次上把"绿色"同整个社会经济的发展计划结合起来,并在 20 世纪 90 年代初得到 12 个工业发达国家的认同,即把绿色计划作为推进各国社会经济可持续发展的重要战略。目前,绿色产业一词在国外通常定义为:从狭义的角度是指与环境保护相关的产业;从广义的角度是指各种对环境友好的产业。

在我国,绿色产业概念的提出于 20 世纪 90 年代初期,特别是近几年来常见于媒体及政府的文件之中。就目前理论界和政府部门对绿色产业这一概念有多种多样的定义,一般认为:"'绿色产业'从广义上说,不仅涵盖生物资源开发、无公害农业、花卉等,而且包括以防治环境污染、改善生态环境、保护自然资源为目的所进行的技术开发、产品生产、商品流通、资源利用、信息服务、工程承包、自然生态保护等一系列活动的总称。绿色理念是和谐,和谐的内涵之一就是不仅仅要保护生态环境,还要经济发展与之并行,实现生态环境保护与人类发展权之间的和谐。

对于保护区而言,要实现其生态保护使命,就必须要消除社区贫困,转变社区不可持续的经济发展模式,为此就必须为社区寻找新的经济增长点。绿色产业与衡水湖的生态使命有非常好的契合,因此成为衡水湖实现可持续发展的希望。它将有利于衡水湖的产业结构调整和升级,成为衡水湖新的经济增长点,带动衡水湖保护区新型经济的发展。

20.1.2　保护区发展绿色产业面临很好的机遇

保护区发展绿色产业面临很好的历史机遇,这体现在:

(1)国家推行科学发展观为衡水地方发展提供了机遇。为了落实科学发展观,国家政策已经明显地在向绿色产业的方向倾斜,对节能、环保和循环经济的项目有相当的扶持力度。衡水湖保护区未来完全可以借助这一契机,开拓发展,积极筹资,加快基础设施更新和建设,为衡水湖走向世界奠定坚实基础。

(2)国民经济综合实力增强、人民生活水平和环保意识不断提高,正在引发消费结构的升级。随着可持续发展理念逐步渗入人心,绿色文化逐渐形成主流,"绿色消费"将逐渐正在成为越来越多的消费者的自觉追求。带有生态标签的新商标被认为是市场上消费者最可靠的消费导向,也是产品销售竞争中的有力武器。由此可见,绿色产业具有很大的市场容量和发展潜力。

20.1.3 保护区发展绿色产业具备相当的现实基础

保护区发展绿色产业具备相当的现实基础，这体现在：

(1)衡水湖保护区的绿色文化起步较早，发展基础好。自保护区创立之初，衡水湖就以保护环境和建设人类与自然和谐相处的湿地为口号，积极宣传，在本地形成浩大声势，深深影响着本地居民，使得可持续发展观念被广泛接受，大多居民已经在履行保护鸟类和保护环境的责任，这都为绿色产业的发展打下了基础，也使绿色产业为衡水湖保护发展壮大提供了宝贵的精神支持。

(2)衡水湖的"绿色"是支撑其发展的优势资源。衡水湖是干旱的华北平原少有的大型湖泊湿地，与周边地区相比拥有生态环境的比较优势。只有充分发挥自己的"绿色"优势，衡水湖经济转型和可持续发展才有成功希望。因此，"绿色"理念将是衡水湖对外招商引资、项目拓展和争取外部支持的重要"砝码"。而衡水湖湿地本身为这种人与湿地的和谐发展提供了非常有利用价值的生态资源：首先，衡水湖是华北平原中南部唯一的大型水域，具有宽阔的水面，丰富的水生动植物资源，发展生态科普观光和生态旅游，具有得天独厚的自然条件和区位优势，而其丰富的历史人文景观也使生态旅游的内涵进一步丰富。其次，衡水湖湿地界于陆地与水体之间，类型多样，具有极高的生物生产力，可以向当地人类持续地提供粮食、肉类(鱼、虾、家禽)、医药和轻工业原料。本区生长许多经济植物，有些可以作为轻工业、建筑业、手工艺编织业以及中草药的原材料，有的可作为食用。如芦苇是我国造纸业的主要原材料，香蒲、罗布麻、柽柳是手工编织材料，莲、香蒲的花粉、芦根、泽泻的块茎、荆三棱的根茎等都是宝贵的中药材，具有中药的经济价值。第三，湿地作为地球的三大生态系统之一，衡水湖自然保护区将为湿地自然生态环境近中长期的科学研究、试验、监测和教学提供场所和条件。

综上，对衡水湖丰富的资源的合理利用将为衡水湖湿地及其周边地区走上可持续发展之路奠定非常有利的基础。

20.1.4 保护区发展绿色产业需要解决的主要问题

保护区发展绿色产业主要需要解决的问题集中在资金、技术和人才等三个方面。但这三个方面的困难都不是不可克服的。

(1)资金：资金是任何发展都需要解决的首要问题。但对保护区而言，由于有政府的大力扶持，利用财政和政府信用筹集部分启动资金的潜力还是具备的，这也可以从保护区生态旅游起步区的建设可以得到部分印证。

(2)技术：绿色产业往往具有较高的技术含量，但绿色产业并不等于高科技。而是既有高科技，也有大量科技含量不一定很高的成熟技术。保护区完全可以因地制宜因人制宜地选用不同层次的绿色产业项目。同时，保护区也完全可以采用技术引进的手段来促使产业升级。

(3)人才：尽管保护区人才总的来看还非常欠缺，但保护区管委会本身还是集中了一批精兵干将，无论是管理人才还是科研人才都已经有了自己初步的班底，并在近年来通过实施国内外资助的各种项目得到了大量的锻炼，占有相对的人才制高点。保护区还通过执行各种科研和规划项目，与一大批国内顶尖的科研院校、在国内外有相当影响力的 NGO 和国际机构都建立了很好的合作关系，这些外部的人才支持都可以成为保护区发展绿色产业可调动的人才资源。

综上，保护区发展绿色产业既有很好的机遇，也具备一定的现实基础，既有必要性，也有可行性。发展绿色产业是保护区引导社区脱贫致富，实现可持续发展的必由之路。

20.2　保护区绿色产业的发展目标

20.2.1　保护区绿色产业的发展目标

（1）目标描述：到 2020 年。①使整个衡水湖保护管理区的人均 GDP 达到 2 万元。农业、工业和服务业三大产业的比例结构调整到 24:38:38。②通过节水措施，使每万元工业产值增加值用水量减为 150m^3，工业用水的循环利用率为 80%。③通过节能措施，使每完全 GDP 能耗保持在全国平均水平的 80% 以下。④全保护管理区的农用化肥施用量至少削减到目前的 40%。对大湖水质有直接影响的区域则应完全停用农药化肥。

（2）目标定位依据：

GDP 与产业结构：根据 2003 年进行的 17 个典型村村民调查所显示的收入来源和收入结构，以及魏屯乡的工业产值和纳税额、冀州镇的企业纳税额等综合推算，保护区所辖的 106 个村 2003 年 GDP 总量约为 3 亿元人民币，其中第一产业产值约为 1.7 亿，第二产业约为 1.1 亿元、第三产业约为 0.2 亿，三大产业比例为 56:37:7。假设示范区的人均 GDP 及产业结构与基本保护区一致，则在当前基础上，按照 8%~11% 的增长率，则到 2020 年人均 GDP 应达到 1.6 万 ~2.5 万元，考虑到统计数据可能有遗漏，此数据应是未来保护管理区人均 GDP 目标的下限。第二种保护区人均 GDP 的估算方法是将其人均纯收入加上年基本生活支出，可得到 2005 年保护管理区的人均 GDP 接近 7000 元，同样以 8%~11% 的上升通道计算，则到 2020 年其人均 GDP 应达到 2.2 万 ~3.4 万元的水平。再参照周边城市化地区的发展水平考察上述数据的合理性。2005 年衡水市平均水平为 1.2 万元。假设未来经济增长一直保持在 8%~11% 的上升通道中，则到 2020 年衡水市人均 GDP 将达到 3.8 万 ~5.7 万元。考虑到保护区发展起点低，因此其发展目标应低于衡水市人均水平。以上讨论中选择增长率指标为 8%~11% 是因为经济学界普遍认为该增长率是我国经济增长维持健康状态的合理区间，并且也是中央政府进行宏观调控的重要依据。但最近全球性的金融危机给中国的经济增长带来了一些不确定因素，保 8 已经成为一项具有挑战性的任务。考虑到这种不确定性的影响，保护区的经济增长目标应尽量取得保守一些。假设增长率低至 7%，则以 2005 年人均 GDP 为 7000 元为基数，2020 年人均 GDP 应为 1.93 万元。考虑到保护区的根本根本使命在于保护而非促进经济增长，并且未来的发展受到金融危机冲击，具有极大的不确定性，因此将 2020 年的经济增长目标保守定为人均 2 万元，这已相当于在保护区 2003 年经济水平的基础上翻两番，并已接近如今省会石家庄的发展水平。

若 2020 年整个保护管理区的人均 GDP 达到 2 万元，而预计届时保护管理区人口将达到 9 万人，则其经济总量将达到 18 亿元。由于保护管理区的用地总体上是以农业用地为主，因此发展第一产业的发展依然将是实现农民增收的重要方面。目前保护区耕地每亩产值在 700 ~ 1500 元之间，其中 1500 元的产值主要来自于棉花，而这一产业将是被压缩的目标；700 ~ 800 元的低产值主要来自于粮食，却是符合保护区生态目标将积极发展的方向。目前国内一些发展高效农业的先进地区已经实现了每亩产值在 1500 ~ 3500 元之间，高效农业也必将是保护区的发展方向，但考虑到保护区为实现其生态使命的限制，将保护区每亩耕地加水面的平均产值水平定位在 1500 元的水平，则可占到 18 亿元中的约 24%。再看第三产业，据《衡水湖生态旅游规划》，预计到 2020 年保护区旅游收入为 3.3 亿元；其次是保护管理区的内需型服务业产值，保护管理区 9 万人口中包括 5 万城市人口和 4 万农业人口，参照每人每天支出 1 美元的世界银行贫困线标准，假设 5 万城市人口的支出水平在每人每天2美元，而农村人口支出水平在每人每天1美元，则内需型服务业产值将达近3.6亿。这样，整个保护管理区第三产业总值将达6.9亿，第三产业比重将达38%。余下的产值将来自第二产业。综上，保护管理区的三次产业比重将为:24∶38∶38。与2003年的三次产业比重56∶37∶7相比，第三产业比重将显著提高，而第一产业比重将显著下降，第二产业比重将相对持平。三大产业的绝对值都将比现在有极大增长。根据发达国家的经验，城市化程度越高，则其第三产业所占比重也越高，目前衡水市三次产业比重为17∶53∶30，省会城市石家庄市则为12∶50∶38，也印证了此规律。到2020年，衡水湖保护管理区的产业结构所呈现出的城市化水平将接近目前石家庄市的水平。

水耗能耗指标:为体现保护区产业的绿色特征，要求衡水湖保护管理区的工业增加值万元GDP耗水量和能耗都要低于全国平均水平。

农药化肥指标:农药化肥的使用对衡水湖水质构成巨大的威胁，因此需要逐步加强对农药化肥使用量的控制。

20.2.2　发展保护区绿色产业的基本思路

(1)坚持以绿色产业作为衡水湖新的经济增长点，带动衡水湖保护区新型经济的发展。

(2)通过发展绿色产业，大力推进产业结构调整，努力实现经济增长方式由粗放型向集约型的转变。目前保护区第一产业比重过高，第二产业素质不高，第三产业亟待发展，产业结构不良已成为当地经济发展的严重障碍。产业结构调整的方向是:谨慎压缩第一产业比重，积极推动第二产业升级，大力促进第三产业发展。同时使所有产业"绿色化"，提高资源的利用效率，使人类经济活动带来的负面环境影响得到有效严格控制。

(3)大力打造衡水湖这一"绿色"品牌，借助既有网络向世界范围内推广。围绕衡水湖品牌形成绿色产业布局，形成品牌效应，提高衡水湖当地产品在国内乃至国际市场上的竞争力。

20.3　保护区发展绿色产业的发展战略

20.3.1　生态旅游业

生态旅游业应是保护区发展绿色产业的首要选择。

20.3.1.1　生态旅游业的内涵

生态旅游是一种高层次的旅游活动，包含有教育功能、可持续发展理念和旅游体验的道德要求。生态旅游者往往具有高层次的审美情感。他们追求真实、自然和质朴，追求在自然和真实的过程中获取知识、丰富人生；他们同时也理解自己对生态与环境的责任，崇尚简朴、厌恶奢靡享乐；他们厌恶一切虚假的、矫揉造作的、恶俗的人造景观及其旅游服务。生态旅游的概念框架可用表20-1表示。

开发生态旅游有两方面好处:一是可以充分利用该地域内部的生态资源、人文历史资源、自然风景资源等，来发展经济改善环境和社区居民生活水平；二是可以反过来通过经济发展来促进地方建设和文化保护，更新现有设施设备，也有助于增强当地居民的环境保护意识，使各种资源得以存续发展。

生态旅游更强调环境与人的和谐共处，限制条件也比一般的旅游开发区严格许多，不仅要保证现阶段的发展要求，还要考虑可持续发展的要求，因此，生态旅游对自然环境的负面影响小，有助于

表 20-1　生态旅游的概念框架

	基于自然的旅游	持续发展型旅游	支持环保型旅游	环境知觉型旅游
旅游业表现	产品、吸引物	运营管理	收入、价格	行为、态度、教育、道德观
替代名称	自然旅游、绿色旅游	生态可持续旅游	对环境负责任的旅游	生态教育旅游
特征区别	以自然环境为旅游目的地的特殊吸引物	以政策导向减少环境影响、改善旅游管理方式	旅游收入回归于环保组织和环保活动	教育或规范旅游者的环境态度和旅游行为
环境问题	对资源保护价值的影响、生态容量的限制	能源利用效率、资源利用循环、污染的处理	提供环境 保护资金	对环保价值的影响:身体容量下的个人行为
相关影响部门	旅游地政府部分、旅游经营部门	旅游经营部门、航空、公共交通部门	专业生态旅游公司、非营利性组织	专业生态旅游公司、非营利性组织、个人旅游者
规模	中等规模、增长迅速	占多数、规模稳定	少数分支、增长缓慢	规模较小,但增长迅速
产业构成	第三产业为主	三大产业 相互结合	第二、三产业为主	主要是科普、教育业
操作内容	绿色市场、进入地区、收入	旅游者数量限制、能源节约、废弃物管理	以保护为促销工具的市场定位、提供劳动力市场	居民与旅游者的关系、市场定位、教育引导计划
管理工具	改变旅游者行为	旅游者教育、环境和能源核查、技术改进	市场战略、价格和就业政策	引导与规范旅游者行为
政策选择	旅游者教育、改善环境、限制游客数量、实施行业准则	环境法规、能源价格、行业准则	门票价格和税收	教育主体内容、环境保护主题的发展

物种及其栖息地的保护,符合与保护区的使命完全契合。目前很多自然保护区、风景区、古迹名胜地区的农村社区采取开发生态旅游的方式来建设农村社区。因此,生态旅游的发展也可与保护区的新农村建设有机结合。

2.3.1.2　衡水湖生态旅游业的模式选择

生态旅游可以在名山大川的自然保护区开发,也可以在大城市郊区的普通村庄开发,同时也可以是其他外部机构的科研教育基地和实验场所。通常所说的“农家乐”、“自助采摘果园”也可能是生态旅游的一些经营方式。中国农村分布区域广泛,各地经济发展水平、政府对农村发展的重视程度、开发思路、自然条件、市场定位都不尽相同,因此生态旅游开发也有多种类型,其中最为主要的两种类型是都市依托型和景区依托型。这两种类型的生态旅游开发都有很多成功的案例。都市依托型的生态旅游村庄与景区依托型的生态旅游村庄存在着明显的区别,正是这些区别决定其发展方向,主要区别见表 20-2。

表 20-2　都市依托型与景区依托型生态旅游对比表

特征因子	都市依托型	景区依托型(包括特色村寨)
总体特征	以农村、农园为主要特色,自然性、科技性突出	以民俗民族文化或景观资源为依托,强调乡村文化品味
功能	作为城市居民的第二个家,从吃、住、游等方面满足游客周末休闲度假的要求	大型景区的辅助旅游产品,以民俗风味、农业特色鲜明的旅游项目和餐饮及娱乐活动为主
开发条件	依托都市,交通便利,乡村植被景观保存较好,与城市反差较大	拥有独特的景观资源或者农业的乡村或者民族特色
客源市场	具有稳定的城区客源市场,客源的回头率较高	主要是景区的一次性客源,范围较广
典型案例	四川“农家乐”、北京怀柔北宅民俗村	贵州天龙屯、桂林的龙胜梯田

衡水湖保护区开发生态旅游可以将都市依托型和景区依托型两种类型结合起来:在湖区的周边农村可以开展都市依托型生态旅游,而在保护区开放的景点则依据景区依托型进行开发。两种类型既有相互补充,又有相互促进,共同打造衡水湖生态旅游的特色品牌。

20.3.1.3　衡水湖生态旅游业的发展策略

(1)发展原则:

- 坚持生态优先、落实资源保护
- 突出科普教育、挖掘人文内涵
- 优化结构布局,完善基础设施
- 控制开发影响,提高服务水准

(2)加强生态旅游规划,合理并有限度地划定近期开发建设的景点区域和旅游活动用地,预留近期不开发建设的保护性区域,建立景观资源储备,合理配置衡水湖保护区各种资源综合利用的空间次序和时间次序,在发展空间和发展项目上都为保护区的可持续发展留有充足余地。

(3)生态旅游用地选址和项目选择原则:①发展生态旅游业仅限于综合示范圈的固定区域,在不影响湿地生态环境和珍稀物种保护的前提下进行;②交通方便,有充足的景观资源,投入少,对环境影响小;③有利于科学普及、科学考察、宣传教育等活动的开展;④观光项目的选择必须符合自然保护区的环境质量要求,严格控制或者禁止可能造成自然保护区水环境和栖息环境污染或破坏的观光项目;⑤观光项目建设必须同时考虑配套环境保护设施建设。

(4)在生态旅游中突出生态科普教育内涵,对游客进行生态保护教育,规范旅游行为,并将游览项目与生态建设有机结合,引导游人积极参与植树造林、鸟兽招引、美化环境等生态保护活动。

(5)在市场推广中以有组织科普教育和生态环境保护培训为主导方向,以北京、天津、石家庄等大城市为主要客源市场,并加强海外宣传,积极吸引高层次客源;

(6)建立合理的生态旅游效益的分配机制,促进各产业都自觉将开发活动约束在生态承载力允许的范围内;注意利用生态保育、科普教育与生态旅游服务为社区居民创造就业机会;

(7)严格控制客流量,并严格控制游人在设定的旅游区内活动,坚持高品位、低容量;结合环境监测对游人流量与流向进行监控,及时调整旅游规模与方式。

表 20-3　旅游容量规划控制标准一览表

规划期	生态敏感区域最高日容量(人)			全区最高日容量(人)	全区年均日容量(人)	全区年容量(万人)
	中隔堤	东湖水域	小湖水域			
2009～实施生态扩容工程前	400	2000		5000	2000	60
生态扩容后	1800	2000	6000	16000	5000	150

表 20-3 是基于衡水湖的生态承载力核算的旅游容量控制标准。考虑到旅游活动带来的环境污染是旅游容量的关键性限制因素,因此本规划提出了生态扩容的概念,即通过修建截污管道、实施垃圾分类收集和转运等,增强对旅游区环境污染的处理能力,并推行相应的节能减排措施,实现生态旅游区的生态扩容。截污管道的修建是本区实施生态扩容工程的标志性工程。

20.3.2　绿色农业

20.3.2.1　绿色农业的内涵

农业目前还是保护区的主导产业。发展绿色农业是未来的一种趋势,也是解决环境保护与农民增收之间矛盾的关键路径之一。中国工程院院士、著名农业专家卢良恕指出“绿色农业是发展现代农业的主导模式”。农村发展越来越需要改变传统的生产方式,随着社会对食品安全的关注,绿色食品受到重视,绿色农业也逐渐出现发展契机。

根据中国绿色食品协会的定义,绿色农业是指生产过程中无农药、化肥污染,产品符合国家绿色食品标准的农业。绿色农业是广义的“大农业”,它包括了绿色动植物农业、白色农业、蓝色农业、黑色农业、菌类农业、设施农业、园艺农业、观光农业、环保农业、信息农业等各种传统及新兴农业。在具体应用上一般将“三品”——即无公害农产品、绿色食品和有机食品相关的农业生产,合称为绿色农业。

发展绿色农业需要具备几个基本条件:一是自然条件适于农作物自然生长;二是环境污染得到有效控制,达到无公害农产品、绿色食品或有机食品生产的环境条件;三是生产过程中禁用农药、化肥,禁用污水浇灌,确保生产过程无害化;四是农产品生产—收购—加工等环节全面受控,确保产品质量。最后,绿色产品必须通过权威的绿色产品认证。

由于现在消费者越来越关注食品安全,所以愿意为绿色产品支付更高的价格,因此绿色农业往往能取得比传统农业更高的经济效益。另外,为了进一步提升绿色农业的经济效益,往往还可以借助以下策略:一是对土地进行集中管理,借助农业机械化生产实现规模经营;二是形成农产品收购—加工—运输—销售的产业链条,赚取产业链上多个环节的利润。通常产业链上越是靠近最终消费者的环节利润越高。

20.3.2.2　衡水湖农村发展绿色农业的必要性和可能性

衡水湖地区传统农业的生产方式目前已经出现很多问题:首先是农药、化肥、农用塑料薄膜的使用量不断增加,致使农田污染面积迅速扩大,造成土壤及农产品污染严重,品质不断下降。化肥、农药、兽药、除草剂、地膜等化学投入的大幅度增长,已经使当地农业生态环境及食品安全受到威胁。其次是施用方法的不当,使60%~70%的化肥没有得到有效利用而进入环境;80%~90%的农药散落在土壤和水里,漂浮在大气中,污染水体和土壤;农用地膜用量增大但回收甚微,给农田造成新的白色污染。此外,衡水湖地区污水灌溉现象普遍,灌溉用水品质不高,很多农田上生产的农作物都受到危害,表现为减产或者农产品污染物超标,品质下降。保护区要走可持续发展之路,就必须使所有上述问题得到系统解决。

对衡水湖而言,目前制约衡水湖农村发展绿色农业最大的障碍是环境污染、过度依赖农药化肥的落后农业生产方式,以及水资源短缺的问题。上述问题也都是保护区为达成其生态保护使命正需积极解决的问题。而衡水湖农村拥有大面积平坦的土地,这对其通过走机械化道路实现农业生产增效是很好的条件。

20.3.2.3　衡水湖农村绿色农业的发展战略

(1)总体措施:①缩减传统农业、停用农药化肥,发展生态农业、无公害农业和有机农业;②通过观光农业、休闲农业将农业生产活动集成进生态旅游业的产业链,以增加农业生产劳动的附加值;③大力发展林业,提高森林覆盖率;④积极发展湿地资源利用的相关产业,如苇业、莲藕、药材、饲料和有机肥加工等。⑤加强龙头企业建设,理顺其与农户的利益联结机制;视条件许可引导推动土地流转,积极发展机械化现代农场。

(2)粮食产业的调整:粮食产业若施用农药化肥,对生态环境有较大的负面影响,但若改用有机肥并尽量不用农药,则其负面环境影响可以得到控制,并且还可以结合鸟类觅食基地建设,通过为鸟类提供食物而有机融入自然保护区的生态建设。建议措施包括:①适当压缩种植面积,保留部分耕地结合鸟类觅食基地建设,在继续发展小麦、玉米等粮食作物的同时,进一步丰富和优化品种结构。如适当种植部分水稻、高粱、花生、大豆等。其中,水稻种植应得到特别的重视,因为水稻本身是水生作物,可以与湿地恢复并行不悖,不存在农田与湿地竞争土地的问题。而目前国内超级杂交水稻的科研成果使水稻高产得到了很好的保障,使水稻种植的经济收入大大提高,且在水稻湿地还是开展“稻—苇—鱼”等湿地循环经济最好的场所,通过湿地循环经济的立体化生产还可进一步挖掘单位土地的经济价值。②停用化肥农药,改施有机肥,为鸟类提供品种丰富和安全的食物,同时开展鸟类招引,发展观鸟旅游项目。由于停用化肥农药造成的减产除通过提高农作物的质量得到补偿,也可以通过发展观鸟旅游项目得到部分弥补。保护区应有针对性地开展对适于本地环境的有机肥产品的有机质含量、标准和各种元素配比的研究检测,以及农作物病虫害的生物防治技术的研究,以科技支农的方式服务于农业生产,尽量减小因改用有机肥和停用农药给农民带来的经济损失。

(3)棉花产业的调整:因棉花种植所需要的农药化肥用量相对较多,环境负面影响大;同时,根据国家对棉花产业的总体布局,河北棉花属于压缩种植范围。

建议措施:大力缩减种植面积,实施退田还林、还草。逐步调整为林灌草结合的湿地林业生产系统,综合发展生态林、速效林,不断缩减化肥、农药的使用,同时配合开展森林旅游项目。通过林灌草的有机搭配还可以为野生动物提供生境丰富的庇护所和栖息地,有机融入自然保护区的生态建设。

(4)食用菌和蔬菜瓜果产业的调整:食用菌和蔬菜瓜果都属于与城市日常生活供应紧密结合的城郊型产业,与一般粮食作物和经济作物相比,具有市场需求和价格波动大、变化快、但也有机会获取较高利润的产业。对此类产业应进行调整,以减少农药化肥的施用量,并进一步提高经济效益。

建议措施:最终停用化肥与农药,走无公害农业的发展道路,努力通过绿色农产品认证,以提高农产品的市场价值。同时,结合建设农、渔、牧、沼气相结合生态小环境自循环的生态农业园区,形成多元化产品结构以适应市场变化,并配合发展生态农业观光旅游项目。

(5)花卉苗木产业的调整:花卉苗木不仅市场前景好、而且能够美化景观环境,只要尽量不施或少施农药化肥,改用有机肥,花卉苗木生产就可与湿地生态建设有机结合。

建议措施:可进一步发展,并结合湿地优势特别突出水生植物花卉特色,打出湿地花卉品牌;同时引进科技人员,结合建设湿地植物育种驯化基地,使其承担起新物种引进生态影响评估功能,在产出花卉苗木的同时,开展湿地科普教育观光。

(6)渔业的调整:渔业的发展如果有很好的控制,其本身可以成为湿地生态系统和湿地经济的组成部分;但如果没有很好的控制,则往往因过度捕捞、高密度养殖的饵料投放和废水排放而带来负面的环境影响。建议措施包括:①衡水湖主体水域由特许经营的渔业公司(可为衡水湖资源开发总公司下属)统一经营,渔业公司由社区渔民入股,改变过去由渔民分散承包水面的经营方式,清除水面不必要的人工分割设施,并统一协调渔业经济的利益。②在开阔水面禁止网箱养鱼,根据保护区的规划,由渔业公司统一投放鱼苗,并实行自由放养和季节性休渔禁渔。在鱼苗品种的选择上,渔业公司必须服从保护区对水质管理的需要,重点发展草食性鱼类,以配合清除过量生长的水草,改善水质。禁止养殖肉食性鱼类。③与主体水域连通的但相对独立的小面积水域可以交由渔业公司经营,也可以由个体经营,但应严禁高密度养殖,以保持水质不对主体水域造成负面影响。④与主体水域不连通的水塘可允许高密度养殖,但必须对废水排放采取严格的治理措施。建议在高密度养鱼塘旁建生物净化塘,种植芦苇,在满足环境保护的要求的同时实现经营多元化。或与畜牧业相结合,将牲畜粪便处理为鱼饲料,发展集中式养鱼。

(7)畜牧业的调整:畜牧业与生态的关系与渔业相似,只要施加合理控制,就可以与生态环境协调发展。畜牧业的负面影响主要来自过度放养对草场的破坏,以及牲畜粪便的污染。建议措施包括:①改自由放养为集中式圈养,以便对牲畜粪便集中处理,同时减少牲畜对自然植被的破坏。对牲畜实行自由放养虽然在规模适度时也可发挥其一定的改善生态作用,如清除过度生长的恶草。但就保护区的现状而言,目前的植被地表覆盖还很不够,所以在现阶段应大力提倡圈养。②利用牲畜粪便发展有机肥和沼气,积极拓展产业链,有效利用生物质能,减少对煤或柴草的依赖。③结合退田还林、还草,配套发展牧草业,但要注意草种的选择与搭配要模仿自然草场,注意保持湿地植被的多样性。

(8)林业发展策略:目前保护区林地面积过低,尚需大力植树造林。但在植树造林中,除了要注意提高森林覆盖率外,还要注意恢复原生林的自然演化和自我更新能力,在树种选择、树种搭配,以及林、灌、草的疏密搭配方面都需要科学规划,科学种植。

建议措施:将林业生产与保护区自然植被恢复结合起来,按照保护区不同圈层分别制定相关对策。①特别保护圈:植被恢复应科学规划,一步到位。由保护区按照湿地恢复的规划统一部署植树造林,并在完成后实行封育,树木产权归保护区所有,不作经济利用。②综合示范圈:结合保护区总体规划,兼顾近远期生态效益,将森林植被恢复与经济效益挂钩,大力发展多种类型的林业经济。通过谁种树、谁受益的政策保障,积极发动社区居民的参与。

- 近期:以提高保护区森林覆盖率和满足发展生态旅游需求为主要目标。在属于湖岸和规划的森林旅游区,以生态林、景观林为主;在其他林业经济区,则可成片发展速生林、经济林、果林等,配合开展休闲旅游项目;同时鼓励社区居民在田间地头、房前屋后大量植树,帮助农户与当地板材公司建立“公司 + 农户”的经济合作关系,保障发展林业的受益。
- 远期:进一步调整和改善林区的生态功能。

(9)苇业发展策略:衡水湖湿地土壤存在着不同程度的盐碱化,对于普通农作物是非常不利的,但对于芦苇正是适宜的环境,芦苇既具有强大的生物净化能力,又是一种经济价值较高的植物资源,因此,大力发展苇业正是合理有效利用湿地生态系统的高生产力,并与湿地生态保护能够有机结合的一个很有发展前景的产业。

苇业发展策略详见第 17 章“17. 3. 6. 2 芦苇的利用管理”相关内容。

(10)其他湿地经济产业发展策略:湿地经济价值巨大,除了前面提到的渔业、苇业,还有许多其他湿地资源可资利用。如莲藕等水生植物,既具观赏价值,又有显著的经济价值;湿地还出产许多药材;一些湿地植物可以加工成为很好的饲料或有机肥等等。建议成立湿地经济研究中心,对衡水湖湿地资源的合理利用进行进一步的研究,并加以推广。关于其他湿地资源利用方式,详见第 17 章“17. 3. 6. 3 其他湿地资源的利用管理”相关内容。

20. 3. 3　农村循环经济

20. 3. 3. 1　循环经济的内涵

循环经济是人类应对自然资源制约和环境污染挑战提出的经济发展新理念。循环经济本质上是一种生态经济,它要求运用生态学规律而不是机械论来指导人类社会的经济活动。它与传统经济相比的不同之处在于:传统经济是一种由“资源—产品—污染排放”单向流动的线性经济,其特征是高开采、低利用、高排放。传统经济对资源的利用是粗放的和一次性的,它通过把资源持续不断地变成为废物来实现经济的数量型增长。与此不同,循环经济倡导的则是一种与环境和谐的经济发展模式。它要求把经济活动组织成一个“资源—产品—再生资源”的反馈式流程,其特征是低开采、高利用、低排放。所有的物质和能源要能在这个不断进行的经济循环中得到合理和持久的利用,以把经济活动对自然环境的影响降低到尽可能小的程度。循环经济把所有传统生产过程的废物变成了资源,因此既可以获得比传统经济更高的经济效益,又可以通过节能减排取得很好的环境效益。

循环经济理念既可以用于改造传统工业,也可以用于改造传统农业。目前,国家对新农村建设已明确提出要大力发展循环经济。而农村循环经济也已经在国内很多地区大量实践,未来必将成为农村生态型社区建设的重要途径。

20.3.3.2　衡水湖农村循环经济的模式选择

20.3.3.2.1　*以沼气利用为核心的农村循环经济模式*

实践中,以沼气为纽带的能源综合利用型是农村循环经济中最为常见的类型。沼气利用是指人畜粪便、植物废料、厨余垃圾等有机原料在沼气池发酵后,产生的沼气、沼液、沼渣被循环利用,形成生物质的物流、能流深次层利用和良性循环,从而实现系统内部生态位的充实和资源的深度开发,并增强农业生态系统的稳定性,同时也是农村废弃物处理收集的重要手段。目前,以此为原理有北方"四位一体"生态模式、南方"猪—沼—果"生态农业模式和西北"五配套"生态农业模式。

目前我国广大农村生产生活用能以煤、天然气、柴为主,一方面消耗了大量矿产能源和森林资源,另一方面也产生了大量固体垃圾和气体污染物,所以生态型的农村社区能源消费必须寻找新的能源。太阳能、风能、地热、沼气能几乎成为农村能源的必选答案。而沼气能具有投资少、见效快、技术难度低、农村沼气原料来源广泛等优点,所以成为广大农村提倡的能源。

沼气利用有沼气直接利用和沼气发电利用两种方式。对于农村而言,建造一个 $8m^3$ 的沼气池,每年可以产生沼气 400 多 m^3,可供 3 ~ 5 口之家 90% 以上的生活燃料,每年可节约能源费用 2800 元以上。单个 $8m^3$ 沼气池建设的投资预算与收益情况参见表 20-3 和表 20-4。

表 20-3　农村单个 $8m^3$ 沼气池建设投资预算

材料名称	数量	价格	金额
红砖	800 块	0.18 元/块	144 元
水泥	1 吨	260 元/吨	260 元
小石子	$2m^3$	45 元/m^3	90 元
中砂	$2m^3$	38 元/m^3	76 元
水泥涵管	3 节	8 元/节	24 元
钢筋	30kg	4 元/kg	120 元
硬塑管、抽渣器	1 套	50 元/套	50 元
技工工资		350 元	350 元
小工工资		250 元	250 元
挖土方		100 元	100 元
沼气配件	1 套	300 元/套	300 元
其他费用		30 元	
合计			1784 元

表 20-4　沼气利用年预期效益

利用项目	数量	价格	金额
能源利用代替煤炭	可节约煤炭 1.5 吨	700 元/吨注	1050 元
能源利用代替柴草	可节约柴草 2.5 吨	400 元/吨	1000 元
综合利用增收节支		800 元	
经济效益合计	2800 左右		
卫生效益	人畜粪便全部进入沼气池发酵,一方面做到了人畜粪便的无害化出处理,另一方面可消除人畜粪便对环境的污染,猪舍、牛棚、厕所干净卫生		
生态效益	节约了柴草,保护了林木资源,减少了煤炭、天然气的使用,改善了生态环境,控制了水土流失,同时人畜粪便经沼气池发酵后成为优质的有机肥料,有利于建设生态家园和生态农业		

注:煤炭价格波动很大,本表参考于 2008 年 11 月煤炭价格网数据(http://www.coal123.cn/)。

沼气发电加上热值回收比简单的沼气直接燃烧利用可以获得更高的能源经济价值。沼电利用方式也有小沼电和大沼电两种方式。一般而言,沼电利用方式存在着明显的规模效应,且沼电设备运行中应最好有专人管理以保证生产安全。因此,在人口密度大的农村,集中建设沼气池和沼电站会比一家一户各自建造小型沼气池取得更佳的经济效益。

目前,衡水湖本地发展循环经济的想法已经早已出现。调查发现,已经有部分村庄的一些农户开始使用沼气,实现简单的粪-气-肥料-农作物的循环。但沼气利用还非常有限,问题在于缺乏成熟的技术、资金支持和政府指导。因此,政府应积极介入,推动发展以沼气利用为核心的农村循环经济。

20.3.3.2.2　湿地农业复合生态系统

湿地有着极高的生产力,且湿地资源具有丰富的生态位。借助湿地生态系统的这种特点,也可以发展出一套有效的循环经济模式。根据湿地生态学、农业生态学与景观生态学的原理,模拟自然湿地系统,采取一系列工艺流程,建设人工湿地复合生态系统,使这个系统具有自然湿地的特征,可以产生很高的经济与社会效益。如"稻-苇-鱼"、"稻-莲-鱼"、"水生经济植物-鱼-家畜"等湿地农业生态系统都已有成功的案例。以"水生经济植物-鱼-家畜" 湿地农业生态系统为例,家畜的粪便可用于养鱼,鱼类的粪便可作为栽培水生植物的肥料,家畜和鱼类又可控制栽种水生植物的池塘的病虫害和富营养化,水生植物和鱼类又可加工为家畜的食物。这样,一个池塘生态系统便具备了类似自然生态系统那样的自我修复自我维系的功能,形成了一个具有湿地特征的农村循环经济系统。类似这样的思路非常值得保护区借鉴。

20.3.3.3　衡水湖农村循环经济的发展战略

(1)基本思路:构建以沼气利用为核心,以湿地经济为特色的衡水湖农村循环经济系统。

(2)对循环经济产业的初步构想"①根据衡水湖湿地水生植物管理需要,以及周边农村社区有机生活垃圾和农业生产有机废物的处理需要,投资建设具有相应处理能力的沼电站。②定期收割打捞湿地水生植物,为沼电站提供原料。③附近生态社区的生活污水排入沼气池,为沼电站提供原料。④沼电站为附近农村生态社区提供绿色电能。⑤将沼渣做成食用菌培养基,种植食用菌。保护区的食用菌产业已有相当的发展规模,可与之相结合。⑥用已无利用价值的食用菌培养基养殖蚯蚓。蚯蚓可加工为绿色饲料;蚯蚓粪可加工为有机肥料。⑦蚯蚓饲料用于发展绿色养殖。⑧养殖场产生的粪便为沼电站原料供应。⑨蚯蚓粪,以及沼电站排出的沼液可用于发展绿色农业。⑩秸秆、水生植物废料等作为沼电站原料供应。⑪建设"稻-苇-鱼"、"稻-莲-鱼"等复合湿地生态系统示范田。根据水资源保障条件,循序渐进逐步推广栽种超级水稻。

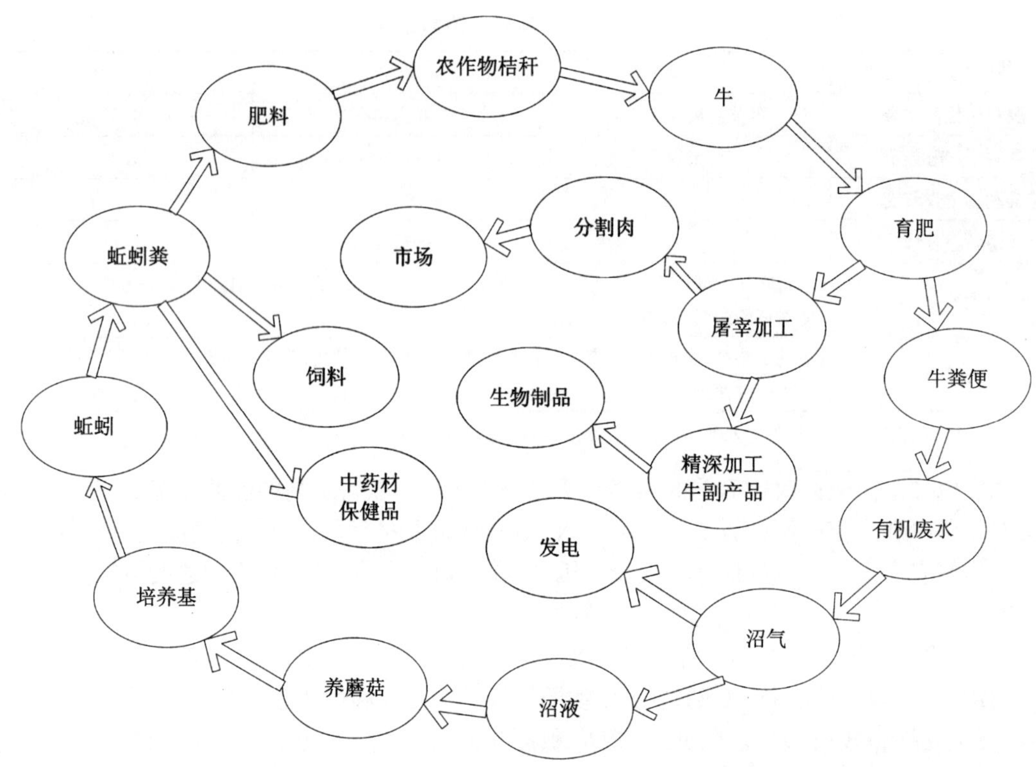

图 20-1　以沼气为核心的农村循环经济示意图

(3)沼电站建设可结合保护区新农村建设打造“湿地新城”的战略部署，由衡水湖资源开发总公司投资启动，向社会示范。

20.3.4　第二产业发展战略

20.3.4.1　基本思路

保护区内工业份额约占本地 GDP 的 37%，大部分是污染治理条件差的乡镇企业。必须根据保护区的发展战略方向进行结构调整：

(1)积极发展与衡水湖湿地资源利用相关并且环境负面影响小的产业，如绿色加工工业、绿色建材业、生物技术产业等，并与沼电产业相结合，形成具有循环经济特色的绿色工业产业链。

(2)积极发展能向区外输出劳务的产业，通过有组织的经济活动逐渐向区外转移人口，如景观园林建筑业。

(3)取缔制砖业、整体搬迁采暖铸造业、限制发展橡胶化工业。

20.3.4.2　工业结构调整策略

(1)绿色加工工业：如净菜加工、饲料加工、手工艺品和旅游纪念品加工制作等，是生态农业和生态旅游业产业链的自然延伸，可以结合保护区生态城镇试验小区的建设，与区内农业产业结构调整相结合，大力培养上述行业的龙头企业，成为综合示范圈产业发展的马达。绿色加工工业产生的有机废料废水可作为沼电站的原材料。

(2)景观园林建筑业：是一个正在蓬勃发展的行业，利用衡水湖湿地的比较生态资源优势、保护区农业和林业技术人员的优势、劳动力优势和优越的区位，可以考虑组建富有特色的景观园林建筑公司，开拓北京、天津、石家庄等大城市以及衡水市市区的景观园林建筑市场，有组织地向外输送区内剩余劳动力，提高社区居民的收入。

(4)绿色建材产业：秸秆、芦苇等因纤维质丰富是很好的绿色建材原材料，保护区已有华业板材等建材企业，具有发展绿色建材业很好的基础，可以进一步扶持其发展。而保护区原有的制砖业也必须通过产业升级，加入到绿色建材产业中来，如可考虑变制黏土砖为利用植物纤维及建筑垃圾废料免烧制砖。芦苇本身也是一种很好的绿色建材原材料，如将芦苇制成装饰建材，用芦苇加强的菱苦土绿色建筑构件等。建筑业是产生固体垃圾的主要源头产业之一，重新利用废弃砖石、钢筋、混凝土块等制取建材也是循环经济的一个重要组成部分。传统的黏土砖制造业则应一律取缔。

(5)利用湿地资源的其他高科技产业：如制药、生物工程等产业，具有较高的科技含量和附加值，在确保环境影响得到有效控制的前提下，可大力发展。

(6)采暖铸造业：此产业因负面环境影响过大，必须强制性整体搬迁出自然保护区。建议向北搬迁至保护区下风向的专门工业区，若向南搬迁则必须与保护区相距 15km 以上，以保证自然保护区的空气质量。原采暖铸造业用地经环境整治绿化，转为旅游休闲及度假用地，积极发展第三产业。

(7)橡胶化工业：目前，衡水湖周边污染严重的化工厂已经完成了搬迁，仅剩下一些小型橡胶压型厂等，其废气废水废弃炉渣等也还是有一定的负面环境影响。应继续鼓励这些小企业自愿搬迁到保护区以外，没有条件向保护区外搬迁的，应在保护区划定的范围内适度集中，以对污染排放集中处理。同时与保护区其他地区之间设置绿化隔离带，以将环境负面影响降至最低。

20.3.5 第三产业发展战略

(1)生态旅游业：详见本章 20.3.1。

(2)通过生态城镇小区建设，适度集中保护区内人口，为区内第三产业的发展创造需求。

(3)积极加入区域协同，建设具有旅游观光价值的专业综合市场，如渔业水产专业市场、旅游纪念品专业市场等，使生态旅游产业链得到延伸。由于衡水在旅游纪念品行业有很好的基础，旅游纪念品专业市场可借助衡水湖湿地的影响，争取向国际市场扩张。

(4)积极鼓励扶持发展农村金融业。具体方式可以包括：

农民资金互助合作社：以“民办、民管、民受益”为原则建立农民资金互助合作社，由村民自愿入股，自我管理。政府也可作为股东之一参股并协助管理。

村镇银行：依据中国银监会的《村镇银行管理暂行规定》，组建注册村镇银行。依据该规定，注册乡镇一级的村镇银行只需 100 万元以上的注册资金；注册县一级的村镇银行只需 300 万元以上的注册资金。村镇银行市场准入门槛不高，保护区一些先富起来的村民完全有足够的财力来达成上述标准。但还在专业管理能力等方面还须政府积极扶持，协助人才培训引进和协助建立正规的管理制度等。

贷款公司：依据中国银监会的《贷款公司管理暂行规定》，积极联络资金实力雄厚的现有各商业银行、大型企业、上市公司等在保护区开设贷款公司，服务三农。贷款公司因要求投资人持有自有资金 50 亿元以上，但注册资本金只需 50 万元人民币，所以一旦获得资金实力雄厚的大型企业支持，真正开办贷款公司的门槛并不高。

延伸现有商业银行网点：积极联络如中国农业银行、邮政储蓄银行、农村商业银行、农村合作银行、农村信用社等在保护区开设经营网点。

农村信用担保：为进一步发挥上述各金融机构对农村信用的支持力度，建议保护区管委会出面筹建一家政策性的农村信用担保公司，为村民提供信用担保。担保公司可接受土地经营承包权、宅基地等的抵押,使原来不能为一般金融机构接受的农村集体所有资产得到盘活。

农村保险:积极联络各商业保险机构,推出农机险、农业运输险、农业生产险、农民人身险、农民工疾病医疗、意外伤害综合险等。对于商业保险机构暂时不能推出的保险服务,可以采取农村互助保险合作的模式,发动农民自愿参加,政府给予一定财政补贴。

积极促进现有龙头企业在农村金融业的发展中发挥积极作用。如鼓励龙头企业为农户提供信用担保,使与其有利益联结的农户获得更为便利的小额信贷支持。

第 21 章　保护区社区发展与建设规划

社区发展与保护区每位社区居民的生活质量密切相关，是保护区全面建设小康社会和推动新农村建设的重要环节。本章明确了保护区社区发展与建设的指导思想、战略目标和总体战略措施，并从湿地新城建设、村落综合整治、道路交通建设和社会保障体系等多方面提出了一系列有针对性的具体规划措施。

21.1　指导思想

衡水湖湿地保护的最终受益者是人类，而人类的受益不能离开当地居民的理解、努力、合作。而只有当地居民也受益于衡水湖湿地保护，才能发挥他们的作用和履行他们的义务。为此，综合示范圈生态型社区发展，直接关系到特别保护圈范围内的自然保护区核心区和缓冲区保护是否成功。因此，综合示范圈生态型社区发展应贯彻以下指导思想：

（1）发展原则：充分考虑衡水湖周边人口密集，在发展地方经济方面有着很大的压力，人为干扰因素较多的实际情况，把保护区的妥善保护与社区经济发展相结合，寻求社区发展与保护区的保护相互融合的道路。

（2）本地居民权利原则：承认社区居民是保护区的主人公，他们保护区资源有利用的权益，必须充分发挥当地居民的主人公的作用，得到当地居民的理解、努力、合作和参与。

（3）可持续原则：通过正确引导和科学的规划，在衡水湖建立"可持续的社区经济发展模式和与之相适应的绿色生态文明"。这是因为只有在周边社区能够发展起一套可持续的社区经济发展模式和与之相适应的绿色生态文明，才能使衡水湖的保护得到切实的保障。

（4）抓住机遇原则：积极响应"全面建设小康社会"的号召，抓住新农村建设的机遇，建设一处具有可持续经济发展模式及与之相适应的绿色生态文明的、在经济、社会和文化等方面综合发展的生态型社区。这一社区应争取成为在全国范围内具有示范意义的典范。

（5）区域一体化原则：保护区社区的建设应与战略协同圈的战略布局有机结合，从生态、环境、景观、产业和安全等多方面与周边城市化地区进行协同，积极争取周边城市化地区——特别是城市居民通过不同方式支持综合示范圈生态型社区建设。

21.2　战略目标

21.2.1　目标描述

21.2.1.1　总体目标

将衡水湖自然保护区周边社区建设成为一个文明昌盛、社会和谐、老有所养、拥有良好的生态环境和可持续发展活力的，并在全国具有示范意义的生态型社区。

21.2.1.2　近期目标（2009～2015 年）

（1）建设一处"生态型城镇试验小区"——即"湿地新城"，向城市转移人口，为建成国内首创的保护区——周边社区结为一体的管理体系，为生物多样性、生态环境保护与社会经济和谐发展打下基础。

(2)进行社区生活环境综合整治,提高社区的人居环境水平,初步确立“可持续的社区经济发展模式和与之相适应的绿色生态文明”的模式。

(3)开发生态旅游与替代产业,并具备一定的规模,既为提高保护区自养能力起示范作用,又能更好地增强保护能力;生态试验园区圈层的工农业生产有了基础,保护区内与周边社区群众脱贫,并达到初步的小康水平。

(4)初步完善老年人和最低收入社会保障体系。

(5)初步形成具有特色的社区政治文明架构。

21.2.1.3　远期目标

(1)把“湿地新城”建设成为具有国内一流水平的生态型城镇和旅游度假热点。

(2)社区居民的国民教育、文化水平显著提高,普遍达到初中水平,生态与环境教育普遍开展,人口综合素质水平达到省会水平。

(3)彻底解决人口压力问题,实现社区人口与湖区的良性和谐循环。

(4)实现全社区皆保的社会保障体系。

(5)农村社会福利制度得到极大的发展。

21.2.2　定位依据

对衡水湖周边社区的区域经济发展阶段的判断:

通常,区域经济发展与生态环境损失之间的关系具有以下四种类型:

(1)自然生态无破坏无发展型;

(2)生态破坏大于经济效益初级发展型;

(3)生态破坏小于经济效益的发展型;

(4)生态与经济相互协调的可持续发展型。

在衡水湖自然保护区及周边社区的整个区域发展过程,已初步迈过了前两种类型,开始步入第三种类型,下一个目标应当是第四种发展类型,即步入可持续发展阶段。

21.3　总体战略

21.3.1　城镇化战略

衡水湖周边社区人口密度过高,对保护区的可持续发展带来很大的威胁。降低保护区大面积的人口密度有两个途径:其一是将本区人口向其他周边城市疏散;其二是发展自己的小城镇,建设一处与周边城区相衔接的“湿地新城”,通过提高局部地区人口密度来降低其他大面积地区的人口密度。

(1)有计划地向周边城市疏散保护区人口:①向战略协同圈的桃城区、冀州市和枣强的城市化金三角转移人口。②向周边石家庄、天津、北京、青岛等周边大城市输出劳动力。③向其他城市输出劳动力。

(2)建设一处与周边城区相衔接的“湿地新城”:在综合示范圈内和与城市化金三角地区相衔接的地方建设一处“湿地新城”,与战略协同圈共同形成合理城镇体系。该区的特点是,产业方向为劳动力密集型、本地资源利用型,形成与湖区生态相协调的城镇经济活动。特别强调的是,除了产业发展以外,小区在要真正体现人与生态的共存的理念,在规划设计和日常运行管理上要有创新,为我国农村的城市化和可持续发展起到示范作用。

21.3.2　社区人居环境改善战略

包括两个方面:其一是结合湿地新城这一生态城镇的建设,创造生活便利、环境优美、生态友好的社区人居环境;其二是通过村落综合整治,使保留的村落的人居环境得到根本性的改善。村落综合整治将是保护区社区人居环境改善的主要途径。湿地新城建设和村落综合整治的具体措施详本章 21.4 和 21.5。

21.3.3　社会保障与社区就业促进战略

通过建立健全农村社会保障,促进社区就业,消除社区贫困和制约保护区生态建设的不利因素,促进保护区人口就业方式与生态环境建设的协调,提高社区居民生活水平,加速保护区的产业结构调整和人口向城市化地区的转移。

21.3.4　社区文化与政治文明发展战略

社区建设涉及社区居民利益的多方调整,整个过程的公平公正应有健全的社区政治文明做保障。因此,积极发展社区政治文明是保护区社区建设的重要依托。具体措施详见 22 章。

21.4　湿地新城建设

21.4.1　湿地新城的提出

湿地新城设想的提出是基于以下原因:

(1)生态移民安置的需要。根据《衡水湖国家级自然保护区总体规划(2004 ~ 2020 年)》,保护区恢复西湖湿地将伴随着总规模约为 2 万人的生态移民,这 2 万生态移民的安置问题是保护区亟待解决的一个关键问题。一旦一个具备相应规模的湿地新城拔地而起,并能提供相应的就业安置,则生态移民问题就可迎刃而解。

(2)发展社区教育的需要。调查发现,农村儿童失学的问题主要出现在中学教育阶段,而中学失学的主要原因则是因为中学离家远,费用比就近在村里读小学大大提高,而且就读交通不便。中学由于学科包括物理、化学、生物等需要实验教学支撑的学科,对教学设施要求较高,因此必须要达到一定规模才能具有经济性。通常,一个 1000 学生规模的中学,其服务人口规模就需要达到 1.5 万 ~2 万人,所以任何一个村落仅靠自身人口规模都不足以支撑一个中学的发展,而且也无法解决其他村落孩子就读过远的问题。而一旦一个规模为 2 万人以上的湿地新城,则可以完美地解决社区青少年就近入读中学的问题。

(3)实现农村土地集约利用和规模化经营的需要。保护区农村目前过于分散,农村基础设施建设很差,公共设施匮乏,建设用地利用率很低,也不利于农田规模化经营。如能通过湿地新城的建设,使保护区农村社区适度集中,则可实现农村土地集约利用,并使农田规模化经营成为可能。

(4)促进保护区产业结构调整的需要。保护区现在需要第二产业的优化升级和第三产业的大力发展,这都需要以人口适度集中的社区为依托。人口适度集中将为第三产业中的社区服务业带来诸多需要,创造大量就业岗位。同时,通过社区的集中建设,使企业集中布局,也有利于集中治理因产业发展带来的环境污染问题。

21.4.2 湿地新城建设的原则

(1)科学规划、分步实施原则:湿地新城应综合考虑其生态、经济、社会和文化效益,进行统一的科学规划。然后严格按照规划分步实施。

(2)生态环境保护优先原则:湿地新城作为保护区的一部分,必须坚持生态环境保护优先,在生态环境得到严格保护的前提下进行开发建设。

(3)土地和资源集约利用原则:以湿地新城建设方式谋求社区发展,其根本目的就是要通过衡水湖农村社区的城市化,促进土地和各种资源得到集约利用,提升经济效益,促进社区的可持续发展。

(4)产业协同循环互补原则:要运用循环经济的思路,形成协同演进的产业格局和互相促动、周期互补的产业序列,支撑湿地新城成为适宜居住、充满活力、创意富集并具有强大竞争力的产业格局。特别是,第三产业应当作为湿地新城产业的发展重点,从消费性服务入手,以生产性服务为重点拓展方向,积极引导新兴服务业发展,使湿地新城成为能提供美妙生活体验的区域性高端服务中心。

(5)生态经济社会文化全面发展原则:湿地新城应通过生态经济社会文化全面发展,成为一个社区居民生活安康、社会和谐、文明昌盛的生态文明典范社区。

21.4.3 对湿地新城建设的初步设想

(1)新城定位:围绕湿地新城的建设,以循环经济为核心整合区域资源,实现保护区生态产业的集群化发展。并结合社区产业发展的需要,大力拓展和延伸金融、商务、技术服务等生产性服务业,使社区产业发展获得持续活力和动力。

结合生态旅游的发展需要,积极发展餐饮、康体、休闲、娱乐、商贸等消费性服务业,使其成为保护区的生态旅游接待服务中心。

着力培育和壮大会展及相关服务业,使其成为一个立足河北、服务衡水市、面向京津冀乃至环渤海的区域性会展商务旅游服务中心。

结合湿地生态移民安置和新农村建设,打造符合绿色建筑标准的现代生态社区,建立完善的社区公共服务体系,积极倡导发展社区生态文明,使衡水湖的湿地新城成为一个新农村和社区生态建设的典范。

(2)新城选址:选址建议在保护区示范圈东北角,与规划中的新 106 国道高速出口有机结合。保护区示范圈东北角位于衡水湖所在流域的下游方向,并且其主导风向与衡水湖成平行关系,可使湿地新城对衡水湖湿地的负面影响降到最低。同时,该选址正好位于衡水市桃城区、冀州市、枣强县城市金三角的中心地带,符合衡水市未来城市化发展的战略方向。

(3)新城规模:新城规模可视选址条件按 3 万 ~5 万的常住人口的规模进行一次性规划。其中 2 万人为对生态移民的安置,1 万人为保护区部分其他村落人口通过宅基地置换等集中迁入,这是湿地新城需确保的基本规模。另外 2 万人规模则为湿地新城留下的预留发展空间,可用于保护区引进外部人才。

(4)新城生态策略:湿地新城规划中应充分考虑生态空间布局和生态要素建构来满足保护区整体区域的生态要求,以“城市森林”和“社区生态单元”为主体建构“全空间生态网络”的城市生态景观格局。根据城市气候特点和城市形态、功能发展的实际,维持良好的城市物理环境,满足城市居民生活舒适性的需求。建立湿地新城生态环境监控和数据分析的支撑体系和技术平台。

(5)新城环境保护策略:充分利用沼气、太阳能、风能等新能源;建设雨污分流的社区下水管道系统,实现对雨水的循环利用;尽量采用透水路面,实现地下水自然回补;建立沼气净化设施,对生活污水进行集中处理;建立严格的环境准入标准,新城内企业必须达标排放;严格执行绿色建筑标准,完善基础设施建设;建立完善和人性化的人行步道、自行车道与汽车交通分流的交通系统,建设方便的公共交通系统;裸露地表应全部绿化覆盖。

(6)新城空间布局:应形成合理的居住社区、生态旅游接待设施与绿色产业空间布局规划。第二产业应相对集中,以方便环境质量控制,并按照循环经济产业链上下游的相互关系合理布局,同时注意生产服务型第三产业的配套,充分发挥产业集群效益。居住社区应公共配套齐全,安全、便利,与品质生活产业簇和公共服务(文化)产业簇在空间上相互搭配,与第二产业也能有方便的联系,以有利于促进生活质量和就业。社区空间规划要强调多元化,引导整体社会融合。

(7)社区文化发展:通过新城社区文化建设、社区自治和居民参与新城管理,增强社区居民对新城的归属感;通过促进就业,完善社会结构,公平配置教育、卫生、体育和社会保障等公共资源,消除贫困,促进社会融合,增强社会的凝聚力,增强外来人口对新城的认同。建立社区生态文明行为准则,通过生态文明教育,增强社区民众生态意识,使生态文明行为成为社区民众的自觉行动。

(8)社区人才引进:新城可辟出专区筑巢引凤,引进一批高素质科技人才、管理人才和文化创意人才,以科技创新、管理创新和文化创意为动力,促进新城的绿色产业发展。

(9)分期实施方案:可优先在保护区管委会直辖的 8 个直管村进行试点,争取将 106 国道东侧的几个村落通过用地置换先行启动湿地新城的建设,使其形成示范效应。再在南水北调工程实施前完成对生态移民在湿地新城的安置。

21.5　村落综合整治

21.5.1　村落综合整治的目的

村落综合整治既是新农村建设的要求,也是通过减少人类活动的负面环境影响促进生态保护的要求。村落环境综合整治的目的包括:

(1)通过对村落用地的统一规划、建设和环境污染综合整治,优化村落土地利用,改善村落基础设施和卫生条件、完善社区公共服务功能,在改善社区居民生活的物质条件的同时,减少因村民生活污染给衡水湖湿地带来的负面环境影响。

(2)通过村容村貌整治,丰富环境文化内涵,恢复地方文化传承,提升村落景观美学价值,并结合生态文明教育,启发村民对美好精神文化的追求,提升村民文化素质、弘扬地方文化、改善农村风尚。

21.5.2　村落综合整治的模式选择

依据《衡水湖国家级自然保护区总体规划(2004 ~ 2020 年)》,无需生态移民的村落属村落综合整治的对象。各村可因地制宜采取以下多种方式开展村落环境综合整治:

(1)生态旅游接待村模式:此模式适于交通条件好,具备一定特色,具有生态旅游开发前景的村落。此类村落可结合村落整治完善生态旅游接待条件,强化地方文化特色,并应注意与其他类似村落进行差别定位,突出自身特色。

(2)绿色产业龙头村模式:此模式适于自身产业发展已具一定规模和优势,且产业方向符合保护区产业政策,具有长远发展前景,且空间上尚有一定拓展余地的村落。此类村落应结合现有条件,对村落及其未来发展空间进行统一规划,突出特色产业,优化产业布局,优化土地利用,提升自身环境污染治理能力,将自己打造区域性的绿色产业龙头,通过自身产业的辐射力带动周边其他村落共同发展。

(3)绿色产业特色村模式:此模式适于自身具备一定基础、交通便利、有能力加入区内绿色产业链分工,形成自身特色的村落。此类村落应积极主动加入湿地新城和区内龙头村的产业协同,结合现有条件锁定自身在产业链分工上的位置,突出特色产业,并结合产业发展需求对村落进行统一规划,优化土地利用,提升自身环境污染治理能力,将自己打造成为绿色产业特色村。

(4)土地置换模式:此方式适合自身条件差、无特色、无产业基础、已呈空心化,或产业方向与保护区严重矛盾必将关闭或迁出,且交通不便,缺乏生态旅游开发前景的村落。此类村落可通过土地置换,整体迁入湿地新城,或加入周边绿色产业龙头村,在保护区的统筹引领下加入区内产业结构和土地利用整体调整,从中寻求自己的发展空间,是最好的选择。此类村落整体搬迁后,原址应整体拆除,并在对土地进行残留污染清除后退耕。

21.5.3　村落综合整治的原则

(1)规划先行原则:村落综合整治坚持规划先行。要依据保护区相关技术法规政策和保护区发展规划,密切结合现状、历史、环境、资源等条件,充分分析村落人口、土地、经济、社会、文化等因素,本着突出实效、布局合理、设施配套、环境优美、特色鲜明、节约土地、以人为本和可持续发展的原则,确定整治规划的主要内容,并按照规划要求开展村落综合整治。

(2)农村社会全面发展原则:村落综合整治要切实贯彻"生产发展、生活宽裕、乡风文明、村容整洁、管理民主"的要求,充分调动村民的积极性和创造性,以发展农村经济为中心,以增加村民收入和改善村民生产生活条件为重点,加强基础建设,发展社会事业,推进村民民主政治和精神文明建设。

(3)村民自愿原则:村落综合整治要坚持一切从农村实际出发,尊重村民意愿的原则,按照构建和谐社会和建设节约型社会的要求,实事求是,量力而行。要确立村民在村落环境综合整治中的主体地位,充分调动村民自主自愿建设家园的积极性,激发村民自主、自强、勤勉、互助的精神,使村民在建设新农村的过程中提高自身的综合素质,让村民得到实际利益。凡是村民不认可的项目,不能强行推进;凡是村民一时不能接受的项目,要先试点示范,让村民逐步理解接受。

(4)因地制宜原则:村落综合整治应因地制宜,尊重农村建设的客观规律,以满足村民的实际需要为前提,防止盲目照抄城市建设模式。要充分利用现有条件和设施,凡是能用的和经改造后能用的都不要盲目拆除,不搞不切实际的大拆大建,防止以行政命令的方式强行推进。坚持以改善村民最迫切、最需要的生产生活条件为中心,要充分利用自然地理优势,巧于因借,灵活布置,丰富村落建设的文化内涵,突出地方特色,充分展现具有浓郁乡土文化氛围的现代化新农村景象。

(5)统筹兼顾原则:村落综合整治要有全局性,处理好生产与生活,近期与远期,改革与传统,发展与保护之间的关系以及循序渐进、统筹兼顾、协调发展的关系。要考虑整体环境效益、经济效益、社会效益的统一,提倡资源的合理开发利用,开展资源的综合利用、循环利用和能源的高效利用,实现废弃物的最小化。

(6)绿色生态原则:鼓励村落发展利用沼气、太阳能、风能、地源热能等新型清洁能源;在村落整治建设中,尽量采用节能环保的绿色建材,探索适于农村地区的低成本绿色建筑。鼓励对农村现有住宅进行节能改造和加固,使农村住宅更加安全适用、经济美观和富有地方特色。

(7)历史和地方文化保护原则:在村落环境整治中,应加强对村落内有价值的历史文化遗迹、历史街区、传统民居、地方特色文化和风景名胜资源的保护。村落整治实施前应开展对村内历史文化遗迹的调查,因地制宜地确定具体的保护方案,防止简单化的大拆大建造成对地方历史文化资源的破坏。

21.5.4 村落综合整治的内容

21.5.4.1 社区公共设施建设

(1)根据村落现状条件,对村落进行科学合理的功能规划,建设和完善农村基层组织、村民室内外公共活动和医疗文化教育等服务设施,如幼儿园、小学、村民文化活动室、阅览室、卫生室、公共厕所等。

(2)强化农村网络信息服务,力争在未来几年保护区内每个村落都有独立文化室,或结合村小学,配备可上网的电脑和投影仪等,切实为广大农民群众提供一个学习科学文化知识、开展文化活动的优良场所。

(3)适当集中设置场院、农机保管和柴草堆放场地,合理确定其位置、规模。鼓励采用集中存放、集中管理的方式来解决场院、柴草堆放和农机设备保管存放问题。

(4)建设垃圾集中回收点,逐步实现垃圾分类回收。

(5)敷设上下水管道,提供水质达到安全饮用标准的饮用水,实行雨污分流,对雨水进行净化利用,对污水进行集中处理。

(6)对村内主要道路采用透水路面方式硬化,道路标准应能满足公共消防通道的要求,并配备消防设施和安装路灯。

21.5.4.2 农村住宅建设

在农村住宅建设上要体现安全、经济、适用、美观、卫生、节能省地、功能完善的原则,充分反映地方特色。应按照村落统一规划,根据农村生活、生产的不同需求进行设计和多方案选择,并对现状需修缮、改造的农村住宅实施逐步改造。

(1)新建农村住宅应满足村镇规划要求。

(2)对旧农舍应进行安全鉴定,对于安全性完全没有保障、也没有任何历史文化价值的农村住宅应予拆除。相关人员应妥善安置。

(3)对尚有保留价值、可通过加固改进安全性能的农舍,应进行加固改造消除安全隐患,并结合加固进行卫生和节能改造。结合对旧农舍的改造,还可对其外观进行适度美化。

(4)建设卫生、方便的厕所,改善人畜混居。农舍厨卫设施应接入村落统一建设的下水道。没有接入条件的应单独建设沼气池,对粪便和厨余垃圾进行处理和回收利用。

(5)鼓励采用稻草板、草砖、苯板、炉渣板等新型节能建材改进农舍保暖性能,鼓励采用节能火炕与地热池采暖等节能设施。鼓励利用太阳能、沼气提供采暖、生活热水和生活能源。节能改造可大大节省农民冬季的取暖费用,减少煤烟污染,并提升住宅的舒适度。

21.5.4.3 给排水设施整治规划

(1)供水:根据村落所可利用的水资源情况及生产、生活、消防用水需求,本着水质优良、安全可靠、水量充足的原则,选择使用大口井、小机井、水压井等作为饮用水源,明确水源位置,确定具体取水方式、输水工程管线走向等工程设计,并提出水源保护措施,实现供水设施完善、饮用水质合格、水量充足的目标。

(2)排水:根据生产、生活污水量,结合地形现状、统一设置村落内部排水系统。处于保护区规划的截污管道沿线的村落应使村内的污水管道能与截污管道对接。位置分散的村落应集中设置沼气污水净化池,自行对生活废水进行净化处理和沼气能源回收。

(3)雨水利用:采取雨污分流方式,修建地下雨水积蓄和净化池,集蓄雨水用于绿化和消防供水。有条件的村落应设置若干个(1 个以上)室内消防水源,水源应充足并能保证灭火用水量,达到消防的目的。

21.5.4.4 电力与通讯设施整治

(1)根据用电量及电信、有线电视设施普及率,并考虑规划发展需求,结合现状地形、村内部道路系统,对设置不合理,影响整体环境的架空线杆、变压器台站、发射塔及相关设施进行调整。

(2)对居民的生活能源进行改造治理。应结合当地的环境、气候等自然条件,开发适合当地居民生活的节能设施,鼓励使用沼气、太阳能和秸秆燃气等清洁能源。如采用太阳能风能单独或混合驱动的电器,利用沼气生火做饭,利用小沼电提供生活和生产用电等。

21.5.4.5 环境卫生治理

(1)各村应根据生活垃圾及工业固体废弃物数量,集中建设垃圾转运站和垃圾收集点,确定对居民生活垃圾、牲畜粪便、农业生产所产生的季节性垃圾的治理措施和方案,逐步对垃圾进行分类回收。对于需作最终处置的生活垃圾,由保护区统一安排垃圾集中清运和处理。

(2)针对农村厕所建设提出改造方案和建议,可选水冲与旱厕结合的形式,适当发展适合北方气候特点的旱厕,对粪便进行生物发酵处理。根据村内实际情况,公共活动场所和人流量较大的主要道路交叉区域应设置若干公共厕所。

(3)针对现状提出人畜分离的改造方案,提倡牲畜村外集中圈养,合理确定牲畜圈养的场所,其场所位置应考虑在夏季主导风向下风向处,并制定集中圈养的牲畜粪便处理方式,鼓励村民结合沼气建设来合理利用牲畜粪便。

(4)对村落内的废旧坑、塘进行改造利用。消灭村落内部所有露天粪坑。与沼气利用需求相结合,在一定区域选址建设集中化粪池。结合北方寒冷气候特点,其化粪池的位置应选址于夏季主导风向下风向处。对原有粪坑及其他严重污染的废旧坑塘进行回填。对回填后的土地使用性质、范围应进行有效的控制、管理,原则上应以绿化为主。

21.5.4.6 村容村貌整治

(1)制定衡水湖区的景观保护条例,规范综合生态圈的村落和建筑的外观和设施标准。

(2)充分利用现有绿地、道路、水塘、宅院四周用地、村落外围的护村林地等进行有组织的绿化,在绿化过程中应根据当地实际情况考虑季节变化进行植物的合理搭配。

(3)根据实际条件对各类公共设施进行有重点的美化、亮化改造。对村内闲置宅基地和私搭乱建等不符合景观保护条例的房屋设施应进行清理。对村落房屋外观可因地制宜进行景观设计和改造。村容村貌整治和景观营造应注重突出地方特色。

21.6 道路交通建设规划

21.6.1 原　则

(1)道路布局和交通管理需结合生态景观保护的需要,便利和促进保护区的保护管理,通过新道路的建设减少人流交通对保护区重要保护区域的穿越,尽量扩大保护区内的无干扰区域。

(2)在保护好自然生态的前提下,尽量方便社区居民出行,促进地方经济的发展。交通体系应结构清晰、便捷合理,做到人车分流。

(3)在道路建设中注意保持生态廊道的延续,达到人、湿地动物、植物的和谐相处。尽量不穿越湿地修筑公路,必须穿越湿地地段的道路施工中要注意增加建设桥梁、涵洞的数量,尽最大程度减少道路建设对湿地植物动物生存空间的影响。尽量避免在保护区内修筑硬化路面,鼓励采用砂石、卵石、石块、石板、经防腐处理的木板等的材料做路面。

21.6.2　分区管理

(1)特别保护圈为一级生态敏感区,除少数巡护专用道路外,不再新建道路,未经批准严禁人员进入。

(2)中隔堤湿地村落区为二级生态敏感区,需依照生态旅游环境容量严格控制人员进出规模,除保护区专用车辆外,禁止机动车通行。

(3)生态旅游区内除保护区专用车辆和特许运营的电瓶车外,禁止机动车通行,并依照其生态旅游环境容量严格控制人员进出规模。

21.6.3　机动车交通规划

(1)规划新建各级机动车道路共计28km,其中,位于示范区的道路26.7km;位于实验区内的道路1.3km。结合对部分路段的整治,在保护区外围及边缘形成畅通的机动车系统,减少因机动车辆对保护区生态敏感区域的穿行,以及有效避免社区居民对保护区核心区和缓冲区的穿越,并确保各管理站与各功能区之间道路畅通。机动车道路选线以不破坏风景原貌为前提,并避免对景点有视线和噪声的干扰。应方便游览、安全、舒适、便捷并利于与临近生态旅游区相连;弯度、坡度适宜,并满足人车安全、防火、采伐、生活物质运输等方面要求。

(2)所有机动车道两旁应根据地形条件建设50~500m的隔离林带,以吸收其噪音和尾气污染,以及减少机动车辆对保护区的景观视觉干扰。其中,高速公路两侧的隔离林带应平均各500m;一级公路两侧平均各300m隔离林带;二级公路两侧平均各200m隔离林带;三级公路两侧平均各100m隔离林带;四级公路两侧各50m隔离林带;乡村公路两侧平均各10m隔离林带。各级公路的隔离林带宽度需达到但不限于上述标准。

21.6.4　非机动交通规划

(1)保护区鼓励利用非机动交通,包括步行系统、自行车和畜力交通,以减少机动车废气排放和噪声等带来的污染。实验区内的生态旅游区域应有布局完整并相互连通的非机动交通系统,设立相应的自行车、牛马车、和马匹毛驴等出租站点。各类交通应既相互配合,又相互独立,特别要注意人车分流,尽量减少车辆对游人的干扰。

(2)步行系统:应尽可能利用原有步行小路,因地制宜、因景制宜、曲直自如、与风景融为一体,保持自然野趣。另可就地取材修建固定的沿河小道与林间步道,避免游人对草地的践踏。在危险路段要采取安全措施。具有探险性质的游览路段,可以不加铺筑,似路非路,任其自然。人行步道选用材料应因地制宜、经久耐用、美观亲切,并且尽量做到生态化,尽量减少对自然生态循环过程造成阻绝。陆上步道可采用石板、卵石、行道砖等;东湖湖滨设部分栈道延伸于水中。步道途中平均每1000m应有一处空间相对开敞的场地,并设遮阳设施,供游人停留休息、观景拍照等;东湖湖滨步道平均每半小时步程应至少设一处亲水泊岸,供游客亲水嬉戏,亲水泊岸根据需要可与游船码头结合设置。西湖因保护饮用水源地的需要，不设亲水泊岸与游船码头，并通过带刺灌丛带和沼泽地等自然屏障避免游人接近湖水。

(3)自行车系统：在现106国道保护区南北入口处、冀州小湖北堤码头、南关桥、老冀码路小寨入口、中隔堤绳头村南侧均分别设一自行车驿站，以方便生态旅游者利用代步。在条件许可的区域应尽量设置自行车专用道沟通各主要景点，使骑车者即能避开其他各种车辆，又避免对步行者的干扰，且沿途应具备良好的视野，使骑车者在途中能将优美的自然风景尽收眼底。

(4)畜力交通：畜力交通包括以畜力车代步和直接驾驭牲畜两种形式。前者如马车、牛车等，下称牛马车系统；后者如骑马、骡、驴等，以下对骑马交通的要求也均适用于骑骡、驴等代步方式。需注意采取必要措施保持环境卫生和人身安全。牲畜应后挂粪便收集袋，对粪便进行统一收集管理，不得随意向路面排放。

牛马车系统：在现106国道保护区南北入口处、冀州小湖北堤码头、南关桥、老冀码路小寨入口、中隔堤绳头村南侧的自行车驿站附近再均分别设一牛马车驿站，以方便生态旅游者利用代步。牛马车应仅在保护区内专用的机动车道上行驶，以避免对步行者和骑车者的惊扰；但同时需注意对机动车的避让。牛马车的驾驶者必须有娴熟的驾驭技能，需持证上岗。

骑马交通：鼓励保护管理人员对保护区骑马巡护，骑警本身就构成保护区的一道风景线。骑马者必须有娴熟的骑马技艺，并经过严格的考试后持证上岗。另外，保护区可在规划的牧草地的缓冲区以外区域划出一片专门的骑马游览区，仅供游客或放马驰骋或休闲遛马，并提供相应的骑马技能培训和考试认证等服务。游客经过严格培训和考试并取得合格证书后方能独立持证骑马。

21.6.5　水上交通规划

(1)所有水上交通和游线均安排在东湖的实验区内，西湖作为饮用水源地，除保护管理巡护和为鸟类补食外，严禁人员和船只进入。在西湖绳头村堤岸及东西湖内设置了补食点的各生境岛的适宜位置各设1巡护船专用码头，以方便保护区人员上岛补食。

(2)分别在东湖东北部生态公园、东湖北岸中部与滏东排河廊桥相对位置、东湖小湖隔堤北部、东湖小湖南岸和顺民庄共设5处生态旅游用游船码头。码头除能为船只提供充足泊位外，还应尽量方便游人上下船只，并设遮阳避雨设施，方便游客等候船只。码头管理用房应注意体量和色彩适宜，要有机融入自然环境。能通电瓶车的码头还应注意为电瓶车提供上下车站点和少量停车泊位，电瓶车道需注意与游客步道相分隔，避免人流与机动车交叉。

(3)游艇上不得有红、黄色彩，游艇不得使用液体燃料，宜以电动或人划为动力。

(4)警务巡逻平常值勤改用电船，可配备少量燃气快艇作应急预备。应严格巡逻次数及速度，不得任意兜风，防止湖面燃油及噪声污染。

21.7　社会保障体系建设规划

目前衡水湖农村地区社会保障制度建设还亟待建设。健全的农村社会保障体系应该包括四大子系统：

(1)针对农村脆弱社会成员即期生存危机的农村社会救助子系统；

(2)针对农村劳动者未来或不确定风险的农村社会保险子系统；

(3)使农村全体社会成员生活质量不断得到改善的农村社会福利子系统；

(4)针对农村军人及其家属这类特殊群体的农村社会优抚子系统。

其中，社会优抚由国家统一规划，本报告不作深入讨论。以下就农村社会救助、社会保险和社会福利制度的建设分别展开。

21.7.1　农村社会救助

社会救助是指国家与社会面向贫困人口和不幸者构成的社会脆弱群体提供款物救济和辅助的一种生活保障政策，目的是帮助农村社会脆弱群体摆脱生存危机。社会救助尽管可能有多方参与，但它必须首先被视为政府的责任或义务，是政府为陷于不幸困境的民众设立的最后一道“安全网”，社会管理以人为本价值观的重要体现。做好农村社会救助工作，对于促进农村经济社会发展，逐步缩小城乡差距，维护社会公平具有重要意义。

农村社会救助主要包括农村最低生活保障、农村五保制度、医疗救助以及灾害救助等。

(1)农村五保供养制度:五保制度是政府对农村中缺乏或丧失劳动能力的老、弱、病、残人员提供吃、穿、住、医、葬等方面援助的一种社会救助制度。由于农村五保制度的经济主要来源于乡村集体经济，在取消农业税之后，乡村集体经济受到了严峻的挑战，因此需要就农村五保供养制度的后续实施方式进行进一步的探索。由于五保对象往往自身部分或全部丧失了劳动和生活自理能力，因此常常需要接受一对一的供养帮助。建议采用集中供养和分散供养相结合的方式，集中供养可委托给社会福利机构，分散供养由各村安排供养家庭提供一对一帮助。政府应建立五保对象档案资料，对区内五保对象进行统一管理，村集体资金不足的，由政府提供财政补贴。

(2)农村最低生活保障制度。衡水市于2005年就开始施行《衡水市农村居民最低生活保障制度实施办法》，2007年8月国务院发出了在全国建立农村最低生活保障制度的通知，正式全面启动农村最低生活保障制度的建立工作。衡水湖农村目前绝对贫困的人口比例较低，但贫困程度较高。保护区应积极贯彻落实农村最低生活保障制度，认真考察掌握直管村范围内贫困家庭的生活状况，以家庭为单位合理确定低保对象和救助方式，建立财政低保基金，确保低保资金来源。对低保救助对象和救助方式进行公示，接受社会各界的监督。保护区还应积极推动城乡一体化的最低生活保障制度，使农民逐渐摆脱以土地做生活保障的束缚。

(3)灾害救助制度。灾害救助是国家和社会对遭遇到各种自然灾害及其他灾害事件等而陷入生活困难的社会成员提供各种援助的一种社会救助制度。由于农村社会面临的社会风险日益增加，一旦农民遭遇到自然灾害或灾害事件，他们的生活可能陷入瘫痪，有时甚至影响到社会安宁。因此，政府需要建立灾害救助机制。灾害救助应强防灾、抗灾、救灾三结合，以及外来救助与生产自救相结合。通常，一个重大的灾害事件很难依靠地方政府独立救助，但地方政府却是在第一时间提供灾害救助的关键力量，同时也是使来自各种渠道的救灾物资和救灾人员合理配置并充分实现其救助效果的关键。保护区管委会作为承担一级政府职能的行政机构，也非常有必要建立起自己的灾害救助制度，包括建立灾害救助专项基金，防灾减灾日常管理制度，灾情紧急报告和调查制度，灾害应急预案等，以保证将灾害的危害性降到最低。相关内容详见第23章“23.3应急体系规划”。

(4)医疗救助制度。医疗救助是政府针对患有重大疾病(如恶性肿瘤)或慢性疾病(如糖尿病、高血压等)而难以承受医疗费用的农村居民所提供经济援助的一种社会救助模式。当农民遭遇到重大疾病或慢性疾病时，他们会面临贫困的危机。因此，农村医疗救助对于预防农民因病致贫、因病返贫具有重要的积极意义。农村医疗救助一般作为农村合作医疗的配套。政府需要通过新型农村合作医疗制度、财政预算等建立农村医疗救助专项基金，并与医疗保险制度有机结合，使医疗救助基金的效用得到最好的发挥。

21.7.2　农村社会保险

社会保险是指国家和社会通过相应的制度安排，保障劳动者社会生活的一种政策。农村社会保险是农村地区覆盖范围最广、受益人口最多的社会保障模式，是新型农村社会保障体系的重要组成部分。它强调权利与义务相结合的原则，采取多方共同供款的模式。

社会保险一般涉及医疗保险、养老保险和就业保险三个方面。对农村而言，由于农民由于有自己的土地，土地在某种意义上对农民起着失业保险的作用。但农村的农业生产存在鲜明的靠天吃饭的特点，受自然灾害影响大。因此，在谈论农村社会保险的时候一般不包括失业保险，但会包括农业生产保险。

21.7.2.1　农村社会养老保险

农村社会养老保险是政府为农村居民建立的，通过农民缴费与政府补助相结合，以保障农民老年生活的一种社会保险制度。

养老保险的作用首先表现更新传统养老观念，增强社会保障功能，实现社会养老与家庭养老相结合，解除农民后顾之忧，进而推进我国农村经济体制改革。这对计划生育政策实施近二十多年的今天有着特别的意义。目前，我国农村人口结构已发生很大的变化，全国农村家庭平均每户人数从1978年的5.7人下降到2005年的4.1人，衡水湖农村地区贫困家庭平均人口总数则仅为3.2人，比全国平均水平还要低0.9人。随着家庭人口总数的降低，农村社会人口开始趋向老龄化，家庭主要劳动力的负担也会逐渐加重，这对消除贫困是不利的，同时容易造成已脱贫的家庭再次返贫。其次，养老保险还有利于调节政府与农民的关系，缩小城乡差别，改善社会风气，从而保持农村社会的稳定。

早在20世纪90年代初，我国部分农村就已经建立了农村社会养老保险政策，但常常存在基金缺乏、管理混乱的问题。由于全国农村人口老年化趋势的加快，中央政府逐渐认识到农村养老问题的严峻，2006年开始在全国进行农村社会养老保险的创新改革。鉴于以往农村社会养老保险实践过程中出现的问题，今后的农村社会养老保险制度应该从以下几方面进行创新：①政府首先需要明确自身的主导作用，加大对农村社会养老保险的财政投入力度，理顺养老保险基金管理的关系；②强调农民参保责任与义务相结合，加大基金的规模，以增强农村社会养老保险的保障能力，扩大养老保险的覆盖面；③考虑与城镇社会养老保险的衔接，应当坚持“以收定支，略有节余”的原则，同时要注意给制度实施以前未参保的老年人发放一定的补助。

21.7.2.2　农村合作医疗

农村合作医疗制度是具有中国特色的农村社会医疗保险模式。医疗保险的作用在于：首先，它为保持劳动者的身心健康、确保劳动力正常再生产提供了必要的经费，解除了劳动者的后顾之忧，使其安心工作，因而有利于提高劳动生产率，促进生产的发展。其次，医疗保险对患病的劳动者给予经济上的帮助，有助于消除因疾病带来的社会不安定因素，维护社会安定，是调整社会关系和社会矛盾的重要社会机制。

早在20世纪中期，中国农村合作医疗制度就受到了世界卫生组织的肯定。然而，随着集体经济的解体，传统的合作医疗模式在农村逐渐萎缩，只有少数地区的农村合作医疗仍在继续，农村的医疗问题又逐渐显现。2003年，中央政府积极推动农村合作医疗制度改革，全国各地逐渐建立了新型农村合作医疗制度。相对于以前的农村合作医疗制度，“新型”主要体现在两个方面：一是国家给予相当大程度的财政补助，而不是完全依靠基层集体自筹资金，从而保证该制度的实施具有了资金基础；二是新型农村合作医疗将大病统筹作为一个重要方面。在此基础上，政府应加强农村卫生系统的改革和建设，合理配置医疗等卫生服务资源，积极鼓励各种社会力量参与发展农村卫生事业。对保护区的具体建议有：

(1)积极推动农村合作医疗与城镇居民医疗保险制度的对接，逐步实现城乡无差别的统一医疗保险制度。

(2)医疗保险制度制度设计应注意门诊和大病保障的有机结合。通过适度的门诊医疗报销提高医保对普通农民的吸引力，快速扩大参保面，并减少农民因缺医少药而将小病拖成大病的情况；同时将医疗报销的重心放到对大病和导致劳动力丧失的慢性病救助，防止村民因病致贫。

(3)逐步推行社区医生制度。由经医疗保险机构认可的社区医生负责社区居民健康档案管理，详细掌握医疗救助的对象和需求。并按照管理居民健康档案的人数，来合理核定社区医生门诊医保报销的总盘子，以此控制和减少过度医疗、小病大治的不良倾向。但节约也不能归己，避免社区医生降低对社区居民的门诊服务水准。

(4)通过政府补贴方式鼓励村民积极参保，极力拓展社保基金总盘子。对于参保后长期不报销医疗费的，可在参保一定期限后给予适当奖励，奖励方式可以考虑以增加养老金额度，而非现金补偿方式，维持社保基金总盘子不变。

(5)对社保基金严格管理。建立相应的管理制度，确保资金运用的透明度。

21.7.2.3　农业生产保险

农业生产保险是增强农业生产的抗风险能力，保障农民收入稳定，减少农村贫困现象的重要制度。

保护区应大力推动农业生产保险。一些政府财政支农项目可以农业生产保险的形式给予贫困农民适当的帮助。采取适当补贴措施鼓励农民积极参保。

21.7.2.4　其　他

目前保监会批准的各类农村保险品种已达14种之多。保护区应积极联络相关保险机构，大力推进农村保险事业的发展。

对于生态移民的安置补偿可考虑部分以代交纳失业与养老保险金的方式发放，使社会保险替代土地为农民提供基本社会保障，避免部分农民将一次性发放安置款在短时间内的挥霍一空，而之后则因无其他生活来源而陷入贫困。

21.7.3　农村社会福利

农村社会福利是指国家和社会通过社会化的福利设施和福利津贴，以满足农村社会成员的生活需要并使其生活质量不断得到改善的社会政策。根据当前中国农村的现实情况和经济发展水平，未来保护区农村社会福利应当包括农村老年人福利、农村教育福利、农村妇幼福利等。在经济发展水平较低的情况下，农村社会保障体系主要是保障生活有困难的农村居民，即“补缺型”社会保障。随着经济发展水平的提高，农民对生活质量的需求也不断上升，政府也具有了一定的财政基础，就可以适度扩大社会福利范围，以提高农民的生活质量。

(1)农村老年人福利：除了建立养老保险制度外，还应逐步建设、改进农村养老院，使老有所养由单一的家庭养老转向家庭养老和社会化养老相结合的方式，通过对老人的妥善安置，以及为老人提供切实的服务和必要的帮助，解放青壮年劳动力，使其可以专注于发展生产和创造财务。这对于老龄化问题日趋突出的衡水湖有着特别的意义。

(2)农村教育福利：农村教育福利应关注两个方面的问题：其一是农村基础教育，应通过教育福利制度确保每一个学龄儿童和青少年不因贫困失学；其二是农村科普教育、继续教育的问题，可以通过建设农村公共基础设施,设立文化馆、阅览室、电脑室等多种方式,以及提供免费或低收费的成年培训教育等多种方式展开。相关措施可详见第22章“22.3社区文化建设”部分的相关内容。

(3)农村妇幼福利:妇女为人类繁衍承担了巨大责任和风险,妇女素质也对下一代人口素质有着关键的影响。儿童是未来的希望,儿童的健康、人格和知识的培养关系到民族未来的竞争力。因此,有必要在社会福利制度建设中特别为妇女儿童作出适当的福利安排。具体建议有:

优生优育相关福利:建议安排专项资金,对育龄家庭提供免费的优生优育教育,为孕妇提供免费的产前检查,减少婴儿先天遗传病发病率。

优秀父母培训计划:为育龄和有未成年子女的家庭安排如何做一个合格的爸爸妈妈的相关培训,讲授儿童心理、儿童教育、家庭伦理道德等相关知识。为儿童创造一个更加有利于健康成长的良好家庭环境。

计划生育家庭福利:对于计划生育家庭,政府可以拿出一部分财政预算,用于补贴农村计划生育家庭,使计划生育制度由以前的“以罚为主”转变为“以奖为主”,使农村计划生育制度更为有序地运行。如为独生子女上保险,免费安排疫苗注射、定期体检等。

(4)时间银行福利:为了提倡社会美德,使缺乏生活自理能力的孤老伤病残大病人员得到适当看护和帮助。保护区可建立志愿服务时间银行,记录供养或为五保户及其他孤老伤病残大病人员提供服务的家庭或志愿者的志愿服务时间,将来他们需要帮助时,可以获得等量时间的免费看护。

21.7.4 社区就业促进

(1)转产、就业培训:社区劳动力的部门转移主要是从传统的第一产业向其他产业转移。为此,劳动者需要增加新的劳动技能。建议通过与市就业培训中心合作,建立社区就业培训和创业中心,有针对性和层次性地进行培训。根据未来综合示范圈的产业布局,需要注意加强以下几方面的培训:

从事生态旅游和生态科普教育的专业人才培训:未来衡水湖发展生态旅游业将为此创造大量的就业机会。在这类人才的培训中,要注意根据对人才的不同需求分出不同层次。高层次的人才应该有能力参与湿地科研工作、对他人提供科普教育、从事旅游服务管理等;中低层服务人员,如导游、餐饮和住宿接待服务人员等,其从事的是窗口性职业,从业人员的素质直接影响到游客对衡水湖之行的旅游体验,也必须大量加强。

旅游纪念品、工艺品制作技能培训:由于衡水在旅游纪念品行业有很好的基础,可发展旅游纪念品专业市场,并借助衡水湖湿地的影响,争取向国际市场扩张,扩大规模和增加就业。为此,保护区还应特别注意加大艺术型人才的培训,发扬自己在旅游纪念品产业上的优势,进一步开发新型产品。

发展生态农业的相关技术培训:如节水节肥生态农业技术,实现自我生态循环的高效生态农业技术,食用菌、高级蔬菜瓜果、花卉苗木等栽培技术,林业、渔业、苇业、莲藕、药材等的资源保育与合理利用技术,绿色食品、饲料和有机肥加工技术等。

适应城市就业需求的对外输出型劳务技术培训:如建筑园艺技术、家政技术、物业服务、物流配送等,可根据市场需求灵活开展。

(2)鼓励劳动密集型的产业在社区投资:对区内投资的项目对吸收社区劳动力就业的最低限度提供强制型要求,对超过指标的给予相关优惠鼓励。

(3)建立劳务输出服务公司,积极向外输出劳务:由政府和民间共同合作建立劳务输出服务公司,对凡是介绍并保证三个月以上工作的介绍人给以一定激励。

(4)建立敬老院和农村社区服务中心,在实现老有所养的同时,促进社区就业。敬老院和农村社区服务中心的建设可与保护区内发展的疗养、保健、养老福利的产业和建设有关设施相结合,采取季节性、半年性、或更长时间的灵活制度,在子女出外就业的时候,对在敬老院生活的老人,政府给以一定支持,使得子女在外安心工作。对不愿意去敬老院而愿意在自己家里生活的老人,农村社区服务中心提供上门服务。

第 22 章　保护区文化发展规划

文化概念是由英国人类学家爱德华·泰勒在1871年最早提出,他将文化定义为“包括知识、信仰、艺术、法律、道德、风俗以及作为一个社会成员所获得的能力与习惯的复杂整体”。文化包括物质和精神两方面:前者主要是指人们衣食住行、工作和娱乐等生活方式;后者主要包括人们的价值结构(追求、期望、时空价值观等)、信仰结构和规范结构(风俗、道德、法律等)诸方面。

文化是人类特有的财富,我们每一个人都置身其中,接受它的哺育,但又不断以我们自身的思想和言行去使它发生改变。它可以无声无形,却又无处不在,还可外化为各种人类所创造的物质环境,并为后世所传承。人是一种富有创造力的动物,文化的作用就是指示人的创造力的发挥方向。所以,衡水湖自然保护区及其周边地区要实现可持续发展,首先就需要培植一种指向可持续发展的文化。

本章所讨论的文化发展主要涉及社区文化建设和社区政治文明发展两个方面,其核心是构建与保护区生态环境保护使命相符合的生态文明文化形态。

22.1　指导思想

基于保护区及其周边地区的现状,保护区文化发展战略应遵循以下指导思想:

- 提高人口综合素质
- 弘扬地域传统文化
- 发展现代政治文明
- 走向绿色生态文明

对上述指导思想说明如下:

绿色生态文明强调追求人与自然的和谐,而现代政治文明则是关于人与人之间的和谐。历史一再证明,人类社会的冲突总是一再殃及自然生态,没有人与人之间的和谐,人与自然的和谐也就无从谈及。因此,在强调绿色生态文明建设的同时必须也要发展社会政治文明。

另外,之所以一再强调弘扬地域传统文化,是因为“越是地方的,也就越是世界的”。在当今全球一体化的趋势下,现代理性主义和迅猛的城市化发展导致不少城市成为“没有文化的场所”,面目雷同平庸引起了普遍的不满。正如记忆对我们而言是必不可少的一样,没有文化积淀的环境是不能为人们所接受的。对文化特性、地方特色的探索成为一种世界潮流,“寻根”也因此成为一种永恒的文化冲动。只有拥有鲜明的地域文化,一个地区才能保持其永恒的吸引力。

最后,所有这一切文化追求,都必须建立在人的基本文化素质的基础上。所以,提高人口综合素质也就成为了一种必然选择。

22.2　规划目标

22.2.1.1　目标描述

将衡水湖建设成为一个具有深厚历史文化底蕴并洋溢着自然和谐氛围的、由社区居民与生态旅游者所共有的精神家园,使衡水湖获得可持续发展的根本动力,并永远保持她迷人的魅力。

22.2.1.2　相关指标

(1)保护区内人口普遍达到初中以上文化程度,并接受过专门的湿地生态保护教育和地方历史文化教育,拥有自觉的生态环境意识和地方文化的自豪感,积极参与社区共管。

(2)保护区管理人员全部达到大专以上文化程度,并接受过系统的湿地生态保护管理教育和地方历史文化教育,具有良好的敬业精神和公共服务精神,普遍做到依法行政。

(3)历史文化断层得到修补,地方历史文化的完整性得到保护。

(4)生态旅游者在游览过程中得到生态环境保护知识的辅导,生态旅游者的各项权益得到妥善保护,游览体验获得最大程度的满足。

22.2.1.3　相关说明

在指标中之所以谈到历史文化断层得到修补,是因为从现场调查可以深刻地体验到,尽管冀州拥有丰厚的历史文化遗产,但作为一种群体性的历史记忆在社区居民中已经非常淡薄,历史文化断层,急需修补。提高社区居民文化素质,并对社区居民进行地方历史文化教育,使他们在与游客交往过程中自然地表现出较高的文化素质,并经由他们将地方历史文化的魅力自然地呈现给外来的游客,将极大地提升衡水湖湿地生态旅游的文化品位。

生态旅游者的权益是指生态旅游者在购买生态旅游产品和接受旅游服务时享有的基本权益。广义地讲,旅游产品是旅游者从出发到归来之间全过程中接触或感受到的事物、事件和服务的总和。狭义地讲,针对衡水湖湿地的生态旅游,可以理解为进入保护区范围之后所接触和感受到的所有事物、事件和服务的总和。这一过程可能给游客留下美化的记忆和精神的满足,也可能留下遗憾、悔恨、甚至伤害。“海牙旅游宣言”提出:“旅游者的安全和保护对他们的人格的尊重是发展旅游业的先决条件。”一般认为,生态旅游者的基本权益主要有以下三个方面:

(1)自由选择、知悉真实信息的权益。这就要求保护区要将衡水湖自然的真实的景观和传统文化展现给旅游者,杜绝虚假和过分的人工雕砌,以及粗制滥造的假古董。

(2)人身、财产安全受保护的权益。这除了要求必要的基础设施建设外,还有赖于社区治安的建设和社区居民有较高的素质。

(3)获得质价相符的商品与服务的权益。公平、公正对于每一个人都是非常重要的,在这一点的保障上除了有赖于保护区的妥善管理外,保持民风淳厚也是非常重要的一环。

22.3　社区文化建设

社区文化是一定区域内聚居人群的精神生活现象。社区文化可分为广义和狭义两个层次的概念:广义的社区文化涵盖了社区经济和政治以外的所有社会现象;而狭义的社区文化则仅仅是指社区居民的文娱活动和文化教育。社区文化内容通常包括:社区居民文化素质的构成、社区居民文化意识历史积淀及其现实价值取向、社区特色的民间艺术等。具体归类为:社区公益文化、社区娱乐休闲文化、社区商业文化、社区居住文化、社区人文景观等。具体表现形式可以分为社区居民的文娱体育、社会教育等健康身心、娱乐身心的文教体卫活动等。保护区的社区文化建设应抓住以下几方面的内容:

22.3.1　构建生态文明价值观体系

生态文明是人类社会继农业文明、工业文明、商业文明之后更高级的文明形态,是与可持续发展目标相适应的文明形态。构建和弘扬生态文明价值观对于保护区社区走可持续发展之路具有基础性的作用。

以下对生态文明价值观的内涵进行阐述：

（1）为了人类社会的代际公平，以及人与自然的和谐共处，生态文明价值观崇尚节约、反对浪费；崇尚朴素、反对奢华；崇尚自然、反对过度的人为干预；倡导和谐共存、反对贪婪掠夺；倡导克己公益、反对自私破坏。

（2）适应生态文明发展阶段的人类文明必然需要建立在具有高学习能力和高文化素质人口的基础上。这是因为生态文明价值观倡导人类生活水平的提升应建立在科技进步的基础上，以资源利用效率的提升和对自然破坏的减少为前提，因此人类生活的幸福感应更多依靠文化的丰富和多样性来提升。

（3）生态文明价值观与中华传统文化价值观有很好的契合。如道家的天人合一、道法自然；儒家的仁爱和谐、修齐治平；佛家的众生平等、因果报应等。因此，可以通过有意识地复兴中华传统文化中与生态文明价值观相契合的部分，将其纳入生态文明价值观体系。

（4）地方文化是生态文明价值观的有机组成部分。正是地方文化构成了文化的多样性。因此，弘扬地方文化，保护地域文化的多样性也成为生态文明价值观体系的重要组成部分。

生态文明价值观体系归纳起来，应该是节约文化、公益文化、学习文化和传统文化的有机结合。

22.3.2 创立具有示范意义的湿地特色文化教育体系

（1）对于学龄儿童，应将湿地生态和地方历史文化教育纳入中小学教育体系，使孩子们从小就树立起热爱衡水湖、热爱大自然、自觉保护生态环境和地方历史文化的意识。

（2）对于成年社区居民，应该以多种方式开展和普及湿地科普教育，以及地方历史文化教育，使社区居民提高湿地保护意识，恢复地方历史记忆，对社区地方文化产生自豪感，自觉将对生态和文化的保护融入日常生产生活之中。

（3）组织编写一套融合了中华传统文化和衡水地域文化的生态文明教育示范教材，以支撑上述本地中小学教育和社区居民成人教育。

（4）为了推动上述针对本地社区的湿地特色文化教育，建议结合湿地新城建设，在其中分别创办一所示范性的高水平的湿地小学和湿地中学，大力推进有关湿地生态保护和地方文化的素质教育，同时兼顾对成年居民的湿地科普教育和地方历史文化教育。

（5）针对湿地生态保护研究和培训市场的需求，还建议创办一所湿地大学，或在当地选择适当的高等学校，创建与湿地保护相关的专业，为湿地保护工作者提供相关学历教育，开展湿地科学研究，并承接有关环境教育的各级干部培训。

上述教育体系的创建可积极引入区外的优质教育资源，通过办分校、分院或联合办学等方式，争取一个较高的起点。同时应有效组织和利用志愿者的力量来加强相关教育。

22.3.3 严格履行9年制义务教育，杜绝学龄儿童失学

学龄儿童失学是提高社会人口素质的严重障碍。下面分别针对可能导致儿童失学的几个主要原因，提出相应对策：

（1）因贫困失学。目前国家对农村免除了义务教育阶段的学杂费，因贫失学的主要原因不再是过去的交不起学费的问题。但贫困家庭学生依然存在以下困难：①生活费支困难。对此政府可采取必要措施，如为贫困家庭学生提供助学担保贷款，帮助贫困家庭学生度过生活上的困难。②劳

动力缺乏。贫困家庭普遍缺乏劳动力，加上家中常常有伤残大病人员需要照顾，这都造成贫困家庭学生或希望及早就业或参加农业劳动帮扶家用，或需要在家照顾病人，不能安心学习。针对这一问题，只有通过建立完善的社会保障和社会福利体系，消除农村贫困，以及发展对伤残大病人员护理的社会化服务，才能有效解决。

(2) 因经济大潮冲击不安心学习而失学。由于保护区将大力发展生态旅游业，经济活动的诱惑将不断增强，很可能这一条将成为儿童失学最主要原因。对于这一点保护区必须提前采取措施做好预防，特别是要做好学生家长的工作，使他们履行好自己作为儿童监护人的义务。必要时可以采取一些特定的经济措施，如个人担保、社区联保等，杜绝学龄儿童失学现象。

(3) 因学校路途远，就学不方便而失学。经过20多年来大力推行计划生育政策，学龄儿童人数不断减少。不少农村学校因为就学儿童人数不足而撤销，而学校的减少又进一步使更多农村儿童失学，从而形成农村学校与失学儿童问题的恶性循环。因此政府必须对此保持关注，并采取必要措施。建议的对策包括：①保护区人口适当集中，优化办学条件。②湿地中学应配备寄宿设施，为一些偏远村落的学生提供寄宿条件。③开设校车，方便学龄儿童就学。

22.3.4 强化社区文明建设

22.3.4.1 社区文明建设的内容

(1)弘扬中华传统文化，通过表彰先进、鞭策落后，恢复培养敬老爱幼、谦虚礼让、明辨是非、讲究公德、诚实信用、勤劳节约的朴实民风。

(2)大力提倡公益文化，鼓励志愿精神，促进社区居民积极参与社区公共事务。可建立社区志愿服务档案，根据志愿服务时间优先安排享受各种社会福利。

(3)营造终生学习环境，普及科技文化教育，加强科技信息服务，提升社区居民科学文化素质。

(4)深入挖掘地方特色文化，强化地方传统文化教育，增强社区居民的地方文化荣誉感和归属感。可结合发展生态旅游的需要，组织举办丰富多彩、形式多样、并寓教于乐的地方特色文化展演、竞赛等活动，激发社区民众的参与兴趣。

(5)丰富社区业余文化生活，倡导积极健康的休闲娱乐方式，抵制低级趣味，取缔赌博、卖淫等危害身心健康和社会安全的不良行为。

(6)保护区领导干部和工作人员应在社区文明建设中率先垂范，带动社区精神文明建设。

22.3.4.2 社区文明建设的措施

(1)加大对农村文化建设的规划和投入力度，鼓励多元化的文化设施投入，从而有效改善文化基础设施。发展农村文化事业，投入是难点，也是关键。为此，要坚持"两条腿走路"：一方面建立以政府投入为主的投入保障机制，每年从财政预算中划拨专项资金用于农村文化设施建设和活动经费支出；另一方面，积极探索市场化运作、多元化投入新模式，鼓励、引导社会力量参与农村文化建设，为农村文化建设提供物质保障。努力通过改善基础设施条件，使农村文化设施建设有一个质和量的变化。

(2)以行政村为重点，建立多层次的农村公共文化服务体系。一方面，在充分发挥乡镇文化中心对村级文化建设的导向、辐射、推动作用；另一方面，在各行政村地制宜建设一批规模适当、设施良好的村级农民文化园、文化活动室，培育文化特色示范村，发挥典型示范作用，使其成为综合性的文化载体，扩大文化机构职能。

(3)开展多种形式的生态文明和地方文化教育工作。除了集中组织培训外，还可在衡水湖保护区内部分有条件的村落，开展以送技术、信息、观念为实质内容的科普工作，通过外部信息输入和引导,使村民建立发展信心,强化竞争意识和协作意识,同时还帮助其建立对保护区的认同感和归属感。

(4)加强农村基层党建工作,促使基层党组织在社区文化建设中发挥积极的组织作用,强化对基层党员的个人文化素质和生态文明道德价值观的培养,使基层党员在倡导农村社会新风尚中起到模范带头作用。

(5)积极引进外部文化资源,广泛联络衡水周边地区、河北省内及京津地区的科教文化机构,建立一支衡水湖湿地农村社区文教志愿者队伍,组建湿地学校,深入农村,为农民传授科技文化知识、技能和生态文明道德价值观。

(6)高度重视信息化建设对农村社区文化建设的促进作用,创造条件,确保各村至少有 1 台电脑可以上网,培养农民使用电脑上网获取知识和信息的技能。

(7)关注传统宗教文化在地方文化风尚形成中的教化作用,对宗教活动积极管理,引导发扬传统宗教文化中符合生态文明价值观的文化要素,抵制封建迷信。

22.3.5 积极建设公共文化教育设施,宣传湿地生态与地方文化

公共文化教育设施建设首推博物馆,这是因为博物馆是联结过去、现在和未来的文明纽带,是透视一个城市或地区文明发展的窗口。根据衡水湖及其周边地区的基础条件,可以考虑建设的博物馆有:

(1)湿地自然与人文历史博物馆:可以分为自然馆和人文历史馆两大部分,自然馆主要展示湿地的各种自然资源、生态价值、利用方式等,人文历史馆主要展示衡水湖历史上因人类活动而带来的各种重大历史变迁及其生态后果,既包括破坏、也包括建设,衡水湖南部重工业搬迁也可以留下一些淘汰的机器设备纳入陈列。让后人懂得人类曾经付出的代价,了解前人为保护衡水湖曾经付出的努力和艰辛,懂得很好去珍惜和保护生态环境。

(2)冀州历史文化博物馆:以收藏和展示包括金缕玉衣在内的古冀州各种出土文物、古地图、方志、家谱、名人史迹、诗词歌赋等为主要特色。

(3)衡水民间收藏博物馆:衡水的内画名扬海外,现已在衡水市区建成内画艺术博物馆。冀州号称遍地是文物,据称冀州人在新中国成立前垄断了北京琉璃厂的古董市场,我们调查期间也听说一些民间收藏家,民间收藏在衡水应该有很盛的传统。可以考虑建一所民间收藏博物馆,分成不同分馆,打出各民间收藏家的名号,由他们负责具体的陈列,或者恢复冀州人在北京琉璃厂经营的最盛的几间古董店的名号,发动这些店主的后人参与建设。

(4)衡水酒文化博物馆:衡水老白干是全世界最高度的白酒,据称盛时衡水有 18 座酒坊,争奇斗艳,现都归于衡水老白干酒厂麾下。酒文化博物馆可以恢复 18 座酒坊的盛景,挖掘衡水酒文化的历史。

以上博物馆可分别设置,也可相互结合,集中建设为 1 ~2 个综合性博物馆。博物馆建设应高起点,强化展示项目的互动性和寓教于乐的教育功能,增强其对社区中小学生及生态旅游者的吸引力。

22.3.6 理顺利益机制、落实文化保护责任

通过宣传教育、产业结构调整、旅游收益分配等手段,启发当地群众对保护地方文化的重视。由政策保护其利益,社区居民承担文化保护义务和责任。

22.4　社区政治文明建设

22.4.1　政治文明的内涵

党的十六大提出,发展社会主义民主政治,建设社会主义政治文明,是全面建设小康社会的重要目标。社区是社会的一个细胞,也是社会主义政治文明建设的一个重要前沿。因此,必须高度重视社区政治文明建设,将其纳入社区发展与建设规划。

先进的政治文明包括规范、完善的民主政治制度和与之相配套的政治运行机制、监督机制,以及确保这种制度和机制理性运转的规范程序。目前,我国在农村地区率先推行了村民直选的乡村民主政治,使农村社区自治得到了长足的发展。但村民直选村委会并不是农村社区政治文明的全部,它不能确保直选出来的村民自治组织能够良性运转,也不能确保给农村社会带来真正的民主和正义。

20世纪90年代以来,政治学与公共管理领域更多采用"治理"(governance)这一术语来讨论一个社会的政治文明架构,强调一个社会应该形成一种合理并良性运转的"治理结构",来解决社会公共事务管理中的效率、公平和正义。其特点包括:

(1)治理主体的多元性:治理的主体不仅仅包括政府,也包括民间机构,企业和个人,即所谓"公民社会"。各治理主体都是本着社会责任感,自觉、主动地参与到社会管理中来。

(2)治理过程的持续性:各治理主体对社会事务的参与是一个互动和持续的过程。

(3)主体关系的多样性:各治理主体之间的关系是协作、而非竞争,亦非上下级执行关系,其权力指向是多元的、相互的。

(4)治理手段的多样性:社会治理应通过合作、协商、确立相互认同的目标等手段来实现。治理过程往往体现为主体间多样化的行动、干预和控制。

(5)治理结构的多样性:主体间可以是契约性合作,也可以是国家让渡部分管理权给社会其他组织;可以是正式的制度约束,也可以是非正式的制度约束。

22.4.2　完善农村社会治理

22.4.2.1　完善农村选举制度

村民直选是当前中国农村政治民主的伟大实践,是村民行使民主权利的重要方式,必须坚持并进一步完善。调查发现:目前衡水湖地区农村村民直选工作基本普及,但还存在一些缺陷。建议从以下几方面进一步完善:

(1)加强宣传教育,强化村民民主权利意识,促使其更加重视参加选举并审慎做出决定。

(2)优化选举程序,使选举过程更加透明和便利。保护区管委会可通过调查研究和学习借鉴外地经验,制定一套农村选举工作指南,对各村的选举办法进行规范、引导。该指南可根据最佳实践经验定期更新,引导衡水湖农村选举工作的持续改进。

(3)积极开展反贿选工作,高度警惕和严厉打击地方宗族势力及黑社会介入暴力操纵农村基层选举的行为。保护区管委会应建立针对农村基层选举不法行为的举报奖励制度,鼓励村民对贿选和以暴力威胁操纵选举的行为进行举报,并给予适当的奖励和保护。一旦查实应取消不法当事人的候选人资格,触犯法律的应交由检察机关提起公诉。

22.4.2.2　强化推行村务公开

村务公开和接受村民监督是农村基层组织的工作义务,也是建立村民对村落管理信任感的基础。调研中发现大部分村落都有村务公开栏，但村民对村务公开情况仍有疑虑。因此村务公开——尤其是财务公开应该在未来的工作中大力加强。

(1)保护区管委会应建立村务公开导则，对村务公开进行指导、引导和监督。强化村财务的规范化、制度化管理，鼓励以外部审计方式增强村财务的透明度。

(2)鼓励村民以选举方式自行组建与村委会平行的村财务监督委员会，对村财务工作进行民主监督。

22.4.2.3 积极促进农村公民社会的发展

公民社会是指围绕共同利益、目标和价值的非强制的行动团体。各种慈善机构、非政府组织、社区组织、妇女组织、宗教团体、专业协会、工会、自助组织、社会运动团体、商业协会、联盟等都可视为公民社会的组成部分。公民社会的蓬勃发展，以及形成其与政府组织之间的良性互动关系，对于疏导各种社会矛盾、促进社会稳定、维护社会正义具有非常重大的意义，也是政治文明健康发展的重要标志。

(1)保护区管委会应对非政府组织的发展积极管理。应建立透明的非政府组织登记制度和管理办法，倡导志愿服务，鼓励农民自发组织或参加各种农民协会和公益性团体，以有组织的方式合理表达自己的利益诉求。

(2)各种非政府组织必须公开合法活动，并接受政府和社会各界的监督。

(3)保护区应鼓励社区的各种非政府组织委派代表积极参加衡水湖评议会和衡水湖社区共管委员会等的活动，将社区非政府组织的活动纳入正常的保护区治理架构。

(4)保护区定期对积极参与保护区公共事务的社区个人和组织给予表彰和奖励，积极引导公民社会的良性发展。

22.4.3 加强保护区管委会在社区政治文明建设中的作用

22.4.3.1 切实推动社区参与和社区共管

(1)尽快落实衡水湖保护评议会和社区共管委员会等社区参与和社区共管的组织架构，并结合政务公开、信息公开，积极主动地推动保护区居民的社区参与和社区共管。

(2)保护区管委会在实施各项保护措施的过程中，要尽可能为社区居民和 NGO 提供参与机会，充分听取社区的意见，尊重社区居民的权益。

22.4.3.2 帮助提高社区居民自我管理能力

保护区应有意识为社区工作人员和各种非政府组织的参与人员提供培训，积极提升相关人员的素质和自我管理能力。

22.4.3.3 建立健全保护区信访制度

(1)保护区管委会应认真执行《国务院信访工作条例》，建立健全保护区的信访工作制度，加强与保护区社区民众的沟通联系。

(2)鼓励村民对社区建设和保护区管理工作中出现的各种问题进行投诉举报，并给予切实的反馈答复，必要时应为信访人提供必要的保护，防止打击报复，增强村民对积极参与社区公共事务的信心。

(3)对信访接待人员加强业务素质培训，培养信访工作人员的使命感、责任心和亲和力，给予信访工作人员适当授权以加强其信访事项办理能力。对先进个人进行表彰奖励，鼓励信访工作的持续改进。

第23章　保护区公共安全管理规划

公共安全管理是为保护区可持续发展保驾护航的重要环节。本章基于保护区公共安全问题的特点，提出了保护区公共安全管理的规划目标和总体布局，并从安全预防体系、应急体系、防火、安全生产以及生态旅游安全等多方面提出了保护区公共安全管理的具体规划措施。

23.1　公共安全规划目标与总体布局

23.1.1　公共安全规划对象

根据社区和旅游区公共安全建设的需要，周边地区人类生产、生活活动中可能的安全事件的不同影响，按照“特别保护圈”、“综合示范圈”、“战略协调圈”三个圈层分圈层设定不同的规划目标和规划措施，将区外人类活动也有机地纳入保护管理工作的视野。

23.1.2　公共安全规划目标

23.1.2.1　总体目标

将衡水湖自然保护区及其周边地区建设成为以衡水湖湿地生态旅游为核心，集生态、环境保护与生态旅游开发为一体的，一个安全、和谐、持续发展的综合示范区。

23.1.2.2　近期目标(2009～2015年)

23.1.2.2.1　目标描述

到2015年，在大力发展生态旅游的同时，显著降低和消除保护区的旅游安全事件、生产经营事故和自然灾害等引发的人员伤害、旅游资源破坏和经济损失，维持旅游地可持续发展，避免因重大灾害而引发旅游地资源衰退；塑造衡水湖自然保护区的安全景区形象。

23.1.2.2.2　目标内涵

(1)衡水湖地区的所有新建、改建、扩建项目均能从安全角度出发，满足安全需求。

(2)完善衡水湖及衡水市地区各类安全设施建设，能够为衡水湖及周边地区旅游、生产、生活提供安全保障，促进生态旅游业及生产生活的和谐发展。

(3)调整、充实、完善保护区安全管理结构，为生物和环境的保护与旅游安全发展、社会经济和谐发展打下良好基础。

(4)建立衡水湖地区应急管理体系，加强衡水湖地区的应急能力，能够及时消除或降低各类事故带来的影响。

(5)通过加强宣传教育，积极调动与提高区内与周边地区群众的安全意识，树立和谐旅游观，提高衡水湖地区的旅游安全服务意识。

(6)保护区直管村范围内安全责任事故发生为0。

23.1.2.3　远期目标

23.1.2.3.1　目标描述

塑造衡水湖地区和谐、安全的文化氛围，树立安全旅游地的形象；将衡水湖地区创建成一个安全、和谐、持续发展的综合示范区。

23.1.2.3.2　目标内涵

(1)衡水湖地区旅游安全形象深入人心,各类事故呈现明显下降,无重大事故的发生;安全责任事故的发生为0。

(2)保护区内与周边两个圈层的国民教育、文化水平显著提高,安全教育普遍开展,能够掌握基本的安全技能。为构建衡水市安全、和谐的社会形象贡献力量。

(4)保护区安全机构组建、安全设施建设、应急能力保障等得到很大发展,配置合理、科学,能够切实发挥实效。

23.1.3　总体布局

本规划依据本战略规划的总体布局,从衡水湖及周边地区发展的安全需求以及衡水湖当地及周边地区人类生产、生活、旅游等活动对衡水湖环境、居民、旅游影响的角度出发,根据自然灾害和安全风险的不同特点,分圈层设定不同的规划目标和规划措施。

23.1.3.1　区内圈层

特别保护圈(Special Protection Circle):在安全管理中,应强调生态安全预警监测和防火、病虫害、动物疫情和外来物种入侵等管理措施。同时需加强预防周边地区安全事件对特别保护圈的影响。

综合示范圈(Human - Nature Co-development Circle):本圈层是保护区社区人类活动的主要区域。随着生态旅游及其他二、三产业的发展,综合示范圈人类活动强度还会不断增强,其面临的公共安全问题,包括自然灾害、旅游安全、公共卫生安全、工农业生产的安全等都将日益凸现,因此是保护区公共安全管理的主要对象。

23.1.3.2　区外圈层

保护管理区以外的区外圈层包括"战略协同圈"和"流域协作圈"。此区域存在的安全问题与综合示范圈类似。其安全问题与保护区的关系体现在以下方面:

(1)从公共安全角度看,区外圈层对于特别保护圈及综合示范圈内的重大突发事件可起到缓冲,提供应急援助的作用。如前文所述,衡水湖地区主要的自然灾害威胁来自地震和洪涝灾害,这类自然灾害的影响不会仅仅限于衡水湖和衡水市,因此其防灾减灾工作也需要从更大区域范围内统一协调治理。

(2)另外,由于旅游业事件的全程性,将周边旅游安全与保护区内的旅游安全统一考虑,对于保障旅游开发与自然资源的和谐,具有重要的作用。

(3)保护区有大片开阔地,本身也应作为衡水市重要的避难场所进行统一规划。

23.2　安全预防体系规划

安全预防体系应包括安全责任落实、安全设施建设、安全教育、安全演习、安全预警、安全应急预案等内容。保护区应以地方法规形式发布保护区安全管理条例,对上述内容予以落实。

23.2.1　安全责任主体

(1)衡水市政府:负责领导、指挥和协调市域范围内的公共安全管理工作。包括召集综合防灾会议,议定防灾减灾对策,制定和实施城市公共安全各项计划,制订市灾后恢复重建计划;部署、督导各有关部门和各乡镇、街道办事处开展防灾减灾工作;保障安全投入等。战略协同圈主管领导应将安全管理事项纳入战略协同圈的议事日程进行统筹。

(2)保护区管委会:负责领导、指挥和协调保护管理区范围内的公共安全管理工作。包括:提高保护区安全所有相关责任方的安全意识,加强保护区安全法规建设与组织建设,落实上级政府对公共安全管理的有关部署,建立保护管理区内的安全预案,组织社区积极采取各种措施消除生态旅游和生产环境中的安全隐患;在突发安全事件时快速反应,组织救援和采取应急措施;保障社区公共安全事业的投入等。保护区管委会应设专人主抓安全管理工作。

(3)村委会和各企事业单位:配合保护区做好区内的各项安全工作,认真履行国家和地方政府制定的与安全相关的法律法规规定的责任与义务,加强日常安全管理,制定并落实本单位突发事件的应急预案,并设专门的安全责任人负责落实各村和各企事业单位的安全管理工作。企事业单位应负责落实自身安全管理建设的资金投入。鼓励企事业单位积极运用保险措施来规避意外安全事故风险。村落的安全管理建设资金采用自主投入和政府扶持相结合的方式予以安排。

(4)社区居民:本着自己的生命自己保护的原则,协助政府和保护区做好各项安全工作,积极履行国家和地方政府规定的相关法律法规规定的责任和义务。认真学习针对地震、水灾、火灾、交通事故等各种灾害的自救与互救技能,倡导制定家庭突发事件应急预案,做好必要的应急储备,鼓励社区居民运用保险措施来规避意外安全事故风险。鼓励社区居民担任社区义务安全员。

(5)生态旅游者:本着自己的生命自己保护的原则,认真学习和遵守保护区安全管理有关规定。在突发危险时采取必要的自救和互救措施保护生命、减轻损失。鼓励旅游者投保商业保险来规避旅游意外安全风险。

23.2.2 安全设施建设

23.2.2.1 安全防护设施

保护区管委会、景区景点管理机构、各企事业单位和村委会都有责任根据自身的安全管理需要因地制宜地完善安全防护设施建设。

(1)保护区管委会应负责生态环境监测、食品卫生检测、公共避难场所、应急救援,以及公共区域的消防和社会治安监控等设施和设备的建设。并负责监督辖区内各企事业单位和村落的安全设施建设工作。

(2)景区景点管理机构和各企事业单位应负责自身的食品卫生安全、安全生产防护和自身管理区域内的消防及治安监控等设施和设备的建设。

(3)村委会应负责组织实施本村的消防、环境卫生、及避难场所等设施和设备的建设。

23.2.2.2 防灾建设

(1)断裂带避让:无极 - 衡水隐伏大断裂经过衡水,因此,在保护区进行工程建设时,应对该断裂带采取有效避让措施。

(2)社区居民及各企事业单位从事房屋或其他工程建设活动的,必须采取必要措施使新建房舍和其他工程设施符合结构安全和使用安全相关的设计标准和规范的要求,综合考虑抗震、消防等要求。

(3)房屋和工程设施的安全检查与加固:房屋倒塌等次生灾害是造成地震灾害损失的主要原因。此外,现代地震影响表明,当遭遇 VII、VIII 度影响时,水库大坝裂缝可能导致库水泛滥,其次是地表沙土液化形成的喷沙冒水等水害。

根据 GB18306—2001《中国地震动参数区划图》,衡水市的抗震设防标准是Ⅶ度,设计基本地震加速度值为0.10g。本着《抗震设计规范》所规定的“小震不坏、中震可修、大震不倒”的原则,保护区管委会应加强对区内既有房屋和工程设施的安全检查和检测鉴定工作。特别是保护区内的游乐场所、度假区、卫生所等以及水利工程分阶段、有重点的进行抗震设防的建(构)筑物抗震性能鉴定,并采取相应的抗震加固措施。对于房屋和工程设施达不到现行设计标准、规范和安全生产要求的,应责成并监督其所有者限期采取安全加固等措施。安全隐患严重的应责令其立即停止使用并组织相关人员撤离。对于经鉴定不安全也无保留价值的旧房和工程设施,应责成并监督其所有者限期拆除以消除安全隐患,否则应予强制拆除并要求其所有者承担费用。对于村集体及村民所有的非生产性房舍达不到现行设计标准和规范要求的,应根据村集体及村民家庭的经济条件和抗震效益分析采取区别性政策。保护区管委会可安排专项资金,帮助贫困家庭应其进行加固整修,或将其迁入其他安全的安置房。贫困家庭的旧房需拆除的,由政府承担相应费用。

(4)生活垃圾和固定废弃物管理设施:一旦发生地震,任意丢弃的生活垃圾以及工业固体废弃物都有可能渗漏于地下水造成饮用水污染,引起严重后果。因此,加强区内的环境污染治理,对生活垃圾和固定废弃物的减量化,以及建立垃圾收集点和中转站,做到及时清运、集中处理,也是防灾减灾建设的重要一环。

(5)消防设施建设,详 23.4 防火规划。

(6)防洪建设:①防洪标准:保护区的防洪标准至少应与衡水市相一致,即为 50 年一遇。衡水湖北部滏阳河危险工段和滏阳新河、滏东排河以及衡水湖周边重要水闸及涵洞适当提高防洪标准。②保护区的防洪建设应与流域整治规划相结合,通过流域协作机制,加强上游地区的水土保持,提高上游水库的设计标准。③坚固滏阳新河、滏东排河和滏阳河的堤身,特别是加固滏阳河危险工段堤身,提高堤顶,修复两岸无堤段和堤顶损高段,消除两堤险段。④对现有涵闸设施尽快开展检修维护,并计划新建部分涵闸设施。⑤对滏阳新河和滏东排河进行彻底清淤,疏浚整修河道,增大河道排涝能力。⑥当加强防洪楼(房)、避水台、安全撤退道路和通讯预警、预报等防洪避险工程设施的建设。⑦扩大流域林草植被,涵养水源,加强流域水土保持综合治理。⑧加强防洪工程设施的定期检查和监督管理。对查出的险闸、险堤等防洪隐患和片林、苇丛、引道等行洪障碍,应当确定处置措施,限期消除隐患和清除障碍。联合衡水市有关部门,重点监查滏阳河的危险工段。⑨在河道和湖泊管理范围内禁止修建围堤、挑水坝、卡水桥涵、阻水路等妨碍行洪的建筑物和构筑物,禁止倾倒垃圾、渣土等废弃物,禁止设置阻碍行洪的渔具,禁止进行围淀造地、围垦河道以及爆破、打井等影响河势稳定、危害堤坝安全的活动。

23.2.3　日常安全管理

23.2.3.1　安全管理制度建设

保护区管委会、各村落及企事业单位应根据自己的安全管理任务各自建立健全各项安全管理制度。包括安全值班、安全检查、安全操作规程、安全事故登记和上报,以及安全管理工作档案制度等。并设立完善高效的安全管理机构,明确各级、各岗位的安全职责。

23.2.3.2　对重点对象的安全监控

(1)对带电或关系游客和公众安全的关键设备设施,应作为重点安全监控对象进行特别管理。

(2)对相关安全岗位人员应开展经常性的安全培训和安全教育活动。对于大型游乐器械等带电或关系游客和公众安全的专业性设备设施,未持有专业技术上岗证的,不得操作。相关操作人员应着装安全;高空或工程作业时必须佩戴安全帽、安全绳等安全设备,并严格按照安全服务操作规程作业。

(3)根据具体安全监控对象确定相应的安全检查要求,如按日、周、月等不同周期以及在节假日前和旺季前开展例行检查,以及不定期的巡视检查等。安全检查的相关原始记录应由责任人员签字存档。

(4)根据具体安全监控对象制定日常维护计划,开展例行维护工作;对发现的安全隐患和故障应及时进行修理。维护和修理相关原始记录应由责任人员签字存档。

23.2.3.3　安全教育

(1)制定安全宣传教育的工作计划,将安全教育纳入社区生态科普宣教体系。通过丰富多彩、形式多样的宣传、教育和培训,促进整个保护区及其周边地区工作人员、社区群众、学生和游人等所有安全责任相关方了解我国、河北省、衡水市和保护区的公共安全现状,对各类突发公共事件的危害产生危机感,主动学习、掌握各类安全技能,加强安全建设,从而提高整个地区的安全意识和安全防范与应对能力,促进保护区和周边社区的可持续发展。

(2)制定景区安全管理条例,并通过多种形式的宣传教育予以落实,规范不利于安全生产、安全生活的不良生活习惯和生产经营活动,形成知法守法、依法办事的良好局面。

(3)对保护区管委会的安全管理负责人、辖区内村落和企事业单位的安全责任人、义务安全员和导游人员等进行系统的安全培训,使其掌握日常安全管理、应急反应、生命救助等相关知识,从而有效开展相关工作,并在安全事件发生时可在第一时间迅速反应、正确应对——如在最短的时间内参与救助生命、疏散群众等候救援、采取必要紧急安全防护等,从而降低安全事件带来的伤亡和损失,并防止事故的扩大。

(4)充分利用各种宣传、教育手段积极宣传公共安全知识。针对保护区旅游安全、生态安全、自然灾害风险等,有针对性地开发印刷品和声光多媒体制品等多种形式的宣传教育材料;结合生态科普教育,通过电影、录像、广播、电视、报刊、杂志、展示板、墙报、标语、专栏、宣传画册、宣传车、多媒体网络远程教育、定期发放材料等多种形式对社区群众进行公共安全宣传教育,增强群众的安全意识和相关知识;利用门票、景区宣传画、在保护区景区入口、沿线、管理站、观鸟塔及游人可能光顾的酒店、餐厅、购物场所等处悬挂有关事故预防、避险、自救、互救常识的宣传画等形式加强对游人的安全教育。

(5)加强对学生的安全教育。在学生教学中增加当地公共安全的相关教材,将纳入本地中小学正规教育体系教育,让下一代从小增强安全意识和安全技能。

(6)将安全教育纳入生态科普教育,共享生态科普宣教设施和宣教队伍,充分发挥保护区宣教资源的作用。

(7)积极树立保护区的安全形象。可争取举办区域和全国性公共安全管理、宣传教育和培训的研讨会,扩大国内影响;建设英文版的网站,与国外公共安全组织积极联系,扩大保护区的国际影响。

宣教工作应贴近社区。应积极资助社区的公益事业,为社区提供参观、学习的条件;保证宣教培训工作的效果。

23.2.3.4　安全演习

(1)保护区管委会、景区管理机构、村委会和其他各企事业单位应定期组织工作人员、社区群众和游客参加安全演习。

(2)保护区管委会、景区管理机构、村委会和各企事业单位都应因地制宜地制订具体的安全演习实施方案。包括安全演习指挥系统、行动方案、保障措施和应急预案等。保护区管委会应对区内的安全演习方案进行统一协调。

(3)安全演习应与安全教育相结合。在安全演习正式开展前应至少有针对性地开展相关安全教育，使演习参加人员对安全演习的目的、要求、行动方案、注意事项等有清晰了解。

(4)对安全演习过程要严密监控，对不安全行为应予纠正，特别注意要严防安全演习中发生意外安全事故。

23.2.4　安全预警

(1)保护区应建立有效的安全预警系统。安全预警系统主要以保护区公安分局和综合执法大队为基础，由保护区管委会统一协调。景区管理机构、村委会和各企事业单位的安全部门、宣教部门和信息管理部门，以及各安全责任人、治安联防队员、义务安全员和导游等都是安全预警系统的组成部分。

(2)保护区管委会应制定统一的景区安全信息发布与反馈机制，明确各自在安全预警工作中的责任和角色，采取“明确职责、密切配合”的协同工作方式来发挥各部门的作用，提高安全预警功能。例如，景区旅游管理机构可重点负责对景区内的旅游管理人员和旅游从业者进行法制安全教育和职业道德教育，以提高他们的专业素质与紧急应变能力。治安管理机构则负责风景区内居民的法律常识普及工作，以及对旅游者安全防范意识的宣传教育。同时，将这两方面的工作有机地结合与协调，产生双管齐下的安全教育、预警功能作用。保护区社会经济发展局则应有专人负责对企事业单位的安全生产、安全教育及安全信息管理工作进行指导。各村委会、景区(点)、度假村、宾馆和其他企事业单位的安全预警系统的主要任务则是发布上级部门的安全预警信息，发现、预测自身管理范围内的各类安全风险，及时向安全管理部门报告，以及根据具体服务对象的不同需求提供个性化的安全信息服务。

(3)保护区应定期发布旅游安全信息。对于发现的安全隐患及可能的突发安全事件应及时向公众发布信息，披露潜在危险和应急措施。如提醒游客保护区正值洪涝灾害的多发季节，并告知目前的情况和应采取的相应措施，并采取有效的安全防护措施。

(4)确保景区内能接收手机信号，并设置公用电话机和公布紧急报警号码，使社区居民和游客能够及时报告发现的危险，以及及时获得预警通告。

(5)地震预警：保护区应随时与地震局等震害发布机构保持联系，获取当地的震害预警信息。如有灾害示警立即向上级汇报，并争取舆论主动权，明确信息发布渠道和时间，建立与媒体的合作机制。

(6)防洪预警：保护区应通过流域协作机制加强内各城市之间的协作，建立流域防洪综合管理体制；加强与气象局、防汛办等机构的合作，随时获取当地未来48小时内的天气变化情况和灾害预警信息，并从思想、组织、工程、预案、物资、通信等方面做好实施预警行动的准备。

23.3　应急体系规划

23.3.1　应急反应机构

23.3.1.1　衡水市应急反应机构

重大自然灾害发生时往往波及面巨大，应急反应也需要在一个很大的范围内充分调动各种各样的资源，因此需要从衡水市层面统一考虑应急反应的统一指挥和协调问题。建议的衡水市应急反应机构应包括指挥决策机构、综合协调机构和具体工作组。指挥决策机构应由主管副市长牵头，所有政府专业职能局和地方驻军的领导干部组成。依据衡水市地方的主要自然风险，指挥决策机构可设为 2 个,即市抗震救灾指挥部和市防汛抗旱指挥部。指挥部办公室人员可分别由市水务局、地震局和承担主要救灾职责单位同志参加。指挥部办公室可还分进一步分为若干个工作组,分别主抓预测预报、人员抢救、工程抢险、转移安置、交通恢复、生活保障、物资保障、通讯保障、宣传动员、恢复重建等。

23. 3. 1. 2　保护区应急反应机构

保护区的应急反应机构包括应急指挥机构、工作机构、救援机构和支持机构等。

(1)应急指挥机构:保护区管委会应设立应急指挥部。指挥长由主管安全的副主任担任,成员包括管委会所有下设部门和市政府派出机构的部门领导组成。各部门职责分工同其对口的上级主管部门。

(2)工作机构:保护区应急工作机构应按照事故应急的职能划分,由常设或非常设的部门组成。应急指挥部下设的应急办公室,为常设机构可与办公室合署办公。负责应急安全信息接报、通知、信息传达、培训等事务性工作。其他机构包括消防灭火部、现场保卫部、通信联络部、生产指挥部、安全技术部、现场救护部、现场抢修部、物资供应部和生活后勤部等。哪些常设哪些非常设可根据具体情况进行调整。其中主要与旅游安全管理相关的部门的常设机构可放在专门的旅游管理机构中。

(3)救援机构:由当地医院、消防、公安部门以及保护区综合执法大队等组成。保护区综合执法大队在安全事件应急期间应作为救援机构发挥其作用。为了能对重大的安全事故如景区火灾、交通事故进行快速、有效救援,要设有专门的救援机构车和救援小组,要配备相关的救援设施设备,要制定救援制度和设计、演练救援方案,以提高安全救援的能力与效果。

(4)支持机构:包括各类专业技术人才、如消防、旅游、公安、工艺、研发等。保护区可根据实际需要聘请有关专家组成专家组,为应急管理提供决策建议,必要时参加应急处置工作。

(5)旅游景区应急机构:保护区旅游管理机构中应建立常设的旅游景区应急部,具体负责景区旅游突发事件的应急指挥和相关的协调处理工作。景区应急管理机构应负责监督所属衡水地区旅游经营单位落实有关旅游突发事件的预防措施;及时收集整理本地区有关危及旅游者安全的信息,适时向旅游企业和旅游者发出旅游警告或警示;本地区发生突发事件时,在本级政府领导下,积极协助相关部门为旅游者提供各种救援;及时向上级部门和有关单位报告有关救援信息;处理其他相关事项。

(6)基层应急人员:重点加强基层救灾技术专业队伍的建设。基层救灾技术专业队伍的建设,要突出基层救灾技术专业的知识训练和快速动员训练,并学习必要的灾地救护和防护等知识。

(7)社会救助人员:不断提高社会群防群救能力。平时应在基层和群众中有组织、有计划地培训各类救灾防灾人员,形成一定规模的群众救灾队伍,并在群众中普及互救自救知识,以减少灾时社会人员的伤亡。在衡水湖自然保护区景区紧急救援人力资源建设方面:一方面,应有效整合政府的救灾力量,如军队、武警、消防等,形成分工明确、协调有力的应急反应机制;另一方面,可以通过政策引导和扶持,借鉴国外经验,吸引民间资本建立专业的紧急救援服务企业,同时以城市社区为依托,通过培训,组成具有一定自救、互救知识和技能的社区志愿者队伍。

23. 3. 2　应急预案体系

23. 3. 2. 1　应急预案、演练体系

应急预案是事先针对可能发生的事故(件)或灾害进行预测,而预先制定的应急与救援行动、降低事故损失的有关救援措施、计划或方案。

保护区需要建立的应急预案体系,依据行政范围不同、突发公共事件影响波及范围的不同从大到小依次包括河北省级应急预案、衡水(邯郸、邢台、衡水和沧州)市地级应急预案、保护区应急预案和景区(村、企业、单位)级应急预案(图23-1)。

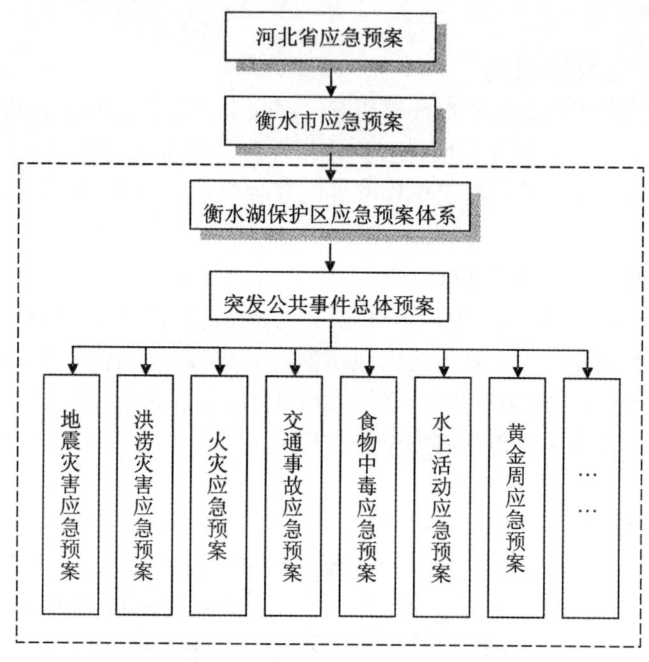

图23-1　衡水湖自然保护区应急预案体系

应急工作通常包括通告报警、指挥与控制、通讯、监测评估、治安交通、疏散避难、抢险抢救、应急人员安全、恢复重建等。预案的正确性、科学性的有效保障,在于实施应急演练,这就要求对于每项预案至少要经过桌面演练。在有条件的情况下每半年演练一次。

23.3.2.2　储备应急物资

为及时、有效的应急救援各种突发公共事件,保护区需要建立应急物资储备库,以储备各种救援物资和设备。

需要储备的物资如下:

(1)救援物资:紧急救援物资包括抢险物资和救助物资两大部分。抢险物资主要包括抢修水利设施,抢修道路、抢修电力、抢修通讯、抢救伤员药品和其他紧急抢险所需的物资。救助物资包括:粮食、方便食品、帐篷、衣被、饮用水和其他生存性救助所需物资等。救援物资由水利、交通、通信、建设、经贸委等部门储备和筹集,救助物资由民政、粮食、供销社等部门储备和筹集。根据灾区急需的救援物资,紧急状态下采取征用或采购的办法,灾后由政府有关部门结算。救灾物资运输的道路、工具、经费,救灾物资的安全、保管、登记、发放、使用按有关规定办理。

(2)应急设备:应急装备可分两大类:一是应急救援工作所需的通讯装备、交通工具、照明装备和防护装备等基本装备;二是各专业救援队伍所用的专用工具或物品,包括:侦检装备、医疗急救器械和急救药品等专用救援装备。

一般应急救援现场所需要的常用应急设备和工具有:消防设备(输水装置、软管、喷头、自用呼吸器、便携式灭火器等);危险物质泄漏控制设备(泄漏控制工具、探测设备、封堵设备、解除封堵设备等);个人防护设备(防护服、手套、靴子、呼吸保护装置等);通讯联络设备(对讲机、移动电话、电话、传真机、电报等);医疗支持设备(主要是救护车、担架、夹板、氧气、急救箱等);应急电力设备

(主要是备用的发电机等);重型设备(翻卸车、推土机、起重机、叉车、破拆设备等)等。

23.3.2.3 地震灾害的应急管理

破坏性地震临震预报发布后,或破坏性地震发生后,区内应急管理部门应配合上级政府有关部门采取应急行动,救援指挥中心的主要负责人应在灾情发生后立即赶赴事故现场,指挥紧急救援,合理安排和协调医疗、公安、武警、消防、通讯、交通等多个部门。

(1)一般破坏性地震的应急反应:一般破坏性地震是指造成一定数量的人员伤亡和经济损失(指标低于严重破坏性地震)的地震。一般破坏性地震发生后,应迅速了解区内的震情、灾情报告市政府,并抄送市科技局及有关部门,并组织有关单位和群众开展抗震救灾工作。

(2)严重破坏性地震的应急反应:严重破坏性地震是指造成人员死亡200~1000人,直接经济损失达到衡水市上年国内生产总值的1%~5%的地震。严重破坏性地震发生后,要紧急处置现场,沟通汇集并及时上报信息,协助市政府及各部门组织应急救灾。①迅速了解、收集和汇总震情、灾情,及时向市抗震救灾指挥部报告。灾情内容主要包括:灾害种类、发生时间、地点、范围、程度、灾害后果,采取的措施,生产、生活方面需要解决的问题等。②组建救援队伍,分配救援任务,划分责任区域,开展区内自救与互救。③组织查明次生灾害危害或威胁,组织采取预防措施,疏散游客和区内当地居民。灾民的转移安置主要由县市区或乡级政府组织实施。安置地点一般采取就近安置。安置方式可采取投亲靠友、借住公房、搭建帐篷等。保障转移安置后灾民的生活,解决饮水、食品、衣物的调集和发放。对转移安置灾民情况进行登记。转移安置情况及需要解决的困难要及时逐级上报。④灾情发生后,医疗救护分队负责处理人员的伤、残、病、死并采取有效措施防止和控制传染病的暴发流行;及时检查、临测灾区的饮用水源、食品等卫生情况。⑤应急救援时,要注意服从上级现场指挥部的指挥与协调,各救援队、相邻队伍之间要划分责任区边界,同时关注结合部;区块内各队伍之间要协商解决道路、电力、照明、有线电话、网络、水源等现场资源的共享或分配;各队伍之间保持联系,互通有无,互相支援,遇有危险时传递警报并共同防护。

23.3.2.4 防洪应急响应

(1)当河道的水情接近防洪保证水位或者安全流量,湖泊的水位接近洪水位,或者主要防洪工程设施发生重大险情时,衡水市防汛指挥部可宣布进入紧急防汛期。

(2)建立健全防汛组织指挥机构,落实防汛责任人,加强防汛专业机动抢险队的建设。保护区内救援指挥中心主要负责人应在灾情发生后立即赶赴事故现场,指挥紧急救援,合理安排和协调医疗、公安、武警、消防、通讯、交通等多个部门。

(3)防御标准内洪水的应急措施:完成汛前堤防闸口的徒步检查,搞好堤防设施的维护与保养,完成防汛备料,落实封堵闸口所需的闸板、闸柱、编织袋等物资。①建立24小时值班制度,日夜监视堤防安全,一旦有事,确保人员、物质的安全疏散。②确保通讯设施的畅通。为有效的传递信息,可采取多种有效传递手段,如警报传递系统、烟火传递系统、明抢、明锣传递系统和广播喇叭传递系统等。③做好人员的组织安排。专门派人巡视和保护堤防、涵闸等工程,一旦出现意外险情,紧急抢修。④把京开公路(106国道)、冀(州)码(头李)公路、湖滨路等公路干线以及春风集团等骨干企业列位防洪重点,确保安全。

(4)防御超标准洪水的应急措施:①分流洪水。如果险情频繁,并有溃堤的可能,经上级防汛指挥部门批准,可选择合适的分流口,进行人工破堤,进行应急分流措施。②人员物资的迁移。洪水来临时,尽快采取措施转移游客、当地居民和重要物资。并根据游客和区内居民的数量,分布情况制定具体的疏散计划,明确疏散的方向和路线及转移交通方式等。③保证转移路线、出口及避险地点有显著标志和良好的照明条件,张贴标志,并请有关专业人员来评估避险转移路线和避险地点的可行性，对交通车辆、通讯设备统一调度，集中使用，确保安全疏散。④疏散转移到避险地点后，要及时清点疏散人数；保证受灾的游客和居民所需的水、粮食、衣物及药品的供应。⑤组建抢险小分队，负责实施实施抢险、救护、物资搬运以及治安维护事宜。⑥灾情发生后，医疗救护分队负责处理人员的伤、残、病、死并采取有效措施防止和控制传染病的暴发流行；及时检查灾区的饮用水源、食品等卫生情况。

(5)保障措施：①防洪费用按照政府投入同受益者合理承担相结合、以政府投入为主的原则筹集。②城市防洪工程设施的建设和维护所需资金，由城市人民政府负担。③县级以上人民政府和有关部门应当根据国务院和省人民政府的规定筹集水利建设基金。④在河道工程受益范围内的生产经营性企事业单位，个体工商户以及从事种植、养殖业生产的单位和个人应当依照国务院和省人民政府的规定缴纳河道工程修建维护管理费。⑤受洪水威胁地区的企业、事业单位应当自筹资金、在人民政府水行政主管部门指导下修建必要的防洪自保工程；汛期要服从当地防汛指挥机构的统一领导，并做好本单位的防洪自保工作。⑥防汛抢险物资实行招标采购、分级储备、分级管理、统一调度、有偿使用的原则。⑦防洪、救灾资金和物资，必须专款专用、专物专用，加强审计监督，防止截留、挤占或者挪用。

23.3.3　应急避难场所

23.3.3.1　建设目标

近期建设市级应急避难示范场所，及县(市、区)各建设一个县级应急避难场所兼示范点，从而以点带面、逐步推进，力争应急避难场所建设基本满足社区居民、游人和周边城市化地区大规模突发灾难时的应急避难需要。

23.3.3.2　建设原则与要求

保护区的应急避难场所不仅仅服务于保护区社区居民和游客，也服务于周边城市化地区。应急避难场所建设应实行市、县(市、区)两级投资、两级建设与管理维护原则。衡水市政府负责市级避难场所建设，县(市、区)政府负责中小型避难场所建设。地震、人防、建设、规划、园林、民政、财政、教育等部门要在政府统一领导下，从建设安全城市理念出发，共同编制应急避难场所规划。各部门编制的单项应急预案应与全市应急避难场所规划建设相衔接。

保护区的应急避难场所的建设应遵循《地震应急避难场所及设施标准》，并纳入保护区的建设规划和衡水市应急避难场所建设相关规划。在选址上应充分考虑市级和区级避难场所的不同需求，并充分依托景区、绿地、广场程等公共场所建设，符合“综合规划、就近疏散、因地制宜、一所多用、平灾结合”原则。应急避难场所规划设计要有科学性、实用性、整体性、前瞻性，根据保护区及周边城市化地区人口密度、重点保护对象、设施分布、现有条件、发展规划、次生灾害分布等实际情况科学制定，体现以人为本。

应急避难场所应配备必要的救助和生活设施。市级避难场所一般以每人 $2m^2$ 为单位设计，能容纳 5 万人以上长期生活，有选择的设置自供水、供电、棚宿、照明、厕所、排污、物资供应、医疗卫生、防疫、广播、消防、指挥、监控等应急项目。区级避难场所以避险为原则，以每人 $1.5m^2$ 为单位设计，能容纳 1 万 ~5 万人，具备 10 天的自供水、供电、棚宿、厕所、排污等基本功能。避难场所应设立各种规范的应急疏散与避难区域标志，制定保障措施。

应急避难场所要结合当地人口密度和空地分布情况，就近合理划定，并设置一定宽度的疏散通道，使灾民能迅速到达避难场所，确保布局合理，快速通畅。

应急避难场所规划建设要因地制宜。规划时可根据场地面积、相应条件与设施功能将应急避难场所分成大型、中型、小型等级。大型场所要适合灾后紧急救助、重建家园和复兴城市等各种减轻灾害活动；中型场所要适合灾后收容附近地区居民，并在相当时期内供避难居民生活；小型场所作为灾后附近居民紧急避难场所或临时避难场所。市级避难场所一般为大型，县（市、区）级一般为中小型。大型永久性应急避难场所应设置应急避难场所指挥中心、物资储备等用房。

应急避难场所要符合卫生防疫要求，远离地下断层、易发生洪水塌方的地方；选择地势较为平坦、易于搭建帐篷的场所。每个应急避难场所要有两条以上便于疏散的通道和出口，疏散半径以居民步行 5 ~ 10min 到达为宜。

应急避难场所要按区域〔以县（市、区）为单位〕、类型进行分类编号，制作应急避难场所用地现状分布图、规划分布图和应急避难场所代码表。应急避难场所内要设置应急避难场所标识及应急避险功能分布图，其周边重要路口要设置明显标识牌，为灾民标明疏散方向、位置和应急设施。

23. 3. 3. 3　应急避难场所的管理

应急避难设施实行市县两级建设、两级管理。大型应急避难场所由市政府有关部门管理，中小型应急避难场所由属地县（市、区）政府有关部门管理。各级政府要结合实际，制定应急避难场所有关管理规定，搞好应急设备设施日常维护，保障应急避难场所平时功能运转与应急期使用。

按照“平灾结合”原则建立的应急避难场所，在遇有地震、洪水等突发重大灾害时使用，平时服务于本身原有功能。

应急避难场所要预先划分区位，划定疏散位置，编制应急设施位置图，建立数据库和电子地图，并向社会公示。

地震、人防、建设、规划、民政、园林、教育等部门要会同当地社区及相关管理部门，根据应急避难场所建设制定相应应急预案，建立应急避难场所指挥机构；一旦发生地震等重大公共突发事件，立即启动应急预案，有秩序的组织避难群众进入避难场地，妥善安置避难群众。

23. 4　防火规划

火灾可能由意外引发。保护区苇场面积大，建筑物耐火等级低，人口密度大，居住较分散，区内旅游点、文物古迹较多，还有大湖荡舟、芦苇荡观鸟等娱乐活动，存在一定的火灾风险。

火灾也可能是地震的次生灾害，如地震发生时，民用和工商业用炉火、电气设施损坏等都有可能引发火灾。

火灾对保护区的生态保护使命构成巨大威胁。“一点星星火，可毁万顷林”，火灾对自然生态环境、当地居民和游客的生命、财产安全都构成了巨大威胁。因此必须要严密防范。

23. 4. 1　防火总体要求

（1）加强公众教育，加强防火宣传，提高全民防火意识。这是保护区一项必须常抓不懈的工作。应在社区共管的基础上，通过各种形式，如标语、黑板报、电影、发放宣传材料等，加大防火宣传力度。

（2）掌握火源规律，严抓火源管理。火源管理是景区消防工作的重中之重，要掌握火源特征，有针对性地对风景区火源进行管理。①区域性火源是指火源比较多的区域，如清明祭祖等。这类火源比较集中，可采取巡逻与设岗相结合的方法，做到严防死守。②常年性火源是指常年在旅游区内用火的火源，如机动车辆、寺庙生活用火、电线光缆等，这类火源较容易控制，只要采取定期检查即可。③流动性火源是指不断变换位置，满山遍野活动的火源。如采集标本、动植物考察、野营等用火。这类火源危险性较大,最容易酿成火灾,因此,在火灾隐患突出时期,设定禁火期,严格用火审批,杜绝携带火种进入林区和苇场。在火险高危时段,景区要果断“禁游”,确保万无一失。

(3)区内植物覆盖面积较广,含有大面积的苇场和林地,很容易造成火灾蔓延,因此应将苇场和林地列为保护区防火的重要部位。为防范火灾蔓延,应在保护区合理布置足够数量和宽度的防火隔离带,并确定专人看管,严格用火制度。景区外围部分地区应结合生物防护林带工程建设,在景区道路两旁栽培大量的耐火植物。

(4)将核心区与缓冲区列为禁火区,在入口设立检查站,不允许任何人携带火种进入;在特别保护圈以外的林区设立禁火期,在火灾高发季节禁止火源火种带入。从而杜绝火灾隐患,确保鸟类等动物有隐蔽安全的生活场所。

(5)限制野外用火;加强清明等时节的消防巡查。景区的野营、烧烤活动必须在规定的地点进行,该地点应配备消防设备设施。严禁非法的野营和烧烤活动。

(6)倡导安全的生活方式,特别保护区内及综合示范区公共场所禁止吸烟,倡导健康的生活方式,减少吸烟;限制或强化企业开业、婚庆、旅游庆典、节假日中的烟花燃放的管理。

(7)坚持“预防为主,积极消灭”的原则,增强防火、扑火综合能力。①组织专门队伍。保护区应组建专职的消防队伍。并可在区内组建多个农村义务消防队,义务消防队由相互临近村落的村民组成。②强化消防培训。保护区应有计划、分批次地组织消防安全责任人、消防安全管理人、专(兼)职防火员、重点岗位、特殊工种人员到消防部门参加消防培训,把取得合格证作为上岗的必要条件之一。对义务消防队应加强灭火和抢先救援战术、技术训练,并针对区内重点部位制定相应的灭火作战方案,并进行实地演练。义务消防队业务训练每季度不少于一次。③实施科技消防:加大景区消防系统建设,重点区域配置监视器,对景点的消防安全进行 24 h 的动态监测和指挥调度。

(8) 加强消防设施建设。消防设施主要包括消防调度指挥中心、消防站、瞭望塔、消防栓、灭火器等。消防指挥中心应纳入保护区应急反应机构。①消防站:消防站的装备由消防车辆、消防艇、灭火器材、抢险救援器材、消防人员防护器材、通信器材、训练器材、营具等组成。建议在绳头管理站附近建立一个消防站。②瞭望预报系统:在保护区建一瞭望塔,观察保护区内的火情。发现火险及时报告,及时扑救,同时配备防火指挥车、电话、对讲机、望远镜、红外监视仪等瞭望、报警设备和风力灭火机、机械喷雾机等扑火装备。③义务消防队装备:义务消防队至少配备一台微型机动牵引车、一台手抬机动泵、消防水带、灭火器等基本的灭火装备。④各村落和企事业单位应按照消防要求自行配备灭火器等必要的消防设备。各村落应保证村镇的水井、池潭水面,可作消防用水和临时取水,并建立义务消防队,对消防设施进行管理和开展应急救援。

23.4.2 古文化景区防火

(1)景区内配备充足的消防设施,能够满足景区发生火灾的应急需要,摆放位置明显,做好维护保养工作。

(2)减少景区内的火灾负荷,尤其是对于景区开发过程中,减少可燃物、易燃物的带入。

(3)加强消防安全教育,提高景区职工消防安全的意识,落实有效的防范措施,防止各类消防事故的发生。

23.4.3 自然景区防火

(1)苇场、林地等地是保护区防火的重要部位,要坚持“预防为主,积极消灭”的原则,增强防火、扑火综合能力,全面控制景区内各种火源,杜绝一切火灾隐患。

(2)景区门口设立检查站,禁火期不允许任何人携带火种进入。

(3)自然景区内,严格控制明火作业,在没有妥善安全措施的情况下,禁止食品加工时使用明火。

(4)对景区居民和经营单位采取签定《消防责任书》,发放宣传资料;

(5)加强对进入景区人员的防火宣传教育。景区门票上要印刷森林防火注意事项,要在景区入口、游客休息场所、景区内的宾馆(饭店)和火险重点地段树立森林防火宣传牌,制作警示标志和刷写森林防火宣传标语。

23.4.4　保护区内餐饮场所防火

(1)餐饮场所的各种电动设备的安装和使用必须符合防火安全要求,严禁野蛮操作。各种电器绝缘要好,接头要牢固,要有严格的保险装置。

(2)厨房内的煤气管道及各种灶具附近不准堆放可燃、易燃、易爆物品。煤气罐与燃烧器及其他火源的距离不得少于1.5m。

(3)各种灶具及煤气罐的维修与保养应指定专人负责。对卡式炉气罐必须检查,其一产品标识要符合《中华人民共和国产品质量法》的要求;其二附有产品检验合格证;其三罐装燃气须是液化丁烷气;其四罐体上标明"一次性使用"或标明"不可重复灌装";其五要注明罐重和净重,不得超重。对不符合上述条件的,应立即杜绝使用。在使用液化石油气时,要由专职人员负责开关阀门,负责换气。

(4)加强厨房内的灶具的检查和保养,加强厨房作业时的安全管理,厨房各种电气设备的使用和操作必须制定安全操作规程,并严格执行。

(5)厨房在油炸、烘烤各种食物时,油锅及烤箱温度应控制得当,油锅内的油量不得超过最大限度的容量。

(6)楼层厨房一般不得使用瓶装液化石油气。煤气管道也应从室外单独引入,不得穿过客房或其他房间。

(7)消防器材要在固定位置存放。

23.5　安全生产规划

23.5.1　工业安全规划

23.5.1.1　保护区工业结构调整

工业结构调整应与安全管理相结合,保护区内严格禁止发展高危险等级的工业,对于目前现有的工业企业应依据危险等级采取强制迁出或建议迁出的措施,如采暖铸造业和橡胶化工业。对于橡胶化工业中污染和危险程度较低且无条件迁出的可适当集中,便于统一采取防灾减灾措施。

自然保护区范围内严格限制新工业企业的兴建,综合示范圈内则应大力发展安全等级较高,不易引发事故灾害的绿色加工工业,如净菜加工、饲料加工、手工艺品和旅游纪念品加工制作等。

23.5.1.2　保护区内工业企业的安全管控

(1)加强对工业企业的安全监管。保护区管委会应委派负责安全生产监管的人员,对工业企业的生产许可、安全设施、安全教育、安全责任落实情况等进行巡查,切实保证好企业的安全标准达到国家相关规定要求。严查保护区范围内的非法生产企业,对于发现的私人非法经营、生产、使用危险化学品,烟花爆竹等,一经发现,立即取缔。

保护区还应通过战略协同和流域协作机制,对战略协同圈和流域协作圈范围内的重大工业企业进行调查,确定其发生爆炸等重大事故时对保护区所造成的影响,进行等级划分,并采取相应措施进行防护。对于与保护区距离较近且有较大影响的企业,建议通过改进工艺、增加安全设施的手段进行控制。

(2)落实企业安全责任。保护区内未进行强制搬迁工业企业需采取严格的控制措施。需通过加强安全管理、深化责任制落实、加大安全投入、增加安全设施、进行安全建设等以提高企业的安全等级。由于橡胶化工企业具有相对较大的火灾危险性,应特别加强防火管理和监控。对于保护区内允许发展的其他行业,如芦苇加工、深加工企业,需加强其防火安全建设,配备充足的消防设施,进行消防教育,建立防火责任制、检查制度等。

(3)旅游设施、公共设施的建设、开发要需与现有工业企业保持一定的距离,避免工业事故的影响。同时重要游乐、旅游、服务设施周边,禁止新建各类工业企业。

23.5.2　施工建设安全规划

保护区的发展建设将涉及不少施工建设工程,有可能造成建筑伤害事件,也可能带来对环境的污染。保护区管委会应对保护区内的施工建设活动进行严格管控,防范其负面影响。

(1)所有建设工程招标中,应将安全管理水平作为其中重要指标,选取安全绩效好的企业。

(2)施工企业正式动工前,必须编制施工健康安全与环境(HSE)管理规划,确保在施工期间对国家安全生产、建筑施工的各项规定的执行情况,保障安全生产,减少施工对生态环境的影响。该规划应报送保护区管委会安全生产主管部门批准,并在施工过程中接受相应的监督检查。

(3)严格加强野外明火作业的审查。

(4)颁布并监督落实绿色施工标准,减少施工过程对健康安全和环境的负面影响。

23.6　生态旅游安全规划

23.6.1　公共卫生规划

23.6.1.1　饮食卫生规划

旅游饮食引发的疾病类型较多,如肠道感染、胃肠功能紊乱、胃溃疡病、恶心、呕吐、腹泻等。旅游饮食中引发疾病的原因有多方面,如:水土不服;旅游者饥不择食,没有注意饮食卫生;旅途劳累,加上旅游途中条件所限,只能将就饮食,造成旅途中的营养不良;以及由于旅游饮食业主违章或违规操作提供变质饮品、食品而引发疾病。

其中,因旅游饮食业主管理不善导致的疾病常常伴随着多人的食物中毒,应特别注意防范。食物中毒产生的原因是:食品在生产过程中需要与许多物质接触,而食品是细菌迅速滋生的良好媒介,而且又特别善于吸引寄生虫;食品在精细的加工、陈列、服务的过程中极易受到污染。另外,食物中毒可能来自歹人人工投毒,需要特别注意防范。

(1)加强厨房卫生管理。厨房卫生管理是餐饮生产卫生管理的重心。厨房卫生就是保证食品和饮品在选择、生产和销售的全过程中,始终处于安全卫生的状态。①为了保证食品和饮品的安全卫生状态,厨房食品和饮品从采购、验收、保藏,甚至生产和服务中,都必须符合卫生要求。旅游定点接待餐厅的厨房更需要建立严格的食品安全可追溯的责任制度。②餐饮服务配备消毒设施,不使用对环境造成污染的一次性餐具。③单独收集餐厨废物,按照无害化要求进行处置,防止腐败餐厨废物进入食物链,形成健康隐患。

(2)景区内应合理布置可提供游人进餐或提供各类食品的商店,设立公共休息设施和卫生设施,为旅人提供游客歇息之所,减少游客因过度疲劳和缺乏卫生进餐条件而导致的疾病。

26.6.1.2　流行疾病预防控制规划

(1)流行病爆发时节,保护区管委会应会同疫病控制中心成立流行疾病预防控制工作领导小组,指导整个保护区的疫病控制工作。区内各企事业单位也应成立自己的流行疾病预防控制工作领导小组,由一把手亲自抓,负总责,明确各部门及各操作环节上的具体责任。

(2)加强对旅游从业人员的预防控制流行疾病知识的教育,要求他们在认真做好服务工作的同时,注意个人的健康,增强防护意识。对于患有呼吸道病状的员工,应强令其休息,痊愈之前不得允许其上班工作。

(3)所有接触游客的旅游从业人员必须熟知流行疾病的症状、特征和预防措施;熟知所在地治疗流行疾病或疑似病人留验站及医院的名称、地址和联系电话;能够对流行疾病表现症状做出大致判断和及时反应;能够及时履行报告制度,并搞好现场控制。宾馆饭店、旅游景区(点)和旅游车船公司在办理客人入住、入园和乘登车、船手续时,要注意观察和询问,发现流行疾病病人或疑似病人,应劝阻其入园和乘登,并立即通知当地疾病预防控制机构。

(4)所有接待游客的场所和游客使用的设备及设施,都要按照中国疾病预防控制中心公布的《社区综合性预防措施》、《各种污染对象的常用消毒方法》及保护区的有关要求,搞好清洁卫生并加强卫生管理。特别重点做好对宾馆饭店、餐馆用餐区域和餐饮用具、旅游景区(点)的相对封闭区域和设施和旅游车船座(舱)位和用具的严格通风和消毒。一旦发现有传染病人或传染病源携带物,应立即对该病人或携带物进行隔离和治疗,对发现传染病的房间、车厢、机舱进行彻底消毒,并采取相关措施,防止传染病源进一步扩散。宾馆饭店除严格按照规范的饭店卫生清洁程序操作外,对客人集中活动的区域(客房、餐饮区域、会议室、娱乐健身场所、电梯轿厢、公共卫生间等)、客人使用过的用具(待洗客衣、客房布草、垃圾等)和员工集中活动的场所(食堂、活动室、浴室、更衣室、倒班宿舍等)应按制度进行重点消毒。清扫客房时,必须打开全部门、窗通风15分钟以上;保证饭店中央空调系统安全送气,确保向客房输送新风;如有必要,需对整个供气设备和送气管路使用消毒剂溶液擦拭消毒。

(5)禁止在车船、饭店等封闭的公共场所吸烟。

(6)在保护区社区和重要景区(点)合理布置医疗急救站(点)。医疗急救站(点)要严格值班制度,做好应急服务工作。没有医疗急救站(点)的旅游区(点)、旅游车船和宾馆饭店要配备必要的防护用品和消毒物品;旅游定点餐馆都要配备洗手设施和消毒物品。社区和各企事业单位还可通过适当张贴和摆放标语、宣传画等方式,开展对预防控制流行疾病知识的教育,引导社区居民和游客注意自我防范。

(7)旅行社应将流行疫病控制纳入日常工作,做到:①向导游提供规范的关于防病知识和防范措施的介绍资料,要求导游用恰当的方式和语言,提醒游客注意健康防护,是否戴口罩由其自己决定,不作提倡或反对。②建立组团过程中对相关接待单位严格选择制度。对接待旅游者的饭店、餐馆、景区(点)、娱乐场所、旅游车船公司等,事先要进行调查,根据国家、地方的指导意见,落实有关防治措施。③每个旅游团队都要建立人员和行程详细资料保留制度。一旦该团队发现流行疾病病人或疑似病人,要快速、准确地将有关资料提供给疾病预防控制机构。

23.6.1.3　禽流感控制安全规划

禽流感（A1）是感染家禽和野禽的一种病毒性传染病或疾病综合征，被国际兽医局和我国分别列为A类烈性传染病，进入《国际生物武器公约》动物传染病和中国动物检疫严重疾病的名单。鸟类的迁徙行为是一种风险极大的疾病传播途径，禽流感病毒完全可能沿着飞鸟的迁徙路线传播。由于鸟类是衡水湖保护区的主要保护对象，也是候鸟迁徙过程中的必经场所，禽流感的爆发将对衡水湖保护区建设及保护区旅游开发具有重要影响。

(1)保护区应在区内适当地点设立监测点，形成覆盖全区的监测网络。监测点应配备望远镜（单双筒望远镜各一台），提高监测点对候鸟的监测精度和监测范围。监测点所做的工作是发现候鸟有无异常死亡、初步鉴定采样情况、有无大量候鸟抵达，对候鸟栖息地进行消毒等。

(2) 为了有效阻断候鸟迁徙带来的病毒传播途径，必须彻底改变散养的传统模式，实行舍养、隔离、防疫、排泄物无害化处理四项要求。①规模化的养禽企业（车间）应建设在距衡水湖保护区乡镇、村庄、候鸟集中栖息地3km以外的非农用地上。农村商品性养禽户应在村外统一规划的养禽小区按防疫标准建设规范的设施集中养殖。农民自给性养禽应做到人、畜、禽分离，舍饲、全防疫和排泄物无害化处理，不得散养。②由于鸡若得了禽流感要比鹅、鸭等家禽严重得多，衡水湖保护区综合示范区范围内养殖户在建设鸡场时，不要在靠近水源的地方选址建场，养殖场内路面要硬化，以便于进行防疫；养殖过程中，要注意鸡和鸭、鹅等水禽应分开养，不能混养，以免疫病传播；期间严格禁止从国外的疫病区进口家禽。③要健全预防体制，充实技术人员和设备，保证必要的业务经费，切实实现从种苗、饲养到屠宰、加工、运销环环相扣的全程监督，100%的检疫、防疫，并具备及时、准确执行紧急疫情防治的能力。④取消活禽市场和街头摊贩。商品禽屠宰、加工、运销的程序，实行标准化作业。作为商品销售的禽类应集中在设施完善的屠宰场，经检疫后进行标准化屠宰、初加工、包装才能进入市场。对屠宰时的废物、废水要严格进行无害化处理。⑤由衡水湖自然保护区委员会及当地政府免费提供疫苗，规范禽流感疫苗的供给。

(3)加强保护区尤其是综合示范区范围内的食品管理，实施食品原辅料、定型包装食品的进货审核和查验工作情况；配餐工作环境和食品卫生管理情况；配餐企业管理人员和食品加工人员的防控高致病性禽流感知识掌握情况。

(4)各有关单位对当地居民、职工和旅客有关防控人感染高致病性禽流感预防知识宣传教育工作开展情况；宣传教育内容、形式、计划及已开展教育活动的情况。

(5)建立疫情上报机制，发现疫情后要立即上报并采取紧急控制措施。世界卫生组织把全球禽流感疫情预警定为6个等级，并且以蓝色预警、黄色预警、橙色预警和红色预警加以区分。其中在蓝色预警阶段，疫情仅在禽类内部传播，还没有出现人感染的情况，为减少人禽之间传播的机会，在蓝色预警阶段保护区应临时关闭有鸟类活动的景区景点，并对养殖场等进行封闭；一旦有人患病则马上转入黄色预警阶段。当预警信号由蓝色转变成黄色时，则应关闭所有景区活动。

23.6.1.4　环境卫生安全规划

(1)环境整洁，无污水、污物，无乱建、乱堆、乱放现象；建筑物及各种设施设备无剥落、无污垢，空气清新、无异味。

(2)各类场所全部达到GB 9664规定的要求，餐饮场所达到GB 16153规定的要求。

(3)公共厕所布局合理，数量能满足需要，标识醒目美观，建筑造型景观化，室内整洁，有文化气息。所有厕所具备水冲、盥洗、通风设备，并保持完好，或使用免水冲生态厕所。厕所设专人服务，洁具洁净、无污垢、无堵塞。无污物，无异味，防蚊蝇，粪便处理措施得当。

(4)垃圾箱布局合理，标识明显，造型美观独特，与环境相协调。垃圾箱分类设置，垃圾清扫及时,日产日清。

23.6.2 旅游设施安全规划

23.6.2.1 旅游设施安全建设要求

(1)保护区的生态旅游开发必须严格执行已批准的规划,控制高危险性项目的引入。严禁非法旅游开发行为。取缔非法黑景点,以及非法经营各类旅游活动的私人和团体。

(2)旅游开发应注意配备充足的配套设施,以保障为游人等提供优质服务。一般的服务设施包括:餐饮、卫生、休息椅、医疗点等。

(3)游乐设施、水上游乐设施和水上世界,其购置、安装、使用、管理应执行 GB 8408,以及国家有关部门制定的游艺机、游乐设施、和水上世界的安全监督和安全卫生管理有关规定。使用这些设施、设备,应取得技术检验部门验收合格证书。

(4)各游乐区域,除封闭式的外,均应按 GB 8408 的规定设置安全栅栏。各游乐场所、公共区域均应设置安全通道,时刻保持畅通。

(5)严格按照消防规定设置防火设备,配备专人管理,定期检查。

(6)有报警设施,并按 GB 13495 设置警报器和火警电话标志。

(7)设置避雷装置。

(8)有残疾人安全通道和残疾人使用的设施。

(9)有处理意外事故的急救设施设备。

(10)设安全标志和引导标牌:①在与安全有关的场所和位置,应按 GB 2894 设置安全标志。安全标志应固定、醒目、清晰易辨。②各种安全标志应随时检查,发现有变形、破损或变色的,应及时整修或更换。③引导标牌:应在正门附近显著位置设立中英文对照的《游客须知》;各主要通道、岔路口应在适当的位置设置引导标牌;各游乐项目的入口处,应在显著的地方设置该项目的《游乐规则》;引导标牌、指示牌、说明牌的内容准确,文字规范,字迹清晰,符号标准,表面无浮尘,无油漆剥落造成的缺句少字。

(11)景区内所有邻近水域有可能造成溺水伤害的区域,在泊岸设计时都需要考虑采取防止游人溺水的设计措施,如防护栏杆、防溺水安全警示以提醒游人。但所有护栏应禁止使用带有利刺等可能对人体造成伤害的材料。

23.6.2.2 旅游设施安全作业管理

(1)营业前试机运行不少于 2 次,确认一切正常后,才能开机营业。

(2)加强对员工的培训。全体员工应熟悉场内各区域场所,具备基本的抢险救生知识和技能。

(3)对于游乐设施设备,除进行日、周、月、节假日前和旺季开始前的例行检查外,设备设施必须按规定每年全面检修一次,并定期维护,严禁设备带故障运转。

(4)每日运营前的例行安全检查要认真负责,凡具有一定危险项目的设施,在每日运营之前,要经过试运行。建立安全检查记录制度,没有安全检查人员签字的设施、设备不能投入营业。

(5)随时向游客报告天气变化情况。为游客设置避风、避雨的安全场所或具备其他保护措施。凡遇恶劣天气或游艺、游乐设施机械故障时,须有应急、应变措施。由此停业时,应对外公告。

(6)某些游乐活动如有游客健康条件要求,或不适合某种疾病患者参与的,应在该项活动入门处以“警告”方式予以公布。谢绝不符合游艺机乘坐条件的游客参与游艺活动。

(7)在游乐活动开始前,应对游客进行安全知识讲解和安全事项说明,具体指导游客正确使用游乐设施,确保游客掌握游乐活动的安全要领。

(8)引导游客正确入座高空旋转游艺机,上下游艺机秩序井然。严禁超员,不偏载,系好安全带。维持游乐、游艺秩序,劝阻游客远离安全栅栏。密切注意游客动态,及时制止个别游客的不安全行为。开机前先鸣铃提示,确认无任何险情时方可再开机。

(9)详细做好安全运行状态记录。严禁使用超过安全期限的游乐设施、设备载客运转。

(10)游乐设备在运行中,操作人员严禁擅自离岗。

(11)设立监视台,有专人值勤,监视台的数量和位置应能看清全部范围。

(12)按规定配备足够的救生员。救生员须符合有关部门规定,经专门培训,掌握救生知识与技能,持证上岗。

(13)相关景区应设医务室,配备具有医士职称以上的医生和经过训练的医护人员和急救设施。

23.6.3 交通安全规划

旅游交通事故是旅行安全最主要的表现形态,也是旅游活动各环节中影响最大、发生频率最高的不安全事件之一。根据衡水湖地区特点,按照交通工具形式,旅游交通事故包括道路交通事故,及水上交通事故。

23.6.3.1 道路交通安全管理

(1)机动车路在设计上要遵从安全第一的原则,要切实加大对交通标志标线、交通控制等交通管理设施和安全防护设施的投入,保证在新建、改建道路时,交通标志标线、安全防护设施与道路同时设计、同时施工设置、同时验收;进一步加强道路建设的交通安全审核。

(2)加强交通安全宣传:加强交通安全宣传,提高广大游人、旅行社(服务)人员、当地居民等的交通意识。宣传的内容包括我国针对交通安全制定的一些交通安全的法规、政策、自然保护区内交通安全注意事项等。

(3)非机动车路特别要注意人车分流,尽量减少车辆对游人的干扰;同时应注意规范旅游区内牛马车的行驶,避免因牛马受惊导致交通或人身伤害事故。

(4)加强对狭窄、陡坡、分叉等路段的改造和对事故多发路段的整治。对狭窄、陡坡、分叉等路段加以警示,提醒司机提高注意;对于特殊路段,增设夜间照明设施等;加大对事故多发路段的整治力度,要加强交通管控措施,必要时可以实施交通管制。对重要的事故多发路段,由各级政府及交通部门筹措资金,制定治理方案,完成治理。

(5)保护区内分区限制措施:①特别保护圈为一级生态敏感区,除少数巡护专用道路外,不再新建道路,未经批准严禁人员进入;②中隔堤湿地村落区为二级生态敏感区,需依照生态旅游环境容量严格控制人员进出规模,除保护区专用车辆外,禁止机动车通行;③生态旅游区内除保护区专用车辆和特许运营的电瓶车外,禁止机动车通行,并依照其生态旅游环境容量严格控制人员进出规模。

(6)加强对保护区内危险化学品运输的管理。限制或减少装载危险化学品车辆经由保护区综合示范区,严格对危险化学品运输线路、时间等的审批,消除危险化学品充装、储存、运输中的安全隐患。

(7)综合示范区农村道路交通管理。加强农村地区机动车源头管理,提高农村摩托车、低速货车、三轮汽车、拖拉机的注册登记率。广泛开展"保护生命、平安出行"的农村交通安全宣传教育活动,使交通安全宣传深入到每个村庄、每个农户,提高农民的交通安全意识、法制意识和文明意识。

(8)加强对旅行社和当地旅游巴士的车辆管理:①旅游车辆应满足车容、清洁标准;车辆安全部件维护、修理质量检验标准;车辆安全附属设施质量标准;车辆年度检验标准;车辆安全运行技术条件;车辆尾气排放标准;车辆噪声限制标准;安全检验设备与仪器检验标准。同时车辆应通过有效检测;保障车辆能为驾驶员提供一个舒适的环境,操纵机构具有良好的适应性和轻便性,保障驾驶室视野、灯光、喇叭等信号和车辆的安全防护良好。②要求各公司建立车辆运行安全检查制度,主要包括:车辆日常运行的“三勤三检”制度;每日例行检查与安全否决制度;节前安全大检查制度;干部跟车上路检查安全行车制度;执行重大任务和负责大型旅游团队接待任务的驾驶员和车辆的审核、检验及行车途中管理制度;新开旅游线路和景点的先行试路制度等。

(9)驾驶员安全管理:①制定对旅游行业驾驶员的从业要求,强化管理,提升驾驶员的安全意识。其主要包括驾驶员心理、生理检查标准;岗前、岗位培训考核标准;驾驶员的仪容、仪表标准;驾驶员的文明服务标准;驾驶员例行维护所驾车辆标准;驾驶员安全驾驶操作标准等。②督促各旅游企业建立驾驶员安全管理制度。主要有驾驶员的岗位责任制度;驾驶员的教育与审验制度;驾驶员的心理、生理的定期检测制度;驾驶员的劳动、卫生、保健制度;驾驶员的车辆例行保养制度;驾驶员的安全公里考核统计制度;驾驶员的安全行车奖惩制度;驾驶员的安全行车监督检查制度;驾驶员的违章、肇事处罚制度;道路交通事故报告与处理制度;驾驶员的安全技术档案建立制度等。

(10)建立、完善交通事故紧急救援联动机制,加强紧急救援与自救知识的培训。

23.6.3.2 水上旅行安全管理

衡水湖景区开发离不开对衡水湖自身的开发,因此其景区、娱乐、交通等必然离不开水。水上旅行的交通工具包括轮船、游艇、汽艇、帆船、橡皮艇、竹筏等。

(1)加强安全法规宣传教育。

(2)提高船运从业人员的素质。水上交通运输从业人员,特别是一些乡镇船舶船员素质普遍较低,在实际工作中,遇到特殊和紧急情况,往往惊慌失措、束手无策,导致不安全事故的加大。因此,加强对船员的业务技术培训、提高船员技术素质是水上旅游安全管理的重要内容。①要认真搞好船员的培训、考试和发证工作。尤其对新船员进行培训要按规定进行,严格把关,考试不及格者不允许上岗操作;实施每年一次的船员资格培训,为通过资格考评的船员颁发《适任证书》,禁止无牌无证的船舶和船员出航。②制定培训计划和措施,对现有船员分期分批进行培训。重点对船员的驾驶技能、安全法规、机械常识、处理突发事故能力进行学习和训练。③认真搞好船员证审验和档案工作。

(3)重点查处无证无照船舶和违章行为。对没有“两证一牌一线”、无营业执照和保险的船舶,一律不准从事旅游、客货运输。对违反水上交通安全管理各项规定和操作规程,不服从安全管理人员管理的船舶,应责令其停航,并按规定处罚,决不姑息迁就。

(4)加强重点水域、事故多发地和事故多发企业的监控。对客流量大、地处偏远、事故多发的水域要进行重点监控,把责任落实到人。对偏远水域要建立船舶管理组织,把个体船舶组织起来,消灭安全管理空白点。

(5)要加强旅游旺季和气候多变期间的现场管理。针对旅游旺季客流量大、船载滥载、带病行驶等特点,管理人员一定要深入旅游区,重点查处超安全条件不符合要求等违章行为,确保游客的安全:在冒雨大风、气候的情况下,要组织监督艇加强巡逻,防止船舶冒险航行而引发交通事改善现场管理监控手段。给安全监督人员配备必要的、交通工具,改善工作条件,以强化现场安全监控能力。

(6)加快新建旅游码头建设速度,取缔零散码头,对所有游船进行统一管理、统一运营,规范旅游秩序,实施更加有效地安全监管。

23.6.4　住宿安全规划

旅游住宿是旅行过程中必不可少且易发生事故的环节之一。由于衡水湖生态资源保护的需要,在衡水湖周边地区不设置旅游住宿服务设施,游人需在选择往返于旅游景区与区域发展圈住宿。目前可以选择的主要住宿设施包括旅游饭店、招待所、旅社、农家以及帐篷等。

23.6.4.1　总体措施

(1)通过战略协同机制,促使保护区及周边城市化地区的住宿接待设施得到统一的规范管理,住宿接待设施的安全状况得到有效监管。

(2)住宿接待企业根据国家的相应政策法规开展的企业内部安全管理。建立安全管理规章制度、安全管理机构、安全设施设备、部门安全管理、防火、防盗管理、其他安全管理。

(3)对旅游者的管理与引导。一方面,要对旅游者进行管理,防止旅游者借助旅游者身份的掩护变成犯罪分子和旅游安全问题的故意肇事者;另一方面,要正确引导旅游者,使旅游者能够遵守相应的安全规章制度,安全操作,不致引发旅游安全问题。提醒旅游者一方面要提高警惕,充分认识到旅游住宿中潜在的安全隐患;另一方面应该尽量克制自己的不良行为,避免使自己成为住宿问题的肇事者尤其是故意肇事者。

23.6.4.2　宾馆安全规划

旅游饭店指国家行业行政管理部门统一管理,有严格审查和检查的旅游住宿接待设施。只有符合特定的标准,才可以被认为是旅游饭店。这类住宿接待设施等级相对较高;招待所、旅社等住宿接待设施:没有旅游饭店高级,未获取相应的认可,但仍然受政府部门的检查管理,有工商部门颁发的营业执照。这类住宿场所是目前旅游接待设施的重要组成部分,较受青年背包旅游者的欢迎。

(1)在客房区的通道内设置明显的应急疏散路线指示图,在通道和出口设置疏散指示标志。通道和出入口不得堆放物品或封堵。

(2)严格控制使用明火。餐厅、厨房应有用火管理制度,厨房的油烟道应定期进行清洗;在其他部位确需使用明火作业的,由宾馆保卫部门审核批准,发给用火许可证后方可使用。

(3)在规定禁止吸烟的场所设置禁止标志。

(4)安装、使用电气设备,必须执行有关技术规范,并制定相应的管理制度,临时安装、使用电气设备的,必须采取有效的防火安全措施。

(5)严禁存放易燃易爆化学危险物品。确因特殊需要存放的,须经宾馆保卫部门批准,并不得超过当日用量。

(6)确定专人维护管理火灾自动报警、自动灭火等消防设备、设施和器材,确保完好有效。严禁遮挡、损坏、挪用消防设备、设施和器材。

(7)严禁挤占、封堵宾馆建筑周围的消防车通道。

(8)配备夜间应急备班人员,保证遇有火灾能迅速组织扑救。

(9)宾馆应对住宿的旅客进行防火安全教育。严格禁止私自增设电气设备;确需增设电气设备的,须经宾馆保卫部门批准,并采取相应的防火安全措施;禁止在宾馆内燃放烟花爆竹或焚烧物品等。

23.6.4.3　农家旅舍

农家旅舍指未经工商部门核准、备案,临时供旅游者住宿的场所。临时家庭旅馆在卫生、安全等方面往往没有保障,对主人、当地社会经济文化、道德水平的依赖程度较高。应加强对农家旅舍的安全,设立适当的安全和卫生标准。

(1)农家旅舍实行挂牌管理,每户最低不少于4张床位。入住登记、安全等制度健全,服务项目明确,价格合理。

(2)开设农家旅舍的家庭成员身体健康,无传染性及其他有碍公共卫生的疾病。

(3)家庭客房适当装饰装修,室内采光、照明充足。家具用品能满足客人一般需要并使用性能良好。床单、被罩、枕巾一客一换。

(4)采用封闭式厕所,具有10人以上床位应男女分设。设施能满足基本需要,清洁卫生。有淋浴设施,定时提供热水。

23.6.4.4　野外宿营地

野外宿营地指任何可供露宿的野外场所。这往往是背包旅游者和探险旅游者的首选。国家目前也没有对此种住宿场地制定相关规定。严格地讲,这不属于住宿接待设施,只能属于住宿场所。

(1)保护区应按照批准的生态旅游规划在适当位置统一建设野外宿营地,并对游人进行宣传引导,禁止任意的野外宿营行为。

(2)统一建设的野外宿营地应至少配备公共厕所、淋浴间、盥洗设施、垃圾箱和灭火器等,做好对野外宿营中突发安全事件的应急准备。野外宿营地可与应急避难所结合建设。

(3)野外宿营地应有工作人员24h看护,及时制止游客的不安全行为,病报告安全隐患。

23.6.5　治安规划

(1)满足景区旅游安全管理需要的景区公安局或景区旅游派出所,由景区旅游公安局或派出所的旅游警察或旅游警务人员来防控和管理景区的旅游治安安全。景区安全防控的具体内容包括:①对景区内的各种经营活动的监督与管理。加强对景区内经营业主,特别是个体业主的安全防控与管理,防止和杜绝出现强行兜售商品、欺客、宰客等现象。②设置景区治安管理机构和专业人员,加强景区的治安管理。防止并控制景区内出现盗窃、酗酒闹事、聚众斗殴、赌博、卖淫、嫖娼、吸毒、传播或观看淫秽物品等违法事件的发生,保证游客人身、财产安全,维护景区社会、生活、游览的安全环境。③对游客旅游活动安全进行防控与管理。要制订旅游旺季疏导游客的具体方案,有计划、有防范地组织游客进行安全的旅游活动。必要时,可采取措施以限制旅游高峰时的游客数量;

(2)普及法制教育、提高安全防范意识:由于衡水湖景区地域广阔、地形复杂、人群流动性强及人员分散等特点,应努力将治安工作群众化。要坚持不懈地对景区内的居民进行深入细致的普法教育,强化景区内的旅游管理人员、从业人员、居民以及旅游者的法制意识与安全防范意识。

(3)健全和完善各种治安管理制度:应根据国家有关治安管理的法规条例,结合衡水湖景区的特点,健全和完善各种治安管理制度。这些制度应包括:景区内食、住、行、娱、购、游等安全要求的管理与控制制度;对景区内经营者、从业人员、社区居民、旅游者的治安管理与防范制度;旅游接待过程中各环节在治安管理工作中联合、分工制度,信息联络制度;景区内各相关部门治安管理责任制度等等。要使各项规章制度明晰、具有可操作性,使之能有章可循、有法可依。

(4)建立和健全治安执法机构和治安管理队伍:治安执法机构和治安管理队伍是景区治安管理的保障。景区治安管理需要有一个能统一协调、具有权威性的执法机构,以负责景区治安的管理与防控工作。景区执法机构的工作要靠治安管理队伍来完成。因此,景区要有一支治安管理专职队伍,以便对景区实行治安专职管理。治安管理队伍要实行治安责任制管理,要将景区治安管理责任到人,并使治安管理队伍的管理工作日常化。要加强旅游个体从业人员的统一管理。要提高治安管理队伍人员和联防人员的政治素质和业务素质,提高他们的法律意识和执法水平,保证治安管理和执法中的准确性和合理性。

(5)配备和更新必要的安全防范设施,实行建防治三位一体的管理体系:治安管理中的建、防、治三位一体的体系能充分发挥治安管理机构的作用,达到标本兼治的目的。“建”是指建立一个稳定和谐的治安格局和正常的旅游安全状态,为旅游者提供一个良好、安全的旅游环境。“防”是指在治安问题未形成前的量变阶段,制止其质变发展,这是预防和控制违法犯罪的根本途径。随着景区治安管理面的加大,要注意视角前移,加强调查研究,更好地预测各种犯罪的趋向、手段和特点,以便科学地、有针对性地进行预防。“治”是指治安管理部门要充分应用法律法规的威力,对黄赌毒等社会丑恶现象必须坚决查禁取缔,并严厉打击,遏制其蔓延势头。为提高建、防、治体系的防控能力,各景区(点),特别是比较偏僻的景区(点)应配备和更新必要的安全防范设施。在景区各路段、各风景点、主要的交通工具如汽车、游船等装备报警装置,以便案发时及时报警。景区中治安事件多发地区(点)更要有完善的通讯设施,以便各景区(点)保持联系,防止出现治安管理的盲点。

(6)表彰奖励见义勇为者,倡导良好的社会风气:建立见义勇为者奖励基金,颁发见义勇为证书,对见义勇为者给予精神和物质奖励;为受伤害的见义勇为者的医疗救治提供“绿色就医通道”,优先安排救治;因见义勇为者导致伤残者,可享受退伍伤残军人同等待遇。

23.6.6 其他意外事故规划

旅行活动中,一些意外事故都有可能引发旅游安全问题。例如,餐具破损割伤,菜肴太热烧烫伤,雷电击伤,因饮食习惯差异导致旅游者与旅游者、旅游者与餐饮经营者或当地人之间的冲突等。

(1)对当地经营业主的职业道德的教育与管理。通过教育并出台相关的规章制度与措施,防范与控制餐饮经营业主对旅游者饮食的欺诈行为,杜绝在饮食场、购物场所出现敲诈、强买强卖、宰客等非法经营行为。

(2)加强对餐饮场所的现场管理,以防止出现因地面油腻湿滑、餐具破损等人为原因造成游客跌伤、割伤等不安全事故。避免出现因为客人酗酒、斗殴而殃及其他游客的不安全事件。

(3)加强对服务场所经营业主及服务人员的职业道德的教育与管理,通过教育并出台相关的规章制度与措施,防止出现因服务人员与旅游者发生冲突而引发的安全问题。杜绝出现欺诈、敲诈、强买强卖、宰客等非法经营行为。

(4)提高旅游服务意识,增强各类活动中的安全意识。

第 24 章　战略协同圈协同发展规划

战略协同圈是与保护区关系最为密切的外围城市圈，消除其所带来的负面环境影响是保护区确保完成其生态环境使命的关键，同时周边城市也是疏散保护区密度过高的农村人口，保障保护区可持续发展目标实现的关键。本章主要围绕区域形象协同和区域分工协同两方面提出了相应的指导思想、战略目标和一系列具体的行动策略。

24.1　区域形象协同战略

24.1.1　指导思想

通过区域形象协同机制，积极经营和维护整个圈层良好的生态形象和文化形象，整体提升衡水市对外的区域竞争力，并促使本区域的社会公众树立起自觉的生态意识，自觉将其融入自己的生活与工作中，使本区域的环境保护和生态建设进入良性循环。

24.1.2　战略目标

将桃城、冀州和枣强城市金三角建成一个以衡水湖湿地生态战略协同圈为统一对外形象，并共享绿色生态文化价值观的生态园林式的大都市区。

24.1.3　行动策略

24.1.3.1　实施衡水湖形象战略

形象是一种在人们头脑中形成的对特定对象的主观印象。这种印象综合了对这个特定对象的视觉形象记忆和精神感受，它受到群体意识的影响，并常常具有自我强化的特征，很难轻易发生改变。对于衡水这样一个正在走向起飞的城市，积极实施形象战略，先入为主地将正面形象牢牢地树立在人们面前，就会为城市赢得一个巨大的无形资产，在未来的发展中得到更多的支持和机遇。

(1)统一形象定位：统一形象有利于集中力量对外宣传，并共享良好形象所带来的各种效益。一个区域要实施形象战略首先要找准自己的形象定位，这种形象定位应该具有明确的正面价值，能突出自身的优势，知名度高并且便于记忆。

衡水湖湿地所拥有的生态价值显然符合上述标准。以衡水湖湿地生态战略协同圈为统一形象定位有利于桃城、冀州和枣强强化外界对自己的区域特色和优势的记忆，并获得一种非常具有亲和力的正面形象。

应该说冀州所代表的古文化形象也在一定程度上符合上述标准，但从明确的正面价值这一点来看，古文化代表的是历史，生态文明代表的是未来，后者显然更加具有亲和力和感召力。

衡水老白干也是当地一种具有代表性和高知名度的形象代表。同样，从明确的正面价值这一点来看，其所代表的酒文化也不如衡水湖所代表的生态文化更具优势。

(2)统一视觉形象标识：在拥有了区域形象定位后，对于区域形象还需要反复地灌输和进行形象记忆冲击。因此需要建立起视觉形象标识系统。它通过对形象标识徽标、旗帜、色彩系列、工作人员服装、用具、宣传品、纪念品等的统一设计，达到以多渠道多方式地强化外界对衡水湖的形象记忆的目的。确立视觉形象标识系统需要通过大量的创意征集集思广益、反复斟酌。

(3)统一形象宣传用语:语言形象的记忆冲击与视觉形象具有异曲同工的效果。这也是一项需要集思广益的工作。下面是我们的一些初步考虑:

- 衡水湖湿地:九州之首、桃源仙踪、燕赵最美、生态先锋

说明如下:

九州之首——取自冀州乃大禹治下的天下九州之首;

桃源仙踪——取自桃城区得名于神仙送蜜桃的传说;

燕赵最美——衡水湖被河北省评为燕赵最美湿地;

生态先锋——既是一种期许,也是衡水湖湿地可持续发展的重要战略定位。

24.1.3.2　建设生态型园林城市

对于外地游客,对衡水湖的旅游体验其实从到达衡水火车站或从高速公路进入衡水市域的那一刻就开始了。因此,城市综合环境也必须大力整治,并大幅度地向衡水市城市总体规划所定位的生态型园林城市迈进,才能与衡水湖战略协同圈的整体形象相匹配。

24.1.3.3　提高战略协同圈整体生态环境意识

意识决定行动。要在整个战略协同圈建立起绿色生态文明价值观,还必须大力加强生态环境教育,提升周边地区人口的整体生态环境意识。如同在综合示范圈一样,建议将生态环境教育纳入国民基础教育体系,并通过组织各种爱湖爱鸟的群众性组织和环保组织,开展丰富多彩的爱湖爱鸟活动,以多种形式对民众进行湿地和生态环境保护教育。

24.1.3.4　实施旅游业经营一体化战略

衡水湖周边地区还有不少旅游景点不在保护区所辖范围内,但也是游客获得在衡水的旅游体验的重要组成部分,而这些景点如果不加入衡水湖旅游体系,仅仅靠单打独斗也很难成气候。所以,战略协同圈的战略协同在很大程度上可以看做一种协同发展旅游业的需要。

旅游业经营一体化不等于将所有旅游资源交由一家公司去管理,而是指这些资源的经营者要具有一体化意识,通过战略合作,进行统一的旅游线路规划,建立统一的旅游产品和服务标准,协同进行旅游形象推广。从火车站站前广场到高速公路出入口,以及所有旅游景区之间,都应该有具有良好的景观的旅游线路彼此相连。

24.1.3.5　实施衡水湖品牌经营战略

鉴于保护区积极建设生态型社会综合示范区的努力,建议以建设综合示范区为契机,对衡水湖相关产业实施集团化品牌经营,实施全面质量管理,以衡水湖品牌整合战略协同圈的生态型产业,将衡水湖品牌经营成为一种以清洁生产和生态产品为特色的绿色品牌。战略协同圈内所有企业都可以申请加入衡水湖绿色品牌认证,从而加入生态型产业的行列,并在市场上获得竞争优势,以此帮助衡水湖周边地区的生态型产业不断壮大。

24.2　区域分工与协同战略

24.2.1　指导思想

分工与专业化导致了人类劳动生产率的极大提高,是人类社会不断前进的动力。同时,分工又是建立在交换的基础上。为了交换的方便,人类才逐渐向城市聚居。因此,分工是促使自给自足的分散化的乡村经济向人群大规模聚居的城市经济转化的重要力量,也是城市经济区别于自给自足

的乡村经济的最根本的特征。分工本身不是目的,而只是提高生产率的手段,而分工的价值只有通过协作才能得到体现。因此,现代城市经济必须是高效分工与协作的城市。

现在,衡水湖周边地区正处于快速城市化阶段,一个以桃城区、冀州市和枣强县城为依托的城市金三角正在兴起的过程之中。充分把握城市经济分工与协作的本质,积极走向三个区市县在区域内的分工与协同,就能更好形成区域特色和竞争优势,整体提升本区域对外的竞争力,有效地促进这个区域的经济快速健康地发展;而忽视这一点,坚持各自为政,就很容易陷于地方建设的低水平重复和恶性竞争。因此,加强区域分工与协同是衡水市构建城市金三角,形成经济增长轴心,加强区域竞争力的必然选择。

24.2.2　战略目标

将衡水湖湿地生态战略协同圈建成成为以桃城区为主中心,冀州、枣强为副中心,以保护区湿地新城为地理中心的衡水市域城镇体系的“一区三城”复合中心,在各城市化中心形成区域分工明确、经济结构互补、产业发展各具特色、经济实力强大的衡水市城市发展的金三角和带动全市经济发展的增长极。

24.2.3　行动策略

24.2.3.1　强化中心城市,加强战略辐射

衡水市区(桃城区)在衡水市各区市县中,具有经济总量最高、城市化水平最高、对外交通最为发达、并且是衡水市的政治文化中心,将理所当然地承担起中心城市的重任。

桃城区位于衡水湖的东北方向,距衡水湖约 10km。处于衡水湖常年主导风向的下侧风向,以及滏阳河、滏阳新河等的流域下游方向。因此,从环境影响的角度来看,桃城区的发展对衡水湖自然保护区相对较小。桃城区三次产业布局相对合理,第一产业所占比例只有 7%,由第二和第三产业共同构成的非农产业的比例高达 93%,表明其工业化程度较高,已经进入了工业化的中后期,工业增长将趋于稳定,第三产业将加速发展。桃城区目前存在的主要问题是市区面积较小,作为冀东南重要的交通枢纽和中心城市,其城市化水平有待进一步提高。

桃城区应按照现代化大城市的要求,进一步加强其中心城市功能的建设,把衡水市区建成具有强大辐射功能的政治、经济、文化、交通中心,强化城市功能培育、扩大市区规模,提高城市化水平。

在产业布局上,在注意加强污染防治的前提下,可以在继续加强以橡胶、化工、冶金、造纸为重点的区域特色产业的基础上,从较高起点来考虑产业发展定位,加快应用高新技术改造传统特色产业,着力发展信息技术、生物技术、新能源、高效节能与环保等高新技术产业和特色工业,使高新优势产业向市区聚集,形成合理的产业结构。

加强市区基础设施和内外环交通网和市场、信息网络的建设,大力发展第三产业,增强中心城市的交通中心、贸易中心和金融中心功能。

市区进行合理的功能分区,通过推进城市化进程,构筑大城市框架,完善城市功能、布局,提高城市文化品位。

24.2.3.2　进一步明确各城市功能定位,加强跨区市县的产业战略布局调整

桃城区、冀州市、枣强县这三个区县市的人均 GDP 经济居衡水市的前 3 位,GDP 总量也居衡水市前 4 位之内。三个区县市的三次产业中第一产业所占比例都相对较小,非农人口比例也相对较高。但战略协同圈的桃城区、冀州市、枣强县这三个区市县的发展水平却并不平衡,在经济总量、产业结构、城市化水平和工业化程度等方面都存在着一定的差异。

从城市发展阶段来看,桃城区已经进入了工业化的中后期,工业增长将趋于稳定,第三产业将加速发展;而冀州和枣强则刚刚处于工业化的初、中期,工业在经济中占据着绝对主导地位,并有进一步增长的趋势。冀州经济总量略高于枣强,但非农人口比例却低不少。以三次产业比较,两市县第一产业所占比例基本相当,但农业产业化水平却相差很大,这在很大程度上解释了为什么冀州尽管非农人口比例远远低于枣强,但人均 GDP 却高于枣强这一颇为奇特现象。另外,冀州市第三产业所占比例尽管略高于枣强,缺都处于较低水平,反映出两县市的城市化水平均偏低,且大大滞后于工业化。

同时,处于战略协同圈的三个区市县的发展历程和资源禀赋上也有着显著的差异。冀州市位于衡水湖自然保护区的南部,其新市区紧贴保护区南界,老市区则完全在保护区内。冀州市还处于保护区常年主导风向的上风向。因此,冀州市的发展对于保护区有着巨大的影响。冀州市因靠近衡水湖,周边水系纵横,虽然因水系变迁和兵戈战火而不断衰落,但历史上直到解放初都依然是这个区域的中心城市。只是到了新中国成立后,由于铁路运输的发展而使其地位逐渐由衡水市区(即桃城区)所替代。尽管冀州在整个冀东南的地位不断衰落,但经济发展的后劲依然强劲。目前,冀州市设立了冀州经济技术开发区,已经形成了采暖铸造、化工、玻璃钢三大战略支撑产业和农产品加工、汽车配件、医疗器械三大区域优势产业。其采暖铸造业国内市场占有率达 1/8,出口量占全国总量的 80%;其化工产业拥有一批如在循环经济、清洁生产、能耗水平和产品研发居国内领先或国际先进水平的全国领先企业;其玻璃钢产业在全国氯碱行业的产品占有率达到 80% 以上,同样也拥有一批国内领先或国际先进水平的核心技术。农产品加工业则形成了棉花、辣椒、食用菌等生产加工一条龙的龙头产业。显然,桃城区的兴起主要因作为一个重要的交通枢纽所带来的机遇,历史文化积淀比不上冀州,但包袱也相对较轻。而冀州市则有着丰富的历史文化传统和得天独厚的自然景观资源。但冀州近年来的工业化道路选择却缺乏与其历史文化和自然景观优势资源的衔接,显示出文化传承的断裂和急功近利,特别是其特色主导产业之一——采暖制造业对环境有着严重的负面影响,与整个城市的基调显得极不协调,并且与衡水湖周边地区未来发展生态产业也基本上不存在什么关联关系。冀州必须清醒地认识到,冀州在冀东南的中心城市地位是一去不复返的,冀州如何借助衡水湖发展的新机遇,发挥自己历史人文资源的优势,适应和扮演好这种区域次中心的城市角色,将是未来再次振兴冀州的根本。

枣强则将是随着地区城市化进程不断加快而即将涌现出来的新兴城市,它距衡水湖相对较远,除了卫运河引水经过外,其对衡水湖的环境影响相对较小。枣强目前已经形成了皮毛、玻璃钢和机械制造等三大主导产业。其皮毛产业是枣强县历史最为悠久、特色最为突出的主导产业,相传其裘皮业最早发源于商代,在秦始皇时代就被赐封为“天下裘都”。枣强已经形成了以大营镇为中心,辐射延伸到新屯、恩察、加会、张秀屯等周边乡镇这样一个全国性的皮毛加工、集散基地。产品畅销国内及欧、美、东南亚以及日本、俄罗斯等 50 多个国家和地区。目前,枣强规划建设了具有现代气息的大营皮毛工业区,并投资 7000 多万元兴建了日处理能力 3 万 t 污水的大营污水处理厂,对新建企业一律集中处理,做到达标排放,为裘皮健康、可持续发展提供了良好的环境保障。

目前,衡水市城市总体规划对三个区市县的城市功能定位如表 24-1 所示。规划者已经有意识地为三个区市县突出不同的城市功能,但值得注意的是,机械、化工等行业显然与冀州市的旅游发展前景存在着矛盾,而市区作为区域性中心城市,似乎在产业支撑力度上略显薄弱。由于三个区市县与保护区的密切关系,如今,在衡水湖自然保护区得到越来越多的关注,并面临更大的发展机遇的环境下,似乎有必要结合保护区发展的需要而对此三个区市县的城市功能定位进一步重新审视。建议在冀州市的定位中去掉机械、化工等明显属于高污染性的行业,突出冀州的旅游服务业及其相关产业、突出冀州与生态产业相关的龙头经济。对机械、化工等行业则实施跨区市县的产业布局整合,利用桃城区交通条件的便利和位于衡水湖常年主导风向下风向的有利地势,加强中心城市的产业聚集,并集中进行污染治理。

表 24-1 《衡水市城市总体规划》(1999 ~ 2020)
对桃城区、冀州市和枣强县的城市功能定位

城市名称	城市功能定位
衡水市区(桃城区)	重要的交通枢纽,以发展加工业、高新技术产业和商贸为主的冀东南区域性中心城市。
冀州	市域南部次中心城市,以发展机械、新兴建材、化工、电子、轻纺为主的具有旅游发展前景的开放型城市。
枣强	发展商贸及轻工业为主的具有区域性集散功能的工贸型城市。

对于冀州采暖业对于这样一个发展成熟、配套齐全的行业的调整,由于其难以避免和根除的严重负面环境影响,为了冀州市的长远繁荣和可持续发展,必须要有壮士断腕的决心和勇气。为了落实春风集团的铁厂、暖气片厂等企业的搬迁,建议考虑以下两个方案:

方案一:在冀州市南郊距保护区南界 15km 以外选址,筹建一处全国最大规模的采暖业生产经营中心,该行业所有企业向该中心集中,并以此带动冀州市整个采暖业的更快发展。考虑 15km,是由于冀州市位于保护区常年主导风向的上风向,该行业的主要负面环境影响——烟尘排放。计算指出,如果将排放烟囱提高到 100m,在冀州平均风速 3.4m/s 的条件下,排放的污染物最大浓度落地位置大约在 14km 左右。将生产中心迁至 15km 以外,将会减轻对保护区的空气质量产生的影响。不过应该指出,在风速略高于平均风速的时段,该行业对保护区境内大气质量的负面环境影响可能依然存在。采取这个方案的主要理由是冀州不能放弃发展这一占其工业总产值 17.2% 的重要行业。

方案二:将以采暖制造业为主的高污染企业迁至位于衡水市常年主导风向下风向的衡水市经济开发区。衡水市开发区位于衡水市区西部,交通便利,2002 年国内生产总值完成 20241.56 万元,技工贸收入完成 69970.28 万元,工业总产值完成 55481.36 万元,固定资产投资完成 29389 万元。虽然,开发区经济增长速度较快,但经济总量较小,在全市经济中所占比重极小。将冀州市内的部分以采暖制造业为主的高污染企业迁至开发区将大大提高其经济实力,更有效地发挥经济集聚作用。而对该行业本身,将因更便捷的交通运输条件和更好的基础设施建设环境而得到长足发展。

方案二的特点是从衡水市的整体经济发展布局和冀州市未来产业结构调整方向进行了通盘考虑。也是一种符合城市总体布局和市场经济规律的选择。但困难是冀州市财政可能因此蒙受较大的经济利益损失。但这种障碍是不是就不可逾越呢?

其实,对于这种地方经济利益带来的制度性障碍,我们也可以通过制度创新来加以克服。例如,可以考虑通过衡水市政府的协调,在衡水市经济开发区或其临近地区划出一块冀州的飞地,对冀州的重工业企业进行集中搬迁,企业管辖权仍归冀州市,该区域的财政收入依然由冀州市征收,但其中拿出一部分作为向开发区或当地政府支付的租金,在具体的管理事务上,冀州也可以委托给当地政府。对于开发区或当地政府而言,这也是一种特殊的招商引资方式。总之,只要有利于区域协同,有利于衡水市的总体战略布局,有利于优势集中,任何利益共享的方式都可以尝试。

24.2.3.3 进一步加强农业产业化的协同

按照可持续发展的原则,保护区的综合示范圈将大力发展生态农业、林业、畜牧业、旅游业,并实行产业化经营。按照发展生态产业的要求应把粮食生产和多种经济生产结合起来,利用传统农业的精华和现代科学技术，协调经济发展和环境之间、资源利用和保护之间的关系，形成生态上和经济上的良性循环，实现农业的可持续发展。生态农业、林业、畜牧业的发展离不开农业的产业化经营，尤其是"龙头"企业的带头作用。

近年来，衡水市的农业产业化得到了快速发展。2005 年，全市农业产业化经营总量达 160. 1 亿元，比 2000 年增加 64. 3 亿元，增幅 67. 1%；农业产业化经营率达 46. 9%，比 2000 年增加 20 个百分点；全市规模以上农业产业化龙头企业已达到 240 多家，比 2000 年增加 165 家，其中包括国家级农业产业化龙头企业 2 家、省级农业产业化重点龙头企业 22 家；建成农民专业合作经济组织 789 个，各种类型的农产品行业协会 65 家，分别比 2000 年增加 216 家、33 家，总体数量列全省第二位；全市参与农业产业化经营的农户已达 44 万户，占全市农户总数的 48. 9 %，户均来自农业产业化经营的纯收入为 4286 元，建成各种优质农产品生产和加工基地 20 多个，其中与战略协同圈相关的包括斯格猪和奶(肉)牛养殖基地，速生林、棉花、辣椒、食用菌、杂粮等种植基地，以及粮食和板材等加工基地。

农业产业化的类型包括龙头企业带动型、中介组织带动型、专业市场带动型和主导产业带动型等多种类型。其中，龙头企业带动型的特点是以"公司 + 基地 + 农户"为基本组织模式，通过龙头企业开拓市场需求并根据市场需求组织生产，冀州的食用菌产业就是这种模式的典型；专业市场带动型的特点是建立或形成交易市场，以交易市场特别是专业批发市场为纽带，带动主导产业，联结广大农户，以冀州周村辣椒专业批发市场为枢纽的冀州辣椒基地正是这一模式的典型；主导产业带动型特点是从当地资源优势入手，选准一、两种主导产业，强化政府推动和引导，逐步扩大经营规模，提高产品档次，形成区域性特色主导产品和拳头产品，并在此基础上扩展产业群，延长产业链，最终形成产加销一条龙经营，枣强皮毛产业正是这一模式的代表；中介组织带动型的特点是以"合作经济组织 + 农户"或"公司 + 合作经济组织 + 农户"为基本组织模式。坚持因地制宜、形式多样、群众自愿、民主管理等原则，保持其群众性、专业性、互利性和自治性，建立社区合作经济组织、专业合作经济组织、供销合作社等中介，带动农户从事专业生产，将生产、加工、销售有机结合，实施一体化经营。如近年来桃城区各种农村经济合作组织大量涌现，为了充分发挥这些组织对农业经济的带动作用，桃城区还于 2007 年特地成立了一个"农村合作经济组织联合会"，以便统一的组织、指导、协调、管理和规范农村合作组织，从而进一步加快农村产业化进程，并更好的保护农民的利益。

综上所述，衡水湖战略协同圈三个区、县、市的农业产业化已经有相当程度的发展，并各具不同特点。建议今后围绕衡水湖周边生态农业的发展，进一步加强战略协同圈在农业产业化协同，突出生态农业、绿色农业、节水农业的产业化发展，为战略协同圈生态环境的根本好转和可持续发展奠定坚实的基础。

第三部分
落实战略规划的重点项目

第 25 章　落实战略规划的重点项目

任何美好的规划目标都只有通过落实到具体项目上,并将一个个具体项目逐步实施,才有可能将理想变为实现。本章将第二部分所涉及的所有规划战略措施打包成为了包括基础设施建设、生物多样性保护、湿地恢复与水环境治理、环境保护项目、绿色产业项目、社区发展项目和公共安全项目等在内的一系列重点项目,从而明确了落实本规划的具体实施路径,并为进行相关投资估算、投资效益评价和投融资策划提供一个重要的基础。

25.1　基础设施建设项目

25.1.1　局站建设

保护区历史很短,局站设置尚未形成体系。尚需依据《自然保护区工程项目建设标准》加快局站建设。考虑本区人口密度大、管理难度大的客观现实,本规划对保护区在编人员数量参考中型保护区下限取 65 人。对涉及自然资源的保护、监测、科研与管理的职能和设施还依然按照小型保护区标准取值。

25.1.1.1　保护区管委会办公设施

保护区管委会办公设施兼有保护管理和政府服务双重职能。需占地 $1hm^2$,含管委会办公与行政服务中心、科研中心、陈列馆、宣教中心、鸟类救护中心和植物病虫害防治站等,共同构成保护管理中心区。其中办公与行政服务中心 2500 m^2(含办公、会议、门房、车库、职工食堂、锅炉房等)。选址在保护区东北角,现 106 国道以北、大赵村西南,靠衡水市区通冀州市区的主干道东侧。此选址充分考虑到交通方便、靠近城镇、便于职工就医与子女入学、有水源和电源保障等因素。

25.1.1.2　管理站

计划设 6 个管理站。其中,绳头站与瞭望塔和生态监测站相结合,覆盖鸟类、气象、水文、水质监测等综合功能,需面积 400 m^2;大寨站与风光互补发电提水泵站的管理用房结合在一起,需面积 $430m^2$。其他各站面积规模均为 $280m^2$。所有管理站均设办公室、会议室、卧室、卫生间、厨房和车库等,并配备一定的宣教设施。各管理办公设施都应配备单独运行的厌氧化粪池系统,并建设垃圾收集设施。所有管理站总计 $1950m^2$,共需征地 $1.2hm^2$(表 25-1)。

表 25-1　管理站一览表

编号	名称	位置
1	候家庄站	滏阳新河北堤中部
2	魏家屯站	京开路(106 国道)西侧,魏家屯边
3	大寨站	冀码路北侧通向大寨村的路口
4	前照磨站	西北角的滏东排河大堤与保护区西路的交汇处
5	绳头站	中隔堤绳头村北侧
6	滏东排河站	滏东排河北堤缓冲区以东的实验区

25.1.1.3　检查站

保护区共设检查站 9 个，每个 $60m^2$，含办公室、卧室、厨房和卫生间，各分布在未设管理站的各个主要路口。所有检查站共 540 m^2，共占地 0.54hm^2（表 25-2）。

表 25-2　检查站一览表

编号	名称	位置
1	京开路北站	京开路由北进入保护区的路口
2	竹林寺站	从中隔堤出冀州老城和老冀码路相交的路口
3	寇杜站	滏阳新河北堤与保护区西路相交的路口
4	巨鹿站	滏阳新河北堤通巨鹿村的路口
5	北田站	京开路通北田跨盐河故道的路口
6	王口站	京开路通李南田跨盐河故道的路口
7	韩家庄站	京开路吕家庄跨盐河故道的路口
8	李家庄站	通李家庄跨盐河故道的路口
9	京开路南站	冀州市区湖滨路和京开路（106 国道）路口

24.1.1.4　职工宿舍

（1）在保护区管委会选址附近集中新建职工宿舍 $4000m^2$，以方便保护管理人员就近上班，解决其后顾之忧，稳定职工队伍。职工宿舍可与其他科研培训接待设施相结合，采用先进的节水技术和生活污水处理技术，营造一处生态型生活试验小区。

（2）各管理站修建职工宿舍 $200m^2$，采用砖混结构，以方便职工在重点保护季节驻站守护。

（3）各检查站应设卧室、卫生间，并配备电视等休闲娱乐设施，供换班休息的职工放松休息。

25.1.1.5　网站工程

保护区应建立保护区自己的网站，该网站应基于 GIS 地理信息系统，并集成对外宣传教育、社区服务、旅游服务、科学研究和内部办公等多种功能，通过网站充分整合保护区社会经济发展的各种可利用资源。

25.1.2　道路工程

（1）106 国道东移与保护区东路建设工程：借 106 国道改建高速公路的机遇，将 106 国道东移到保护区外，并利用未来的 106 高速公路作为保护管理区的自然边界，将现保护区边界以东至 106 高速公路以西的地带建成为未来衡水市实施可持续发展战略的示范区。在示范区内新建保护区东路，为三级公路标准，作为未来联系衡水市和冀州市之间除高速公路之外的辅助交通线，使城市间车辆不再穿越保护区。封闭现 106 国道保护区内路段，并经景观整治，改造成区内生态旅游的专用道路。

（2）保护区北路整修工程：对保护区北侧道路进行整治，并局部新建部分路段，形成保护区北路，全程达到乡村公路标准，以便利居民出行并避免对缓冲区的穿行。整治路段包括：谈家庄至道口段，道口至阎家庄段，阎家庄至巨鹿段，巨鹿至保护区西路段（沿滏阳新河北堤）；新建谈家庄至赵杜段。同时封闭贾家庄至阎家庄的乡级公路，从而避免人流对北部缓冲区的直接穿越。

（3）新老冀码路连通工程：新建老冀码路大寨村至新冀码路的东野头村路段，达到四级公路标准。新老冀码路连通后，封闭冀州南关桥至大寨的老冀码路路段，以避免车流对缓冲区的穿越。

(4)巡护道路:巡护道路尽量利用区内现有道路,不再新征道路用地,但需对现有道路做必要整修。对位于防洪大堤上的巡护道路的整修应与大堤加固工程结合。巡护专用路线主要分布于西湖西岸和滏东排河及滏阳新河大堤,共约44km,其中需新建巡护路3km。

(5)临时道路:在对中隔堤沿途拟实施移民整治的村落实施生态移民之前,为避免村民经滏东排河南北大堤出行到衡水市区对大堤两侧核心生境的干扰,规划新建中线和西线两条临时道路,总长5.5km。

中线:从后韩至贾家庄新建临时道路,作为中隔堤乡村公路的北沿线连通保护区北路。临时道路建成后,封闭后韩以东的滏东排河南北大堤至缓冲区边界,同时封闭后韩至巨鹿的乡村公路。在西湖实施湿地恢复并对中隔堤沿途村落实施生态移民后,临时道路废弃,使滏阳新河滩地完全避免人类活动的干扰,并封闭中隔堤乡村公路绳头至后韩段,改为保护区巡护专用路。封闭中隔堤绳头以南道路,改为生态旅游专用道路。在对北部缓冲区人口生态移民以后,封闭贾家庄至道口段,改为保护区巡护专用路。

西线:从良心庄至巨鹿新建乡村公路标准的临时道路,为西湖西岸消落区生态移民之前的村民出行到衡水市区提供便利。道路建成后,封闭滏东排河南北大堤良心庄至后韩之间的道路,以避免村民穿越对大堤两侧核心生境造成干扰。在西湖西岸村落拆迁后,封闭西湖西岸缓冲区以内道路,改为保护区巡护专用路。

25.1.3 供电与通讯设施

25.1.3.1 供电工程

(1)用电负荷:根据保护区建设的特点、功能及用电设备的使用要求,确定加压泵房用电负荷为2级,其他各建筑物均为3级。

(2)变电所:在保护管理中心区、106国道保护区南入口处、冀州老城和西湖西岸各建变电所1座。其中保护管理中心区、106国道保护区南入口处和冀州老城各为1万kVA,西湖西岸5000kVA。保护区管委会变电所向北接衡水市城市电网,为整个保护管理中心区的办公科研、后勤生活设施、生态旅游设施和周边社区供电;106国道南入口变电所向南接冀州城市电网,为东湖东岸南部及冀州湖滨生态旅游设施和周边社区供电;冀州老城变电所向南接冀州城市电网,为冀州老城周边及中隔堤沿线社区和生态旅游设施供电。

(3)输电电缆:沿保护区内现106国道路段、中隔堤绳头以南乡村公路和老冀码路铺设地下输电电缆,共35km;以及从保护区管委会变电所向梅花岛及其北部小岛铺设水下电缆,为2km。输电线路负荷均为35kV。

(4)不能接入上述城市电网的管理站、检查站就近接入农村电网,除各配一台变压器及相关设施外,还需各配一台3.8kW的汽油发电机应急,发电机组由管理站工作人员兼管。

25.1.3.2 通讯工程

(1)区内有线和无线通讯均十分方便,程控交换系统和互联网接入服务均可直接利用周边城市的相关系统,保护区无需单独配置。仅需在保护区内中隔堤绳头村以南沿线铺设7km地下通信光缆与冀州市主干光缆相连,以满足中隔堤区域发展高品质生态旅游接待以及社区居民不断发展的对外通信联络的需要。

(2)保护区管委会应接入有线电话不少于4部,并建立自己的小型内部程控交换机,配传真机、复印机和打印机各1台,野外巡逻用对讲机3部,电脑则根据办公需要进行配置。各管理站应各接入有线电话1部,野外巡逻用对讲机2部,GPS卫星地面定位装置1套,并配传真机、电脑、复印机、打印机、扫描仪各 1 台。各检查站各接入有线电话 1 部，电脑 1 台。附近有光缆经过的各站应接入光纤，实现快速上网。不具备有线接入条件的各站应至少配备手机 1 部。

25.1.4　给排水设施

25.1.4.1　给水工程

保护管理中心区、移民安置地、和位于保护区外但由保护区统一管理的低密度生态型控制开发区的生活用水应统一接入城市供水管网。其他区域则就近选择卫生的符合《生活饮用水卫生标准》的水源。鼓励各村落建设集雨水窖，替代深井地下水作为生活水源。景观用水尽量采用经生物净化的上游河道来水和可回用的中水。

25.1.4.2　排水工程

（1）在中隔堤绳头以南和冀州湖滨加铺下水管道，并接入冀州城市污水管网，以截断直接排入湖中的污水。冀州应尽快建设污水处理厂 1 座，对城市污水进行集中处理，禁止向保护区排放污水。

（2）在东湖东岸盐河故道附近，以穿越最多村落为原则，由南向北铺设下水管道，并将收集到的污水集中送往位于保护区东北角的生物氧化塘进行处理。在冀州污水处理厂正式运转前，中隔堤和冀州湖滨的下水管道通过污水控制闸与东湖东岸下水管道对接，使污水统一送保护区东北角的生物氧化塘进行处理。排水管道采用混凝土和砖涵相结合：干管管径 d400 ~ 1500mm。充分利用当地自然条件，辅助建设人工湿地污水处理系统，对生物氧化塘出水进行再次处理，使污水进一步净化。缩小生活污水对保护区的威胁。国外研究已经证明，人工湿地污水处理系统运行费用低廉、处理效果好、生态效益高，适合于小城镇生活污水处理。

（3）农村分散居民点的日常生活及畜禽饲养产生的污、废水，利用沼气发生设备进行减量化、资源化处理；相对集中居民点的污、废水逐渐采取化粪池集中消毒方式进行处理。生活及生产用水产生的废水，在各管理站通过管道排入化粪池内，经消毒处理达到环卫标准后方可排入附近的沟渠。

25.2　生物多样性保护项目

25.2.1　野生动物保护工程

25.2.1.1　鸟类觅食地和补食点：

在泄洪区以北和东西两侧地势较高部位建多处鸟类觅食斑块地，总面积 2.6km^2，规划在一期（2009 ~ 2015 年）实施。另在各生境岛、滏东排河北堤、及各觅食地建投食点，共 10 处，除滏东排河北堤的 4 个外，其他均在二期（2016 ~ 2020 年）实施。

25.2.1.2　鸟类繁育和救护中心：

选址于滏东排河以南大赵常村西，与保护区管委会和科研中心的办公地点相结合，面积 500m^2。其中救护站 200m^2，内设急救室、监护室，配鸟类救护设备 1 套，在一期实施；其他为鸟类繁育用房和繁育人员办公休息用房。另征地 500 亩做鸟类繁育场，结合开展生态旅游观光服务，在规划二期（2016 ~ 2020 年）实施。

25.2.1.3　病虫害防治检疫站：

选址于滏东排河以南大赵常村西，与保护区管委会和科研中心的办公地点相结合，面积 50m^2，配保护检疫设备1套,需投资3万元。规划在一期(2009~2015年)实施。

25.2.1.4 生物廊道

在滏阳新河和滏东排河增设4处简易桥梁作为生物廊道,以帮助陆上野生动物穿越河道。其中3处设于滏阳新河,1处设于滏东排河。生物廊道也兼做巡护道路的桥梁。作为生物廊道的桥梁应尽量做仿生造型,并且色彩与周边环境协调,不对野生动物造成惊扰。

25.2.1.5 不冻水域工程

利用本区地热资源或电厂余水,以全封闭管道引入东湖核心生境,对湖水加温使局部水域保持不冻,以帮助珍稀鸟类在本区越冬,并增加本区鸟类种群。但地热水或电厂余水不得与湖水混合,而是将热量利用之后的废水集中处理。若使用地热水应全部回灌地下,以避免对地下含水层的破坏,以及矿化度高的废水对地表水造成的污染。如果水质适宜,部分地热水可用于旅游接待的洗浴,但应严格限制用水量,且对废水需作特别处理。此工程在二期(2015~2020年)实施。

25.2.1.6 碑、桩、指示牌和围栏

保护区需设立系统的的区碑、界桩和指示牌。指示牌包括路牌、限制性标志牌和解说性标志牌。所有碑、桩、指示牌均应中英文对照,并使用通俗易懂和简明准确的文字,以明确自然保护区的范围及功能分区界线,限制人为活动对区内自然资源的破坏,并为人们提供服务指南。在保护区边界禁止人类任意穿行的区域,以及特别保护圈边界应建设生态型围栏,如带刺的灌丛,以杜绝外部对保护区的任意穿行,以及人类擅自闯入对重要生境造成干扰。特别保护圈边界通过水面的部分应以水上界桩和浮标标示边界,造型和色彩上应用仿生学原理,避免对鸟类产生惊扰。

(1)区碑:设在保护区管理局外宣教广场,是保护区的标志性景观,基座高1m,表面镶嵌大理石,规格500cm×200cm×10cm。

(2)界碑:设在进入保护区的各主要路口,即具有保护区分界提示作用,又有宣传功能,它告示人们已经进入保护区,提醒人们对保护事业的支持,减少人为破坏。共需设立9块,用砖混基座,基座高1m,表面镶嵌大理石,规格300cm×200cm×10cm。

(3)界桩:作为保护区边界和各功能分区界限的标志物,每100m设1个,为钢筋混凝土材料,陆上界桩共1399块,规格为20cm×30cm×150cm;水中界桩造型仿树枝状,可为水鸟提供停留,在水底以铁锚固定,各界桩间以浮标相连接,浮标造型和色彩应注意应用仿生学原理,避免对鸟类产生惊扰。水中界桩共计约240个。

(4)生态型围栏:在保护区边界禁止人类任意穿行的区域,以及缓冲区边界处因缺乏自然障碍物而不易管理的区域密植3~5m宽带刺的灌丛,共108.9km,以杜绝外部对保护区的任意穿行,以及人类擅自闯入对重要生境造成干扰。

25.2.1.7 巡护工程

(1)巡护道路:在西湖西岸南部新建巡护道路3km,含跨沼泽湿地浮桥4处。在良心庄以南新建跨滏东排河的简易桥梁,做生物廊道兼巡护路桥,与巡护道路连通。在中隔堤通各村落的路上建6m跨的造景小桥,桥下可通游船。

(2)巡护船专用码头:所有水上交通和游线均安排在东湖的实验区内,西湖作为饮用水源地,除保护管理巡护和为鸟类补食外,严禁人员和船只进入。在西湖绳头村堤岸及东西湖内设置了补食点的各生境岛的适宜位置各设1巡护船专用码头,以方便保护区人员上岛补食。

(3)配备巡护车2辆、巡护艇5艘、摩托13辆、对讲机、望远镜及警戒设备等巡护工具,用于自然保护区的巡护和处理各种突发事件。并配备东风1.25t双排座货车1辆,以承担保护区的后勤保障工作。

25.2.2　科研设施与监测工程

25.2.2.1　湿地生态保护研究与培训中心

包括实验室、标本室、培训教室、专家接待中心、国际会议中心和学员宿舍等5部分功能。选址于滏东排河以南大赵附近，与保护区管委会办公楼、鸟类救护中心、病虫害防疫站和湿地生态试验基地等结合设置。并将将106国道以东的泄洪区开辟为湿地生态科研试验基地。其中实验和培训教学楼建筑面积共$1200m^2$，在一期（2009～2015年）实施。专家与学员住宿接待和国际会议中心建筑面积共$3000m^2$，投资纳入生态旅游接待设施建设。

25.2.2.2　生态环境综合监测站

选址于中隔堤绳头村，与管理站相结合，建筑面积400 m^2，配备气候、土壤、植被、水质监测设备各一套，在规划一期（2009～2015年）实施。

25.2.2.3　鸟类监测与环志站

鸟类环志站选址于滏东排河北堤管理站附近，配备环志工作设备，规划在一期（2009～2015年）实施。

滏阳新河滩地湿地和西湖西岸湿地成功恢复以后，拟在西湖西岸和滏阳新河滩地以北另各建鸟类监测站共2处。共需投资10万元，规划在2期（2016～2020年）建设。

25.2.2.4　固定样地

设固定样地8处，以开展长时间序列的固定观测。各样地范围根据具体条件分别为0.5～1.0 hm^2不等，总面积为$20hm^2$，应设永久性标志牌标识其范围。分别为：

（1）东湖样地：位于东湖北部芦苇荡，用于观测东湖生境，在一期（2009～2015年）实施。

（2）西湖样地：位于西湖八里庄生境岛，用于观测西湖生境，在一期（2009～2015年）的西湖湿地恢复工程启动后实施。

（3）西湖西岸样地：位于西湖西岸，包括沼泽地和林地，用于观测森林沼泽湿地，在二期（2016～2020年）实施。

（4）滏阳新河滩地样地：位于淡水沼泽与盐化沼泽之间的边缘部位，用于观测淡水沼泽与盐沼类型湿地，在一期（2009～2015年）实施。

（5）冀码渠样地：位于冀码渠张庄以西，用于观测河渠类型湿地和人工小流域系统的影响，在二期（2016～2020年）实施。

（6）漳河故道样地：位于保护区西南角的湿地经济试验区，用于观测湿地经济试验区的生态与环境变化，在二期（2016～2020年）实施。

（7）牧草区样地：位于牧草区中牧草地与鸟类觅食地的边缘部位，用于观测草场和觅食地，在二期（2016～2020年）实施。

（8）盐河故道样地：位于保护区东北部的盐河故道湿地区域，用于观测人类影响较多的河道湿地，在一期（2009～2015年）实施。

25.2.2.5　固定样线

设固定样线3条，包括东西向1条和南北向2条。其中，东西向样线自东向西全程穿越保护区，跨越包括盐河故道、东湖东岸涵养林景区、东西湖区、中隔堤、生境岛和西湖消落区等在内的各种典型区域；南北向样线分别经东湖和西湖从南向北方向全程穿越保护区。样线总长约36km。根据湿地恢复的进展分期分批实施。

25.2.3 宣传教育工程

宣教与陈列设施的总建筑面积1500m^2,分设于“生态旅游接待与宣教中心”、“青少年生态科普教育基地”和“水资源保护教育基地”三处。其中“生态旅游接待与宣教中心”结合了旅游接待服务功能与宣教功能,含接待服务区、多媒体科普宣教中心和科普陈列馆和科普信息服务中心,宣教与陈列面积800m^2,在一期(2009~2015年)实施;“青少年生态科普教育基地”以中小学生和青少年为主要服务目标,特别接待冬令营、夏令营等中小学生的团体活动,宣教面积400m^2,在一期(2009~2015年)实施;“衡水长流水资源保护教育基地”含“引黄、引江纪念碑”、“衡水湖治水历史主题墙”和“衡水历史文化名园”等,宣教室面积300m^2,在二期(2016~2020年)实施。另设置说明性和警示性指示牌若干,在一期(2009~2015年)实施。

(1)限制性标志牌:设在进入核心区和缓冲区的路口,警示一般游人不得进入,提醒科学考察者进入缓冲区的注意事项,共需设立6块,规格160cm×100cm×0.3cm,用钢材制作。

(2)解说性标志牌:作为向社区和游客进行生态科普宣教的辅助设施,设于生态旅游观光游线上主要的游憩点,以及作为保护物种的标示。设于游憩点的标志牌应尽量与避雨遮阳设施结合设置,平均1000m设一个,规格80cm×100cm×0.3cm,用钢材制作,需294个,其中带遮阳设施的60个。

25.2.4 生态保护补贴工程

主要包括觅食地农业欠收补贴和休渔期补贴,涉及农户1639户,以每户每年平均补贴1000元。

25.3 湿地恢复与水环境治理项目

拟实施湿地生境恢复与生境改善工程、湿地经济试验区建设工程、退耕还林还草工程、生态移民工程、生态补水工程等五大工程,以及其他常规保护工程。经过这些工程措施,将扩大湖区水域面积32.50km^2,沼泽面积17.5km^2;对现有生境进一步改善,包括对水体富营养化和各种环境污染源进行治理,分期分批拆除缓冲区以内所有村落,降低实验区的敏感部位的人口密度等。

25.3.1 滏阳新河滩地湿地恢复工程

25.3.1.1 现 状

滏阳新河滩地是衡水湖一处具有代表性的沼泽湿地,原为衡水湖的一部分,因建设贯穿河北省的泄洪区而被人工修筑的滏阳新河大堤从湖域分割出来。滩地高处大片为荒地,小片被开垦成农田,以种植小麦玉米为主,低洼处则形成沼泽。沼泽、草甸灌丛与农田共同构成的生境为大量珍稀鸟类提供了觅食地和栖息地。由于常年干旱缺水,目前滩地生境已经有所退化。保护区最早于2002年开始尝试对滏阳新河滩地湿地逐步进行恢复,但限于水资源补给不足,已开展的湿地恢复工作主要是从改善鸟类生境的角度进行的小面积恢复,约占滩地可恢复湿地总面积的10%。但随着将来更多的水资源补给,此生境将有望进一步扩大,其重要性将与日俱增。

25.3.1.2 建设方案

以滏阳新河滩地湿地生态系统全面恢复为最终目标。第一期,在后韩至贾家庄的临时道路以东的地势低洼地带,通过V型水塘、引水道和围堰的建设,实现对湿地恢复区域水位的合理控制,使其保持芦苇沼泽、芦苇苔草沼泽、草甸、翅碱蓬盐沼和裸滩等多样性生境类型,以满足湿地水禽多样化生境需求。分别为鹤类(灰鹤)、鹭类、雁鸭类、鸻鹬类、鸥类等创造各自理想的觅食和栖息生境。第二期,对上游来水进行清污分流,将水质达到一定可利用标准的水导入滏阳新河。利用该区域地形北高南低、西高东低的地形条件,将滏阳新河笔直的人工河道修整为适当弯曲通过滩地,并采用台阶浅滩和水生生物修复,增强滩地对上游来水的水源积蓄和自然净化能力。在适当部位将滏阳新河与衡水湖东湖沟通,使经过滩地净化的上游来水能够进入东湖,多余的水则依然从滏阳新河排掉。

25.3.2　西湖水源地建设与西湖西岸湿地恢复工程

25.3.2.1　现　状

西湖目前没有蓄水,只有湖中地势特别低洼处有少量水塘。湖中大面积土地盐碱化,因此没有完全被开垦成农田,水塘和荒地也就成了野生动物的乐园。西湖湖底平均高程为 19m,湖中还有大大小小多处台丘,蓄水后大部分湖区水位会非常适合挺水植物生长,台丘则可形成多处自然的生境岛。西湖地处远郊,其西岸土地贫瘠、人口密度不高、居民收入较低,已列入生态移民计划,移民后西湖及西湖西岸将基本上排除人类活动干扰。可以预计,西湖在恢复蓄水后将很快发展成为保护区内环境质量最好、受干扰破坏最少,最具代表性的核心生境。

25.3.2.2　总体方案

将西湖水源地的建设与西湖湿地恢复结合起来,全面恢复西湖和西湖西岸消落区湿地。要特别注意保护西湖西岸的自然湖堤,禁止对西湖西岸修筑硬化的人工护堤。西湖与西湖西岸消落区湿地恢复应统一规划,再根据调水及生态移民工程实施的实际情况分步实施。为避免西湖周边村落对水源地造成污染,需对周边村落实施生态移民。包括拆除西湖湖中及周边缓冲区以内全部村落。周边保留村落改造为具有自我生态循环功能的生态住宅和村落,建设村落的排水和垃圾处理设施,减少其对环境的负面影响。

25.3.2.3　建设内容

(1)地形改造工程:①西湖湖底高程低于 19.5m 的区域进行黏土层厚度调查,在不破坏湖底黏土层的前提下局部挖深 1 ~1.5m;湖底高程高于 19.5m 的区域应保持自然地形。②在西湖西岸局部开挖,打通西湖西岸各自然低洼地带,形成成片连贯的消落区,消落区总体走向为南高北低,并从北部连通西湖。③利用湖中自然台丘建设生境岛,周边可根据地形堆筑部分缓坡,以形成适于鸟类栖息觅食的滩涂。④结合湖周边景观建设,将中隔堤、西湖北堤以及西湖西岸缓冲区边缘以 V 型缓坡的形式加高,使西湖连同其消落区的四周形成高程达 23m 以上的生态型护堤,以保证最高水位达 22.5m 时也不会淹没区外农田。西湖消落区以西还可利用弃土堆成小山,既丰富地形地貌景观,又借此隔绝区外地势较高部位农业生产带来的面源污染。⑤根据地形在中隔堤各保留村落附近围隔出一些小的可做生态旅游用途的水域,种植莲藕、菱角等水生植物,丰富中隔堤湿地度假区景观。其中应能行船至冀州老城汉城墙景区。

(2)水资源管理工程:①来水管理工程:扩建西湖南堤进水闸作为近期南水北调中线来水进水闸。远期在西湖西岸南部建一提水泵将来水提到西岸消落区,通过控制流速流量人工模拟自然水位涨落,促进自然湿地生态系统的发育。提水泵附近设小型风力发电试验站,为提水泵供电。提水泵同时接入城市电网,形成双回路供电。提水泵正常运转以及西湖西岸沼泽区恢复以后,引入西湖的所有来水均应通过提水泵送到西岸消落区,经植被生物净化后再进入西湖,确保西湖水质达到饮用水源标准。②退水管理工程:在中隔堤绳头村以北、缓冲区以南修建通东湖的水闸,以及在西湖北堤修建通滏东排河和滏阳新河滩地的退水闸,以便在西湖水位过高时将多余的水排入东湖或排入滏东排河及滏阳新河滩地,以为在西湖模拟水位随自然季节涨落创造条件。③取水管理工程:在西湖北岸建一取水口,沿滏东排河以管道接至东湖地表水水厂取水口,以为地表水厂供水。取水管理办公统一安排在东湖北岸的地表水厂取水口处,管理人员除必要的设备检修外不得进入核心区和缓冲区。

(3)清污蓄水工程:在恢复蓄水前应彻底对西湖湖区和西岸沼泽区的地表及土壤受污染情况进行调查,清除垃圾及受污染的土壤。

(4)植被恢复工程:在西湖湖底高程较高的部位、西湖西岸消落区广种广泛种植挺水植被如芦苇、水稻等,形成消落区芦苇沼泽,作为西湖水质的一道自然生态屏障;在西湖周边地势较高、不会被水淹没的区域恢复水源涵养林。

(5)配套设施工程:包括巡护道路、管理站、科研监测站和实验区的隐蔽观鸟和休闲步道等,详见相关章节。

25.3.2.4　分期实施设想

(1)一期工程(2009 ~2015 年)根据南水北调工程进展在调水前完成中隔堤移民,西湖地形改造和垃圾及受污染底泥的清理,做好迎接来水的准备工作。

(2)二期工程(2016 ~2020 年)完成蓄水、西湖生境恢复、西湖西岸移民和地形改造、植被与生境恢复、提水泵和风力发电试验站的建设。

25.3.3　东湖扩容与水体富营养化治理综合工程

25.3.3.1　现　状

东湖从 1975 年开始恢复蓄水,至今已经近 30 年。由于周边人类活动带来的各种点源和面源污染,加上湖泊自然的沼泽化过程所带来的变化,目前湖水富营养化现象已经相当严重。另外,现东湖底泥已有大量堆积,并富集了大量重金属和氮磷等物质,既缩小了部分库容,又加剧了湖泊的富营养化和重金属污染,如不采取疏浚措施,则湖水水质不可能得到根本性好转。同时,作为南水北调工程的调蓄水库也要求衡水湖必须尽量挖掘库容。

25.3.3.2　总体方案

在西湖湿地恢复后,结合东湖的环境疏浚,尽量扩大东湖的库容:一方面调查湖底黏土层厚度,在不破坏黏土层的条件下,在挺水植物难以生长的区域尽量挖深湖底;另一方面,对周边湖岸进行加高加固,逐渐将蓄水水位抬高到 22.5m。同时,需在中隔堤和冀州湖滨修建下水管道,将污水导入城市下水管网并送污水处理厂集中处理。垃圾则集中收集并转运到保护区外的垃圾填埋场处理。

25.3.3.3　建设内容

(1)湖底挖深与底泥疏浚工程:调查湖底黏土层厚度,根据湖底地形和黏土层厚度,在不破坏黏土层的前提下,结合对底泥的环境疏浚,对东湖湖底进行挖深,平均挖深约 1m。但湖底高程较高适于挺水植物生长的区域应注意保护,不应破坏。

(2)截污管道铺设工程:①在中隔堤绳头以南铺设下水管道并接入冀州城市管网。②在冀州湖滨铺设下水管道,截断目前向湖中直接排放的污水,并集中送冀州城市污水处理厂处理,在冀州污水处理厂启用之前,可以临时与东湖东岸的下水管道对接,之间建污水调控闸 1 座。③东湖东岸在现 106 国道以东沿盐河故道选择适当线路由南向北铺设下水管道,使沿线村落和生态旅游设施不再直接向湖区排放废水,线路选择以尽量穿越多的村为原则,污水汇入保护区东北角的人工湿地生物氧化塘与污水处理系统。

(3)湖滨生态修复与护堤加高加固工程:对东湖(含小湖)湖滨实施生态修复,恢复并加宽湖滨滩地,恢复湖滨挺水植被并与岸上林草地相连,形成平均不小于 100m 宽的湖滨生态隔离保护带。此外,在东湖湖滨至盐河故道以东,除在现 106 国道以东根据生态旅游需要保留少量休闲农园外,全面恢复生态景观林,既起到水源涵养和隔绝周边城市化地区影响的作用,又适应开展生态旅游的需要。同时将东湖各方护堤均加高至堤顶高程为 23m,总长计约 33km。结合生态旅游对护岸进行绿化美化,修建湖滨步道。在小湖湖滨还将步道局部伸入湖中,形成栈道。

(4)水生植被改良与水草生物控制工程:对湖区芦苇品种进行改良,引种植株高大、品质优良芦苇品种,以便使东湖扩容不影响到芦苇的生长面积,同时对芦苇加强收割管理,遏制水体沼泽化倾向。对过度生长的水草进行人工打捞,打捞的水草可以用于沤肥。向湖中放养适量的食草鱼类以控制水草生长,并为水鸟提供食物。打捞水草和放养适量草鱼又利于控制水体体富营养化。在属于实验区的小湖湖区还可以适度对湖底地形进行改造,营造部分人工岛及其周边浅滩,种植部分生态片林,既丰富水面景观,又可扩大鸟类栖息地。

(5)太阳能深层曝气船,用于给湖水充氧,提高水中溶解氧含量,恢复水体自净能力,改善湖水水质,同时还可作为突发性污染的应急措施,为鱼类生存提供必要的条件。

(6)按保护区统一规划实行禁渔休渔,并执行相关补贴政策。

(7)移民与拆迁工程:东湖顺民庄为移民整治村落,共 164 户、581 人需进行生态移民和村落整治。此外,包括冀衡农场、春风暖气片厂等湖边工厂要全部拆迁。对工厂拆迁范围需要进一步摸底认定。

25.3.3.4　分期实施设想

(1)一期工程(2009 ~ 2015 年):完成东湖移民、周边工厂搬迁、截污管道铺设和生物氧化塘建设,周边退耕还林、对芦苇品种的改良、水草控制、对湖面缓冲区边界标识的设定,以及禁渔休渔管理等。

(2)二期工程(2016 ~ 2020 年):待西湖生境全面恢复后,启动并完成东湖的环境疏浚与扩容工程。

25.3.4　主要河道及入湖口生态修复工程

25.3.4.1　河道生态修复工程

(1)河道生态修复的目的是恢复由堤岸、河漫滩和河床及其生物群落所共同构成的完整河道生态系统,增强其自净能力以改善水质,并丰富河道景观。所有与衡水湖水域连通的河道都需实施河道生态修复工程,其中属于引水线的河渠应优先安排。主要措施包括:①修建"台阶—浅潭",使来水能够滞留并自然净化,同时形成水流多变的自然景观。②对局部有条件的河床还可进行复式河床改造,增加河漫滩湿地,降低河水流速,使其携带的泥沙、杂质和污染物自然沉淀并被河道植被充分吸附。③在进行河滩浮水植物、挺水植物、沉水植被和滨岸陆生植被恢复的同时,并适当引入有益的底栖动物和菌群,构造出完整的生态食物链,使河道常年保持生态系统的健康。

(2)在河道植被恢复时可尽量选种经济植物和观赏植物,并进行高水平的景观设计,综合发挥出湿地生产力和景观资源价值,提高项目的经济效益,确保群众的参与热情和项目实施的可持续性。但在植被恢复时应严密监测,严密防范外来生物入侵。

(3)在河道改造前,对严重污染的河段还应先行进行人工疏浚措施,以避免污染物在底泥中长期富集危害水质。如滏东排河和冀码渠。

(4)将盐河故道截断,使其引水水道与生态旅游水域相互不连通、不干扰。引黄水集中进入东湖,减少浪费。卫千渠南侧道路和至王家口—李南田乡村道路的盐河故道引水段为环境一级敏感区和入湖口生态修复工程项目,不得堆放底泥。作为生态旅游水域利用的盐河故道两侧则可利用东湖湖底取土和底泥进行沿途造景。

25.3.4.2 入湖口生态修复

(1)实施入湖口生态修复工程的目的是恢复入湖河口生态系统完整性,修复湖口自净能力。河流经河口入湖,水流速度迅速下降,滞留时间变长,水体与入湖口生态系统相互作用,可显著转移水体污染,净化水质。保护区的入湖口主要包括卫千渠入湖口和冀码渠、冀南渠入湖口。

(2)卫千渠入湖口的生态修复:将卫千渠入盐河故道口至王口闸以北的跨盐河故道公路桥之间的盐河故道截断,以"台阶—浅潭"的手法延长河水滞留时间,使之与浅滩中的植被充分接触并净化,并经台阶式小瀑布自然曝气,同时充分恢复并利用盐河故道自然的河漫滩湿地,使河水得到净化,泥沙得到沉积。此入湖口生态修复工程可以与衡水长流主题公园的建设相结合,并将入湖口营造成为公园的主题水景,充分发挥其景观资源价值。此工程将在二期(2016 ~ 2020 年)实施。

(3)冀码渠入湖口的生态修复:冀码渠入湖口将冀码渠来水引入小湖,同时也将是未来南水北调中线工程的引水渠。当前其污染严重,应结合污染治理进行生态修复,并与区内小流域循环工程联系在一起综合考虑,具体措施详见"25.3.5 区内小流域循环系统"。

25.3.4.3 闸涵建设

(1)对现有涵闸设施(表 25-3)尽快开展检修维护,以迎接南水北调工程来水,并在今后更加有效地对水资源进行合理调度。

(2)计划新建部分涵闸设施。具体涵闸位置及其功能见表 25-4。

表 25-3 现有闸涵及其位置一览表

编 号	闸涵名称	位 置
1	王口闸	卫千引水工程引水入东湖,紧邻衡水湖的东侧
2	南关闸	通过冀码渠引水入衡水湖,紧邻衡水湖的南侧
3	新南关闸	在南关闸北,系为隔绝冀码渠方向来的被污染水源对东湖水质影响而修
4	冀码渠进水闸	位于滏东排河与冀码渠的交汇处,控制冀码渠进水
5	东羡节制闸	位于滏东排河上,冀码渠进水闸下游
6	西岳庄节制闸	位于冀码渠中途
7	西羡节制闸	位于滏阳新河上,与东羡节制闸并行
8	西湖南堤进水闸	位于西湖南堤上
9	大赵闸	位于东湖东北侧,向下游排水
10	侯庄穿堤洞闸	在东湖北侧,侯庄穿堤洞两侧各有一个水闸
11	五开闸	位于衡水湖东北侧,滏东排河上

表 25-4 计划新建闸涵及其功能一览表

编 号	闸涵名称	位置及其功能
1	卫千渠上游节制闸	卫千渠在衡水湖的东侧,穿过衡水湖保护区规划用地,考虑到规划用地的景观用水,计划在卫千渠上游建一个节制闸

（续）

编号	闸涵名称	位置及其功能
2	污水提水泵	位于中隔堤下水管道与冀州城市污水管网的连接部位，用于将中隔堤的污水提升到与冀州城市污水管网相应的标高
3	污水调控闸	位于衡水湖的东侧（偏南），在老盐河故道上，为地下污水排放管的控制闸门，主要是控制南部污水向衡水市方向排放
4	冀南渠节制闸	位于冀南渠上，控制冀南渠来水
5	西沙河节制闸	位于西沙河上，控制西沙河来水
6	西湖南堤进水闸改建	扩建将原有的西湖南堤进水闸，以适应水流量较大的南水北调中线来水
7	新冀码渠节制闸	位于新冀码渠上，保证衡水湖西南部湿地经济区用水
8	台阶—浅潭	位于滏阳新河、滏东排河、冀码渠和卫千渠入湖口，共4处，每处台阶—浅潭3～5阶，间距在500m左右，使来水能够滞留并自然净化；并形成水流多变的自然景观
9	滏阳新河拦水闸	位于滏阳新河上，与五开闸并行，控制河道水位，保证湿地恢复用水的水源（在发生洪水情况下，闸门提起，保证正常行洪）
10	西湖放水闸	在西湖北侧堤上，对西湖内的水量进行调节，使得生活用水水源能够稀释净化，同时为滏阳新河和滏东排河之间的湿地恢复提供水源
11	西湖与东湖连通闸	位于西湖与东湖隔堤上，使西湖可将富余的水放给东湖
12	滩地引水闸	滏东排河上下游各1处

25.3.4.4 分期实施构想

所有与南水北调工程引水和退水相关的涵闸的整修和新建，以及对引水道沿线的环境治理均应在一期（2009～2015年）实施并完成。所有与污水控制相关的涵闸也应在一期实施。其他涵闸则根据湿地恢复和小流域循环启动的进度分期分批实施。

25.3.5 区内小流域循环工程

25.3.5.1 总体设想

在衡水湖周边自然流域系统全面恢复以前，在西湖恢复水源地并对冀码渠等进行环境综合治理以后，利用东西湖人为分隔的现实条件，利用泵站提水等手段，人工模拟小流域循环，使湖水按照"东湖→冀码渠苇塘→西湖西岸芦苇沼泽→西湖→泄洪区→东湖"这样一种人工流域系统缓慢循环，充分利用小流域系统沿途水生植物的水质净化功能，使西湖水质保持在一个较高的水平。模拟自然生态系统水位周期变化，控制西湖水位涨落，促进西湖生境的更加健康地发育。

25.3.5.2 建设内容

（1）函闸建设与水流控制：在冀码渠提水泵选址以西的适当位置建冀码渠节制闸，控制冀码渠来水，阻挡未来的循环水流继续向西造成不必要的水资源浪费。节制闸将上游污水引入冀码渠以南的人工湿地生物净化塘与人工湿地污水处理系统，经净化后再引入旁边的人工湿地经济试验区，进行湿地经济开发利用，富裕的水可用于周边地区农业灌溉。在冀南渠入冀码渠的位置修建冀南渠节制闸，控制冀南渠来水。在启动小流域系统之前，长江水经冀码渠入西湖；在西湖西岸消落区与冀码渠相连部位的风力发电提水泵站建成后，将冀码渠的来水提到西湖西岸消落区，并启动"东湖→冀码渠→西湖西岸消落区→西湖"的区内小流域循环系统。

（2）冀码渠污染治理与生态修复：在调水前，对冀码渠受污染的底泥进行彻底清理。采用台阶浅谭和河漫滩等多重手法，对水体进行生态修复，增强水体生态自净功能。

(3)移民拆迁:对南尉迟、张庄、东元头和西元头等 4 个对冀码渠有直接污水排放的村落及本区域内企业进行移民拆迁。移民后村落全部拆除并恢复自然植被。

25.3.5.3 分期实施设想

(1)一期工程(2009 ~ 2015):完成冀南渠周边及以东区域的环境治理和涵闸、泵站等设施的建设和检修,为迎接中线来水做好准备。

(2)二期工程(2016 ~ 2020):完成冀码渠的全面治理,并全面恢复植被,完成启动小流域系统的全部涵闸设施。

25.3.6 退耕还林、还草工程

25.3.6.1 总体设想

在保护区全区及其周边 1km 的范围内,除规划保留的耕地外,全部退耕,实施还林还草还湖还滩地,并进行封育,以涵养水源,减少农业面源污染。退耕还林、还草涉及总人口为 58549 人。

实施本工程应因地制宜,根据地形条件和景观要求灵活设置还林还草目标,并特别注意林灌草结合、疏密搭配以及模仿自然植物群落对树种草种的合理搭配,增强其自然生态功能,杜绝简单恢复为成片单一树种的林地和草地。

25.3.6.2 还林区

包括周边隔离林地和区内林地两部分,总面积 108.2km^2,其中区内林地面积为 34.1km^2。还林区以林为主,应林灌草结合,森林、片林、灌丛和草地可以疏密有致地相互搭配,形成多样化的生境与景观。树种选择以本地树种为主,乔木可选杨树、榆树、白蜡、柳树、栾树、银杏、杜仲、椿树、苦楝、泡桐、槐树、枫树等;灌木可选柽柳、月季、海棠、蔷薇、玫瑰、石榴、沙棘、白茅、木槿、榆叶梅、大叶黄杨、小叶黄杨等。经济林还可选用枣树、核桃、李子、苹果、梨树、桃树等。在选择树种时还应注意避免将需使用农药和化肥的果树种植在湖滨及湖泊消落区,以避免其带来的面源污染;此外应注意对避免引种火炬树等具有很强的营养争夺性的树种。

(1)周边隔离林带:除冀州城区以外,保护区周边 1km 建成隔离林带,除种植经济林木外,还沿保护区边界密植 5m 宽的带刺灌丛作为封闭保护区边界的绿色天然屏障,共 74.1km。冀州城区方向则建成区界外 300m 宽的生态控制区,结合城市公园的建设开发进行植树造林、绿化、美化,并可开发为低密度别墅区。

(2)区内林地主要分布在西湖西岸、中隔堤、滏东排河南堤和东湖东岸,以及冀码渠以南地势较高的区域。总面积为 49.3km^2。在现有林地基础上需再增加 34.1km^2。应结合各土地利用的不同目标,分别种植经济林、风景林和生态林。

(3)缓冲区边界隔离灌丛带:沿缓冲区边界密植 3 ~ 5m 宽的带刺灌丛作为封闭特别保护圈的绿色天然屏障,共 30km。

(4)外围河岸缓冲隔离带:衡水市域所有与衡水湖连通的河渠两侧 300m 宽,形成乔灌草及挺水植物相结合的城市滨岸绿化景观林带和河道湿地生态功能区。

25.3.6.3 还草区

包括牧草区、淡水沼泽植被恢复区、盐沼植被恢复区和卵石滩地草丛等 4 类。

(1)牧草区:主要分布在泄洪区及泄洪区以北。规划面积共 13.55km^2,比现有面积扩大 12.9km^2。以种植禾本科和豆科牧草为主,形成混合种群,兼顾固土、发展畜牧业和为鸟类提供食物等多方面的功能。具体草种选择应结合本地畜牧业发展需要。

(2)淡水沼泽植被恢复区:分布在湖区以外的各地势低洼地带,总面积约 14km^2,比现有面积增

加10km^2。挺水植物以芦苇为主,伴生香蒲、莲、小慈、藨草、莎草等群落,形成多样化的混合种群。在生态旅游区和湿地经济试验区可以选择种植部分莲、菱、茭白、荸荠、水芹等经济价值和观赏价值较高的植物。

(3)盐化沼泽植被恢复区:在低洼潮湿重盐渍土地区恢复以翅碱蓬群落为主的盐沼生境,主要分布在滏阳新河滩地西北部。面积7.57km^2。

(4)卵石滩地草丛恢复区:在各生境岛、沼泽地边缘选择适宜位置恢复卵石滩地,为鸻鹬类提供适宜的繁殖地。滩地上令其自然生长部分草丛,为鸟类提供隐蔽所。卵石滩地出水宽度可控制在10m左右,长度不限。总面积约0.5km^2。

25.3.6.4 分期实施设想

在规划一期(2009~2015年)优先实施东湖东岸和西湖西岸的还林工程,具体措施与实施方案详见“西湖水源地建设与湿地恢复工程”和“东湖扩容与水体富营养化综合治理工程”。对泄洪区以北、巨鹿以东的牧草地退耕规划在一期实施,其他牧草地可在二期实施。其他沼泽地及卵石滩地等则根据湿地恢复的进展分期分批实施。

25.3.7 生态补水

由于本区蒸发量远远大于降水量,而衡水湖湿地在现阶段又缺乏自然流域系统的补给,因此必须实施生态补水。

生态补水分为一次性补水、年际补水和部分人工降雨。预计一次性补水为0.3亿m^3。全面实施本规划后的生态补水量约为1.76亿m^3/年,拟在南水北调工程启用开始实施。同时在部分适宜的月份实施人工降雨。

25.3.8 生态移民与安置工程

25.3.8.1 生态移民

为了实现保护区的湿地恢复,在整个规划实施期间纳入生态移民范围的共有42个村落,约2万人口。其中,纳入拆除范围的村落共有30个村、4848户、16684人,又分为两期进行。一期拆迁9个村、878户、3138人;二期21个村、3970户、13546人。纳入移民整治范围的村落共有12个村、1223户、4119人,全部在一期(2009~2015年)完成。移民整治村落在综合整治达标后可回迁1000户、2000人,以减轻人口密度高对环境带来的巨大压力。

生态移民安置采取区内和区外相结合的方式,结合周边地区城市化战略,及时和有保证地实施。对于自愿选择离开保护区给予足够的经济补贴,并协助其解决在周边城市化地区安家和就业的实际困难,帮助他们在移民安置地立足脚、扎下根。对于选择在区内安置的,在湿地新城进行统一安置。移民安置要发动各种社区共管力量,积极促进社区参与,保持沟通渠道畅通,耐心宣传教育,落实和解决好移民安置经费和再就业问题,充分保证移民的利益不受侵害,避免因移民问题激化社会矛盾。

25.3.8.2 工厂搬迁

(1)为恢复湿地,需搬迁小寨乡砖厂和千倾洼砖厂等分布于西湖湖区和西岸的所有工厂、养殖场,搬迁对象尚需进一步摸底。搬迁后原厂址根据规划进行湿地和自然植被恢复。

(2)为减轻来自衡水湖周边的工业污染,尚需进一步对经整改也做不到达标排放的高污染企业进行搬迁。根据衡水湖地区的主导风向,工厂搬迁范围:衡水湖南北方向15km以内,东西方向5km以内。搬迁对象尚需进一步摸底。

25.4　环境保护项目

25.4.1　人工湿地生物氧化塘建设工程

(1)拟建人工湿地生物氧化塘两处,分别选择在保护区东北角和西南角的适当位置,日污水处理能力均为4500t,其中东北角的生物氧化塘主要服务于保护管理中心区及东湖东岸开展生态旅游所需处理的生活污水;西南角的生物氧化塘则主要处理排至保护区的上游污水及湿地经济试验区所排放的污水。在冀州城市污水处理厂建成以前,湖区周边通过下水管道截流的污水可以临时排放到西南角的生物氧化塘进行处理,但冀州必须加紧污水处理厂的建设,否则此生物氧化塘将很难满足城市污水处理的负荷,湿地经济试验区的建设也将无从着手。

(2)生物净化塘均包括1个1.5万m^3厌氧初沉池和0.15km^2的苇塘,厌氧池的水经初沉后应以潜水式排入苇塘。经生物氧化塘净化的水再进一步排入附近占地的人工湿地景观园区和湿地经济试验区,开展湿地综合经济利用,并配合发展生态旅游观光。两处工程的总建设费用为900万元(不含人工湿地景观园区和湿地经济试验区的造价),启用后每年运行费约为90万元。

(3)两处工程均规划在一期建设并完成,尽快投入使用以减轻周边污水排放对衡水湖水质的影响。

25.4.2　固体垃圾清运转运工程

(1)对已有的固体垃圾进行彻底的清运。具体投资需要根据需清运的垃圾的数量进一步测算。

(2)在保护管理区东北角建垃圾转运站一处,日处理能力为300t,转运站应在密闭下操作并具有压缩设施,对于暂存垃圾产生的渗滤液与臭气进行合格处理。在周边建200m宽的隔离林带,种植吸附力强的灌丛和树木,将垃圾堆放地隐蔽起来,附近建环卫办公用房200m^2、垃圾清运车停车场和洗车场1处,占地共约20hm^2。所有垃圾经收集转运后均送保护区外衡水市的垃圾处理站统一处理。总投资约600万元。此工程安排在一期(2009~2015年)实施。

(3)保护区管委会应配备垃圾收集清运车2辆,负责日常的垃圾清运工作。

25.5　绿色产业项目

25.5.1　衡水湖资源利用企业化工程

在多种经营起步阶段由保护区牵头成立衡水湖资源开发总公司,为启动公司的运作,需先期投入1000万元,包括对总公司及其下属各专业公司与专业市场的筹备经费。

25.5.2　苗木草坪基地示范工程

在盐河故道以东的保护管理区筹资建设300hm^2苗木培育及生产示范基地,以及150hm^2草坪培育基地,在一期实施。一方面通过苗木和草坪培育提高自然保护区的经济实力,另一方面为当地提供技术咨询、示范、培训服务。

25.5.3　湿地经济试验工程

湿地经济试验工程将人工湿地的生物净化功能与湿地经济产业功能有机结合在一起。在人工湿地生物净化塘污水处理系统附近建设人工湿地生态景观园区。拟建设湿地经济试验园区两处，位于保护区东北角的以发展生态旅游为主，纳入湿地新城通盘规划。位于保护区西南部的以发展湿地经济为主，范围为 11.2km^2，拟在二期（2016～2020 年）实施。可根据地形并适当改造后，栽培高附加值的湿地经济作物，发展高产养殖，同时开展生态旅游接待，最大限度地发挥湿地生产力，探索利用湿地生产力增加社区居民收入的最佳模式。园区与生物净化塘污水处理系统的配套还可使水资源得到循环利用。

25.5.3　生态旅游及相关设施建设工程①

25.5.4.1　衡水湖湿地生态展示园

将室内场馆展示和室外实地展示相结合，图片、实物标本的静态展示与录像、影像等动态展示以及高科技手段相结合，突出湿地特色和主题，营造环境教育和生态休闲氛围。重点建设衡水湿地综合馆，重点展示衡水湿地的形成与历史变迁、衡水湿地生物多样性与保护价值、鸟类标本展示和衡水湿地独特的人文魅力。建设青少年环境教育中心、水生植物园、荷花荟萃园、水禽湖。设置露天茶座、咖啡座椅、亲水平台等设施，设置游客休息放松的空间和场所。

25.5.4.2　房车/汽车营地

规划在 106 国道南北各设一处，北部营地利用河滩地改建，南部通过存量建设用地的用途转换实现。营地不做大规模的景观建设，只配建必要设施，如汽车泊位（把水电管线埋设到泊位前），以及供水、污水排放、垃圾收集、公厕、卫浴、简易厨房等配套设施，提供简单的供水、供电、车辆保养、餐饮等服务，并提供帐篷、防蚊设施、烧烤用品等租赁服务。开展倾听自然之声、观赏衡水湖夜景等活动，以自然、野趣的氛围和放松的交流空间为自驾车旅游者提供全新选择。

25.5.4.3　冀州水乐园

地处华北干旱地区，对水上活动需求较高；项目选址于冀州古城内的低洼地段，与城墙遗址形成较好的借势。借鉴常州中华恐龙主题公园中的“鲁布拉湾”的开发形式，结合古冀州的特殊地理环境，将大禹治水、黄河水患、袁绍练兵等历史题材与现代水上休闲游乐（人工冲浪池、凉桶喷水、水边休闲酒吧等）相结合。

25.5.4.4　衡水观鸟

作为衡水湖生态旅游的特色品牌，观鸟旅游分为大众和专项两类，前者以小湖湖区为重点，后者则需要专业的线路设计和导游领引。观鸟点的建设（表 25-5）采取观鸟廊道、观鸟台、观鸟屋、观鸟船、观鸟车等形式。针对重点客源市场，实施观鸟推广计划，加强观鸟品牌的营销。观鸟地点选择衡水湖北围堤、滏阳新河滩地、滏东排河左堤、滏东排河右堤、中隔堤，设置观鸟廊道、观鸟台、观鸟屋、观鸟船、观鸟车，组织野外实地观鸟、观鸟园和水禽湖观鸟以及主题观鸟为主要形式的观鸟活动，重点建设滏阳河滩地观鸟区、湖畔观鸟休闲区、长堤观鸟区、梅花鸟岛。

---

① 中国城市规划设计研究院，《河北衡水湖国家级自然保护区生态旅游规划》，2008 年 1 月。

表 25-5 观鸟点建设规划

观鸟设施	建设地点	配备设施
观鸟廊	北围堤、中隔堤、卫运河	廊道,休息设施,高倍望远镜
观鸟屋	北围堤	固定观鸟屋,专职管理
观鸟船	东湖区	流动观鸟船,专职导游人员
观鸟台	中隔堤、冀州小湖堤	高倍望远镜,休息设施
观鸟塔	滏阳新河左堤	塔顶设观景台,高倍望远镜
观鸟车	环湖区	望远镜,专职导游人员

25.5.4.5 冀州文化创意园

旅游需要文化内涵,文化需要环境烘托,建设需要用地空间。将衡水传统文化与旅游在冀州古城内有机结合,是做大、做强旅游业的重要举措。借鉴浙江慈溪天元古家具城、北京高碑店古旧家具一条街的开发形式,以冀州古城及其周边地区为载体,以地方特色工艺品加工生产为重点,与冀州水乐园形成“特色工艺品设计生产与销售 + 工艺品展示 + 主题游乐园 + 旅游社区综合开发”的盈利模式,推动创意文化与旅游产业集约化、纵深化发展。

25.5.4.6 循环经济示范基地

将建设湿地循环经济实验区与建设社会主义新农村建设等相结合,作为发展衡水湖地区农村经济的有效途径。发展生态型第一产业、生态型加工制造业,建设具有强大科技创新能力的生态产业示范区,使得一、二、三产业之间形成良好的生态产业链,最终建成衡水市未来循环经济的示范基地。重点发展生态农渔业、绿色农产品加工业,建设野生动植物经济价值评估与开发利用研究中心、湿地生态生产示范区。

25.5.4.7 湖荡人家

重点选择中隔堤中部包括刘家埝、冯家庄等 5 个村庄作为乡村旅游的品牌区域。围绕渔家文化、农家文化和民俗文化主题,结合村貌改造和基础设施建设,建设“衡水湖渔家生活原生态展示馆”,展示衡水湖原住民的生活习俗。开发做一天渔民活动项目。设置苇编手工作坊,展示芦苇、蒲草资源的循环利用。将少量农房改造为特色化生态旅馆。

25.5.4.8 东湖翠岛

在条件成熟时,采用土地置换方式,实施顺民庄居民搬迁计划,将村庄用地转化为生态旅游用地。通过绿化和基础设施建设,开展生态休闲、天然垂钓、湿地观光等活动,并辅以特色餐饮、特色游船等服务设施。因地处生态敏感区域,环境容量小,考虑限量、限时面向观鸟旅游者和摄影爱好者等开放。突出生态教育、渔文化和动态文化功能,建设观景塔、观鸟廊桥和木栈道、摄影绘画基地、茶座咖啡、休憩亭台、野餐台、环岛林荫散步小径等项目。

25.5.5 农村金融示范项目

由政府财政投入 50 万元,引导吸引农民自愿入股,建立起农民资金互助合作社。合作社在初期可由政府主导,在合作社运转步入良性循环后,可逐步将政府持有的股份出让给社区农民,由农民自行管理。

25.6　社区发展项目

25.6.1　湿地新城建设

为妥善安置生态移民和探索保护区社区全面发展的道路，计划在保护区以外的保护管理区东北角兴建湿地新城。该新城人口规模预计 3 万 ~5 万人，占地约 3 ~5km^2。一期(2009 ~2015 年)开发 2 ~3km^2。由保护区管委会负责土地一级开发、生态移民安置房。其他建设活动由市场负责。湿地新城应贯彻绿色城市理念，建立起以沼电站为核心绿色能源和环境污染防治系统，并实现对湿地有机生物质的集约化利用。生态移民安置小区建设应贯彻"全面建设小康社会"的理念。结合湿地新城建设，在其中创办示范性的高水平的湿地小学和湿地中学，大力推进有关湿地生态保护和地方文化的素质教育，同时建立医院、社区文化活动中心等完善的公共配套设施；小区还要真正体现人与生态共存的理念，在规划设计和平常的运行上要贯彻绿色建筑标准。

25.6.2　村落整治示范工程

为全面建设小康社会，区内各村均需进行综合整治，包括改善社区卫生设施和生活服务设施、兴建社区文化设施、美化村落环境等。为大力推动社区的村落整治工作，拟以中隔堤移民整治村落为目标，形成小康生活的示范。整治范围约覆盖 800 户农舍。村落整治具体建设内容详第 22 章。

25.6.3　湿地自然与人文历史博物馆

分为自然馆和人文历史馆两大部分，自然馆主要展示湿地的各种自然资源、生态价值、利用方式等，人文历史馆主要展示衡水湖历史上因人类活动而带来的各种重大历史变迁及其生态后果，既包括破坏、也包括建设，衡水湖南部重工业搬迁也可以留下一些淘汰的机器设备纳入陈列。让后人懂得人类曾经付出的代价，了解前人为保护衡水湖曾经付出的努力和艰辛，懂得很好去珍惜和保护生态环境。

25.6.4　冀州历史文化博物馆

以收藏和展示包括金缕玉衣在内的古冀州各种出土文物、古地图、方志、家谱、名人史迹、诗词歌赋等为主要特色。

25.6.5　社区就业创业培训与劳务输出

(1)社区就业与创业培训中心：共两处，分设在保护管理区东北角的移民安置地和冀州老城，定期请专家为社区居民进行新劳动技能培训、就业辅导和创业帮助。

(2)保护区对外劳务服务输出中心：设于东北角的社区就业与创业中心旁，对需就业帮助的移民和其他社区居民进行登记，帮助他们有组织地向周边城市化地区甚至境外输出劳务。

25.6.6　敬老休闲疗养工程

建设龙源国际和平托老中心，包括保健康复中心、老年康居疗养区、老年高档疗养区、老年自助农艺中心等。结合该托老中心的建设，由保护区管委会根据需要控制一定数量的床位服务于保护区社区的老人。社区老人福利部分的投资由政府福利事业经费解决，其他以民间投资为主。

25.6.7　农村最低收入保障工程

按照调研得到的0.4%的贫困率估算,保护区需要得到最低收入保障的贫困人口约为260人,需每人补贴600元/年。

25.6.8　农村新型合作医疗试点

由政府财政投入50万元,引导吸引农民自愿入股,建立起农民资金互助合作社。合作社在初期可由政府主导,在合作社运转步入良性循环后,可逐步将政府持有的股份出让给社区农民,由农民自行管理。

25.6.9　农村新型合作医疗试点

在保护区直管村范围优先启动,涉及人口约6200人,需每人补贴40元/年。

25.7　公共安全项目

25.7.1　应急体系预案、储备与演练

衡水湖自然保护区应尽快建立和完善应急机构,该机构体系包括应急指挥机构、应急工作机构以及应急支持机构等。同时为了能应对重大的突发事故、安全事故如景区火灾、交通事故等,还应制定和完善各类应急预案,储备必要的应急物质,加强预案的演练,在有条件的情况下每半年演练一次。

25.7.2　消防设施建设

在绳头管理站附近建一瞭望塔,配备防火微波监控台、防火指挥车、风力灭火机、机械喷雾机等设备。规划在一期实施。

25.7.3　应急避难所建设

建设市级应急避难示范场所,及县(市、区)县级应急避难场所兼示范点各一处,以点带面,逐步推进,力争应急避难场所建设基本满足衡水湖自然保护区居民、游人的需要。应急避难场所应配备必要的救助和生活设施。平时不影响其基本功能,突发性灾害事件发生后,作为避险避难场所使用,做到平灾(战)结合、综合利用。

第 26 章　规划项目的投资估算

本章以第 25 章所述的“落实战略规划的重点项目”为基础，进行了相应的投资估算。

26.1　估算依据

(1)《林业建设工程概算编制办法》；

(2)原林业部颁发《自然保护区工程总体设计标准》；

(3)交通部公路基本建设工程概算、预算编制办法和《公路工程概算定额》基价表；

(4)河北省建设厅颁布《河北省建筑工程计价定额》、《河北省装饰工程计价定额》、《河北省建设工程费用定额》；

(5)《建筑工程技术经济参考指标》；

(6)《实用建筑工程估算手册》；

(7)《给水排水设计实用手册》。

26.2　估算原则

(1)坚持“全面规划、科学发展、分期实施、重点投放、经济合理、注重效果”的原则；

(2)投资概算分 2 期进行，一期自 2009 ~ 2015 年，二期自 2016 ~ 2020 年；

(3)基础设施中的保护设施优先，效益好、回报高的项目优先。

26.3　估算范围

估算范围以衡水市已经批准的综合示范圈以内的保护管理区范围为准，未包括本规划建议延伸到现有保护管理区以外的隔离林带和河岸隔离带。估算内容包括基础设施建设项目、生物多样性资源保护管理规划项目、湿地恢复与水环境治理项目/环境保护项目、绿色产业发展规划项目、社区发展与项目、公共安全规划项目等。

26.4　投资估算

自然保护区各项工程建设总投资估算为 280911.1 万元，一期(2009 ~ 2015 年)投资 151575.4 万元，二期(2016 ~ 2020 年)投资 129335.7 万元。其中，基础设施建设项目投资 7383 万元，占总投资的 2.65%；生物多样性保护工程投资 2813 万元，占总投资的 1.01%；湿地恢复与水环境治理项目投资 126174 万元，占总投资的 45.28%；环境保护项目投资 1500 万元，占总投资的 0.54%；绿色产业项目投资 6950 万元，占总投资的 2.49%；社区发展项目投资 132141 万元，占总投资的 47.42%；公共安全项目投资 1681 万元，占总投资的 0.60%(图 26-1)。

环境保护项目所占比例之所以看起来很低，是因为对衡水湖环境最为关键的水环境保护项目中只包含“生态氧化塘”以及“固体垃圾转运站”项目，其余水环境保护项目则纳入了“湿地恢复与

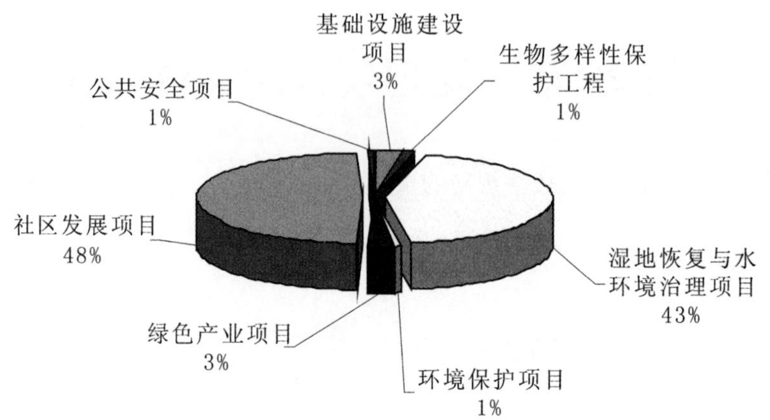

图 26-1 各专业规划规划投资占总投资的比例

水环境治理项目”中一并实施。另外,对衡水湖威胁最大的来自冀州市方向的污水处理系由冀州市自己来投资建设,未纳入保护区的建设范围。

第27章 规划项目的社会经济效益评价

湿地是重要的国土自然资源,如同森林和海洋一样,具有多种功能,并被认为是生态系统服务价值最高的自然生态系统之一。湿地不仅为人类提供大量食物、原料和水资源,而且在维持生态平衡、保持生物多样性和珍稀物种以及涵养水源、蓄洪防旱防涝、降解污染等方面具有重要作用,被誉为“地球之肾”。保护湿地不仅可带来很高的生态环境效益,还有着巨大的社会经济价值,受到全世界的广泛关注和重视。落实规划项目,保护好衡水湖国家自然保护区的生态环境、经济、社会效益主要体现如下。

27.1 生态环境效益

27.1.1 保护生物多样性

湿地是物种最丰富的生态环境,湿地是由多种植物及动物组成的生态系统,湿地能为多种动植物的生长、发育、生存和进化提供所需的环境条件和能量。湿地维护着全球有1/4以上的生物多样性资源。

衡水湖自然保护区属暖温带大陆性季风气候区,是由具有独特的自然景观和草甸、沼泽、滩涂、水域、林地等多种生境组成的天然湿地生态系统,生物多样性十分丰富。特别是作为欧亚大陆东部鸟类迁徙的密集交汇地和重要中转站,是众多珍稀濒危水禽的迁徙停歇地、繁殖场所、越冬地之一,其所支持的生物多样性具有全球意义。

据统计,本区鸟类中保护种类较多,在我国《国家重点保护野生动物名录》中,属于国家Ⅰ级重点保护的鸟类有7种,在《中日保护候鸟及栖息环境的协定》中保护鸟类共有227中,其中衡水湖自然保护区已经发现151种,占全部种数的66.5%;在《中澳保护候鸟及栖息环境的协定》中属于保护的鸟类有81种,其中在衡水湖自然区发现40种,占总种数的49.4%。

由此可见,衡水湖自然保护区是华北平原鸟类保护的重要基地,是开展鸟类及湿地生物多样性进行保护、科研和监测的理想场所,也是影响全国鸟类种群数量的重要地区。规划保护好这片湿地对于保护生物多样性具有十分重要的生态意义。

以野外观测的丹顶鹤最小领域面积(东北三江平原、盘锦)100hm^2($1km^2$)为基本繁殖生境单位,采用基于GIS(地理信息系统)的景观生态决策与评价支持系统LEDESS(Landscape Ecological Decision & Evaluation Support System)进行预案模拟,其结果显示:本规划将带来丹顶鹤核心及重要生境类型的显著提高,生境破碎化因素明显改善。生态承载力由6个繁殖单位上升为22个生境繁殖单位(图27-1)。在此预案模拟中,丹顶鹤是被用作一种伞护种(umbrella species),其生境适宜性可以很好地代表和刻画整个生境的适宜性,其每一繁殖单位可作为标度来定量衡量湿地生境的生态承载力。本区尽管目前没有发现丹顶鹤繁殖种群的存在,但丹顶鹤对人为干扰、湿地生境变化非常敏感,其生境需求具有典型性和代表性。本规划所考虑的湿地恢复、生态保护措施如能保证丹顶鹤种群的生存、繁殖,则上述措施也应当能有效地为其他淡水沼泽鸟类提供庇护,而反之却不然。因此,本预案模拟结果可以很好地说明本规划在生物多样性保护方面所能带来的效益。

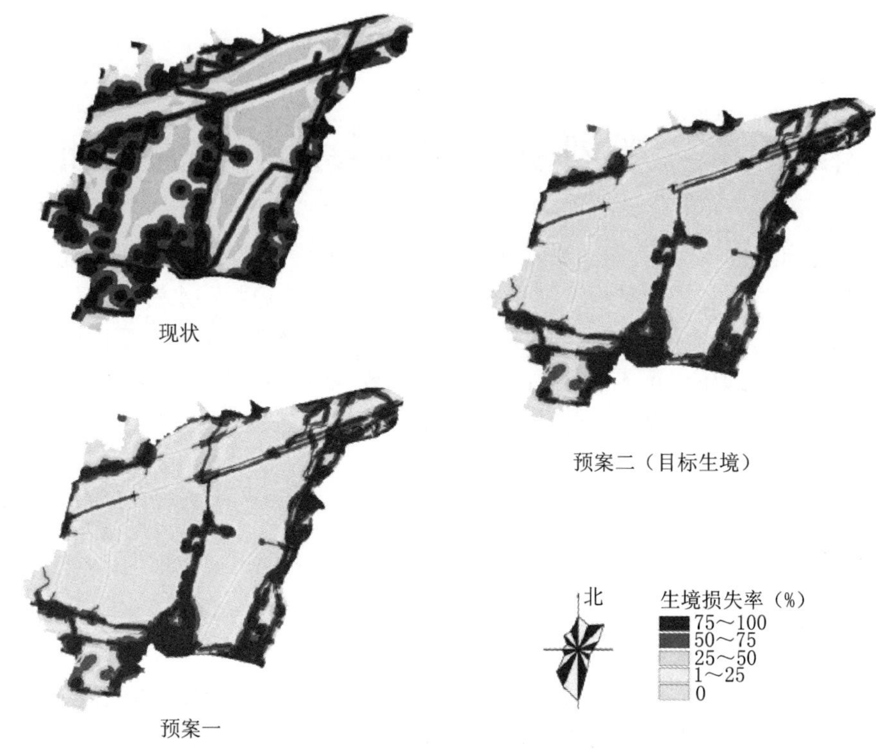

图 27-1 基于 LEDESS 模型的预案模拟结果

27.1.2 改善生态环境质量

27.1.2.1 调节气候

气候调节功能是衡水湖湿地的一个重要功能。通过实施湖区扩容以及退耕还林、还草工程，可以通过植物的光合作用固定 CO_2 释放大量氧气，同时湖区面积的扩大，调水工程带来水量的增长、丰水期的延长使得湿地水分蒸发可以增加局地的湿度，调节区域气候的气温日较差，这些将改善衡水市的空气质量和人居环境质量。

27.1.2.2 涵养水源

目前衡水湖已经成为衡水市重要的工业用水水源地，东湖是衡水电厂冷却水的蓄水水库，规划中的西湖是饮用水源地。随着水资源管理项目的规划和实施，东湖将库容从 1.23 亿 m^3 扩展为 1.9 亿～2.1 亿 m^3，成为衡水湖主要的蓄水水库。西湖库容从 0.65 亿 m^3 提升到 0.8 亿～1 亿 m^3，东西湖总库容合计 2.7 亿～3.1 亿 m^3，衡水湖水量能给得到一定的保证，其涵养水源的功能将得到进一步增强。

27.1.2.3 降解污染

通过实施湿地恢复工程，恢复滏阳新河滩地湿地以及西岸湿地，充分发挥湖滨湿地植被吸收、沉积作用、物理吸附或交换，以及细菌降解等作用，从而达到净化水质的目的。同时结合东湖疏浚工程、主要河道及入湖口生态修复工程、区内小流域循环工程等降低底泥以及地表径流对水环境的污染。

27.1.2.4 补充地下水

由于衡水市城市化进程不断加快，对水资源需求很大，而地表水资源又不足，从而导致深层淡水超采严重,由此引起地面沉降,咸水下移,深层地下水水位形成地下漏斗区。低水位期地下水最大埋深由1968年的2.99m降至71.78m。地下水资源的形势非常严峻。通过水资源管理工程,外调水等,可以补充可利用的地表水资源,进一步减少地下水开采,使衡水市地下水资源严重超采的现状逐步得到改善。此外衡水湖湖区面积扩大,局部地区的自然渗漏可以起到补充地下水资源的作用。

27.1.2.5　防灾减灾

蓄洪防旱防涝、调节河川径流、减少自然灾害:衡水湖北面泄洪区则贯穿河北全省,有匝道与湖区相连。衡水湖通过与之相连的河道汇集当地降水,在暴雨和河流涨水期蓄水,可以显著减弱危害下游的洪水;在枯水期,则通过释放蓄存的水分,增加与衡水湖有水利联系的河道径流量,缓解毗邻区的旱情,减轻旱灾。同时,因衡水湖湿地保护对衡水地下水资源的补给和保护作用也可减少因地下水超采而可能引发的地址灾害。

27.2　经济效益

衡水湖湿地有着优美的自然生态景观和丰厚的历史人文景观,将湿地完整的保护下来,不但可以有效改变当地环境,促进当地经济结构转型,而且对周边地区的经济发展也起着非常重要的作用。鉴于衡水湖自然保护区的总体经济价值 具有非使用价值部分,其评估标准难以完全量化,因此只对衡水湖湿地自然保护区规划项目作定性的价值评估,并给出使用价值中直接使用价值的估值,衡水湖自然保护区规划的总体经济价值如图27-2。

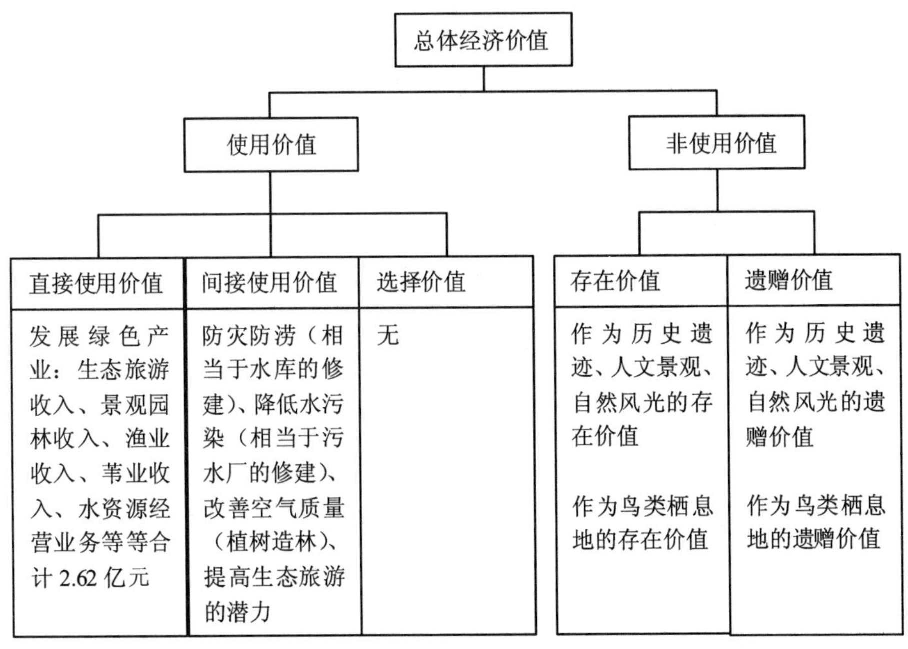

图27-2　衡水湖自然保护区规划总体经济价值构成示意图

27.2.1　使用价值

总体规划的项目可分为八个分项规划,各个规划分别对应具体的规划工程,其所产生的社会经济效益互相交叉重叠,将各个项目叠加后又能产生1+1>2的总体经济效益,因此可将这些项目产生的使用价值分为不同的层次进行价值评估。具体而言对衡水湖湿地自然保护区的投入将能产出如下的使用价值：

27.2.1.1 直接使用价值

(1)生态旅游及相关收入：生态环境得到保护后的衡水湖，可以开发为一个自然风关与人文景观相结合的风景点。预计该景区年均日容量2000～5000人，生态旅游收入及旅游纪念品加工销售收入预计达1.17亿元/年的产值，成为该地区经济发展的一个新的增长点。

(2)为工农业生产提供丰富的可利用的湿地生物资源：在保护湿地生态与环境的前提下，进行湿地资源合理开发可以在一定程度上抵消当地居民失去部分土地后的损失，衡水湖湿地界于陆地与水体之间，类型多样，具有极高的生物生产力，可以向当地人类持续地提供粮食、肉类(鱼、虾、家禽)、医药以及芦苇等轻工业原料。通过发展绿色经济，到2020年，衡水地区的农、林、牧、渔等第一产业未来年均年收入预计能达到4.3亿元，而与之相关的绿色产业总值将达到18亿元，人均GDP达2万元，相当于在保护区2003年经济水平的基础上翻两番，接近当前省会城市石家庄的发展水平。

27.2.1.2 间接使用价值

(1)防灾减灾带来的经济效益：衡水湖是"引黄(河)"、"引(长)江"等大型跨流域调水工程的调蓄枢纽，是长江东线、中线引水工程的必经之路，随着衡水湖湿地的进一步恢复和扩大，其蓄洪防旱防涝等防灾减灾功能将进一步增强，防灾减灾为周边地区人民带来的生命财产安全有着显著的社会经济效益，相当于政府在衡水修建了一座大型的蓄水库。

(2)作为水源地支持周边地区的工农业生产：衡水湖是衡水、冀州两市区居民生活饮用水和周边工农业用水的重要水源地，它对衡水市、河北省以至整个华北地区的生态与环境和经济持续发展都有重要影响。规划项目的实施可以有效提高衡水湖湖水质量，降低周边自来水厂的生产成本。

(3)净化流入衡水湖湿地的河流污水：一些水资源保护工程如人工湿地生物氧化塘的建设增加了衡水湖湿地的污水净化能力，在一定程度上减轻了政府在污水处理方面投入的负担。

(4)改善衡水地区的空气质量：衡水湖自然保护区规划中对部分地区实行了退耕还林、还草工程，一方面该工程可以改善衡水地区的空气质量，加强了该地区土地的固碳功能；另一方面规划中多种经济林木的种植还可以为当地经济发展带来一定收入。

(5)为发展生态旅游提供宝贵的景观资源：衡水湖湿地有着优美的自然生态景观和丰厚的历史人文景观。景观以水为特色，以曲水、古城、群鸟为风景"三绝"，以冀州文化为优势，兼有气候、人文、生态、神话、古代科技、水下古城、宗教等风景资源。其中，以鸟类基因库为核心的科技价值接近国际水平；其汉代古城墙和汉代古墓、明代城墙，以及民间的文物均具有国内唯一或国内领先的科学价值，风景价值处于国内优秀水平；其历史文化，环境价值处于国内优良水平。其资源特质与未来旅游需求——生态旅游以及人文历史旅游具有较高的吻合度，有良好的经济前景。

(6)提供科学研究素材：衡水湖湿地属华北平原湿地，作为一种独特类型的湿地类型，具有显著的科学研究价值。对于完善我国湿地科学体系，丰富人类对湿地的认识具有重要价值，也是一处科学研究和国际学术合作的理想的场所。

27.2.2 非使用价值

保护好衡水湖湿地具有巨大的存在价值和遗赠价值，其理由如下：

(1)我国历史悠久的重要人文景观之一：衡水湖不仅是我国北方仅次于白洋淀的第二大湖，而且其历史悠久，史料上多有记载，而且是我国历史上九州之首冀州的发源之地，在我国的人文历史中具有极其重要的地位。随着历史变迁和人们围湖造田等种种原因,衡水湖水质不断恶化,湖水面积不断减小,保护好衡水湖已是当务之急。

(2)国家重点保护鸟类理想的栖息地之一:衡水湖作为国家级的自然保护区,是国家重点保护鸟类及其理想的栖息地之一。该区已观察到的鸟类达 296 种,其中国家Ⅰ级重点保护鸟类 7 种,国家Ⅱ级重点保护鸟类 44 种,《中日保护候鸟及栖息环境的协定》中的保护鸟类 151 种,《中澳保护候鸟及栖息环境的协定》中的保护鸟类 40 种,是候鸟南北迁徙中的重要中转站。鸟类的保护虽然在经济上不产生明显的使用价值,但在提高国民的精神文化水平方面起到极大的作用。

27.3　社会效益

27.3.1　社会影响

27.3.1.1　调整产业结构,有利于经济可持续发展

衡水湖地区居民收入主要以务工为主,调查样本中,除中心区居民的收入以渔业为主(占居民总收入的 48.0%)外,其余地方均以务工收入为主,整个衡水湖地区的务工收入占居民总收入的 41.5%。但该地区目前的工业项目以采暖铸造业、化工橡胶业、制砖业为主,这些项目往往会排放大量有毒、有害的污水、废气,甚至如制砖业还会对保护区的土层和景观造成难以估量的破坏。

这些具有外部负效应的工业虽然是当地的主要收入,但由于对自然环境的破坏,且工厂分布分散,经济发展可持续性差。由于规划的实施需要部分工厂搬迁、停工,因此规划的实施将会显著改变当地的工业结构,在很大程度上改变当地工业类型,如减少采暖铸造等污染型工业,转为以轻工业(如芦苇利用与开发、网箱养鱼等)、第三产业(生态旅游)为主的工业类型。在整体产业结构上,规划项目的实施将会限制一些产业的发展,如污染较大的畜牧业、化工业、农业,同时也将促进诸如渔业、林业、轻工业等产业的发展。

规划总体目标的实现将有助于衡水湖地区实现以生态旅游业为龙头的生态型产业结构布局,为社区居民提供替代生计并改善收入。如能顺利实现规划项目,衡水湖地区的产业结构预计将由 2003 年的第一产业占 56% 左右,第三产业占 7% 左右,调整至 2020 年第一产业占 24% 左右,第二产业占 38%,第三产业占 38% 左右。

27.3.1.2　提高居民素质

教育宣传工程等项目的开展,一方面可以提高当地居民对鸟类保护、环境保护意识的提高,另一方面还可以提高居民对于鸟类等野生动物的认知能力。同时,目前衡水湖周边民众对的地域历史记忆已经非常淡薄,景区生态旅游的开展可以加强当地雄厚的人文历史沉淀的宣传,使他们重新树立起对地域文化的自豪感和对本地地域历史文化的尊重。

27.3.1.3　构建社会主义和谐社会

规划项目中包括了社区就业创业培训与劳务输出、村落整治示范工程、龙源国际和平托老中心等社区共建项目,充分体现了一切从社区居民根本利益和长远利益出发的原则,积极响应党中央关于"全面建设小康社会"、"社会主义新农村建设"的号召。

这些规划的实施,有助于建成"保护区—周边社区一体化"的社区共管机制和社会发展模式,为生态与环境保护和社会经济的和谐发展打下基础。其中,创业培训计划有助于促进社区就业,带动社区人口向社区外的城市化地区迁移,减缓衡水湖保护区的人口压力,另外也能帮助保护区群众脱贫;龙源国际和平托老中心项目则初步建立了老年人社会保障体系,为建立全社区皆保的社会保

障体系打下基础；而村落整治示范工程的启动，则进一步提高了保护区内的社区人居环境水平，实现社会的和谐发展、人与自然和谐相处，社区经济发展与生态文明共存共兴的良好的社会主义新农村发展模式。

27.3.2　项目的互适应性

27.3.2.1　政府对本规划项目的支持

衡水湖自然保护区的保护管理不但受到当地政府的关注，中央政府也对此十分重视。从2000年起，在短短3年内，衡水湖自然保护区即从省级升级为国家级自然保护区（国办发〔2003〕54号）。党和国家领导人江泽民、李鹏、李先念、田纪云等党和国家领导人也先后到自然保护区视察并指导工作。国家环保总局、国家林业局、河北省委和省政府、衡水市市委和市政府及各级主管部门都对衡水湖国家级自然保护区的保护管理极为重视，并给予了大力支持。这既充分显示了自然保护区管理处和周边社区对保护好这一片湿地的坚定决心和已经取得的成绩，也充分体现了党和政府各级领导的关怀和大力支持。

衡水地方政府还明确了“借湖兴市”，建设“北方滨湖生态园林城”的城市定位，确立了组团式发展模式，形成“一体两翼”、“金三角”城市空间布局。以现有建成区为核心，开发南部衡水湖生态旅游观光区，建设北部经济技术开发区，各个分区以绿地生态系统相连接，通过引湖入市、广造园林，形成人与自然和谐发展的人居环境。

27.3.2.2　当地群众对项目的支持

绝大多数居民支持保护区。对区内17个典型村的抽样调查结果显示，尽管建立保护区对半数以上的社区居民有所生活影响，还有超过10%的居民认为影响很大，依然有77.07%的人对建立保护区持支持的态度，只有7.96%的人持反对意见。

多数居民愿意参与保护区的管理和建设：对于参与意愿，抽样调查中本项调查所获得588个有效样本，其中有83.5%的人表示愿意参与保护区的管理和建设；10.71%表示无所谓，5.78%的人表示不愿意。对于参与方式，获得了566个有效调查样本，其中46.82%的人表示愿意有偿且把参与保护区管理与建设当做职业；39.58%的人表示愿意有偿临时性地参与保护区的管理与建设；12.72%的人表示愿意无偿自愿地参与保护区的管理与建设；另有0.53%的人表示对此没有进行考虑；0.35%的人表示需要根据具体情况来参与保护区的管理与建设。上述数据反映出衡水湖的保护有很好的社区民意基础。

27.3.3　项目的社会风险

27.3.3.1　非自愿移民

规划项目的实施要求在规划期内通过生态移民迁出包括30个村，5028户，共17288人。区内村落将被划分为“拆除村落”、“移民整治村落”和“保护村落”三类，前两项类村落都需进行生态移民。该工程持续时间长，由于迫使一部分人失去原有的生存模式，可能有社会矛盾激化的隐患。此外，由于保护区人口较为密集，又以老年人口居多，因此不排除生态移民过程中有部分人群产生抵抗情绪。

针对非自愿移民，规划将在实验区以外的城郊结合部建设湿地新城，集中安置生态移民，并为生态移民提供就业培训，通过发展绿色的第二和第三产业为其创造就业机会，通过发展社会保障事业为其提供最低收入、医疗和养老保障，此举将有效改善生态移民的生活质量和收入水平。保护区还将采取有效措施积极引导农民进入城市就业，从而降低保护区内人口密度，优化土地利用。

27.3.3.2　就业率

由于保护区对部分产业的限制、对人口的迁移，将迫使一批人口丧失原有的生存手段，保护区劳动力就业率将在一定程度上受到影响。但同时，绿色产业、旅游产业等规划项目的实施可增加一部分就业，此外，社区创业与就业指导中心、对外劳务输出中心的成立也可以增加一部分该地区劳动人口就业率。

27.3.3.3　人口老龄化趋势

在抽样调查中，衡水湖自然保护区所涉及的 6 个乡镇中老年人口比例高达 11.21%，青壮年外出务工的家庭占了 59.06%，老龄化趋势严重。实施规划项目后，将会建立社区劳力输出中心，该措施虽然可以使年轻一代能够免除后顾之忧，轻装外出就业，但也更进一步加剧了当地人口老龄化趋势。和平托老中心和社区养老院的建设将是对保护区人口老龄化趋势的一项积极应对举措。

27.3.3.4　弱势群体

老年人口在本次规划项目中属于突出的弱势群体。一是这类人群对旧有居住地更加留恋，搬迁会使这部分人损失较大；二是老年人本身体质较弱，搬迁后难免对新环境不适应，发病率与死亡率有提高的可能。在搬迁过程中需要特别注意这些情况。

第 28 章　规划项目的投融资策略

基于第 26 章的估算，自然保护区各项工程建设总投资估算为 280911.1 万元，一期（2009 年至 2015 年）投资 151575.4 万元，二期（2016 年至 2020 年）投资 129335.7 万元。而衡水市 2006 年的 GDP 为 548.7 亿元，财政收入 32.67 亿元，农民人均收入 3547 元，衡水市的财政收入远不能支持衡水湖的湿地保护建设项目。因此，解决湿地保护建设项目的融资问题成为能否促成项目顺利建设的关键之举。

28.1　衡水湖湿地保护项目分类

根据衡水湖湿地保护项目的经济属性，我们将规划的重点项目分非经营性项目、准经营性项目和经营性项目三类。其中：非经营性项目在经济上的特点是为社会提供的服务和使用功能没有资金流入或只有很少的资金流入，根本无法回收投资，如生物多样性保护项目；准经营性项目在经济上的特点是有一定的资金流入，但因其政策及收费价格没有到位等因素，无法全部回收投资并获得一定的利润，要通过政府适当补贴或政策优惠来维持运营，如环境保护项目，经营性项目在经济上的特点是项目自身就能够通过市场化的运作回收投资并实现利润，如湿地新城开发和生态旅游设施。非经营性、准经营性和经营性三类项目的投资比例为 42.5∶10.4∶47.1。衡水湖湿地保护项目具体的项目分类如图 28-1 和表 28-1、表 28-2。

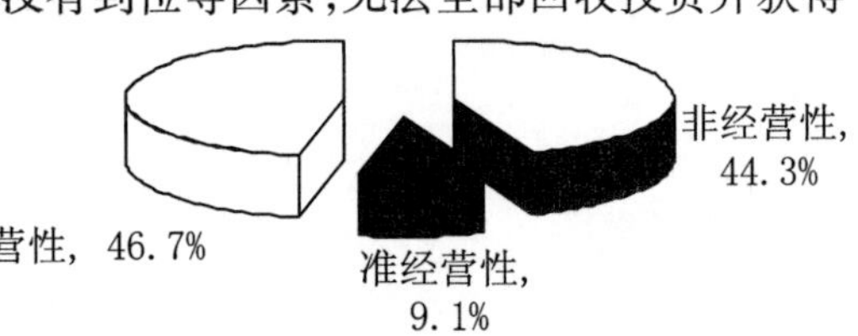

图 28-1　项目投资分类比例

表 28-1　项目分类表　　单位：万元

项目分类	编号	建设项目	投资额	一期（2009～2015 年）	二期（2016～2020 年）
非经营性项目	1	基础设施建设项目（水电通讯相关基础设施除外）	2952	2822	130
	2	生物多样性保护工程	2813	1762	1051
	3	湿地恢复与水环境治理项目（准经营性植被及水资源除外）	111208	46337	64871
	4	社区发展与建设规划项目（湿地新城以及龙源国际和平托老中心项目经营性设施除外）	5683	5628	55
	5	公共安全规划项目	1681	806	875
		合计	124337	57355	66982
准经营性项目	1	基础设施建设项目（水电通讯相关基础设施）	4431	4231	200
	2	湿地恢复与水环境治理项目（准经营性植被及水资源）	17235.7	3367.9	13867.8
	3	环境保护项目	1500	600	900
	4	绿色产业项目（生态旅游及相关设施建设工程除外）	2000	1500	500
	5	社区发展项目	258	171	87
		合计	25424.7	9869.9	15554.8

（续）

项目分类	编号	建设项目	投资额	一期（2009 ~ 2015 年）	二期（2016 ~ 2020 年）
经营性项目	1	湿地新城建设	115000	69600	45400
	2	龙源国际和平托老中心（社区自用养老设施投资除外）	11200	11200	0
	3	生态旅游及相关设施建设工程	4950	3550	1400
		合计	131150	84350	46800

表 28-2　衡水湖国家级自然保护区工程建设投资估算汇总表　　单位：万元

编号	建设项目	投资估算	一期	二期	占总投资额比例（%）	投资分类
			2009 – 2015	2016 – 2020		
1	基础设施建设项目	7382. 9	7053. 4	329. 5	2. 63	—
1. 1	局站建设	1874. 4	1874. 4	0	0. 67	非
1. 2	道路建设	1077. 5	948	129. 5	0. 38	非
1. 3	供电与通讯设施	3731	3731	0	1. 33	准
1. 4	给排水设施	700	500	200	0. 25	准
2	生物多样性保护工程	2812. 8	1761. 5	1051. 3	1. 00	—
2. 1	野生动物保护工程	802. 4	336. 9	465. 5	0. 29	非
2. 2	科研设施与监测工程	580. 8	567. 5	13. 3	0. 21	非
2. 3	宣传教育工程	55. 5	55. 5	0	0. 02	非
2. 4	生态保护补贴工程	1374. 1	801. 6	572. 5	0. 49	非
3	湿地恢复与水环境治理项目	128443. 6977	49704. 9	78738. 798	45. 72	—
3. 1	滏阳新河滩地湿地恢复工程	900	900	0	0. 32	非
3. 2	西湖水源地与西湖西岸湿地恢复工程	13908	13743	165	4. 95	非
3. 3	东湖扩容与体富营养化治理综合工程	13740	720	13020	4. 89	非
3. 4	主要河道及入湖口生态修复工程	692	442	250	0. 25	非
3. 5	区内小流域循环工程	600	600	0	0. 21	非
3. 6	植被恢复	6914. 5	5525. 5	1389	2. 46	非/准[注1]
3. 7	生态补水	46921. 2	14774. 4	32146. 8	16. 70	非/准[注2]
3. 8	生态移民与安置工程	44768	13000	31768	15. 94	非
4	环境保护项目	1500	600	900	0. 53	—
4. 1	人工湿地生物氧化塘建设工程	900	0	900	0. 32	准
4. 2	固体垃圾清运转运工程	600	600	0	0. 21	准
5	绿色产业项目	6950	5050	1900	2. 47	—
5. 1	衡水湖资源利用企业化工程	1000	1000	0	0. 36	准
5. 2	苗木草坪基地示范工程	500	500	0	0. 18	准
5. 3	湿地经济试验区建设工程	500	0	500	0. 18	准

（续）

编号	建设项目	投资估算	一期	二期	占总投资额比例	投资分类
			2009－2015	2016－2020		
5.4	生态旅游及相关设施建设工程	4950	3550	1400	1.76	经
6	社区发展项目	132140.7	86599.6	45541.1	47.04	—
6.1	湿地新城建设	115000	69600	45400	40.94	经
6.2	村落整治示范工程	4000	4000	0	1.42	非
6.3	湿地自然与人文历史博物馆	400	400	0	0.14	非
6.4	冀州历史文化博物馆	100	100	0	0.04	非
6.5	社区就业创业培训与劳务输出	152	152	0	0.05	非
6.6	龙源国际和平托老中心	12100	12100	0	4.31	非/经[注3]
6.7	农村最低收入保障	130.8	76.3	54.5	0.05	非
6.8	农村金融示范项目	50	50	0	0.02	准
6.9	农村新型合作医疗试点	207.9	121.3	86.6	0.07	准
7	公共安全项目	1681	806	875	0.60	—
7.1	应急体系规划和应急预案	250	100	150	0.09	非
7.2	消防设施建设	331	106	225	0.12	非
7.3	应急物资仓库	100	100	0	0.04	非
7.4	避难所建设	1000	500	500	0.36	非
	总　计	280911.1	151575.4	129435.7	100.00	—

注：1. 植被恢复按照植被恢复的地域和经济价值区分为非经营性植被和准经营性投资两类。特别保护圈内的植被恢复纳入非经营性项目。

2. 生态补水投资中，西湖恢复时的一次性补水，以及区内年际非生产生活性需水量与本地降水及循环利用来水量之间的差值为非经营性投资，生产及生活性需水量为准经营性投资。

3. 龙源托老中心项目中，保护区投资900万元向投资人购买区内自用养老设施。

28.2　衡水湖湿地保护项目投融资策略

对于不同种类的项目，其经济属性不同，因此所能获得的资金的来源、使用方式以及偿还或者回报等均有所不同，需根据该经济属性设计不同的投融资策略

28.2.1　非经营性项目

非经营性项目经营性较差或者根本没有经营性，社会资本往往不愿投资，但其具有良好社会效应，因此其投资的主要资金来源是政府的财政拨款，包括预算内拨款、财政补贴、预算外专项基金、国债等。同时通过政府财政担保等手段带动国内外政策性银行及国外政府贷款等投入作为辅助。

目前国家的宏观调控正不断采取措施引导政策性银行增加其在社会效应巨大的非经营性项目上的政策性贷款比重，衡水湖项目应努力争取政策性谈判，并延长贷款的宽限期和还款期，以此来缓解还款压力。同时，在国际上，应大力宣传衡水湖项目的社会效应、生态效应、环境效应，向世行、亚行等国际政策性银行申请贷款，由政府出面提供担保等改善项目信贷结构，争取宽限期和还款期。

另外要充分利用国内外基金及企业赞助等作为补充支持非经营性项目的建设、运营。可以通过成立专门机构管理并经营"衡水湖湿地保护基金"，一方面为衡水湖湿地保护资金来源增加一个渠道，另一方面，也可通过有效投资衡水湖保护项目，实现基金的保值增值，维持湿地保护的投入可持续性。"衡水湖湿地保护基金"同时还可作为一个稳定在资金池，为贷款提供担保或者贴息等，充分发挥出"基金"的"四两拨千斤"作用。

"衡水湖湿地保护基金"来源除政府每年的财政拨付外，还需多扩充社会上的其他资金，如：①可建立地方企业向湿地保护基金捐赠的税收等激励措施，争取企业的捐赠资金；②因为绿色宣传可作为一些企业或公司的软广告，因而可加大绿色概念的宣传，尽可能吸引国内外企业的资金支持；③积极寻求国际相关自然保护基金等的捐赠支持。

项目运作具体过程如图 28-2。

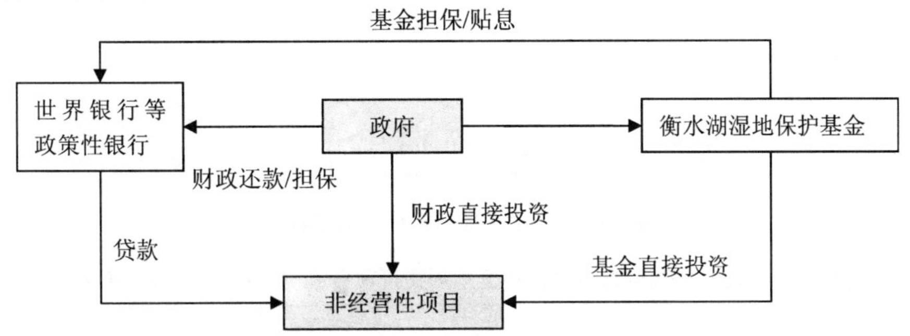

图 28-2　非经营性项目运作过程示意图

28.2.2　准经营性项目

准经营性项目如环境保护管理项目中的污水处理厂、垃圾转运站等具有一定的竞争性和排他性，如果有合适的收费机制，则这些项目能产生一定的现金流入，如污水处理服务费或垃圾处理服务费等，但通常出于公益方面的考虑，污水处理费或者是垃圾处理费收费并不是完全市场定价，该现金流入不足以完全覆盖项目的投资回收并获得合理回报；绿色产业项目中的资源利用企业化工程、湿地经济示范工程等，具有一定的产业发展前景，只是由于目前市场培育还不是很成熟。

因此对于这类项目的融资策略，建议以引入社会资本进行建设和经营为主，政府投入为辅，政府通过建立较完善的收费机制或者补贴机制，由财政或者衡水湖保护基金给予社会资本一定的补贴，投资建设外围配套设施，或者出台相关优惠政策，如绿色消费的税收、产业政策引导等，为社会资本投资提供便利，从而吸引社会资本投资，解决目前的资金短缺问题。

项目运作具体过程如图 28-3。

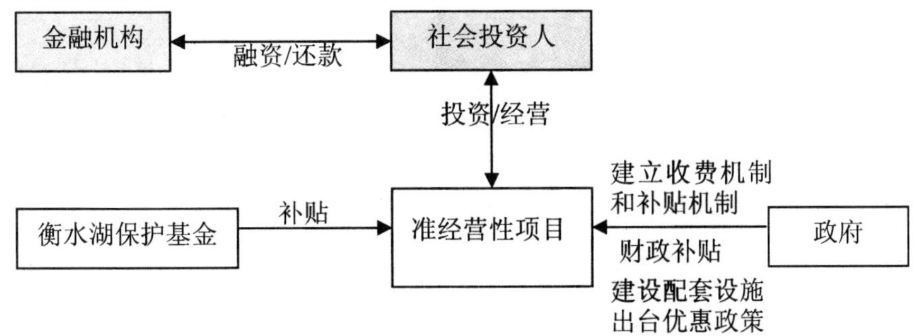

图 28-3　准经营性项目运作过程示意图

28.2.3 经营性项目

由于竞争性项目如湿地新城开发、生态旅游项目开发等具备较强的盈利前景，市场化程度较高，因此可以充分吸收社会资本进行建设与经营。合作方式可采取合资、合作、独资等模式。

但鉴于此类项目处于湿地保护区，为避免私人资本因其逐利特性导致过度开发湿地开发从而对湿地保护形成新一轮的威胁，在引入私人资本进行投资时，应设立一定的门槛和标准，建立和完善监管制度，加强和完善政府机构监管职能，对引入的社会资本的行为进行有效监管。

项目运作具体过程如图 28-4。

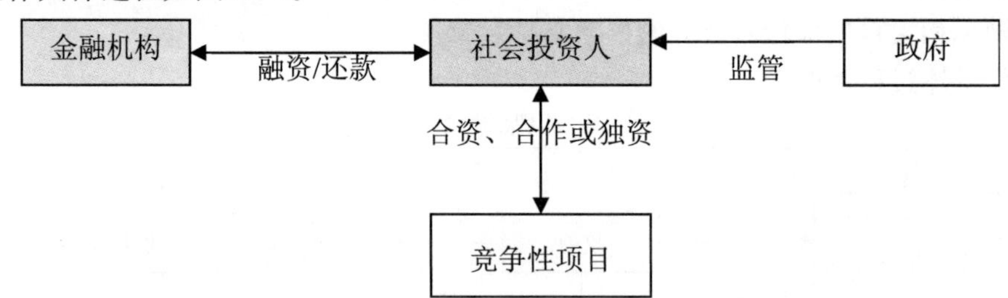

图 28-4 竞争性项目运作过程示意图

表 28-3 衡水湖国家级自然保护区规划建设项目、设备与投资估算明细表

编号	工程项目、设备名称	单位	数量	单价（万元）	总投资（万元）	一期（2009～2015 年）	二期（2016～2020 年）	说明
1	基础设施建设项目				7383	7053	330	
1.1	局站建设				1874	1874	0	
1.1.1	管委会办公	m^2	2500	0.07	175	175	0	砖混
1.1.2	各管理站	m^2	1950	0.06	117	117	0	6 个砖混
1.1.3	检查站	m^2	540	0.06	32	32	0	9 个砖混
1.1.4	职工宿舍	m^2	5200	0.06	312	312		砖混
1.1.5	网站工程				5	5	0	服务器及相关配套设备
	局、站址征地	hm^2	2.74	450	1233	1233	0	征地按 30 万元/亩计
1.2	道路建设				1078	948	130	
1.2.1	保护区东路新建段	km	20	40	800	800	0	三级公路（位于实验区边缘）
1.2.2	保护区北路整治段	km	15	2	30	30	0	乡村公路
1.2.3	保护区北路新建段	km	6.7	15	101	0	101	乡村公路
1.2.4	保护区西路整治段	km	5	2	10	10		乡村公路
1.2.5	保护区西路新建段	km	1.3	25	33	33	0	四级公路（打通老冀码路和新冀码路以关闭缓冲区内老冀码路段）
1.2.6	巡护路整修	km	30	0.8	24	4	20	普通
1.2.7	巡护路整修	km	11	4	44	44	0	大堤加固
1.2.8	巡护路新建	km	3	3	9	0	9	

（续）

编号	工程项目、设备名称	单位	数量	单价（万元）	总投资（万元）	一期（2009～2015 年）	二期（2016～2020 年）	说明
1.2.9	临时道路	km	5.5	5	28	28	0	乡村公路
1.3	供电与通讯设施				3731	3731	0	
1.3.1	供电工程				3673	3673	0	
1.3.1.1	变电所	个	3	1000	3000	3000	0	1 万 kVA 变电所
1.3.1.2	变电所	个	1	600	600	600	0	5000kVA 变电所
1.3.1.3	输电电缆埋地	km	35	1.8	63	63	0	输电线路负荷 35kV
1.3.1.4	水下电缆	km	2	4	8	8	0	
1.3.1.5	汽油发电机	个	2	1	2	2	0	3.8kVA
1.3.2	通讯				58	58	0	
1.3.2.1	通信光缆	km	24	2	48	48	0	
1.3.2.2	通讯设备				10	10		含 GPS、内部程控交换机，配传真机、复印机和打印机等
1.4	给排水设施				700	500	200	
1.4.1	给水工程				300	100	200	将保护区、移民安置区等生活用水统一接入城市供水管网
1.4.2	排水工程				400	400		仅包含排水管道，污水处理厂见环境保护项目
2	生物多样性保护工程				2813	1761	1051	
2.1	野生动物保护工程				802	337	466	
2.1.1	鸟类觅食地和投食点				15	14	1	
2.1.1.1	鸟类觅食地	km^2	2.6	5	13	13	0	大豆、小麦、花生
2.1.1.2	投食点	个	10	0.2	2	1	1	
2.1.2	鸟类繁育和救护中心				90	46	44	
2.1.2.1	鸟类繁育救护中心	m^2	500	0.08	40	16	24	不含 500 亩繁育基地
2.1.2.2	繁育救护设备	套	1	50	50	30	20	
2.1.3	病虫害防治检疫站	套	1	3	3	3	0	配保护检疫设备一套
2.1.4	生物廊道	个	4	15	60	60	0	简易桥（50m 跨度）
2.1.5	不冻水域工程				350	0	350	
2.1.5.1	地热井	眼	1	50	50	0	50	
2.1.5.2	水下热水管道铺设	km	20	15	300	0	300	
2.1.6	界碑、桩和指示牌				71	71	0	
2.1.6.1	区碑	个	1	2	2	2	0	石
2.1.6.2	界碑	个	9	0.5	5	5	0	钢筋砖混

（续）

编号	工程项目、设备名称	单位	数量	单价（万元）	总投资（万元）	一期（2009～2015年）	二期（2016～2020年）	说明
2.1.6.3	界桩（陆上）	个	1399	0.01	13	13	0	钢筋砖混
2.1.6.4	界桩（水上）	个	240	0.03	7	7	0	钢混＋铁锚
2.1.6.5	生态型围栏	km	108.9	0.8	44	44	0	灌丛
2.1.7	巡护工程				213	143	70	
2.1.7.1	巡护车	辆	2	15	30	30	0	
2.1.7.2	巡护艇	艘	5	10	50	30	20	
2.1.7.3	巡护码头	个	6	0.5	3	3	0	
2.1.7.4	警戒装备				80	40	40	
2.1.7.5	摩托车	辆	13	1.1	14	6	8	
2.1.7.6	对讲机	台	20	0.1	2	2	0	
2.1.7.7	双筒望远镜	台	20	0.2	4	2	2	
2.1.7.8	货车	辆	2	15	30	30	0	
2.2	科研设施与监测工程				581	568	13	
2.2.1	湿地生态保护研究与培训中心（1）	m^2	1200	0.07	84	84	0	仅含实验室、标本室、培训教室
	湿地生态保护研究与培训中心（2）	m^2	3000	0.15	450	450	0	仅含专家接待中心、国际会议中心、学员宿舍
2.2.2	生态环境监测				189	162	27	
2.2.2.1	综合监测站	m^2	400	0.07	28	28	0	
2.2.2.2	观鸟台	个	2	7	14	14	0	
2.2.2.3	观鸟塔	个	2	12.5	25	25	0	
2.2.2.4	隐蔽观鸟所	个	6	3	18	6	12	
2.2.2.5	水文气象监测设备	套	1	20	20	20	0	
2.2.2.6	生态检测仪	套	1	20	20	20	0	
2.2.2.7	数码摄像机、监测器	套	1	30	30	20	10	
2.2.2.8	常用实验设备	套	1	25	25	20	5	含冰箱、冷柜、显微镜、解剖镜、离心机、天平、干燥箱、恒温箱、绘图仪、标本制作设备等
2.2.2.9	GPS	台	10	0.3	3	3	0	GARMIN
2.2.2.10	GIS软件	套	1	6	6	6	0	
2.2.3	鸟类监测与环志站				35	25	10	
2.2.3.1	鸟类环志站	个	1	20	20	20	0	
2.2.3.2	环志设备	套	2	2.5	5	5	0	
2.2.3.3	鸟类监测站	个	2	5	10	0	10	
2.2.4	固定样地、样线				12	9	3	

（续）

编号	工程项目、设备名称	单位	数量	单价（万元）	总投资（万元）	一期（2009～2015年）	二期（2016～2020年）	说明
2.2.4.1	固定样地	hm^2	20	0.05	1	1	1	
2.2.4.2	固定样线	km	36	0.3	11	8	3	
2.3	宣传教育工程				56	56	0	宣教中心、教育基地等在后文具体计算
2.3.1	宣教与设施陈列	m^2	1500		219	120	99	分为3处
	生态旅游接待与宣教中心	m^2	800	0.1	80	80	0	含接待服务区、多媒体科普宣教中心、科普陈列馆、科普信息服务中心
	青少年生态科普教育基地	m^2	400	0.1	40	40	0	1000m^2广场、绿化、宿营地上下水、厕所等
	衡水长流水资源保护教育基地	m^2	300	0.33	99	0	99	含"引黄、引江纪念碑"、"衡水湖治水历史主题墙"、"衡水历史文化名园"等
2.3.2	解说性标志牌	个	294		53	53	0	
2.3.2.1		个	234	0.1	23	23	0	不锈钢架
2.3.2.2		个	60	0.5	30	30	0	不锈钢架，带遮阳亭
2.3.3	限制性标志牌	个	6	0.35	2	2	0	不锈钢架
2.4	生态保护补贴工程	户	1639	0.1	1374	802	573	共12年，目前央行一年期贷款利率6.66%，考虑到目前正处于利率下降空间，按6%的折现率贴现
3	湿地恢复与水环境治理项目				128443.7	49704.9	78838.8	
3.1	滏阳新河滩地湿地恢复工程	万m^3	60	15	900	900	0	
3.2	西湖水源地建设与西湖西岸湿地恢复工程				13908	13743	165	
3.2.1	地形改造工程	万m^3	900	15	13500	13500	0	
3.2.2	水资源管理工程				408	243	165	
3.2.2.1	风光互补提水泵站	个	1	30	30	30	0	含管理用房150m^2
3.2.2.2	地表水厂取水口	个	1	3	3	3	0	
3.2.2.3	节制闸	个	5	15	75	0	75	
3.2.2.4	进水闸改建	个	1	40	40	40	0	西湖—冀码渠
3.2.2.5	放水闸	个	1	60	60	60	0	西湖—滏东排河
3.2.2.6	连通闸	个	1	80	80	80	0	中隔堤
3.2.2.7	拦水闸	个	1	60	60	0	60	滏阳新河
3.2.2.8	引水闸	个	4	15	60	30	30	
3.3	东湖扩容与水体富营养化治理综合工程				13740	720	13020	

（续）

编号	工程项目、设备名称	单位	数量	单价（万元）	总投资（万元）	一期（2009～2015年）	二期（2016～2020年）	说明
3.3.1	湖底挖深与底泥疏浚工程	km^2	42.5	300	12750	0	12750	
3.3.2	湖滨生态修复与护堤加高加固工程				870	600	270	
3.3.2.1	滨岸浅滩生态修复	km	15	18	270	0	270	
3.3.2.2	堤岸生态型加固	km	40	15	600	600	0	
3.3.3	太阳能深层曝气船	台	1	120	120	120		给湖底输氧
3.4	主要河道及入湖口生态修复工程				692	442	250	
3.4.1	河道生态修复工程	个	3	20	60	60	0	5km台阶式芦苇净化塘，共10个土包垒成的拦水低坝
3.4.2	入湖口生态修复	个	2	100	200	100	100	二期为卫千渠湖口的生态修复
3.4.3	闸涵建设				432	282	150	
3.4.3.1	涵闸整修	个	9	8	72	72	0	
3.4.3.2	涵闸新建				360	210	150	
3.5	区内小流域循环工程	万 m^3	40	15	600	600	0	含冀码渠底泥清污等
3.6	植被恢复				6915	5526	1389	
3.6.1	自然挺水植被恢复	km^2	10	10	100	50	50	以芦苇为主，杂以香蒲、莲、水葱、藨草、莎草等
3.6.2	盐生植被恢复	km^2	7.6	5	38	0	38	以翅碱蓬群落为主
3.6.3	牧草种植	km^2	12.9	15	194	0	194	禾本科和豆科牧草
3.6.4	封滩育草	km^2	7.5	5	38	10	28	
3.6.5	莲藕、菱角等种植	km^2	0.8	75	60	60	0	
3.6.6	水源涵养林建设				6360	5280	1080	
3.6.6.1	生态林	km^2	16	150	2400	2400	0	
3.6.6.2	景观林	km^2	6	300	1800	1800	0	
3.6.6.3	经济林	km^2	12	180	2160	1080	1080	
3.6.7	芦苇改良	km^2	13	3.5	46	46	0	
3.6.8	水生植物群落调控	km^2	40	2	80	80	0	水草控制等
3.7	生态补水				46921.2	14774.4	32146.8	
3.7.1	一次性补水	亿 m^3	0.3	7000	2100	0	2100	
3.7.2	年际生态补水	亿 m^3	0.32/1.53	7000	44821.2	14774.4	30046.8	假设一期维持现状，只计算本区非生活生产性需水量与本区降水之间差额；二期按照本规划实现准经营性生态补水。年际补水投资按6%的折现率贴现。
3.7.3	人工增雨				50	50		

（续）

编号	工程项目、设备名称	单位	数量	单价（万元）	总投资（万元）	一期（2009～2015年）	二期（2016～2020年）	说明
3.8	生态移民与安置工程				44768	13000	31768	
3.8.1	生态移民	户	5271	8	43768	12000	31768	
3.8.2	工厂搬迁				1000	1000		搬迁小寨乡砖厂和千倾洼砖厂等分布于西湖湖区和西岸的所有工厂、养殖场
4	环境保护项目				1500	600	900	
4.1	人工湿地生物氧化塘建设工程	个	2	450	900	0	900	日污水处理能力各4500t
4.2	固体垃圾清运转运工程	个	1	600	600	600	0	日处理能力300t，包括垃圾转运站、隔离林带、环卫办公用房200m^2、垃圾清运车停车场和洗车场1处
5	绿色产业项目				6950	5050	1900	
5.1	衡水湖资源利用企业化工程				1000	1000	0	包括对总公司及其下属各专业公司与专业市场的筹备经费
5.2	苗木草坪基地示范工程				500	500	0	包括300hm^{2}苗木培育及生产示范基地以及150hm^{2}草坪培育基地
5.3	湿地经济试验区建设工程	km^2	13	38.46	500	0	500	湿地经济作物人工养殖、加工、水利设施等
5.4	生态旅游及相关设施建设工程				4950	3550	1400	
5.4.1	衡水湖湿地生态展示园				300	300		
5.4.2	房车/汽车营地				250	250		
5.4.3	冀州水乐园				2000	1200	800	
5.4.4	衡水观鸟				600	400	200	
5.4.5	冀州文化创意园				400	400		
5.4.6	循环经济示范基地				1000	600	400	
5.4.7	湖荡人家				400	400		
5.4.8	东湖翠岛				200	200		
6	社区发展项目				132141	86600	45541	
6.1	湿地新城建设				115000	69600	45400	规划人口3万～5万，占地5km^2，分两期开发
6.1.1	七通一平	hm^2	500	75	37500	22500	15000	
6.1.2	征地	hm^3	500	150	75000	45000	30000	
6.1.3	沼电站	座	1	500	500	500		满足3万人小城镇供电需求

（续）

编号	工程项目、设备名称	单位	数量	单价（万元）	总投资（万元）	一期（2009～2015年）	二期（2016～2020年）	说明
6.1.4	示范学校	所	2		2000	1600	400	包括一所湿地示范小学以及一所湿地示范中学
6.2	村落整治示范工程	户	800	5	4000	4000		含村社区中心、道路、景观绿化、供水、污水净化、垃圾收集、沼气管道和置换用房等
6.3	湿地自然与人文历史博物馆	座	1		400	400	0	2000m^2，含宣教室等
6.4	冀州历史文化博物馆	座	1		100	100	0	改造现兵法城
6.5	社区就业创业培训与劳务输出	m^2	800	0.19	152	152	0	含社区就业与创业培训中心、保护区对外劳务服务输出中心的土建、办公与培训设备、网络设备、档案管理、中心开办初期的运营维持费等
6.6	龙源国际和平托老中心				12100	12100	0	
6.6.1	保健康复中心	m^2	20000	0.13	2600	2600	0	内设康复理疗区、预防保健区、特护区
6.6.2	老年康居疗养区	m^2	30000	0.1	3000	3000	0	
6.6.3	老年高档疗养区	m^2	20000	0.13	2600	2600	0	
6.6.4	老年文化交流中心	m^2	10000	0.13	1300	1300	0	包括湿地、鸟类展览馆、老年艺术馆、对外交流陈列馆及会议、观光接待中心等
6.6.5	物业管理服务中心	m^2	4000	0.25	1000	1000	0	包括物业办公区、区内观光停车场、社区网站、邮政银行等
6.6.6	老年自助农艺中心	亩	80	11.25	900	900	0	包括阳光温室、农业研究中心、无公害蔬菜大棚、科技放映室等
6.6.7	老年游客服务中心	m^2	2000	0.35	700	700	0	提供导游、旅游咨询、旅游投诉、科普宣传、旅游景点介绍、旅游纪念品、餐饮、住宿、治安、处理突发事件等一系列旅游服务项目
6.7	农村最低收入保障	人	260	0.06	131	76	54	按6%折现率贴现
6.8	农村金融示范项目				50	50		
6.9	农村新型合作医疗试点	人	6200	0.004	208	121	87	按6%折现率贴现
7	公共安全项目				1681	806	875	
7.1	应急体系规划和应急预案				250	100	150	
7.2	消防设施建设				331	106	225	
7.2.1	瞭望塔	个	1	20	20	20	0	

（续）

编号	工程项目、设备名称	单位	数量	单价（万元）	总投资（万元）	一期（2009～2015 年）	二期（2016～2020 年）	说明
7.2.2	防火指挥车	辆	1	25	25	25	0	钢
7.2.3	风力灭火机	台	20	0.3	6	6	0	尼康
7.2.4	扑火设备	个	60	0.5	30	30	0	
7.2.5	机械喷雾机	台	2	5	10	5	5	车载式
7.2.6	红外监视仪	台	2	20	40	20	20	
7.2.7	消防站	个	1	200	200	0	200	
7.3	应急物资仓库	个	1	100	100	100		
7.4	避难所建设	个	2	500	1000	500	500	
8	合　计				280911.1	151575.4	129435.7	

衡水湖保护区分村

年份	编号	乡村名称	总户数(户)				376. 1223192	总人口(人)			年末实有劳动力(人)			
年份			2002	2003	2004	2005	2002	2003	2004	2005	2002	2003	2004	2005
		示范圈(131 村)		24289	24003	24221		84939	83019	83299		39156	40080	40503
		保护区(106 村)	17967	24289	24003	24221	64197	84939	83019	83299	30327	38851	39455	40097
		保护区直管村(8 村)	1766	1790	1786	1791	6499	6515	6498	6211	2756	3082	3300	3400
	1	陈辛庄		148	144	145		548	531	541		275	278	298
	2	三许庄		368	368	369		1324	1325	1330		675	685	732
	3	小侯 *	235	233	227	230	791	784	764	763	346	384	401	420
	4	刘家南田 *#	259	257	259	257	929	917	906	905	414	425	484	498
	5	半壁店		192	188	186		670	639	646		335	337	355
	6	大赵常 *#	453	450	448	451	1656	1641	1639	1693	704	850	880	931
	7	李开河 *	168	166	168	167	554	546	572	570	249	245	252	313
	8	刘家台 *#	94	91	90	90	330	316	311	318	154	158	156	175
	9	西张景官		155	152	153		495	498	503		249	267	277
	10	南王庄		158	153	153		574	547	544		295	287	300
	11	祝葛村		220	224	224		828	831	831		413	435	457
	12	仲景		281	276	280		1076	1067	1079		568	564	593
	13	五开河 *	266	269	263	264	1004	1001	956	956	456	568	533	526
	14	韩赵常 *	102	99	97	97	369	370	381	378	175	190	197	208
彭杜村乡	15	徐家南田 *#	73	71	70	70	236	239	233	229	123	124	117	126
	16	范家庄 *	203	206	204	206	717	704	696	702	326	367	360	386
	17	宋家南田 *	158	156	155	155	528	511	507	516	247	265	272	284
	18	南赵常 *#	194	194	196	196	690	682	687	692	308	354	365	381
	19	北田村 *#	428	426	426	430	1619	1611	1602	1604	696	845	895	882
	20	李家南田 *	126	126	126	126	438	441	445	441	214	238	238	243
	21	张辛庄		141	140	142		514	518	518		245	275	285
	22	马家庄		130	130	133		529	533	531		339	278	292
	23	吴杜		498	499	500		1924	1978	1988		1008	1080	1093
	24	候店 *	534	533	539	542	2043	2022	2039	2047	885	1087	1115	1126
	25	祝葛店		134	130	131		472	452	461		249	233	253
	26	秦家南田 *#	190	192	190	188	714	712	714	720	324	319	378	396
	27	张家南田 *	93	91	89	86	297	299	296	288	144	161	157	158
	28	赵辛庄		179	173	175		616	597	588		315	317	323
	29	马家南田 *	124	123	121	121	427	424	406	410	215	214	215	226
	30	赵杜 *	324	332	336	341	1151	1157	1165	1178	505	578	625	648

统计数据(2002～2005 年)

劳动力占总人口比例(%)				耕地面积(hm^2)				人均耕地(亩)	人均纯收入(元)				总纯收入(元)			
2002	2003	2004	2005	2002	2003	2004	2005		2002	2003	2004	2005	2002	2003	2004	2005
	46%	48%	49%				10899	1.96		3140	3500	3993		26670	29060	33262
47%	46%	48%	48%	7570	10760	10899	10899	1.96	2884	3140	3500	3993	18517	26670	29060	33262
42%	47%	51%	55%	472.5	472.5	472.5	472.5	1.14	3023	3195	3742	4297	1965	2081	2432	2669
					90	90	90	0		3679	4258	4833		202	226	261
					192	191	191	0		3034	3848	4787		402	510	637
				184.8	184.8	184.8	184.8	0	2884	2578	3244	4292	228	202	248	327
				159	159	159	159	0	2765	2880	3509	4100	257	264	318	371
					142	142	142	0		3252	3899	4292		218	249	277
				104.8	104.8	104.8	104.8	0	3297	3399	4178	4650	546	558	685	787
				75.5	75.5	75.5	75.5	0	3005	3099	3747	4320	166	169	214	246
				24	24	24	24	0	2993	3101	3410	4000	99	98	106	127
					109	109	109	0		3093	3714	4290		153	185	216
					120	120	120	0		3098	3736	4349		178	204	237
					152	236	236	0		3145	3701	4146		260	308	345
					229	232	232	0		2921	3541	4109		314	378	443
				115.9	115.9	115.9	115.9	0	2889	2990	3398	3901	290	299	325	373
				35.8	35.8	35.8	35.8	0	2843	2928	3437	4010	105	108	131	152
				14.4	14.4	14.4	14.4	0	3033	3131	3748	4323	72	75	87	99
				150	150	150	150	0	2954	3031	3618	4190	212	213	252	294
				50	50	50	50	0	3083	3183	3829	4386	163	163	194	226
				60.7	60.7	60.7	60.7	0	2817	2883	3577	4156	194	197	246	288
				156.6	156.6	156.5	156.5	0	2997	3150	3747	4320	485	507	600	693
				44	44	44	44	0	2834	2921	3560	4129	124	129	158	182
					62	62	62	0		2975	3747	4323		153	194	224
					111	111	111	0		3129	3761	4330		166	200	230
					234	234	234	0		3049	3919	4488		587	775	892
				314.8	314.8	314.8	314.8	0	3072	3149	3773	4340	628	637	769	888
					94	97	97	0		2940	3629	4200		139	164	194
				43	43	43	43	0	2949	3051	3669	4243	211	217	262	305
				28	28	28	28	0	2815	2910	3546	3999	84	87	105	115
					107	107	107	0		3322	3986	4561		205	238	268
				66	66	66	66	0	2696	2830	3479	4051	115	120	141	166
				101.4	101.4	101.4	101.4	0	3359	3428	4358	4584	387	397	508	540

	编号	乡村名称	总户数(户)				376.1223192	总人口(人)			年末实有劳动力(人)			
年份			2002	2003	2004	2005	2002	2003	2004	2005	2002	2003	2004	2005
郑家河沿镇	37	陈村 *	122	121	123	123	427	425	428	438	217	216	180	180
	51	崔庄 *	75	75	76	79	233	234	243	236	175	175	145	145
	35	道口 *	62	62	61	61	243	243	237	244	135	134	118	118
	49	段村 *	100	102	101	100	380	382	388	390	200	200	160	160
	41	郭埝 *	212	213	214	213	755	754	754	769	504	504	410	415
	47	后韩 *	182	181	184	184	670	668	675	673	325	324	270	270
	42	后孙 *	97	97	94	92	303	299	296	290	215	214	176	176
	44	候庄 *	74	75	74	72	245	251	239	243	116	116	95	95
	39	贾庄 *	163	165	168	168	616	619	614	607	405	405	330	330
	34	巨鹿 *	594	586	587	584	2132	2094	2092	2072	1195	1175	960	975
	36	南李村 *	200	199	194	192	616	615	611	606	350	349	290	290
	48	南李庄 *	50	49	52	52	159	151	151	150	87	83	70	70
	45	前韩 *	160	163	161	159	535	534	516	525	280	279	234	230
	43	前孙 *	172	170	169	168	565	557	554	568	335	330	270	270
	38	邵庄 *	213	212	205	204	689	684	678	681	440	438	360	360
	50	绳头 *	73	73	73	73	196	196	199	197	124	124	100	100
	46	谈庄 *	146	146	148	147	528	518	529	536	422	417	340	340
	33	小刘 *	61	61	61	61	239	234	239	235	167	164	130	130
	31	新刘 *	150	150	152	152	495	498	497	499	252	252	200	200
	32	闫庄 *	143	140	139	140	512	510	503	501	276	276	240	240
	40	张王庄 *	20	21	21	20	70	70	67	68	40	40	36	36
冀州市														
徐庄乡	52	杨家寨 *	83	83	83	83	302	302	304	304	130	130	130	130
	53	大漳 *	120	120	120	120	405	405	408	408	265	265	265	265
	54	东午 *	198	198	198	198	721	721	690	690	300	300	300	300
	55	野庄头 *	295	295	295	295	1125	1125	1117	1117	490	490	490	490
	56	堤王 *	430	430	430	430	1380	1380	1329	1329	630	630	630	630
魏屯镇	57	于家庄 *	130	130	153	153	520	519	537	537	210	190	208	228
	58	魏屯 *	220	220	286	276	901	899	909	879	350	350	363	363
	59	郝刘 *	210	210	253	253	800	798	804	804	290	298	315	315
	60	贺村 *	100	100	134	134	478	478	468	468	147	148	184	184
	61	王口 * #	170	170	203	203	673	673	710	710	202	202	279	279
	62	李口 *	55	55	76	76	236	237	234	234	95	95	90	92

（续）

劳动力占总人口比例(%)				耕地面积(hm^2)				人均耕地(亩)	人均纯收入(元)				总纯收入(元)			
2002	2003	2004	2005	2002	2003	2004	2005		2002	2003	2004	2005	2002	2003	2004	2005
				97	97	97	97	0	3190	3286	3861	4283	136	140	165	188
						0	0	0	2911	3011	3571	4060	68	70	87	96
				38	38	38	38	0	3082	3182	3714	4284	75	77	88	105
						0	0	0	2915	2972	3459	3934	111	114	134	153
				214.5	214.5	214.5	214.5	0	3223	3212	3805	4350	243	242	287	335
				60	60	60	60	0	2970	3050	3617	4096	199	204	244	276
				84.7	84.7	84.7	84.7	0	3305	3215	3815	4350	100	96	113	126
				33.9	33.9	33.9	33.9	0	2781	3092	3666	4174	68	78	88	101
				102	102	102	102	0	2932	3019	3562	4177	181	187	219	254
				424	424	424	424	0	3277	3285	3877	4401	699	688	811	912
				81	81	81	81	0	3139	3240	3838	4359	193	199	235	264
						0	0	0	2980	3160	3745	4239	47	48	57	64
				30	30	30	30	0	2799	2879	3416	3871	150	154	176	203
				129	129	129	129	0	3115	3199	3789	4312	176	178	210	245
				138	138	138	138	0	3106	3201	3789	4285	214	219	257	292
						0	0	0	3066	3129	3709	4214	60	61	74	83
				111.2	111.2	111.2	111.2	0	3094	3136	3916	4457	163	162	207	239
				39	39	39	39	0	3039	3198	3771	4275	73	75	90	100
				96	96	96	96	0	3025	3206	3785	4368	150	160	188	218
				106	106	106	106	0	2942	3182	3759	4279	151	162	189	214
				9	9	9	9	0	2965	3147	3717	4163	21	22	25	28
								0					0	0	0	0
				47	47	47	47	0	2781	2861	3322	3553	84	86	101	108
				10	10	10	10	0	2790	2847	3284	3529	113	115	134	144
				22	22	22	22	0	2760	2841	3400	3580	199	205	235	247
				175	175	175	175	0	2791	2860	3411	3598	314	322	381	402
				175	175	175	175	0	2700	2860	3777	3694	373	395	502	491
				46	46	46	46	0	2571	3108	3246	3669	134	161	174	197
				106	106	106	106	0	2572	3232	3245	3925	232	291	295	345
				78	78	78	78	0	2616	3341	3296	3607	209	267	265	290
				36	36	36	36	0	2736	3631	3248	3526	131	174	152	165
				69	69	69	69	0	2635	3321	3254	3817	177	224	231	271
				29	29	29	29	0	2597	3178	3248	3504	61	75	76	82

	编号	乡村名称	总户数(户)				376. 1223192	总人口(人)			年末实有劳动力(人)			
年份			2002	2003	2004	2005	2002	2003	2004	2005	2002	2003	2004	2005
魏屯镇	63	陆村*	310	310	414	404	1340	1341	1305	1333	472	468	525	525
	64	常宜子*	300	300	387	387	1168	1168	1176	1176	410	410	458	458
	65	王宜子*	105	105	140	140	385	395	403	403	150	150	164	164
	66	邢宜子*	130	130	178	178	532	532	554	554	158	160	216	216
	67	魏宜子*	90	90	103	103	250	350	359	359	126	127	139	139
	68	韩庄*	94	94	134	134	369	369	388	388	145	148	151	151
	69	赵家庄*	60	60	89	89	246	246	253	253	75	75	101	101
	70	吕庄*	50	50	79	79	211	211	208	208	75	70	81	81
	71	东明		260	316	316		1089	1105	1105		400	431	431
	72	西明		270	328	318		1120	1116	1086		410	434	434
	73	邢村		160	190	190		627	620	620		210	242	242
	74	曹村*	120	120	151	151	494	496	517	517	170	170	206	206
	75	李村*	90	90	122	122	368	368	369	369	125	128	146	146
	76	杜庄		25	42	42		112	107	107		45	43	43
	77	东娄家疃		310	344	344		1208	1178	1153		415	458	458
	78	西娄家疃*	115	115	151	151	479	479	460	460	158	162	182	182
	79	常庄		55	73	73		221	222	222		85	89	89
	80	刘庄		35	42	42		147	138	138		55	55	55
	81	小庄		50	64	64		196	200	200		76	78	78
	82	时庄		180	219	219		701	704	704		205	282	282
	83	齐官屯		410	464	454		1620	1622	1592		560	635	635
	84	赵祥屯		260	323	313		1039	1057	1027		386	427	427
	85	岳庄		170	215	215		680	691	691		253	274	274
小寨乡	92	北安*	134	134	153	153	469	466	461	470	205	204	221	221
	96	北良*	75	75	75	87	279	274	286	280	122	122	140	141
	88	北尉迟*	179	179	179	198	586	584	606	618	290	256	291	291
	101	北岳*	190	190	190	210	171	672	660	660	75	299	296	296
	87	大寨*	342	342	342	342	1283	1289	1266	1290	564	563	536	536
	98	东南*	102	102	102	107	287	289	284	285	126	126	131	140
	102	东庄*	195	195	195	209	645	632	635	629	345	283	306	314
	93	后庄*	51	51	51	55	182	168	169	171	300	75	74	74
	103	寇杜*	165	165	165	192	626	623	611	609	275	275	302	311
	97	良心*	213	213	213	262	831	829	877	889	365	363	431	434
	91	南安*	180	180	191	201	546	533	594	588	240	241	261	294

（续）

劳动力占总人口比例(%)				耕地面积(hm^2)				人均耕地(亩)	人均纯收入(元)				总纯收入(元)			
2002	2003	2004	2005	2002	2003	2004	2005		2002	2003	2004	2005	2002	2003	2004	2005
				188	188	188	188	0	2598	3217	3234	3976	348	431	422	530
				123	123	123	123	0	2603	3420	3257	3843	304	399	383	452
				44	44	44	44	0	2598	3370	3251	3672	100	133	131	148
				46	46	46	46	0	2456	3219	3141	3718	131	171	174	206
				43	43	43	43	0	2340	3198	3120	3677	59	112	112	132
				6	6	55	55	0	2903	3679	3325	3866	107	136	129	150
				45	45	45	45	0	2580	3421	3241	3992	63	84	82	101
				43	43	43	43	0	2335	3227	3125	3750	49	68	65	78
					224	224	224	0		3315	3249	3964		361	359	438
					202	202	202	0		3218	3244	3904		360	362	424
					117	117	117	0		3558	3242	3935		223	201	244
				88	88	88	88	0	2238	3106	3037	2675	111	154	157	138
				73	73	73	73	0	2576	3321	3117	3848	95	122	115	142
					25	25	25	0		3692	3271	3738		41	35	40
					232	232	232	0		3411	3268	3964		412	385	457
				74	74	74	74	0	2601	3219	3261	3826	125	154	150	176
					39	39	39	0		3106	3288	3784		69	73	84
					24	24	24	0		3209	3261	3768		47	45	52
					37	37	37	0		3619	3250	3950		71	65	79
					150	150	150	0		3367	3253	3579		236	229	252
					261	261	261	0		3298	3292	3846		534	538	410
					231	231	231	0		3615	3317	3995		376	348	612
					154	154	154	0		3339	3242	3864		227	224	267
				45	45	45	45	0	2490	2618	2755	3106	117	122	127	146
				48	48	48	48	0	2530	2664	2832	3142	71	73	81	88
				71	71	71	71	0	2470	2619	2607	3106	145	153	158	192
				116	116	116	116	0	2490	2649	2818	3106	43	178	186	205
				237	237	237	237	0	2868	3095	5632	5643	368	399	713	728
				50	50	50	50	0	2460	2560	2711	3087	71	74	77	88
				120	120	120	120	0	2580	2737	2881	3179	166	173	183	200
				11	11	11	11	0	2450	2678	2603	3099	45	45	44	53
				112	112	112	112	0	2560	2664	2847	3152	160	166	174	192
				63	63	63	63	0	2620	2690	2679	3149	218	223	235	280
				44	44	44	44	0	2470	2608	2693	3095	135	139	160	182

	编号	乡村名称	总户数(户)				376. 1223192	总人口(人)			年末实有劳动力(人)			
年份			2002	2003	2004	2005	2002	2003	2004	2005	2002	2003	2004	2005
	95	南良 *	252	252	252	253	904	902	935	937	307	396	460	462
	86	南尉迟 *	363	368	363	395	1216	1199	1195	1187	535	527	580	580
	100	南岳 *	211	211	211	232	665	660	653	663	292	292	324	323
	94	前照 *	146	146	146	165	496	493	482	483	218	217	245	245
	89	宋牛 *	106	106	106	118	386	388	391	390	169	169	192	192
	99	西南 *	134	134	134	148	452	445	461	463	198	198	210	210
	90	小寨 *	447	447	447	458	1434	1445	1452	1437	630	635	729	729
	104	窑洼 *	358	358	358	342	1332	1307	1293	1288	580	578	652	652
		北照磨 **	181				590				260			
	105	一甫 *	257	428	269	269	949	1224	1013	1026	585	560	560	560
	106	二甫 *	268	482	372	372	1288	1429	1316	1335	670	640	640	640
小寨乡	107	三甫 *	194	316	231	231	766	921	775	785	440	419	419	419
	108	四甫 *	197	481	206	206	586	1018	607	600	315	285	285	285
	109	北关 *	277	550	291	291	830	1237	949	970	486	480	480	488
	110	西关 *	52	148	55	55	160	324	158	156	75	70	70	70
	111	前赵 *	60	84	53	53	159	219	182	190	86	81	81	81
	112	后赵 *	66	84	67	67	207	232	215	219	107	100	100	100
	113	东元 *	57	74	62	62	204	218	201	200	85	80	80	90
	114	西元 *	157	200	166	166	599	639	591	627	240	226	226	236
	115	张庄 *	58	90	61	61	220	259	220	219	126	120	120	120
	116	孙郑李 *	111	161	130	130	417	460	420	440	187	178	178	178
	117	前冢 *	210	246	214	214	777	818	815	821	337	320	320	320
	118	后冢 *	147	167	147	147	522	547	542	558	223	215	215	218
	119	八里 *	39	40	39	39	138	139	146	157	57	50	50	50
	120	冯庄 *	35	36	31	31	123	128	130	135	55	46	46	46
	121	臧家冢 *	49	61	50	50	139	152	141	167	67	60	60	60
	122	刘埝 *	137	164	133	133	456	520	457	457	217	197	197	197
	123	北岳庄 *	119	162	120	120	382	453	390	392	192	184	184	184
	124	顺民 * #	164	196	163	163	581	641	602	645	245	230	230	230
冀州镇	125	漳下		122	120	120		463	439	436		226	226	226
	126	张家宜子 *	198	204	191	191	750	766	745	747	405	385	385	385
	127	孙家宜子 *	86	91	86	86	335	340	322	316	196	186	186	186
	128	小齐 *	128	144	117	117	464	502	461	456	242	233	233	233
	129	大齐 *	232	280	243	243	990	1040	984	985	515	492	492	492
	130	小漳 *	77	90	76	76	291	317	280	280	160	150	150	150
	131	胡庄 *		150	126	126		554	515	522		305	305	305

（续）

劳动力占总人口比例（%）				耕地面积（hm^2）				人均耕地（亩）	人均纯收入（元）				总纯收入（元）			
2002	2003	2004	2005	2002	2003	2004	2005		2002	2003	2004	2005	2002	2003	2004	2005
				106	106	106	106	0	2530	2650	2759	3159	229	239	258	296
				99	99	99	99	0	2480	2652	2811	3117	302	318	336	370
				116	116	116	116	0	2615	2697	2863	3107	174	178	187	206
				110	110	110	110	0	2560	2698	2821	3146	127	133	136	152
				49	49	49	49	0	2480	2603	2736	3025	96	101	107	118
				80	80	80	80	0	2460	2629	2711	3110	111	117	125	144
				323	323	323	323	0	2612	2713	2827	3138	375	392	410	451
				241	241	241	241	0	2470	2570	2730	3222	329	336	353	415
				184				0	2560				151	0	0	0
				28	28	28	28	0	3190	3284	3672	4105	303	402	372	421
				7	7	7	7	0	3240	3330	3726	4411	417	476	490	589
				3	3	3	3	0	3188	3282	3637	4090	244	302	282	321
				4	4	4	4	0	3180	3272	3636	4321	186	333	221	259
				2	2	2	2	0	3211	3299	3642	4092	267	408	346	397
				0		0	0	0	3169	3261	3614	4095	51	106	57	64
				0		0	0	0	3062	3154	3496	4015	49	69	64	76
				0		0	0	0	3039	3139	3458	4026	63	73	74	88
				1	1	1	1	0	3193	3285	3620	4090	65	72	73	82
				3	3	3	3	0	3229	3279	3623	3890	193	210	214	244
				0	0	0	0	0	3150	3209	3526	3820	69	83	78	84
				0		0	0	0	3186	3260	3613	4160	133	150	152	183
				0		0	0	0	3162	3254	3605	4092	246	266	294	336
				0		0	0	0	3105	3175	3517	3710	162	174	191	207
				0		0	0	0	3157	3197	3532	5160	44	44	52	81
				0		0	0	0	3147	3198	3546	4100	39	41	46	55
				0	0	0	0	0	3130	3180	3545	3580	44	48	50	60
				0		0	0	0	3165	3257	3596	4095	144	169	164	187
				0		0	0	0	3177	3257	3605	3465	121	148	141	136
				0		0	0	0	3117	3214	3562	4020	181	206	214	259
					37	37	37	0		3502	3698	4155		162	162	181
				83	83	83	83	0	3187	3504	3656	4215	239	268	272	315
				48	48	48	48	0	3175	3211	3624	4095	106	109	117	129
				37	37	37	37	0	3175	3500	3618	4008	147	176	167	183
				13	13	13	13	0	3229	3600	3664	4090	320	374	361	403
				26	26	26	26	0	3238	8000	3703	5786	94	254	104	162
					4	4	4	0		3500	3688	4160	0	194	190	217

Strategic Planning for the Sustainable Development of the Hebei Hengshui Lake National Nature Reserve

DENG Xiaomei JIANG Chunbo WANG Yuhong

China Forestry Publishing House

Part I
Investigation & Assessment

Chapter 1 Introduction

This chapter introduces the location and the scope of the Hengshui Lake National Nature Reserve (the Reserve hereafter). In addition, the historical transition of the Reserve is also introduced. The background information makes the planning process more focused. It also enables the planners to develop a strategy for sustainable development of the Reserve in the context of thousands of years of its rich history.

1.1 Location and Scope of the Reserve

The Hengshui Lake National Natural Reserve is located in Hengshui City, Hebei Province. It is 10 km southwest to Taocheng district of Hengshui City, and bordered Jizhou City on the south. The National highway 106 passes along the edge of the lake.

Figure 1-1 Location of Hengshui Lake National Nature Reserve

The scope of the Reserve includes Wukai Village to the east, Dazhai Village to the west, Tiliwang Village to the south, and Fuyang River to the north. The Reserve's coordinates are between 37°31′40″N and 37°41′56″N, and between 115°27′50″~115°41′55″E. The distance between the east and west borders is 29.87 km and the distance between the north and west borders is 18.81 km. The elevation of the area ranges from 18 meters to 25 meters. The total area of the Reserve, after being adjusted in 2004, is 220.08 square kilometers.

In addition to its approved scope, Hengshui City allocates another area of 48 square kilometers at the east of the Reserve under the administration of the Reserve. All the planning and construction activities of that area are also managed by the Reserve. Therefore, the adjusted area under the Reserve's administration is 268.08 km^2.

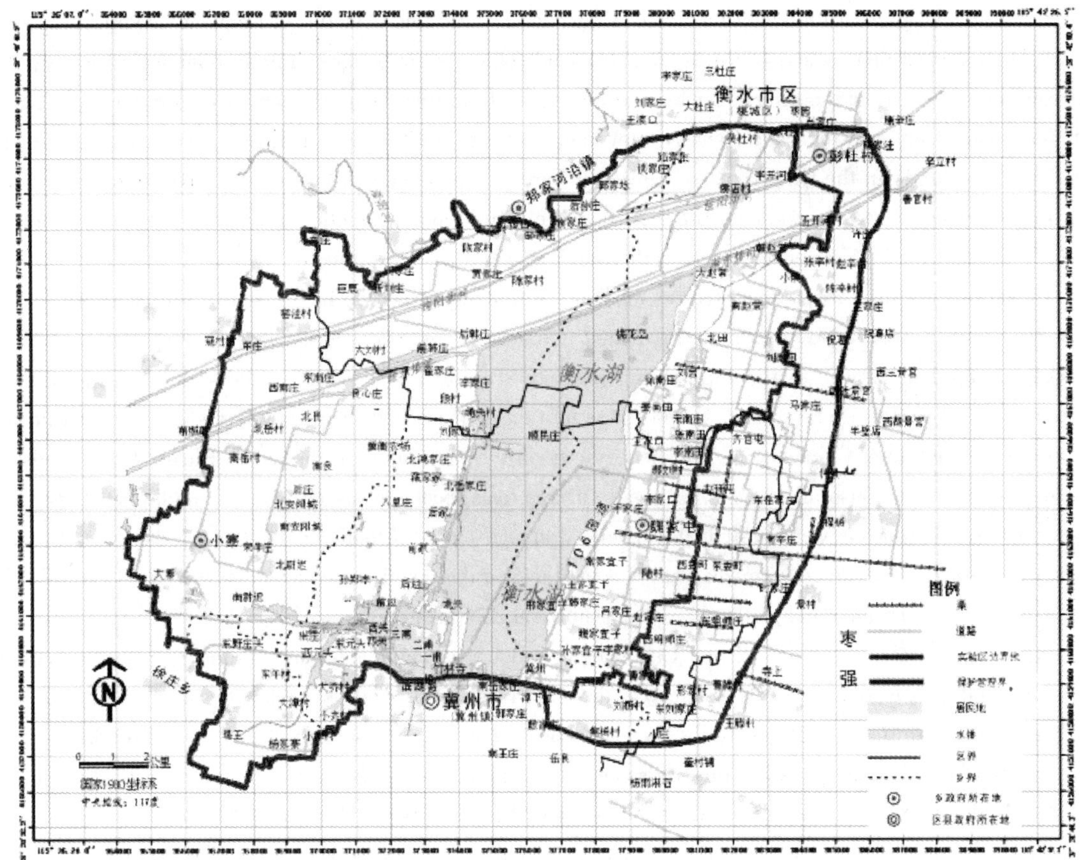

Figure 1-2 Map of the Hengshui Lake National Natural Reserve

1.2 History

1.2.1 Naturally Formed Wetland

In the past, the Hengshui Lake is also called "thousands acres of ponds", which belong to Heilong drainage basin. The lake was formed naturally by erosion of rivers from the east side of Taihang Mountain. In the history, the lake was called different names.

Based on historical records, Hengshui Lake was part of a much larger ancient lake, called Guang-e-ze. The Yellow River used to flow through here. Based on the study performed by Geology Research Center of Hebei Province, "Ancient River Maps of Heilonggang District in Hebei Plain", the length of the lake was approximately 67 km. It was then gradually filled up, leaving only three separate lakes—Ningjin, Dalu, and Hengshui Lake.

1.2.2 Transitionin Thousands of Years——from Endless Water Body to Disappearance

In the history, Hengshui Lake had been part of the watercourse of large rivers, such as Yellow River, Zhang River, and Futuo River. Here it used to be endless water body and the soil was very fertile. As a result, it became the cradle for the ancient Jizhou Civilization. The famous man-made Beijing-Hangzhou Canal also passes here. Archaeological discoveries have traced human activities in the region back to the Neolithic Period. To the south of the Lake, Jizhou City, used to be the largest cities among nine major cities in the Han Dynasty. Consequently, this place also became a hot spot in wars and had some well-known battle fields.

Since the elevation of the Hengshui Lake is very low, it became a victim of frequent flooding, especially when rivers changed their courses. During the thousands of years of its agriculturally dominated history, flood management had been the top priority for local government. In the Sui Dynasty, province governor Zhao Yi built a drainage canal here. In the Tang Dynasty, governor Li Xingli built another irrigation canal, using lake water to irrigate farm land. In the Qing Dynasty, governor Fang Minge attempted to drain the lake water by constructing a drainage canal and three sluice gates. Also in the Qing Dynasty, another governor, Wu Rulun, had successfully drained the lake water and created thousands of acres of rich farmland.

Toa certain extent, these infrastructures for flood control and irrigation had benefited the local people, who primarily relied on income from agriculture related activities. However, these infrastructures also caused the shrinkage of the lake as well as the surrounding wetland. The land reclamation process had caused the disappearance of the lake for several times. In 1948, the first mechanized collective farm owned by the government of the People's Republic of China was established exactly on the flat bottom of the drained lake. Other lands surrounding the lake were also allocated to different villages for agricultural usage. In the middle of 1950s, many water conservation projects were built in the Haihe drainage basin, which included many dams on the upper streams of the lake. Human activities had taken a final toll on the lake by disconnecting it with its natural filling rivers. After that, the lake and wetlands in Hengshui had disappeared completely.

In the long history of China, Jizhou City had thrived for its abundant water resource; however, now the glory of the city has gradually faded. Ironically, the main reason for its fall is the lack of water. Today, drought has become the main factor that constrains the economic and social development of this area. The dramatic history of Hengshui Lake may probably provide some lessons to human kinds on how to coexist with the nature.

1.2.3 Replenishing Lake Water—Another Front of Battle between Man and Nature

As a natural low land, the site where the Hengshui Lake is located serves a good place to hold water. The size of the site is approximately 20 kilometers from south to north, 6 kilometers from east to west, with a total of 120 square kilometers. The soil at the bottom of the lake is clay with low permeability. Therefore, Hengshui Lake is a good natural reservoir.

The dried-up lake made the Hengshui Lake area a center of draught, which caused tremendous difficulty on local agricultural and manufacturing industries. After the year of 1958, how to use the existing Hengshui Lake to store water had become an initiative on the Hengshui Lake area improvement. The initial purpose was to meet the water demand for agricultural irrigation, but with the rapid industrialization of the area, the momentum had shifted to meet the demand from the industry. As a matter of fact, even today agriculture does not use water from the lake directly; instead, farmers mainly use wells to pump up groundwater for irrigation. The main reason to restore the lake was the demand from the Hengshui Electricity Company. At present, a pumping station is built at the northeast corner of the lake, with a capacity of 100,000 m^3/day. The pump station is used to provide cooling water for the electricity company. Hengshui Lake at the present time has lost its capacity of being filled water from natural rivers. Although there are two canals located at the north sides of the lake, they are primarily used for storm water and sewage water drains from the nearby cities. Both the quantity and quality of water from these canals are undesirable. To ensure water supply for the electricity company, every year the company has to spend a great amount of money to divert water from major rivers, primarily from the Yellow River. After the completion of the ambitious South-to-North Water Diversion Project in China, Hengshui Lake will be able to borrow water from both East Line and Middle Line of the project. The capacity of the lake is expected to be increased.

Here is a summary of projects performed on the Lake after the founding of the People's Republic of China:

In 1958, the previous Hengshui County, which no longer exists, mobilized people to build a dike in the middle of the lake and created a lake at the east part of the lake, covering an area of around $60km^2$. The lake was for water conservation; however, its drainage facilities were not adequate. Unfortunately, the precipitation of 1960 and 1961 was very high, which made the dike bring more loss than benefit. Therefore, the dike was abandoned in the year of 1962 and the lake at the east was returned to farmland.

- In 1965, two canals were constructed, Fuyang New River and Fudong Drainage River. As previously mentioned, these canals were intended for sewage and storm water drains. Along with the two canals, a dike was built at the north side of the lake with the Dazhao sluice gate. These projects made the east part of the Hengshui lake shrink to $42.5km^2$. And approximately one third of the total area of the lake was separated from the main lake.
- In 1972, a small lake was created by a retaining dike at the southeast part of the Hengshui Lake. The lake, called Jizhou Little Lake, covers around $10.1km^2$. A sluice gate was also built along with the small lake.
- In 1973, severe drought forced people to reuse the abandoned lake at the east part of the Hengshui Lake.
- In 1974, all dikes along the lake were improved and strengthened, in order to increase the capacity of the lake. A channel was built to collect seepage water from the middle dike of the lake.
- In 1975, to mitigate the shortage of water resource in Hengshui City, water diversion gates were built along the Fuyang New River. Water during the flood season from the river was introduced to the lake. At the same year, water was also borrowed from Nanguan Big Lake of Ji County.
- In 1976, water gates were built along the Fudong Drainage River. A new canal, Jima Canal, was also constructed.
- In 1977, the west part of the lake was renovated. Three water sluice gates, Nanweichi, Wangkou, and Qianhan, were constructed. The restored lake at the west side was around $32.5km^2$. By that time, the source of water for Hengshui Lake was primarily from Fuyang New River and Fudong Drainage River. The flow capacity of the rivers varied and water quality was undesirable.
- In 1978, two culverts were constructed in Houzhuang Village, which made the Hengshui Lake directly connected to Fuyang New River, Fudong Drainage River, and Fuyang River.
- In 1985, a new Wei Yiqian water diversion system was constructed. The diversion system borrowed water from Peace Gate, passing Qingliang River at Yougu Gate and Yanhe old river course, to Hengshui Lake. The length of the diversion system was 73.8km. The design capacity of the system was $41m^3/s$ above the Yougu Gate, and $31m^3/s$ below the Yougu Gate.

From nearly 30 years of construction, the current Hengshui Lake connects to Fuyang New River and Fudong Drainage River in the north, borders the national highway 106 to the east, and connects to Jima Channel in the south. Jizhou City is located to the south of the Hengshui Lake. Dikes have been built all along the lake, with elevation ranging from 22.5 to 23 meters. The lake area is divided by the middle dike into West Lake and East Lake, which also include the Jizhou Little Lake. The three lakes are relatively independent, except for two channels connecting the east and west lake in the middle dike. Therefore, the historical nature water body has become a hydraulic engineering facility with 13 sluice gates and channels, 32.6 kilometers of dikes, a storage capacity of 0.188 billion m^3, the lake area of $75km^2$, and the average depth of water 21 meters. The facility is able to perform water diversion, storage, drainage, and irrigation. The east part of the lake is already filled with water, with the bottom elevation of 18 meters, capacity of 0.123 billion square meters, and lake area of 42.5 square kilometers (including 10.1 square kilometers from Jizhou Little Lake). There is a village inside the lake, called Shunmin Village. The west part of the lake is not filled with water yet, with the bottom elevation of 19 meter, storage capacity of 0.065 billion square meters, lake area of $32.5km^2$, and 17 villages.

1.2.4 Wetland Conservation—Harmonious Coexistence between Man and Nature

In 1982, Hengshui County is upgraded to Hengshui City, which was further upgraded as a middle size city in 1996. During the urbanization process of Hengshui area, precious water from the Lake started to receive more and more attention. In 1991, the City plan had clearly made the 90 square kilometers of the lake area as a special administration zone. The purpose of the special administration zone was to preserve water resource and to develop tourism industry.

However, the main purpose at the beginning was not to preserve, but to develop. In 1986, the Hengshui Lake Development Office was established. In 1991, the Hengshui Lake Development Corporation was founded. In 1992, the Hengshui Lake Industrial Park was established, which was canceled in 1996. Then, it seemed that everything went back to the beginning point. Now, the only mark left by the development era is the three man-made islands at the northeast corner of the Lake.

After learning from the failure of establishing the industrial park, more attention was given to the ecological value of the wetland. A new strategy was developed by the city to promote harmonious coexistence between man and nature. Between the year of 1996 and 1999, the Forest Department of Henbei Province and Hengshui City proposed the "General Planning for Hengshui Lake Wetland and Bird Reserve (Province Level)". In 2000, the Hengshui Lake area was made the first provincial level nature reserve in Hebei Province. In 2003, the Hengshiu lake area was made the national natural reserve and the national tourist site. In 2005, the State Council of China had proposed a Wetland Preservation Plan, which lists Hengshui Lake as a reserve funded by the country. In the year of 2006, the Hengshui City promoted the Lake Management Department to Hengshui Lake Reserve Administration. The conservation of Hengshui Lake has now become the main focus of the local government.

Chapter 2 Investigation and Assessment of Natural and Ecological Resources of the Reserve

This chapter illustrates the investigation on the natural and ecological resources of the reserve, including its climate, soil, hydrology, water resources, and other natural conditions and resources. In addition, animals, plants, the wetland ecosystems, and other ecological resources were also introduced. This chapter also states the project objectives as well as the current conditions for sustainable development.

2.1 Evaluation of Natural Conditions and Resources

2.1.1 Geology and Topography

2.1.1.1 Geology

The Hengshui Lake National Nature Reserve is located on an alluvial plain formed in the Quaternary Period. It is near the Shijiazhuang-Julu-Hengshui Fault. During the Holocene Epoch of the Quaternary Period, Yellow River, Zhang River, and Futuo River had flown through the Lake. The old Yellow River was divided into two folks at the southeast of the Lake; while the old Zhang River was divided into two folks at the southwest of the Lake. Under the complicated interaction of erosion, deposition, and lake expansion and shrinkage, the soils in this area show both the characteristics of lake deposits and river deposits. The depth of deposition in Holocene Epoch is around 20 meters. The soils in the lake area are primarily dark clay, light clay, yellow silt, and fine silt, which are deposited in layers. The soil at the bottom and bank of lake is primarily clay, with very low permeability, which makes the lake a natural cistern.

2.1.1.2 Topography

The Reserve is located at the north of Jinan Plain. The west side of the lake is at the tip of the alluvial fan of Futuo River. The east side of the lake was the ancient Yellow River. The lake basin is a strip of depression. With an average elevation of 18 meter, the lake basin is lower than the surrounding plain by 4 to 5 meters. The lake is divided into two parts by man-made dikes. The west part has not been filled with water yet. The bank elevation of the west side is 23 meters, while the elevation is 22.5 meters for the east side. The bank slope is steep. The bottom of the lake is slightly sloped. The average depth of the east lake is 18 meters, while the average depth of the west lake is 19 meters. There are three low depressions at the bottom of the east lake, one from Jizhou Nanguan to Dazhou Sluice Gate, the other two located in the middle west of Jizhou Small Lake. There are 5 islands and 19 islets around the middle dike. The size of the islets ranges from 40,000 to 180,000 square meters; and their elevations range from 22 meters to 22.5 meters. Some villages are located on these island and islets. The topographic map of the Lake is shown in Figure 2-1.

2.1.2 Climate

The climate of the region is typically continental, mild and moderately dry. There are four distinct seasons. The springs and autumns are very short. The weather conditions change frequently in the spring, normally very dry with high wind. In the summer time, the weather is hot and humid. Precipitation primarily concentrates in the summer months. In the fall and winter, the climate is dry. There are frequent north winds in the winter time.

2.1.2.1 Sunshine

The average annual sunshine for the Reserve is about 2642.8 hours, or around 60%. The highest number

衡水保护区地图

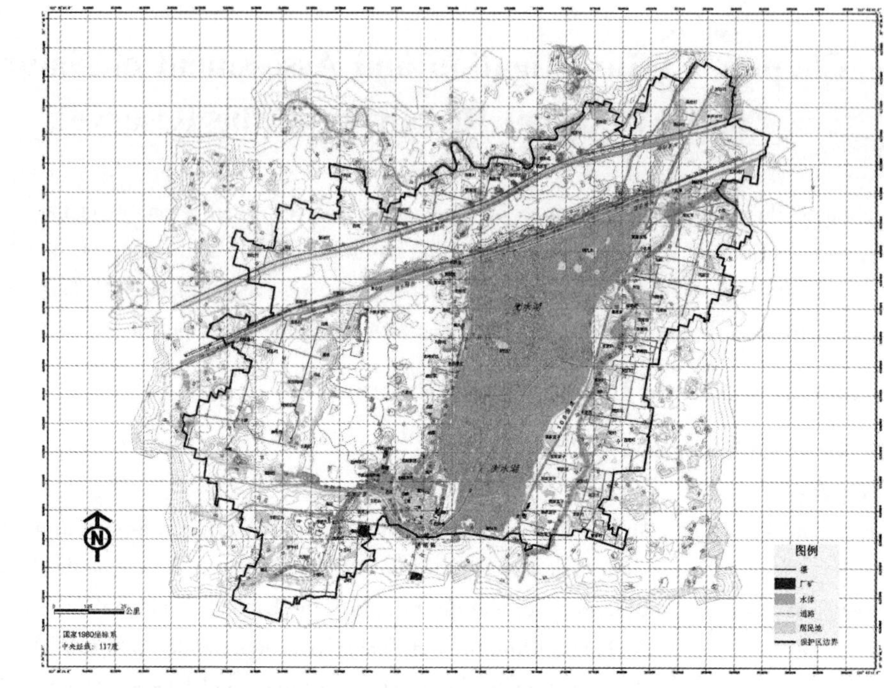

Figure 2-1 Topography of the Hengshui Lake National Nature Reserve

of sun exposure occurs in May, around 283.9 hours. The lowest number of sun exposure occurs in December, only 177.1 hours. Abundant sun exposure facilitates the growth of crops from March to October, during which the average sunshine is above 220 every month.

2.1.2.2 Temperature

The average temperature of the area is 13.0℃. The hottest month is July with an average high temperature of 37.3℃. The highest temperature is 42.7℃. Inter-annual variation is between 36.5℃ ~ 42.7℃. The percent of years of the last 27 years in which the highest temperature is greater than or equal to 40.0℃ is 33%, on average once every 3 years. The percent of years of the last 27 years in which the highest temperature is between 38 ~ 39℃ is 48%, approximately once every two years. The percent of years of the last 27 years in which the highest temperature is less than or equal to 37.9℃ is 22%, approximately once every five years. The coldest month is in January with an average low temperature of −15.3℃. The lowest temperature was −23.0℃. Inter-annual variation is between −11.7 ~ −23.0℃. The percent of years of the last 27 years in which the lowest temperature is lower than or equal to −20.0℃ is 26%, on average once every 4 years. The percent of years of the last 27 years in which the lowest temperature is between −18 ~ −19.9℃ is 19%.

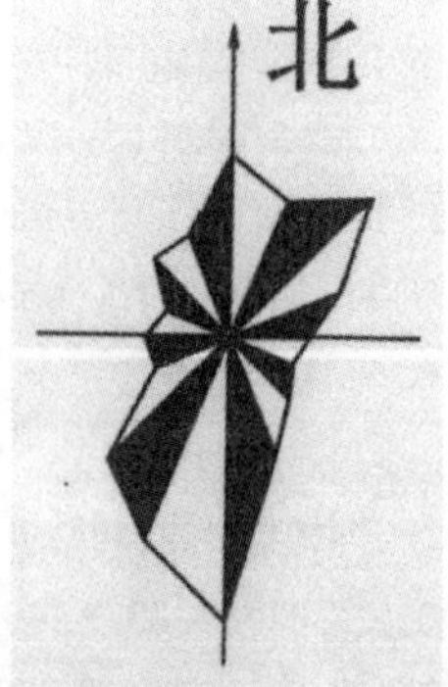

Figure 2-2 Hengshui Wind Rose Map

2.1.2.3 Direction and Strength of Wind

The wind direction of the are is primarily from southwest. The average wind velocity for Hengshui City is 2.5 m/s, and 3.4 m/s for Jizhou City. It is the windy season from March to June every year. The maximum wind velocity recorded was 28 m/s, northwest. The reserve is in a typical continental monsoon climate. In the winter, the Mongolian cold high-pressure causes prevailing northerly winds, cold and dry. In the spring, the India and the Pacific low pressure strengthens the growing influence of high pressure, which brings clear weather and the quickly rising temperature. The warm airflow is not very strong and with scarce rainfall. In the summer, the reserve is often affected by the Pacific high-pressure, which brings hot and humid weather. The rainfall is primarily concentrated during this time of the year. In the fall, Mongolia high-pressure air mass re-emerges; and the Pacific high pressure moves south at the same time. Consequently, the temperature and wind speed decreases and clear skies are formed.

2.1.2.4 Precipitation and Evaporation

The annual average precipitation of the area is 518.9 mm. The amount of rainfall varies, unevenly distributed in time and space. The largest amount of rainfall was in 1964, which was 892.8 mm; and the lowest was in 1997, 231.3 mm. The largest inter-annual variation is 661.5 mm. Annual rainfalls concentrate between June and August, accounting for 68% of the total precipitation. In addition, rainfalls in July and August account for about 56% of the annual precipitation. Thunderstorms are very usual at this time of the year. From June to August, the average number of average rainfall days is 30. The largest winter snow was 16 cm (March 2, 1971).

Evaporation of the area ranges between 1295.7mm and 2621.4 mm. The average annual evaporation is 2201.9 mm. From 1968 to 1993, there were 6 years in which the evaporation is higher than the average one, while 18 years below the average. Evaporation in June is the highest, up to 342.9 mm. Evaporation in December is the lowest, only 44.9 mm.

Table 2-1 Monthly Rainfall Information (mm)

Month	Average	Maximum		Minimum		Daily Intense Rainfall		
		Amount	Year	Amount	Year	Amount	Year	Day
Jan.	2.6	19.2	1964	0.0	1994 1999	10.6	1973	23
Feb.	6.2	25.9	1976	0.0	1996 1999	12.2	1979	22
Mar.	11.9	55.9	1990	0.0	1974 1975	12.7	1961	18
Apr.	16.6	203.6	1964	0.0	1960	85.4	1964	19
May	31.4	156.3	1977	1.2	1957	96.4	1968	19
Jun.	72.1	173.6	1971	7.6	1968	121.8	1981	20
Jul.	158.1	361.4	1969	8.7	1980	183.2	1969	28
Aug.	114.0	371.1	1963	21.8	1997	195.7	1987	26
Sep.	42.7	138.3	1983	0.5	1957	77.3	1983	1
Oct.	27.2	76.9	1961	0.2	1967	46.0	1983	17
Nov.	10.6	62.6	1993	0.3	1975	26.4	1965	1
Dec.	4.2	16.2	1974	0.0	1999 2000	10.3	1979	18
Year	518.9	892.8	1964	231.3	1997	195.7	1987	26/8

2.1.3 Soils

The primary soil types in Hengshui Lake Natural Reserve are river sediment, sand, loam, and clay. Soils in the lake and eastern part are mainly loam and light loam. Soils in the middle dike and western part are primarily light loam and silt. Soils of the embankment are primarily clay. Soils in the reserve can be summarized into two types: moisture soil and saline soil. East bank of the lake has primarily Chao soil with light loamy texture, with a small amount of salinized soil. The west bank of the Lake has primarily Chao soil with light sandy texture, also with a small amount of salinized soil. Chao soil is the predominant type of soil in the Reserve, formed by the silt carried by the ancient Yellow River. The color of the soil is brown, with distinguishable deposition layers. In addition, the groundwater was also directly involved in the formation of soils, which contributes to the gleying process of soil. The organic content of soils in the lake region belongs to class Ⅱ (0.7%~1.0%), with a small amount belonging to Ⅳ category.

2.1.4 Hydrology and Water Resource

2.1.4.1 Hengshui Lake

Hengshui Lake area is the main water body of the region, with an area of $75km^2$, which accounts for 40% of the total protected area. The lake is divided into the East Lake, West Lake and Jizhou Small Lake. The area also includes some dispersed small water bodies left by the rivers that had changed their courses or by floods.

Although the Hengshui Lake Natural Reserve is located in the dry northern plain of China, according to the historical records, Hengshui Lake had never been dried up for 2000 years since it was originated in 602 BC. However, with the global climate change, the area's annual precipitation becomes far below evaporation. There are also various hydraulic facilities constructed upstream. The Lake has basically lost its ability to be filled naturally; instead, now it is primarily filled by water diversion. The designed water level of the Lake is 21 meter, with a storage capacity of 188 million m^3. Since 1994 – 2000, the actual total water storage is 663 million m^3, with the average annual storage of 95 million m^3. After the Yangtze River Water Diversion project is completed, it is expected that the water level will reach 23.2 meters, reaching its largest water storage capacity of 314 million m^3.

Hengshui Lake is separated by the middle dike into East Lake and West Lake. West Lake has not stored water yet. Hengshui Electricity plant uses East Lake as the cooling water storage reservoir. At present, the East Lake is the main water body.

2.1.4.2 Rivers

The rivers in the area belong to Haihe River system and Ziya River subsystem. There are three rivers at the north side of the Reserve—Fuyang River, Fuyang New River, and Fudong Drainage River. These rivers flow from the west to east and connect the Lake through sluice gates. Fuyang River is the only natural river near the Lake, with a watershed area of 1442000 hm^2. Fuyang New River is an excavated channel parallel to the Fuyang River, constructed to accept spillage from Fuyang River in the event of flood, with a flood drainage capacity of 6700 m^3/s. Fudong Drainage River was formed during the construction of Fuyang New River, when constructors borrowed soils to build the south bank of Fuyang New River. The river basin covers an area of 250000 hm^2. There are other rivers and channels located at the East and South of the Reserve, which includes the excavated Jima Channel, Jinan Channel, and Weiqian Channel as well as the leftover watercourse of Salt River after it changed its course. Jima and Weiqian Channels are the important channels for the lake. Weiqian Channel diverts water to the main East Lake, whereas the Jima Channel primarily diverts water to the smaller lake, except for diverting water to the main lake in 2005. The old course of Salt River is from South to North, partially utilized by the Weiqian Channel.

2.1.4.3 Ground Surface Water Resource

The surface water resource comes from precipitation and borrowed water. The average annual precipitation in the area is around 518.9 m, while the average evaporation is around 2201.9 m. Since the evaporation far exceeds the precipitation, the weather is dry and cannot fill the lake naturally. Therefore, the water in Hengshui Lake primarily comes from rivers from the upper streams and the borrowed water.

(1) Water from Rivers Since the climate is dry, the flows from Fuyang River, Fuyang New River, and Fudong Drainage River are not sufficient. Furthermore, these river shave been heavily polluted by factories. Therefore, they are generally precluded by sluice gates from flowing directly into the Lake. Currently, the water from the lake is mainly borrowed from excavated channels. Since the implementation of the "Using Yellow River to Assist Hebei" project, the Lake starts to accept Yellow River and the water gates for Fuyang New River and Fudong Drainage River are almost closed. However, the Jizhou Small Lake still accepts water from these rivers and, as a consequence, its pollution level is high. Since the Jizhou Small Lake is not connected to the main lake, the water quality in the main lake is not affected.

(2) Water Diversion There are two lines to divert water into the Lake—the east and the west. Water is diverted through the Weiqian Channel and Jima Channel. The sources of the water are:

i. Yellow River. The "Using Yellow River to Assist Hebei" project was a state funded project to divert water from Yellow River to alleviate draught in Xingtai, Hengshui, and Cangzhou District of Hebei Province. From 1994 to 2003, a total of 379 million m^3 of water had been borrowed from the Yellow River. The water that is introduced into Hengshui Lake originates from the Yellow River and flows through Weiqian Channel. The quality of water is relatively good. It is the most important water source for the Lake.

ii. Yue City Reservoir. The water is diverted from Yue City Reservoir, flowing though Beigan Channel, Tuanjie Channel, Zhizhang Channel, Laozhang Channel, Fudong Drainage River, and Jima Channel to the Lake. The water was originally diverted to Tianjin City. However, the operation has been stopped since 2005. On that year, the water flew into Hengshui Lake instead. The quality of water is very good.

iii. Gangnan and Huangbizhuang Reservoirs. The water is diverted from Gangnan and Huangbizhuang Reservoirs, flowing through Shijin Channel, Junqi Channel, Fuyang River, and Jima Channel to the Lake. The diversion has stopped since the Lake started to borrow water from the Yellow River.

iv. Yangtze River. After the completion of the South-to-North Water Diversion Project, each year 314 million m^3 of water can be introduced into the Lake. Hengshui Lake will serve as one of the five major reservoirs for the Ease Line of the project. Based on the project requirement, the wetland area will reach to 7500 hm^2; and the increased lake area will be 3300 hm^2. By that time, there should be sufficient water source for the Lake.

Although Hengshui Lake can no longer be replenished naturally, its location in the central Huabei Plain and surrounding rivers and channels make it possible to sustain by water diversion. However, the concern for the practice is high cost. The reason that the Lake can still get water every year is because the need from the Hengshui Electric Power Company.

In summary, despite the dry climate, there is still potential for the Lake to obtain surface water resources. It is a pity that free water sources from local rivers cannot be used due to heavy pollution: Even the water diversion faces the danger of pollution in channels. Therefore, the key to the management of surface water is the protection of local water resources, not only through water conservation, but through pollution control. The current condition of surface water in Hebei Province is that "every river is dry; every river is polluted." The water pollution problem is a widespread problem, not only the Lake area. The government needs to have an effective and systematic solution to this problem.

2.1.4.4 Aquifer

At present, aquifer is the major water resource to support the social and economical development of Hengshui City. Depending on the depth of the aquifers, they can be divided into four categories.

Category one. The depth of the aquifer is around 50 to 60 meters, including both unconfined and slightly confined aquifers. The medium of the aquifer is primarily fine sand. The aquifer is located along Fuyang River and Suolu River. The yield of a well is from 1 m^3/h. m to 5 m^3/h. m.

Category two. The depth of the aquifer is from 160 to 173 meters. It is confined aquifer. The medium of the aquifer is primarily fine sand. The aquifer is located from south-west to north east. The yield of a well is from 10 m^3/h. m to 20 m^3/h. m. The mineral content is less than 2g/L.

Category three. The depth of the aquifer is from 350 to 365 meters. It is confined aquifer. The medium of the aquifer is rock or sand. The yield of a well is from 10 m^3/h. m to 20 m^3/h. m. The mineral content is less than 2g/L.

Category four. The depth of the aquifer is from 440 to 480 meters. It is confined aquifer. The medium of the aquifer is sand and fine sand. The yield of a well is from 2. 5 m^3/h. m to 15 m^3/h. m. The mineral content is less than 1g/L.

Salt water is sparsely distributed between 160 and 240meters, above which it is fresh water. There is also fresh water beneath the salt water, but it should not be counted due to the difficulty in extraction. The total estimated underground water resource is around 618 million square meters, with useable water around 491 millions. With the rapid urbanization of Hengshui City, fresh water from Category two, three, and four has been frequently used. Over extraction has caused depression of ground, invasion of salt water, and the groundwater funnels. The groundwater level has lowered from 2. 99 meter in 1968 to 71. 78 meters. Therefore, over exploration of groundwater is a serious problem.

2. 1. 4. 5 Geothermal Resource

This area belongs to a wider area in the North China Plain that has low to medium temperature geothermal resource. The temperature gradient of the North China Plain is shown in Figure 2 – 3. It may have high temperature geothermal resources, as seen in some areas in North China. However, there is no detailed investigation on geothermal resources in this particular area. Based on a large scale survey in the North China Plain, the temperature gradient is around 3 to 4℃ /100m. Based on the geology investigation report in the Hengshui Lake

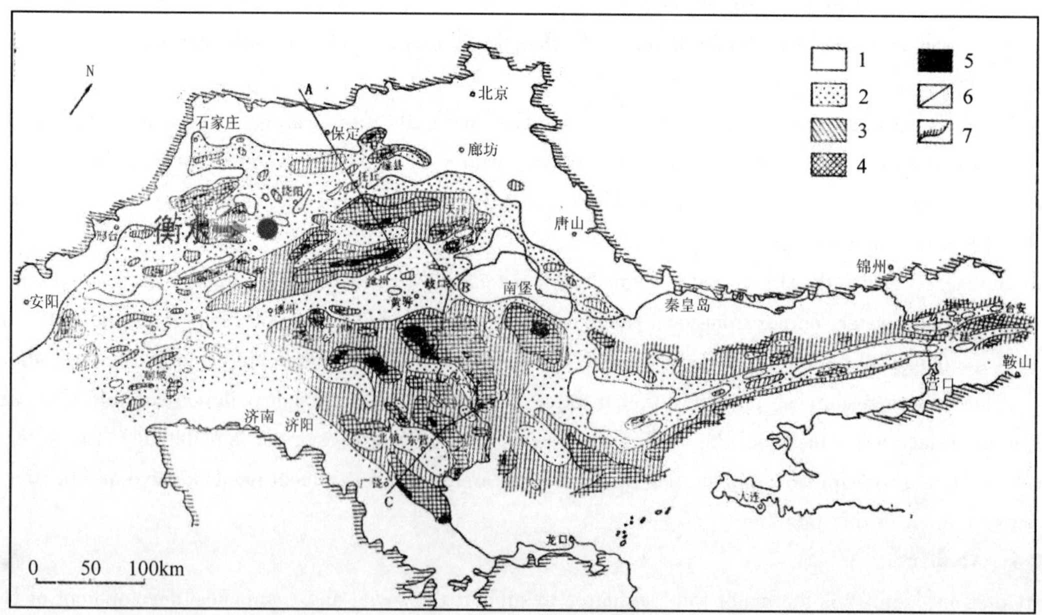

Figure 2-3 Temperature Gradient of North China Plain(Moxiang, Chen,1988)

city, an exploration well in the depth of 1600 meters yielded water 80 square meters per hour, with temperature of 59℃. Another well yields water in 1000 meters, with temperature of 59℃ and high mineral contents.

If the geothermal resource can be used in the area, it will greatly promote the tourism and the related industries. However, attention should be paid to the following potential problems:

- Since the geothermal resource is very limited and located under the deep ground, the supply is confined. Over utilization can easily cause the depletion of the resource.
- The mineral contents are normally high from the geothermal wells in North China Plain. Some layers even contain harmful elements such as fluorine, mercury, and arsenic, etc. The water can only be used after strict testing. If the quality of water is not ideal, waste water from geothermal wells may cause pollution to the surrounding environment.

2.1.5 Assessment

The Hengshui Lake Natural Reserve is located in the arid North China Plain. The ground is very level and the soils tend to be more saline and alkaline. From the perspective of people's need as well as the natural environment, the most precious asset of the area is the Hengshui Lake. The water resource consists of surface water, ground water, and geothermal resources. Since the ground water has already been over extracted, its use should not be continued in the future. Instead, measures may be taken to refill the ground water to avoid groundwater funnels and the related geological risks. The geothermal resource has the potential of being explored, but more investigation is needed. Therefore, for the Hengshui Lake area, the most realistic solution is protection and utilization of surface water. This may become more important after it serves its role of the reservoir for the China's South to North Water Diversion Project. Additionally, it is the important resource for many species of birds and wetland creatures. It also serves as a rare wetland scenic spots for northern Chinese people. Water is the ultimate resource in the region and has special meanings for the Reserve.

2.2 Ecological Resource and Evaluation

Hengshui Lake is a natural depression with a total area of 75 km^2. Although the north embankment, the middle embankment, and the small embankment separate the lake, the water body in the East Lake has reached an area of 10 km^2. It has become the single largest wetland in North China Plain. As the lake is located on the transition zone from East Taihang Mountain Plain and the Coastal Plain, Hengshui wetland has rich wetland vegetation. Hengshui Lake has become the intersection of routes for many migratory birds. The biological diversity and integrity of its fresh water wetland ecosystem is typical and representative in north China. Study has showed that the Hengshui Lake area is the only area that comprises of meadow, marsh, beach, water, woodland and other types of wetland habitats of the inland freshwater wetland ecosystem in the dry North China Plain.

2.2.1 Plant Resource

2.2.1.1 Vegetation Types and Distribution

According to "China vegetation" zoning, "Hebei Hengshui Lake Reserve Scientific Investigation Report", and the other supplementary surveys, different vegetation types have been recorded. These plants belong to 75 families, 239 genesis, and 383 species.

Aquatic plants grow well in the region. The commonly seen large aquatic plants belong to 27 genesis and 37 species. Other type phytoplankton belongs to 201 Species. The most advantaged plants are the world widespread species, followed by the temperate species. Plants in the area represent a significant inter-band phenomenon. In different vegetation zones, same species compose similar communities, with the notable features of hidden domain.

The plants in the land are typical for temperate climate zone, which also includes the world widespread species and some tropical species. The dominant land plants are herbal types, with notable features of the temperate climate zone. The reserve also has a few varieties of deciduous trees, such as Tamaricaceae Tamarix, willow, legumes Yanghuai, and a small number of other species.

The component of the forest is relatively simple, consisting of the tree layer, the shrub layer, and the herbaceous layer. It is rare to find vine plants and epiphytes, but understory shrubs and herbs are very common.

2.2.1.2 The Dominant Species

The predominant plant communities in the Reserve are reed community, cattail community, and lotus community for aquatic vegetation and tamarix community, seepweed community, and roe mao community for the salinized region.

2.2.1.3 Protected Species

At present, due to limited research, the only protected plant species identified in the Reserve is the tea plant turbot (Trapella Sinensis). However, its geographical distribution remains to be further identified. It was unclear if any plant is on the list of protected plant species in China.

2.2.1.4 Crop Varieties Suitable for Agriculture and Forestry

Based on the soil conditions and climate of the reserve, the main crop varieties suitable for agriculture and forestry are:

(1) Crops: wheat, corn, cotton, peanuts, sweet potato;

(2) Economic fruit trees: apple, pear, peach, date;

(3) Economic aquatic plants: reed, cattail, lotus

2.2.2 Animal Resources

2.2.2.1 Observed Species

There are 549 kinds of animals being identified in the area, including:

(1) Birds: There are 296 species, belonging to 17 orders and 47 families. This includes 31 species of resident birds, 88 species of summer migratory birds, 37 species of winter migratory birds, 140 species of brigade birds. Categorized by geographical area, there are 197 the ancient North species, 23 Asian species, 66 widespread species.

(2) Fish: There are 26 species, belonging to 7 orders, 13 families, and 24 genuses. The common types of fish are johnny carp, silver carp, carp, catfish, and grass carp.

(3) Mammals: There are 17 species, belonging to 5 orders and 13 families. Most of these are small to middle size mammals.

(4) Amphibious reptiles: There are 20 species.

(5) Insects: There are 194 species, belonging to 12 orders and 76 families.

(6) Zooplankton: There are 174 species, belonging to 3 phylum, 5 classes, 18 orders, and 90genuses.

(7) Benthic: There are 23 species, belonging to 3 phylum, 4 classes, 8 orders, and 20 genuses.

2.2.2.2 Representative Species

The mild climate in the Hengshui Lake Nature Reserve, combined with a large water body and rich wetlands, makes prospering of a variety of fish, invertebrates and a large number of aquatic plants. This provides plenty of food for birds. Therefore, the large population of many kinds of water birds makes them the regional representative fauna. Especially for the wild ducks category, curlew snipe category, and the gulls, tens of thousands of them flying and gathering here during spring and autumn migration season. A survey has identified that there are 152 species of birds in the reserve, which is 53.1 percent for the region. There are many precious and rare birds. Some of them belong to endangered species. There are 40 species of birds belonging to the special protection list of China, which accounting for 83.3 percent of protected birds for the Reserve. This number reveals the importance of bird community for the Reserve and that of wetland. According to the ecological habits of birds, they can be divided into four different types.

(1) Swimming Birds: There are 43 species, including genuses such as bisi, pelecaniformes, anseriformes, and the gull, etc.

(2) Wading Birds: There are 68 species, including genuses such as ciconiiformes, gruiformes, charadriiformes, etc.

(3) Birding living nearby marshes, wetlands, reed, and shrub: There are 16 species, including genuses such as coraciiformes, passeriformes, etc.

(4) Preying Birds: There are 25 species, primarily the genus of falconiformes that hunt near the swamps, grasslands, and water.

These birds can also be divided into 6 communities, based on their habitats and sizes of population.

2.2.2.3 Protected Species

Many species of birds in the Reserve are listed in the "List of Highly Protected Wild Animals of China." There are seven species belonging to the Category One protection list, which includes black stork, the oriental white stork and red-crowned crane, white crane, golden eagles, white shoulder eagles, breat bustard. There are 44 species belonging to the Category Two protection list, which includes large swan, little swan, the Chinese egret, white faced spoonbill and others.

According to the "Agreement to protect migratory birds and their habitats between China and Japan," there are a total of 227 species protected by the agreement. Of these 227 species, 151 are found in the Hengshui Lake Natural Reserve, accounting for 66.5%. According to the "Agreement to protect migratory birds and their habitats between China and Australia," there are a total of 81 species protected by the agreement. Forty of the 81 species have been found in the Reserve, accounting for 49.4% of the total protected species. Evidently, Hengshui Lake Nature Reserve in North China Plain is an important base for the protection of birds, protection of wetland biodiversity, and scientific studies. This lake significantly affects the species and population of birds in China.

2.2.2.4 Suitable Raised Animal Species

Based on the local climate and environmental conditions and actual field surveys, the following species have been reported to be fished and raised in the nearby villages. (sorted by the number of species being reported):

1) Aquatic species: carp, crucian carp, grass carp, silver carp, white silver carp, flower silver carp, big head fish, black fish, African carp, yellow croaker, and shrimp.

(2) Wild captured Fish: carp, shrimp, grass carp, bland fish, silver carp, white silver carp, big head fish, eel, loach, African carp, perch, frog fish, horse turtle, and hairy turtle.

(3) Local livestock and poultry: pig, cattle, sheep, chicken, and geese.

2.2.3 Wetland Ecosystems

The Hengshui Lake has a typical wetland ecosystem in the North China Plain with special characteristics.

2.2.3.1 Types of Wetlands

The wetlands in the area include shallow lake wetlands and the nearby marsh wetlands. Based on the international convention on wetland categorization, the wetlands in the areas include lake wetland, marsh wetland, river and channel wetland. The primary types of wetlands are lake wetland and marsh wetland.

(1) Lake wetland. Lake wetland constitutes the largest wetland. The area for the east side of the Lake is 42.5km^2; and that for the west side of the Lake is 32.5km^2. The lake wetland is the main habitats for water fowls and is highly affected by human activities.

(2) Fresh water marsh wetland. The fresh water marsh wetland has the second largest area, which serves the most important ecological function of the reserve.

(3) Inland salt marsh wetland. This type of wetland is caused by salinization of some swamps.

It should be pointed out that these different types of wetlands are closely related and depend on each other. As a whole, they form the unique ecosystem in the Hengshui Lake area. The degradation of any type of wetlands will adversely impact the ecosystem and the environment.

2.2.3.2 Transition of Wetland Ecosystems and the Plants

The wetland ecosystem in the Reserve is not stable; instead, it undergoes continuous evolution and replacement. This is particularly revealed by the evolution of plant communities, since their evolutions are sensitive to the surrounding environment. There are many factors affecting the evolution, but the most important two factors are the depth of water table and saline content in soils.

Normally, if the saline content of soils is more than 3%, there only exists saline seepweed community sporadically. However, the plant will change soil conditions. On the one hand, the decomposition of dead plants adds organic contents and nutrition to the soils. On the other hand, the plants improve the coverage of soils, reduce evaporation from soils, and retard the process of underground saline content moving to the surface. Additionally, the reduction of soil erosion raises the ground and makes underground water level relatively low. All these processed contribute to the improvement of local environment. As a result, separate Chinese tamarisk plants gradually develop to a tamarisk community; separate Chinese Aeluropus plants that live with seepweed gradually replace seepweed plants. At the land depressions, separate reed plants accompanying with seepweed gradually develops into a reed community, tamarisk community, or aeluropus community. Through the continuous process of salt absorption and fertilization of soils by these newly formed communities, new communities appear such as wormwood, green foxtail, and cogongrass. This process continues. Eventually, with the reduction of underground water table and washout by precipitation, the saline content in soils is significantly reduced. Some of the lands are occupied by locust trees, while others are used for agriculture purpose.

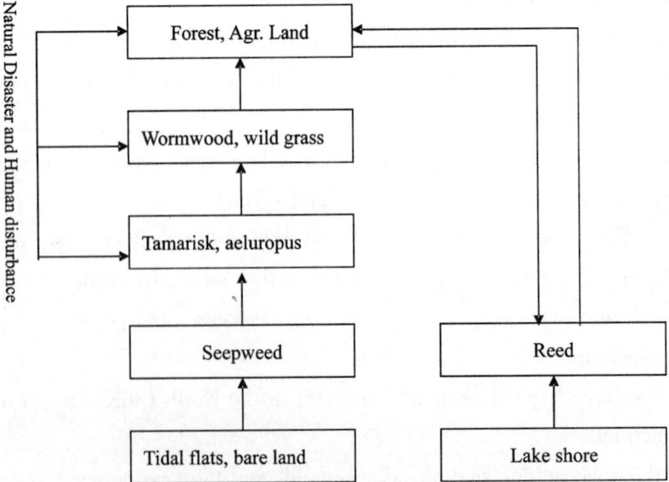

Figure 2-4 Evolution of Ecosystems

At the other end, human activities such as over-pasture, irresponsible land development, and other activities may destroy ground cover vegetations, increase evaporation, and accelerate the accumulation of saline content. This process adds saline content to soils and makes lands salinized. As a result, agricultural lands degrade to wild grass land and the evolution is reversed. These two processes are shown in Figure 2-1.

2.2.3.3 Threats Faced by Wetlands in the Region

(1) Degradation of Wetland. The ecosystem in the Reserve has been significantly improved since it started to restore water. The area has shown its rich biodiversity. However, due to the limited knowledge on local environment, the natural river systems were seriously disturbed by human activities. The areas surrounding the lake are densely populated and the agriculture activities are very intense. As a result, the land becomes less fertile. This combines with other factors such as harsher climate, loss of ground coverage, erosion, the construction of hydraulic facilities that separate the wetlands, the wetlands in the Lake area is degrading. This is revealed in the following aspects:

①The existing natural rivers and connections are replaced by built drainage systems and other hydraulic facilities. The lake and wetlands are becoming reservoirs and ponds. Natural flow of water is stopped and has shown eutrophication problem. The seasonal fluctuation of water levels of a natural wetland is no longer noticeable in this area.

②The water fluctuation zone of the lake is degrading, as shown by less ideal vegetation growth. Especially, cyperaceae growing swamps have shown some degradation, where is the main habitats for many species of birds.

③Due to the degradation of natural wetland, the evolution of the ecosystem becomes less natural.

(2) Lack of Water Resource and Environmental Deterioration of the Region. Although the Hengshui Lake has the capacity of storing water, the arid climate of the region causes the lack of adequate water resource. Several factors aggravate this problem. First, there are several dams built on the upper streams of rivers. Secondly, the water usage of the area has been increased. Thirdly, the water resource has been disturbed by human activities. As a result, the water from upper stream is decreasing by both quantity and quality, which further causes the eutrophication of lake water. Reed and cattail grow too rapidly. The lake tends to become a swamp. Water from rain reasons adds less value to the system due to high silt content and pollution.

On the other hand, the water demand of the nearby city is increasing. The over extraction of underground water has forced the Hengshui City to change its water resource strategy. Therefore, in the future, the Hengshui Lake will serve the function of water reservoir, which may contradict its role in wetland ecosystem. If this problem cannot be solved, the existing ecosystem may be damaged.

(3) Disturbance of Human Activities. Since Hengshui lake wetland relies on water diversion, the disturbance by human activities are unavoidable. Appropriate human influences may sustain or even restore the wetland ecosystem; however, irresponsible activities may bring serious consequences. The main problems caused by human activities include:

①Normal Cycles of Wetland Affected by Counter Season Water Diversion. The biggest challenge faced by the Reserve is the segregation of natural water bodies by dams and embankment, and consequently, the loss of self sustainability and capacity of self adjustment by the lake. The effort of using water diversion to sustain the wetland ecosystem has often been reduced by counter season water diversion. This disturbs the normal growing cycles of the ecosystem, particularly the vegetation. For example, the introduction of water from Yellow river washes out reeds plants with their frozen roots, which causes massive destruction of reed plants. In the spring and summer time, the decomposition of reeds causes the generation of a great quantity of methane gas, which further poisons fish and shrimp in the lake. Due to the neglect of the cycling nature of wetland, the restoration effort had caused negative results.

②Segregation of Ecosystem by Human Activities. Vegetation in the Hengshui Lake area has been heavily influenced by logging and agriculture activities. In many areas, the naturally formed plant systems do not exist. Human activities has caused the segregation of ecosystems and reduced its biodiversity. This constraints its role as a habit and rest stations for a variety of birds. It is estimated the loss of bird's population because of segregation is around 19.65%.

At present, the Reserve has started to plant a great amount of trees to restore and improve the environment. However, this effort does not have scientific planning and directions. For example, it causes the introduction of invasive trees such as staghorn sumac. Additionally, when planting trees, big holes are normally dug. This destructs the ground cover vegetation. Therefore, the restoration of vegetation should be thoroughly planned and implemented.

③Inappropriate Use of Land. The Reserve primarily consists of Hengshui Lake and the surrounding rural villages. Based on the remote sensing, land documents, field survey, and characteristics of vegetation, the land use has been divided into seven categories—village, town, agricultural land, water body, reed land, and forest. These different categories are shown in Table 2-2.

Table 2-2 Categories of Land Use and their Distributions

Category	Area(m^2)	Percent(%)	Description
Villages	17,300,900	7.81	
Towns	985,700	4.45	Including factories
Bare land	13,133,700	5.93	Including uncultivated agricultural land, road, and undeveloped land
Agriculture land	121,208,800	54.73	Including agriculture lands for cotton, corn, wheat, and orchard, etc.
Water body	32,117,600	14.5	
Reed land	34,209,400	15.4	Including 11.36 square kilometer of reed growth place in water
Forest	2,500,800	1.12	
Total	221,456,900		

The histogram of land use distribution is shown in Figure 2-5.

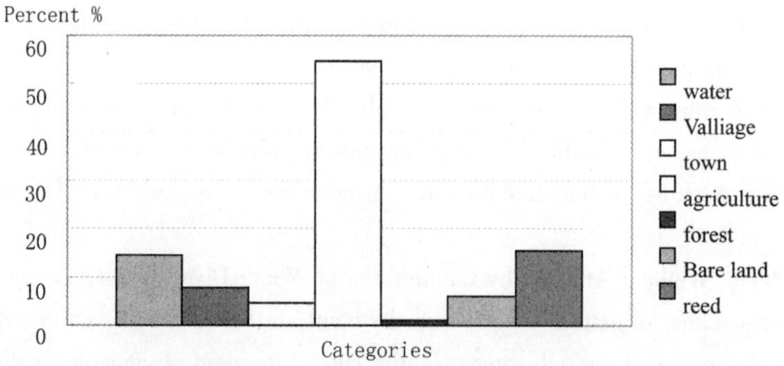

Figure 2-5 Histogram of Land Distribution

From the distribution of land types, one can see that the areas covered by water body and forest are still relatively low, while that covered by the agricultural land is relatively high. Therefore, more agricultural land should be changed to forest land or wetland. More trees should be planted. And the traditional agricultural practices should be improved to increase the organic content in soils. Bare land should be effectively managed to restore vegetation. More habitats should be created for birds and other wild animals.

(4) Invasion of Foreign Species. Water diversion makes it easier for foreign species to invade the wetland. Diverse foreign species can be introduced to the Lake from different water resources; therefore, a close monitoring is recommended. Foreign species may cause disaster for local ecosystem. For example, the rapid increase of cattail in the lake within the recent several years has caused the shrinkage of reed. Many planted staghorn sumac trees have strong ability to adapt the local environment and may become the dominant species. Their growth should be closely monitored. Another invaded plant is the yellow top [Flaveria bidentis(L.) Kuntze]. The Reserve had organized local people to annihilate the plant. It was effective in controlling the spread of the plant; however, its thread has not been eradicated. Expert Zhang Runzhi from Chinese Science Academy had proposed four measures to control invaded species: alarming, controlling access, containing and annihilating, and protection by law. It is recommended that foreign species should not be introduced solely for their economic values, before their impact on ecosystem is fully assessed.

In summary, the Hengshui Lake in its current form has maintained its biodiversity and created habitats for many species of birds. However, agricultural operations have continued around the Lake for thousands of years. Especially, after the establishment of the People's Republic of China, there are many hydraulic facilitiesconstructed in and around the lake areas. Currently, there are so many dams, embankments, drainage channels. Straight man-made channels replaced natural winding streams. With the disruption of human activities, the fertility of land is reduced. This, combining with other factors such as bad climate, hydrology, less ground cover, soil conditions, fragile ecosystem, has weakened the capability of the Reserve to self sustain and rehabilitate.

2.2.4 Evaluation

The Hengshui Lake Natural Reserve is primarily a protected wetland area. The ecosystem shows the characteristics of inland wetland in North China Plain.

2.2.4.1 Uniqueness of the Wetland

Hengshui Lake wetland is located in North China Plain. It was created by both nature and human activities. Comparing to wetlands in other areas, it is less diverse and complicated. It is a typical wetland in China where the wetland ecosystem is not fully developed. The North China Plain is arid and lack of adequate water resource. There is also a long history of human activities in the land. Therefore, it is not an ideal place for the formation and development of a wetland. From the distribution of wetlands in China, wetlands in North China Plain do not belong to eight main places that host wetlands. The wetlands in North China Plain are very rare; therefore, this makes the Hengshui Lake a more precious place.

2.2.4.2 Biodiversity

The Hengshui Lake Natural Reserve is located in the Warm temperate continental monsoon climate zone. It has a relatively large water body and rich wetland that provide habitats for a variety of species. These species are very diverse. A large quantity of rare bird species can be found in Reserve. There are many species of birds listed in the "List of Highly Protected Wild Animals of China," "Agreement to protect migratory birds and their habitats between China and Japan," "Agreement to protect migratory birds and their habitats between China and Australia." Besides this, a significant amount of common cranes (Grus grus) stay in the Reserve every year. It was recorded that the number was around 2000, accounting for 10% of it whole population in China. Based on the international convention on defining importance level of wetland, ramsar sites, a wetland is significant if the hosting species is above 1% of population. The Hengshui lake far exceeds the significance level. As an important habitat and rest place for migratory birds in the eastern Eurasian continent, Hengshui lake's function cannot be overestimated. It supports biodiversity in an international scale.

Although the current Hengshui Lake wetland is restored by human effort, not by nature, receiving water relatively easily in the dry North China Plain is its main advantage for sustainability. Particularly, as the completion of the South to North Water Diversion project in China, water resource will be guaranteed in a long term. It is expected that the wetland will be further rehabilitated and biodiversity will be further enriched.

2.2.4.3 Fragility of Ecosystem

The precondition for Hengshui Lake to serve as a wetland is the availability of water resource, which is currently supported by water diversion. Agricultural operations have heavily changed the original geographical features of the Lake. Especially, since the establishment of the People's Republic of China, there are so many dams, embankments, drainage channels constructed. Straight man-made channels replaced natural winding streams. With the disruption of human activities, the fertility of land is reduced. This, combining with other factors such as bad climate, hydrology, less ground cover, soil conditions, fragile ecosystem, has weakened the capability of the Reserve to sustain the ecosystem by nature.

2.2.4.4 Ecological Importance for the Region

The ecological importance of the Lake is not only to support wild animals, but also to improve the ecological and environmental quality of a much larger region surrounding the Lake. It may be particularly meaningful for a relatively arid region. The Lake has important values for social and economical development of the region as well as for the quality of life of people who live there. Its value is shown in the following areas:

(1) Water conservation. The wetland has the capacity of conserving water. When it floods, it controls erosion and stores water, which can be later used for industrial, agricultural, and household purpose. At present, the water from the Lake is primarily used for industrial purpose. In the near future, it will be used for potable water.

(2) Replenishing groundwater. Due to the over extraction of underground water in Hengshui City, a big water funnel has been formed underground, which further causes ground settlement. The geological feature of the Hengshui Lake wetland is complicated, seepage from wetland is an important source to refill underground water. At the same time, the use of surface water will reduce the pressure of extracting underground water. Therefore, the underground water resource will be improved.

(3) Hub for Water Diversion and Storage. The north side of the Lake is adjacent to one of the major flood zones in Hebei Province. The flood zone is connected to the lake by channels. Additionally, the Lake connects to other rivers in the region. In case of heavy rainfall and flooding, the Lake can be used to store water and mitigate the flooding thread for the downstream. Hengshui Lake is also planned as a reservoir for the South to North Water Diversion project in China. Two water diversion lines from the remote south, Yangtze River, will pass the area. The existing water diversion project, Yellow River to Hebei Province, has already alleviated water shortage in a larger area including Xingtai, Hengshui, Cangzhou, and Tianjin. After the completion of the South to North Water Diversion project in China, Hengshui Lake will provide water for Beijing, Tianjin, and downstream areas of Yellow River. It has particular importance for the ecology, environment, and economical development of Hebei Province as well as the wider North China Plain.

(4) Improve microclimate. Evaporation from Hengshui Lake will become precipitation for the surrounding regions. This has made Hengshui City a rare place in the North China Plain with a relatively humid climate comparing to the rest. This has improved the living conditions for the local residents.

(5) Clean the Environment and Improve Water Quality and Soil Condition. Pollutants entering the water system often exist on small solid particles. The slow flowing speed of water in Hengshui Lake wetland facilitates the sedimentation of these particles. The aquatic plants in wetland can also absorb, sometimes bio-degrade, the pollutants. For example, cattail and reed can effectively absorb pollutants. This process can sustain, or even improve, water quality. For example, due to the long-term draught, lack of water resource, and sewage discharge, the pollution of the Hengshui Lake wetland is heavy; however, the water in the middle of the Lake is much better. This may be contributed by the cleaning process of aquatic plants. If the protection and environmental management can be enhanced in the future, the environmental quality will be further improved. Since its restoring water in 1970s, the peat layer formed by settlement has been created. This layer serves the function of cleaning water and protecting biodiversity. The improvement of environmental quality will greatly benefit the surrounding regions.

(6) Disaster Prevention and Mitigation. The Hengshui Lake can reduce flooding threat and mitigate severe draught. First, the wetland has a large area of lake basin, which can be used to store storm water. Secondly, the wetland areas have thick grass root layers and porous soils, which can further store water and facilitate its infiltration, which delays the time of storm water entering river systems. During draught, water from the Lake and wetlands can be released to connected rivers. Therefore, the draught in the region can be mitigated. As the area of wetland being expanded in the future, its function of disaster prevention and mitigation will be more and more important.

In summary, the value and importance of Hengshui Lake Reserve can be reflected in many aspects, including its unique ecosystem, biodiversity, fragility of ecosystem, and great value for people in the region. The Reserve needs to be protected with great effort.

Chapter 3 Evaluation of Humanity and Historical Resources

Hengshui Lake Wetland's long history of human inhabitation has left a large number of precious humanity resources, including a great amount of historical relics and monuments and the related beautiful stories and legends, as well as a variety of local cultural traditions.

3.1 Ancient myths

The Jizhou City adjacent to the south of the lake was named after the ancient Jizhou State. Yǔ (Chinese: 禹, born in 2059 BC) is often regarded with legendary status as Yu the Great (大禹 Dà-Yǔ). Based on the historical record "Shangshu—Yugong," Yu divided China into nine states after the completion of the flood control project led by him. "Jizhou State" is the first of the nine states. In 201 BC, a county called "Xindu" was established here, under the governance of "Jizhou" state. The ancient Jizhou State sits on the Haihe Plain, connecting with Bohai sea to the east and bordering Taihang Mountain to the west. It is a strategic place in China. Additionally, the old Yellow River is located to the southeast of Jizhou, with many fertile agricultural lands. All of these factors make Jizhou an unavoidable place to be seized in wars. At a later time, the territory of Jizhou was shrunk. In Qing Dynasty, Jizhou belongs to Zhili Province, governing five counties—Zhixindu, Xinangong, Wuyi, Hengshui, Zaoqiang, and Xinhe. In 1913, Jizhou was renamed as Jixian County. In 1993, Jizhou was change to Jizhou City. Although the territory of current Jizhou City is much smaller than that of Ancient Jizhou State, the name is inherited. From the Han to the Ming and Qing Dynasties, the old state capital of Jizhou had been located in the current territory of the Hengshui Lake Nature Reserve. The ruins of the ancient cities, along with the restored lake, still resemble the ancient famous water city - "Jizhou." There are also a lot of ancient myths originated from this place. These myths not only reflect the rich imagination of the Chinese nation in its early age, but also reveal the interaction between people and nature. Therefore, humanity and historical resource is also an important asset for this place. The myths that related to ancient Jizhou State include:

(1) Nvwa Repaired the Sky. Based on the book "Huainanzi," the sky was supported by four pillars. Once upon the time, the pillars collapsed, the earth split open, and wild fires and flooding occurred. Nüwa sealed the broken sky using stones of different colors, cut off the legs of a giant tortoise and used them to supplant the fallen pillars, killed a black dragon to stop it eating people in Jizhou State, and used ash from reed to absorb flood. Some scientists believe the myth may be a description of an event when a meteorite hit the earth and how the peopled dealt with the situation. The depressions in North China Plain may be left the collision from the meteorite.

(2) Yellow Emperor Defeated Chi You. This was an important event that resulted in the integration of Chinese nation. There are a lot of Chinese Mythologies on the war. The battle field, described in "Shan Hai Jing—Dahuang Bei Jing" referred to Jizhou. The Yellow Emperor defeated and killed Chi You in the battle. Chi You is also the god of rain, and a descendant of Shennong, the inventor of agriculture. His appearance is half giant, half bull, with the front of his head covered with (or made of) iron. In Han Dynasty, Jizhou still had a play to memorize Chi You. The play was called "horn fighting." Even today, Jizhou still has a play called "Chi You Play", actors wearing horns and fight with each other.

(3) Gonggong Smash His Head Against Mount Buzhou. The legend says Gong Gong was a water god with bad temper. He had human's face and beast's body. He organized his soldiers from Jizhou to invade the central China Plain and fight with the emperor. They started from Jizhou, occupied Jinan, sailed across the ancient Huangze Lake, and tried to encircle the emperor. The emperor Zhuan Yu lured Gonggong to a battle field and ambushed his army. After his army was defeated, Gonggong fought back to Jizhou. The people in Jizhou had enough ill treatments from Gonggong so that they surrendered to Zhuan Yu when he fought back. Gonggong was disappointed and fled to Youze (today's Ningxia Province). Gonggong bypassed Youze and came to the Buzhou Mountain. He smashed his head on the Mountain, which was a pillar to support the sky. The victory of Zhuan Yu made him unite many tribes and his territory was expanded to thousands of miles.

3.2 Archaeological Sites

3.2.1 Ancient Tombs

The most distinct archaeological sites within and around the Reserve are ancient tombs. Based on the book of "Han Shu" and "Hou Han Shu," from West Han to East Han Dynasty, nearly 20 of the emperor's heirs were awarded the lord of Jizhou. It's commonly believed that the ancient tombs in Jizhou City are mostly from the Han Dynasty, but the sites of these tombs are not clear. Only nine ancient tombs have been identified (Six of them are province-level heritage protection sites).

The ancient tombs located in the Reserve are:

- Front Tomb. Front tomb is located nearly 4 kilometers north of old Jizhou City. The height of the tomb is 10 meters and covers 380 square meters. There was a Buddha temple on the top of the tomb and an iron bell inside, made in Qing Dynasty. During the Cultural Revolution, the temple was demolished. The unearthed artifacts include silver and jade clothes, bronze utensils, and pottery. The tomb was identified as from Han Dynasty. Although the tomb has been partially damaged, part of it still remains sound. It is currently a county-level heritage protection site.
- Rear Tomb. Rear tomb is located 1 kilometer north of the front tomb. The height of the tomb is 14 meters; the diameter is 60 meters; and it covers 3600 square meters. The underground content has not been disturbed. It is speculated that the tomb can be form Han Dynasty. Since the rear tomb is bigger than the front tomb, it may have more buried cultural relics. It is currently a province-level heritage protection site.
- Xiyuantou Tomb. The tomb is located west 1 kilometer of the old city of Jizhou. The height of the tomb is 5 meters; the east-west length is 40 meters, and the north-south length is 31 meters. It covers an area of 1240 square meters. The local people believe it buries four daughters of Yuan Shao (a warlord in the Three Kingdom Period). It is currently a province-level heritage protection site.

The ancient tombs located outside of the Reserve include:

- Two Tombs, located near 1 kilometer south of new Jizhou city.
- South Gate Tomb, located near 20 meters east of old Jizhou City.
- Huizhuang Tomb, located 600 meters northeast of Huizhuang Village, Jizhou Town.
- Mengling Tomb, located 50 meters north of Yuling Village, Nanwucun Town.
- Nanwuzhao Tomb, located 500 meters southwest of Nanwuzhao Village, Zhoucun Town.
- Changzhuang Tomb, located 300 meters north of Changzhuang Village, Jizhou Town.

There may be additional ancient tombs located in the Reserve that remains to be identified.

3.2.2 Ancient Ruins

Hengshui has a very long history and the old Jizhou city is an important economic and military hub. Therefore, there remain a lot of ancient ruins and buildings. The following is a list of the major ones:

(1) Ruin of Jizhou City in Han Dynasty. The ruin is located north of the old Jizhou City, extending from 500 meters northwest of Beiguan Villages to southwest around 2000 meters. This is one of the eight famous sceneries of Jizhou, called "Xindu Ruin." The city was built in 201 BC, with aperimeter of 6 kilometers. During the North Song Dynasty, the city was expanded to a perimeter of 12 kilometers. Te city was rehabilitated during the following dynasties. However, due to thousands of years of weathering and flooding, the ancient city wall has been broken, giving viewers a strong historical sense of desolation. At present, the old wall is around 3 to 5 meters in height, around 30 meters wide on the base, and around 4 meters wide on the top. It is currently a province-level heritage protection site.

(2) Ruin of Jizhou City in Ming and Qing Dynasty. The ruin of Jizhou City in Ming and Qing Dynasty is located within the old Jizhou City. The city is smaller than the city in Han Dynasty. In 1777 AD, the city wall was rebuilt by using bricks, sandwiched with compacted earth. The perimeter of the wall is around 4.5 kilometers and the height is around 7 meters. It was said that the city was magnificent. However, the city was destroyed in 1938. The north wall was demolished after the establishment of the People's Republic of China; and the south wall is currently used as a road base. Since the bricks from the wall are extremely strong, they are reused by many new buildings in Jizhou City. For instance, the People's Conference Hall of Jizhou is made of bricks from the old city wall.

(3) Ruin of Bamboo Forest Temple. The ruin is located 300 meters northeast of Beiguan Village. It was said there was a mount at the north side of Jizhou city and mirages often occurred on the mount. People believed that the mirage was a reflection of Ziwei Mountain, one of the three fairy mountains in Chinese folklore. In Ming Dynasty, the governor of Jizhou ordered painters to station here to draw the scene of mirage when it appeared. Later, another governor organized skillful carpenters to construct a temple, named Bamboo Forest Temple, based on the paintings. The temple was very famous at that time, but was destroyed by a major flood at later time. At the end of Qing dynasty, the local people donated money and rebuild the Bamboo Forest Temple, but it was destroyed again. The original temple site faces water at three fronts, and connecting with the lake bank at south through a narrow passage. After the restoration of water in Hengshui Lake, the passage is submerged under water and the ruin became an isolated island. In 1993, the Beiguan Village built a temple on the top of the ruin. There used to be a bronze Buddha from the old temple in Ji County Cultural Center. Now, only a stone Inscription is left in Jizhou Cultural Relic Center.

(4) Ruin of Fuliu City. The ruin is located 500 meters south of Fuliu Village, Xiaozhai Town. The ruin is 2000 meters in length and 1000 meters in width. According to existing research, this is a county-level government location during the Warring States period (from 5th century BC to 221 BC.). During Western Han Dynasty, this was also the county location for Fuliu. And it continued for nearly one thousand years. The site was gradually abandoned after the Sui dynasty. In 1984, an archeological investigation had found a great amount of cultural relics such as pottery and ceramics.

(5) Ruin of Ancient Battle Grounds. Due to its special geographical location, Jizhou was regarded as vital importance for military operations. From the Spring and Autumn, three Kingdoms, to anti-Japanese invasion, Hengshui Lake had silently witnessed scenes of war, killing and destruction. Today, human is moving towards peaceful coexistence with nature, but peaceful coexistence among people is still under challenge. The ruins of the ancient battlefields may make people think more about wars.

(6) Ruin of Jizhou City People's Conference Center. The center was built after the establishment of People's Republic of China. The wood used for windows and doors was obtained from the old Bamboo Forest

Temple; and the bricks were obtained from the old city walls. The building has been abandoned. However, the architecture of the building was very unique in a sense it combined the Soviet style and the local traditional style. It shows a snapshot of Jizhou History and has the value to be preserved.

In addition, outside of the preserved area, the earliest remain of human activity found is a Neolithic site.

3.2.3 Cultural Relics

3.2.3.1 Ancient Towers

(1) Hail Shock Tower. The tower is located 50 meters east of Dibei Village, Menzhuang Township. The tower was constructed in the Yuan Dynasty. The whole tower structure was made of limestone. The tower is 8 meters high and the bottom diameter is 2 meters. It has four tiers, one side having Buddha's image and another side having inscriptions. The entire tower has fine stone carvings and unique style.

(2) Motian Tower. This is a smaller tower built in Tang Dynasty. The height of the tower is 2.2 meters and now it is located in the old temple.

3.2.3.2 Old Stone Carvings

(1) Big millstone. It was said that it was made in Han Dynasty. There are actually two stones, each one has the thickness of 43 cm, diameter of 164 cm, and a hole of 23 cm.

(2) Stone well enclosure. The enclosure was made in Tang Dynasty. There are a lot of 720 words inscribed in the enclosure. Now the enclosure is located in the ruin of Bamboo Forest Temple. It is a state-level protected cultural relic.

(3) Statute of Buddha. There are two statues of Buddha. One was located 200 meters northeast of Lige Village, Zhanghuai Township. Now it has been moved to city culture relics preservation center. The figure is 87 centimeter tall and 29 centimeter wide. It is made of white marble. The other figure is located 100 meters east of Fengguan Village, Zhuanghuai Township. The figure is 230 centimeters tall, 81 centimeters wide, and 42 centimeters thick. The figure is carved from limestone, made in Ming Dynasty.

(4) Stone Statute of Bianxian Fairy. The statute is located in the culture center of the old city. It was carved from stone in Ming Dynasty. The head of the figure is broken. The figure is 175 centimeters tall, 48 centimeters wide, and 45 centimeters thick. The figure has long hairs, with a very dignified face yet kind expression. The figure wears chest armor with the right hand grasping a sword. Her left hand's palm is up, with the index finger pointing forward. Her right foot stands on the figures of turtle and dragon. The figure seems very vivid.

(5) Statute of Guangong. The statute is located in the culture center of the old city. It was carved from limestone in Ming Dynasty. The statute is 148 centimeters tall, 80 centimeters wide, and 42 centimeters thick. The condition of the statute is very good.

In addition, there are some ancient stone statutes scattered around the nearby villages. These statues have not been registered.

3.2.3.3 Ancient Stone Tablet

There are a great number of ancient stone tablets in Jizhou. According to "Jizhou History" composed during Republic of China Period, there were 107 ancient stone tablets. The earliest tablets were made in Han Dynasty. There were many rare and valuable tablets, but most of them had been destroyed. Currently, the most important tablets are:

(1) Tablet for South Pond Prose. The tablet was original located 300 meters southeast of Weichi Village, Xiaozhai Township. Now the tablet has been moved to city culture relics center. The tablet is made of limestone, with 1.06 meters long, 0.55 meter wide, and 0.1 meter thick. The prose was written by Fanli from Li

City, and carved by Tan Jie. The prose wrote about a flood in Ming Dynasty and the activities of villagers. The tablet is in good condition.

(2) Tablet for Bamboo Forest Temple. The stone tablet was located in the Bamboo Forest Temple and has been moved to the city culture relics center. The tablet is 1.16 meters long, 0.5 meter wide, and 0.22 meter thick. Only half of the words on the tablet are legible. Based on history record, the tablet was made in Qing Dynasty, and the words on the tablet are "Jizhou City had been the capital of state in the past. There are many famous temples in the city. Taining Temple is located in the east side, Kaiyuan in the west side, Nanchan in the south side. Yet, the most famous temple is the Bamboo Forest Temple." Now the tablet is state protected culture relic (Category three).

(3) Three Friends Cypress Tablet. The stone tablet was original located in the Culture Temple of the old city and now in Jizhou Middle School. Based on "Jizhou History" composed in Qing Dynasty, "the cypress tree grows right side of the (temple) building. Three trunks of the three share the same roots. It seems like a very old tree, but no one knows when it was planted. The state governor Chen Su named it three friends tree and made a stone tablet for it. The writings on the tablet seem shallow and become almost illegible after years." The cypress tree was destroyed in war; however, the stone tablet still exists. On one side of the tablet it is inscribed "Three Friends Cypress", on the other side is a prose.

(4) Song Mailun Martial Art Tablet. The stone tablet is located 20 meters west of Zhaozhuang Village, Zhanghuai Township. The limestone tablet is 1.8 meters tall, 0.65 meter wide, and 0.23 meter thick. It was written by a person called Hou Zhanfeng. The tablet recorded the career of a martial art master called Song Mailun.

There are other tablets scattered around Hengshui City and nearby villages. Many of these tablets have not been collected and protected, thirteen of which have been registered.

3.2.3.4 Cultural Relics in Museums

After thousands of year's human habitation, there are many cultural relics buried under ground. It was found during construction that the layer of soil 4 meters underground belongs to Han Dynasty. The layer contains many cultural relics, including some high quality ones. Many artifacts were found in the Reserve. The artifacts found in the Reserve, now preserved in Hengshui Culture Relics Center, include: four national culture relics (Level 2, from Han Dynasty) and nine national relics (level 3). The nine relics include 2 from Han Dynasty, 1 one Tang Dynasty, 3 from Jin Dynasty, 1 from Ming Dynasty, and 2 unknown. The cultural relics now preserved in Jizhou Culture Relics Preservation Center include 239 pieces from Han Dynasty, 1 from Jin Dynasty, and 5 unknown. The most precious one is golden thread and jade scale cloth from the Han Dynasty. Jizhou City Tourism Bureau also has many cultural relics, from Yangshao, Banpo, to the succeeding dynasties. For many relics, the cultural era has not yet been determined.

3.2.4 Eight Scenes of Jizhou

The Jizhou City not only has a long history, but also many natural and cultural scenes. There were eight the most famous scenes, but some of them had passed into oblivion. These scenes include the followings.

(1) Ziwei Sunset. It was said that there was an earth mount east side of Jizhou City. Whenever the sun touched the lake water, people could see a mirage, which was a beautiful mountain with buildings and people.

(2) Spring Clear Water. The place was located around 10 kilometers west of the Jizhou City. In the summer time, the flood from Tanhang Mountain accumulated here. In the next spring, the frozen ice started to thaw and the water was crystal clear. Many fishermen took small boats to fish at this place.

(3) Heritage of Xindu. The old Jizhou City is used to be called "Xindu", which was built more than 2000

years ago. Te city was renovated during the following dynasties. However, due to thousands of years of weathering and flooding, the ancient city wall has been broken, giving viewers a strong historical sense of desolation.

(4) Evening Bell Sound from Kaiyuan Temple. Kaiyuan Temple was located northwest of the old Jizhou city. The temple was built in Sui Dynasty and was originally called "Jueguan"; when it was renamed as "Kaiyuan" in Tang Dynasty. The bell of the temple was the loudest at that time. Especially at night, people from miles and miles away could hear the sound.

(5) Dongxuan Taoist Temple. The temple was located northeast of the old Jizhou City, called "Purple Cloud Taoist Temple." It was said that a lady stayed in the temple and she became a goddess in Tang Dynasty.

(6) Zhanger Shrine. There was a shrine in the east side of the south gate of the ancient Jizhou City. The shrine was built in North Song dynasty and demolished in Yuan Dynasty. Zhanger was a famous general in Han Dynasty.

(7) Long Embankment. Based on the history record from Ming Dynasty, there was a long embankment northwest of the Jizhou city. The embankment is several meters high and more than 50 kilometers long. It was used to prevent flooding from nearby Futuo River and Zhang River. From the embankment, people can view a wide plain with endless farm fields and grass land.

(8) Old Well Reflecting Stars. It was said that there was an old big well northeast of the old Jizhou City. The well was built in North Song Dynasty (between 963 A. D. and 973 A. D.). The well was rebuilt in 1470 A. D. (Ming Dynasty). It was said the well always contains water in spite of severe draught. The well looked like a mirror at night reflecting stars and moon.

At present, the eight scenes had disappeared except for Heritage of Xindu. However, the sites of these scenes may be worth of being identified and even restored.

3.3 Culture

3.3.1 Well-known Individuals in History

The unique cultural characteristic of Hengshui is the prevalence of Confucian culture. In addition, people here are very generous and like martial arts. The local people had put great effort on education. People who are well known in history include, but not limited to, the following persons:

- Zhongshu Dong, in East Han Dynasty. Dong proposed to abolish all the other schools of philosophies expect for Confucius.
- Jing Sun, a well-known scholar in Han Dynasty. To focus on reading books, he tied his hair in a ceiling to prevent him from dozing off when he was a child. His story had been included in a classical textbook, The Three Character Classic, for generations of children in China.
- Yingda Kong, one of the 18 most well-known scholars in Tang Dynasty.
- Shi Gao, one of the most famous poets.

In addition, many prime ministers and scholars were born in Hengshui. It was recorded that 16 emperors and 91 prime ministers were born in Hengshui.

In addition to the historical celebrities born in Hengshui, there were many celebrities who had lived in Hengshui for a period time. Their names and stories are well known in history.

- Yuanshao, Three Kingdom Dynasty. He attempted to conquer the whole China based on Jizhou.
- Zhihuan Wang, Tang Dynasty. He is the well known poet in China. He was exiled to Hengshui and took a position as a county official.
- Tao Shan, Jin Dynasty. He is one of the well known "seven celebrities of bamboo forest." We was

once the governor of Jizhou state.

3.3.2 Folklore

A lot of folklores are widely spread in the Hengshui Lake area. The researchers had visited many places in the area and collected a number of well known folklores. Some of the stories described the great historical figures, some described the local hard-working and intelligent people, and some recorded major event in history.

3.3.3 Customs and Traditions

(1) Rat Day. In Jizhou, the rat day falls on January 12 of the lunar calendar. On the rat day, people hide scissors and don't use them. It was said the sound of scissors like the slithering sound of a rat. At noon, people eat dumplings for lunch. At night, they collect old shoes and burn them.

(2) Day of Food Stockpiling. The day falls on January 25 of the lunar calendar. This is the last holiday in January; and after that, people stopped playing firecrackers. Om that day, people wish they have a good harvest for the coming season.

(3) Zi Village Temple Fair. The day falls on March 3 of the lunar calendar. The day is to celebrate the date when the golden dragon king was canonized. The gold dragon king was from the Zi village. His original name was Chi Zhang, born in 1370. He was a very generous and intelligent teacher in the area. One day, he encountered a flood and tried to control dike breach with his students. Unfortunately, he was washed away. His story was reported to the emperor and he was canonized as the golden dragon king.

3.4 Well Known Local Products

3.4.1 Local Artifacts

Hengshui City native art products include non-traditional crafts and a wide variety of souvenirs. The place was awarded by the Ministry of Culture as the birthplace of "inside painting," a special painting skill on bottles.

The most famous products include snuff bottle, brush pen, and royal gold fish. In addition, there are other more than 100 types of art works, which have been sold in more than 30 countries.

Currently, there are one nationally-appointed tourism product manufacturer and four provincially appointed tourism product manufacturers. There are also other non-appointed manufacturers.

The snuff bottle made by "inside painting" has a long history in Hengshui. It started to circulate in the Qing Dynasty. After the establishment of the PRC, the government promotes the development of this traditional craft. The art master Xisan Wang had improved inside painting tools and introduced Chinese Painting style in painting snuff bottles. His work had significantly improved the inside painting and made a unique style. The inside painting of snuff bottle made in this place was deemed as a Chinese culture heritage.

3.4.2 Liquor

The well known liquor in Hengshui is called the Laobaigan Liquor. It was originated in the Han Dynasty and well-known in the following dynasties. The liquor is famous for its aroma and high alcohol content.

3.4.3 Local Cuisines

Hengshui is located in the North China Plain, a densely populated place since the ancient times. It also has fertile land and abundance of food, which makes the local cuisines unique, attractive, and diverse. After the founding of New China, with the growing wealth and improved living standards, a variety of local snacks and cuisines are recovered and refined. There are some very well-known snacks, such as Laurel Flower Scent Bakery, Raoyang noodle, Gucheng dragon's beard pasta, Julu Sausage, Chencun fried chicken, Jingzhou Sanzi (a special food), etc.

3.5 Evaluation

Hengshui has inherited the traditional culture of "Jizhou," the top of the nine ancient states of China. From the New Stone Age ruins, to the city development of the Han Dynasty, then to the development of the Tang and Song dynasties, the military facilities of Ming and Qing Dynasties, to the modern history of revolution, the local history of civilization has become one important part the 5000 years of Chinese civilization. Hengshui Lake as a wetland formed by the abandoned course of Yellow River, has nurtured its unique people and culture. The historical and cultural resources are not only abundant, but also valuable.

The unique historical and cultural characteristics of Hengshui wetland make it distinguished from other wetlands. It is like a textbook, showing how human beings coexist with their environment. It was the cradle for the formation of Yellow River civilization, and added glory to the ancient Jizhou state. However, the in following times, human activities had heavily influenced the natural wetland until it was completed disappeared. Then, people have gradually realized the importance of wetland and take great measures to restore and improve its functionality. By reviewing the history of Hengshui wetland, people can understand the complicated interaction between human and nature. This wetland provides a good reference for other places on how to develop a harmonious society.

The Hengshui Lake wetland can also become an experiment field onthe conservation and protection of wetland in densely populated places. The ecosystem of the Hengshui Lake is heavily influenced by human activities. The surrounding area has experienced heavy pressure of economic and social developments. There are 60 thousand people living in the preserve and most of them are farmers. Other surrounding area like Jizhou city, Taocheng district, and Zaoqiang county also expect to develop their economies, even under the assistance of the Hengshui lake. Therefore, how to deal with the development and preservation is a big challenge for Hengshui Lake. If the dilemma can be solved, communities in and around the preserve will be able to develop sustainably. It may also become a model of sustainable development for many other populated places.

Chapter 4 Scenic Resources and Evaluation

This chapter introduces the Hengshui Lake National Nature Reserve's scenic resources, which can be further divided into natural resources and historical and humanity resources.

4.1 Natural Scenic Resources

Natural scenic resources are important assets for the Reserve to develop ecotourism. The natural scenic resources of the Reserve can be divided into the following categories:

4.1.1 Wetland Natural Scenic Resources

(1) Bird Watching: Hengshui Lake Wetland is a paradise of birds and bird-watching spot in the North China Plain. Especially in the bird migration season, hundreds and thousands of migratory birds gather and fly on the lake, making a very spectacular scene. As a wetland and bird nature reserves, bird-watching will be a continuous and unique tourism attraction.

(2) Water Scenic Spots: Hengshui Lake has very open waters, without any vegetation in the deep water zone. This makes a magnificent lake landscape. In the shallow water area, there are large areas of reed, which is green and luxuriant in the summer and white and yellow in the winter, also making an attractive scene.

(3) Reed Channel: In the reed community, there are lots of maze-like water channels with clear and sparkling water, which makes a boat riding very pleasant.

(4) Sunset and Sunrise: Sunset and sunrise provide the most charming views of the lake during a day.

(5) Freshwater Swamp Habitats: Swamps are the habitats for many rare bird species. Although the tourists cannot approach the habitats, they can use binoculars to observe bird activities.

(6) Swamp Wetland, Grassland, Salinized Swamp Habitats: In these places, one can observe the transition and evolution of wetland plant community. These places have research and education values.

(7) Flood Wetland Landscape: The old course of the Salt River has a typical flood wetland landscape. Meandering water flows twisting and turning, with odd willows along the river bank.

(8) Forest Landscape: The reserve is carrying out "returning land to wood." The planted forests can also be used as tourist attractions.

4.1.2 Nature History Scenes

Hengshui Lake is located in the Yellow River Basin. In the history of China, the river changed its course many times, leaving behind a lot of natural historical sites. Based on onsite investigation, the following nature history scenes are worth of being developed into tourism attractions.

(1) Old River Sites: In the reserve there used to be some great rivers, such as the ancient Yellow River, Zhang River, Salt River, etc. The changing courses of these rivers had some unique geographical landscapes.

(2) Flood Disaster Site: Hengshui Lake is the low-lying land. In the history, this region had frequent flooding. From 16 BC to 1979, there were a total of 931 floods; and the most recent devastating one happened in 1963. There are still ruins left by the flood, which will make people understand natural history and disaster.

4.1.3 Man-made Landscape

Hengshui Lake Wetland is closely related to human activities, which have left deep marks on the local landscapes, some of which can be used for tourism attractions.

(1) Wetland Village Scenes: In its complicated process of formation, many small plateaus were created in

the lake. Some unique small villages are located on these plateaus in the lake.

(2) Island and Bank Scenes: The middle dike runs through the lake from north to south. There is an embankment encircling the Jizhou Little Lake as well as 5 man-made islands. In addition, there are many man-made landscapes along the bank of the lake. All of these provide unique tourist attractions.

(3) Eco-agriculture and Eco-forestry: Although these belong to artificial landscape, they concisely show the wetland ecosystem and the natural biological chains, which create unique tourist attractions and facilitate ecological education.

(4) Relics of Hengshui Lake Development Facilities: In the thousands of years of human civilization around the lake, people have constantly modified the lake and left some relics, which include:

①Ancient hydraulic engineering facilities: The representative facility is Wugong Channel, which is now partially submerged in the lake.

②Submerged villages and relics: Some villages and culture relics are submerged in the lake as a result of water restoration.

③New created relics in transition toward ecological civilization: In the future, during the process of ecological resettlements, new relics will be created, which are worth of being preserved.

4.2 History and Humanity Scenery

The rich historical and cultural resources also create scenic spots for Hengshui Lake Reserve. The cultural resource is a feature of the reserve that many other natural reserve does not possess.

(1) Neolithic Cultural Site. The site is not located in the reserve, but in the nearby area. However, in planning tourist route, this site can be included.

(2) Ancient Jizhou Cultural Spots. As discussed in the previous chapter, the glorious ancient Jizhou state has left many culture relics, which can be used for tourist attractions.

(3) Relics of Hengshui Lake Development Facilitie. s See discussion in the previous section.

(4) Folklore and Custom. Unique culture has been cultivated in the Hengshui Lake region, including folklore, local artifacts, food, custom, etc. All of these can contribute to positive experiences of tourists.

4.3 Evaluation

The characteristics of Hengshui Lake scenic resources are primarily revealed in the Lake, ecological wetlands, and the ancient city and tombs. From the distribution of these scenic spots, one can see that the majority of them are located around the Lake. Therefore, the Lake is the most valuable asset for tourism in the region. The evaluation of eco-tourism resources can be summarized as:

(1) Rich varieties, unique characteristics. There are many natural and cultural scenic spots in the around the reserve. Of all the sports, the most valuable one is the Hengshui Lake wetland and rare bird species.

(2) Scenic spots are closely located and related. Since the majority of the spots are located in Hengshui Lake, these spots can be connected to develop different tourist routes.

(3) The scenic spots are very diverse. The diverse scenic spots can satisfy the tastes of different groups of people and accommodate both individuals and groups of tourists.

Chapter 5 Evaluation of the Current Environmental Quality

This chapter reviewed water pollution, air pollution, and solid waste in the Reserve. As can be seen, although the Reserve has made a series of efforts on improving environmental quality, one should not be optimistic about the current environmental quality. Urgent further improvement is needed.

5.1 Data for Evaluation

In April 2006, Hengshui City Environmental Protection Agency conducted a sample monitoring on water quality of Hengshui Lake and jointly made an investigation on pollution sources with the Reserve administration and Jizhou City Environmental Protection Agency. However, the obtained data was very limited. Except for this data, there is no environmental monitoring, particularly air pollution and solid waste data, specifically for Hengshui Lake. The current data primarily focus on the Taocheng District and Jizhou City. Since the main pollutants of the Reserve come from these two districts, it can be assumed that such data also shown the pollution trends of the reserve.

Since 2003, there are several factors that affect the change of environmental quality.

(1) Some factories that caused severe pollution have been stopped or relocated, which is beneficial for improving air quality.

(2) The tourism industry is developing, which causes some negative environmental effects.

(3) There is an increase in cage aquaculture, which causes negative effects on water quality.

5.2 Overview of Pollution

With an increased effort on pollution control by manufacturing industries, the quantity of waste water discharge as well as the contaminants has gradually declined in recent years. Consequently, the negative effects of domestic wastes are becoming increasingly prominent. Table 5-1 and Table 5-2 list the changes of pollution from industry sources and domestic sources. One can see that domestic waste water accounts for 46.02% of the total discharge, and the COD from domestic water accounts for 38.8%.

Table 5-1 Pollutants from all Industries of Hengshui City

	Year	Waste Water (10k tons)	COD(tons)	Nitrogen(tons)			
Waste Water	2004	4458.32	23644	2121	Loading from Taocheng and Jizhou accounts for 52.9% of the whole Hengshui City		
	2003	4003.92	23948	2312			
		SO_2	Industrial Smoke	Industrial Dust			
Waste Gas	2004	41541	28182	5907	Loadings from Taocheng and Jizhou accounts for 68.2%		
	2003	41724	29427	6163			

(续)

			Bottom Ash (10k ton)	Fly Ash (10k ton)	Hazardous Slag(10k ton)	Other Slag (10k ton)	Others
Solid Wastes	2004	Amount	57.15	5.09	347.53	1.20	4.38
		Usage Rate(%)	99.67	100	100	100	100
	2003	—	—	—	—	—	—

Data Source: Hengshui City Environmental Quality Report 2004

Table 5-2 Domestic Pollutants in 2004

Wastes	Discharge (10k ton)	Percent of total discharge	COD(ton)	Percent COD	Nitrogen (ton)	Percent Nitrogen
Waste Water	3801	46.02%	14989	38.8%	1800	45.9%
Gas Emission	SO_2(ton)	Percent of total SO_2	Smoke(ton)	Percent Smoke		
	5688	12.04%	10069	26.32%		
Solid Waste	Amount(10k ton)	Treatment				
	14.6	Landfill and manure				

Data Source: Hengshui City Environmental Quality Report 2004

In general, the pollution of the reserve is primarily impacted by the following factors:

(1) Deterioration of water quality. The water of the reserve is polluted by Jizhou City and many local small factories. COD and suspended solids are major pollutants.

(2) Underground water pollution caused by scarcity of surface water, non-point source pollution caused by fertilizer and pesticide, and solid wastes. This will lead to a series of other environmental and geological problems, such as the dropped water level, land subsidence and cracks, expansion of ground water funnel etc. At present, the center of the ground water funnel has reached 81 meters deep. The groundwater quality has deteriorated in the urban areas, with the fluoride content exceeding the standard rate by 48%. In some rural areas, dyes and chemical waste water have polluted underground water, posing a serious threat to the health of the people and the ecological environment. The social problems caused by pollution cannot be ignored.

(3) Air pollution is severe at certain locations and certain pollutants are increasing. Since the district primarily uses coal-based fuel, industrial coal consumption has reached close to 2,500,000 tons per year, of which coal Hengshui Power Plant consumes 2,000,000 tons per year. In addition, a lot of local smelting and casting industries produce a great quantity of air pollution by burning coal. The pollution is more severe in dry seasons.

(4) Pollution from agricultural production is also getting aggravated. Many small factories in rural areas also produce various pollutants in large quantity. The farmers mainly rely on chemical fertilizers, pesticides, agricultural plastic film on increase agricultural production. According to statistics, every year the whole Hengshui City consumes 800,000 tons of chemical fertilizers and more than 6500 tons of chemical pesticides. A variety of highly toxic pesticides not only enters into the atmosphere, but also into water.

5.3 Evaluation of Water Pollution

The water pollution of the reserve is evaluated from four sources: Hengshui Lake, rivers, scattered water bodies, and underground water.

5.3.1 Hengshui Lake

The area of Hengshui Lake accounts for 1/3 of the reserve. Therefore, water pollution would be detrimental to the reserve. Since the Lake does not have natural water source, and the water level varies greatly every year, the change of water quality is unlike a natural lake. It is primarily affected by the following factors:

(1) Local catchment. The local catchment basin of the Fuyang Drainage River is 2500km^2, while the catchment basis of Fuyang River is 14420km^2. The pollutants from these rivers affect the "Jizhou Little Lake," not the main lake.

(2) Water diversion. The quantity and quality of water from different diversion sources affect water quality of Hengshui Lake. In recent years, Hengshui Lake's main sources of water are from the Yellow River and the Yuecheng Reservoir. Both of the Yellow River and the Yuecheng Reservoir have relatively good water quality, but water pollution along the water diversion lines cannot be ignored, which will be discussed in detail in the next section.

(3) Cage aquaculture. There is no solid data on environmental impacts of cage aquaculture. However, many field studies in China have shown that cage aquaculture increase the indicators of oxygen consumption organisms, eutrophication, etc. It not only affects the water quality of breeding area, but has a greater impact (the distance > 250m).

(4) Waste water from surrounding villages.

(5) Purification effects of aqua plants.

Table 5-3 lists the pollutant concentration from the waste water outfalls around the Lake.

Table 5-3 Pollutant Concentration from the Waste Water Outfalls of Hengshui Lake

Monitoring Location	pH	COD_{Cr} (mg/L)	Nitrogen (mg/L)	Phosphorus (mg/L)	Chloride (mg/L)
Main Lake	8.04	35.6	0.43	0.013	—
Little Lake	7.90	63.2	15.27	0.032	—
City Outfall1	7.70	69.5	18.77	0.152	—
City Outfall 2	7.80	147	30.42	0.119	—
City Outfall 3	8.17	83.8	16.61	0.716	—
City Outfall 4	7.76	286	60.63	0.043	—
City Outfall 5	8.48	113	452.79	1.10	—
Outfall of Jiheng Farm	7.63	71.2	14.88	0.013	2850

Based on the monitoring data from Table 5-3 and Table 5-4, the quality of water belongs to Category V, which is not good. The quality of water also depends on location. Water quality in the north of the Lake is better, but the quality of the "Jizhou Little Lake" is the worst.

The water quality may also be affected by the purification function of water plants. The water quality reported in Table 5-3 and 5-4 is based on water intake at the edge of the Lake. In August 2005, water was taken in different plant communities of the East Lake and it was found that the water quality was better, as shown in Table 5-5.

In general, based on many years of Hengshui Lake water quality monitoring, it was found that main water problem is organic pollution, inorganic hybrid pollution, and potential eutrophication. The main pollutants are nitrogen, phosphorus, BOD5 and CODcr. At present, the monitoring data also showed that the concentration of nitrogen in Hengshui Lake reached a multi-year average of 1.90 mg/L (center of the main lake) ~6.64mg/L (center of Little Lake). The highest concentration had reached to 20.58 mg/L, while the total phosphorus concentration is 0.005mg/L. It already has a potential of eutrophication. The water quality needs to be improved based on a uniform standard on different water bodies.

5.3.2 Rivers

(1) Weiqian Channel. Weiqian Channel is normally used for water diversion from the Yellow River. The quality of diverted water depends largely on pollutants along the channel and non-point source pollution. According to recent statistics, the water quality in Weiqian Channel is between Category IV and Category V. In 2006, Hengshui water management agencies took measures to control pollution of Weiqian, so that water quality from the channel has been improved.

(2) Jima Channel. The main purpose of Jima Channel is to introduce water from the upper reservoirs and local catchment to the Lake. At present, the water from Jima Channel was only introduced to the "Jizhou Little Lake," except for in the year 2005, when the channel was used to introduce water from Yuecheng Reservoir to the main lake.

Currently, the water in the Jima Channel is seriously polluted. The water quality is affected by pollution from upper cities like Xingtai and Handan as well as factories in Jizhou city. Since Jizhou Little Lake is isolated from the main lake, the water quality of the main lake is less affected. But there is a sluice gate connecting the "Little Lake" and "East Lake," in case of high water level, the water from "Little Lake" may be drained to the main lake.

The water quality of Yuecheng Reservoir is better. Therefore, the main source of pollution for water diversion is the Jima Channel.

(3) Other Surrounding Rivers. Fuyang River runs through the north side of the reserve. It is the largest river in the region and not connected to the Hengshui Lake. Therefore, the quality of Fuyang River does not directly affect Hengshui Lake. Other rivers include Fuyang New River, Fudong Drainage River, and the old course of Salt River.

①Fuyang River. Due to pollution from cities in the upper reach, Fuyang River is seriously polluted. In the dry season, it has the worst pollution problem; even in the wet season, the water quality shows a low degree of improvement. Since located in the lower reach of Fuyang River, the Jima Channel is also affected.

②Fuyang New River. Comparing to Fuyang River, this river has fewer pollution sources. Expect for suspended solids, the concentration of other pollutants is low.

③Fudong Drainage River. The river is heavily impacted by pollution from the upper reach and is polluted.

④The old course of Salt River. The course is located on the eastern side of the reserve. Since the water does not flow perennially, the water quality is not stable, highly dependent on discharge from nearby residents and small businesses.

5.3.3 Scattered Water Bodies

Of all the surface water in the region, scattered water bodies do not store a large quantity of water, but widely distributed. Therefore, if there is no proper water quality protective measures, the infiltration from these water bodies will affect groundwater quality. There is no solid data on water quality of these scattered water bodies, but they are affected by two pollution sources: wastes from local residents and from small factories.

5.3.4 Groundwater

The PH value of groundwater ranges from 8.32 to 8.75. On average, water whose overall quality is lower than the standard accounts for 74.20%. And 83.3% of wells are below the standard water quality. The percentage of Fluoride exceeding standard rate is 85.71%, in 94.4% of wells.

The main reason for groundwater pollution is the geological structure and excessive exploitation that caused the formation of the funnel on the ground floor. In recent years, the continuous development of township enterprises has made pollutants infiltrated into the groundwater.

5.4 Evaluation of Air Pollution

Although air pollution has been reduced in recent years, but air quality is still not ideal. In most of the times, the air quality is in Category II, slightly polluted.

5.4.1 Types of Air Pollution

In general, the air pollution of Hengshui City is caused by burning coals. The major pollutants are particulate matters and dusts. The industrial dust emissions have significantly dropped in the last a couple of years. Particulate matter is the primary environmental air pollutants, while sulfur dioxide, nitrogen dioxide, the annual average dust can reach the national standard Category II. Particulate matter is subject to seasonal changes; and SO_2 emission has been around the same level in recent years. Comparing with industrial emissions, residential emissions remain at low quantity, below 5%.

Over the years, both residents and industries in Hengshui rely on coal-based fuel, especially in the winter time. The air pollution of different areas, from heavy to light, follows the order of: traffic and commercial areas, residential areas, the control point, and the industrial zone. The major pollutants are particulate matter, sulfur dioxide, dust, hydroxide. The daily average concentration of sulfur dioxide ranges from 0.002 to 0.355 mg / cubic meter, 4.1 percent above standard; particulate matter ranges from 0.024 to 0.785 mg / cubic meter, 26.2 percent above standard; dust ranges from 13.9 to 35.49 tons / square km · month, 37.5 percent above standard; nitrogen oxide pollution is less severe and on a downward trend.

5.4.2 Factors Affecting Air Quality

As the size of reserve is only about 200 km^2 and the whole span of a straight line is about 15 km, the major air pollutants come from outside the region.

(1) Outside of the Reserve. When there is no wind, the region's air pollutants normally fall outside of the reserve. The most important sources of pollution are located in the south smelting and casting factories.

(2) Within the Reserve. Coal used in the reserve has a sulfur content of 1.0 ~ 4.0 percent and ash content of 16 ~ 35 percent. Coal is one of the major air pollution contributors. The emissions from some major enterprises in the area have a decisive impact on the environment.

In addition, a small number of boilers have low efficiency. Although more than 90 percent of the boilers are equipped with dust collectors, the quality of the equipment does not meet requirements, which reduces collection efficiency. There are a number of other direct causes of air pollution, including the increasing heating boilers, low chimneys, and heat loss, etc..

Finally, dry climate, inadequate green areas, and dusty wind have increased the volume of dust in air.

5.5.5 Evaluation of Solid Waste Pollution

According to data provided by the local Environment Protection Agency, the region recycles all types of industrial solid waste, including fly ash, mine tailings, smelting slag waste. However, according to onsite investigation, smelting and casting enterprises, located at the southwest of Hengshui Lake, discharge a lot of waste residues and sand to the water. In the same area, waste left from the brick industry has not yet been properly disposed.

Domestic waste in this area is another environmental factor that cannot be ignored. The total population of the reserve is about 65,000. In accordance with 1.2 kilograms per person per day, the total waste produced is about 28,500 tons per year. Considering the rapid development of tourism, the waste left by tourists will increase the workload of the sanitation workers. In 2006, the waste generated by the total of about 250,000 tourists were more scattered than of the residents, and also have more complex components. The waste generated by tourists is about 150 to 200 tons per year, and will increase year by year. Statistical data show that only 1,000 tons of waste was collected every year. Most residents still dispose of their garbage. The garbage not only pollutes the groundwater and air, in the summer, it breeds insects and rodents, which have led to the potential danger of spreading diseases. According to field investigation, all solid waste has not been properly processed; and most were dumped near the water, others were disposed freely by the residents.

The Reserve does not have its own environmental protection agency. Due to the lack of comprehensive clean-up vehicles, vehicle washing stations, recycling systems and waste disposal facilities, and the lack of a unified collection and transit system in the region, the reserve does not commensurate with the requirements of a nature protective area.

Table 5-4 Hengshui Lake 2004-2006 Wet Period Water Testing Results(unit:ml/L)

Date	Location	solved oxygen	CODMn Index	COD	BOD_5	amino nitrogen	nitrate nitrogen	total phosphorus	total nitrogen	category
2004.9	Center of main lake	6.7	5.12	44.8	38.69	0.19	0.122	0.005	2.35	BadV
	Wangkou gate	3.0	6.72	55.9	43.40	0.30	0.235	0.005	1.58	BadV
	Dazhao gate	6.2	5.44	47.9	35.10	0.21	0.357	0.005	2.42	BadV
	Center of Little Lake	6.8	7.04	57.9	48.99	0.21	0.462	0.005	3.98	BadV
2004.10	Center of main lake	9.3	6.73	31.4	21.44	0.09	0.185	0.005	1.75	BadV
	Wangkou gate	7.1	7.04	38.3	23.71	0.36	0.112	0.005	0.88	BadV
	Dazhao gate	8.3	7.17	38.3	24.58	0.22	0.217	0.005	2.00	BadV
	Center of Little Lake	5.5	7.74	41.9	32.51	0.36	0.346	0.005	3.36	BadV
2005.4	Center of main lake	9.8	6.60	28.6	27.0	0.05	1.14	0.005	1.82	BadV
	Wangkou gate	8.4	13.1	47.6	46.53	0.20	0.687	0.005	1.37	BadV
	Dazhao gate	8.9	13.6	58.9	47.64	0.20	1.10	0.005	0.92	BadV
	Center of Little Lake	9.7	17.3	120	80.23	2.00	1.16	0.005	3.36	BadV
2005.9	Center of main lake	8.1	5.52	20.1	12.32	0.11	0.393	0.005	1.62	BadV
	Wangkou gate	6.0	5.47	24.1	13.93	0.43	0.436	0.005	2.19	BadV
	Dazhao gate	6.7	5.57	24.1	13.75	0.29	0.468	0.005	3.01	BadV
	Center of Little Lake	8.4	13.5	44.5	31.56	0.36	0.518	0.005	4.38	BadV
2005.10	Center of main lake	8.3	5.46	47.2	17.85	0.10	0.156	0.005	1.62	BadV
	Wangkou gate	7.0	5.69	42.3	6.79	0.35	0.074	0.005	2.08	BadV
	Dazhao gate	7.9	5.66	57.4	8.62	0.23	0.225	0.005	2.26	BadV
	Center of Little Lake	7.8	13.6	55.2	9.12	0.32	0.156	0.005	4.22	BadV

(续)

Date	Location	solved oxygen	CODMn Index	COD	BOD_5	amino nitrogen	nitrate nitrogen	total phosphorus	total nitrogen	category
2006.3	Center of main lake	8.2	13.6	41	/	2.30	1.743	0.005	4.07	BadV
	Wangkou gate	8.5	14.1	44	/	2.00	1.541	0.005	3.32	BadV
	Dazhao gate	8.0	16.4	59	/	2.30	1.885	0.005	3.74	BadV
	Center of Little Lake	7.0	39.3	140	/	14.6	0.426	0.005	20.58	BadV
standard (Category V)		≥2	≦15	≦40	≦10	≦2.0	≦10 (drink)	0.2	2.0	

Table 5-5 Water Quality Testing in Aqua Plant Communities in August, 2005 (unit: ml/L)

Location	Free carbon dioxide	Erosive carbon dioxide	Calcium	Magnesium	Potassium	Sodium	Cl	Sulfate
Chara Zone	12.3	0	43.8	58.6	13.8	145	193	295
Cattail Zone	13.2	0.00	32.2	58.4	13.7	135	189	256
Clear water beyond-Myriophyllum Zone	0	0	33.0	60.1	11.8	148	203	280
Deep Water (Bottom)	0.0	0	31.4	61.8	12.3	150	204	283
Deep Water (Surface)	0	0	36.3	62.1	13.00	124	209	300
Reed	7.57	0	41.3	58.6	13.8	145	196	254
Lotus	0	0	41.3	57.6	13.1	128	191	327
Myriophyllum Zone	0	0	35.0	64.4	13.7	125	197	343

Location	Carbonate	Re-carbonate	Salinity	Total hardness	Iotal alkalinity	Dissolved oxygen	Ammonia nitrogen
Chara Zone	0	251	810	196	115	6.6	0.72
Cattail Zone	0	223	808	180	103	5.6	0.18
Clear water beyond-Myriophyllum Zone	12.4	164	850	185	155	6.5	0.23
Deep Water (Bottom)	2.76	182	836	186	86.4	6	0.33
Deep Water (Surface)	11.0	168	818	194	87.5	6.3	0.32
Reed	0	219	806	193	101		
Lotus	1.93	228	826	191	107	6.7	0.28
Myriophyllum Zone	14.4	162	808	198	87.7	6.4	0.31

(续)

Location	Nitrite nitrogen	Nitrogen	CODMn Index	Cyanide	Arsenide	Hexavalent chromium	Total mercury	Cadmium
Chara Zone	0.003	0.18	14.4	< DL	< DL	< DL	< DL	0.0043
Cattail Zone	0.003	0.25	14.0	< DL	< DL	< DL	< DL	0.004
Clear water beyond-Myriophyllum Zone	0.007	< DL	9.6	< DL	< DL	< DL	< DL	0.003
Deep Water (Bottom)	0.007	< DL	12.2	< DL	< DL	< DL	< DL	0.003
Deep Water (Surface)	0.006	< DL	8.9	< DL	< DL	< DL	< DL	0.004
Reed	0.004	< DL	14.1	< DL	< DL	< DL	< DL	0.002
Lotus	0.019	< DL	14.6	< DL	< DL	< DL	< DL	0.003
Myriophyllum Zone	0.004	< DL	11.3	< DL	< DL	< DL	< DL	< DL
Location	**Lead**	**Copper**	**Soluble iron**	**Sulfide**	**Fluoride**	**TP**	**TN**	**Category**
Chara Zone	< DL	0.067	< DL	0.15	1.18	0.03	1.68	5
Cattail Zone	0.03	0.005	< DL	0.23	1.31	0.05	1.24	5
Clear water beyond-Myriophyllum Zone	0.02	0.010	< DL	0.31	1.10	0.04	1.02	4
Deep Water (Bottom)	0.01	0.021	0.05	0.38	1.14	0.04	0.908	5
Deep Water (Surface)	0.01	0.001	< DL	0.08	1.08	0.04	0.837	4
Reed	< DL	< DL	0.07	0.30	1.10	0.03	1.35	5
Lotus	0.04	0.007	< DL	0.00	1.15	0.05	0.622	5
Myriophyllum Zone	0.03	0.048	< DL	0.32	1.08	0.04	0.735	5

Chapter 6 Investigation and Evaluation of the Current Status of Social and Economical Development

To fully understand the social and economical development of the Reserve, the research team had conducted three surveys. In 2003, the researchers made a comprehensive survey on 17 typical villages. In 2006, the researchers conducted a survey on poverty issues of 54 villages. In 2007, the researchers surveyed 7 villages under the administration of the Reserve. On the first survey, the 17 villages were identified through stratified random sampling from 106 villages based on their location, industry characteristics, scale, and income. The villagers interviewed in the survey were randomly sampled. More than 600 questionnaires had been collected; therefore, it is quite representative of the overall condition of the Reserve. The second survey also received more than 600 questionnaires. Although it had covered half of the villages in the Reserve, the main purpose of the survey was to investigate pervert issue. And as a result, the interviewees were either from low income families, or high income families, or government officials. The data collected in the survey can assist understanding the status of poverty, income inequity, and the causes of poverty. After the establishment of the administration for the Reserve in 2006, eight villages are administrated by the administration directly, while the rest are still administrated by their original township. Therefore, the research team conducted another survey in 2007 on 7 of the 8 directly administrated villages. Thirty nine households were interviewed; and it was planned to continuously monitor these households in the future and study the change after the establishment of the Reserve.

When investigating the social and economic development of the Reserve, one needs to be aware of the different definitions on the scope of the Reserve. According to the scope definition of the formal national Hengshui Lake Reserve, it consists of 106 villages. This is called scope one in the following discussions. However, in order to enhance the conservation effort and coordination with the surrounding areas, the Hengshui City made 25 additional villages to the east of the Reserve under the administration of the Reserve. Therefore, there are 131 villages within the protection zone. This is called scope two in the following discussions. However, these villages are traditionally directly under the administration of various townships, which are only partially overlapped with the Reserve. The townships have not given up their administration rights on these villages yet. Therefore, the control of the Reserve on these villages is weakened. In order to promote sustainable development of the Reserve, Hengshui city then allocated eight villages which are most impacted by the Reserve under its direct control. Therefore, these eight villages are within the scope of direct administration by the Reserve. This is called scope three in the following discussions.

The current statistical data lack of information on education and ages of population. Based on observations of the Reserve and its surrounding areas, the researchers believe that the education and demographics of the Reserve are similar to its surrounding areas. Based on "The Census of Jizhou City of 2000" and "The Census of Taocheng District of 2000," the researchers made two statistical tables on education level and demographics, respectively. Additional explanations are provided based on our survey of 17 typical villages in 2003.

6.1 Status of Social Development

6.1.1 Demographics

6.1.1.1 Population and the Transition

Based on census of 2005, there were 65180 persons living in 19046 households in the Reserve (scope one). If the scope two (comprehensive experimental zone) is considered, there were 83821 persons living in 24347 households. Figure 6-1 and 6-2 show the change of population from 2002 to 2005 based on the three definitions of scope. It can be seen that there was an increase in pollution in 2003, a decrease in 2004, and an increase in 2005, except for the scope three (the eight villages). The data between 2002 and 2003 is questionable due to adjustment on the scope of statistical survey. After 2003, it can be seen a clear trend of decline in population. The reason is that after 2003, Hengshui City lowered its requirement on registered permanent residency and some people from rural area had moved to the city. However, there is a reverse trend at this time. More people move from city to the rural area due to two reasons. First, some farmers found it difficult to make a good living in the city. Secondly, China have waived agricultural tax and made investments in rural areas to improve the living of farmers in recent years. These positive changes have made it more attractive for traditional farmers to stay at their homes.

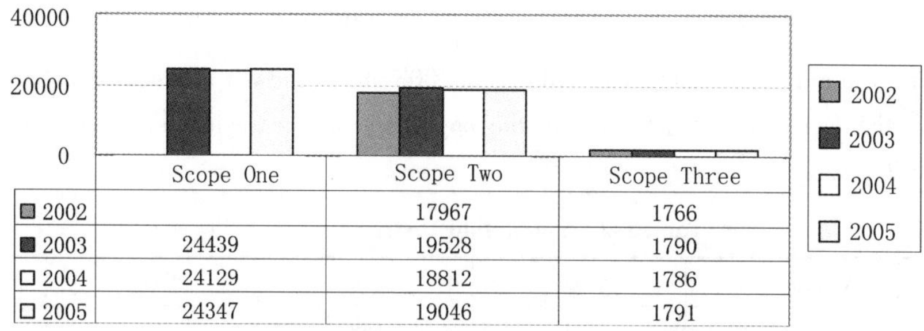

	Scope One	Scope Two	Scope Three
2002		17967	1766
2003	24439	19528	1790
2004	24129	18812	1786
2005	24347	19046	1791

Figure 6-1 Total Households in the Reserve (2002 – 2005)

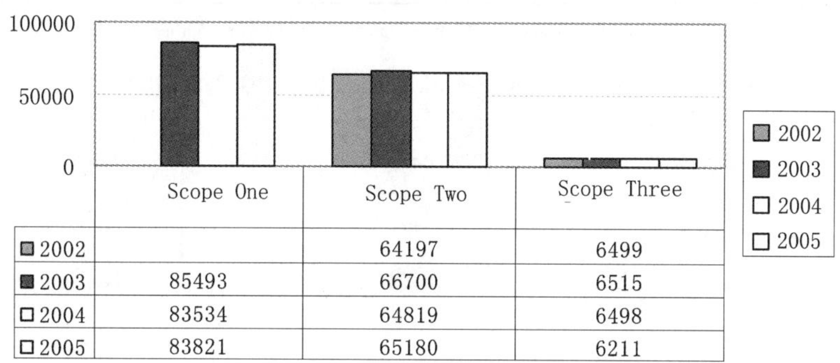

	Scope One	Scope Two	Scope Three
2002		64197	6499
2003	85493	66700	6515
2004	83534	64819	6498
2005	83821	65180	6211

Figure 6-2 Population of the Reserve from 2002 ~ 2005

Based on the 2005 data, the population density is 294 persons/km^2. This number is much larger than the other natural reserves in China, which indicates that the Hengshui Lake Reserve has a higher pressure of human demands. To realize sustainable development, the Reserve may need to find ways to reduce population pressure. One of the potential approaches is to promote urbanization. A further study of urbanization process in the Reserve and surrounding area is necessary.

6.1.1.2 Ages of Population

(1) Overall Age Distribution. Based on census from six townships located (or partially located) in the reserve in 2000, the percentage of 0 to 14 years old is 21.59%, the percentage of 15 to 59 years old is 67.20%, and above 60 years old is 11.21%. It is commonly believed that a society becomes an aged society if the population above 60 years old exceeds 10%; therefore, it can be seen the population of the region is aging. Table 6-1 shows more detailed information on the distribution of ages.

Table 6-1 Age Distribution of Population in Six Townships (2000)

Township Name	Population (person)				Percent(%)		
	Subtotal	0 ~ 14	15 ~ 59	>60	0 ~ 14	15 ~ 59	>60
Jizhou	87475	19170	60900	7405	21.91	69.62	8.47
Weijiatun	18840	4354	12203	2283	23.11	64.77	12.12
Xujiazhuang	30894	6897	19813	4184	22.32	64.13	13.54
Xiaozhai	36306	7684	23545	5077	21.16	64.85	13.98
Zhengjiaheyan	40462	8562	27022	4878	21.16	66.78	12.06
Pengducun	34389	6944	23422	4023	20.19	68.11	11.7
Total	248366	53611	166905	27850	21.59	67.20	11.21

Source: Census of Jizhou City in 2000 and Census of Taocheng District of Hengshui City.

The research team randomly sampled 17 villages in 2003 and found out that subjects above 60 years old are 17.32%. This further verified that the aging of the population in the region is severe. The detailed data is shown in Table 6-2.

Table 6-2 Population Distribution in 2003

Categories	Working Age	Senior	Junior	Others *	Total
Number	1688	504	658	60	2910
Percent	58.01	17.32	22.61	2.06	100

Note: The Table is based on 654 valid household samples. "Others" mean the persons are either attending colleges or serving in military.

Figure 6-3 shows the change of population in working age from 2002 to 2005.

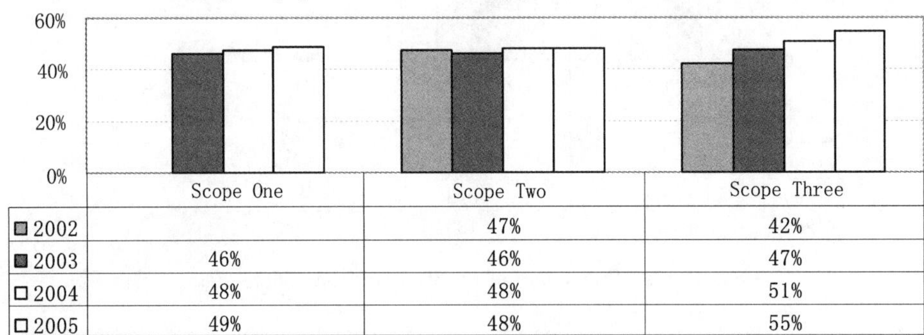

Figure 6-3 The Percent of Working Age Population to Total Population

(2) Population of Villages Directly Administered by the Reserve. In 2007, the research team surveyed 39 households from 6 of the 8 directly administered villages. The total numbers of people in the household are 168, including 112 working age persons (66.7%), 34 seniors (20.2%), and 22 juniors (13.1%). Due to the small sample size, the researchers then added households that reside in the 8 villages in the 2006 survey. A total of 78 valid samples were obtained. It was found out that the total numbers of people in the household are 290, including 161 working age persons (55.5%), 73 seniors (25.2%), and 56 juniors (19.3%). It can be seen that the second set of data shows more senior and junior population. Since the survey in 2006 was primary focused on poor households, the lack of working age person may contribute to poverty of some households.

Figure 6-4 shows the transition of age distribution from 2003 and 2007 for the villages directly administered by the Reserve.

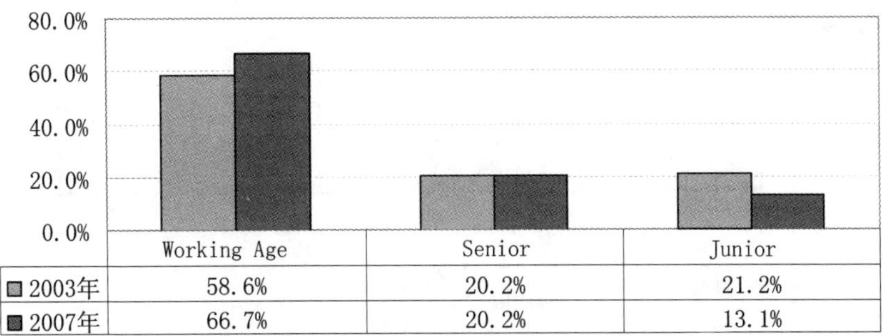

Figure 6-4 Transition of Population Age of Directly Administered Villages

(3) Conclusion. Population aging is a serious problem facing the sustainable development of the Reserve. It is obviously impacted by the family planning policy and coincides with the general population trend in China. However, the severity of population aging in the Reserve may be affected by other factors. Since the restoration of wetland around the lake, many nearby villages have lost significant amount of agricultural lands. Some farmers have changed to fishermen, but many others start to make livings in cities. Only those aged people still stay at home because it is difficult for them to find jobs in cities. It is clear that the aging problem has truly become an issue for the Reserve in its pursuit of sustainable development.

6.1.1.3 Ethnics

The main population is Han Chinese, with a few Hui Muslins.

6.1.2 Employment and Income Levels

6.1.2.1 Income Levels

At the end of 2005, the net income of the farmers in the Reserve is 335 million Yuan (scope one), 257 million Yuan (scope two), and 27 million Yuan (scope three). In the year of 2005, the average net income per person in the Reserve is 3945 Yuan (scope one), 3994 Yuan (scope two), and 4297 Yuan (scope three), while the average income for people in the rural area in China at the same time period is 3255 Yuan. Therefore, the average income in the Reserve is above the average in China. Figure 6-5 and 6-6 show the change of average income from 2002 to 2005. It can be seen the income is increasing.

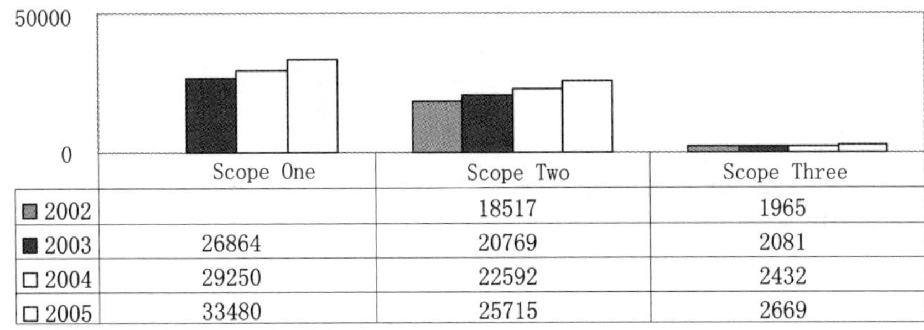

Figure 6-5 Total Income of Farmers in the Reserve

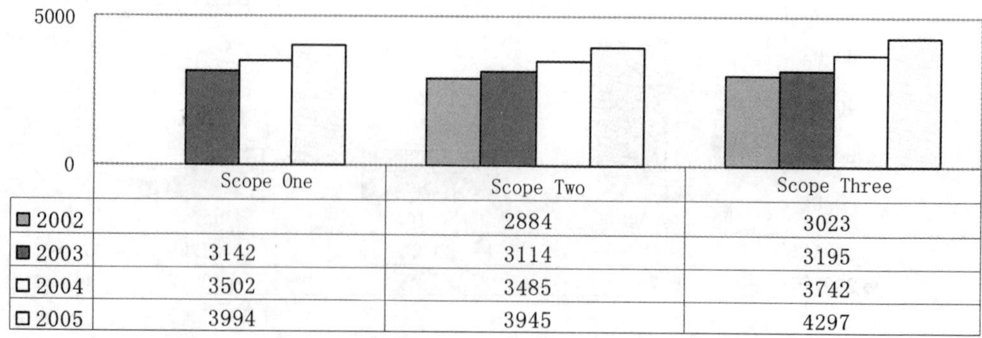

	Scope One	Scope Two	Scope Three
2002		2884	3023
2003	3142	3114	3195
2004	3502	3485	3742
2005	3994	3945	4297

Figure 6-6 Average Income of Farmers in the Reserve

The average size of land possessed by the farmer is 1.98 Mu/person (scope one), 1.71 Mu/person (scope two), and 1.14 Mu/person (scope three). It can be seen that the average size of land in the scope three (directly administered villages) is much smaller. The main reason is that the restoration of wetland and expansion of lake have inundated many agricultural lands. However, the average income of the people who live in scope three seems not affected by the reduction of land size. To the contrary, the average income is 7 ~ 8 percent higher than the average income of all the villages in Reserve.

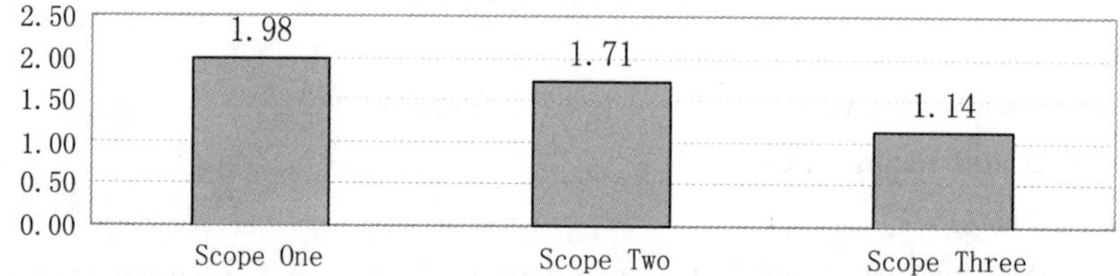

Figure 6-7 Average Possessed Land (Mu/Person)

In order to better understand the income of the residents, the research team divided the scope one into different ecological zones. The income of theses different zones were furthered analyzed. Figures 6-8, 6-9, and 6-10 show the detailed analysis results. Based on the analysis, it was found that west side of the Reserve has the lowest income; particularly, the average income of zone three is even lower than the average of China. The northeast side of the reserve has the highest income; and particularly, the average income of zone nine is the highest among all zones. The incomes in other zones are similar.

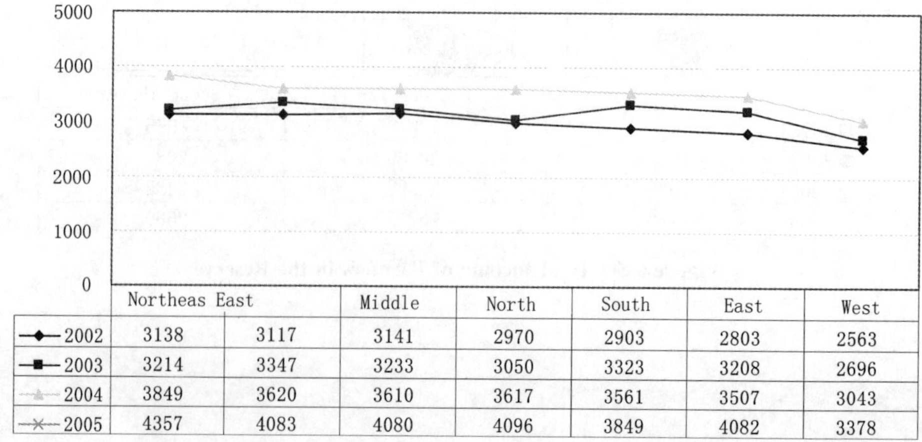

	Northeas	East	Middle	North	South	East	West
2002	3138	3117	3141	2970	2903	2803	2563
2003	3214	3347	3233	3050	3323	3208	2696
2004	3849	3620	3610	3617	3561	3507	3043
2005	4357	4083	4080	4096	3849	4082	3378

Figure 6-8 Comparison of Average Net Income of Farmers in Different Districts (2002 ~ 2005)

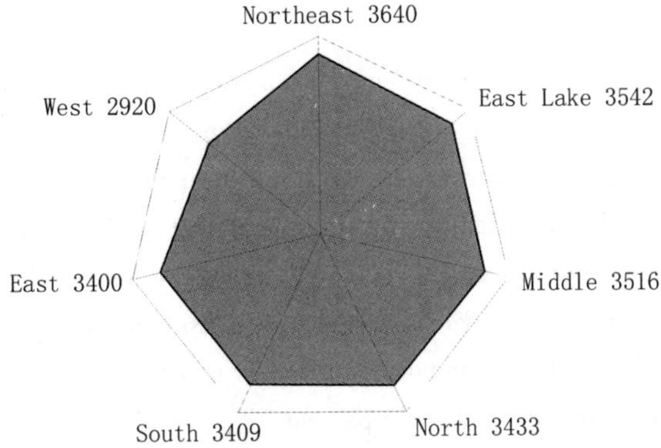

Figure 6-9 Average Income of Different Districts (average between 2002 and 2005)

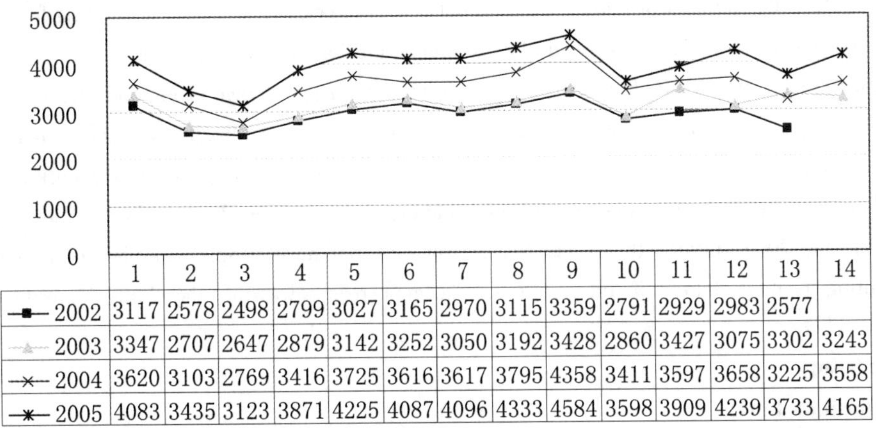

	1	2	3	4	5	6	7	8	9	10	11	12	13	14
2002	3117	2578	2498	2799	3027	3165	2970	3115	3359	2791	2929	2983	2577	
2003	3347	2707	2647	2879	3142	3252	3050	3192	3428	2860	3427	3075	3302	3243
2004	3620	3103	2769	3416	3725	3616	3617	3795	4358	3411	3597	3658	3225	3558
2005	4083	3435	3123	3871	4225	4087	4096	4333	4584	3598	3909	4239	3733	4165

Figure 6-10 Average Income of Different Ecological Zones (Yuan/Person/Year)

Table 6-3 The Scope of Ecological Zones

No.	Name	Location	Villages
1	East Lake Wetland	East Lake and Shores	Several villages near east lake and the water body
2	West Agricultural Area	West	17 villages
3	West Mixed Area		3 villages
4	Middle Agricultural Area	Middle Dike	1 village
5	Middle Fishing Area		2 villages
6	Middle Mixed Area		19 villages
7	North Wetland	North Wetland	Houhan village and area between Fuyang new river and Fudong drainage river
8	Northeast Agricultural Area	Northeast and West of Fuyang new river	18 villages
9	Northeast Mixed Area		One village (Zhao She)
10	South Agricultural Area	South of the reserve	One village (Ye Tou)
11	South Mixed Area		Seven villages
12	East Agricultural Area	East of the Reserve	16 villages
13	East Mixed Area		18 villages
14	Demonstration Area		25 villages

6. 1. 2. 2 Employment

The existing statistical data does not contain employment information for people living in the rural area. Therefore, the employment information in this research was primarily based on conducted surveys.

In the 2003 survey, 17 villages were surveyed and 657 valid samples were collected. Based on the survey, it was found that 388 households having migrant workers, accounting for 59. 06 percent of all surveyed households. The total number of migrant workers was 537 people, accounting for 31. 81 percent of the total number of workforce investigated. There were 296 households having local workers, the proportion was 45. 05 percent, was at home in 82 workers in the field, the proportion of 12. 48 percent for the 10 families in both local workers, some for Field workers, the proportion of 1. 52 percent.

In the 2007 survey, 39 valid samples were collected from the directly administered villages. It was found that 25 out of 39 households having migrant workers or work force not in agriculture. The percentage of the households is 64%. The number of persons who do not work in agriculture is 33, accounting for 34% of the total workforce (age between 16 and 60, excluding students and handicapped persons).

Based on the analysis, it was found that this area has a high percentage of migrant workers. Furthermore, based on the survey result of PRA/RRA, it was found that the younger migrant workers normally work in the nearby cities, such as Hengshui and Jizhou. There are also a small percentage of migrant workers work in other cities in Hebei Province such as Shijiazhuang and Handan, with a few working in large cities such as Beijing and Tianjin. In the 2003 survey, the research team noticed that most people interviewed were middle or old aged, accounting for more than 90% interviewees. The main reason was that the younger workforce had moved to cities.

6. 1. 3 Education

6. 1. 3. 1 Education Level

Based on statistical data from 6 townships overlapping with the Reserve and the 2007 survey, it was found that people without the high school degree were about 80%. Therefore, the overall education level is low. However, based on 2004 ~ 2005 statistical data, the education level was slightly improved.

Figure 6. 11shows the education level of residents in the six townships based on data from 2004 and 2005. Figure 6. 12 shows the comparison of education level between the 8 directly administered villages (based on 2007 survey) and the 6 townships (based on 2000 census). It can be seen that the education level of the 8 directly administered villages is even lower than the average of the six townships in the year of 2000. One factor that contributes to the low education level is that if the head of a household has a higher education level, the household is more likely to move out from the rural area.

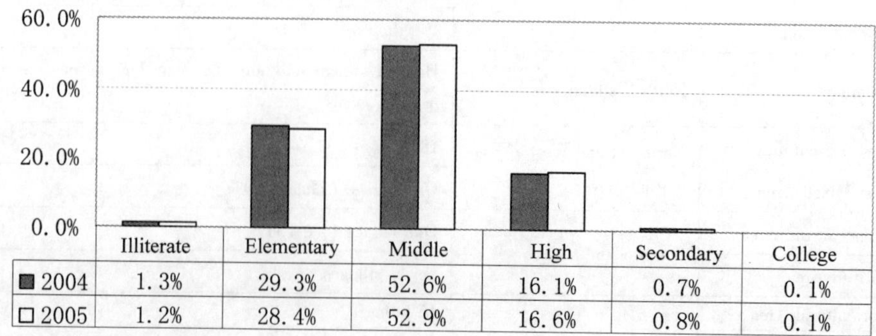

	Illiterate	Elementary	Middle	High	Secondary	College
■ 2004	1. 3%	29. 3%	52. 6%	16. 1%	0. 7%	0. 1%
□ 2005	1. 2%	28. 4%	52. 9%	16. 6%	0. 8%	0. 1%

Figure 6-11 The Education Level of Six Townships Overlapped with the Reserve (2004 ~ 2005)

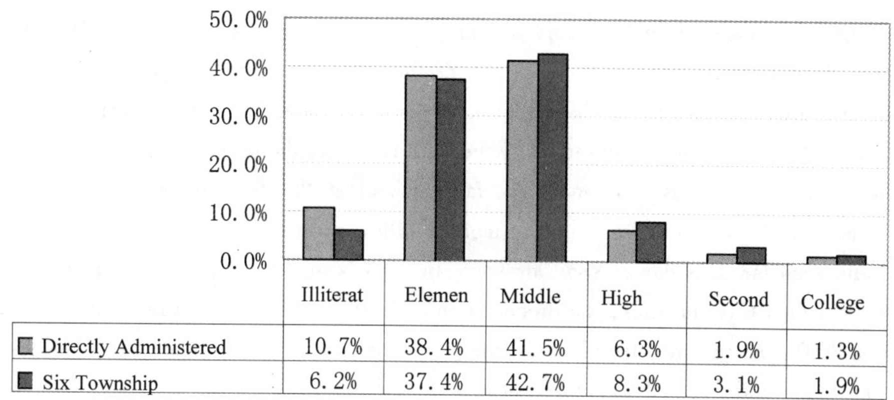

Figure 6-12 Comparison of the Education Level between Directly Administered Villages and Six Townships

Source: 2007 survey data and 2000 census.

Table 6-4 Education Level of 6 Townships where the Reserve Resides

Education / Town	Year	Illiterate	Primary	Middle	High	Technical	Junior College	College	Graduate	Total
Jizhou	2000	2710	24949	33770	12085	4248	2709	762	13	81844
	2004	961	5869	12262	3656	306		8		23062
	2005	901	5809	12376	3680	314		10		23090
Weijiatun	2000	1495	8215	7193	634	105	33	7	0	17715
	2004	20	1287	3470	2268	161		50		7256
	2005	20	1287	3470	2288	161		50		7276
Xujiazhuang	2000	2004	11975	13132	1774	201	138	24	0	29335
	2004	283	2588	6062	2875	26		6		11840
	2005	227	2588	6062	2931	26		6		11840
Xiaozhai	2000	2225	15697	14131	1572	341	106	10	0	34295
	2004	0	4392	10195	2114	0		0		16701
	2005	0	4400	10291	2120	0		0		16811
Zhengjiaheyan	2000	3193	13840	18380	2022	476	118	16	0	38045
	2004	0	8946	8561	2087	41		10		19645
	2005	0	8706	8933	2102	41		10		19792
Pengshecun	2000	2879	12860	13369	1286	1848	411	135	0	32788
	2004	0	4755	9437	2266	151		10		16619
	2005	0	4545	9756	2791	212		19		17323
(%)	2000	6.20	37.41	42.72	8.28	3.08	1.50	0.41	0.01	100
	2004	1.33	29.26	52.55	16.05	0.72		0.09		100.00
	2005	1.19	28.43	52.94	16.55	0.78		0.10		100.00

6.1.3.2 Educational Resource

The statistical data does not contain information on the educational resources for the elementary and middle schools. There are two elementary schools and one kindergarten in the scope one of the Reserve. Except for Shunmin village, it is convenient for all the children in other villages to attend primary school.

However, based on statistics of Taocheng city, there is a sharp decline in enrollment for both primary and secondary schools. The trend was also observed by the onsite study of the research team. As a result of the family planning policy and the process of urbanization, many schools in the Reserve are facing a major challenge of enrollment. Some schools have been cancelled or merged with the others, which have made it inconvenient for children to attend schools. This causes some dropouts in schools and the dropout primarily occurs in middle school. Based on Jizhou City statistics, the dropout rate in 2003 was 0.25% and in 2005 was 0.23%. Based on the survey in 2007, the research team had obtained 20 samples for children. One girl from these 20 children had dropped out from middle school and stayed at home.

Table 6-5 Student Population of two Townships in the Reserve (2004 – 2005)

	2004	2005	Change
Number of Elementary Schools	40	27	-33%
Number of Classes	174	132	-24%
Student Population	3994	3357	-16%
Number of Middle Schools	3	2	-33%
Number of Classes	43	36	-16%
Student Population	2563	1943	-24%

Source: Pengdu Township and Heyan Township Data from "2000 Census of Taocheng District, Hengshui City."

6.1.3.3 Education Cost

Based on the 2007 survey, the cost for attending the local primary schools (including fees and living expenses) is around 200 ~ 300 yuan / semester, ranging from 140 yuan to 400 yuan. The cost for middle school is significantly higher. The normal cost is around 3,000 yuan / semester, even up to 4000 yuan / semester. The reason is probably because there are only a small number of middle schools and boarding expense is high for students who have to stay at schools. To the surprise of the researchers, the burden of middle school education in rural areas has exceeded the per capita net income of local farmers. The high cost of middle school may be another factor for dropout. It is clear that decrease in the number of schools, and consequently children having to attend schools farther away, has significant negative impact on education in rural areas.

6.1.4 Medical Service

6.1.4.1 Medical Resource

There is no statistical data on medical service and social welfare in the Reserve. Based on "Jizhou Statistical Yearbook (2004 and 2005)" and "Economical Data of Taocheng District," the medical service is relatively convenient for rural residents. For example, every township has one hospital or clinic, in addition to small clinics in villages. The Reserve is close to cities; therefore, the residents can also choose large hospitals in the cities. There is also an increase in the number of medical workers and hospital beds. However, the statistical data also shows that public hospitals in townships are declining, in contrary to the increase of private clinics.

Based on statistical data for the eight directly administered villages, all medical services for these villages are private clinics, which are located in five villages. Some villages do not have clinics. Consequently, their residents have to go to neighboring villages for medical service.

Table 6-6 Statistics on Medical Institutions and Providers (2004 – 2005) of Jizhou City and Taocheng District

	Jizhou City				Taocheng District			
	2004	2005	Change	%	2004	2005	Change	%
No. of Townships	11	11			7	7		
No. of Villages	412	412			327	327		
City Level Hospitals	2	2			7	7		
Health and Epidemic Prevention Station	1	1			3	3		
Maternal and Child Health Station	1	1			3	3		
Rural Medical Center	7	7			3	3		
Medical Clinics at Township Level	11	10	-1	-9%	3	3		
Outpatient Clinics	15	20	5	33%	97	16	-81	-84%
No. of Beds	610	627	17	3%	1931	2645	714	37%
No. of Medical Workers	398	447	49	12%	1121	1798	677	60%
Medical Service Stations at Villages	470	610	140	30%				
Provided by Township Medical Center	9	4	-5	-56%				
Private Self-employed	461	606	145	31%				
Villages with Medical Service	380	333	-47	-12%				
Rural Medical Workers	827	865	38	5%				

Table 6-7 Statistics of Medical Service in 2006 for the Eight Directly Administered Villages

Village	No.	Type	Employed Workers	Income (Yuan)	Expense(Inc. Tax, Yuan)	Asset (Yuan)	Profit (Yuan)	Profit Rate
Dazhao	3	Private Clinic	3	84520	67050		17470	21%
Nanzhao	1	Private Clinic	2	3000	2000	4000	1000	33%
Beitian	2	Private Clinic	2	14500	9000	28000	5500	38%
Qinnantian	1	Private Clinic	1	10000	8000		2000	20%
Wangkou	1	Private Clinic	1	66000	6000	5000	6000	91%
Total	8		9	178020	92050	37000	85970	48%

Based on this survey, it can be seen that private medical providers has become the mainstream medical service providers in the rural areas. However, there are several drawbacks of these providers. First, the medical service network is not well distributed. Some villages do not have direct access to medical service. Secondly, the regulation and administration of these private medical service providers is not well defined and implemented.

6.1.4.2 Intention to Receive Medical Service

The 2006 survey included questions on the will of receiving medical treatment of the people interviewed. From Figure 6-13, one can see that the people are positive to receiving medical treatment; however, medical expense and the existence of nearby service providers affect their decisions to receive medical service.

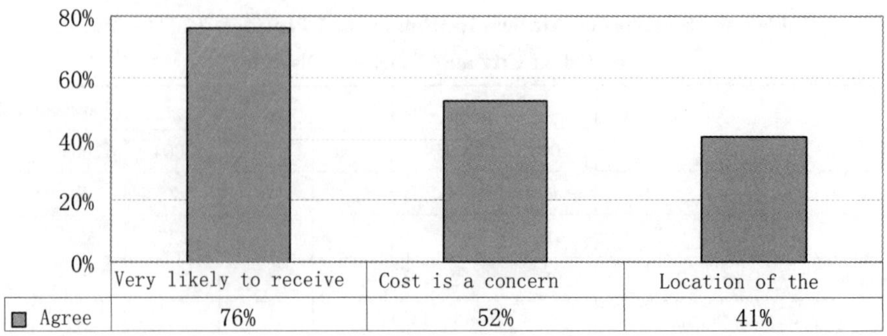

Figure 6-13 WIllingness to Receive Medical Service

Figure 6-14 shows the influence of the availability of medical facilities in the villages on their residents' willingness to receive medical service. It can be seen the influence is significant.

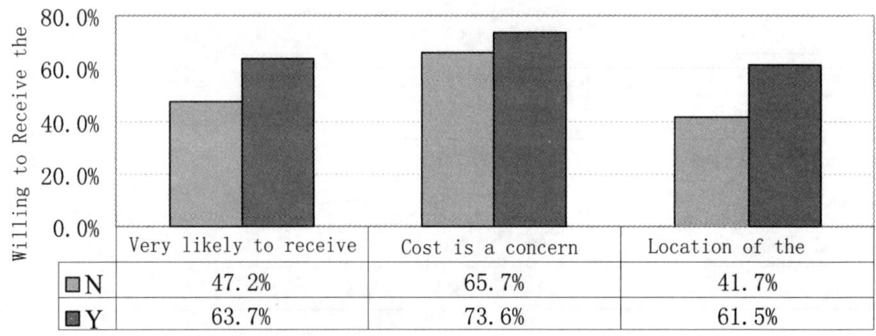

Figure 6-14 Availability of Medical Facilities on Willingness to Receive Medical Service

6.1.4.3 Selection of Medical Service Providers

Based on feedback from the 2006 survey, it was found that the first choice of medical service provider is township hospitals. These may be two reasons behind the choice: first, the hospitals are close; secondly, the cost is relatively low. The next choice is big city hospitals. There are also many people visiting private medical clinics. However, there are also a handful of villagers who turn to God witch and other Chinese feudal and superstitious activities.

In the 2007 survey (8 directly administered villages), 21 medical samples were recorded. Except for two samples used local clinics, all the other 19 samples used large city hospitals (90%). This may be because the public transportation to the city from these villages is more convenient than to other places. Another reason may be that the reported diseases are severer diseases such as heart diseases and high blood pressure. These diseases are better diagnosed and treated in large hospitals. In reporting the medical visits, the interviewees may have forgotten less severe diseases such as cold. Based on the respondents' options on village-level private clinics, many thought they were acceptable.

6.1.4.4 Medical Expense

In the year of 2006, the average income of clinics in the directly administered villages is 178,000 Yuan. It is estimated that the total income of the families in all the villages is 293.6 million yuan. The local clinics are usually visited for treatment of minor diseases. Therefore, the medical expense for minor disease is around 0.6% of the people's income.

For major disease, out of the 168 interviewees of 39 families surveyed in 2007, 21 had major diseases such as asthma, heart disease, high blood pressure, cancer, etc. The percentage of people having major diseases is 12.5%, which is similar to the number (11.6%) reported in the 2006 survey. Nineteen of out 21 patients got their treatments from city hospitals. Their medical expenses are not included in the income of local clinics.

For major diseases, it was found in the 2006 survey that the average expense of the local villagers is around 4000 yuan/year. In the 2007 survey, it was found that the average expense was around 6000 yuan/year. Since the 2006 survey focused on poverty issue, the average medical expense may be lower. Based on the data, it is estimated that the average medical expense is around 6.9% of the total income. Although the number seems not large, due to the lack of medical insurance, the expense has to be covered by the patients' families directly. The expense, 4000 ~ 6000 yuan/person, has exceeded the per capital income. It was also found that the primary reason for poverty in some familiesis disease. Therefore, improvement of medical facilities, health, and medical insurance in the rural area is critical to lift families from poverty.

6.1.5 Social Security

The social security system is based on a country' laws and regulations to ensure people's basic right to life and to provide them relief and subsidies. The social security system of a country reflects its social welfare development. The social security system includes special care, social relief, social welfare, social mutual help, and social security and so on. The social security issues involved in this study include the implementation of the anti-poverty policy in the rural areas, social insurance, and social relief.

6.1.5.1 The Current Social Security Systems

(1) Five Support System. The investigation shows that the five support system remains one of the major social security systems in the rural areas. The system is based on the "Regulations of Five Support System in Rural Areas" by the State Council. According to the regulation, old aged, disabled, or under the age of 16 villagers who are unable to work and have no other sources of support entitle the Five Support System. The Five Support includes food, clothing, housing, medical, funeral, and other aspects of life. One can see that subject of the Five Support system is very narrow, not for all the poor people. In fact, only 8 of the 86 poor families surveyed by the study had received such support, with the amount of subsidy of 200 yuan / year to 600 yuan / year, which is inadequate to meet their daily expenses.

(2) Family Based Health Care and Retirement Support. Based on the survey, rural medical insurance and retirement plan have not started in this area. According to the 2006 survey, 58.5% old aged people receive the support from their children, and 17.5% rely on their savings. In addition, many old aged people still try to work in the farm to obtain additional income (Figure 6-15).

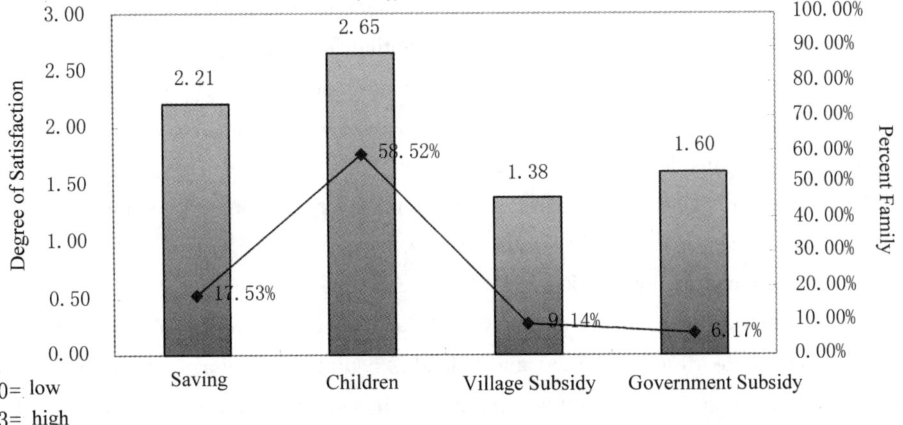

Figure 6-15 Retirement Support and Degree of Satisfaction for Poor Families

The survey also shows that medical expense is the largest expense for the rural families. Besides support form their children and their own savings, many people have to borrow money to pay large medical expense. One of the main reasons of money borrowing is medical expense. And the money is normally borrowed from relatives or friends.

6.1.5.2 The Status of Social Insurance

Based on the investigation, the insurance system in the rural area is still in its infancy stage. Most villagers in the reserve do not have basic medical insurance and retirement plan, not to mention injury insurance, maternity insurance, and agriculture production insurance. The lack of insurance increases the risk of low income families against accidents.

The retirement insurance is critical for the economic reform in the rural area of China. After more than 20 years of family planning policy, China's rural population structure has undergone great changes. The average number of persons per household has decreased from 5.7 in 1978 to 4.1 in 2005. For the poor families in the rural Hengshui area, the average persons per family are only 3.2, even 0.9 lower than the national average. With downsizing of families, the population in the rural area is getting older. Consequently, the pressure on the working force is increasing. This is detrimental to the eradication of poverty and, at the same time, easy for those who were just lifted from poverty to return to poverty. Secondly, the insurance will also help improve the relationship between the government and villagers, reduce the urban-rural gap, and maintain social stability in rural areas.

At present, the rural insurance policies in Hengshui city have just started. The current policies primarily focus on retirement insurance, especially for farmers who had lost their lands. The medical insurance and maternity insurance are primarily for urban residents. Even the retirement insurance shows difference between rural and urban areas. According to the Hengshui City Civil Affairs Bureau's Web site, the city planned to attract 2280 people from the rural area to the retirement insurance program in 2004. At the end of the year, there were 364 people added, only 16. % of the original plan. In 2005, there were 882 rural people added to the program. On the contrary, in 2004, the Hengshui city dwellers who entered the insurance plan were 112.1 percent of the planned number. As of 2006, the rural retirement insurance fund had accumulated 31,557,100 yuan, which is not proportional to the large population.

Medical insurance and retirement insurance are important for reducing poverty in the rural area. However, the progress on these two measures is not significant. One major reason is that villagers do not fully understand social insurance and the application procedures. They also do not have enough confidence on insurance companies. It is difficult to persuade the villagers to prepay the insurance premiums. If the initiation of the insurance programs can be financed by the Government, such as in addition to monthly payment to elder people, providing them a medical insurance that covers serious diseases, many issues caused by illness can be solved. The disadvantaged villagers will not slip into poverty because of medical expense and they are more willing to seek medical treatments. Although this depends on the financial capability of local governments, the social insurance program should be accelerated. This may be particularly important for the reserve since the livelihoods of many villagers are affected by the conservation effort in the reserve.

6.1.5.3 Assistance to Agriculture Production

Since the lack of well covered society security system, land leased by every household becomes the basic asset for making a living. In the rural area, the value of land is realized through agricultural production. Therefore, if the agricultural production can be well secured and protected, the villagers' livelihood will be ensured. However, agricultural productivity is highly affected by weathers and other risks. Natural disasters may be detrimental to agriculture production and further cause poverty to families. In some developed countries, the agriculture insurance can help reduce the risk, but it is not implanted here.

Based on the investigation, the agriculture insurance does not exist yet. As for assistance to agriculture production, the reserve administration provides basic state policy on agriculture subsidy, including direct subsidy and comprehensive subsidy. At present, the direct subsidy has raised from 16.64 yuan per mu to 20 yuan per mu. The comprehensive subsidy is based on direct subsidy, but also considers the price change on fuel, fertilizer, pesticide, etc. The comprehensive subsidy is 11.78 yuan per mu. Since the average land owned per person is less than 2 mu, the subsidy is insignificant.

If the source of income is reviewed, income from agriculture is the main source for families in the reserve, especially for poor families.

6.1.6 Rural Community Development

6.1.6.1 Community and Community Participation

Based on the definition of Chinese sociologist, "community is social groups on a certain geographical area and is a form social life." Villages in the rural area are typical traditional communities. A healthy community will be beneficial in several aspects of social life, such as promoting democracy, maintaining social stability, nurturing diversified cultures, and reducing crimes, etc.

6.1.6.2 Relationships inside Community

The appreciation and rapport between families within a community will affect their relationships and the health of a community. This further affects their willingness of collaboration and participation of community matters. The economic development, public affairs, and safety will also be affected. In the 2006 survey of poverty, several questions regarding community relationships were asked, including personal connections, receiving assistance in difficulty, tension between families, view on rich people, and so on.

(1) Channels for Receiving Assistance. At present, the Hengshui Lake reserve has very good community relationship. As shown in Figure 6-16, families with different backgrounds view positively on community relationship: in time of trouble, most villagers are able to receive help from other families, sometimes from village leaders, and occasionally from reserve administration. The reason that the villagers cannot receive much help from the reserve administration is due to the administration's limit on staff and financial resource.

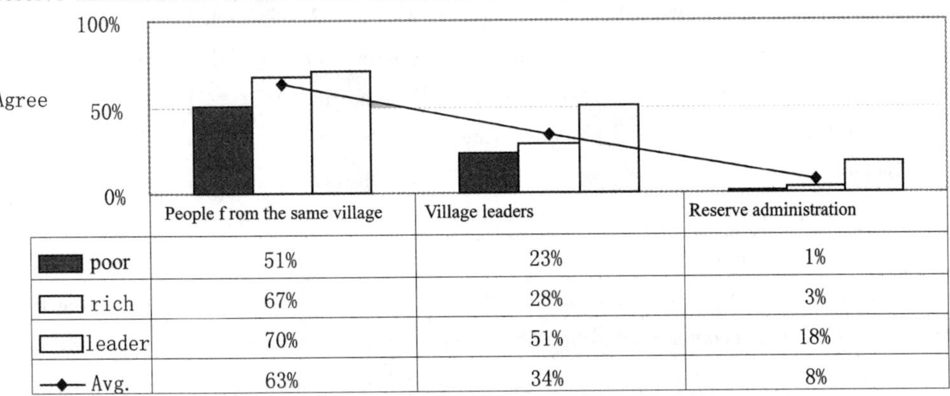

	People from the same village	Village leaders	Reserve administration
poor	51%	23%	1%
rich	67%	28%	3%
leader	70%	51%	18%
Avg.	63%	34%	8%

Figure 6-16 Evaluation of Assistance from Community

The survey shows that in 70 villages, 95% of them have their respective predominant family names. In addition, 70% of poor and rich families and those with village leaders have same family names with the predominant ones in their villages. Due to convenient transportation and high degree of openness, family background is not the main reason for gap between poor and rich.

It was also found that 43.7% poor families have no rich relatives, and only 17.5% poor families have rich relatives. On the contrary, only 10.2% rich families have no rich relatives and 4.8% village leaders have no rich relatives. Therefore, poor families may be more difficult to receive assistance from relatives in financial hardship.

It was also found that 87.2% poor families have no relatives working as village leaders, while 69.5% rich families have no relatives as village leaders, and 31.7 village leader families have no relatives as other village leaders. The lack of connection between poor family and village leaders may put them in a disadvantageous position in receiving useful information to reduce poverty. In addition, 1.6% village leader families have township officials and another 1.6% village leader families have city officials (Figure 6-17).

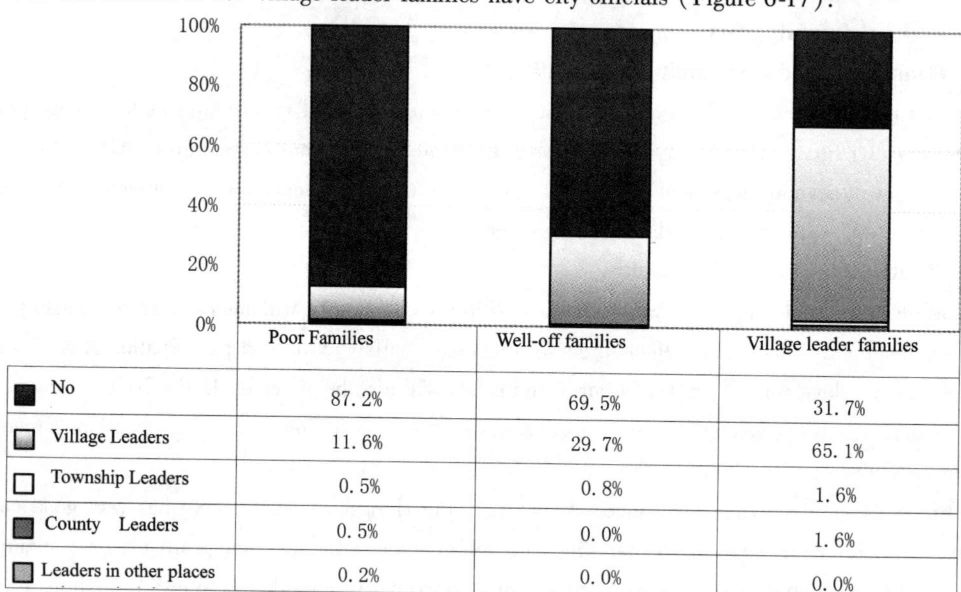

	Poor Families	Well-off families	Village leader families
No	87.2%	69.5%	31.7%
Village Leaders	11.6%	29.7%	65.1%
Township Leaders	0.5%	0.8%	1.6%
County Leaders	0.5%	0.0%	1.6%
Leaders in other places	0.2%	0.0%	0.0%

Figure 6-17 Connection to Village Leader or Higher Government Officials

(3) Influence of Rich Families. The investigation shows that 52.4% rich families and 56.2% village leader families have already (or are willing to) contributed to village welfare and assisted poor families (Figure 6-18) This is clearly in favor of building harmonious new village communities.

Most poor families have positive and objective views on rich families. The poor families believe that the main reason for those families getting their wealth is handwork, followed by smart business decisions. This indicates that the poor families do not blame the society for their economic conditions and try to improve their income through more effort. The poor families generally do not have negative views on rich families: 51% of them think the rich families are helpful, only 1% of them think they are heartless. This indicates that the families in the reserve, in spite of their economic condition, get along with each other relatively well.

On the other hand, the rich families and village leaders believe the following reasons contribute to poverty: major illness, family burden, and the lack of working family members. One of the major family burdens is education. Therefore, in order to further reduce poverty in the reserve, education and medical insurance need to be improved.

(4) Conclusion. In summary, the 70 villages investigated in the study have good environment and positive culture. Except for some minor issues, families in the community coexist harmoniously. It was also observed

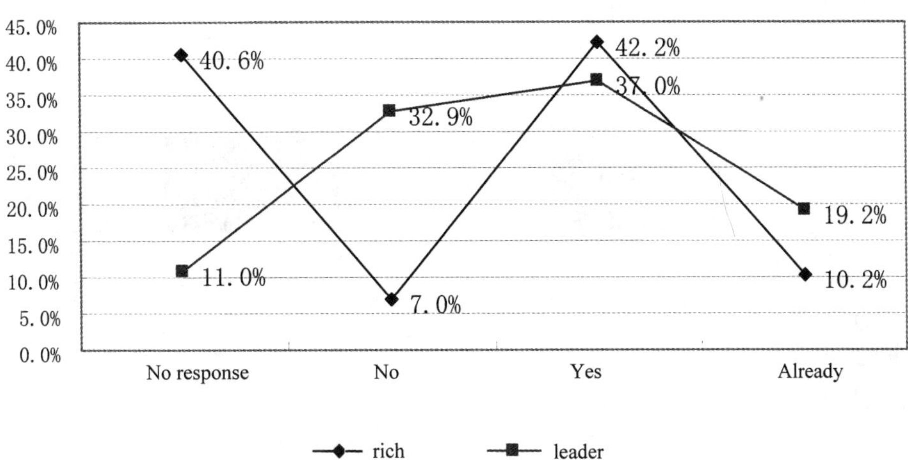

Figure 6-18 Responses to the Question "if the Interviewee Already or Willing to Provide Help in Poverty Reduction"

that the domestic garbage and waste water are not processed, and the rural roads need to be improved. The civic awareness of community residents need to be further improved.

6.1.6.3 Community Democracy

(1) Direct Election. Direct election has been widely carried out in the reserve. Based on the 2006 survey, 75% of people participate in direct election of village leaders. However, some villagers did not cast their ballots seriously. Among the three groups of people in Figure (Figure 6-19), the rich families care least about their democratic right. Village leaders in general are more serious about democratic rights.

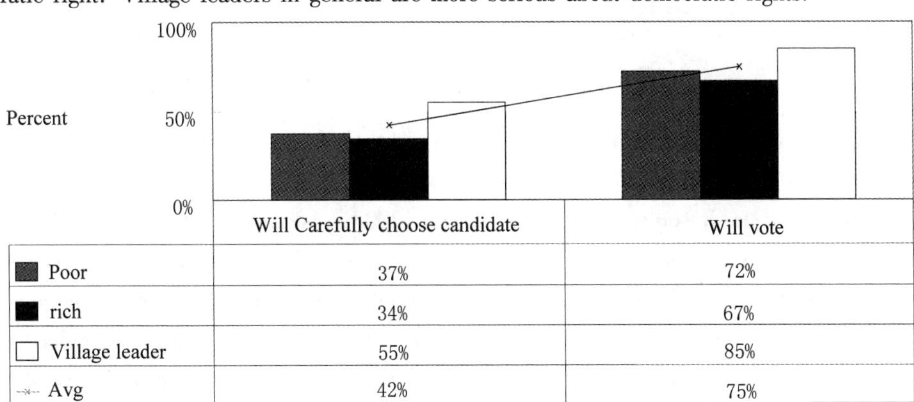

	Will Carefully choose candidate	Will vote
Poor	37%	72%
rich	34%	67%
Village leader	55%	85%
Avg	42%	75%

Figure 6-19 Voting Attitude by Different Group of People

(2) Election Result. In general, the villagers' feedback on election result is positive. However, when evaluating the fairness of the election, poor families generally do not perceive the same as the other groups. As for the elected village leaders, different groups general agree they will serve well on behalf of their interests.

(3) Openness of Village Affairs. As for openness of village management affairs, the survey received less valid feedback than other questions. It indicates that the villagers may not be familiar with those questions listed on the survey. This further implies that the openness of village affairs needs to be improved.

Based on the valid feedback, one can see that village leaders generally communicate with villagers on important affairs. The financial and accounting information is revealed to the villagers. The research team also noticed that such information is normally published in black bulletins of villages. However, the perception on

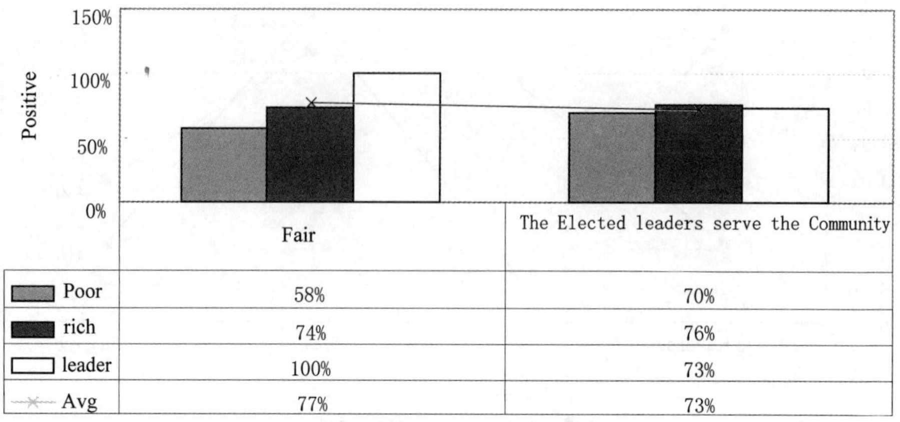

Figure 6-20 Evaluation of Election Results

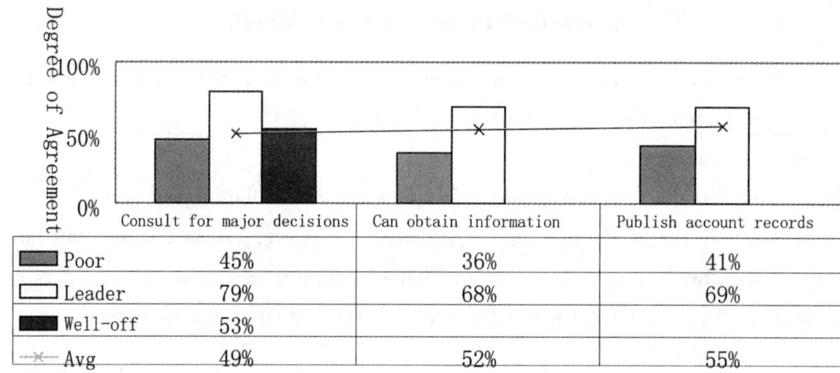

Figure 6-21 Evaluation of the Openness of Village Affairs

openness of village affairs is different between villagers and leaders, which shows it can be further improved.

6.1.6.4 Community Participation

(1) Attitude toward the Reserve. Based on a survey in 2003, residents in 17 villages indicated that the establishment of the reserve impacted their life, and more than 10% indicated the impaction was very significant. However, there were still 77% of residents supporting the establishment of the reserve, while only 8% opposed it. In the 2006 survey, the interviewed families were divided into three groups: poor, village leaders, and rich. The impact of the reserve on their life is shown in Figure . The survey results indicate that residents in the directly administered villages by the reserve feel the largest impact. However, they still think it is necessary to establish the reserve, more than residents from other surrounding villages. The villagers still has a low degree of agreement on the management style of the administration.

Since the residents in the directly administered villages are more severely affected by other villages, the study paid more close attention on this portion of residents. Through a further detailed analysis of feedback from three group of people, the researchers found out that the villagers perceive the influence of the reserve on their life is positive. For the different groups, the rich families generally benefit more from the reserve, and consequently, have higher degree of agreement on the establishment of the reserve. The poor families, however, suffered financial loss because of the reserve. Therefore, they have a lower degree of agreement. The poor families primarily depend on income from agriculture and fishing. The increase of bird population causes losses on grain production. In addition, the reserve starts to implement no fishing policy for a certain period of a year. The loss of grain production and fishing take tolls on poor families, in addition to loss of agriculture land. Therefore, to realize sustainable development, the reserve needs to provide alternative work opportunities for poor families.

It also should be noticed that the village leaders have low degree of agreement with the management style of reserve administration. Since the reserve administration work more often with village leaders, the iroptions are very valuable. The communication between the administration and village leaders need to be improved.

(2) Willingness to Participate Management and Construction of Reserve. The willingness to participate reserve management and construction is based on survey in 2003. The result shows that majority of residents are willing to participate in reserve management and maintenance. The number of volunteers may increase as more local residents realize the importance of the reserve.

6.2 Economical Development of the Reserve

6.2.1 Agriculture, Forestry, Fishing, and Livestock

The total output value of agriculture, forestry, fishing, and livestock is 213.29 million yuan in 2006, while agriculture accounts for 58%, livestock accounts for 33%, fishing accounts for 6%, and forestry accounts for 3%.

Based on the investigation of the research team, the contribution of these industries to the total family income is far less than other industries. For example, based on 530 valid samples in 2003, the income from these industries are 26.36% of total income, less than 41.53% from working in other industries. Agriculture can only maintain the basic livelihood of a family. Based on the 2006 survey on poverty, some families even lose money in agriculture. For example, the income from agriculture is −1.4% of total income for villagers in Qinnantian village. The contribution of agriculture for the directly administered villages has reduced to 5.6%.

6.2.1.1 Agriculture

The output of agriculture industry in 2006 was 168,200,000 yuan. The main cropsoutlived in the area are corn, wheat, cotton and others. Survey shows that, typically, the average yield for corn is 450 ~ 550 kilo / mu, the average yield of wheat 350 ~ 400 kilo/mu, and the average yield of cotton 150 ~ 250 kilo/mu. The average yield is relatively low comparing with other areas with more advanced agricultural technology. There are also other agricultural products produced in the area, including: soybean, peanut, cabbage, cucumber, eggplant, leek, beans, mushrooms, lotus roots, watermelon, grapes and others.

6.2.1.2 Forestry and Orchard

The total output from forestry and orchard in 2006 is 9,700,000 yuan, which accounts for only 3% of total value of agriculture, forestry, fishery, and livestock. The reserve lacks natural forest, and the existing one is planted. The main tree species for the area is the fast growing trees. In addition, the types of fruit trees include apples, pears, Chinese dates, and apricots and so on.

Based on the 2003 survey of typical 17 villages in the reserve, it was found that forestry and orchard only constitute 1.29 percent of total family income. And there were only five villages having forestry and orchard industry. According to the 2006 survey, the percentage of income from forestry and orchard for the directly administered villages can almost be neglected. There was only one family who raise poplar trees.

6.2.1.3 Fishery

The total output from fishing in 2006 is 17.45 million yuan for the reserve.

For residents who live close to the lake, many of them have turned to fishing as a result of loss of land. The species typically fished include: carp, silver carp, grass carp, blackfish, big fish, eels, perch, loach, shrimp, etc. The most fished species are carp and crucian carp, silver carp and grass carp. Some fishing practices are not proper or illegal, for example, using electrics. Some people tried to fish during fishing ban period. The high intensity of fishing has resulted in the reduction of fishing resources. Based on the survey in 2003 on 17 villages, 86.77 percent of people think that the quantity of fish and shrimp than have reduced to some degree; 71.85 percent of people think that the size of the fish has reduced to some degree; and 46.15% of people think the variety of fish has reduced. At present, the reserve has implemented seasonal fishing ban policy to protect fishery resources. However, the policy also needs to consider its impact on poor people. It is necessary to help poor farmers find alternative livelihoods other than fishing; or some type of financial assistance may be necessary.

The researchers also found that there is a big gap in incomes between families who simply do natural fishing on the lake and families who raise fish. According to the survey, fishermen's average household income was 5182.8 yuan per year, while the families that raise fish in the farm have an average income of 12693.9 yuan. The different income has stimulated the rapid development of raising fish in cages. Based on on-site observation, the proactive of cage raising fish had doubled in 2007 comparing to 2003. However, this has posed a negative effect on water quality. The fish and aquaculture must be reasonable planned to avoid lake eutrophication.

6.2.1.4 Livestock and Poultry

The output of livestock in the reserve is 98.19 million in 2006.

The livestock industry is concentrated in the north and west of the lake. The main varieties of livestock include cattle, pig,sheep, deer, etc. The main varieties of poultry include chicken, duck, and goose. In some villages, livestock and poultry are the main industries. The output of livestock and poultry industry in twenty two villages out of 106 had exceeded 1 million yuan in 2002, and between half million yuan and 1 million yuan for the other 19 village. The highest output is in the village of Houdian, more than 3.2 million. The waste processing from the livestock industry is currently not adequate, which affects water quality.

6.2.2 Manufacture Industry

At present, all manufacturing plants in the reserve are privately owned. The types of enterprises include the following:

6.2.2.1 Heating Equipment Industry

The plants are mainly located near the south of the reserve, close to the city of Jizhou. The Hengshui City is a well known for this industry. There are several related factories such as iron radiator, cast iron, power plants, etc. The total asset of these plants is several billion yuan and these plants are the main tax payers of Jizhou City. However, these factories have caused severe pollutions in the form of solid waste and air pollutant. In recent years, the industry is facing structural adjustment. For example, the asset for one plant, Spring Breeze Radiator, had reduced from 176 million in 2004 to 87 million in 2005 and the plant was now closed. The industry adjustment provides opportunities for the reserve to upgrade its industry and reduce pollution.

6.2.2.2 Chemical and Rubber

The industries produce chemical products, process rubber, and perform electroplating, and so on. The plants are mainly located along the national highway 106. Using a plant in Ji-heng Farm as an example, it produces chemical products. The plant was located in the east side of the lake and generated a great deal of harmful waste water and emissions. The plant had already completed its relocation in 2006, so that one important pollution source was removed. However, there are still some small rubber and chemical plants along highway 106. Their negative impacts on environment cannot be neglected.

6.2.2.3 Brick Making

The brick manufacturers are mainly located in the west side of the reserve. The products are sold to Jizhou

City and Zaoqiang City. The plants use clay to make bricks. Every year, 200 thousands cubic meters of soils are excavated. The excavation site is widely scattered. The largest excavation site covers 500 to 600 mu, with an average depth of 2.5 meters. The excavation site has caused certain damage to landscape and soil. On the other hand, the use of coal in brick manufacturing also causes pollution. Such activities are prohibited in China.

6.2.2.4 Agriculture Related Industry

Jizhou city has a good experience in creating leading industries that connect and assist farmers. Currently, the cotton and OSB board industries have well established connections with farmers in a chain development model so that the farm products can be easily sold and processed. For example, the Hualing Board Enterprise has an asset of 300 million yuan and has connected 1860 farmers. The raw materials purchased from those farmers are worth 320 millions yuan and, on average, create 17.2 thousand yuan income for each family.

6.2.3 Reed Resource and Related Industry

The reserve has abundant reed resource. The reed in this area is very white and smooth, suitable for making handicrafts. Part of the families have engaged in the development and use of the reed, which becomes an important source of income. Traditionally, the reed is used to weave mat, to build homes, to make suitcase, etc. The products have been sold to surrounding cities. The reserve had invited artist to provide training classes for women in the reserve to make paintings and high-edu curtains by using reed. The effort had just started yet so its impact needs to be further observed.

Since making high-end artifact from weed is very demanding, it is default for a large scale promotion. The reserve is trying to develop products with relatively low labor skills. However, such products face high competition with products from other places.

In general, the reed resource in the area is not fully utilized yet. A great quantity of reed is not harvested every year. Even for those harvested, they are mainly used for low-end products with little economic values. Many other types of aquatic plants have not been used at all.

6.2.4 Eco-Tourism

The eco-tourism is still in its infancy stage in the reserve, and only limited to three places: Lotus Pond, Peach Island, and Three Live Island. The Lotus Pond covers an area of 200 mu, whose main tourism attraction is lotus flowers. The Peach Island covers an area of 260 mu, whose main tourism attractions are fishing, riding camels and horse, observing deer, peacock, and picking wild vegetables. The attractions on the Three Live Island are catching fish by hand, Kongfu, acrobat, goat fighting, cock fighting, etc. The three places are connected by boats. Currently, there are 256 boats, one marina, and 6 stop places. Half of the visitors are nearby residents. In 2005, the place attracted 200 thousand visitors. All the incomes from tickets and boats go to the villagers. On average, each boat can earn 10,000 per year.

6.2.5 Contributions of Each Industry to Villagers' Income

(1) General Condition. Based on the survey of 17 villages in 2003, the average household income is 10039 yuan. The first source of income is migrating temporary working, accounting for 41.53%. The second source of income is agriculture, accounting for 26.36%. The third source of income is fishing, accounting for 17.69%. The fourth source of income is commerce, accounting for 9.35%. The fifth is livestock, accounting for 2.89%. And the sixth is forestry, accounting for 1.29%. The others account for 0.9% (Table 6-8).

Table 6-8 Typical Sources of Income in 2003

District/Villages		Agr. (%)	Fishing (%)	Forestry (%)	Commerce (%)	Livestock & Poultry(%)	Temp. Working (%)	Other (%)	Total (yuan/yr)	Total sample (families)	Average (yuan/yr)
East	Xiaohou	34.66		9.08	5.14	1.32	45.59	4.22	331680	39	8504.6
	Beitian	22.25		1.60	21.15	8.43	46.56		406640	41	9918.0
	Wangjia	18.37	47.52	1.21		0.19	32.71		372370	36	10343.6
	Weitun	30.85	0.86	4.22	18.54	2.16	43.37		289150	33	8762.1
	Xinyi	10.85	11.88	1.66	11.76	0.83	63.01		420750	40	10518.8
South	Erp	5.69			5.02	2.68	80.27	6.34	298620	26	11485.4
	Daqi	1.01	5.05		23.46	4.04	63.07	3.38	198200	26	7623.1
	Sun	53.71				2.56	43.54	0.18	331850	35	9481.4
West	Nanliang	56.20			7.27	1.35	35.18		412870	37	11158.6
	Nanyue	43.49		1.46	2.47	0.29	52.29		222800	27	8251.9
North	Houdian	31.73			7.19	0.42	59.17	1.50	166980	31	5386.5
	Jvly	42.95		0.49	25.27	3.21	28.08		406050	31	13098.4
Center	Qianhan	31.90	20.09		7.02	28.95	12.04		149550	17	8797.1
	Houhan	73.38	12.29		1.60	3.63	9.09		187100	17	11005.9
	Shunmin		69.91		5.34		24.49	0.26	384200	30	12806.7
	Beiyue	13.90	33.34	0.75	5.78	2.56	43.66		397850	32	12432.8
	Beiguan		71.89		6.54		20.41	1.16	343950	32	10748.4
合计		26.36	17.69	1.29	9.35	2.89	41.53	0.90	5320610	530	10038.9

(2) The Directly Administered Villages. Based on the 2006 survey, the total income from manufacturing industry and commerce had increased to 62.8% for residents of the directly administered villages. The number far exceeds income from migrate working (16.8%), while the incomes from agriculture and fishing account for 5.7% and 5.5%, respectively. The income from cage-raised fishing is 4.3%; and the incomes from livestock and forestry account for 0.4% and 0.1%, respectively.

The high percentage of income from manufacturing industry and commerce partially benefits from the existing rubber industry. On the other hand, tourism has boosted the income of the residents, too. For example, there are 258 boats, each of which can generate 10,000 yuan per year. The total income from boats, 2.58 million yuan, already accounts for 11% of total income of the directly administered villages. This number does not count for income from dining and lodging yet. Based on the planned objectives of the reserve, the maximum tourists are 1.5 million per year. Therefore, the Reserve still has great potential to find alternative income sources for local residents.

Table 6-9 Typical Sources of Income of Directly Administered Villages (2007)

Villages	Agr. (%)	Forestry (%)	Fishing (%)	Aquacul. (%)	Livestock & Poultry (%)	Commerce (%)	Temp. working(%)
Nanzhao	23.8	1.1	0	−3	2.4	3.5	62.5
Dazhao	6.1	0	20.9	20.9	0	17.5	18.2
Beitian	10.6	0	1.4	0	0	59.2	28.4
Qinnantian	−1.4	0	3.5	0	5	10	62.3

(续)

Villages	Agr. (%)	Forestry (%)	Fishing (%)	Aquacul. (%)	Livestock & Poultry (%)	Commerce (%)	Temp. working(%)
Xunantian	4.5	0	0	0	0	88.9	6.6
Liutai	34.6	0	0	0	0	0	65.4
Wangkou	2	0	2.5	0	0	91.7	3.6
Shunmin	—	—	—	—	—	—	—
Total	5.7	0.1	5.5	4.3	0.4	62.8	16.3

6.3 Evaluation of Regional Competition Capacity

6.3.1 Total Economic Value and Living Standard

6.3.1.1 Population

Based on the census of Hengshui City, its population has increased from 2.8281 million in 1962 to 4.1763 million at the end of year 2005. The growth rate is 47.67%. Although the figure is lower than the national average, but it is still quite significant for a small city.

Table 6-10 Change of Total Population of Hengshui from 1995 – 2005

	Population(10k)	GDP(100 million)	Per cap. GDP(yuan)	GDP increase
1995	405.85	163.54	4048	3.65
1996	407.32	207.22	5097	1.27
1997	409.77	242.42	5934	1.17
1998	412.6	266.24	6475	1.10
1999	415.03	279.21	6747	1.05
2000	411.47	277.22	7225	0.99
2001	410.52	309.79	7854	1.12
2002	410.8	351	8544	1.13
2003	413.35	396.8	9600	1.13
2004	414.27	473.8	11437	1.19
2005	421.8	520.63	12343	1.09

Source: Hengshui Year Book

6.3.1.2 Gross Domestic Product

The gross domestic product (GDP) of Hengshui city has increased from 223 million yuan in 1962 to 52 billion yuan in 2005. There are two fast growing period. One is in the 1990s. The highest GDP growth occurred in 1997 (16%), much higher than the national average. However, the GDP falls back to 5% in 1999, lower than the national average. After the year of 2001, the city experienced a second round of higher GDP growth, with the highest value (19%) in 2004, but it fell back to 8% in 2005.

Comparing the 11 major cities in Hebei Province, the GDP of Hengshui is in number 8. There are two cities near Hengshui city, Shijiazhuang and Baoding. Their GDPs are much higher than Hengshui. How to effectively use the economic opportunities in Shijiazhuang (the capital city) is important for Hengshui City.

6.3.1.3 Per Capital Index

In 2005, the per capital GDP, farmers' net income, and net income of city residents in Hengshui are 12343 yuan, 3533 yuan, and 8974 yuan respectively. Of these three numbers, only the farmers' net income is above the nation average. However, the increase of per capital GDP from 1996 to 2005 had increased by 2072 nationally, while the increase in Hengshui was 1539. Therefore, the GDP increase in Hengshui is slower than the national average.

The average net income of city residents of Hengshui is not only lower than the national average, the gap has increased. In 1996, the net income of residents in Hengshui was 979.9 lower than the nationally average, while it increased to 1546 in 2005.

Comparing with other districts in per capital GDP, net income of farmers, and net income of city residents (Figure), the economical development of Hengshui still lags behind.

6.3.2 Industry Distribution and Labor Force

The percentage of Hengshui has transformed from a agriculture dominant industry to a manufacture dominant industry. As shown in Figure, since 1996, the service industry has passed the agriculture industry. This indicates that Hengshui has moved into a new stage of development.

6.3.3 Openness and Globalization

6.3.3.1 Foreign Investment

Hengshui city received its first foreign investment in 1995 in an amount of 34.72 million US dollars. Since that, the foreign investment is proportional to economic development. The peak of foreign investment occurred in 1998, with an amount of 80.06million US dollars. Then the foreign investment slowed down. Another peak occurred in 2005, with an amount more than 100 million US dollars. However, the total direct investment is only second to the last city.

In general, as a inner city, Hengshui city faced severe competition from other large cities and coastal cities.

6.3.3.2 Foreign Trade

As for foreign trade, the export of Hengshui City in 2005 is 688 million US dollars, much improved from 122 million US dollars in 2001. This is at the higher end comparing with similar cities along the Beijing-Jiulong railway. The income from foreign tourists is only 690 thousand US dollars, which is relatively low comparing with similar cities.

In summary, Hengshui city has rapidly integrated with the world economy. Especially, its international trade has significantly increased in recent years. However, there is still a lot of potential for the globalization of Hengshui city. Hengshui city needs to further increase the quality and value of its export. As a city with a national reserve, rare wetlands, as well as the rich local historical resources, international tourism should be expanded in the future.

6.3.4 Educational Spending

Out of 11 cities in Hebei Province, government educational spending of Hengshui city is ranked in number 7. The typical education issues include low investment and lack of high quality teachers.

6.3.5 Competition of Wetland

Within a radius of 300 kilometers around Beijing City, Tianjin City, Hebei Province, and Shangdong province are all planning conservation projects and establishing wetland reserves.

By only looking at Hebei Province, many natural reserves have been rapidly established. From year of 2000 to 2003, the natural reserves had increased form 11 to 24. Based on the "Eleventh Five Year Plan" of environmental protection of Hebei Province, the total investment on natural reserves and conservation projects will be 9.27 billion yuan. Of the total investment, 1.52 billions will be used to establish new or upgrade old nature reserves. The total number of reserves established or upgraded are 49, covering an area of 14 thousand square kilometers. The other part of the investment, 7.75 billion, will be used on 11 conservation projects, including restoration of the ecosystem of Baiyangdian Lake, treatment of waste from poultry industry, and river treatment, etc. By 2010, it is planned that 45 new nature reserves will be established in Hebei Province. Priorities will be given to Yan Mountain and Taihang Mountain as well as coastal wetlands. At that time, the total area of natural reserve will be 896000 ha, accounting for 4.8% of total area of Hebei Province. Around 90% of habitats for protected wild animals in China and typical ecosystems will be protected.

Beijing and Tianjin are the important sources of tourists for Hengshui Lake. However, these two cities are making effort to conserve and restore their own wetlands. Based on the plan for wetland conservation made in June 2002 by Beijing City, it plans to establish 12 wetland reserves. These reserves cover a total area of 50,000 hectares and the total investment is 336 million yuan. Tianjin City is also very interested in wetland protection and environment conservation. At the end of 2000, Tianjin has already three state level nature reserves, three city level nature reserves, and two district level reserves. These reserves account for 13% of the total area of the city. There are several reserves to protect wetland; and two more are planned to be established before 2010.

Shangdong Province is the close neighbor of Hengshui and a competitor for tourists from Beijing and Tianjin. In recently years, the province has enhanced its effort on environmental conservation. Based on the "Eleventh Five Year Plan" of the province, it decides to establish protection zones in important wetlands, riverhead, and sand erosion control area, etc. The province will focus on improving the environment of the southern mountains in Jinan, Nansi Lake, Dongping Lake wetlands, and the Yellow River Delta. The province will strengthen the protection of the ecological tourism zone and environmentally sensitive zones such as mines, quarries, and bay area. By 2010, the province plans to build 4 eco-friendly cities, 40 eco-friendly counties, and 8 cities meeting the standards for environmental conservation model cities in China.

Beijing, Tianjin, Shangdong, and Hebei can form a eco-friendly zone centered on Beijing and radiating 300 kilometers. Beijing, Tianjin, and Shangdong have more financial resources and therefore are able to make more investment. This brings regional competition on the conservation of Hengshui lake. Therefore, the Hengshui Lake Reserve will have to strength its unique characteristics and improve protection and management measures.

Chapter 7 Investigation and Evaluation of Poverty in the Rural Area of the Reserve

Although the per capita income of the rural area in the reserve is in the middle compared to the national average level, there is still a degree of poverty. This chapter is primarily based on an investigation in 2006 that deals with poverty issues.

7.1 Investigation Background

7.1.1 Investigation Objectives

The investigation on poverty in the rural area of the reserve was to achieve two objectives. The first objective is to understand in detail the poverty conditions, which include living conditions of poor families, the structure of the population, income, expenditure, family asset, medical care and education burden, etc. The second objective is to contact three groups of people-poor families, wealthy families, and village leaders, and to assess poverty issue from different aspects. By communicating with these people, the researchers hope to identify conflicts between sustainable development, resource constraint, and environmental conservation. It is expected the results of the investigation will identify feasible solutions to poverty issues.

7.1.2 Investigation Method

To fully understand the extent of poverty in rural villages, there searcher randomly identified typical 70 out of 106 villages within the reserve. The 106 villages are in an area of 187.8 square kilometers; therefore, villages are very close to each other. The 70 villages should be very representative of the overall condition. When identifying the villages, their geographical locations, types of ecosystem, and typical predominant industries were also considered. In addition, the investigation included 8 villages directly administered by the reserve administration: Dazhao, Nanzhao, Beitian, Qinnantian, Xunantian, Liutai, Wangkou, and Shunmin.

Then, the researchers divided 70 villages into groups according to their geographical location. Each group consisted of two or three villages. A team of investigators (one or two persons per team) were then sent to the groups of villages and interviewed with villagers. The villagers were randomly selected prior to the investigation. The content of the investigation includes:

(1) Interview with Individual Household. The investigators made door-to-door visits to identified families. Considering some families may have low education level and consequently may not understand the questionnaire very well, the investigators spoke with each interviewee and recorded the conversation. The conversation was summarized at the end of the day and the obtained information was filled into a feedback form

The interviewed subjects were selected based on stratified random sampling. The investigators first decided the number of poor, wealthy, and village leader families they wanted to interview; then they identified these families by conversation with villagers and village leaders. The families in poverty account for 2% of total families in the Reserve, while the wealthy families are about 1 to 3 families per village and the village leader family is one per village. The investigation subjects were also slightly adjusted based on the size of the village.

(2) Participatory Rural Appraisal, PRA (Participatory Rural Appraisal). Participatory Rural Appraisal (PRA) refers to group conversation with unlimited number of villagers, who are invited to the meeting by the village leaders. The purpose of PRA is to identify issues commonly perceived by villagers and to find solutions through brainstorming discussion. The PRA was employed to make up for deficiencies of one to one interview.

(3) Observation. The observation method was mainly used to record the local customs, environment, culture characteristics, artifacts, folklores, and major historical events, etc. Since some custom may be too sensitive to discuss, they can be only identified by observation. Another function of observation is to understand and find local culture resources.

The method (2) and (3) were summarized by investigators ina report to the research team.

All investigators were trained college students. There were as a total of 22 groups and 41 students. The investigation started on July 6th, 2006 and the average time for each village visit was 7 days. The whole investigation process had been fully supported by the reserve administration and villagers.

7.1.3 Survey Result and Basis Information of Interviewees

The research team issued a total of 613 questionnaires and received 596 valid responses. Of all the returned questionnaires, were recovered, 405 copies were from poor families, 128 questionnaires from wealthy family, and 63 from village leader families.

Most of the respondents were male. For poor families, the male and female sex ratio of the respondents were 6:4; for wealthy families, the ratio was 7:3; and for village leader families, the ratio was 8:2 (Figure 7-1).

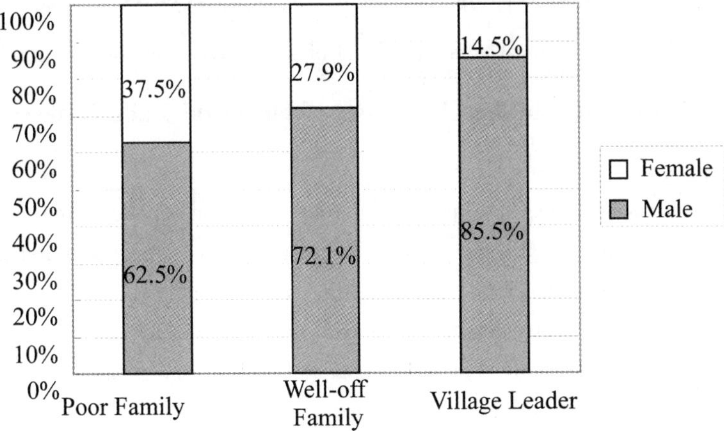

Figure 7-1 Basic Information of Interviewee

The age distribution of the respondents was between 40 years old and 65 years old. The under aged minors were not interviewed since they may not know family economical situations. For poor families, 15.8 percent of respondents were between 60 years old and 65 years old; and 61.5% percent were between 40 years old and 65 years old. For wealthy families, 21.9 percent of respondents were between 50 years old and 55 years old; and 68% percent were between 40 years old and 65 years old. the proportion of respondents who account for 61.5 percent; well-off families were interviewed in 50-year-old to 55-year-old accounted for up to 21.9 percent, 40 Year-old to 65 years the proportion of respondents who account for 68.0 percent; home village cadres of the respondents were in the age of 50 to 55-year-old accounted for up to 23.8 percent, 40 ~ 65 years of age the proportion of respondents who account for 81.0 percent (Figure 7-2).

The education background of the respondents was concentrated in primary and junior high school. For poor families, 51% of respondents state that the highest education level of their family members is primary school; and 81.7% state that the highest education level of their family members is below high school. For wealthy families, 48.1 % of respondents state that the highest education level of their family members is middle school; and 74.6 % state that the highest education level of their family members is below high school. For village leader families, 56.5 % of respondents state that the highest education level of their family members is middle

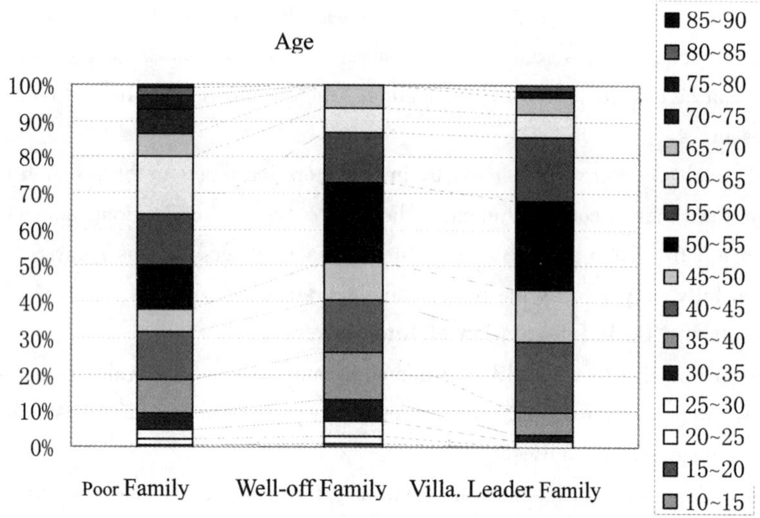

Figure 7-2 Age Distribution of the Interviewees

school; and 24.2 % state that the highest education level of their family members is high school.

7.2 Evaluation of Poverty in the Rural Villages of Hengshui Lake Reserve

7.2.1 Poverty Definition

Poverty is a multi-dimensional issue, subject to different evaluation standards and criteria. How to evaluate poverty is a complicated, yet critical issue, since it forms the basis for poverty relief policies. Poverty assessment involves two basic issues: One is to determine the poverty standard; and the other one is to identify poverty indicators. Assessment of poverty depends on patient and accurate investigation, as well as valid statistical analysis. However, more importantly, the work must be based on correctly selected poverty indicators. There are no uniformly adopted indicators to measure poverty.

Based on the "World Development Report of 2000," poverty is defined as lack of material resource, low level of education and health, and helplessness when encountering risk. Based on the opinions of some Chinese scholars, poverty includes two aspects: lack of material property and lack of spiritual poverty. Some scholars believe that poverty is backward in economical, social, and cultural development. It is caused by low income and further affects the opportunity of accessing basic necessities of life and self improvement. Based on the investigation of the study, the researchers define poverty as the lack of necessary material property and continuous lack of improvement on living conditions.

7.2.2 Identification of Poverty Indicators

Based on documents from Statistics Bureau of China and World Bank, the research team had defined a set of poverty indicators.

The research team defined poverty as the average spending of a family member less than 1000 yuan/year in 2006. By using the indicator, a total of 166 families were identified as in poverty status from all the samples. Based on the definition of poverty by Statistics Bureau of China, the standard is 683 yuan /year in 2006. Based on the Statistics Bureau of Hengshui City, the standard is 924 yuan/year. Some reports from the World Bank discuss the different standards on poverty between China and World Bank and did not deny the reasonability of Chinese standard. The report summarizes the findings from responses of 86 poor families, 128 wealthy families, and 63 village leader families.

7.2.3 Poverty Evaluation of Rural Areas in Hengshui Lake

7.2.3.1 Rate of Poverty

This study estimated that the rate of poverty is 0.4% of the total population, which is lower than the 2.5% of the national average in 2005. Figure 7-3 shows the change of poverty rate in nearly 20 years in China. One can see that the poverty rate had decreased significantly. One can also see that the absolute number of people in poverty is not large in Hengshui Lake area.

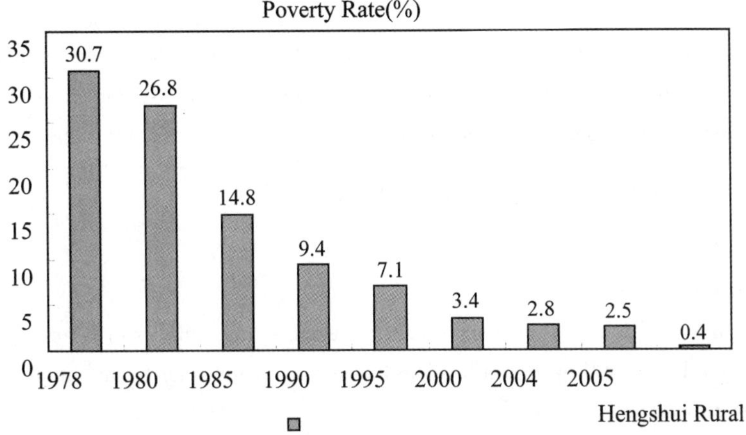

Figure 7-3 Comparison of National Poverty Rate with That in Hengshui Rural Area

7.2.3.2 Severity of Poverty

The rate of poverty shows the number of people in poverty comparing to the whole population. The severity of poverty reflects the distance between the per capital income of people in poverty and the poverty line, then divided by poverty line. This indicator can be calculated in the following equation:

(Poverty line-Per Capital Income of People in Poverty)/Poverty Line.

Based on the investigation data, the average distance between per capital income and poverty line for those families in poverty is 524.07 yuan. Based on 924 yuan poverty line, the indicator is 0.5672. Figure 7-4 shows the poverty severity indicator of the rural area of Hengshui Lake and the national trend, based on "2006 Statistics of Rural Residents."

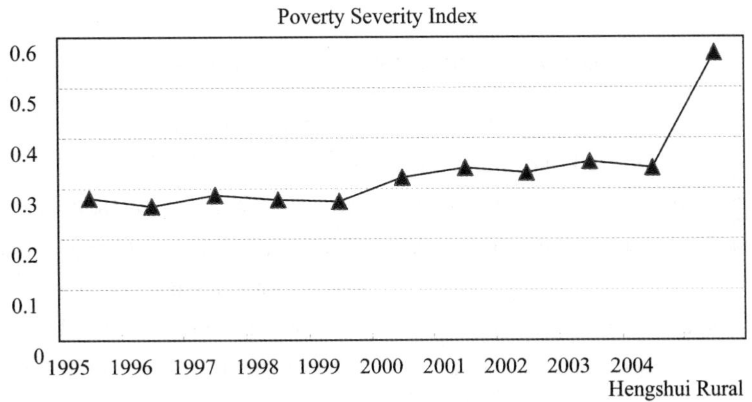

Figure 7-4 Comparison of National Poverty Severity Index with That in Hengshui Rural Area

From the trend shown in the figure, one can see that the severity of poverty has slightly increased over the past ten years, although the number of people in poverty has decreased. Additionally, the indicator for Hengshui area is 0.5672, much higher than the national average, which means that poverty in Hengshui Lake area is more severe than other regions. This was partially verified by onsite observation: most rural families had similar living conditions, except for a few experiencing hardship. And the families in poverty always faced difficulties in medical care, education, and care for senior family members.

7.2.3.3 Conclusion

In summary, the rate of poverty in the rural area of Hengshui Lake is lower than the national average, but the severity of poverty is higher. Some families are in desperate need for assistance. Therefore, an in-depth study of the poverty issue in Hengshui and seeking ways to relive poverty are very important.

7.3 Conditions of Families in Poverty and Causes of Poverty

7.3.1 Conditions of Families

7.3.1.1 Population Distribution

The household survey includes the number of family members, the number of labor force, and the number of older and minors, the burdens of each family. The burdens of family refer to the number of minors and seniors the family has to support.

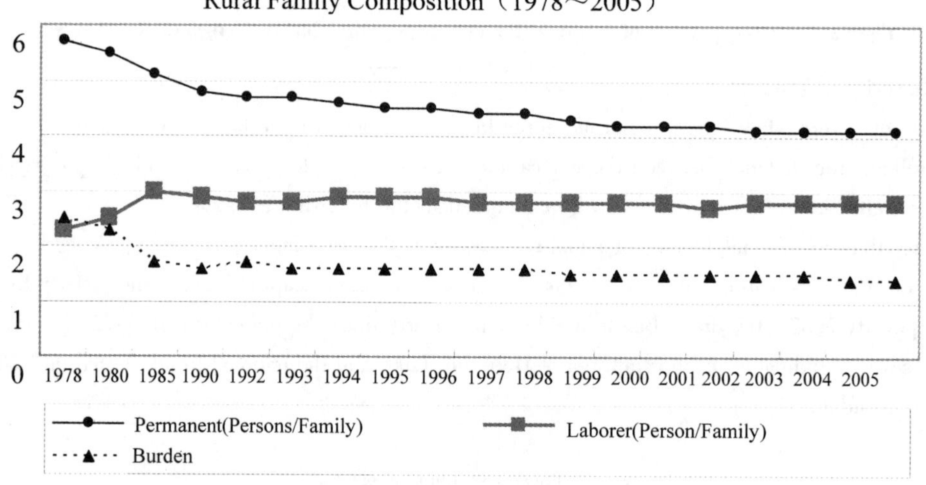

Figure 7-5 National Rural Family Composition

From the population distribution of all rural families in China, one can see that the size of the families has decreased, while the number of work forces stays the same.

From Figure 7-6, one can also see that the rural population distribution of Hengshui is different than the distribution in other areas of China. First, the number of workers per family is significantly less. In Hengshui, the average number of work force per family is only 1.5 persons, while the national average is 2.8 persons. The family size is also different. In Hengshui, the average size of poor families is 3.2, which is less than the national average 4.1. The number of burdens per family is 1.2 in Hengshui, which is similar to the national average 1.4.

7.3.1.2 Family Asset

(1) Housing. Housing is one of the main properties of rural families. The researchers investigated the

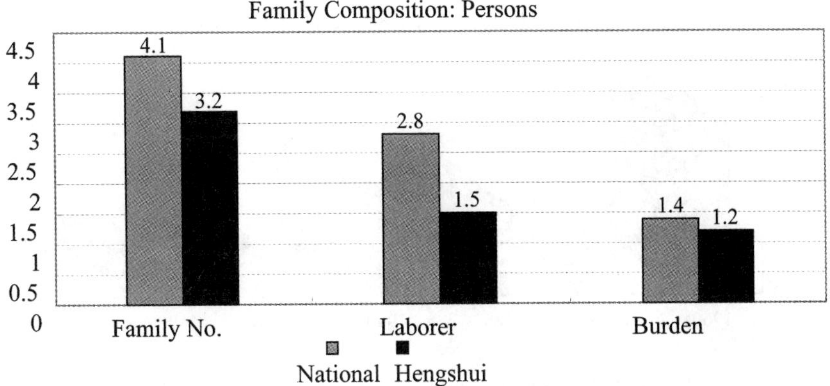

Figure 7-6 Comparison of Hengshui Family Composition with the National Composition

structure of houses, years of construction, cost of construction, and areas of house. The area of a house only includes the living areas, not including the area occupied by structures, kitchen, toilets, and other ancillary facilities.

From the housing data in Table and Figure, the average housing area per person increases every year. The average area per person for poor families is 33.5 square meters, which is 3.8 square meters more than the national average. The average area seems not very low. However, if the structures of houses are considered, one can find that 35.7% of those houses are earth-brick, 46.4% are single story brick, and 2.3% are two story brick. The cost of construction for these houses are low, only 125.3 yuan per square meter. If the construction year is considered, 37.2% of these houses were built in 1906s, 19.8% were built in 1980s, and 22.1% were built in 1990s. Houses built after 2000 were only 6.9%. One can see that the majority of houses owned by poor families were built in 1960s, which resulted from reconstruction after a major flood in 1963. Some families had benefited the economic development in the early 1980s and built houses at that period, but it seems that a lot of families in poverty did not catch opportunities in economical reform and development of China.

Table 7-1 Types of Buildings

	Floor Area (m^2/person)	Types of Building		Value(yuan/m^2)
		Brick-wood	Reinforced Concrete	
China 1978	8.1			
China 1980	9.4			17
China 1985	14.7	7.5	0.3	26.8
China 1990	17.8	9.8	1.2	44.6
China 1995	21	11.9	3.1	101.6
China 2000	24.8	13.6	6.2	187.4
China 2005	29.7	14.1	11.2	267.8
Hengshui Rural	33.5	10.5	2.7	125.3

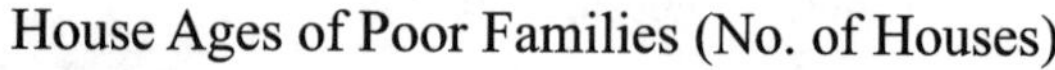

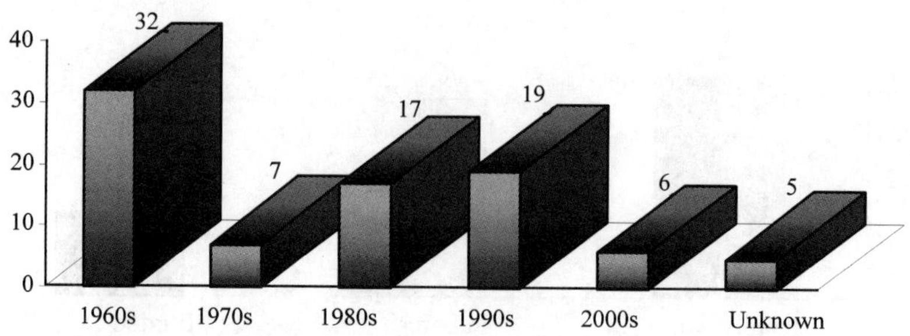

Figure 7-7 Built Years of Houses of the Poor Families

The houses owned by poor families not only have low quality structures, but also limited functionality. This is mainly reflected in heating, water proofing, and lighting and ventilation facilities. Only 48.7 percent of poor families have installed heating facilities, with a heating period of two and a half months. Even during the period, heating is not turned on all the day and temperature is not high. One of the reasons is the high cost of coals, which costs $1500 per family every winter. Another reason is low energy efficiency due to heat loss from doors, windows, and ordinary brick walls.

The low quality of housing also reflects in lack of plumbing facilities. 97.7 percent of poor families do not have indoor bathrooms; instead, toilets are built outside and waste water disposal system does not exist. There are two reasons for the low quality plumbing systems. First, although the economic conditions have improved, traditionally, rural areas do not use such system, even for wealthy families. Secondly, water supply is limited in the area, even day-to-day supply of water cannot be guaranteed.

(2) Capital Asset. Capital assets refers to asset used for production, including machinery, house, and other facilities for industrial and agricultural production. According to current classification of assets in China, transport and commercial assets are also included. More specifically, the assets include vehicle, large and medium-sized tractors, mobile thresher, harvester, water pumps, etc. The criteria are that the asset must have a value more than 50 yuan and last for more than two years.

Based on the investigation, the researcher found out that rural areas in Hengshui have a high degree of mechanization: Planting corns, crushing crops, and wheat sowing and harvesting, can all be done in machinery. Two types of equipment are typically owned by poor families: one is small tractor, primarily used for transportation of crops. Since it is difficult to rent one in busy season, 64.3% of poor families have bought the equipment. The second one if large to medium size tractor, primarily used to harvest wheat and crushing straws. Since this type of equipment is more expensive, only 21.2% families owned it. The majority of families lease this type of equipment; the lease rate is 40 yuan/mu/season. These types of equipment uses diesel as fuel, so the increase of diesel price in recent years has increased production cost and lowered the profit.

(3) Durable Consumer Products. Durable goods refer to consumer products that last a longer time and require larger one-time investment. These products include, but not limited to, household appliances, furniture, cars and so on. The research primarily investigated the possess of televisions, refrigerators, washing machines, microwave ovens, air-conditioners, telephones, computers, etc. The study not only reviewed the types of products owned by poor families, but also their conditions. The conditions of durable products were divided into 4 categories—the lowest one, "very old", having a score of 1 and the highest having a score of 4. Based on the investigation, 76.7 percent of poor households have television sets with an average condition of 2. 2. 37. 2 per-

Table 7-2 Capital Asset of Poor Families

Capital Assets	Building	Car	Big tractor	Small tractor	Thriller	Harvester	Other motor vehicle	Animal vehicle	Pump
Unit	M^2	No	No	No	No	No	No	No	No
Possession (per 100 families)	–	0	21.2	64.3	0	0	8.2	2.2	0
Use	–	–	Harvest	Transport	–	–	Short-range transport	Short-range transport	

cent of poor families have a telephone, with the average condition 2.6. 22.1 percent of households have washing machines, with the average condition 2.6. The ownership of refrigerators, microwave ovens, air-conditioners, and computers is less than 10% with an average condition of 3. This is because either they are recently purchased or infrequently used.

(4) Interior Finish. Interior finish refers to facilities not convenient for statistical analysis, such as the furniture, decoration, light fixtures, etc. The investigators subjectively evaluated the quality of interior finish and provided a rating based on their evaluation. If these is barely any interior finish, the score is 0; low quality interior finish, the score is 1, and so on. The highest score is 4. Based on the evaluation, the researcher calculated the average score is 0.99. The analysis result shows that 95.35% poor families scored less than two, and 34.88% of families scores zero.

7.3.2 Income

Income is a direct indicator for poverty. This report chose three sub-indictors for income, which are family net income, per capital income, and structure of income.

7.3.2.1 Income Level

Net income of rural households refers to the portion of income, after deducting production cost, tax, andfees that can be used for production investment, living expense, and saving.

Based on the investigation, it was found that the average net income for poor families is 1295.14 yuan. This indicates that the poverty level is severe. Considering that the average family size is 3.2, one can estimate that the average per capital net income is 404.73 yuan, which is a very low number.

Figure 7-8 shows the distributing of net family income. One can observe some unique characteristics from

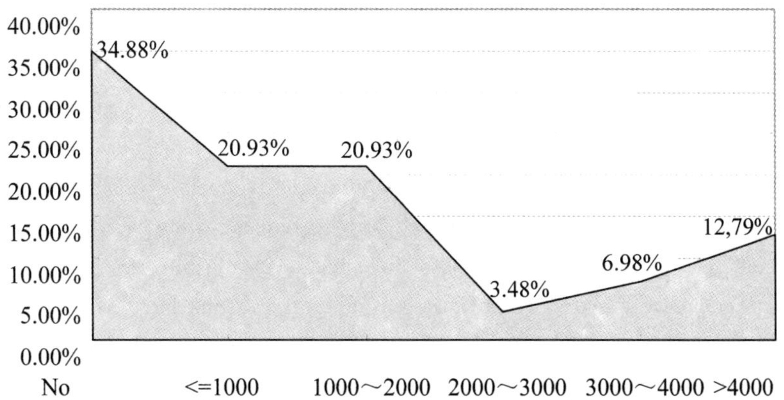

Figure 7-8 Net Income Distribution of Poor Families

Figure 7-13, which is based on data from 86 families in poverty. One can see that 34.88% of these families have no solid incomes. The produced agricultural products can only satisfy their own needs. The majorities of these families are comprised by either widowed seniors or handicaps. 76.74% (66 households) of the families have net income less than 2000 yuan per year. There are three families, 3.48%, that have income from 2000 yuan to 3000 yuan. These three families only have one source of income. 12.79% poor families have net income more than 4000 yuan per year. By reviewing the chart, one can see that even the families in poverty are very polarized.

7.3.2.2 Structure of Income

Based on the investigation, the researchers found that the sources of income for these families include agriculture, fishing, forestry, livestock, business, wage, gifts, subsidies, insurance compensation, disaster relief, land acquisition compensation, etc.

The survey data shows that 52.33% of poor families receive income from agriculture, with an average of 1466.73 yuan per year and no families receive income from forestry, fishing, and aquaculture. 5.81% of poor families receive income from livestock, with an average income of 564 yuan per year. 6.97% of poor families receive income from business, with an average of 1950 yuan per year. 16.27% of families receive income from migrate working, with an average of 2123.57 yuan per year. 13.95% of families receive income from other sources, such as subsidies for handicapped people, subsidies for Five-Guarantee families, and subsidies from their village. There were 12 families that received the subsidies with an average of 460 yuan per year.

(1) Agriculture Income. Agriculture income refers to income obtained from leased or owned land, including grain, cash crops, vegetables, tea, fruits, aquatic plants (such as turbot, lotus root) etc. The investigation revealed that the main planted crops include wheat, cotton, corn, alfalfa. Wheat price is usually in 0.7 yuan to 0.8 yuan per Jin (half kilogram), in a yield of 700 to 850 Jin per Mu. Cotton price is usually in the 2.5 yuan to 3.0 yuan per Jin, in a yield of 550 to 450 Jin per Mu. The price of corn is in 0.5 yuan to 0.6 yuan per Jin, in a yield of 900 to 1,200 Jin per Mu. Alfalfa is the feed for livestock, not usually sold as a commodity. The cost of agriculture includes seed, pesticides, chemical fertilizers (including wheat-specific fertilizer, phosphate fertilizer, urea, etc.), water for irrigation, harvesting and transport machinery, labor, etc.

(2) Fisheries Income. Fisheries income includes fishing from natural water and farm-raised fish, shrimp, crab, and other aquatic products. There are no poor families engaged in fisheries. One of the reasons is that these poor families do not live nearby the lake. Another reason is that poor families do not have enough manpower and startup funds to conduct aquaculture.

(3) Livestock Income. Livestock income refers to income from selling and slaughtering livestock and poultry. Local poor families usually raise livestock in a small-scale, but very scattered and based on a single family. The types of raised livestock include pigs, cattle, sheep, chickens, etc. A very small number of poor families have farmed rabbits. The sanitary condition is normally not good and some animals have caused damage to environment. The cost of farming varies with raised species. And raising livestock is a risky business; and risks encountered by the families include the fluctuation of feed price, epidemic diseases, drop of prices, etc. This makes hard for poor families that lack of information or financial savings to lift them from poverty.

(4) Income from Temporary Working. Temporary working is the second largest source of income for poor families. The jobs for the temporary works include construction, salesperson, interior finish, security guard, babysitter, etc. The average income varies with the type of job. For example, a construction worker receives 400 yuan to 1000 yuan per month, while a salesperson receives 500 yuan to 1000 yuan per month. The income from temporary working is relatively low.

(5) Income from Business. There are 7.0% poor families have family owned business. The types of business include small grocery stores, bicycle repair, transportation, etc. These businesses are very small; some even do not have fixed location. The products they sell are normally very cheap and unattractive to local residents. Some families also buy and sell agriculture products, process food, and sell meat.

(6) Other Income. As mentioned before, other income from support from family members, subsidies, subsidies from land occupation etc. Some families receive retirement pensions from plants they worked before, while others received income by working as teachers and accountants for the village.

7.3.3 Expenditure

The study of expenditure by the poor families is also important, which reflects their living standard and structure of expenditure. The four indicators chosen by this report include living expense, education expense, and medical expense, and total expense.

(1) Total Annual Expense. The survey data show that the average total expenditure of poor families is 5051.2 yuan per year, while the net income is 1295.14 yuan. Therefore, there exist a big deficit. The data shows that 34.3 percent of poor families spend less than 2,000 yuan per year. For there families, there is not much expenditure on food consumption, health care, and education. There are 17.4% families spending more than 10000 yuan per year, which is mainly to support college tuitions. In addition, 48.7 percent of poor families spend between 2000 – 9000 yuan per year. These families primarily spend on health care and primary and middle school education, accounting for 46.4 percent of their total expenditure.

(2) Living Expense. Living expense includes food, clothing, housing, household equipment, supplies and services, healthcare, transport, communications, and other goods and services. Of all these expenses, the housing expense means living related expenditures such as house maintenance, water, electricity and fuel.

The investigation shows that the average living expenses for poor families in the rural Hengshui Lake area is 3059.4 yuan per year. The food consumption of poor families is 1944.7 yuan. Although these families mainly rely on their farm grown food, they may still need to purchase cooking oil, meat, vegetables and other foods. It seems that food consumption has already exceeded the per capita net income of poor families. The energy consumption of poor families is mainly coal and natural gas, although many families still need to use firewood for cooking and heating. Many families complained high energy price. The national average energy consumption for rural families is 226.3 yuan; and the average is 411.4 yuan for Hebei Province. Comparing these two numbers with the energy consumption in Hengshui (Figure 7-16), one can see that these families spend much more on energy. All the investigated villages have access to telephone and mobile phones. The rate of water varies, depending on who runs the water supply facilities. The average water consumption cost is 14 yuan per year. In addition, poor families have an average of 500.5 yuan per year for medical expenses, which will be further analyzed in detail in this report.

7.3.4 Education

Comparing to data released by the National Bureau of Statistics, the illiterate (or very few literate) rate of the main work force of poor families in Hengshui rural area is 12.1 percent, while the national average for poor families in 2005 is 6.9 percent. The low level of education may be another contributor of poverty in the Hengshui Lake area. In addition, the family members with a high school degree or higher are 15% for these poor families in Hengshui rural area, while the national average in 2005 is 13.8. Since it costs more on high school or higher education, the burden of education may be another factor for poverty.

Table 7-3 Education Level of Poor Families

	Illiterate	Primary	Middle	High	Technical	College
China 1985	27.9	37.1	27.7	7.0	0.3	0.1
China 1990	20.7	38.9	32.8	7	0.5	0.1
China 1995	13.5	36.6	40.1	8.6	1	0.2
China 2000	8.1	32.2	48.1	9.3	1.8	0.5
China 2005	6.9	27.2	52.2	10.3	2.4	1.1
Hengshui Rural	12.1	36.5	36.7	9.2	5.1	0.4

Education expenditure is a major cost for some poor families. The average cost for poor families having education expense is 3511.5 yuan per year, accounting for 60.5 percent of total family expenditure. For families with education expense, each household has an average of 1.7 students and an average cost of 2065.6 yuan per student. 76.9 percent of students from poor families are enrolled in the local schools, while 23.1 percent are enrolled in non-local schools, such as in the urban Hengshui City.

From the above data, one can see that education has become a burden on poor families. The students from poor families primarily choose local schools. Some poor families cannot afford high cost of higher education. Children from these families sometimes go directly to work after they graduate from high school.

7.3.5 Comparison with Wealthy and Village Leader Families

The information above has already shown in the severity and extent of poverty issues. By comparing poor families with wealthy and village leader families, one may further identify the causes of poverty and solutions to this issue.

7.3.5.1 Comparison of Income Sources

By comparing income sources of the three types of families, one can see that poor families have narrower sources of income – 56.3 percent of income from agriculture. For wealthy families, the sources of revenue are significantly diversified. The agricultural income is only 12.4 percent of total income for wealthy families and 32.2 percent of total income for village leader families. Furthermore, the absolute value of agricultural income is lower for poor families than that for the other types of families. This may be due to two reasons. First, the amount of land owned by a family is based on the size of the family, while the poor families usually have fewer members. Secondly, certain agricultural production, such as planting cotton, is labor intensive, while the lack of labor force for poor families makes it less productive.

Since income from agriculture accounts for a higher percentage of total income for poor families, they have a higher degree of dependence on land than the other two types of families. However, the restoration of lake and expansion of reserve area may cause the loss of land for poor families. Since these families do not have other skills and enough resource, the conservation effort really puts them into a disadvantageous situation. It was reported that poor families from several villages adjacent to the lake engaged in fishing and poaching is due to the loss of land. Many respondents of the investigation had shown some anxiety to the establishment of reserve. Therefore, if the social security system can assist the landless peasants or to provide basic necessities for living, the management and operation of the reserve will receive less reluctance from local residents.

The investigation also showed that incomes from industrial, commercial and temporary working primarily caused the income disparity between poor families and the other two. There are fewer poor families engaged in business. Based on investigation, the proportion of poor families engaged in the business is 7.0 percent, with the average annual income of 7851 yuan. On the contrary, the proportion of well-off families engaged in business is 33.6 percent, with an average annual income of 49,677 yuan. And the proportion of village leader families engaged in business is 14.3 percent, with an average annual income of 21,400 yuan. Despite this fact, income from business and temporary working is still an important source of income for poor families, accounting for 24.9 percent of their total household income. However, for the well-off families, such income accounts for 57.6 percent of their total household income. Therefore, how to improve alternative sources of income for poor families should be the priority in lifting them from poverty.

In addition, the village leader family has other sources of income, accounting for of 23.2 percent of their total income. The alternative income includes wages and subsidies.

Poor families have neither high income from business or temporary working, nor other resources. The main reasons include (1) general lower level of education for family members; (2) lack of labor force; (3) weak economic foundation; (4) lack of adequate social security and medical security.

Table 7-4 Income Sources of Three Types of Families

Type	Income source	Agr.	Forestry	Fishing	Aqucul	Livestock & Poultry	Commerce	Temp. Working	Others
Poor families	% o	52.3%	0.0%	0.0%	0.0%	5.8%	7.0%	16.3%	13.9%
	Yuan/yr	1466	0	0	0	564	1950	2123	460
Well-off families	% of	85.2%	7.0%	2.3%	1.6%	5.5%	33.6%	56.3%	15.3%
	Yuan/yr	5575	3187	3500	50000	11150	49677	16508	3400
Village Leader families	% of	80.9%	10.2%	3.2%	4.8%	9.5%	14.3%	36.5%	85.2%
	Yuan/yr	7977	3869	5400	—	5400	21400	12196	5520

From the comparison one can further conclude that:

(1) Poor families are less engaged in forestry. There are no poor families engaged in forestry, while 7.0% wealthy families are engaged in forestry and 10.2% village leader families are engaged in forestry.

(2) Poor families are less engaged in fishing. There are no poor families engaged in fishing, while 2.3% wealthy families are engaged in fishing (average annual income of 3500 yuan) and 4% village leader families are engaged in fishing (average annual income of 5400 yuan). The investigation found that the reserve had stipulated seasonal non-fishing period, while poor families tend not to abide these provisions, poaching every day. Therefore, they do not want to tell the investigators that they are engaged in fishing. Since these families have little or no land, their livelihood will be severely affected if not fishing continuously. However, the quality of catch is not good and, consequently, the prices are usually less than 1 yuan per kilogram.

Aquaculture farming requests more investment, has more risk, and is heavily affected by market fluctuation. Therefore, it is not the main source of income for the three types of families. By comparison, poor families do not carry out aquaculture; 1.6 percent of the well-off families are engaged in aquaculture; and 4.8% of village leader families are engaged in aquaculture.

(3) Raising livestock is not a common source of income for families near the lake. It was found that income from raising livestock was 11150 yuan for well-off families, twice the income for poor and village leader families.

7.3.5.2 Comparison of Consumer Assets

The poor families also lack behind in possessing large consumer products, such as TV, refrigerator, computer, etc. In addition, the quality of owned consumer products of poor families is not as good as other families.

7.3.5.3 Comparison of Education Level

By comparing the education level of these different families, one can see that the highest education level of family members for 22.8% of poor families is either primary school or illiterate. This is much lower than well-off families and village leader families. The members of poor families who have high school education or above account for 34.7 percent of respondents, far below the 60.6 percent for the well-off families and 55.9 percent for the village leader families. There may be two reasons for lower education of poor families. First, their family members have to work earlier due to inadequate labor force of the families. Secondly, the low-income families may not be able to afford the cost of education. It can be seen that the education level of poor families is much lower than the other two types of families.

From the local employment data, one can see that 67.2% of workers from poor families have highest education in middle school or blow, 60.9 % of workers from well-off families have highest education in middle school or blow, and 55.6% of workers from village leader families have highest education in middle school or blow. This indicates that the general employment requirement on education is low for this area. The local workers are primarily engaged in physical work. People with higher education normally find jobs in other places. They contribute less to the local economical development

7.4 Analysis of Governmental Anti-poverty Measures

7.4.1 Investigation of the Degree of Agreement on Governmental Anti-poverty Measures

Anti-poverty does not mean social relief for elderly, sick, and disabled members. Instead, it more focuses on people who are capable of working but do not have appropriate employment opportunities. The purpose of anti-poverty is to assist this group of people to lift themselves from poverty through their own work. China's anti-poverty policy is the development-oriented poverty relief. Normally, the higher government agencies allocate anti-poverty fund to lower level government agencies. The advantage of this practice is that it can allow the local government to use the money on bigger projects; however, the poor families do not receive support directly. Based on the investigation on anti-poverty measures, 76.3 percent respondents from poor families did not agree completely; 19.8 percent had a low level of agreement. This indicates that this area has not significantly benefited from the national and local anti-poverty policies (Figure 7-9).

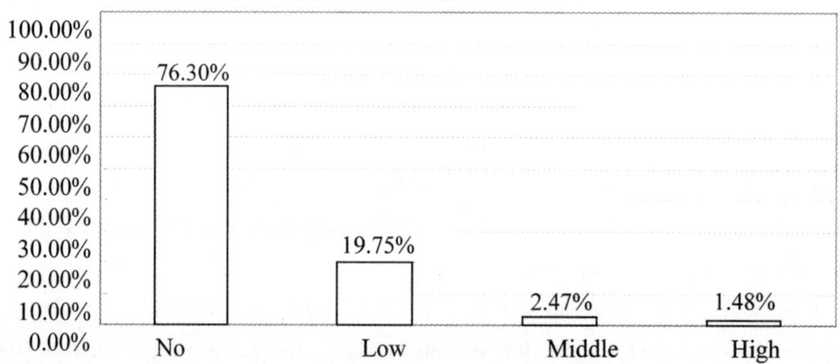

Figure 7-9 Degree of Agreement on Government's Poverty Reduction Effort

7.4.2 Expectations of Poor Families on Governmental Measures

The expectations and evaluations of poor families on governmental measures are illustrated in the following aspects: to provide employment information, to provide vocational training, and to provide direct assistance.

52.3% of poor families did not evaluate high on vocational training provided by government; and another 29.1% did not respond. There may be several reasons for low satisfaction on vocational training. First, government agencies have low incentives to provide such training program due to funding and personnel constraints. Second, the training may not meet the specific requirement of the job market. And thirdly, the families in the rural areas have not yet learned the importance of training and its impact on employment. And last, there is a lack of professional trainers. Therefore, the government agencies need to consider how to provide effective vocational training.

The rural area of Hengshui is located in lower terrain. The mainly planted crops are corns and wheat. Agricultural production is frequently affected by droughts and floods. Some villagers stated that if the drainage and irrigation facilities can be improved, the yield of grain can be increased by 10%. The use of agricultural production insurance may reduce the production risk to a certain extent.

The evaluations of poor families on assistance from government were summarized into two areas: the government assistance in getting back pays from temporary working and assistance in school admission. The evaluation scores were low because the villagers normally do not need government assistance in these areas.

7.4.3 Assessment of Governmental Anti-Poverty Policy

7.4.3.1 Lack of Employment Assistance

Since the local area does not have a mature labor market, villagers have few channels for employment information. It is difficult for poor families to find job opportunities. At present, the labor force in Hengshui Lake area mainly depends on relatives and friends for job information. For poor families, since they have less family connections and disadvantageous economical status, they normally do not have a lot of employment information.

As can be seen from Figure 7-26, 19.8 percent of poor families have high expectations on employment information provided by the government. These families desire to find temporary working opportunities in the agriculture slack season, but the opportunity is scarce. A total of 40.7 percent of poor families expect government to provide employment information. Another 59.3 percent of poor families have no such expectations, because they do not have enough labor force.

7.4.3.2 Inadequate Social Security

Due to the lack of rural social security, elderly care and medical expense have become the burden for poor families. Poor families have less labor, so some seniors will have to work. The children of these elderly people do not want to find job in a far place, since they need to take care of their old parents, which further affects their income.

Due to poor medical service for poor families, they may not receive prompt care in illness. Many of them do not seek medical treatment for minorailments in the hope of getting better by themselves. This is partially because they can not afford too much medical expense. On the other hand, the general medical care condition is not very good in the rural area.

Illness and lack of rural health care are major causes of poverty in rural area, not only in Hengshui, but other places in China.

7.5 Chapter Summary

The status and causes of poverty in Hengshui Lake area are summarized here.

7.5.1 Characteristics of Poverty in the Rural Area of Hengshui

Statistics show that the rate of poverty in the rural Hengshui Lake area is only 0.4 percent, below the 2005 national average of 2.5 percent for rural areas. But the severity of poverty is higher, with a poverty severity index of 0.5672, much higher than the national average.

Poor families within this group are further polarized. The incomes follow a concave distribution. The per capita housing area of poor families is 33.5m^2, higher than the national rural average of 10m^2, but the quality of housing is very low. The cost per square meter is only 125.3 yuan and the facilities are poor. The average age of houses is 25.2 years. In addition, 56.3% of household income of poor families is from agriculture. These families have less cash and purchasing power.

7.5.2 Causes of Poverty

The causes of poverty in the rural Hengshui Lake area are similar to other rural area in China. However, the Hengshui Lake area has some unique characteristics.

This section summarizes findings from the investigation on poverty issues. The common factors affecting poverty include the development level of the industry, household population, education, price, finance, etc.

7.5.2.1 Lack of Labor Force

The research team interviewed the local well-off families and village leader families. These families agreed that one of the major causes of poverty is the lack of labor for poor families. This conclusion is supported by relevant data.

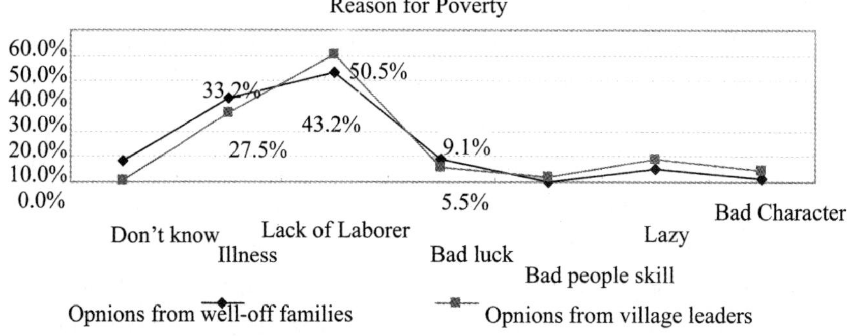

Figure 7-10 Perception on Poverty Reasons by Non-poverty Families

Comparing with the national average size of rural families, the poor families in Hengshui lack of 1.3 laborers per household. The number of workers in poor families accounts for 51.4 percent of total family members, which are lower than the non-poor families by 11.4 percent. Due to the lack of work force, the main laborers in a poor family will have to stay at home during the busy agricultural season, while the employers normally prefer workers who can work continuously. Therefore, the labor force of a poor family is less likely employed outside. Even if they can find jobs in the non-busy season, the wage is usually not high due to the abundance of work force during non-busy seasons. It was found that one of the major incomes for rural household is temporary working outside of the village. Many poor families lack of this source of income.

7.5.2.2 Low Quality Labor Force

The labor force in the poor families shows a characteristic of "two low and one shortage", which means that both the number and education level of labor force are low and they are short of vocational training. This is another reason for poverty.

The illiterate rate of the poor families in Hengshui Lake area is 12.1 percent, which is higher than the national average of 6.9 percent in rural areas as well as the average level in Hebei Province. Comparing to local non-poor families, the highest education level of family members for 47.4 poor families is primary school or lower. The number is 13.1 percent higher than non-poor families. The poor families have more seniors than non-poor families. The investigation also showed that no families out of the 86 poverty-stricken households had their family members participated in agricultural technology training.

Since the education level is low, family members from poor households can only perform physical work. As a result, the income is relatively low. On the other hand, many younger work force of poor families have middle school education or higher, they may participate in vocational trainings and improve their skills.

7.5.2.3 High Medical Expense

The burdens of poor families are primarily minors, seniors, and patients. Since the seniors normally perform some work, and major burdens are minors and patients, or handicapped family members.

It is commonly agreed by village leaders and wealthy families that illness caused poverty is the second reason for poverty. The conclusion is in agreement with the data collected by the researchers from the poor families. If a family member has major illness or is handicapped, the expense for the family is typically 3627 more than the other families. This number accounts for 71.8% of total expense of poor families.

7.5.2.4 Education Expense

For poor families with kids, education is another major expense. Based on the investigation, the education expense for primary school is typically 200 – 300 yuan per semester (including fees and living expense), ranging from 140 yuan to 400 yuan. The education expense is much higher for middle school, typically 3000 yuan per semester, or even higher. If a family has a college student, the expenditure would be more than 10,000 yuan per year, while 17.4% of poor families support college students. For the investigated poor families, if they have students, the average expense on education accounts for 60.5 percent of their total expenses. Therefore, the heavy burden from education should not be ignored.

7.5.2.5 Limited Sources of Income and High Dependence on Agriculture

For poor families, more than half of their total income is from agriculture. In recent years, the price increase of agricultural products is less than agricultural inputs. In addition, many poor families heavily rely on machinery for production, due to the lack of labor force. The cost of agricultural production is high.

Many poor families highly depend on land. However, the average land owned by person is only 1.71 mu for Hengshui area; and the average land owned per person for poor families is only 1.32 mu, which is far less than the average 1.89 mu/person in Hebei province. The small land size limits the efficiency of agricultural production.

There are only 9.8% wealthy families and 4.7% of village leader families that believe the reason for poverty is lazy or bad character. Therefore, poverty is more due to objective factors than to subjective reasons.

7.5.3 Recommendations on Improvement of Poverty Reduction Policies

(1) Redefinition of Poverty Line. At present, the poverty line in Hengshui rural area is below 924 yuan per capital. This standard was adopted several years ago to solve the basic needs of people. This number becomes too low if inflation is considered. It is recommended to the World Bank's standard to redefine poverty line, i. e., one US dollar per day based on the purchasing power. This will benefit Poverty Reduction and assist reaching United Nations' Millennium Development Goals.

(2) Enhancement of Poverty Reduction Policy. Traditionally, the effort of poverty reduction is primarily concentrated on the "development of natural resources." It is recommended that more emphasis should be given to the "development of human resources." In using natural resources to reduce poverty, the Reserve should im-

prove the resource use efficiency and reduce adverse environmental impact. In promoting "human resource development", the area should enhance school education, adult education, and training programs. This is critical to improve poor people's ability to adapt to the market and find more non-farm employment opportunities. In addition, medical care facilities should be improved.

(3) Integration of Development-oriented Poverty Reduction with Relief-oriented Poverty Reduction. The reserve has been employed development-oriented poverty relief activities to help the poor. However, one needs to consider that a portion of the population have lost their ability to work. Therefore, the development type of poverty reduction should be combined with direct relief in the future.

(4) Coordination between Urban and Rural Poverty Relief Systems. The rural Hengshui Lake is very close to urban areas. The majority of villages are located between Jizhou City of Hengshui City. The public transportation between villages and cities is very convenient. The close relationship between rural and urban areas requests an integrated poverty relief system. First, an effective relief system should also be established in the rural areas. The subjects of relief should not only include the disabled, widows, orphans, elderly people, and people with long-term illness, they should also include families whose incomes are the minimum living standard. Secondly, the existing social security system in the urban area should also cover migrant workers from rural areas. Thirdly, both rural and urban areas still need development-oriented poverty reduction.

(5) Establishment of an Appropriate Credit System. Both natural resource development and human resource development need capital investment. Small loans can meet the financial needs of the poor families. The small loan system in the rural Hengshui Lake are should be strengthened in the following areas. First of all, the government should open various types of small loan market and establish appropriate management systems and mechanisms. Secondly, the government should allow small lending institutions to decide their own lending rate. Thirdly, the government should encourage competition between lending institutions to reduce costs and improve service quality. Fourthly, the government should allow small lenders to provide subsidized loans, instead of totally relying on commercial banks. In addition, the government can also explore the use of leading enterprises to assist farmers. The government can choose mature and stable leading enterprises, lend them money, and let these enterprises further provide loans for farmers.

(6) Enhancement of the Role of Non-government Organizations. With the economic development of China, there appears a considerable size of high-income groups. Non-governmental organizations can approach to these groups and provide assistance to poor families in the rural areas. As an important national reserve, Hengshui Lake Reserve attracts a number of domestic and international environmental organizations, public institutions, and other non-governmental organizations. As an integral part of sustainable development, poverty reduction may receive support from these organizations. Additionally, the government fund may be allocated to these non-government organizations and make these responsible in organizing poverty reduction efforts.

Chapter 8 Investigation and Evaluation of the Administration of the Reserve

8.1 Legal Status

8.1.1 Legal Basis

Hengshui Lake Nature Reserve was approved in July 2000 by Hebei Province as "Hebei Hengshui Lake wetland and birds provincial-level nature Reserve." In October 2002, the Reserve joined the "Man and Biosphere Reserve" of China. In June 2003, the Reserve is upgraded to "Hebei Hengshui Lake National Nature Reserve." In July 2004, the Reserve was listed by the Ministry of Water Resources as a national scenic area of water. In 2005, the State Council classified the Reserve as "Key investment place in national nature reserves." As a state-level nature reserve, this place is subject to "Forest Law of the People's Republic of China" (January 1, 1985 into effect; April 29, 1998 Amendment), "Environmental Protection Law of the People's Republic of China" (1989 December 26 into effect), "People's Republic of China Nature Reserve Ordinance" (Dec. 1, 1994 into effect) and the "National Nature Reserve Supervision and Inspection Regulation" (the State Environmental Protection Administration Order No. 36; December 1, 2006 into effect), and other laws and regulations.

In 2005, the State Forestry Administration requested the Reserve to be listed as an internationally important wetland in United Nations. In October 2006, the Reserve joined the "East Asia-Australasia curlew sandpipers protection network." Therefore, the Reserve is also subject to the relevant international conventions on the protection of wetland birds.

8.1.2 Administration

The Reserve Administration was established in December, 2005. The administration is directly under the jurisdiction of Hengshui City. However, it is also subject to professional management from State Forestry Administration and Ministry of Water Resources.

The establishment of Reserve Administration is major strategic initiative. It was designed to change the fragmented bureaucratic system through the introduction of unified leadership and integrated law enforcement. The administration will help improve the management efficiency and coordinate the relationship between the involved parties. It is expected that the administration will help strengthen environmental protection as well as speed up infrastructure construction and eco-tourism development.

At present, the direct jurisdiction of the Reserve has not covered the whole protected areas. In accordance with the plan made by the State Forestry Administration in 2004, the Reserve manages 231 villages around the Reserve. In July 2006, Hengshui City placed 8 villages in the region under the direct management of the Reserve, in addition to a state-owned farm. The executive power of the Reserve administration is currently limited to the 8 villages. There are 106 villages within the scope of the Reserve, but most of them belong to other jurisdictions.

Although the Reserve Administration only has jurisdiction on 8 villages, the administration has established a relatively sound management system to substitute the traditional one. These 8 villages can be seen as a pilot project made by Hengshui City to investigate alternative management model for sustainable development of the Reserve.

Villages in the Reserve other than the eight ones mentioned above are still under the jurisdiction of their own townships. Therefore, the administration of the Reserve is actually implemented through three government organizations: the Reserve Administration, Taocheng District of Hengshui City, and Jizhou City. This is a temporary arrangement for the Reserve administration. If the eight villages led by the administration can realize sustainable development, finding ways to balance environmental conservation and social and economical development, more villages will join the jurisdiction of the present Reserve Administration.

8.1.3 Ownership of Land

Of all the land resources, except for the state owned 628.7 mu of land from the old Jiheng Farm (now most of the lands have been flooded), all the other lands are collectively owned.

8.2 Administration Organization

8.2.1 Organization Structure

(1) Main Organizations. As of December 2007, the Reserve Administration has 5 departments, 5 resident offices from Hengshui City, and 5 offices. The 5 departments include Hengshui Lake Fishery Management Station, Hengshui Lake Hydraulic Engineering Development Department, Forestry Management Station, Hengshui Lake Fisheries Technology Promotion Station, and Hengshui Lake Tourist Service Center. The 5 resident offices from the city include: police station, land management division, local tax station, division of trade and industry bureau, and national tax station. The 5 offices include office of financial services, planning and construction bureau, the economic and social development board, the resource conservation council, and marina management office.

(2) Management Staff. At present, the Reserve Administration and its affiliated institutions have a total of 208 staff, of which 108 are permanent and the rest are temporary. There are 89 staff members having secondary or higher education, including 3 with master's degree. The average age of the staff members is 28. The professions of these staff members include public administration, education, management, economic management, trade, economy, tourism management and services, finance and taxation, accounting, law, English, community medicine, farming, animal immunization and supervision, orchestery, arts and crafts, garden, construction, automobile maintenance, agricultural machinery, fine chemicals and so on. The new recruits of the Reserve should have a bachelor's or higher degree.

8.2.2 Rules and Policies

Since the establishment of Reserve, both Hengshui City and the Reserve administration have paid a lot of attentions on making rules and policies regarding protection of the environment. Eight rules have been passed by Hengshui City for the Reserve and 11 policies have been made by the administration.

The administration has also established and improved internal policies regarding the day-to-day operation of the Reserve. These internal policies include duties of staff members, public health, safety, security, attendance, printing, usage of public cars and boats, and other around 20 policies.

8.2.3 Improvement of Capability

The Reserve administration has been focusing on improving its management capacity. Since its inception, the administration has done a thorough survey on the Reserve and assessed its management team. In 2006, the Ministry of Finance and the State Environmental Protection Agency committed 1 million yuan for the Reserve to improve its management capacity.

8.2.4 Improvement of Management Efficiency

Another goal of the Reserve Administration is to improve its management efficiency. After the establishment of the Reserve, the administration started three initiatives. Firstly, the administration had established its goals and objectives through brainstorm discussion of the staff. Secondly, the administration had made policies on flowchart of work process, documentation, etc. And thirdly, the administration had adopted a notification system so that staff members can focus on their work and enhance the effectiveness.

8.2.5 Personnel Training

The Reserve administration has also attached great importance to personnel training, in order to improve the capacity and skills of its staff.

(1) Job Training. The administration had supported its staff to attend a great amount of job training programs. These training programs include statistics qualification examination training, the national bird banding course, tour guide on staff training, etc.

(2) Project Practice. The staff of the Reserve has been involved in advisory commission of environmental experts that provide eco-environmental related consulting services. In March 2007, experts from the Chinese Academy of Sciences carried out biodiversity surveys and made inventories of biodiversity. One goal of the project was to get staff members involved to learn survey methodology, preparation of plant specimens, operation of GPS devices, etc.

(3) Visit. In recent years, the Reserve administration has organized visit to Baiyangdian, Jiuduansha in Shanghai, Chongming Island Nature Reserve, Hangzhou Xixi Wetland Park and other places. In addition, the Reserve has organized study abroad program. These visits are beneficial for the staff members to broaden their knowledge bases.

8.2.6 E-government

Office automation and intelligence is important for modern management. The administration has put efforts in building e-government systems. In May 2007, an intranet had been established between the financial system of the Reserve and the provincial system to protect the financial district of the province with the financial system in-house network. At present, the provincial financial department is installing a new information system for the Reserve.

8.3 Financial Status

8.3.1 Authority of Financial Management

The Hengshui Lake Natural Reserve has independent financial management right.

8.3.2 Revenue

The revenue of Hengshui Lake Reserve includes four main channels: governmental financial allocation, subsidies, local tax and administrative fees, and revenues from affiliated companies.

The governmental financial allocation is obtained from Hengshui city. In 2006, the Reserve received 4,161,000 yuan from Hengshui city. The financial allocation was used in two areas. First, since the tax revenue was still small for the Reserve, the fund was primarily used for administrative cost. In addition, the fund was also used to cover costs for some former administrative organizations, which was joined to the new administration. The fund allocation from Hengshui city may be ceased if the revenue of the Reserve is improved in the future.

The subsidies include two sources. The first source is water diversion subsidy. In order to maintain the wetland areas, Hengshui city spends 12 million yuan annually to divert water from Yuecheng reservoir and Yellow river. Water diversion is critical to maintain the Reserve's ecosystem. The cost is actually paid by Hengshui Power plant. The second source of subsidy is governmental special subsidies, such as agricultural subsidies and comprehensive subsidies.

The local tax and fees are also an important part of the revenue. As a county-level government agency, the Reserve has the authority of collecting taxes and fees. However, since the Reserve administration only has jurisdiction on eight villages at the present time, the tax and fees are limited. According to "Rules Regarding Direct Investment in Hengshui Lake National Nature Reserve" (value-G [2005] No. 41), if a non-for-profit investment of 10,000,000 yuan or a profit-making investment of 30,000,000 yuan is made in the Reserve, the local corporate tax will be exempted for the first 3-5 years after the start of the business and 50% deducted afterwards. Therefore, the revenue from corporate tax will not likely be a significant source in the near future.

Another source of income is from the profit of enterprises owned by the Reserve. There are revenues from the Tourism Service Center and Reed Artifact Plant. The revenues of the Tourism Service Center come from boat management fees and tickets, while the revenue from the Reed Artifact Plant is its profit. The Reserve had established an infrastructure construction company, which may contribute its income to the Reserve in the future.

8.3.3 Expenditure

In 2006, the total financial expenditure was 3,724,000 yuan, including three major components: personnel expenses, public expenses, as well as subsidies to persons and families.

The personnel expense refers to wages paid to temporary staff members of the Reserve. In 2006, the total expense is 484,000 yuan.

Public expenditures include welfare, labor, employment subsidies, subsidies for heating costs, travel, as well as a variety of equipment, vehicles, and acquisition of books. In 2006, the total public expenditure was 839,000 yuan.

8.4 Environmental Conservation

The Hengshui Lake Nature Reserve has a daunting task of environmental conservation since it is located in the densely populated North China Plain and subject to serious human interferences. At present, the environmental conservation is primarily focused on the following areas.

8.4.1 Planning

The administration had taken a great effort on developing a rational plan for the Reserve. In 2003, Tsinghua University, Peking University, Beijing Forestry University, Chinese Academy of Sciences, Chinese Academy of Forestry, and other institutions formed a research team and developed a plan for the Reserve, named "Hebei Hengshui Lake National Nature Reserve Master Plan" (hereinafter referred to as "Planning in 2004"). In July 2004, the State Forestry Administration approved the plan. According to the plan, the objective of the Reserve is to restore the ecosystem and protect biodiversity as well as to promote wetland eco-tourism and general public education. The Reserve will serve as a rule model in sustainable development of environmentally sensitive area.

8.4.2 Protection of Ecosystem

The primary mission of the Reserve is to protect its ecosystem. To fulfill this purpose, the administration has set up a special resource protection agency, which carries out day-to-day patrol, performs resource survey, and monitors migratory birds.

8.4.3 Resource Survey

To facilitate strategic planning of the Reserve, the administration had carried out a comprehensive survey on the existing ecological, cultural, and land resources.

One of the emphases of the survey is to investigate different species of birds. The administration has been continuously monitoring birds and established a good record. As of 2004, the Reserve staff had observed up to 286 species of birds. In 2005, 13 new species of birds had been recorded. Therefore, the total number of different species of birds has been increased to 299. Since March 2007, under the help of the World Bank Technical Assistance Project, a group of experts commissioned by the Chinese Academy of Sciences have carried out biodiversity surveys and made inventories. This work will provide basis for further scientific research of the Reserve. Especially, it can be used to compare changes after the completion of the South-North Water Diversion project.

Since 2003, the Reserve administration is also conducting surveys on cultural resources. The investigation has mainly dealt with three aspects:

Archaeological and humanity resources, including various types of cultural relics;

Local folk cultural resources, including folk art, folk customs, arts and crafts, etc;

Scenic resources, including geological features, water-type landscape, biological distribution, etc.

On September 2, 2005, Hengshui City initiated a meeting to investigate land resources. The purpose of the investigation was to solve potential land use conflict.

8.4.4 Monitoring Birds

The Reserve administration had carried out dynamic monitoring of migratory birds and waterfowl. They had established observation points in the lake. Based on the activities of birds, eight key monitoring stations have been set up. These stations may be expanded in the winter bird migration season. In the season prior to the arrival of migratory birds, the administration staff will check food sources of the birds. In addition, the staff will monitor bird epidemic diseases the overall health status of birds. For example, in the November of 2007, the Reserve staff rescued a Great Bustard, which is listed as Category one of the Highly Protected Bird Species in China.

8.4.5 Monitoring Epidemic Diseases

In response to the outbreak of bird flu in many countries in recent years, the administration has been closely monitoring epidemic diseases in the Reserve. No bird flu has been observed in the Reserve.

8.4.6 Prevention and Treatment of Invasive Species

At present, the main invasive species in the Reserve is yellow top [Flaveria bidentis(L.) Kuntze]. In order to control the spread of yellow top, the administration had invited Chinese Academy of Agricultural Science to use biological method to control the species. In addition, the administration had mobilized its own staff to control yellow top. For instance, in July 2007, the administration organized more than 100 of its staff members and voluntary workers to work half day to eradicate the yellow top in Jiheng Farm, along 106 National Highway, and other places.

8.5 Protection of Water Resources and Environment Enhancement

8.5.1 Protection of Water Resources

Hengshui Lake is the only nature reserve in the North China Plain that maintains ecosystem integrity of the inland freshwater wetlands and bird habitats. However, the water body of the Reserve has lost its capacity to be refilled naturally. Therefore, the whole Reserve is currently sustained by water diversion. Restoration and maintenance of the water body become a top priority for the Reserve administration.

Hengshui Lake covers a total area of 75 square kilometers, with the designed water level of 21.0 meters, corresponding to 188,000,000 cubic meters of water. However, due to the disappearance of the surrounding natural rivers, the lake bottom had been returned to farm lands in the past. After the founding of the PRC, the lake was once used as a reservoir to store water. However, since it caused secondary salinization of land surrounding the lake, the effort was given up. The lake has started to restore water since 1985. At present, the west side of the lake has not been restored yet. The major source of water diversion is from the Yellow River, with the exception of 2005, when water from Yuecheng Reservoir was used. Hengshui Lake has been cited by the Yellow River water to meet the water supply. Since the famous Yellow River to Tianjin project has to pass Qingliang River in Hengshui, this brings convenience for the Hengshui Lake to use the water. The water diversion route starts from the Little Yougu water gate at Qingliang River, passes Weiqian Channel, and enters Hengshui Lake.

Starting from 2005, Tianjin City does not need to use water from Yellow River. Therefore, this poses a challenge for water diversion of Hengshui Lake. In addition, there was a water line construction project along the Yellow River which affected water diversion in 2005. For the first time, after multiple-party coordination, Hengshui Lake received water from Yuecheng Reservoir. Water diversion from the reservoir actually was much cheaper. As can be seen, despite the Hengshui Lake having lost its natural water supply, Hengshui Lake is still able to receive water from various water sources. It also serves the important function of water storage and flood control. This is one of the reasons that Hengshui Lake was chosen as a water storage location for the South-North Water Diversion project of China. In 2005, the Yuecheng Reservoir released a total of 140,000,000 cubic meters of water, while the Hengshui Lake water received 63,000,000 cubic meters. The lake water quality was greatly improved.

In 2007, since the Baiyang Lake, north of Hengshui Lake, faced the danger of drying up, the Ministry of Water Resource decided to use Yellow River water to relieve its problem. Hengshu Lake again gained the opportunity of receiving water from Yellow River. The total length of the water diversion route was 397 kilometers, while 180 kilometers of the route passed Hengshui City. The water diversion introduced 53,000,000 square meters of water into Hengshui Lake. The amount of water in Hengshui Lake was increased from 38,000,000 square meters to 91,000,000 square meters. The water level reached 21 meters.

No matter of receiving water from Yellow River, or Yuecheng Reservoir, water diversion normally starts at the end of November, and lasts from one month to 40 days. Water diversion is a major endeavor for water resource management agencies. There are many activities involved, such as blocking repairing, dredging, etc at the beginning of the project. During the water diversion, the agencies need to continuously monitor the process and maintain the water line. Based on the 2007 water diversion project, there were more than 400 inspectors stationed along the diversion line day and night during the whole period, in order to ensure that all unexpected dangerous situation can be solved in a timely manner. After the diversion, potential damages to bridges need to be fixed. The restoration of the natural water systems of Hengshui Lake may have to go through a long process. In the near future, Hengshui Lake will continuously need to respond to the challenge of borrowing water.

8.5.2 Environment Enhancement

In recent years, the Reserve administration has sued a series of environment-related rules based on the "2004 Master Plan". They have put great efforts in enhancing the surrounding environment of the lake. As a result, the wetland ecological environment has been significantly improved.

The Reserve serves both as a habitat for birds and urban water supply source. Pollution from industrial and agricultural production around the lake is the greatest threat to protected areas. At the same time, due to the separation of the lake basin and the natural water systems, lack of self-purification and eutrophication are additional threats.

In order to avoid water pollution from factories, Hengshui city government has invested more than 70 million and 80 million yuan building two large sewage/waste water treatment plants. Hengshui City Environmental Protection Bureau strengthened law enforcement on the existing factories and developed a relocation plan. A total of 26 small and medium-sized industrial plants will be banned. According to the latest monitoring data, the pollution index had decreased by 64% comparing to the 2001 data. Water quality grade had increased from Class Ⅳ to Class Ⅱ.

In February 2008, Hengshui city initiated a meeting to further reduce environmental pollution of the Hengshui Lake Nature Reserve. Several government agencies participated the meeting, including Taocheng District, Jizhou City government, and the Reserve Administration. The city banned the use of cage or weir to raise fish in the lake. However, the eutrophication issue may not be total solved in the near future.

8.6 Law Enforcement

The establishment and improvement of environmental protection rules in the Reserve and strict enforcement of the rules are keys to protect the Reserve. Since the establishment of Reserve, the administration had put great efforts on enforcing rules and regulations.

8.6.1 Status of the Law Enforcement

The Reserve administration as a law enforcement agency had been approved by "Hebei Hengshui Lake Nature Reserve Management Order" in July 2007. The administration had gradually taken its role of law enforcement under the assistance of Legislative Affairs Office of the City and City Department of Finance. The administration had been trained to implement license confiscation, uniform certificate, etc. Law enforcement enables the Reserve administration to safeguard economic development, environmental protection, security of the Reserve.

8.6.2 Improvement of Law Enforcement Capacity

Since the Reserve is located in a densely populated area, the conflict between wildlife and human cannot be totally avoided. As a result, the task of law enforcement is heavy for the Reserve administration. The administration has put a lot of efforts to improve the quality of law enforcement officers; on the one hand, the administration has carried out education programs for the general public in regards to law enforcement. The administration has also attempted to improve communication between different levels of government. Finally, the administration has strictly enforced environmental protection laws. At present, three law enforcement units have been established, equipped with motorcycles.

8.6.3 Content of Law Enforcement

The purpose of law enforcement is to promote rational use of resources in the lake, to restore regions that have been contaminated or damaged, and to reduce negative interferences of human activities on the ecology of the wetland birds.

Consequently, the law enforcement has been focused on the following areas: poaching, indiscriminate illegal removal of plants, building with permit, littering, environmental pollution, illegal fishing, land reclamation, aquaculture cofferdam, and illegal entry of bird habitats, etc. For instance, the Reserve administration emphasized on illegal fishing in August 2006. During the period of law enforcement, more than 30 vessels, 40 vehicles, and 220 law enforcement officers had been patrolled around the lake. Many illegal fishing devices had been confiscated. In 2007, the administration demolished two illegal buildings in Dazhao Village after the Chinese New Year.

However, the law enforcement still faces great challenge. There are still activities threatening environmental conservation.

8.7 Public Service

8.7.1 Assistance to Farmers

(1) Improvement of Villages. The Reserve administration has been assisting the social and economic development of the villages in the Reserve through different measures and the education program. First, the administration has tried to apply fund for the villages, especially for those whose lands had been occupied in environmental conservation. Secondly, the Reserve administration has been promoting eco-tourism. And thirdly, the administration tried to promote a unique leading industry for each village. The administration has also tried to help farmers find more job opportunities and expand their incomes. In addition, the administration has tried to carry out education program for farmers.

(2) Agricultural Subsidies. One of the important measures of assisting villagers is agricultural subsidies, which include direct subsidies and indirect subsidies. At present, the direct subsidies have improved to 20 yuan per mu from 16.64 yuan per mu in 2005. The indirect subsidies are 11.78 yuan per mu. The administration had opened a hotline to receive supervision and feedback from the villages, to ensure that all subsidies are paid in a transparent and efficient manner.

8.7.2 Management of Resources

Hengshui Lake has partially restored with water and will further expand in the future. During the process, a lot of pervious farm lands will be flooded. Therefore, it is very important to find alternative livelihoods for farmers in the lake region. Over the years, the Reserve administration has been insisting the sustainable use of natural resources in the area to create job opportunities. In March 2007, the administration received 15,000 euros from an international wetland protection organization carried out participatory rural assessment (PRA) training courses. They also invited domestic and foreign experts to the area to study full use of various resources.

8.7.3 Reed Weaving Industry

The Reserve founded a reed weaving processing plant in 2003 and carried out the technology transfer and technical training of using reed and other types of grass to make handicrafts. Currently, the plant have developed on a group of products that representing the unique culture and customs of Hengshui Lake area. The products have been sold in the international market and become an important source of income for local residents. In 2006, the Reserve administration sent 30 villagers and villager leaders to Shandong Province to learn reed and thin grass weaving techniques. Many villagers start to get involved in this business. The successful story had been reported by a CCTV program. The Reserve administration has set up a studio to study the development and utilization of other aquatic plants.

8.7.4 Sustainable Fishery Management

For villagers living nearby the lake, fishery has replaced agriculture to become their major source of livelihood. However, the development of the fishing industry is a double-edged sword. An appropriate level of fishing can effectively curb the excessive growth of aquatic plants, which may pose a threat to water quality. Fishing industry also provides food for birds. However, over-stocking of fish will add too much feed and feces to the lake, which may threaten water quality. Therefore, effective fishery management is an important task for the administration.

(1) Fish stocking. In order to improve the lake ecology and increase income of fishermen, every year a certain amount of fish were stocked in the lake. The main species include grass carp, silver carp, carp, crucian

carp, etc. The purpose of stocking is to optimize the mix of fish species and enrich fishery resources. As a result, Hengshui Lake's water quality has already got some improvement and the production of fish and shrimps have been improved year by year.

(2) Implementation of Non-fishing Season. The Reserve administration introduced non-fishing season as early as 2003. Every year, the non-fishing season starts from May 1 and ends on August 31. During the period, no fishing nets and vessels are allowed. Sale of illegal fishing catch is also prohibited. The law enforcement group implements the no-fishing policy according to "the Fisheries Law."

(3) Prohibition of Illegal Fishing. The Reserve administration has tried to prohibit illegal fishing activities as well as illegal aquaculture. During February and May 2008, the Reserve administration had banned raising fish by using cages in the lake. The administration had also banned unregistered dredging boats in the lake.

8.7.5 Tourism Management

The Reserve's large lake and water scenery are very rare in the north. It has the potential of becoming a major tourism location and thus support alternative livelihoods of local residents. The development of eco-tourism has become the top priority of the Reserve administration.

In order to improve tourism, the administration had established rules as well as a Service Center. The administration decides to enhance tourism through improving Hengshui Lake's visibility and service for tourists.

(1) Improve the Central Marina. The Reserve administration has improved tourism infrastructures. A water-play platform, a boat boarding area, an electric boat charging zone, public fishing points, driveway, and parking lots have been constructed. Several islands and scenic locations have been improved.

(2) Management of Tourism Boats. The Reserve administration has issued several rules regarding the management of tourism boats. These rules have brought some positive changes. For example, boats with high-pollution emissions have been replaced by those with environmentally friendly boats. Pollutions from boats have been effectively controlled. Through education and training on the owners of sightseeing boats, unauthorized accesses to core protection areas are eliminated. In addition, the administration is able to collect some environmental protection fees.

(3) Management of Guided Tour. The Reserve administration has specified standards on tourist guides in the "Hebei Hengshui Lake National Nature Reserve Management of Tourism". Guides must be under the management of the Tourist Service Center and be certified. The service center has provided training and some competition programs to improve the knowledge and skills of guides.

(4) Promote Fair Service. The administration tried to promote fair service to customers. During major holidays, the prices of all the service remain the same. In addition, the administration ensures that military personnel and people 70 years older receive free services.

(5) Establish Safety Emergency Plan. Since the Reserve administration started to carry out centralized management of tourism, a systematic safety and emergency plan has been implemented. Safety responsibilities have been clarified and rescue teams are formed. The Reserve just added 3 new rescue boats.

As a result of improvement in tourism infrastructure and services, the numbers of tourists continuously rise in recent years. In 2003, there were around 50,000 visitors throughout the year, while in 2007, there were more than 200,000 visitors.

8.8 Culture Conservation and Development

(1) Promotion of Conservation Culture. One of the missions of the Reserve is to promote conservation culture, which is critical for the local communities to embrace sustainable development concept. The Reserve have

started several initiatives to promote conservation culture, for example, showing movies on environmental education, organizing wetland conservation seminars, providing reed weaving training, organizing bird watch competition, etc. The local villagers start to care more for birds, even those birds may damage their crops.

(2) Restoration of Local Culture. Hengshui has a long history. There are a considerable number of cultural relics from Han and the following dynasties. In addition, the local custom, culture, and food have some unique characteristics. Therefore, the Reserve administration has taken active measures to protect local culture and advocate some more civilized practices. As a recent initiative, the administration issued a notice to local residents in 2007 asking for stories regarding the origin of Hengshui Lake, the evolution of the history, folklore, customs, etc. The administration also collected major events such as disasters through old photos and articles. There are two books published regarding Hengshui Lake's history and culture "The Legend of Hengshui Lake" and "Pearl of North China-Hengshui Lake."

(3) Funeral Management. According to "Hebei Province Funeral Management Provisions," certain areas cannot be used for burial site, including arable land, historical sites, heritage sites, reservoirs, rivers, dams and railways, highways, etc. Hebei Hengshui Lake National Nature Reserve can only use cremation, except for some ethnical minorities or religions. The tomb must meet the requirement in "Hebei Hengshui Lake National Nature Reserve Master Plan".

8.9 Public Security Management

Hengshui Lake is a densely populated area. The administration needs to manage several challenging public securities issues, such as crimes, food safety, public health and safety, fire safety, etc. In addition, as the number of tourists increase, how to ensure security in major holidays has become an issue. The administration has issued several rules addressing various public security issues.

(1) Combating crimes. As a county-level local government agency, the administration is in charge of public security. The law enforcement branch of the administration had established a comprehensive crime prevention network, with the assistance of villagers and village leaders.

(2) Food safety. The Reserve administration has implemented food quality and safety market access system. The administration has strengthened law enforcement by frequently checking health permit, business licenses, production permits, etc. In addition, the administration has established food safety monitoring network. They encourage media to report food safety issues and accept complaints from the general public.

(3) Disaster prevention and reduction. In order to promptly respond to disaster, the Reserve administration has arranged 24 hours on duty vehicles and established communication rules in such events. Bird flu prevention and control are one of the emphases of disaster prevention. The administration also checks seasonal hazards such as icing in the winter and forest fires. In the winter, they adjust the height of float bridges and strengthen marina facilities. During fire-prone seasons, they try to clear dead weeds and fallen leaves and check fire-fighting equipment.

8.10 Infrastructure Construction

8.10.1 Funding for Construction

According to the "Hengshui Lake National Nature Reserve master plan", Hengshui Lake nature Reserve needs many infrastructure construction projects. However, the projects cannot be totally funded by the Reserve administration. Several measures have been taken by the administration to obtain construction funds.

8.10.2 Application for Funding from Multiple Sources

A large number of construction projects in the Reserve are not for profit. The administration has to ask various government agencies for special funds in the area of Reserve development, environmental protection, forestry and water conservancy, rural development, etc. The Reserve has also sought assistance from international organizations. The Reserve administration has directly contacted departments in the central government level for assistance. The agencies contacted include the National Development and Reform Commission, the State Environmental Protection Administration, Ministry of Agriculture, State Forestry Department and others.

8.10.3 Attracting Business

Attracting business is an important way to develop local economy. In 2005, the government of Hengshui city introduced a special investment policy for the Reserve, which includes tax incentives for business that invest in the Reserve. The fist successful project attracted in the "Water Sport Training Center of Hebei Province." The project includes wetland restoration of the old course of the Salt River, water and land race training area, sport venues, infrastructure, athlete villages, etc.

8.10.4 Self-raised Fund

In order to facilitate eco-tourism, the Reserve administration raised fund to initiate some infrastructure construction. The Reserve administration also founded a construction company, which is financed by banks.

8.10.5 Wetland Protection and Restoration

One major area of infrastructure construction is protection and restoration of wetland. The implemented and planned construction projects are listed below.

(1) Wetland conservation supported by World Wide Fund for Nature (WWF). The project was supported by the Beijing office of the WWF to investigate the existing conditions of wetlands in Hengshui. The project had been completed.

(2) Restoration of Waterfowl Habitat Project. The project was approved in 2002 by the State Forestry Administration, started in June 2003, and completed in April 2006. The State Forestry Administration had provided a total investment of 5,050,000 yuan and the World Conservation Union—the Netherlands Committee provided "in Hebei Province Hengshui Lake Wetland sustainable management of demonstration projects" in the part of the Grant, respectively 60,984 euros (02 – 03 years) and 23,867 euros (05 – 06). The waterfowl habitat protection and restoration project aimed at improving a new wetland bird habitat and increasing biodiversity; the grant from World Conservation Union was used for rational use of resources and community participation. The project is located in an area of 7 km long, 1.25 km wide, with a total area of about 875 hectares. The project includes construction of culvert, dredging channels, transforming swamp, Lake, the river bank, and planting shrubs, etc. The project had achieved good results in wetland restoration, bird habitat improvement, as well as community development.

(3) Strengthening Hengshui Lake to restore water. In February 2005, government agencies in water resource invested 20,000,000 yuan to strengthen Hengshui Lake to restore water. After the completion of several related projects, it is expected that water level would reach 21 meters and water storage capacity would increase more than 10 million cubic meters. The project will ensure water resource for industrial and agricultural production as well as wetland ecology. However, it is regrettable that the project's main focus is lake storage capacity, instead of restoration of wetland ecosystems.

(4) Hengshui Lake National Nature Reserve wetland protection project. The project was included in the "national wetland protection program," with a total investment of 23,170,000 yuan. The project is primarily based on the 2004 master plan. The contents of the project include wetland protection, scientific research and

monitoring, education, and infrastructure such as office buildings. The budget for the first stage of the project was 10,480,000 yuan (5,180,000 yuan from central government and 5,300,000 yuan from local matching fund). It was launched in 2007 and had been completed. The second stage of the project has a total budget of 12,690,000 yuan (4,090,000 yuan from the central government and 8,600,000 yuan from local matching fund). The preliminary design of the project was completed in March 2008 and now it is under implementation.

(5) Hengshui Lake national wildlife disease monitoring station construction project. The project was approved on December 3, 2007 by the State Forestry Administration and the National Development and Reform Commission. The total investment of the project is 430,000 yuan, including 400,000 yuan from the central government and 30,000 yuan form the local matching fund. The main content of the project is to purchase various observations and monitoring equipment. At present, the purchase of the equipment has been completed.

(6) Hebei Hengshui Lake National Nature Reserve monitoring and management. The project was approved in December 2007 by the State Forestry Administration, with a total investment of 80,000 yuan. The project is to investigate migratory birds and establish a database of migratory birds, train staff; and purchase monitoring equipment, etc.

(7) Old course of the Salt River wetland restoration project. The total investment of the project is 600,000,000 yuan. In June 2007, the real estate developer, Hebei Runda Real Estate Development Company received 500 mu of state owned land. The company will reuse the abandoned slat river to build "Water Sport Training Center of Hebei Province". The project includes wetland restoration of the old course of the Salt River, water and land race training area, sport venues, infrastructure, athlete villages, etc. The facility will be operated by the developer after completion.

(8) Returning farmland to forest planting new forest. Under the assistance of the State Forestry Administration, the Reserve had started the returning farmland to forest project. The purpose of the project is to increase forest coverage, improve water conservation, and reduce the occurrence of sandstorms. At present, 1,500,000, trees have been plants, while the main species are poplar and Pak Lap. The project plans to return farmland of 6000 mu. In addition, the Reserve plans to plant 100,000 mu ecological forest, with a total investment of 62,800,000 yuan.

8.10.6 Infrastructure Related to Eco-tourism

Hengshui city has included Hengshui Lake in its "11th Five-Year" plan. The Hengshui Lake will serve as a strategic location to help Hengshui city develop sustainability. One objective is to use Hengshui Lake to develop eco-tourism. There are several infrastructure projects completed or being implemented for this purpose.

(1) Opening Lake project. This was the first project to enhance ecotourism. The project started in 2005 with a total investment of more than 10 million yuan. In February 2008, the project passed final inspection. The project is located in the northeast corner of the Hengshui Lake and west of National Highway 106. The project included relocation of polluting plants, central marina, convenient store, restrooms, landscaping etc. The purpose of the project is to show travelers on Highway 106 the view of the lake and to improve its landscape and water quality.

(2) Hengshui Lake tourist signage project. The project was sponsored by Hebei Provincial Tourism Administration. They assigned 17,500 yuan on November 30th to erect various signs to guide tourists in the region. The project has been completed.

(3) Longyuan Comprehensive Senior Care Center. The project is expected with a total investment of 120,000,000 yuan. The project is located east of National Highway 106 with an area of 280 mu. The project aims to provide comprehensive facilities aged people, including a health rehabilitation center of 20,000 square

meters, a nursing home of 30,000 square meters, and an upper-scale nursing home of 20,000 square meters, a cultural center of 10,000 square meters, a property management services center of 4000 square meters, a gardening center of 80 mu, and a tourist service center of 2000 square meters for elderly people. The project has attracted a developer and is being constructed by the Reserve administration owned construction company.

(4) Small entertainment facilities. The Reserve administration has also completed two small entertainment sites, including a beach.

In addition, the Reserve administration has planned wetland eco-park, forest park, lotus park, and other projects. These projects are open to business investment.

8.11 Evaluation and Assessment of the Reserve Administration

8.11.1 Achievement

8.11.1.1 Recognition of the Importance of Balancing Conservation and Development

As a wetland reserve located in the densely populated North China Plain, the biggest challenge for Hengshui Lake National Reserve is to deal with the relationship between conservation and development. After many years of exploration, the local government has finally reached a consensus, which is under the premise of environmental conservation to fully use natural resources of the Reserve to develop sustainability. As a result of the consensus, the "Hengshui Lake Economic Development Zone" initiated in 1990s was abandoned. Many commercial development plans have been rejected.

Since the 2004 master plan was approved by the State Forestry Administration, the Reserve administration has clear and specific objectives. All the construction and administration activities seem to center around the master plan. The Hengshui city government has also increased authority of Reserve administration.

At present, Hengshui Lake is the face of Hengshui city. The city also benefits the image of the national Reserve in developing its business. The Reserve as well as the surrounding areas have been included in the development plan of Hengshui city and become a bright spot of economic development.

8.11.1.2 Organization Development

The Reserve is located only in the jurisdiction of Hengshui City, which is convenient for coordination. However, the Reserve is located in two districts of the city, this poses a challenge on conservation and use of resource. Hengshui city has put a great effort to coordinate the administration of the Reserve.

The establishment of the Reserve administration is a major milestone of organization development. Some original government agencies were put under the direct management or the administration. The administration has developed its organizational chart, management process, and other relevant rules. The staff members of the administration are primarily comprised by young people, covering a wide range of professional background and qualifications. They gained their experience quickly in their work. The leaders of the administration have experience in management at the county level. On the whole, team of the administration is dynamic and effective.

The administration also owns profit-making entities, such as the reed artifact weaving plant, the tourist service center, the construction company, etc. These entities provide financial support for further sustainable development of the Reserve.

8.11.1.3 Gaining more Social Support and Participation

Since its establishment, the Reserve has enjoyed wide social support, which is very beneficial for the development of the Reserve.

First of all, as a national nature Reserve and the national scenic area, the Reserve has received support from Hebei Province and relevant ministries from the central government. Many international agencies, such as

Man and the Biosphere, the World Wildlife Fund, Wetlands International, the World Bank and other international organizations have cooperated with the administration in wetland protection and sustainable development-related projects. In October 2006, the Reserve was approved to join the East Asia-Australasia Curlew Sandpipers Protection, which enhances the Hengshui Lake's international reputation and allow it easily share up-to-date knowledge.

Secondly, the Reserve administration is very interested in consulting with experts when developing its management strategies. During the investigation and planning process, the administration had invited experts from Tsinghua University, Beijing University, Beijing Forestry University, and Chinese Academy of Sciences, The Chinese Academy of Forestry, and other institutions for their active participation. The relevant institutions have collaborated with the Reserve in scientific and practical Reserve. In addition, the administration places importance on learning experience from other places through domestic and international visits.

The administration has also paid great attention to promoting public participation. In order to gain support from local residents on environmental protection, the administration has explored various ways to enhance public participation, such as the establishment of community volunteer groups, community crime prevention networks, etc. such as defense, and has organized volunteers to carry out activities. The administration had also assisted the establishment of the Hengshui Lake Wetland and Bird Protection Society as well as Hengshui Lake Game Fishing Society. A local NGO, Daughter of the Earth, also pays frequent visits to Hengshui Lake to promote environmental protection activities.

In order improve communication and receive more attentions, the administration has started its own website—www. hshu. cn. The website contains of news, policies, and information regarding the Reserve. The Reserve administration has also established connections with other public media in order to promote its visibility.

8.11.1.4 Initiation of Infrastructure Construction

Since the establishment of the Reserve administration, a small amount of office facilities has been constructed. Under the assistance of various wetland restoration and protection projects, the administration has purchased a certain amount of equipment and facilities for scientific research and monitoring.

The administration has also partially completed some wetland restoration projects, which have effectively curbed the shrinkage of wetlands and vegetation degradation. The restoration of wetland provides good breeding and feeding grounds for birds. The Reserve administration is also constructing multi-use buildings, observation towers, bird watch houses, fences, bird rescue center, hydrological monitoring stations, wetland scientific test stations, boundary markers, etc. The capacity of conservation and public service of the Reserve will be improved as these projects are completed in the future.

In order to develop eco-tourism, some tourism facilities have been constructed. These facilities include central marina and the opening lake project. The landscape of the Reserve has been greatly improved.

8.11.1.5 Initial Success on Ecological Protection and Environmental Conservation

Some efforts on ecological protection and environmental conservation have achieved initial success. Water is introduced to the lake every year from outside source. A network of protection and patrol has been established, especially in key protection areas. All boats using motor fuel have been banned from the lake. Factories, restaurants, and poultry or livestock farms close to the lake have been relocated. The project of returning farmland to forest and volunteering tree planting has been started. As a result, the environment near the lake has been significantly proved. By training and management of boat owners, the access to sensitive zones have been reduced. The fish release practices have restored fishing resources and some rare fishes have appeared again. The widespread reed and water grass have been harvested and utilized, which reduces water pollution caused by decomposition of these plants. Illegal fishing and hunting activities have been prohibited in the lake. The bird populations are expanding every year and more and more rare birds were found in the Lake. Birds flu surveillance has been carried and no signs of bird flue outbreak has been identified so far.

8.11.1.6 Experiment on Proper Use of Resource for Sustainable Development

The Reserve administration has to help local villagers find alternative livelihoods. This can reduce the negative impacts of human activities on the environment, facilitate pollution control, and improve people's income. At present, the alternative livelihoods are primarily concentrated in two areas: one is to use reed and cattail to make artifacts and weave mat; and the other one is to develop eco-tourism. The income from the first alternative is increasing over years. As for eco-tourism, the Reserve administration has constructed tourism facilities and tried to increase the visibility of Hengshui Lake. In 2006, the number of tourists was more than 200,000 people, which became an important source of income for the Reserve. Local villagers also benefit from tourism. For example, a boat can help the owner earn 10,000 yuan on average per year; and there were nearly 260 boats, including 5 large boats and 2 floating restaurants. The restaurant industry is also booming near the lake.

8.11.1.7 Development of Conservation Education and Culture

As a national nature Reserve, one of the tasks is to carry out environment and conservation education for the general public. The Reserve also needs to facilities the change of mindset and promote conservation culture among the local residents, so that they can coexist with nature harmoniously. At present, the Reserve have established "Hebei Province Science and Technology Education Base for Children," "Hebei Province Young Citizen Moral Education Base," and "China Wildlife Conservation Popular Science Education Base," etc. The Reserve administration is also carrying out environmental education through their website and community participation. It can be seen that the Reserve is serving an important role in environmental education.

8.11.2 Needs for Improvement

8.11.2.1 Inadequate Financial Support

Although the administration has received widely support, the fixed source of income is limited. The routine administration expenses are mainly covered by Hengshui City. However, there are only limited permanent positions; and many staff members are employed temporarily. On the other hand, the Reserve administration needs the temporary staff to maintain its operation. The additional revenue of the Reserve is primarily from tourism. In the future, as the new "Labor Law" has been implemented, temporary staff will have to change to permanent staff if employed long enough. The difference in salaries and fringe benefits between temporary and permanent positions will have to disappear, too. This will dramatically increase the financial burden of the Reserve. If the Reserve will have to pay these workers through more tourism income, it may compromise its role in environment protection.

Stretched financial situation also caused problems in implementing the master plan in infrastructure construction. There is still a gap between the needed and available funding in scientific research, education, testing equipment for the administration to fulfill its role. A large number of planned measures are still waiting for external funding. The application for funding has taken the administration a lot of time and efforts. Many undergoing projects suffer funding shortages.

8.11.2.2 Inadequate Experience and Expertise

The Hengshui Lake National Nature Reserve was established in 2003 and the Reserve administration was formed in 2005. The administration is still trying to improve and refine its management functions.

In addition, the Reserve still lacks of staff members with high qualifications and professional background. This limits the capacity of the Reserve to carry out some internal scientific studies. It is also not helpful in accumulating management experience.

8.11.2.3 Relationship with Local Communities

Under the current management system, the Reserve administration only has direct jurisdiction on 8 villages out of 106 villages located in the Reserve. On many issues the administration will have to coordinate with two county-level government, Taocheng District of Hengshui City and Jizhou City. Sometimes the issues will have to be solved at the upper level. Because of limited authority of the Reserve administration, they cannot effectively manage villages outside of their scope.

Even for those 8 directly administered villages, the administration needs to improve communication with the villagers. For example, Shunmin village is located in an island in the lake. The villagers have lost all their lands due to wetland restoration. There is a conflict between conservation and development. Since it is not convenient to access the village, the communication between the administration and the village is not adequate.

8.11.2.4 Continuity of Policy

Some activities that damage the environment still exist after they are banned or fined. The administration needs to find out a way to improve the sustainability of their policies.

8.11.2.5 Environmental Protection Measures

Although the Reserve administration has achieved initial results in environmental protection, there are still many protection measures remaining at the planning stage or not effectively implemented.

First, the law or rule enforcement lacks of continuity. The law enforcement has campaign-style features. Consequently, some destruction activates rise again after a vigorous law enforcement.

Secondly, no effective law enforcement exists on villages not under the direct jurisdiction of the Reserve administration. For example, despite the completion of the Yuecheng Reservoir water diversion line, solid waste and sewage along the line have not been improved.

Thirdly, the ecological construction in the Reserve needs scientific guidance. For example, the administration had carried out tree planting activities and obtained enthusiastic support from the citizens of Hengshui City. However, since the planting method is not appropriate and the species lack of biodiversity, the survival rate of trees is less than 50%.

Chapter 9 Analysis and Evaluation of Nature Disasters and Public Safety

9.1 Major Disasters of Hengshui Area

According to the master plan of Hengshui Lake Natural Reserve (details in Chapter IV), the Reserve and its surrounding areas are divided into four circles—"special protection inner circle," "integrated model circle," "strategic collaboration circle" and "drainage basin collaboration circle." Among them, Hengshui Lake Nature Reserve includes "special protection inner circle" and "integrated model circle," while the "strategic collaboration circle" and "drainage basin collaboration circle" are out of the scope. Within the first and second circle, the potential hazards are mainly accidents or public safety events, while within the third or fourth circle, the potential natural disaster may include earthquakes and floods.

In 2006, Hebei Province did not have any extraordinarily serious disaster, but some local areas suffered some serious drought, low temperature, plant diseases and insect pests, hailstorm, floods, minor earthquakes, and other natural disasters. There were 16,088 types of production safety accidents with 4265 people dead and 8819 injured. There were a total of 217 public health incidents. There were no major special social event, but there were 112,200 social security incidents, of which 11,1900 incidents are criminal cases.

9.1.1 Natural Disasters

9.1.1.1 Earthquake

(1) Geological Structure. In the geological structure, Hebei Province belongs to the North China block. The current crust movement is a part of the North China block tectonic movement. There are two major tectonic belts, the east-west one and the north-east one, running through its territory. The structure has 37 active faults consisting of a variety of different types of the new generation of fault basin. Hebei Province and its adjacent areas are prone to major earthquakes larger than magnitude 7.

(2) Statistics of Historical Earth Quake.

①Earthquakes in Hebei Province. Since there are many active faults in Hebei Province, the earthquake activities are very active(Table 9.1). Based on historical records, there were 52 destructive earthquakes in Hebei Province. The province has been closely monitored for earthquake activities. Since 1966, several severe earthquakes have occurred in the Province, such as Xingtai Earthquakes (magnitude 6.8 and 7.2), Hejian Earthquake (6.3), Bohai Earthquake (7.4), Tangshan Earthquake (7.8), Luanxian Earthquake (7.1), and Zhangbei Earthquake(6.2). These earthquakes had caused several human and property loss.

②Hengshui Lake Nature partially covers two townships of the Taocheng District and six townships of the Jizhou city. In history, the earthquakes in the region were frequent. During the Ming and Qing Dynasties (around 500 years), Hengshui and Jizhou had at least 10 earthquakes. After the founding of the PRC, an earthquake occurred on Feb. 16, 1954 in the south of Hengshui at 37.5°N115.5°E. The earthquake had a magnitude of 4.5 and caused more than 400 houses being collapsed.

Table 9-1　Major Earthquake of Heibei, Beijing, and Tianjin From 1991—2005

Yr	ML≥1	ML≥3	ML≥4	ML≥5	Yr	ML≥1	ML≥3	ML≥4	ML≥5
1991	1415	46	10	2	1999	726	44	7	1
1992	1527	25	5	0	2000	514	24	3	0
1993	949	14	1	0	2001	463	23	3	0
1994	817	13	1	0	2002	701	25	5	1
1995	874	26	3	0	2003	780	19	2	0
1996	981	23	2	1	2004	772	12	1	1
1997	808	31	3	0	2005	772	12	1	0
1998	1225	96	30	3					

Source: 2005 Hebei Earthquake Yearbook

9.1.1.2　Flood

(1) Analysis of Flood Risk. Hengshui is located in the lower stream of big reservoirs like Handan and Xingtai. In the case of heavy rains, if the reservoirs discharge flood, Hengshui will be in immediate danger. In history, this region was subject to frequent flooding. From 16 BC to 1979, there were 931 floods. There are still ruins caused by the 1963 major flood.

Fuyang New River, Fudong Drainage River, and Fuyang River flow to the north of the Reserve. The Fuyang New River and Fudong Drainage River are relatively straight, while the Fuyang River has a big curve at the north of the Reserve. The Fuyang River is particularly prone to bank burst near the Beilv Village.

However, the Haihe Basin has not encountered any major flood since 1963. Especially since the late 1990s, the river basin suffers a moderate draught. The probability of a major flood may be high in the future. One should not be too optimistic in the occurrence of flood.

(2) Historical Flood Disasters.

①Flood Disasters of Haihe River Basin. Haihe River basin has one of the worst flood records in China. Prior to the Han Dynasty, there were not much flood records. From the Eastern Han Dynasty to the Yuan Dynasty, the Haihe River Basin had flooded 53 times. According to the Ming and Qing historical statistics, the river basin had flooded 360 times in 540 years. After the founding of the PRC, three major floods had occurred in 1956, 1963, and 1996. Particularly in August 1963, the storm center had recorded a rain amount of 2050 mm in 7 days, which is the largest one ever recorded Chinese mainland. The flood had caused a direct loss of 6 billion yuan (at current prices). The after-disaster relief cost 1 billion yuan.

②Ziya River Flood. According to historical records, Ziya River flooded frequently. From 1368 to 1948, in nearly 600 years, there were 20 floods in the scale of the 1963 flood. The frequency is 29 years. The flooding of Ziya River is most severe in the Haihe River Basin.

③Heishui Flooding Disasters. From 16 BC to 1979, there were 931 floods. The Hengshui Lake area still has some remains reflecting the 1963 flood. In the 1963 flood, none of the city's 359 administrative villages were spared. In the early August of 1963, severe rainfall occurred in Hengshui City. Heavy rains flooded all major rivers originated in the Taihang Mountain. The flood was tens of times larger than the capacity of rivers. The flood caused a death toll of 43 persons and an equivalent total loss of 360 million yuan.

(3) Affected Scope of Flood. Once the Ziya River is flooded, the whole "drainage basin collaboration circle" will be affected. Not only the agricultural, manufacturing, and transportation industries will be damaged, the environmental protection efforts may also be destroyed.

9.1.2 Disaster Level

According to the "Hengshui City disaster relief emergency plan," the natural disasters are rated as:

(1) Extremely severe disaster is caused by one-time occurrence of the following events:

① total destruction of crops over an area of 300 thousands mu;

②the collapse of more than 3000 houses;

③disaster caused death toll more than 10 people;

④Magnitude of 7 or more devastating earthquake;

⑤one-time disaster caused a direct economic loss of more than 100 million yuan.

(2) Severe disaster is caused by one-time occurrence of the following events:

①destruction of crops between an area of 100 and 300 thousands mu;

②the collapse of the housing between 1000 – 3000;

③disaster caused death toll between 5 and 10;

④Magnitude 6 – 7 devastating earthquakes;

⑤one-time disaster caused 50 – 100 million yuan in direct economic losses.

(3) Moderate disaster is caused by one-time occurrence of the following events:

①total destruction of crops between an area of 50 and 100 thousand mu;

②the collapse of the housing between 500 – 1000;

③disaster caused death toll between 3 and 5;

④Magnitude 5 – 6 following devastating earthquakes;

⑤one-time disaster caused 20 – 50 million yuan in direct economic losses.

(4) Disasters that do not meet the above criteria are classified as light disasters.

9.2 Accidents

9.2.1 Transportation Accidents

(1) Accidents of Tourists. For tourists, traffic accidents normally cause the biggest casualties. Particularly with the increasingly popularity of private cars, traveling by cars has increased the transportation risk.

(2) Analysis of Traffic Accidents in Hengshui Lake Region. The transportation system for tourism is well developed in the Hengshui Lake area; and more roads are planned for the future. Once becoming a tourist hot spot, the crowded traffic may increase the probability of accidents.

(3) Location of Traffic Accidents. Traffic accidents may occur at any location. However, several locations may be more prone to accidents, such as access to the Reserve, route to the scenic sites, etc.

9.2.2 Water Accidents

Tourism Related Water Accidents. Tourism related water accidents refer to the accidents occurring in water body in the tourism areas. The main tourist attractions of Hengshui Lake concentrate in the lake area. The facilities have not been used for a long time and need to be improved. There also exist unregistered visiting spots, which are more prone to accidents due to the lack of supervision.

9.2.3 Accidents in Amusement Parks

Since the Hengshui Lake Reserve does not plan to construct amusement park, such accidents are unlikely to happen, except for in some unregistered privately operated facilities.

9.2.4 Fire Hazard

Fire accidents in tourism locations mainly occur in nearby hotels and guesthouses. In addition, some ancient buildings and mountain areas had also fire accidents. Although it is not as frequent as traffic accidents, it has large impacts on tourism. In Hengshui Lake and the surrounding area, the major fire hazard is reeds, weeds and other terrestrial plants in autumn and winter. However, since water restoration occurs in winter season and it is also the low season for tourism, the risk of wild fire is not high.

9.2.5 Others

Based on the "ecological planning" in the master plan, several manufacturing and chemical processing plants will be moved outside of the Reserve. This will alleviate accidents caused by various types of industrial facilities. However, attentions should be paid when demolishing or relocating these facilities. In addition, some industrial accidents happening in the surrounding or even remote areas, such as explosions, may cause damage to the Reserve.

9.2.6 Public Health Incident

Public health emergencies that affect tourists include outbreak of infectious diseases, diseases of unknown origins, food poisoning, and others.

(1) Food Poisoning. Food poisoning may be caused by a combination of several factors, such as disease, contaminated food, travel fatigue, etc.

However, the main reason for food poisoning is the consumption of unhealthy food, which may be from different sources, such as lack of hygiene in food production, food processing, and transportation. The use of food additives and some mushroom may also cause problems. Since there are many small restaurants around the lake and some restaurants may use food from unhealthy sources, there is risk of food poisoning.

(2) Epidemic Diseases. Epidemic diseases affect the tourism industry. For example, during the outbreak of SARS in 2003 in China, many travelers canceled their trips. Epidemic diseases have a lot of uncertainty; and the outbreak may affect a larger region. As a natural Reserve, Hengshui Lake may have a lower risk in epidemic diseases comparing with urban areas. However, due to the lack of advanced medical facilities, the accurate diagnose and treatment may be difficult. In addition, since there are many migrating birds visiting the Reserve every year, the risk of bird flu may be high.

(3) Common Diseases. During travel, many factors may cause some common diseases. These factors include fatigue, regional differences, body responses to different environment, etc. Since the local area lacks of high quality health care, the diseases may no be treated promptly.

9.2.7 Social Security Incidents

Social security incidents refer to major unexpected events involved in foreign travelers or occurred in large-scale tourism festivals.

(1) Fraud and Theft. Fraud and theft are not uncommon in travel, particularly in some less developed regions or remote areas. Hengshui Lake and the surrounding areas may also have fraud and theft activities aiming at travelers. This will affect the image of the Reserve and should be eliminated.

The high risk locations include hotels, restaurants, and railway and bus stations.

(2) Criminal Cases. There are also risks of criminal cases such as rape, gambling, robbery, and so on in travel. According to the preliminary investigation, the local residents largely support the creation of the Reserve and are willing to participate in conservation activities. At the same time, tourism provides job opportunities and additional income for the residents. These residents support prevention of and fight with criminal cases.

(3) Stampede. Crowded place may cause various accidents. Considering the Hengshui Lake area is still in the beginning stage of tourism development, it is unlikely to attract so many people in recent years. In addition, the region is very flat, which provides plenty of evacuated spaces. However, too many people may cause damage to some wood bridges.

9.3 Analysis of Factors Affecting Public Safety

9.3.1 Natural Conditions

The surrounding area has many active faults, which makes Hengshui a place with high risk of major earthquakes. The types of soils in this place are primarily sand, silt, and clay. Therefore, building foundations may be subject to liquefaction during earthquake.

Another major risk is flood. The terrain of the Reserve is like a shallow strip of disk. The distance between the Reserve and the upper reservoirs is less than 100 km. In the event of heavy rains, the place can be easily flooded.

9.3.2 Improper or Unsafe Behaviors

Improper or unsafe behaviors of tourists are the most difficult to control. Some tourists deliberately engage in high-risk activates that increase the possibility of accidents. Some of them like to take ventures to undeveloped or unsafe areas.

In addition, some improper behaviors will tend to cause hazards, such as littering cigarette butts or setting up fire in wrong places.

9.3.3 Issues in Scenic Spot Development and Management

(1) Development of Tourism Resources. The characteristics of tourism location affect the risks of tourists encountering disastrous incidents. If a place is the most vulnerable to natural disasters, tourists may be caught in surprise when the disasters occur. When developing the overall plan for Hengshui Lake area, the potential risks had been considered. However, it is hard to control unplanned visiting locations.

(2) Tourism Management. The managers and staff of some scenic locations lack of the sense of safety. Sometimes they admit visitors more than the allowed number. Sometimes they start to accept tourists before the facilities have been completed. All these contribute to the increased risk of accidents.

At present, the overall safety management in China is not adequate; and the tourism industry is no exception. Therefore, the Reserve administration needs to strengthen the management of tourist attractions and prevent potential accidents.

(3) Immergence Measures. When an accident occurs, lack of emergent response will aggravate the severity of the accident. Especially for severe accidents, if emergent medical treatment can be done promptly and orderly, the number of casualties and economic losses will be reduced.

China's emergency response system is still under development. The planning for emergency response is one of the major contents of this planning document.

9.3.4 Social Environment

Both the economic and educational levels of local residents are low, which affects the development of tourism. However, according to preliminary research, the local residents support the creation of the Reserve and are willing to participate in conservation activities. In adding, tourism will provide more employment opportunities and improve the living standards of local residents. This may make local residents care more about the images of the Reserve.

9.3.5 Tourism Safety Facilities

According to the preliminary information, Hengshui Lake has been lagging behind in building safety facilities. This document will include safety facilities as part of the planning content.

9.4 Issues in Public Safety Management

(1) Shortage of Funding. The Reserve does not have adequate infrastructure at present and lacks of suffi-

cient funding. Although the Reserve has abundant and unique resources, it is not well known in the nation. Tight budget also limits the construction of safety infrastructure.

(2) Inadequate Safety Awareness. Due to the low economic and education level, the safety awareness of local residents is inadequate. Many of them don't have any safety training and lack of safety protection skills. Weak awareness of safety is often the breeding ground for accidents; therefore, improving safety education is a priority for local residents.

(3) Improper Tourism Development. Inappropriate tourism development is another threat to the sustainable development of the Reserve. Although tourism in the Reserve has just started, there are already signs of excessive competition and over-development. Due to the lack of unified planning and guidance, there appears some hidden safety threats.

(4) Inadequate Management Experience. The Reserve administration is still short of experienced managers. Although the local government and the administration are enthusiastic in environmental protection, the lack of experience and expertise may compromise their efforts.

(5) High Level of Environment Pollution. Hengshui Lake still has serious water pollution problem. For example, the fluoride content is 48% above the standard. In rural areas, water pollution has affected potable water. Air pollution is also serious at some locations, especially near the smelting and casting factories. In addition, pollution caused by agricultural activities is also high. The pollution not only affect the health of local residents, but also negatively impact sustainable development of Hengshui Lake and surrounding areas.

Chapter 10 Evaluation of Land Use

10.1 Status of Land Use and Future Development

10.1.1 Land Resource and Usage Status

At present, the Reserve consists of the following types of land: water, reed growing land, grass land, forest land, land for construction of villages and towns, bare land, cultivated land, and orchards. Of these different types of land, the arable land accounts 55.85 percent, a higher percentage of which is protected agricultural land.

Table 10-1 Status of Land Use in Reserve

Type	No.	Area(km^2)	%
Water	4	39.37	17.89
Reed	1	20.05	9.11
Grassland	2	0.65	0.29
Woodland	3	1.39	0.63
Village/Town	5	9.35	4.25
Bare Land	6	23.70	10.77
Agricultural land	7	122.9	55.85
Orchestra	8	2.68	1.22
Total		220	100

Except for 628.7 mu of land originally owned by Ji-heng state-owned farm (the majority of the land had been flooded), the rest is collectively owned by different villages. The administration has very limited authority on the use of the collectively owned land.

10.1.2 Analysis of Land Use Transition

The change of land use is affected by a variety of factors, involving both natural and social ones. In general, the influencing factors can be classified into two categories: natural forces and human forces. In the Hengshui Lake Natural Reserve, the predominant factor is human forces.

By reviewing the land use change of the Reserve from 2002 to 2006, one can see that the area of forest land, orchards, reed land, and bare land had reduced significantly. Especially, the forest land had reduced 90%. At the same time, the area of agricultural land had increased significantly, from 105.4 sq km in 2002 to 122.9 square kilometers in 2006 (16.6 percent). The increased arable land is mainly from forest land, orchards, and bare land. The area of water body had increased by 12.81%, primarily from reed land, which is affected by water level.

Table 10-2 Change of Land Use

	2002		2006		Change:2002 ~ 2006	
	Area(km^2)	%	Area(km^2)	%	Amount(km^2)	Rate
Water	34.90	15.86	39.37	17.89	4.47	12.81%
Reed	23.10	10.50	20.05	9.11	-3.05	-13.19%
Grassland	0.65	0.30	0.65	0.29	0.00	-0.40%
Woodland	15.20	6.91	1.39	0.63	-13.81	-90.87%
Village/Town	9.07	4.12	9.35	4.25	0.28	3.07%
Bare Land	27.23	12.38	23.70	10.77	-3.53	-12.98%
Agricultural land	105.40	47.91	122.90	55.85	17.50	16.60%
Orchestra	4.60	2.09	2.68	1.22	-1.92	-41.73%
Total	220	100	220	100		

From the information above one can see that the main characteristic of land use change is the reduction of forest and bare land and the increase of arable land. This indicates a lack of land resource in the Reserve and over-exploitation of land.

10.1.3 Issues in Land Use

(1) High percentage of agricultural land, low percentage of forest land, and small water body. As the main task of the Reserve is to preserve biodiversity and wetland for bird habitats, it needs a certain area of forest land and water. However, there is still a certain amount of agricultural land in the key protection zone. It lacks of a buffer zone between the farmland and protected land. Since most of the land is collectively owned, the Reserve administration has limited authority dictating the use of land.

(2) The reduction of bare land indicates the intensity of land development. The bare land includes some hard to use land, waste and refuse dumps of factories, and abandoned industrial land, etc. Improper use of this type of land makes it challenging for effective land management of the Reserve .

(3) Lack of Planning in Land Use. Since the majority of land is collectively owned, there is no systematic planning regarding the use of land.

10.2 Evaluation of Land Use on Ecological Safety

10.2.1 Impacts of Land Use on Ecological Safety

The change of land use has become a main factor affecting biodiversity and ecological safety. The impacts of land use on environment are primarily shown in the following areas:

(1) Reduction of forest causes loss of nutrients in soil, resulting in a decrease in soil fertility and surface and groundwater pollution. Different types of land have different mechanism of retention and transformation of nutrients in soils. The forest land has a higher nutrient cycling capacity than agricultural land.

(2) Overgrazing and excessive reclamation of land are the main reasons for soil erosion and even desertification. Deforestation of farmland causes increased soil erosion and leads to soil compaction and decline of grass quality.

(3) High intensity of land use causes a reduction in biodiversity. Due to increased utilization of land, wildlife habitats may be destructed and the bird population may be reduced. This comprises the role of this Reserve.

10.2.2 Impact of Land Use Transition on Ecological Safety

Different types of land have different roles in an ecological system. The change of land use will definitely affect its ecological values. In order to quantitative analyze the ecological impacts of land use in Hengshui Lake Nature Reserve, the researcher used indicators of ecological values of different types of land in 2002 to 2006, respectively.

Based on parameters from Costanza and Chinese scholars (Xinzhi Zhang, et al), the researcher calculated the ecological value of different types of land in 2002 and 2006. The change of the values is shown in Table 10-3.

10.2.3 Evaluation of the Impacts of Land Use Change on Ecological Safety

In order to make ecological values more understandable, the MA project team under the United Nations identified four types of ecosystem services. The four types of ecological services include supply, adjustment, life support, and culture. The researcher also calculated these indicators, as shown in Table 10-3.

Table 10-3 Ecological Service Value Changes of Hengshui Lake (10K yuan/Yr)

Year	2002	2006	2002 - 2006
Air Adjustment	351.48	348.69	-0.79%
Climate Adjustment	142.84	35.85	-74.90%
Disturbance Adjustment	8807.75	8962.02	1.75%
Moisture Adjustment	19605.79	20081.77	2.43%
Water Supply	10159.37	10404.11	2.41%
Erosion Control	29.08	21.23	-26.99%
Soil Formation	19.14	7.59	-60.32%
Nutrient Recycle	12.10	10.48	-13.33%
Waste Processing	4550.74	4541.70	-0.20%
Pollination	159.31	153.39	-3.72%
Biological Control	222.55	250.75	12.67%
Habitat	78.20	54.69	-30.07%
Food Supply	749.63	766.22	2.21%
Raw Materials	77.66	48.56	-37.47%
Genetic Resource	9.41	7.99	-15.17%
Entertainment	938.34	915.40	-2.44%
Culture	38.34	35.89	-6.39%
Total	45951.72	46646.32	1.51%

As can be seen, with the change of land use, the ecological service value had increased from 460 million yuan in 2002 to 466 million yuan in 2006 (1.51%). The supply and adjustment functions had significantly increased, while the life support and cultural functions had decreased.

Chapter 11 SWOT Analysis of Sustainable Development of Hengshui Lake Reserve

SWOT analysis refers to investigate the Strengths, Weaknesses, Opportunities, and Threats involved in the sustainable development of Hengshui Lake Reserve and to provide basis for strategic planning.

11.1 Strengths

Strengths are unique characteristics and resources of the Reserve that match the strategic development goals. In addition, strengths mean the competitive advantages the Reserve possesses comparing to its potential competitors.

11.1.1 Strength in Values of Preservation

The first strength is its value of preservation, which is reflected in rich wetland ecosystem and the external support on wetland preservation. The strength is shown in the following aspects:

(1) Hengshui Lake wetlands have a unique position in the protection of rare birds and the maintenance of the North China Plain inland freshwater wetland ecosystem, and the improvement of natural environment. The protection of bird habitat is an essential for China to fulfill its obligations on relevant international agreements for the protection of birds and the international convention on wetland conservation.

(2) Hengshui lake is rare in the dry North China Plain. Therefore, it has high research value in studying the ecosystem, functions, and values of wetland in its dry climate.

(3) Hengshui Lake wetland restoration and protection is strategically important in restoring and improving ecological environment of the entire North China Plain. Hengshui Lake can not only provide high quality water resource, control flood, and relieve frequent drought for Hengshui City area, it can also improve the microclimate in the larger surrounding areas, including Beijing and Tianjin. With the implementation of the South-North Water Diversion Project, combines with more conservation efforts, the wetland area will be further expanded.

(4) The rise and fall of Hengshui Lake Wetland show the complicated interaction between human and nature. The Reserve has plenty of historical records showing the relationship between wetlands and human activities and provides many important lessons. If the Reserve can upgrade its industrial structure and improve the lives of residents in the surrounding community, so that local residents strongly support the conservation efforts, the Reserve will serve a very good role model for densely populated yet environmentally sensitive areas.

(5) The main landscape features of Hengshui Lake Reserve are water, ancient cities, and flocks of birds. It is located in an ancient culture center, Jizhou, and has rich cultural resources. The ancient city walls, tombs from the Han Dynasty, as well as cultural relics will serve as attractions for the tourism industry.

11.1.2 Location Advantage

Hengshui Lake Nature Reserve is located in the center of the North China Plain, a strategic location for China since the ancient times. Today, Hengshui is located within the Beijing economic development zone and affected by the rapid development of coastal cities of Bohai. The development in the surrounding area will create opportunism for this place.

11.1.2.1 Ecological Location

Hengshui Lake Reserve is located between northeast wetlands and south wetlands. Since the climate and soil conditions are very detrimental to the development of wetlands, this place is very rare and valuable. Hengshui Lake is major transit point for north-south migratory birds, many of which belong to the highly protected species. Therefore, it has a greater value in providing a safe habitat and food supplement for birds.

11.1.2.2 Suburban of City

Hengshui Lake Reserve is the suburban of Hengshui City. It adds values to the development of city in improving environment, enhancing the image of the city, and enhancing its attractiveness. Therefore, the Reserve enjoys support from the city. Besides Hengshui City, other cities near the Reserve are in the rapid process of urbanization. The Reserve will receive assistance from other cities.

Another advantage is that, since many urban residents in general are highly educated, the maintenance of the Reserve can easily receive their understanding and support. The current management staff of the Reserve is mostly coming from neighboring cities. They live in the cities and commute between the cities and the Reserve.

11.1.2.3 Geographical Location in China

The transportation in the Hengshui area is very convenient. Hengshui is the transport hub of southeast Hebei Province. The place hosts the intersection of Beijing-Kowloon Railway and Shijiazhuang-Dezhou Railway. It borders to Beijing-Shanghai Railway to the east and Beijing-Guangzhou Railway to the west. By using railways, one can easily travel to major cities such as Beijing, Shanghai, Hongkong, etc. For highway transportation, there are two parallel major highways across the area, Shi Huang, and national highway 307, which further connect to Beijing-Shanghai Highway. In addition, the national highway 104, 105, and 107 all cross the region.

The Reserve is close to Beijing, with a distance of 292 kilometers by highway transportation and 274 kilometers by railway transportation. Hengshui has a close relationship with Beijing since the ancient times. It was said that before the establishment of the People's Republic of China, Beijing's antique market is controlled by businessmen from Jizhou. Today, because of the Beijing-Kowloon railway other transportation arteries, Hengshui forms a closer tie with the Capital. It can be expected that Beijing will be the main market for the Reserve to develop its eco-tourism. At present, it takes 3.5 hours to arrive at Beijing by Train. If the train speed is raised to 150 km per hour, it will only take 2 hours in the future. Therefore, Hengshui will be a convenient place for weekend get out for Beijing residents.

From the viewpoint of Hebei Province and Bohai coastal area, Hengshui is located in densely populated area that connects Hebei and Shandong Province.

The location of the Reserve is very beneficial for its economic development. If the Reserve can enhance its attractiveness, it will absorb many opportunities from surrounding metropolitan areas. The attractiveness depends on effective wetland ecosystem protection, development of eco-tourism, and wetlands science education. The Reserve also needs to increase its visibility and image in the nation. Due to the abundant water resources, the area can also develop organic agricultural industry, to provide organic produces for nearby metropolitan areas.

11.1.2.4 International Position

China has been rapidly changed from the globalization process. From the world perspective, Hengshui is located in the North-east Asia Economy Development Zone, which includes China, Japan, South Korea, North Korea, and Mongolia. The Reserve also benefits from the economical development and increasing environmental awareness of this region. It also serves an important role to protect wetland and bird habitats for this larger region and potentially has a lot of opportunities to collaborate with international partners.

11.1.3 Advantage of Water Resource

Water resource is critical in northern China. One common problem for wetlands in northern China is the supply of water, since it is costly to maintain adequate water by diversion projects.

However, this may be one advantage for Hengshui Lake. Since it is close to cities, the demand for water from these cities ensure water supply for the lake, which may not be the case for wetland in the remote rural area.

Using the East Lake of Hengshui Lake as an example, the Reserve borrows water from Yellow River at 0.70 yuan / ton, while sells water to the Hengshui power plant in 0.85 yuan /ton. The Hengshui power plant needs to consume water 11 – 12 million ton per year. Therefore, the Reserve can earn 1.6 to 1.8 million yuan by only selling water. If there is no demand from the power plant and the city, the Reserve would not be able to afford water diversion.

In addition, the West Lake of Hengshui Lake will be planned as the potable water source for the city. The value of the lake will be more strengthened in the future.

11.1.4 Comparative Advantage in Ecological Resources

The wetlands and wetland landscape of Hengshui Lake may be inferior to other natural wetlands in wet climate. However, as it is located in the arid climate, it has a clear comparative advantage with its neighboring regions. Hengshui Lake has its a unique water, location, and soil conditions in North China, which bring together a large number of precious animals and plants. By conducting environmental conservation and introducing domesticated plants and animals, the biodiversity has been greatly improved. Hengshui Lake starts to attract so many birds which have added a beautiful landscape. At present, the Hengshui Lake Nature Reserve has not been established for a long time. One can expect that its ecological resource will be further enhanced with time.

11.1.5 Historical and Cultural Advance

Hengshui Lake Wetland has both the natural landscape and the cultural relics of ancient Jizhou city, which represents the Chinese civilization from the early age. The Reserve can serve as a good textbook on the coexistence of human and nature. Many other Reserves may lack of a rich cultural and historical backgrounds as Hengshui Lake does.

11.1.6 Simple Administration Structure

Hengshui Lake Reserve only covers two county-level districts, all of which are under the jurisdiction of Hengshui City. This to a large extent reduces potential coordination issues. Some other Reserves in China cover several cities or even provinces. These Reserves often suffer from coordination issues by different government agencies.

11.1.7 Diverse Source of Income and Less Dependent on Agriculture

The residents of the Reserve receive their incomes from diverse sources, including agriculture, forestry, fisheries, livestock, migrate working, etc. Out of valid samples from 530 households, agricultural income only accounts for 26% of their total income, while migrating working and commerce account for 51%. Since agricultural income is not the main source of income, it may facilitate environmental conservation. However, it should be noted that different villages may have different economic structure. For example, for the Erpu Village, income from migrate working accounts for 80% of total income. On the contrary, for the Houhan Village, income from agriculture accounts for 73.38% of total income.

11.1.8 Advantage of NGO Activities

NGO plays a major role in Environmental conservation. The two NGO organizations, "Hengshui Lake Wetland and Bird Protection Society" as well as "Daughter of the Earth" has been very active in initiating local environmental conservation activities.

11.2 Disadvantages

11.2.1 Lack of a Self-sustained Natural Ecosystem

Despite the fact that the Hengshui Lake has maintained its biological diversity over years and provided habitats for a large number of birds, the natural river basin system had been completely destroyed due to thousands of years of agricultural development. Especially since the founding of PRC, a large number of irrigation facilities, lake dams, ramps, straight canals have been constructed to replace the natural rivers. The consequences have shown in the following areas:

(1) The lake tends to become a large reservoir or pond. The hydrological linkages between the natural wetland and other watershed systems have been replaced by artificial irrigation and drainage ditches. The seasonal fluctuations of water level have disappeared; instead, not the lake relies on water diversion from other sources.

(2) The lake has experienced a degradation in the water fluctuation zone. Especially, the vegetation does not develop very well in the fluctuation zone. The Cyperaceae (Carex are) dominant mud and wet meadow area is underdeveloped, while it should be the primary habitats for a large number of birds.

(3) Due to the degradation of the wetland ecosystem, the natural growing cycle of the vegetation has been affected. With the disappearance of natural water basin system, together with the long-term high-intensive agriculture development, soils have lost its fertility. In addition to adverse weather, the ecological environment is weak and fragile.

11.2.2 Lack of Water Resource

Despite being able to store water, dry climate makes the Lake suffer from water shortage problem, especially high quality water.

Due to the increasing water usage of upstream, water reaches to the Lake has been reduced. In recent years, with the exception of flood season, very little water reaches the downstream. And the water from flood has little due to the large sediment content and other pollutants. On the other hand, urban expansion and economic development demand more water resources. Currently, the city primarily depends on excessive extraction of underground water; however, the expansion of ground water funnel has forced the city of Hengshui to readjust its water usage strategy. At present, Hengshui City is building surface water supply system. Water from the lake cannot be used directly since it has not met the water quality standards, yet.

Hengshui city will inevitably require water from Hengshui Lake at a later time. This may comprise its role in ecological protection.

11.2.3 Seasonal Characteristics of Eco-tourism

The distinguished features of Hengshui Lake Nature Reserve include winding shorelines, ancient cities, flocks of birds, etc. However, the disadvantage is the long winter and short spring and fall. The relatively short staying period of migratory birds is another disadvantage for tourism.

11.2.4 Inappropriate Land Use

In the Hengshui Lake Area, the villages and farm land consume too much land, while forest and grassland covers relatively less land. The water area and reed growing zones need to be restored.

11.2.5 Conflict between Wetland Restoration and Farmland Protection

In the past, since the rural area was very poor, the local government listed many wetlands and bare lands that were not appropriate for farming as farmland. The reason of this was to apply for more agriculture subsidies from the central government. At present, in order to protect farmland from the rapid process of urbanization, China has implemented a very strict farmland protection policy. According to the farmland protection policy, the farmland is highly protected. In case it needs to be used, the occupied area must be balanced from other areas. This creates a great challenge for the local government to adjust land use.

11.2.6 High Population Density of Surrounding Area and Environmental Pollution and Destruction

The Reserve covers 106 villages of six townships. According to 2005 statistics, the Reserve has 65,180 people in 19,046 households, with a population density of 292.6 people/km^2. In addition, the population density of Hengshui City is 467 people/km^2, much higher than province average. With the process of urbanization, the population is still growing.

Human activities have disturbed the conservation efforts of the Reserve. Many highly protect species are sensitive to surrounding environment, if they abandon the Reserve due to the disturbance, the value of the Reserve will be reduced.

Human activities also cause heavy pollution. A variety of industrial and household pollutions are damaging water, air and soil. The pollution problem is particularly severe new Jizhou, where exist Garbage Mountains, cross-flow of sewage, high emissions, and solid wastes. The pollution not only threats environment, but also affects landscape. Therefore, environmental pollution and people's destructive activities have created a lot of pressure for the Reserve.

11.2.7 Local Education of Local Residents and Conservative Mindsets

The survey data show that the local residents' education level is low.

Because of the low level of education, many local residents are very conservative. For example, on the migrant working issue, the survey shows that the number of migrant workers only accounts for 31.81 percent of the total labor force, and only 57.52 percent of people have expressed their support for migrant working.

Although the consciousness of bird protection has been improved under the promotion of the Reserve administrant, many people lack of the knowledge on the relationship between wetland and birds, partially due to the low education background. As a result, they don't understand the necessity of maintaining the wetland ecosystem and harm wetland from time to time.

11.2.8 Lack of the Local Cultural Awareness and Integration between Natural and Cultural Landscape

Although the region has human activities as early as the Neolithic age and has a glorious history, the people around the Hengshui Lake area have very little memory of the history or cultural spirit of the past. Many of the residents do not actively get involved in preserve the culture value.

(1) The current villages of Hengshui Lake no longer have traditional village houses. Most villages contain houses built after the founding of the PRC or in recent years. These houses are densely built and lack of harmony with the lake landscape.

(2) In addition, the scenic spots and monuments of the old Jizhou City are nowhere to find. The ancient relics are not well protected. Many traditional buildings are replaced with western style buildings. Except for the still standing ancient walls from the Han Dynasty, the Jizhou City has lost its original outlook.

11.2.9 Lack of Strong Preservation Measures

Like many natural Reserves, the Hengshui Lake Reserve lacks of strong preservation measures, which are reflected in the following areas:

(1) Wetlands environmental monitoring and assessment system is still under construction. There is no suf-

ficient data to support basic research.

(2) The Reserve administration lacks of management experience and professionals.

(3) The investment is not enough.

(4) The infrastructure system lags behind.

(5) Many villages in the Reserve is out of the jurisdiction of the Reserve administration.

11.3 Opportunity

Opportunity means external influences that facilitate the strategies sustainable development goals of the Reserve. The opportunities of the Reserve primarily lie in the following areas.

11.3.1 China Embraces "Scientific Development" Concept

In recent years, China tries to change its development direction and embrace "scientific development" concept. The core of the concept is that development should serve the people; and the basic requirement is comprehensive, coordinated, and sustainable development; and the basic approach is to fully consider different dimension in development. It is emphasized that economic development should be in harmony with natural environment. The new direction of China provides policy support for the Reserve.

11.3.2 Implementation of South-to-North Water Diversion Project

At present, The South-North Water Diversion Project has formally started. In the project plan, both the middle and the East water lines will pass the nearby areas. The east line will also use the lake as one of the 5 major storage reservoirs. This will be the ultimate solution to water supply problem. It will also greatly ease the-water shortage problem of Hengshui city and facilitate its development. The project will receive a lot of investment from the central government; therefore, the Reserve can be alleviated from current situation of insufficient capital investment. The South-to-North water diversion project also places particular emphasis on environmental protection. For example, 500 meters of wood must be planted along the ditch. This is also beneficial for environment.

However, it should be noted that the reservoir is not equivalent to the wetlands. The primary purpose of reservoir to provide water resources to meet people's demand, while the wetland is to preserve biodiversity. These two goals can be compatible, but there may be some conflict.

11.3.3 Wetland Protection at Home and Abroad

In today's world, wetland ecosystems have been more and more appreciated. Both China and other countries have attached great importance to wetland protection. Because of this, the Reserve had been strongly supported by Hebei Province and the central government. In 2005, the Reserve was included in the key state investment place for wetlands. The Reserve is also applying for "Wetlands of International Importance." In recent years, the Reserve has also received international fund from the World Bank, Sino-Dutch cooperation project, etc. It is expected that the Reserve will receive more financial support in the future.

11.3.4 Emphasis on Basin-wide Environmental Protection

Hengshui Lake is located in the Haihe River Basin. According to the "Ninth Five-Year Plan" of China, this river basin is listed as one of the key areas of environmental protection. Since 2007, the State Environmental Protection Administration has implemented a "watershed approved limit" policy to control pollutant loading. The policy applies to the Haihe River Basin, including the Hebei Handan Economic and Technological Development Zone, which is the upper reach of Hengshui Lake. The State Environmental Protection Administration states that the policy will be institutionalized and normalized in the future. As the water quality of Hengshui Lake is gradually improved in the future, a healthy ecological system is expected.

11.3.5 Opportunities from "Constructing New Villages"

The areas surrounding the lake are primarily rural areas. According to the new Chinese policy, the next main goal of China's development is to improve its rural areas. Following the policy, a series of measures have been taken by the Chinese Government, for example, the waving of agricultural tax, waving tuitions and fees for rural students, etc. The medical coverage for rural residents is also being experimented. The investment on rural areas bring more opportunities for Hengshui Lake region.

11.3.6 Economic Development Opportunities from Beijing and Bohai Economic Development Zone

Two of the largest cities in China, Beijing and Tianjin, are rapidly integrated. These two cities and other major cities are forming a Bohai Economic Development Zone. This brings opportunity for the Hengshu Lake, as it is located at the border of the Zone.

In addition, the environmental protection of Bohai Economic Development Zone brings opportunism for the Reserve. Some rivers around Hengshui Lake eventually flow into Bohai. The environmental protection of Bohai has been strongly supported by the government and the general public. These rivers will also be part of the environmental renovation projects for Bohai.

11.3.7 Source of Hengshui City Water Supply

Hengshui Lake has been planned as water supply source for Hengshui City. At present, the city primarily depends on underground water. With the over extraction of underground water, the city decides to find new sources of water supply. However, the water in Hengshui Lake cannot meet the water supply standards currently. This provides the incentive for Hengshui City to curb environmental pollution of the lake.

11.3.8 Initial Implementation of Sustainable Development Concept

Since the Hengshui Lake region is under rapid urbanization and heavily influenced by the cultural development of Beijing, people's environmental awareness is increasing. Some sustainable development concepts have been initiated. For example, according to Hengshui city master plan, the city is to be built in "clear water, blue sky, green town, garden-like city." Hengshui Lake wetland is listed as the priority project in the "Tenth Five-Year Plan." The Hengshui Lake, with the other 5 environmental conservation projects, will be receiving 900 yuan investment in the near future. In order to ensure that the Hengshui Lake Wetland development and construction activities are in accordance with the plan, the city has temporarily suspended all construction activities around the lake. The local government is also promoting "returning straw to field" project. More than 20% of straws from agricultural crops are returned to field.

The industry of Hengshui is also trying to develop sustainably. For example, the OSB board manufacturers use tree branches to make the board, instead of mature trees. In addition, the government also urges leading enterprises to assist the development of villagers.

11.4 Threats

11.4.1 Urbanization of Surrounding Cities

The Hengshui Lake is close to the city. On the one hand, the Reserve enjoys benefits and convenience of the city; on the other hand, it faces various threats from the city, including environmental pollution, urban land use, and demand for water resource.

11.4.1.1 Environmental Pollution

The closest cities to the Hengshui Lake are Taocheng District of Hengshui City and Jizhou City. They are the drivers of local economic development, yet also major polluters. These cities account for 52.9 percent of industrial waste water and 68.2 percent of emissions of the city.

The biggest threat to Hengshui Lake is Jizhou City. Some factories processing heavy are on the south side of the Hengshui Lake. Theses factories lack of sewage treatment facilities and some of them discharge waste water directly to the lake. Pollution from heavy metal poses a serious threat to the health of wetland ecosystems and local residents. In addition, garbage and solid waste of Jizhou City have not been effectively processed, often land filled and piled up near the lake. Since Jizhou City is located in the leading wind direction, the emissions from heavy industries have also become a major threat to Reserve.

Since Taocheng district is located in the trailing direction of wind, the impact of its emissions on Hengshui Lake is less severe. However, during the winter, because the prevailing winter wind is northwest, emissions from coal-burning cannot be overlooked.

Besides these two cities, Zaoqiang is another city in the region. Since water diversion from the Yellow River flows through the city, it also poses a potential threat on water quality.

Some heavy industrial cities like Handan and Xingtai in the upper stream of Hengshui Lake, although far away from the Lake, also discharge a lot of waste water that eventually reaches Hengshui Lake.

11.4.1.2 Urban Sprawl

Due to the rapid development of urbanization, cities and towns near the Lake are expanding. If the new development is not well planned, it will negatively affect the scenery of the Lake.

11.4.1.3 Competing for Water Resource

Along with the urban development, the demand for water resources also rises gradually. At present, excessive extraction of ground water has increased seepage from the Lake. In the future, the demand for water from Hengshui Lake may change the lake into a reservoir, which contradicts its role in bird habitats. As a habitat for rare birds, Hengshui Lake needs to keep a large area of shallow water and water plants (such as Reed). How to properly resolve this contradiction remains a major problem. Otherwise, the pursuit of storage capacity will inevitably compromise environmental conservation and affect eco-tourism.

11.4.2 Threat from Surrounding Rural Area

The surrounding area of Hengshui Lake heavily depends on agriculture. The main threats from agricultural production reflect in the following activities: excessive use of pesticides and chemical fertilizers, inappropriate irrigation method, excessive use of plastic membrane, livestock and poultry manure, etc. These practices have resulted in non-point source pollution. In addition, there is a conflict between wetland protection and agricultural production.

(1) Inappropriate Agriculture Production Practices. Based on random sampling, the researcher found that 69.38% of respondents use fertilizers and pesticides. Only 20.94% of respondents use straw and 9.69% use manure as fertilizers. With regard to agricultural irrigation, the villagers use flood irrigation, which causes waster of water. The national policy promotes returning some farmlands to lakes and forests. However, agricultural land reclamation on the local wetland still exists, which causes destruction of the natural vegetation and loss of biodiversity.

(2) Inappropriate Fishing. Lake fishing is a threat to the sustainability of fishery resources. Many people use inappropriate or illegal fishing methods or gears. Some even fish in non-fishing period. In addition, unplanned aquaculture also creates various problems. It causes damage to the natural landscape. In addition, it leads to eutrophication of lake water.

(3) Inappropriate Practices in Livestock and Poultry Industries. The livestock and poultry industries have grown rapidly in recent years. In some villages, they have become the leading industries. Although bringing

more revenue to the villagers, these industries have negative impacts on environment. The wastes from these industries are not properly processed. The cage-free animals also destroy vegetation.

(4) Segmentation of Environment. Since there are many villages scattered around the lake, human activities have caused environmental segmentation. Many areas are separated by roads, dams, villages, etc.

11.4.3 Threats from Manufacturers of the Rural Area

There are some small manufacturing companies in the Reserve, particularly on the eastern side of the National Highway 106, south of the East Lake, and west of the West Lake. The villages that have these companies normally have better economical conditions. These companies are also main sources of revenue for the villages. However, as these companies are scattered in rural areas, they consume a great amount of resource and energy and have negative impacts on environment.

(1) Casting Industry for Heating Equipment. The industry is mainly concentrated in Jizhou City, south of Hengshui Lake. There are several cast iron, power plants, and radiator factories in the place. These factories dump industrial waste along the lake and generate harmful emissions. In recent years, due to the downturn of the heating foundry industry, some factories have stopped production. However, there are still factories not being moved out yet.

(2) Brick Industry. The industry is concentrated in Xiaozhai Township. They use low sulfur coal from Xingtai as fuel and local clay as raw materials. Each year they consume about 200 thousand square meters of soil. There are some large pits left due to soil excavation. The use of clay destroys soil and landscape; and brick producing process caused harmful emissions.

(3) Rubber Industry. After the chemical factory was moved out from Jiheng Farm, the current rubber and chemical industries are located on the east side of National Highway 106. These factories are small workshop type of factories. They don't discharge a lot of waste water, but there are some emissions. It is also difficult to enforce environmental control on these family based small factories.

11.4.4 Inappropriate Tourism Activities

Although tourism in the Reserve has just started, there are already signs of excessive competition and over-development. Besides the central marina area, there are many tourism activities organized by farmers. Since these activities are not carefully planned and the quality cannot be ensures, they may negatively impact the tourism development. These actives also potentially cause damages to natural environment.

11.4.5 Inappropriate Construction of Hydraulic Facilities

For a long time, when people benefit from hydraulic facilities, they ignore its impact on the ecological environment. The disappearance of the natural river system is one of the examples. At present, the Hengshui Lake has lost its natural characteristics. In the future, it will serve as a reservoir for Hengshui City and more facilities will be built. If the need of the ecosystem is not adequately considered, the infrastructure may cause further harm to the lake.

11.4.6 Inappropriate Wetland Restoration Activities

The current wetland was created after the restoration of Hengshui Lake. To improve the wetland, further restoration activities will be carried out. However, improper restoration activities will actual threat the local ecosystem.

(1) Normal Cycles of Wetland Affected by Counter Season Water Diversion. At present, water diversion to the Lake is contrary to the natural change of water level. This disturbs the normal growing cycles of the ecosystem, particularly the vegetation. For example, the introduction of water from Yellow river washes out reeds plants with their frozen roots, which causes massive destruction of reed plants. In the spring and summer time,

the decomposition of reeds causes the generation of a great quantity of methane gas, which further poisons fish and shrimp in the lake.

(2) Inappropriate Planting Method. In order to improve the forest coverage, the Reserve has started to plant a great amount of trees. However, these are several inappropriate approaches when planting trees. First, some selected species are invasive, while others are difficult to adapt to the local environment. There is no consideration on the landscape and the overall use of the plants. Additionally, when they plant trees, big holes are normally dug. This destructs the ground cover vegetation.

11.4.7 Threats from Invasive Species

The current invasive species include:

(1) Invasive species from water diversion. For example, cattail was introduced from the Yellow River System. Now it has replaced some reed and become the predominant species.

(2) Invasive species from landscaping. Some invasive species was introduced to the Reserve for landscaping purpose, for example, staghorn sumac.

(3) Invasive Species from Religious Activities. Some invasive species such as Bullfrog and Brazilian tortoise were released by the Buddhist.

(4) Invasive species from agricultural production. For example, the channeled apple snail has become a disaster in many rural areas in Southern China. Although it has not been found around Hengshui Lake, its threat cannot be ignored.

Invasive species from tourists. The invasive species may also be brought to the Reserve by tourists.

11.4.8 Threats from Wildlife-borne Disease

In recent years, attentions have been paid to wildlife-borne diseases, partially due to the outbreak of bird flu. There are two types of disease transmissions—transmission from animal to animal and transmission from animal to human. The Reserve needs to closely monitor the health of wildlife. In addition, the Reserve needs to avoid close contact between animals and human.

11.4.9 Threats from Natural Disasters and Public Safety Events

As mentioned before, there are many potential natural hazards in the area, such as earthquake, flooding, draught, etc. There are also potential social events that threat the public health and stability, such as food poisoning, contagious diseases, gangsters, traffic accidents, etc.

11.4.10 Threats from External Competition

As discussed in previous chapters, Beijing, Tianjian, Hebei, and Shandong are all planning new wetland Reserves. There are 18 lake type scenic spots in Hebei Province. Baiyangdian is very similar to Hengshui Lake Reserve. Since it is more well-known and closer to Beijing than Hengshui Lake, it is the direct competitor for ecotourism.

As for humanity and culture type of attractions, Heibei Province has a lot of such kind of spots. Hebei Province has 4 state-level scenic locations, 12 province-level scenic location, and 37 state-level cultural relics. Comparing with other places, the ancient culture of Jizhou does not have a lot of advantages.

11.5 Summary

The SWOT analysis table is shown in Figure 11-1. The purpose of SWOT analysis is to make people realize the strengths and opportunities as well as weakness and threat.

One can see that the greatest strength is its unique location. As an inland freshwater wetland located in the dry North China Plain, in addition to relatively reliable water supply, the Reserve has advantages that the surrounding areas don't have. But at the same time, one also needs to realize there are some competitors in the region. And out of the region, there are other wetlands that have much better natural conditions than Hengshui Lake. The Reserve needs to fully utilize its comparative advantages in the region.

The Hengshui Lake Natural Reserve has a close relationship with the surrounding cities. This both creates some opportunities and potential serious environmental pollution problem. The cities provide the Reserve financial resource, tourists, and convenience. On the other hand, they demand water resource from the lake, create waste water and emissions, and compete for land. The Reserve needs to consider how to effectively use the advantages while avoid the disadvantages.

Lack of natural ecological system is the biggest disadvantage. The natural water sources such as Fuyang New River, Fudong Drainage River, and other rivers have been polluted. Some waste water is not processed before discharging to the lake. The water quality of the lake is poor and subject to eutrofication problem. If water pollution cannot be solved, it will become the major obstacle to tourism industry.

At last, the high population density of the Reserve is an issue that cannot be ignored. The effect of human activities may be positive, or negative, depending on people's behaviors. Currently, the impact of human activities is more negative, but it also has some positive elements. The Reserve needs to develop a feasible sustainable development strategy to mobilize human activities toward a positive direction.

Chapter 12 Ecological Sensitivity Analysis

12.1 Principles and Methods of Ecological Sensitivity Analysis

12.1.1 Principles

Eco-sensitivity of the ecosystem refers to the ability of the elements in the system to withstand external pressure and disturbance without the loss or reduction of the environmental quality. The definition of eco-sensitivity zones is to analyze the sensitivity of a regional ecological zone to human activities and its ecosystem restoration capacity. For the Hengshui Lake Nature Reserve, the definition of eco-senility zones should be based on the goals of the Reserve and also consider geographical condition, administrative structure, industrial distribution, and other factors.

The goal of the Reserve is to protect a rare wetland in North China as well as the bird habitats. Another goal is to protect a drinking water source for the Hengshui City in the future. Therefore, ecological sensitivity analysis should focus on factors that may affect functions of wetland, bird habitat, and water quality. Land use also affects its ecological function of the piece of land. Even for the same type of land use, its ecological function may be different, depending on its size and the location, as well as the distance between the protection of rare bird habitat (core area) near and far different from the existing industrial structure, as well as differences in terms of their ecological functions will be different. Therefore, this report divides the Reserve into different ecological assessment units based on geographical location, type of land use, administrative jurisdiction, and industrial distribution.

Secondly, the ecological environment of the Hengshui Lake National Nature Reserve is heavily affected by human activities. The socio-economic activities of surrounding communities also affect the sensitivity of the ecosystem. Therefore, the report will also consider the impact on ecological sensitivity by some economic factors (farming, fishing, transportation, etc.)

At last, the division of ecological units also considers data collection, processing, and analysis.

Based on the principles above, different categories of influencing factors are considered. For human activities, the detailed influencing factors include agriculture, fisheries and fish farming, transportation, ecotourism, protection of birds, water source conservation, etc. For natural condition, the factors of land use, changes of land use, the distance of different lands to the core protection zones, etc. For social and economical influences, the factors include industrial structure, agriculture practices, per capita income, cultural heritage sites, etc. These different factors are used to divide different sensitivity zones (units).

12.1.2 Division of Ecological Units

This study divides all villages in the Reserve into seven ecological zones, each consisting of several ecological units, based on their social and economical characteristics. The summary of the ecological units are shown in Table 12-1. For agricultural units, the agricultural industry is the predominant industry and its output accounts for more than 40% of the total output. For fishery units, the fishery industry is the predominant industry and its output accounts for 40% of the total output. The other units are mixed.

Table 12-1 The Scope of Ecological Zones

No.	Name	Location	Villages
1	East Lake Wetland	East Lake and Shores	Several villages near east lake and the water body
2	West Agricultural Area	West	17 villages
3	West Mixed Area		3 villages
4	Middle Agricultural Area	Middle Dike	1 village
5	Middle Fishing Area		2 villages
6	Middle Mixed Area		19 villages
7	North Wetland	North Wetland	Houhan village and area between Fuyang new river and Fudong drainage river
8	Northeast Agricultural Area	Northeast and West of Fuyang new river	18 villages
9	Northeast Mixed Area		One village (Zhao She)
10	South Agricultural Area	South of the Reserve	One village (Ye Tou)
11	South Mixed Area		Seven villages
12	East Agricultural Area	East of the Reserve	16 villages
13	East Mixed Area		18 villages
14	Demonstration Area		25 villages

12.2 Ecological Sensitivity Analysis of Natural Attributes

Based on remote sensing images taken at different time, one can obtain data on the change of land use in the Reserve. For each ecological unit, two tables are used to assess ecological sensitivity. One table is to assess the impacts of human activities on natural attributes (Table12-2), while the other one is to assess the impacts of natural attributes on human activities (Table 12-3). The scores in different cells of the table were estimated by using of the Delphi method. The higher the score, the greater the impact. A_{ij} is the influence of a particular human activity on natural condition, while Bij is just the opposite. The value of A_{ij} ranges from 1 to 4; and the value of B_{ij} ranges from 1 to 6.

Table 12-2 Impact of Human Activities on Natural Properties

Natural Properties	Agr.	Fishing	Transportation	Tourism	Bird Protection	Water Source Conservation
Land Use Status	A_{11}	A_{12}	A_{13}	A_{14}	A_{15}	A_{16}
Land Use Change	A_{21}	A_{22}	A_{23}	A_{24}	A_{25}	A_{26}
Distance to Protection Core	A_{31}	A_{32}	A_{33}	A_{34}	A_{35}	A_{36}
Biodiversity	A_{41}	A_{42}	A_{43}	A_{44}	A_{45}	A_{46}

Table 12-3 Impact of Natural Properties on Human Activities

Natural Properties	Agr.	Fishing	Transportation	Tourism	Bird Protection	Water Source Conservation
Land Use Status	B_{11}	B_{12}	B_{13}	B_{14}	B_{15}	B_{16}
Land Use Change	B_{21}	B_{22}	B_{23}	B_{24}	B_{25}	B_{26}
Distance to Protection Core	B_{31}	B_{32}	B_{33}	B_{34}	B_{35}	B_{36}
Biodiversity	B_{41}	B_{42}	B_{43}	B_{44}	B_{45}	B_{46}

Based on the scores, the comprehensive sensitivity values can be calculated by using the following equation:

$$DN = \sum\sum A_{ij} B_{ij} \quad (i = 1,2,3,4 \quad j = 1,2,3,4,5,6)$$

The ecological sensitivity scores of different assessment units are summarized in Tabel 12-4.

Table 12-4 Natural Property Related Sensitivity Value

No.	Ecological Zones	Sensitivity Index
1	East Lake Wetland	202
2	West Agricultural Area	177
3	West Mixed Area	194
4	Middle Agricultural Area	218
5	Middle Fishing Area	226
6	Middle Mixed Area	193
7	North Wetland	226
8	Northeast Agricultural Area	168
9	Northeast Mixed Area	126
10	South Agricultural Area	133
11	South Mixed Area	127
12	East Agricultural Area	175
13	East Mixed Area	157

According to the results in Table 12-4, the ecological units may be categorized into three groups from the perspective of natural conditions: highly sensitive units (score > =200), moderate sensitive units (160 = < score <200), and low sensitive units (score <160).

12.3 Ecological Sensitivity Analysis of Social Attributes

In order to analyse the ecological sensitivity of the Reserve to various social attributes, a detailed investigation was conducted to collect data on economic development (the output value of industry, agriculture practices, etc.), industrial structure index, types of agricultural land, per capita income, and so on. The sensitivity scores are calculated similarly with the previous section. In Table 12-5, C_{ij} means the influence of a particular human activity on a particular social condition, while D_{ij} is just the opposite.

Similarly, the comprehensive sensitivity score is calculated from the following equation:

$$DS = \sum\sum C_{ij} D_{ij} \quad (i = 1,2,3,4 \quad j = 1,2,3,4,5,6)$$

Table 12-5 Influences between Human Activities and Social & Economical Properties

Social and Economical Properties	Agr.	Fishing	Transportation	Tourism	Bird Protection	Water Source Conservation
Industrial Structure	C_{11}/D_{11}	C_{12}/D_{12}	C_{13}/D_{13}	C_{14}/D_{14}	C_{15}/D_{15}	C_{16}/D_{16}
Modernization of Agriculture	C_{21}/D_{21}	C_{22}/D_{22}	C_{23}/D_{23}	C_{24}/D_{24}	C_{25}/D_{25}	C_{26}/D_{26}
Average Income	C_{31}/D_{31}	C_{32}/D_{32}	C_{33}/D_{33}	C_{34}/D_{34}	C_{35}/D_{35}	C_{36}/D_{36}
Culture Heritage	C_{41}/D_{41}	C_{42}/D_{42}	C_{43}/D_{43}	C_{44}/D_{44}	C_{45}/D_{45}	C_{46}/D_{46}

Table 12-6 shows the summary of the calculated scores.

Table 12-6 Social Property Related Sensitivity Value

序号	Ecological Zones	Sensitivity Index
1	East Lake Wetland	211
2	West Agricultural Area	177
3	West Mixed Area	164
4	Middle Agricultural Area	220
5	Middle Fishing Area	193
6	Middle Mixed Area	223
7	North Wetland	203
8	Northeast Agricultural Area	162
9	Northeast Mixed Area	151
10	South Agricultural Area	175
11	South Mixed Area	157
12	East Agricultural Area	170
13	East Mixed Area	158

According to the results in Table 12-6, the ecological units may be categorized into three groups from the perspective of social conditions: highly sensitive units (score > = 200), moderate sensitive units (160 = < score < 200), and low sensitive units (score < 160).

12.4 Combination of Natural and Social Attributes

The ecological sensitivity of the Reserve to both natural and social attributes can be combined.

Based on the mission of the Hengshui Lake Natural Reserve, one can see that natural attributes are more important than the social attributes. Therefore, in calculating a comprehensive score, these two attributes are not weighted equally. The natural attribute was given a higher weight (0.66) than the social attribute(0.34).

Table 12-7 Comprehensive Sensitivity Index

No.	Ecological Zones	Natural sensitivity	Social sensitivity	Comprehensive
1	East Lake Wetland	202	211	217.72
2	West Agricultural Area	177	177	187.62
3	West Mixed Area	194	164	193.64
4	Middle Agricultural Area	218	220	231.88
5	Middle Fishing Area	226	193	226.36
6	Middle Mixed Area	193	223	216.58
7	North Wetland	226	203	230.36
8	Northeast Agricultural Area	168	162	175.68
9	Northeast Mixed Area	126	151	143.56
10	South Agricultural Area	133	175	157.78
11	South Mixed Area	127	157	146.62
12	East Agricultural Area	175	170	183.5
13	East Mixed Area	157	158	166.82

From Table 12-7, one can see the ecological sensitivity of these units. The comprehensive scores are shown in a GIS map in Figure 12-1.

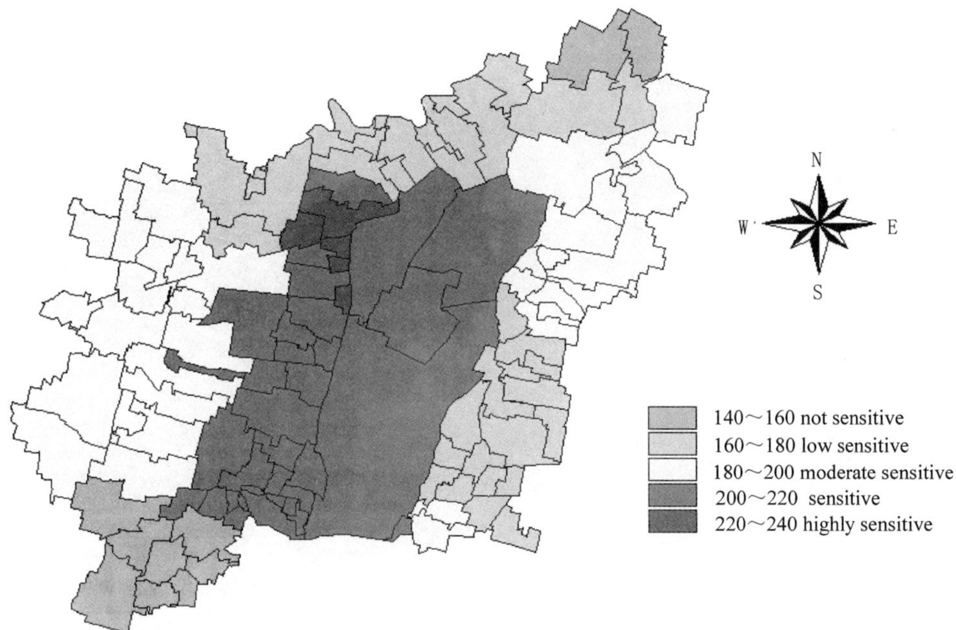

Figure 12-1 Sensitivity Distribution

Part Ⅱ
Strategic Planning for Sustainable Development

Chapter 13 Overall Strategy of Sustainable Development

13.1 The Mission of the Reserve and Protected Objects

13.1.1 Mission and Type of the Reserve

Hengshui Lake is a suburban type of the Reserve based on human maintained reservoir and wetlands to protect biodiversity, especially habitats for rare bird. The place also has a long history of human activities and a representative ecosystem of the North China Plain. The Reserve can serve multiple purposes in the areas of biodiversity conservation, scientific research, public education, eco-tourism, and sustainable use of multiple resources.

According to the "Classification of Nature Reserves" (GB/T14529 - 93) of China, the Hengshui Lake National Nature Reserve belongs to wetland nature Reserve. Based on its ecosystem characteristics, it belongs to the northern inland freshwater wetland ecosystem.

13.1.2 Protected Objects

The protected objects of the Reserve include water resources, animal and plant resources, wetland ecosystem, natural landscape, and historical and cultural landscapes. Among them, the primary focus of protection is the North China Plain inland freshwater wetland ecosystem and category I and II rare animal species including red-crowned cranes, white crane, oriental white stork, black stork, the great bustard, the golden eagle, white shoulder eagle, etc.

13.1.2.1 Water Resource

A variety of water resources in the Hengshui Lake Nature Reserve, including surface water, groundwater, and geothermal resource, should be effectively protected and rationally used.

13.1.2.2 Animal and Plant Resources

(1) State-level Protected Objects. These include seven species of birds in the Category I and 44 species in the Category II of the "List of Highly Protected Wild Animals of China." These also include 2 species of plants in the Category II of the "List of Highly Protected Plants of China."

(2) Protected species according to international agreement.

①According to the "Agreement to protect migratory birds and their habitats between China and Japan," there are a total of 227 species protected by the agreement. Of these 227 species, 151 are found in the Reserve, accounting for 66.5%. According to the "Agreement to protect migratory birds and their habitats between China and Australia," there are a total of 81 species protected by the agreement. Forty of the 81 species have been found in the Reserve, accounting for 49.4% of the total protected species.

②Biodiversity. The protection of biodiversity and ecosystem are as important as the protection of rare plants and animals. The Reserve provides habitats for many kinds of animals and plants. Although they are not included in the list of protected species, they either provide rest places or foods for the rare birds. They also service important functions in the ecosystem. At the same time, preservation of biodiversity is to protect the gene of the natural wetland species, which will benefit the future generations on sustainable use of resources.

13.1.2.3 Wetland Ecosystem

In accordance with the international convention on wetland classification, the types of wetland in the lake include lake wetland, swamp wetland, water body and swamp mixed wetland, salt marsh wetland, river wetland, canal wetland, etc. The various types of wetlands are closely related to form an integral ecosystem. The degradation of any of them will impact the ecological and environmental function of the Reserve.

13.1.2.4 Site to Study History of Nature

Hengshui Lake is affected by the Yellow River system. In history, the change of course of Yellow River had left nature history relics, which may be valuable to study the form of the lake and the history of nature.

13.1.2.5 Site to Study Human History

The rich culture of ancient Jizhou City make this Reserve unique comparing with other natural Reserves. It provides an ideal case to study the interaction between human and nature in the history.

13.2 Direction and Principles of Strategic Planning

13.2.1 Direction

The direction of the Reserve development can be summarized by "three belongs and three goals."

13.2.1.1 "Three Belongs"

The Hengshui Lake Reserve belongs to:

- not only human beings, but also nature;
- not only the present generation, but also the future generatio;
- not only the local region, but also the whole world.

13.2.1.2 "Three Goals"

The three basic goals of the Reserve are:

- To restore healthy wetland ecosystem
- To realize sustainable development of local communities;
- To develop environmentally friendly civilization

13.2.2 Strategic Approaches

To realize these goals, the Reserve needs to employ the following strategic approaches:

(1) Accumulate Advantages and Seize Opportunities. The Reserve needs to further develop its unique strengths in ecological resources, strategic location, and vibrant industries. The Reserve also needs to catch opportunities that are essential for its further development. For example, China and the international communities emphasize more and more on sustainable development and environmental conservation. The Reserve has the potential of receiving more external support. In addition, the surrounding areas have witnessed rapid economic development in recent years, which will directly or indirectly provide the Reserve financial support. At last, the Reserve needs to full utilize the opportunity of "South-North Water Diversion Project." The project can totally solve the water resource problem the Reserve currently has.

(2) Actively Restore Environment and Strictly Enforce Protection. "Actively restore environment" mean streatment of environmental pollution and restoration of wetlands Hengshui lake and its surrounding areas have been impacted by thousands of years of agriculture civilization as well as the recent industrial development. The natural environment needs to be restored rapidly before it gets worse.

(3) Plan and Operate Based on Scientific Principles. The Reserve needs to be planned and operated based on scientific principles. "Protection" is not the objective, but the approach. The purpose of protection is to provide the future generations an equal opportunity of development. At present, the Reserve needs to balance the needs between development and conservation.

(4) Coexist harmoniously and Rely on Innovation for Development. The development of the Reserve needs

to seek harmony within the society and between the society and natural environment. Harmony within the society means to reduce poverty of surrounding communities and improve the residents' living conditions. Harmony between the society and nature is to respect the nature and the colorful environment it provides. The society can no longer rely on the traditional way of economic development. Innovation is the key to realize sustainable development.

13.2.3 Principle of Planning

(1) Priority in Protection

(2) Comprehensive Management of Watershed. The management of the Reserve should not only concentrate on the Reserve, but the whole watershed. It is not only the management of water resource, but also the needs to consider the related industry, agriculture, urban and rural layout, coordination of different levels of government etc. The success of the Reserve depends on collaboration of many agencies and local communities. The issues to be solved should be multi-dimensional and comprehensive.

(3) Insurance of Ecological Water Demand. Priority should be given to the basic water demand to sustain the ecological requirement. According to calculation, the ecological water demand is $116.71 \times 106m^3$/ year. Considering additional water demand from industrial and domestic use, the water shortage is $98.16 \times 106m^3$/ year. It is planned that the South-North Water Diversion Project will provide 314 million m^3 of water for Hengshui Lake, out of which 96 million m^3 of water will be used for the Reserve.

(4) Ecological Risk Management. The planning should concern about environmental risk factors in the Reserve. These factors change in water quality, habitat fragmentation, loss of endangered species, etc. The planning needs to identify the sources of the risk as well as the expected occurrence probability and severity.

(5) Agreement with Other Plans. The overall plan of Hengshui Lake should be in agreement with other plans such as Hengshui City Development Plan, South-North Water Diversion Project, etc.

(6) Carrying Capacity of Wetland Ecosystem. The carrying capacity refers to the capacity of the Lake to support socio-economic activities and standard of living of the population without affecting its self-sustaining. As a commitment to South-North Water Diversion, the Hengshui Lake shares the responsibilities of the project.

(7) Sustainable Use of Resources. Any use of wetland resource should consider its impacts on environment, society, and economy. One needs to consider the human demand at present and in the future. At the same time, one also needs to consider availability of resource and environment capacity.

(8) Seeking Support from Multiple Levels and Channels. The Reserve is primarily supported by the government. However, the Reserve also needs to use market economy mechanism to encourage support from private parties, or encourage volunteers to participate in conservation activities.

13.3 Strategic Objectives

13.3.1 Overall Objectives

(1) Definition of Overall Objectives. The overall objective of Hengshui Lake Nature Reserve is to become a benchmark in environmental conservation, economic development, and social development. The Reserve will emphasize on restoration of wetland ecosystem and preservation of biodiversity, be featured with ecotourism and public scientific education, and integrate environmental conservation and appropriate development. The Reserve will be developed to a "wetland of international importance" recognized by United Nation.

(2) Benchmark Areas.

①The Reserve will serve as a benchmark in wetland restoration, biodiversity, and restoration of wetland ecosystem.

②The Reserve will rely on ecotourism and public science education as the driving forces of its development and develop other ecologically friendly industries.

③The Reserve will use untraditional, innovative management and administration approaches.

④The Reserve will promote social development in different aspects and build ecological civilization.

13.3.2 Short Term Objectives

(1) Description of Objectives. Before the completion of the South-North Water diversion project, the Reserve will use the current resources to protect biodiversity and wetland ecosystem. The Reserve will also promote local community development, community participation, and management innovations.

(2) Description of Objectives.

①The Reserve will improve ecological environment and bird habitats through infrastructure construction. The current wetlands will be strictly protected. The number of species in the Reserve will continue to rise and the environmental quality will be improved.

②Complete a variety of infrastructure, including the monitoring stations and network. Meet the requirements on transportation and communication system.

③Establish basic scientific research capacity, including research personnel and equipment. Perform routine monitoring of biodiversity and environmental quality; conduct routine and special studies on environmental quality and ecological safety.

④Adjust and improve the management of Reserve; encourage community participation and establish closely relationship with the surrounding communities.

⑤Complete basic in-house management rules and regulations; clarify authority and responsibility of different departments; establish work flow process; and improve law enforcement capacity.

⑥By strengthening public communication and education, improve the conservation awareness of local residents; eliminate activities that damage the environment.

⑦Develop ecotourism as an alternative industry to the traditional industry. Establish basic social security within the directly administered villages and eliminate poverty.

⑧Complete family relocation projects for ecological conservation.

13.3.3 Long Term Objectives

(1) Objective Description. Within 5 to 10 years after the completion of the South-North Water Diversion project, the Reserve will be built into a leading human-controlled wetland Reserve in China that also has international significance.

(2) Detailed Objectives

①Further improve infrastructure construction and equipment for scientific studies; build research base for wetland ecosystem studies; provide facilities for researchers and the public to conduct studies, environmental education's scientism education, etc.

②Based on the South-North Water Diversion project, expand the scope of the west lake; enrich different types of wetlands; complete environmental projects around the lake; improve water quality to Grade III and then to Grade II.

③Complete the restoration and repairmen of scenic spots in the Reserve; develop integrated tourist routes and make ecotourism the leading industry; eliminate various waste and emissions.

④Significantly improve the education level of residents, nearly all of which should have middle school education and above; carry out extensive ecological and environmental education.

⑤Train and introduce management and professional staff; improve the knowledge and capacity of staff and the reputation of the Reserve.

13.3.4 Eventual Objective

Through benchmarking and collaboration, many other surrounding areas follow the road of ecological civilization, which eventually leads to the restoration of ecosystem in the whole watershed.

13.4 Strategic Layout

Because of the threat of the Hengshui Lake Wetland mainly comes from the human activities of the surrounding areas, the ability to achieve strategic objectives to a large extent depends on if the human activities can be effectively controlled. In addition, the impact of human activities on the Reserve varies with geographical locations. Therefore, the planning divides the Reserve and its surrounding areas into four circles from inside to outside, which are "special protection circle", "human-nature co-development circle", "strategy synergic circle", and "river basin cooperative circle". Different circle has different planning objectives and measures. Of these four circles, the first and the second one are within the scope of the Reserve. These two circles will be the focus of the planning. The other two cycles are out of the scope of the Reserve, which need assistance from Hengshui City for various coordination issues.

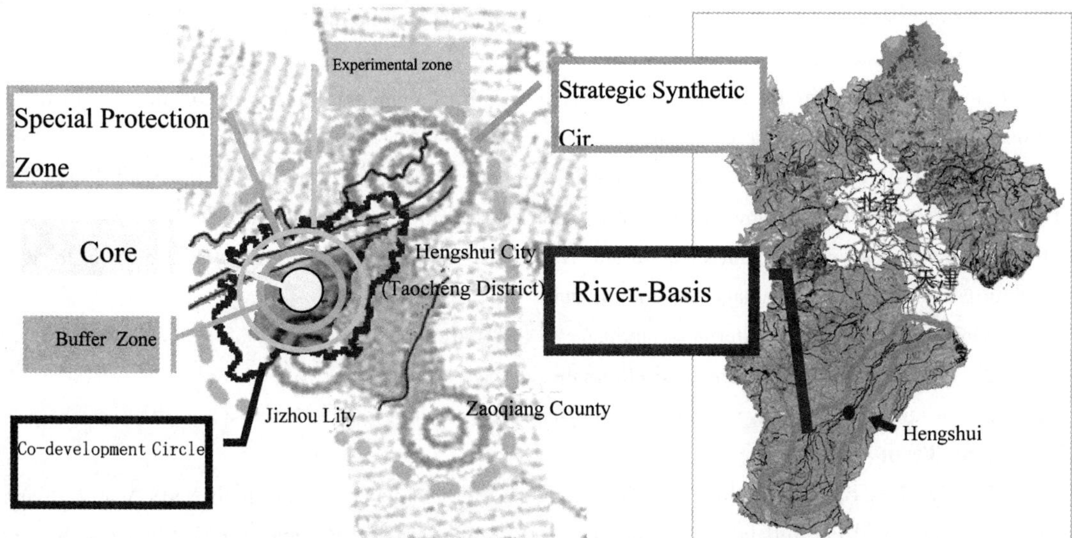

Figure 13-1 Strategic Layout of the Reserve and Surrounding Areas

13.4.1 Special Protection Circle

The special protection circle is the highly protected area in the Reserve. The circle includes a core area and a buffer zone. The special protection circle is protected in accordance with the regulations as well as relevant laws on national natural Reserves. Except for wetland restoration, biodiversity protection, and research activities, all the other human disturbance is prohibited.

13.4.2 Human-Nature Co-development Circle

Between the first cycle and the human-nature co-development circle, limited development activities are allowed. The focus of this circle is to encourage sustainable development of local communities. Planned activities in the circle should be emphasized on readjustment of the industrial structure, coordination of industrial layout, development of eco-tourism, development of pollution-free industries, etc. In addition, families that have to be relocated for environmental conservation will be settled in this circle. Effective measures need to be taken to help farmers find urban employment opportunities and reduce the population density in the area.

The definition of this circle is based on the reality that this area is densely populated. The conservation efforts also need to respect the rights of indigenous people.

13.4.3 Strategic Synergic Circle

The strategy synergic circle includes the areas directly affected by the Reserve, such as Hengshui City and some county-level administrative regions like Taocheng District, Jizhou City and Zaoqiang County. Different areas in this circle need to closely collaborate in enhancing the image of the region, coordinating industry development, and protecting environment. The proposal for this circle is primarily based on the following reasons:

(1) The surrounding areas, especially the urbanized areas, play a critical role in environmental quality. Environmental protection activities need to be coordinated.

(2) The development of ecotourism will be the choice of the Reserve development, while the tourists will have to cross the surrounding areas before entering the Reserve. The image of these areas also affects the reputation of the Reserve.

(3) The rapid urbanization of these areas will be beneficial for the Reserve to reduce population pressure.

(4) The Reserve also brings opportunities for the surrounding areas. It will improve the visibility of these areas and facilitate their industrial development.

Zaoqiang is relatively far away from the Reserve. The reason of including Zaoqing in this circle is based on the following consideration.

(1) Zaoqiand is the upper stream when Hengshui Lake borrows water from the Yellow River. And the water quality is primarily affected pollution in Zaoqiang county.

(2) In the master plan of Hengshui City, Zaoqiang plays an important role. Zaoqiang, Taocheng District, and Jizhou City will form a golden triangle in urbanization of Hengshui city, while the Reserve will be the open area between them and serve as a leisure place for urban residents.

13.4.4 River Basin Cooperative Circle

The river basin cooperative circle includes all cities in the river basin of Hengshui. It includes Handan City, Xingtai City, Hengshui City, and Cangzhou City. The purpose of proposing this circle is to establish a cooperation mechanism between major stakeholders of the river basin. The other cities are important for environment protection and ecosystem restoration of the Reserve. For example, the discharge of waste water from the upper stream cities is the major threat for water quality of the Hengshui Lake.

Although the circle is out of the jurisdiction of Hengshui City, there are some factors may favor potential collaboration in the circle.

(1) First, China is becoming more and more interested in environmental protection and ecological restoration. Ordinary people's environmental awareness is also increasing.

(2) If joining the circle, the upper stream cities will have more advantages in applying for environmental protection fund.

Although Cangzhou City is located in the lower stream of Hengshui Lake, it is a victim of water pollution from cities in upper stream. There are two reasons of including Cangzhou in the circle:

(1) First, Cangzhou is the estuary of the river basin and one of the major cities around Bohai Sea. It takes a lot of the responsibilities in the "Blue Water and Sky" project, aiming to improve environment quality of Bohai Sea. The inclusion of Hengshui Lake in its plan will assist the city applying environmental investment.

(2) Cangzhou as the estuary of the river basin. It will serve a strategic location in restoring the ecosystem of the whole river basin.

13.5 Strategic Focus

After defining the different circles, one needs to identify strategic focus at this point of time. Based on the current condition and actual demand, the strategic focus is identified in the following areas:

13.5.1 Management Innovation

Hengshui Lake wetland is a very special place. It is located in the center of the densely populated arid north China plain. The Reserve faces pressure of social development and urbanization from the surrounding communities. How to deal with the conflict between protection and development is the key to sustainability. This demands a breakthrough and innovation in management. The management innovation is mainly reflected in the following areas:

(1) Strategic Layout Based on Different Cycles. The inclusion of areas beyond the Reserve will assist the Reserve achieving its strategic objectives. It will also bring positive influences to the surrounding areas. The management of the Reserve needs to have a wider horizon.

(2) Management Model. In order to coordinate ecological protection and community development, the Reserve administration should have the full functions of a local government, instead of only concentrating on environmental issues. The scope of the direct jurisdiction should be expanded from the directly administered villages to all the villages in the human-nature co-development circle. In order to avoid departure from its original mission after taking the responsibility of a fully functioning government, there should exist internal and external control mechanisms.

(3) Management of Land Use Protection. Land use is a key issue in the Reserve. The land use strategy needs to solve conflicts of land use and protect the farmers' right. The details on land use is discussed in Chapter 16.

13.5.2 Cross-the-Circle Environmental and Ecological Protection

The primary task of the Reserve is to protect biodiversity, natural landscape, as well as valuable relics of human civilization. To be successful, support from areas outside of the Reserve is necessary. The strategy includes three aspects:

(1) Management of Water Resource. Water is the basis for the Hengshui Lake Wetland ecosystems to sustain and for the cities and communities to thrive. At present, the Lake has lost its natural water supply systems, relying on water diversion to refill water. Waste water discharge from the surrounding areas also poses a serious threat. Therefore, water supply, usage, and protection is the most important task. The details on water resource management is discussed in Chapter 16.

(2) Protection of Biodiversity. Protection of biodiversity is the mission of the Reserve, which includes the protection of species, their habitats, and the ecosystem. The details on protection of biodiversity are shown in Chapter 17.

(3) Environmental Protection. The strategies on environmental protection will be focusing on air pollution, water pollution, and solid waste. The details on the strategies are discussed in Chapter 18.

(4) Management of Scenic Spots. The appreciation of scenic spots depends on the visual impression of an observer. From the aspect of environmental protection, the bad views may be treated as "visual pollution." The management of scenic spots is discussed in Chapter 19.

13.5.3 Community Development Strategy of the Human-Nature Co-development Circle

Since human disturbances are not allowed in the special protection circle, the development strategy is considered for the human-nature co-development circle. In accordance with the current administrative boundary, the circle includes 60,000 people in agricultural industry. In order to implement protection measures, it is necessary to find alternative livelihood for the people. In this study, the circle is defined as an ecologically friendly community with advanced development in society, economy, and culture. The following strategies will be discussed in the three aspects.

13.5.3.1 Industrial Development

To fully utilize Hengshui Lake wetland resources, yet consider the need for environmental protection, leading industry of this circle is chosen as eco-tourism.

It is proposed that using ecotourism as an incubator, the Reserve promotes other environmentally friendly industries in the circle. For some existing industries in the circle, the Reserve should encourage them gradually relocate to urbanized areas. For some industries that have a greater conflict with environment protection, they need to be relocated. A detailed illustration on industrial development is discussed in Chapter 20.

13.5.3.2 Community Development

Considering the relatively dense population and the need to improve living condition, this study proposes the establishment of "an ecologically friendly township," named "Wetland New Town." This will help reduce the disruption of human activities on environment and promote employment. In addition, using opportunities created by eco-tourism and industrial restructuring, the Reserve needs to improve environment of villages and increase the income of villagers. To promote employment in the community, we stress the importance of education, training, information sharing, and financing. Finally, due to the change of land use, a sound social security system should be established in the Reserve. Details on community development is illustrated in Chapter 21.

13.5.3.3 Culture Development

Eventually, to guarantee sustainable development, the relevant culture needs to be established. The Reserve needs to promote a green ecological civilization which leads to harmonious co development between man and nature. At the same time, high-quality cultural event will improve the level of eco-tourism. In cultural development, the Reserve needs to emphasize on improving the overall education level of the population, carrying forward the traditional culture, and carrying out environmental education. More specifics on the strategy are discussed in Chapter 22.

13.5.4 Co-development Strategy of the Strategy Synergic Circle

The "Strategy Synergic Circle" includes Taocheng District, Jizhou City, and Zaoqiang County. The purpose of the circle is to coordinate the conservation and development of the Hengshui Lake area, to achieve win-win situation, and to maximize the opportunities brought by the Reserve. The strategy is to focus on two main areas:

(1) Image Coordination. Image is the intangible asset of the area, which affects its visibility, public opinion, and even economic development. Hengshui Lake, as a wetland and bird nature Reserve, greatly improves the image of the surrounding areas. On the other hand, the surrounding area should also help maintain the image of environmental conservation. The discussion on image coordination is detailed in Chapter 24, Part 1.

(2) Coordination and Collaboration. As the cities in the circle are closely connected by transportation system, and various social and economical activities, they have the great potential of co-development. According to the Master Plan of Hengshui City, they are the Golden Triangle for future development. However, if there is no reasonable planning guidance, the Golden Triangle cities will repeat some low level industries, resulting in a great waste of resources. Therefore, it is proposed that the three cities analyze their strength and weakness and establish a coordination and collaboration mechanism. The specific strategies are discussed in Chapter 24, Part

2.

13.5.5 Public Safety of All Circles

Public safety affects people's health and social harmony. The public safety incident may be limited to a certain area, or expanded to the whole basin or even beyond the scope. This study focuses on public safety issues within the circle, particularly the Reserve. The plan first addresses the security system and emergency prevention system, and then discusses public health security, disaster prevention and reduction, production safety, public security, etc. The detailed plan is shown in Chapter 23.

Chapter 14 Planning for Management Model of the Reserve

14.1 Planning Principles

The following principles are adopted in planning for the management model of the Reserve:

- Set priority on protection
- Improve governance
- Integrate administrative units
- Separate government owned enterprises
- Improve efficiency.

14.2 The Object of Management

14.2.1 Hengshui Lake National Nature Reserve and National Water Scenic Spot

Hengshui Lake National Nature Reserve and National Water Scenic Spot were inaugurated in 2003 and 2004, respectively. The Reserve covers an area of 220.08 square kilometers, consisting of 106 villages. The detailed locational information is shown in Chapter one. At present, the actual jurisdiction of the Reserve administration is only 8 villages, which limits the management function of the administration. The scope of the jurisdiction needs to be adjusted in the future.

14.2.2 Scope of Hengshui Lake Wetland Protection

The scope of management is different than the scope of Reserve. The scope of management includes the areas under the direct jurisdiction of Reserve administration as well as other areas in the "Human-Nature Co-development Circle". It is recommended that Protection and management of protected areas is different from the district itself, but management of protected areas under the jurisdiction of the extrapolation of the border to "circle the comprehensive model" throughout, including a "special protection ring" and "integrated model circle" of an independent Administrative region. It introduced special economic zones or zone management, management of protected areas by the administration as a government agency, independent leadership and promote comprehensive community-based eco-socio-economic and cultural development of the integrated test strategy, in order to take the surrounding areas and the protection of natural areas. The environment for sustainable development to explore the direction of accumulated experience.

14.3 Management Structure

The management body of the Reserve should be a combination of government and local communities. It consists of a community co-management coordination level, management implementation level and other organizations at the same level, and foundations and authorized organizations belonging to the Reserve. The management is participated by government, enterprises, non government organizations, and people, to ensure that the strategic goals are widely discussed and accepted.

14.3.1 Community Co-management Coordination Level

14.3.1.1 River Basin Coordination Committee

The river basin coordination committee is a coordination organization for local governments, participated by vice mayor of each city. The committee should work toward the final goal of restore the ecosystem of the whole river basin and discuss issues related environment and ecology.

The committee may be initiated by Hengshui City and invited other cities such as Handan, Xingtai, Cangzhou, etc to participate. The committee may establish a secretariat in Hengshui City. The committee may meet at a regular basis and hold meetings in case of emergency.

14.3.1.2 Management Team for Strategy Synergic Circle

The management team for the Strategic Synergy Circle is the highest government coordination organization for communities around Hengshui Lake. The management team is led by the vice mayor of Hengshui City, participated by leaders of the Reserve administration and surrounding cities and counties. The management team supervises the work of Reserve administration and coordinates various issues within the circle. In order to implement coordinated strategies, Hengshui city should start to make a plan for the "Big Hengshui Metropolitan Area", which includes Hengshui, Zaoqiang, Jizhou.

14.3.2 Management Implementation Level and Organizations at the Same Level

14.3.2.1 Reserve Administration

Reserve administration is the government for the Reserve. The Reserve administration is under the charge of the management team for the Strategic Synergy Circle, as well as the Hengshui City People's Congress and People's Political Consultative Conference.

To ensure that the Reserve administration keeps its conservation function, not seeking for economic development only as other government agencies, it is proposed that two additional organizations are proposed— "Hengshui Lake Protection Assessment Conference" and "Hengshui Lake Wetland Consulting Expert Committee." These two organizations are at the same level with the administration and provide consultation and checking.

14.3.2.2 Hengshui Lake Protection Assessment Conference

The conference should be participated by the Hengshui City People's Congress, People's Political Consultative Conference, and stakeholders of Hengshui Lake such as villages, companies, and non-government organization. It serves not only as a communication platform for the Hengshui City People's Congress and People's Political Consultative Conference, but also supervising the work of the Reserve Administration. This is also an important organization for community participation and co-convergence. The organization can establish a secretariat in Hengshui City People's Congress or People's Political Consultative Conference. The organization also needs to establish rules and coordination mechanism. The tasks of the secretariat include, but not limited to the following:

To organize regular assessment meeting for the Reserve administration;

To hold hearings on issues concerning the interests of local residents;

To collect advices on how to improve Reserve administration and sustainable development;

To accept complaints from local residents.

The secretariat should make a work flow for these tasks and get it widely published. The secretariat should also track these issues to provide feedbacks to the local residents to encourage their participation.

14.3.2.3 Hengshui Lake Wetland Consulting Expert Committee

The committee is comprised by experts invited by Hengshui City Government and Reserve Administration. The committee provides professional expert advice for the Reserve.

14.3.3 Foundations and Specially Authorized Institutions under the Reserve Administration

14.3.3.1 Hengshui Lake Protection Foundation

The mission of the foundation is to protect Hengshui Lake. It is registered in accordance with the law of the non-for-profit corporate, responsible for raising funds and managing raised funds.

The Hengshui Lake ProtectionFoundation should establish its own constitution and internal work processes, standardize the use of funds, and open it to the general public.

The budget, income, and revenue of the foundation should be under the supervision of the public. The-Hengshui Lake Protection Assessment Conference has the right of removing the head of the Foundation. The foundation's revenue may from various sources, such as government funding, domestic and foreign donations, and other revenues.

14.3.3.2 Hengshui Lake Resource Development Company

The company is established at the initial stage of the Reserve development with the mission of rational development and utilization of resources. The company is a for-profit business entity with a modern corporate structure.

The company is jointly founded by Hengshui Lake Protection Foundation, investors, and local residents. The board of directors is formed in accordance with their respective shares. In addition, the Hengshui Lake Protection Assessment Conference should have a representative in the board of directors, to protect and safeguard the interests of the community. Any change involving the change of ecological environment should be approved by all board members.

The assessment of the corporate management should include both economic indicators and environmental indicators. Once the corporate deviates the "conservation priority" principle, the Reserve administration will withdraw its authorized status sell it through an open auction.

14.3.4 Mechanism for Community Participation

The community co-governance and NGO activities have already started in Hengshui Lake. They provide important support and supervision for the sustainable development of the Reserve; therefore, their activities should be encouraged. In addition, the Reserve should establish a mechanism for the community to participate in the Reserve management.

14.3.4.1 Hengshui Lake Co-governance Committee

The Hengshui Lake Co-governance Committee should be initiated by the Reserve administration and participated by representatives from all villages. The committee is responsible for shared governance of community issues. The committee should be granted a certain degree of authority in policy making. Any policy that will affect people's livelihood of the Reserve should be discussed by villagers organized by the committee.

The Hengshui Lake Co-governance Committee should establish a secretariat under the Reserve administration and develop its independent rules. The Committee is also a platform to communicate with other NGOs.

14.3.4.2 Community Self-governance

According to "People's Republic of China Organization Law on Village Committees" and "People's Republic of China Organization Law on Residential Committees," the villages in the area, as well as the planned future subdivisions, should form village committee or residential committee through democratic election process. The village committee and residential committee is the basic self-governance organization for local communities.

14.3.4.3 NGO

At present, there already exist several NGOs in the Hengshui Lake area, such as Hengshui Lake Protection Society, Daughter of the Earth Society, etc. The Hengshui Lake Protection Society was initiated by the Reserve administration. It is recommended that:

(1) the Reserve enhance the rule of Hengshui Lake Protection Society and attract volunteers from other places;

(2) the Reserve encourage the community co-governance volunteering activities;

(3) the Reserve support the Hengshui Lake photography Society;

(4) Form other societies for children;

(5) Communicate with environmental protection NGOs such as the Daughter of Earth.

14.4 Reserve Administration

The Reserve administration is the direct management organization for the Reserve and responsible for all governmental functions. It is recommended that the administration should make the following adjustments.

14.4.1 Establish New Sub-organization

14.4.1.1 Center for Promoting Sustainable Development

The center is independent of the current functional department. The purpose of the center is to ensure the implementation of the sustainable development strategies. The goals of the center are:

(1) to ensure that the strategic planning for sustainable development is implemented through specific work;

(2) to provide technical, management, and knowledge support for all functional departments in implementing sustainable development strategy.

(3) to manage projects for sustainable development purpose.

14.4.1.2 Service Center for Administration

The service center will be the window for the Reserve administration to serve the public. There may be several units under the service center, including the information center, education center, employment support and entrepreneurship training center, administrative examination and approval center, the center for complaints, etc. Other upper level government agencies may set up offices in the center, such as the industry and commerce, taxation, and so on. The service center can provide a variety of service for the general public, including public information, science education, employment and entrepreneurship guidance, etc. The purpose is to provide customer-oriented "one-stop" service for the public, in order to improve administrative efficiency and people's satisfaction.

Included Units:

1) Information Center: to publish information and maintain data.

2) Education Center: to provide education for tourists, communities, and the general public.

3) Employment Support and Entrepreneurship Training Center: to provide trainings to local residents for alternative livelihood and encourage entrepreneurship; to provide employment support for local residents.

4) Administrative Examination and Approval Center: to provide license, certificate, and other government issued documents.

5) Complaint Center: to receive complaints from the general public, including complaints for government agencies.

The center acts like the front desk for other functional departments. of the relationship between the front and back is the relationship between. The center staff is responsible for receiving requests from the public, while the functional department processes such requests.

14.4.1.3 Science and Technology Department

The Science and Technology Department will be responsible for investigating and monitoring ecological resources, studying resource development and utilization, and conducting routine scientific research, etc.

In the current organizational structure, the research function is under the "Resource Protection Department." However, this department is also responsible for environmental law enforcement, which is very demanding for department. As a result, the department cannot focus on research affairs. It is necessary to separate the functions of research and technology from the current department.

(1) Function of the Science and Technology Department: in charge of the investigation and monitoring of resources, the development and utilization of resources, routine scientific research and popular science education, technology introduction and communication, etc. The department includes research and monitoring office as well as science and technology promotion office.

(2) Subordinate Organization:

①Research and Monitoring Office: responsible for routine scientific study and monitoring, conducting research activities, managing research documents and equipment, and carrying out other scientific related activities.

②Resource Development Office: responsible for studying the alternative use of resources.

③Science and Technology Promotion Office: responsible for promoting research results and wetland knowledge.

14.4.1.4 Finance and Public Asset Management Department

Under the current organizational structure, financial affairs are managed by the Integrated Office. This may be appropriate at present time since there are limited financial activities. In a long run, it may be necessary to strengthen the financial management functions. Particularly, the Reserve needs to have an office that is responsible for the life-cycle management of public assets.

(1) Functions: responsible for finance and asset management, budgeting, collecting fees, public asset management etc.

(2) Subordinate Organizations

①Financial Service Center: responsible for financing, accounting, budgeting, and expenditures.

②Procurement and Bidding Center: responsible for government procurement and bidding of projects.

Public Asset Management Office: responsible for management of fixed assets and other public assets of the Reserve and auditing of public invested projects.

14.4.2 Adjustment to Current Organization Structure

14.4.2.1 Integrated Office

It is recommended that the function of the office should be expanded. The office should also cover public relationships, communication with general public, and international collaboration.

(1) Function: The office is responsible for various routine administration affairs of the Reserve. The internal administrative affairs may include human resources, logistics, secretaries, communication, and others, while the external affairs may include public relations, communication with stakeholders, international cooperation and exchanges, etc.

(2) Subordinate Organization:

①Internal Affairs and Human Resource: to serve the staff of the Reserve.

②Public Media and Public Relationship: to promote the visibility and image of the Reserve and to be responsible for international cooperation and exchange.

③Secretariat of Community Co-governance Committee: as the standing body of the Community Co-governance Committee, the secretariat is responsible for collecting co-governance issues, holding meetings, implementing the decisions of the committee, etc.

14.4.2.2 Ecological Resource Management Department

It is recommended that the department is created by merging the Water Affairs Department and Resource Protection Department and adding environmental protection function.

The reason to incorporate three functions into one department is that these functions are closely connected and request law enforcement.

(1) Function: responsible for management and law enforcement of ecological resources and environmental protection.

(2) Subordinate Organizations:

①Law Enforcement Office. This is the law enforcement unit for the Reserve. The unit carries out law enforcement based on rules and regulations.

②Ecological Resource Management Office: responsible for management of natural resources in the Reserve, including wetland restoration, resource conservation, and resource development, etc.

③Water Resource Management Office: responsible for management of water resources, fishery production, fishery, water transport (maritime), wetland restoration, water for industrial and agricultural use, etc.

④Environment Management Office: responsible for making and implementing environmental protection policies and measures, such as fees on waste water discharge, environmental assessment of projects, etc.

14.4.2.3 Land Planning and Construction Department

It is recommended that the department be created by merging the Planning Department currently belonging to the Reserve administration and the Land Resource Department belonging to Hengshui City. The new department will be responsible for land management, planning, housing construction and property management, etc. As the land-use permits and building permits are necessary for building construction, it is not appropriate to separate these two functional departments. In addition, sometimes these two departments may make contradictory policies.

(1) Function: responsible for planning, land management, real estate property management, etc.

(2) Subordinate organizations:

①Planning Office: responsible for planning, building permit, road construction and management, etc.

②Real Estate Management Office: responsible for land acquisition, land allocation, assessment, issuing certificates, etc.

14.4.2.4 Economic and Social Development Department

The department will integrate all the other functional departments related to economic and social development, in order to coordinate the overall development of the Reserve.

(1) Function: responsible for making economic and social development plans, managing agricultural and manufacturing enterprises, maintaining a healthy market, promoting economic cooperation etc.

(2) Subordinate Organizations:

①Social Security Office: responsible for social security system of the local residents, including retirement, medical insurance, poverty reduction, etc.

②Health and Public Security Office: responsible for family plan, health, epidemic prevention, etc.

③Community Culture and Education Office: responsible for culture development, education, and community participation.

④Industrial Development Office: responsible for making industrial development plan and attracting investors.

⑤Market Order Office: responsible for maintaining the order of the market, including management of specially authorized business, price management, trademark and intellectual property protection and management, investigation of illegal business activities, etc.

14.4.2.5 Grass-root Governmental Organization

It is recommended to adjust the management functions of management office and stations so that they have the responsibility of grass-root governmental organizations.

(1) Management Office: The grass-root government agency of the Reserve which is equivalent to the government of a township.

(2) Management Station and Checking Station. The organization aims at environmental protection of the Reserve. They should be in charge of a specific area and inspect the implementation of conservation measures. They should also assist the elected village committee and bridge the gap between Reserve administration and villages

14.5 Capacity Building

14.5.1 Renew Mindset

The Reserve administration is the leader of the Reserve in sustainable development as well as a direct government organization. The management team of the administration must continue to improve themselves by engaging in learning and renewing their mindsets. The administration needs to develop new mindsets in the following areas:

14.5.1.1 Public Service

All the staff members of the Reserve should bear in mind that their work is "service". The essence of the Reserve is to serve the long-term interests of people, including our children and grandchildren; and to lead the community out of poverty. In addition, the Reserve administration is the provider of many social services, such as the social security system, public health, infrastructure, public security and so on.

As a server, the administrating must use the "customer satisfaction" to judge its performance, while the villagers are the customers of the administration.

14.4.1.2 Public Information Disclosure

The "People's Republic of China Government Information Disclosure Ordinance" was enacted on May 1, 2008. The disclosure of information is an important function of the government. Disclosure of information will facilitate the participation of society and improve the openness of the decision making process. The decision can be subjected to public supervision; and thus, it reduces corruption of the government.

The Reserve administration should stipulate its information disclosure rule, flowchart, and time frame.

14.5.1.3 Administration According to Law

The power of an government is awarded by people through the relevant laws. Administration according to law is a basic requirement for the Reserve administration. The staff members of the administration need to learn and understand relevant laws and regulations.

14.5.1.4 Improvement of Ecological Civilization Awareness.

Ecological civilization is the civilization of the human society, following the agricultural, industrial, and commercial civilization. The goal of the ecological civilization is to promote the harmonious of coexistence of human and nature as well as sustainable development. The behaviors of the Reserve administration and its staff should be in accordance with the principles of ecological civilization.

14.5.2 Human Resource Development Strategy

The development of the Reserve and its surrounding areas need talented human resource. Therefore, the Reserve needs to develop a strategy to promote human resource development.

14.5.2.1 Human Resource Development

First, the Reserve needs to identify the types of talent it needs. From human resource point of view, only those talents that can bring value and create value for the Reserve are required. Based on the analysis of existing human resource of the administration, the study found that that the following talents are needed.

- People with innovative spirit
- Wetland scientists
- People with public management background
- People with foreign language skills
- People with computer skills
- Professionals in ecological and environmental protection

The talents can be obtained through the following ways:

(1) Recruiting talents from other places.

(2) Training in-house Personnel. It is recommended to combine short-term training and academic education to help staff members in the Reserve to develop their professional skills.

(3) Borrowing talents. Due to the limited financial resource, the Reserve may not need to provide full-time position for some experts. The Reserve may invite experts from universities, agricultural professionals, NGO workers, etc to stay shortly at the Reserve to provide training.

14.5.2.2 Development of Talents in Community Co-governance

The Reserve should not only concentrate on improving the talents of its own staff, but also introduce talents for the community. The Reserve needs to train local residents, especially volunteers, to improve their knowledge and capabilities. According to the investigation by this study, 12% of the villagers expressed their willingness to volunteer in Reserve activities. The volunteers are an important asset for the Reserve.

14.5.2.3 Establish Ecological Education Center and Promote Ecological Education

The Reserve may consider to establish a wetland education center to provide training for wetland professionals. The training will facilitate the spread of wetland conservation knowledge. It also allows the trainees to share their experiences in wetland protection.

14.5.3 Performance Enhancement

The performance of a management team is mainly reflected in its decision-making and execution. Therefore, performance enhancement must also focus on these two aspects.

14.5.3.1 Decision-making Ability

Decision-making not only depends on the leaders' wisdom; for public policies, it is also necessary to establish a transparent and fair process. To ensure "customer satisfaction," i. e., being satisfied by the ordinary people, expert advice should be included in the decision-making process. In addition, public participation should be encouraged.

In the earlier sections, it is recommended that a Hengshui Lake Wetland Consulting Expert Committee and a Community Co-governance Committee be established. This is part of the effort in making the decision process more transparent, sound, and fair.

14.5.3.2 Execution Ability

The emphasis on decision-making is to ensure that the right direction is taken, while the execution ability determines ultimate success or failure. It is recommended that the management staff members of the Reserve improve their management ability. Particularly, there are many different types of projects executed by the Reserve. The staff members need to become good project managers. Project management is to achieve preset project goals in an environment full of risks and changes through project plan, control, and coordination.

14.5.3.3 Knowledge Management Ability

To grow from its own experiences and lessons, an organization needs good knowledge management. In addition, if an organization wants to improve its personnel, it also needs good knowledge management so that knowledge can be quickly shared among individuals and be applied to actual work.

Knowledge management is not just a simple collection of information. It is based on information technology support and includes information collection, processing, storage, knowledge mining and information-sharing, and other systematic process.

14.5.3.4 Corruption Prevention Ability

As for other governmental organizations, people have set high expectation on corruption prevention of the Reserve administration. The Reserve administration must take practical action to respond to this expectation. Honesty is not only a moral issue, but also the effectiveness of an organization. It is recommended that the Reserve administration establish corruption prevention standards and invite an independent third party to assess its corruption prevention ability. The corruption prevention standards should focus on corruption-prone areas such as the decision-making process, procurement, and public service.

14.5.3.5 "Customer" Satisfaction Assessment

In modern management, "customer satisfaction" should be the ultimate goal. Customer satisfaction is only about the results of a service, but also the process of service.

For the Hengshui Lake Reserve, the community residents and eco-tourists are the customers of the administration. Previously, it is recommended to establish an "administrative Service Center," to provide convenient and efficient service for customers. It is also recommended to establish a "community co-governance committee", to make customers satisfied with decision-making process.

In addition, the Reserve should also build customer satisfaction feedback mechanisms and incorporates it into their own performance evaluation. As discussed before, the "Hengshui Lake Protection Assessment Conference" is an important feedback mechanism for the Reserve.

Chapter 15 Land Resource Protection Planning

All the protected objects in the Reserve have to rely on limited land resources. However, the intensive human activities in the surrounding areas have also made strong demand on land resource. Therefore, a practical land protection plan is an important component of strategic sustainable development planning.

15.1 Planning Objectives

Short-term Objective (2009 – 2015): In accordance with the land use planning in the "Hengshui Lake National Nature Reserve Master Plan 2004 – 2020," to build a surrounding forest belt; to build ecological resettlement housing for residents- Wetland New Town, before restoration of West Lake.

Long-term Objectives (2015 – 2020): realize the land use adjustment objectives in the "Hengshui Lake National Nature Reserve Master Plan 2004 – 2020".

Ultimate Objectives: to enhance the ecological value of land in accordance with the different land-use units.

15.2 Supply and Demand Analysis of Land Resource

15.2.1 Supply Analysis

In the Hengshui Lake National Nature Reserve, the most important Reserved land resource is the bare land and agricultural land.

(1) Bare land. Bare land includes unused agricultural land, roads, unused industrial land. The bare land accounts for 10.77 percent of the total area of the Reserve. The bare land is primarily comprised by unused agricultural land and industrial land, which have the great potential of being reused.

(2) Agricultural Land. Based on the interpretation of remote sensing images, the average agricultural land is 2.85 mu per person in the Hengshui Lake Nature Reserve, which is higher than the average 2.13 mu per capita of Hengshui City. Therefore, there are some potentials of alternative use of farmland.

15.2.2 Analysis of Land Resource Demand

As a natural suburban type of Reserve featured with rare birds, in order to protect the bird habitats, there should maintain some basic areas of water, forest, and reed growing zones. With the wetland restoration and the South-North Water Diversion Project, the lake area and water -fluctuating zone will be expanded. Farmland in the West Lake will be flooded, which intensifies the land use conflict. On the other hand, with the adjustment of the industrial structure, more people will be employed in the service industries. Therefore, the demand on agricultural land may drop. In addition, some bare lands will be reused. However, many agricultural lands are strictly protected by the state; and they are difficult to be used for different purpose. It should be noted that some of the agriculture land is actually not suitable for agricultural production. They were just reported by the local government as agricultural land to apply for more subsidies from the state. Therefore, the Reserve administration needs to clarify this with the upper level government.

15.2.3 Supply and Demand Analysis of Land Resource

Comparing the current status of land use with the "Hengshui Lake National Nature Reserve Master Plan 2004 ~ 2020," one can see some large discrepancies, particularly in water body, fluctuating zone, forest, and grassland. Therefore, returning farmland is a necessary choice and the reuse of bare land is also critical.

15.3 Measures to Adjust Land Use

Inappropriate land-use structure will adversely affect the development of Reserve. At present, the protected areas (water, wetlands and forests) are too small; and the agricultural area is too large. The structure of land use needs to be adjusted.

15.3.1 Adjustment of Land Ownership

As there are collectively owned and residential lands in the core protection area and the buffer zone, it is difficult for the Reserve to enforce conservation regulations. This affects the efficiency of management and makes it difficult to reach the goals on biodiversity. The adjustment of land ownership is necessary. However, care should be taken to avoid conflict between the natural Reserve and the neighboring communities. It is recommended that different policies are used on different functional areas.

(1) Core Protection Area. The land in this area should be acquainted by the government. The villages should be relocated and be compensated based on the relevant policies.

(2) Buffer Zone. The collectively owned land should be managed by the government, although still owned collectively. For the land included in relocation, the following approaches may be taken to adjust land ownership and usage.

①Refers to the core protection zone for land acquisition and resident relocation

②Only conduct resident relocation and the Reserve leases the land of local residents

③Provide subsidies to the local residents in compensation for the change of land use

(3) Human-Nature Co-development Circle: In this circle, the Reserve can employ a "reasonable protection, appropriate development" land use policy. Based on the planning, the Reserve should provide relevant policies to encourage voluntary adjustment of land use. The possible policies may include land acquisition, exchange, leasing, etc.

15.3.2 Management of Land Use

(1) Based on the current situation and "Hengshui Lake National Nature Reserve Master Plan 2004 - 2020," the Reserve needs to set up a datum of the current ecological value for different types of land as well as a target value. If a project results in a degradation of the ecological value, the project may be discouraged.

①In the core and buffer zones: the ecological value should be focused on the life support, preserving biodiversity, and climate adjustment of water resource.

②In the co-development circle: The ecological value may also include food production, the supply of raw materials, climate adjustment, and culture value. However, for the designated water source and forest area in the Master plan, emphasis should still be placed on climate adjustment and life support.

(2) Core Zones: after the resettlement of local residents, the Reserve administration needs to clean polluted sites and restore wetland.

(3) Buffer Zones: After resettlements of local residents and cleaning polluted sites, the Reserve administration can collaborate with other research institutions to replenish gene pools of the Reserve such as introducing wild rice. In the buffer zones of the West lake, some small organic farms may be introduced.

(4) Human-Nature Co-development Circle: different measures can be taken to improve values of land.

①construction site: construction site has the highest economic value of all the land uses. The Reserve administration should strictly implement the "Hengshui Lake National Nature Reserve Master Plan 2004 - 2020" to control the total amount of land for construction. On the other hand, the Reserve should build apartment type of residential building to improve land use efficiency. Saved land can be used for public facilities in rural areas, eco-tourism reception facilities, as well as industrial facilities for environmentally friendly industries.

②Agriculture Land. The Reserve should encourage agricultural land use with high economic and ecological values, such as leisure agriculture, organic agriculture, etc. Some farms can be used for tourism activities, for example, self-pick, garden, fishing pond, etc.

③Land for Water Source Protection and Separation Forest. The Reserve should encourage a mixed development of land, shrub, and grass. The administration should plan for the appropriate tree species. Some fast-growing economy species and fruit trees may be combined with indigenous species. Some Chinese medicinal herbs or shrubs may also be planted. The government can provide some financial subsidies to farmers if it takes them a long time to obtain income form trees.

④Ecological Protection Zones along Rivers and Canals. The zone is 300 meters wide along the rivers and canals. After effective treatment of waste water, attracting landscaping may be constructed along the river. In the urban areas, some low density real estate development project may be constructed to improve the economic value of the land. In the rural areas, water conservation and separation forest policies may be applied.

15.3.3 Community Co-governance and Public Participation

Community co-governance and the participation of the public are not only to respect the right of land ownership, it is also necessary to improve management of the Reserve. Public participation includes the public's right to know, supervision and litigation against the decision-making process etc. Public participation can provide a foundation for proper land use and fair compensation mechanism.

More specifically, land-use planning and policies should be thoroughly discussed by the community co-governance committee. The committee should respect the views of the community and win their support.

Chapter 16 Hengshui Lake Water Resource Management Planning

16.1 Planning Objectives

The ultimate goal is to restore the wetland ecosystem and to satisfy multiple roles in protection of water resources, restoration of water for the South-North Water Diversion project, and water supply for Hengshui City so that the wetland ecosystem can sustain, water resource can be protected, and society and wetland can thrive together.

16.1.1 Short-term Objectives (2009-Completion of South-North Water Diversion Project)

Treat pollutions of Hengshui Lake and its rivers and canals.

16.1.2 Mid-term Objectives (5 Years after the Completion of South-North Water Diversion Project)

With the construction of diversion project, restore the West Lake and its wetlands. Significantly improve the ecological functions of wetlands.

16.1.3 Long-term Objectives(2015 – 2020)

Treat all polluted water in Hengshui City and river systems connected to Hengshui Lake. The river wetlands are gradually restored as well as the riverbank landscape.

16.1.4 Ultimate Objectives (After the Establishment of the River Basin Cooperation Mechanisms)

Through collaborations in the river basin, after the water quality is fully recovered, the connection between Hengshui Lake and the natural river system can be enhanced. Hengshui Lake can serve the function of water storage and flood control. The water shortage problem can be solved.

16.2 Planned Measures

16.2.1 Wetland Restoration and Reconstruction

16.2.1.1 Wetland Restoration

The government needs to perform ecological and environmental protection projects in the Reserve. In accordance with changes in water level, the Reserve needs to increase its water storage in a timely manner. The types and scope of restored wetland include:

(1) Lake wetlands. East Lake, West Lake and Jizhou Small Lake.

(2) Marsh wetlands. Flood land of Fuyang New River and the water-level-fluctuating zone in the West Bank .

(3) River and canal wetlands. Fudong Drainage River, Fuyang New River, Jima Canal, and the old Course of Salt River.

(4) Man-made wetlands. These types of wetlands can be further divided as:

①Wetland economy experimental zone. The experimental zone in the southwest of the Reserve has low depression, which can be used to develop wetland related economic activities.

②Hydraulic facilities. Since the East Lake will be primarily used for eco-tourism. The old Course of Salt

River may be restored and new water scenic spots may be constructed.

③Biofilter wetland pond. Some wetland may be built for wastewater purification.

16.2.1.2 Wetland Restoration Based on new Technologies

The Reserve needs to promote wetland habitat development based on natural hydrological features. There are emerging technologies from eco-hydrology and eco-hydraulic that may assist the restoration effort.

(1) Division of Different Areas

①Core Protection Zone and Buffer Zone. The Reserve needs to artificially control water level fluctuations based on the principle of eco-hydrology, to promote the development of lake-level-fluctuating zone. The Reserve should strictly limit water pollutions and improve water conservancy facilities. The current use of water at the East Lake should be carefully regulated. The wetlands of the West Lake need to be restored with the implementation of South-North Water Diversion Project, so it functions primarily for the wetland habitat, instead of irrigation.

②Experimental zone. The cultivation of cotton should be prohibited and fertilizer and pesticide should be restricted, to control non-point source pollution. Strictly environmental control should be applied to the factories on the periphery of the protected areas. Organic farming should be used to replace the traditional farming method. In addition, alternative industries need to be developed.

(2) The Reserve needs to change the current anti-season water diversion so that water level changes with natural seasonal patterns.

(3) After the surrounding rivers or canals connected to the lake were included in the Reserve, the project to restore their ecosystem should be started. Project should be implemented in pollution control, ecological restoration, and management of riparian landscape, so that the hydraulic condition of Hengshui Lake can affect those areas.

(4) The Reserve needs to separate storm water and sewage water. The sewage water needs to be treated, preferably at the southwest of the Reserve into a wetland biofilter pond. The treated water can be used in landscape. After the polluted water is treated, the flooding zone of the Fuyang New River can be connected to the East Lake of Hengshui Lake.

16.2.2 Water Source Construction

16.2.2.1 Function definition of water sources, water storage capacity planning and control

(1) East Lake. East Lake is the main storage reservoir for industrial water need. Recently, it has been used to protect biodiversity and urban industrial water source. In accordance with the "zero-loss" principle, after the West Lake has been restored, a higher berm can be built in the East Lake along with other engineering project. The water level can be gradually raised to 22.5 meters, with the capacity increasing from 123 million cubic meters to 190 ~ 210 million cubic meters. It will become the main reservoir of the Hengshui Lake area.

(2) West Lake. After the restoration of water in the West Lake, it will become the main source of drinking water and biodiversity conservation zone. The water level will be controlled at 21.5 meters, so that the lake has quite a large area to facilitate water plant growth, and maintain its natural terrain, and form some lake habitat islands. Based on the geological conditions, if the water depth is more than 3 meters and the excavation of bottom soil will not significant reduce the clay layer, the lake bottom may be excavated to increase its capacity. As a result of excavation, the storage capacity may be improved from 65 million square meters to 80 or 100 million square meters. The excavated soil may be used to creat artificial hills in the west bank, which creates tourism attractions. In place where the water depth is more than 19.5 meter, it should be excavated to ensure the growth of water plants.

(3) The total capacity of East and West Lake will be from 270 million square meters to 310 million square meters.

16.2.2.2 Water Conservation and Ecological Protection through Isolation

(1) Isolation by Double Green Belts

①The first green belt is along the Hengshui Lake, with a width ranging from 300 meters to 1000 meters. The east of the green belt is primarily made of trees, while the west one is primarily made of trees and water plants in the lake fluctuating zone to the border of the Reserve. To the south, a 300 meter wide green isolation belt will be built. The Jima Canal will be converted to a reed pond. To the north, trees will be planted along the banks of Fudong Drainage river.

②The second tier of green isolation belt will be built along the border of the Reserve, ranging from 500 to 1000 meters in width.

(2) Fluctuating Zone of West Lake. The Reserve needs to modify the local terrain so that many small ponds may be connected. Water plants may be replanted in the areas to develop some biological self-purification ability.

(3) Isolation by Man-made Hills. The Reserve can use excavated soils to create landscaping hills to isolate pollution from agriculture production. The main location should be the fluctuating zone in the west side. The soils come from earthwork projects from the West Lake. To control non-point source pollution, the use of pesticides and chemical fertilizers should be prohibited within the isolation barrier.

(4) Ecological Protection of Riparian Area. The riparian area should be protected by a 300 meter plant barrier along the river. Pollution emissions and non-point source pollution along the river should be prohibited.

16.2.2.3 Planning of Water Filling for Ecological Purpose

Since the precipitation in this area is far greater than the evaporation and there is a lack of water supply from the natural basin system, it is necessary to refill water by human effort. The filling of Hengshui Lake includes two major parts:

(1) The minimum required storage for wetland. This is one-time effort to satisfy the minimum water level to maintain the wetland. The estimated quantity is 30 million square meters.

(2) Annual water filling for ecological purpose. It is estimated that, in order to avoid the degradation of the ecosystem, the lake needs a total amount of 120 million square meters of water per year. The water may be initially diverted from the South-North Water Diversion Project. The cost may be covered by increasing water usage rate. In the future, if the water quality of the local river basin is improved, the lake may accept water from the river basin to reduce cost.

16.2.3 Water Diversion

At present, the Reserve does not have water recharge from any natural river. The lake has been maintained by water diversion. The purpose of water diversion in the future is to keep the necessary water body in the East Lake and West Lake. The West Lake is primarily to ensure domestic use of water, while the East Lake is primarily for industrial water supply.

16.2.3.1 Sources of Water Diversion

(1) Yellow River. This is the primary source before the South-North Water Diversion Project.

(2) Yangtze River. Water will be diverted from the East Line and West Line of the Diversion Project.

(3) Upper Reservoirs. Some reservoirs such as Yuecheng and Huangbizhang may supply water for the lake.

16.2.3.2 Management of Water Diversion

(1) When using water from the Yellow River and Yangtze River, the Reserve needs to monitor invasive species and water quality to reduce possible negative ecological impacts. If the water quality does not meet drinking water standard, it should not be sent to water process plants.

(2) When diverting water, cautions should be taken to avoid disturbance to the natural cycle of the lake ecosystem. It recommended that diverted water may be temporarily stored in the upper stream reservoirs; and then divert to the lake in the spring season.

(3) Before water diversion, river banks and bridges should be maintained and reinforced. In addition, the pollutants in the river need to be cleaned. The Reserve also needs to prepare an emergency plan to address various potential risks during the diversion process. In addition, the process needs to be monitored to avoid pollution along the diversion canal and geological failures.

16.2.4 Local Water Resource

At present, the ecological water demand in Hengshui Lake is around 120 million square meters per year, which does not consider water supply from the local river basin. The reason is that the upper rivers have been too contaminated to be useful. However, once water pollution can be effectively treated, the local water resources provide great potential. For example, for the Fuyang River Basin, the catchments area is 1,442,000 hectares and the average annual rainfall is 518.9mm, while more than 60% of the precipitation is concentrated in June, July, and August. If the storm water from the Fuyang River Basin can be used for Hengshui Lake Wetland, the water resources can be greatly alleviated. What matters now is the quality of river. It is recommended that the Reserve takes the following measures to increase local water supple.

(1) Cloud Seeding. If the weather conditions permit, the Reserve may attempt cloud seeding. However, cautions should be taken since the long-term effect of cloud seeding is unclear.

(2) Use of Local Surface Runoff. In the urban area, storm water should be separated from sewage pipeline. The storm water may be reused after slight treatment. It is also recommended to use porous pavements.

(3) Use of Storm water from Upper Streams. The Reserve needs to separate storm water and heavily polluted water by Furang New River and Fudong Drainage River. Sewage water from the Fudong Drainage River may pass the Hengshui Lake through a closed line, while stormwater with relatively good quality may be purified and filled to the East Lake.

(4) Groundwater Recharge. The Reserve needs to facilitate the refilling of ground water. It is recommended to avoid hardened surface in the Reserve. Instead, porous pavements can be used. In addition, restrictions should be applied to the exploitation of underground water.

16.2.5 Prevention of Eutrophication

At present, eutrophication in the Hengshui Lake is becoming a significant problem. Appropriate measures should be taken to control eutrophication. The measures can be taken at two directions. First, the Reserve needs to control the exogenous nutrient input by limiting pollutants discharged into the lake. Secondly, measures need to be taken to suppress endogenous nutrient accumulation.

(1) Monitoring both Hydrology and Water Quality Data. The Reserve administration needs to continuously monitor hydrological data as well as water quality data, such as suspended solids, dissolved oxygen, nitrogen and phosphorus, heavy metals, toxic substances etc. The data is necessary for water quality analysis studies.

(2) Control Non-Point Source Pollution from Agriculture. To control non-point source pollutions from thousands of farms surrounding Hengshui Lake, the Reserve needs to use economical incentives to limit the use of chemical fertilizers and pesticides. The Reserve needs to encourage farmers to use organic fertilizers. The Re-

serve may need to control the sale of phosphorus and nitrogen fertilizers. In addition, the Reserve needs to promote the use of manure and returning crop straw to field.

(3) Pollution Control for Domestic Water. The Reserve needs to promote the use of non-phosphorus detergent. Phosphorus-containing detergent is the major contributor of lake eutrophication. The villages surrounding the West Lake need to be relocated, to avoid pollution to the lake. The remaining villages need to be modified to ecologically friendly villages. Drainage and solid waste processing facilities need to be constructed in these villages.

(4) Improve Erosion Control along the Lake. The Reserve needs to control erosion through repairing the embankment of the Lake and filtering silts from stormwater runoff. The excavated soil form the West Lake may be pile at the west bank of the lake to prevent pollutants in runoff from entering the lake.

(5) Harvest Aquatic Plant. Since Hengshui Lake has a longer dry season, there grow a great quantity of aquatic plants. If the plants are not cleared in a timely manner, the decomposition of the plants will release nitrogen and phosphorus to the Lake and facilitate the growth of algae. The Reserve needs to remove dead aquatic plants from the lake. The aquatic plants may be also utilized based on scientific and rational planning. For example, some aquatic plants can be used in the straw weaving industry. The plants may be also used as bio-fuels.

(6) Improve Lake and River Water Mobility. The eutrophication of lakes can be inhibited by enhancing the mobility of water. The Reserve needs to catch the opportunity provides by the South-North Water Diversion project to treat pollution of the surrounding rivers. Obstacles and weeds in the water course need to be removed. Then, the lake can be reconnected with the river system to improve its mobility.

(7) Point Source Pollution Control. Waste water should be prohibited from directly discharging into the lake, to avoid pollutants in nitrogen and phosphorus. The Reserve needs to implement stringent effluent discharge standards. The poorly performed and heavy pollution contributing enterprises should be closed; and new industrial projects need to pass stringent environmental assessment.

(8) Endogenous Nutrient Management. The endogenous nutrients primarily exist in the lake water and bottom sediment. It is recommended to use proven biological and engineering technologies to reduce nutrients in the lake.

①Engineering approaches, including dredging the bottom sediments, deep water aeration, refilling water, etc.

②Biological approaches, using special aquatic plants such as Ceratophyllum, Marlene Potamogeton, Elodea, and others to fix water nutrients and to control the growth of algae.

(9) Control Fish Farming in Cages. Fish farming in cage demands more feeds, which can easily cause pollution and eutrophication. In addition, the droppings form fish is another contributor of eutrophication. Therefore, fish farming in the lake needs to be controlled.

(10) Naturally Replenish Fishery Resource. In an environment of eutrophication and heavily grown aquatic plants, certain types of fish can be beneficial. It is recommended to stock plant-eating fish such as silver carp and bighead carp to the lake.

(11) Plant and Restore Certain Types of Aquatic Plants

16.3 Supportive Measures

(1) Improve Registration on Water and Environmental Protection and Law Enforcement. Hengshui City should accelerate legislation on water conservation, separating storm water from sewage, exploitation of ground-

water, water pollution control, etc. All the water resource and environmental protection measures should be backed by laws and regulations. In addition, law enforcement needs to be strengthened, to climate the existing pollution source and prevent new sources from emerging.

(2) Participate in the Planning of South-North Water Diversion Project. The South-North Water Diversion Project is an important opportunity for the Hengshui Lake to acquire water resources. However, improper hydraulic facilities may threat the wetland ecosystem. The Reserve administration needs to communicate with the organizer of the South-North Water Diversion Project to solve potential conflicts between the use of water resource and wetland protection.

(3) Perform Special Studies on Natural Water Source. With the global climate change, precipitation in northern China has been increasing in recent years. Despite of local precipitation being far less than evaporation, Hengshui Lake may still receive water from upper reaches of its river system. Special studies need to performed to investigate different alternatives of using local water source.

(4) To Promote the Establishment of the River Basin Cooperation Mechanism. The restoration of the Hengshui Lake wetland ecological system depends on the environmental improvement of the entire river basin. Therefore, a cooperation mechanism needs to be established.

Chapter 17 Biodiversity Protection Planning

17.1 Planning Principles

The following principles are adopted in developing the biodiversity protection plan for the Reserve:

(1) The principle of combining law enforcement and education. The Reserve needs to strictly enforce protection laws. On the other hand, the Reserve also needs to promote environmental education and community co-governance, so ecological protection becomes habitat for tourists and local residents.

(2) The principle of managing individual ecological zones and integrated management. Different ecological zones have been divided in the Reserve. In protecting the individual zone such as the core protection zone and buffer zone, one also needs to realize the integrated relationship between the different zones and the external environment. Inter-circle coordination is required.

(3) The principle of combining active protection measures and basic scientific research. The Reserve needs to take active measures to protect the existing rare species and wetland ecology. At the same time, the Reserve should establish connections with the relevant scientific research institutes to study the protected species

(4) The principle of combining ecosystem protection with water resource management. Biodiversity conservation and management of water resources should be coordinated, since in this region water resource is the key element of environmental protection.

(5) The principle of protection and sustainable development. When protecting many endanger birds and their habitats, the Reserve also needs to effectively use wetland resource, to improve the economy of the Reserve, and to meet other sustainable development goals.

17.2 Planning Objectives

17.2.1 Objective Description

To use the best effort to protect Category I and II rare birds and the inland freshwater wetlands in the North China Plain.

To maintain the wetland ecosystem and prevent wetland habitat degradation and loss of ecological functions.

To take necessary measures to promote the restoration of the wetland ecosystem and thriving of rare species.

17.2.2 Indicators

(1) Increase in quantity and varieties of rare and endangered species, especially those in breeding and not migrating in winter.

(2) Improved biodiversity indicators. The related indicators may include the number of species, diversity index, dominance index, the complexity and diversity of the typical structure of the flora and fauna, etc.

(3) Increase of wetland and the area covered by trees and grasses outside of the experimental zone.

(4) The stability of the wetland ecosystem as well as its ecological functions had been improved. The related indicators include: wetland vegetation biomass and primary productivity levels, structural integrity of the ecosystem, ability of pollution removal and eutrophication control, the integrity and continuity of the succession of different ecosystem, the diversity and complexity of food chain, etc.

(5) Habitat quality improvement. The related indicators include: the increased population of specially protected species, increased ecological carrying capacity, the connectivity of habitat patches and the integrity of the network.

(6) The improved quality of management and research staff.

(7) International and domestic cooperation projects.

(8) The degree of agreement by the surrounding communities and reduction of disturbance and destruction.

(9) The improved visibility.

17.3 Proposed Approaches

17.3.1 General Protection Approaches

(1) The administrative jurisdiction of the Reserve needs to be unified. A "Special Administrative Region" needs to be established to manage the ecological environment as well as land resources. The overlay of jurisdiction creates confusion and conflicts.

(2) Law enforcement needs to be strengthened. At the same time of promoting law education, the Reserve needs to strictly enforce laws and regulations. Additional laws and regulations may need to be established.

(3) Improve protection management system. A highly-qualified team needs to be established to perform patrol and management. The Reserve needs to make protection objectives and assess the results. The protection needs to follow the national laws and regulations and to be supervised by community co-governance.

(4) Establish community co-governance. The volunteers from community co-governance can help increase the conservation awareness of the public and improve communication between the Reserve administration and the public.

(5) Base on the objectives and principles of protection and the characteristics of different species, the Reserve needs to divide different zones. In these zones, different protection approaches may be taken.

(6) Restore wetland ecosystem. The Reserve needs to rationally control agricultural and fishing activities in the Reserve. Sand mining, excavation, tree cutting or burning should be prohibited. The Reserve also needs to restore the degraded or disappeared wetlands to provide more habitats for bird.

(7) Increase investment and ensure the proper use of the investment. The government needs to increase investment on infrastructure and protection activities.

①The government needs to set aside funds specially for protecting biodiversity.

②The Reserve needs to widely advertise the importance of protecting biodiversity and attracts public supports. The financial support can be used to found the Hengshui Lake Wetland Foundation.

③The Reserve needs to make investment on biodiversity protection using its own revenue.

(8) Continuously use wetland resource sustainably. The essential task of the Reserve administration is to protect bio-diversity and wetland ecosystems. When using natural resources, the Reserve needs to consider the environmental capacity of eco-tourism, properly use aquatic plants and fish resources, and treat waste and avoid environmental pollution.

(9) It is necessary to construct some infrastructure facilities for the Reserve. However, the possible negative impacts of construction on wetland habitats need to be thoroughly reviewed.

(10) Improve domestic and international cooperation and use successful experience from other places.

17.3.2 Division of Protection Zones

17.3.2.1 Core Protection Zone and Buffer Zone

(1) The Reserve needs to perform a closed management for the core and buffer zones in accordance with

the scope defined in the "Hengshui Lake National Nature Reserve Master Plan 2004 – 2020," based on the "Hebei Hengshui Lake Nature Reserve Management Regulation."

(2) The Reserve need to inspect and patrol the zones frequently to control hunting, fishing, and other disturbance activities. Non-destructive research activities should also be regulated.

(3) Through ecological management, the Reserve needs to promote the natural regeneration of reed marshes and seepweed beach as well as the connectivity of habitats.

(4) Adjust water level based on migrating bird activities. For example, low water level should be maintained during spring and autumn so that there are enough beaches for them to rest and hunt for food.

(5) Combined with wetland restoration, the Reserve can stock some local fish species, to control excessive growth of algae and water eutrofication. Some agriculture products may be left for birds.

17.3.2.2 Experimental Zone and Demonstration Zone

(1) In these zones, the community co-governance system should be established. Different stakeholders should discuss Reserve management together. Although excessive human disturbance should be avoided, ecotourism, pasture, and other similar activities should be allowed.

(2) Protect potential back-up habitats.

(3) Plan roads in environmental sensitive area, to avoid the impacts of environmental fragmentation on the core habitats.

(4) Adjust land use structure in the surrounding area and reduce negative impacts from certain types of land use. Strictly control the use of fertilizer, pesticide, domestic waste, and other pollutants.

(5) Improve infrastructure in fire prevention, monitoring and protection station, water resource facilities, etc.

17.3.2.3 Strategic Synthetic Circle and River Basin Cooperative Circle

(1) Establish cooperation mechanisms on biodiversity protection.

(2) Besides environment, resources, economics of land use, the impacts of land use on biodiversity should also be considered. Places with high value on biodiversity should be identified and protected. A conservation network of five level- "basin-province-city-county-town-village" should be established.

(3) The Reserve should encourage other communities outside of the Hengshui Reserve to adopt the same conservation and development model and join the co-governance of the Reserve.

17.3.2.4 Across-Circle Management

At present, in planning and establishing China's natural Reserves, the primary focus is the endangered species or a particular ecosystem. There lacks of a consideration for the whole system. As a result, despite the protective measures benefiting specific endangered species or ecosystem, they do not prevent the occurrence of new endangered species due to habitat destruction. In addition, it is difficult to provide adequate protection for those habitats made of sub-populations of the endangered species. Hengshui Lake National Nature Reserve only provides a limited space for wildlife, which is insufficient to restore biodiversity. Because of the threat of Hengshui Lake Wetland comes mainly from human activities of the surrounding areas, the objectives on biodiversity to a large extent depend if those activities can be effectively controlled. Therefore, it is necessary to establish a wider protection network through strategic coordination and cooperation mechanism across river basins.

(1) Ecological restoration should be performed on the river, ditch embankment, and others to enhance their roles in biodiversity conservation.

(2) When building ecological barriers along the rivers, ditches, or urban landscape, people should intentionally make some wildlife feeding areas and habitats, so that a network for protected areas can be formed.

(3) A wide range of wildlife protection coordination mechanism should be formed. For some key species, regional protection associations should be formed. The association should communicate effectively with government agencies in environmental protection, forestry, water management.

17.3.3 Management of Scientific Monitoring

(1) A specific research department should be established in the Reserve, which is responsible for development of research planning and annual research programs as well as conducting research activities.

(2) Scientific research and monitoring should be focused on the unique characteristics of the Reserve. The monitoring should follow the standards for wetland monitoring. In the buffer zone and experimental zone, monitoring stations should be established. Particularly, close attention should be given to the ecological change due to returning land to lake and other conservation programs. The monitoring may include a variety of contents, such as wetland ecology and environmental characteristics, water level and water quality, and plant and animal community composition changes, etc. The purpose of the monitoring is to understand the functions of wetlands and the trend of change in biodiversity and habitat quality, in order to provide a reasonable basis for decision-making to ensure that planning and management are heading to the right direction.

(3) Research projects should have clear objectives and specific tasks. The Reserve needs to perform a combination of a variety of projects, such short-term ones and long-term ones, routine ones and specific ones, etc. Priority should be given to projects that are beneficial for public education or solving urgent needs.

①The conventional scientific studies, which may include scientific investigations on various subjects.

②Specific studies, which include special topics such as to improve the effectiveness of protection measures.

(5) To cooperate with other forestry and environmental government agencies to exchange ecological and environmental monitoring data and understand the change of environment in surrounding areas.

(6) To establish a wetland research base. The research base can be used to connect with scientific research institutes at home and abroad. The base can accommodate researchers from these institutions, while the institutes will use their own funding and equipment to conduct research beneficial for the Reserve. The research base may also accommodate graduate students.

(7) Establish rules on documentation management. The Reserve needs to make one person (or persons) responsible for documentation management. The documentation should be managed according to national standards. All research information should be inputted in a computer. It is preferable to keep both paper-based and electronic versions of documents.

(8) The researchers needs to make progress reports on their studies. The issues and outcomes of research should be reported periodically and the outcomes should be applied to management practice.

17.3.4 Restoration and Recreation of Wetland Habitats

17.3.4.1 Restoration and Regeneration of Plants

(1) Key Protection Zone and Buffer Zone. At the West Lake and Fudong Drainage River and other places with wetland restoration potentials, the Reserve needs to introduce high quality reed, lotus, and other types of plants suitable for the local climate. In the winter time, the Reserve may rejuvenate degraded community at some places. The Reserve may also expand high-quality marsh land and grassland and plant bank protection trees along the shore of the Lake. In addition, the Reserve may also plant some wheat, corn, peanuts and peas as a supplementary feeding source for birds. In summary, the Reserve needs to coordinate the combination of trees, shrubs, and grass to make a diverse and connected habitats for protected species

(2) Experimental Zone. At certain locations, the Reserve needs to expand the reed swamp vegetation area

and improve varieties. Some varieties with high ecological and economic values may be introduced, for example, lotus, water chestnut, etc. Ther Reserve also needs to accelerate planting trees for ecological protection, especially focusing on four areas (along the road, water, house, and agriculture field). The Reserve needs to return farmland to forests and grasslands, reduce uncovered land, and plant a green belt made of trees.

17.3.4.2 Wetland Habitat Restoration and Recreation

The Reserve needs to reduce the disturbance of human activities on wetland habitats, to restore the diversity of habitat types through vegetation and water level control, to restore and recreate lake beach habitat, to recreate moss-dominated swamp meadow. The purpose of reestablishing a variety of habitats is to maintain the integrity of habitat from the lake shore to the center of the lake.

(1) Core Zone and Buffer Zone. In these zones, fishing and other human activities should be banned. Under the assistance of the South-North Water Diversion Project, the West Lake area and other enclosed areas will restore water; and consequently, some wetlands will be created. Along the Fuyang New River, V-shaped ditch can be excavated along the bottom of the river. Reeds can be replanted and water from the Fudong Drainage River can be introduced to form some wetlands. The water can be controlled at a certain level to facilitate the development of different types of habitats such as reed swamp, reed-moss swamp, seepweed swamp, etc. An isolated middle lake island should be maintained to avoid human disturbance.

(2) Experimental Zone. Seasonally fishing ban should be implemented in the lake. To ensure the continuity and integrity of habitats in core, buffer, and experiment zones, the wetlands need to be expanded or recreated in some connection areas. The creation of wetlands may help develop new scenic spots. An ecological pass should be forded by trees, shrubs, and grass. Slight fishing activities can be performed in areas close to the core zone and buffer zone. Fish and shrimp may be stocked to provide food for stork, gull, and other types of water birds.

17.3.4.3 Restoration of Potential Wetland around the Reserve

There are also some potential wetlands around the Reserve. For these areas, the Reserve administration needs to review the possibility of wetland restoration also, so that the habitat scope can be expanded. In the long-term plan, the protection of wetland ecosystem should be considered in the whole river basin.

17.3.5 Protection of Wild Animals and Plants

(1) The protection of biological resources and ecology of wetlands should take place in the natural habitats.

(2) The Reserve needs to make a wildlife protection plan according to the relevant laws and regulations. The emphasis of protection should be concentrated on the integrity, diversity, and connectivity of habits. Different protection measures on initial habitats are listed in Table 17-1.

(3) The Reserve needs to improve the rescue of distressed rare wildlife. It is recommended that a bird breeding and rescue center be built near the DaZhao village, so that injured birds can be treated and released.

17.3.6 Management the Use of Wetland Resource

17.3.6.1 Overall Approach

Since the Hengshui Lake Wetland has lost its connection with the natural river ecosystem, the lake eutrophication has caused excessive growth of a large number of water plants, which further lead to deterioration of water quality, shrinkage of lake and marsh, and degradation of landscape. Therefore, the proper use of resource will not only benefit economical development, it also assists maintaining the health of the wetland ecosystem. The basis approaches to resource management include:

(1) Balance the protection and use of resource on a sound scientific basis.

(2) Continue research on the use of aquatic plants to control lake eutrophication and identify the impacts of managing aquatic plants on eutrophication.

(3) Based on a careful plan, the Reserve can harvest some plants such as reed and some submerged plants, so that the endogenous nutrient loadings can be reduced.

(4) Continue research on the use of aquatic plants. The Reserve needs to discover the innovative use of the aquatic plants and improve their economical values.

(5) Share the benefits of resource utilization with local residents. If the residents can obtain benefits from the resources, they will be more motivated to protect the Reserve's environment.

17.3.6.2 Management the Use of Reed

The Hengshui Lake contains a large area of reed field, but the utilization of reed is still very limited. A few villages use reed as roofing insulation materials. The reed painting has just initiated by the Reserve administration and its market needs to be developed.

The low level of reed use may be primarily due to two reasons: first, the villagers do not realize the potential benefits of reeds; secondly, due to species degradation, the reed is not tough enough, which affects it price. The degradation of reed species may be due to water pollution, or just the variety in different species.

It is recommended the following measures be taken to develop the reed industry.

(1) To found a company that organize the reed producing families and promote reed related products. Good reed species should also be identified.

(2) Use reed high-yield cultivation techniques.

(3) Make a sound reed and cattail harvest plan.

①The reed and cattail should be harvest between bird migrating seasons. The harvested area should be rotated and each year it should not exceed 1/3 of total weed growing area.

②Control reed at certain locations to prevent overgrowth of reed from filling the lake and preserve landscape.

③Excavate reed roots at certain locations to facilitate water cycle and release of nutrient.

(4) Study or introduce the economic use of reed and develop reed product market. The international market of reed painting can be further developed. Besides insulation, reed can also be developed in a product used in green buildings. The local use of reed in decoration can also be promoted.

17.3.6.3 Management the Use of Other Wetland Resources

Besides reed, aquatic plants also include a lot of submerged plants, alge, etc.

At present, the Reserve administration has formed an office to study the use of aquatic plants. The administration also has organized some local villagers to engage in aquatic plant development, such as weaving artifacts, decorative painting, weaving mat, participating eco-tourism, etc. There may be other methods of using the plants.

(1) Potted ornamental aquatic plants. The aquatic plant (or a combination of plants) is transplanted in a glass vessel and sold with fish. This type of products is very popular in the market.

(2) Herbs from Aquatic Plants. Some plants are used in the traditional Chinese herb medicine. These plants may be sold to some medical company.

(3) Edible Plants. Certain edible plants can be used in the local restaurants, sold in local markets, or sold to tourists.

(4) Feed. A lot of algae and aquatic plants are good feed and can be sold after processing.

(5) Biotechnical products. Some studies have found out that bioengineering products from aquatic plants

can be used to improve water quality.

(6) Construction fiber. The fibers from some aquatic plants can be used in making boards in construction.

(7) Biofuel. Plants that cannot be used in other ways may end up as biofuel. If the Reserve builds a small electric plants using biomass, these plants and some domestic wastes can be effectively used. The Reserve also receives clean energy.

17.3.7 Management of Ecological Safety

17.3.7.1 Fire prevention

This is discussed in detail in 23. 4.

17.3.7.2 Prevention of Invasive Species

The invasive species from the Hengshui Lake Wetland mainly come from the following sources: water diversion, inappropriate selected plants in wetland restoration and landscape construction, invasive species from agricultural production, species brought by tourists, species released by religious activities, etc.

In response to these issues, the Reserve should take the following measures:

(1) Monitor the invasive species and build a monitoring network participated by local residents, community groups, and primary and secondary school students.

(2) Distribute pictures of local species list and those high-risk invasive species list to the local communities. If the residents identified those invasive species, they should report to the Reserve administration.

(3) Increase communication at religious locations and limit wildlife release activities.

(4) Increase advertisement among tourists to avoid unintentional introduction of invasive species.

(5) Eradicate invasive species in the region once they are identified.

(6) Study the landscape effect of local species and use local species in landscaping

(7) Issue permit on forestry production. The selected trees in economic forestry should be evaluated for potential ecological threat.

(8) Establish risk assessment on landscaping construction and include the assessment in issuing building permit.

17.3.7.3 Pest Control

(1) Wetland Plants Pest Control. Pest control should be prevention-oriented and it is preferable to use biological control method. It is expected that through effective management, the monitoring of plant diseases and insect pests should be 95%, the incidence 5% or less, and the control rate more than 90%. The specific measures include:

①Improve pest hazard forecast. Staff members should be appointed to monitor pest conditions, make forecasts, and determine prevention and treatment approaches.

②Use forest management techniques to prevent pest. The trees planted in the Reserve should be pest-resistant species. Instead of single species, different species may be mixed together. The Reserve needs to take measures to encourage the growth of the natural enemies of pests. In addition, tree branches should be trimmed in a timely manner.

③Use biological treatment method. The Reserve should use more biological methods to control pest.

(2) Agricultural Pest Control. The Reserve needs to cooperate with the local Plant Protection Station regional monitoring of plant diseases and insect pests. When performing agricultural pest control in the Reserve, harmful chemical pesticide should be carefully controlled.

17.3.8 Publicity and Education

17.3.8.1 Planning Objectives

The Reserve administration should take full advantage of the Reserve to advocate environmental protection, in the areas of wetland, environmental change, wildlife conservation, harmony between nature and human, etc. The mainly targeted audience should be students, local residents, and employees of the Reserve. It is expected these activities can help people develop strong environmental protection attitudes and behaviors.

17.3.8.2 Planned Approaches

(1) Various programs should be implemented to promote environmental awareness among local communities. In addition, efforts should be taken to improve the environmental knowledge level of the residents and make them understand what activities may damage biodiversity. The Reserve administration should also make people aware the process of reporting illegal activities and give people incentives to protect environment.

(2) Develop various public education materials (prints or multimedia products, such as multi-media light and sound) to promote Hengshui Lake wetland protection. To promote the visibility of the Reserve and biodiversity protection, different communication methods can be used, including films, videos, radio, television, newspapers, magazines, display boards, wall posters, etc.

(3) Promote environmental education among tourists. The Reserve can make environmental protection education as the first leg of tourist activities. The employees of the administration should provide high quality introduction for the tourists. In addition, posters, signs, or multimedia screens should be installed at the entrance, along the tourist routes, bird-watching towers, etc. to provide people with environmental knowledge and influence their behaviors.

(4) In response to the requirement from the Ministry of Education and the State Environmental Protection Administration, the Reserve administration should promote "green schools." Environmental education should be promoted in Hengshui schools.

(5) The Reserve needs to establish a well-equipped training and education base. The Reserve may also use a patrol car specifically for environment education and promotion. The Reserve needs to establish more cooperation with the surrounding schools in environmental education.

(6) Invite experts in environmental protection and wildlife protection to hold seminars in the Reserve.

(7) The Reserve needs to promote environmental education among the local communities.

(8) The Reserve may also carry out various wildlife protection activities for the public, such as summer camp for children, bird watch competition, etc.

(9) Through the training needs of the investigation (TNA) and rural participatory rapid assessment method (RRA / PRA), the Reserve needs the decide the content and method of training.

(10) Improve the visibility and image of the Reserve through webpage, conference, seminar, etc.

17.3.9 Innovative Approaches to Encouraging Villages to Protect Biodiversity

The Reserve needs to encourage local residents to participate in biodiversity protection and be confident on their activities. Here are some alternative approaches the administration may consider.

(1) Protection agreement. In the Reserve, a community co-governance organization should be established. The Reserve administration can have an agreement with the organization regarding environmental protection and share of natural resources. While the Reserve administration assists the villagers developing economy, the villagers assists in wildlife protection.

(2) Protection Foundation. To ensure and improve livelihood of the residents in the Reserve, the Reserve administration can establish a protection foundation. The foundation can be managed similar to the microcred-

itsystem in rural banks in Bangladesh. The foundation can provide loan to farmers on their special project. The income from the foundation can be used on community co-governance and biodiversity monitoring activities.

(3) Encourage participative monitoring assessment. The expert's from the Reserve can identify key species and provide trainings to local residents. The local residents monitor these species and assess any change.

(4) Participative Management. When employing staff for the Reserve, the administration should give priority to local villagers. In addition, the Reserve can invite some villagers to serve as volunteers.

Chapter 18 Environmental Management Planning

18.1 Objectives of Environmental Quality

18.1.1 Overall Strategic Objectives

By the year of 2010, existing sources of pollution should be effectively controlled. By the year of 2015, zero emissions from the Reserve should be achieved. By the year of 2020, the residual contaminants should be effectively treated and the environmental quality continues to improve.

18.1.2 Environmental Quality Objective at Different Functional Zones

Please see Table 18-1.

18.2 Planned Approaches

18.2.1 Strict Environmental Accessibility Standard

(1) The Reserve administration should establish strict environmental accessibility standard for the human-nature co-development circle and pass relevant laws through local registration.

(2) Based on pollution source investigation, the Reserve needs to prevent the occurrence of irreversible negative environmental changes.

(3) Heavily polluting companies should be gradually closed down or moved out. The Reserve needs to eventually climate all heavy pollution contributors, especially water pollution.

(4) Newly established companies or projects must meet the environmental accessibility standard of the Reserve.

18.2.2 Improve Environmental Monitoring and Management

(1) The Reserve needs to develop a professional environmental monitoring team to carry out necessary environmental testing. Then the team can collect environmental monitoring data, perform analysis, and recommend effective measures to control environmental pollution.

(2) The Reserve needs to improve the supervision of environmental protection and management and establish clear law enforcement procedures. The current campaign-style law enforcement should be changed to routine and regular law enforcement.

(3) The Reserve needs to study pollution caused by tourism or tourism projects. A specific organization under the Reserve administration should be responsible for managing tourism related pollutions.

(4) The Reserve needs to closely monitor sewage discharge locations and identify the sewage producers. If the pollution of a company exceeds the standard, the company should be notified. If no improvement is made, the Reserve needs to process the sewage and asked the company for compensation, or shut down the company operation.

(5) The Reserve needs to improve the environment of local villages. Centralized new rural communities may be constructed so that the sewage can be processed. For scattered settlements, it is recommended to use household biogas digesters to process sewage. The direct discharge of sewage should be prohibited. Garbage should be separated, collected, and land filled.

18.2.3 Pilot Project on Sewage Charges and Sewage Trading

The Reserve can start to implement sewage charges and sewage trading to collect fund for environmental remedies. The purpose of sewage charges or trading is to encourage companies and individuals to reduce sewage discharge as well as to help maintain the operation of sewage treatment plant and solid waste processing plants.

18.3 Control Water Quality

18.3.1 Principles of Water Quality Control

The water quality objectives of Hengshui Lake should be developed to meet two functions: to protect wetlands and birds habitats, and to provide drinking water sources.

For the two strategic circles in the Reserve, same water quality standard should be applied. However, for the currently heavily polluted Little Lake of the East Lake and the co-development circle, the standard may be relaxed at this moment. In the long term, the same water quality standard should be applied to three strategic circles.

18.3.2 Measures for Water Pollution Treatment

By 2010, the Reserve needs to complete special sewage pipes at severely polluted areas, increase the capacity of urban sewage treatment plants, strictly control non-point source pollution, and reduce COD loading.

By 2015, the Reserve needs to achieve all objectives to meet the functional requirements of water resource. The companies in the surrounding areas that discharge polluted sewage water should be closed and non-point source pollution should be further controlled.

18.3.3 Focus of Water Pollution Treatment

The main threats of water quality are effluent discharge from Jizhou City and cage aquaculture. In order to improve water quality, the following measures should be taken before 2010:

To accelerate the waste water treatment in Jizhou city, particular discharge to Jima Canal and to meet discharge standard at the end of 2010.

To monitor the impacts of cage aquaculture on water quality in the near future and, based on the monitoring results, to limit the scale and density of cage aquaculture. The cage aquaculture should be banned before 2010 to eliminate its impact on eutrophication.

To increase the reuse of treated sewage water. For Hengshui City, the reuse rate should be 80% , while for Jizhou City and Zaoqiang County, the reuse rate should be at least 60% ;

For the residents along the lake, sewage pipes should be built. If the sewage pipes cannot be connected to city sewage, anaerobic septic systems should be equipped.

18.4 Air Quality Control

18.4.1 Objectives of Air Quality Control

(1) By 2010, meet the requirements on protecting rare species of bird and plant populations in the region.

(2) By 2015, emission reduction of major pollutants should be finished; the emission control facilities should be renovated, and the heavily polluting factories should be closed down or relocated.

18.4.2 Measures to Control Air Quality

(1) Reduce the emissions of particle matters and SO_2;

(2) In a short term, more effort should be taken to control emission sources, especially emissions from coal burning and small boilers. The Reserve needs to start the transformation of energy and complete gas supply pipelines by 2010. To reduce particle matters emissions, strict environmental emission regulations should be applied to large boilers, especially to large and medium-sized power plants. In these plants, the dust collection systems should be improved.

(3) Long-term goal. To ban or relocate factories that cause major air pollutions, especially some smelting, casting, chemical plants.

(4) To use more advanced emission control technologies in some factories. To address dust caused by dry climate and transportation, construction activities, green isolation belt should be built in the wind direction.

18.5 Management of Solid Waste

18.5.1 Industrial Solid Waste

(1) The plants in the Reserve needs to reduce solid waste and encourage recycling of waste. Before any plant is closed down or relocated, all industrial solid wastes of the plant should be evaluated and seek for potential reuse. It is expected that all current industrial solid wastes can be processed in the near future.

(2) Industrial waste left in the past should be inventoried tested. Wastes that may be harmful for environment need to be processed or stabilized. Non-hazardous wastes may be used as filling or road construction materials.

18.5.2 Domestic Waste

The domestic waste in the Reserve needs to be treated. A comprehensive solid waste processing system should be established, which include waste collection, waste transportation vehicle, compressing facilities, final disposal facilities, etc. The garbage collection and disposal system should be invested by the government and operated by a professional company.

It is recommended that the Reserve administration needs to consult with Hengshui City government to build a sanitary landfill for the Reserve. The infiltration-prevention and operation standard of the landfill should be improved. If the fund is limited, the landfill may be built in stages; each one may last for 5 years. If is recommended that the service of landfill should include the rural areas. Based on the estimated service population, landfill design capacity should be 1,000 tons/day. Biogas may be reused from the landfill.

18.6 Control of Soil Quality

The following measures should be taken immediately.

(1) The Reserve needs to stop using polluted water for irrigation purpose. All the other factors that may pollute soils need to be strictly controlled.

(2) The Reserve needs to process the deposed historical solid waste and perform Brownfield remediation.

Chapter 19 Landscaping Management and Protection Planning

19.1 Planning Principle

19.1.1 Protection and Sustainable Use

For a special scenic spot, the Reserve needs to first protect it and its surrounding environment. Then, the Reserve can study the features of the attraction as well as its value and use. When dealing with protection and development, the Reserve always needs to adhere to the "protection first" principle. In developing the scenic spots, protection should also be strengthened.

19.1.2 Principle of Zoning

The landscape of the Reserve needs to be divided into different zones; and different management strategies should be applied to these zones. The Reserve needs to identify the scenic spots and tourism sites for the near future. For the undeveloped zones, strict protection should be applied. In planning tourism attractions, some leeway should be left for long-term development.

19.1.3 Principle of Ecological Sustainability

To maintain good ecological environment, the construction of landscape needs to be guided by ecological protection principles. The developed attractions may also benefit ecological protection.

19.1.4 Visual Appearance

The visual characteristics of Hengshui Lake landscape should be centered on its unique ecology, featured with water, conjunct with ancient tomb and ruins from the Han dynasty. The natural and historical landscapes should be effectively integrated. The "visual landscape" principle is to maintain its unique visual characteristics and strengthen its value in uniqueness and mystery. Man-made landscape should be avoided.

19.1.5 Sustainable Development of Local Culture

(1) Respect and Protection. Unique local culture is an important human asset, which gives the tourists a sense of a foreign land. The Reserve needs to preserve some unique traditional cultural characteristics in the Reserve. For example, when renovating historical towns, the old buildings should not be simply demolished. In constructing landscapes, the continuity of both time and space should be considered.

(2) Development and Innovation. The continuity of culture is also a dynamic process. It should be viewed in a particular geographical and historical context. The preservation of culture is not just to simply mimic the old buildings, but to recover the historical cultural elements and creatively mix them with new ones.

19.2 Planning Objectives

19.2.1 Overall Objectives

To preserve and maintain the natural and cultural scenery of the Reserve.

To fully reveal the beauty of natural and cultural scenery by comprehensive renovations and to attract more tourists.

19.2.2 Special Protection Circle

(1) The landscape should show the simple and wide view of the flat plain.

(2) The core protection zone should not have any facilities above the ground, while the buffer zone should only have limited facilities for environmental protection. The facilities should be hidden in the natural landscape

to avoid disturbance to birds.

(3) Restore some natural beach along the lake. The planted vegetation should be similar to the natural community and in line with the principles of landscape ecology.

19.2.3 Human-Nature Co-development Circle

(1) The landscape should continue the simple and wide view of the flat plain and be integrated with the protection zone.

(2) The Reserve needs to keep open the natural lake and use isolation belt made of selected trees at some locations. Urbanization should be avoided along the lake. In addition, ecological bank protection should be used to replace reinforced concrete dam. The tourists should be able to contact with water at certain locations.

(3) Cultural relics should be protected and integrated with the surrounding landscape.

(4) The remaining villages should be renovated and reveal the local characteristics. Some residential house, mud walls, and wood bridges should be protected.

(5) In scenic spots, the man-made landscape should not be exaggerated; instead, it should be integrated with water, wood, and other natural landscape.

(6) In construction, green building products should be selected, which does not cause pollution to the environment.

19.2.4 Strategy Synergic Circle

(1) The city style should be consistent with the natural Reserves. In the adjacent neighborhoods, European-style and modern buildings should be avoided.

(2) The ancient Jizhou culture should be effectively demonstrated.

(3) The high-quality scenic spots outside of the Reserve should be combined with those inside of the Reserve to form a tourism network

(4) Improve the greening of the city and park building.

19.3 Planned Strategies

19.3.1 General Strategies

(1) In the scope of the Reserve, accessibility review of the planned landscape should be performed by the Reserve administration. An expert panel should be formed to review landscape plan. The panel may also make inspection tours and provide advice for the Reserve. Destructive activities on landscape should be prohibited.

(2) The construction activities along the shore of East Lake and both sides of the 106 National Highway should be restricted, to avoid city sprawl from that direction. New buildings and facilities should be prohibited along the shore and in the lake. Some existing structures that are inconsistent with the natural landscape should be dismantled. The priority should be set to control visual pollutions in the core protection zone.

(3) The signs in the Reserve needs to be strictly managed. All the signs should be carefully designed and then reviewed by the administration. The scenic spots should be free of markers and billboards.

19.3.2 Protection of Typical Natural Landscape

(1) The typical landscape of the area is lake and natural plain. The main characteristics of the landscape and its surrounding environment should be protected.

(2) The Reserve needs to add dimensions and complexity of the current landscape and let the landscape develop self-renewal capacity. The multidimensional and diversified landscapes should be used to replace uniform, well-modified, carefully designed ones.

(3) Some sediment profile, geological structure, and soil and vegetation that have study values should be

protected.

(4) The necessary man-made facilities should be compact and consistent with landscape.

(5) Construction should conform to the original contour and environment to minimize destruction to the original landscape. Construction projects should yield to the interest of landscaping protection.

19.3.3 Grading of Landscape in Protection, Restoration, and Development

(1) Level One Control Zone for Landscape. This zone coincides with the special protection circle. In this zone, all the construction activities should not be allowed except for wetland restoration projects.

(2) Level Two Control Zone for Landscape. This zone includes all water body used for eco-tourism, the flood land of Fuyang New River and the pasture on the north side of the area, the levee of Fudong Drainage River, west of National Highway 106, 200 meters along the old course of the Salt River, ecological isolation zone near Jizhou, villages in the middle embankment, bird-watching areas in the West Bank of the West Lake. This region is primarily used for wetland eco-tourism activities. The intensity of development in this region should be controlled. Except for a small number of planned eco-tourism facilities and water resources facilities, all the other facilities should be prohibited. The planned plot ratio should be less than 0.01. All the constructed facilities must be in harmony with the natural environment. The villages of wetlands should maintain the rustic countryside style and 50 to 200 meters wide of trees should be planted along the villages. The external walls of buildings in the Reserve may leave spaces for birds making nests. A variety of bird nests may also be set in the woods.

(3) Level Three Control Zone for Landscape. The zone include the Wetland Ecology Theme Park, the area between the east of National Highway 106 and the old course of Salt River, culture center of Jizhou lakeshore, wetland resort, wetland economic experimental zone, and Houdian Village Folk Culture area. In this region, appropriate development is allowed, but it is necessary to minimize negative impacts on the ecology and environment. Some cultural landscapes with strong local characteristics and natural taste may be constructed. The plot ratio should be less than 0.05. Different scenic spots should be coordinated and integrated into a network.

(4) Village Scene Control Zone. The area is located around the Reserve and one kilometer east of the Salt River. Some hotels for eco-tourists may be constructed. The plot ratio should be less than 0.1.

(5) Urban green space. This includes greenbelts along the roads, park, and city square Greenfield. Some infrastructure and public facilities may be constructed, with the plot ratio less than 0.1

(6) Low density development zone. The rules of accessibility should be strictly enforced to exclude projects that may cause pollution. The plot ratio is less than 0.3.

(7) Medium density redevelopment zone. The area is primarily used to accommodate ecological resettlements and folk culture villages. The plot ratio is less than 0.5.

19.3.4 Protection of Historical and Cultural Heritage

(1) Protected Objects: The protected objects should reveal the unique cultural elements and history of the area. The objects may include some residential areas, villages, country buildings, towns, relics, ancient trees etc.

(2) The historical cultural relics and buildings as well as their surrounding environment should be protected. The relics should also be divided into different grade for protection purpose.

①Spots with Cultural Relics. This includes the relics of Wugong Channel, Font Tomb, Rear Tomb, Jizhou Ancient Han City Wall, etc. The protected objects include both registered and unregistered spots. In addition, the environment of the relics should be protected and some damaged relics may be repaired.

②Core Control Zone. Fifty meters around the cultural relics should be defined as the control zone. Within the zone, the original facilities and natural environment should be protected, but the inconsistent facilities may be removed. The landscape of the area should be improved, in order to bring out the cultural heritage. Except for necessary reinforcement facilities, new construction should be avoided.

③Landscape Coordination Zone. Five hundred meters within the relics, the buildings should be coordinated with the structure styles in the Core Control Zone.

19.3.5 Protection of Cultural Landscape along the Jizhou Old Neighborhood

(1)The old neighborhood of Jizhou City may also be graded and then different protection measures may be taken.

①For neighborhood with greater protection values, the whole neighborhood should be protected.

②For neighborhood with certain protection values but dilapidated, some coordinated renovation may be performed.

③For neighborhood without protection values, it should be demolished and the land should be reused.

④Control zone should be established around the historical neighborhood. The zone should be planned according the cultural background of the Jizhou city. The plot ratio of jizhou old neighborhood should be less than 0.5.

(2)The cultural diversity should also be identified and protected.

19.3.6 Protection of Cultural Landscape of Small Towns

(1)The surrounding towns of the Reserve should be designed according to local cultural traditions. Certain planning requirements should be carried out in the area of protection and renovation, height control, space control, etc.

(2)The town should also be divided into core protection zone, unique cultural landscape zone, and coordination zone. Five measures should be applied to different types of buildings: preserve, protection, temporarily stay, decoration, and renovation.

(3)In designing the overall landscape of Hengshui and Jizhou City, certain measures may be taken to facility air flow from Hengshui lake to the cities.

19.3.7 Renovation of Village Landscape

(1)The original layout of the villages may be used as a template to preserve its original cultural characteristics. However, the service facilities may be improved.

(2)The villages need to maintain their local cultures and traditions in their development.

(3)Certain villages and buildings that are inconsistent with the landscape of Hengshui Lake wetland need to be renovated or demolished. A number of model village houses may be constructed, with improved sanitary facilities. These houses may be used for reception purpose by villagers. Based on geographical conditions, 50 to 200 meters of isolation tree belt may be planted along the villages, so that they are hidden in trees and do not affect the natural landscape.

Chapter 20 Green Industry Development Planning

20.1 The Need and Feasibility of Developing Green Industries in the Reserve

20.1.1 Green Industries Agree with the Mission of the Reserve

Green industries assist the sustainable development of a country. At present, the green industry is defined as industries related to environmental protection. In a broader sense, it includes all environment-friendly industries.

In China, the concept of green industry appeared in the early 1990s. There are different definitions on green industries. In general, it is agreed that green industries include pollution-free agriculture, a series of activities for pollution prevention, environmental protection, and nature resource protection.

For the Hengshui Lake Reserve, in order to realize its mission, it has to solve poverty in the community and change unsustainable economic development pattern. The development of green industry will help the Reserve realize this mission. The green industries will assist the Reserve in restructuring and upgrading its current industry and become a new leading force for economic development.

20.1.2 Opportunities of Developing Green Industry

There are good historical opportunities for the Reserve to develop green industries.

(1) First, the implementation of the "scientific development" concept in China has brought opportunities for Hengshui. In order to implement concept, the national policies have been tilted toward the green industry, energy conservation, environmental protection and recycling. The green industries in Hengshui will likely benefit from such policies.

(2) As the overall economy in China develops, so does the people's living standard and environmental awareness. Consumers in China are more and more in favor of "green" products. Therefore, the green industry has great development potential and market demands.

20.1.3 The Solid Foundation for the Reserve to Develop Green Industry

The Reserve already has a good foundation to develop green industry.

(1) The Hengshui Lake area has an early start in "green" culture. Since the establishment of the Reserve, the Reserve has tries to improve the environmental awareness of the local residents. At present, the concept of sustainable development has been widely accepted. Many residents are involved in bird and environment protection. This has laid a good foundation for the development of the green industries.

(2) Hengshui lake provides resources for the development of green industries. Hengshui Lake is a rare large size lake in the arid North China Plain. It also has abundant wildlife and plant resources, which make it in an advantageous position in developing ecotourism.

The Reserve contains many diverse types of wetlands, which yield high biological productivity. The biological resources can be used in many different ways, such as in grain, meat, medicine, and raw materials for industry.

Wetland is one of three major ecosystems on earth. The Hengshui Lake Nature Reserve will be a good place for long-term scientific research, testing, monitoring and education. Therefore, the resources in the Reserve also provide a good precondition to develop green industries.

20.1.4 Challenges of Developing Green Industries

The three challenges to develop green industries in the Reserve are capital investment, technology, and talents. However, these challenges are not insurmountable.

(1) Capital investment. This is the first issue in development. Because of strong government support, the Reserve is able to raise start-up funds for development, which had been approved by the initial development in eco-tourism.

(2) Technology. Green industries often have some high technological contents, but they are not equivalent to the high-tech industries. There are different levels of green industries, some of which may not be very demanding. In addition, the Reserve can also promote industrial upgrading.

(3) Talents. In general, the Reserve still lacks of a workforce with high education background. However, the Reserve administration has employed some talented people with advanced degrees. It also has close collaboration with top universities, NGO, and other international organizations, which will help it receive external expertise. In summary, the Reserve has good opportunities and preconditions to develop green industries, which are also necessary for the sustainable development of the Reserve.

20.2 General Strategies of Developing Green Industries

(1) The Reserve needs to use green industries as the leading industries for its economical development.

(2) Through the development of green industries, the Reserve needs to vigorously push forward industrial restructuring and upgrading. At present, the proportion of the first industry is too high, while the secondary industry has relatively low quality and the third industry is underdeveloped. The strategy is to cautiously reduce the proportion of the first industry, promote the upgrade of the second industry, and encourage the development of the third industry. At the same time, all the industries should embrace the "green" concept by improving the efficiency of resource utilization and reducing the negative environmental impact.

(3) The Reserve needs to enhance the visibility of the Hengshui Lake, since it is the greatest intangible asset for the region. Other products may be centered on the hallmark of the lake and gain competitive advantages.

20.3 Development Strategies for Green Industries

20.3.1 Ecotourism

Ecotourism is the first choice for green industries.

20.3.1.1 Introduction to Ecotourism.

Ecotourism is an advanced form of tourism. It consists of many elements such as education, sustainable development, tourism, and moral requirement. The development of ecotourism has two advantages: First, it can fully utilize the ecological resource, historical and cultural resource, and natural scenic resource to develop economy and improve the living conditions of the local residents. Secondly, it will generate income for culture preservation, facility upgrade, and environmental education.

Ecotourism requires the harmonious coexistence between environment and human; therefore, it has more restrictions than the ordinary tourism spots. However, the eco-tourism has less negative impacts on the natural environment, which is in line with the mission of the Reserve. At present, many nature Reserves, scenic areas, heritage areas are taking the eco-tourism approach to building rural communities.

20.3.1.2 The Eco-tourism Models of Hengshui Lake

There are many forms of eco-tourism, but most of forms can be categorized into two categories: those depending on large cities and those depending on scenic attractions. The rural villages for these two different types of eco-tourism are also built differently.

In the Hengshui Lake Reserve, the ecotourism is a combination of the two types. The villages around the lake can use the city-dependent type of ecotourism, while the scenic spots in the Reserve can use the scenery-dependent type.

20.3.1.3 Ecotourism Development Approaches

(1) Development Principles

- The Reserve needs to set priority on ecological and resource protection.
- The Reserve needs to emphasize on public education and promote local culture.
- The Reserve needs to optimize industrial structure and improve infrastructure.
- The Reserve needs to control the impact of development and improve service level.

(2) The Reserve needs to carefully plan the ecotourism activities. The Reserve needs to set a limit on the initial developed sites for tourists and keep some areas undeveloped, so that the utilization of resource follows an appropriate space and time sequence. In addition, the Reserved space and projects leave sample room for future sustainable development.

(3) Principles of Ecotourism Site and Project Selection

①The ecotourism only takes place at the co-development circle and should not affect wetland ecology and rare species.

②The place should have convenient transportation, abundant scenic resource, low demand on investment, and low impact on environment.

③The place should be convenient for scientific public education, investigation, and publicity.

④The tourism program should meet the requirements on environmental quality of the Reserve. Any program that may affect water quality or pollute the habitats should be prohibited.

⑤The ecotourism projects should be combined with supporting environmental protection facilities.

(4) The public scientific education should be emphasized in ecotourism. Through the education, the tourists may be attracted into environmental protection activities.

(5) In market development, the Reserve needs to focus on public education and environment protection training. The major sources of tourists should be Beijing, Tianijn, Shijiazhuang, and other large cities.

(6) The Reserve needs to establish an appropriate benefit allocation system and limit development under the ecological capacity. The serve needs to create employee opportunities for local residents in ecological protection, public education, ecotourism service, etc.

(7) The Reserve needs to control the number of tourists and insist on low capacity and how quality. The Reserve needs to monitor the number and directions of tourists to adjust strategies.

Table 20-1 is the estimated maximum tourist numbers based on ecological capacity. The pollution caused by tourism is the main consideration. Therefore, if the capacity development projects are completed, such as sewage pipe, waste sorting and collection, etc., the number of tourists can be increased.

Table 20-1 Tourism Capacity

PLANNING PERIOD	SENSITIVE ZONE (PERSONS)			ALLRESERVE (PERSONS)	ANNUAL AVERAGE	TOTAL
	Middle dike	East Lake	little Lake			
2009-Capacity Expansion	400	2000		5000	2000	60
After Capacity Expansion	1800	2000	6000	16000	5000	150

20.3.2 Organic Agriculture

20.3.2.1 The Concept of Organic Agriculture

Agriculture is the leading industry in the Reserve. Therefore, the development of organic agriculture is a necessary way to for both environmental protection and increasing villager's income.

Based on definition from the Organic Food Association of China, organic agriculture refers to no pesticide or chemical fertilizer is used in the production process and the products meet the organic food standards.

The development of organic agriculture should meet several conditions. First, the natural environment is beneficial for organic agriculture. Secondly, the environmental pollution is effectively controlled so that the food is from a clean source. Thirdly, during the production process, no pesticide or chemical fertilizer is used and the irrigation should also be free from pollution. In addition, the food production process should be subject to strict quality control. At last, the green products must be certified.

Since more and more consumers are concerned about food safety, they are willing to pay higher price on organic food. Therefore, organic food may generate higher returns.

20.3.2.2 The Necessity and Feasibility of Developing Organic Agriculture in Hengshui Lake Rural Areas

The traditional agricultural production in Hengshui Lake area has caused many problems. First, pesticide, chemical fertilizer, plastic have been used extensively, which cause serious pollution on soil and agricultural products. It is estimated that 60% to 70% of the chemical fertilizers have not been used effectively and been released the environment, 80% to 90% of the pesticide was released in soil, water, or the air. In addition, it is uncommon to use waste water for irrigation. As a result, both the agricultural products and the fields are polluted; and the yield also declines. To take the road of sustainable development, these issues must be addressed systematically.

20.3.2.3 Strategies to Develop Green Agriculture

(1) General Approaches.

①reduce traditional agricultural production and develop eco-agriculture, organic agriculture and pollution-free agriculture;

②promote agricultural tourism, agriculture for hobby, and other agricultural production activities that are related to eco-tourism;

③develop forestry and improve the forest coverage;

④Develop wetland resource related industries, such as the use of reed, lotus, Chinese herb, etc.

⑤Strengthen the leading enterprises that organize farmers' production. If conditions are mature, land should be allowed to exchange.

(2) Adjustment of Agricultural Production. The use of chemical fertilizers and pesticides causes negative environmental impact. If the industry switches to organic fertilizers and pesticides, the negative environmental impact can mitigated. In addition, the agricultural products can be adjusted to partially provide food for protected birds. The detailed recommendations include:

①The Reserve needs to compression the total acreage of agricultural land. Some agricultural land can be used as bird feeding bases and plant the crops like wheat, corn, and others. The cultivated crops can be further enriched and optimized, including other crops such as rice, sorghum, peanuts, soybeans and so on. Particularly, rice should be given special attention. As an aquatic plant, it does not complete with wetland restoration. The current super hybrid rice research in China has made high-yield rice possible. In addition, rice, reed, and fish are a good combination to develop circular economy.

②The Reserve needs to stop using chemical fertilizers and starts to use organic fertilizers. Agricultural technology needs to be applied to help farmers improve the production.

(3) Adjustment to Cotton Production. Since cotton cultivation requires a higher amount of pesticides, it causes bigger negative impact on the environment. In addition, according to the state's cotton production plan, cotton cultivation area in Hebei Province should be compressed.

Therefore, it is recommended to adjust the cotton production land to other use.

(4) Adjustment to Edible Fungi, Vegetable, and Fruit Production. The edible fungi, vegetable, and fruit production are mainly targeted at urban consumers. Comparing with the normal grain and cash crops, they are more subject to market demand and price fluctuations, but they also have the opportunity of gaining higher profits for the farmers.

Such industries should be adjusted to reduce the use of pesticide, chemical fertilizers, and improve efficiency.

(5) Adjustment to Flower Nursery Industry. Flower nursery not only has a good market prospect, it also helps beautify the landscape. It is recommended the plant area should be increased.

In addition, it is recommended that the Reserve further develops and promotes aquatic plant nursery. Industrial experts need to be introduced in this area.

(6) Adjustment to Fishery. If developed properly, the fishery industry will contribute to the wetland ecosystems and the related economic development. On the other hand, if not properly regulated, over-fishing, high-density fish farming, and other activities will bring negative environmental impacts. The recommended measures include:

①Within the main water body of the Hengshui Lake, a franchised company can be formed to perform fishery production. The villagers can hold stakes in the company.

②Cage aquaculture should be banned in the main water body. In choosing fish species, preference should be given to plant-eating species.

③In the small water bodies that connect to the main water body, both the franchised and individuals are allowed to operate. However, high density aquaculture should not be allowed.

④In the small water bodies not connected to the main water body, high density aquaculture is allowed. It recommended that bios wale retention ponds be built next to fishing pond to purify the water.

(7) Adjustment to Livestock and Poultry Industries. Similar to the fishery industry, if controlled properly, the livestock and poultry industries does not contradict to environmental protection. The negative impacts of the livestock and poultry industries include disruption to grassland and pollutions from animal waste. It is recommended the following measures to be taken:

①Raising livestock and poultry by free range should be changed to captive raise. This can assist in centralized processing of animal wastes. It can also reduce their damages to the natural vegetation.

②The animal wastes should be used as organic fertilizer or be used to make biogas.

③Combined with returning land to forest and grassland, the Reserve can develop forage industry. However, the types of grass should be carefully chosen.

(8) Strategy for Forestry. At present, the forest coverage is still too low in the Reserve. Vigorous effort should be taken for afforestation. However, in afforestation, attention should be paid to the restoration of the original forest and its natural self-renewal capacity. The combination of trees, shrubs, grass and other vegetation should be carefully planned.

It is recommended that forestry should be combined with vegetation restoration of the Reserve. Different policies should be made for different protection circles.

①The Special Protection Circle. The restoration of vegetation should be properly planned. After the completion of afforestation, the Reserve owns the trees and will not use them for economical purpose.

②The Co-development Circle. The forestry production should be under the direction of the overall planning of Reserve. It is recommended afforestation to be linked with economic benefits.

• In the short term, the objective is to improve the forest coverage to meet the needs of eco-tourism. Along the lake shore and in the scenic spots, the planted trees should primarily serve for ecotourism and ecological protection. In other areas, fast-growing trees and fruit trees may be planted. The Reserve should also encourage villages to plant trees in various vacant places. The Reserve should encourage close cooperation between wood product companies and villagers.

• In the long term, the objective is to maintain and improve ecological quality.

(9) Reed Industry Development Strategy. The soil in the Hengshui Lake Wetland soil shows different degrees of salinity, which is detrimental to regular crops. However, it is the appropriate growing environment for reed. In addition, reed not only has a strong capacity in biological decontamination, it also has a higher economic value. Therefore, reed related industries should be promoted.

The reed development strategy is shown in Chapter 17, section 3.6.2.

(10) Development Strategies for Other Wetland Industries. Besides fishery and reed, there are other valuable wetland resources that can be used. The detailed discussion can be seen in Chapter 17, section 17.3.6.3.

20.3.3 Circular Economy in Rural Areas

20.3.3.1 The Concept of Circular Economy

Circular economy is a new concept of economic development aiming to solve the constraints of natural resources and environmental challenges. The economic development model is essentially an ecological economy, which requires the use of ecology theory to guide the human society and economic activities. It is significantly different than the traditional economic development model. In the traditional economy development, the process is "resources-products-pollution discharges," characterized by high production and high wastes and pollution. The circular economy requires the production process follows "resources-products-renewable resources," The by-products in the production process are effectively used.

The concept of circular economy cannot only be used to upgrade manufacturing industries, but also be employed in traditional agricultural industry.

20.3.3.2 Models of Developing Circular Economy in Hengshui Lake

(1) The Use of Biogas. The use of biogas is a common practice in many rural areas in China. Biogas refers to the use of human and animal wastes, plant waste, kitchen garbage, etc, in methane-generating pits to generate gas for energy. The residuals from biogas generation can be used for other agricultural purposes.

There are two approaches to using biogas—direct use and generating electricity. For rural villages, an $8m^3$ biogas pit can generate 400 m^3 biogas annually, which satisfy 90% fuel demand for a family with 3 ~ 5 people. The saved energy cost can be more than 1000 yuan.

(2) Wetland positive agricultural complex ecosystems. Wetlands have very high biological productivity and rich biodiversity, which can be used in the circular economy. For example, there have been successful cases in wetland circular economy model such as the composition of "rice, reed, and fish," "rice, lotus, and fish," and "economic aquatic plants, fish, and livestock."

20.3.3.3 Strategies of Developing Circular Economy

(1) Basic Strategy: The circular economy should be based on biogas and efficient use of wetland resources.

(2) Some Preliminary Ideas of Circular Economy

①Based on the demands of processing aquatic plants in Hengshui Lake and organic solid wastes and agricultural productions from the surrounding rural communities, a biogas electricity plant may be built.

②The Reserve may harvest aquatic plants periodically to provide fuel for the biogas electricity plant.

③The domestic waste water may be introduced into the bioreactor.

④The biogas electricity plant provides clean energy for local communities.

⑤The residuals from bioreactor can be used to cultivate edible fungi.

⑥The compository wetland ecosystems such as "rice, reed, fish" and "rice, lotus, fish" may be constructed.

20.3.4 Development Strategies for the Second Industry

20.3.4.1 Basic Strategies

In the Reserve, the GDP of the manufacturing industry accounts for 37%, which are primarily contributed by small manufacturers with poor environmental records. These manufacturers need to be adjusted based on the development strategy of the Reserve.

(1) The Reserve needs to develop industries that are related to the use of Hengshui Lake wetland resources and have low negative environmental impact, such as green manufacturing, green building materials industry, the biotechnology industry, etc.

(2) The Reserve needs to develop industries that are able to export services out of the region, such as landscaping and gardening in the construction industry;

(3) The Reserve needs to ban brick-making industry, relocate of the heating foundry industry as a whole, and restrict the development of rubber chemical industry.

20.3.4.2 Approaches to Industrial Restructuring

(1) Green processing industry. The Reserve needs to foster the development of industries such as vegetable processing, feed processing, handicrafts and tourism souvenirs. Such industries are natural extensions of the eco-agriculture and eco-tourism industries.

(2) Landscaping and Gardening Construction. This is a booming industry. The Reserve can take advantage of the ecological resources in Hengshui Lake, technical expertise in agriculture and forestry, abundant labor, and superior location to found unique landscaping and gardening construction companies. The company can take project in nearby large cities like Beijing, Tianjin, and Shijizhuang.

(4) Green Building Products. Straw, reeds, and other fiber-rich vegetation can be used to make green building products. There are already some wood board manufacturers in the region. The Reserve administration can promote the development of such companies and help them improve production process by using more raw materials grown in the Reserve. Traditional clay brick manufacturing industry should be banned.

(5) High-tech companies that use wetland resources, such as pharmaceutical, biotechnology and other industries.

(6) Heating Equipment Casting Industry. The industry has strong negative impacts on environment. Therefore, it needs to be moved out from the Reserve as a whole. It is recommended that the plants should be relocated special industrial zones. Environmental remedies can be performed on the left brown field, which may be converted to tourism facilities.

(7) Rubber Chemical Industry. At present, the serious polluters from the rubber chemical industry have been relocated. There are only left some small rubber pressure-formation plants. However, the waste water, emissions, and waste slag still have some negative environmental impact. The Reserve should continue to encourage the voluntary relocation of these companies. For those do not move out of the Reserve, the Reserve administration needs to help control pollution and build isolation greenbelt around them.

20.3.5 Development of the Third Industry

(1) Ecotourism. Please see the detailed discussion in Chapter 19, section 3.1.

(2) The Reserve needs to build small eco-friendly small cities and towns to make population more concentrated. This provides conditions for the development of the third industry.

(3) the Reserve needs to actively join the regional coordination and build some markets with tourism values, such as fisheries and aquatic products market, tourism souvenirs, etc. As the Hengshui already has a good foundation in tourism souvenir market, it should take advantage of the Hengshui Lake Wetland to expand its market.

(4) The Reserve needs to encourage the development of rural financial industry.

①Farmers can work together to establish a mutual fund agency: The fund is owned by farmers and operated by farmers. The government may also participate as a shareholder.

②Village and Township Bank. Based on the "Provisional Regulations on the Management of Bank in Towns and Villages" from the Banking Regulatory Commission of China, town level rural bank only needs 1,000,000 yuan of registered capital, while the county level rural bank only needs 3,000,000 yuan of registered capital. Some villagers have the financial capacity but they need profession management assistance form the government.

③Loan Company. Based on the "Provisional Regulations on Loan Companies", from the Banking Regulatory Commission of China, the loan company needs to have capital of 5 billion yuan, but the registered capital is only half million. Therefore, if supported by large enterprises, loan companies can be formed.

④The current network of commercial banks can be extended.

⑤Rural Credit Guarantee. In order to promote the support the above-mentioned financial institutions, the Reserve may consider to found a surety company.

⑥Rural insurance. The Reserve can attract some specialized rural insurance providers.

Chapter 21 Planning for Community Development of the Reserve

21.1 Guiding Principle

The ultimate beneficiary of the Hengshui Lake wetland protection is the human society. The protection effort will not be successful without the understanding and cooperation of the local residents. The local residents will play their role and carry out their duties only after their interests are protected. Therefore, the success of the local community development is the key to ensure the success of environmental conservation in the special protection circle and codevelopment circle. The following guidance principles should be adopted in developing eco-friendly communities.

(1) Principle of development. Due to the high populating density around Hengshui Lake, the area faces high development pressure. The development of the community should be combined with environment conservation of the Reserve.

(2) Principle of respecting rights of local residents. The local residents are the owner of the Reserve. Their interest should be adequately protected.

(3) Principle of sustainability. Through proper guidance and planning, the Reserve needs to establish a "sustainable community economic development model and the corresponding green ecological civilization."

(4) Principle of catching opportunities. The Reserve needs to catch the opportunities of the current building "well-off society" policies as well as the building the "new countryside" policies in China to develop a sustainable community.

(5) Principle of regional integration. The community-building strategy should be coordinated with planning of the Strategic Synergic Circle. Particularly, the Reserve needs to encourage urban residents to support the construction of eco-community in the Co-development Circle.

21.2 Strategic Goals

21.2.1 Description of Goals

21.2.1.1 Overall Goals

The neighboring communities of the Hengshui Lake Nature Reserve will be built into civilized, prosperous, harmonious eco-communities whose seniors are well cared and ecological environment is well protected.

21.2.1.2 Short Term Objectives (2009 ~ 2015)

(1) The Reserve will complete an "experimental eco-friendly neighborhood", i. e., the "Wetland New Town." The Reserve will promote relocation from rural areas to urban areas.

(2) The Reserve will carry out comprehensive improvement of environment of the communities and starts to establish the "sustainable community economic development model and the corresponding green ecological civilization."

(3) The Reserve will develop eco-tourism and alternative industries to help economic development of the local communities.

(4) The social welfare system should be improved for seniors and people in poverty.

(5) An appropriate community administration system should be established.

21.2.1.3 Long Term Objectives

(1) The "Wetland New Town" will be developed as a top eco-town in China and a tourist attraction.

(2) The education level of the local residents is significantly improved. The majority of the population should at least have finished middle school.

(3) The population pressure should be solved.

(4) The social welfare should cover all the local residents.

21.2.2 Assessment of Development Stages

The development of the surrounding communities can be assessed based on the following development stages:

- No destruction on natural environment, no development;
- More destruction on natural environment, initial development;
- Less destruction on natural environment, development
- Environmental protection and development are coordinated.

The Hengshui Lake Reserve and its surrounding communities have completed the first two stages and start to enter the third stage. The next objective is the fourth stage, i. e., sustainable development.

21.3 Overall Objectives

21.3.1 Urbanization

The big pressure on sustainable development is high population density. There are two approaches to reducing population density. First, the Reserve can encourage relocation of residents to surrounding cities. Secondly, the Reserve can develop its own small towns, by increasing population density in some areas to reduce the density in other large areas. For example, the "wetland New Town" can be built to concentrate population.

21.3.2 Improvement of Community Living Environment

The improvements lie in two areas. The first one is to create a beautiful and eco-friendly community living environment through the construction of "Wetland New Town." The second one is, through the comprehensive improvement of the retained villages, the living environment can be fundamentally improved.

21.3.3 Strategies for Social Security and Employment Improvement

Through the establishment of a sound social security system in rural areas and promoting community employment, the Reserve needs to eliminate poverty and factors adversely impacting environment protection. The living standards of residents in the community should be protected.

21.3.4 Strategy to Develop Community Culture and Political Civilization

Community construction involves the residents' interests. The whole process should be fair and just, which should be ensured by a sound political system. Therefore, the development of political civilization is also very important.

21.4 Wetland New Town

21.4.1 Background of the Wetland New Town

The concept of the project is originated from the following considerations:

(1) Ecological resettlement demand. According to the "Hengshui Lake National Nature Reserve Master Plan 2004 ~ 2020", the restoration of the West Lake will have to relocate 20,000 residents.

(2) Education demand. The investigation performed by the researchers found that dropout primarily takes place in the secondary school and the main reason is because the school is far away from home and costly. Typi-

cally, a school with 1,000 students should serve 15,000 to 20,000 people. A community with 20,000 residents is ideal for a secondary school.

(3) Improvement of land use efficiency. Currently, lands in the Reserve are scatterly dispersed. There lacks of adequate rural infrastructure and public facilities. The efficiency of land used for construction is very low. If the community can be built, the usage efficiency of the existing lands can be greatly improved.

(4) Industrial adjustment demand. The restructuring of the second industry and the development of the third industry require a concentrated population. In addition, the construction and operation of the community create job opportunities. It is also beneficial to control industrial pollutions and household pollutions.

21.4.2 Principles of Wetland New Town Construction

(1) Proper planning and step-by-step implementation.

(2) Setting priority to ecological and environmental protection.

(3) Efficient use of land and other resources.

(4) The industries should be complementary, circular, and coordinated.

(5) Comprehensive development in ecology, economy, society, and culture.

21.4.3 Preliminary Concept of Wetland New Town Construction

(1) Project Definition. The project is used to accommodate wetland ecological resettlement and to promote rural development. A full range of community public service system will be established. The project will also service the purpose of ecotourism and tourist centers.

(2) Project Location. It is recommended that the project to be located in the northeast corner of the co-development circle. The location is near the access of National Highway 106. It is at the lower stream of the Hengshui Lake; therefore, its potential negative impacts may be reduced. It is also located in the center of golden triangle Dongcheng District, Jizhou City, and Zaoqiang County, which may help its strategic development.

(3) Size of the Project. The project will be designed to accommodate 30 to 50 thousand people, which include 20 thousand from ecological resettlement, 10 thousand from other villages through land exchange. The project also Reserves space for another 20 thousand people in the future.

(4) Ecological Consideration. The project will use ecological space layout and ecological elements to meet the ecological requirements of the region. The "urban forest" and "Unit eco-community" will be used to create its environment-friendly landscape.

(5) Environmental Protection. The project will use innovative technologies in green buildings to make it more environmentally friendly.

(6) Space Layout of the Project. The layout of the project considers an optimum composition of living communities, eco-tourism facility, and green industries. The secondary industry should be grouped together to facilitate environmental quality control.

(7) Development of Community Culture. Through cultural development, self-government, and resident participating, the sense of belonging of the residents will be enhanced. Various other activities will also be carried out to improve the community.

(8) Introduction of Talents. The project can reserve some houses to attract talents to work for the Reserve.

(9) Staged Implementation. The project can first be experimented on the 8 villages directly administered by the Reserve. Then it can attract villages east of the National Highway 106 through land exchange. The ecological resettlement should be completed before the South-North Water Diversion Project.

21.5 Comprehensive Improvement of Villages

21.5.1 The purpose of Comprehensive Improvement

The purpose of comprehensive improvement is not only to meet the requirements of the "new countryside" policy in China, it can also mitigate the negative environmental impacts of human activities.

21.5.2 The Choice of Comprehensive Improvement Model

Based on the "Hengshui Lake National Nature Reserve Master Plan 2004 – 2020", villages that do not have to be resettled should be comprehensively improved in environment. The following approaches can be used for comprehensively environment improvement.

(1) Villages to accommodate eco-tourism. This model applies to villages with convenient transportation and unique characteristics for accommodating tourists.

(2) Villages characterized with strong green industries. This model applies to villages that already have some industries which are consistent with the Reserve's environmental protection policy.

(3) Land Exchange. These villages do not have good conditions for green industries or ecotourism. In these villages, there are not so many residents left. The residents should be moved to the New Town through land exchange.

21.5.3 Principles of Comprehensive Improvement of Villages

The following principles should be applied when performing comprehensive improvement of villages:

(1) Before improvement, the village should be carefully planned.

(2) The improvement should consider all the dimensions of social development, such as economy, culture, democracy, etc.

(3) The improvement should be based on the villagers' voluntary participation. If the villagers do not want the projects, they cannot be forced to promote. If some villagers cannot temporarily accept the planned improvement, pilot projects may be first started.

(4) The comprehensive improvement should fit local conditions. The development should be based on special needs and characteristics of rural areas, instead of copying models of urban construction.

(5) The improvement should balance between different competing goals.

(6) The improvement should encourage the use of eco-friendly technologies.

(7) The improvement should preserve the local historical and cultural sites.

21.5.4 Content of Village Comprehensive Improvement

21.5.4.1 Construction of Public Facilities

Based on the investigation, it was determined that the following public facilities should be constructed:

(1) Based on the current conditions of the villages, some public service facilities should be constructed, such as education and medical facilities, village and cultural activities room, reading room, public restroom, and so on.

(2) Internet service in the rural area and a village culture center over the next few years.

(3) Centralized storage place for the villages

(4) Solid waste collection station.

(5) Water pipelines for potable water and for sewage

(6) Paved road.

21.5.4.2 Residential Housing

Housing in the rural area should consider various requirements in safety, economy, aesthetics, sanitation, energy-saving, etc. The whole village should be planed as a whole, while different design may be applied to individual houses. The residential housing should be planned and built according to the following principles:

(1) Housing should meet planning requirement.

(2) The old houses should be assessed for safety. Unsafe houses without historical values should be demolished and the residents inside need to be relocated.

(3) Some old houses having protection values should be strengthened.

(4) Clean and sanitary toilets should be installed and livestock should be separated from residential house.

(5) New houses should adopt green building products and energy saving facilities.

21.5.4.3 Improvement on Drainage Facilities

(1) Water supply. Based on the availability of water resources, high quality and reliable water should be supplied from various wells.

(2) Drainage. Waste water should be collected through an integrated drainage system and processed.

(3) Storm water. Storm water should be separated from sewage and be stored in a cistern for possible use.

21.5.4.4 Improvement on Electricity and Communication Facilities

(1) Based on the planned usage of electricity and telecommunication, the power lines and cable lines, electric poles, transformer stations, transmission towers and other related facilities need to be reviewed and redesigned.

(2) The energy should be switched to clean energy source such as biogas

21.5.4.5 Improvement on Environment and Sanitation

The following measures should be taken to improve village environment and sanitation:

(1) Based on the quantity of solid domestic and industrial waste, waste collection points and transfer stations should be built.

(2) The traditional restroom should be modified and redesigned.

(3) Livestock should be separated from human dwellings.

(4) Some waste pits and ponds may be transformed for alternative use.

21.5.4.6 Improvement on Village Landscape

(1) The Reserve needs to make regulations on landscape protection as well as the appearance and facility standards of village houses.

(2) The villages should expand their green spaces, especially along the roads, around ponds, around houses, etc. The selected plants should be careful planned.

(3) Based on actual conditions of various public facilities, renovation may be applied to improve its appearance.

21.6 Transportation Planning

21.6.1 Principle

The transportation planning should be based on the following principles:

(1) Road layout and traffic management should consider the requirement of ecological protection and landscape. The transportation system should make it convenient to access to the Reserve, but it should avoid disturbance to protected environment.

(2) The transportation system should be convenient for local communities.

(3) In constructing roads, sustainable construction practices should be used.

21.6.2 Division of Zones

(1) The special protection circle is the level one environment sensitive zone. Except for a small number of roads for patrolling purpose, new roads will not be built.

(2) The wetland villages in the middle dike is the level two sensitive zone. The number of people entering the place should be controlled. Except for specially vehicles from the Reserve, other vehicles are not allowed.

(3) Specially permitted cars and electric cars should be used in eco-tourism zones.

21.6.3 Road Planning for Motor Vehicles

The planned new roads for motor vehicles are 28 kilometers, which include 26.7 km in the co-development circle and 1.3 km in the experimental circle. In planning these roads, effort had been taken to avoid environmentally sensitive areas.

Along the roads, an isolation tree belt ranging from 50 to 500 meters wide should be planted, to absorb noise and exhaust pollution as well as to protect the landscape. Of different grades roads, isolation belts may be built in different width. For example, it may be 500 meters along the national highway, 300 meters along the first grade road, 200 meters along the second grade road, 100 meters along the third grade road, 50 meters long the fourth grade, 10 meters long the country road.

21.6.4 Transportation Planning for Non-motor Vehicles and Pedestrians.

The Reserve needs to encourage the use of non-motorized transportation, including walking, cycling, and animal transportation, to reduce motor vehicle emissions and noise pollutions.

21.6.5 Water Transportation Planning

All the water transpiration routes are planned in the experimental zone of the East Lake. Water transportation is prohibited in the West Lake, since it will be used as a water supply source.

21.7 Social Security System Planning

At present, the social security system in the rural areas of Hengshui Lake needs to be improved. A sound social security system in rural areas should include the four major sub-systems:

1. Relief system for vulnerable residents;
2. Social insurance system for rural workers;
3. Welfare system for villagers;
4. Special care system for veterans and their families.

Of these four subsystems, the last one is regulated by the central government. This report will only discuss the first three subsystems.

21.7.1 Rural Social Relief

Social relief refers to the country and society providing material assistance and support for the poor and unfortunate people to survive the crisis. The main social relief subsystem in the rural areas includes rural minimum living standard guarantee, "Five Guarantee" system, medical assistance, and disaster relief, etc.

(1) The old, disabled, or minor villagers who are unable to work and have no other sources of support entitle the "Five Guarantee" benefits, which provide them food, clothing, housing, medical, funeral, and other support. The funding for the "Five Guarantee" system is primarily from agriculture tax. Since the cancellation of the agriculture tax, the local government has serious funding problem. It is recommended that the local government should still provide relief for this group of people using alternative funding and approaches.

(2) The minimum living standard. Rural minimum living standard security system. In 2005, the Hengshui City began to implement "The minimum subsistence guarantee system for Hengshui city rural residents". In

August 2007, the State Council established a national minimum subsistence guarantee system for rural residents. The poverty population in Hengshui area is relatively low, but the severity of poverty is high. The Reserve needs to implement the rural minimum living standard security system and promote the integration of urban and rural minimum living standard security system.

(3) Disaster relief system. The details on disaster relief system are discussed in Chapter 23, section 3.

(4) Medical assistance system. The medical assistance system is to provide residents assistance for major diseases. It should be combined with the rural cooperative medical assistance.

21.7.2 Rural Social Insurance

The rural social insurance is a form of social security with the most extensive coverage in the rural areas. It emphasizes the combination of rights and obligations. At present, the rural social insurance includes old-age insurance in rural areas and the new rural cooperative medical system. The Reserve needs to extend the coverage of these insurances and provide government funding to partially support the systems.

21.7.3 Social Welfare

Various social welfare systems may be established in the Reserve. Based on the economic status of rural areas, the Reserve needs to develop old-age welfare, education welfare, women and children welfare, and others in the future.

(1) The welfare of the elderly in rural areas. In addition to the establishment of old-age insurance system, effort should be taken to improve the rural nursing home. So the elderly can be cared by the society instead of family members. This also liberates the young and middle-aged labor force.

(2) Rural education welfare. The education welfare is not only concerned about school age education, it is also about improving continuous education and training for local residents.

①Women and children welfare. The welfare may include the following:

Birth-related benefits. It is recommended that a special fund should be made to provide pregnant women with free health checking and training.

②Training for parents. Training should be provided for parents with children.

(3) Families that follow family planning policy. The government should subsidize in rural families that follow the family planning policy, such as providing one-child insurance, free vaccination, free regular medical examinations, etc.

(4) Time bank. In order to promote social virtues and make the disabled or elderly people be cared, the Reserve may consider to set up volunteer time bank. The time spent by the volunteers can help them get equal amount of service when they are in need.

21.7.4 Improvement on Employment

The Reserve needs to improve employment by using the following strategies:

(1) New skills and employment training. Since the labor in the community will primarily be transferred from the first industry to other industries, training for new skills and techniques may be necessary. The training may be focused on the following areas:

Professional training in eco-tourism and eco-science education;

Training on making travel souvenirs and handicraft production;

Training on eco-agriculture technologies;

Skilled labor training in landscaping and gardening construction.

(2) The Reserve needs to encourage investment in labor-intensive industries.

(3) The Reserve needs to export labor force to other major cities through governmental or non-governmental

cooperation with other cities.

(4) The Reserve needs to establish nursery homes for the elderly and rural community service centers, which on one hand can improve employment, on the other hand, it liberates the young labor force.

Chapter 22 Culture Development Planning

22.1 Principles

Culture is a unique asset of human society. It silently affects people's behavior. In order to achieve sustainable development in the Hengshui Lake Nature Reserve and its surrounding areas, a culture of sustainable development should be cultivated. Based on the current situation of the Reserve, the cultural development strategy should be guided by the following principles:

To improve the overall quality of the population

To promote the traditional local culture

To develop modern political civilization

To develop the green ecological civilization

22.2 Strategic Goals

22.2.1.1 Description of Goals

Hengshui Lake area will be built into a society with deep historical and cultural deposits and in harmony with the natural environment. The area will become the spirit home for the local residents as well as eco-tourists. The culture will become the fundamental driving force for sustainable development and always keep its fascinating charm.

22.2.1.2 Related Indicators

The development of culture can be evaluated by the following indicators:

(1) The population in the region should at least graduate from middle school and have taken educations on the wetland ecology and local history. The residents should have a conscious awareness of the ecological environment and be proud of local culture. They also actively participate in community co-management.

(2) All management staff members of the Reserve should at least achieve a junior college education and receive special education on wetland protection as well as local history and culture. They should have a good spirit of serving the public and perform administration based on law.

(3) The integrity of local history and culture is protected.

(4) Eco-tourists have received ecological and environmental protection knowledge when they tour the Reserve. The rights and interests of eco-tourists are protected and they experience a great degree of satisfaction.

22.2.1.3 Further Explanation on Indicators

In the indicators, the repair of historical and cultural fault is mentioned. The reason to mention is because from the on-site investigation, the researchers found out that the population were almost unaware of the rich historical and cultural heritage of Jizhou. If the community residents' knowledge on local culture can be improved, they will have a higher quality of interaction with tourists. As a result, the quality of ecotourism can be improved.

The rights and interests of eco-tourists should be protected. If they are treated at a higher standard, the tourist will enjoy the touring process and have a good memory of the local culture and landscape. On the other hand, if treated improperly, they will leave with regret and may never come back. The basic rights and interests of eco-tourists may shown in the following three aspects:

The right to know true message. This requires the Reserve to show the tourists with the true natural landscape and traditional culture, instead of artificial or faked ones.

(1) Safety and properties of the tourists are protected.

(2) The tourists receive service and products with fair quality and price.

22.3 Community Culture

Community culture can be viewed in a broader or a narrower sense. In the broader sense, community culture covers all social phenomena beyond economy and politics. In the narrower sense, community culture only refers to the cultural and entertainment activities and education. The construction of community culture in Hengshui Lake should be emphasized in the following aspects:

22.3.1 Establishment of the Value System for Ecological Civilization

Ecological civilization is an advanced form of civilization of human society, following the agricultural, industrial, and commercial civilization. It is a civilization compatible with the goal of sustainable development. The ecological civilization is a foundation for sustainable behaviors of a community. The values of ecological civilization includes the culture of conservation, higher moral standards, the culture of learning, the integration of traditional culture.

22.3.2 Create a Model of Wetland Education

Wetland and environmental protection should be integrated in the current education system. The following approaches may be taken for the integration:

For school age children, the wetland ecology and local history and culture should be included in the curriculum.

For adults, the Reserve needs to carry out various public education and advertising activities to promote environmental protection and culture heritage.

(1) The Reserve needs to compose a book that integrates the traditional Chinese culture, regional culture, and ecological civilization

(2) It is recommended that culture construction can be combined with the construction of the "Wetland New Town." The primary schools and middle school in the new neighborhood should emphasize on environmental education.

(3) It is recommended that a training program be provided by the Reserve on wetland conservation.

22.3.3 Strictly Implement the 9-year Compulsory Education and Eliminate Dropout Children

Dropout of school-age children is a serious obstacle to improve the quality of the population. Dropout may be due to the following reasons and appropriate measures need to be taken to solve it.

(1) Dropout due to poverty. At present, there is no tuition and miscellaneous fees for school-age children in rural areas, but poverty still affects children's education in the following two areas:

The children cannot afford the living cost of a boarding school.

The family of the children lacks of labor force.

(2) Dropout due to unmotivated students. As a result of economic development and increased tourist activities in the Hengshui Lake area, some students are not motivated to stay in school.

(3) Dropout due to inconvenient transpiration. Some students have to attend school in a far away location. After 20 years of promoting family planning policies, the school-age children have decreased dramatically. Consequently, the number of rural schools have also been reduced. The students have to commute a long distance

or stay in the school. Such inconvenience is another reason for dropout.

The Reserve administration needs to analyze these reasons and make measures to improve school-age children education.

22.3.4 Enhance Community Civilization

22.3.4.1 Content of Community Civilization

The Reserve needs to enhance the construction of a positive community civilization in the area of promoting good moral standards, enhancing traditional Chinese culture, creating a learning environment, etc.

22.3.4.2 Approaches to Constructing Community Civilization

Various approaches can be taken to promote community civilization. For example, the government can help build cultural facilities, carry out education on environmental protection, encourage volunteers, improvement communication facilities, etc..

22.3.5 Construct Public Culture Facilities and Promote Wetland Ecology and Local Culture

One of the most important public education facilities is museum. Museum links the past, present and future of a civilization. It is a window for a city or region to show its unique culture. Based on the conditions of-Hengshui Lake and its surrounding areas, the following museums may be built:

(1) Wetland nature and human history museum. The museum can be divided into two parts: nature and human history. The nature part is to display wetland nature resource, ecological value, different use of natural resources, etc. The human history part can be used to display the historical interaction between human and nature in this piece of land. Some left heavy machinery after the relocation of the factories may also be used for display.

(2) Jizhou history and culture museum. The museum can be used to collect and display rich cultural relics of Jizhou, including unearthed relics, ancient maps, local records, family trees, poets, etc.

(3) Hengshui private museum collection. Hengshui is famous for its artifacts and the ancient Jizhou City has left plenty of cultural relics, which are currently owned by some private collectors. A museum can be built to let these private collectors to display their collections.

(4) Hengshui liquor heritage museum. Hengshui Laobaigan has the highest alcohol rate in the world. In those thriving days, Hengshui owns 18 liquor plants. The museum can show this piece of history to the public.

The museums can be individually established, or be combined into one or two comprehensive museums. The museum should be designed and constructed at a higher standard to enhance its education function.

22.3.6 Allocate the Responsibility of Cultural Protection

The Reserve needs to improve the culture protection awareness of the local residents through education, industrial restructuring, and allocation of tourism income, etc.

22.4 Community Political Civilization

22.4.1 The Content of Political Civilization

The 16th CPC National Congress proposed that the development of socialist democratic politics and building socialist political civilization are important goals for building a well-off society. Community is the cell of the society and the frontier of political civilization. Therefore, the Reserve needs to include political civilization in its community development plan.

The advanced political civilization system includes mature democracy and the related monitoring and supervising mechanism as well as the standard procedures that ensure the operation of the system. At present, democratic election of village leaders has been carried out in China's rural area, so rural communities have enjoyed great autonomy. However, the elected village committee is not equivalent to all political civilization. It cannot ensure healthy functioning of the self-government organizations. A proper governance mechanism should be developed to solve the efficiency, fairness, and justice of public affairs.

22.4.2 Improve Governance of Rural Community

22.4.2.1 Improve the Election System

In China, village direct election is a great practice of political democracy in rural areas. The villagers exercise their democratic power directly. Based on investigation, the researcher found out that direct election had bee widely covered in the Hengshui Lake area. However, further improvements can be made in the following areas:

(1) Strengthen the awareness of democratic rights of villagers and encourage their participation.

(2) Improve the election process to make it more transparent and convenient.

(3) Avoid election bribery, organized crime, and other activities that may get involved in the election process.

22.4.2.2 Improve the Transparency of Village Affairs

Transparency is the obligation of the grass-root government organization. It is also a foundation to build community's trust. The investigation found out that each village has a bulletin board showing village affairs. However, some villagers still have some doubts. Therefore, transparency may be further strengthened.

22.4.2.3 Encourage Civil Societies to Promote Rural Development

Civil society refers to a group with common interests and goals with voluntary actions. The civil society includes a variety of charities, non-governmental organizations, community-based organizations, women's organizations, religious groups, professional associations, trade unions, self-help groups, social movement groups, business associations, etc. The development of social society and good interaction between the government and these organizations are beneficial for social stability and social justice. It is also an important of political civilization.

The Reserve needs to encourage the development of the social society and involve them in co-governance.

22.4.3 Improve the Role of the Reserve Administration in Building Community Political Civilization

22.4.3.1 Promote Community Participation and Community Co-governance

(1) The Reserve administration should soon establish the Hengshui Lake Protection Evaluation Council and Community Co-Governance Committee to encourage participation of local communities in management.

(2) The Reserve administration needs to invite involvement of NGO and local residents when making decisions.

22.4.3.2 Help Improve Self-management Ability of the Community

The administration should promote trainings on community workers and non-governmental organizations to enhance the quality of personnel and their self-management ability.

22.4.3.3 Establish and Improve the Petition System of the Reserve

(1) The Reserve administration should seriously implement the "Regulations on Petitions" issued by the State Council and strengthen the communication between the Reserve administration and local communities.

(2) The Reserve administration needs to encourage villagers to provide feedbacks on the administration and to provide the necessary protection against retaliation.

(3) The Reserve needs to improve the quality of the reception staff. The outstanding reception staff for petition should be rewarded.

Chapter 23 Public Safety Management of the Reserve

23.1 Public Safety Planning and Overall Layout

23.1.1 The Goals of Public Safety Planning

Based on the public safety needs of tourists and other possible safety incidents happening to the tourists and residents of the surrounding areas, the researchers have made planning objectives and measures for the "Special Protection Circle", "Human-Nature Co-development Circle", and "Strategic Synergic Circle."

23.1.2 Public Safety Planning Objectives

23.1.2.1 Overall Objective

The overall objective is to build a safe and harmonious area which develops sustainably, relies on eco-tourism, and emphasizes on environmental protection.

23.1.2.2 Short-term Objectives (2009 ~ 2015)

Goal description:

By 2015, at the same time of developing eco-tourism, a significant reduction of safety issues in the Reserve and among the tourists should be achieved. The Reserve needs to avoid natural disasters and major accidents that damages eco-tourism and the image of the Reserve.

Contents of the goals:

(1) All new, renovation, and expansion projects in Hengshui Lake area are being implemented from the safety point of view and meet safety needs.

(2) Improve all types of safety facilities in the Hengshui Lake area and Hengshui City to meet various needs.

(3) Adjust and improve the organizational structure of safety management of the Reserve.

(4) Establish emergency management system of Hengshui Lake area; strengthen the emergency response capability; and eliminate or reduce the impact of various types of accidents in a timely manner.

(5) Strengthen education and motivate residents of the region and the surrounding areas. Raise people's awareness of safety.

(6) No major accident in the directly administered villages.

23.1.2.3 Long-term Objectives

Goal Description:

Establish harmonious and safe culture and image of the Reserve.

Develop the Hengshui Lake area into a safe, harmonious, and sustainable model area.

Contents of the goals:

(1) The Reserve needs to increase safety awareness among tourists

There should be no major accidents.

(2) Safety education, skill, and knowledge are significantly raised among the residents of the "circles."

(3) The safety organization, safety infrastructure, and emergency facilities are adequately developed.

23.1.3 Overall Layout

Based on the overall goals of the strategic planning, different planning objectives and measures will be developed for the three "circles," in accordance to their particular safety needs and risks.

23.1.3.1 Circles within the Scope of the Reserve

The scope includes the "Special Protection Circle" and "Human-Nature Co-development Circle".

Special Protection Circle: The emphasis should be placed on ecological safety monitoring, fire prevention, insects and pests, animal epidemic, and alien species invasion, etc. At the same time, the Reserve needs to prevent adverse safety impacts from surrounding areas.

Human-Nature Co-development Circle: The circle is the main area that hosts human activities. With the development of the second and third industries, the safety issues include natural disasters, tourism safety, public health, industrial and agricultural production safety, etc. Human-Nature Co-development Circle is the main target of public safety management.

23.1.3.2 Circles outside the Scope of the Reserve

The outside circles include "strategic Synthetic Circle" and the "River Basin Cooperative Circle." This region has some similar safety issues as the Human-Nature Co-development Circle.

From the public security point of view, outside circles can provide emergency assistance to the inside circles, and vice versa. As noted above, the main threats of natural disasters in the Hengshui Lake area are earthquakes and floods. The impacts of such natural disasters will not only be limited to Hengshui Lake and the city of Hengshui, the disaster prevention and reduction should be done from the greater region coordination. In addition, the large open areas of the Hengshui region can be used to evacuate people in certain circumstance.

23.2 Planning for Accident Prevention System

The "accident prevention system" planning should include allocation of safety responsibility, safety infrastructure construction, safety education, safety drills, safety warning, safety contingency plans, etc. The Reserve needs to make regulations to implement these contents.

23.2.1 Parties Responsible for Safety

(1) The Government of Hengshui City. The city government is responsible for leading and coordinating city-wide public safety management, including initiating safety meetings, making comprehensive disaster prevention and reduction plans, developing and implementing public safety programs, developing plans for post-disaster recovery, supervising relevant government departments and the township offices, investing safety infrastructures, etc. The Hengshui City Government should collaborate with other leaders of the strategic synthetic circle to develop safety planning and management of the region.

(2) Reserve Administration. The Reserve administration is responsible for leading and coordinating public safety issues of Reserve, whose responsibilities include improving public safety awareness, developing safety regulations and organizations, implementing public safety management requirements from higher level of government, establishing safety emergency plans for the Reserve, eliminating safety threats, and rapidly responding to safety incident, etc.

(3) The Village Management Council, Enterprises, and Institutions. The village management council, enterprises, and institutions need to perform safety management activities, abide by safety-related laws and regulations, develop their own emergency contingency plans, appoint their own safety personnel, etc.

(4) Community Residents. The residents need to protect their own safety and to assist the government in safety management. The residents need to abide by safety laws and regulations, learn rescue skills that can help themselves and others during disasters such as earthquakes, floods, fires, traffic accidents and others. The development of family emergency contingency plans is needed. Community residents are encouraged to use insurance to mitigate the risk of unexpected accidents.

(5) Eco-tourists. The tourists should protect their own safety, learn the safety protocols of the Reserve and comply with the relevant provisions. In case of accidents, they need to take self-help measures and also help the others to save life and reduce loss.

23.2.2 Development of Safety Facilities

23.2.2.1 Safety Facilities

The Reserve administration, scenic spot management organizations, villages, enterprises and institutions should carry out their own safety management and improve safety facilities.

(1) The Reserve administration should be responsible for monitoring the ecological environment, performing food inspection, building public shelters, making emergency rescue, and constructing safety infrastructure, etc. In addition, the Reserve administration should oversee the safety infrastructure work of the villages, enterprises and institutions in the Reserve.

(2) The management organizations of scenic spots should be responsible for their own safety facilities.

(3) The village committee should be responsible for constructing village's fire, sanitation, and shelter facilities and equipment.

23.2.2.2 Disaster Prevention

(1) Fault Zone Avoidance. The fault zone around Wuji and Hengshui goes through Hengshui. Therefore, construction in the Reserve should avoid the zone.

(2) All construction activities should comply with safety design standards for earthquake, fire, etc.

(3) The existing houses and infrastructures should be inspected, and strengthened as necessary.

(4) Solid waste management facilities. In the event of earthquakes, discarded domestic solid waste and industrial solid waste may pollute water source. Therefore, solid waste management facilities are also important for disaster prevention and reduction.

(5) The Fire Facilities. The Reserve has many potential fire hazards. To avoid the spreading of fire, the Reserve administration needs to build a sufficient number of fire isolation zones as well as fire facilities, including the main fire dispatch center, fire station, observation towers, fire hydrants and so on. Fire command center should be included in the Reserve's emergency response agency.

It is recommended to build a fire station at the Shengtou Villages. In addition, a team of fire fighters made of villagers may be established in the rural areas. The fire station should be equipped with standard fire-fighting equipment, emergency rescue equipment, fire protection equipment, communications equipment, training equipment, etc. The team of fire fighters in the rural areas may be equipped tractor, a hand-carried mobile pump, fire hose, fire extinguishers, and other basic fire-fighting equipment.

All the villages, enterprises and institutions should be equipped with fire extinguishers and other necessary equipment. The Reserve needs to identify fire-fighting water supply points in towns and villages such as wells, ponds, etc.

(6) Flood Control.

①The standard of flood control: the flood control standard of the Reserve should be at least consistent with that of the Hengshui City, i. e, to withstand flood once in 50 years. It is important to raise the standard of flood control in north, such as the Fuyang River as well as the culverts and sluice gates surrounding Hengshui Lake.

②Flood control planning of the Reserve should be coordinated with the river basin. In the upper streams, soil and water conservation should be improved. The designed capacity of reservoirs should be also be enhanced.

③The Reserve needs to reinforce the levee of Fuyang New River, Fudong Drainage River and Fuyang River. Specially, the Reserve needs to reinforce the risky section of the levee of Fuyang River.

④The Reserve needs to repair the existing sluice gates and culvert facilities and perform maintenance.

⑤The Reserve needs to conduct a thorough dredging of Fuyang New River and Fudong Drainage River, to increase the drainage capacity of the rivers.

⑥The Reserve needs to strengthen flood control, flood warning communications, flood forecasting, and sheltering facilities.

⑦The whole river basin should increase vegetation coverage and improve water and soil conservation.

⑧Routine checking and supervision should be performed on flood control facilities

⑨Building, facilities, and activities that affect the drainage capacity of rivers and lake should be prohibited.

23.2.3 Routine Safety Management

23.2.3.1 Safety Management System

The Reserve administration, villages, and enterprises and institutions should establish and improve their safety management system based on their respective safety management tasks, including duties, safety inspections, safety rules, safety incident reporting, etc.

23.2.3.2 Safety Monitoring

(1) Special attentions should be paid to electricity facilities and key public safety infrastructure facilities.

(2) Regular safety training and safety education activities should be carried out for the security-related positions.

(3) In accordance with the specific characteristics of safety monitoring targets, different checking schedules should be developed.

(4) Routine checking should be performed and records should be well kept.

23.2.3.3 Safety Education

(1) Safety Education Objectives. The Reserve needs to use various media to increase safety awareness of the management staff, community residents, students, and tourists, in order to understand the importance of safety, comply with safety rules and regulations, and learn safety skills and knowledge.

(2) Safey training plan and scenic spot management plan should be made by the Reserve administration and be distributed to residents, business owners, and tourists.

(3) Systematic safety training should be performed on safety managers of the Reserve administration, villages, enterprises and institutions.

(4) The Reserve administration needs to fully use different types of media, such as printed brochures, newspaper, TV advertising, etc., to promote safety awareness and knowledge.

(5) The Reserve needs to increase safety education on students.

(6) The Reserve needs to incorporate safety education into ecological education to efficiently use education resources.

(7) Safety education should be focused on local communities.

(8) Through training needs survey (TNA) and rural participatory rapid assessment method (RRA / PRA), the Reserve needs to develop appropriate contents and methods for safety education.

(9) The Reserve needs to promote and maintain a positive image on safety through its website, seminars, and conference.

23.2.3.4 Safety Drill

(1) The Reserve administration, village committee, and other enterprises and institutions should organize

regular safety drills for staff, community and tourists.

(2) The Reserve administration, village committee, and other enterprises and institutions should develop specific drill programs adapted to local conditions, including the security chain of command, the action plan, and emergency protection the plan, and so on. The Reserve administration should carry out a coordinated drill program of to deal with safety of the region.

(3) Safety and security drill should be combined with safety education. Before the official launch security, security personnel who participate in the drill should be educated of the purpose of the exercise, and the requirements of the program of action so that they have a clear understanding of the issues.

(4) Security drill process should be closely monitored; the unsafe behavior should be corrected. The Reserve administration should pay special attention to prevent accidents in the safety drill.

23.2.4 Security Warning

(1) The Reserve should establish an effective early-warning safety system. The safety warning system is based on the Police and the integrated law enforcement group; and is coordinated by the Reserve administration.

(2) The Reserve administration should establish a unified information and feedback mechanism. Everybody should have a clear understanding of their responsibilities and roles in safety. Various departments closely work together to improve the safety early warning system.

(3) The Reserve administration should publish tourism safety reminding on a regular basis. Particular risks should be disclosed to the public promptly.

(4) The Reserve needs to ensure mobile phone signals cover the whole area, to set up public phones, and to widely publish emergency phone numbers.

(5) Earthquake warning. The Reserve should keep contact with the Seismological Bureau and publish early-warning information on possible earthquake.

(6) Flood warning. The Reserve should strengthen collaboration among the cities, establish an integrated flood control management system, and work closely with the Central Weather Bureau and other agencies to have access weather changes and disaster information over the next 48 hours at any time. The Reserve needs to have good preparation for possible flooding.

23.3 Emergency Planning System

23.3.1 Emergency Response Agencies

23.3.1.1 Hengshui City Emergency Response Agencies

Major natural disasters often affect a big area; therefore, the coordination and direction should be led by Hengshui City. The City should establish emergency decision-making organizations, a coordination organization, and implementation organization. The decision making organizations include the City Earthquake Relief Headquarter and the City Flood Control and Drought Relief Headquarter.

23.3.1.2 The Reserve Emergency Response Agencies

The emergency response agencies of the Reserve include a decision-making group, an implementation organization, relief organizations and support organizations.

(1) Emergency response decision-making group. The Reserve should set up an emergency headquarter, headed by the deputy director of the Reserve who is responsible for safety. The group members should be directors of the various departments.

(2) Implementation Organization. The emergency response implementation organization should be made of

a permanent division and a temporary division. The organization is responsible for the safety reporting, communication, training, etc.

(3) Relief Organization. The relief organization includes local hospitals, fire department, public safety departments, and law enforcement etc. The law enforcement group should play its role in rescuing and relief during the emergencies. In order to quickly and effectively respond to emergencies such as fire, or traffic accidents, it is necessary to develop a rescue plan and drilling program.

(4) Support Agencies. The support agencies include many types of professional and technical personnel in fire protection, tourism, public security, technology, research and development, etc.

(5) Emergency Reponses Agencies in Tourism Locations. A specific organization should be established in response to emergency situations occurring at tourism locations.

(6) Emergency Personnel. The Reserve needs to strengthen the professionalism and technicality of the disaster relief team.

(7) Social Assistance. The Reserve needs to develop the society members' self-prevention and self-relief ability. Grass-root disaster relief organizations should be established; and necessary training should be performed on the organizations. The Reserve needs to encourage volunteers to participate in disaster relief activities.

23.3.2 Emergency Planning System

23.3.2.1 Contingency plan and drilling programs

The contingency plan is a rescue and relief plan made in advance of possible incidents (cases) to predict disasters, to arrange rescue operations, and to reduce the loss.

Contingency plans should be established for the Reserve. Based on the scope of administration and extent of public emergency events, different levels of contingency plans should be made. The highest level is Hebei Province, followed by Hengshui City, Reserve Administration, and scenic spots(villages, enterprises, etc.). The different levels of contingency plans are shown in Figure 23-1.

Since the emergency plan involved in multiple organizations, exercising and drillings are necessary. For each plan, a desktop exercise should at least be carried out. It is preferable that a drilling is conducted twice a year.

23.3.2.2 Emergency Supplies

To timely and effectively respond to various emergencies, the Reserve administration needs to reserve a variety of relief supplies and equipment.

23.3.2.3 Earthquake Disaster Emergency Management

After a devastating earthquake has been forecasted or occurred, the emergency response organization of the Reserve should immediately report the disaster; the director of the organization should direct relief activities onsite and coordinate different organizations such medical service, public security, armed police, fire prevention, communication, transportation and other sectors.

23.3.2.4 Flood Disaster Emergency Management

(1) When the river's or the lake's water level close to the flood level, to ensure the safety of the public, the Hengshui City' flood control headquarter declares an emergency flood prevention event.

(2) The Reserve needs to establish a flood commanding organization and clarify responsibilities within the organization. When the disaster occurs, the head of the organization should direct relief activities onsite and coordinate different organizations such medical service, public security, armed police, fire prevention, communication, transportation and other sectors.

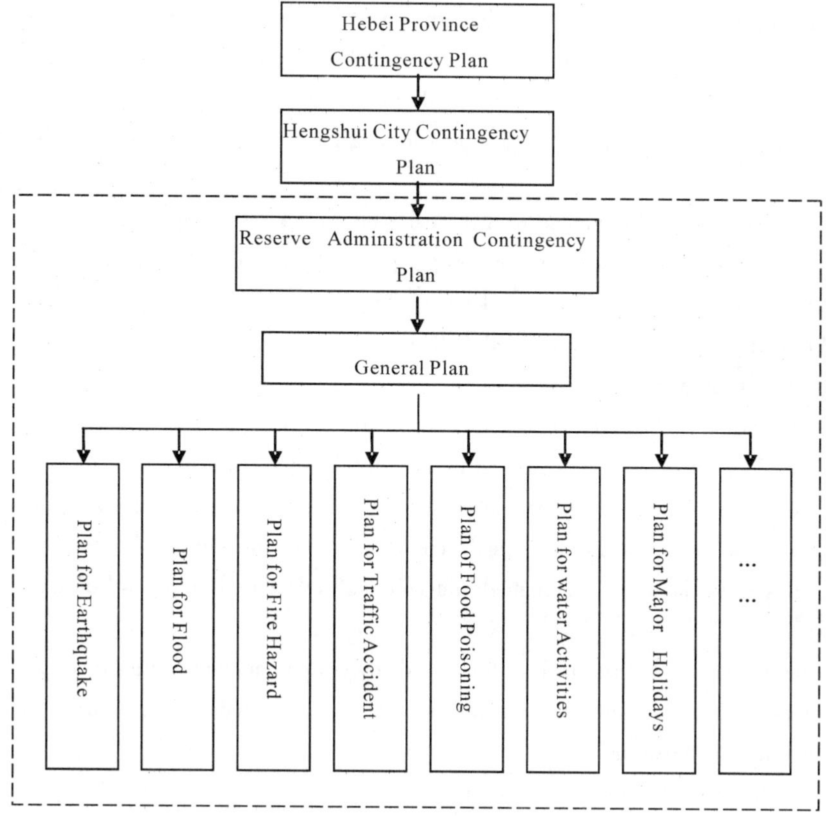

Figure 23-1 Hengshui Nature Reserve Emergency Plan System

(3) Emergency Measures to Withstand Standard Flood

Before flood season, the Reserve needs to perform inspections on gate and embankment as well as take make maintenance and repair. The Reserve needs to necessary materials for flood control.

In addition, 24-hour monitoring system should be established. The communication system should be in good shape.

(4) Emergency Measures to Withstand Above-standard Flood

If facing a dangerous situation, as well as the possible breach of levees, flood diversion may be implemented under the approval of upper government agencies. The people in the Reserve need to be promptly evacuated. The Reserve needs to implement a prepared evacuation plan.

23.3.3 Emergency Shelters

23.3.3.1 Goals of Building Emergency Shelters

In the near future, emergency shelters should be established at the city level, county level, and then to communities. Emergency shelters should be built to meet the basic demands of community residents, visitors, and people in surrounding areas.

23.3.3.2 Construction Principles and Demands

The emergency shelters not only serve the community residents and tourists, they may be also used to serve the surrounding areas. The emergency shelters should be planned under the direction of city government, and supported by various government agencies such as earthquake bureau, civil air defense, construction, planning, landscape, civil affairs, finance, education, etc.

The design and construction of emergency shelters should follow the "earthquake emergency shelters and facilities standards." The facilities should be incorporated in Reserve and city development plans. When selecting the site, the agencies should take full account of different needs on emergency shelters. The shelters should follow the principle of "integrated planning, convenient for evacuation, suitable for local conditions, and multiple uses."

Emergency shelters should be equipped with the necessary relief and living facilities. In general, the municipal shelter should be designed for 2 square meters per person and being able to accommodate 50,000 people over a long period of time. The district or county level shelter should be designed for 1.5 square meters per person and being able to accommodate 10,000 to 50,000 people over ten days.

23.3.3.3 Management of Emergency Shelters

The management of emergency shelter facilities should be divided into two levels, the city level and the county/district level. The higher level is managed by the city directly, while the lower one is managed by the county/district. The corresponding government agencies should make management plans and perform routine maintenance, to ensure its operation in the normal time as well in contingency.

The emergency shelter should be established in accordance with the principle of "useful in both peacetime and emergency."

Emergency shelters should be assigned to different districts and combined with evacuation routes. The information on emergency shelter as well as evacuation routes should be made to the public.

23.3.4 Fire Prevention Planning

23.3.4.1 General Requirements on Fire Prevention

Fire hazards pose a great threat to the ecological environment of the Reserve as well as the lives and assets of residents and tourists. Therefore, strict measures should be taken to prevent fire hazards:

(1) To enhance public education on fire safety;

(2) To identify the potential fire risks and take corresponding measures.

(3) To establish fire isolation zones and perform fire prevention patrol. Fire-resistant plants should be planted along the roads of the Reserve.

(4) To promote safety in ordinary life and ban smoking in Reserve and public places. In addition, restrictions should be made on fireworks.

(5) To restrict fire-using activities. Special fire-prevention patrol should be set up for the Qingming Festival. The camping and barbecue activities must be limited to certain locations.

(6) To use advanced technologies to monitor fire. Monitoring device should be installed in key areas and scenic spots for 24 h dynamic monitoring and control.

(7) To organize fire fighter team and strengthen straining. In addition, part-time fire fighters should be trained in rural areas.

23.3.4.2 Fire Prevention in Ancient Cultural Scenic Spots

(1) The spots should be equipped adequate fire fighting facilities, which should be placed in convenient locations and properly maintained.

(2) The fire loads of the spots should be reduced. Especially in the development of the scenic areas, combustible materials and fuels should be carefully controlled;

(3) Fire safety training and education should be carried out for the workers in these spots, to prevent various types of fire accidents.

23.3.4.3 Fire Prevention of Natural Scenic Spots

(1) Reed field and forest are the most important areas for fire prevention in the Reserve. It is necessary to strengthen fire prevention as well as fire fighting capacity.

(2) Checkpoints should be set up at the entrance points, to avoid people to carry in fire kindling;

(3) At the natural scenic spots, open flame should be strictly controlled.

(4) For the residents of the scenic spots, a "responsibility for the fire prevention" should be signed between the Reserve administration and the residents. The Reserve administration needs to distribute fire prevention materials.

(5) The Reserve needs to enhance fire prevention education for tourists. Public awareness materials may be printed on tickets; fire prevention notices may be erected in the entrance area, rest areas, hotels, etc.

23.3.4.4 Fire Prevention in Dining Locations

(1) All dining and kitchen equipment of the restaurants should comply with fire prevention standards.

(2) Flammable, combustible and explosive materials should not be stacked near the gas pipes or stoves.

(3) The repair and maintenance of kitchen equipment should be carried out by professionals.

(4) An operational plan should be made for kitchen equipment as well as the inspection and maintenance of the equipment.

(5) When frying food, the temperature should be carefully controlled and the oil pan should not exceed the maximum capacity.

(6) Bottled liquidified gas should not be used in kitchens in a multi-story building.

(7) Fire equipment to be stored in a fixed location.

23.5 Safety Production Planning.

23.5.1 Industrial Safety Planning

23.5.1.1 Industrial Structure Adjustment

The adjustment of industrial structure should be combined with safety management. High risk business should not be allowed in the Reserve. Based on the risk-level of different industries, some current plants may be relocated.

23.5.1.2 Safety Management of Factories.

(1) To strengthen the supervision of industrial safety. The Reserve administration should appoint staff responsible for safe production inspection of the Reserve. The staff will be responsible for industrial production licensing, safety education, implementation of safety responsibility, etc

(2) To establish safety production organization. For factories in the Reserve, safety management organization as well as rules should be established

(3) The tourism facilities and public facilities should keep certain distance with the existing or planned industrial facilities.

23.5.2 Construction Safety Planning

There will be a lot of construction activities in the Reserve. The construction activities may cause accidents or environmental pollution. Therefore, the construction activities should be carefully managed in the Reserve.

(1) Safety management should be an important factor in choosing contractors by using competitive bidding. Preference should be given to contractors with good safety records.

(2) Before construction, the contractors needs to prepare construction health, safety, and environment (HSE) management plan. The plan should be approved by the Reserve administration. During the construction

process, supervision and inspection should be performed.

(3) The Reserve needs to strictly supervise open flame operations.

(4) The Reserve needs to issue and implement sustainable construction standard to minimize the negative impacts of construction activities on safety and environment

23.6 Eco-tourism Safety Planning

23.6.1 Public Health Planning

23.6.1.1 Food Safety Planning

Some diseases may more likely occur during travel. One of the reasons is the consumption of unhealthy food by the travelers. Therefore, the Reserve administration needs to take measures to ensure food safety for tourists.

(1) The Reserve needs to strengthen ketch sanitation management, which ensures that food and beverages keep in a safe and healthy state in the process of purchasing, processing, and selling.

(2) The Reserve needs to carefully arrange dining places and food stores for tourists as well as rest facilities, in order to reduce possible diseases caused by fatigue and lack of healthy dining conditions.

23.6.1.2 Prevention of Epidemic Diseases

(1) In the epidemic disease outbreak season, the Reserve administration should establish a disease prevention group along with the "Epidemic Disease Control Center." All companies and enterprises in the Reserve also need to perform disease control and prevention activities.

(2) Education on epidemic diseases should be carried out on tourism employees. They are not allowed to work if they have any symptoms.

(3) All the tourism employees who have direct contact with tourists should be familiar with different epidemic diseases and symptoms. They should report the situation in a timely manner. Suspected patients should be discouraged to enter the tourism locations or boarding on public transportation facilities.

(4) All equipment and facilities in places to accommodate tourists should be in accordance with the "community comprehensive preventive measures," and "disinfection methods for commonly polluted objects," released by the Chinese Center for Disease Control and Prevention

(5) Smoking should be banned in public transportation facilities and restaurants.

(6) Medical first-aid stations should be established in tourist locations.

(7) The travel agencies should integrate epidemic disease prevention into their routine work.

23.6.1.3 Bird Flu Control

Avian Influenza (A1) is a viral infectious disease or syndrome on domestic poultry and wild birds. It is classified as Class A potent disease in China. Since the Reserve is primarily for the protection of birds, the outbreak of bird flu will have detrimental effect on the Reserve.

(1) The Reserve needs to set up monitoring stations and to form a monitoring network covering the whole region. Any abnormality, such as died birds, should be paid close attention.

(2) To cut virus transmission brought by migratory birds, free-range poultry should be avoided. Poultries may also be vaccined.

(4) The Reserve needs to promote bird flu education among local residents, workers, and tourists.

(5) If any epidemic disease is identified, it needs to be reported promptly. The Reserve may be closed to tourists if the event happens.

23.6.1.4 Environmental Health Safety Planning

(1) The Reserve needs to maintain a sewage free, waste free, dirt free, and no bad smell environment. Measures should be taken to avoid disordered buildings and storage.

(2) All kinds of places should meet the requirements in GB 9664, while dining places should meet the requirements in GB 16153;

(3)The location of public restrooms should be careful planned and a clean environment should be maintained.

(4) The Waste bins should be orderly placed, with clear logos and good design aesthetic. Trash should be removed every day.

23.6.2 Safety Planning of Tourist Facilities

23.6.2.1 Construction Safety Requirements on Tourist Facilities

(1) All eco-tourism development activities should be planned and approved by the Reserve administration. Unplanned activities should not be permitted.

(2) Tourism development should be equipped with adequate facilities in order to provide quality services to visitors. The general service facilities include dining, restroom, rest chairs, medical service points, etc.

(3) The recreational facilities, water amusement facilities and water sports should comply with GB 8408.

(4) The amusement area, except for closed space, should be separated with security fence in accordance with GB 8408.

(5) Fire prevention and fighting equipment should be installed and inspected regularly.

(6) Emergency calling facilities should be installed according to GB 13495.

(7) Lightning protection device should be installed.

(8) Specially facilities should be built to accommodate people with disabilities.

(9) First-aid facilities and equipment should be installed.

(10) Safety signs and guidance signs should be installed at proper locations.

(11) At all places that may be subject to drowning accidents, protective railings and safety warning signs should be erected.

23.6.2.2 Security Operations management

(1) Before the formal operation of amusement facilities, they should be trial operated at least twice.

(2) The training on workers should be enhanced to make them familiarized with rescue knowledge and skills.

(3) The recreational and amusement facilities should be inspected and maintained daily. Major repair and inspection should be scheduled every year. No equipment should be operated in faulty conditions.

(4) Safety check should be conducted for the amusement facilities before its daily operation. The checking records should be signed and kept.

(5) Change on weather conditions should inform the visitors promptly. Emergency plans should be developed to cope with mechanical failures of recreational or amusement facilities,

(6) If certain recreational activities/facilities have health requirements on visitors, the requirements should be posted. Any visitor that does not meet the requirements should be declined.

(7) Safety instructions should be given to visitors before the operation of recreational facilities.

(8) Guidance should be given to visitors on how to secure themselves on certain amusement facilities.

(9) A detailed operation record should be maintained.

(10) During the operation of the amusement facilities, the operators should not be allowed to leave their

positions.

(11) Monitoring station should be established and attended.

(12) Adequate lifeguards should be arranged. The lifeguards should be trained and have relevant certificates.

(13) Trained medical staff and first-aid facilities should be set up at scenic recreational locations.

23.6.3 Transportation Safety Planning

Transportation accident is one of the most commonly seen accidents for tourists. According to the characteristics of the Hengshui Lake area, the transportation accidents may include road traffic accidents and water transportation accidents.

23.6.3.1 Road Safety Management

(1) The design of roads should comply with safety principles.

(2) The Reserve needs to enhance road safety education and promote traffic safety laws, regulations, and policies.

(3) Non-motor vehicles should be separated with motor vehicles.

(4) Certain road sections, such as the narrow, steep-sloped, merging or division sections should be improved for safety.

(5) The Reserve will be divided into different zones. At certain locations, for example, the in the special protection circle, motor vehicles are not allowed except for the Reserve administration's patrol vehicles. restrictions to protect the region

(6) The Reserve needs to improve management of the transportation of dangerous chemicals or other hazardous materials.

(7) In the Co-development circle, transportation management should be improved in rural areas. All motor vehicles, including motorcycles, low speed trucks, tractors, etc., should be registered.

(8) The Reserve needs to improve management of travel agencies and tourist buses.

(9) The driver safety management should not be neglected.

(10) The Reserve needs to establish a traffic emergency response plan and improve emergency rescue and self-rescue training.

23.6.3.2 Water Travel Safety Management

Tourism activities in the Reserve heavily rely on Hengshui Lake. The water transportation includes boats, sailing boats, yachts, motorboats, canoes, etc.

(1) The Reserve needs to promote safety regulations among the people.

(2) The quality of people involved in water transportation should be improved.

(3) The Reserve needs to strictly carry out permitting and licensing requirements on water transportation. Non-licensed business should not be tolerated.

(4) Close monitoring should be given on accident-prone locations or businesses. Supervision blank zone should be eliminated.

(5) In the tourism peak seasons, the Reserve needs to check excessive overloading of vessels and vessels with bad conditions.

(6) The Reserve needs to speed up the construction of new tourism marina and stop many scattered piers.

23.6.4 Lodging Safety Planning

Lodging is another accident-prone area in tourism. Due to the need of protecting ecological resources, no lodging facilities are built around the Hengshui Lake. Therefore, the tourists choose to live outside of the Reserve. The selected accommodation facilities include hotels, guest houses, tents, and so on.

23.6.4.1 Overall Safety Planning

(1) Through strategic coordination mechanism, the Reserve needs to promote standardized management of accommodating facilities around the Reserve.

(2) The accommodating business carries out internal safety management in accordance with the relevant national policies and regulations.

(3) The management of tourists should be improved. Unlawful activities should be prohibited.

23.6.4.2 Hotel Safety Planning

(1) Clear emergency evacuation routes should be indicated in hotel facilities. Directional signs should be installed and the egress should not be blocked.

(2) The use of fire should be strictly regulated. The Restaurant and kitchen should have fire management system.

(3) "No Smoking" signs should be set up in non-smoking areas.

(4) The installation and use of electrical equipment/devices should comply with relevant technical specifications.

(5) Flammable, explosive, and dangerous chemical materials should be prohibited. If necessary, they should be approved by the hotel security departments and should not exceed the allowable amount.

(6) Special staff should be appointed to maintain and manage fire prevention, alarming, and fire-fighting facilities.

(7) The passage for fire trucks should not be blocked.

(8) Night-time emergency response staff should be appointed.

(9) Safety education and awareness should be given to hotel guests.

23.6.4.3 Farm Hostel

The farm hostel is normally not approved by the Department for Trade and Industry. They are used for temporary accommodation of tourists. The sanitary and safety conditions vary greatly in these facilities. A common standard should be established for farm hostels.

(1) The farm hostels should be put under control.

(2) The family that operates the hostel should be in good health and no infectious diseases.

(3) There should be a minimum standard on the hostel conditions.

(4) The restroom facilities should be specified.

23.6.4.4 Field Camp

Currently, there is no standard or regulation on these types for facilities.

The Reserve needs to allocate a specific location to accommodate the camping needs. Camping on areas other than the specified locations should not be allowed.

23.6.5 Law and Order Planning

(1) The onsite tourism safety management should be carried out by the public security bureau or police station in the scenic spots.

(2) Law education and safety awareness should be promoted.

Since the scenic area of Hengshui Lake is widely distributed and the landscapes are complex, all the people should serve their roles in public safety. Law education and safety awareness should be promoted tourism managers, workers, residents and tourists.

(3) The Reserve needs improve a variety of public safety management system.

Based on national laws and regulations, the Reserve needs to make policies to address the specific public safety needs of the Reserve.

(4) The Reserve needs to establish and improve law enforcement agencies and security management team.

(5) The Reserve needs to update necessary security and law enforcement facilities. A management system of construction, prevention, enforcement should be established. "Construction" refers to build a stable and harmonious safety and operation environment.

(6) The Reserve needs to recognize and award good citizens and to promote a healthy attitude.

23.6.6 Planning for Other Accidents.

In travel, unexpected accidents may cause safety issues. For example, the tourists may be hurt by broken utensils, burning; or the tourists may have conflicts with local business operators. To avoid other possible accidents, the following measures need to be taken:

(1) The Reserve needs to carry out ethics education and management on local business owners

(2) The Reserve needs to manage the dining environment of the restaurants and respond to alcohol abuse, fighting, and other activities.

(3) The Reserve need to provide trainings for local service providers and service personnel, to maintain a positive image of the Reserve tourism.

(4) The Reserve needs to raise service awareness among the business owners and to enhance the safety awareness.

Chapter 24 Development Strategy of the "Strategic Synthetic Circle"

24.1 Coordination of the Regional Reputation

24.1.1 Guiding Principles

Through an effective coordination mechanism, all the areas in the circle should safeguard the ecological and cultural image of Hengshui City as a whole, in order to enhance the region's overall competitiveness and improve people's environmental protection awareness.

24.1.2 Strategic Goals

The golden triangle—Taocheng District, Jizhou, and Zaoqiang—should be built into an eco-friendly metropolitan area centered on Hengshui Lake Wetland.

24.1.3 Action Strategies

24.1.3.1 Implementation of the Strategy of Improving the Image of Hengshui Lake

Image is an important asset for the development of any city. A positive image will greatly enhance all the areas in Hengshui City and create more opportunities for the area.

(1) Creation of a Unified Image. A unified image will improve the visibility of the area and bring a variety of benefits. The unified image this area chooses should be positive, highlighting its advantages, and easy to remember.

The ecological value of the Hengshui Lake wetland clearly meets the criteria. Using Hengshui Lake Reserve as an image, the region will be more appreciated by the outside world.

One alternative image might be Jizhou ancient culture, but it more represents the past, not the future of the region.

The other alternative image might be Hengshui "Laobaigan" liquor. Although it is well-known locally, the image may not be as positive as the Reserve.

(2) Creation of a Unified Logo. After the image has been adopted, the three cities/district need to design a unified logo, which can be used on banners, staff clothing, appliances, promotional materials, souvenirs, etc, to further enhance the image of the area.

(3) Creation of a Unified Slogan. An effective slogan can also create a deep impression on the region's image. The slogan needs some brainstorming and should be adopted by people of this region. Here are some initial considerations:

Hengshui Lake Wetland: Head of nine states, peach flower fairy land, beauty of Yanzhao, eco-leader.

24.1.3.2 Construction of an Ecological Garden City

For outside tourists, the experience on Hengshui Lake starts from Hengshui railway station or the exit of highways. Therefore, to maintain a positive image, a comprehensive urban environmental improvement should be performed.

24.1.3.3 Increasing the Ecological and Environmental Awareness of the "Synthetic Circle"

Awareness affects people's decision. To establish green ecological values, environmental education should be strengthened. As in the "Co-development Circle," it is suggested that the ecological environment education should be incorporated into the basic education system. Through organizing a variety of environmental protection related activities, the region needs to provide wetland and ecology education for the public.

24.1.3.4 Integration of Eco-tourism Industries

There are many tourist attractions in Hengshui Lake surrounding area but not in the scope of the Reserve. These attractions will enhance the tourism quality of Hengshui Lake; on the other hand, Hengshui Lake will bring more tourists to these attractions. Therefore, the tourism routes should be unified.

24.1.3.5 Using Hengshui Lake as a Regional Trademark.

It is recommended that the region share "Hengshui Lake" as its unique trademark. Through the total quality management of the "Hengshui Lake" should become a synonym of clean, eco-friendly production, so that all eco-industries will benefit from the brand.

24.2 Regional Coordination and Division

24.2.1 Guiding Principles

Division of labor and specialization led to the great increase of human productivity. Similarly, the cities of the region should be closely coordinated and strengthen their respective advantages.

24.2.2 Strategic Goals

The region will be developed into a comprehensive metropolitan area centered on Tochenng District, with two sub-centers in Jizhou and Zaoqiang. The divisions of these cities are very clear, each of which has its own unique industries that are complementary for the overall economic structure of the region and contribute to the growth of Hengshui City.

24.2.3 Action Strategies

24.2.3.1 Strengthen the Central City and the Strategic Radiation Effect

Among all the cities and counties of Hengshui City, the Taocheng District has the highest economic output, the highest level of urbanization, and the most convenient transportation system. It is also the political and culture center of the Hengshui City. Therefore, it should take the role as the center city.

Taocheng District is located in the north-east about 10 km away from the Hengshui Lake. Most of the time, it is under the side of wind direction is located at the lower reaches of the Fuyang River and Fuyang New River. Therefore, it has low environmental impact on Hengshui Lake.

The first industry of Taocheng only accounts for 7% of the total economical output, which indicates it has a high level of industrialization. The only issue is the urban area is relatively small. As an important transport hub in the south-east of Hebei Province, the level of urbanization needs to be further enhanced.

Taocheng should further enhance its function as a center city by increasing the urban areas and improving the level of urbanization.

In the industrial layout, Taocheng District should, under the premise of pollution control, further strengthen its traditional industries in rubber, chemical industry, metallurgy, paper-making. Furthermore, it needs to update its industrial structure and adopt information technology and other high efficiency and environmentally friendly industries.

The Taocheng District also needs to improve the urban infrastructure and transport network, enhancing its role in transportation center and business and financial center.

24.2.3.2 Adjustment to the Function Definition of Cities and Improvement of Cross-city Coordination

At present, function definitions of the three cities are shown in Table 24-1. By looking at the Table, one can see that Jizhou city still highlights machinery and chemical industries as its key industries, which is in contradiction with its tourism prospect. On the other hand, according to Table 24.1, the industrial development definition of Taocheng district is relatively weak. It is suggested that high-polluting machinery and chemical industries of Jizhou city be moved out. The city should be focusing on tourism industry and the related service industries. The currently scattered machinery and chemical industries should be integrated and be placed in Taocheng District. In addition, pollution control on these industries should be enhanced.

Table 24-1 Definition of City Functions According to "Hengshui City Master Plan (1999 – 2020)"

Name	Definition of City Funcations
Taocheng	Transportation Hub, featured with processing industry, high-tech industry and commerce. A center city in the southeast of Hebei Province
Jizhou	Sub-center city south of Hengshui City, featured with machinery, new building materials, chemicals, electronics, textile, with tourism potentials
Zaoqiang	Aregional city featured with commerce and light industry

24.2.3.3 Further Improvement of Coordination on Agricultural Industries.

Based on the principle of sustainable development, the "co-development circle" of the Reserve will develop eco-agriculture, forestry, livestock, and tourism. The development of the agricultural industries depends on industrialized operations. Particularly, the leading industries of the "strategic synthetic circle" will greatly facilitate the eco-agricultural industries of the Reserve. Currently, there are already some strong companies specializing processing agricultural products, such as the "Sanhe" and "Huaxin Company Limited" in processing edible fungi, "Hengshui Flour Company", "Hualin Board Company," etc. The number of agricultural product processing companies in the Strategic Synthetic Circle in 2001 is shown in Table 24-2.

Table 24-2 Agricultural Product Processing Companies in the Strategic Synthetic Circle in 2001

Area	No. of Leading Companies	Land Used(ha.)	Contracted Farmers
Taocheng	3	4039	20450
Zaoqiang	1	467	5800
Jizhou	6	27634	71900

If the "co-development circle" of the Reserve can build a close relationship with these companies, the development of eco-agriculture will be further facilitated.

Part Ⅲ
Key Projects for the Implementation of the Strategic Plan

Chapter 25 Key Projects for the Implementation of the Strategic Plan

25.1 Infrastructure Construction

25.1.1 Office and Stations

Because the reserve administration has not been established for a long time, there still lacks office facilities and stations. The construction of these types of facilities should be accelerated and based on the "Natural Reserve Project Construction Standard." Considering the high population density and difficulty in management, the plan is made based on a medium size natural reserve, with 65 staff members. However, other facilities for natural resource protection, monitoring, scientific research, and others are still planned based on a small size natural reserve.

25.1.1.1 The Office Facilities of Reserve Administration

The office buildings of the reserve administration serve dual functions in protection management and government services. They need to cover an area of 1 hm^2, including administration office, service center, research center, etc. Of these buildings, the office and administrative service center covers an area of 2500 m^2 and is in the northeast corner of the reserve. The site is close to the 106 National Highway to the north and close to cities, which make it convenient for workers' families and the supply of water and electricity.

25.1.1.2 Management Stations

It is planned to set up 6 management stations. The locations of the management stations are shown in Table 25-1. The Shengtou station is combined with the observation towers and ecological monitoring stations; therefore, it needs an area of 400 m^2. The Dazhai station is combined with the offices for pumping stations using solar energy and wind energy. It needs an area of 430m^2. All the other stations have the same size of 280m^2. All the stations are equipped with the office, conference rooms, bedrooms, bathroom, kitchen and garage, and with a certain degree of educational facilities. The management office should be equipped with separate facilities for the operation of anaerobic septic systems and waste collection facilities. The total areas of the stations are 1950 m^2, requiring a total land of 1.2hm^2.

Table 25-1 Management Stations

NO.	NAME	LOCATION
1	Houjiazhuang Station	North dike of Fuyang New River
2	Weijiatun Station	West of national highway106
3	Dazhai Station	North of Jima road, entrance to Dazhai
4	Qianzhaomo Station	Northwest corner of Fudong Drainage River
5	Shengtou Station	North of Shengtou
6	Fudong Drainage River Station	North of Fudong Drainage River

25.1.1.3 CheckPoint

There will be 9 checkpoints in the reserve, each of which covers 60m^2. The checkpoint includes an office, kitchen, bedroom, and restroom. The checkpoints are distributed on the major roads, with a total area of 540

m^2 and covering $54hm^2$ of land.

Table 25-2 checkpoints

NO.	NAME	LOCATION
1	North Jingkai Road Station	North Jingkai Road, entrance to the Reserve
2	Zhulin Shi Station	Crossing of the middle dike and the old Jima Road
3	Guandu Station	Crossing of the north dike of Fuyang river and west Reserve Road
4	Julu Station	Crossing of the north dike of Fuyang river and the Road to Julu
5	Beitian Station	Crossing of the Jingkai Road to Beitian and Yanhe river
6	Wangkou Station	Crossing of the Jingkai Road to Linantian and Yanhe river
7	Hanjiazhuang Station	Crossing of the Jingkai Road to Lvjiazhuang and Yanhe river
8	Lijiazhuang Station	Crossing of the Jingkai Road to Lijiazhuang and Yanhe river
9	South Jingkai Road Station	Crossing of theJingkai Road and Hubin Road

25.1.1.4 Staff Housing

(1) Staff housing will be built in the vicinity of the reserve administration. The total area of the apartments is $4000m^2$. The facilities of the staff housing can be combined with those for research and training facilities. Advanced water-saving and sewage treatment technology will be used to create an eco-friendly experimental neighborhood.

(2) Staff housing will be constructed at each management stations, with an area of $200m^2$, in order to facilitate monitoring in some seasons.

(3) Television and other entertainment facilities are equipped in checking points.

25.1.1.5 Website

A website with rich content should be built for the reserve. The information in the website should be promptly updated.

25.1.2 Road

(1) Shifting No. 106 National Highway Eastward. The reserve needs to take the opportunity of 106 National Highway being upgraded into expressway to move 106 eastward. The upgraded road will serve as the natural east border of the reserve. A new section of road connecting Hengshui City and Jizhou City will be developed in the Co-development circle. The current section of No. 106 National Highway will be used for tourism traffic road only.

(2) Rehabilitation of the North Reserve Road. Existing roads at the north of the reserve should be rehabilitated. New road sections may also be constructed to connect the existing road to make North Reserve Road. The new road will make transportation more convenient for local residents and will reduce traffic crossing the reserve.

(3) Connection of the New and Old Jima Road. The new and old Jima roads should be connected and a section of the old Jima Road between the South Gate Bridge and the Dazhai village should be closed, to avoid traffic crossing the buffer zone.

(4) Patrol Routes. The patrol routes should try to use the existing roads. The total length of the planned patrol routes are 44 km, with 3 km new construction.

(5) Temporary roads. Before the ecological resettlement of villages along the middle dike, two new temporary roads are planned to avoid the disturbance of traffic to some environmentally sensitive areas. The length of

the planned road is 5.5 km. The middle road is from Houhan to Jiajiazhuang, while the west road is from Liangxinzhuang to Julu.

25.1.3 Electricity and Communication

25.1.3.1 Electricity

(1) Electricity load. Based on the building characteristics of the reserve, functions, requirements of electrical equipment, the study determines that electricity loading for the pumping station is level 2, while for the rest buildings it is level 3.

(2) Transformer station. Transformer stations will be built at the protection management central area, the south access of No. 106 National Highway in the reserve, old city of Jizhou, and the west bank of West Lake. In the protection management central area, highway access, and old city of Jizhou, the transformer will be 10, 000 KVA, while in the west bank, it will be 5000KVA.

(3) Transmission lines. Thirty five kilometers of transmission lines will be laid underground along the highway 106, country road south of the middle dike, and the old Jima road. Transmission lines will also be laid from the reserve administration to some small islands in the north, with a total length of 2 km. The load of transmission line will be 35 KV.

(4) For those management stations and check stations that cannot access to the above-mentioned city's power grid, they should be connected to the nearest rural power grid. Besides equipped with a transformer, each of the stations should also be equipment with a 3.8 kilowatts gasline driven generator.

25.1.3.2 Communication Project

(1) The wired and wireless communications in the region are very convenient. The reserve can use the program-controlled exchange systems and Internet access services from the surrounding cities. Only one 7km fiber optic cable is required along the embankment of Shengtou village to connect the main cable in Jizhou City.

(2) The reserve administration should have more than 4 wired telephone accesses and may set up their own small in-house program-controlled switches. The administration also needs to be equipped with other communication equipment such as fax machines, copiers, printers, scanner, GPS receivers, etc.

25.1.4 Water Supply and Drainage Facilities

25.1.4.1 Water Supply

The protection management central area, resettlement, and some low density ecological zone outside of the reserve should be connected to city water supply networks. Other areas should find the nearest water source based on the "Standards for Drinking Water Quality". The reserve needs to encourage villages to harvest and use rainwater to replace deep wells. Water for landscape purpose can be from the biologically purified water from the upper reaches or recycled water.

25.1.4.2 Drainage Facilities

(1) Sewage pipes should be laid in south of Shengtou village at the middle dike and be connected to sewage lines of Jizhou lakeshore. A wastewater treatment plant should be built in Jizhou as soon as possible. Sewage from the urban area should not be discharged to the lake directly.

(2) Sewage pipes should be laid near the old course of Salt River at the east bank of East Lake and should cross the maximum number of villages. The collected sewage water should be sent to the bio-oxidation pond in the northeast corner of the reserve for treating.

(3) Biogas generation facilities should be used to reduce the daily domestic wastes and livestock wastes in the scattered rural settlements. In the relatively concentrated settlements, sewage and waste water should be treated in septic tanks. Sewage water from management stations should be treated in septic tanks.

25.2 Projects for Biodiversity Protection

25.2.1 Wildlife Protection Projects

25.2.1.1 Bird Feeding Points

Several bird feeding points should be built in the high lands to the north of the flood zone with a total area of 2.6km^2. The project should be implemented between 2009 ~ 2015. Several other feeding points should also be built in various locations at a later time.

25.2.1.2 Bird Breeding and Rescuing Center

The center is located south of the Fudong Drainage River and west of the Dazhaochang Village. The center is integrated in the administration office building and covers a floor area of 500m^2. The project should be implemented between 2009 ~ 2015. Another area of 33.35 hm^2 for bird breeding will be implemented at later time which can also be used for eco-tourism purpose.

25.2.1.3 Pest Control and Quarantine Station

The station is also integrated with the reserve administration office, covering a floor area of 50m^2. this will be between 2009 ~ 2015.

25.2.1.4 Animal Corridors

Four animal corridors should be built over the Fuyang New River and Fudong Drainage River, to facilitate wildlife crossing.

25.2.1.5 Unfrozen Water Project

The project uses geothermal resource or cooling water from the power plant to create an unfrozen area. The water used for the project should be contained in a closed pipe and should not be mixed with lake water. The unfrozen area will help rare bird species stay in the reserve in the winter time and increase their population.

25.2.1.6 Monument, Stake, Sign, and Barrier

The reserve needs to set up systematically designed monuments, boundary markers, and signs. All these facilities should contain concise and easy to understand text in both Chinese and English. The facilities are used to define boundaries of functional zones, to restrict human activities in protection area, and to provide guidance for travelers. In areas that prohibit human crossing, special fences should be erected.

25.2.1.7 Patrol Project

(1) Patrol road. Three kilometers of patrol road should be built to the south of the west bank of West Lake, including 4 cross-wetland pontoons. A simple bridge should be built in Liangxinzhuang to cross the Fudong Drainage River. The bridge is used for both patrol and animal crossing. Landscaping bridges of 6 meters wide should be built to connect villages in the middle dike. Tourist boats should be able to pass under these bridges.

(2) Patrol boat docks. All water transportation vessels and lines should be restricted within the East Lake. Patrol docks should be built on feeding grounds of some islands for wildlife habitats.

(3) The patrol team should be equipped with patrol vehicles, boats, motorcycles, Walkie-talkie, binoculars, and other necessary equipment.

25.2.2 Project for Scientific Research and Monitoring

25.2.2.1 Wetland Ecology Research and Training Center

The center includes laboratory, specimen room, training room, expert reception room, conference room, student hostels, and other facilities. The center is located at the same place as the reserve administration. In addition, the flooding discharge zone at the east of No. 106 Highway can be used as experimental site. The experiment and training building has a total floor area of $1200m^2$, to be built between 2009 and 2015. The expert and student reception building is combined with the conference center, with a total area of $3000m^2$.

25.2.2.2 Ecological Environment Monitoring Station

It is located in Shengtou Village of middle dike, combined with a management station. The station has a floor area of 400 m^2 and will be equipped with necessary monitoring equipment.

25.2.2.3 Bird Monitoring and Banding Station

The bird banding station will be located in the management station of the north dike along Fudong Drainage River. The project is planned to be built between 2009 2015.

After the restoration of Fuyang New River wetland and the West Lake wetland, two bird monitoring stations will be built at these locations, respectively.

25.2.2.4 Sampling Sites and Sampling Line

(1) Eight sampling sites will be established for long term monitoring. The sampling site ranges from 0.5 ~ 1.0 hm^2.

(2) Three sampling lines will be established, including one in the west-east direction and two in the north-south direction. All sampling lines cross the whole reserve.

25.2.3 Project for Public Education and Awareness

The total area of display and education facilities is$1500m^2$, located in the "eco-tourism reception and education center", "young eco-scientist education center" and "water resource education center." The "Eco-tourism reception and education center" provides both tourism services and education functions, with a display area of 800 m^2. The project is planned to be implemented in the first stage. The "Young eco-scientist education center" is primarily for secondary school students and youth, particularly, to receive winter, summer camps, and group visits. The area of the center is 400 m^2 and is planned to be implemented in the first stage. The "water resource education center" includes monuments for water diversion projects from Yellow River and Yangtze River, theme park of historical water resource management, etc. The "water resource education center" is planned to be implemented in the second stage of project development. In addition, instructional and reminding signs will be erected in the first stage of project development.

25.2.4 Subsidy For Ecological Enviroment Protection

The subsidies are provided to farmers having land in the bird feeding areas or being affected by seasonal fishing bans. There are 1639 households involved; for each of the families, a subsidy of 1000 yuan per year needs to be allocated.

25.3 Wetland Restoration and Water Quality Improvement Project

It is planned to implement wetland restoration and habitat improvement project, wetland economy experimental development zone, the Grain for Green project, ecological migration project, and ecological water replenishing project as well as other routine projects. As a result of these projects, the lake area will be increased by $32.50km^2$ and the swamp area will be increased by $17.5km^2$. The existing habitat will be further improved.

25.3.1 Fuyang New River Flood Land and Wetland Restoration Project

25.3.1.1 Current Conditions

The mudflat of Fuyang New River is a typical wetland in the Hengshui Lake Area. It was part of Hengshui Lake, but it was separated from the lake when an embankment was constructed. The places have plenty of unused land. Some of the land at higher elevation has been developed to small pieces of farmland, while the land at lower elevation is primarily comprised of swamp, grass, and shrub. The land provides a habitat for a large number of rare bird species. However, due to long time of drought and water shortage in recent years, the habitats have been degraded. The reserve had attempted to introduce water to the mudflat, but due to the limited water supply, only 10% of wetland has been restored. In the future, more wetland may be restored with increased water supply.

25.3.1.2 Construction Project Planning

The ultimate goal of the project is to restore the wetland ecosystem in the Fuyang New River flood land. In the first phase of the project, a V-shape pond, water pipe, and the cofferdam will be built in the low land to control water level. In the second phase of the project, water from upper reaches will be separated. Water that meets minimum quality standards can be diverted to Fuyang New River. Additional biological measures will be used to clean water in the Fuyang New River. Eventually, the Fuyang New River can be connected to the East Lake of Hengshui Lake.

25.3.2 West Lake Restoration and Wetland Restoration

25.3.2.1 Current Condition

Except for a small number of ponds in the low terrain of the lake, the West Lake does not store water. Due to land salinization, most of the land has not been reclaimed into farmland. Therefore, the wasteland and ponds become a paradise for wildlife. The average depth for the West Lake is 19m, with a number of large or small hills. After water in the lake is restored, the lake will be very suitable for the growth of emerging plant, while the small hills will become various natural habitat Islands. The local villagers will be relocated after the restoration of the lake. Since the West Lake as well as its west bank will be less likely affected by human activities, it may be soon developed into a high-quality representative core habitat.

25.3.2.2 Construction Planning

The restoration of West Lake should be combined with the restoration of wetland. Special attention should be paid to protect the west bank of the West Lake. Hardened berm should be avoided. In order to avoid waster pollution from the surrounding villages, ecological resettlements may be included in these villages and some pollution control facilities should also be built..

25.3.2.3 Construction Projects

(1) Land shape rebuilding:

①The project needs to investigate the depth of clay layer at the lake bottom shallower 19.5 meters. Under the condition of not significantly affecting the clay layer, the bottom can be further excavated by 1 to 1.5 meter, while the areas deeper than 19.5 meters remain the same.

②West bank of the West Lake should be partly excavated in order to connect the separated depressions.

③The project will use islands in the lake to create bird habitats. Slopes may be modified to form flat beaches.

④When building landscapes, the middle dike, north dike of the West Lake, the boundary of the buffer zone of the west lake should be raised to 23 meters.

⑤Based on specific terrains, certain enclosures may be made near the villages in the middle dike. Emerging plants and floating plants may be planted in the enclosures to improve eco-tourism.

(2) Water Resource Management Project

①Water Supply Management Project. The water gate in the south of the West Lake should be expanded to accommodate water from the future South-North Water Diversion Project. In a long run, water pumps may be used to pump water to the fluctuation zones of the west bank to simulate natural water flow. All water should be purified by the plant in the west bank before pumped into the lake.

②Drainage Management Project. A water gate should be built north of Shengtou Village in the middle dike. Another one should also be built in the north bank of the West Lake to connect Fudong Drainage River and Fuyang New River Flood Land.

③Water Supply Intake Project. A water intake should be built north of the West Lake. Water pipes should be laid along the Fudong Drainage River to the East Lake Water Plant. The water management office should be located near the water intake. The management staff should not access to the key protection zone or buffer zone except for repair and maintenance.

(3) Waste Clearance before Water Restoration. Before restoring the West Lake, wastes and polluted soil should be removed.

(4) Vegetation Restoration Project. At places with higher elevation in the West Lake and the west bank, various water plants should be introduced, such as rice, reed, etc. Trees may also be planted in the surrounding areas of West Lake.

(5) Auxiliary Facilities. The auxiliary facilities include patrol road, management stations, research monitoring stations, etc.

25.3.2.4 Phased Construction

The project will be implemented in two phases.

(1) In the first phase (2009 ~ 2015), ecological relocation should be finished based on the progress of the South-North Water Diversion Project. The land shape rebuilding and pollution treatment should be complete.

(2) In the second phase (2016 ~ 2020), the water restoration should be complete. The habitat should be restored and ecological relocation, environmental improvement, pump stations and wind power stations should be performed in the west bank

25.3.3 East Lake Expansion and Eutrophication Treatment Project

25.3.3.1 Current Condition

The East Lake started to restore water in 1975. As a result various point source and non-point source pollution, combined with natural changes, the eutrophication in the east lake has become serious. In addition, there is a large quantity of sediment in the East Lake, which not only contains heavy metals, nitrogen, and phosphorus, but also reduces storage capacity. If not dredged, the water quality of the lake is difficult to be improved.

25.3.3.2 General Plan

After the restoration of the West Lake, dredging should be performed in the east lake to increase its storage capacity. Under the condition of not significantly affecting the clay layer, the bottom can be further excavated in areas where emerging lants are difficult to grow. On the other hand, the lake bank needs to be raised and eventually the depth of water will reach 22.5 meters. In addition, sewage pipes need to be built at the middle dike and lakeshore of Jizhou, which delivers waste water to urban processing plant for purification. The solid waste should be collected and landfilled outside of the reserve.

25.3.3.3 Construction Projects

(1) Lake Bottom Excavation and Dredging. Under the condition of not significantly affecting the clay layer, the bottom can be further excavated by an average of one meter. At places where the depth of water is suitable for the growth of emerging plants, they should not be excavated.

(2) Sewage Pipe Laying Project:

①Sewage pipes should be laid south of the Shengtou Village in the middle dike and be connected to city sewage network of Jizhou.

②Sewage pipes should be laid along the lakeshore of Jizhou, to cut off direct discharge of sewage to the

Lake. The waste water should be sent to Jizhou city sewage treatment plant for purification.

③Sewage pipes should be laid along the old course of Salt River so that villages along the line will not discharge water to the lake area. The pipes should cross as many villages as possible. The collected water is sent to the biological oxidation pond and the sewage treatment system in the northeast corner.

(3) Lakeshore Ecological Restoration and Bank Strengthening. Ecological restoration should be performed on the East Lake (including the Little Lake). The lakeshore should be widened and planted with appropriate vegetation. In addition, landscaping forest should be made east of the lake. At the same time, the embankment of the East Lake should be raised to 23 meters, with a total length of 33 km. The landscape of the embankment should be improved. A waterfront trail should be built along the lake; and a part of the trail may be extended to the lake.

(4) Aquatic Vegetation Improvement and Control Project. The current variety of reed in the East Lake should be changed to the high-quality ones. In addition, reed should be harvested promptly. Places with excessive vegetation growth should be controlled.

(5) Deep Water Aeration Project. Solar-powered deep water aeration boat should be used to improve dissolved oxygen in the water and restore its self-purification ability. It can also be used to control pollution contingencies and provide the necessary conditions for fish.

(6) Seasonal fishing ban and the corresponding subsidies should be implemented.

(7) Resettlement and Demolition. The Shunmin Village of East Lake needs to be relocated or comprehensively improved. The village has 164 households with 581 people. In addition, factories near the lake need to be demolished and relocated.

25.3.3.4 Phased Construction

The project will also be completed in two phases.

(1) Phase One (2009 ~ 2015). Complete resettlement and demolition of East Lake, sewage pipe, biofilter, Grain for Green project, reed variety improvement, vegetation control, signage, fishing management, etc.

(2) Phase Two (2016 ~ 2020). The rest of the planned contents.

25.3.4 Ecological Restoration of Main Rivers and Their Lake Access

25.3.4.1 Ecological Restoration of River Course

(1) The purpose of watercourse restoration is to restore the embankment, the river flood plain, and the ecological communities of the river ecosystem. It can also enhance the self-purification ability of water and river scenery. All rivers connecting to Hengshui Lake should be restored, while the priority should be given to rivers and canals used for water diversions.

①Weirs may be built in the river to reduce the flow and create landscape.

②Certain river bed may be improved by reducing its slope.

③A healthy ecological system should be introduced and maintained, including a variety of plants and fish.

(2) When choosing plants, their economic and ornamental values should be considered.

(3) Before improving watercourse, heavily polluted sections should be dredged, such as Fudong Drainage River and Jima Canal.

(4) The old course of Salt River should be separated from water diversion so that the diverted water can directly flow into the lake.

25.3.4.2 Restoration of Lake Access

(1) The purpose of the project is to restore lake ecosystem integrity and to improve the self-purification capacity of the rivers. The accesses include Weiqian Channel, Jima Channel, and Jinan Channel.

(2) Restoration of Weiqian Estuary. The project uses weirs to maintain the vertical profile of the channel and increase oxygen content. The restoration project can be combined with the Hengshui Lake theme park. It is planned to be implemented in the second stage (2016 - 2020).

(3) Restoration of Weiqian Estuary. The water from Jima Channel is introduced to the "Little Lake." In the future, it will serve as a water channel for the North-South Water Diversion Project. However, it is seriously polluted at the current time. Pollution control facilities should be combined with ecological restoration.

25.3.4.3 Sluice Gate Construction

The current sluice gates should be maintained and repaired, to be ready for accepting water from the South-North Water Diversion Project. Eleven new sluice gates are recommended.

25.3.4.4 Phased Construction

All projects related to South-North Water Division should be completed in the first stage.

25.3.5 Project to Promote Water Flow in the Reserve

25.3.5.1 General Concept

Before the restoration of natural rivers connecting to Hengshui Lake and after the water restoration of West Lake and environmental improvement of Jima Channel, water cycle may be promoted in the lake by engineering facilities. By using pumps, water can be followed in the following route:

East Lake→reed pond of Jima Channel→reed marshes of the West Lake in the West Bank→West Lake→flood zone→East Lake.

The artificial water flow will utilize the filtering function of plants to increase water quality.

25.3.5.2 Contents of Construction

(1) Sluice Gate and Flow Control. Sluice gate will be built west of the pumping station at the Jima Channel, to control water from Jima Channel. The waste water from the upper reach will be diverted by the gate to treatment facilities and then to wetland economic experimental zone.

(2) Treatment of Jima Channel and Ecological Restoration. Before water diversion, the polluted sediments in the Jima River should be fully cleaned.

(3) Resettlement. Four villages—Nanweichi, Zhangzhuang, Dongyuantou, and Xiyuantou—should be relocated since they discharge waste water directly to Jima Channel. Some factories along Jima Channel should also be relocated.

25.3.5.3 Phased Construction

(1) Phase One (2009 ~ 2015). The following projects should be completed before water diversion: environmental treatment of the east and surrounding areas of Jinan Channel, sluice gates, pump station, etc.

(2) Phase Two (2016 ~ 2020). The following projects should be completed: environmental treatment of Jima Channel, restoration of vegetation, and all sluice gates.

25.3.6 Returning Farmland to Forest and Grassland Project

25.3.6.1 General Concept

Within the reserve and 1 kilometer surrounding it, except for planned agriculture land, all the other land should be returned to forest, grass, lake, and beach. The project involves a total of 58,549 people.

The project should be flexible and based on particular terrain and landscape conditions. The selected vegetations should be mixed to imitate the natural plant community.

25.3.6.2 Areas Returning to Woodlands

The areas returning to woodlands include isolation green belts around the reserve and woodland in the reserve. The total area of woodlands is 108.2km^2, of which 34.1km^2 of woodlands are within the reserve. The selected trees can be local species, such as poplar trees, elm, ash, willow, Luan tree, etc. The economic woodlands can be used to grow local fruit trees, such as jujube, walnut, plums, apples, pear, and peach and so on.

(1) Isolation Green Belt. Besides Jizhou City, 1000 meters around the reserve should be built as isolation woodlands. Besides economic trees, 5 meters of barbed shrubs should be used as border protection; the length of the shrub is 74.1 km. The area near Jizhou city should be built as ecological control zone of 300 meter wide, which can be combined with city park and low density high-end housing.

(2) The woodlands within the reserve are primarily located in high elevations, with a total areas of 49.3 km^2. Based on land properties, the trees can be used for economic, landscaping, and ecological purpose.

(3) Isolation Belt at the Border of Buffer Zone. Isolation belts made of barbed shrub should be planted along the border of buffer zone, with a total length of 30 km.

(4) Isolation Belt along River Banks. All the rivers in Henghui that are connected to the Lake should be planted with a 300 meter green belt along the river banks.

25.3.6.3 Areas Returning to Grasslands

The areas returning to grasslands include pasture area, freshwater marsh vegetation restoration area, salinized marsh vegetation restoration area, and gravel beach area.

(1) Pasture areas. The pasture area is primarily located in the flooding land and north of flooding land, with a planned area of 13.55km^2, increased by 12.9km^2.

Freshwater marsh vegetation restoration area. The area is located in low depressions outside of the Lake, with a total area of about 14km^2, increased by 10km^2.

(3) Salinized marsh vegetation restoration area. In the damp and salinized low-lying areas, salinized marsh vegetation such as the seepweed community should be restored. The area is located northwest of Furang New River flood land, with a total area of 7.57km^2.

(4) Pebble Beach Grassland. In some islands and edge of marsh, pebbled beach grassland may be restored, to provide habitats for curlew sandpipers. The planed area is 0.5km^2.

25.3.6.4 Phased Construction

In the first phase, the project of "returning to woodlands" should be implemented. The priority should be given to restoration of woodlands in the east bank of East Lake and the west bank of West Lake. The "returning to grasslands" should be first implanted north of the flood land and east of the Julu. The other projects can be implemented in the second phase.

25.3.7 Replenishing Water

Since the evaporation of the area is far greater than the precipitation and the Hengshui Lake lacks of natural water supply, it is necessary to replenish water for ecological purpose.

The replenishing water project includes one-time water restoration, annual water restoration, and cloud seeding. It is expected that the one-time water restoration will be 30 million m^3, the annual restoration will be 176 million m^3. Cloud seeding can be done in the proper months.

25.3.8 Ecological Emigration and Resettlement Project

25.3.8.1 Ecological Emigration

In order to achieve wetland restoration, ecological emigration program should be implemented in the reserve. It is planned that 42 villages and 20000 people will be involved. Thirty of these villages will be demolished, while the rest will be comprehensively improved. The project will be divided into two phases. In the first phase, 9 villages will be demolished, involving 3138 persons. The rest will be implemented in the second phase. The ecological comprehensive improvement of the 9 villages will be completed in the first phase. After the improvement, about 1000 families, or 2000 people, can return to their home.

25.3.8.2 Factory Relocation

(1) To restore wetland, brick factories and poultry or livestock farms need to be relocated.

(2) To reduce pollution from the surrounding factories, all factories that cannot meet the pollution standard should be relocated.

25.4 Environmental Protection Project

25.4.1 Wetland Bio-oxidation Pond Construction Project

(1) Two wetland bio-oxidation ponds are planned: one is located at the northeast corner of the Reserve, while the other is at the southwest corner. Each plant has a sewage treatment capacity of 4500 tons.

(2) The bio-oxidation pond includes a 15,000 m^3 of anaerobic primary sedimentation tank and a 0.15km^2 reed pond. The water from the anaerobic pond will flow into the reed pond. The filtered water will be discharged into the nearby areas such as wetland landscape parks and wetlands economy experimental zones. The total construction cost of the two projects is 9 million yuan and the operation cost of 900 thousand yuan.

(3) Both projects need to be completed in the first phase.

25.4.2 Solid Waste Collection and Transportation Project

(1) All the existing solid wastes should be thoroughly cleaned.

(2) A solid waste transfer station should be built at the northeast corner of the reserve, with a capacity of 300 ton/day. The station should be equipped with compression facilities and some wastet reating facilities. A 200-meter-wide isolation tree belt should be planted around the station. The station consists of an office building of 200m^2, a truck parking lot and truck washing lot, with a total area of about 20hm^2. After all the garbage is collected, it is sent to Hengshui city's waste disposal stations. The total investment of the station is 6 million yuan and should be implemented in the first stage.

(3) The reserve administration should be equipped with two garbage collection trucks.

25.5 Green Industries

25.5.1 Hengshui Lake Resource Utilization Companies

In the initial stage of a diversified resource utilization, the administration may found a Hengshui Lake Resource Development Corporation. The initial investment is estimated to be 10 million yuan.

25.5.2 Nursery and Turf Base

The reserve administration may build a 300 hm^2 nursery base east of the old course of Salt River and another 150hm^2 turf base. The project can not only bring revenue for the Reserve, it can also provide technical advice, demonstrations, and training services for the locals.

25.5.3 Wetland Economy Experimental Project

The wetland economy experimental project will combine the functions of biological purification and economic development of the wetland. Wetland scenery spots will be built in these locations for ecotourism. The project is planned to be implemented in the second phase.

25.5.4 Projects for Ecotourism

25.5.4.1 Hengshui Lake Wetland Ecology Park

The park will combine indoor display and outdoor demonstration. Different media such as pictures, specimens, videos and high-tech facilities will be used in demonstration. The display focuses on the formation of

Hengshui wetlands, historical changes, Hengshui wetland biodiversity and conservation value, etc. In addition, relaxing, dining, and entertainment facilities may be built.

25.5.4.2 Recreational Vehicle Park

Camp for recreational vehicles is planned along the south and north of National Highway 106. No large-scale landscaping is constructed in the camp. Only necessary facilities will be constructed, such as water supply, waste water drainage, restroom, kitchen, etc.

25.5.4.3 Jizhou Water Amusement Park

Since the reserve is located in the dry North China Plain, there is a high demand for water activities. A water park is planned in the low-lying land of the old Jizhou City.

25.5.4.4 Bird Watch

As the most distinctive feature of Hengshui Lake, the bird watch should attract many tourists. The bird-watching tourism is divided into two categories: specially designed route and general public route. The public route is limited in the "Little Lake," while the latter needs a professional guide. In the bird-watching spots, various facilities will be constructed, such as bird watching corridors, platform, house, boat, etc.

25.5.4.5 Jizhou Cultural and Creative Park

Culture improves the quality of tourism. A special cultural and commercial park can be built on the ancient Jizhou site. The park will be featured with special artifacts of the region. The park will host craft sale, handicraft production and display, amusement park, etc. The park can promote other tourism related industries.

25.5.4.6 Demonstration Base of Recycling Economy

Several demonstration bases of recycling economy can be established. These bases will be focused on eco-friendly agriculture and fishery, organic agriculture products, etc.

25.5.4.7 Lake House

The plan selects Liujianian, Fengjiazhuang, and other 5 villages at the middle dike as major attractions for rural tourism. The villages will feature fishing culture, farming culture, and folk culture. "Hengshui Lake fisherman exhibition hall" will be constructed to display the lives of aboriginal residents. In addition, reed and cattail weaving will also be displayed and some house will be redo for biological hotels.

25.5.4.8 Green Island of East Lake

When the condition matures, the reserve can use land exchange approach to relocate residents in the Shunmin Village. The village can be converted into eco-tourism site. Through landscaping and infrastructure construction, the village can provide leisure, fishing, wetland scenery etc. Since it is located in the ecologically sensitive zone, only small number of tourists can be accommodated.

25.5.5 Rural Finance Experimental Project

The government can initially invest 500,000 yuan and attract additional investment from farmers to make farmers' mutual fund. After the fund has been fully operational, the government may gradually sell the shares to the community farmers.

25.6 Community Development Project

(1) Wetland New Town Construction. To properly accommodate ecological resettlement, the Wetland New Town will be constructed in the northeast corner outside of the reserve. It is planned that the subdivision can host 30 ~ 50 thousand people, covering an area of about 3 ~ 5km^2. The first phase of the project covers an area of 2 ~ 3 km^2, the land and resettlement houses will be developed by reserve administration. The rest development activities will be implemented by the market force. The subdivision should embrace the concept of green

cities by using clean and renewable energy, preventing environmental pollution, and efficient use of wetland resource. Both middle school and high school will be constructed for the subdivision; and the schools will attach great importance on environmental education. At the same time, convenient public facilities should be constructed, such as hospitals, community culture centers, etc.

(2) Village Comprehensive Improvement Project. To develop a well-off society, all villages in the reserve need to be comprehensively improved. The contents of the improvements include general service facilities, health service facilities, cultural facilities, beautification of environment, etc. The villages in the middle dike will be used as models for comprehensive improvement, which involve 800 families. The details on comprehensive improvement project are explained in Chapter 22.

(3) Wetland Nature and History Museum. The museum can be divided into two parts: nature and human history. The nature part is to display wetland nature resource, ecological value, different use of natural resources, etc. The human history part can be used to display the historical interaction between human and nature in this piece of land. Some heavy machinery left after the relocation of the factories may also be used for display.

(4) Jizhou History and Culture Museum. The museum can be used to collect and display rich cultural relics of Jizhou, including unearthed relics, ancient maps, local records, family trees, poets, etc.

(5) Community Employment Training, Entrepreneurship, and Labor Export. The "community employment and entrepreneurship training center" can be set up at two locations: one located in the northeast corner of the Wetland New Town, another located in the Old City of Jizhou. Experts will be invited on a regular basis to provide consultancy and training for community residents.

The "reserve labor export service center" can be located at the northeast corner of the reserve, adjacent to the "community employment and entrepreneurship training center." This center registers and organizes community residents for job opportunities in the neighboring cities.

(6) Nursing Homes. The Longyuan International Peace Nursing Home will be constructed, which includes health care facilities, rehabilitation centers, elderly self-help agricultural garden, etc. The reserve administration should keep a certain number of beds in order to service the elderly from the reserve. The facilities are primarily invested by private investors, but the government provides some subsidy from welfare fundings.

(7) Minimal Income Guarantee. Based on the investigation, the poverty rate is 0.4%. The total number of persons in poverty is 260. Every person in poverty will receive a subsidy of 600 yuan per year.

(8) New Form of Rural Cooperative Medical Care. The new form of rural cooperative medical care pilot project will be initiated in the eight directly administered villages. A total of 6200 people will be involved and it is estimated that each person needs 40 yuan/year of government subsidy.

25.7 Projects for Public Safety

(1) Contingency Plans and Drill. The Hengshui Lake Nature Reserve should establish an emergency response system, including the emergency commanding system, the emergency response agencies, as well as supporting institutions. At the same time, in order to respond to major emergencies, contingency plans need to be developed and drill should be performed twice a year.

(2) Fire Fighting Facilities. A fire watch tower should be built near the Shengtou Village, equipped with monitoring station, command vehicles, fire extinguishers, etc. The facilities are to be constructed in the first stage of reserve development.

(3) Emergency Shelter Construction. Emergency shelters should be constructed at the city level and county level. The capacity of the shelters should been the demands of local residents as well as visitors. Emergency shelters should be equipped with the necessary assistance and facilities.

Chapter 26 Investment Estimating for Planned Facilities

26.1 Estimating Documents

The estimate was made based on the following documents:

(1) "Forestry project budget preparation"

(2) "Nature reserve engineering design standards", issued by the previous Ministry of Forestry

(3) Cost estimating documents issued by the Ministry of Transportation

(4) Cost estimating documents issued by Construction Department of Hebei Province.

(5) "Engineering economics of construction projects"

(6) "Practical construction estimating manual"

(7) "Water & wastewater utility design manual"

26.2 Principle of Cost Estimating

The cost estimating is made based on the following principles.

(1) Comprehensive planning, proper development, implemented in phases, economic, and result-oriented;

(2) Investment budget is implemented in two stages: the first stage is from 2009 to 2015, and the second stage is from 2016 to 2020;

(3) Of the planned infrastructure facilities, priority should be given to those that are cost-effective and generate high-returns.

26.3 Scope of Estimating

The scope of estimate is the reserve within the co-development circle approved by the Hengshui City, excluding the isolation woodlands or river side proposed in this planning. The estimates include infrastructure construction projects, protection of biodiversity and resource management projects, wetland restoration and water treatment projects and environmental protection projects, green industry development projects, community development projects, public security project, etc.

26.4 Investment Estimates

The total investment of all the planned projects is estimated at 280,911,000 yuan. The first stage (2009 ~ 2015) of the projects is estimated 1,515,754,000 yuan, while the second stage (2016 ~ 2020) of the projects is estimated at 1,293,357,000 yuan. Of these projects, the infrastructure investment will be 73,830,000 yuan, accounting for 2.65 percent of total investment; biodiversity conservation project investment will be 28,130,000 yuan, accounting for 1.01 percent of total investment; wetland restoration and water management project will cost 1,261,740,000 yuan, accounting for a total investment of 45.28%; environmental protection projects will cost 15,000,000 yuan, accounting for 0.48 percent of total investment; green industry projects will cost 69,500,000 yuan, accounting for 2.49 percent of total investment; community development projects will cost 1,321,410,000 yuan, accounting for 47.42 percent of total investment; and public security projects will cost 16,810,000 yuan, accounting for a total investment of 0.6 percent.

Chapter 27 Benefits of Planned Projects

Wetlands are important natural land resources. Similar to forests and oceans, it is considered to be one of the most valuable ecosystems. Wetlands not only provide a large number of food, raw materials and water resources, but also maintain the ecological balance and biodiversity and play other important roles. Wetlands are commonly called the "Kidney of the Earth ." Therefore, they have tremendous social and economic values. The environmental, economic and social benefits of the planned projects for the Hengshui Lake National Nature Reserve are explained in the chapter.

27.1 Environmental Benefits

27.1.1 Protect Biodiversity

Wetlands provide habitats for a rich variety of plant and animals. It safeguards over 1/4 of biodiversity resources in the world.

The Hengshui Lake Natural Reserve is located in the Warm temperate continental monsoon climate zone. It has very rich biodiversity, providing habitats for a variety of species.

A large quantity of rare bird species can be found in reserve According to the "Agreement to protect migratory birds and their habitats between China and Japan," there are a total of 227 species protected by the agreement. Of these 227 species, 151 are found in the Hengshui Lake Natural Sanctuary, accounting for 66.5%. According to the "Agreement to protect migratory birds and their habitats between China and Australia," there are a total of 81 species protected by the agreement. 40 of the 81 species have been found in the Sanctuary, accounting for 49.4% of the total protected species. Evidently, Hengshui Lake Nature reserve in North China Plain is an important base for the protection of birds, protection of wetland biodiversity, and scientific studies.

27.1.2 Improve Environmental Quality

(1) Improve Climate. One important function of Hengshui Lake is to improve the local climate. Through the expansion of lake as well as returning farmland to forests and grasslands, the CO_2 level can be reduced and the oxygen level can be increased. In addition, the expansion of the lake adds moisture to the dry climate in this region.

(2) Water Conservation. At present, Hengshui Lake is the major water supplier for industrial use. The planned West Lake Restoration project will provide water for domestic use. The capacity of the East Lake will be increased from 123 million m^3 to 190 ~ 210 million m^3, while the capacity of the West Lake will be increased from 65 million m^3 to 80 ~ 100 million m^3, the role of the reserve in water conservation will be further enhanced.

(3) Pollution Control. Through the restoration of wetland projects, such as the restoration of Fuyang New River flood land and the west bank, the filtering and purification function of wetlands will be further enhanced. In addition, the dredging and waste control projects will reduce the existing pollution sources.

(4) Replenishing Aquifer. With the rapid urbanization of Hengshui City, underground water has been used excessively in the region. Over extraction has caused depression of ground, invasion of salt water, and the groundwater funnels. The groundwater level has lowered from 2.99 meter in 1968 to 71.78 meters. Therefore, over exploration of groundwater is a serious problem. The restoration of Hengshui Lake will reduce the reliance on groundwater and replenish groundwater.

(5) Hazard Prevention and Mitigation. Hengshui Lake also serves the important function of flood and drought control. Hengshui Lake connects to the natural river basin through sluice gates. In the event of heavy rainfall, it can store storm water and reduce the pressure of the rivers. In the dry season, the Lake can release some of the water to alleviate drought problem.

27.2 Economic Benefits

The conservation of wetlands will not only protect the beautiful natural landscape and rich cultural relics but also promote the change of economic structure of the region. It will also impact the economic development of the surrounding areas.

27.2.1 Useable Values

27.2.1.1 Direct Useable Values

(1) Income from Ecotourism. It is expected that the reserve can attract 2000 – 5000 persons every day, and total revenue per year will be 117 million yuan. It will become a new growth point of the region.

(2) Wetland Resource. Reasonable use of wetland resources is allowed in the reserve, which is partially to offset some local residents'losses caused by the lost of their land . The wetlands provide abundant resources, such as grain, fish, shrimp, reed, and other useful materials. Through the development of green industries, it is estimated that the annual revenue agriculture, forestry, livestock and poultry, fishery, and other industries can reach 145 million yuan in the next a few years.

27.2.1.2 Indirect Usage Value

(1) Economic Benefits of Disaster Prevention and Mitigation. Hengshui Lake is one of the hubs of water diversion project. After the expansion of the lake, it can help the surrounding areas fighting against draught and flood.

(2) Hengshui Lake can supply water for agricultural and industrial production of the surrounding areas.

(3) The proposed projects can filter and purify water that flows into the Lake.

(4) The projects can improve air quality of the areas. In addition, the planned economic trees will benefit local development.

(5) The projects provide precious landscaping resource for tourists.

(6) The projects provide a base for scientific studies.

27.2.2 Non-usable Values

The Hengshui Lake also has non-useable values:

(1) Hengshui Lake has a rich history and important cultural landscaping.

(2) The Lake provides habitats for highly protected bird species.

27.3 Social Benefits

27.3.1 Social Impacts

27.3.1.1 Industrial Restructuring and Facilitating Sustainable Development

The current income of Hengshui residents is primarily from temporary working. The local industries are casting for heating devices, chemical processing, and rubber, brick-making. These industries cause serious pollutions.

The achievement of the planned objectives will help the Reserve shift from the traditional industries to more eco-friendly industries. In 2003, the primary industry accounted for about 56% of the total output, while the tertiary industry accounted for about 7%. If the planned objectives are successfully achieved, in 2020, the primary industry will account for about 25% of total output; the secondary industry will account for 40%; and the tertiary industry will account for 35%.

27.3.1.2 Improvement of Quality of Resident

The education level of the local residents will be improved as the implementation of the planned projects. In addition, the environmental awareness and knowledge on local culture will also be enhanced.

27.3.1.3 Creation of a Harmonious Society

The planned projects include employment training, labor export, village improvement, nursing home etc. All of these projects will benefit the local residents and help establishing a harmonious society.

27.3.2 Support of the Project

27.3.2.1 Support from the Government

Hengshui Lake Nature Reserve has received wide support from the government. After its establishment in 2000, the reserve was updated from a provincial-level reserve to a national level. Many national leaders had visited the reserve, including the former president. The reserve also received financial and government support from the State Environmental Protection Administration, the State Forestry Administration, the Hebei Provincial Government, Hengshui City, etc.

27.3.2.2 Support from Local Residents

The vast majority of residents support the reserve. Of the typical 17 villages surveyed by the researcher, 77.07 percent of the people support the establishment of the reserve, although more than half of the residents feel their lives will be impacted by it.

In addition, many residents are willing to participate in the conservation and management activities of the reserve.

27.3.3 Social Risk of the Projects

(1) Unwilling to Relocate. The planned projects require resettlement for ecological purpose. The resettlement will involve 30 villages, 5028 families, and a total of 17,288 people. The villages in the region will be divided into "demolished villages", "comprehensively treated villages" and "protected villages." The first two types of villages need ecological emigration. Some people may have emotional resistance to be moved out.

(2) Employment Rate. As a result of restricting some industries and relocation, the reserve may witness an initial increase of unemployment rate. The reserve needs to help create employment opportunities.

(3) Trend of Population Aging. According to the survey on 6 townships in the Hengshui Lake Nature Reserve, the elderly population is 11.21 percent. And 59.06% of families have young migrant workers. Therefore, community-based nursing home should be built to accommodate aging population.

(4) Vulnerable Group of People. The elderly people belong to the vulnerable group of the planned project. First, the elderly people are more emotionally attached to the houses that will be demolished. Secondly, it may be more difficult for the elderly to adjust to the new environment. Therefore, in the process of relocation, this group of people should be paid special attention.

Chapter 28 Financing Strategies of the Planned Projects

28.1 Financing Strategies of the Planned Projects

The total investment of all the planned projects is estimated at 2,809,111,000 yuan. The first stage (2009 ~ 2015) of the projects is estimated at 1,515,754,000 yuan, while the second stage (2016 – 2020) of the projects is estimated at 1,293,357,000 yuan. However, the GDP of Hengshui City was 54.87 billion yuan in 2006; the revenue was 3.267 billion yuan; and the average income of rural residents was 3547 yuan. Therefore, the local government will not be able to finance all these projects by its own effort.

28.1.1 Sources of Financing

At present, there are 173 wetlands reserves in China. Five wetlands in Hebei require investment from the government. In the "11th Five-Year Plan" of the central government, the government will invest 9.0 billion on wetland protection between 2005 and 2010. For the eastern provinces, the central government requires 60% match from local government. Therefore, the reserve still has the potential of receiving more governmental investment.

Since the planned projects are primarily used for environmental protection, the primary investors should be the government, followed by environmental protection supporting agencies. After the implementation of the projects, private investors may be involved.

28.1.2 Categories of Wetland Protection Projects

The majority of the planned projects need government investment. However, a part of the projects may utilize funding from other sources. Based on the levels of government investment, these projects are divided into the following cssategories:

- Government invested and managed projects
- Government subsidized and involved projects
- Privately invested projects

28.2 Financing Strategies of Planned Projects

For different categories of projects, the funding sources and usage procedures are also different. Different financial management strategies may be applied.

28.2.1 Financing Strategy on Public Projects

The public projects in wetland protection normally have low profitability or even no profitability, which makes it hard to attract private investors. Therefore, the funding sources are primarily from the government, charity organizations, or long-term loans.

At present, the government funding is managed by public financial management agencies. Due to the lack of professional background, the identification and management of projects by these agencies are not optimal. It is recommended that the "Hengshui Lake Wetland Conservation Fund" may be established to finance some projects. The fund can be used to accept government investment as well as to invest on some high efficient projects.

The main source of funding for the "Hengshui Lake Wetland Conservation Fund" is government investment. In addition, the reserve may be able to obtain other sources of funding:

- Incentives can be given to local companies that provide donations for the Fund.
- Part of the revenues from wetland resources.
- Green ecology, and wetland related advertising income.
- International support. Since the projects have both social and economic values, they may gain support from international organizations such as the World Bank, Asian Development Bank, and other foundations.

28.2.2 Funding for Quasi-public Projects

Some projects like sewage processing plants and solid waste collection and transportation may generate some revenues. The initial investment may be recovered after long operation of the facilities. However, the rate of return is not attractive for private investors. On these projects, the government may provide subsidies to private investors and operators.

28.2.3 Funding for Private Projects

Some projects have better profit prospects, such as the development of the "Wetland New Town", ecotourism, etc. These projects can attract private investors. However, since these projects are located in the Reserve, the reserve administration should have more control on these projects, to avoid any negative impacts on environmental protection.

Attachment 1 Hengshui Lake Reserve Construction Project Estimates: 10k Yuan

Items	Projects	Estimates	Phase 1 2009 - 2015	Phase 2 2016 - 2020	Percentage
1	Infrastructure	7382.9	7053.4	329.5	2.63%
1.1	Stations	1874.4	1874.4	0.0	0.67%
1.2	Road	1077.5	948.0	129.5	0.38%
1.3	Electricity and communication	3731.0	3731.0	0.0	1.33%
1.4	Water Supply and Drainage	700.0	500.0	200.0	0.25%
2	Biodiversity Protection	2812.8	1761.5	1051.3	1.00%
2.1	Wildlife protection	802.4	336.9	465.5	0.29%
2.2	Research and monitoring	580.8	567.5	13.3	0.21%
2.3	Public communication	55.5	55.5	0.0	0.02%
2.4	Ecological subsidies	1374.1	801.6	572.5	0.49%
3	Wetland restoration and water quality treatment	128443.7	40704.9	78738.8	45.72%
3.1	Fuyang New River flood land	900.0	900.0	0.0	0.32%
3.2	West Lake restoration and wetland restoration	13908.0	13743.0	165.0	4.95%
3.3	East Lake Expansion and eutrophication treatment	13740.0	720.0	13020.0	4.89%
3.4	Treatment of river and river mouths	692.0	442.0	250.0	0.25%
3.5	Inter-circular projects	600.0	600.0	0.0	0.21%
3.6	Restoration of vegetation	6914.5	5525.5	1389.0	2.46%
3.7	Water replenishing	46921.2	14774.4	32146.8	16.70%
3.8	Ecological resettlement	44768.0	13000.0	31768.0	15.94%
4	Environment Protection	1500.0	600.0	900.0	0.53%
4.1	Wetland bio-oxidation pond construction	900.0	0.0	900.0	0.32%
4.2	Solid waste transfer project	600.0	600.0	0.0	0.21%

(续)

Items	Projects	Estimates	Phase 1 2009 - 2015	Phase 2 2016 - 2020	Percentage
5	Green industries	6950.0	5050.0	1900.0	2.47%
5.1	Industrialized use of wetland resource	1000.0	1000.0	0.0	0.36%
5.2	Nursery and turf demonstration project	500.0	500.0	0.0	0.18%
5.3	Wetland economy demonstration project	500.0	0.0	500.0	0.18%
5.4	Ecotourism and the related facilities	4950.0	3550.0	1400.0	1.76%
6	Community development	132140.7	86599.6	45541.1	47.04%
6.1	Wetland new town	115000.0	69600.0	45400.0	40.94%
6.2	Comprehensive improvement of villages	4000.0	4000.0	0.0	1.42%
6.3	Wetland nature and history museum	400.0	400.0	0.0	0.14%
6.4	Jizhou history museum	100.0	100.0	0.0	0.04%
6.5	Community employment training and labor export	152.0	152.0	0.0	0.05%
6.6	Longyuan International Peace Nursing Home	12100.0	12100.0	0.0	4.31%
6.7	Rural low income subsidies	130.8	76.3	54.5	0.05%
6.8	Rural financing demonstration project	50.0	50.0	0.0	0.02%
6.9	Rural cooperative medical plan	207.9	121.3	86.6	0.07%
7	Public safety	1681.0	806.0	875.0	0.60%
7.1	Emergency system and planning	250.0	100.0	150.0	0.09%
7.2	Fire prevention and fighting facilities	331.0	106.0	225.0	0.12%
7.3	Emergency storage	100.0	100.0	0.0	0.04%
7.4	Shelters	1000.0	500.0	500.0	0.36%
	Total	280911.1	151575.4	129435.7	100.00%

Attachment 2 Hengshui Lake Reserve Construction Project Detailed Estimates: 10k Yuan

Items	Project and Facilities	Unit	Quantity	Unit Price (10k Yuan)	Total Investment (10k Yuan)	Phase 1 2009 - 2015	Phase 2 2016 - 2020	Explanation
1	Infrastructure				7383	7053	330	
1.1	Stations				1874	1874	0	
1.1.1	Office of Reserve Administration	m^2	2500	0.07	175	175	0	Brick mixed
1.1.2	Management station	m^2	1950	0.06	117	117	0	6 brick mixed
1.1.3	Check station	m^2	540	0.06	32	32	0	9 brick mixed
1.1.4	Employee housing	m^2	5200	0.06	312	312		Brick mixed
1.1.5	Website				5	5	0	Server and other facilities
	Land acquisition	hm^2	2.74	450	1233	1233	0	300,000 mu
1.2	Road				1078	948	130	
1.2.1	East road new construction	km	20	40	800	800	0	Grade 3

(续)

Items	Project and Facilities	Unit	Quantity	Unit Price (10k Yuan)	Total Investment (10k Yuan)	Phase 1 2009 – 2015	Phase 2 2016 – 2020	Explanation
1.2.2	North road rehab	km	15	2	30	30	0	Country road
1.2.3	North road new construction	km	6.7	15	101	0	101	Country road
1.2.4	West road rehab	km	5	2	10	10		Country road
1.2.5	West road new construction	km	1.3	25	33	33	0	Grade 3
1.2.6	Patrol road maintenance	km	30	0.8	24	4	20	normal
1.2.7	Patrol road maintenance	km	11	4	44	44	0	Dike needs to be reinforced
1.2.8	Patrol road new construction	km	3	3	9	0	9	
1.2.9	Temporary road	km	5.5	5	28	28	0	Country road
1.3	Electricity and communication				3731	3731	0	
1.3.1	Electricity supply				3673	3673	0	
1.3.1.1	Transformer station	No.	3	1000	3000	3000	0	10000 KVA
1.3.1.2	Transformer station	No.	1	600	600	600	0	5000 KVA
1.3.1.3	Underground Cable	km	35	1.8	63	63	0	35KV
1.3.1.4	Underwater Cable	km	2	4	8	8	0	
1.3.1.5	Generator	No.	2	1	2	2	0	3.8KVA
1.3.2	Communication				58	58	0	
1.3.2.1	Communication cable	km	24	2	48	48	0	
	Communication equipment				10	10		GPS, copier, etc.
1.4	Water Supply and Drainage				700	500	200	
1.4.1	Water supply				300	100	200	Connects to city water supply
1.4.2	Drainage				400	400		Sewage pipe
2	Biodiversity Protection				2813	1761	1051	
2.1	Wildlife protection				802	337	466	
2.1.1	Bird feeding ground				15	14	1	
2.1.1.1	Feeding field	km^2	2.6	5	13	13	0	Soybean, wheat, etc.
2.1.1.2	Feeding station	No.	10	0.2	2	1	1	
2.1.2	Bird breeding andrescue				90	46	44	
2.1.2.1	Rescue center	m^2	500	0.08	40	16	24	
2.1.2.2	Breeding device	No.	1	50	50	30	20	
2.1.3	Pest control	No.	1	3	3	3	0	
2.1.4	Wildlife passage	No.	4	15	60	60	0	50 meter simple bridge
2.1.5	Non-frozen water project				350	0	350	
2.1.5.1	Geothermal well	No.	1	50	50	0	50	

(续)

Items	Project and Facilities	Unit	Quantity	Unit Price (10k Yuan)	Total Investment (10k Yuan)	Phase 1 2009 – 2015	Phase 2 2016 – 2020	Explanation
2.1.5.2	Hot water supply pipe	km	20	15	300	0	300	
2.1.6	Stake and signage				71	71	0	
2.1.6.1	Monument 1	No.	1	2	2	2	0	stone
2.1.6.2	Monument 2	No.	9	0.5	5	5	0	Brick mixed
2.1.6.3	Land stake	No.	1399	0.01	13	13	0	
2.1.6.4	Water stake	No.	240	0.03	7	7	0	
2.1.6.5	Barrier	km	108.9	0.8	44	44	0	shrub
2.1.7	Patrol				213	143	70	
2.1.7.1	Patrol car	No.	2	15	30	30	0	
2.1.7.2	Patrol boat	No.	5	10	50	30	20	
2.1.7.3	Pier	No.	6	0.5	3	3	0	
2.1.7.4	Police equipment				80	40	40	
2.1.7.5	Motorcycle	No.	13	1.1	14	6	8	
2.1.7.6	Walkie-talkie	No.	20	0.1	2	2	0	
2.1.7.7	Binocular	No.	20	0.2	4	2	2	
2.1.7.8	Truck	No.	2	15	30	30	0	
2.2	Research and monitoring				581	568	13	
2.2.1	Wetland eco-protectionresearch and training center(1)	m^2	1200	0.07	84	84	0	
	Wetland eco-protection research and training center(2)	m^2	3000	0.15	450	450	0	
2.2.2	Ecological environment monitoring				189	162	27	
2.2.2.1	Comprehensive monitoring station	m^2	400	0.07	28	28	0	
2.2.2.2	Bird-watch platform	No.	2	7	14	14	0	
2.2.2.3	Bird-watch tower	No.	2	12.5	25	25	0	
2.2.2.4	Hiddenbird-watch place	No.	6	3	18	6	12	
2.2.2.5	Hydrological and weather monitoring equipment	No.	1	20	20	20	0	
2.2.2.6	Ecological monitor	No.	1	20	20	20	0	
2.2.2.7	Digital camera and monitoring device	No.	1	30	30	20	10	
2.2.2.8	Common experiment device	No.	1	25	25	20	5	Refrigerator, scale, etc.
2.2.2.9	GPS	No.	10	0.3	3	3	0	GARMIN
2.2.2.10	GIS software	No.	1	6	6	6	0	

(续)

Items	Project and Facilities	Unit	Quantity	Unit Price (10k Yuan)	Total Investment (10k Yuan)	Phase 1 2009 – 2015	Phase 2 2016 – 2020	Explanation
2.2.3	Bird monitoring and banding				35	25	10	
2.2.3.1	Banding station	No.	1	20	20	20	0	
2.2.3.2	Banding device	No.	2	2.5	5	5	0	
2.2.3.3	Bird monitoring station	No.	2	5	10	0	10	
2.2.4	Sampling field and sampling line				12	9	3	
2.2.4.1	Sampling field	hm^2	20	0.05	1	1	1	
2.2.4.2	Sampling line	km	36	0.3	11	8	3	
2.3	Public Communication				56	56	0	
2.3.1	Display	m^2	1500		219	120	99	3 places
2.3.1.1	Eco-tourists reception and education center	m^2	800	0.1	80	80	0	
2.3.1.2	Junior ecological and scientific education center	m^2	400	0.1	40	40	0	
2.3.1.3	Hengshui water resource protection base	m^2	300	0.33	99	0	99	
2.3.2	Instructional bulletin	No.	294		53	53	0	
2.3.2.1		No.	234	0.1	23	23	0	Stainless steel
2.3.2.2		No.	60	0.5	30	30	0	Stainless steel with shading
2.3.3	Restriction signs	No.	6	0.35	2	2	0	
2.4	Ecological subsidies	Families	1639	0.1	1374	802	573	12 years
3	Wetland restoration and water quality treatment				128443.7	49704.9	78838.8	
3.1	Fuyang New River flood land	$10km^3$	60	15	900	900	0	
3.2	West Lake restoration and wetland restoration				13908	13743	165	
3.2.1	Earthwork	$10k\ m^3$	900	15	13500	13500	0	
3.2.2	Water resource management				408	243	165	
3.2.2.1	Pump station	No.	1	30	30	30	0	Including office150m^2
3.2.2.2	Water supply point	No.	1	3	3	3	0	
3.2.2.3	Check gate	No.	5	15	75	0	75	
3.2.2.4	Water entrance gate	No.	1	40	40	40	0	Westlake-Jima
3.2.2.5	Drainage gate	No.	1	60	60	60	0	Westlake-Fudong Drainage
3.2.2.6	Connection gate	No.	1	80	80	80	0	Middle Dike
3.2.2.7	Sluice gate	No.	1	60	60	0	60	Fuyang New River
3.2.2.8	Introduction gate	No.	4	15	60	30	30	

(续)

Items	Project and Facilities	Unit	Quantity	Unit Price (10k Yuan)	Total Investment (10k Yuan)	Phase 1 2009 - 2015	Phase 2 2016 - 2020	Explanation
3.3	East Lake Expansion and eutrophication treatment				13740	720	13020	
3.3.1	Excavation and dredging	km^2	42.5	300	12750	0	12750	
3.3.2	Lakeshore restoration and reinforcing				870	600	270	
3.3.2.1	Lakeshore ecological restoration	km	15	18	270	0	270	
3.3.2.2	Lakeshore reinforcing	km	40	15	600	600	0	
3.3.3	Deepwater aeration	No.	1	120	120	120		
3.4	Treatment of river and river mouths				692	442	250	
3.4.1	River course ecological restoration	No.	3	20	60	60	0	
3.4.2	River mouth restoration	No.	2	100	200	100	100	
3.4.3	Sluice gate construction/repair	No.			432	282	150	
3.4.3.1	Repair	No.	9	8	72	72	0	
3.4.3.2	New construction				360	210	150	
3.5	Inter-circular projects	$10km^3$	40	15	600	600	0	
3.6	Restoration of vegetation				6915	5526	1389	
3.6.1	Restoration of aquaplant	km^2	10	10	100	50	50	
3.6.2	Restoration of salt vegetation	km^2	7.6	5	38	0	38	
3.6.3	Feed grass planting	km^2	12.9	15	194	0	194	
3.6.4	Grass planting on contained flood land	km^2	7.5	5	38	10	28	
3.6.5	Lotus and water chestnut cultivation	km^2	0.8	75	60	60	0	
3.6.6	Water source forest				6360	5280	1080	
3.6.6.1	Ecological woodland	km^2	16	150	2400	2400	0	
3.6.6.2	Landscape woodland	km^2	6	300	1800	1800	0	
3.6.6.3	Economic woodland	km^2	12	180	2160	1080	1080	
3.6.7	Reed variety improvement	km^2	13	3.5	46	46	0	
3.6.8	Aquaplant community control	km^2	40	2	80	80	0	
3.7	Water replenishing				46921.2	14774.4	32146.8	
3.7.1	One-time replenishing	100 million m^3	0.3	7000	2100	0	2100	
3.7.2	Annual replenishing	100 million m^3	1.76	7000	44821.2	14774.4	32146.8	
3.7.3	Cloud seeding				50	50		
3.8	Ecological resettlements				44768	13000	31768	

(续)

Items	Project and Facilities	Unit	Quantity	Unit Price (10k Yuan)	Total Investment (10k Yuan)	Phase 1 2009 – 2015	Phase 2 2016 – 2020	Explanation
3.8.1	Ecological resettlements	户	5271	8	43768	12000	31768	
3.8.2	Factory relocation				1000	1000		
4	Environment Protection				1500	600	900	
4.1	Wetland bio-oxidation pond construction	No.	2	450	900	0	900	
4.2	Solid waste transfer project	No.	1	600	600	600	0	
5	Green industries				6950	5050	1900	
5.1	Industrialized use of wetland resource				1000	1000	0	
5.2	Nursery and turf demonstration project				500	500	0	
5.3	Wetland economy demonstration project	km^2	13	38.46	500	0	500	
5.4	Ecotourism and the related facilities				4950	3550	1400	
5.4.1	Wetland demonstration park				300	300		
5.4.2	Recreational vehicle parking				250	250		
5.4.3	Jizhou water amusement park				2000	1200	800	
5.4.4	Hengshuibird watching				600	400	200	
5.4.5	Jizhou culture creativity park				400	400		
5.4.6	Circular economy demonstration park				1000	600	400	
5.4.7	Lakeside village				400	400		
5.4.8	Eastlake green island				200	200		
6	Community development				132141	86600	45541	
6.1	Wetland new town				115000	69600	45400	
6.1.1	Land preparation	hm^2	500	75	37500	22500	15000	
6.1.2	Land acquisition	hm^3	500	150	75000	45000	30000	
6.1.3	Biogas electricity station	No.	1	500	500	500		
6.1.4	Schools	No.	2		2000	1600	400	
6.2	Comprehensive improvement of villages	No.	800	5	4000	4000		
6.3	Wetland nature and history museum	No.	1		400	400	0	
6.4	Jizhou history museum	No.	1		100	100	0	
6.5	Community employment training and labor export	m^2	800	0.19	152	152	0	

(续)

Items	Project and Facilities	Unit	Quantity	Unit Price (10k Yuan)	Total Investment (10k Yuan)	Phase 1 2009 - 2015	Phase 2 2016 - 2020	Explanation
6.6	Longyuan International Peace Nursing Home				12100	12100	0	
6.6.1	Rehabilitation center	m^2	20000	0.13	2600	2600	0	
6.6.2	Living center	m^2	30000	0.1	3000	3000	0	
6.6.3	High standard living center	m^2	20000	0.13	2600	2600	0	
6.6.4	Cultural communication	m^2	10000	0.13	1300	1300	0	
6.6.5	Facility management	m^2	4000	0.25	1000	1000	0	
6.6.6	Self-help gardening	mu	80	11.25	900	900	0	
6.6.7	Senior tourist service center	m^2	2000	0.35	700	700	0	
6.7	Rural low income subsidies	Person	260	0.06	131	76	54	
6.8	Rural financing demonstration project				50	50		
6.9	Rural cooperative medical plan	Person	6200	0.004	208	121	87	
7	Public safety				1681	806	875	
7.1	Emergency system and planning				250	100	150	
7.2	Fire prevention and fighting facilities				331	106	225	
7.2.1	Watch tower	No.	1	20	20	20	0	
7.2.2	Commanding car	No.	1	25	25	25	0	
7.2.3	Fire extinguisher truck	No.	20	0.3	6	6	0	
7.2.4	Fire suppressing equipment	No.	60	0.5	30	30	0	
7.2.5	Water truck	No.	2	5	10	5	5	
7.2.6	Infrared monitor	No.	2	20	40	20	20	
7.2.7	Fire station	No.	1	200	200	0	200	
7.3	Emergency storage	No.	1	100	100	100		
7.4	Shelters	No.	2	500	1000	500	500	
8	Total				280911.1	151575.4	129435.7	

插图索引

表格索引

图书在版编目(CIP)数据

河北衡水湖国家级自然保护区可持续发展战略规划/邓晓梅，江春波，王予红主编. -北京：中国林业出版社，2010.11
ISBN 978-7-5038-5999-1

Ⅰ.①河… Ⅱ.①邓… ②江… ③王… Ⅲ.①湖泊-自然保护区-可持续发展-发展战略-研究-衡水市 Ⅳ.①S759.992.43

中国版本图书馆CIP数据核字(2010)第224962号

出版：中国林业出版社（100009 北京西城区德内大街刘海胡同7号）
E-mail：forestbook@163.com 电话 010-83222880
网址：http：//lycb.forestry.gov.cn
发行：中国林业出版社
印刷：北京北林印刷厂
版次：2011年5月第1版
印次：2011年5月第1次
开本：787mm×1092mm 1/16
印张：37.5
字数：1080千字
印数：1~1000册
定价：90.00元